日本人の事典

佐藤方彦 編集

朝倉書店

まえがき

　本書は日本人についての事典である．解説とともに詳細なデータを図表によって附してある．今日，もの作りにおいても，環境設計においても，健康維持においても，ひろく，日本人のデータが必要とされている．また，少子化対策にも，学校教育にも，高齢者介護にも，適正な立案を可能にするためには，日本人についての資料が基本になると考えられている．さらには，さまざまな面で進む国際化への対応にも，あるいは，人生を考える上でも，日本人の特性への配慮が望まれている．日本人についてのデータは社会の諸領域で必要とされ，日本人の特性の理解は時代の要望の感がある．

　もちろん，日本人の特性の解明は容易な作業ではない．たとえば，日本人の身長ひとつをとってみても，年齢別，性別，地域別，あるいは，体質別の身長が問われる．日本人にはどのような体質が存在するのか．それぞれの体質は地域別，性別，年齢別にどのような比率を示すのであろうか．日本人の平均身長を云々する場合には日本人の構造というべきものについての理解が前提となる．さらに，そのようにして得られた日本人の身長はいかなる点が日本人的なのかが解析されねばならない．解析を進めるには，なによりも，人間の身長についての知識を欠くことができない．今日までの身長についての研究結果に照らして日本人の身長の特性が析出されることになる．その際，他の人類集団との国際的な比較検討が必要となり，その人類集団の特殊性が考慮されねばならない．このような問題は，身長に限らず，日本人の感覚，日本人の体力，日本人の寿命，日本人の老化等々と，本書の対象となる日本人の特性の全般に及んでいる．それらの解明には難問が山積し，研究は終わりの見えない状況にある．

　日本人の特性の研究には人類学（anthropology）が中心的な役割を果たしている．人類学は人間の特性を研究対象とする学問で，古い歴史を持つ．アリストテレスの記述にも anthropologos という単語が見られるという．学問の近代化がはじまった18世紀には人類学はすでに独自の方法論を示していた．Johann Friedlich Blumenbach は "Handbuch der vergleichenden Anatomie und Physiologie" を著わし，風土と遺伝の影響によって人類集団の固有の形質が次第に発現するようになり，人種のような違いが生じると説いた．19世紀には Paul Broca, Rudolf Virchow, あるいは Rudolf Martin らが活躍し，形態人類学と生理人類学を主軸とする人類学の学問体系が構築されるに至った．ただし，生理人類学の発展は人間の生理機能の測定手法や測定装置の発達を待たねばならなかった．日本の人類学はヨーロッパの人類学のこのような動向に啓発され発展してきたが，生理人類学はむしろ欧米の人類学に先んじて発展した．20世紀中葉から研究の蓄積が見られる．本書には日本の人類学の特徴である生理人類学の研究成果が随所に収録されてい

る．

　日本の国土にいつ頃から人間が住むようになったのかは定かではない．旧人のカテゴリーに確実に分類される古人骨は発見されていない．今後，かりに，十数万年前のリス氷期，あるいは，それをさかのぼる地質時代の人骨が発見されたとしても，そのような人々の日本人への影響は無視できると考えられている．今日の日本人につながる先史時代人は縄文文化を築いた早期モンゴロイドと弥生文化を構築した特殊化モンゴロイドである．縄文時代人と弥生時代人の体質には大きな違いがあったと想像されている．両者の融合は進み，古墳時代から奈良時代のあたりまでに今日の日本人が形成された．この過程を示すデータとその解説から本書は始まる．それに続く各章を通じて，今日までに知られている研究結果に基づいて日本人の特性が記述されている．

　日本人は必ずしも一様ではない．時代による違いは大きく，さらに，同じ時代の人々の間にもいろいろな違いが存在した．異なる特性の集団が時期を違えて次々に日本列島に渡来したと想像される縄文時代や弥生時代の人々はもちろんのこと，古墳以降の日本人にも，大きな地域差が存在したものと考えられる．日本の国土は気候条件をはじめ地形，地質，植生など地域による違いが小さくない．それぞれに応じて日本各地に特色のある生活様式や生活習慣が発達した．日本人は日本各地でそれぞれの自然環境や文化的背景のもとに変化を重ねたものと想像されている．本書の多くの章では，そのような多様性を通じてもなお日本人の特性とされるものが解説されている．20世紀の後半以来，日本人の生活様式が著しく画一化し，また，通婚圏が拡大し，日本人の特性に共通的な要素が増加したことはこの作業を幾分容易にしたと言えよう．しかし，日本人との国際比較を可能にするデータは1965年〜1971年に実施されたInternational Biological Program（国際生物学事業計画）のものなどを数えるのみで，きわめて少ない．日本人の特徴を明らかにする上で各章の執筆者が最も苦心なされた問題であった．

　本書は数々の困難の上に刊行される運びとなった．企画から刊行まで，朝倉書店の皆さんには大変お世話になった．心からお礼を申し上げたい．

2003年5月

佐　藤　方　彦

編集者

佐藤 方彦（さとう まさひこ）　九州芸術工科大学名誉教授・長崎短期大学

執筆者（執筆順）

氏名	所属	氏名	所属
池田 次郎（いけだ じろう）	京都大学名誉教授	河内 まき子（こうち まきこ）	(独)産業技術総合研究所
山田 冨美雄（やまだ ふみお）	大阪府立看護大学	小宮 秀一（こみや しゅういち）	九州大学
島上 和則（しまがみ かずのり）	カネボウ(株)	岩永 光一（いわなが こういち）	千葉大学
大中 忠勝（おおなか ただかつ）	福岡女子大学	早弓 惇（はやみ あつし）	日本女子体育大学
平田 耕造（ひらた こうぞう）	神戸女子大学	徳田 哲男（とくだ てつお）	埼玉県立大学
宮崎 良文（みやざき よしふみ）	(独)森林総合研究所	藤野 武彦（ふじの たけひこ）	九州大学名誉教授
小林 宏光（こばやし ひろみつ）	石川県立看護大学	山崎 和彦（やまさき かずひこ）	実践女子大学
原田 一（はらだ はじめ）	東北工業大学	横山 真太郎（よこやま しんたろう）	北海道大学
坂本 和義（さかもと かずよし）	電気通信大学	長田 泰公（おさだ やすたか）	国立保健医療科学院顧問
福場 良之（ふくば よしゆき）	広島女子大学	土井 正（どい ただし）	大阪市立大学
遠藤 雅子（えんどう まさこ）	広島女子大学	安河内 朗（やすこうち あきら）	九州大学
古賀 俊策（こが しゅんさく）	神戸芸術工科大学	竹本 泰一郎（たけもと たいいちろう）	長崎国際大学
矢永 尚士（やなが ひさし）	九州大学名誉教授	橋本 修左（はしもと しゅうぞう）	武蔵野大学
勝浦 哲夫（かつうら てつお）	千葉大学	菊地 和夫（きくち かずお）	元九州芸術工科大学
中島 衡（なかじま ひとし）	九州大学	関 邦博（せき くにひろ）	神奈川大学
今中 基晴（いまなか もとはる）	大阪市立大学看護短期大学部	楢木 暢雄（ならき のぶお）	海洋科学技術センター
仲谷 達也（なかたに たつや）	大阪市立大学	橋本 昭夫（はしもと あきお）	防衛庁
石河 修（いしこ おさむ）	大阪市立大学	森田 健（もりた たけし）	福岡女子大学
荻田 幸雄（おぎた さちお）	大阪市立大学名誉教授	綿貫 茂喜（わたぬき しげき）	九州大学
松下 祥（まつした しょう）	埼玉医科大学	田村 照子（たむら てるこ）	文化女子大学
今山 修平（いまやま しゅうへい）	国立病院九州医療センター	永井 由美子（ながい ゆみこ）	大阪教育大学
小川 徳雄（おがわ とくお）	愛知医科大学名誉教授	曽根 良昭（そね よしあき）	大阪市立大学
坂手 照憲（さかて てるのり）	広島大学	高橋 鷹志（たかはし たかし）	東京大学名誉教授
田中 喜代次（たなか きよじ）	筑波大学	高橋 公子（たかはし こうこ）	元日本女子大学
中垣内 真樹（なかがいち まさき）	長崎大学	林 昌二（はやし しょうじ）	(株)日建設計
高崎 裕治（たかさき ゆうじ）	秋田大学	本橋 豊（もとはし ゆたか）	秋田大学
石井 勝（いしい まさる）	福岡教育大学	金子 隆一（かねこ りゅういち）	国立社会保障・人口問題研究所
野村 武男（のむら たけお）	筑波大学	米山 俊直（よねやま としなお）	京都大学名誉教授
片岡 洵子（かたおか じゅんこ）	日本女子体育大学	佐藤 方彦（さとう まさひこ）	九州芸術工科大学名誉教授
沢田 知子（さわだ ともこ）	文化女子大学		

目　　　次

1　日本人の起源 ･････････････〔池田次郎〕･･･ 1
  1.1　日本人の起源とはなにか ･･････････ 1
  1.2　日本列島人の地域性 ･････････････ 1
  1.3　2系統のモンゴロイドとその成立 ･･･ 2
    a.　北と南のモンゴロイド ････････････ 2
    b.　人類の進化と移住の歴史 ･･････････ 2
    c.　特殊化モンゴロイドの成立と拡散 ･･ 3
  1.4　旧石器時代人 ････････････････････ 3
    a.　最古の日本人 ･･････････････････ 3
    b.　南方起源説と北方起源説 ････････ 4
    c.　3ルート渡来説 ････････････････ 5
  1.5　縄文時代人 ･･････････････････････ 6
    a.　縄文人の特徴 ･･････････････････ 6
    b.　縄文人の時代差 ････････････････ 8
    c.　東西の縄文人 ･･････････････････ 8
  1.6　弥生時代人 ･･････････････････････ 9
    a.　渡来系弥生人の特徴 ････････････ 9
    b.　渡来系弥生人の成立過程 ･･･････ 10
    c.　渡来の推定ルート ･････････････ 10
    d.　渡来系弥生人の拡散 ･･･････････ 12
  1.7　古墳時代人 ････････････････････ 12
    a.　渡来系の古墳人 ･･･････････････ 13
    b.　在来系の古墳人 ･･･････････････ 13
  1.8　日本人の成立―本土人・アイヌ・
　　　　琉球人の分化 ･････････････････ 14
    a.　北海道アイヌの形成 ･･･････････ 14
    b.　中世以前の南西諸島人 ･････････ 14
    c.　琉球人の誕生 ････････････････ 15
    d.　日本人の成立 ････････････････ 16

2　日本人の視覚 ･････････〔山田冨美雄〕･･･ 18
  2.1　視覚を支える生体の機構 ･････････ 18
    a.　水晶体 ･････････････････････ 18
    b.　瞳　孔 ･････････････････････ 19
    c.　まぶた（眼瞼） ･･･････････････ 19
    d.　網膜と視神経経路 ･････････････ 20
    e.　眼球の運動 ･････････････････ 20
  2.2　日本人に固有の視覚 ･････････････ 21

3　日本人の色覚 ･････････････〔島上和則〕･･･ 23
  3.1　色覚の概要 ････････････････････ 23
    a.　視覚系 ･････････････････････ 23
    b.　網膜と視細胞 ････････････････ 23
    c.　色覚の生理的性質 ･････････････ 24
    d.　色覚理論 ･･･････････････････ 25
  3.2　色覚の多型 ････････････････････ 26
    a.　正常〜異常までの分類 ･････････ 26
    b.　遺伝型と表現型 ･･･････････････ 26
    c.　女性の遺伝子の優劣性 ･････････ 27
    d.　正常から2色覚までの連続性 ･･･ 27
  3.3　分子生物学からみた色覚の多型 ･･･ 28
    a.　色覚正常者における遺伝子の多型 ･･ 28
    b.　ハイブリッド遺伝子と先天色覚異常
　　　　　　の多型 ････････････････････ 28
    c.　色覚異常の遺伝子型と表現型 ････ 29
  3.4　先天性の色覚変異のまとめ ･･･････ 29
  3.5　後天性の色覚変異のまとめ ･･･････ 29
    a.　加齢変化 ･･･････････････････ 29
    b.　疾患・薬物による後天色覚異常 ･･ 30
  3.6　日本人の色覚の特異性 ･･･････････ 30
    a.　赤緑色覚異常の出現率の国，地域，
　　　　　　民族差 ････････････････････ 30
    b.　遺伝子の特徴と色覚異常の出現率の
　　　　　　人種差 ････････････････････ 31
    c.　色覚正常者の色相弁別能の人種差 ･･ 32

4　日本人の聴覚　〔大中忠勝〕… 34
4.1　聴　力 … 34
4.2　音の認識と言語 … 36
4.3　音への対応 … 38

5　日本人の温度感覚　〔平田耕造〕… 40
5.1　温熱的快適感 … 40
5.2　温度感覚 … 41
　a.　静的温度感覚 … 41
　b.　動的温度感覚 … 42
　c.　部位差 … 43
5.3　皮膚温度受容器 … 44
　a.　冷受容器の温度特性 … 45
　b.　温受容器の温度特性 … 45

6　日本人の嗅覚　〔宮崎良文〕… 47
6.1　識別能力 … 47
6.2　閾　値 … 49
6.3　嗜好性 … 51
6.4　年齢差，男女差，喫煙の影響 … 51

7　日本人の味覚　〔小林宏光〕… 53
7.1　味覚の生物学的意義 … 53
7.2　PTC味盲の人種差 … 54
7.3　基本味とうま味 … 55
7.4　基本味に対する感受性の人種差 … 55

8　日本人の皮膚感覚　〔原田　一〕… 57
8.1　皮膚の構造 … 57
8.2　皮膚感覚の基本特性 … 58
8.3　受容器の特性 … 59
8.4　皮膚感覚特性 … 60
　a.　触　覚 … 60
　b.　二点弁別閾と定位 … 61
　c.　触　感 … 62
　d.　痛　覚 … 63
　e.　疼　痛 … 64
　f.　痛みの測定 … 64
　g.　振動と快適感 … 65
　h.　皮膚感覚の統合 … 65

9　日本人の振動感覚　〔坂本和義〕… 67
9.1　振動感覚の特徴と評価 … 67
9.2　日本人の振動感覚研究例 … 70
　a.　電車の乗り心地の研究 … 70
　b.　船の乗り心地の研究 … 72
　c.　低振動曝露の心理的および生理的影響 … 72

10　日本人の換気・拡散能　〔福場良之・遠藤雅子〕… 75
10.1　肺気量 … 75
10.2　換気の化学調節 … 78
10.3　肺の拡散能力 … 80

11　日本人の酸素摂取能力　〔古賀俊策〕… 84
11.1　最大酸素摂取量 … 84
11.2　最大下運動における酸素摂取能力 … 86

12　日本人の循環系　〔矢永尚士〕… 92
12.1　概　要 … 92
12.2　生活習慣病とその予防 … 94
　a.　危険因子 … 94
　b.　疫学的研究 … 97
　c.　生活習慣病の予防 … 98
12.3　おもな循環器疾患 … 99
　a.　虚血性心疾患 … 99
　b.　心筋症 … 100
　c.　弁膜症 … 100
　d.　不整脈 … 100
　e.　心不全 … 101
　f.　大動脈ならびに末梢の動脈硬化性疾患 … 101
　g.　先天性心疾患 … 101
12.4　医学の進歩と社会 … 102

13　日本人の自律神経　〔勝浦哲夫〕… 105
13.1　自律神経 … 105
13.2　血液循環にかかわる自律神経 … 106
　a.　心臓の自律神経活動 … 106
　b.　心拍変動性 … 107
　c.　アトロピン投与による心臓自律神経活動の変化 … 111
13.3　体温調節にかかわる自律神経 … 112
　a.　皮膚温変動反応 … 112
　b.　皮膚交感神経活動 … 113
13.4　その他の機能にかかわる自律神経 … 114
　a.　筋交感神経活動 … 114
　b.　瞳孔の対光反応 … 115

14　日本人の消化器系 ……………〔中島　衡〕… 117
- 14.1　消化器系と消化器癌 …………………… 117
- 14.2　消化器癌の疫学 ………………………… 118
- 14.3　胃癌と大腸癌の発生にかかわる物質
  および食物，嗜好品 ……………………… 120
- 14.4　肝癌に関する危険因子 ………………… 121

15　日本人の泌尿生殖器系 ………………
〔今中基晴・仲谷達也・石河　修・荻田幸雄〕… 123
- 15.1　泌尿器系 ………………………………… 123
  - a.　解　剖 ………………………………… 123
  - b.　機　能 ………………………………… 124
- 15.2　男性生殖器系 …………………………… 125
  - a.　解　剖 ………………………………… 125
  - b.　機　能 ………………………………… 127
- 15.3　女性生殖器系 …………………………… 129
  - a.　解　剖 ………………………………… 129
  - b.　機　能 ………………………………… 132

16　日本人の免疫系 ……………〔松下　祥〕… 138
- 16.1　免疫学的認識にかかわる細胞と分子 … 138
  - a.　1970年代のジレンマ ………………… 138
  - b.　T細胞が認識する抗原 ……………… 139
  - c.　HLAはヒトMHCである …………… 139
  - d.　HLAのクラス分類と蛋白構造 ……… 140
- 16.2　HLAと免疫応答 ……………………… 141
  - a.　免疫応答に果たす役割 ……………… 141
  - b.　HLAにおける多型と立体構造との関係 … 142
  - c.　HLAの型決定の方法 ………………… 142
  - d.　対立遺伝子の命名法 ………………… 142
  - e.　HLAと移植 …………………………… 143
  - f.　HLAの個体差は免疫応答の個体差
    である ………………………………… 144
  - g.　インスリン自己免疫症候群とHLA … 144
  - h.　日本人に特徴的な他の疾患とHLA … 146
  - i.　HLAとアレルギー …………………… 146

17　日本人の外皮系 ……………〔今山修平〕… 147
- 17.1　日本人特定に占める外皮 ……………… 147
  - a.　人体における外皮（皮膚） ………… 147
  - b.　人種と外皮（皮膚） ………………… 147
- 17.2　日本人の皮膚（肌）色 ………………… 147
  - a.　皮膚色にかかわる生体側の要素 …… 147
  - b.　メラニン色素 ………………………… 147
  - c.　皮膚色の実際 ………………………… 149
- 17.3　日本人の毛 ……………………………… 151
  - a.　毛の種類：軟毛と硬毛 ……………… 151
  - b.　毛の形状 ……………………………… 151
  - c.　毛数と密度 …………………………… 151
  - d.　毛周期 ………………………………… 152
- 17.4　日本人の皮膚腺 ………………………… 152
  - a.　皮膚の外分泌腺 ……………………… 152
  - b.　エクリン汗腺 ………………………… 153
  - c.　アポクリン汗腺 ……………………… 154
  - d.　乳　腺 ………………………………… 154
  - e.　脂　腺 ………………………………… 154
- 17.5　日本人の皮膚の物理化学的性状 ……… 155
  - a.　皮膚の静的物性 ……………………… 155
  - b.　皮膚の生理状態 ……………………… 156
  - c.　皮膚の動的物性 ……………………… 158

18　日本人の表皮分泌 …………〔小川徳雄〕… 161
- 18.1　エクリン腺 ……………………………… 161
  - a.　エクリン腺の大きさ ………………… 161
  - b.　エクリン腺の分布と総数 …………… 161
  - c.　発汗量と汗の塩分濃度 ……………… 163
  - d.　発汗の動的特性 ……………………… 168
  - e.　発汗異常 ……………………………… 167
- 18.2　アポクリン腺 …………………………… 169
  - a.　アポクリン腺の分布と発達 ………… 169
  - b.　腋臭（わきが） ……………………… 169
  - c.　色汗症 ………………………………… 169
  - d.　耳　垢 ………………………………… 169
- 18.3　脂　腺 …………………………………… 170
  - a.　脂腺の分布 …………………………… 170
  - b.　皮脂の分泌量 ………………………… 170

19　日本人の反応時間 …………〔坂手照憲〕… 173
- 19.1　反応時間 ………………………………… 173
  - a.　用語と種別 …………………………… 173
  - b.　反応時間研究の起源 ………………… 174
- 19.2　反応時間に影響する要因 ……………… 175
  - a.　課題の要因 …………………………… 175
  - b.　個人の要因 …………………………… 177
- 19.3　反応時間の応用的研究 ………………… 178
  - a.　認知心理学的分野 …………………… 178
  - b.　人間工学的分野 ……………………… 178

19.4 日本人の反応時間 …………………… 179
  a. 単純反応時間 …………………………… 179
  b. 選択反応時間 …………………………… 180
  c. 全身反応時間 …………………………… 181

20 日本人の全身持久性体力
    …………〔田中喜代次・中垣内真樹〕… 185

20.1 全身持久性体力とは ………………… 185
20.2 全身持久性体力の指標と測定方法 …… 185
  a. Physiological resources から
    みた指標 ………………………………… 185
  b. Physical performance からみた指標 … 188
  c. アンケート調査による評価 …………… 189
20.3 日本人の全身持久性体力 …………… 189
    一般健常者と有疾患者の
    全身持久性体力 ………………………… 190

21 日本人の筋力 ………〔高崎裕治〕… 196

21.1 筋力について ………………………… 196
21.2 筋力に影響する人類学的要因 ……… 197
  a. 性　差 …………………………………… 197
  b. 年齢差 …………………………………… 198
  c. 時代差 …………………………………… 199
  d. 地域差 …………………………………… 200
  e. 職業による差 …………………………… 201
  f. 日常の運動・スポーツの実施状況
    による差 ………………………………… 202
  g. 民族差 …………………………………… 203
  h. 体　型 …………………………………… 205

22 日本人の走力 ………〔石井　勝〕… 207

22.1 移動運動と走行 ……………………… 207
  a. 走行と歩行 ……………………………… 207
  b. 走行形態の分類 ………………………… 208
22.2 日本人の走力 ………………………… 210
  a. 走力の身体的資質 ……………………… 210
  b. 文化的要因 ……………………………… 214

23 日本人の泳力 ………〔野村武男〕… 218

23.1 歴史 …………………………………… 218
23.2 日本泳法 ……………………………… 219
23.3 海水浴 ………………………………… 220
23.4 遠　泳 ………………………………… 220
23.5 子供の泳力 …………………………… 221

23.6 エージグループ選手 ………………… 222
23.7 マスターズ選手 ……………………… 223
23.8 新水泳（フィンスイミング）……… 223
23.9 競　泳 ………………………………… 224

24 日本人の歩容 ………〔片岡洵子〕… 227

24.1 はじめに ……………………………… 227
  a. 活動・行動の原点である歩行の由来 … 227
  b. 動物のロコモーション ………………… 227
  c. 歩容に関する用語 ……………………… 227
24.2 歩容の解析 …………………………… 228
  a. 歩行動作の合理性 ……………………… 228
  b. 歩行のバイオメカニクス ……………… 229
24.3 日本人の自然歩容 …………………… 230
  a. 今と昔の歩行速度 ……………………… 230
  b. 自然歩行にかかわる諸要因 …………… 232
24.4 自然歩行に影響を及ぼすもの ……… 232
  a. 荷物の数や大きさによって歩行速度
    は変わるか ……………………………… 232
  b. 服装と歩行速度 ………………………… 233
  c. 履物と歩行 ……………………………… 235
24.5 歩行の発達と老化 …………………… 239
  a. 脳内における歩行動作の準備 ………… 239
  b. 新生児期，乳幼児期に出現する反射 … 240
  c. 歩行までの運動発達 …………………… 241
  d. 筋電図研究からみた歩行の発達 ……… 241
  e. 歩行の老化 ……………………………… 243
24.6 健康と歩容 …………………………… 243
  a. はじめに ………………………………… 243
  b. 良い歩き方，悪い歩き方，
    美しい歩き方 …………………………… 246
  c. 歩き方指導の変遷 ……………………… 248
  d. 日本人の歩容 …………………………… 249

25 日本人の姿勢 ………〔沢田知子〕… 252

25.1 人間の姿勢 …………………………… 252
  a. 身体を保持するための姿勢 …………… 252
  b. 社会的場面のなかの姿勢 ……………… 252
  c. 文化的規範のなかの姿勢 ……………… 253
  d. 行動様式としての歩く文化と
    坐る文化 ………………………………… 254
25.2 姿勢の分類 …………………………… 254
  a. 休息姿勢や坐法への注目 ……………… 254
  b. 建築人間工学における生活姿勢

	の分類 …………………………………… 254
c.	建築人間工学における椅子の役割 …… 256
d.	椅子の基準寸法における海外との比較 …………………………………… 256

25.3 日本人の坐法としての姿勢 ………… 258
  a. 床の上の立て膝坐りの世界 ………… 258
  b. 侘茶の大成と正坐の確立 …………… 260
  c. 茶道における着座法としての姿勢 … 261

25.4 日本人の住まいと起居様式の変遷 …… 262
  a. 和洋二重生活の否定と起居様式への関心 ……………………………… 262
  b. 大戦前後の窮状と椅子式家具の導入 … 264
  c. 高度成長期の豊かさと耐久消費財の氾濫 ……………………………… 265
  d. 安定成長期におけるユカ坐回帰現象 … 265
  e. 日本人の生活様式としての和洋混交 … 267
  f. 正装のユカ坐からくつろぎのユカ坐へ ………………………………… 268

25.5 日本人の姿勢変化のモーメント ……… 268

26　日本人の体格と体型 ……〔河内まき子〕… 271

26.1 現代日本人の体格 …………………… 271
  a. 成人の身体寸法 ……………………… 271
  b. 成人の体型とプロポーション ……… 274
  c. 性　差 ………………………………… 277
  d. 環境条件による体格の差 …………… 277
  e. 加齢変化 ……………………………… 279
  f. 成　長 ………………………………… 281

26.2 時代変化 ……………………………… 283
  a. 明治時代以前 ………………………… 283
  b. 明治時代以後 ………………………… 284
  c. 高身長化と早熟化 …………………… 285
  d. 時代変化の原因と将来 ……………… 285

26.3 他人種との体型の違い ……………… 286
  a. 身長と体重 …………………………… 286
  b. プロポーション ……………………… 287

27　日本人の体組成 …………〔小宮秀一〕… 290

27.1 日本人の体格 ………………………… 290
  a. 身長と体重 …………………………… 290
  b. 身長と体重のバランス ……………… 291

27.2 日本人の体組成 ……………………… 292
  a. 日本における体組成の推定 ………… 292
  b. 体脂肪量 ……………………………… 293
  c. 除脂肪量 ……………………………… 296
  d. 体組成標準値 ………………………… 298

27.3 日本人の肥満とやせ ………………… 299
  a. 肥満者とるい痩者の割合 …………… 299
  b. 肥満と代謝異常の関係 ……………… 300

28　日本人の栄養 ……………〔岩永光一〕… 304

28.1 栄養とは ……………………………… 304
28.2 栄養素 ………………………………… 304
  a. 糖　質 ………………………………… 304
  b. 脂　肪 ………………………………… 305
  c. 蛋白質 ………………………………… 305

28.3 日本人の栄養素摂取状況 …………… 306
  a. 食の時代的変遷 ……………………… 306
  b. 現代日本人の栄養の特徴 …………… 307

28.4 日本人の栄養所要量 ………………… 309
28.5 日本人の栄養摂取量 ………………… 309

29　日本人の発育 ……………〔早弓　惇〕… 316

  a. 成長と発達 …………………………… 316
  b. 研究方法 ……………………………… 316
  c. 生命時間 ……………………………… 318
  d. 成　長 ………………………………… 318
  e. 発　達 ………………………………… 319
  f. 個人差 ………………………………… 319
  g. 発　生 ………………………………… 320
  h. 誕　生 ………………………………… 320
  i. 発育期の区分 ………………………… 321
  j. 新生児 ………………………………… 322
  k. 乳　児 ………………………………… 322
  l. 幼　児 ………………………………… 324
  m. 少年期 ………………………………… 329
  n. 思春期 ………………………………… 329
  o. 青年期 ………………………………… 330
  p. 成　人 ………………………………… 330
  q. 発育の時代変化 ……………………… 331
  r. 日米混血児の成長 …………………… 331

30　日本人の老化 ……………〔徳田哲男〕… 333

30.1 老化と生活環境 ……………………… 333
  a. 健康と障害 …………………………… 333
  b. 身のまわりの使いにくさ …………… 335
  c. 事　故 ………………………………… 337
  d. 生活支援 ……………………………… 338

e. 就　労 …………………………………… 340		

30.2 老化と身体機能 …………………………… 341
   a. 骨・神経・筋 ………………………… 341
   b. 形　態 ………………………………… 343
   c. 体　格 ………………………………… 344
   d. 基礎的な身体機能 …………………… 346
   e. 日常的な作業能力 …………………… 347
   f. 最大能力 ……………………………… 348
   g. 体力評価 ……………………………… 348

30.3 老化と感覚 ………………………………… 349
   a. 感覚閾値 ……………………………… 349
   b. 平衡能 ………………………………… 350
   c. 視　覚 ………………………………… 351
   d. 聴　覚 ………………………………… 352
   e. 嗅　覚 ………………………………… 352
   f. 味　覚 ………………………………… 352
   g. 皮膚感覚 ……………………………… 353

31 日本人の体質　　〔藤野武彦〕… 355

31.1 体質事始 …………………………………… 355
31.2 体質とは …………………………………… 355
   a. 機能的体質分類 ……………………… 356
   b. 形態学的（形質）分類 ……………… 357

31.3 薬物に対する反応から体質をみる …… 359
   a. 薬物代謝と遺伝多型 ………………… 360
   b. 薬物治療に対する反応性の人種差 … 363
   c. 外的因子（非遺伝的要因） ………… 364

31.4 心電図左室電位は新たな体質の
　　　　 指標となるか ……………………… 366
   a. 日本人の左室電位 …………………… 366
   b. 左室電位は時代とともに変わる …… 367
   c. 与那国島調査にみる僻地の差 ……… 368
   d. シルクロードから日本人の体質をみる　370

31.5 体質学の未来 ……………………………… 372

32 日本人の寿命　　〔山崎和彦〕… 376

32.1 寿命に関するおもな用語 ………………… 376
32.2 古代における寿命 ………………………… 376
32.3 現代の日本および主要国に
　　　　 おける寿命 ………………………… 383
   a. 平均余命 ……………………………… 383
   b. 乳児の死亡 …………………………… 383
   c. 死　因 ………………………………… 383
   d. 国内比較 ……………………………… 385

33 温熱環境と日本人　　〔横山真太郎〕… 395

33.1 はじめに …………………………………… 395
33.2 地質時代の地球環境とその変遷 ……… 396
33.3 新生代の温熱環境とその変化 ………… 401
33.4 人類の出現と温熱環境 ………………… 402
33.5 アジア・日本の初期人類と温熱環境 … 406
33.6 縄文人と温熱環境 ……………………… 407
33.7 弥生人と温熱環境 ……………………… 409
33.8 歴史時代人と温熱環境 ………………… 411
   a. 古墳時代 ……………………………… 411
   b. 飛鳥時代 ……………………………… 412
   c. 奈良時代 ……………………………… 412
   d. 平安時代 ……………………………… 413
   e. 鎌倉時代 ……………………………… 415
   f. 南北朝時代 …………………………… 416
   g. 室町時代 ……………………………… 416
   h. 戦国時代 ……………………………… 418
   i. 安土・桃山時代 ……………………… 418
   j. 江戸時代 ……………………………… 419

33.9 観測時代と温熱環境 …………………… 422
33.10 温熱環境の技術的制御 ………………… 423
33.11 現代日本人の温熱生理特性 …………… 426

34 音環境と日本人　　〔長田泰公〕… 431

34.1 音環境と生活 …………………………… 431
   a. 生活行動と音環境 …………………… 431
   b. 生活の場と音環境 …………………… 431
   c. 音環境の歴史 ………………………… 433
   d. 明治期の音環境 ……………………… 434

34.2 日本人が好む音環境 …………………… 435
   a. 俳句に現れた音環境とその変遷 …… 435
   b. 短歌に詠われた音環境とその変遷 … 435
   c. 現在の音環境の嗜好 ………………… 437

34.3 騒音環境と日本人 ……………………… 438
   a. さわがしさ，やかましさ，うるささ　438
   b. 騒音の歴史と現状 …………………… 438
   c. 騒音性難聴 …………………………… 439
   d. 騒音環境に対する日本人の態度 …… 440

34.4 日本人と音 ……………………………… 442

35 明るさと日本人　　〔土井　正〕… 443

35.1 明かり …………………………………… 443
   a. 明かりとは …………………………… 443

	b.	明かりを得るもの ………………… 443
	c.	行灯の明るさ …………………… 443
35.2		環境と明るさ …………………… 444
	a.	伝統建築と昼光環境 ……………… 444
	b.	伝統建築と夜の光環境 …………… 444
	c.	サマータイムと不定時法 ………… 445
35.3		明るさの基準 …………………… 446
	a.	明るさの単位 …………………… 446
	b.	グレア …………………………… 447
	c.	高齢社会の明るさ ……………… 447
35.4		安全のための明るさ …………… 448
	a.	道路照明 ………………………… 448
	b.	街路照明 ………………………… 450
	c.	防災照明 ………………………… 451
	d.	地震災害と照明 ………………… 452
	e.	住宅地における非常時の明かり … 453

36 光の色合いと日本人 ………〔安河内朗〕… 455

36.1		光の色合い ……………………… 455
	a.	光の分光分布 …………………… 455
	b.	光の色合いと色温度 ……………… 455
	c.	自然光と人工光源の色合い ……… 457
	d.	光の色合いと演色性 ……………… 458
	e.	光の色合いと年齢 ………………… 460
	f.	光の色合いと色識別 ……………… 460
	g.	光の色合いとまぶしさ …………… 460
36.2		光の色合いと心理反応 …………… 461
	a.	色温度と明るさ感について ……… 461
	b.	色温度と空間の雰囲気もしくは快適感 ……………………………… 463
	c.	色温度と温冷感 ………………… 465
36.3		光の色合いと生理反応 …………… 465
	a.	色温度の中枢神経系への影響 …… 466
	b.	色温度の自律神経系への影響 …… 467
	c.	色温度のホルモン分泌系への影響 … 467

37 高地環境と日本人 ………〔竹本泰一郎〕… 470

37.1		高地の日本人 …………………… 470
37.2		高地環境と順化・適応 …………… 470
	a.	高地環境の特徴 ………………… 470
	b.	高地環境への順化 ……………… 470
37.3		高地の日本人 …………………… 471
	a.	日本人の高地適応像 …………… 471
	b.	高地に長期居住の日本人の健康像 … 475

37.4		妊娠・出産 ………………………… 476

38 高層建築物と日本人 ………〔橋本修左〕… 478

38.1		世界の高層建築物 ………………… 478
38.2		日本の高層建築物 ………………… 479
38.3		高層建築空間の環境と生理的影響 …… 480
	a.	気圧低下 ………………………… 482
	b.	酸素分圧の低下 ………………… 485
	c.	気温低下 ………………………… 485
	d.	風速の増大 ……………………… 485
	e.	紫外線 …………………………… 487
	f.	音環境の一変 …………………… 487
	g.	視環境の一変 …………………… 488
38.4		高度空間への長期居住の問題 …… 488
38.5		高層建築物の今後 ………………… 489

39 登山と日本人 ………〔菊地和夫〕… 491

39.1		歴史的背景 ……………………… 491
39.2		わが国の高所医学研究 …………… 493
39.3		高所登山家に必要な身体資質 …… 494
	a.	歴史的背景 ……………………… 494
	b.	高所環境における身体作業能力に及ぼす因子 …………………… 495

40 海洋レジャーと日本人 ……〔関 邦博〕… 499

40.1		海の環境 ………………………… 499
40.2		自由時間と拘束時間 ……………… 499
40.3		レジャーの定義 ……………………… 500
40.4		バカンスの環境 …………………… 500
40.5		快適環境 ………………………… 501
40.6		現代の日本人の海を利用した健康法 … 501
	a.	労働する権利 ……………………… 502
	b.	怠ける権利 ……………………… 502
	c.	欲望を満たす権利 ……………… 502
	d.	現世で天国の生活 ………………… 502
	e.	健康とは ………………………… 502
	f.	タラソテラピーとは ……………… 503
	g.	タラソテラピーの種類 …………… 503
	h.	タラソテラピーによるスリミング効果 ……………………………… 504
	i.	水の違いによるスリミングの実験 …… 504

41 大気圧潜水と日本人 ………〔楢木暢雄〕… 509

| 41.1 | | 大気圧潜水の分類 ………………… 509 |

41.2 潜水球と潜水艇 …………………… 509
　　a. 潜水調査船「しんかい 2000」と
　　　　「しんかい 6500」の搭乗条件 ……… 510
　　b. 「しんかい 2000」と「しんかい 6500」
　　　　の船内居住環境 ………………… 510
　　c. 船内ガス環境 …………………… 511
　　d. 船内の温度環境 ………………… 511
　　e. 「しんかい 6500」パイロットの
　　　　心拍数からみた生体負担 ……… 512
41.3 潜水艦 ……………………………… 512
　　a. 潜水艦の勤務条件 ……………… 513
　　b. 潜水艦の艦内ガス環境 ………… 513
41.4 大気圧潜水服 ……………………… 513
　　a. ニュースーツ …………………… 514
　　b. ニュースーツ内部ガス環境 …… 515
　　c. ニュースーツの内部温熱環境 … 515
　　d. ニュースーツを用いた潜水作業の
　　　　生体負担 ………………………… 516

42　環境圧潜水と日本人 ………〔橋本昭夫〕… 517

42.1 素潜り（息こらえ潜水）…………… 517
42.2 器械潜水のはじまり ……………… 518
42.3 ヘルメット式潜水器 ……………… 518
42.4 減圧症の民間治療法「ふかし」…… 519
42.5 マスク式潜水器 …………………… 520
42.6 棒機雷「伏龍」……………………… 520
42.7 スクーバ潜水 ……………………… 521
42.8 飽和潜水 …………………………… 522
42.9 わが国における環境圧潜水略歴 … 523

43　色彩環境と日本人 …………〔森田　健〕… 527

43.1 日本人の色彩嗜好 ………………… 527
　　a. 国際比較 ………………………… 527
　　b. 日本の調査 ……………………… 528
43.2 嗜好を生む要因 …………………… 531
　　a. 比視感度 ………………………… 531
　　b. 太陽の光 ………………………… 531
　　c. 環境の色彩 ……………………… 533
　　d. 人間の色 ………………………… 535
43.3 まとめ ……………………………… 535

44　日本人の衣と美 ……………〔綿貫茂喜〕… 537

44.1 はじめに …………………………… 537
44.2 風土と地形 ………………………… 537
44.3 日本人の衣の美意識 ……………… 538
44.4 日本人の衣服の歴史 ……………… 538
44.5 襲　着 ……………………………… 539
44.6 着物の材料 ………………………… 539
44.7 木綿の柔らかさと生理反応 ……… 540
44.8 着物の美の特徴 …………………… 542
44.9 洋　服 ……………………………… 544
44.10 圧刺激の生理的影響 ……………… 545
44.11 おわりに …………………………… 546

45　日本人と着心地 ……………〔田村照子〕… 548

45.1 はじめに …………………………… 548
45.2 日本人の衣服の祖型 ……………… 548
45.3 古代外来文化の受入れ …………… 549
45.4 和風の成立にみる日本人の着心地観 … 550
45.5 和服の基本形―小袖の成立 ……… 550
45.6 和服（きもの）本来の着心地 …… 550
45.7 現代和服の着心地 ………………… 551
45.8 再び外来文化の受入れ
　　　　―和服から洋服へ ……………… 552
45.9 戦後の衣生活と着心地観の変化 … 553

46　日本人と寝具 …〔山崎和彦・永井由美子〕… 557

46.1 はじめに …………………………… 557
46.2 寝具の原型 ………………………… 557
46.3 西洋の寝具 ………………………… 559
46.4 日本の寝具 ………………………… 559
46.5 枕 …………………………………… 564
46.6 寝具のサイズと規格 ……………… 564
46.7 寝具の売上高 ……………………… 567
46.8 寝具の研究と開発 ………………… 567

47　日本人と食 …………………〔曽根良昭〕… 571

47.1 はじめに …………………………… 571
47.2 日本人はいつ食べるか …………… 572
　　a. いつ食べるか …………………… 572
　　b. 食事時間は何時間か …………… 573
　　c. 食べ物を食べる速さ …………… 573
47.3 日本人はどのように食べるか …… 574
　　a. 食べる速さのヒトへの影響 …… 574
　　b. 日本人の食べ方 ………………… 575
47.4 日本人は何を食べているか ……… 576
　　a. 食卓の一品から ………………… 576
　　b. 食事の記録 ……………………… 579

48　日本人と住居 〔高橋鷹志・高橋公子〕…587

- 48.1　住居の成立と変容 …587
  - a.　住居の決定要因 …587
  - b.　住居の変容 …587
  - c.　住居の固有性の認知 …587
  - d.　日本住宅の歴史と記録 …588
- 48.2　容器の形成 …588
  - a.　洞窟と殻 …588
  - b.　枠あるいは櫓 …589
  - c.　日本住居の曙―竪穴住居 …589
  - d.　高床住居の出現 …589
  - e.　座敷の完成 …590
- 48.3　場所（領域）の形成 …590
  - a.　生活行為の場所 …590
  - b.　空間内の領域形成 …590
  - c.　領域形成の方法 …591
- 48.4　生活作法の形成 …593
  - a.　坐　法 …593
  - b.　イス坐移行への転換点 …594
  - c.　坐法と作法 …595
  - d.　住居の近代化 …596
- 48.5　日本の住居の明日 …601
  - a.　ヒト（個人・家族・社会）の変化 …601
  - b.　バリアフリー，ユニバーサルデザインの実現 …601
  - c.　環境持続型住居の模索 …601
  - d.　計画への参加，新しい住集団の形成 …602
  - e.　住環境学習の実践 …602

49　日本人とオフィス 〔林　昌二〕…604

- 49.1　日本人のオフィスは生活の場 …604
- 49.2　日本人のオフィスの私性 …605
- 49.3　日本人のオフィスのプライバシー …605
- 49.4　日本人のオフィス空間 …606
- 49.5　日本人のオフィスレイアウト …607
  - a.　初期のオフィスビルは棟割り長屋 …607
  - b.　オフィスは「帯」である …608
  - c.　面状レイアウトの試み …609
  - d.　向かい合いか，スクール方式か …610
- 49.6　日本人のオフィスの装備 …611
- 49.7　日本人の役員室 …612
- 49.8　日本人の応接空間 …613
- 49.9　日本人の会議室 …614
- 49.10　日本人のオフィスアメニティ …615
  - a.　社員食堂 …615
  - b.　来賓食堂 …616
  - c.　トイレ・喫煙など …616
- 49.11　日本人のオフィスの未来 …617

50　日本人と生活時間 〔本橋　豊〕…619

- 50.1　日本人の生活時間構造 …619
- 50.2　日本における生活時間構造の地域較差 …620
- 50.3　日本人の生体リズムと生活リズム …620
- 50.4　集団遺伝学の観点からみた日本人の生体リズムの特徴 …622
- 50.5　日本人の子供の生活時間 …622
- 50.6　日本人の勤労者の生活時間 …624
- 50.7　高度情報化社会，高齢化社会に対応した生活時間のあり方 …625

51　日本人の人口 〔金子隆一〕…629

- 51.1　日本人口の特徴 …629
- 51.2　近世までの日本人口 …630
  - a.　旧石器時代から縄文時代の人口 …630
  - b.　弥生時代から古代の人口 …632
  - c.　中世から安土桃山時代の人口 …635
  - d.　江戸時代前半の人口 …635
  - e.　江戸時代後半の人口 …638
- 51.3　近代以降の日本人口 …639
  - a.　明治期〜第二次世界大戦時期の人口 …639
  - b.　戦後から高度経済成長期の人口 …642
  - c.　1970年代半ばから現在までの人口 …644
- 51.4　日本人口の将来 …646

52　日本人の文化 〔米山俊直〕…650

- 52.1　日本の生活文化と伝統 …650
  - a.　稲作文化 …650
  - b.　米本位制の経済 …650
  - c.　都市文化の伝統 …651
  - d.　古代の都市 …651
  - e.　近代以降の都市の発達 …651
  - f.　「日本文化」という国民文化の形成 …651
  - g.　制度的整備 …651
  - h.　国語の制定 …652
  - i.　軍隊経験 …652
  - j.　現在の生活文化 …652

k. 日本文化のこれから……………… 652	k. 『イデオロギーとしての日本文化論』… 662
52.2 宗教と精神生活………………… 653	l. 『日本文化論の変容』……………… 662
a. 神　道 …………………………… 653	m. 自らを写す鏡として ……………… 663
b. 神道の神々 ……………………… 653	52.4 遊び・祭り・芸能………………… 663
c. 神道系の新興宗教 ……………… 653	a. 遊びと日本人 …………………… 663
d. 仏教の伝来と伝播・革新 ……… 653	b. 祝祭と日本人 …………………… 663
e. 仏教の諸宗派 …………………… 654	c. 予祝祭（祈念祭）と収穫祭 …… 664
f. 道教・その漠然とした伝播 …… 654	d. 都市起源の夏祭り ……………… 664
g. 民間伝承のなかの道教的な事物 … 655	e. 世俗的な祭り …………………… 664
h. シャーマニズム ………………… 655	f. 芸術・芸能と遊戯 ……………… 665
i. アニミズムの活性化としての 　 シャーマン …………………… 656	g. 茶　道 …………………………… 665
j. キリシタンの影響 ……………… 656	h. 香　道 …………………………… 666
k. 明治維新後のキリスト教の影響 … 657	i. 華　道 …………………………… 666
l. 唯物論と科学思想 ……………… 657	j. 書　道 …………………………… 666
m. 近代の科学の展開 ……………… 657	k. 歌　道 …………………………… 667
52.3 日本人のものの見方・考え方 …… 658	l. 舞台芸術 ………………………… 667
a. 日本文化の重層性とその芸術へ 　 の反映 ………………………… 658	m. 能　楽 …………………………… 667
b. 日本人の自然観・死生観 ……… 658	n. 文楽と歌舞伎 …………………… 668
c. 外国人の日本観察記録 ………… 658	o. 邦楽と日舞 ……………………… 668
d. ルース・ベネディクトの『菊と刀』… 660	p. 寄席演芸 ………………………… 668
e. ベネディクト批判 ……………… 660	q. 民族芸能について ……………… 669
f. 日本人論の系譜 ………………… 660	r. 競技と日本人 …………………… 670
g. 『タテ社会の人間関係』………… 661	s. ゲーム類 ………………………… 670
h. 『「甘え」の構造』……………… 661	t. 言葉遊び ………………………… 670
i. 『風　土』………………………… 661	u. 物見遊山の伝統 ………………… 670
j. 『文明の生態史観』と『文明の 　 海洋史観』 …………………… 661	余　録 ………………………〔佐藤方彦〕… 672
	索　引 …………………………………… 711

1
日本人の起源

1.1 日本人の起源とはなにか

ここで取り上げる日本人とは，日本国民という法律上の日本人でもなければ，われわれ日本人という帰属意識と，風俗習慣，言語，思考様式など伝統的文化を共有している民族としての日本人でもなく，体格や容貌，血液型など身体形質を基準にしたとき，ほかの集団と区別される日本人である．この意味での日本人にも，細かくみれば大小さまざまな地域差があって，日本人は必ずしも均質な集団ではない．なかでも，本州，九州，四国を含む本土の住民，民族としてそれとは区別される北海道のアイヌ，中世以降，琉球王国の領域として固有の文化を保ち続けてきた奄美以南の南西諸島人，3集団の違いが特にきわだっている．したがって，大多数の日本人に共通する身体形質の基本的部分が完成した時点をつきとめることによって日本人の起源を解明しようとすれば，日本人を本土集団に限定せざるをえない．しかし，これら3集団の分化は，弥生時代以降の出来事であり，それ以前の日本列島には，そのほぼ全域に比較的等質性の強い日本列島人集団が居住していた．だから，日本列島人，つまり広義の日本人の起源といえば，それは列島人集団が東アジアのどの集団とも区別される独自の体質を身につけるようになったときまでさかのぼらなければならない．さらに本土のなかの地方差も，旧石器時代以降，さまざまな要因が絡みあって生み出されたものであるから，どの時点を日本人の成立期とするか，特定することはむずかしい．そこで，日本人という固定観念をひとまず放棄し，日本列島に住んだ人々の地域差が形成された経過を明らかにすることによって，この問題を追求することにする．

1.2 日本列島人の地域性

本土人，北海道のアイヌ，沖縄諸島を中心とする南西諸島人の3集団のなかでは，縄文人の特徴を色濃く残している南西諸島人と北海道アイヌが近い関係にあるという見方が，多くの頭蓋・歯の形態学者によって支持されてきた．ところが，生体計測値の多重判別関数（図1.1）とマハラノビスの汎距離でみると，南西諸島人は北海道アイヌと本土集団の中間に位置し，むしろ本土集団に近いので，日本人の一地方群と見なされ，本土集団のどれからも遠いアイヌと特に近い関係にあるとはいえない．

最近，これとよく似た結果が頭蓋計測値，頭蓋小変異（注1）の出現頻度，顔面平坦度でも認められるようになり，南西諸島人・アイヌ同系説を否定する人が増えている．

本土の地方差に目を向けると，南西諸島人に近い南九州人がやや特異な存在で，それを別にすれば奥羽・北陸・信越の一群と近畿・東中国に中心を置く一群とが対極的な位置を占める．これを歴史的にみ

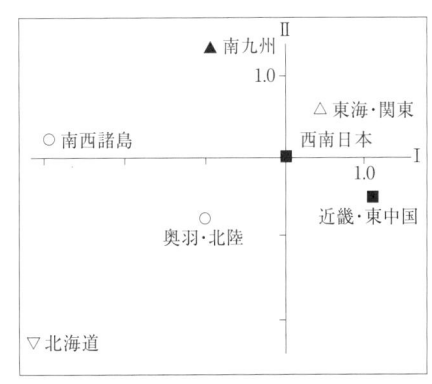

図1.1 生体計測値（6項目）の多重判別関数による地域集団の比較（注2）（池田ら，1980）[1]

れば，古代日本の政治的・文化的中枢地帯にあたる近畿・東中国地方には朝鮮・韓国人に近い集団が，当時の辺境地帯に相当する南九州と奥羽・北陸・信越にはそれぞれ南西諸島人と北海道アイヌに比較的近い集団が分布していることになる．

もう一つの明瞭な地方差は，いくつかの形質にみられる南北方向の地理的勾配である．地理的勾配というのは，同じ種に属している生物でも連続的に移り変わる自然環境にそれぞれ適応した遺伝子が生じることによって，ある種の形質に一定方向の連続的な変化がみられる現象を指すが，人間の場合には，このような勾配は移住などが原因で集団間に起きた遺伝子交流によっても生まれる．たとえば，ABO式血液型のA遺伝子の頻度（図1.2）は，本土の西南部から北東へ向かって連続的に減少するが，B遺伝子の頻度分布にはそれとは逆の勾配が認められる．また，指紋型の出現頻度と三叉数から計算した指紋示数（注3）と指紋三叉示数も，南から北上するにつれて連鎖的に減少するし，分離型耳垂の出現頻度にも，北高南低という地理的勾配がある．これらの地理的勾配は，かつて血液型，指紋型などの遺伝子頻度が異なり，生殖的に隔離されていた集団が東日本と西日本に居住していたが，その後，両集団の隔離が破れた結果，生じたと考えられる．

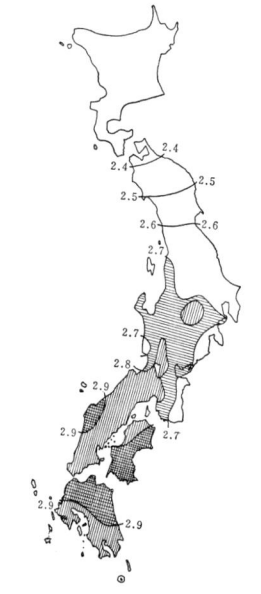

図1.2 ABO式血液型A遺伝子の頻度の等位線
（古畑，1962）[2]

このような日本列島人の地域性が形成された経緯を理解するためには，大陸から渡ってきた2系統のモンゴロイドのルーツ，渡来の時期やそのルート，あるいは両集団の遺伝的混合度の地域差などを明らかにしなければならない．

1.3　2系統のモンゴロイドとその成立

a. 北と南のモンゴロイド

日本列島を含む環太平洋地域に分布し，モンゴロイドとよばれている人たちは，ヨーロッパやアフリカの人たちとは違う身体特徴をいくつか共有している．しかし，アラスカなど極北地域を除くアメリカ大陸のモンゴロイドと東アジアのモンゴロイドの間にはかなり大きな違いがある．また，東アジアのモンゴロイドの居住域は，暑熱の東南アジアから酷寒の北極圏まで，あらゆる気候帯にまたがっているので，南北のモンゴロイドの違いも著しい．そのため，モンゴロイドは，大きくアメリカのモンゴロイド（アメリカインディアン），南方モンゴロイド，北方モンゴロイドに分けられる．なかでも，アムール川流域のツングース系諸民族，バイカル湖付近のブリアート，アラスカのイヌイット（エスキモー）など寒冷な気象条件のもとで暮らしている北方モンゴロイドの体型や容貌には，寒冷適応形質と考えられるものが多い．たとえば，胴長で腕や脚が短く，ずんぐりした体つき，頬骨が高く，鼻のつけ根や鼻が低く平たい顔，目がしらにモウコひだが走る細い目，脂肪がつまっていて厚ぼったい一重まぶた，薄い髭，黄色ないし黄褐色の皮膚の色など，すべて寒冷適応形質と見なされている．これらの寒冷適応形質には，シベリアの北方モンゴロイドから中国大陸を南下するにつれて徐々に薄れ，東南アジアの南方モンゴロイドに移行する地理的勾配が認められる．要するに，北方モンゴロイドと南方モンゴロイドを区別しているのは，寒冷適応形質をもつか，もたないかの違いであるが，骨になってもよくわかる北方モンゴロイドの最もきわだった特徴は大きく平坦な顔である．

b. 人類の進化と移住の歴史

人類がアフリカで誕生したのは，地質年代でいえば第三紀の終わり近く，今から600万年前から400万年前の間のことである．第三紀は，今から約170

万年前に第四紀に移行するが，第四紀は1万年前を境にして更新世と完新世に分けられる．更新世は氷期と間氷期が何度か交代した氷河時代だったが，人類はこの過酷な環境のなかで猿人段階から原人段階，旧人段階を経て新人段階まで進化してきた．今からおよそ7万年前に始まり1万年前に終わる最後の氷期はヴュルム氷期とよばれるが，現代人の特徴を備えた新人はこの氷期のさなかに登場する．人類の歴史の99％をこえる更新世の間，狩猟採集と遊動生活に終始した人類の文化は旧石器文化と名づけられている．それぞれの文化の特色からみると，猿人と原人は前期旧石器時代人，旧人は中期旧石器時代人，最終氷期の新人は後期旧石器時代人に該当する．最終氷期が終わり完新世に入って，農耕牧畜に基盤を置く定住生活を開始した人類は，わずか1万年の間に新石器時代，青銅器時代，鉄器時代を経過して歴史時代に突入し，今日の原子力利用の時代を迎えている．

約100万年前にアフリカから東南アジアの熱帯域に移動してきた原人が，東アジアの最古層集団であるが，80万年前には，その一部が中国大陸を北上し，華北の北緯40度あたりまで達した．12万年ほど前の旧人たちは，北緯50度をこえてシベリアへ進出し，3万年前頃になると，シベリアの後期旧石器時代人は居住域を極北圏まで拡大し，約2万年前には当時，陸地化していたベーリング海峡をこえてアメリカ大陸へ渡り，たちまちのうちに南米の最南端に到達した．極北地域を除くアメリカのモンゴロイド（アメリカインディアン）はこのときの移住者の後裔である．ほぼ同じ頃，東南アジアの新人たちの一群がニューギニアからオーストラリアへ移動したので，約2万年前には環太平洋地域のほぼ全域に，同じ祖系集団から分かれた集団が広がっていた．

c. 特殊化モンゴロイドの成立と拡散

東アジアを北上した人類の足どりをたどってみると，北方モンゴロイドに強く残されている寒冷適応形態は，最終氷期のシベリアで形成されたことがわかる．このようなモンゴロイドを特殊化モンゴロイドとよんだアメリカの人類学者ハウエルズ（Howells）は，最終氷期の最酷寒期にあたる約2万年前，厚い氷河が発達していたアルタイ山地やバイカル湖付近に閉じ込められた後期旧石器時代人が，寒冷適応をとげて新しい身体形質を獲得し，特殊化モンゴロイドの原型が生まれたと説明している．これに対して，特殊化モンゴロイドが出現するまでの後期旧石器時代人は初期モンゴロイドとよばれているが，約2万年前にアメリカへ渡ったのはこの一派である．アジアのモンゴロイドが特殊化モンゴロイドの影響を多かれ少なかれこうむっているのに対して，アメリカのモンゴロイドは今でも初期モンゴロイドの特徴を忠実にとどめている．

更新世が終わって完新世に入ると，特殊化モンゴロイドは先住の初期モンゴロイドに遺伝的影響を与えながら中国大陸を南下した．その結果，新石器時代人の顔はシベリアから華北，華中，華南へ向かって連続的に小さく，平坦度が弱くなったが，そのような地理的勾配は今でも東アジアの住民に受け継がれている．南下グループに先だって北へ向かった特殊化モンゴロイドの一団は，更新世のうちに再びアメリカ大陸に渡ったが，これら現在のイヌイットの先祖たちはアラスカなど極北地域にとどまり，南下することはなかった．

1.4 旧石器時代人

a. 最古の日本人

日本列島最古の住民は縄文時代人で，それ以前の更新世に人間が住んでいた形跡はないというのが，戦前の通説だった．戦後，旧石器時代の遺物が全国各地で発見され，更新世人類の存在が証明されたが，それらの遺物はいずれも後期旧石器時代のもので，それより古い文化の存在は長い間確認されなかった．しかし，1980年代に入って，関東・東北・北海道などで新発見が相次ぎ，日本の旧石器文化も後期旧石器文化以前にさかのぼる可能性が出てきた．しかし，たとえ日本列島人の歴史が中期あるいは前期旧石器時代から始まったとしても，旧人もしくは原人段階の人たちが日本人の源流だったかという点になると話は別である．

前期・中期旧石器時代は40万年もの長い間続いたにもかかわらず，この間のものといわれる遺跡が極端に少ないのは，大陸からの移住は散発的で，渡来集団の規模もきわめて小さかったためだと考えられる．後期旧石器時代になると，石器製作技術が一

変するとともに，遺跡数は急増し，その分布域も北海道から九州まで広がった．これらの事実は，最終氷期にアジア大陸から相次いで渡来した後期旧石器時代人によって，それまでの文化は新来の文化にとってかわられ，少数派の先住民の体質は多数派の渡来人に吸収されてしまったことを示唆している．

b. 南方起源説と北方起源説―後期旧石器時代人のルーツ

　最終氷期の日本列島がアジア大陸と接続していたかどうかは，後期旧石器時代の動物群と人間の移動を考えるうえで重要である．この時期に起きた海面低下は，最大120 mに達したと推定されており，北では人間や動物がシベリアから間宮海峡，サハリン，宗谷海峡，北海道，津軽海峡を経由して本州まで移動することができた．一方，南の朝鮮海峡には陸橋は存在せず，そこでは狭く浅い水道が日本海と東シナ海を結んでいた．しかし，海面低下の最大規模についてはまだ検討の余地が残されているし，陸橋が存在しなかったとしても，後期旧石器時代人が朝鮮半島から九州へ渡ることは可能だった．

　後期旧石器時代人はどこからきたか，これを探る手がかりになる人骨は，ほとんど残されていない．唯一の例外は，沖縄本島の港川から出た保存状態の良好な人骨である．約1万8000年前と推定される港川人(みなとがわじん)の顔は，顔幅が狭い華北の後期旧石器時代人（上洞人(じょうどうじん)）や新石器時代人とは違い，顔幅が広い華南の後期旧石器時代人（柳江人(りゅうこうじん)）やインドシナの新石器時代人に類似する（図1.3）．また，低身長という点でも港川人は華北よりも華南あるいは東南アジアの先史時代人に結びつく．奄美大島で出ている2万年以上前の石器群は台湾から北上したものであることが判明しているので，奄美諸島以南の南西諸島に南方起源の後期旧石器時代人が居住していたことは確実である．

　北海道や本土で出ている後期旧石器時代の遺物は膨大な量に達するが，それらを製作した人間の骨は，ほとんど残っていない．この時代のものとしては，静岡県の浜北で見つかった頭蓋骨，四肢骨の破片があるが，それらは当時のヒトの特徴を知るにはあまりにも断片的すぎる．このように人骨から得られる情報が非常に少ないにもかかわらず，本土の後期旧石器時代人とその子孫にあたる縄文人は南方起源だという説が最近までほとんど定説化していた．この南方起源説の骨子は，日本列島の各時代集団が，縄文人・アイヌ・南西諸島人グループと渡来系弥生人・古墳時代以降の本土人グループに分かれ，前者は後期旧石器時代に南方から渡来した集団の古い特徴を受け継いでおり，後者の新しい特徴は弥生時代に朝鮮半島を経由して渡来した北方系集団によってもち込まれたというものである．この説は，おもに頭蓋計測値と歯の形態の研究成果を根拠にしており，肝心の後期旧石器時代人の特徴については，それを沖縄の港川人骨で代表させている．しかし，港川人と同系統の後期旧石器時代人が日本列島全域に分布していたという人類学的証拠も，本土・北海道の後期旧石器文化が南方起源であることを裏づける考古学的証拠もまったくない．

　これに対して，南西諸島を含む日本列島の後期旧石器時代人がすべて北方アジアに由来するという説が現代人の集団遺伝学的研究から相次いで出されている．たとえば，多数の多型形質の遺伝子頻度を使って，日本と周辺地域の諸集団の遺伝距離を求めた研究では，アイヌ，沖縄，本土の日本人集団が東南アジアの集団群ではなく，北東アジアの集団群に属すことが確かめられ，北方起源の集団が3万年前に日本列島へ渡来し，その後も1万2000年前までの間に断続的に流入したと考えられている．また，アイヌ，沖縄，本土3集団の血清ガンマ・グロブリン（Gm）型遺伝子がモンゴロイドの北方型に属しているところから，日本人発祥の地をバイカル湖畔に

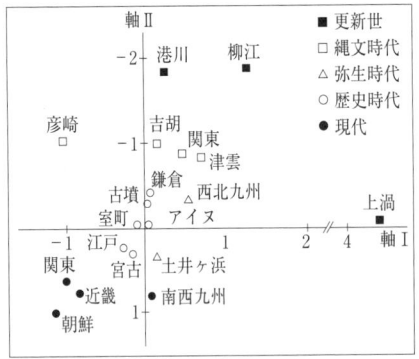

図1.3　主成分分析に基づく更新世から現代に至る各時代人の分布（注2）（鈴木，1983[3]；池田，1991[4]）

あてている人がいるし，ミトコンドリア DNA の研究者も北方起源説を強く支持している．

c. 3 ルート渡来説

南方起源説にしても北方起源説にしても，渡来人単系説であるが，これに対して沖縄，西日本，東日本・北海道へ渡ってきたのは起源も渡来経路も違う後期旧石器時代人だったとみる 3 ルート渡来説がある．最終氷期の本土・北海道は，植生，動物相の違いによって関東・中部地方の東と西に分かれる．西日本には冷温帯的植生が広がり，森林型の動物が生息していたが，東日本は亜寒帯的植生とマンモス動物群の要素で特徴づけられる．3 万年前に本土全域に分布するナイフ形石器は，華北で誕生し，朝鮮半島を経て西日本に伝わり，東へ広がった可能性が高い．それに続く特徴的な石器群は細石刃石器群であるが，これには荒屋型彫器という特異な形態の石器を含むクサビ形細石刃核石器群と半円錐形細石刃核石器群（注 4）とがある．2～3 万年前にバイカル湖周辺で発生したクサビ形細石刃核石器群は，沿海州からサハリン経由で 1 万 4000 年前頃北海道に達し，さらに東北地方を新潟県あたりまで南下し，それまでのナイフ形石器群にとってかわった．ほぼ同じ頃，関東地方から西には半円錐形細石刃核石器群

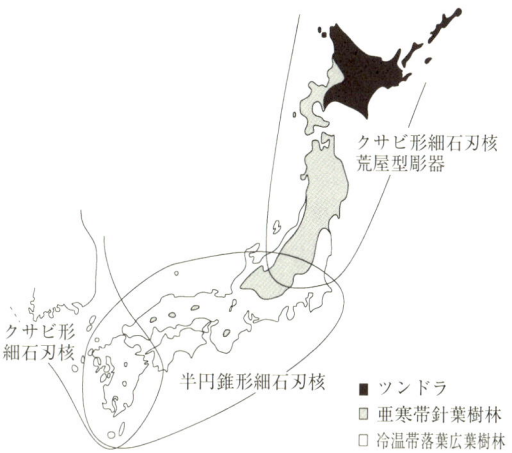

図 1.4 後期旧石器時代後半の植生と細石刃石器群の東西差（鈴木，1978[5]；池田，1998[6]）

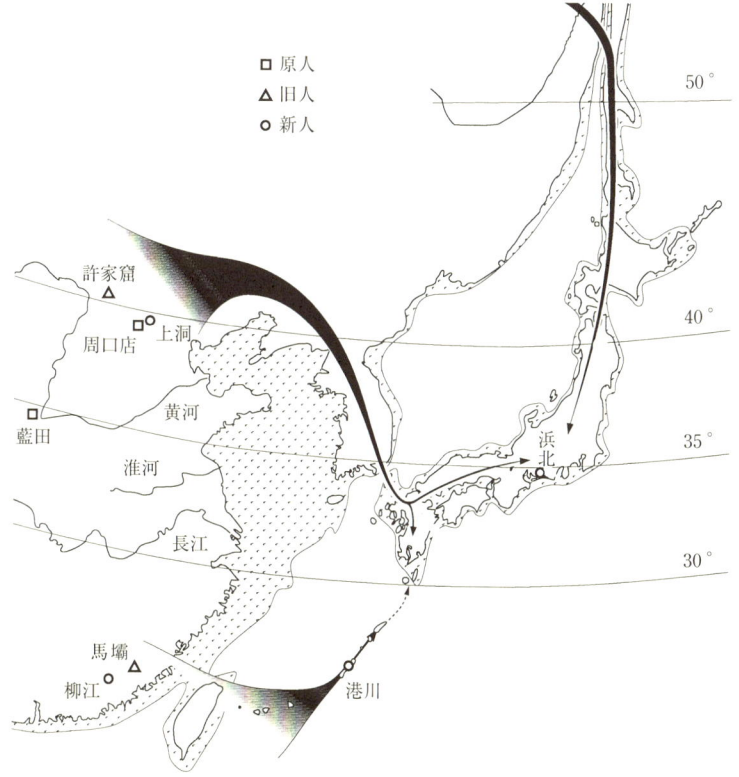

図 1.5 後期旧石器時代人の日本列島への推定移動ルート（池田，1998[6] を改変）

が分布していたが，これは在来のナイフ形石器群から発展したとも，華北の細石刃核石器群の影響を受けているともいわれている．このように，それぞれの領域の植生，動物相と密接に結びついている細石刃石器群の東西差（図1.4）は，当時の東日本・北海道と西日本の後期旧石器時代人の系統の違いを反映している．

日本列島全体としてみると，奄美以南の南西諸島，西日本，東日本・北海道の3地域を，それぞれ華南・東南アジア系，純華北系，華北・シベリアの混合系の後期旧石器時代人が占拠していた（図1.5）．これら3系統の渡来人は初期モンゴロイドの特徴を備えている点では共通しているが，系統による違いもあり，生殖的にも別々の集団として並存していたと考えられる．列島最古の土器は約1万2000年前に出現するが，それらの土器は細石刃石器と一緒に出てくるので，後期旧石器時代と縄文時代の文化の連続性は疑う余地がなく，日本の基層文化は14000〜12000年前の細石刃文化に求められるといわれている．縄文人の直系の先祖であり，現代日本人に直結する最古の日本列島人集団はこの時期の北海道・本土の北方系後期旧石器時代人である．

1.5　縄文時代人

後期旧石器時代に続く縄文時代は，草創期（紀元前1万〜8000年），早期（紀元前8000〜4000年），前期（紀元前4000〜3000年），中期（紀元前3000〜2000年），後期（紀元前2000〜1000年），晩期（紀元前1000〜500年）の6期に分けられる．

a. 縄文人の特徴

頭蓋のおもな計測値と示数，歯の名前などを図1.6に示す．頭蓋の大きさでは，縄文人は長さ，幅とも現代人より大きいが，高さは著しく低い．そのため，頭を上から見ると，縄文人のほうがずっと大頭であるが，その形を表す長幅示数は現代人よりやや小さい程度で，大きな差はない．これに対して，顔の形はひどく違っている．前から見たときの縄文人の顔は，頬と顎のはった，寸づまりの角顔であるが，これは顔の幅が現代人よりはるかに広く，高さが低いためである．鼻も顔の形に応じて広く，低く，それほど著しくはないが，同じ傾向が眼窩にも認められる．縄文人の顔のきわだった特徴は，横顔の輪郭にみられる（図1.7）．眉間が強く突出し，その下に続く鼻骨との境は深く落ち込むが，鼻骨は再び高

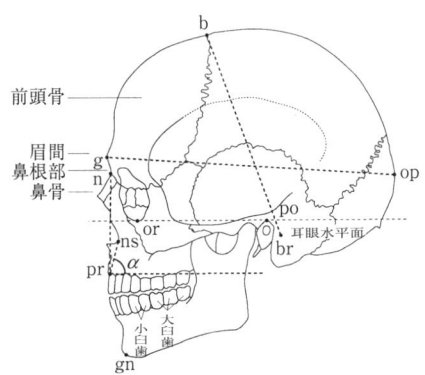

図1.6　ヒトの頭蓋とそのおもな計測値・示数[6]

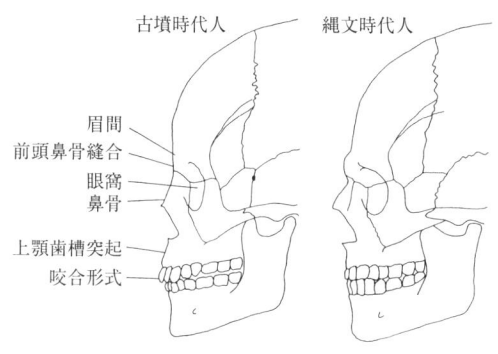

図 1.7 古墳時代人と縄文時代人の違い（山口，1984）[7]

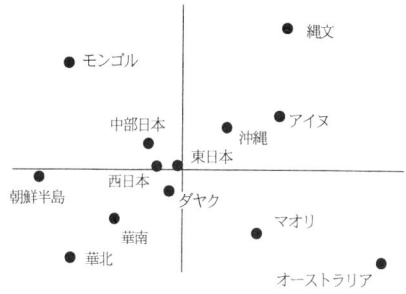

図 1.9 頭蓋計測値（8 項目）のマハラノビスの汎距離（注2）による縄文人と東アジア，オセアニアの現代人集団との比較（Yamaguchi, 1992[10] を改変）

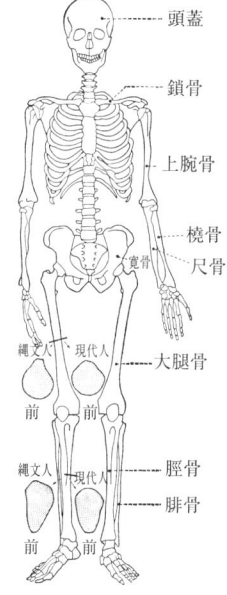

図 1.8 ヒトの骨格と大腿骨，脛骨の中央断面（山口，1982[8]；池田，1982[9]）

く隆起しているので，縄文人の顔を復元してみると，鼻筋がとおって彫りの深い顔になる．歯は小さく，上下の前歯の噛み合わせは，古墳時代以降の人の多くが鋏状咬合という形をとるのに対して，縄文人の場合は，鉗子状咬合が普通である．

縄文人の平均身長は男性 158 cm，女性 147 cm 前後で，これは 1940 年代の日本人の平均身長より 2, 3 cm 低い．

縄文人の四肢骨（図 1.8）の長さに対する太さの比は，現代人より大きいが，その差は上腕骨，大腿骨，脛骨で特に著しい．縄文人四肢骨の第二の特徴は，骨体の断面が前後に長く，左右に短く扁平なこ

とである．その程度を表す骨体横断示数（骨体の横径の縦径に対する比）は，ほとんどすべての四肢骨で，縄文人のほうが現代人より小さいが，なかでも扁平な脛骨は縄文人の特性として古くから知られている．また，大腿骨の後面を縦に走る骨の高まりには，多くの筋肉が付着するが，縄文人ではこの高まりが柱を張り付けたように後方に突出している．このような大腿骨は柱状大腿骨とよばれ，縄文人の大きな特徴の一つとされており，それを表す中央横断示数（中央部の縦径の横径に対する比）が，現代人では 100 以下であるのに対して，縄文人では 100 をこえる．これらはすべて縄文人の四肢骨が頑丈で，それに付着する筋肉が発達していたことを示している．三番目の特徴は，上肢では上腕に対する前腕の長さ，下肢でいえば大腿に対する下腿の長さが，縄文人では現代人より長いことである．

縄文人の頭蓋骨，四肢骨の特徴は，ほとんどすべてヨーロッパの後期旧石器時代人にもみられる．縄文人と東アジア諸集団の頭蓋計測値を比較すると，縄文人とアイヌ，後期旧石器時代人の間に多くの共通点があり，特にアイヌ，華南の柳江人と沖縄の港川人に近いが，新石器時代以降の集団からはまったく孤立している（図 1.3, 1.9）．しかし，北海道アイヌを別とすれば，その立体的な鼻根部（鼻根湾曲示数が小さい）は，新石器時代以降の東アジアの集団にはもちろんのこと，計測値では縄文人に近い柳江人にも港川人にもみられない特異な形態である．縄文人とアイヌの類似は，頭蓋計測値や鼻根部の形態だけでなく，頭蓋小変異，歯の形態でも確かめられており，縄文・アイヌ集団は新石器時代以降の東

アジア集団のなかの「人種の孤島」と考えられている.

新石器時代に入って，シベリアの特殊化モンゴロイドが移動した地域では，先住の初期モンゴロイドの特徴を大きく変えたが，その影響は縄文時代の日本列島にはまだ及んでいなかった．縄文人が初期モンゴロイドの一員であり，アイヌがその特徴を強く残しているとすれば，隆起の強い鼻根部をもつ縄文・アイヌ集団が，多かれ少なかれ特殊化モンゴロイドの影響を受けて顔面が平坦化した新石器時代以降の大陸諸集団のなかで孤立しているのも当然である.

b. 縄文人の時代差

縄文人の特徴に多少の時代差や地方差があったとしても，それはとるに足りないもので，等質の縄文人がその開始から終わりまで日本全土に居住していたというのが，戦前の通説であった．しかしそれは，当時，調べられた縄文人骨の99%までが後晩期のもので，しかも特定の地域に偏っていたからである．戦後，各時期の縄文人骨が全国各地で発見されるにつれて，縄文人の時代差と地方差の実態が明らかになった．

縄文人の後期旧石器時代人的特徴は，後晩期の縄文人よりも初期の縄文人に強く残されていると推測されるが，それは早前期人骨と中期以降の人骨の比較によって確かめられている．顔面や鼻が低く，歯の磨滅が強いのは，縄文人の一般的な特徴であるが，その程度は後晩期人より早前期人で著しい（図1.10）．早前期人の大腿骨の柱状性と脛骨の扁平度は強いが，四肢骨，特に上肢骨は後晩期人とは対照的に細くきゃしゃである．このような四肢骨をもつ早前期人は，確かに後晩期人より後期旧石器時代人的な縄文人だといえる．

早前期人の低い顔面や小形の下顎骨，細く扁平な脛骨と柱状性の強い大腿骨は，彼らの貧しい食料事情と下肢骨の酷使に原因しているとみる人が多い．しかし，それだけでは早前期人と後晩期人の違いが，男性で著しいのに対して，女性ではほとんど認められず，四肢骨の頑丈さの時代差が，下肢骨では上肢骨ほどはっきりしないという，時代差の男女による違いと，上肢と下肢との違いは説明できない．

旧石器時代と同様，基本的には狩猟採集経済を基盤として暮していた縄文時代でも，草創期，早期の間は，集団がまだ小さく遊動的であり，旧石器時代の採集民的な生活様式を強く残している．これに対して，前期以降の縄文文化には定住村落の発達，ある種の植物の栽培など，旧石器文化とは異なる特色が少なくないので，縄文人の生活は早期と前期の間で大きく変わったとみられている．前期になって縄文人の栄養状態が好転した結果，中期以降の縄文人の顔面，大腿骨，脛骨の形態が変わったが，上肢骨の頑丈化に男女の違いがあるのは，前期の間に確立された恒常的な定住生活が男性の労働強化につながり，それによって上肢骨の頑丈な男性の比率が増加したためであろう．

c. 東西の縄文人

縄文早期末から前期初頭にかけて気候は最も温暖になり，それに伴って日本列島の森林植生も変化した．前期には，北緯35度付近を境にして，それから南の西日本と中部地方，関東地方の太平洋沿岸部はカシ，シイ，クスなどの照葉樹林（常緑広葉樹林）で，北の中部地方，関東地方北部から北海道までの地域はブナ，ナラ，クリ，クルミなどのナラ林（落葉広葉樹林）でおおわれるようになった．縄文時代の日本列島は，北海道南部から九州までの縄文文化圏と，その辺境地域として位置づけられる北海道東

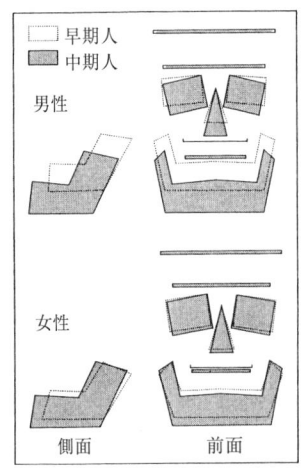

図 1.10 縄文早期人と中期人の頭蓋の比較模式図（小片，1977[11]を改変）

部と沖縄の文化圏に分けられ，縄文文化圏そのものは，伊勢湾と若狭湾を結ぶ線で東西の文化領域に区分される．東西両領域はそれぞれナラ林帯と照葉樹林帯に対応するので，その間には自然への適応の違いによって，数多くの文化要素に大きな違いがある．

東日本と西日本に住み分けた後期旧石器時代人は，文化的にも体質的にも異質な集団であり，その間の通婚はほとんどなかったと思われる．縄文時代に入ると，南北の辺境部が緩衝地帯となって列島周辺の文化は縄文文化圏に大きく入り込まなくなり，列島文化の独自性が発揮されるようになるが，縄文文化圏の東西二領域の住民もこの段階で一つの生殖集団に溶け込むようになった．東日本と西日本の後・晩期人を比較すると，男性では東日本のほうが一般に大柄で，前腕，下腿が相対的に短いという違いがあることがわかっている．しかし，これは東西差というよりむしろ南北の地理的勾配とみるべきであり，このような勾配は東西の縄文人集団間の遺伝的交流が，後晩期までにかなり進み，清野謙次が原日本人とよんだ，かなり等質の集団が縄文文化圏の全域に広がっていたことを示している．縄文時代まで比較的単調だった日本列島人の地域性を多様化させたのは，弥生時代に始まる大陸からの新しい文化の到来と人間の流入であった．

1.6 弥生時代人

弥生時代を特徴づける最も重要な文化要素は，大陸から伝来した水田稲作農耕である．縄文時代の食料採集経済から稲作を主体とする食料生産経済への転換によって豊富な余剰生産が生み出された結果，人口支持力が増大したため，それまで7〜8万人にすぎなかった人口は一挙に60万人近くまで急増し，その後も増加の一途をたどり，奈良時代の終わりには500万人をこえた．また，社会階層や職業が分化するとともに，あらゆる技術が飛躍的に向上した．弥生時代は，前期（紀元前30〜170年），中期（紀元前170〜紀元50年），後期（紀元50〜250年）に区分されるが，西日本では，土器型式は縄文晩期後半に属しながら，すでに本格的な水田稲作が行われていた紀元前500〜300年の縄文・弥生移行期（弥生早期とよばれることが多い）が設定されている．

列島文化の転換期であり，日本文化の出発点となった弥生時代は，日本人の体質が激変した時期でもあった．100年をこえる日本人の起源をめぐる論争も，稲作農耕と金属器によって代表される大陸文化の伝来が人間の移住を伴ったか否か，先住民の正体はなにかをめぐって闘わされてきた．この間，学界の主流を占めた学説は，シーボルト（Shiebolt）のアイヌ説に始まり，鳥居龍蔵の固有日本人説，清野謙次の原日本人説と長谷部言人の先史日本人説，鈴木 尚の小進化説と次々に変わったが，今では金関丈夫が提唱した弥生人渡来説が大筋において容認され，探索の的は渡来人の原郷に絞られている．

a. 渡来系弥生人の特徴

渡来説の根拠になったのは，山口県の土井ヶ浜遺跡で発掘された前期末から中期初頭にかけての弥生人骨の特徴であった．たとえば，その高くて狭く平坦な顔，高身長，扁平性の弱い四肢骨や柱状性の弱い大腿骨などは縄文人のものとはまったく対照的である．また，頭蓋小変異の出現頻度，歯の大きさや形態でも土井ヶ浜弥生人は縄文人と大きく異なっている．頭蓋の計測値や小変異，歯の大きさや形態特徴を使って，土井ヶ浜人を東アジアの諸集団と比較すると，土井ヶ浜人は特殊化モンゴロイドの影響が弱い南方モンゴロイド，縄文人，アイヌのグループではなく，それが強い北東アジアの現代人，新石器時代人と同じグループに属す（図1.11）．土井ヶ浜人のように縄文人と北方アジア系渡来人の混血によって誕生し，渡来人の特徴が優っている弥生人集団

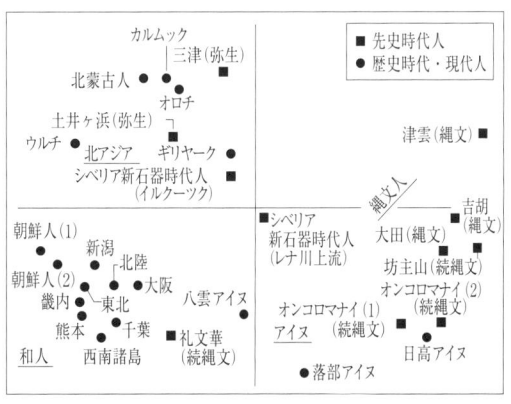

図1.11 頭蓋計測値（7項目）のQモード相関係数（注2）に基づく集団関係（埴原，1984）[12]

は，「渡来系弥生人」とよばれている．

土井ヶ浜弥生人は，身体特徴だけでなく，抜歯の様式も大陸から受け入れている疑いがある．抜歯というのは，おもに成人儀礼の一環として，健全な歯を故意に抜く風習であるが，抜歯の様式，つまりどの歯を抜くかは，集団ごとに決まっていて，縄文・弥生時代の抜歯様式も，時期・地域によって違っている．縄文時代の抜歯風習は，中期末に仙台湾付近で発生し，各地に伝播したが，この習俗が列島全域にゆき渡り，様式的にも特異な発展をとげるのは晩期になってからで，この時期になると，東日本と西日本の抜歯様式の違いがきわだってくる．西日本の縄文様式は，上顎の歯も下顎の歯も等しく抜かれ，上顎犬歯の抜去率が高いのが特徴的であるが，土井ヶ浜の抜歯人骨では，下顎歯の抜去が少なく，西日本縄文人ではあまり抜かれていない上顎側切歯の抜去率がきわめて高い．このような抜歯様式は，西日本の縄文晩期の伝統的な様式が上顎左右の側切歯だけを抜く中国の新石器時代人の抜歯様式を受け入れて生まれたと想定し，これを渡来系様式とよぶ人がいる．

渡来系弥生人は，四肢骨の形態でも縄文人とは異なり，古墳時代以降の日本人に似ている．大腿骨の柱状性，脛骨の扁平性が縄文人よりはるかに弱いだけでなく，四肢骨，特に上肢骨が縄文人より大きく頑丈である．しかし，このような四肢骨の非縄文人的な形態は採集生活から農耕生活への転換によって獲得された農耕民特有のものであり，これを一概に顔面形態，身長などの非縄文人的特徴と同様，渡来形質と見なすことはできない．

b. 渡来系弥生人の成立過程

弥生時代の水田稲作農耕は，中国江南地方から山東半島，朝鮮半島を経由して北部九州へ伝わった可能性が高く，渡来人も朝鮮半島南部から海峡を横断して北部九州・西中国の沿海部に移住したことはほぼ確実である．朝鮮半島から伝来したもう一つの重要な文化要素は金属器，特に青銅製品であるが，北部九州に最初に出現する青銅器の源流は遠く中国東北部の遼寧地方に発するといわれている．これらの大陸系の文化要素は，すべてがまとまって到来したわけではなく，何回にもわたって波及したが，その

なかで，弥生社会を飛躍的に発展させる画期となった波及が2回ある．第一の画期は，水田稲作が農工具用の磨製石器や支石墓という朝鮮半島の農耕社会で発達した墓制とともに西北九州に伝来し，弥生文化の原型が形づくられた縄文・弥生移行期である．第二の画期に北部九州に流入したのは，朝鮮半島系の青銅器文化で，時期的には弥生前期末から中期初頭である．

九州の西北部に偏在している縄文・弥生移行期もしくは弥生前期の支石墓に残っていた人骨は，低顔（顔示数・上顔示数が小さい），落ち込んだ鼻根部や隆起の強い鼻骨，短く太い四肢骨，低身長を特徴とし，縄文人骨とまったく変わらない．しかも，そのほぼ全員に施されている抜歯の様式も，例外なく西日本の縄文様式である．前期の中頃になると，高顔（顔示数・上顔示数が大きい）・高身長で代表される渡来形質をもつ弥生人が，福岡平野や島根半島に初めて姿を現すが，それらもまだ縄文系の抜歯様式を踏襲している．渡来形質と渡来系の抜歯様式をあわせもつ弥生人が出現するのは前期末で，それらは中期前半までに山口県西部の響灘沿岸と福岡平野，筑紫平野，熊本平野など北部九州平野部一帯に広がる．

九州北部平野部と西中国海岸部の弥生人にみられるこのような形質と抜歯様式の時代差から，次のように推論できる．第一の画期にあたる縄文・弥生移行期に北部九州沿岸部の狭い地域に稲作，支石墓など大陸の文化要素をもたらした渡来人の数はごく限られていた．渡来人はその後，徐々に増加し，第二の画期が始まる前期後半になると，ある程度まとまった数の渡来人が北部九州，響灘沿岸に到着する．彼らと，先に来ていた渡来人，あるいは渡来人と縄文人の間に生まれた渡来系弥生人が合流した結果，中期前半には，それまでの弥生人より渡来形質が卓越し，しかもきわめて均質な弥生人集団が誕生した．北部九州平野部に濃密に分布している甕棺墓の被葬者群がこれである．

c. 渡来の推定ルート

朝鮮半島南部から北部九州一帯への移住があったことはほぼ確実であるが，さらに朝鮮半島南部までの道筋を探ってみると，その有力候補として，稲作の道に相当する中国江南・山東半島から黄海を横断

する海路コースと，青銅器の道である中国東北部から朝鮮半島を縦断する陸路コースが浮かび上がってくる．

縄文時代の前期，中期に併行する中国の新石器時代の人骨で，高顔・高身長・平坦な鼻根部を特徴とするものは華北，特に山東半島に近い地域から出ている．山東半島一帯では，縄文晩期から弥生前期前半に相当する春秋戦国時代や弥生前期後半から中期にあたる前漢代になっても，新石器時代人の特徴が受け継がれている．一方，江南地方の新石器時代人骨の特徴は，変異に富んでいて，渡来系弥生人とも縄文人ともまったく違っているものもあれば，渡来系弥生人によく似たものもあるが，前漢代の人骨には渡来系弥生人的な特徴がはっきり認められる．

一方，朝鮮半島の北部では櫛目文土器時代（紀元前10000～1000年）末，中部では無文土器時代（紀元前1000～紀元前後）の中頃，南部ではその後半までには高顔・高身長・平坦な鼻根部など，日本でいう渡来形質の諸要素がすべて出そろっていた．

今から約1万年前，シベリアに源を発する特殊化モンゴロイドの流れは，中国大陸を南下したが，その一部は内モンゴル・中国東北部を経て朝鮮半島北部に達し，初期モンゴロイドタイプの先住民に影響を与えた．その結果，朝鮮半島北部の櫛目文土器時代人，中国東北部の青銅器時代（紀元前7～3世紀）人と朝鮮半島の無文土器時代人，つまり青銅器伝来コースにあたる地域の集団にも，山東半島の新石器時代人，春秋戦国時代人，つまり稲作伝来コースの集団にも，特殊化モンゴロイドの特徴である高顔・高身長・平坦な鼻根部が認められることになった．したがって，このような特徴だけでは稲作，青銅器，どちらの伝来コースが渡来人のたどった道か，決めかねる．

頭蓋計測値を使って，シベリア・モンゴル・中国・朝鮮半島の先史時代人・古代人・現代人，日本の縄文人・弥生人・古墳人・現代人・アイヌの関係を検討してみると，これらの集団は縄文人・縄文人形質の強い西北九州弥生人と南九州山間部古墳人，華南の曇石山新石器時代人，アイヌの集団群とそれ以外の集団群に大きく分かれる（図1.12）．後者はさらに，華北・韓国・西南日本の現代人と華北の新石器時代人・山東半島の臨淄戦国前漢時代人のグル

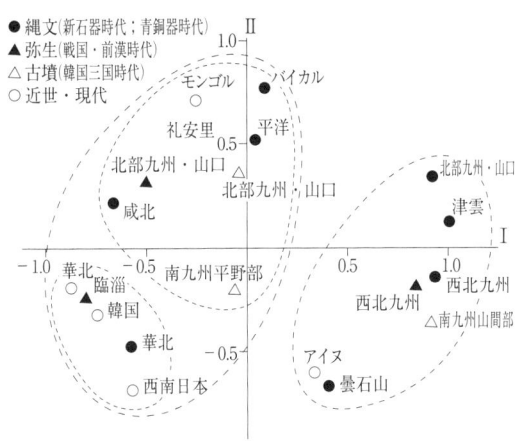

図1.12 頭蓋計測値（9項目）のQモード相関係数（注2）に基づく集団の分布図（男性）（池田，1998）[6]
形態距離のクラスター分析の結果を参考にしてグループ分けした．

ープとバイカル新石器時代人・中国東北部の平洋青銅器時代人・モンゴル現代人，朝鮮半島北部の咸北櫛目文土器時代人・南部の礼安里三国時代（300～600年）人，渡来形質に優る北部九州の弥生人と古墳人，南九州平野部古墳人のグループに区分される．このように，渡来系弥生人が韓国南部の礼安里古墳人とともに，稲作コースの集団より北方アジア的な形質がやや強い青銅器コースの集団と同じグループに属していることや，朝鮮半島における稲作開始の時期が，中国では青銅器文化の最盛期にあたるにもかかわらず，朝鮮半島の青銅器が華北の殷・西周ではなく，東北部遼寧の青銅器の流れを汲んでいることなどを考慮すれば，華北の青銅器時代人より中国東北部の青銅器時代人や朝鮮半島北部の無文土器時代人のほうが，第二の画期の渡来人の祖系集団として有力視される．

朝鮮半島からの渡来の進行状況をみると，第一の画期にあたる縄文・弥生移行期から弥生前期中頃までの渡来が，長期にわたって緩慢かつ浸透的に進み，その効果が徐々に発揮されているのに対して，第二の画期の渡来は弥生前期末から中期初頭という比較的短期間に衝撃的に起きており，その効果も絶大である．この違いは，第二の画期の渡来人の規模が初期の渡来人より大きく，その出発地が朝鮮半島南部ではなく，それより遠い所，たとえば半島北部や中国東北部だったことを示唆している．紀元前300年

頃，中国戦国時代の一国である燕が，遼東方面に進出したため，東北部に住んでいたツングース系の東胡が西北朝鮮に侵入したことにより，朝鮮半島の社会緊張が高まり，それが北部の青銅器時代人の南下をうながしたという説がある．この説に従えば，これら南部に流入した人たちの大部分は，先住民と融和して礼安里古墳人の祖系集団を誕生させたが，その一部は海峡をこえ北部九州へ向かったと考えられる．弥生前期末に東胡-朝鮮系の青銅器，朝鮮系の無文土器を日本にもち込んだのは，この系統の渡来人だったのだろう．

d. 渡来系弥生人の拡散

北部九州で発生した弥生文化は，九州一円から四国，さらに本州を東へ向かって広がり，半世紀のうちに伊勢湾と若狭湾を結ぶ線まで進出するが，そこでいったん停止する．この時期の伝播を示すのは，前期の遠賀川式土器であるが，その分布域にありながら体質的には弥生化しなかった地域がある．西北九州の海岸部や離島の弥生人は，中期になっても頭蓋，歯，四肢骨すべての特徴に縄文人的特徴を強く残し，歯も西日本の縄文様式に従って抜かれており，「在来系弥生人」とよばれている．土器，石器など弥生の文化要素は受け入れながら，農民に変身せず，

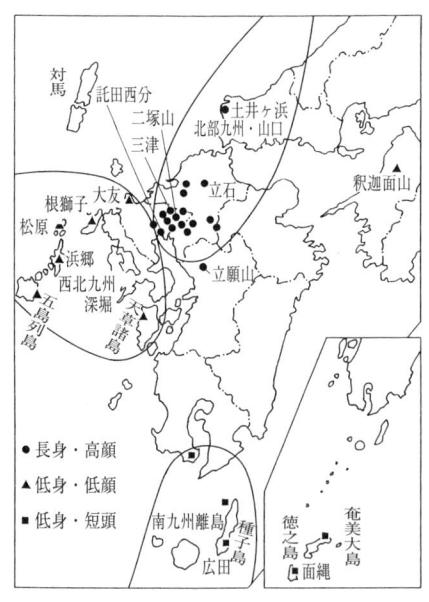

図 1.13 九州とその隣接地域の弥生人骨出土遺跡
(内藤, 1984)[13]

縄文以来の伝統的な漁撈活動を守り続けた西北九州によく似た状況は南九州とその離島にもみられる (図 1.13)．これに対して，東中国，近畿，東海西部など本州西半の弥生人は，変異に富んではいるが，鼻根部は例外なく平坦で，高顔，高身長などの渡来形質をなんらかの形でもち，四肢骨の形態も農耕民的である．これらの地域に渡来系弥生人が到達したことは確実である．しかし，この地域の抜歯習俗は弥生時代前期の間に衰退し，前期末に響灘沿岸部で生まれた渡来系様式が伝わるのを待たず，姿を消してしまった．

弥生前期の遠賀川式土器が波及しなかった濃尾平野以東の地域は，この時期，まだ縄文晩期の亀ケ岡系土器の分布圏であり，そこには依然として採集社会が展開していた．西日本の稲作農耕は，中期に入って東へ伝わり，中期末には本州の北端まで及んだが，これらの地域では，縄文文化の伝統を残した東日本的弥生文化が発達する．関東地方の弥生人骨は，ほとんどすべて海岸部・山間部の洞穴遺跡から出ている漁撈民・狩猟採集民の遺骨で，その特徴には渡来系集団の影響を見出すことはできない．また，関東，中部地方の山間部の遺跡から出ている採集民と考えられる弥生人の歯にも土着系要素がみられるが，中部地方でも平野部の農耕民の歯は渡来系弥生人に似ている．九州のような弥生文化の先進地域でも，西北九州には縄文人的な弥生漁撈民が中期になっても残っているのと同じように，東日本の弥生漁撈・狩猟民は縄文人の延長だった．これに対して，農耕に従事していた東日本弥生人は渡来形質の持主だったが，その渡来形質は西日本の渡来系農耕民ほど著しくない．

西日本の渡来系弥生人集団の東方への移動は，シベリア起源の東日本縄文人集団に，華北由来の西日本縄文人と朝鮮半島からの渡来人との混血集団が遺伝的影響を及ぼした．今日の本土人にみられる各種形質の地理的勾配は，その大半がこの時期の西日本から東日本への遺伝子流入に由来すると考えられる．

1.7 古墳時代人

古墳時代は，前期 (3 世紀後半～4 世紀)，中期 (5 世紀)，後期 (6 世紀～7 世紀) の 3 期に区分される．古墳時代になっても，多くの人たちが主とし

て朝鮮半島から日本に移住してきたが，これら古墳時代の渡来人が古代日本に及ぼした文化的貢献度と遺伝的影響力の大きさは，弥生時代の渡来人に比べても，決して引けをとるものではなかった．

　古墳人の特徴も，弥生人と同様，地域を無視して一概には論じられないが，大ざっぱにいうと，大半の古墳人は，渡来系弥生人と古墳時代以後の日本人に類似する特徴を多かれ少なかれもっている．たとえば，古墳人の頭蓋・四肢骨の計測値には，縄文人と現代日本人のほぼ中間に入るものが多いが，顔面の平坦度，頭蓋小変異の出現頻度，歯の形態，身長のように，現代日本人よりむしろ渡来系弥生人，華北，朝鮮半島の現代人もしくは新石器時代人に近い形質が少なくない．

a. 渡来系の古墳人

　弥生文化も古墳文化も波及しなかった北海道と南西諸島，古墳人骨がほとんど出ていない東海・中部地方，東北地方北半を除く9地域の古墳人集団は，頭蓋計測値からみると3群に分けられる（図 1.14）．第1群は畿内現代人に近い畿内古墳人，第2群は縄文人，在来系弥生人に近い南九州，西九州，北陸の古墳人，第3群は第1群と第2群の中間に位置するが第1群に近く，渡来系弥生人的な東北九州・西中国，東中国・西近畿，四国，南近畿，関東・東北南部の古墳人である．弥生人にならって，第1群と第3群を「渡来系古墳人」，第2群を「在来系古墳人」とよぶことにする．

　渡来形質が最も強い第1群の畿内古墳人は，短頭（頭蓋長幅示数が80以上）という点でも他集団に優っている．この頭形は弥生時代に出現し，古墳時代を経て現代まで受け継がれている畿内人の地域的特性である．大和政権の拠点であった畿内は，弥生時代すでに渡来人の影響をこうむっていたが，古墳時代に入っても大陸からの渡来人を大量に受け入れた地域であった．畿内古墳人が，現代日本人のなかで朝鮮・韓国人に最も類似する畿内現代人とともに，縄文人から最も離れているのもそのためである．

　第3群に属す渡来系古墳人は，比較的第1群に近い東北九州・西中国，東中国・西近畿，四国の西日本古墳人と，どちらかといえば第2群よりの南近畿，関東・東北南部の古墳人に分けられる．南近畿古墳人は，紀伊半島西海岸の古墳人であるが，その特徴は地域・遺跡により異なる．北部から中部には，畿内古墳人と同系統の農耕民が広がり，その一部は南部まで達しているが，南部の漁民集団には渡来系・在来系の形質が混在している．南近畿古墳人が第3群のなかでも比較的在来系古墳人に近いのは，資料の大半を南部の漁民集団が占めているためである．関東・東北南部古墳人の場合，その程度は西日本古墳人ほど著しくないが，頭蓋・四肢骨すべての特徴にわたって渡来形質が認められる．したがって，古墳時代の終わりまでには，渡来人の影響が東北南部にも及んでいたことは明らかである．

b. 在来系の古墳人

　第2群の北陸，南九州，西九州の古墳人と，それ以外に中部山岳地帯と東北地方北半の古墳人が在来系古墳人に入るが，なかでも縄文人的特徴が強いのが南九州古墳人である．水田の適地が乏しく，稲作農耕が発達しなかった南九州には，地方色豊かな弥生文化が展開したが，その地域性は古墳時代になるとさらにきわだってくる．宮崎県南部から大隅半島にかけて分布する地下式横穴墓は，この地域独自の古墳で，隼人（はやと）の墓といわれているが，南九州の古墳人骨はほとんどすべてが，この形式の墓から出土している．南九州山間部の古墳人の特徴が縄文人的であるのに対して，南九州平野部の古墳人は渡来系古墳人の範疇に入るが（図 1.12 を参照），ともに短頭を特徴としており，それはこの地域の現代人にも受け継がれている．

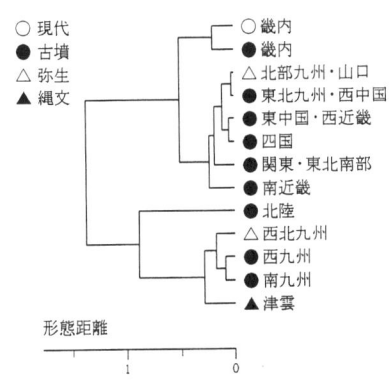

図 1.14　頭蓋計測値（11項目）の形態距離（注2）に基づく古墳人集団の類縁関係図（男性）（池田，1993）[14]

第1群と第3群に属す渡来系古墳人の分布域が，古墳時代，奈良時代に人口密度が高く，政治・文化の中心であった地域に相当するのに対して，在来系古墳人の居住域の多くは，人口密度が希薄で，大和政権の支配が及ばなかった地域であり，そこに住む人たちは，中央の人からは異族と見なされていた．異族とは，大和人からみて文化・言語・体質の面で異質な性格をもつ集団を指すが，彼らは水稲耕作文化とは違う文化的伝統をもつ人々，つまり狩猟，漁撈，焼畑農耕などに依存して暮らしていた人たちであった．南の隼人，北の蝦夷のように，比較的遅くまで，国家権力に反抗したり，同化しなかった異族もやがては大和政権の支配下に組み込まれるが，渡来系古墳人と在来系古墳人の配置は，今でも大きく変わっていない（図1.1を参照）．

1.8 日本人の成立――本土人・アイヌ・琉球人の分化

a. 北海道アイヌの形成

後期旧石器時代の北海道は，その全域が東北地方と同じ文化圏に属していた．縄文時代に入っても，道南地域は依然として本州との関係を保ち，縄文文化圏の一部であったが，道東地域は縄文文化は受け入れたものの，北方文化との接触地帯として独自の文化領域を形成していた．水田稲作に基盤を置く弥生文化が波及しなかった北海道には，縄文以来の伝統的生業に依存する続縄文文化が弥生時代から古墳時代を経過して8世紀後半まで展開していた．道南と道東という2つの文化領域の対立はこの時期になっても残っているが，8世紀後半になると続縄文文化は，オホーツク海沿岸部を除く北海道全域で擦文文化という均質な文化に移行する．この文化も本州の影響を受けて徐々にアイヌ文化に近づき，鎌倉・南北朝頃までにはアイヌ文化が成立する．

道南の縄文後晩期人は，近世アイヌよりも本州の同時代人に似ており，その多くに東日本様式の抜歯が施されている．続縄文時代の道南人は，顔面の平坦度や四肢骨の形態などに縄文人の特徴を保ちながら，顔の高さが増すなど，近世の道南アイヌに近づき，その後，擦文時代を経てアイヌ文化が成立する中世までの間に道南アイヌの特徴が完成された．これに対して，道東アイヌの特徴は，擦文時代，続縄文時代をさかのぼり，縄文時代晩期までたどれることが確認されている．つまり，縄文文化圏の辺境地帯として，縄文時代すでに本土，道南地域とは文化的にも遺伝的にも疎遠だった道東地域では，地域独自の特徴がアイヌ文化の成立とは無関係に受け継がれ続けたのに対して，縄文時代はもちろんのこと，続縄文・擦文時代になっても東北北部との交流が途絶えることのなかった道南地域のアイヌの特徴は，アイヌ文化の形成と足並みをそろえて徐々に生成されたのである．

b. 中世以前の南西諸島人

九州から台湾までの海上に浮かぶ島々は，一括して南西諸島とよばれるが，九州本土の先史文化とのかかわりかたの違いによって，大隅諸島からトカラ列島までの北部圏，奄美・沖縄諸島を含む中部圏，先島諸島の南部圏に分けられる．北部圏は，旧石器時代以来，一貫して南九州の文化圏に属していたが，中部圏では，縄文・弥生時代を通じて，九州から伝わった土器文化が変容し，在地の土器文化が発達した．12世紀以前の南部圏は，九州はおろか，中部圏との交流もない南方系先史文化の世界だったが，12世紀頃には南部圏と中部圏の異文化が統合されて琉球文化圏が成立し，15, 6世紀にはそれが政治的に統括されて琉球王国が建設された．ここでいう琉球人とは，琉球文化圏の住民を指している．

南西諸島の縄文・弥生人のなかで，特徴が最もよくわかっているのは種子島の弥生人である．種子島を中心とする北部圏では，漁撈中心の伝統的な採集生活が弥生時代終末，古墳時代初頭になっても続けられていたが，この時期の種子島人の特徴はきわめて特異である．種子島弥生人の低身長・低顔・隆起の強い鼻根部などは，縄文人や西北九州の在来系弥生人に共通する特性であるが，その程度において種子島弥生人は在来系弥生人はもとより縄文人をはるかに上回っている．また，極度に短頭で，サイズの小さい頭蓋は，この集団特有のものである．四肢骨の形態は，必ずしも縄文人的とはいえないが，その細くきゃしゃな四肢骨は，他地域の弥生人にはみられないものである．これらを総合すると，種子島弥生人は渡来系弥生人や古墳時代以降の本土日本人よりも縄文人に近いが，縄文人とも区別される特異な

集団である．

　北部圏，なかでも種子島の広田弥生人で極度に達しているため，種子島タイプとよばれる．このような形態の組合せは，北は薩摩半島南端の弥生終末期の人骨，南は奄美諸島，沖縄本島など中部圏の弥生併行期の人骨にも認められるが，抜歯の様式には地域差があり，北部圏と中部圏ではそれぞれ固有の抜歯様式が発達している．北部圏・中部圏の抜歯様式は，西日本の縄文時代・弥生時代，中国の新石器時代のどれとも違っているが，しいていえば中部圏の様式は西日本縄文系と中国大陸系に，北部圏の様式は中国，特に江南地方と台湾のものに近い．また，種子島弥生人の副葬品のほとんどすべてが貝製品であり，それらに彫りこまれている文様のなかに中国の殷・西周時代に盛行した饕餮文があることも，中国江南地方との文化交流を示唆している．しかし，江南の新石器時代，前漢代の人骨には種子島タイプの片鱗さえも見出せない．

　低身長，小形の頭蓋，短頭，低顔などの組合せは，フィリピンやインド洋のアンダマン諸島に住んでいるネグリトの特徴でもある．しかし，南方の新石器文化が南部圏以北に伝わった形跡は今のところ見つかっていないので，ネグリトのような東南アジアの古層集団が北上して中部圏以北の縄文・弥生人の母体になったとは考えにくい．だが，後期旧石器時代あるいは縄文時代初頭に，南から琉球列島を北上して北部圏・南九州に到達した人間が，この地域の初期縄文文化の形成に関与した可能性も残されている．

　種子島・大隅半島の縄文晩期人の特徴は，九州の中部・北部の縄文人よりも種子島弥生人に近い．しかも種子島縄文人の抜歯様式は北部圏の弥生人の様式と一致するので，北部圏・九州南端の弥生人は同じ地域の縄文人の延長とみられる．種子島タイプの弥生人は，九州縄文人の特徴を主体としながら，縄文時代以前に渡来した南方集団の特徴を縄文晩期まで残している北部圏・九州南端の縄文人を母体として北部圏で誕生し，その居住域を南北に拡大したとみるのが妥当であろう．

c. 琉球人の誕生

　琉球人の祖系集団は，約3万年前から中部圏，南部圏に居住していた南方系の後期旧石器時代人だったという，これまでの通説を揺るがす仮説が提出されている．それによれば，トカラ海峡以南の南西諸島は，1万8000年前までは島ではなく，陸橋で結ばれていたアジア大陸の一部であったが，それから約1万年前までの間に大陸との接続が断たれたので，島の環境に適応できなくなった港川人の子孫たちは，絶滅したか，よそへ移動せざるをえなくなった．琉球人の祖先となる集団が沖縄諸島に定着したのは，縄文時代の後期だったというのである．この仮説に従えば，中部圏琉球人の基層集団は，縄文時代後期に九州本土から移住し，そこの環境に適応することに成功した集団に，弥生時代になって北部圏から南下した種子島タイプの集団が合流して生まれた集団ということになる．

　12世紀から13世紀にかけて沖縄諸島を中心とし奄美諸島から先島諸島まで広がる琉球文化圏が成立するが，この文化の形成には周辺地域，特に九州からの渡来人が大きく貢献し，この地域の先住民も渡来人の遺伝的影響を強く受けたという説が最近有力である．各種の遺伝形質からみて，現代琉球人が南方集団ではなく，北東アジア集団と同じグループに属しているという事実は，港川人絶滅説，中世渡来説のどちらでも説明できる．しかし，沖縄・奄美では縄文・弥生併行期と中世以降の間に，頭蓋計測値，身長が大きく変化していて，前者が縄文人に比較的近いのに対して，後者は本土の近世人や現代人に近い（図1.15）．近世琉球人の誕生に大きく貢献した

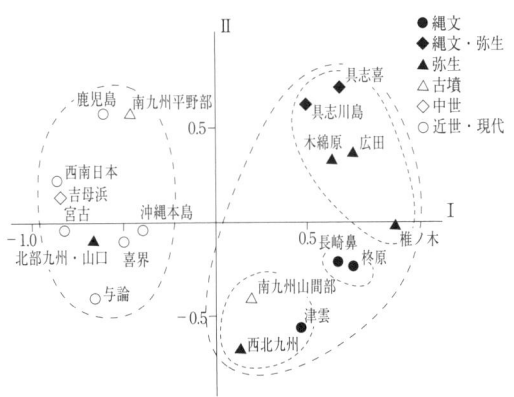

図1.15　頭蓋計測値（10項目）のQモード相関係数（注2）に基づく集団の分布図（男性）（池田，1998）[6]
形態距離のクラスター分析の結果を参考にしてグループ分けした．

のが中世の渡来人だったことは，これで明らかである．琉球文化圏の成立によって，九州本土からの遺伝的影響は中部圏にとどまらず，南部圏にも及んで先島住民の体質を一変させたが，先島先史時代人の南方要素も琉球文化圏の全域に拡散することになった．琉球現代人が，ほとんどすべての遺伝形質で本土日本人，アイヌとともに北方アジア集団グループに属しながら，頭蓋計測値，頭蓋小変異，顔面の平坦度，生体計測値ではアイヌよりも本土日本人に近いのは，南部圏，中部圏の基層集団であった南方系の先島先史時代人と縄文人・種子島タイプ弥生人が，その特徴を残しつつ，古代から中世にかけて本土からの遺伝的影響を強く受けて近世の琉球人に変貌したからである．

d. 日本人の成立

近世琉球人が誕生しようとしていた頃，道南では縄文人が近世アイヌに移行しつつあった．このように古墳時代から中世までの間に，初期モンゴロイド形質を強く残した北海道アイヌ，全体としてみると特殊化モンゴロイド形質が優る本土人，その中間にあって本土人につながる琉球人，という日本列島の3大地域集団が分化したが，その頃までには今日の本土日本人にみられる各種の地域差もすべて出そろっていた．

中世以降，日本人の体格や容貌にまったく変化がなかったわけではない．それどころか，明治維新以来の骨格形態の変化は，弥生時代に匹敵するほど激しかった．だが，それは全国いたる所にみられる形質の近代化現象で，これによって列島人の地域性が大きく揺れ動くことはなかった．また，中世から近世までの間に，皇族，公卿，将軍，大名諸侯など当時のハイクラスの人たちに庶民とかけ離れた特徴，いわゆる貴族形質が現れ，都市生活者と農山漁村生活者の違いが急速に拡大する．しかし，このような形質の階級差と都鄙差は，都市特有の生活環境，貴族の非庶民的な食生活といった環境要因と，都市社会に普遍的な通婚圏の拡大，貴族社会の選り好み婚など遺伝的要因が働いて都市住民と貴族の顔かたちを変えた結果生じたもので，日本人の形成過程で発現した地域差とは別の次元の集団変異である．したがって，列島人の地域性が確立された古墳時代を中心とする国家成立前後から中世までを日本人の成立期と位置づけることができる．　　　　［池田次郎］

注

注1　頭蓋の非計測的特徴を頭蓋小変異とよぶ．たとえば，神経の通る小さな孔が，存在しなかったり，普通なら1つの孔が2つに分かれている人がいるが，このような特異例が頭蓋小変異である．

注2　図1.1，図1.3，図1.9，図1.11，図1.12，図1.14，図1.15を作図する基礎になっている多重判別関数，主成分分析，マハラノビスの汎距離，Qモード相関係数，形態距離は，いずれも多数の変量（図1.1は生体計測値，それ以外は頭蓋計測値）を使って集団間の違いや類似を表すための統計法である．図1.14は類似する集団を順次集めることによって集団関係を樹状図で示すクラスター分析を使っているが，それ以外の図では多数の変量に基づく多次元空間内の集団間の遠近をできるだけ忠実に反映するように平面上に展開している．

注3　指紋型は大きく渦状紋，蹄状紋，弓状紋に分類されるが，隆線の交点である三叉の数は渦状紋で2個，蹄状紋で1個，弓状紋で0個である．集団比較に使われる指紋示数は，蹄状紋と渦状紋の出現頻度の比，指紋三叉数は10本の指に表れる三叉数の平均値で，当然のことながら渦状紋の多い集団ほど，どちらの示数値も大きい．

注4　長さ2，3cmほどの細石刃は，制作技法の違いによりクサビ形細石刃核石器と半円錐形細石刃核石器に分けられる．前者の場合は，初めに槍のような形に仕上げた母型を用意する．次に母型を水平方向に割り取って舟形に整形する．これがクサビ形細石刃核で，その断面はクサビ形をしており，舟形の舟底と甲板がそれぞれクサビの先端と平らな部分にあたる．この平らな部分に打撃を加えて，連続的に細石刃を剥ぎ取る．このようにして幅と厚さが一定で，同じ形の細石刃が大量につくられるが，それらは骨や角，あるいは木でつくった槍先の両側に彫られた溝にはめこまれ，狩猟具として使われた．クサビ形細石刃核石器群に伴う荒屋型彫器という石器は，細石刃をはめこむための幅1〜2mm，深さ3mmほどの溝を槍先に刻む工具として使われたとされている．これに対して，半円錐形細石刃核石器の場合は，円錐形または角柱状に整えた母型から直接，細石刃を剥ぎ取る．

文　　　献

1) 池田次郎・多賀谷　昭（1980）生体計測値からみた日本列島の地域性．人類学雑誌，**88**，397-410.
2) 古畑種基（1962）血液型の話，岩波書店．
3) 鈴木　尚（1983）骨から見た日本人のルーツ，岩波書店．
4) 池田次郎（1991）日本人の成立—「弥生人渡来説」再考—，日本文化の源流—北からの道・南からの道，pp. 299-322，小学館．
5) 鈴木秀夫（1978）森林の思考・砂漠の思考，NHKブックス，日本放送出版協会．
6) 池田次郎（1998）日本人のきた道，朝日選書，朝日新聞社．
7) 山口　敏（1984）日本人の生成と時代的な推移，人類学その多様な発展，pp. 60-71，日経サイエンス社．
8) 山口　敏（1984）縄文人骨，縄文文化の研究　1. 縄文人とその環境，pp. 15-88，雄山閣出版．
9) 池田次郎（1982）日本人の起源，講談社現代新書，講談社．

10) Yamaguchi, B. (1992) Skeletal morpology of the Jomon people. In : Japanese as a Member of the Asian and Pacific Populations, pp. 53-63, International Research Center for Japanese Studies, Kyoto.
11) 小片 保（1977）旧石器・縄文時代の人類，日本の第四紀研究 その発展と現状，pp. 245-260，東京大学出版会.
12) 埴原和郎（1984）日本人の起源，朝日選書，朝日新聞社.
13) 内藤芳篤（1984）九州における縄文人骨から弥生人骨への移行，人類学 その多様な発展，pp. 52-59，日経サイエンス社.
14) 池田次郎（1993）古墳人，古墳時代の研究 1. 総論・研究史，pp. 27-95，雄山閣出版.
15) Howells, W.W. (1960) The distribution of man. *Scientific American*, **203**, 113-127.
16) 金関丈夫（1957）人種の問題，日本考古学講座 第4巻 弥生文化，pp. 238-252，河出書房.
17) 清野謙次（1924）日本原人の研究，岡書院.

日本人の感覚

2
日本人の視覚

　われわれ人間が見る世界は，けっして外界そのものではない．視細胞は限られた波長の可視光線だけしか感じることができず，また記憶にある物しか認識されないからである．それではこうした見えの世界・視覚は，地球上に生きるすべての人類に共通だといえるのであろうか．同様の視覚器官と神経系をもつ限り，大きな違いはあるはずがない．しかし性格が個々異なる限り，またすべての人の経験したことが異なる限り，まったく同じ見えの世界はない．同様の推論にたって，日本人固有の見えの世界・視覚について考えてみたい．

2.1 視覚を支える生体の機構

　視覚（vision）とは，目（eye）という器官を通して外界をとらえた見え（seeing）の体験である．

　情報処理プロセスに対応させて視覚を記述してみると外界に存在する事物から投射され，散乱された可視光線の集合を，目という器官で感知し（視感覚：visual sensation），そこで得られた外界のイメージ（視覚像：visual image）を記憶や知識と照合して形や色，自己との関係などを同定・認識する知覚（perception）という知的活動といえる．

　こうした視覚を実現するのに最低限度必要な生体器官は，眼球（eye ball）である．カメラにたとえれば眼球はカメラ本体であり，外界の光源をフィルム上に焦点を合わせて倒立立像を形成するという光学的仕組みは，カメラと眼球は同じである．

a. 水晶体

　カメラには，複数枚の非球面レンズを組み合わせて，歪みのない画像を平板フィルム上にどの距離にある光源でも結像させることができる機能があるが，眼球はいくぶん異なる．すなわち人間の目のレ

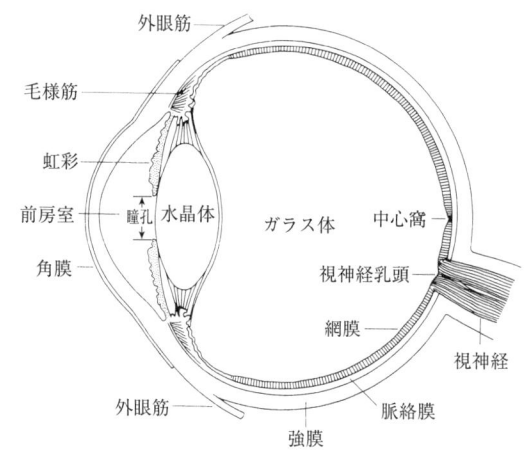

図 2.1　眼球の構造

ンズは水晶体（lens）という伸縮自在の非球面レンズただ1枚からなる．焦点合わせには，水晶体の厚みを変えることで対応する．この機能を支えるのは，チン小帯とよばれる線維組織と，毛様体という筋である．

　水晶体は元来無色透明な上皮性細胞で構成されていて（光量透過度95％），結合組織性線維や血管などはない．水晶体が白濁することによって視力が落ちる白内障では，この透過性が落ちる．白内障の原因には種々考えられているが，295 nm 以下の紫外線が影響するとの説があり，オゾン層の破壊が強い地域での紫外線被曝量増大と白内障発生率との関係が注目される．

　先進国日本では，こうした紫外線被曝による白内障発生よりも，老化に伴う水晶体の白濁化（白内障）がもたらす光内乱現象や，水晶体硬化による老視・老眼に伴う調節距離幅の縮小が問題の焦点となっている．高齢者の視覚機能の劣化に対応した視環境の改善，環境設計が重要な課題となっている．

b. 瞳　孔

　フィルム感度に合わせて光量を調整する絞りの役割は，虹彩（iris）が受けもつ．虹彩には円形の光を通す孔（瞳孔：pupil）があり，この径を変化させるために2群の筋が働く．すなわち瞳孔を縮める瞳孔括約筋は副交感神経支配，逆に瞳孔を拡大する瞳孔散大筋は交感神経支配である．瞳孔径の調節システムはいわゆるサーボ系と見なすことができる．網膜に到達する光刺激を刺激とする対光反射の反射中枢は中脳にあり，生命ある限り最後まで残る機能なので死の判定に利用されるほどである．視覚機能としての瞳孔径調整は，この対光反射への種々の修飾の結果と見なすことができる．たとえば情動と関連する上位中枢からの修飾を受け，興味をもつ視覚対象を注視するときは，そうでないものを注視するときよりも散瞳し，見たくない拒絶したい視覚対象を注視するときには縮瞳するという報告もある[1]．

　虹彩の色は，日本人では濃い茶褐色を呈しており，西洋人の青緑色と大きく異なるが，これは虹彩に含まれる色素の量の違いによる．ものの見え方に虹彩色の影響があるとすれば色覚へのそれであろうが，今日までその種の人種差についての確たる証拠は報告をみない．

　一方，虹彩色の違いが他者に与える印象に影響することは，西洋ではよく知られたことである．西洋人は大きな黒い瞳は幼さやチャーミングさを印象づけるが，青い虹彩部分が多い小さな瞳は野獣の目を連想させ，冷淡で精悍な印象を与えるとして嫌い，散瞳剤（アトロピン）を点眼剤として愛用していた．日本人は虹彩色が瞳孔色と大きく異ならないことから，そのような習慣はない．

c. まぶた（眼瞼）

　視覚対象を網膜に結像させ続けるためには，眼瞼を開放し続けなくてはならない．眼瞼は元来眼球を保護するための皮膚でできたヒダであり，いわばレンズの蓋・レンズキャップに該当する．外界から視覚対象を入力したくないときは蓋をする（閉眼）．しかし視覚対象を注視し，詳細な情報処理を継続する必要があるときは蓋を開け放ち，開眼を継続しなくてはならない．ところが開眼を継続する時間の関数として眼球表面は乾燥し，塵埃や小虫など外界からの侵入物が角膜を傷める可能性が高くなることから，およそ1分間に20回前後眼瞼を閉じる．これをまばたき（瞬目：eyeblinking）とよぶ．瞬目によって，涙腺から涙液の分泌を促進し，角膜表面を涙で掃除し潤わせ乾燥を防ぐ．なお乾燥しきれない涙は涙鼻管から鼻部に排泄される．

　こうした瞬目活動は，脳幹部に中枢をもつ反射性瞬目（reflex blink）と，それを基にした学習性と考えられる自発性瞬目（spontaneous blinking），ならびに意図的になされる随意性瞬目（voluntary blinking）に分類される[2]．

　瞬目は眼輪筋の収縮と上眼瞼挙筋の弛緩によってなされる．眼輪筋は顔面神経支配，上眼瞼挙筋は動眼神経と交感神経の二重支配である．

　反射性瞬目の誘発刺激は角膜・結膜，顔面皮膚への触刺激，急激な視覚刺激・聴覚刺激の提示などであり，反射潜時は40～60 msときわめて短い．1回の瞬目は，上眼瞼の下降（50～120 ms），眼裂接着・閉瞼持続（10～60 ms），上眼瞼上昇（70～150 ms）によって構成される．こうした時間経過をみると上眼瞼が瞳孔上縁をおおい始めてから下縁に達するまでにおよそ数十 msあり，その後再び上眼瞼が上昇して瞳孔下縁を通過するまで50～100 msを要する．すなわち1回の瞬目によって視覚は100～200 ms以上消失することになる．まばたきによって視覚が失われるというわけである．ところがこうした瞬目に伴う視覚入力の消失があるにもかかわらず，われわれは視覚体験そのものに中断を感じない．瞬目発生前後数百 ms間の視感度を綿密な実験によって測定すると，瞬目開始前50 ms～瞬目終了直後50 msの間の視感度が低下することがわかる[3,4]．瞬目発生を命じる脳内視覚システムは，同時に視覚感度を低下させて瞬目に伴う視覚喪失を補っていると考えられている．

　自発性瞬目は，成人でおよそ1分間に20回観察できるとはいうものの，個人差はきわめて大きい．筆者の600例の実験室での観察によると，1分値は数回から約百回にまで及ぶ．こうした1分当たりの瞬目数を瞬目率（blink rate）という標準単位として個人差や条件差を比較すると，興味ある国際比較ができる．厳密な国際比較研究はないが，日本で報告された論文から平時の成人瞬目率をみると18～

24であるが,アメリカの研究者の示す瞬目率はそれより4～5回少ない.筆者は瞬目に関係する眼瞼の構造の違いがその主因ではないかとみているが,結論を出すのは遠い先のことである[2]).

d. 網膜と視神経経路

われわれの眼球のなかで,フィルムあるいはデジタルカメラのCCD素子にあたるのが網膜である.網膜はフィルムのような二次元平板ではなく,非球面内部構造を呈する.網膜にはカラー視用の錐体細胞(cone)が視軸中心部に600万個集中して存在するのに加え,モノクロ視専用の桿体細胞(rod)1億2,000万個は網膜周辺部に散在する.前者は明るい視環境のもとで詳細な対象物の分析に役立ち,後者は薄暗い視環境のもとでも対象物を迅速に検出するのに役立つ.いわば目的に応じて,低感度カラーフィルムと高感度モノクロフィルムを使い分ける.

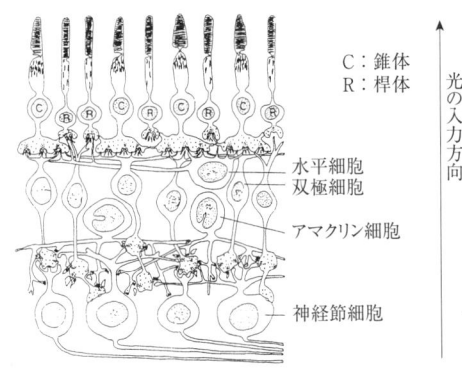

図2.2 網膜の細胞

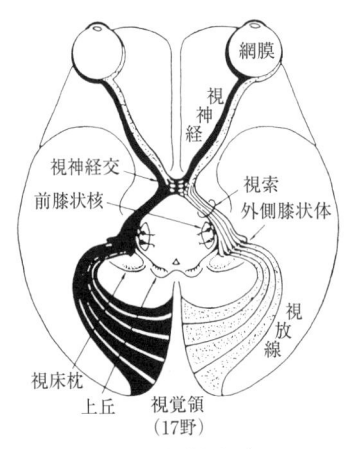

図2.3 視神経経路

錐体細胞は赤,緑,青(藍)のRGB各色に特異的に応答する3種からなるが,RGBのうち1つあるいは2つが欠損していたり,数が極端に少ない場合,色盲・色弱となる.人種による色盲・色弱発生率の違いが知られているが,詳細は3章に譲る.

これら2種の視細胞からの情報は,網膜上で水平細胞と双極細胞によって簡単な統合がなされたあと視神経となって視交叉-外測膝状体-大脳皮質後頭部の視覚17野へ情報を送る(図2.2).

水平細胞は錐体細胞のRGB各色対応の細胞からの情報を総合・調整する役割をもつ.たとえば赤色に敏感な錐体細胞が興奮したら,緑色に敏感な錐体細胞の働きを抑制する.こうした水平細胞の抑制効果の結果,しばらく赤い色の光点を見つめ続けたあとで白紙に目を落とすとそこに緑色の残像が残るという補色残像が体験できる.赤色光消失によって,緑色錐体細胞への抑制効果の抑制(脱抑制)が働き,架空の色覚情報を中枢に送ることから説明できる.

視交叉では左右眼球からの視神経が半数交叉する.すなわち網膜の右半分からの視神経はすべて右半球へ,網膜左半分からの視神経はすべて左半球へ交叉するので,右視野の情報は左網膜から左半球,左視野の情報は右網膜から右半球へ投射されることとなる(図2.3).

このあと,左大脳半球の情報は脳梁を経て右大脳半球の対応部位へと伝送され,視覚対象は一つの像として統合される.この間1msのタイムラグがある.視交叉によって両眼からの画像が一体となってそのまま視覚17野に入力されるが,当然画像間のずれが両眼視差を生み,対象物の立体視,奥行き視のための情報源となる.

視覚17野では,視覚対象の濃淡,色,方向,運動などが処理されたあと,二次処理が近傍皮質との情報交換によってなされていると考えられる.また文字や人の顔などは,既存の記憶や知識(長期記憶)と照合がなされて初めて知覚が完成する.

e. 眼球の運動

上記のように,われわれの視覚情報の入力系は,2台のカメラに相当する眼球である.眼球は水平方向に約5cm離れて位置し,これらを自在に移動させることによって自分を取り巻く三次元空間内の視

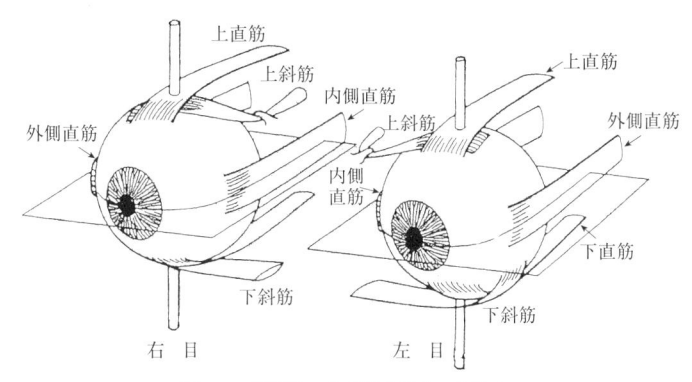

図 2.4 外眼筋による眼球運動の仕組み

覚情報を的確に得る．眼球の運動は，カメラを載せた雲台の動きであり，上下左右斜め方向に可能である（図2.4）．

2つの眼球はそれぞれ6本の外眼筋によって，回転と前後運動以外の運動が可能である．上下（垂直），左右（水平）運動はそれぞれ内直筋，外直筋，上直筋，下直筋などの直筋群で，斜め方向への運動は上斜筋と下斜筋で動く．これらはいずれも脳神経の支配を受け，上斜筋は滑車神経，外直筋は外転神経，それ以外の外眼筋は動眼神経支配である．なおまばたきを構成する上眼瞼挙筋は上直筋の側枝である．

これら6本の外眼筋の供応運動によって眼球は自在に視覚対象を注視することができる．眼球運動には2種類あり，スムースに視覚対象を左右，上下，斜めと自在に追う追随眼球運動（smooth pursuite eye movement）と，活字を読むときのようにあるところに停留したり大きく視点が動いたりするような飛躍眼球運動（saccadic eye movement）が区別されている．これらはいずれも，分析したい視覚対象を網膜のなかの錐体細胞が最も多く集まっている中心窩に収めることを目的とした，眼球運動である．さらに，左右両眼の視軸を一点に集中させ，同じ対象物を見るための輻輳–開散眼球運動がある．輻輳–開散眼球運動によって左右両目の網膜像を得，大脳でその微妙なずれを瞬時に分析することによって，距離情報に換算し，立体感を視覚イメージとして描くのに役立てる．

なおこれら以外に，視覚情報を得るためとはいえない睡眠中の急速眼球運動や入眠期の緩徐眼球運動，眼振などの不随意運動もあるがここでは触れない．

眼球運動は，視覚情報を意図的，主体的に入手することを目的に，大脳の高次中枢によってコントロールされている．すなわち，視覚対象の位置を事前に予測して飛躍眼球運動によって大きく移動したあと，細かな移動によって適格に中心窩でとらえ，かつその対象が一定速度で移動するものであれば追随眼球運動によって追い続けるわけである．さらに，飛躍眼球運動や視覚器を保護する瞬目によって，重要な視覚情報が遮られるのを事前に予測し，視感度を低下させて視覚の連続性を維持する．まさに眼球運動は視覚と表裏一体の運動系なのである．

このような視覚システムに組み入れられた眼球運動に，日本人固有の特徴が存在するという証拠はない．

2.2 日本人に固有の視覚

さて，こうして得られた視覚に，日本人固有の特徴が認められるであろうか．

目の構造や付属器官の性質において，遺伝的形質の違いが日本人固有の特性に寄与しているものは，色覚を生む錐体細胞の特性差，すなわち色弱色盲発生率の差以外にはまずない．視覚において日本人固有の特徴があるとすれば，それは文化や風俗習慣などによって培われた比較的高度な知的産物に関係するものであろう．いい換えれば，生得的な差異ではなく学習性の差異といえる．

視覚に関するさまざまな科学的資料が今日入手可能である．生理学においてはヘルムホルツ（Helmholtz）の時代から，心理学においてはその創

世紀から精神物理学や視覚生理学という名の実験的視覚研究がなされている．今日では，視覚心理学分野や神経生理学，はては光学，映像工学に至る広範な研究領域から，莫大な量の視覚に関する実験・調査資料が公にされている．にもかかわらず，日本人固有の視覚について言及を試みたものは少ない．こうした現状は，視覚の生理学や心理学において，人種による違いなど生理人類学的・本質的差異はないというのが大方の考え方であることを意味する．

　文書の読みの研究において，縦書き漢字・仮名交じり文の日本語文と，横書きアルファベット分かち書き文の欧米語文とで，読み方の方略を比較したものなどがあるにすぎない．これは監視作業における文字情報の表示，映画やテレビ画面におけるテロップの流し方などが，監視作業者や視聴者にとって見やすく，見落としの少ない人間工学的に配慮されたものかどうかを評価するための研究として重要である．

　一方，日本人のものの見え方・とらえ方という視覚の文化的側面については様子が異なり，日本人の視覚表現が欧米のそれとは異なることを示唆する事例は枚挙に暇がない．明治維新後の西洋社会に，江戸期に栄えた浮世絵が大量に流入し，その画風が欧米の絵画作家や評論家の目にとても新鮮に映ったという事実がそれである．また第二次世界大戦後，国際映画祭に出品された日本映画が好評を得た．たとえばローアングルの固定撮影で知られる小津安次郎の作品は，パリの文化人に特に愛された．「羅生門」でカンヌを制した黒沢 明作品の重厚な映像もしかり，「七人の侍」がマカロニウェスタンにコピーされ，スピルバーグ（Spielberg）作品の原典になったという事実も一例である．森 英恵や三宅一生，山本寛斎などの日本人デザイナーが，ファッション分野の中心地パリで高い評価を得たのも同様であろう．こうした芸術作品・服飾デザインにおける視覚的創作物における日本人的感性は，「日本人の視覚」を他国のそれと比較するときに先鋭化されたが，それがいったい何であるかは科学的解明のずっと先にあり，本稿で言及できるものではない．すなわち，映像表現として再生産されてわかる日本人の視覚の特異性は，本書の範囲をこえているといわねばならない．

［山田冨美雄］

引用文献

1) Hess, E. H. and Polt, J. H. (1964) Pupil size in relation to mental activity during simple problem solving. *Science*, **143**, 1190–1192.
2) 田多英興・山田冨美雄・福田恭介（共編）（1991）まばたきの心理学：瞬目行動の研究を総括する，北大路書房．
3) Volkman, F. C., Riggs, L. A. and Moore, R. K. (1980) Eyeblinks and visual suppression. *Science*, **207**, 900–902.
4) Volkman, F. C., Riggs, L. A., Ellicot, A. G. and Moore, R. K. (1982) Measurements of visual suppression during opening, closing and blinking of the eyes. *Vision Research*, **22**, 991–996.

参考文献

1) 日本生理人類学会計測研究部会（編）（1996）人間科学計測ハンドブック，技報堂出版．
2) 清水弘一（監修）大野重昭・澤 充・木下 茂（編集）（1998）標準眼科学 第7版，医学書院．

日本人の感覚

3
日本人の色覚

色覚とは光の波長の違いにより生じる感覚である．色覚のメカニズムそのものはおおむね人類共通といえるが，光の波長と生じる色覚の対応関係には個人差がある．この個人差は色覚の遺伝的素因，加齢変化に伴う色覚の発達と老化，性差などに起因する．そこで色覚のメカニズムの概要に触れたのち，色覚の個人差を生み出す各要因について述べる．そのうえで，日本人の色覚の特徴について考察する．

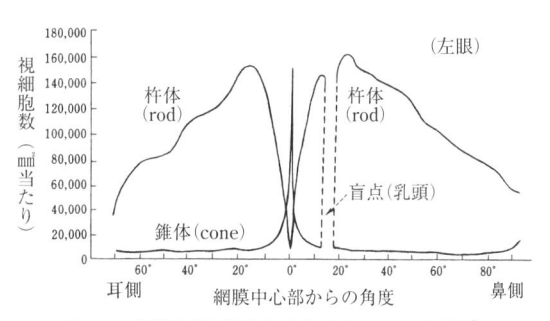

図 3.1 網膜位置と視細胞分布 (Osterberg, 1935)[1]

3.1 色覚の概要

a. 視覚系

視覚系は，光学系，視覚伝導系，大脳視覚系の3つの部分からなる．外界の像を網膜上に結ぶ光学系，網膜の受容細胞で受けた光情報を電気信号に変換させて，視神経を介してインパルスの形で外側膝状体を経て大脳に送る視覚伝導系，さらには伝達された生理的刺激を処理して外界を認識判断する大脳視覚系から構成されている．色覚とは視覚の一部で，光の波長の違いにより生じる感覚である．

b. 網膜と視細胞

外界から眼球に入ってきた光は，角膜，水晶体，硝子体を経て網膜で焦点を結ぶ．網膜は表面から視神経線維層，視神経細胞層，視細胞の3層構造を形成し，網膜の表面に達した光は，まず最も奥にある視細胞で受容された後に電気信号に変換されて，視神経細胞層の双極細胞や水平細胞に伝達され，さらに視神経を経て脳の視覚中枢に刺激として伝えられる．

視細胞は杆体細胞と錐体細胞の2種類からなるが，杆体細胞には色を感じる機能がなく，色覚は錐体細胞による働きである．

ヒトの網膜には錐体が約400万〜700万，杆体が約1億1,000万〜1億3,000万あるが，これらは網膜上に一様に分布しているわけではなく，図3.1のように錐体は網膜の中心部に集まっており，周辺にいくに従って疎となる．一方，杆体は中心よりも周辺に多く存在する．

ヒトの錐体細胞には赤錐体，緑錐体，青錐体の3種類がある．それぞれ560 nm（緑に近い黄），530 nm（黄に近い緑），420 nm（紫に近い青）付近の波長を吸収極大とする赤視物質，緑視物質，青視物質を含む．ただし，実際に被験者の肉眼によって心理物理学的に測定した錐体の感度の極大は，角膜や水晶体が短波長をより吸収するため，やや長波長側にずれて，それぞれ570 nm，540 nm，440 nm付近となる．これら3種類の錐体細胞数の比はおよそ40：20：1である．うち赤錐体と緑錐体は網膜の中心窩付近に集中して分布しており，青錐体は中心窩にはほとんどなく，周辺部に広がっている．

赤，緑，青，黄の小刺激光を網膜の中心から周辺に向かって動かしていくと，まず赤と緑の感覚が消失し，ついで黄と青の感覚が消失，その外側では明るさを感じるのみとなる．

すなわち，図3.2に示したとおり，赤と緑を感じる範囲は黄と青を感じる範囲よりも中心のより狭い

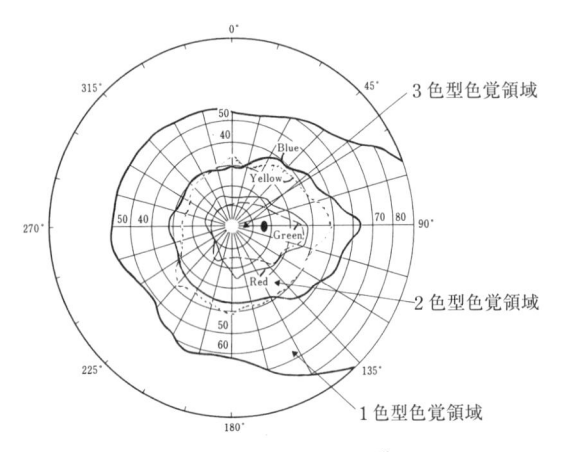

図 3.2 色覚の限界（右眼）[2]

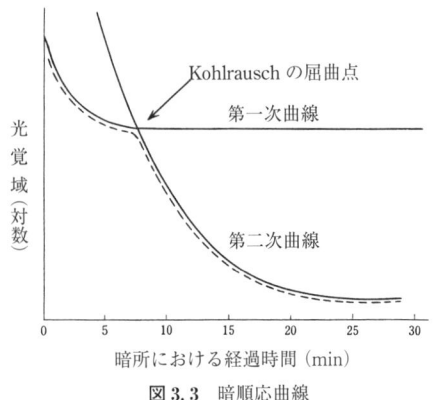

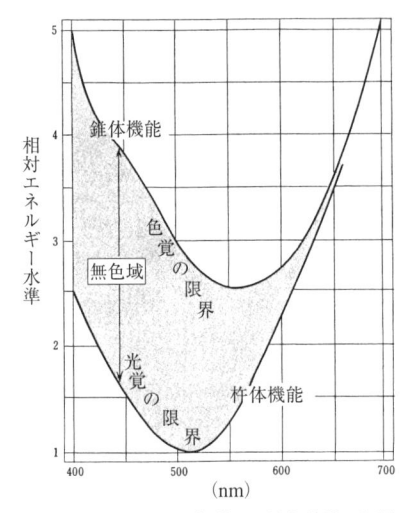

図 3.3 暗順応曲線

図 3.4 スペクトル色覚の限界と光覚の限界 (Hecht ら, 1945)[3]

範囲に限定される．これにより，中心部は3色型色覚であり，その周辺は2色型色覚，さらに外側は1色型色覚となる．

c. 色覚の生理的性質

1) 明暗順応

暗いところから明るいところへ出ると，初めはまぶしくてはっきりと物を見ることはできないが，しばらくすると周囲が見えてくる．これを明順応といい，背景輝度が約 $2 cd/m^2$ 以上の場合に起こる．明順応時に機能しているのは錐体系で，物の形と色がはっきりわかる．この状態を明所視という．

明るいところから暗いところに入ると，初めは暗くて何も見えないが，しだいに周囲が見えてくる．これを暗順応といい，背景輝度が約 $0.01〜0.005 cd/m^2$ 以下の場合に起こる．暗順応時に機能しているのは杆体系で，明暗しかわからない．この状態を暗所視という．

図3.3は暗順応の過程と暗いところに移ってからの時間との関係を示したもので，暗順応曲線という．暗順応の過程は2相性で最初に起こる順応幅の小さな過程は錐体系，その後の順応幅の大きな過程は杆体系に関与する成分であり，2つの過程の交差点をコールラウシュ（Kohlrausch）の屈曲という．暗順応は完了するまでに約30分を要し，明順応に比べて遅い．

背景輝度が約 $0.01〜2 cd/m^2$ で明所視と暗所視の中間の場合は，錐体系，杆体系がともに働いており，物の形と色がある程度わかる薄明視の状態となる．

明所視から暗所視に変わると，眼の視感度が変わり，570 nm 以下の波長では視感度が高まり，以上では視感度が低下するため，その最大値が短波長側に移行する．すなわちプルキンエ現象が起こり，薄明になるにつれて赤色は青色よりも急激に暗くなり，青色がより明るく見えるようになる．

2) 光・色覚閾差

刺激光のエネルギーを減じて薄明視状態になると，最初に赤が暗くなり，他の色も徐々に色が薄くなりながら暗くなり，色覚がなくなり，暗所視状態に移行すると光覚のみとなり，510 nm の光覚が最後まで残って，やがて光をまったく感じなくなる．図3.4はこの過程を示したものである．この色覚限界と光覚限界の間を光・色覚閾差という．ここで 650 nm 以上の赤に限っては光・色覚閾差がない．

赤は最も暗くなりやすい一方，見えなくなる寸前まで赤色覚を感じるということである．

3） 視感度

等エネルギーで各波長の光を見ると，明るさは一律ではない．555 nm 付近で最も明るく感じ，それよりも長波長側にずれても短波長側にずれても順次暗く感じるようになる．長波長側では 765 nm 付近，短波長側では 385 nm 付近でまったく明るさを感じなくなる．最も明るく感じる波長での感度を 1 とした場合の視感度曲線を比視感度曲線という．この曲線の形には後述するように色覚正常者においても個人差があるため，国際照明委員会（Commission Internationale de l'Éclairage（仏）；CIE）は 1924 年に標準視感度曲線を定めた．図 3.5 は CIE 明順応標準比視感度曲線および暗順応標準比視感度曲線を示したものである．

4） 色順応と色の恒常性

光源による物体の色の見え方の違いは，物体から反射してくる刺激光の変化と光の色が白色に見えるように目の感度が変わる生理的な色順応変化の 2 つの要因によって起こるが，実際にはこれら 2 つの要因が打ち消し合うように働いて，物の見え方はあまり変わらない．これを色の恒常性という．

5） 色対比と同化効果

色の見え方はその前に見た色や同時に周辺に示された色によって影響を受ける．このような現象を色対比という．また，囲まれた色が周囲の色に近づいて見える現象を同化効果という．

d. 色覚理論

色覚のメカニズムは，視細胞の受容レベルではヤング－ヘルムホルツ（Young-Helmholtz）の 3 要素説，水平細胞から上位の中枢レベルではヘーリング（Hering）の反対色説で説明される 2 段階の過程であることが，電気生理的，心理物理的に確認されつつある．このように色覚を 2 段階で説明する考え方は，もともとミュラー（Müller）の段階説（1930）に始まり，以降，多くの研究者がこの過程のモデル化を試みてきた．

図 3.6 に示した Walraven-Bouman 色覚モデル（1966）はこの段階説を説明する有力なモデルの一つである．

このモデルは，赤錐体，緑錐体，青錐体からの出力信号 R（赤），G（緑），B（青）が水平細胞に受け渡された段階以降，R と G の信号を処理する「赤・緑チャネル」，新たに合成された R＋G（黄）信号と B の信号を処理する「黄・青チャネル」，R・G・B の総和の明るさを処理する「明暗チャネル」でそれぞれ赤–緑感覚，黄–青感覚，明るさ感覚の信号として中枢に伝達され，色の感覚が起こるとするもので，色覚の過程が 3 要素説と反対色説の 2 段階によって説明できることを示している．

現在，サルなどの脊椎動物では個々の錐体の単色光に対する過分極性応答の測定により，色覚の最初の過程が 3 原色であることが確認されている．また，錐体から入力を受ける二次ニューロンの水平細胞についても，どの色の波長にも過分極応答する「明暗型」と赤色光で脱分極して緑色光で過分極する「赤緑型」と黄色光で脱分極して青色光で過分極する

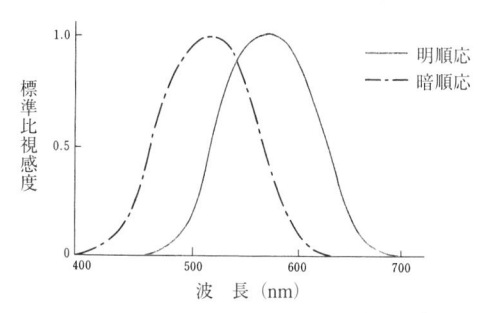

図 3.5 明順応および暗順応標準比視感度曲線

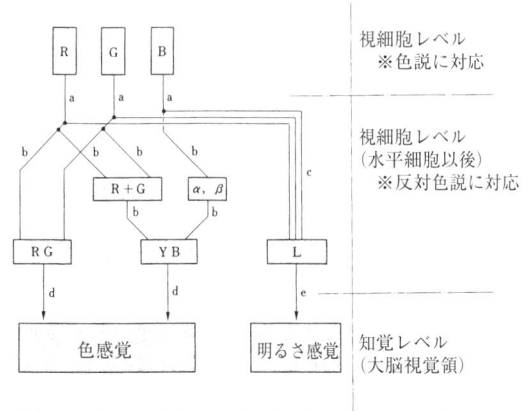

図 3.6 Walraven-Bouman 色覚モデル（Walraven & Bouman, 1966）[4]

a は錐体の出力，b, d は色チャネル，c, e は明暗チャネル，α, β は青錐体の色と明暗チャネルへの寄与の差の係数，および刺激のレベルに応ずる係数を示している．

「黄青型」が存在することが確かめられている．このように網膜では光は最初に錐体によって赤・緑・青の3原色に分光され，次に水平細胞で3種類の反対色的な信号に変換される．

3.2 色覚の多型

a. 正常〜異常までの分類

一般的にヒトは560 nm，530 nm，420 nm付近に吸収極大のある3種類の視物質をもつ．3つの視物質全部が存在している場合，これを正常3色覚という．いわゆる通常の色覚である．

一方，色覚になんらかの異常がある場合を総称して色覚異常という．図3.7に示したようにいくつかの種類に分けられる．3種類の視物質をすべて欠いている場合を杆体1色覚（いわゆる全色盲），1種類の視物質しか存在しない色覚異常を錐体1色覚という．前者は数万人〜20万人に1人，後者はさらに稀な疾患であるといわれている．

実際に色覚異常として大半を占めるのは，3種類の視物質のうち，1種類のみを欠く2色覚（部分色盲ともいう）と1種類のみが不完全な異常3色覚（色弱ともいう）である．2色覚のうち，赤視物質を欠いたものを第1色盲（赤色盲），緑視物質を欠いたものを第2色盲（緑色盲），青視物質を欠いたものを第3色盲（青色盲）という．同様に異常3色覚についても，やはり3種類あって，第1色弱（赤色弱），第2色弱（緑色弱），第3色弱（青色弱）という．ただし，青視物質に異常のある第3色盲と第3色弱は稀である．

b. 遺伝型と表現型

赤視物質遺伝子（以下，赤遺伝子）と緑視物質遺伝子（以下，緑遺伝子）はともにX染色体にあり，赤緑色覚異常は伴性劣性遺伝の形式をとる．したがって，男性での出現率が高い．赤・緑遺伝子の異常と色覚異常の発現パターンは表3.1の形式をとる．すなわち，① 父親が異常で母親が正常の場合は，男児はすべて正常で女児はすべて保因者となる．② 父親が正常で母親が保因者の場合は，男児の半数は異常で女児の半数は保因者となる．③ 父親が異常で母親が保因者の場合は，男児の半数は異常で女児は異常と保因者が半々となる．④ 父親が正常で母親が異常の場合は，男児はすべて異常で女児はすべて保因者となる．⑤ 父親，母親ともに異常の場合は，男児，女児のすべてが異常となる．

なお，青視物質遺伝子と杆体視物質（ロドプシン）遺伝子は常染色体のそれぞれ第7染色体および第3染色体に存在し，赤緑色覚異常とはまったく異なる遺伝形式をとる．

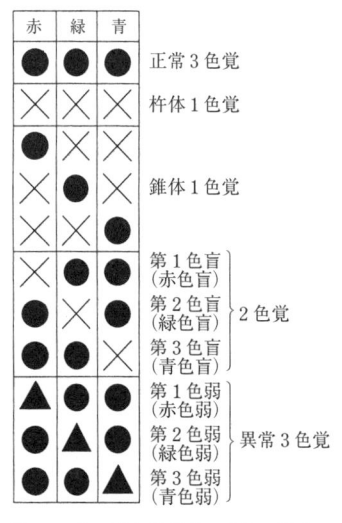

	赤	緑	青	
	●	●	●	正常3色覚
	×	×	×	杆体1色覚
	●	×	×	錐体1色覚
	×	●	×	
	×	×	●	
	×	●	●	第1色盲（赤色盲）
	●	×	●	第2色盲（緑色盲） |2色覚
	●	●	×	第3色盲（青色盲）
	▲	●	●	第1色弱（赤色弱）
	●	▲	●	第2色弱（緑色弱） |異常3色覚
	●	●	▲	第3色弱（青色弱）

図3.7 先天性色覚異常の分類の説明図
●正常　▲異常　×欠損

表3.1 遺伝子の異常と色覚異常の発現パターン

父親	母親	男児	女児
○正常	○○正常	すべて○正常	すべて○○正常
●異常	○○正常	すべて○正常	すべて○●保因者
○正常	○●保因者	○正常または●異常	○○正常または○●保因者
●異常	○●保因者	○正常または●異常	○●保因者または●●異常
○正常	●●異常	すべて●異常	すべて○●保因者
●異常	●●異常	すべて●異常	すべて●●異常

X染色体上の遺伝子　○：正常，●：異常

c. 女性の遺伝子の優劣性

女性はX染色体を2つもつが，対立遺伝子の異常に差がある場合，異常の程度の軽いほうが表現型となる．たとえば，異常3色覚の遺伝子と2色覚の遺伝子の場合，異常3色覚が表現型となる．また，第1色覚異常と第2色覚異常とは互いにまったく独立した遺伝をするとされており，たとえば，一方のX染色体に第1異常の因子，他方のX染色体に第2因子をもつ場合，表現型は正常である．

d. 正常から2色覚までの連続性

ところで，異常3色覚とは正常3色覚と2色覚の中間であるから，正常3色覚に近いものから2色覚に近い重篤なものまでさまざまな程度のものを含む．McKeon & Wright[6]は第1色弱の波長弁別能を調べ，図3.8に示したように，異常の程度が軽く正常3色覚に近いものから異常の程度が重く2色覚に近いものまでの変異があるとしている．Nelson[7]は第2色弱の波長弁別能を調べ，図3.9に示したように，やはり異常の程度に変異があるとしている．

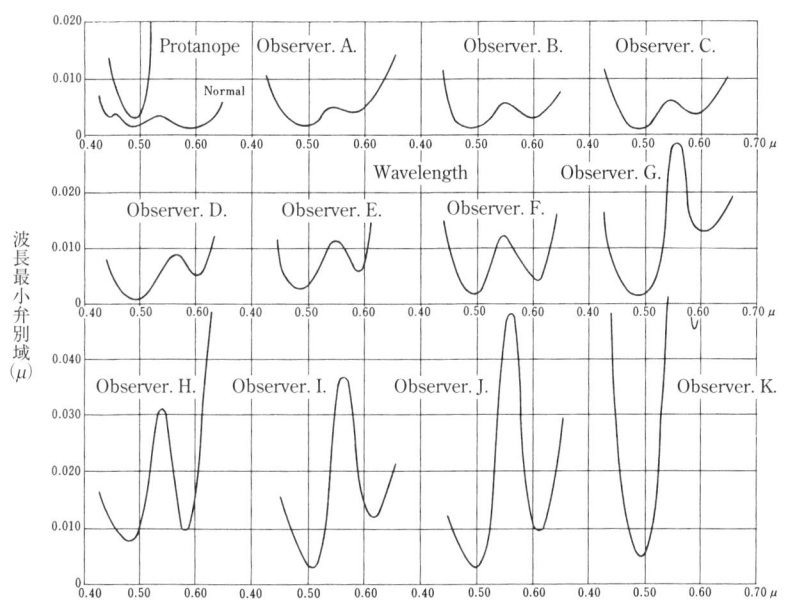

図3.8 第1色弱の波長弁別域曲線（視標の視角2°，明るさ70 photon）（McKeonら，1940）[6]

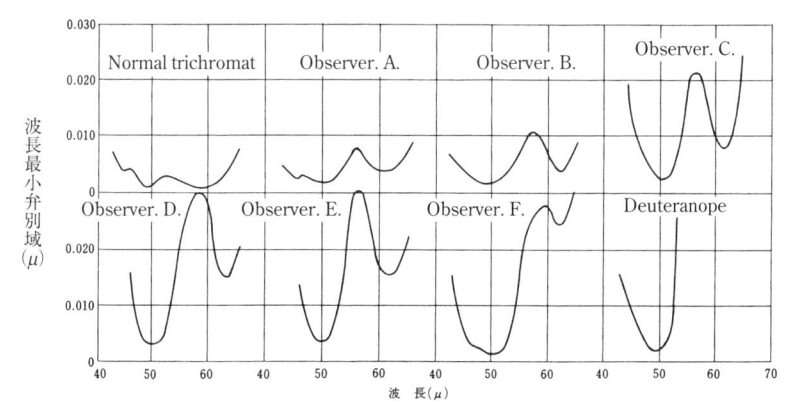

図3.9 第2色弱の波長弁別域曲線（視標の視角2°，明るさ70 photon）（Nelson, 1938）[7]

3.3 分子生物学からみた色覚の多型

a. 色覚正常者における遺伝子の多型

Nathansら[8]の分子生物学的研究により，図3.10のように，赤および緑錐体の視物質をコードする赤遺伝子および緑遺伝子はともにX染色体に存在し，色覚正常者ではゲノム当たり赤遺伝子1個，緑遺伝子はヒトにより1～数個であることが示された(a.)．この緑遺伝子数の変異に関しては，X染色体上で赤遺伝子の下流に緑遺伝子が並んでおり，赤遺伝子と緑遺伝子が不等交叉を生じやすく，緑遺伝子が一方の染色体に重複すると，他方の染色体で欠失するという機序によって生じるものと推察されている(b.)．また，色覚正常者の赤遺伝子には個人差があり，アミノ酸配列が異なる2種類の視物質の存在が示された．Merbsら[10]はこれらの視物質の光の吸収極大波長に差異があることを示した．

これらの研究により，色覚正常者の赤および緑視物質に分光吸収特性の異なる多型性が認められることから，色覚には先天的な個人差があるということが示された．

Neitzら[11]によれば，男性の色覚正常者を対象として，アノマロスコープを用いた色覚検査でレイリー(Rayleigh)均等を測定した結果，均等範囲の差異によって4つのグループに分けられ，また，この結果と錐体色素に関する分子生物学的および吸収スペクトル測定を合わせ考察すると，緑と赤錐体色素のそれぞれに離散的な変異型があり，色覚正常者のほとんどの場合，3つ以上のタイプの錐体色素をもっていることが考えられるとしている．

b. ハイブリッド遺伝子と先天色覚異常の多型

さらに，Nathansら[8]は先天性色覚異常が錐体の視物質をコードする遺伝子の異常に基づくものであることを明らかにした．すなわち，塩基配列の相同性の高い赤遺伝子と緑遺伝子が交叉による相同的組換えによりハイブリッド遺伝子が生じ，異常な視物質がつくられた結果，異常が起こるとした．

図3.11はハイブリッド遺伝子の型と最大吸収波長の関係を模式的に示したものである．エクソン5

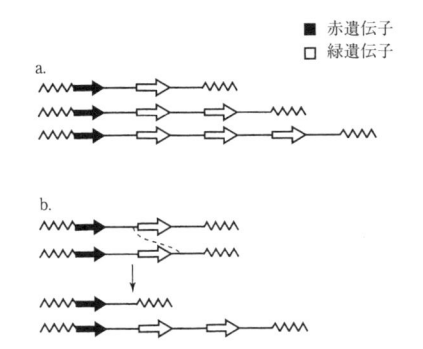

図3.10 色覚正常者における赤緑遺伝子の不等交叉による組換えモデル（Nathansら，1986)[8]

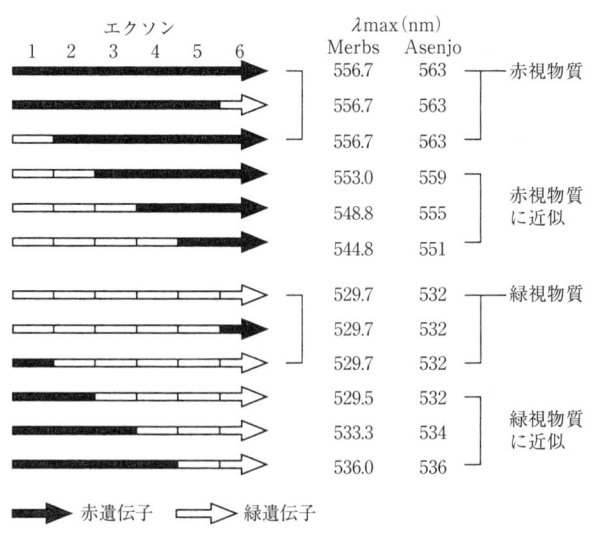

図3.11 遺伝子型と最大吸収波長

が赤遺伝子由来であれば，正常赤視物質（吸収極大が560 nm 付近）の分光吸収特性に近く，緑遺伝子由来であれば，正常緑視物質（吸収極大が530 nm 付近）の分光吸収特性に近くなる．

c. 色覚異常の遺伝子型と表現型

図3.12 は第1異常と第2異常の遺伝子型と表現型を模式的に示したものである．第1異常は赤遺伝子のハイブリッド化によって起こる．頭側が赤遺伝子，尾側が緑遺伝子の赤緑ハイブリッド遺伝子をもつ．網膜上に発現する視物質は緑に近似の視物質または緑視物質である．したがって，ハイブリッド遺伝子に続く正常緑遺伝子が欠失していれば第1色盲となり，欠失していない場合は，赤緑ハイブリッド遺伝子によって発現する視物質の分光吸収特性が正常緑遺伝子と同一であれば第1色盲となり，異なれば，網膜上に緑に近似の視物質と緑視物質の両方が発現して第1色弱となる．

第2異常は緑遺伝子の欠失もしくは緑遺伝子のハイブリッド化によって起こる．緑遺伝子が欠失すると網膜上に発現する視物質は赤視物質のみであり第2色盲となる．緑遺伝子が頭側が緑遺伝子，尾側が赤遺伝子の緑赤ハイブリッド遺伝子となった場合は，網膜上に発現する視物質は赤に近似の視物質または赤視物質である．分光吸収特性が正常赤遺伝子と同一であれば第2色盲となり，異なれば，網膜上に赤に近似の視物質と赤視物質の両方が発現して第2色弱となる．

ただし，ハイブリッド遺伝子を有する者が赤緑異常の頻度より高いこと，ハイブリッド遺伝子を有していてもレイリー等色が正常を示す者が存在すること，逆に正常赤・緑遺伝子に加えて緑赤ハイブリッド遺伝子を有していた者が第2色盲であったことなどから，すべての視物質遺伝子が網膜に発現すると

a. 第1色盲
b. 第1色弱/色盲
　　赤・緑ハイブリッド遺伝子　　緑遺伝子

a. 第2色盲
b. 第2色弱/色盲
　　赤遺伝子　　緑・赤ハイブリッド遺伝子

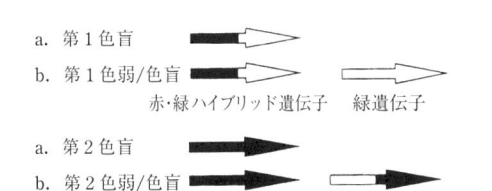

図3.12 先天赤緑異常の遺伝子型と表現型

は限らないことが指摘されている．

3.4 先天性の色覚変異のまとめ

分子生物学からみた色覚の変異は，まったく正常な人（正常者にも変異幅がある）から限りなく正常に近い異常3色覚，2色覚に近い重度の異常3色覚，2色覚までほぼ連続的であるということである．

以上のように，色覚の多型を生み出すメカニズムについては，少なくとも以下のような要因があげられる．

① 色覚の遺伝子はX染色体上に存在する．
X染色体を1つもつ男性と2つもつ女性では遺伝子型が異なり，したがって，表現型や異常の出現頻度にも差がある．

② 赤遺伝子の下流に緑遺伝子がつながっている．
不等交叉によって，緑遺伝子の数に変異が生じる．

③ 色覚正常者においても赤遺伝子および緑遺伝子が発現する視物質の吸収スペクトルに変異がある．

④ 赤遺伝子と緑遺伝子は相同性が高く，ハイブリッドを起こしやすい．

色覚異常はハイブリッド遺伝子によるが，異常の程度は2色覚から異常3色覚，さらには正常に近いものまで幅広い変異がある．

以上の視点から，日本人の色覚の特性を述べるうえで，色覚の遺伝子の変異と密度およびその表現型を他国・他民族と比較することが可能である．

3.5 後天性の色覚変異のまとめ

a. 加齢変化

老化が進むに従い，水晶体の黄染，網膜黄斑部の着色，瞳孔の縮小などが認められ，また，視神経や視覚中枢の機能低下も起こる．それに伴う色覚の変化は生理的な現象であり，薬物や疾患による異常ではないが，一種の後天色覚異常ととらえることもできる．色の弁別能は10代後半から20代が最も良く，40～50代以降は低下が顕著となる．

図3.13は加藤[17]が，Pickford-Nicolson アノマロスコープを用いて10～70代の色覚正常者の色光の比色均等能を調べたものである．緑-青，黄-青，赤-緑の混色色光を一定の色光と比色均等させて，色

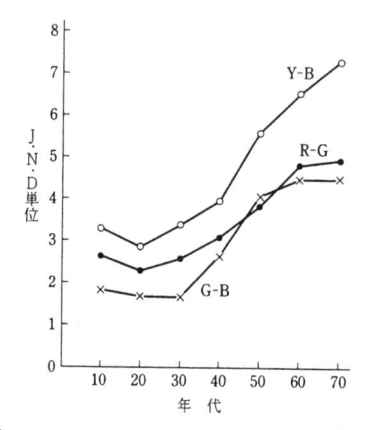

図 3.13 Pickford-Nicolson アノマロスコープによる検査成績（加藤，1973）[16]

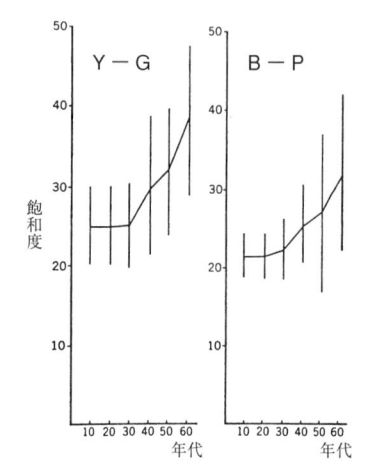

図 3.14 年齢別における飽和度目盛の平均値および分散（木暮，1980）[18]

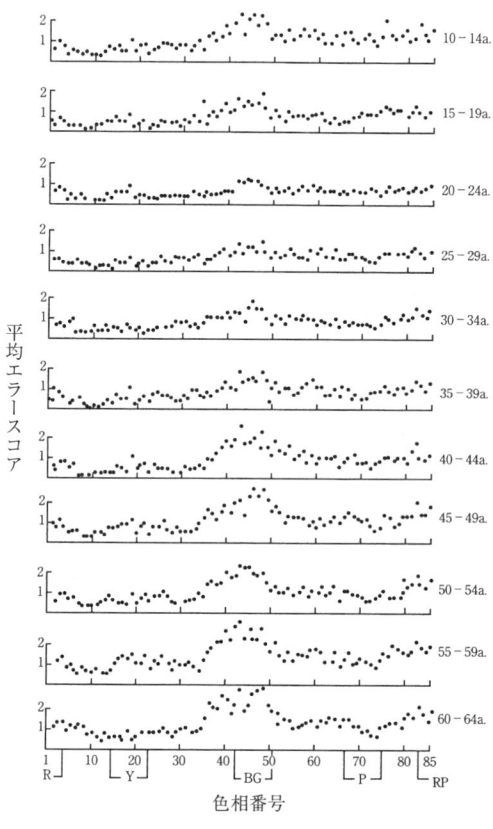

図 3.15 FM 100 hue test による年代別検査成績（Verriest，1962）[19]

光識別能を検査した．どの組み合わせとも 20 代で最も成績が良く，加齢に伴い色光の比色均等能の低下が認められ，40 代以降は低下が顕著となった．また，全年代で黄-青の比色均等能が最も悪かった．

図 3.14 は木暮[18]が，Lovibond Colour Vision analyser を用いて 10～60 代の色覚正常者の色光の飽和度識別能を調べたものである．黄-緑，青-紫とも 10～30 代で成績が良く，40 代以降は低下が顕著となった．

図 3.15 は Verriest[19]が，Farnworth-Munsell 100 hue test を用いて 10 代前半～60 代前半の色覚正常者の色相弁別能を調べたものである．20 代前半で最も成績が良く，加齢に伴い全色相の弁別能の低下が認められた．また，全年代で青緑と赤紫の部分での色相の混同が顕著であった．

b．疾患・薬物による後天色覚異常

視覚系の角膜から大脳皮質までのどの部分の障害によっても色覚異常が起こるが，最も多いのは眼底の疾患による後天青黄色覚異常である．眼底の疾患のおもなものをあげると，中心性脈絡膜炎，網膜剥離，糖尿病性網膜症，緑内障，白内障などである．後天青黄色覚異常の病状が進行すると赤緑色覚異常も起こり，色覚を失う場合もある．薬物によって網膜の黄斑部などに障害が起きて，青黄色覚異常や赤緑色覚異常となる場合がある．

3.6 日本人の色覚の特異性

a．赤緑色覚異常の出現率の国，地域，民族差

表 3.2 は Fletcher ら[14]による第 1，第 2 異常の世界各国における出現率を示す．男性では白色人種

表 3.2 世界各国における色覚異常の出現率（Fletcher ら, 1985）[14]

国および地域	検者	出現率（％） 男	女
ノルウェー	Waaler (1927)	8.01	0.44
スイス	Von Planta (1928)	7.95	0.43
フランス	Kherumian and Pickford (1959)	8.95	0.50
ギリシャ	Koliopoulos et al. (1971)	7.95	0.42
ベルギー	Fencois et al. (1957)	8.37	—
イギリス	Vernon and Straker (1943)	7.25	—
オランダ	Grone (1968)	7.95	0.45
ドイツ	Schmidt (1936)	7.75	0.36
スコットランド	Pickford (1947)	7.80	0.65
アメリカ	Thuline (1964)	6.18	0.45
オーストラリア*	Mann et al. (1956)	7.35	0.61
日本			
東京	Sato (1937)	3.93	0.61
名古屋	Majima (1961, 1969)	5.85	0.50
佐渡	Nagashima (1949)	4.41	0.39
中国			
北京	Chang (1932)	6.87	1.68
延安	Fang and Liu (1942)	5.58	1.50
台湾	Chang (1968)	5.34	0.23
韓国	Yung et al. (1967)	4.24	0.21
フィリピン	Nolasco et al. (1949)	4.28	0.20
トルコ	Okte (1959)	5.22	1.10
インド			
南		3.7	—
東	Dutta (1966)	3.48	—
北		3.75	—
Nepaq-Newars*	Bhashin (1967)	4.23	0.19
エスキモー*	Skeller (1954)	3.89	0.51
'Pure' Mexico (tribal)*	Garth (1933)	2.28	0.61
コロンビア	Mueller and Weis (1979)	2.53	0.13
アメリカインディアン*	Clements (1930)	1.9	—
アメリカインディアン Nuvajo tribest*	Garth (1933)	1.12	0.56
American Negrost*	Clements (1930)	3.7	—
イラン	Plattner (1959)	4.5	—
イラク*	Adam et al.	6.1	—
サウジアラビア	Voke and Voke (1980)	4.7	—

*：サンプル数が 100 以下

6〜9％，黄色人種4〜7％，黒色人種4％以下などとなっており，人種差が認められる．日本の5％前後というのは世界中でも中間的な出現率である．

女性での色覚異常の出現率は，世界的にも男性の10分の1から20分の1程度と少ないが，これは先に述べたX染色体の伴性劣性遺伝によるためであると思われる．日本女性では色覚異常者は約0.2％，色覚異常の保因者は約10％である．

色覚異常の内訳をみると，第1異常と第2異常の出現比率は1：3〜3.5で人種差はないが，第2色弱と第2色盲の出現比率は日本人では1.3〜1.6：1であり，白人の5〜6：1に比べて第2色弱の比率が低い．

b. 遺伝子の特徴と色覚異常の出現率の人種差

北原[15]は日本人と白人の色覚遺伝子の多型を調査した．表3.3は緑遺伝子の数および表3.4は180番目のアミノ酸にセリンとアラニンのどちらをコードするかということに関し，比較したものである．

Jorgensen ら[15]は，アメリカの白人・黒人・日本人（二世）男性を対象にX染色体上の色覚遺伝子を調べ，ハイブリッド遺伝子の出現率，短縮型赤遺伝子の出現頻度，保有する緑遺伝子の数にそれぞれ差異があることを見出し，それをもとに人種間の色覚異常の出現率の差異を説明しようとしている．

表3.5に示したように，日本人は白人に比べて保有する緑遺伝子の数が平均的に少ないことおよびハ

表3.3 緑遺伝子の数（北原，1998）[15]

	割合（%）	
	日本人（n = 72）	白人（n = 13）
1	38	22
2	40	51
3	18	19
4以上	4	8

表3.4 180番目のアミノ酸（北原，1998）[15]

180番アミノ酸		割合（%）	
		日本人	白人
赤視物質	セリン	78	62
	マラニン	22	38
緑視物質	セリン	90	92
	マラニン	10	8

表3.5 人種による遺伝子の特徴と色覚異常の出現率（Jorgensenら，1990）[16]

	白人	日本人	黒人
色覚異常の出現率	約8%	約5%	約4%
ハイブリッド遺伝子の出現率	16%	4%	21%
緑遺伝子の保有数（平均値）	2.1	1.8	1.8
短縮型赤遺伝子の出現率	1%以下	2%	35%

表3.6 FM 100 hue test 総偏差点の正常限界値（野寄ら，1987）[21]

（歳）	G. Verriest (1963)	刑部 (1982)	野寄ほか (1985)
15～19	100	92	93
20～24	74	52	59
25～29	92	52	
30～34	106	56	69
35～39	120	88	
40～44	134	116	115
45～49	144	140	
50～54	154	160	141
55～59	164	160	
60～64	174	160	170

イブリッド遺伝子の出現率が低いことから，色覚異常の出現率が低いことは一見説明がつきそうである．しかし，黒人では保有する緑遺伝子の数および色覚異常の出現率はほぼ日本人に近いが，ハイブリッド遺伝子の出現率は白人並みに高いことと合わせ考えると矛盾が生じる．さらに，黒人では日本人・白人には稀な短縮型赤遺伝子（第1イントロンが短縮して緑遺伝子に近い）の出現頻度が35%と高いことも，なんらかの色覚異常の出現率に影響をもつと思われる．

c. 色覚正常者の色相弁別能の人種差

表3.6は野寄ら[21]がFM 100 hue testの年代別の総偏差点の正常限界値によって，Verriest[19]，刑部[20]の検査成績と比較したものである．3者とも年代別の総偏差点の変化パターンは類似しており，20代で最も成績が良く，加齢に伴い色相弁別能の低下が認められたが，野寄ら[21]および刑部[20]の日本人の成績はVerriest[19]の白人を対象としたものよりもかなり高かった．すなわち，日本人の色相弁別能は各年代において白人よりも優れているということを示唆している．

色覚の変異は先天的な遺伝子レベルから後天的に現れる加齢変化や疾病による障害まで多様である．したがって，人種や国・地域ごとの遺伝子密度の違いや後天的なさまざまな要因の違いから，日本人の色覚の特異性を示すことができる．

しかし一方で，同一の人種や国・地域のなかにおける色覚の個人差はさらに大きいともいえる．

正常な色覚をもっているとされる人々のなかでも，生まれながらにしてもっている錐体視物質にいくつかの種類があること，加齢によって色覚の機能性が変化することなどによって色の見え方は個々に異なっており，さらに色覚異常においても，その異常のレベルは多様であり，通常の検査では正常者と区別できない軽い異常から全色盲までの変異幅を含んでいる．

日本人における赤緑色覚異常の出現頻度を例にとると，男性の20人に1人はなんらかの色覚異常者であり，女性の10人に1人は色覚異常の保因者である．つまり，色覚の正常と異常の境界は学術的には定義できても，実質的には正常と異常の境目は不明瞭であり，色覚の個性の範囲と考えることもできる．

今後，さらにこの色覚の個人差についての知見が蓄積されていくことにより，日本人の色覚の特異性がより明確になっていくものと考える．

［島上和則］

文　献

1) Osterberg (1935) Topography of the layer of rods and cones in the human retina. *Acta Ophthalmol. suppl.*, **6**, pp.1-103.
2) Committee on colorimetry of the optical society of America (1975) "The science of color", Thomas Y, Crowell Co. New York, pp.101-105.
3) Hecht, S. and Hsia, Y. (1945) Dark adaptation following light adaptation to red and white lights. *J. Opt. Soc. Am.*, **35**, 261-267.
4) Walraven, P. L. and Bouman, M. A. (1966) Fluctuation theory of colour discrimination of normal trichromats. *Vis. Res.*, **6**, 567-586.
5) 太田安雄・清水金郎 (1995) 色覚異常 (改訂第 3 版), p.12, 金原出版.
6) McKeon and Wright (1940) The characteristics of protanomalous vision. *Proc. Phys. Soc.*, **52**, 464-479.
7) Nelson, J. H. (1938) Anomalous trichromatism and its relation to normal trichromatism. *Proc. Phys. Soc.*, **50**, 661-702.
8) Nathans, J., Thomas, D. and Hogness, D. S. (1986) Molecular genetics of human color vision: the genes encoding blue, green, and red pigments. *Science*, **232**, 193-202.
9) Nathans, J., Piantanida, T. P., Eddy, R. L., Shows, T. B. and Hogness, D. S. (1986) Molecular genetics of inherited variation in human color vision. *Science*, **232**, 203-210.
10) Merbs, S.L. and Nathans, J. (1992) Absorption spectra of the hybrid pigments responsible for anomalous color vision. *Science*, **258**, 464-467.
11) Neitz, J. and Jacobs, G.H. (1990) Polymorphism in normal human color vision and its mechanism. *Vision Res.*, **30**(4), 621-636.
12) 北原健二 (1999) 先天色覚異常, 金原出版, p.62.
13) 日本色彩学会編 (1999) 新編色彩科学ハンドブック　第 2 版, 東京大学出版会.
14) Fletcher, R. and Voke, J. (1985) Defective colour vision, fundamentals diagnosis and management, Adam Hilger Ltd.
15) 北原健二 (1998) 日眼会誌, **102**, 837-849.
16) Jorgensen, A. L., Deeb, S. S. and Motulsky, A. G. (1990) Molecular genetics of X chromosome-linked color vision among populations of African and Japanese ancestry : High frequency of a shortened red pigment gene among Afro-Americans. *Proc. Natl. Acad. Sci. USA*, **87**, 6512-6516.
17) 加藤晴夫 (1973) 混色色光を用いた色覚の実験的研究, 第 1 報, 正常者の色覚について. 日眼会誌, **77**, 1350-1358.
18) 木暮慎二 (1980) 飽和度識別能に関する研究　第 1 報, 正常者の色覚について. 日眼会誌, **84**, 537-544.
19) Verriest, G. (1962) Further studies acquired deficiency of color discrimination. *J. Opt. Soc. Am.*, **53**, 185-195.
20) 刑部慶子 (1982) 原発性黄斑変性症に関する臨床的研究 その 2. FM 100 hue test の年代別総偏差点についての研究. 日眼会誌, **86**, 351-358.
21) 野寄　忍・浜野　薫・友永正昭・太田安雄 (1987) FM 100 hue test の正常値について. 日眼会誌, **91**(2), 298-303.

日本人の感覚

4 日本人の聴覚

ヒトには外界を認識するための特別な感覚器官が存在する．外界から刺激の種類により特定の感覚器官が発達してきた．そのうち，外界の主として空気振動を音としてとらえる感覚を聴覚という．聴覚器官は音を集め，増幅する外耳，中耳と音を電気信号（インパルス）に変換する内耳および音をイメージとしてとらえる脳の聴覚野などから構成されている．日本人の聴覚を論じる場合，聴覚器官の日本人以外との解剖学的差異の報告は見当たらない．日本人の聴覚の特徴（特殊性）は生活環境，特に日本語という言語を使用することによって形成されているとの報告がある．ここでは音を認識する聴力，音や言語を脳内で認識（イメージ）する聴覚について示す．また，聴覚に影響を及ぼす要因のうち，言語（日本語）の特徴や社会文化的背景について述べる．

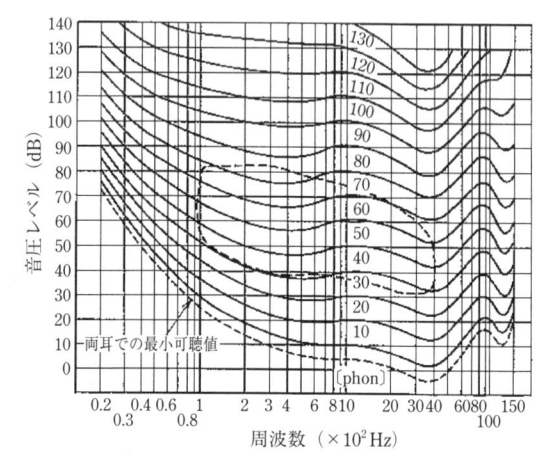

図 4.1 等ラウドネス曲線（ISO）（大中，1990）[1]
最小可聴値は国際的に統一され，それに基づいて聴力測地機器が製作される．

4.1 聴　　力

音は空気の疎密波（音波とよばれる）であり，空気が密なところでは気圧が高く，疎なところでは気圧が低い．この気圧の変化を音圧といい，音波では振幅として表される．音圧の単位は Pa（パスカル）で，音圧の大小が音の大きさを示す．人間が聴くことができる最小の音を最小可聴音といい，その音圧は約 $2×10^5$ Pa である．一方，これ以上は耳が痛いという聴くことのできる最大の音圧は約 200 Pa である．ヒトが聴くことができる音の音圧は 0～120 dB，周波数は 20～20,000 Hz の範囲であるが，どんな周波数の音でも，この音圧の範囲を聴くことができるわけではなく，周波数によって違いがある．また，同じ音圧の音でも，周波数によって音が大きく聴こえたり，逆に小さく聴こえたりする．この様子を示したのが等ラウドネス曲線（等音曲線，等感曲線）である（図 4.1）．この図の一番下の曲線は，聴くことができる最小の音圧を示したもので，最小可聴値（最小可聴域）とよばれる．最小可聴値の音圧レベルは周波数によって異なり，500～数千 Hz の中間周波音で低く，それ以上の高周波音，以下の低周波音では高い．つまり中間周波音に対する耳の感度は，それ以外の音に比較してより感度が良い．特に，4,000 Hz 付近の音に対する感度が良い[1]．従来，最小可聴値は国によって異なったものが用いられ，これに基づく聴力検査機器（オージオメータ）も国により異なっていた．1964 年，新しいオージオメータの基準の最小可聴値に関する国際標準が勧告され，1975 年国際標準（ISO 389-1975）として制定された[2]．わが国でも国際標準との整合性を図るため日本工業規格の改定（JIS T 1201-1982）が行われた[3]．

この等ラウドネス曲線は 18～25 歳の正常な聴力を有した人において得られたものである．26 歳以

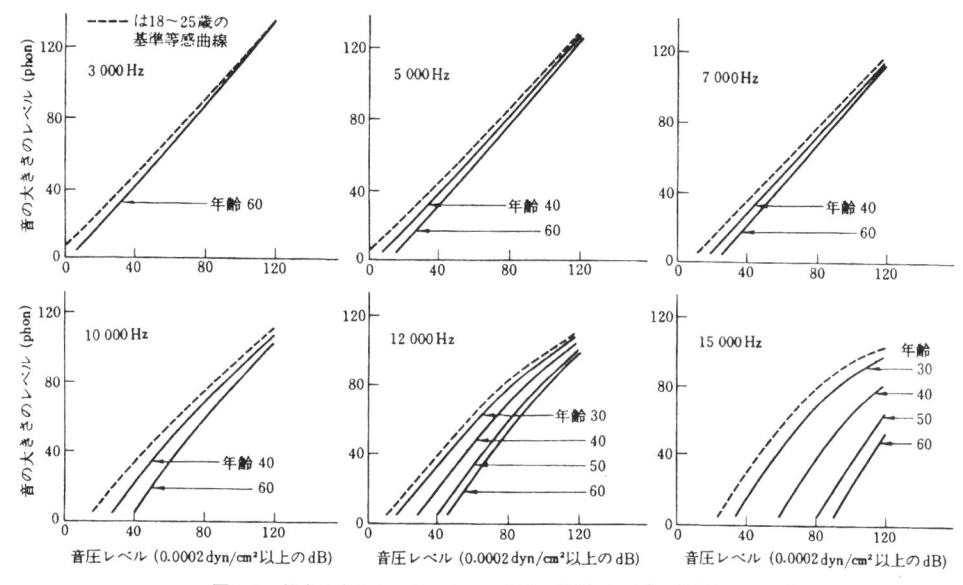

図 4.2　純音の大きさのレベルへの年齢の影響（ISO[4]；佐藤ら，1992[5]）

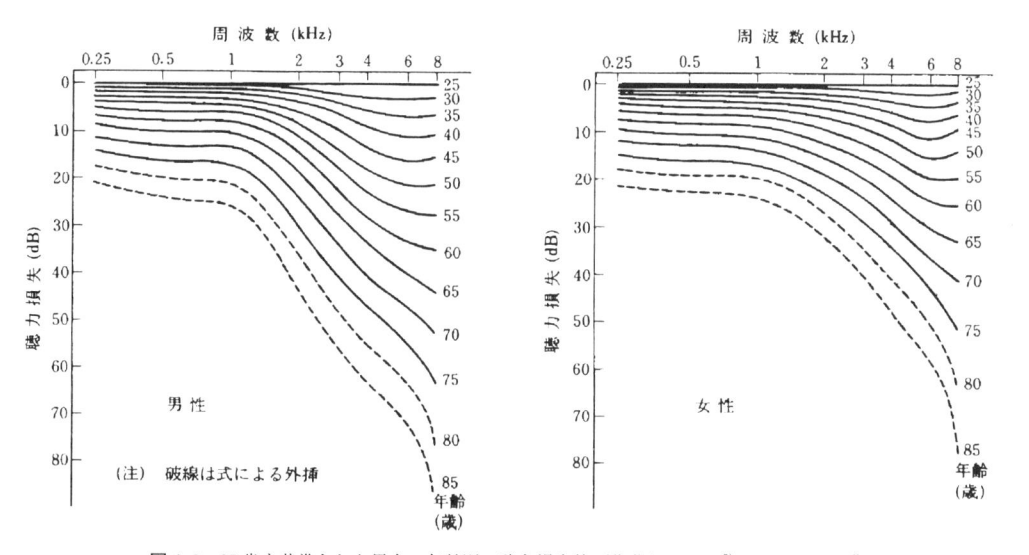

図 4.3　25 歳を基準とした男女，年齢別の聴力損失値（佐藤ら，1992[5]；Spoor, 1967[6]）

上の人については図 4.2 に示すように[4,5]，年齢が上がるに従って同じ音圧の音が小さく聴こえている．特に，高音で著しい．また，Spoor[6] は加齢に伴う聴力損失（低下）には性差があることを見出している．図 4.3 に 25 歳を基準とした男女，各年齢の聴力損失を示した[5,6]．男性において，特に高音域での加齢に伴う聴力低下が著しい．

最小可聴値は加齢とともに増加する傾向にある．60 歳前後の聴力低下を老人性聴力低下（難聴）とよぶが，1,000 Hz 以上の高音域での聴力低下が特徴的である．この聴力低下について人種差を比較した例は少ないが，日本人はアメリカ人，イギリス人，アフリカのスーダン人より加齢に伴う聴力低下の度合いが大きいことが示されており（図 4.4），特に，スーダン人の小さな聴力低下は社会騒音が年間を通じて 30～40 dB (A) と非常に低いことによるもの

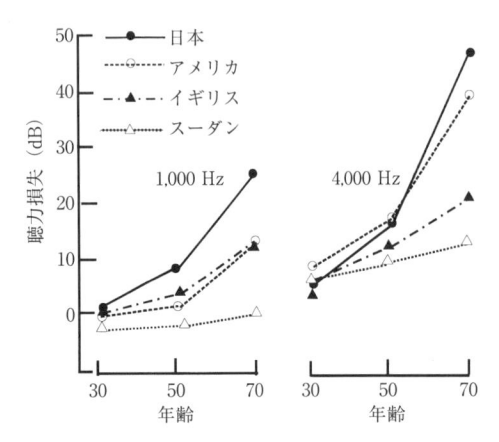

図 4.4 加齢による聴力損失の人種差（坂本，1972）[7]
加齢による聴力損失は生活騒音レベルの小さいスーダン人（Mabaans族）で小さい．

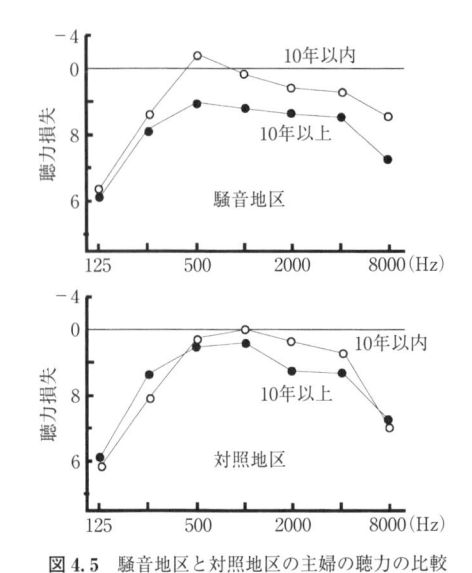

図 4.5 騒音地区と対照地区の主婦の聴力の比較（大中，1990）[1]
騒音地区では居住歴が10年以上の者での聴力損失が大きい．

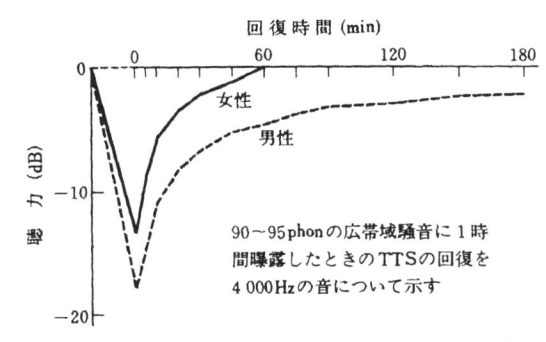

図 4.6 TTS回復の性差（佐藤ら，1992[5]；松井ら，1965[9]）

であろうとされた[7]．従来，老人性聴力低下は聴覚神経の機能低下，高血圧，血管硬化，遺伝的因子などさまざまな生理的要因が関与している[8]とされてきたが，生活環境の騒音の影響が示唆されている．生活騒音と聴力との関係では，図4.5に示した東京都内の騒音の多い幹線道路周辺（1日の騒音レベル L_{50}：75 dB (A)）とその周辺の比較的静かな住宅地（L_{50}：50 dB (A)）に居住する主婦についての聴力検査の結果にもみられる[1]．騒音地区では居住歴10年以上の者に聴力低下がみられるのに対し，対照の住宅地区では居住歴による聴力の差は認められていない．従来，騒音によって生じる聴力低下は，主として騒音職場などの強大な音による騒音性聴力低下の問題として取り扱われてきたが，75 dB (A) 程度の生活騒音のレベルでも聴力低下の可能性が無視できないことが示された．日本人における加齢に伴う大きな聴力低下は生活環境音のレベルとの関係での調査が望まれる．

騒音に曝露されると聴力損失が生じるが，騒音曝露直後の回復可能な一時的聴力損失をTTS（temporary threshold shift，一過性聴覚閾値移動）といい，TTSが繰り返されると聴力はもはや回復することがないPTS（permanent threshold shift，永久性聴覚閾値移動）となる．TTSおよびTTSの回復には性差があることが報告されており，女性ではTTSの回復力に優れている（図4.6）[9]．これは女性ホルモンのためであるといわれている．

4.2 音の認識と言語

大脳は左右の半球からなる．左右の手の利き手と非利き手があるように，左右の脳にも利き脳とそうでない脳があると考えられており，言語中枢は左脳に存在するとされている．Kimura[10]は両耳に同時に競合する異なる音刺激を与え，どちらの内容を認知するかを調査し，言語聴取において右耳の優位性を明らかにし，脳の聴覚野と耳の交差支配から言語に関して左大脳半球優位を示した．この結果は，Wadaテスト[11]とよばれる頸動脈から麻酔薬を注入し，選択的に左もしくは右大脳半球を麻酔した場合に，右利きの人の95％，左利きの人の70％では左半球が言語中枢を司っていること[12]とよく一致し

角田[13]は遅延フィードバック（角田法と称する）を用い，左右耳の機能差を観察した．この方法は電鍵打叩によるDFA (delayed auditory feed-back) 効果を利用した方法である．被験者に一定のパターンの電鍵打叩によって発生した50～70 ms（1/20～1/13秒）の短音を片耳で注意を集中して聴かせ，反対耳から同種の音を0.15～0.4秒遅らせて聴かせる．遅延音は打叩運動を妨げ，同期音をモニターして打叩を続けることが困難になる．左右のチャネルを切り替えて，同期音に対して打叩運動の乱れの出現する妨害音の閾値を測定し，2つの閾値の比較によって検査に用いた音に優位な耳側がデシベル差で検出される．競合状態では交叉神経が優位であるから，閾値の小さい耳の反対側が検査音に対して優位脳と判定される．このテスト方法を用い，日本人と外国人を被験者として，言語，非言語音について測定し，日本語を母国語とする人とそうでない人についての結果を示した（図4.7）．日本人も外国人も大多数の人は左半球（右耳）が音節（子音-母音）に優位であるが，ホワイトノイズ，1,010 Hzの純音は右半球（左耳）が優位となっている．数%の人に左右の機能が逆になっている逆転型がみられた．持続母音は例外で，日本語を母国語とする人は言語半球優位，外国語で育った人は非言語半球が優位となった．また，日本人では子音や母音の音声をはじめ，動物の鳴き声や虫の声，三味線，尺八などの邦楽器の音を左の言語脳で認識しており，左の言語脳は子音を含む音節単位の音の認識に限られているという従来の認識と大きく異なった結果を示した．さらに，角田はこのような音の認識パターンの違いが日本人の精神構造まで影響を及ぼし，感性的な音が無意識に論理的・知的な言語中枢に取り込まれ，日本人や日本文化にみられる論理の曖昧さ，情緒性の一因をなしているとした．

　しかし，日本人において音を認識する脳の部位が欧米人と異なるという角田の説は，角田が使用した遅延フィードバック法を用いた追試によって否定的な結果が示されている．これらの追試結果を佐藤[14]がまとめたのが表4.1である．いずれの追試の結果も母音が右耳，純音が左耳優位であるとの結果を得ていない．これに対して角田[15]は言語刺激，外国語の影響，薬物投与，自律神経刺激，嗅覚刺激などの多くの因子により非言語音（純音）の優位性は逆転することを示し，結果の不一致はこれらの条件

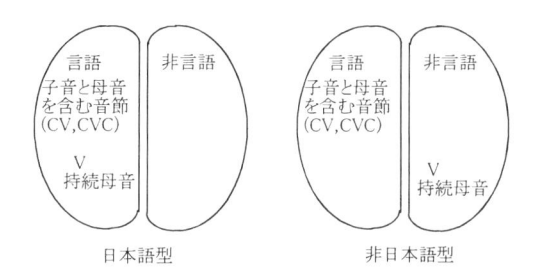

図4.7 日本語型と非日本語型の優位性の特徴（角田，1978）[13] 日本語型では持続母音も言語半球（左脳）が優位であり，非日本語型非言語半球優位と対照的である．

表4.1 母音と純音の両耳間の分化（%）（佐藤，1988）[14]

発表者	被験者	母音右耳 純音左耳	母音左耳 純音右耳	母音左耳 純音左耳	母音右耳 純音右耳
Cooper and O'Malley[19]	欧米人	25	12.5	25	12.5
角田[13]	日本人*1	75	10		
	欧米人*1			75	25
Uehara and Oooper[20]	日本人*2	15.2	26.1	13.0	26.5
	欧米人*2	13.0	15.2	21.5	8.8

*1：生後10年ほど母国語環境で生活．
*2：生後8年以上母国語環境で生活．

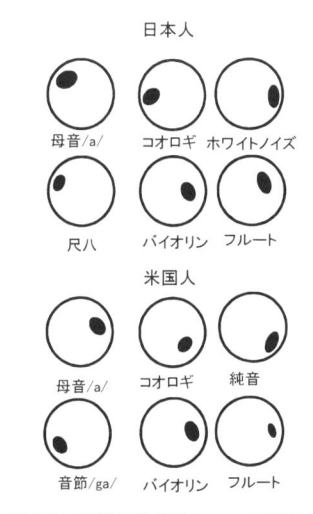

図4.8 脳波トポグラフィーを使用した大脳半球優位性の測定（角田，1985）[15] 上部方向が顔面．聴覚刺激を与えた際に生じる脳波の電位分布で最も高い電位の範囲を示した．

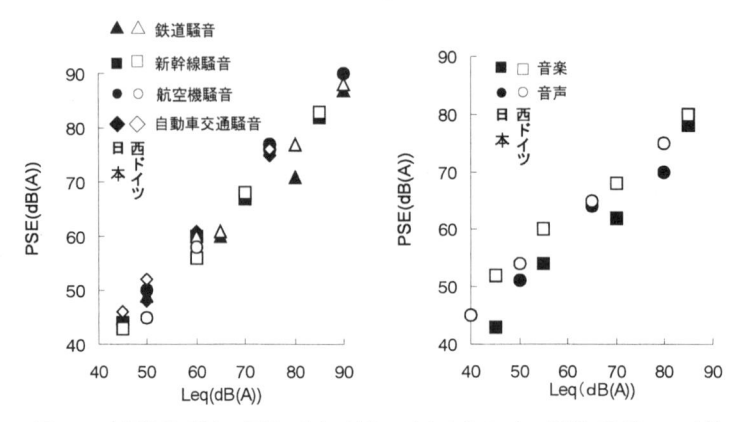

図 4.9 交通騒音（左），音楽・音声（右）の大きさと L_{eq} との関係（桑野，1989）[17]
交通騒音の強さ（L_{eq}）と主観的な印象との関係には日本人とドイツ人の間に差異は小さいが，音楽・音声についてはドイツ人ではこれらの音を過大評価する傾向がある．

が厳格にコントロールされていないことがおもな原因であるとした．さらに，脳波トポグラフィを使用した大脳半球の優位性を測定し，日本人とアメリカ人では音の認識が異なることを示した（図4.8）．

遅延フィードバック法は優位性を間接的に測定する方法，脳波測定は脳の活動電位を頭表面から導出する方法であり，脳内のどの場所で言語が処理されているかを詳細に調べるには限界がある．最近，脳機能を画像として示すことができる機器（ポジトロン断層法：PET，核磁気共鳴画像：fMRI，脳磁図：MEG）が開発され，実際に使用されつつあり[16]，日本人の言語取得の詳細が近い将来解明されるのを期待したい．

4.3 音への対応

桑野は日本と西ドイツにおいて同じ音源，同じ方法を用いて主観的評価を行った[17]．鉄道騒音，自動車交通騒音，航空機騒音などの交通騒音の騒音レベル（等価騒音レベルで表示）に対する音の主観的等価点（PSE：point of subjective equality）を求め，両者の間によい対応がみられ，音源間，日独間にはほとんど差異が認められなかったことを示した（図4.9）．一方，日本人とドイツ人について，音楽と音声の大きさの判断をみると，ドイツ人は日本人と比較し，これらの音の大きさを過大評価する傾向にあることを示した．

そばをツルツルと音をたてて食べることを楽しみ，茶をすすって飲むことを道とまでよんだ雑音文化圏の日本人と，音楽以外の音（ノイズ）にはいっさいの楽しみだの美だのを感じることがなかった音楽文化圏の西欧人との音に対する態度の違い[18]によるものであろう．

［大中忠勝］

文　献

1) 大中忠勝（1990）ビル管理のための環境衛生入門（長田泰公編），4．音と振動の影響，pp. 87-105，オーム社．
2) ISO 389-1975（1975）Acoustics-Standard reference zero for the calibration of pure-tone audiometers.
3) JIS オージオメータ（1982）JIS T 1201-1982，日本規格協会．
4) ISO/R 226-1961（E）（1961）Normal equal-loudness for pure tones and normal threshold of hearing under free field listening conditions.
5) 佐藤陽彦・山崎和彦（1992）聴覚，人間工学規準数値式便覧（佐藤方彦監修），pp. 83-93，技報堂出版．
6) Spoor, A.（1967）Presbycusis values in relation to noise induced hearing loss. *International Audiology*, 6 (1), 48-57.
7) 坂本　弘（1972）生理人類学入門，4．音と振動，pp.131-175，南江堂．
8) 原田　一（1997）ヒトの感覚特性，最新生理人類学（佐藤方彦編），pp. 12-14，朝倉書店．
9) 松井清夫・坂本　弘・小島哲爾（1965）騒音性一過性聴力損失に関する研究．産業医学，7 (7)，237-246．
10) Kimura, D.（1967）Functional asymmetry of the brain in dichotic listening. *Cortex*, 3, 163-178.
11) Wada, J. A. and Rasmussen, T.（1960）Intracarotid injection of sodium amytal for the lateralization of cerebal sppech dominance ; Experimental and clinical observations. *J. Neurosurg.*, 17, 166-282.
12) Kimura, D.（1961）Cerabal dominance and the perception

of verbal stimuli. *Canad. J. Psychol.*, **15**, 166-171.
13) 角田忠信（1978）日本人の脳，大修館書店．
14) 佐藤方彦（1988）日本人の体質・外国人の体質，ブルーバックス，p. 243，講談社．
15) 角田忠信（1985）続日本人の脳，大修館書店．
16) 本庄　巌（1997）脳からみた言語―脳機能画像による医学的アプローチ―，中山書店．
17) 桑野園子（1989）8. 文化と騒音，音の科学（難波精一郎編），pp. 135-154，朝倉書店．
18) 佐野清彦（1991）音の文化史　東西比較文化考，p. 226，雄山閣出版．
19) Cooper, W. A. Jr. and O'Malley, H. (1975) Effects of dichotically presented simulataneous synchronous and delayed auditory feedback on key tapping performance. *Cortex*, **11** (3), 206-215.
20) Uyehara, J. M. and Cooper, W. (1980) Hemispheric differences for varbal and nonverbal stimuli in Japanese-and English spoken subjects assessed by Tsunoda's method. *Brain and Language*, **10** (2), 405-417.

日本人の感覚

5
日本人の温度感覚

5.1 温熱的快適感

生体は加えられた温熱刺激によって，温度感覚（temperature sensation）と同時に温熱的快・不快（thermal comfort）の感覚を伴う．たとえば冷たい刺激は，低体温を示す被験者には不快と感じられるが，同じ刺激であっても高体温を示す被験者には快適に感じられる．ある温熱刺激が快適に感じられるか，不快に感じられるかが深部体温のレベルによって修飾される現象は alliesthesia とよばれている．このような温熱的快・不快の感覚のほかに，触れた物体を「熱い」「冷たい」と感じる温度感覚があり，両者は明確に区別される．このことを実験的に示したのが図 5.1A と図 5.1B である．被験者は手に加えられる温度刺激がどのように感じられるかを 3 段階の深部体温（低体温，中性温，高体温）で実験を行い，非常に快適（very pleasant）から非常に不快（very unpleasant）までの 9 段階で評価した（図 5.1A）．深部体温が中性温のときには中程度の刺激温は快とも不快とも感じない．そして高温，低温いずれの刺激に対しても不快感が強くなる．被験者が冷水浴を行って低体温のときには，快適感は温度に対して単純なものとなり，高温は快適，低温は不快に感じられる．これに対し，高体温の状態では被験者は低温を快適，高温を不快と感ずる．深部体温は温度感覚にはほとんど影響しない（図 5.1B）．つまり同じ温度刺激を cold から hot までの 15 段階に評価させたが，その結果には低体温あるいは高体温時でも中性な深部体温のときとの違いはみられない．

一般に温熱的快適感のスケールに「暑い—暖かい—どちらでもない—涼しい—寒い」が用いられるが，「暖かい」は「暑い」と同列ではなく，「涼しい」も「寒い」と同列ではない[3]．図 5.2 はこれらの関係

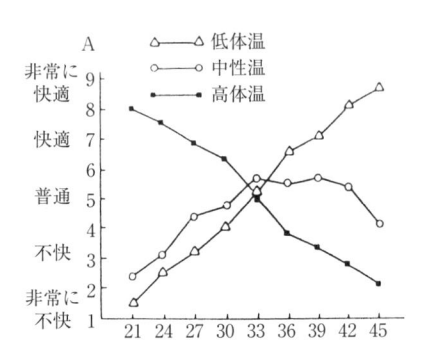

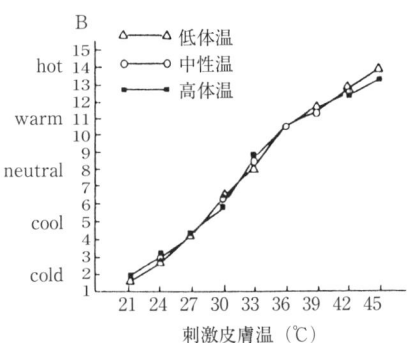

図 5.1 深部温の違いが温熱的快・不快感と温度感覚に及ぼす影響（Mower, 1976）[1]
被験者はあらかじめ水浴して低体温，中性温，高体温いずれかの状態にあり，腕をいろいろな温度の水槽に入れて両方の感覚を申告する．

をよく示している．体温（T_b）が中性温より高いとき，さらに高くなる方向に変化する場合には「暑い」という不快感が生じる（$dT_b/dt > 0$，高環境温の場合など）．同様に体温が中性温より低いとき，さらに低くなる方向に変化する場合に「寒い」という不快感が生じる（$dT_b/dt < 0$，低環境温の場合など）．これに対し「暖かい」は低体温の状態が改善されるとき（$dT_b/dt > 0$）に感ずる快感である．また，「涼しい」は高体温の状態が改善されるとき（$dT_b/dt <$

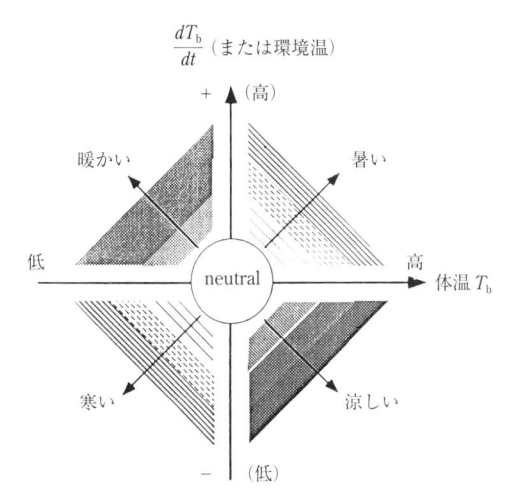

図 5.2 温熱的快・不快感は体温とその時間的変化に関係（Kuno ら, 1987）[2] を改変（彼末, 2000）[3]

図 5.3 水温（T_w）を 35 ℃から 43 ℃まで 2 ℃ずつステップ変化させたときの指の局所温度感覚（Hirata ら, 1988）[4]
値は被験者 6 名の平均 ± SE.

0）に感ずる．つまり「暖かい」は「寒さ」が緩和されるときに,「涼しい」は「暑さ」が緩和されるときに感じる感覚である．同じ皮膚温度刺激でも内部状態により快にも不快にも感じられる．快適感は高体温時の冷刺激，あるいは低体温時の温刺激のように，その刺激が内部の好ましくない状態（低体温あるいは高体温）を緩和する場合に生ずる．不快感は逆にある刺激が体温の恒常性を乱すかあるいは低体温，高体温をより大きくしてしまう場合に生ずる．

体温調節行動（衣服の着脱やエアコンのスイッチ入切など）には温熱的に快適であるか，不快であるかが動機づけとして重要である．温熱的快・不快は深部体温と皮膚温によって影響され，快感＝有益，不快感＝不利益の原則が適用できる．すなわち，暑いときに「涼しさ」という快感を求めて行動すれば体温の上昇が抑えられ，深部体温の恒温性が保持され生存の確率が高まるものと考えられる．

5.2 温度感覚

温度感覚（temperature sensation）は，皮膚に加わる温度刺激に対し「これは熱い」，あるいは「冷たい」と表現されるような感覚であり，温覚と冷覚に分けられる．45 ℃以上の高温になると熱痛を，また 17 ℃以下の低温が続くと冷痛を生ずる．さらに 45 ℃以上の熱刺激で冷覚を生ずることがあり，

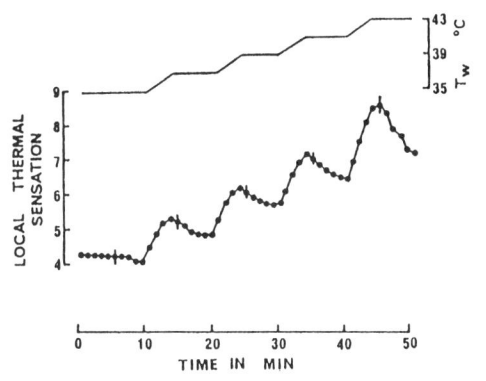

"矛盾冷覚（paradoxical cold sensation）" とよばれるものがある．

温・冷覚とも一定の温度に対する静的（static）な感覚と，温度の変化によって生ずる動的（dynamic）な感覚に分けることができる．安静座位にした被験者が手を水槽に浸けて温度感覚を申告したときの結果を図 5.3 に示した[4]．水温は 35 ℃から 10 分ごとに毎分 1 ℃の速度で 2 ℃ずつ上昇させた．温度感覚のスケールは 4：neutral, 5：slightly warm, 6：warm, 7：hot, 8：very hot, 9：extremely hot[5] を用いた．水温を 35 ℃から 37 ℃に上昇すると初期の数分間高い温度感覚を申告したあと徐々に低下するが，水温 35 ℃のときの感覚 neutral より高いレベルに落ち着く．水温を 39 ℃以上に上昇した場合も同様に，初期の動的な感覚と後半の静的な感覚が観察される．このように温度感覚は動的な感覚と静的な感覚から構成されている．

a. 静的温度感覚

皮膚温付近の温度で，皮膚に持続的な加温・冷却を加えても，温覚，冷覚は，一過性に起こるのみで順応が起こる．完全な順応の起こる（温度感覚のまったくなくなる）温度域を neutral zone とよぶ．Neutral zone より上または下の温度域では長時間一定温度であっても持続的な温覚，冷覚を感ずる．たとえば 15 cm² の前腕皮膚を温度刺激した場合，neutral zone は 30〜36 ℃である．図 5.4 は titration method によって測定された順応の時間経過で

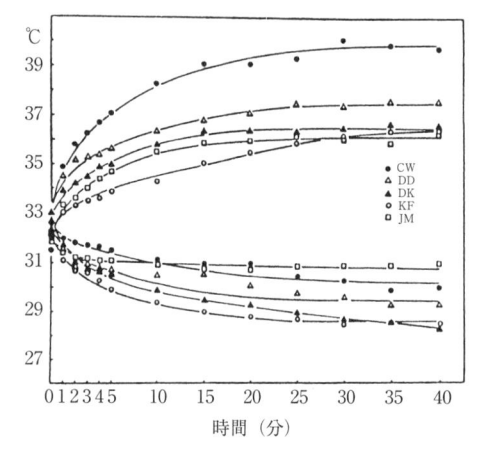

図 5.4 わずかに温・冷覚を感ずる刺激への順応の時間的経過 (Kenshalo, 1970)[6]
Titration method による. 5 人の被験者で平常皮膚温より開始.

ある. 初めの皮膚温から温度変化が大きいほど順応に要する時間も大きい. また刺激面積が大きいほど順応には長時間を要する.

b. 動的温度感覚

動的な温度感覚は，ある順応温度から一定の割合で温度上昇あるいは温度下降させて，温覚または冷覚の生ずる閾値 (ΔT) を求める方法がよく用いられ，① 温度変化の速度，② 初期皮膚温，③ 刺激面積の 3 つの因子によって影響される.

図 5.5 は前腕背面の 14.4 cm^2 を normal な皮膚温から加温・冷却したときの刺激温度変化速度 (dT/dt) を 0.01 ℃/秒から 0.3 ℃/秒の間で変化させたときの感覚閾 (ΔT)，すなわち温覚または冷覚を生じさせる最小温度変化との関係である. 0.01 ℃/秒までのゆっくりした温度変化では，温度変化速度の低下につれて感覚閾は上昇する. しかし 0.1 ℃/秒以上の温度変化速度ではほとんど温・冷覚の感覚閾には影響しないことがわかる. ゆっくりした温度変化速度では，冷覚よりも温覚の感覚閾に及ぼす影響が大きいことが示されている.

図 5.6 は温・冷覚の感覚閾に与える初期温度の影響を示した. 一定面積の前腕皮膚をさまざまな温度 (順応温度) に 45 分間順応させた後，0.3 ℃/秒の速度で加温あるいは冷却したとき，温覚・冷覚が生じたときの閾値 (順応温からの温度差) を図の黒丸で示している. 温覚の閾値は初期温度が高いほど小

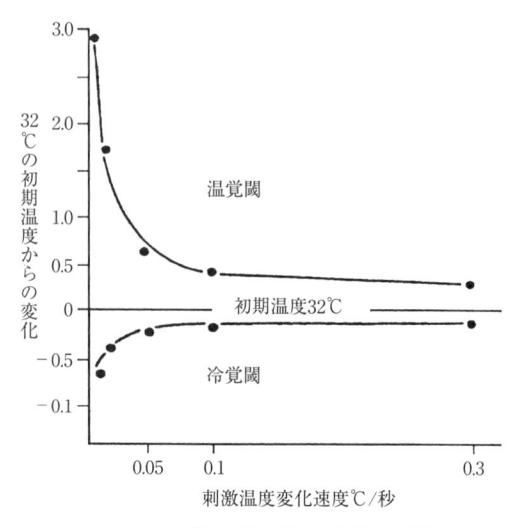

図 5.5 温度感覚閾値に対する温度変化速度 (Kenshalo ら, 1968)[7]

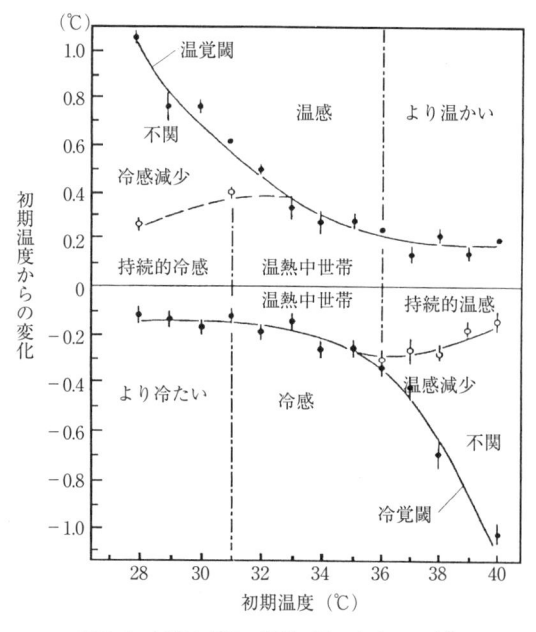

図 5.6 初期皮膚温の影響 (Kenshalo, 1970)[6]

さく，反対に冷覚の閾値は初期温度が低いほど小さくなる. さらに，白丸は被験者が温度変化を感じた点を示している. 温度変化を感じた点は，温覚では 31 ℃以下，冷覚では 36 ℃以上で温覚または冷覚が生じたときの閾値とは乖離している. このことは 31 ℃から 36 ℃までの初期温度には完全に順応を起こすが，この範囲外の初期温度では完全に順応するのはむずかしいことに関係する. すなわち，初期温

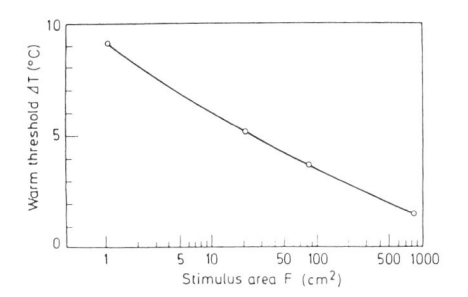

図 5.7 温覚閾値に及ぼす刺激面積の影響（Hensel, 1952）[8]
初期温度 30 ℃，温度変化速度 0.017 ℃/秒．

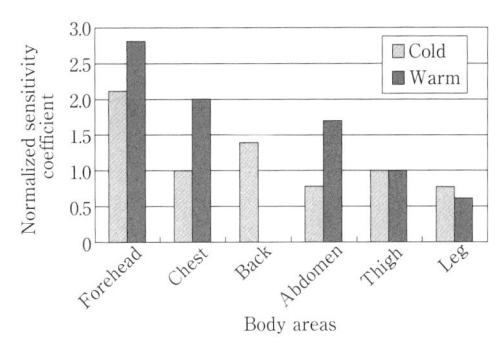

図 5.8 皮膚温度感覚の部位差
大腿を 1 としたときの温覚（Steven ら, 1974）[9]，冷覚（Crawshaw ら, 1975）[10]

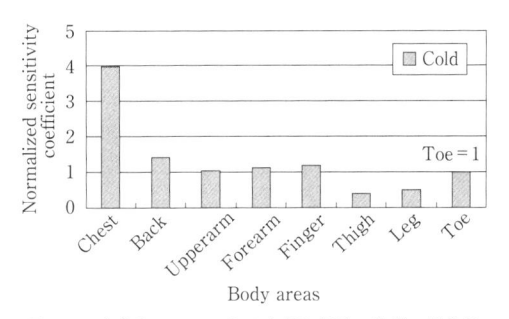

図 5.9 水灌流スーツによる皮膚冷却時の冷覚の部位差（今田ら，未発表データ）[11]
足を 1 としたときの相対値．

度が 36 ℃以上と高すぎたり，逆に 31 ℃以下と低すぎたりすると完全な順応は起こらず，持続的な温覚または冷覚が生じる．このような状態のときに初期温度より加温または冷却を行ったときに最初に感ずるのは温覚または冷覚の減少である．これが温度変化を感じた点となる．さらに加温または冷却を続けると温覚または冷覚はさらに減少して neutral となり，最後にそれまで感じていた温度感覚とは逆の温覚または冷覚が生ずる．

温度感覚の閾値はまた刺激面積によって強く影響され，刺激面積が広くなるほど閾値は低くなる．図 5.7 に示すように刺激面積が 1 cm^2 から 1,000 cm^2 まで変わると，前腕の温覚閾値は 9 ℃から 2 ℃まで低下する．顔面と胸部の広い面積（＞1,500 cm^2）を 0.003 ℃/秒の速度で radiant heat 刺激したとき，温度上昇がわずか 0.009 ℃に達すると温覚が生ずる．また互いに離れた皮膚部位であっても，空間的な加重は起こる．たとえば，両手の手背部対称部位を同時に冷却刺激したときの閾値は，片手の刺激時より低くなる．

c. 部位差

皮膚の温度感覚の強さは部位によって異なる．図 5.8 には温覚および冷覚の強さの皮膚部位による差異を相対値で示している．同じ強さの温度刺激で生ずる温覚の強さは，前額部で最も強く以下胸部，腹部，大腿，下腿の順であった[9]．また冷覚でも前額部で最も強く，続いて背部，胸部，大腿，腹部，下腿の順であった[10]．さらに水灌流スーツを用いて行った皮膚冷却の実験結果を図 5.9 に示す．これは足部を 1 として標準化した冷覚の強さを示している．胸部は足の 4 倍強く，その後は背部，前腕，指部，上腕の順であり，大腿，下腿は足よりも冷覚が弱かった．以上の結果をまとめると，温度感覚は前額部で最も強く，次に体幹部，四肢部の順であった．同じ皮膚であっても，このように皮膚部位によって温度感覚の違いが生ずるのはなぜであろうか．その理由の一つとして，皮膚の温点，冷点の分布密度が考えられる．

各皮膚部位に存在する温点，冷点の分布密度は表 5.1 に示すとおりである．一般に温点に比べて冷点のほうが数倍以上多く，皮膚の部位によっても密度は異なる．胸部，背部や顔面では密度が高く，上腕，前腕や下腿，大腿などの四肢部では低い傾向がある．さらに四肢末端部の手足では，手掌，指掌，足底よりも手背，足背の方が密度は高い，最近，Cabanac[15] によって報告されている温点，冷点の分布密度は図 5.10 のとおりであり，表 5.1 の結果とは多少異なって前額部の冷点密度が最も高かった．体幹部でやや高く，四肢部の大腿，下腿が低い値を示す傾向は類似している．

表5.1 1cm² 当たりの温点と冷点の密度

	冷 点 [a]	温 点 [b]
前額部	5.5 〜 8.0	
鼻	8.0	1.0
口 唇	16.0 〜 19.0	
その他の顔面	8.5 〜 9.0	1.7
胸 部	9.0 〜 10.2	0.3
腹 部	8.0 〜 12.5	
背 部	7.8	
上 腕	5.0 〜 6.5	
前 腕	6.0 〜 7.5	0.3 〜 0.4
手 背	7.4	0.5
手 掌	1.0 〜 5.0	0.4
指 背	7.0 〜 9.0	1.7
指 掌	2.0 〜 4.0	1.6
大 腿	4.5 〜 5.2	0.4
下 腿	4.3 〜 5.7	
足 背	5.6	
足 底	3.4	

[a] Strughold ら (1931)[13]
[b] Rein (1925)[14]

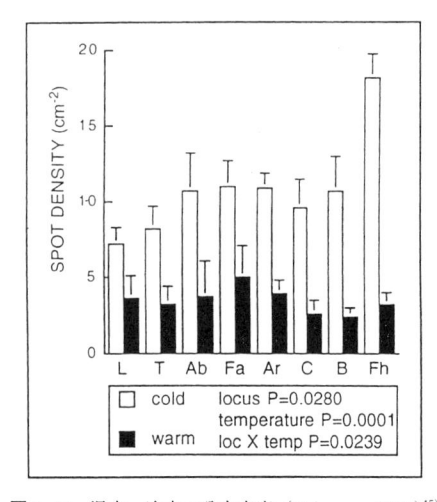

図 5.10 温点, 冷点の分布密度 (Cabanac, 1995)[15]
L:下腿, T:大腿, Ab:腹, Fa:前腕, Ar:上腕, C:胸, B:背, Fh:前額

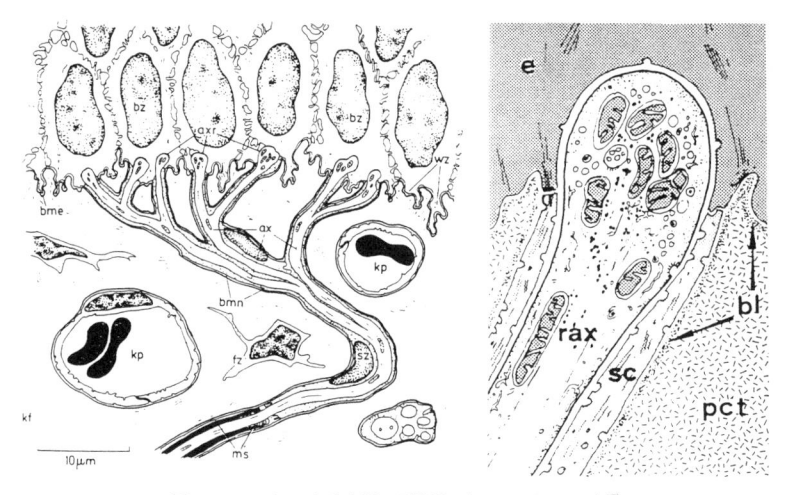

図 5.11 ヒトの冷受容器の電顕像 (Hensel ら, 1974)[17]

5.3 皮膚温度受容器

皮膚には温度刺激に特異的に応答する皮膚温度受容器が存在する。その動的活動から温受容器と冷受容器の2種類に分けることができ, いずれも自由神経終末により受容される。かつて温受容器は Krause の小体, 冷受容器は Ruffini の小体と考えられていたこともあるが間違いである。冷受容器の電顕像を図 5.11 に示す[17]。細い有髄軸索が数本の無髄終末に分かれて乳頭層中に終わっており, その終末は表皮の基底膜までは無髄シュワン細胞が付随している。神経終末の基底膜と表皮の基底膜との間には連続的な移行がみられる。受容終末は表皮基底細胞中に数ミクロン入り込んでおり, 多くのミトコンドリア, 細い糸状構造と小胞が含まれる。ヒトの冷受容器の場合, 皮膚表面から 0.15 〜 0.17 mm, 温受容器は 0.3 〜 0.6 mm の深さに存在すると推定されている。

皮膚温度受容器は, ①〜④のような基本特性をもっていることが知られている。①一定の温度 (T) でも静的 (static) な放電を示す。②温度変化 dT/dt に対して動的 (dynamic) な応答を示す。③機械的

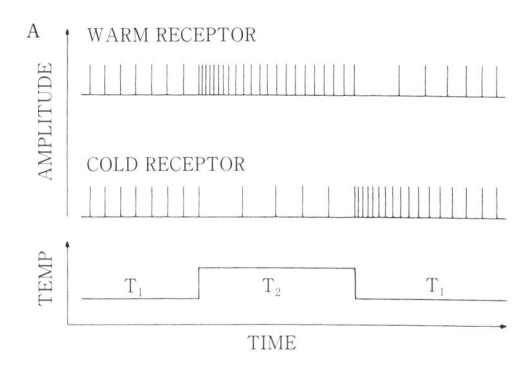

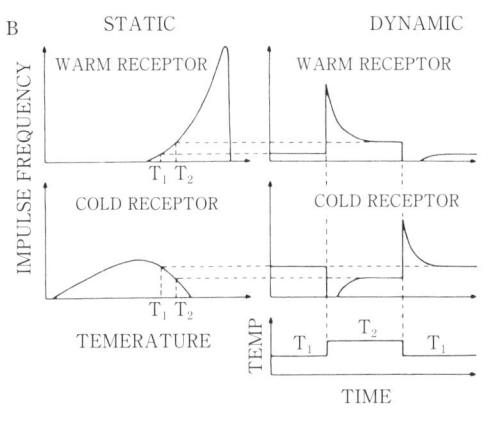

図 5.12 皮膚の温・冷受容器の特性を示す模式図 (Hensel, 1974)[16]
A：温度刺激に対する単一温・冷受容器からの神経インパルス．B：一定温と温度変化に対する温・冷受容器の静的応答と動的応答．

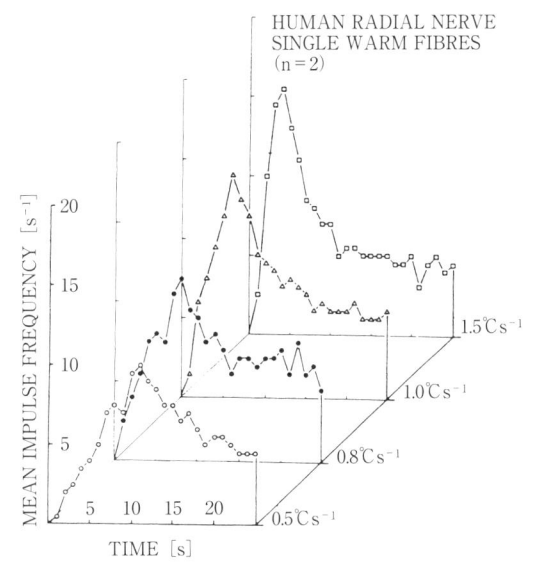

図 5.13 単一温受容器からの神経発射頻度への加温速度の影響 (Konietznyら, 1977)[18]
ヒト橈骨神経．32℃から37℃まで加温（速度は0.5℃/秒から1.5℃/秒）．

な刺激には応じない．④非侵害性の温度域で活動する．

a. 冷受容器の温度特性

冷受容器の静的な発射頻度は低温では温度とともに増加するが，ある温度で最大に達し，それ以上の温度では減少するという釣り鐘型の特性を示す（図5.12B）．最大発射頻度を示す温度は個々の受容器で異なるが，平均のピーク温度は25℃から30℃の間にある．冷受容器は45℃以上で再び強い活動を示し，前述の"矛盾冷覚"の基礎にある現象と思われる．初期温度にかかわらず，冷受容器はステップ状の加温刺激により一過性に発射頻度を抑制し，逆に冷却刺激で発射頻度を促進するという動的特性を示す（図5.12A）．その動的活動の大きさは冷却の温度幅が大きいほど大きくなる．また，初期温度も動的活動に影響し，同じ温度幅の冷却でも，静的活動の大きな初期温度からの冷却ほど大きな動的活動を引き起こす．ランプ状の冷却の場合には，冷却の速度も動的活動に影響し，大きな速度の冷却ほど強い動的活動を引き起こす．

b. 温受容器の温度特性

温受容器は温度の上昇に伴って神経の発射頻度が増加，冷受容器は温度の低下に伴って発射頻度が増加する．いずれの受容器でも，温度に対する静的活動の特性は釣り鐘型であるが，最大の活動を示す温度は温受容器のほうが冷受容器より高い．30℃付近から活動は温度とともに上昇し，41〜47℃で最大の活動を示す（図5.12B）．温受容器の動的活動も冷受容器の場合と同様，初期温度，温度変化幅，変化速度に影響される．図5.13には皮膚温の変化速度を毎秒0.5℃から1.5℃まで4段階に変えて32℃から37℃まで加温刺激したとき，温受容器からの神経発射頻度を示している．温度の変化速度が大きくなるに伴って，発射頻度の動的活動は大きくなることがよく示されている．動的活動が終了したあとの静的活動レベルはいずれも差が認められない．

　　　　　　　　　　　　　　　　　　［平田耕造］

文　献

1) Mower, G.D. (1976) Perceived intensity of peripheral thermal stimuli is independent of internal body temperature. *J. Comp. Physiol. Psychol.*, **90**, 1152-1155.
2) Kuno, S. et al. (1987) A two-dimentional model expressing thermal sensation in transitional conditions. *ASHRAE Transaction*, **93**, 396-406.
3) 彼末一之 (2000) 脳と体温——暑熱・寒冷環境との戦い (彼末一之・中島敏博著), ブレインサイエンス・シリーズ 23 (大村　裕・中川八郎編), pp.66-67, 共立出版.
4) Hirata, K. et al. (1988) Local thermal sensation and finger vasoconstriction in the locally heated hand. *Eur. J. Appl. Physiol.*, **58**, 92-96.
5) Beshir, M.Y. et al. (1980) Perception and performance in the heat. *Proc. Human Factors Soc. 24th Ann. Meeting*, 367-371.
6) Kenshalo, D.R. (1970) Psychophysical studies of temperature sensitivity, In "Contribution of sensory physiology" (Neff, W.D. ed.), pp.19-74, Academic Press.
7) Kenshalo, D.R. et al. (1968) Warm and cold threshold as a function of rate of stimulus temperature change. *Perception Psychophys.*, **3**, 81-84.
8) Hensel, H. (1952) Physiologic der Thermoreception. *Ergebn. Physiol.*, **47**, 166-368.
9) Stevens, J. C. et al. (1974) Regional sensitivity and spatial summation in the warmth sense. *Physiol. Behav.*, **13**, 825-836.
10) Crawshaw, L. I. (1975) Effect of local cooling on sweating rate and cold sensation. *Pflugers Arch.*, **354**, 19-27.
11) 今田尚美ら：未発表データ.
12) Hensel, H. (1981) Thermoreception and Temperature Regulation (Monographs of the Physiological Society No.38), p.29, Academic Press.
13) Strughold, H. et al. (1931) Die Dichte der Kaltpunkte auf der Haut des menschlichen Körpers., *Z. Biol.*, **91**, 563-571.
14) Rein, F. H. (1925) Über die Topographie der Warmempfindung, Beziehungen zwischen Innervation und receptorischen Endorganen. *Z. Biol.*, **82**, 515-535.
15) Cabanac, M. (1995) Human Selective Brain Cooling (Neuroscience Intelligence Unit), p. 96, Springer-Verlag.
16) Hensel, H. et al. (1974) Structure and function of cold receptors. *Pflugers Arch.*, **352**, 1-10.
17) Hensel, H. (1974) Thermoreception, In "Encyclopaedia Britannica", Vol.18, pp.328-332, Encyclopaedia Britannica, Inc.
18) Konietzny, F. et al. (1977) The dynamic response of warm units in human skin nerves. *Pflugers Arch.*, **370**, 111-114.

日本人の感覚

6
日本人の嗅覚

　嗅覚を論じる場合，通常，閾値と識別能力に分けて議論される．この章においても，この二点を中心に論じたい．一方，嗅覚には，明確な年齢差が存在することならびに喫煙などの生活習慣が影響することが知られている．また，男女差についても多くの知見があり，女性の月経周期に応じて閾値が変化することが報告されている．加えて，個人間において，その閾値や識別能力に大きな差異が存在する．人種間の差異を検討する場合，上記のような変動をもつという困難さが存在するが，これまでに提出された知見をもとに日本人の嗅覚について論じる．

6.1　識別能力

　Doty ら[1]は，ブラックアメリカン（438名），ホワイトアメリカン（1,559名），コーリアンアメリカン（106名）ならびに日本人（308名）について UPSIT (The University of Pennsylvania Smell Identification Test) とよばれるにおいの識別テストを用いて調査を行った．その結果，日本人の識別能力が最も劣っていたという（表6.1）．しかし，不正解の多い項目をみると，「サクランボ」（不正解率はほかのグループが8～11％であるのに対し日本人は66％），「フルーツポンチ」（他グループの18～25％に対し55％），「キュウリのディルの酢づけ」（18～25％に対し33％）であり，日本人に対してなじみの薄いにおいであった．検査に用いられたにおいに対する親密度の違いが考慮されていないことを勘案しなければならない．また，得点の結果は，コーリアンアメリカン，ブラックアメリカン，ホワイトアメリカン，日本人の順であったが，被験者の年齢が異なっており，コーリアンアメリカンは男性14.1歳，女性14.3歳，ブラックアメリカンは29.7歳と36.0歳，ホワイトアメリカンは39.1歳と41.1歳，日本人は25.5歳と21.8歳であった．年齢の違いは補正されているが，コーリアンアメリカンについては被験者は未成年でもあり喫煙者が皆無であることが影響して高い識別能力を示している可能性もある．

　調所ら[2]も，UPSIT を用いて，日本人の男性64名，女性126名について嗅覚識別テストを行い，アメリカ人1,300名のデータから性別と年齢がマッチする190人を選んで比較している（表6.2）．このテストの40問のうち21問については，アメリカ人のほうが日本人より有意に正答率が高かった．4問については，日本人のほうが正答率が高かったが有意差はなかった．しかし，クローブ，チェダーチーズ，生姜パン，ココナッツ，ディルの酢づけなどにみられるように，日本人になじみのないにおいが多く，40問のうち，これらの10問を除外すると差異が認められなくなることを報告しており，Doty らの結果と同様の問題点を有している．

表6.1　日本人，ブラックアメリカン，ホワイトアメリカン，コーリアンアメリカンの UPSIT の得点（Doty ら，1985）[1]

	男性			女性			合計		
	生得点	標準偏差	補正値	生得点	標準偏差	補正値	生得点	標準偏差	補正値
日本人	31.8	3.52	29.5	33.5	3.18	31.8	32.9	3.41	31.0
ブラックアメリカン	33.6	5.53	32.4	34.7	5.61	34.0	34.1	5.59	33.2
ホワイトアメリカン	33.2	5.53	33.6	34.9	6.32	35.8	34.2	6.85	34.9
コーリアンアメリカン	37.2	2.14	36.6	38.6	1.21	38.0	37.9	1.86	37.3

表6.2 日本人群とアメリカ人群の各設問のにおいの正答率の違い（χ^2検定）（調所ら，1987）[2]

各設問の正答のにおい	χ^2値
サクランボ	158.44*
フルーツポンチ	140.13*
クローブ（チョウジの木の香料）	62.94*
楢・カンゾウ	48.43*
ルートビール	47.44*
ココナッツ	45.66*
シラタマの木の香料	44.40*
ピザ	43.63*
タバコ	38.15*
生姜入りのパン	31.23*
イチゴ	18.44*
オレンジ	17.79*
バラ	16.72*
テレビン油	16.42*
ライム	13.70*
ディルの酢づけ	12.34*
松	11.98*
チョコレート	11.96*
チェダーチーズ	10.05*
ブドウ	9.63*
ナメシ皮	9.47*
メントール	6.96
西洋スギ	4.79
スイカ	4.02
ハッカ	3.73
タマネギ	3.40
ライラック	3.10
ピーナッツ	3.02
セッケン	3.02
レモン	3.02
ガソリン	1.26
パイナップル	0.42
自動車オイル	0.42
ペンキ稀釈液	0.09
風船ガム	0.00
シナモン	0.00
バナナ	7.15
ガス	3.73
モモ	3.47
草	0.47

＊：有意差あり（$p < 0.05$）
下段4種のにおい：アメリカ人群より日本人群のほうが正答率の高いにおい．

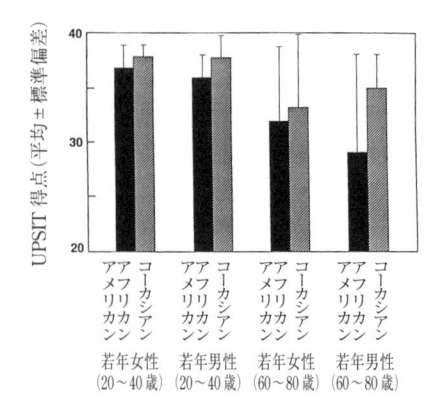

図6.1 若年ならびに老齢群におけるアフリカアメリカンとコーカシアンのUPSIT得点の違い

起因しているとしている．さらに，上野[4]はボリビア人とモンゴル人についても調査を行っている．シェルパ人には，認められなかった「魚くささ・生臭さ（腥臭）」というカテゴリーが両群には存在し，魚を食べる習慣があることと関連していると考察している．また，「甘い」，「酸っぱい」，「焦臭」，「腐敗臭」の4つの分類カテゴリーは，上記の4群のすべてに認められた．一方，「魚くささ・生臭さ（腥臭）」にみられるように，通常食べることのない食品のにおいは，分類のカテゴリーとして存在しないことを示している．

以上の結果から，においの分類においては，普遍的な規範と文化特異的な規範が同時に存在することが示された．

Jonesら[5]は，アフリカンアメリカンとコーカシアンのにおいの識別能力を比較している．20～40歳代の38名と60～80歳代の22名についてUPSITを実施し，人種間のにおいの識別能力を調べた．結果を図6.1に示す．コーカシアンのほうがアフリカンアメリカンに比べ，20～40歳（平均・コーカシアン30.6歳，アフリカンアメリカン28.7歳）の男女，60～80歳（平均・コーカシアン72.3歳，アフリカンアメリカン69.7歳）の男女の4群，すべてにおいてUPSITの得点は高かった．20～40歳においては，有意差が認められ，コーカシアンのほうがアフリカンアメリカンに比べ，においに関して，高い識別能力を有していると報告されている．この論文においては，人種間に差異が存在すると結論づけている．

上野[3]は日本で食べられている20種の合成食品フレーバーを使って，シェルパ族と日本人のにおいの分類テストを行っている．その結果，シェルパ族には「魚くささ・生臭さ（腥臭）」というカテゴリーが存在せず，半数以上の被験者が「鮭」のにおいを「感じない」あるいは「わからない」と評価した．シェルパ族が魚を食べる習慣をもっていないことに

6.2 閾　　値

Wysocki & Beauchamp[6]は，17組の一卵性双生児と21組の二卵性双生児（17〜24歳）を使って，揮発性のステロイドであるアンドロステノン（尿のようなにおい，麝香のかおり，汗のにおいあるいは甘いにおいと表現される）と有機溶剤のピリジン（腐ったミルクのにおい）に対する閾値を調べた．

その結果を図6.2に示す．上段が一卵性双生児，下段が二卵性双生児の結果を示す．アンドロステノン（左側）に対する閾値において，一卵性双生児同士は，二卵性双生児に比べて，有意に近い値を示した．閾値の平均値に関しては，一卵性双生児，二卵性双生児ともに差異はなかった．また，ピリジンにおける双生児間の閾値に関しては，一卵性双生児，二卵性双生児間に差異は認めなかった．

上記の結果から，少なくとも，アンドロステノンに対する閾値に関しては，遺伝的な要因が存在することが示された．

さらに，同じくWysockiら[7]は，訓練等による後天的な影響についても報告している．一般にアンドロステノン（上記と同じ物質）は，成人の半数が，そのにおいを感じないといわれている．においを感じない人を被験者とし，繰り返しの吸入による訓練を行い，その効果を調べた．実験は，アンドロステノンのにおいを感じない被験者38名（男女19名ずつ）を使って行われた．1日に3回，3分ずつ，6週間の間ににおいを嗅ぐ訓練群（男女10名ずつ）と訓練をしない対照群（男女9名ずつ）に分けて実施した．その結果，図6.3に示すように，訓練群において，1週間後には閾値が低下し，さらに，その後も低下を続けることがわかった．対照群においては，

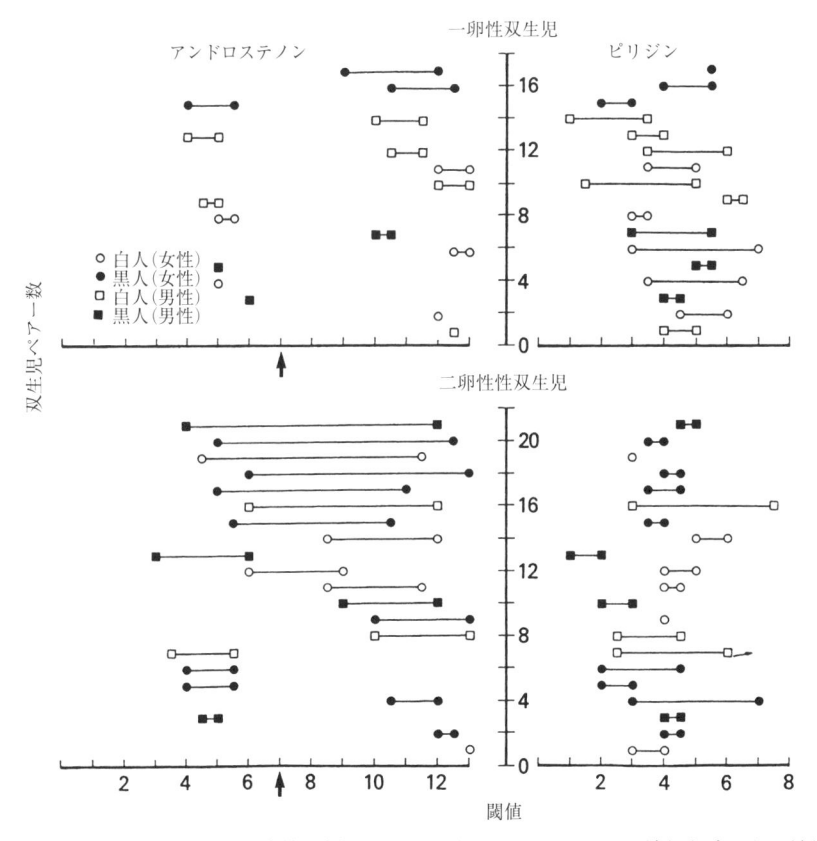

図6.2　一卵性双生児ペアーと二卵性双生児ペアーにおけるアンドロステノン（左）とピリジン（右）の閾値．矢印は，アンドロステノンに対する感受性が高いか低いか識別する濃度を示す．各双生児のペアーは線で結ばれている．アンドロステノンの閾値の12は3.67mMを示し，数字が1減少するごとに濃度が半減する．ピリジンの8は0.372mMを示す．

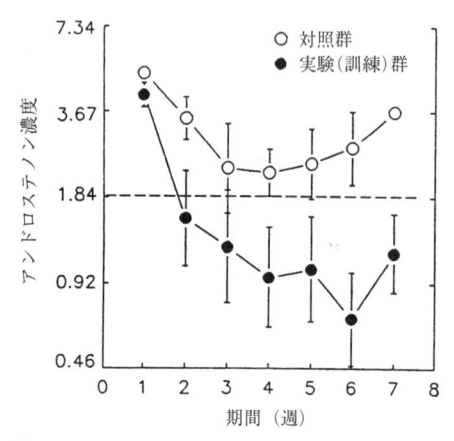

図6.3 アンドロステノン吸入訓練による閾値の低下

閾値の低下は認められなかった．

また，図6.4に実験（訓練）群と対照群における6週間後の各人の閾値の変化を示す．訓練群（図右）において，においを感じなかった20名のうち，10名がにおいを感じるようになった．

つまり，アンドロステノンに関しては，遺伝的な要因も後天的な要因も，その閾値に関与していることがわかった．

本論文においては，ピリジンとアミルアセテート（梨あるいはバナナのにおい）についても同様の実験を実施しているが，訓練の効果は認められなかった．

一方，Hubert[8]は，97組の双生児（一卵性双生児51組，二卵性双生児46組，42〜56歳）を使って酢酸（刺激臭），イソブチル酸（汗くさいにおい）ならびにサイクロヘキサン（樟脳様のにおい）に対する閾値に差異があるかどうか調べた．その結果，一卵性双生児同士と二卵性双生児同士の閾値の近さには，差異がないことがわかった．つまり，上記のにおいに関しては，その閾値に関して，遺伝的な要因は関与していないことが示された．

Wysockiらの結果においても，アンドロステノンに関しては，遺伝的な要因も後天的な要因も，その閾値に関与しているが，ピリジンに関しては，遺伝的な要因も，後天的な要因も関与していなかった．におい物質によって，閾値の変化に対する遺伝的・後天的要因の関与が異なることがわかった．

また，閾値に関しては，Hoshikaら[9]は日本人（男性20名）とオランダ人（男女各4名）の閾値を有機溶剤を用いて調べている．結論として，キシレンでは日本人のほうが閾値が低いが，硫化水素，フェノール，スチレン，トルエン，テトラクロロエチレンでは差異がなく，両人種間に嗅覚閾値の差がないとしている．

上野[3]はシェルパ族の嗅覚能力を120名の生徒を使って調べたのち，日本人の既存のデータと比較することによって，両者の嗅覚能力の差を明らかにした．におい物質としては，β-フェニルエチルアルコール，メチルシクロペンチノン，イソ吉草酸，γ-ウンデガラクトン，スカトールの5種類を用いた．その結果，すべてのにおい物質において，シェルパ族のほうが低い閾値を示し，平均では約3.3倍の違いがあった．

Hoshikaら[9]と上野の結果は異なるが，これらの差異は互いのデータが日本人の嗅覚の一断面を評価

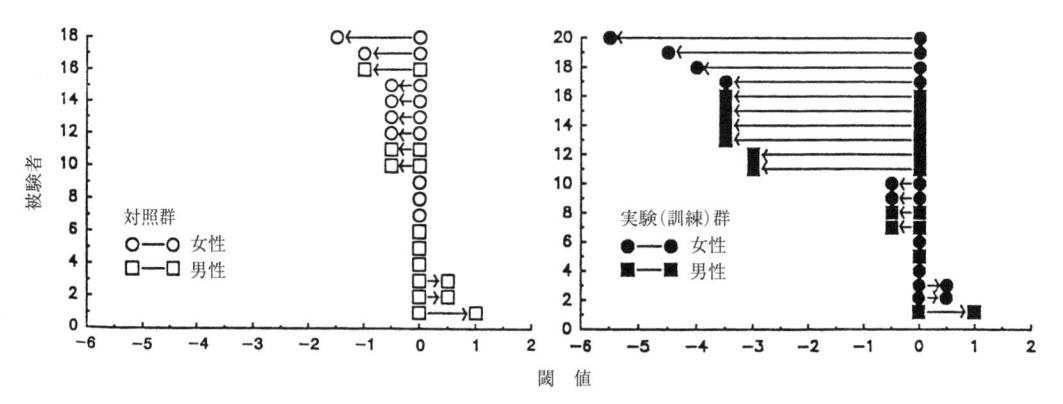

図6.4 アンドロステノン吸入訓練6週間後の閾値の変化．数値が1減少するごとに濃度は半減する．

しているにすぎないことに起因すると思われる．

6.3 嗜好性

Ayabe-Kanamura ら[10] は，日本人（40名）とドイツ人（44名）の女性を被験者として，日常的に使われる18種のにおいに対する印象の違いを調べている．1/3は，日本人になじみのあるにおい（鰹節，醤油，焙じ茶，納豆，墨，ヒノキの削りかす），1/3はドイツ人になじみのあるにおい（ブルーチーズ，イタリアンサラミ，松のノコギリ屑，キリスト教会の香り，アニス，アーモンド），1/3は両者になじみのあるにおいとした．その結果，日本人になじみのある香り物質を日本人は快適であると感じ（図6.1），ドイツ人になじみのある香り物質をドイツ人は快適であると感じていた．一般に，食べられるにおいと快適感は強い相関があるため，文化特異的な経験が関与していると推察されている．

また，Schleidt[11] は，ヒトの腋窩のにおいに対するイタリア人，ドイツ人，日本人の識別能力の違いを調べている．7日間着た綿のシャツが材料として用いられた．結婚しているパートナーのにおいの好みについては，ドイツ人の女性が快適であると感じていたのに対し，日本人とイタリア人の女性は不快であると評価していた．一方，男性群においては，パートナーのにおいに対して，日本人は快適であると感じる群と不快であると感じる群が同数であるのに対し，ドイツ人とイタリア人では快適であると感じる群が不快であると感じる群の約3倍を占めた．実験全体を通して，日本人はドイツ人とイタリア人に比べて，種々のにおいを不快であると評価することがわかった．

6.4 年齢差，男女差，喫煙の影響

Srivastava[12] は，青酸ナトリウムのにおいを感じない男女の割合を比べた．99名の男性のうち，17名（17.2％）が青酸ナトリウムのにおいを感じないのに対し，女性では157名のうちの9名（5.7％）のみがにおいを感じないことを明らかにした（表6.3）．この結果は，女性のほうが青酸ナトリウムのにおいに対する識別能力が高いことを示している．

Jones ら[5] は，アフリカンアメリカンとコーカサスのにおいの識別能力を比較している．20～40歳代の38名と60～80歳代の22名についてUPSITを実施し，においの識別能力を調べたところ，高齢群では人種に関係なく，そのスコアが低かった．また，女性群のほうが有意差はないもののスコアが高い傾向にあった．

Hubert ら[8] は，97組の双生児を使って，閾値の差異を調べている．その過程において，イソブチル酸に対する閾値は，シガーあるいはパイプタバコ，アルコール，肥満度が影響し，サイクロヘキサンへの閾値については，シガーあるいはパイプタバコ，シガレット，肥満度，糖尿病が影響していることを示した．

Cain[13] は80種のにおいの識別実験を行っており，女性のほうが識別能力が高いことを示している．男性ホルモンであるアンドロステロンや16-アンドロステンといったステロイドに対して嗅覚の異常をもつ人は8～50％おり，性差が認められる．女性のほうがにおいを感じる人の割合が多く閾値も低いという．その性差は子供では認められないことが報告されている．

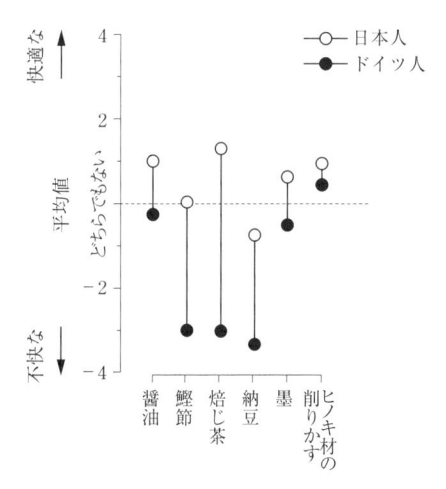

図6.5 日本人になじんでいる「におい」に対する快適性の日本人とドイツ人の比較（Ayabe-Kanemura ら，1998[10] を改変）

表6.3 シアンのにおいを感じる人と感じない人の性差（Srivastava, 1961）[12]

	におう人	におわない人
男性（ 99）	82（82.82％）	17（17.17％）
女性（157）	148（94.26％）	9（ 5.73％）
合計（256）	230（89.84％）	26（10.04％）

Köster[14]は，成人女性はほとんどのにおいに対して，成人男性に比べ低い閾値をもつことを示している．ムスク（ジャコウ・ジャコウジカのオスのジャコウ腺から交尾期に分泌される物質），7種類のアンドロステン（男性の汗・尿から分離されるステロイド），ならびに5種類の生物学的に意味のないにおいを使って調べたところ，意味をもたないと考えられるバナナ様のにおいであるアミルアセテートを除いて，すべて女性のほうが閾値が低かったという．また，ホルモンが未成熟な年代では性差がなく，女性ホルモンの関与が考えられている．

月経周期と閾値の関連については古くからの報告があり，Le Magnenは，1952年に月経周期内で感受性が変化することを示している．高木は，月経時に閾値の上昇する人は52％，低下する人は33％であると述べている．Köster（1974）は，メタキシレンのような通常のにおいにおいても月経周期とともに変動を起こし，特に，ムスク様の性的誘引物質に対して大きな変動を示すことを観察している．

上記のように，日本人の嗅覚について，他の人種と比較したうえで，明らかな違いを結論づけることは困難であった．その理由としては，①「人種差」に注目して実施した研究報告が少ないこと，②用いられた嗅覚刺激に対する日常的な接触頻度が人種間で異なるため適正な評価が困難であること，ならびに③年齢差，男女差，喫煙などの要因によって嗅覚の閾値や識別能力が異なることが報告されているが，これらの要因を除去したうえで論じている論文がきわめて少ないことがあげられる．

一方，日常的に接することの多いにおい，特に，食品由来のにおいに関しては，低い閾値や高い識別能力を示すことが報告されている．また，ある種のにおい（アンドロステノン）の閾値については遺伝的要因も関与しているし，訓練によっても変化することが報告されている．これらの結果は，においの閾値や識別能力に地域差や人種差が存在することを示唆している．嗅覚の能力は，遺伝的に受け継いだ能力と後天的に取得した能力が相まって発揮されるものである．今後，日本人の嗅覚について論じる場合，その両面を考慮する必要がある．

［宮崎良文］

文　献

1) Doty, R. L., Applebaum, S., Zusho, H. and Settle, R. G. (1985) Sex diffrnces in odor identification ability: a cross-cultural analysis. *Neuropsychologia*, **23** (5), 667–672.
2) 調所廣之・関　政子・小林一女・山本賢之 (1987) 嗅覚識別テスト—嗅覚正常者に対する検査結果について—．日耳鼻，**90**（4），507–515．
3) 上野吉一 (1992) シェルパの生活と匂い．ヒマラヤ学誌，**3**, 40–51.
4) 上野吉一 (1994) ボリビアおよびモンゴルの人々の生活と匂い：食べ物の匂いに関する異文化間比較．ヒマラヤ学誌，**5**, 121–147.
5) Jones, R. E., Brown, C. C. and Ship, J. A. (1995) Odor identification in young and elderly african-americans and caucasians. *Special Care in Dentistry*, **15**(4), 138–143.
6) Wysocki, C. J. and Beauchamp, G. K. (1984) Ability to smell androstenone is genetically determined. *Proc. Natl. Acad. Sci. USA*, **81**, 4899–4902.
7) Wysocki, C. J., Dorries, K. M. and Beauchamp, G. K. (1989) Ability to perceive androstenone can be acquired by ostensibly anosmic people. *Proc. Natl. Acad. Sci. USA*, **86**, 7976–7978.
8) Hubert, H. B., Fabsitz, R. R. and Feinleib, M. (1980) Olfactory sensitivity in humans: genetic versus environmental control. *Science*, **208**(9), 607–608.
9) Hoshika, Y., Imamura, T., Muto, G., Gemery, L. J. V., Don, J. A. and Walpot, J. I. (1993) International comparison of odor threshold values of several odorants in Japan and in the Netherlands. *Environmental Research*, **61**, 78–83.
10) Ayabe-Kanamura, S., Schicker I., Laska, M., Hudson, R., Distel, H., Kobayakawa, T. and Saito, S. (1998) Differences in perception of everyday odors: a Japanese-German cross-cultural study. *Chemical Senses*, **22**, 1–9.
11) Schleidt, M., Hold, B. and Attili, G. (1981) A cross-cultural study on the attitude towards personal odors. *Journal of Chemical Ecology*, **7**(1), 19–31.
12) Srivastava, R. P. (1961) Ability to smell solutions of sodium cyanide. *The Eastern Anthropologist*, **14**, 189–191.
13) Cain, W.S. (1982) Odor identification by males and females: predictions vs performance. *Chemical Senses*, **7**(2), 129–142.
14) Köster, E.P. (1965) Olfactory sensitivity and the menstrual cycle. *International Rhinology*, **3**, 57–64.

日本人の感覚

7

日本人の味覚

　味覚は視覚，聴覚などと並ぶ基本的な感覚の一種であり，口腔内，特に舌面，口蓋部，咽喉頭部の特異的な受容器と化学物質の接触によって起こる感覚である[1]．これは学問的な味覚の定義であり，筆者らが日常「味覚」という言葉を用いるときの意味とはかなり異なっている．一般的に味覚という言葉が使われる場合，専門的には味覚ではないとされる辛味，渋味も通常は味覚の一種と考えられており，「秋の味覚」というような場合には「味覚」という言葉に食生活・食文化などまで含んだ広い意味をもたせている．

　食物を食べて「おいしい」または「まずい」などと感じるとき，われわれは必ずしも味覚だけで判断しているわけではない．風邪などで鼻が詰まった状態でオレンジジュースとグレープジュースを飲むと，ほとんど区別がつかなくなる．これはわれわれがジュースの味だと思っていた感覚が，実際には味と香りが複合した感覚であるということを示している．香り以外にも「おいしさ」には食物のテクスチャーや温度なども大きく影響し，さらに広く考えれば，周りの環境（温度・湿度）や食べる人の経験，生体内部環境の状態なども影響する（図7.1）．このようにわれわれが食物を「味わう」ときには，狭義の味覚だけではなく，嗅覚・視覚・触覚・温度感覚，さらに気候や経験・文化的背景などを総合して判断している．

　日本は四方を海に囲まれ独自の食文化を発展させてきており，日本人の食物に対する嗜好性が他の人種・民族と異なっているのは明らかである．この嗜好性の違いには日本の気候・風土や文化的特徴が大きく影響していることは間違いないが，口腔内の感覚としての狭義の味覚はこの嗜好性の違いにどの程度影響しているだろうか．本稿ではこのような観点から食文化・食生活などの意味は含まない狭義の味覚が人種・民族によって異なるのかどうか，またこの狭義の味覚の違いが人種・民族による食文化・食生活の違いに影響しているのかどうかを検討する．

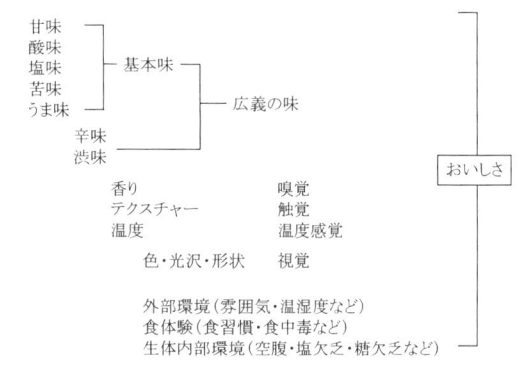

```
甘味  ┐
酸味  │
塩味  ├ 基本味 ┐
苦味  │         │
うま味┘         ├ 広義の味 ┐
辛味  ┐         │           │
渋味  ┘         ┘           ├ おいしさ
                             │
香り           嗅覚          │
テクスチャー   触覚          │
温度           温度感覚      │
色・光沢・形状 視覚          │
                             │
外部環境（雰囲気・温湿度など）│
食体験（食習慣・食中毒など）  │
生体内部環境（空腹・塩欠乏・糖欠乏など）┘
```

図7.1 おいしさの要因（栗原，1998[2]）より一部改変）

7.1 味覚の生物学的意義

　生物学的存在としてのヒトの特徴を考えると，直立2足歩行や手の発達などが考えられるが，雑食性であるということも大きな特徴の一つとしてあげられる．シマウマは草食性，ライオンは肉食性と食べる食物の範囲が限定される単食性動物であるが，ヒト，ネズミ，ゴキブリなどは何でも食べる雑食性動物である．

　何でも食べる雑食性という性質は環境変化に対して適応しやすい有利な性質であるが，単食性動物は摂取した比較的狭い範囲の食物から身体に必要な栄養素を合成できるのに対し，雑食性動物はそれができないために多くの栄養素を広い範囲の食物から摂取しなければならないということでもある[4]．

　雑食性動物であるといっても，文字どおりなんで

表7.1 味覚の生物学的意義（渡辺ら，1996[4]）より一部改変）

味の種類	生物学的意味
甘味	エネルギー源としての糖
塩味	体液のバランスに必要なミネラル
うま味	栄養源としての蛋白質
酸味	腐敗による酸
苦味	有害物質

表7.2 各人種・民族でのPTC味盲発現率（松本ら，1993）[7]

人種・民族（居住地）	典拠	味盲率
ウイグル族小児	松本ら，1993	36.8%
カザフ族小児	同上	25.4%
シボ族小児	同上	7.0%
蒙古族小児	同上	9.9%
漢族小児（北京）	同上	7.9%
漢族小児（楽山）	同上	7.0%
漢族小児（香港）	同上	7.7%
日本人小児（福岡）	同上	14.0%
インド人（ボンベイ）	Sanghvi & Khanolkar, 1950	42.5%
エスキモー（ラブラドル）	Sewall, 1939	41.0%
エスキモー（アラスカ）	Allison, 1959	25.8%
アラブ人（シリア）	Hudson & Peter	36.5%
アラブ人（ケニヤ）	Allison, 1951	25.4%
ユーゴスラビア人	Grunwald & Herman, 1962	33.0%
アメリカ人（シリア）	Berberian	32.0%
イギリス人	Harris & Kalmus, 1949	31.5%
アメリカ白人	Parr, 1934	30.9%
フィンランド人	Allison & Nevalinna, 1952	29.2%
ポルトガル人	Chunha & Abren, 1956	24.0%
マレー人	Lugg & Whyte, 1955	15.6%
日本人	Nakajima, 1959	8.0-15.0%
中国人（アメリカ）	Chen & Chain	5.59%
中国人（マレー）	Lugg & Whyte, 1955	2.0%
バンツー族（ケニヤ）	Allison, 1951	3.8%
アメリカインディアン	Kalmus, 1957	1.2%

も食べられるわけではなく，食べられないものもあるし，また毒になるものもある．したがって雑食性動物であるヒトは広い範囲の食物を摂取しなければならず，同時にその食物のなかから有害なものを除き有益なものだけを選択しなければならない．このような観点からいえば，味覚は口にした食物が有益なものか有害なものかを判断するためのセンサであり，雑食性動物であるヒトにとっては生存のために特に重要な役割を果たしている機能であると考えられる．

たとえば甘味は食物にエネルギー源となる糖類が含まれていることを示すシグナルであり，したがって動物は基本的に甘みを快と感じる．逆に酸味は腐敗物，苦味はキニーネなどの毒物の存在を示すシグナルであり，これらの有害物質を避けるために動物は酸味や苦味を不快と感じるものと考えられる．

7.2 PTC味盲の人種差

PTC（フェニルチオカルバミド）は苦みを呈する物質であるが，これに対してまったく苦みを感じない味盲が存在する．このPTC味盲の発見については次のような逸話が知られている．1931年，デュポン製薬会社の研究者であったフォックス（Fox）がPTCの合成をしていると，同じ研究室の同僚から空気が苦いという苦情を受けた．しかし，フォックス自身がたまたまPTC味盲であったため，同僚の苦情が理解できず口論になった．このことがきっかけとなり，その後の研究でPTC味盲の存在が明らかになった[5,6]．

正確にはPTC味盲者でもPTCの苦味をまったく感じないわけではなく，味覚閾値が高いだけである．イギリスの学生243名に対する調査では，PTCに対する閾値の度数分布が2.5×10^{-5}Mと3.0×10^{-3}Mの2つの濃度でピークを示している．この2つのピークが非味盲者と味盲者に対応しており，両群の味覚閾値の濃度差は約100倍になる[5]．

PTC味盲の出現率には人種差が存在することが知られている．この味盲の発生率は遺伝的に決定されるものであり，後天的な生活習慣や生活環境によって決まるものではない．このことから，このPTC味盲テストは人類学的調査の標準的な手法の一つとして用いられている[7]．

一般にコーカソイド系の人種ではPTC味盲の発生率が高いのに対し，モンゴロイド系の人種ではその発生率が低いといわれている．欧米の白人は22〜42％と高い味盲発現率を示すのに対し，アジア人は8〜18％と低く，アメリカインディアンや黒人は2〜6％とさらに低い値を示す．日本人におけるPTC味盲発生率は8〜16％程度の値が報告されている[8]．

PTC味盲であっても，日常の食生活にはほとんど影響を及ぼさないと考えられる．しかしキャベツなどに含まれる苦味物質がPTCと科学的構造が類似していることから，PTC味盲率がこれらの野菜の好き嫌いに関係している可能性が考えられる[7]．Niewindら[9]はPTC味盲者は調理済みキャベツの

風味を弱く評価する傾向があることを報告している．これに対し Mattes & Labov[10] は PTC 感受性が生キャベツの苦味の評価や摂取頻度に影響しないと報告している．Jerzsa-Latta ら[11] は 36 人（PTC 味盲者 18 人，非味盲者 18 人）の北米白人女性について 25 種類の十字花科の野菜の摂取頻度を調査したところ，PTC 味盲者の方がカブラの根とクレソンの摂取頻度が統計的有意に大きかったと報告しているが，全体としては野菜の摂取頻度に対して遺伝的な要因の影響は小さいと結論している．

これらの知見を総合すれば，PTC 味盲の出現率の違いが日常の食生活に影響している可能性はあるものの，その影響は小さいと考えられ，人種，集団間での野菜摂取量の差は，おもに風土的文化的な要因に起因すると思われる．

7.3 基本味とうま味

味覚をいくつかの基本味に分類する試みは古くから行われてきた．どの民族でも甘味，酸味，塩味，苦味の 4 つは共通しているが，それ以外にも各民族で独自の基本味があげられている（表 7.3）．20 世紀に入ってから Henning が甘味，酸味，塩味，苦味の 4 基本味を提唱した．Henning は渋味は舌の蛋白質の収縮感であり，辛味は一種の痛覚であるとして除外し，4 基本味によってすべての味を表現できるとした[13]．

Henning の 4 基本味説は永らく受け入れられてきたが，近年になってこれにうま味を加え 5 基本味とする考え方が主流となってきている[14]．うま味は昆布や鰹節に含まれるイノシン酸やグルタミン酸ソーダに代表される味である．

うま味を基本味としてあげているのは日本と中国だけであり，また海外の文献でも Umami と表記される場合が多いことからもわかるように西洋には対応する言葉がない味覚である．このことからうま味に対する感受性が日本人とその他の人種・民族で異なるのではないか，という疑問が起こる．

Yamaguchi[15] はうま味呈示物質としてグルタミン酸ナトリウムとイノシン酸ナトリウムを用いて日本人とアメリカ人のうま味に対する感受性を比較したが，2 つの集団の間に有意な差はみられなかったと報告している．Yamaguchi ら[16] や Prescott ら[17] も同様の結果を報告している．

これらの実験の結果から，日本，中国など東アジアにおいてのみうま味が基本味として識別されてきたのは，日本人，中国人が特にうま味に対する感受性が高かったわけではなく，この地域が穀醤，魚醤などの発酵調味料が発達していた地域であることが関係しているものと考えられる[12]．

7.4 基本味に対する感受性の人種差

Moskowitz ら[18] はインドの労働者についてグルコース（甘味），硫酸キニーネ（苦味），クエン酸（酸味），塩（塩味）の最も好ましい溶液の濃度を調査した．この結果をヨーロッパ人について行われた同様の実験の結果と比較すると，甘味と塩味についてはヨーロッパ人と差がみられなかったが，苦味と酸味についてはインド人労働者の方が高い濃度を好んだ．同様の調査をインド人医学生に対して行った結果は，ヨーロッパ人での結果と差がなかったことから，これはインドの労働者の間で非常に酸っぱい果物（タマリンド）が好んで食べられていることが原因ではないかと考察されている．

Desor ら[19] は北米在住の白人と黒人を比較して，9〜15 歳の子供においては黒人の方が高い濃度の塩，ショ糖，乳糖を好む傾向があるが，成人においてはこの人種差が現れなかったと報告しており，アメリカ国内で黒人の方が白人よりも本態性高血圧の発症例が多いのは，この若年期の黒人の食塩への嗜好性の高さから食塩摂取量が多くなっていることが原因の一つではないかと考察されている．Druz & Baldwin[20] はナイジェリア人，韓国人，アメリカ人の間でショ糖，塩化ナトリウム，クエン酸，カフェインに対する味覚閾値に差がなかったと報告している．

直接，日本人と他人種を比較した例としては，Lundgren ら[21] の実験があり，スウェーデン人，ポ

表 7.3 各民族での基本味の分類法（山野ら，1994[12]；鳥居，1992[13] より一部改変）

民族	基本味
日本	甘，酸，塩，苦，辛，渋，旨
インド	甘，酸，塩，苦，辛，渋，淡，不了味
中国	甘，酸，塩，苦，辣（辛），鮮（旨）
欧米	甘，酸，塩，苦，アルカリ味，金属味

ーランド人，アメリカ人と日本人の被験者の間にコーヒー中のショ糖濃度の嗜好および弁別能力に差がみられなかったと報告されている．またYamaguchi ら[10]はアメリカ人と日本人の間で，塩，ショ糖などに対する味覚閾値の差がみられなかったと報告している．Prescott ら[17]やLaing ら[22]は日本人とオーストラリア人（アングロサクソン）の間でショ糖，塩，クエン酸，カフェインなどの濃度変化の識別能力に差がなかったと報告している．

これらの報告を総合すれば，人種間に基本的な味覚物質に対する反応性に差は存在しないといえ，日本人と他人種との食品の嗜好の差は遺伝的な要因に起因するのではなく，後天的・文化的な要因によって生じていると考えられる． ［小林宏光］

文　献

1) 佐藤昌康（1981）味覚の科学，朝倉書店．
2) 栗原堅三（1998）味と香りの話，岩波書店．
3) 今田純雄（1997）食行動の心理学，培風館．
4) 渡辺　正・桐村光太郎（1996）味の秘密を探る，丸善．
5) 佐藤昌康・小川　尚編（1997）最新味覚の科学，朝倉書店．
6) 佐藤方彦（1988）日本人の体質・外国人の体質，講談社ブルーバックス，講談社．
7) 松本敏秀ほか（1993）中国人小児におけるPTC味覚に関する人類学的研究．歯科基礎医学会雑誌，**35**(5), 402-408.
8) 中村修一ほか（1993）日本人とネパール王国テチョー村住民のPhenylthiocarbamide（PTC）に対する味覚反応の比較．九州歯会誌，**47**(3), 335-340.
9) Niewind, A., Krondl, M. and Shrott, M. (1988) Genetic influences on the selection of Brassica vegetables by elderly individuals. *Nutrition Research*, **8**, 13-20.
10) Mattes, R. and Labov, J. (1989) Bitter taste responses to phenylthiocarbamide are not related to dietary goitrogen intake in human beings. *J. Am. Diet Assoc.*, **89**, 192-194.
11) Jerzsa-Latta, M., Krondl, M. and Coleman, P. (1990) Use and perceived attributes of cruciferous vegetables in terms of genetically-mediated taste sensitivity. *Appetite*, **15**, 127-134.
12) 山野善正・山口静子（1994）おいしさの科学，朝倉書店．
13) 山野善正（1995）食品のおいしさとテクスチャー．醤研，**21**(2), 61-75.
14) 鳥居邦夫（1992）うま味の受容と生物学的意味（7）：日本人とアメリカ人でうま味受容に差があるか．センサ技術，**12**(4), 12-16
15) Yamaguchi, S. (1991) Basic Properties of Umami and effects on Humans. *Physiol. & Behav.*, **49**, 833-841.
16) Yamaguchi, S. and Kimura, M. (1988) Comparison of Japanese and American taste threshold. *Proc. 22nd Japanese symposium on taste and smell*, 73-76.
17) Prescott, J. *et al.* (1992) Hedonic responses to taste solutions : a cross-cultural study of Japanese and Australians. *Chem. Senses*, **17**(6), 801-809.
18) Moskowitz, H. W. *et al.* (1975) Cross-cultural differences in simple taste preferences. *Science*, **190**, 1217-1218.
19) Desor, J. A., Greene, L. S. and Mallor, O. (1975) Preferences for sweet and salty in 9- to 15-year-old and adult humans. *Science*, **190**, 686-687.
20) Druz, L. L. and Baldwin, R. E. (1982) Taste thresholds and hedonic responses of panels representing three nationalities. *J. Food Sci.*, **47**, 561-569.
21) Lundgren, B. and Jonsson, B. (1978) Taste discrimination vs. hedonic response to sucrose in coffee beverage. An interlaboratory study. *Chem. Senses Flav.*, **3**(3), 249-265.
22) Laing, D. G. *et al.* (1993) A cross cultural study of taste discrimination with Australians and Japanese. *Chem. Senses*, **18**(2), 161-168.

日本人の感覚

8
日本人の皮膚感覚

8.1 皮膚の構造

人体は皮膚でおおわれ、外界と接している。消化管や泌尿器内部の腔所は開口部を介して外界と通じているので、狭義には皮膚と同様であるが、通常は体表面をおおう構造が皮膚である。皮膚は外胚葉性の表皮、中胚葉性の真皮および皮下組織でできている（図8.1）。

表皮は角化した重層扁平上皮であり保護皮膜としての役割を果たし、深層組織の乾燥を防いでいる。皮膚の洗いすぎは皮膚表面を乾燥させ、ほこり、紫外線や汗などの弱い刺激に過敏となり、湿疹や炎症の原因となる。皮膚の乾燥はビタミンAの欠乏によっても起こる。真皮は弾性線維網と膠原線維からなる密なフェルト状の構造をもち、特に弾力性があり、鈍的外力に対して抵抗が強く皮膚の可逆的な変形を可能にしている。

皮下組織には栄養貯蔵器としての脂肪が多く、皮膚に可動性を与えている。皮下組織は鼻尖や耳介などでは少なく、眼瞼、陰嚢、陰茎、陰核などにはほとんどない。皮膚はさまざまな内臓器官の開口部で粘膜に移行する（例：口裂、外鼻口、瞼裂、肛門、外尿道口、腟口）。皮下には脂肪組織のほかに体温調節器としての皮膚血管、排泄器としての汗腺、乳腺、感覚器としての受容器、神経終末がある。

皮膚の厚さは身体の部位により異なり、眼瞼、耳介、亀頭、陰嚢皮などは薄いが、手掌、足底では特に厚い。頭部、頸部、体幹背側部の皮膚は同部位の腹側部と比較して厚い。体肢では伸展側が屈曲側より厚い。小児では成人よりも薄く、女性は男性よりも薄い。表皮の厚さは平均して 0.07〜2 mm、一般体部位で約 0.1〜0.3 mm、手掌で 0.7 mm、足底で 1.3〜2.0 mm である。真皮の厚さは 0.3〜3 mm である。皮下組織の厚さは部位による変動が大きい。

皮膚の重さは体重の約 16 % とされているが、実測値は新生女児で 337 g、22歳女性で 3,175 g、33歳男性で 4,850 g との報告もある[2]。

皮膚は、身体内部の組織を保護する役割をもつと同時に最も広い面積をもつ感覚器官でもある。体表面積は身長 170 cm、体重 60 kg の日本人男性の場合約 $1.6 m^2$ で、これは新聞紙約 3.8 枚分に相当する。発生学的には皮膚（表皮）と神経系は同じ外胚葉から発達して、神経系は内部に入り込んで閉じるが、皮膚は外に残る。そのため、皮膚は神経系の出先機関ともいわれる。

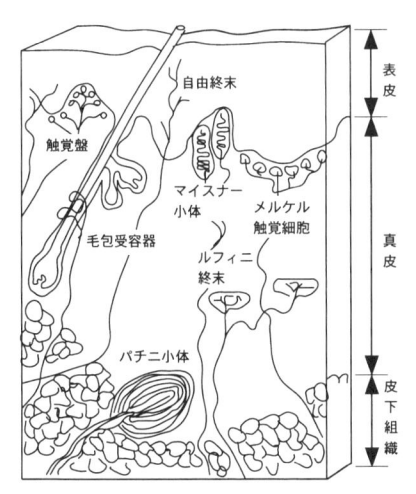

図 8.1 皮膚の構造と感覚受容器（大地、1992[1]）より改変）
皮膚は表皮、真皮、皮下組織からなる。表皮には多くの自由終末が存在する。メルケル触覚細胞無毛部表皮胚芽層に、マイスナー小体、ルフィニ終末は真皮に、パチニ小体は真皮下層または皮下組織に存在する。有毛部には毛包受容器がある。

8.2 皮膚感覚の基本特性

感覚の違いは感覚器官が異なるだけではなく，感覚経験の質が異なることにより生じる．視覚，聴覚，触覚などの感覚の違いを感覚の種類（modality），同じ感覚の種類における質の違い（皮膚感覚では圧や振動）を感覚の質（quality）という．

感覚の表現は主観的であり，定量的に表すことはむずかしいが，感覚を引き起こす最小の刺激の大きさを刺激閾（stimulus threshold）という．また，感覚の大きさの差を区別しうるのに必要な刺激の最小差は識別閾（threshold of difference）と定義され，感覚器の感受性の指標として用いられている．

刺激閾は感覚の種類によって異なるが，同種の感覚刺激に対しても個人差があり，また個人内においても体調や時間などの条件により異なった値を示す．ここでいう個人差とは性差，人種差，年齢差，測定誤差は含まない．日本人男性における皮膚感覚を例にあげると，受容器の分布や密度は個体により異なり，また，居住している環境，遺伝的要素などにより刺激閾にさまざまなタイプが存在することを示している．人種，性，年齢などの属性で分類しても存在するタイプ（多型性）のことをここでは個人差と表現している．皮膚感覚の刺激閾を表8.1に示す．心理学の領域では，刺激強度を徐々に変えて，それぞれの刺激強度で複数回の刺激を行い，被験者の感覚が生じた頻度を測定し，50％の反応が認められる刺激の強さを刺激閾としている．

ある大きさの刺激 I と比較して区別可能な刺激の大きさを $I+\Delta I$ とすると，ΔI が識別閾となり，次の式が成り立つ．これをウェーバーの法則（Weber's law）とよぶ．

$$\Delta I/I = C \text{ （一定）}$$

刺激強度と識別閾の関係は図8.2のようになる．ウェーバーの法則が成立するのは刺激強度が比較的大きい場合で，図8.2では刺激強度2～3に相当す

表8.1 触覚の閾値，二点弁別閾，局在能（勝浦ら，1982）[3]

部位	閾値 (g/mm²)	二点弁別閾 (mm)	局在能 (mm)
舌端	2	4	
口唇	2.5		1
鼻	2		
前額	3	23	6.3
頬	3		5.4
指尖掌側		2	1
手指掌側	5	4	
手指背側	7	11	
手掌（中央）	12		4.3
手背（中央）		31	6.5
胸		45	
上腕		67	
前腕	7	41	
前腕掌側			8.5
前腕背側	33		
腹壁	26		
腰部	48		
大腿	7	67	
大腿前面中央			16
下腿		41	
足背		41	
足指背側		11	

指尖，舌端や口唇などでは触覚の閾値や二点弁別閾は小さく，触覚の識別能力は高い．上腕，前腕や大腿では触覚の閾値は高く，触覚の識別能力は低い．通常，局在能は二点弁別閾より小さい値を示す．

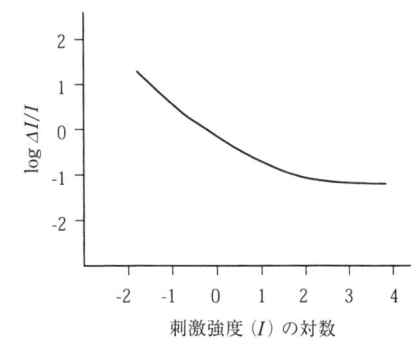

図8.2 刺激強度と識別閾（大山，1991[5]より改変）
ウェーバーの法則によると，刺激強度と識別閾の比は一定になるとされている．しかしながら，ウェーバー比は刺激強度が弱い場合には大きく，刺激強度が強い場合には小さくなり，この法則は必ずしも成立しない．図中，刺激強度が2～3ではウェーバー比はほぼ一定となる．

表8.2 感覚のウェーバー比（大山，1991）[5]

皮膚感覚の質	ウェーバー比
圧覚	0.14～0.3
痛覚	0.07
振動感覚	0.04～0.1

感覚のウェーバー比は感覚の種類によっても異なるが，皮膚感覚でも感覚の質により異なった値を示す．また，図8.2に示したように，ウェーバー比は刺激の強さによっては必ずしも一定とならない．

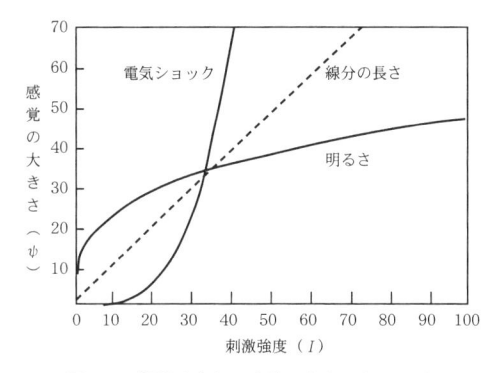

図 8.3 刺激強度との感覚の大きさとの関係
（大山，1991[5]）より改変）

線分の長さでは刺激強度と感覚の大きさはほぼ比例して変化するが，明るさではある刺激強度以上の刺激に対しては感覚の大きさはあまり変化しない．一方，痛覚刺激としての電気ショックではある刺激強度以上では感覚の大きさは急激に増大する．

る．C はウェーバー比（Weber ratio）とよばれ，感覚の種類により異なる．皮膚感覚のウェーバー比を表 8.2 に示す．

また，刺激強度と感覚の大きさの関係は S. S. Stevens によって研究され，次式で表される．

$$I = k(S - S_0)^n$$

ただし，S は刺激強度，S_0 は刺激閾値，k および n は定数で感覚の種類により異なるが，n については触覚では 0.8（指でゴムを強くつまむ）あるいは 1.5（金剛砂の感じられる直径），圧覚では 1.1（手掌部），痛覚では 3.5（指への交流電気刺激）であることが知られている[4]．線分の長さを刺激として用いた場合には，刺激の強さと感覚の大きさはほぼ 1 対 1 に対応し，明るさの場合には，刺激の強さが 10 倍になると感覚の大きさは約 2 倍になる．一方，痛覚刺激としての電気ショックでは刺激強度が 2 倍になると感覚の大きさは約 10 倍変化する[4]（図 8.3）．

8.3 受容器の特性

身体の内外の環境の変化をとらえ，生体機能を調節するために必要な機能が感覚（sensation）であり，これにかかわる器官を，広義に，感覚器（sense organ）という．身体の内外で生じる刺激（stimulation）は物理的あるいは化学的エネルギーとして生体に作用する．これらの刺激を受け入れ，検出する部位は狭義の感覚器で，これを受容器（receptor）

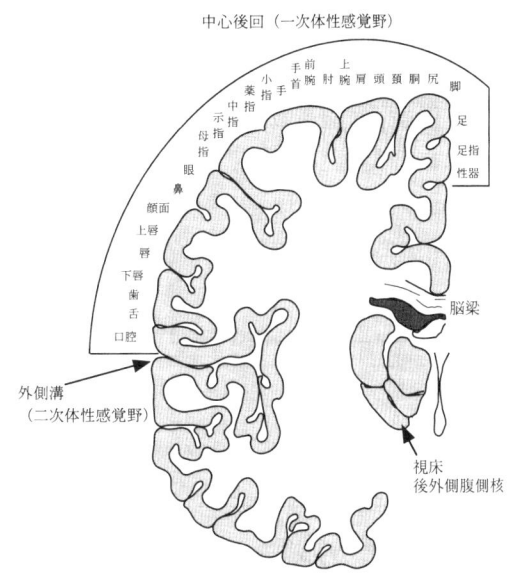

図 8.4 ヒトの体性感覚野

中心後回（ブロードマンの 1, 2, 3 野）の神経細胞の興奮は皮膚感覚の受容器の存在部位に投射され，受容器で知覚したかのように感じる．また，中心後回には反対側の表面の皮膚感覚が，図に示すように外側溝付近より順序よく再現される．

とよぶ．

皮膚には触覚，圧覚，温冷覚，痛覚などの皮膚感覚の受容器が内蔵されている．これらの感覚は大脳皮質の体性感覚野とよばれる領域の神経細胞が興奮することにより生じる（図 8.4）．感覚神経線維は複数個の受容器を支配しており，これらをまとめて感覚単位（sensory unit）という．感覚野での興奮は受容器の存在部位に投射され，受容器で知覚したかのように感じる．これを，感覚の局在という．また，感覚経路のどの部位が刺激を受けても意識される感覚部位は受容器の存在部位であり，これを投射の法則（law of projection）という．

皮膚感覚の鋭敏さは受容器の分布密度が高いほど増大するが，皮膚形状の影響も受ける．舌先や指先のような部位は体幹などと比較すると，大脳皮質の感覚野で対応する領域が広く，受容器を支配する神経細胞も多いため敏感である．

皮膚に加えられた圧，振動や気温などの変化は感覚刺激として皮膚の受容器で検出された後，電気信号へ変換され受容器電位を発生する．受容器電位は活動電位を引き起こし，活動電位は感覚神経線維を

伝導し，視床で中継され大脳皮質の神経細胞へと伝えられる．感覚野に送られた感覚情報は感覚ごとに扁桃体へ送られ，情動の発現や形成に関与し，さらに海馬へ送られ記憶の入出力とも関係している．

受容器に一定の強さの刺激が加えられ続けた場合でも，感覚神経線維を伝導する電気信号の頻度は徐々に低下する．これは順応（adaptation）とよばれ，順応の経過は感覚器官により異なる．嗅覚や触覚は順応しやすいが，痛覚や位置感覚などは順応しにくい．日常生活における皮膚感覚の順応の例としては，腕時計や着衣による接触感が時間の経過とともに薄れることである．また，気温の高い外気に比較的長い時間曝露された後に，冷房の効いたビルのなかへ入った直後は涼しさを感じるが，しばらくするとその感覚が薄れる．快適な環境下においてさえも，感覚刺激が一定であれば快適感は一時的なものに終わるが，順応によって生体は新たに発生する感覚刺激に対する反応を可能にしている．

8.4 皮膚感覚特性

a. 触 覚

皮膚の触覚についてはメルケル触覚細胞，マイスナー小体，ルフィニ終末，パチニ小体，毛包受容器（図8.1）などが皮膚の変形や変位を検出して，皮膚に接触や圧が加わったことの情報を感覚野へ伝える．触覚，圧覚の閾値は鼻，唇，舌では低く，指や手でやや高く，腹部や腰部ではさらに増大する（表8.1）．触覚の閾値に関して，von Freyが毛を用いて調べた結果によると，女性の顔では約5 mg，男性の足指では355 mgである[6]．顔面では皮膚が薄く変形が生じやすいので，閾値は低い．また，くすぐったさや痒さは触覚や圧覚などの感覚が組み合わされて生じる．

皮膚に点状の刺激を加えたとき，感覚を生じる点を感覚点という．感覚点に対応して受容器が存在している．触（圧）点，温点，冷点，痛点があり，触点は顔面や指では$100/cm^2$存在するが，大腿では$11/cm^2$といわれている．また，ヒトの手掌面には約1万7,000個の機械受容器が存在するとされている．これらの受容器は速順応型と遅順応型に分けられ，速順応型では刺激の初めと終わりのみに反応し，遅順応型では刺激が与えられている間，反応が持続する．機械受容器の特性を表8.3に示す．

触覚には皮膚感覚と運動感覚が含まれている．皮膚感覚は体表面のどの部位が刺激を受けたかを伝え，いわゆる触られるという知覚に対応する．一方，運動感覚は身体の一部が動いたときの情報を伝え，筋，関節，皮膚の動きや変形から起こるので，触るという知覚に対応する．それぞれ，受動触（passive touch）および能動触（active touch）として区別されることが多い．

点字は凸状の普通文字より読み取りやすいことが知られているが，特に指先による能動触の優位性が示されている．これは指先の二点弁別閾の値が小さいこととも関係している．指先による能動触の能力は加齢により低下する．また，10代，20代の盲人では健常者と比較して能動触の能力が優れている[6]．点字を読むときの触圧は未熟者では大きく，熟練者では小さくなる．通常は指を上下運動（鋸歯状，ピクピク，ギザギザ運動）させて点字を読むが，

表8.3 ヒトの皮膚機械受容単位の分類（大地，1992[1]；杉山，1996[7]；Chapmanら，1996[8]）

	速順応性I型単位（RAユニット）	速順応性II型単位（PCユニット）	遅順応性I型単位（SA Iユニット）	遅順応性II型単位（SA IIユニット）
平均面積(mm^2)	12.6	101	11.0	59
応答	動的	動的	動的	静的
神経伝導速度(m/s)	49.2 ± 5.2	45.3 ± 2.3	55.2 ± 4.4	51.2 ± 3.4
最小刺激頻度(Hz)	1〜3	10〜80	3〜10	―
適当刺激	軽い動的接触（粗振動）	軽い動的接触（粗振動）	軽い動的接触	中程度の動的接触
感覚内容	粗振動・接触	高頻度振動	触・圧	触
感覚受容器	マイスナー小体	パチニ小体	メルケル触覚盤	ルフィニ終末

ヒトの皮膚機械受容器は速順応型と遅順応型に分けられ，速順応型は刺激の初めと終わりに反応するが，遅順応型は刺激が与えられている間，持続して反応する．

熟練した盲人では，点字に触れただけでも読むことができる[9]．

また，アルファベット文字を用いた能動触による手指触覚に関する研究[10]によると，右手利きの被験者では左手による成績のほうが良いことが報告されている．

日常の活動が視覚系に依存している現代生活では，光の情報が断たれたとき，われわれは音や皮膚からの情報を頼りに行動することになる．音の情報もなければ，手探りによって自分が置かれている状況を判断し，行動しなければならない．光の情報を失ったとき，皮膚感覚のなかでも特に触覚が果たす役割は大きい．

b. 二点弁別閾と定位

触覚の空間解像力については，二点弁別閾と定位の誤差が知られている．二点間の空間的距離を変えて触覚刺激をしたとき識別可能な二点間の距離を二点弁別閾という．二点弁別閾は指先，指尖掌側，手背，前額，前腕および大腿などの体の部位により異なり，2〜67 mmの値を示す（表8.1）．筆者による二点弁別閾の測定結果を以下に示すが，数値は水平方向の測定値を示し，カッコ内は鉛直方向の測定値を示している．女性の場合の平均値（$N=48$）は口唇で，1.7（2.2）mm，親指で 1.7（2.0）mm，人差指で 1.3（1.6）mm，中指で 1.7（1.8）mm，手掌で 7.4（8.1）mm，手背で 10.5（10.9）mm，前腕（掌側）で 14.6（19.0）mm，上腕（掌側）16.3（21.3）mm，上腕（背側）16.8（19.5）mm，頸部背側で 14.0（20.6）mmであった．男性の場合の平均値（$N=83$）は口唇で，1.6（2.0）mm，親指で 1.8（2.0）mm，人差指で 1.6（1.5）mm，中指で 1.7（1.8）mm，手掌で 7.9（8.0）mm，手背で 11.3（13.2）mm，前腕（掌側）で 15.9（18.8）mm，上腕（掌側）20.2（22.9）mm，上腕（背側）2.2（22.9）mm，頸部背側で 14.3（23.2）mmである（図8.5）．

口唇や指先で弁別能力が優れているが，これは大脳皮質の体性感覚野における領域が広いことと対応している．データは示していないが，指では指尖から手掌方向へ向かって徐々に弁別閾は大きくなる．指の弁別閾は性差および計測方向による差はみられ

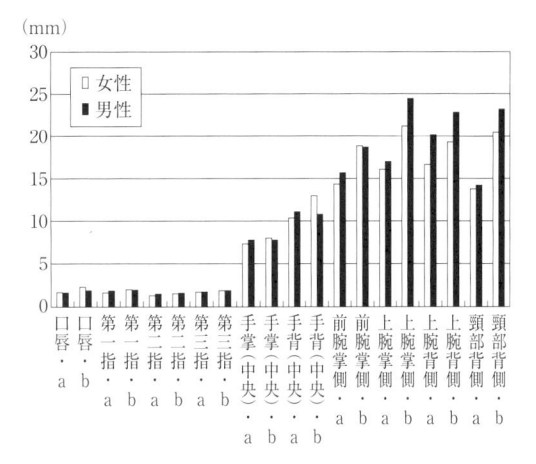

図8.5 二点弁別閾
第一指，第二指，第三指はそれぞれ親指，人差指，中指で，計測部位は指尖掌側である．a, bは，直立姿勢を維持した状態にて，それぞれ水平，鉛直方向の計測結果を示す．手背，上腕，頸部などの計測値において男性より女性でやや弁別閾が小さい傾向にあるが，統計的に有意差はみられない．また，口唇，前腕，上腕掌側（二頭筋側），頸部では男性，女性ともに水平方向と比較して鉛直方向で弁別閾が有意に（$p<0.05$）大きい値を示す．

ない．手掌，手背，上腕などの計測値において男性より女性でやや弁別閾が小さい傾向にあるが，統計的に有意差はみられない．また，口唇，前腕，上腕（二頭筋側），頸部背側では男性，女性ともに水平方向と比較して鉛直方向で弁別閾が有意に大きい値を示している．

図8.6, 8.7にそれぞれ第二指と前腕掌側の二点弁別閾の計測結果の分布を示す．男性，女性，計測の方向（a, b）によらず，いずれの計測値もほぼ類似の分布を示しているが，第二指よりも前腕掌側での分布がややなだらかな傾向がみられる．これは，指先と比較して前腕掌側ではより人間間のばらつきが大きくなることを示している．すでに述べたように性，年齢，人種などの属性で分類しても存在するタイプの差が第二指よりも前腕掌側ではより明確になっていると考えられる．

表8.1に示す二点弁別閾はドイツ人の計測結果であるが，アメリカ人の第Ⅰ指についての計測結果は 2.5 mmで，表8.1の値と大差がないことが示されている[6]．さらに，表8.4に示す値と比較すると指では大きな差はみられないが，上腕，前腕ではかなり異なった値を示す．これは，前腕や上腕での計測

表 8.4 二点弁別閾			
測定部位	男女平均	男性	女性
口唇	2.1($N=83$)	1.7($N=62$)	2.6($N=41$)
頸部背側	13.8($N=88$)	11.8($N=66$)	16.6($N=41$)*
指尖掌側(Ⅰ)	2.2($N=89$)	2.2($N=67$)	2.1($N=41$)
指尖掌側(Ⅱ)	1.7($N=89$)	1.6($N=67$)	1.8($N=41$)
指尖掌側(Ⅲ)	1.9($N=89$)	1.7($N=67$)	2.1($N=41$)
手掌中央	8.5($N=89$)	7.5($N=67$)	9.1($N=41$)
手背中央	11.8($N=89$)	10.0($N=67$)	12.3($N=41$)
上腕掌側	15.3($N=88$)	13.2($N=67$)	18.7($N=40$)*
上腕背側	19.9($N=88$)	17.9($N=67$)	18.9($N=40$)
前腕掌側	13.8($N=88$)	13.2($N=67$)	15.4($N=40$)

すべての計測値において女性より男性でやや弁別閾が小さい傾向にあるが，有意差がみられるのは頸部背側と上腕掌側である．
数値は平均値，単位は mm
＊：($p<0.05$)

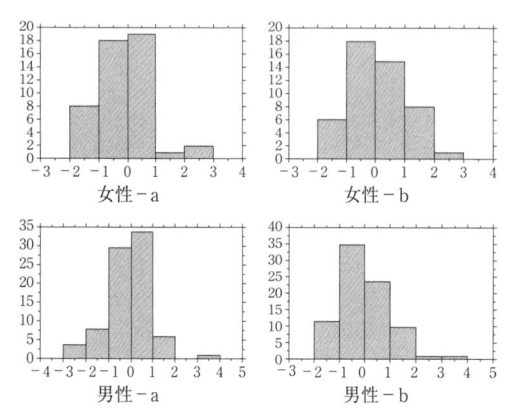

図 8.6 第二指（人差指）における二点弁別閾の分布
女性（$N=48$），男性（$N=83$）で人差指の指尖掌側における二点弁別閾の分布を示している．a は水平方向の計測値，b は鉛直方向の計測値．

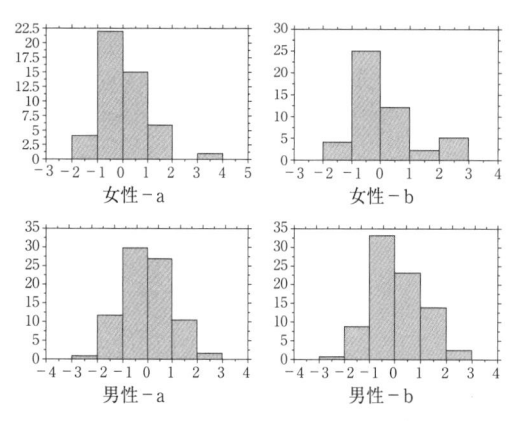

図 8.7 前腕掌側における二点弁別閾の分布
女性（$N=48$），男性（$N=83$）で前腕掌側における二点弁別閾の分布を示している．a は水平方向の計測値，b は鉛直方向の計測値．

部位が曖昧であること，測定時の温度の影響や受容器の分布の違い，年齢，性，人種などの属性では分類できない個人のタイプの違い（多型性）が存在するためであると考えられる．

定位の誤差の測定法には次の 2 種類がある．一つは実験者が被験者の皮膚のある点を刺激した後，被験者が目隠しをして刺激部位を探索し，実験者と被験者が指示した位置のずれを測定する方法である．もう一つは実験者がある点を刺激した後，一定の距離を隔てたもう一つの部位を刺激し，この二点が同一の部位であると感じたときの二点間の最小距離を測定する方法である．定位の誤差は二点弁別閾より小さい値を示すことが知られている．

c. 触感

大森貝塚の発掘で知られているモース（Morse, E.S.）も記しているように明治時代の日本人は半裸に近い姿で日常を過ごしていた．半裸が正常な姿であった理由の一つは，当時の日本人が空気の肌ざわりの良さを知っていたからであると考えられる[11]．皮膚へ加わる刺激はこする，突く，押す，引っ張るなどが混合したものであり，肌ざわりを試すときには，衣類を手で触れ，さすったり，なでたり，もんだり，頬に当てたり，実際に着てみたりする．このように自ら触れることにより得られる能動触は受動触より感度がよい．

また，触感を中心とした布地の総合的な感覚的評価基準に風合いがある．風合いが良い，悪いといったり，シルク，ウールのような風合い，柔らかな，ごわごわしたなどの一般的評価がある．ほかに，しゃり，はり，こし，ねばりなどの布地を扱う専門家が使用する風合いの評価もある．風合いは主として触感を基準とした評価であるが，視覚や聴覚による表面の感じ，たるみや動き，摩擦音などから触感を予想することも可能である．一方，風合いの評価が手で触れることによって起こると考えられる性質が，視覚に依存しているとの指摘もある[12]．

木材の性質としての「暖かさ」や「重さ」に関しては木材を直接見ないで，丁寧に触れるほうがよく判断できるといわれている[13]．これはオニグルマ，

ヒノキ，スギ，ハルニレ，ミズナラ，ヤマザクラ，イヌエンジュおよびケヤキについて，それぞれ，葉書大で同等の厚さの板を用いて，手で触るだけの場合と触った後に見る場合での得られるイメージについて比較したデータより導かれた結論である．14対の評価語を用いて7段階評価した結果によると，心理量のなかで「柔らかさ」，「弾力性」，「厚み」に関しては，触ってから見る条件が触るだけよりも偏相関係数が高いが，「暖かさ」と「重さ」では逆に低くなる．感覚器官のなかで，視覚の発達の程度と比較すると，触覚は低級であると思われがちであるが，板がもっている性質の「暖かさ」や「重さ」については直接目で見るよりも，皮膚感覚のみで判断するほうが良い評価が可能となる．

ヒノキ，ブナ，キリの鉋削面（カンナで削った面）と挽材面（ノコギリでひいた面），ガラス，アルミニウム，ビニール，タオル，ござ，綿，紙ヤスリ，人工芝，たわしを用いて，接触による官能評価を行った結果より，木材については重量感があるという評価が得られている[14]．特に，重いブナに対しては，表面を触れただけなのに，最も重さを感じていたことが示されている．また，木材を受動的に触れた場合では脳波上のα波の減衰率は小さく，中枢神経に対する刺激が少ないが，ヒノキ，ブナ，キリの挽材面を能動的に触れた場合には，逆の結果となることが示唆されている．このような現象は快適性のメカニズムとも関連があり，生理人類学的視点より研究が進められている．

d. 痛 覚

痛みは温度感覚とともに種々の感覚のなかでも進化をしなかった原始的な感覚であるが，侵害刺激から身体を保護するためになくてはならない感覚である．ヒトでは皮膚や粘膜などで起こる表面痛，筋肉で起こる深部痛，内臓で起こる内臓痛に分類される．

痛み刺激は自由神経終末（侵害受容器）で直接検出される場合のほか，傷ついた組織よりブラジキニンという痛みを起こさせる物質が放出されたり，受容器の感度を上げるヒスタミンが放出されて受容器に作用する場合とがある．

受容器には機械的刺激のみに反応するものと，熱や化学物質にも反応するもの（ポリモーダル侵害受容器）があり，両方に反応する受容器は皮膚のみならず内臓や筋肉にも存在する．末梢神経の大部分は一次求心線維で，このうち約75％はC線維（無髄線維）である．

霊長類の四肢皮神経の求心性C線維の90％以上は侵害受容性であるが，ヒトではすべての求心性C線維が侵害受容性である．機械熱侵害受容器および高閾値機械受容器は繰返しの侵害刺激に対して受容器の感受性が増加する感作（センシティゼーション，sensitization）という性質をもっている．打撲傷，熱傷，擦過傷では通常，軽い刺激に対する感受性が亢進する現象（知覚過敏）を伴い，傷害を受けた組織では通常は痛みを生じない刺激でも疼痛を起こし，疼痛閾値をこえる刺激ではより強い痛みを感じるようになる（痛覚過敏）．通常，機械熱侵害受容器が刺激を受けると，約45℃で痛みを感じ始めるが，皮膚の熱傷後に感作を起こすと，45℃よりも低い温度で痛みを感じるようになる（図8.8）[15]．

皮膚温が上昇すると温受容器の活動は増大するが，42℃付近をピークとして低下し，47℃以上では放電しなくなる．冷受容器の活動は皮膚温25℃付近をピークに低下し，41℃付近ではほとんど活動しなくなり，48℃あたりから再び活動を始める．

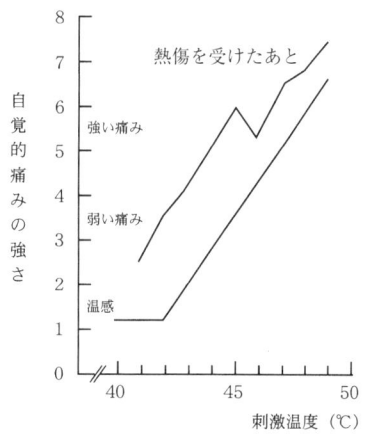

図8.8 温度と痛み（Fields, 1994[15] より改変）
通常は42℃付近まで温度感覚としての温かさを感じるが，44℃付近より痛みを感じ始める．熱傷を受けたあとでは41℃で通常より強い痛みを感じる．これは侵害受容器が刺激を繰り返し受けることにより，温度に対する感受性が増大したことにより起こる現象である．

温度が 45〜47℃になると冷線維の活動に加えて熱反応性 Aδ 侵害受容器が反応を起こし，熱による痛みを感じるようになるため，熱い感覚は温かさに異常冷感（paradoxical cold）および痛みが加えられた感覚であると考えられている[16]．

全身には 200 万〜400 万の痛点があるが，皮膚が侵害刺激を受けると，痛点付近の受容器が興奮して表面痛が生じる．一方，深部痛は侵害刺激のみならず，血流が不足した場合でも起こる．胃腸などでは侵害刺激で痛みを起こさないが，強く収縮したり，引き伸ばされると痛みを生じる．痛みの刺激は脊髄に到達すると，そこの組織が変化を起こして痛みが記憶され，事故で失ったはずの手や足の先端に痛みを感じる幻肢痛（phantom limb pain）という現象がみられる．ネズミを用いた実験では痛み刺激が脊髄の神経細胞で c-fos という遺伝子が活発化することが示されている．季節の変わり目に古傷が痛み出すのも痛みの記憶によるものと考えられている．

e. 疼　痛

疼痛は「疾病，外傷あるいは器質的障害によって起こる苦痛感」であるとか「身体の特定の場所から発して感じられる不快感で，通常組織が障害されるか，その可能性がある場合に発生する」などと定義されている．これは空腹感や温かさのような体性感覚や悲哀感などの気分あるいは感情的な苦痛とは区別されている[15]．

通常，外傷や刺激が侵害性となる強さであれば，痛覚を引き起こす．疼痛の自覚により侵害刺激から健常な組織を保護するような行動，たとえば，逃避反射，回避，障害部位を動かさない，同じ侵害刺激を受けないようにするなどがみられる．疼痛に対して先天的に無感覚である場合（先天的無痛覚症）には侵害刺激に反応しないので，刺激から避けることができず，自分自身を傷つけている感覚も生じない．疼痛と侵害刺激に対する回避行動は関連性が高いため，防御反応と知覚としての疼痛を考える必要がある．

皮膚由来の疼痛と深部組織や内臓由来の疼痛は基本的に異なる．皮膚由来の疼痛は鋭く，チクチク針で刺すようなあるいはヒリヒリと焼けつくような痛みであるが，体性と内臓由来の場合にはジンジンする比較的鈍い痛みである．深部組織からの疼痛では実際に傷害を受けた部位とはかけ離れた身体の部位に疼痛を感じることがある．これを関連痛（referred pain）という．個人差はあるが，関連痛が起こる領域は臓器によって特徴がみられる．たとえば，心筋梗塞の疼痛では，約 25％が心窩部，上部腹部や左上肢尺側に痛みを感じる．2 つの異なる部位からの知覚情報が同一のシナプスに到達するために，発生源について混乱を生じるという考え方とサブスタンス P のようなセンシティゼーションに関与する化学物質の逆行性遊離がメカニズムとして考えられている．

皮膚に傷害が加わると損傷部の血管が拡張して発赤し，直径 2〜3 mm の範囲に浮腫を伴う小さな腫れが生じる．さらに周囲数 cm の範囲に血管拡張による紅潮（flare）を生じる．紅潮は侵害された痛覚線維と同じ軸索分枝の神経末端から P 物質が放出されて血管拡張が起こると考えられており，これを軸索反射（axon reflex）という．

f. 痛みの測定

痛みは主観的な感覚量であり，直接測定することは不可能である．Hardy（1952）による熱痛計以来，福本による改良型熱痛計などのように，ある任意の痛み刺激を与えたとき，被験者が痛みを知覚するかどうかを調べ，痛覚閾が測定されてきた．痛覚の閾値は刺激の種類や個人差などにより異なり，再現性は不安定である[17]．たとえば，ある人は歯をドリルで削られることをいやがらないが，必ず麻酔を希望する人もいるので，侵害性がない刺激であっても，強い痛みを感じる場合がある．また，逆に外傷が大きい場合には，あまり痛みを感じない．したがって，ある一定の刺激に対する疼痛反応を予知することができないことがある．

熱による痛覚を誘発する手法は，皮膚温度が明確である場合には刺激効果の恒常性が維持される．一方，輻射熱を用いた非接触熱刺激による場合の熱痛閾値は圧覚や触覚などの刺激要素を排除することが可能であり，侵害受容神経活動の程度をよりよく反映しうると考えられており，最近，刺激源としてレーザ光を用いる研究が行われるようになってきた[17]．レーザ照射によると，41.7℃，4.19 秒で痛覚の閾値

8.4 皮膚感覚特性

表8.5 電気刺激に対する皮膚感覚閾値（mA）の人種差（半場, 1990）[18]

	イタリア人	アメリカ人	ユダヤ人	アイルランド人
閾値（最低値）	1.82	2.06	2.01	2.12
閾値（平均値）	1.97	2.19	2.20	2.31
許容限界値	7.11	10.23	10.16	9.35

前腕皮膚に電気刺激（持続時間1秒の電流）を与えたときの刺激閾値および許容限界値を示している．被験者は全員女性である．刺激の閾値に関しては人種間で大きな差はみられないが，許容限界値はイタリア人でやや低い値を示す．

に達する．

痛みの閾値を人種間で比較すると，電気刺激による実験結果ではほとんど差がみられない（表8.5）[18]．しかしながら，痛みに対する反応は，育った環境や文化，伝統，宗教などの影響を受け，また，感情変化による個人差が大きいため，疼痛耐性の観点からの閾値を比較することは困難である．しかしながら，タイプの違いに注目すれば，分類は可能となる．

g. 振動と快適感

振動はマイスナー小体，パチニ小体などの受容器により検出され，それぞれ粗振動，高頻度の振動に反応する．電動工具などの使用時に局所的に振動の影響を受ける場合と乗り物などから全身へ影響を受ける場合とがある．身体全体に振動が加えられた場合には，人体は弾性体であるため，座位姿勢では，垂直方向の2.5～5 Hzの振動は頭部と腰部の脊椎骨に強い共振を発生する．4～6 Hzの振動は体幹，肩，頸に共振を起こし，20～30 Hzでは頭部と肩の間に激しい共振を生じる[19]．

低周波数振動数（0.2 Hz，振動加速度0.1 m/s^2以下）での前後振動が座位姿勢の全身に与えられた場合，心拍数，呼吸数，唾液の分泌などの生理学的測定量はほとんど変化しないが[20]，感覚的には「心地よさ」を与える[21]．また，新生児を対象とした研究によると，振動数1 Hz，振幅55 mm，振動加速度1 m/s^2，Z軸方向正弦波振動の5分間負荷で，啼泣している児が泣きやみ，鎮静化する[22]．赤ん坊には振動の心地よさだけでなく母親のスキンシップが必要であることはいうまでもない．

h. 皮膚感覚の統合

皮膚への触覚刺激は一次体性感覚野へ送られ，さらに二次体性感覚野ともよばれる感覚連合野を経由し，前頭連合野で認識，記憶，学習，判断，情動の調節などの高次機能とかかわりをもつことになる．

大脳皮質の体性感覚野は前頭葉中心後回（ブロードマンの1, 2, 3野）の一次体性感覚野（SI）および外側溝の二次体性感覚野（SII）に存在する（図8.4）．中心後回の電気刺激により，ある体部位に感覚を生じる．中心後回には対側の体表の感覚が大脳皮質の外側から内側に向かって，顔面，指，手掌の順に再現される．これを体部位再現という．体部位再現は手指，顔面などの刺激による局在の精度が高い．体部位再現は二次体性感覚にも認められるが，中心後回ほど正確に対応づけがなされていない．視床の後外腹側核およびSI，SIIとの間に線維連絡があり，体性感覚に関する情報は統合される．

誕生して間もないヒトの脳は未完成であり，生活環境よりさまざまな刺激を受けることによって感覚情報は運動機能とともに統合され，感覚・運動機能は発達していく．

一定の強さの感覚刺激に対する反応の現れ方は，同種の刺激でも状況や個人の動機づけにより大きく変化する．たとえば，好きな相手から手を触れられる場合には，安心感や心地よさを伴うが，嫌いな相手から触れられた場合には同じ触覚の刺激でも不快なものとなる．結局，感覚刺激に対するヒトの反応は反射的に起こる場合を除くと，単一の感覚刺激に対する1対1の反応ではなく，種々の感覚が互いに影響しながら，また過去の記憶を参照し，統合処理された結果として発現する[23]．

生まれ育った環境や生活習慣，文化などの違いは人間のさまざまな機能に影響し，皮膚感覚についても，日本人特有の皮膚感覚特性が存在すると思われる．すでに述べたように皮膚感覚の鋭敏さは対応す

る大脳皮質の領域と関係しており，大脳皮質のタイプの違いが明らかになれば，手先の器用さや繊細な感覚が日本人の皮膚感覚の特徴として明かになると推測される

［原田　一］

文　献

1) 大地睦男（1992）生理学テキスト，pp. 107-122, 文光堂.
2) 金子丑之助（1968）日本人体解剖学，p. 450, 南山堂.
3) 勝浦哲夫・綿貫茂喜（1992）人間工学基準数値数式便覧（佐藤方彦監），pp. 94-96, 技報堂出版.
4) 原田　一・松田和也（1992）人間工学基準数値数式便覧（佐藤方彦監），pp. 77-78, 技報堂出版.
5) 大山　正（1991）実験心理学（大山　正編），pp. 22-41, 東京大学出版会.
6) 和気典二・和気洋美（1990）人間の許容限界ハンドブック（関　邦博・坂本和義・山崎昌廣編），pp. 139-151, 朝倉書店.
7) 杉山由樹（1996）人間科学計測ハンドブック（日本生理人類学会計測研究部会編），pp. 522-527, 技報堂出版.
8) Chapman, C. E. et al. (1996) Hand and Brain, The Neurophysiology and Psychology of Hand Movements (Wing, A. M. et al. ed.), pp. 329-348, Academic Press.
9) 草島時介（1983）点字読書と普通読書，pp. 81-88, 秀英出版.
10) 杉本洋介・柴田知己・佐藤陽彦（1991）手指触覚によるアルファベット文字およびドット数の知覚における左右差．人間工学，**27**(1), 35-41.
11) 佐藤方彦（1991）肌ざわりと生理人類学．衣生活，**34**(3), 10-14.
12) 小林茂雄（1994）被服の感覚特性を計る―触と視の感覚的特性を中心に．人間工学，**30**(3), 141-145.
13) 増山英太郎（1997）感性の科学―感性情報処理へのアプローチ―（辻　三郎編），pp. 52-56, サイエンス社.
14) 宮崎良文（1996）森の香り，pp. 35-42, フレグランスジャーナル社.
15) Fields, H. L.（1994）ペイン（神山洋一郎監訳），pp. 1-172, 医道の日本社.
16) 後藤　滋（1989）温冷感の尺度構成，人間-熱環境系（人間-熱環境系編集委員会編），pp. 113-120, 日刊工業新聞社.
17) 佐藤隆幸・福本一朗（1997）痛覚誘発適刺激源としてのArレーザの評価―皮膚加熱特性および安全性の検討―．人間工学，**33**(4), 243-249.
18) 半場陽子（1990）人間の許容限界ハンドブック（関　邦博・坂本和義・山崎昌廣編），pp. 152-163, 朝倉書店.
19) Grandjean, E.（1992）産業人間工学（中迫　勝・石橋富和訳），pp. 350-358, 啓学出版.
20) 内久根聖徳・吉田義之（1991）低周波全身前後振動の生理学的影響と心理学的評価について．人間工学，**27**(特別号), 144-145.
21) 原田　一（1993）快適な体感（佐藤方彦編），現代のエスプリ，pp. 71-78, 至文堂.
22) 江守陽子・青木和夫・吉田義之（1995）揺りかごによる振動刺激が新生児に及ぼす影響．人間工学，**31**, 369-377.
23) 原田　一（1997）ヒトの感覚特性，最新生理人類学（佐藤方彦編），pp. 8-22, 朝倉書店.

日本人の感覚

9
日本人の振動感覚

　振動は振動の大きさ（振幅），振動周波数，振動加速度など振動の強さを表す量と振動にさらされる時間（曝露時間）とにより人体に受け取られる．振動利用についての人体に良い面としては，マッサージ器があげられる．さらに快く受ける振動にするためには振動強度を低周波では大きく，高周波では小さくして，振動周波数 f に反比例するようにしてランダムに周波数を与えるようにすれば，いわゆる $1/f$ ゆらぎで振動を与えることができ，自然に近い状態の変化を人体は受け振動の快適性を享受することになる．一方，振動利用の人体に悪い面については，振動器具の操作があげられる．これは，材木を伐採するときに用いるチェーンソーがある．この長期間の使用は白ろう病を発生させ，筋・神経系障害を起こす．現在ではその使用は減少し，器具の性能も改善されているので，現実的な問題として被害は激減しており，白ろう病への実害はなくなったが，振動として類似の器具が出現すれば同様の問題の発生が予想される．そのほかに，環境問題として，1 Hz 以下の低周波振動環境への人体への影響は大きいと考えられている．

　振動の限界値の研究は，国際標準規格（ISO：International Organization for Standardization）についての研究にみられるように，人間の知覚や感覚さらには認識による値が求められている．そこには，個人差である性差，年齢差，人種差などは明確でなく，振動の物理的条件による条件別データが示されている．従来の研究を調査してみると，振動閾値や許容限界値など，人間の知覚や認知の限界についての研究が多く，振動刺激値の知覚中間値付近についてはほとんど研究がない．この知覚中間値は人間にとって快適な領域の刺激で，快適性の研究対象になる刺激値である．乗り物の乗り心地の研究は知覚中間刺激の研究を含んでいる．今後の研究の動向は極限値を研究対象とするよりも知覚中間値である刺激を扱って快適性について研究されるものと予想される．

9.1　振動感覚の特徴と評価

　感覚は分類すると体性感覚と内部感覚に分けられる．「振動感覚」はこれら分類された感覚を組み合わせた混合感覚をなしている．集中局所的なものとしては皮膚表面で知覚するものと全身で知覚するものがある．前者はおもに，体性感覚における皮膚感覚のなかで，触覚と圧覚および痛覚が関与しており，これらの複合感覚として振動感覚を知覚している．感覚検知器官としては皮膚組織下に存在するパチニ小体がおもに振動を検知している[7]．後者は体性感覚における特殊感覚のなかで，平衡感覚をおもに振動感覚として知覚している．感覚検知器官は聴覚器中に存在する前庭器官が振動を検知している．これら感覚神経の情報が中枢へ伝達する経路は，皮膚からの情報が脊髄を経由して脳幹に行き脳幹網様体に達し，その後大脳の多くの皮質野に投影されると考えられている．しかし，投影された皮質野は特定されていない．また，前庭器官からの情報は脳幹における前庭神経核を経て一部脳幹に送られ脳幹網様体に達し，その後のたどる経路は皮膚からの情報と同一である．そして，この情報の一部は小脳へ送られる．このように，平衡感覚は大脳と小脳の2つの器官で制御されている．

　皮膚表面での振動については，振動刺激が局所的に作用したときの閾値の研究が初期の研究としてなされた．その閾値は振動数に依存することが報告され，200〜300 Hz をもつ振動が最も閾値が低く，最も敏感に振動を知覚する．ただし，個人差は100倍

も存在する．その実験的な報告は，岡田[7]の論文にみることができる．その内容の要約は，次のようになる．「振動刺激の大きさを振動振幅（mm 単位）で表すと，Keidel（1952）は，300 Hz の振動周波数を一定にして振動の振幅を変動させて種々の被験者に振動刺激を与えたときに，指先に感じる最低の振動振幅値（振動閾値）は $1.2 \cdot 10^{-3}$ mm ～ $1.3 \cdot 10^{-5}$ mm を測定した．この結果は，個人差が実に 10^2 倍（つまり，100 倍）にも達していることを示した」．また，知覚される振動数（振動周波数）の上限は 1,260～3,000 Hz であり，下限は 0.1 Hz と報告されている．したがって，研究対象となる振動数範囲は 0.1～3,000 Hz である．

振動数の弁別は任意の振動数 f に対して最大値と最小値が $f \pm \Delta f$ のとき，ウェーバー比 $\Delta f/f$ は 0.1～0.2 で，視覚（同値 0.016～0.030）や聴覚（同値 0.088～0.100）や痛覚（同値 0.07）の他の特殊感覚のウェーバー比と比較して大きく，感覚感度としてはこれらの感覚よりも鈍いと考えられる．嗅覚のウェーバー比が 0.1～0.4 と報告されているので，振動の周波数における感覚は嗅覚と類似のレベルであると考えられる．

全身振動においては，1～20 Hz において振動が知覚され，4.5～9 Hz において最も不快感が高い．振動周波数がこの値より高くなると身体のより高い部分，つまり腹より頭に不快感を感じるようになる．低い振動数においては，1～2 Hz が好ましく感じる振動周波数である（図 9.1）．実際の場面における振動体験は前者の振動では，マッサージ器やチェーンソーの振動があり，後者では乗り物による振動である．

振動感覚は他の感覚と比較して，個人差と身体部位差が大きい[7]．個人差については，たとえば，振動数の上限周波数値について，1,260 Hz や 3,000 Hz や 8,192 Hz などの報告がみられる[7]．身体部位差については，指先，手掌，足底，顔など身体部位の末端部が振動刺激に敏感で，より少ない振動刺激で振動を知覚する．

一方，背中や臀部等体幹部は末端部よりも敏感ではない．振動の物理的評価項目は，① 振動振幅（強度），② 振動速度，③ 振動加速度，④ 振動周波数（振動数），⑤ 曝露時間があげられる．振動による心理的評価項目としては快・不快感，疲労感，苦痛感などがあり，それらの評価は，対象とする振動について被験者の感ずる特徴を形容詞対（例：強い，弱い）を用いて評価する SD（semantic differential）法で検討されている．

測定条件としては，被験者の姿勢（立位，座位，臥位），振動の方向（水平（前後か左右），上下）を問題にしている．振動体が移動体の場合は，直進か曲進かを規定している．移動体は列車，船，自動車，飛行機が研究の対象となっている．振動感覚において，振動物理量間の関係についての研究結果は，振動振幅 a と振動周波数 f との間に $a \cdot f^n$ ＝一定の関係が得られている．ただし，n は振動負荷条件により 1 から 3 のうちのいずれかの整数である．この関係は振動振幅が大きくなると振動周波数が抑制されることを示している．

振動の物理量と振動による心理量の間には関連がある．振動感覚に関しては，振動振幅，振動速度および振動周波数が関係している．振動閾値と振動周波数との関係については，2 Hz 以下では加速度の時間的変動（ジャークという）の大きさにより振動感覚が異なるとしている（Reither, Sankly,（岡田[7]参照））．さらに，2 Hz から 60 Hz の間では，振動振幅に依存し（図 9.2），さらにこの値のいかんにより振動速度ないし振動加速度によるとしており，これらの物理量は地震や交通車両による全身振動と関係づけている．曝露時間については許容限界の場合の物理量間の関係が報告されている．国際基準に基づく ISO 基準が研究の初期から知られ，その後多くの基準が報告されている．その概略は横軸には振動周波数を，縦軸には振動加速度をとって，一定の曝露時間を変量として曲線を描いたものである．

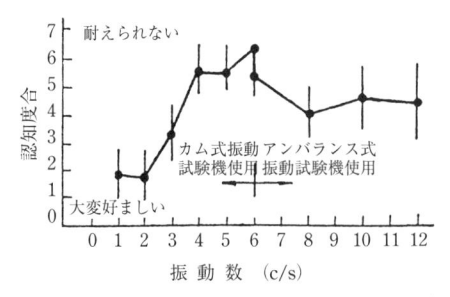

図 9.1 振動数と認知度合との関係（岡田，1980）[7]

9.1 振動感覚の特徴と評価

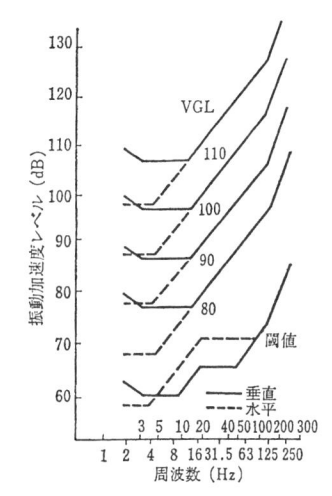

図 9.2 ランダム全身振動の閾値と等感度曲線
(三輪, 1990)[9]
ここで, VGL は振動の大きさのレベルを表す.
基準にとった 20 Hz の振動加速度の大きさに換算
した振動の大きさのレベル.

曝露時間は 1 分, 15 分, 30 分, 1 時間, 2 時間, 4 時間, 8 時間で調べている. いずれの場合も振動周波数が 4 Hz から 10 Hz の間が最も許容振動加速度が小さく, この振動周波数以下においても以上においても, 許容振動加速度が増加する. つまり, 4 Hz から 10 Hz の間の振動周波数においては振動加速度に最も敏感に反応することを示している. 他の研究も振動周波数と振動加速度の値は異なるが, 類似の値をそれぞれ示している. 振動加速度についての許容限界の値は振動周波数が 10 Hz 以下では, 全身振動の場合は 1 G (すなわち, 9.8 m/s^2) であるとされている. そして, 高速列車の曲線走行時においては, 全身振動の約 1/10 といわれている. ただし, 全身振動の許容値がどの方向における値かは明確にされていないが, 振動に関する初期の研究で得られているので, 上下方向の振動と考えられる.

快適感を受ける振動の物理量の関係は振動加速度と振動曝露時間との関係が知られている. 飛行機における場合では, 振動曝露時間が 1 分から 100 分の範囲で振動加速度が約 1 m/s^2 のときが快適感を受ける. この振動加速度の値は同一振動曝露時間における許容限界量の 3 分の 1 に相当する. そして, 振動曝露時間が長いほうが快適感を受ける振動加速度が少なくなる.

知覚する振動レベルを受けるときの姿勢の違いは, 立位のときのほうが座位のときより振動を知覚しにくい. その結果, 立位時は座位時より大きな振動を受けていることになる. 振動レベルについて姿勢間で有意の差は認められていない. 性差については両姿勢ともに, 女性のほうが男性よりもより低い振動レベルで振動の知覚をしている. つまり, 女性のほうが振動の知覚においてより敏感である. 統計的にも性差は認められており[7], 2〜3 dB の差が測定で得られている. これを示すデータは岡田の論文[7]の表 9.1 に示されている. 要約すると, 振動を全身で知覚し振動の大きさ (振動レベル) を測定していて, 振動刺激は振動レベルを dB 単位で表現している (dB 単位とは, 一定の条件下で基準となる振動の大きさを分母にとり, 任意に与えた振動の大きさを分子にとり, この比を対数表示し, さらにこの対数値を 10 倍した表示単位. この単位の差から振動レベルの大きさを相対的に評価することが可能である). 与える振動の大きさを変化させて, 被験者が"かすかに感ずる"と"はっきり感ずる"ときの与えた振動値を dB 値で求めている. さらに, 測定条件として, 立位と座位で女性と男性に分けて測定した. 測定結果を表 9.1 に示す. いずれの知覚 (表中, 反応カテゴリー) においても, 女性の方が dB 値は男性よりも低く, 女性の方が低い振動レベルで知覚していることを示している. 統計的には, 1 % の有意差 (または, 信頼度 99 %) で, "かすかに感ずる"振動レベルでは, 女性は男性より 2.6 dB 敏感であり, "はっきり感ずる"場合も同程度の振動レベル差で女性の方が男性よりも敏感であった. この性差は立位の方が座位よりも大きかった.

表 9.1 姿勢条件と知覚条件における振動レベル値
(岡田, 1980)[7]

姿勢条件	知覚条件	性別	振動レベル (dB)
立位	かすかに感ずる	女性	60.06
		男性	62.61
	はっきり感ずる	女性	65.20
		男性	68.84
座位	かすかに感ずる	女性	60.38
		男性	62.46
	はっきり感ずる	女性	65.40
		男性	67.54

表 9.2　乗り心地評価要素

心理的評価量	① 座席の質感 ② 振動感 ③ 車内温度
物理的評価量	① 車内の揺れ（振動振幅（上下方向，前後方向，左右方向），振動周波数，振動速度，振動加速度） ② 通常走行時（直進平面走行時）の速度，加速度，加速度変化 ③ 曲線走行時の速度，列車の傾き，加速度 ④ 加減速度時の加速度（前後方向，左右方向）

表 9.3　乗客に対する加速度の5％許容限度（高井，1995）[12]

加速度方向	前後		左右		上下	
乗客の姿勢	立位	座位	立位	座位	立位	座位
定常的 (G)	0.08	0.10	0.08	0.09	(0.13)*	
変化 (G/s)	0.07		0.07			
振動 (G) (f: Hz)			0.08 ($f<1$)			
			0.08f ($f=1\sim4$)		0.2/f ($f=1\sim6$)	
	0.025 ($f=4\sim15$)		0.02 ($f=4\sim12$)		0.033 ($f=6\sim20$)	
	0.0016f ($f>15$)		0.0016f ($f>12$)		0.0016f ($f>20$)	

f：frequency
＊：エレベータ設計上の基準

9.2　日本人の振動感覚研究例
（電車，船，低周波数振動）

a. 電車の乗り心地の研究

乗り心地を評価する要因としては，表9.2に示す多くの項目が関与している．

乗り心地の研究は振動の研究から始まり，1931年にReicherとMeisterおよびJacklin-Liddleの初期の研究があることを高井[12]が述べている．その研究のなかで，乗り心地指数W_zについて述べている．この指数は振動周波数の関数で表現されていて，Sperling（1947）によれば，振動周波数fの2乗根（$f^{1/2}$）に比例する量で表現されている．W_zが1のときは乗り心地が非常に良い，W_zが2のときは乗り心地が良い，W_zが3となると旅客者の乗り心地の限界，W_zが4では運転者の運転可能限界，W_zが5になると運転上危険と分類されている．この結果は振動周波数が増加すると乗り心地が良いほうから悪いほうに評価されることを示している．しかし，振動周波数の具体的な値はほかの比例パラメータを知らないと求めることはできない．乗り心地に関与する量は評価関数に表示されず，パラメータに含まれるので，乗り心地には明確な量として知ることはできない．W_zは乗り心地の評価量としては早くか

ら使われた量である．

振動の許容限界値については，次のような研究の歴史がみられる．乗り心地が，振動周波数の大きさにより振動を評価する量が異なることをJaneway（1948）が垂直方向（上下方向）の振動について求めている．それによると，① 1～6 Hzの低周波域では，振動感覚は加加速度に比例する．ここで，加加速度とは単位時間に増加する加速度のことである．この場合の加加速度の限界は1.24 G/s（または，12.2 m/s³）と示された．② 6～20 Hzの中振動周波数域においては，振動感覚は①と同じく加加速度であり，その限界加加速度は0.03 G/s（または，0.29 m/s³）と①の場合よりだいぶ小さくなる．③ 20～60 Hzの高振動周波数域では，振動感覚は速度に比例し，その限界速度は2.66×10^{-3} m/sと報告されている．1960年代になると国鉄（JRの前身）により乗り心地基準が作成されている．統計的に95％の人に当てはまる基準（5％許容限度）として求められている（表9.3）．それによると，加速度方向（前後，左右，上下）により値がそれぞれ求められている．振動加速度は加速度方向（前後，左右，上下）により異なり，また周波数に依存している．たとえば，乗り心地が非常に良い場合について，4 Hz未満の振動では，前後方向の限界の振動は認めら

ない．4 Hz の振動数では，前後方向の振動加速度は 0.025 G であり，左右方向のそれは 0.320 G，上下方向では 0.050 G となり，振動方向により振動限界加速が異なっている．左右方向では振動周波数に比例し，上下方向では 1～6 Hz の低周波振動では振動周波数に反比例している．一般的には，前後方向の加速度において限界値がほかの方向（特に左右方向）と比較して低く，耐えられないようである．

1972 年には国際基準である ISO が ISO 2631 において許容限界または疲労と能率減退境界値について関係を与えている．つまり，振動加速度と振動周波数および曝露時間との関係を振動方向別に報告している．ちなみに，垂直方向の振動については，曝露時間 1 分間の場合は，4～10 Hz の振動周波数範囲で許容限界となる振動加速度が約 0.3 G となり最小値を与えている．そして，この振動周波数域以下では，その振動加速度は振動周波数の減少に対して一次の関係で増加し，振動周波数以上では振動周波数の増加に対して一次の関係で増加する．また，8 時間曝露の場合は振動加速度が最小となる振動周波数域は同一で，許容限界となる振動加速度は，曝露時間 1 分の場合における値の約 10 分の 1 程度となる．その他の振動周波数域の許容限界振動加速度も，曝露時間 1 分の場合における値の 10 分の 1 程度となっている．さらに，水平方向の振動の場合は，許容限界となる振動加速度が最小となる振動周波数域は 1～2 Hz で，1 Hz 以下においては許容限界となる振動加速度は表示されていない．したがって，この振動周波数域では，振動加速度は 1 G 以下では許容限界となる値にはならないものと推測される．水平方向の振動加速度の許容限界値については，0.8～80 Hz の範囲にある振動周波数域では垂直方向の値より低い値となっている．詳細は高井[12]の論文にみることができる．

日本の鉄道での研究では，車内で立位と座位で行われ，乗り心地限界となる加速時と減速時の加速度はそれぞれ 0.13 G と 0.11 G と求められている．ただし，振動周波数については明確でない．この値はISO において求められた数時間の振動曝露に対応する加速度である．また，左右の振動加速度の限界は0.08 G とされていたが，最近になって曲線通過時においては，速度の見直しのために限界左右振動加速度を 0.08 G 以上にしても乗り心地は変わらないことも知られるようになった．つまり，直進走行時と曲線走行時は振動加速度の許容限界が異なるべきであると考えられている．1970 年代に入って，車両も曲線走行時に車体構造の関係から遠心力を利用して車体の傾きが少ない振り子車両が開発され，一定の左右加速度（左右定常加速度）が減少するようになっている．この場合に，もし必要以上に左右加速度が減少してしまうと，体感と車外に対する視覚との関係が通常とは異なり「乗り物酔い」を起こす．したがって，乗り心地を良くする一つの要素に適度な左右の揺れ（振動加速度）は必要であり，心地良い揺れのある車両が求められる[12]．以上の結果は，国際的および国内で求められた評価値が類似の値を示しており，人種による振動限界が明確に存在しているということを暗に否定しているように思われる．

次に，加速度が変化する場合の乗り心地については列車について，快適となる加速度変化が与えられている．Wilson（1940）によれば，1 秒間当たりの加速度が 0.27 G/s 以下なら気持ち良い停車，0.349 G/s を超えると不快な停車，0.43 G/s 以上では非常に不快な停車である．最後の場合は座席に置いた物は投げ出され，乗客に危機感を与えたと報告されている[12]．

振動周波数から評価した人体に与える影響についての研究結果は山崎[10]の論文に述べられている．それによると，座位において上下方向に振動を与えて身体状態が許容限界となる振動周波数が求められている．一般的な不快感は 4.5～9 Hz，呼吸困難は 1～8 Hz，会話困難は 13～20 Hz，筋緊張の増強は 13～20 Hz などが報告されている（図 9.3）．

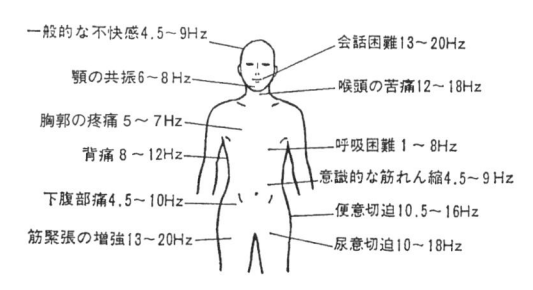

図 9.3 座位の人体に垂直方向の振動を耐えられるまで負荷を課したときの症状（Magid ら，1960[3]；山崎，1990[10]）

b. 船の乗り心地の研究

船体中における振動感覚は，神田と難波[5]の論文に報告されている．

この論文の結果について述べる．この振動感覚は局所的な振動刺激でなく体感の振動感覚であり，車両の乗り心地と類似している．

船体中での振動感覚は振動加速度について評価されている．評価は音圧で用いているのと同じで，デシベル（dB）表示であり，振動加速度が 10^{-2} m/s^2 のときを基準にして，これを V_0 とし，任意の振動加速度を V_1 とすると，任意の振動加速度レベル VL は以下のようにデシベル表示される．ここで，V_0 は感覚的には閾値以下の振動加速度である．

$$VL = 20 \cdot \log \frac{V_1}{V_0} \quad \text{(dB 単位)}$$

V_1 が V_0 つまり，10^{-2} m/s^2 に等しいときは VL は 0 dB となる．振動の心理的評価は，「どちらともいえない」，「やや」，「かなり」，「非常に」の 4 段階で行っている．姿勢別で結果が得られていて，立位の場合にこれら 4 段階の VL 値は，それぞれ，17 dB，23 dB，29 dB，35 dB を得ている．また，臥位の場合は VL 値が低く，11 dB，17 dB，23 dB，29 dB となる．振動感覚としては，「やや」の程度が振動の心地良さと関連があると考えられるが，立位の場合は基準の振動加速度の約 10 倍で，座位の場合は立位の場合より VL は 5 dB 低くなり，振動加速度の影響を立位より受けやすいことを示している．さらに，「非常に」の程度は許容限界の程度を示しており，姿勢の種類により上記の値を与えている．振動加速度の心理的評価として，SD 法を用いた解析例を述べてみる．5 隻の船体中において受けた上下方向の振動加速度を 15 対の形容詞対を用いて 7 段階で評価した結果である．因子分析の結果によると，第 1 因子は強さ因子で,次の形容詞対の相関が高い．つまり，（大きい：小さい），（きつい：穏やか），（激しい：かすか）があげられる．第 2 因子は時間変動因子で，（不規則的：規則的），（変化の激しい：単調）の形容詞対があげられる．第 3 因子は（不快：心地良い）の心地良さの因子であった．この結果は，船体中の振動加速度のイメージは強さや時間的変動のイメージが強く，心地良さのイメージは二次的なものとなっている．さらに，SD 法による評定尺度（4 段階）と ISO の振動曝露基準が振動周波数の関数として求められている（図 9.4）．この結果は，臥位では船室の居住時に，立位では作業時に適用できる．

c. 低振動曝露の心理的および生理的影響

高速道路を走行する自動車から発生する低振動が公害と認識されて久しいが，それが身体に及ぼすか否かについての詳細は現在のところ明確でない．低周波振動の基礎研究はほとんど報告が見当たらないが，例として白川，内久根，吉田[11,13,14]らの実験的研究について述べてみよう．低周波振動であるが，実験に用いられた振動周波数が 0.04〜0.08 Hz と 0.1〜0.4 Hz の周波数であることが特徴である．そして，この周波数においては，振動振幅は 100〜200 mm と大きく，振動加速度は 0.0067〜0.031 m/s^2 と小さい．曝露時間は 2 分間，振動方向は前後方向と左右方向の両方向で研究されている．このような条件での評価は心理学的評価と生理学的評価が行われている．心理学的評価によると，両方とも心地良い振動と評価したのは上記の範囲内で振動加速度が大きいほうが好まれ，不快な振動であると感じていないと報告されている．振動周波数と振動振幅については明確な結果は得ていない．さらに，上記と同一の条件下で，心拍数，呼吸数，唾液分泌量について低周波振動の曝露時と非曝露時におけるそれぞれの生理学的量の比を求めている．それによると，低周波非曝露時と比較して，心拍数は減少し，呼吸数は増加した．唾液分泌量は振動周波数に依存し，0.08 Hz までは促進状態になり唾液分泌量は増加する．0.1 Hz や 0.4Hz では，抑制状態となり唾液分泌量は減少傾向がみられた．振動加速度が ISO の評定では閾値以下である値 0.04 m/s^2 でも，安静時よりも自律神経系の変化がみられた．一方，心理学的には振動加速度の実効値が約 0.56 m/s^2 以上で変化がみられており，振動加速度は生理学的影響のほうが先行していて，ほかの多くの刺激による身体への影響とは逆の現象を示している．このことから，低周波振動は生理的変動である自律神経に作用し，その結果として精神面に影響を与えて，心理学的反応として現れてくるものと推測される．

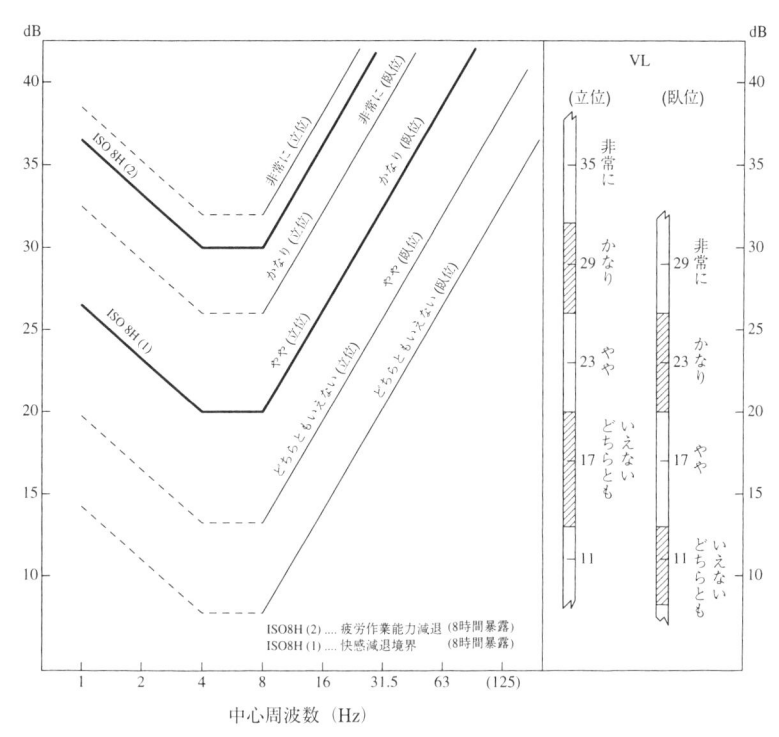

図 9.4 船中振動周波数における SD 法による評定尺度と ISO の振動基準
(神田・難波, 1974[5]) より一部改変)

　本章では，まず，振動感覚についての定義と振動の評価項目をあげた．次に，振動感覚の特徴を述べて振動の基礎事項とした．さらに，振動感覚研究の例を示すことでより良く振動感覚が理解できるのではないかと考えて，① 電車の場合，② 船の場合，③ 低周波振動の場合の 3 例について説明した．電車と船については，振動の許容限界値と快適量について述べた．これらはいずれも ISO という国際規格のもとに設計されており，人間の共通な量を示している．そこには，性差や年齢差についての研究はほとんど見当らない．低振動に関する研究は始まったばかりで，実験条件（振動周波数，振動振幅，振動加速度など）の範囲が現実に発生している条件をまだ十分には満たしていない．そのようなわけで，性差[7]については認められたが人種差や年齢差などのデータ群間の差異についての研究は今後の課題となっている．

［坂本和義］

文　献

1) Wilson, M. G. (1940) Deceleration Distances for High Speed Vehicles. *Proc. Highway Research Road*, **20**, 393-397.
2) Janeway, R. N. (1948) Vehicle Vibration Limit to Fit the Passenger. *SAE Journal*, **63**, 48.
3) Magid, E. B., Coermann, R. R. and Ziegenrnecker, G. H. (1960) Tolerance to Whole-body Sinusoidal Vibration. *Aerosp. Md.*, **31**, 915-924.
4) 吉田義之・小磯　章・伊藤秀三郎 (1972) 振動感覚の一計測法. 人間工学, **9**, 21-26.
5) 神田　寛・難波精一郎 (1974) セマンティック・ディファレンシャル法による船体振動感覚の評価. 人間工学, **10**, 55-62.
6) 植村良雄 (1975) 車両の乗り心地基準について（Ⅱ）——一定方向加速度による乗り心地, 鉄道技術研究資料.
7) 岡田　晃 (1980) 人間の振動知覚. 自動車技術, **34**, 443-450.
8) Pope, M. H. *et al.* (1987) The Response of the Seated Human to Sinusoidal Vibration and Impact. *Journal of Biomechanical Engineering*, **109**, 279-284.
9) 三輪俊輔 (1990) 振動感覚特性とその計測. 日本音響学会誌, **46**, 141-149.
10) 山崎和彦 (1990) 乗り心地の評価. 日本音響学会誌, **46**, 157-162.
11) 内久根聖志・吉田義之・白川幸子・鮮州秋芳 (1993) 低

周波振動域の全身振動感覚について．人間工学，**29**（特別号），488-489.

12) 高井秀之（1995）乗り心地評価方法の変遷．鉄道総研報告，**9**，61-66.

13) 白川幸子・内久根聖志・吉田義之（1996）低周波全身振動による人体への影響についての階層構造法による評価，人間工学会関東支部会第26回大会，pp.118-119.

14) 白川幸子・内久根聖志（1997）低周波全身振動による人体への影響についての階層構造法による評価，人間工学会関東支部会第27回大会，pp.74-75.

15) 鈴木浩明（1997）全身振動の強度評価に及ぼす枠組みの影響．心理学研究，**67**，436-443.

16) 鈴木浩明（1997）鉄道車両の乗り心地を規定する振動要因に関する研究．人間工学，**33**，349-355.

日本人の呼吸機能

10
日本人の換気・拡散能

ここではヒトの呼吸機能について述べる．呼吸機能の主要な目的は，細胞での物質代謝に必要とされる酸素の供給と，その結果生じた炭酸ガスの排出である．呼吸とは，換気による肺でのガス交換である外呼吸と，細胞内での酸化的代謝過程である内呼吸の両者を指す．この両者の間には循環機能が介在している．しかし，一般的に呼吸とは外呼吸のことを指すので，ここでは，外呼吸を中心とした呼吸機能について述べる．

肺での換気は，呼吸運動によって行われる．したがって，肺に空気を出し入れするためには，肺の形態・機能に関する量的な側面と，実際にそれを動かす調節系への理解がまず必要となる．その結果として，肺胞膜を介したガス交換，すなわち酸素と炭酸ガスの拡散によって，生体が必要とする酸素の供給（酸素摂取）と炭酸ガスの排出を行い，生体内の恒常性（ホメオスタシス）の維持が図られる．呼吸機能の破綻が生体の生存に直接的にかかわることは，このことからも理解される．そこで，肺での換気の結果としてなされる酸素を摂取する能力は，たとえば運動時といったその需要が急増する事態では非常に重要となるので，第11章で詳述する．それ以外の肺の基本的な形態・機能的側面については本章で論じる．

10.1 肺気量

肺の形態・機能的検査を総称して肺機能検査という．ここではおもに換気力学にかかわる肺の量的側面を概観する．まず，肺の形態指標として最も単純な，日本人の肺重量の経年変化を剖検資料[1]に基づいて図10.1に示す．肺は左右一対の臓器であるが，心臓をはさんで胸腔内の大部分を占める．右肺が左肺に対してやや大きい．ここでは右肺の重量を示し

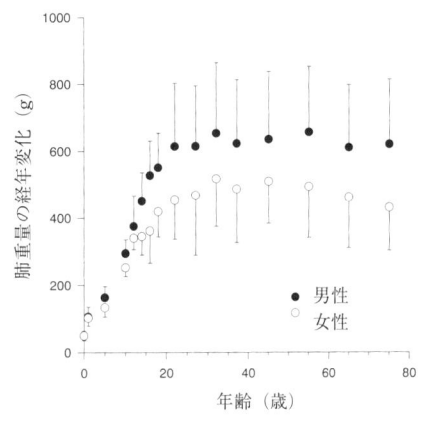

図10.1 日本人の肺重量の経年変化（剖検資料に基づく右肺の重量の平均値とその標準偏差）（鈴木の資料[1]より作成）

た．男女ともに思春期を過ぎるあたりから性差が生じ，20歳代をピークとしてその後は漸減傾向を示す．

実際のガス交換を行う肺胞と外界の空気の間には気道があり，口・鼻から気管・気管支，さらに細気管支と23回の分岐を繰り返して肺胞に至る．実際にガス交換可能な肺胞が現れるのは，17分岐以降（呼吸細気管支領域）である．最初の分岐が現れるまでの部分である気管とその次の左右一対の部分である主気管支の解剖学的形態について，成人で日本人とコーカソイドと思われる欧米人の資料[2,3]を表10.1に示す．体格的な違いを考慮すれば当然であるが，やや欧米人のほうが大きな値を示す傾向は認められる．しかし，両者の間にさほどの差異は存在しない．さらにガス交換を行う肺胞の形態的特徴についてみると，肺胞の総数，1つの肺胞の直径，推定された全肺胞表面積それぞれもやや欧米人のほうが大きな傾向を示すが，これもさほどの差異は認め

表 10.1 欧米人と日本人の成人における平均的な肺・気道の形態学的諸計測値（中島ら，1982[2]；滝沢ら，1982[3]）

			欧米人	日本人
肺胞総数（個）			3×10^8	$1.7 \sim 3.6 \times 10^8$
全肺胞表面積（m²）			81	$47 \sim 87$
平均肺胞直径（mm/個）			2.8×10^{-1}	$1.15 \sim 1.8 \times 10^{-1}$
気管	長さ（mm）		$100 \sim 130$	♂ $125 \sim 135$
				♀ $100 \sim 110$
	直径（mm）		$15 \sim 20$	♂ $13-20 \sim 15-22$
				♀ $10-15 \sim 13-18$
				（呼気時）（吸気時）
主気管支	長さ（mm）	右	$10 \sim 40$	♂ $25 \sim 32$
				♀ $20 \sim 25$
		左	$50 \sim 70$	♂ $50 \sim 57$
				♀ $40 \sim 45$
	直径（mm）	右	$12 \sim 16$	♂ $10-14 \sim 12-16$
				♀ $8-12 \sim 10-15$
		左	$11 \sim 14$	♂ $8-11 \sim 10-14$
				♀ $7-10 \sim 9-13$

られない．

　肺の呼吸運動とは，固い胸腔内に内蔵されたゴム風船のような弾性体で換気するものというイメージをもつと理解しやすい．すなわち換気を行うためには，弾性体である肺を膨らませる必要があり，そのためには肺の内部に陽圧をかけるか，外部（胸腔内）を陰圧にするしか方策がない．肺は吸気時には横隔膜や肋間筋を使って胸郭を前・外・下方へ押し広げることで，胸腔内圧を陰圧にし，肺を拡張させることで外部の新鮮な空気を肺胞へと自動的に導いている．一方，肺内気の呼出（呼気）は，胸郭の復元に伴った肺の弾性（もとの形に縮まろうとする性質）によって通常は受動的になされる．

　生体内の肺では，換気の程度に応じてその内気量が変化する．肺気量とその分画量の測定は，肺の形態・機能の両特性をみるうえで，最も基本的，かつ臨床的によく用いられるものであり，資料も数多く蓄積されている．肺気量諸値は，互いに重複しない基本的な単肺気量（英語では volume と表記される）と，2つ以上の単肺気量を含めた肺気量（英語では capacity と表記される）に大別され，それぞれには図 10.2 に示すような諸値がある．このような諸値は肺の大きさや力学的特性，また肺を動かす胸郭運動によって決定される．その量的側面の代表的，普遍的な指標に肺活量（VC）がある．通常，最大吸気レベルから最大呼気レベルまでの肺気量として測

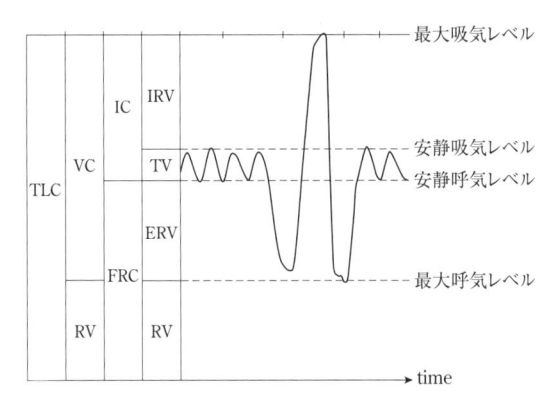

図 10.2　肺気量諸値の分画とその計測例（武田千代氏のご好意により提供）
volume — TV：tidal volume（1回の換気量），IRV：inspiratory reserve volume（予備吸気量），ERV：expiratory reserve volume（予備呼気量），RV：residual volume（残気量）．capacity — TLC：total lung capcity（全肺気量），VC：vital capacity（肺活量），IC：inspiratory capacity（最大吸気量），FRC：functional residual capacity（機能的残気量）．

定される．この量的側面に時間の要素を加えたものが努力性肺活量（FVC）である．これは最大吸気レベルから最大努力で呼出させた際のもので，特に最初の1秒間に吐き出された量を1秒量（$FEV_{1.0}$）とよぶ．1秒量は，肺の弾性や気道の抵抗，それに対する呼吸仕事といった呼吸のメカニカルな能力をより反映した指標である．

　肺活量と1秒量について，日本人と欧米人の資料[4〜6]をまとめたものが図 10.3，10.4 である．諸

10.1 肺気量

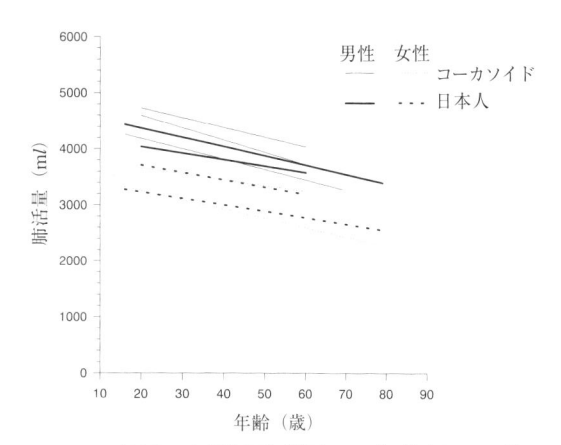

図 10.3 肺活量の人種間比較（松岡，1982[4]，岡本ら，1991[5]，近藤，1982[6] の資料に基づいて作成）
身長を 165 cm と調整したうえでの肺活量として表示した．

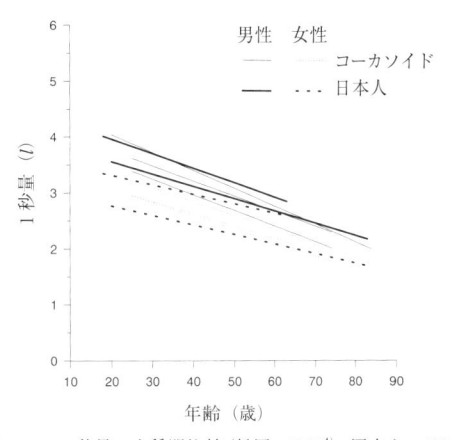

図 10.4 1 秒量の人種間比較（松岡，1982[4]，岡本ら，1991[5]，近藤，1982[6] の資料に基づいて作成）
身長を 165 cm と調整したうえでの 1 秒量として表示した．

疾患による変化のほかに，肺気量には体格や性，年齢，また測定時の体位といったものが影響を与えることが知られている．資料のすべては，大人数の集団から求められた両肺気量の推定式を示しているが，一般にその推定式は，年齢と身長（体格）を含む式となっている．そこで，図中のこれらの諸量は，比較を可能にするために座位か立位で測定した研究結果のみを取り上げ，身長を 165 cm と調整したうえで，男女別に示してある．

全体を通して，コーカソイドと日本人の間には大きな差異は認められない．ただし，年齢に従う経年的な低下は，男女ともにコーカソイドのほうが，日本人に比して肺活量・1 秒量ともに，特に 1 秒量に急峻な傾向が存在した．臨床的には軽微な閉塞性換気障害では，肺活量にはわずかな低下しか認められないものの，1 秒量ではより大きな低下が起こるとされている．ここで示したコーカソイドの資料には，加齢とともに自然に増大する潜在性の軽微な閉塞性換気障害をもつ対象者がより多く含まれていたのかもしれない．

全肺気量（TLC）の資料[4] について，図 10.3，10.4 と同様に 165 cm に身長を補正したうえで図 10.5 に示した．まず全体のレベルをみると，男女ともにコーカソイドの値のほうが，日本人よりも高い水準にある．全肺気量とは肺活量に残気量（RV）を加えたものであるが，図 10.3 の肺活量のデータと合わせてみると，肺活量にはさほど顕著な両人種

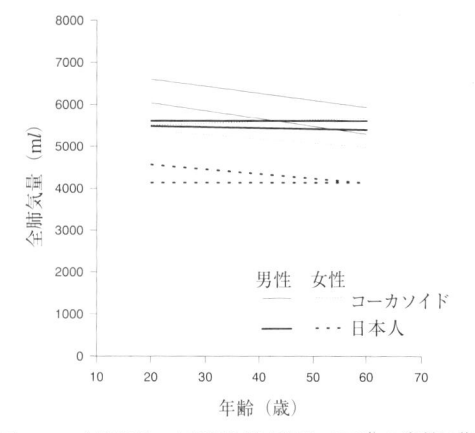

図 10.5 全肺気量の人種間比較（松岡，1982[4] の資料に基づいて作成）
身長を 165 cm と調整したうえでの全肺気量として表示した．

間差異は認められないことから，この全肺気量の違いは，おもに残気量，すなわち最大呼気レベルでまだ肺内に残っている空気の量がコーカソイドのほうが大きいことを意味する．

また，日本人と欧米コーカソイドの間には，経年変化においてもやや異なる傾向が認められる．男性において，全肺気量はコーカソイドについては年齢とともに低下傾向が顕著であるのに対して，日本人ではその傾向が認められない．したがって高齢になると，両者の差異はなくなっていく．一方，女性では水準には違いがあるものの，経年変化はなさそうで，人種間の違いも男性ほど明白ではない．こうい

った，身長といった体格要因を補正したうえでも存在する，全肺気量の人種間差や男性における経年変化の人種間差の違いをもたらした理由については，現時点ではよくわからない．

10.2 換気の化学調節

呼吸運動で肺換気を調節することによって，血液中の酸素，炭酸ガスの値（これを通常，血液ガスとよぶ）の恒常性を保つ．そのためにかかわる呼吸調節機構のなかで，化学調節系とよばれるものを図10.6に示した．血液ガスが変化すると，ただちにもとの水準に戻すような換気の応答が出現する．このような呼吸の化学調節系は，肺胞でのガス交換の結果として血液ガスの値が決まる「ガス交換−血液ガス系」と，血液ガスの値に従って呼吸を調節する「血液ガス−換気系」の2つの系よりなる．制御工学的にいえば，閉ループの負のフィードバック系で，前者が制御対象，後者が制御装置に相当し，呼吸生理の分野では，それぞれを restoring システム，driving システムとよぶ．

さて，ガス交換−血液ガス系は，酸素・炭酸ガスそれぞれのガス交換に関して，以下のように定式化される．すなわち，

$$\dot{V}_{O_2} = \dot{V}_A \cdot (F_{IO_2} - F_{AO_2}) \qquad (10.1)$$

$$\dot{V}_{CO_2} = \dot{V}_A \cdot (F_{ACO_2} - F_{ICO_2}) \qquad (10.2)$$

で，ここで，$\dot{V}_{O_2}$，$\dot{V}_{CO_2}$ は，1分間当たりに摂取・排出される酸素・炭酸ガス量（$l/\min$），$\dot{V}_A$ はガス交換に関与する肺内での気量である肺胞換気量（$l/\min$），F は分画（%・10^{-2}），I, A は吸気（外気）と肺胞気であることを示す．さらに理想肺（肺胞気と動脈血の各ガス分圧が平衡している）と仮定し，分画 F と分圧 P の変換係数を K とすると，式(10.1)，(10.2)は，

$$\dot{V}_A = K \frac{\dot{V}_{O_2}}{(P_{IO_2} - P_{aO_2})} \qquad (10.3)$$

$$\dot{V}_A = K \frac{\dot{V}_{CO_2}}{P_{aCO_2}} \qquad (10.4)$$

となる．ここでaは動脈であることを指す．$\dot{V}_{O_2}$ ならびに $\dot{V}_{CO_2}$ は体内の物質代謝がほとんど変化しないことから一定と考えると，$\dot{V}_A$ と $P_{aO_2} \cdot P_{aCO_2}$ の関係はそれぞれ双曲線になる．これを metabolic hyperbola とよぶ[7]（図10.7参照）．

一方の血液ガス−換気系は，P_{aCO_2} に対しては，制御設定値（ほぼ40 torr）から少しでも増加すると，ほぼ直線的に換気が亢進する（これを炭酸ガス−換気量応答曲線とよぶ）．この応答は，以下のように定式化される．すなわち，

$$\dot{V}_A = S \cdot (P_{aCO_2} - B) = S \cdot (P_{ACO_2} - B) \qquad (10.5)$$

で，S は炭酸ガス感受性（$l \cdot \min^{-1} \cdot torr^{-1}$）とよばれる．ただし実際の測定では，$\dot{V}_A$ を測るのではなく，$\dot{V}_E$ もしくは $\dot{V}_I$ を測定してプロットする．肺換気量 $\dot{V}_E$（もしくは $\dot{V}_I$）は $\dot{V}_A$ に生理的死腔換気量（$\dot{V}_D = V_D \cdot f$，ただし f は呼吸数）が加わっただけであるので（いい換えると縦軸を平行移動させることに相当するので），結果としては式(10.5)の S を求めるうえでは支障とならない．

一方 P_{aO_2} は，およそ60 torr あたりまで低下しないと呼吸を賦活せず，その後に呼吸は双曲線的に増大する．すなわち，ヒトの正常な換気の化学調節系は酸素よりも炭酸ガスに，より強く支配されている．その理由はおそらく系統発生的な意味で，元来海水中に生息していた生物から由来するヒトにとって，現在の空気呼吸環境は非常に高濃度な酸素環境である．いい換えると，ヒトの換気は海中の生物に比して相対的に低換気となっている．したがって，体内に炭酸ガスが蓄積しアシドーシスになりやすく，これを回避するために，ヒトの呼吸の化学調節は炭酸

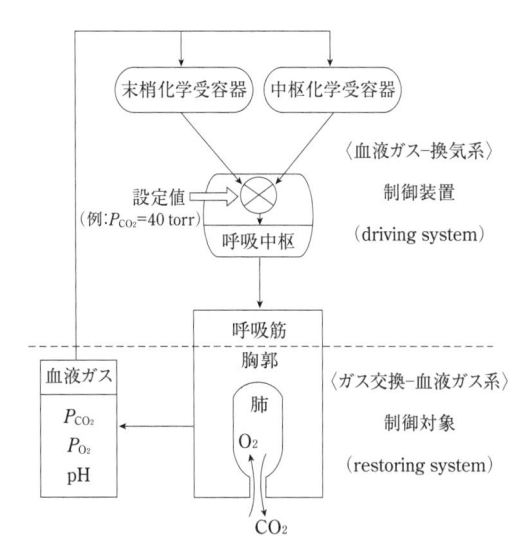

図10.6 呼吸調節における化学調節系の構成

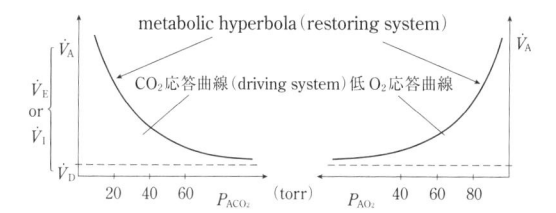

図10.7 肺換気に対する呼吸の化学調節系の関与
（本田，1983[7]）の図を一部改変）

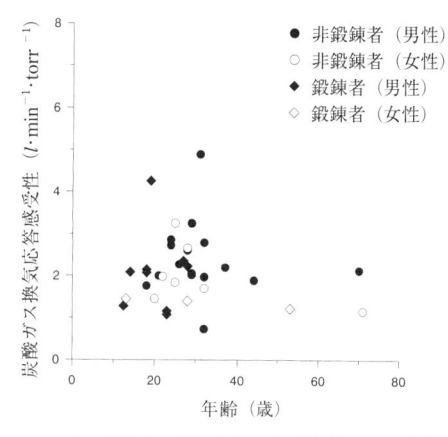

図10.8 炭酸ガス換気応答の感受性(S)の経年変化
（McGurk ら，1995[8]）, 宮村，1985[9]），川上，1982[10]）の資料を用いて作成）

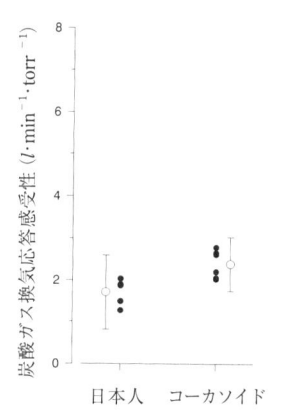

図10.9 炭酸ガス換気応答の感受性(S)の人種間比較
（McGurk ら，1995[8]）の資料を用いて作成）
対象者として人種がはっきり同定可能であったもののなかから，若い成人で非鍛錬者を対象とした研究結果を選びその値を示した（黒丸）．さらに，それらの平均値と各研究での標準偏差の平均値を表示した（白抜き丸と垂線）．

ガス排出により重きをおいた機構となっているといわれている[7]．

生体には，ガス交換−血液ガス系と血液ガス−換気系が同時に存在しているので，肺換気量と血液ガスは，両系の特性曲線の交点として決定される（図10.7）．先述のように，換気は炭酸ガスにより強く支配されているので，式(10.4)と(10.5)の交点として，まず$P_{aCO_2}(=P_{ACO_2})$が決まり，その結果として，$P_{aO_2}(=P_{AO_2})$は，

$$P_{aO_2} = P_{IO_2} - \left(\frac{P_{aCO_2}}{R}\right)\left[P_{ACO_2} \cdot F_{IO_2}\left\{\frac{1-R}{R}\right\}\right] \quad (10.6)$$

として決まる（ここで，Rはガス交換比）．

血液ガスの恒常性を調節する能力，すなわちP_{aCO_2}を正常に復元する（設定値に戻す）能力は，炭酸ガス−換気量応答曲線から得られる炭酸ガス感受性Sと$\dot{V}_{CO_2}$に関するmetabolic hyperbolaの傾きS_Lの積として求められ，これを通常ゲイン$G(=S \times S_L)$という．S_Lは物質代謝に依存して決まるので，身体的な特性によってそれが大きく変化することはない．結果として，血液ガスの恒常性調節能力を示すゲインは，おもに炭酸ガスに対する換気応答の感受性Sによって左右される．ここにSを測定する意義があり，またその重要性が認識される．そこで，このSについて日本人の特徴を検討してみた．

一般的に，Sに影響する可能性のある要因として，性別や年齢，また運動鍛錬度といったものがあげられている．そこでまず既存の資料[8〜10]）に基づいて，人種差の問題は別として，性，年齢，トレーニングの有無によって分類したSの値をプロットしてみたものが図10.8である．さらに，男女にかかわりなく，若い成人で非鍛錬者を対象に測定されたSの研究結果[8]）について，対象者が日本人かコーカソイドと推定される欧米人かによって分けてまとめたものが図10.9である．

性差の観点では，女性で性周期とのかかわりがあることが知られている．すなわち，黄体期ではプロゲステロンの分泌が盛んになり，その影響で卵胞期と比較して呼吸中枢の感度が上昇するといわれている[11]．その結果として，炭酸ガス感受性であるSは黄体期で高くなることが報告されている．しかし，そういった影響が，図10.8のなかでの閉経前の女性のSの値に反映しているようには見うけられない．

年齢による変化については，高齢になると低下していくという報告と変化しないという報告に分かれているようであるが，はっきりとしない．また，古くはトレーニングによって炭酸ガス感受性 S は低下するといわれていたが，最近の知見を総合すると，変化しないと考えられるようになってきている（図10.8）．ただしトレーニング期間が 4 年といった長期間に及ぶような場合には，低下するともいわれ，結果の違いはトレーニング自体の違いのみならず，遺伝的素因や体内炭酸ガス貯留量などの関与が指摘されている．すなわち，体内の炭酸ガス貯留量は，生体のホメオスタシスの重要な一翼を担う酸塩基平衡に直接かかわっており，その量自体も酸素と比較してきわめて大きいといったことが，少々身体トレーニングを積んだ程度では S が変化しない理由であるのかもしれないといわれている[12]．

次に人種差について触れる．図10.9ではおおまかに資料を欧米人と日本人に大別して示した．やや日本人のほうが低値を示しているようにも見うけられるが，結論づけるのは早急すぎるであろう．ニューギニアでの現地人を対象とした調査[13]によれば，欧米人と比して有意に低い値を示したことが報告されている．双生児や家族歴による遺伝的要因に関する研究を概括すると，少なくともなんらかの遺伝的要因が呼吸の感受性には関与している可能性が高いといわれる[8]．

しかし一方では，環境的な要因の関与も示唆される．南米アンデスといった高地での居住者においては，その炭酸ガス感受性や低酸素に対する換気の応答性が，有意に低いことはすでによく知られている．この高地居住者の化学感受性は，生後すぐにどこで育つか，すなわち低地か高地かといったことによって決定されることが明らかにされており，生後すぐの環境要因が重要であることを示している[12]．さらに，こうして高所居住で獲得した低い感受性は，仮に低地に移り住んでもかなりの長期間にわたって保持されるといわれ，この問題を複雑にしている．逆の移動方向である，低地居住者が高地に移ると，逆に炭酸ガス感受性や酸素感受性は高くなることが認められている．余談であるが，超高所登山家では，この化学感受性が一般人や運動選手よりも高いことが報告されており，その高い感受性が登頂成功に直結しているといわれている[12]．しかし，この急性の高感受性による適応と，高所長期滞在住民でみられる逆の低感受性による慢性的な長期適応現象の間のパラドックスは，現時点ではうまく説明されていないようである．

10.3　肺の拡散能力

上述したような肺換気の機構によって身体の外から取り込まれた空気（外気）は肺胞に到達し，その後再び体外へ運び出される．正常な肺胞ではその周囲に薄い膜を介して毛細血管網が取り巻いている．気相である肺胞気と液相である血液の間には 1 μm 以下の厚さしかもたない肺胞-毛細血管が境していることになる．膜の両側に存在するガスは，気相であれ液相であれ，ガス分子（ガス分圧）の高いところから低いところへ流れる．すなわち肺胞気内の酸素が血液中へ，逆の方向に炭酸ガスが移動する．このような，対象となるガスがその分圧差に従って透過していくメカニズムを拡散という．

いま，面状の膜で仕切られた両側でのガスの移行が拡散によってなされるとすると，移行するガスの単位時間当たりの量は，

$$\dot{V}_{gas} = A \cdot D \cdot (P_1 - P_2) \cdot T^{-1} \quad (10.7)$$

となる．すなわち，ガスの移行量は接触膜面積 A とその両側のガス分圧差 P_1-P_2 に比例し，膜の厚さ T に反比例する．D は透過係数で，ガスの溶解度に比例し，分子量の平方根に反比例する．通常，肺拡散能 D_L は，単位分圧差当たりに移行するガス量として定義されるので，仮に膜の厚さが一定としても，その値に接触面積が含まれるために，肺の大きさに依存した値をとることが予想される．

酸素についての D_L は，

$$D_{L\,O_2} = \frac{\dot{V}_{O_2}}{P_{A\,O_2} - P_{\overline{PC}\,O_2}} \quad (10.8)$$

となり，ここで $P_{\overline{PC}\,O_2}$ は肺毛細血管中の平均酸素分圧である．実際には，肺胞毛細血管膜，血漿，赤血球を通過してヘモグロビンに結合するといった過程全体の抵抗に抗してガスは拡散していく．いい換えると，肺胞-毛細血管膜との間に存在する膜の抵抗と，酸素とヘモグロビンとの反応率の限界という抵抗の両者が直列に配されたシステムと考えることができる．式(10.8)をみると，ガスの透過性を示す

D_{LO_2} とは，その逆数をとると抵抗に相当するので，両抵抗が直列にあると考えると，

$$\frac{1}{D_{LO_2}} = \frac{1}{D_M} + \frac{1}{\theta \cdot V_C} \quad (10.9)$$

と表現される．ここで D_M は肺胞-毛細血管膜間のガスの透過性，V_C は肺毛細血管血液量，θ は O_2 とヘモグロビンの反応率（単位は，たとえば 1 ml の血液が 1 torr 当たりに，1 分間にいくらの O_2 と結びつけるかといったものになり，一種の定数と考えることができる）である．通常，後者の $\theta \cdot V_C$ を血液因子とよぶ．肺拡散能は膜の抵抗と血液因子に由来する抵抗によって決まることになる．それぞれの因子を推定する方法は成書[14]に詳しいのでそちらを参照していただきたい．なお，次章でその詳細が述べられているが，$\dot{V}_{O_2}$ に関する Fick の式と式(10.8)の両者を満たす形で，肺での酸素摂取 $\dot{V}_{O_2}$ が決まることには留意する必要がある．

肺胞膜の拡散能力を生理的に測定するためには，通常，一酸化炭素（CO）が用いられる．CO はヘモグロビンとの結合（親和性）がとても強いために，大量の CO が血液中に取り込まれても，その分圧はほとんど上昇しない．いい換えると肺胞膜を介して血液中に移行し続ける CO は，主として膜の拡散能力に依存する．こういったタイプのガスを拡散制限性のガスという．余談であるがその逆のタイプのガスとして N_2O があげられる．すなわち，肺胞膜を通って血液中に移行した N_2O は，ヘモグロビンとは結合せず，血中に物理的に溶解し，すぐに高い分圧を示して飽和してしまう．そのために，血液への移行量は膜の拡散能ではなく利用できる血液量に依存し，血流制限性のガスとよばれる．酸素は両者の中間にあたるガスである．

CO による拡散能力は，式(10.8)と同様に，

$$D_{LCO} = \frac{\dot{V}_{CO}}{P_{ACO} - P_{\overline{PC}CO}} \fallingdotseq \frac{\dot{V}_{CO}}{P_{ACO}} \quad (10.10)$$

と表せるが，先ほど説明したように $P_{\overline{PC}CO}$ はほぼゼロと見なせるので，なんらかの方法で低濃度 CO ガス混合気を呼吸させて $\dot{V}_{CO}$ と P_{ACO} を測定することで，D_{LCO} は算出できる．具体的な方法は成書[14, 15]に詳しいのでそちらを参照していただきたい．なお，方法には大別して 1 回呼吸法と恒常状態法という 2 つの手法があり，ここではおもに 1 回呼吸法による

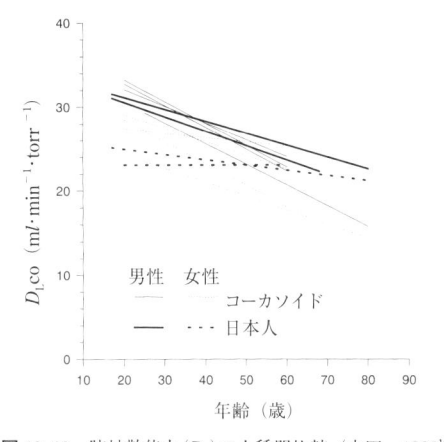

図 10.10 肺拡散能力（D_L）の人種間比較（吉田，1982[16]と安河内，1988[17]の資料を用いて作成）身長を 165 cm と調整したうえで表示した．

測定資料を中心に述べる．

肺拡散能自体の値は，先述したように肺の大きさを含んだ値である．そこで一般的な推定式は，肺機能の場合と同様に，身長と年齢を用いた形で表されているものがほとんどである．ここでは既存の推定式[16,17]を用いて，これまでの肺機能諸値と同様に，身長を 165 cm と調整したうえで図示することにした（図 10.10）．まず若齢群（若い成人）で D_L をみてみると，性差は，身長を補正したうえでも男性の値が女性の値を上回るようである．また，コーカソイドと思われる欧米のデータと日本人から得られた値を比較してみると大差はないように見うけられるが，若い成人では欧米人が男女ともに高値を示す．一方，経年変化をみると，男女ともに日本人の加齢に伴う低下の程度は，コーカソイドと比較して小さい，また日本人女性の場合にはきわめて小さいという特徴が認められた．いずれにしても，加齢とともに徐々に性差は減少していく，いい換えるとなくなっていく傾向がみられた．日本人のなかでは男性の加齢に伴う減少が女性に比較して大きい点は興味深い．

図 10.5 に示したように，肺容量自体の大きさの測度である TLC は，身長を調整したうえでも性差・人種差が存在した．そこで次に，肺胞内気量（V_A：通常，TLC で代用される）当たりの肺拡散能力（D_L/V_A）についての資料[16]を示したものが図 10.11 である．この D_L/V_A は，肺の大きさにかかわら

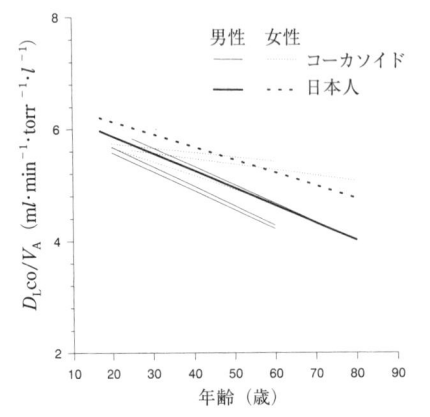

図 10.11 肺胞内気量当たりの肺拡散能力（D_L/V_A）の人種間比較（吉田，1982[16]の資料に基づいて作成）
身長を 165 cm と調整したうえで表示した．

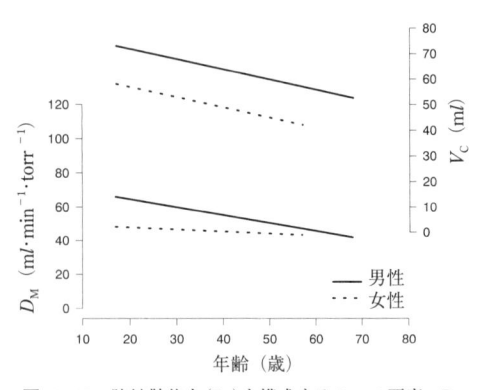

図 10.12 肺拡散能力（D_L）を構成する 2 つの要素，D_M と V_C の日本人男女での経年変化（安河内，1988[17]の資料に基づいて作成）
身長を 165 cm と調整したうえで表示した．

ない，基本的な拡散能力の善し悪しを示す指標としてとらえることができる．これをみると，若齢者群では，男女の間ならびにコーカソイド・日本人の間に基本的な差異はなさそうである．また経年変化では，女性と比較して男性ではより顕著な減少傾向が認められた．これらの結果を総合すると，D_L 自体でみられた違い（図 10.10）は，おもに肺胞内気量の違いに起因するものであると考えられる．また，コーカソイドの TLC は加齢とともに男女差が消滅していくので（図 10.5），D_L/V_A は高齢になるとむしろ女性の値のほうが男性よりも優れた値を示す結果になっている．日本人では TLC の性差は加齢によってあまり変化を示さず女性が一貫して小さな値であるので，結果として D_L/V_A は若齢では差があまり認められないが，加齢とともにやや男女差は拡大し，女性のほうが相対的に大きな値を示すようになる．

一般的に，肺拡散能力の加齢による減少には種々の機能的，構造的要因が関与するといわれている．たとえば，肺胞や肺毛細血管の減少，さらに肺胞膜の肥大といった構造的な変化，換気/血流比の不均等といった機能的な変化などがあげられる．いずれにしても女性に比較して，男性のほうが年齢を経過するに従って基本的な肺拡散能力の低下が著しいことは特徴としてあげられよう．

前述のように D_L は，膜に起因する抵抗（$1/D_M$）と血液因子（$1/\theta \cdot V_C$）という 2 つの抵抗要素からなる．そこで，日本人成人男女のそれぞれの要素についてみたもの[17]が図 10.12 である．身長を調整したうえで両要素の経年変化をみると，肺毛細管血液量 V_C には，男女差は存在するものの経年変化は同一の傾きであるのに対し，膜自体の要素 D_M は，男性のほうにのみ加齢に伴う減少が存在していた．この結果は，図 10.10 で認められた，日本人・欧米人ともに男性のほうが女性に比較して加齢に伴う低下傾向が大きい点を説明しているように思われる．すなわち，理由は不明であるが，男性のほうが中高年齢になるに従って，なんらかの要因で膜の透過性が低下していき，その結果として肺拡散能がより大きく衰退していくようである．

次に，運動時の D_L について述べる．運動という酸素運搬の需要が増大した際の肺拡散能は，当然のように増大する．一定の代謝需要である $\dot{V}_{O_2}$ に対して D_L の関係をみると，男性の資料[17]のみであるが（図 10.13），ばらつきはあるものの，人種にかかわりなく $\dot{V}_{O_2}$ に対して比例的に増大していく．また，D_L を構成する 2 つの要素について，欧米のデータのみ[16]であるが，D_M と V_C それぞれが，$\dot{V}_{O_2}$ の増大と比例して増加していくことが認められている（図 10.14）．すなわち，運動強度に比例して肺血流（＝心拍出量）が増大するが，それに伴って肺全体の毛細血管に血液循環（すなわち V_C）が広がり，

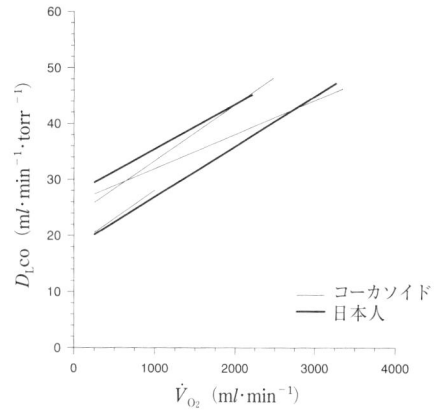

図 10.13 男性を対象とした，運動時の酸素摂取量 ($\dot{V}_{O_2}$) に対する肺拡散能力 (D_L) の関係における人種間比較（安河内，1988[17] の資料に基づいて作成）

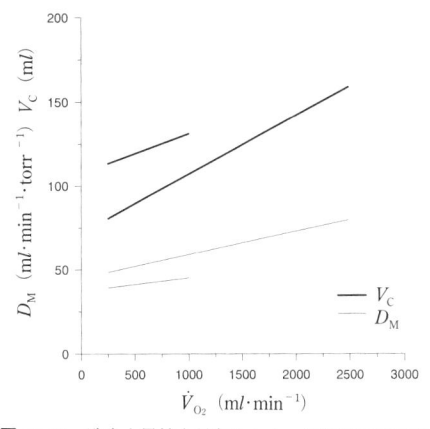

図 10.14 欧米人男性を対象とした，運動時の肺拡散能力 (D_L) を構成する2つの要素，D_M と V_C（吉田，1982[16] の資料に基づいて作成）

加えて換気/血流のマッチングによって，ガス交換に有効な肺胞ガス接触面積（すなわち D_M）がより増大した結果であろう．残念ながら，運動時の D_L に関しては性差や人種差を論じるほどデータが蓄積されていないのが現状である．

［遠藤雅子・福場良之］

文 献

1) 鈴木隆雄 (1996) 日本人のからだ, p.205, 朝倉書店.
2) 中島眞樹・岡田慶夫 (1982) 肺の形態学的計測値. 呼と循, **30** (5), 455-457.
3) 滝沢敬夫・玉置 淳 (1982) 気道の形態学的計測値. 呼と循, **30** (5), 458-462.
4) 松岡 健 (1982) 肺気量. 呼と循, **30** (5), 465-467.
5) 岡本直史・山林 一 (1991) 肺機能の正常値. 綜合臨床, **40**, 1656-1662.
6) 近藤哲信 (1982) t秒値, 最大呼気速度, 最大中間呼気速度. 呼と循, **30** (5), 471-472.
7) 本田良行 (1983) 呼吸調節 (2) —化学調節系の能力—. 臨床麻酔, **7** (2), 220-222.
8) McGurk, S. P., Blanksby, B. A. and Anderson, M. J. (1995) The relationship of hypercapnic ventilatory responses to age, gender and athleticism. *Sports Med.*, **19** (3), 173-183.
9) 宮村実晴 (1985) 運動と呼吸の化学調節. *JJSS*, **4** (7), 479-486.
10) 川上義和 (1982) CO_2 および O_2 換気応答. 呼と循, **30** (5), 506-508.
11) 本田良行 (1997) 呼吸調節系の馴化と適応. 呼と循, **45** (10), 953-958.
12) 宮村実晴・大藪由夫 (1991) 運動選手における呼吸の化学感受性. 体育の科学, **41** (5), 377-382.
13) Beral, V. and Read, D. J. C. (1971) Insensitivity of respiratory centre to carbon dioxide in the Enga people of New Guinea. *Lancet*, **2**, 1290-1294.
14) 瀧島 任監訳 (1989) The Lung (肺機能検査と臨床生理), 南江堂.
15) 安河内 朗 (1996) 呼吸機能, 人間科学計測ハンドブック（日本生理人類学会計測研究部会編）, pp.113-120, 技報堂出版.
16) 吉田 稔 (1982) 肺拡散能力. 呼と循, **30** (5), 511-513.
17) 安河内 朗 (1988) 日本人の呼吸機能, 日本人の生理（佐藤方彦編）, pp.21-41, 朝倉書店.

日本人の呼吸機能

11 日本人の酸素摂取能力

11.1 最大酸素摂取量

ヒトの持久的な活動におけるエネルギー供給能力は，酸素の摂取能力に依存する[1]．酸素摂取量 $\dot{V}_{O_2}$ は，運動強度の増加に伴って直線的に増加し，最大運動強度における $\dot{V}_{O_2}$ は最大酸素摂取量 $\dot{V}_{O_2 max}$ とよばれる．

$\dot{V}_{O_2 max}$ は身体作業能力，特に持久性運動能力の最も重要な指標として用いられている．このため，$\dot{V}_{O_2 max}$ を制限するメカニズムの研究が長年にわたって行われてきた．特に酸素運搬系と酸素利用系の機能のうち，何が $\dot{V}_{O_2 max}$ の制限因子（limiting factor）となるのか，議論が続いている．これまでの研究によれば，肺の換気・ガス交換能力は通常の場合には（持久性運動選手を除く）$\dot{V}_{O_2 max}$ の制限因子にはならないことが報告されている[2]．その理由として，① 運動時の分時換気量が運動強度の増加に比例して増加し，最大運動においても上昇を続けること，② 肺の酸素摂取能力を示す動脈血の酸素量が安静時の値とほぼ同じであることがあげられる（図11.1）．日本人の場合，運動時の最大分時換気量は20歳代の男子において 120〜140 l/min で，欧米人のそれに比べて低い[3]．

動脈血の酸素量は，その構成要素であるヘモグロビン濃度とヘモグロビンの酸素結合能力に人種差がなく，ほかの国々の人々の値とほぼ同じである[4]．

$\dot{V}_{O_2 max}$ の制限因子では，酸素運搬系機能として心臓の血液駆出能力を示す心拍出量 $\dot{Q}$，運動筋の血流量，ヘモグロビン濃度が考えられている．また，酸素利用系機能では筋線維組成，毛細血管密度，ミトコンドリアの量および数，酸化系酵素活性，組織拡散などがあげられる[3]．

運動時の最大心拍出量 $\dot{Q}_{max}$ は $\dot{V}_{O_2 max}$ の値と相関

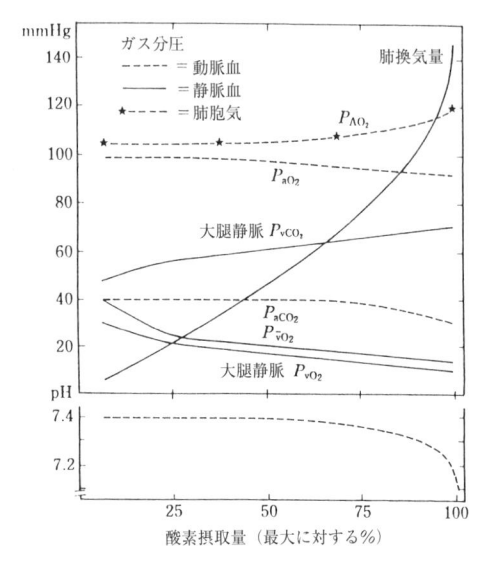

図 11.1 安静および運動時における血液と肺胞気のガス分圧，および動脈血の pH（Åstrand ら，1986）[2]

が高く，特に持久性トレーニングを続けた場合，$\dot{Q}_{max}$ の増加に伴って $\dot{V}_{O_2 max}$ も増加する．したがって，$\dot{Q}_{max}$ は $\dot{V}_{O_2 max}$ を規定する重要な因子の一つである．日本人青年の $\dot{Q}_{max}$ については，一般男性では 18〜22 l/min，一般女性では約 16 l/min である[4]．持久性の運動選手の $\dot{Q}_{max}$ の値は一般人のそれよりも高い．日本人の $\dot{Q}_{max}$ を諸外国人の値と比較する場合，体格の違いを考慮して単位体重当たりの値を用いて比較することが望ましい．日本人の男性は諸外国人のなかで中位の値を示し，日本人の女性はやや高い値を示すといわれる（図11.2）[4]．

運動時には運動筋の血流量が増加し，腹部臓器への血流量は減少する．運動筋の最大筋血流量が心拍出量に占める割合は約 80〜85％である．諸外国には最大筋血流量の値を報告した例があるが，日本人

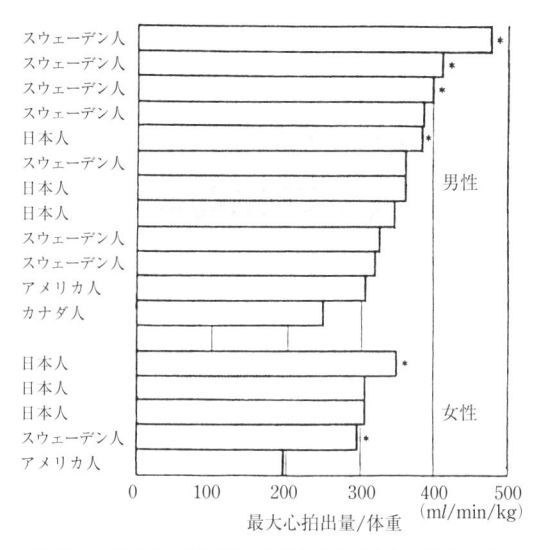

図 11.2 日本人と諸外国人の単位体重当たりの最大心拍出量の比較（勝浦，1988）[4]

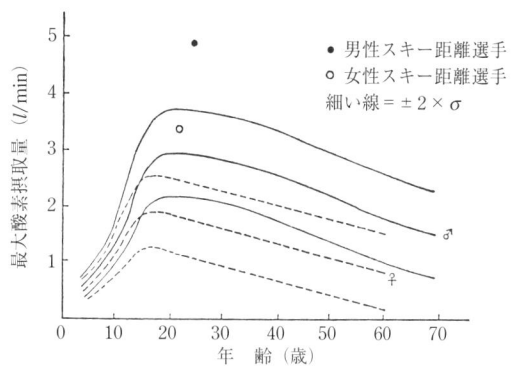

図 11.3 日本人の最大酸素摂取量の年齢に伴う変化過程（黒川，1987）[7]

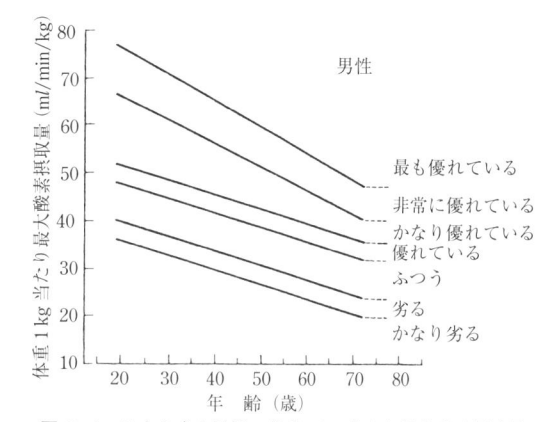

図 11.4 日本人成人男性の体重1 kg当たり最大酸素摂取量（福場ら，1992）[8]

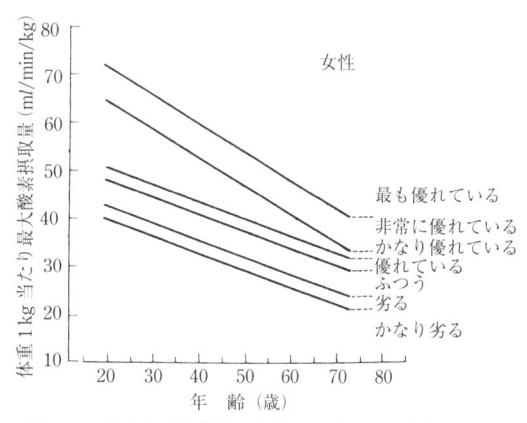

図 11.5 日本人成人女性の体重1 kg当たり最大酸素摂取量（福場ら，1992）[8]

の値についてはデータが見あたらない．その理由として，運動時の筋血流量を正確に求める方法が，現時点ではないことが考えられ，今後の開発が望まれよう．

運動時の活動筋における酸素の抜き取りは酸素摂取量を $\dot{Q}$ で除した値，つまり動静脈血酸素較差で推定される．最大運動中の酸素の抜き取りは，日本人の成人男性で約 130～150 ml/l で，諸外国の値と差はみられない．また，最大下の運動においても，酸素摂取量の増加に対する $\dot{Q}$ の上昇の程度が日本人と諸外国人の間で差がない．したがって，最大下運動における酸素の抜き取りにも差がないと考えられる．

$\dot{V}_{O_2 max}$ は持久性運動能力の指標として国際的に多く用いられており，日本人の値と諸外国の人々の値を比較した例も多い[5]．単位体重当たりの $\dot{V}_{O_2 max}$ を用いた場合，日本人の値は先進国の人々の値と大きな差はない．しかし，原始的な狩猟農耕生活を営む人々の $\dot{V}_{O_2 max}$ の値よりも低い[6]．工業化および情報化が高度に発達した先進国では，人々の身体活動水準が低下し，運動不足による肥満や高血圧などの生活習慣病を引き起こす原因にもなっている．

日本人の $\dot{V}_{O_2 max}$ の年齢に伴う変化を図11.3に示す．$\dot{V}_{O_2 max}$ は20歳前後でピークを示し，加齢とともに低下し，1年当たりの減少率は0.75～1％程度である．女性の値は男性の値より低く，男性の約70％の値を示す．図11.4，11.5に日本人の $\dot{V}_{O_2 max}$ をみた有酸素性作業能力の優劣の区分を示す[8]．

また，持久性の運動トレーニングによって $\dot{V}_{O_2 max}$ は増加し，特に長距離選手やその他の持久性運動選

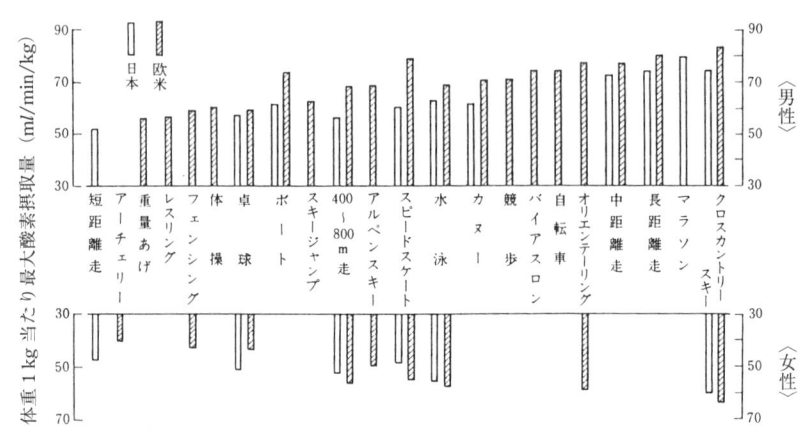

図 11.6 欧米と日本の各種スポーツ競技選手の体重 1 kg 当たり最大酸素摂取量（ml/min/kg）（福場ら，1992）[8]

手の値は大きい．図 11.6 に一流競技選手の $\dot{V}_{O_2\,max}$ を示す．概して欧米の選手の値よりも低い[8]．この原因は明らかではないが，人種による違い，あるいは持久的トレーニング方法や競技人口の違いなどが考えられる．

生理人類学の領域では，1960 年代の後半より，環境適応能の研究のなかで日本人の身体作業能力の調査が精力的に実施されている．ヒトが進化の過程で獲得した作業能力と，現在および近未来の生活環境における身体活動水準の関係を研究することは重要である．特に，$\dot{V}_{O_2\,max}$ と身体活動水準の間には高い相関関係があるので，$\dot{V}_{O_2\,max}$ に関する比較検討は，今後も継続して実施されよう．また，温熱などの環境条件の違いによって $\dot{V}_{O_2\,max}$ にどのような差異が生じるか検討されている（図 11.7）[9]．

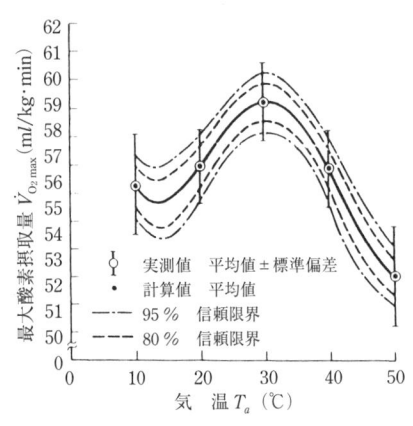

図 11.7 最大酸素摂取量に及ぼす気温の影響 (Sato ら，1983)[9]

11.2 最大下運動における酸素摂取能力

日常の生活活動はほとんど有酸素的なエネルギー供給でまかなわれるので，有酸素性作業能力を評価する意義は大きい．現代生活において日常の身体活動度が $\dot{V}_{O_2\,max}$ の 30～40 % 以下の人も多い．したがって，最大努力を被験者に要求する $\dot{V}_{O_2\,max}$ の測定だけではなく，人の日常生活をより正確に反映する有酸素性作業能力の指標が必要である[1,6]．最大下の作業・運動における人の酸素摂取能力を研究することは，生活する人を知るうえで非常に重要なことである．それは $\dot{V}_{O_2}$ がガス交換やエネルギー消費水準を反映するだけではなく，身体作業能力や耐寒性，耐暑性に代表される温熱適応能など種々の生理的適応能の評価に対する指標としての総合性を有しているからである[10]．

最大下の酸素摂取能力の指標として，無酸素性作業閾値，$\dot{V}_{O_2}$ の定常状態値，応答性（応答の速さ，緩成分の大きさ）があげられる．

無酸素性作業閾値（anaerobic threshold；AT）は，有酸素性の運動エネルギーのみで運動を行うことができる強度の上限値を意味する．この強度をこえると，エネルギーの供給には有酸素性だけではなく，無酸素性の解糖過程も加わる．生理人類学の領域では AT に関する国際比較も行われているが，日本人の値と先進諸国の人々の値に差はないことが報告されている（図 11.8）[6]．

最大下の作業・運動では，酸素運搬系と酸素利用

11.2 最大下運動における酸素摂取能力

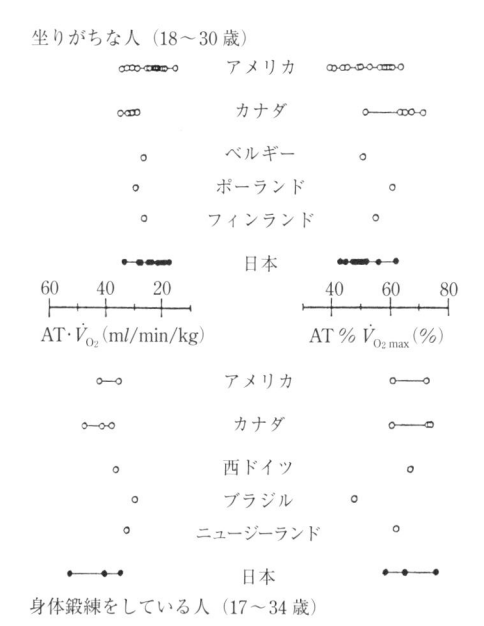

図 11.8 無酸素性作業閾値の国際比較（福場，1988）[6]
成人男性（17～34歳）でのATを，日常の身体活動性が坐りがちな人と身体鍛錬を行っている人に大別した．

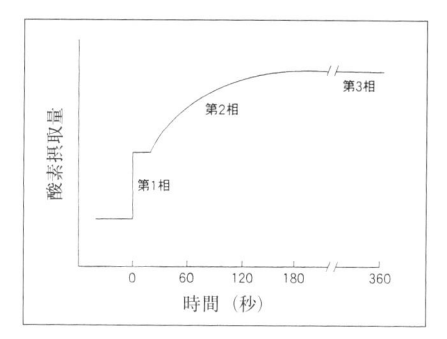

図 11.9 AT以下の運動開始時の酸素摂取応答
（古賀ら，1998）[11]

系機能によって，酸素の需要と供給の関係がバランス良く調節された場合，酸素摂取の定常状態が成立する．定常状態における$\dot{V}_{O_2}$は運動強度の増加に比例して増加し，自転車運動では1ワット（Watt）の強度当たり毎分約10 mlの$\dot{V}_{O_2}$を示すことが報告されている．諸外国の人々の値と比較した場合，体重1 kg当たりの$\dot{V}_{O_2}$はほぼ同じである．たとえば，安静時の$\dot{V}_{O_2}$（1 Mets）は体重1 kg当たり毎分3.5 mlであり，人種，民族による差はない．

最大下の作業・運動の開始時，回復時あるいは運動負荷強度が変化するときは，$\dot{V}_{O_2}$は非定常的である．このような場合，酸素摂取の定常状態の成立が遅れるかあるいは成立しないので，無酸素的なエネルギーが動員される．したがって，$\dot{V}_{O_2}$が定常状態に達するまでの速さを調べることも重要である．$\dot{V}_{O_2}$の応答の速さは時定数や平均応答時間などを用いて定量化されるが，ステップ負荷（ステップ状の運動強度変化），たとえば安静時あるいは無負荷運動状態から運動強度を増加した場合の$\dot{V}_{O_2}$の応答が調べられてきた[1]．運動の開始直後においては，ATP-CP（クレアチンリン酸）系や解糖系のエネルギー過程の動員によって，活動筋の酸素消費はすぐには増加しない．さらに，活動筋を還流してきた血液が肺に到達するまでには時間遅れがあるので，肺レベルの$\dot{V}_{O_2}$は運動負荷の変化から遅れて増加する．安静状態から一定強度の運動（ステップ負荷）を行った場合には，$\dot{V}_{O_2}$は急峻な増加を示したのち（第1相），指数関数的に増加して（第2相，急成分（fast component））定常値に到達する（第3相）（図11.9）[11]．

無酸素性作業閾値（AT）以下の負荷強度を用いたとき，座位姿勢の自転車運動の$\dot{V}_{O_2}$の時定数（第2相）は約30秒，平均応答時間（第1相の応答を含む）は約45秒である．日本人の値については，$\dot{V}_{O_2 max}$やATに比べてデータの蓄積が少ないが，欧米人の値とほぼ同じである[12,13]．

非定常状態における酸素摂取能力は，呼吸循環系を中心とする酸素運搬系の機能と筋肉における酸素利用系の機能（酸化能力）とによって決定される．$\dot{V}_{O_2}$の応答性に関してこれらの機能のいずれがより重要であるかについては，不明な点が多い[14]．$\dot{V}_{O_2}$応答（おもに第2相）の制限因子に関しては，健康な成人が座位姿勢でAT以下（中強度）の大筋群の運動（例：自転車運動）を行う場合は，$\dot{V}_{O_2}$の立ち上がりを規定するのは運動筋の酸素利用系の機能であるという報告が多い．その根拠として，①運動筋への酸素運搬量を増加しても$\dot{V}_{O_2}$応答に影響を与えない．たとえば，運動開始前に活動筋の筋温を上昇し，酸素解離曲線の右方シフトによって，ヘモグロビンと酸素の解離を促進させても，第2相の時定数は通常の筋温における応答と同じである[13]．②座位姿勢の両脚膝伸展運動における大腿動脈の血流量（超音波ドップラー計測による）応答は，$\dot{V}_{O_2}$応答

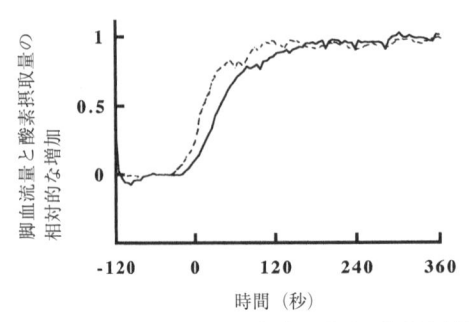

図 11.10 運動（座位両脚膝伸展）開始時の酸素摂取量（実線）と大腿動脈血流量（破線）

よりも速い（筆者ら，未発表データ）（図 11.10）．
③伏臥位姿勢の膝伸展運動における筋内 CP 減少の応答時定数が，肺レベルの $\dot{V}_{O_2}$ の第 2 相時定数とほぼ一致することも，運動筋の酸素利用能力が $\dot{V}_{O_2}$ の立ち上がりを規定するという説を支持する[15]．以上のような報告から，健常者が座位姿勢で AT 以下の大筋群の運動を行う場合は，$\dot{V}_{O_2}$ 応答の規定要因は運動筋自体の酸素利用能力と考えられる[13, 15, 16, 17]．

筆者は，非定常状態における酸素摂取能力の制限因子が運動の条件（運動様式や姿勢などの違い）によって変化すると考えている．たとえば，腕運動時には，脚運動に比べて酸素摂取の応答が遅れるが，その原因として，筋血流量の低下による酸素運搬の遅れが考えられる[12]（図 11.11）．また，筋肉を冷却して運動を開始した場合，常温の場合より酸素摂取の応答が遅れる．その原因として，筋血流量の減少と酸素解離曲線の左方シフトによる酸素運搬の遅れが考えられる．さらに，筋冷却による筋の酸素利用能力の低下も関与する[18]．

これまでに述べた，AT 以下の運動開始時における $\dot{V}_{O_2}$ の第 2 相時定数と酸素運搬量の関係を図 11.12 に示した[11]．座位自転車運動を通常の運動条件とした場合，この条件よりもさらに酸素運搬量を増加させた実験においては，$\dot{V}_{O_2}$ 応答は速くならない．一方，通常の運動条件よりも酸素運搬量を低下させた条件においては，$\dot{V}_{O_2}$ 応答が遅れる．

酸素摂取の制限因子の解明については，その動的線形性の成立を確かめることが重要である．つまり，酸素摂取の応答の速さが，負荷の強さを変えても変わらない場合は（動的線形性），酸素運搬は制限因子ではないことが示唆されている[14]．生理人類学の

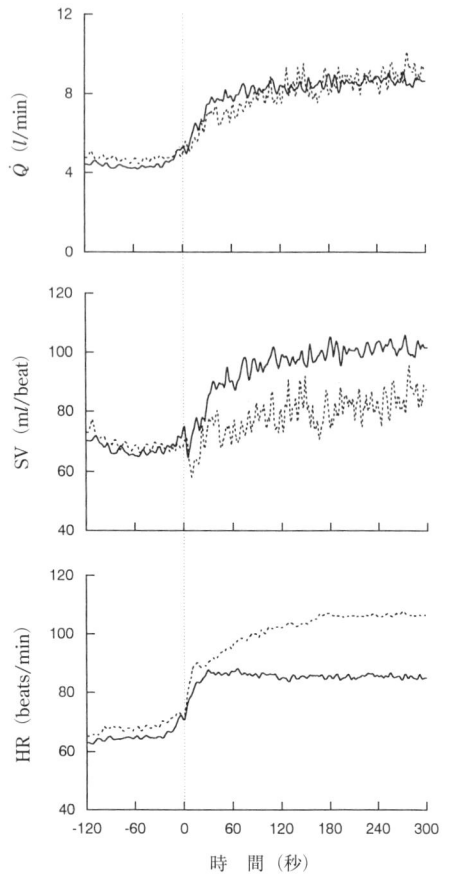

図 11.11 腕運動（破線）と脚運動（実線）における非定常状態の循環応答（Koga ら，1996）[12]

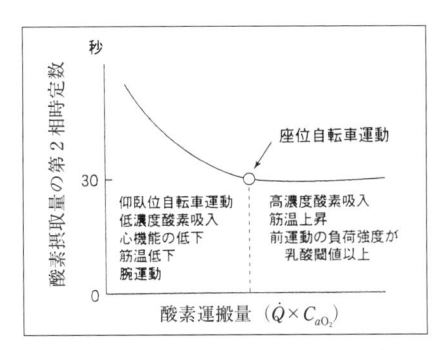

図 11.12 AT 以下の運動開始時における $\dot{V}_{O_2}$ の第 2 相時定数と酸素運搬量の関係（古賀ら，1998）[11]

領域では，最近，非定常状態における酸素摂取の応答を種々の条件下で検討する試みが行われている．特に，温熱などの環境条件の違いによって酸素摂取の応答性にどのような差異が生じるか，調べられて

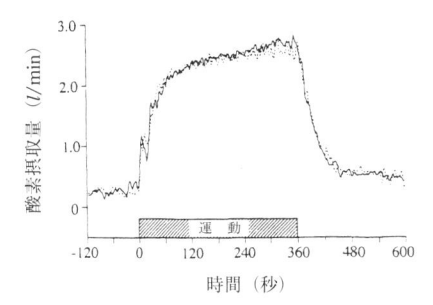

図 11.13 高筋温（点線）と通常筋温（実線）条件における酸素摂取応答（Koga ら，1997）[13]

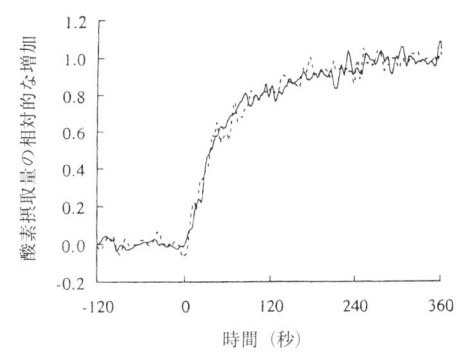

図 11.14 高強度運動における片脚自転車運動（モーターによる脚引き上げ）（実線）と両脚自転車運動（点線）における酸素摂取応答の比較（Koga ら，2001）[19]

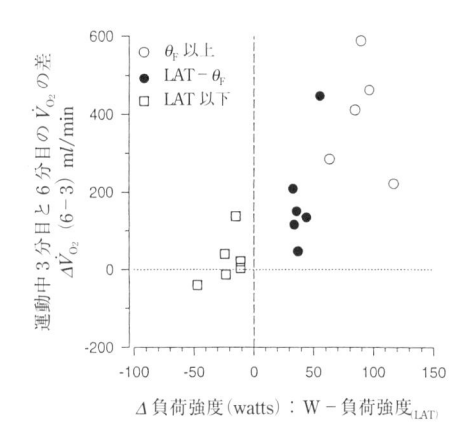

図 11.15 運動開始後3分目と6分目の$\dot{V}_{O_2}$の差異：$\Delta\dot{V}_{O_2}$(6-3)と負荷強度$_{(LAT)}$を基準とした運動強度の関係（福場ら，1995）[20]

いる[13,18]．酸素摂取の動的線形性を種々の環境条件で検討することによって，酸素摂取の制限因子が酸素運搬系，酸素利用系のいずれによるものか，あるいは両方の因子が関与するか解明されるであろう．

AT 以上（高強度）の運動においても，酸素運搬系と酸素利用系のいずれが $\dot{V}_{O_2}$ の制限因子であるかという点について，研究が継続されている．現在，健康な成人が高強度の大筋群運動を行う場合，$\dot{V}_{O_2}$ 応答の第2相は，運動筋の酸素利用能力によって規定されるという説がある．その根拠として，①運動筋への酸素運搬量を増加させた実験（例：高筋温条件）においては，$\dot{V}_{O_2}$ の第2相応答が速くならない[13]（図 11.13）．②高強度の運動（仰臥位，片脚膝伸展運動）開始時においては，運動筋への酸素運搬量は十分である．③運動（伏臥位膝伸展）開始時の筋組織内 CP 減少の急成分時定数が，$\dot{V}_{O_2}$ の第2相時定数とほぼ一致する．④片脚自転車運動（ペダル下死点からモーターによる脚引き上げ）の酸素摂取動態は，両脚自転車運動のそれと同じである．したがって，$\dot{V}_{O_2}$ の制限因子は，中心循環による酸素運搬ではなく，運動筋の酸素利用であると考えられる（図 11.14）[19]．

一方では，標準的な条件（座位自転車運動）よりも酸素運搬量を低下させる条件においては，酸素運搬系が $\dot{V}_{O_2}$ 応答の規定要因となる．したがって，中強度運動と同様に，高強度運動の開始時においても，運動の条件しだいで運動筋への酸素運搬量が変動し，その結果として運動筋の酸素消費応答が規定されよう．

運動強度が比較的に強い（$\dot{V}_{O_2}$ が AT 以上でかつ $\dot{V}_{O_2 max}$ より低い）運動の場合，酸素の需要と供給の定常状態が成立しないので，$\dot{V}_{O_2}$ は時間とともに緩やかに上昇する．この上昇は酸素摂取応答の第3相における緩成分（slow component）とよばれる．$\dot{V}_{O_2}$ の緩成分と全身持久力の間には密接な関係があり，緩成分の占める割合が多く，その出現が速いほど全身持久力は低い．1980年代の後半より $\dot{V}_{O_2}$ の緩成分の詳細な測定が行われており，強い運動における酸素摂取能力のメカニズムが明らかにされつつある[14,20]．$\dot{V}_{O_2}$ の緩成分は負荷強度の増加に伴って多くなり，日本人においても生理人類学の分野でデータが得られ始めている[13,20]．図 11.15 は運動開始後3分目と6分目の $\dot{V}_{O_2}$ の差（$\Delta\dot{V}_{O_2}$(6-3)）と運動強度の関係を示したものである[20]．この関係はアメリカ人および日本人の被験者において認められている．

現在のところ，酸素摂取の緩成分のメカニズムについては不明な点が多い．緩成分の発生機序として，これまで乳酸，カテコールアミン，呼吸筋や心筋の酸素消費，体温の上昇，ミトコンドリアの酸化的リン酸化効率の低下，機械的効率の低下，そして速筋線維の動員などが関与すると考えられてきた．しかし，自転車運動における緩成分の発生源は，主として運動筋の酸素消費の増加によることが明らかにされている[21]．最近では，酸素摂取の緩成分の発生機序として，速筋線維 type IIb の動員による O_2 コストの増加が，有力視されている．その理由として，遅筋線維に比べて速筋線維の酸素消費がより多く，かつ酸素消費の時定数がより大きいこと，さらに高強度の運動では中強度以下の運動に比べて type II の速筋線維がより多く動員されることがあげられる．最近，Barstow ら[22] は活動筋の速筋線維の割合が多い人ほど，緩成分の増加も多いことを報告した．しかし，同時に，彼らは通常のペダル回転数（60RPM）と速筋線維の動員がより多いと仮定されるペダル回転数（45,90RPM）の間では，緩成分の増加には差がないことを報告した．このため，これらの間接的な実験手法に加えて，筋線維動員パターンの時間的な推移に関する測定法の開発が望まれている．さらに，実際に活動している筋肉量の時間的な変化を測定する必要がある．また，運動開始時の酸素摂取量急成分の応答（特に第2相）が遅い場合は，緩成分の占める割合がより多くなるので，第2相応答の規定要因が緩成分に及ぼす影響を検討する必要がある（図11.16）[23]．

　日常生活における身体活動は必ずしも定常的ではなく，活動の強度やパターンなどが時間とともに変化する非定常的な場合も数多くみられる．したがって，非定常的な活動場面における生体の動的適応の優劣はきわめて重要である．従来の $\dot{V}_{O_2 max}$ や AT に加えて，$\dot{V}_{O_2}$ 応答という新しい指標によって，非定常状態（現実の生活場面にみられる）における個人の有酸素性適応能力の評価が可能となる．また，核磁気共鳴装置などの高価な装置に比べて，非侵襲的で簡便である酸素摂取量の測定によって，酸素運搬機能と筋肉の酸素利用機能の関与の割合，さらに筋肉のエネルギー代謝や筋線維の動員様式について重要な情報が提供される．したがって，非定常状態における酸素摂取能力に関する研究は，今後も継続的に実施されていくと考えられる．　　　　　［**古賀俊策**］

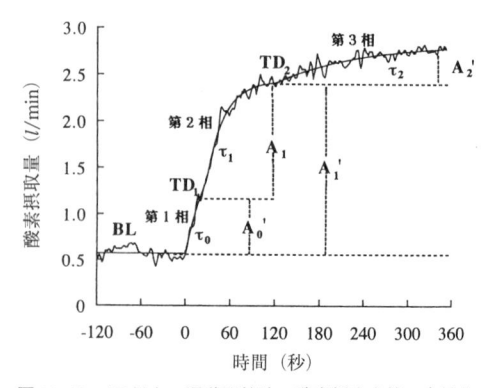

図11.16　AT以上の運動開始時の酸素摂取応答の定量化（Kogaら，1999）[23]

文　　献

1) 古賀俊策（1997）ヒトの運動能力，最新生理人類学（佐藤方彦編），pp. 76-86，朝倉書店.
2) Åstrand, P. O. and Rodahl, K. (1986) Textbook of Work Physiology, 3rd ed. McGraw-Hill.
3) 宮村実晴・安田好文（1996）運動と呼吸，最新運動生理学（宮村実晴編），pp. 183-219，真興交易.
4) 勝浦哲夫（1988）日本人の循環機能，日本人の生理（佐藤方彦編），pp. 1-20，朝倉書店.
5) 小林寛道（1982）日本人のエアロビック・パワー，杏林書院.
6) 福場良之（1988）日本人の体力，日本人の生理（佐藤方彦編），pp. 76-106，朝倉書店.
7) 黒川隆志（1987）体力とスポーツ，現代生活における生理人類学（菊池安行・関　邦博編），pp. 227-233，垣内出版.
8) 福場良之・安河内朗（1992）酸素摂取能力，人間工学基準数値数式便覧（栃原　裕ほか編），pp. 142-149，技報堂出版.
9) Sato, M. et al. (1983) The effect of air temperature on maximal oxygen intake. *J. Anthrop Soc. Nippon*, **91**, 377-388.
10) 古賀俊策（1993）からだの負担・疲労とアメニティ，アメニティの科学（佐藤方彦編），pp. 168-175，至文堂.
11) 古賀俊策・新関久一（1998）運動時の酸素摂取動態，呼吸-運動に対する応答とトレーニング効果（宮村実晴・古賀俊策・安田好文編），pp. 122-137，ナップ出版.
12) Koga, S. et al. (1996) Kinetics of oxygen uptake and cardiac output at onset of arm exercise. *Respir. Physiol.*, **103**, 195-202.
13) Koga, S. et al. (1997) Effect of increased muscle temperature on oxygen uptake kinetics during exercise. *J. Appl. Physiol.*, **83**, 1333-1338.
14) 古賀俊策・福岡義之（1997）酸素摂取量の調節と制限因子，身体機能の調節性（池上晴夫編），pp. 32-40，朝倉書店.
15) Rossiter, H. B. et al. (1999) Inferences from pulmonary O_2

uptake with respect to intramuscular phosphocreatine kinetics during moderate exercise in humans. *J. Physiol. (Lond)*, **518**, 921–932.

16) Barstow, T. J. (1994) Characterization of $\dot{V}_{O_2}$ kinetics during heavy exercise. *Med. Sci. Sports Exerc.*, **26**, 1327–1334.

17) Grassi, B. *et al.* (1996) Muscle O_2 uptake kinetics in humans : implications for metabolic control. *J. Appl. Physiol.*, **80**, 988–998.

18) Shiojiri, T. *et al.* (1997) Effects of reduced muscle temperature on the oxygen uptake kinetics at the start of exercise. *Acta Physiol. Scand.*, **159**, 327–333.

19) Koga, S. *et al.* (2001) Effect of muscle mass on $\dot{V}_{O_2}$ kinetics at the onset of work. *J. Appl. Physiol.*, **90**, 461–468.

20) 福場良之ほか（1995）新たな持久性運動能力指標としての Fatigue threshold（θ_F）に関する研究，明治生命厚生事業団研究報告書．

21) Poole, D. C. *et al.* (1994) $\dot{V}_{O_2}$ slow component : physiological and functional significance. *Med. Sci. Sports Exerc.*, **26**, 1354–1358.

22) Barstow, T. J. *et al.* (1996) Influence of muscle fiber type and pedal frequency on oxygen uptake kinetics of heavy exercise. *J. Appl. Physiol.*, **81**, 1642–1650.

23) Koga, S. *et al.* (1999) Kinetics of oxygen uptake during supine and upright heavy exercise. *J. Appl. Physiol.*, **87**, 253–260.

12
日本人の循環系

日本人の循環系の特徴には，遺伝的要因，生活習慣，環境要因が関係している．以下，日本人の循環系について，①概要，②生活習慣病とその予防，③おもな循環器疾患，④医学の進歩と社会に分けて述べる．

12.1 概　　要

宇宙はおよそ150億年前，ビッグバンより始まり，地球は46億年ほど前，宇宙空間の星間ガスと塵が凝集してできたと考えられている．化石などの分析により，生命はおよそ40億年前に，原始地球の池や海洋のなかで誕生したと推測されている[1]．

最初の生物は単純なものであったが，やがて単細胞生物を経て細胞集団がつくられた．初めに植物ができ，三葉虫時代，恐竜時代を経て，わずか数百万年前，熱帯の森林のなかで人類が誕生した．人類は，地球上を移動し長い適応の結果，皮膚の色，身体の大きさ，手足の長さ，目の色，毛髪の形状と色などが異なっていった．これらの形質が固定されたのは，隔離，突然変異，淘汰，遺伝的浮動などのメカニズムが考えられている．人種は黒色人種，黄色人種，白色人種に大別される．黒色人種は，人間が熱帯アフリカに誕生した黒い皮膚をそのままもち続けているもの，白色人種は高緯度地方に移住して，弱い日射が淘汰要因として働いたため色素が失われたもの，黄色人種はアジアに発達したと考えられている[2]．

体温調節は産熱と放熱のバランスによって行われる．循環調節は体温調節と密接に関係している．寒冷に触れると皮膚血管は収縮して放熱は抑制され，暑熱環境下では皮膚血管は拡張して放熱は促進される[3,4]．耐暑能力は白人より日本人が優れ，日本人よりブッシュマンが優れている．気候，気象は健康のみならず，性格，文明にも影響を与えている．日本人は温暖な気候に住むため優しい性格をもっている．

循環系は心臓と血管系からなる．心臓は栄養や酸素を，血管系を通して全身にくまなく送り込む，いわば体のなかのポンプである．バクテリアのような下等な生物では，栄養や酸素は外界から拡散によって得られるので心臓はいらないが，高等な生物では心臓というポンプが不可欠である．心臓の拍動は個体発生のきわめて早い段階で観察される．心拍数は日常生活行動に応じてダイナミックに変動している．表12.1は24時間心電計を用いて成人，健常例についてのRosenらの報告（50例，医学生，男性）

表 12.1 心拍数の日内変動

		Yanaga et al. (1980)		Rosen, K.M. et al.	
		平均 ± S.D.	範囲	平均 ± S.D.	範囲
活動時	平均値（beats/min）	85.9 ± 9.7	66.5 〜 113.5	80 ± 7	67 〜 90
	最大値（beats/min）	112.3 ± 15.9	82 〜 170	141 ± 17	107 〜 180
	最小値（beats/min）	59.7 ± 8.1	36 〜 80	54 ± 6	37 〜 65
	最大休止時間（s）	1.06 ± 0.18	0.74 〜 1.76	1.36 ± 0.16	1.00 〜 1.68
睡眠時	平均値（beats/min）	67.7 ± 8.9	50.5 〜 94.0	56 ± 6	45 〜 70
	最大値（beats/min）	84.7 ± 14.1	60 〜 118	86 ± 9	70 〜 115
	最小値（beats/min）	50.6 ± 7.1	38 〜 70	43 ± 5	33 〜 55
	最大休止時間（s）	1.25 ± 0.22	0.86 〜 2.08	1.62 ± 0.20	1.20 〜 2.06
		($n=49$)		($n=50$)	

表12.2 各年齢における正常脈拍数（津田ら，1968）[7]

年　齢	脈拍数/分		
	最大	最小	平均
0～24時間以内	166	94	125
1～7日未満	176	96	130
7日～1か月未満	214	115	154
1月～4か月未満	170	106	144
4～7か月未満	186	82	139
7～12か月未満	166	88	125
1～2歳未満	150	87	122
2～3歳未満	162	85	111
3～4歳未満	133	74	108
4～5歳未満	145	83	106
5～6歳未満	141	71	94
6～7歳未満	133	72	90
7～8歳未満	129	49	100
8～9歳未満	123	65	83
9～10歳未満	116	52	78
10～11歳未満	120	56	79
11～12歳未満	124	52	78
12～13歳未満	104	58	84
13～14歳未満	110	50	78
14～15歳未満	125	42	84
15～16歳未満	120	40	78

表12.3

(2)佐藤（文）：日病理39巻　急性死(g)

年齢	♂		♀	
	N	$M \pm m$	N	$M \pm m$
1～30日	26	20.2 ± 0.91	23	19.0 ± 0.82
1～3月	41	26.7 ± 0.77	61	25.9 ± 0.69
4～7月	21	31.6 ± 0.94	22	31.8 ± 0.78
8～11月	7	38.2 ± 0.68	6	36.7 ± 0.92
1～2年	4	55.0 ± 3.21	6	58.3 ± 4.12
3～5	13	73.1 ± 2.02	6	65.0 ± 4.72
6～9	11	102.7 ± 6.25	10	100.0 ± 5.25
10～14	13	154.6 ± 5.90	3	143.3 ± 20.06
15～19	38	277.6 ± 6.25	11	235.9 ± 5.21
20～29	185	299.1 ± 4.32	90	245.6 ± 4.70
30～39	87	310.1 ± 6.92	34	254.4 ± 8.72
40～49	88	321.4 ± 6.86	19	248.2 ± 8.13
50～59	60	328.3 ± 7.02	15	278.3 ± 10.00
60以上	48	333.3 ± 7.66	16	309.4 ± 12.13

金子ほか：福岡医11巻，村田：十全医35巻，名取：十全医19巻，佐藤（理）：千医誌14巻，佐藤（光）：弘前医6巻．

と筆者らの報告（49例，健常者　男性39例，女性10例，年齢24～85歳）を比較したものである[5]．24時間中の心拍数の変動は近似している．心拍数は60拍/分とすると80歳では総計約25億回，拍動することになる．一生を考えれば総心拍数はネズミのような小動物でもヒグマのような大動物でもあまり変わらず一定である[6]．表12.2は年齢と脈拍数の関係を[7]，表12.3は年齢と心重量の関係を示している．脈拍数と心重量は逆比例している．

　疾病は人類の誕生とともに始まった．病苦の克服は原始時代からの命題であった．疾病は遺伝因子と環境因子のからみ合いのもとに成立する．心臓病の多くは多因子疾患に属している[8]．西洋医学の父といわれるヒポクラテス（Hippokratēs）（紀元前400年）は，疾病は自然のなすわざと考え，自然を畏敬し，自然を治療に役立てた．時代とともに疾病構造も変化し，古代から19世紀にかけて多かった感染症は，栄養や環境の改善，抗生物質の出現により著しく減少した．一方，20世紀になり技術革新は生活習慣病（成人病）やアレルギー疾患の増加をもたらした[9]．

　20世紀後半に至り分子生物学の進歩によって，生命の本質が明らかになってきた．1953年にはクリック（Crick）とワトソン（Watson）が生命組立ての素材であるDNA（デオキシリボ核酸）の構造を発見した．動物細胞と大腸菌の遺伝暗号や，その素材や，制御機能も共通であることが示された．地球上の生命は一つの原始的生命体から進化したと考えられるに至った．心臓をつくる遺伝子についてもしだいに明らかにされてきた．

　遺伝情報を司る核酸塩基はアデニン（A），シトシン（C），グアニン（G），チミン（T）の4種類だけで，その核酸塩基配列に挿入，欠失，置換，再構成が起こることによって遺伝的差異，ひいては疾病が生ずると考えられている[10]．制限酵素の発見と精製，ベクターの開発，塩基配列決定法の開発によって，1970年にはヒトの遺伝子や，地球上の他のすべての生物の遺伝子に蓄えられている情報を迅速に読み出すことが可能となった．ヒトにコードされている約30億のDNAの塩基配列が「ヒトゲノム解析計画」によって，2003年には完全に解読されることになっていた．しかし，時期が早まり2000年6月にはヒトのDNAの全塩基配列の大まかな決定が終了したとアメリカとイギリスで報告された．日本人の循環系について遺伝子レベルから本質的な理解が可能になるのもそう遠くないと思われる．

表12.4　わが国の10大死因

順位	病名	死亡割合(%)
1	悪性新生物	28.5
2	心疾患	15.9
3	脳血管疾患	15.1
4	肺炎	8.6
5	不慮の事故	4.9
6	自殺	2.3
7	老衰	2.3
8	腎不全	1.8
9	肝疾患	1.8
10	糖尿病	1.4

表12.5　心疾患の死亡率の国際比較（1996年）

	日本	アメリカ[*3]	フランス[*2]	イギリス[*1]
死亡率(人口10万対)				
心疾患	110.8	278.5	185.0	317.6
慢性リウマチ性疾患	2.0	2.3	1.9	3.3
虚血性心疾患	57.6	192.8	84.8	265.2
肺循環疾患およびその他の型の心疾患	51.2	83.4	98.3	49.1

[*1] 1994，[*2] 1993年，[*3] 1992年．1998年『国民衛生の動向』による．

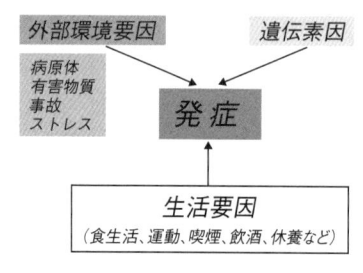

図12.1　疾病発症の要因

表12.6　生活習慣病の範囲

I	食習慣：糖尿病，肥満症，高脂血症，高尿酸血症，循環器病，大腸癌，歯周病
II	運動習慣：糖尿病，肥満症，高脂血症，高血圧症
III	喫煙：肺癌，循環器病，慢性気管支炎，肺気腫，歯周病
IV	飲酒：アルコール性肝疾患

表12.7　生活習慣と発症との関係が明らかな疾患

喫煙	肺癌，肺気腫，虚血性心臓病
動物性脂肪過剰摂取	大腸癌，心筋梗塞
食塩過剰摂取	高血圧
肥満	糖尿病
アルコール過剰摂取	肝硬変

12.2　生活習慣病とその予防

表12.4は死因を示したものである．癌，心疾患，脳卒中などのいわゆる成人病が上位を示している[11]．表12.5は心疾患の死亡率（人口10万対）の国際比較を行ったものである（1996年）．虚血性心疾患の死亡率は日本は諸外国に比し明らかに低くなっている[11]．成人病という言葉は昭和32年2月開催の第1回「成人病予防対策協議連絡会」で初めて使われた[12,13]．主として癌，心臓病，脳卒中など40歳前後から死亡率が高くなり，全死因のなかで上位を占め，40歳から60歳の働き盛りに多い疾患として行政的に提唱された概念であった．

生活習慣病という名を初めて使ったのは日野原重明であった．平成8年12月18日には公衆衛生審議会において生活習慣病の概念が提唱され，「食習慣，運動習慣，休養，喫煙，飲酒などの生活習慣が，その発展，進展に関与する疾患群」と定義された．

図12.1に生活習慣病の発生要因を示す．遺伝，環境要因，生活習慣が要因を構成している．表12.6は生活習慣病の範囲を示している．食習慣，運動習慣，喫煙，飲酒が循環器病の発症に関与している．表12.7は生活習慣と発症との関係が明らかな疾患を示す．肥満症，高脂血症，糖尿病，高血圧症は動脈硬化の危険因子となっている．動脈硬化症は虚血性心臓病，脳卒中，腎硬化症，末梢動脈閉塞症を誘発し，ひいては寝たきり状態の原因となる．

a．危険因子

動脈硬化の危険因子には性，加齢など修正不可能なものと肥満，高脂血症など修正可能なものに分けられる．以下，修正可能なものについて述べる．

1）肥満症

肥満は過体重と異なり，体内脂肪量が増加した状態をいう．

肥満に合併しやすい生活習慣病は，糖尿病，高脂血症，虚血性心臓病（心筋梗塞，狭心症），脳卒中，高血圧，痛風である．Pickwick症候群や睡眠時無呼吸症候群では，肥満自体が生活の障害となる．肥満は生活習慣病のほかに，変形性膝関節症，癌（大腸癌，胆管癌，乳癌，子宮癌）を合併しやすい．

肥満の評価にはBMI（body mass index）が用いられる．

表 12.8 高脂血症診断基準（日本動脈硬化学会，1997）

1	総コレステロール ≧ 220 mg/dl
2	中性脂肪 ≧ 150 mg/dl
3	HDL—コレステロール ＜ 40 mg/dl
4	LDL—コレステロール ≧ 140mg/dl

表 12.9 高脂血症の分類

I	一次性高脂血症
II	二次性高脂血症
	1. 高脂血症を惹起しうる疾患：糖尿病，甲状腺機能低下症，Cushing症候群，閉塞性黄疸，ネフローゼ症候群，肥満症，糖原病など
	2. 高脂血症を惹起しうる薬剤：アルコール，エストロゲン，副腎皮質ホルモン製剤，チアジド系降圧利尿薬

表 12.10 成因による糖尿病の分類

I	1型：β細胞の破壊による
II	2型：インスリン分泌低下とインスリン感受性低下（インスリン抵抗性）による
III	その他の特定の機序によるもの ① 遺伝子異常 ② その他の疾患や病態によるもの
IV	妊娠糖尿病

表 12.11 糖尿病診断基準（日本糖尿病学会，1999）

1	下記のいずれかが別の日に行った検査で2回以上確認された場合を「糖尿病」とよび，1回のみの場合を「糖尿病型」とよぶ． ① 空腹時血糖 ≧ 126 mg/dl ② 75gブドウ糖負荷試験2時間値 ≧ 200 mg/dl
2	糖尿病型を示し，かつ下記のいずれかを満たす場合 ① 糖尿病の典型的な症状：口渇，多飲，多尿，体重減少 ② HbA1c ≧ 6.5% ③ 確実な糖尿病性網膜症
3	過去において，上記の1ないし2を満たしていたことが確実な場合

$$\text{BMI} = \frac{\text{標準体重}}{\text{身長}(\text{m})^2}$$

25以上は肥満とされる．

BMI高値群と低値群を比較すれば，BMI高値群は，高血圧，高コレステロール血症，糖尿病の頻度が高い．

2）高脂血症

高脂血症とは，中性脂肪（TG），コレステロール，リン脂質（PC），遊離脂肪酸（FFA）などの血漿脂質が単独あるいは複数で高値となった状態をいう[15,16]．

表12.8は高脂血症の診断基準を示したものである．高脂血症は高コレステロール血症，高中性脂肪血症，低HDLコレステロール血症，高LDLコレステロール血症に分けることができる．

高脂血症は，いくら高くともなんら自覚症状を示さない沈黙の病気である．

表12.9は，高脂血症の分類を示したものである．血清総コレステロールが増せば冠動脈症患者の相対危険度が増すことが知られている．高コレステロール血症ではプラーク（粥腫）の不安定化がみられる．

3）糖尿病

糖尿病とはインスリン作用の不足による慢性高血糖を特徴とし，種々の特徴的な代謝異常を伴う症候群である[17]．

その発症には，遺伝因子と環境因子がともに関与する．

代謝異常の長期にわたる持続は特有の合併症を起こしやすく，動脈硬化も促進する．

代謝異常の程度によって，無症状から昏睡に至る幅広い病態を示す．

表12.10に糖尿病の成因による分類を示す．糖尿病は1型と2型に分けられ，1型はβ細胞の破壊によるものであり，2型とはインスリン分泌低下とインスリン感受性低下（インスリン抵抗性）によるものを指している．インスリンの生理作用は主として同化作用を営むことであり，そのほかブドウ糖の体内取り込み促進，グリコーゲンの合成促進（血糖低下），アミノ酸の細胞内取り込み促進，脂肪分解の抑制，その合成の促進，細胞内へのK^+取り込みの促進があげられる．インスリン抵抗性とは細胞，臓器，個体レベルでインスリンの諸作用を得るのに通常量以上のインスリンを必要とする状態をいい，通常，高インスリン血症を伴っている．

表12.11は糖尿病診断基準を示したものである．糖尿病の頻度は65歳以上の11%，70歳以上566万人，40歳以上537万人であり糖尿病は疑を含めると1,600万人といわれる．

糖尿病は進行すれば，表12.12に示すように，ほとんど全身的に合併症を起こす．糖尿病は動脈硬化を促進するが動脈硬化によるものとしては虚血性心臓病，脳血管障害，末梢循環障害があげられる．

表 12.12 糖尿病の合併症

I	慢性合併症 　1. 糖尿病に特有の合併症 　　① 糖尿病性網膜症 　　② 糖尿病性腎症 　　③ 糖尿病性神経症 　2. 非特異的合併症（動脈硬化） 　　① 虚血性心臓病：狭心症，心筋梗塞 　　② 脳血管障害：脳梗塞 　　③ 末梢循環障害：閉塞性四肢動脈硬化症（間欠性跛行）
II	急性合併症 　1. 糖尿病性ケトアシドーシス，非ケトン性高浸透圧性昏睡 　2. 感染症

表 12.13 糖尿病による死亡の国際比較

日本	1994 年	8.8 *
タイ	1981 年	3.1
アメリカ	1992 年	19.6
フランス	1993 年	11.4
ドイツ	1994 年	27.5
イタリア	1992 年	32.8
スウェーデン	1993 年	19.1
イギリス	1994 年	11.1
オーストラリア	1993 年	14.5
ニュージーランド	1993 年	13.2

1998 年『国民衛生の動向』による．*実数率（人口 10 万人対）を示す．

表 12.13 に糖尿病の国際比較を示す．日本人の糖尿病による比率はイタリアやアメリカより低く，タイより高い．1 型糖尿病の治療はインスリン療法が主であり，2 型糖尿病では標準体重維持，食事療法，運動療法，経口糖尿病薬，インスリン療法が行われる．

4) 高血圧

心臓は規則的に収縮して，血管内に血液を送り出している．高血圧とは血管の壁にかかる圧が高い状態を指している．血圧を決める重要な因子は 2 つある．心拍出量と血管抵抗である．血圧＝心拍出量×末梢血管抵抗の関係がある．

血圧値が高ければ高いほど，脳卒中や心筋梗塞などの合併症発生のリスクが増える．1993 年の WHO/ISH 分類では正常血圧を 140/90 mmHg 未満を，また高血圧を 160 かつ/または 95 mmHg 以上とし，この間を境界域高血圧としている．一方，1997 年に発表された米国合同委員会第 6 次報告では，正常血圧を 130/85 mmHg 未満とし，高血圧を 140 かつ/または 90 mmHg 以上とし，この間を正常高値圧とよび，高血圧予備群としている．また，血圧は低いほど合併症の危険度が少ないことから，120/80 mmHg 未満を至適血圧として，正常血圧のなかでもさらに好ましい血圧としている．

表 12.14 に高血圧診断基準を，表 12.15 に高血圧の分類を示す[18]．

高血圧には自然変動がある．血圧は日常生活中変動する．すなわち，覚醒，睡眠，用便，運動，入浴，精神ストレスで変動する．季節変動も示す．冬に高く，夏に低い．起床時に高く，夜は低い．特に季節の変わり目に気温が急変するときに上昇する．診察時に家庭血圧より高くなる（白衣高血圧）．血圧の日内変動の把握には 24 時間血圧記録が有用である．

一般に，高血圧といえば，本態性高血圧症を指すが，若年性では二次性高血圧（特に腎性，内分泌性など）の可能性について検討しなければならない．「本態性」という言葉は，原因不明の際に用いるが，最近，遺伝，環境などにかかわる諸因子が明らかにされつつある．

本態性高血圧症が全体の 50 % を占める．残り 10 % は，腎性高血圧症，褐色細胞腫，Cushing 症候群，原発性アルドステロン症などの二次性高血圧である．

高血圧が持続すると脳動脈硬化，腎硬化，心筋梗塞などを起こしてくる．表 12.16 は高血圧の合併症を示している．高血圧の治療にはまず生活スタイルの改善（食事：高カロリー，高脂肪，高塩分，ストレス，運動不足，アルコール過剰摂取，喫煙）が大切である．

アメリカでは高血圧による年間死亡率では 1950 年には 56 人/10 万人であったが，1990 年には 6.5 人/10 万人と激減した．一方，日本では，一次予防，二次予防ともに，計画的な努力は遅れている．

わが国では 140/90 mmHg 以上を高血圧症と定義すると，約 5,000 万人がこれに該当すると推定されているが，高血圧であることを認識している人は 35 % にすぎない[19〜21]．

5) 喫 煙

喫煙関連疾患には循環器疾患（心筋梗塞，狭心症），癌（肺癌など），呼吸器疾患（気管支炎など），消化器疾患（胃，十二指腸潰瘍）がある．

表 12.14 高血圧診断基準 (WHO/ISH, 1999)

分類		収縮期血圧	/	拡張期血圧
至適血圧		< 120	and	< 80
正常血圧		< 130	and	< 85
正常高値血圧		130 ~ 139	or	85 ~ 89
高血圧	グレード1(軽症)	140 ~ 159	or	90 ~ 99
	境界域	140 ~ 149	or	90 ~ 94
	グレード2(中等症)	160 ~ 179	or	100 ~ 109
	グレード3(重症)	≧ 180	or	≧ 110
収縮期高血圧		≧ 140	and	< 90
境界域収縮期高血圧		140 ~ 149	and	< 90

WHO：世界保健機構，ISH：世界高血圧学会

表 12.15 高血圧の分類

I	本態性高血圧症
II	二次性高血圧症（症候性高血圧症）
	1. 腎性高血圧：腎炎，腎盂腎炎，腎動脈狭窄
	2. 内分泌性高血圧：副腎・下垂体腫瘍
	3. 心臓血管性高血圧：大動脈炎症候群，大動脈弁閉鎖不全症
	4. 神経性高血圧
	5. その他：経口避妊薬

表 12.16 高血圧の合併症

1	心臓：左室肥大→左心不全
2	脳：脳血管障害
	①脳出血
	②脳梗塞
	③高血圧性脳症
3	腎臓：腎硬化症（萎縮腎），悪性高血圧症，腎不全
4	眼：高血圧性網膜症，眼底出血
5	血管：下肢閉塞性動脈硬化症，解離性大動脈瘤

表 12.17 死の四重奏

1	肥満（内臓蓄積型）
2	高脂血症（高中性脂肪血症）
3	耐糖能異常（糖尿病）
4	高血圧症

タバコには 200 種類以上の有害物質が含まれる．気相には，一酸化炭素，ニトロソアミン，窒素化合物，アンモニアなどが，粒子相には，ニコチン，ベンゾピレン，ナフチルアミン，ヒ素などが含まれる．ニコチンは交感神経を刺激し，心臓過敏性を増加して心拍数増加，不整脈を，血管を収縮して血圧上昇を起こす．WHO の調査によると 1966 年ではアメリカの喫煙率 28.1 ％に比し，日本では 59.0 ％になっている．

6） 飲 酒

食品としてアルコールはカロリーが高く（7 kcal/ml），食欲亢進作用がある．飲酒ではほかの栄養素が不足しやすく，体内で脂肪に変化しやすい．アルコールは循環器疾患と関係が深く，脳卒中，高血圧，虚血性心臓病，冠動脈攣縮性狭心症，アルコール性心筋症を起こしやすいことが知られている．

7） multiple risk factor syndrome

高コレステロール血症のみでは動脈硬化症の危険因子にならず，いくつかの危険因子が重なって発症する場合が多い[22]．1989 年にはカプラン（Kaplan）が死の四重奏（表 12.17）をとなえた．これは上半身肥満，耐糖能異常，高 TG 血症，高血圧が共存するものである．この症候群はインスリン抵抗性を基礎にして発生する．

森本は喫煙，飲酒，ストレス，労働時間，睡眠時間などライフスタイルの定量化と，体細胞中の染色体変化を指標に，遺伝的健康度の定量化を試み，これらの関連性について，地域集団ならびに職域集団を対象に調査研究を行っている．その結果，ライフスタイルが良好な集団ほど染色体 DNA 変異の頻度が少ないことを明らかにしている[23]．

b. 疫学的研究

1949 年から 1957 年にかけて，木村 登は当時の健診や剖検の検討から日米間の比較を行い，日本人の虚血性心疾患はアメリカ人の約 10 分の 1 以下と報告した．その後，九州における疫学的研究で，虚血性心臓病が非常に稀であること，血清コレステロールが有意に低いこと，低コレステロール値，その

地域における食事内容によって説明できること、などを明らかにした[24]．

1) Seven Countries Study

1958年には国際間比較による虚血性心疾患の成因解明を目的として，キース（Keys）博士を主宰とする世界7か国協同研究（Seven Countries Study）（フィンランド，オランダ，ギリシャ，イタリア，ユーゴスラビア，アメリカ，日本）が開始された．10年間の追跡調査の成績から，虚血性心疾患による死亡は，日本およびギリシャはほかの国に比べて少なく，アメリカやフィンランドの約1/7にすぎないこと，血清コレステロール値の高い国（食事中に占める飽和脂肪の割合が多い国）では，虚血性心臓病による発症は高コレステロール血症の頻度とよく相関し，血清コレステロール値や，高コレステロール血症の頻度が高くない国では高血圧の頻度とよく相関すること，日本人の心筋梗塞は高血圧主導型で頻度も少なく軽症であることが明らかにされた．当時すでに生活習慣の変化によって，欧米型になると警鐘を鳴らしていた．

古賀らは田主丸において調査を始め40～60歳について，1989年には，1958年に比較し栄養摂取量は減少しているが，米の消費量減少，肉，魚，ミルクの消費量は増していること，血清コレステロールは1950年に男性は150 mgであったのが188 mgと増していること，喫煙率は男性では69％から55％に減り，女性ではわずかではあるが，増えていること，収縮期高血圧は9％から5％へ，拡張期高血圧10.8から13％へ，治療中のものは3％から7％へと変化したことを明らかにした[25]．

2) 久山町研究[8]

九州大学第二内科学教室で行われた疫学的研究である[26]．久山町は福岡市に隣接する町で，1960年の人口は6,500人，この30年間にわずか1,000人しか増えていない．1961年から住民を対象に健康調査を始め今も継続されている．40歳以上の80％以上の人が検診を受け，うち99.8％が追跡され，解剖数は80名で，死因が確認されている．

久山町の研究結果，血圧が高くなると脳出血・脳梗塞が起こりやすくなることが示された[26]．

3) Framingham Study

1948年にアメリカ政府は，代表的なアメリカ人の集団（マサチューセッツ州フラミンガム，36,000人）で公衆衛生局による疫学的調査を実施した．調査対象者について，詳しい家族歴，個人的特徴，健康習慣を記録，評価するようにした[27]．

この研究からわかったことは危険因子（喫煙，高血圧，高コレステロール血症，糖尿病，肥満症，運動不足）が独立の因子として，事故の発生に寄与しているだけでなく，相乗的に作用していること，危険因子が共存するときは，1つのみ存在することより悪いということがわかった．たとえば血圧が正常より少し高いがタバコは吸わずコレステロールがやや高い人は，血圧が正常の人と比較して心発作の発生率が2倍となった．

c. 生活習慣病の予防

予防は第一次予防，第二次予防，第三次予防に分かれる．第一次予防は疾病・傷害の発生予防と健康増進，第二次予防は疾病，傷害の早期発見と早期治療，第三次予防は患者を対象とするもので適切な治療，管理指導，究極的には死亡防止である（表12.18）．

ブレスロー（Breslow, L., 1972）は，7つの健康習慣を発表している．

① 喫煙をしない．
② 飲酒を適度にするか，まったくしない．
③ 定期的にかなり激しい運動をする．
④ 適正体重を保つ．
⑤ 7～8時間の睡眠をとる．
⑥ 毎日朝食をとる．
⑦ 不必要な間食をしない．

日本心臓財団では「健康ハート10カ条」を発表している（表12.19）．

平成12年3月には厚生省（現 厚生労働省）から「健康日本21計画」が発表された．この計画は21世紀に日本人一人ひとりの健康管理を目的とした国民健康づくり運動である[28]．

表12.18 疾病の予防

一次予防	健康を増進し，発病を予防する．
二次予防	疾病を早期に発見し，早期に治療する．
三次予防	疾病にかかった後の対応としての治療，機能回復，機能維持

表 12.19 健康ハート 10 カ条

1	血圧とコレステロールを正常に（太りすぎ，糖尿病には注意して）
2	脂肪の摂取は，植物性を中心に
3	食塩は調理の工夫で，無理なく減塩（1日10g以下を目標に）
4	食品は，栄養バランスを考えて（1日30食品目標に）
5	食事の量は，運動量とのバランスで（甘いものには要注意）
6	努めて歩き，適度な運動
7	ストレスは，工夫を凝らして上手に発散
8	お酒の量は，自分のペースでほどほどに
9	タバコは吸わない，頑固に禁煙
10	定期検診忘れずに（年に一度は健康診断）

表 12.20 虚血性心臓病の危険因子

1	性：男性
2	年齢：男≧45歳，女≧55歳
3	高脂血症
4	喫煙
5	肥満
6	糖尿病およびその家族歴
7	高血圧
8	痛風および高尿酸血症
9	運動不足
10	精神的ストレス
11	A型性格
12	虚血性心疾患若年発症の家族歴

12.3 おもな循環器疾患

高血圧症，高脂血症については，すでに触れたので，ここでは虚血性心疾患，心筋症，弁膜症，不整脈，心不全，大動脈・末梢動脈疾患，先天性心疾患について述べる[29〜33]．

a. 虚血性心疾患

心疾患のなかで虚血性心疾患は死因の1位を占めており，その対策は重要である[31]．

冠動脈疾患の急性期治療は，近年，血栓溶解療法，冠血管再建術，ステントを含め著しい進歩がみられる．

心筋の虚血は心筋の酸素需要に対して供給が追いつかないために生じるものである．虚血性心疾患は一過性心筋虚血，心筋梗塞症，一次的心停止，虚血性心筋症に分けられる．一過性の心筋虚血は有痛性心筋虚血（狭心症）と無痛（無症候）性心筋虚血に分けられる．狭心症は安定労作狭心症，不安定狭心症，冠細小血管狭心症 microvascular angina（syndrome X）に分けられる．

最近，不安定狭心症や急性心筋梗塞症の多くは，冠動脈のプラークに破裂や亀裂を生じ，それに続いて冠動脈内腔に血栓が形成され，その結果，内腔が閉塞ないし亜閉塞されて起こることが明らかにされた．このため不安定狭心症，急性心筋梗塞症，虚血性心臓突然死は発生機序から一括して急性冠症候群（acute coronary syndrome）とよばれている[34]．

Müllerら[35]は，一過性心筋虚血，心筋梗塞，突然死の発作好発時間帯は午前中にあることを報告している．起床，活動，精神ストレスは，交感神経緊張亢進（心拍数増加，血圧上昇），副交感神経緊張低下，電解質異常，血栓形成（凝固能亢進，線溶活性低下），血管収縮，を起こし，その結果，一過性心筋虚血，プラーク破壊，心筋梗塞，不安定狭心症，突然死などの acute coronary syndrome のトリガーとなる．

表 12.20 に虚血性心臓病の危険因子を示す[31,33]．

アメリカでは500万人以上の人が心臓病で治療を受け，毎年，約70万人が心臓病で死んでいる．そのおもな疾患が虚血性心疾患である．日本の人口はアメリカの約半分なので，これらの数字は約半分になると推測される．

佐藤は虚血性心疾患の疫学的研究および冠危険因子の差より，日本ではアメリカに比し，比較的予後のよい狭心症が多く，欧米に比較して心筋梗塞の合併率は低いと述べている．冠攣縮性狭心症は日本では比較的多いが，その実態，頻度は不明な点が少なくない．治療についても欧米人と日本人では差がある．日本人は欧米人より血液の凝固能が低いので，血栓溶解薬や抗血小板薬の投与量は欧米人に比べ少なくてよい[36,37]．

山口は PTCA（経皮的冠動脈形成術）や CABG（大動脈-冠動脈バイパス術）例の長期予後について自験例とアメリカ Duke 大学 Medical Center 例について比較検討している．本邦例はアメリカ例に比し5年生存率をみると PTCA では良好であるが，CABG 群ではほとんど差がなかったと述べている．山口はインターベンション症例においても生活習慣是正や薬物療法などの内科的治療の重要性を強調している[38]．

細田は日本では CABG に比し PTCA 例が多く，

以前はCABGの手術成績は不良であったが，1996年にはCABGの死亡率は3.6％と欧米とほぼ同じ成績となったと述べている[39]．日本人の体格や冠動脈バイパス術に使用される内乳動脈，冠動脈の径は欧米人に比し小さく，当初は躊躇されていたが，欧米人と差がないことも明らかにされた．

b. 心筋症

心筋症は，心臓機能障害を伴う心筋疾患の総称である．臨床病型により肥大型心筋症，拡張型心筋症，拘束型心筋症，不整脈原性右室心筋症，分類不能の心筋症に分けられる．肥大型はさらに閉塞性と非閉塞性に分けられる．原因または全身疾患との関連が明らかな心筋疾患は特定心筋症として心筋症から区別される[40]．

拡張型心筋症は，心筋症のうち心内腔の拡張を特徴とし，機能的には収縮不全をきたすものである．予後は不良で半数は心不全をきたし，約1/4に突然死がみられる．

本症の多くが原因不明のため対症療法が主体となる．治療はうっ血性心不全の治療，不整脈の治療，塞栓症の予防からなる．うっ血性心不全の治療は，β遮断薬，新しい強心薬，心移植および部分的左室切除術（Batistaの手術）が話題となっている[41]．

肥大型心筋症

左室の不均等な異常な肥大とそれに伴う拡張障害を特徴とする心疾患である．肥大型心筋症は，心室中隔が左室自由壁に比較し非対称的に著明に肥大していることが特徴とされ，いわゆる非対称性中隔肥厚とよばれてきた[42]．しかしこの所見は肥大型心筋症だけでなく，高血圧症，左室肥大，先天性心疾患などにも認められる．山口らは，従来は左室肥大を伴う心内膜下虚血か心筋梗塞と考えられた症例の一部が，実は冠動脈病変によるものでなく，著明な心尖部肥厚を示す肥大型心筋症であり，日本人に多いことを明らかにした[43]．

本症は狭心症に類似した胸痛や失神をみることが多く，また左室の拡張不全に伴う左房負荷のため心房細動を高率に合併したり，突然死の合併をみることがある．

原因遺伝子についても検討されている．欧米人症例では，心筋ミオシン結合蛋白CのC末端付近の異常であるが，日本人症例ではリン酸化部位近傍のミスセンス変異も見出されている[44]．

c. 弁膜症

心臓には僧帽弁，大動脈弁，三尖弁，肺動脈弁があり，それぞれ血液を一定方向に流す役割を果たしている．

弁疾患には狭窄と閉鎖不全の2種類がある．病変は僧帽弁および大動脈弁に起こりやすい．一つの弁が狭窄に閉鎖不全を伴うことがあり，複数の弁が一度に侵されることもある（連合弁膜症）．病変は弁自体（肥厚，石灰化，断裂），腱索（断裂）や弁の支持組織などに起こる．

戸嶋らは後天性弁膜症の中心となるリウマチ熱およびリウマチ性心疾患の頻度を，昭和35年，45年と55年について比較し，これらの疾患が経年的に減少し，虚血性心疾患が急増して欧米型に移行しつつあることを明らかにしている[45]．その減少にはリウマチ熱の早期発見，治療，再発予防の普及が大きな役割を果たしたと考えられる．最近，剖検・臨床例ともに弁膜症の高齢化が顕著であり，リウマチ性弁膜症の減少とともに，非リウマチ性，特に虚血性，老化変性に伴う僧帽弁，大動脈弁閉鎖不全が高齢者弁膜症の主要病変となっている．

d. 不整脈

心臓を構成する筋肉は，自動性を有する特殊心筋と，これを有しない固有心筋に大別される．固有心筋のおもな役割は，収縮により血液を拍出することである．このようなポンプ活動を正常に営むには，目的に適するように制御された興奮の発生および伝導が必要である．そのような制御機構の役割を果たしているのが刺激伝導系で，特殊心筋により構成されている．この制御機構の異常が不整脈である．

不整脈には心配ないものも，危険なものもある[46]．突然死に結びつくものもあるが，そのようなものは稀で，多くは治療の必要ないものである．一般に，危険な不整脈は，不整脈自体が頻拍発作であったり重症で，心筋虚血を伴うことがあり，肥大型心筋症・拡張型心筋症のような基礎心疾患を有することが多い．また電解質異常，QT延長，自律神経緊張異常を有することが多く，ストレス，急激な運動な

どで重症不整脈，心室細動になることがある．

不整脈の有無，重症度の診断には心電図診断が必須である．通常，標準は誘導心電図，Holter 心電図が行われるが，必要に応じて体表面心電図，運動負荷心電図，加算平均心電図，TWA（T wave alternans）の検討が行われ，予後判定に役立てられている．

その他心腔内の情報を得るために，複数の電極カテーテルを心房，His 束，心室に留置して電気刺激に対する反応をみて不整脈の原因を検討することも行われる（心臓電気生理学的検査）．

最近 Brugada 症候群が注目されている．1992 年 Brugada らは，V_{1-3} の右側胸部誘導に右脚ブロック型の ST 上昇を認めるものは，心室細動から突然死をきたしやすいことを明らかにした．この症候群は日本を含む東南アジアに多いという．

専門的治療として Sicillian Gambit に基づいた薬物治療が行われている．これはチャネル，レセプター，ポンプ，臨床的指標，心電図に対する作用を総合して最適の drug を選択するものである．異所興奮部を高周波通電で燃焼するアブレーションが，WPW 症候群やその他の不整脈で行われている．抗頻拍ペースメーカー，抗徐拍ペースメーカーも，ガイドラインを参考にして植込みが行われている．最近は植込み型除細動器が突然死の予防に役立っている．

e. 心不全

心不全とは，種々の病因により心機能が低下し，末梢組織の酸素需要に必要とされる血液を駆出できなくなった状態である[47～49]．高血圧と虚血性心疾患がおもな基礎病態である．欧米では虚血性心臓病が病因であることが多い．

心不全は急性心不全と慢性心不全に分けられる．急性心不全には心原性ショック，急性肺水腫，慢性心不全の代償不全が含まれる．慢性心不全とは，低下した心臓から供給される血液量に，末梢血管機能，四肢筋力，呼吸機能などの末梢組織がさまざまな方法で適応した状態である．

ポンプとしての心機能の障害は交感神経系とレニン・アンジオテンシン・アルドステロン系の活性を亢進させる．これらは初期には重要な代償機能を示すが，その活性が長期に持続する場合には明らかに心不全の増悪をきたす．近年，大規模臨床介入試験により ACE 阻害薬や，β ブロッカーなどの薬物療法による心不全の予後改善効果が明らかにされている．

心不全は心機能障害に加えて交感神経活性と内分泌系の関与という点から解釈されてきたが，篠山らはこれに加えて免疫系の関与を新しく提唱した．そして，心不全を免疫異常という概念に基づき，免疫修飾療法や抗サイトカイン療法が今後，心不全治療に新しい展開をもたらすものと期待している[50]．

f. 大動脈ならびに末梢の動脈硬化性疾患

近年，食生活の欧米化や高齢化により動脈硬化症を主因とした大動脈瘤や末梢の動脈硬化性疾患が増加している．動脈硬化の危険因子に関する研究も進み，喫煙，高脂血症，高血圧，肥満，糖尿病など従来のものに加えて凝固・線溶系，高ホモシステイン血症，閉経後の遺伝子異常などが危険因子であることが明らかにされた[51]．

大動脈瘤には局所の病的拡張を伴う大動脈瘤と，動脈が縦にさける解離性動脈瘤がある．最新の画像診断（超音波検査，血管内エコー，CT，MRI）を用いて治療方針の決定，治療効果の評価が行われている．治療は人工血管による置換術，薬物療法が行われている．末梢動脈の閉塞性動脈症に対しては薬物療法，カテーテルインターベンション，stent 治療，さらに遺伝子治療も試みられている．

遺伝子治療として期待されているのは，angiogenesis（血管新生）による狭心症，末梢動脈閉塞症の治療である．

g. 先天性心疾患

胎生期における心臓ないし大血管の発達の異常により生じたものが先天性心疾患である[50,51]．

先天性疾患はチアノーゼのある群とない群に分けられる．

坂本によれば，先天性心疾患は特別な事態の発生する場合（風疹，ある種の薬剤など）を除けば，地域，人種，年代に左右されずほぼ一定の出現率で発生する（出生 1,000 人当たり約 4 人）[52]．出現率は小児科領域ではほぼ一定であるが，内科領域では先

天性心疾患の頻度は年々減少している．これは小児期における健康診断の普及，またこの時期における外科治療の普及による．

安藤は心奇形の病型別の頻度を調べているが，このデータによると，わが国の心奇形はアメリカに比べて心室中隔欠損症は高頻度であるが，左室低形成，大動脈狭窄は低頻度である[53]．各病型でみると動脈管閉存，心房中隔欠損は女性，完全大血管転換，大動脈弁狭窄，Fallot四徴症は男性に多いなどの性差がみられる．

12.4 医学の進歩と社会

わが国では4年に1度，医学会総会が開催され，医学・医療に関する総括と展望が行われている．1999年4月には，東京都において第25回日本医学会総会が開催された．総会のメインテーマは「社会とともにあゆむ医学―開かれた医療の世紀へ―」であった．循環系について取り上げられたテーマは循環器疾患の分子生物学，心筋の情報伝達，血管新生，血管作動物質と循環器疾患，心機能の臨床，小児循環器疾患の臨床，動脈硬化の分子機構，動脈硬化症臨床研究の進歩，心不全の病態と治療，不整脈の臨床，高血圧の病態と治療，心筋疾患の病態と治療であった[54]．

高久は医学の進歩について著書『医の現在』[55]にまとめている．病気の本態が分子レベルで解明され，遺伝子診断，治療も現実のものになりつつある．対象となる疾患には遺伝性疾患，癌，HIV感染症，血管病変が含まれる．実施に際してはリスク/ベネフィット比という観点が重要である．末梢動脈の閉塞性疾患について遺伝子治療が試みられつつある．ただ遺伝子の細胞に組み込むためのベクターにはウイルスが必要であり，感染の心配もある．日本の場合，ベクター供給システムや安全性評価システムが欧米に比べ遅れている．わが国独自の研究・体制整備が望まれている．また遺伝子診断は出生前診断，遺伝病の診断による差別，プライバシーに関係した問題もあり，論議が続いている．

1968年，札幌医科大学でわが国で初めて心臓移植が行われた．しかし提供者の脳死判定に疑問がもたれ，わが国の心臓移植はそれ以後，大きく外国にたち遅れることになった．外国では1985年には2,361件行われており，今や珍しい治療ではなくなっている．臓器移植にあたってはドナーとレシピエントそして家族に対する説明と同意（納得）がぜひ必要である．また移植後には拒絶反応抑制のための免疫抑制剤が必要である．諸外国でも移植技術の進歩，免疫学の発達，インフォームドコンセント，法整備などが1960年代より一歩ずつ解決されてきた．わが国では1997年6月臓器移植法が成立し，以後脳死患者より数例の心臓移植が行われたが，わが国の精神的風土の問題もあり，今後移植医療の前進のためには社会構造が全体として生命重視型へ転換すること，生命の尊さ，人のやさしさを再確認をしたうえで移植に対する理解を進めることが大切である[56]．臓器移植の問題は，日本人に脳死とは何か，生死とは何かについて深く考えさせるきっかけとなった．

再生医学の進歩も著しい．ヒトのES細胞（胚性幹細胞）から心筋細胞をつくってそれを心臓に注射することも考えられている．心臓移植までのつなぎとして補助人工心臓も用いられている．人工心臓には血栓形成，耐久性，小型化の問題もある．自然の心臓にはホルモンによる体液調節も行われており，完全人工心臓の実現は将来に残されている．

成人病，生活習慣病の対策は，国民保健向上のために重要である．2000年，東京で行われた第64回日本循環器学会では堀 正二，今泉 勉教授の座長のもとにパネルディスカッション「循環器領域における遺伝子診断，治療の現状と将来」がもたれた．座長の言葉として，2003年にはヒトゲノム計画が完了し，続いて遺伝子機能が同定され，遺伝子診断も生活習慣病に代表される多因子遺伝疾患に適応可能になると述べている[57]．さらに，各個人を対象としたいわゆるtailor-madeの診断，治療，予防の時代がくると予想している．

最近，医療の質，生命・生活の質（QOL）が問われている．医療の質を上げるには個人，病院，国などの総合した努力が必要と考えられる．病院機能評価機構では，評価のポイントとして，① 病院の理念と組織的基盤，② 地域ニーズの反映，③ 診療の質の確保，④ 看護の適切な提供，⑤ 患者の満足と安心，⑥ 病院運営管理の合理性をあげている．

医療の倫理が厳しく問われている．医療技術の確

実性とともに，人間性豊かな医師の育成が重要視されている．医療の技術の有効性や安全性を医師の勘や経験にゆだねるのでなく，根拠に基づいた医療 (evidence based medicine) が強調されている．

最近，医療事故が続発している．なぜ繰り返されるのか，その防止はどうすればよいかが問題である．柳田は医療事故の共通項として，① 医療の密室性，②「事故」という認識の欠落，③ 医療の高度化・複雑さ，④ 病院・医師の自己防衛意識の強さ，⑤ 医療者がオープンになれる制度的保障がない，⑥ 医療界に事故調査の方法が確立していない，⑦ 医療事故の教訓が医療界に共有されていない，ことをあげ，医療の安全に国家的取組みが必要であると述べている．患者中心の医療への大変革が求められている[58]．

中野は日本の医学とアメリカの医学事情を比較している[59]．アメリカの医師免許は3年ごとに再申請を要する．医学は近代の医聖オスラ (Osler：1849～1919) の教えのように，倫理観，人間愛，責任感が重要で医学は単なる科学ではない．科学を利用したアートである．アメリカの医科大学では内科の教授は一例をあげれば一部門66人であるが，わが国では4人となっている．日本では臨床薬理学的に根拠のある点滴，投薬が十分でない．循環器疾患ではまず食事療法，運動療法，体重コントロール，禁煙，飲酒量を減らすことが大切である．

細田は将来のよりよい医療を築くために医療側と国民とが一緒になって，医療に大切なことは何かを考えていくことが大切であると述べている[60]．医師は患者の身になって考える謙虚な態度をもち，それでいて同時に現在得られる最高の医学の知識を十二分に発揮して最善の治療にあたることが必要である．積極的に専門医に紹介することも大切と述べている．

少子高齢化時代を迎え，医療の経済性も無視できない．多くの研究者がヒトの最高齢は120年程度で，医療と介護の分岐点は70歳と予想している．2000年4月より介護保険が発足し，介護は保険制度としてみなで支えあうことになった．高齢者の医療は医療，看護，介護，福祉を含めた総合的な視点から行われるようになった．介護を要する人は循環器疾患（特に脳血管疾患）が多く，その他，神経系疾患，筋骨格系，結合組織の疾患が続く．医療費抑制と慢性疾患診療の質の向上のため，医療の標準化，介護保険のよき運用も大切である．

近年，地球環境汚染は深刻になっている．20世紀は科学進歩の時代であったが，21世紀は環境保全が大切にされ，平和で，共生の時代になると予想される[61]．最近，循環器学の発展は著しい，交通機関，情報技術の発達により，循環系に関する国別の差は今後ますますせばまると考えられる．

謝辞
森 博愛徳島大学名誉教授の御好意により生活習慣病についての資料の提供を受けた．

[矢永尚士]

文　　献

1) カール・セーガン（木村　繁訳）(1980) COSMOS（上），朝日新聞社．
2) 佐藤方彦 (1987) 人間と気候，生理人類学からのアプローチ，中公新書，中央公論社．
3) 加地正郎編 (1974) 人間・気象・病気，気候内科へのアプローチ，日本放送出版協会．
4) 菊池安行・坂本　弘・佐藤方彦ほか (1981) 生理人類学入門—人間の環境への適応能—，南江堂．
5) Yanaga, T., Otsuka, K., Ichimaru, Y. et al. (1981) Usefulness of 24-hour recordings of electrocardiogram for the diagnosis and treatment of arrhythmias with special reference to the determination of indication of artificial cardiac pacing. Jpn. Circulation J., **45** (3), 366.
6) 本川達雄 (1997) ゾウの時間ネズミの時間　サイズの生物学，中公新書，中央公論社．
7) 津田淳一・高尾篤良 (1968) 小児心電図判読の実際，金原出版．
8) 柳瀬敏幸 (1981) 病気の遺伝学，p. 685，金原出版．
9) 田中正敏・菊池安行編 (1988) 近未来の人間科学事典，朝倉書店．
10) 村松正実 (1994) 序文：分子生物学の発展と医学，日本臨床特別号，1.
11) 厚生統計協会 (1998) 国民衛生の動向，**45** (9), 48.
12) 香川靖雄 (2000) 生活習慣病を防ぐ—健康寿命をめざして—，岩波書店．
13) 大野良之・柳川　洋編 (1997) 生活習慣病予防マニュアル，南山堂．
14) 中村治雄 (1989) 成人病の危険因子，医歯薬出版．
15) 中村治雄 (1997) こわいこわい動脈硬化高脂血症はこうして治す，こう書房．
16) 堀部　博・岩塚　徹 (1991) 最近10年間のコレステロール値の変動．医学のあゆみ，**157** (3), 739.
17) 南條輝志男・別所寛人 (2000) 糖尿病の分類と診断．日本内科学会雑誌，**89** (8), 3.
18) 海老原昭夫訳 (1998) 高血圧の診断と治療に関する米国合同委員会第6次報告，エム・シー・アンド・ピー．
19) 築山久一郎・大塚啓子 (1991) 日本人における高血圧診

療の特殊性．臨床成人病，**21**(2)，101．
20) 高久史麿・和田　攻監訳（1996）ワシントンマニュアル第7版，メディカル・サイエンス・インターナショナル．
21) 福島雅典（日本語版総監修）（1999）メルクマニュアル第17版，日本語版，日経BP社．
22) 猿田享男ほか編（1998）Multiple risk factor syndrome, Mebio別冊，メジカルビュー．
23) 森本兼晃（1998）ライフスタイルと健康，健康理論と実証研究，医学書院．
24) 田代寛美（1982）虚血性心疾患のリスクファクターとしての高血圧の立場―わが国協同研究の成績を中心にして，日本人の循環器疾患とリスクファクター，メディカルトリビューン．
25) Toshima, H., Koga, Y. and Blackburn, H. (1994) Lessons for Science from the Seven Countries Study, Springer-Verlag.
26) 藤島正敏（2000）生活習慣病すべて教えます，大道学館出版部．
27) P. F. コーン・J. F. コーン（矢永尚士訳）（1992）心臓が危ない，メディカ出版．
28) 幸田正孝・高久史麿・坪井栄孝ら総監修（2001）WIBA 2001年版，日本医療企画．
29) 山口　洋(1999) 循環器疾患治療の動向，今日の治療指針，341．
30) 石川恭三編（1995）心臓病学，医学書院．
31) 石川恭三編（1995）新臨床内科学，医学書院．
32) 酒井　紀・早川弘一ら編（2000）認定医専門医のための内科学レビュー―最新主要文献と解説―，総合医学社．
33) 杉本恒明編（1986）虚血性心疾患，臨床VISUAL MOOK 3，金原出版．
34) 泰江弘文（1998）血管スパスムの視点から，冠動脈攣縮の病態と臨床．*J. Cardiol.*, **32**(2)，123．
35) Muller, J. E. *et al.* (1989) Circadian variation and triggers of onset of acute cardiovascular disease. *Circulation*, **79**, 733.
36) 佐藤　功・西島房隆・安田寿一（1990）日本における狭心症の特徴と現状．臨床と研究，**67**(9)，5-10．
37) 住吉徹哉（1998）虚血性心疾患における大規模臨床試験 94，臨床心臓病学エキスパートに学ぶ（北畠　顕監修，中谷哲郎編集），インターメディカル．
38) 山口　洋（1998）内科医の立場から，日米両国の虚血性心疾患の特徴．*J. Cardiol.*, **32**(2)，124．
39) 細田泰之（1998）外科医の立場から，冠動脈バイパス術の日本の現状と米国の比較．*J Cardiol.*, **32**(2)，122．

40) 松森　昭（2000）心筋症の診断基準・病型分類．内科，**85**(6)，1323．
41) 北浦　泰・出口寛文（1998）拡張型心筋症，循環器疾患最新の治療1998―1999（杉本恒明監修），p. 137，南江堂．
42) 戸嶋裕徳（1994）症例に学ぶ肥大型心筋症，久留米大学医学部第三内科．
43) 山口　洋ほか（1985）心尖部肥大型心筋症，心筋症（河合忠一編集），p. 261，朝倉書店．
44) 木村彰方（1998）心筋症の遺伝子解析，Annual Review 循環器，中外医学社．
45) 戸嶋裕徳（1983）後天性弁膜症，1983年春季増刊，本邦臨床統計集，第496号，295，日本臨床社．
46) 早川弘一（1996）不整脈が気になる方へ，主婦の友社．
47) 鄭　忠和・堀切　豊・田中信行（1997）心疾患のリハビリテーション―温熱性血管拡張療法―．日温気物医誌，**61**(1)，19．
48) 松森　昭（1999）新しい概念に基づいた心不全の病態生理の理解．日本医師会雑誌，**181**(11)，1745．
49) 鄭　忠和・木原寛士（2000）慢性心不全の重症度．内科，**85**(6)，1296．
50) 篠山重威（1998）心不全発症の機序．今日の治療，**87**(9)，35．
51) 非侵襲的動脈硬化診断研究会編（1999）動脈硬化の診断のガイドライン，共立出版．
52) 坂本二哉（1983）先天性心疾患（内科領域）日本臨床1983年春季増刊，本邦臨床統計集，第496号，286，日本臨床社．
53) 安藤正彦（1989）心奇形の成因と遺伝相談61，臨床発達心臓病学（高尾篤良編集）第1版，中外医学社．
54) 廣川信隆編（1999）第25回日本医学会総会会誌［1］，第25回日本医学会総会．
55) 高久史麿編（1999）医の現在，岩波新書，岩波書店．
56) 堀　正二・是恒之宏（1998）心臓移植，循環器疾患，最新の治療1998―1999，南江堂．
57) 堀　正二・今泉　勉（2000）循環器領域における遺伝子診断治療の現状と未来．*Jpn. Circulation J.*, **64** suppl. I，57．
58) 柳田邦男（2000）医療事故の政府臨調を設けよ，実態の真因分析からの緊急提出．現代，9月号．
59) 中野次郎（2000）誤診列島　ニッポンの医師はなぜミスを犯すのか，集英社．
60) 細田瑳一（2000）賢い患者が救われる，講談社．
61) 後藤由夫（1999）医学と医療，総括と展望，文光堂．

13
日本人の自律神経

13.1 自律神経

　脳や脊髄から出て身体に分布する末梢神経系のうち，内臓，血管，腺などに広く分布し，生命維持に必要な呼吸，循環，代謝，消化，吸収，分泌，生殖などの植物性機能を調節している神経を自律神経という．

　自律神経は主として遠心性神経からなるが，求心性神経もあり，これは内臓の内受容器などから脳や脊髄に刺激を伝え，内臓感覚や一部の深部感覚を形成する．

　脳や脊髄から内臓筋や腺などに至る自律神経系の遠心性神経は，交感神経系と副交感神経系に分けられる．これらは，おもに脊髄や延髄にある中継核で内臓の受容器などからの求心性神経を受けて，反射弓を形成し，各器官を支配している．多くの器官は交感神経および副交感神経の両者によって二重支配されている（図13.1）．また，多くの場合，この両者は拮抗的に作用している．すなわち，一方の緊張減少は他方の緊張増加と同様な効果をもつことになる．また，両系の自律神経は，常にある程度の緊張状態を持続しており，このことを持続性支配という．

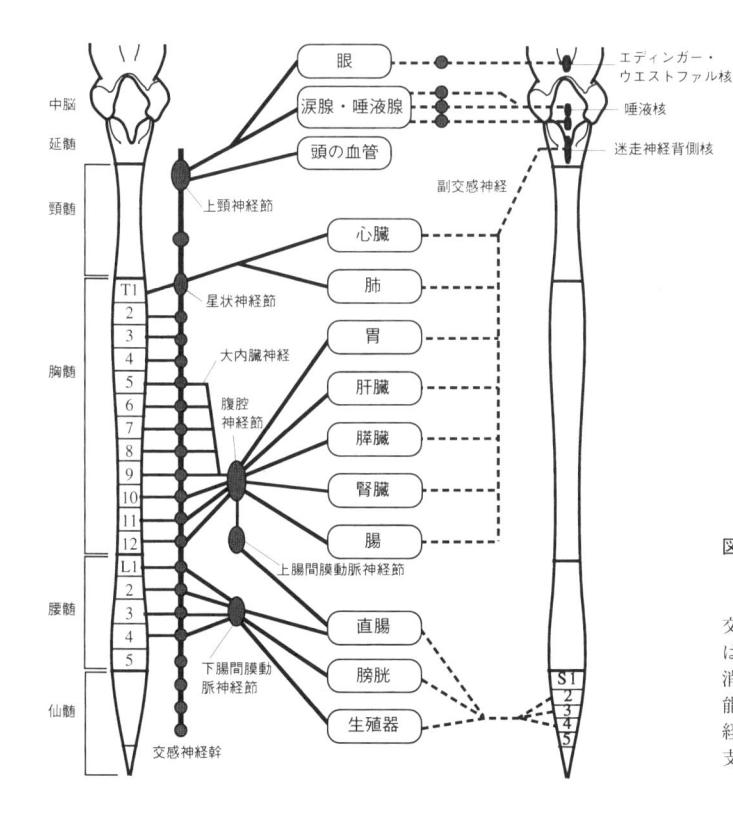

図 13.1 交感神経と副交感神経（越智淳三訳，解剖学アトラス，1992 より改変）[1]
交感神経（実線）と副交感神経（破線）は生命維持に必要な呼吸，循環，代謝，消化，吸収，分泌，生殖などの植物性機能を調節している．多くの器官は交感神経および副交感神経の両者によって二重支配されている．

表 13.1 自律神経の機能（中野昭一編：図説からだの仕組と働き，1981 より改変）[1]

交感神経系		器官	副交感神経系	
神経	機能		機能	神経
頸部交感神経	散大 収縮（散瞳） — 弛緩 分泌？ 分泌，粘液性 収縮 収縮，顔面蒼白 分泌 収縮	瞳孔 瞳孔散大筋 瞳孔括約筋 毛様体筋 涙腺 唾液腺 唾液腺血管 顔面血管 顔面汗腺 立毛筋	縮小 — 収縮（縮瞳） 収縮 分泌 分泌，漿液性 拡張（血管拡張神経＋） 拡張 — —	頭部副交感神経
胸部交感神経	弛緩 抑制？ 心拍数増加 収縮力と伝導速度の増加 伝導速度の増加 収縮力と伝導速度の増加 拡張 弛緩	気管支平滑筋 気管支の分泌腺 洞房結節 心房 洞房結節と伝導系 心室 冠状動脈 食道筋	収縮 刺激 心拍数減少 収縮力と伝導速度の減少 伝導速度の減少 — 収縮 収縮	
大内臓神経	弛緩 収縮 抑制 収縮 グリコーゲンの分解 （グリコーゲンの新生） 弛緩 抑制 促進	胃・小腸の平滑筋 胃・小腸の括約筋 胃・小腸・膵臓の分泌腺 膵臓 肝臓グリコーゲン 胆嚢と輸胆管 腎臓の分泌 副腎髄質の分泌	収縮 弛緩 促進 — グリコーゲンの合成？ 収縮 促進	迷走神経
小内臓神経	弛緩 収縮	大腸 回盲括約筋	収縮 弛緩	
下腹神経叢	弛緩 収縮？ 収縮 射精 収縮 収縮	膀胱排尿筋 内膀胱括約筋 内肛門括約筋 男性生殖器 子宮 外陰部血管	収縮 弛緩 弛緩 勃起 弛緩 拡張（血管拡張神経＋）	骨盤神経
脊髄神経	収縮 分泌 収縮	体幹，四肢の血管 体幹，四肢の汗腺 体幹，四肢の立毛筋	— — —	

自律神経は，前述のように，心臓・胃・腸などの内臓，涙腺・汗腺などの腺，血管などに分布し，これらの器官の働きを調節することにより，多岐にわたる生体機能を調節している（表 13.1）．自律という言葉で示されているとおり，この神経系は大脳からの支配を受けず，無意識的に，自動的に働き，身体内部環境の恒常性（ホメオスタシス）の維持に大きくかかわっている．

ここでは，こうした自律神経に関する日本人の特性を述べるが，自律神経は呼吸，循環，代謝，消化，吸収，分泌，生殖などの多くの機能調節に関連しており，限られた頁数ですべてを述べることは困難であろう．そこで，本章ではいくつかの機能に限って述べることにする．

13.2 血液循環にかかわる自律神経

a. 心臓の自律神経活動

心臓を支配する自律神経は心臓交感神経および心臓副交感神経とよばれ，血液循環機能を調節している．

表 13.2 日本人健康成人の自律神経活動の薬理学的方法による分析（田中，1988）[2]

	ΔHR_{atrop} (拍/分)	ΔHR_β (拍/分)	β-sensitivity (拍/1 μg/kg/分 isop)	β-secretion (μg/kg/分 isop)
日本人健康成人 (47 ± 12 歳) 10 名	43 ± 13	26 ± 8	2530 ± 900	11.4 ± 5.4

平均 ± 標準偏差

健康な日本人成人(年齢 47 ± 12 歳)10 名より得られた値を示している．表現型（ΔHR_β），受容体感受性（β-sensitivity），交感神経活動（β-secretion）の間には，表現型（ΔHR_β）＝交感神経活動（β-secretion）×受容体感受性（β-sensitivity）という関係がある．ΔHR_{atrop} はアトロピン投与による心拍数の増加量を示している．

表 13.3 日本人の年齢別眼球圧迫による反射性徐脈の正常値（島津，1997）[3]

年齢（歳）		14〜19	20〜29	30〜39	40〜49	50〜59	60〜69	70〜75
例数		9	35	44	46	35	17	17
最大反射性徐脈(拍/分)	右眼	32.9 ± 6.5	22.5 ± 3.1	23.5 ± 2.7	21.3 ± 2.6	20.2 ± 3.5	17.4 ± 3.4	8.1 ± 2.7
	左眼	31.1 ± 6.3	23.7 ± 2.9	21.6 ± 2.0	20.5 ± 2.3	20.4 ± 3.0	19.7 ± 3.4	6.3 ± 2.1

平均 ± 標準偏差

アシュネル眼球圧迫試験による最大反射性徐脈を示している．全体として年齢と徐脈量には負の相関が認められるが，20 歳代から 60 歳代まででは約 20 拍/分のほぼ一定の値を示している．左右眼の差は認められない．

心臓交感神経は第 1 胸髄から第 5 胸髄の中間外側核の神経細胞から発している．交感神経節を介して節後線維は心臓の洞房結節，房室結節，ヒス束，プルキンエ線維，心室筋，冠血管平滑筋に分布している．洞房結節細胞や心室筋細胞にはノルアドレナリン β 受容体が存在し，冠血管には α および β 受容体が存在している．心臓交感神経活動の増加は，これらの受容体を介して心拍数の増加や左心室の収縮力の増大をもたらす．

心臓副交感神経は，延髄の迷走神経背側核から発し，頸静脈孔を通り，頸部を経て心臓に至る迷走神経の一部である．心房壁内の心臓神経叢で節後線維に交替し，洞および心房に分布する．心臓副交感神経活動の増加は，心拍数の減少や房室伝導時間の延長などをもたらす．

一般に自律神経活動の変化は，受容体の感受性によって修飾され，その器官の活動変化（表現型）として現れる．心臓を例にとると，β 遮断薬を投与し，これによる心拍数減少（拍/分）が表現型（ΔHR_β）であり，アトロピン投与により副交感神経を遮断したうえで β 作動薬であるイソプロテレノールを投与し，これによる心拍数の増加率（拍/1 μg/kg/分）が受容体感受性（β-sensitivity）を示している．ΔHR_β を β-sensitivity で割ることにより，心臓の交感神経活動（β-secretion；μg/kg/分）が求められることになる[2]．健康な日本人成人で求められたこれらの数値を表 13.2 に示す．

眼球を圧迫することによって心拍数の減少(徐脈)が起こることが知られている．これは，圧迫刺激が三叉神経を経て脳幹部に伝えられ，主として同側の脳幹部を下降し，延髄の迷走神経背側核を興奮させ，これが同側の迷走神経を経て，心臓に伝達され徐脈を生じたものである．これは脳神経と自律神経が関与した眼心臓反射である．これを利用した自律神経機能検査をアシュネル眼球圧迫試験といい，副交感神経機能の指標として用いられる．表 13.3 は日本人の各年齢層における正常値を示したものである．全体として年齢と徐脈量には負の相関が認められるが，20 歳代から 60 歳代まででは約 20 拍/分のほぼ一定の値を示している．

b. 心拍変動性

心臓の拍動をより詳細に検討することによって心臓自律神経の働きをみることができる．通常，心臓の拍動は心電図の R 波の時間間隔（R-R 間隔）によって測定される．R-R 間隔を時間軸に対してプロットすると周期的な変動が現れる（図 13.2）．これを心拍変動性（heart rate variability：HRV）といい，種々の観点から解析することにより心臓自律神経の活動が評価されている．

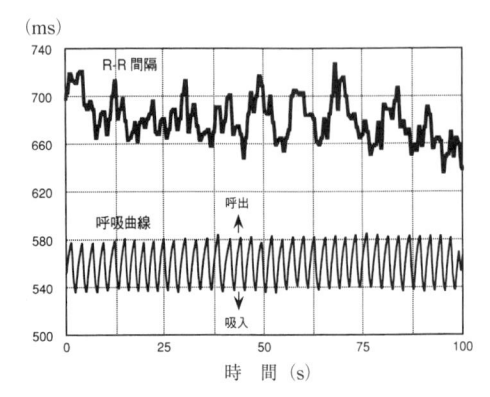

図 13.2 心電図 R-R 間隔の変動と呼吸曲線
(小林宏光博士より資料提供)[4]

規則正しくみえる心臓の拍動周期にも変動がみられる．R-R 間隔の変動（上）には，呼吸パターン（下）と同期したものがみられる．吸気時に減少し，呼気時に増加している．

R-R 間隔の変動係数（標準偏差を平均値で除した値）は心臓副交感神経（迷走神経）活動の低下によって減少する．表 13.4 は日本人の仰臥安静における R-R 間隔変動係数（CV_{R-R}；標準偏差/平均値×100）の年齢別正常値を示したものである．年齢の増加とともに CV_{R-R} は減少する．この資料から算出されたある年齢の CV_{R-R} の推定式は，

$$CV_{R-R} = -0.066 \times 年齢（歳）+ 6.840$$

となる[5]．これは主として加齢に伴う心臓副交感神経の基礎活動水準の低下を反映しているものと思われる．

表 13.5 は日本人の安静時 R-R 間隔の標準偏差（SD_{R-R}）を年齢層別に示したものである．CV_{R-R} と同様に加齢とともに減少する．藤本らによって算出されたある年齢の仰臥安静における SD_{R-R} の推定式は，

$$SD_{R-R} = -0.528 \times 年齢（歳）+ 57.492$$

となる[5]．

表 13.6 は欧米人（フィンランド人）の安静時 R-R 間隔の標準偏差（SD_{R-R}）の正常値を示したものである．加齢に伴う SD_{R-R} の減少傾向は日本人と同様に認められる．Huikuri ら[9] によって得られたフィンランド人の仰臥安静時 SD_{R-R} には有意な

表 13.4　日本人の仰臥安静時の心電図 R-R 間隔の変動係数の正常値

年齢（歳）			5〜9	10〜19	20〜29	30〜39	40〜49	50〜59	60〜69	70〜79
藤本ら(1987)[5]		人数（名）	82	153	171	172	170	233	164	116
		平均値	7.25	5.67	4.92	4.02	3.21	2.8	2.68	2.37
		下限値	3.61	3.01	2.46	2.13	1.66	1.41	1.25	1.14
景山ら(1978)[6]		人数（名）		17	14	13	17	13	14	
		平均値		6.09	6.18	5.04	3.12	3.34	2.46	
		標準誤差		0.59	0.51	0.56	0.23	0.29	0.34	

藤本らによる健康な男性 599 名，女性 662 名の計 1,261 名から算出された仰臥安静時の心電図 R-R 間隔変動係数（CV_{R-R}）の年齢層別の平均値と下限値，および景山らによる健康な男女計 88 名の変動係数の平均値と標準誤差を示している．いずれも性差が認められなかったので，男女の結果を込みにしている．年齢の増加に伴い変動係数は小さくなる．

表 13.5　日本人の安静時の心電図 R-R 間隔の標準偏差（SD_{R-R}）の正常値

			5〜9	10〜19	20〜29	30〜39	40〜49	50〜59	60〜69	70〜79
		年齢（歳）								
藤本ら(1987)[5]	仰臥位	人数（名）	82	153	171	172	170	233	164	116
		平均値(ms)	54.78	52.11	46.01	34.47	28.35	24.55	24.07	2.37
		下限値(ms)	19.55	20.84	17.71	16.18	12.78	11.55	10.31	1.14
早野(1997)[7]		年齢（歳）	15〜24	25〜34	35〜44	45〜54	55〜64	65〜74		
	仰臥位	平均値(ms)	53	42	31	30	28	25		
		標準偏差(ms)	21	18	9	13	9	8		
	立位	平均値(ms)	41	35	25	25	26	26		
		標準偏差(ms)	13	13	7	9	14	9		

表 13.4 と同じ健康な男女 1,261 名から得られた仰臥位安静時心電図 R-R 間隔の標準偏差（SD_{R-R}）の年齢層別平均値と下限値，および日本人男性 108 名から得られた仰臥位安静時と立位時の SD_{R-R} の平均値と標準偏差を示している．早野の資料は呼吸統制下（15 回/分）で測定されたものである．いずれの資料も年齢の増加とともに SD_{R-R} の減少傾向を示している．

13.2 血液循環にかかわる自律神経

表 13.6 欧米人（フィンランド人）の安静時心電図 R-R 間隔の標準偏差（SD_{R-R}）の正常値

研究者	Laitinen ら（1998）[8]					Huikuri ら（1996）[9]			
	フィンランド人					フィンランド人			
年齢（歳）（範囲）	29.3 ± 0.7* (23〜39)	49.9 ± 0.9* (40〜50)	67.9 ± 0.9* (60〜77)	47.7 ± 2.1*	47.4 ± 2.2*	50 ± 6	50 ± 6	50 ± 6	50 ± 6
人数（名）	44	38	35	59	58	188	186	188	186
性別				男性	女性	男性	女性	男性	女性
姿勢	仰臥位	仰臥位	仰臥位	仰臥位	仰臥位	仰臥位	仰臥位	椅座位	椅座位
SD_{R-R}（ms）	61 ± 4*	38 ± 3*	31 ± 2*	47 ± 3*	44 ± 3*	58 ± 24	52 ± 18	66 ± 26	62 ± 20

平均 ± 標準偏差（*標準誤差）

健康なフィンランド人男女117名から得られた仰臥安静時心電図R-R間隔の標準偏差（SD_{R-R}）の年齢層別，および男女別に示している．若年群（23〜39歳）のSD_{R-R}は，中年群（40〜50歳），高年群（60〜77歳）より有意に高い．男女別では有意差は認められない．同じく健康なフィンランド人の中年男女374名から得られたSD_{R-R}を示している．仰臥位では有意な男女差が認められたが，椅座位では有意差は認められない．

表 13.7 日本人男性の長時間心電図 R-R 間隔の標準偏差の正常値（大塚ら，1997）[10]

年齢（歳）	5〜9	10〜19	20〜29	30〜39	40〜49	50〜59	60〜69
人数（名）	13	15	27	20	37	31	12
SDRR（ms）	165.7 ± 38.1	211.7 ± 48.0	197.6 ± 26.5	151.9 ± 31.7	148.6 ± 38.0	143.7 ± 29.8	164.3 ± 39.3
SDANN（ms）	139.2 ± 40.8	175.9 ± 50.6	181.5 ± 31.2	138.2 ± 32.3	133.8 ± 35.6	135.8 ± 35.5	150.8 ± 38.8
SD（ms）	88.4 ± 18.2	107.0 ± 23.1	80.2 ± 12.7	65.5 ± 18.2	59.3 ± 16.5	54.5 ± 13.4	58.3 ± 12.5

平均 ± 標準偏差

健康な日本人男性155名についてホルター心電計によって24時間記録された心電図の各種標準偏差を年齢層別に示している．SDRRは24時間にわたるR-R間隔の標準偏差，SDANNは5分間ごとのR-R間隔平均値（区間平均値）の24時間にわたる標準偏差，SDは5分間ごとのR-R間隔標準偏差（区間標準偏差）の24時間にわたる平均値を示している．

性差が認められたが，同じ資料の椅座位安静時には有意な性差は認められず，Laitinenら[8]の資料でも性差は認められなかった．また，日本人の値に比較し，フィンランド人はやや高値を示す傾向もみられるが，人種差を論じるにはさらなる検討が必要であろう．

携帯型心電計（ホルター心電計）によって24時間記録された日本人男性の心電図R-R間隔の各種標準偏差についてその正常値を表13.7に示した．R-R間隔標準偏差の指標として，SDRP（24時間にわたるR-R間隔の標準偏差），SDANN（5分間ごとのR-R間隔平均値，すなわち区間平均値の24時間にわたる標準偏差），SD（5分間ごとR-R間隔標準偏差，すなわち区間標準偏差の24時間にわたる平均値）などがある[c]．いずれも加齢により変動を示す．SDANNは100ms未満，SDは30ms未満を異常とする報告が多い[10]．

欧米人について長時間記録心電図R-R間隔の標準偏差の正常値を表13.8に示した．24時間記録されたアメリカ人[11]およびノルウェー人[12]の値は表13.7の日本人の値とほぼ一致している．2時間記録のSDRRは昼間の健康診断中の心電図より算出されたもので[13]，昼夜にわたる24時間記録のものより当然低い値を示している．

R-R間隔の変動を高速フーリエ変換（fast Fourier transform：FFT）や，自己回帰モデル（autoregressive model：AR），最大エントロピー法（maximum entropy method：MEM）などにより周波数解析することが行われている．

図13.3は図13.2の資料を解析したものである．0.1Hzと0.38Hzにピークがみられる．0.1Hz付近の成分は血圧性変動成分あるいはMayer-Wave関連成分（Mayer wave related sinus arrhythmia：MWSA）といい，動脈血圧の圧脈波形の周期変動に対応している．0.38Hz付近の成分は，呼吸に関連する．これを呼吸性不整脈（respiratory sinus arrhythmia：RSA）という．

一般に，0.1Hzを含む低周波帯域成分をLF成分，

表 13.8 欧米人の長時間心電図 R-R 間隔の標準偏差の正常値

研究者	Bigger ら (1995)[11]	Sevre ら (2001)[12]	Tsujii ら (1996)[13]	
	アメリカ人	ノルウェー人	アメリカ人	
年齢（歳） （範囲）	57 ± 8.2 （40～69）	男性 53.6 ± 2.6* 女性 51.4 ± 1.2*	52 ± 13	54 ± 14
人数（名）	男性 202/女性 72	男性 19/女性 15	男性 1101	女性 1400
連続記録時間	24 時間	24 時間	2 時間	2 時間
SDRR（ms）	141 ± 39	151 ± 7*	91 ± 29	86 ± 29
SDANN（ms）	127 ± 35			
SD（ms）	54 ± 15			

平均 ± 標準偏差（*標準誤差）

健康なアメリカ人中年男女274名，ノルウェー人34名から得られた 24時間記録心電図 R-R 間隔の標準偏差，および健康なアメリカ人男性1,101名，女性1,400名より得られた 2時間記録心電図 R-R 間隔の標準偏差（この場合の SDRP は2時間にわたる R-R 間隔の標準偏差）を示している．

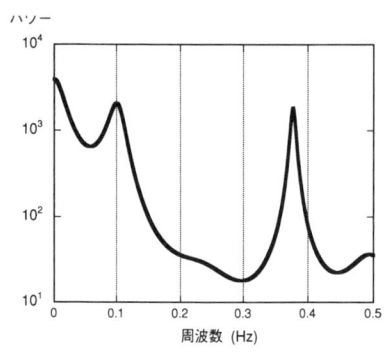

図 13.3 R-R 間隔変動のパワースペクトル
（小林宏光博士より資料提供）[4]

図13.2に示されている R-R 間隔の変動を解析したものである．0.1 Hz と 0.38 Hz にピークがみられる．

0.15 Hz 以上の高周波帯域成分を HF 成分という．薬物を用いた神経遮断の研究から，LF 成分は心臓交感神経活動と副交感神経活動の双方に関連し，HF 成分は主として心臓副交感神経活動に関連していることが示されている．LF と HF の値から，LF/HF を心臓交感神経活動指標，HF/(LF + HF) を心臓副交感神経活動指標として用いることもある．

表13.9は15歳から74歳の健康な日本人男性の LF 成分と HF 成分の平均振幅の推移を示したものである．立位における HF 成分を除き，加齢により減少する．これらは主として心臓副交感神経の基礎活動水準の低下を反映しているものと思われる．

表13.10は健康な欧米人の LF 成分と HF 成分の正常値を示している．フィンランド人[8]の資料でも加齢による LF 成分，HF 成分の有意な減少傾向が示されている．日本人の値と比較して，フィンランド人は LF 成分，HF 成分ともにやや高値を示す傾向もみられるが，前述のとおり，これを人種差と見なすのは早計であろう．また，24時間記録や2時間記録の心電図から求められたこれらの値は短時間の仰臥安静時の値とは異なるので，表13.5の値と比較することはできない．

表 13.9 日本人男性の LF 成分と HF 成分の平均振幅の正常値（早野，1997）[7]

年齢（歳）			15～24	25～34	35～44	45～54	55～64	65～74
仰臥位	LF 平均振幅	(ms)	32 ± 13	24 ± 12	18 ± 7	15 ± 8	15 ± 6	8 ± 1
	HF 平均振幅	(ms)	46 ± 25	33 ± 17	25 ± 12	21 ± 13	20 ± 11	16 ± 1
立位	LF 平均振幅	(ms)	26 ± 9	26 ± 10	15 ± 5	14 ± 6	15 ± 6	7 ± 1
	HF 平均振幅	(ms)	16 ± 8	16 ± 7	16 ± 8	15 ± 11	16 ± 11	17 ± 1

平均 ± 標準偏差

健康な日本人男性108名の呼吸統制下（15回/分）で得られた LF 成分（0.04～0.15 Hz）と HF 成分（0.15 Hz 以上）の平均振幅（$(2 \times パワー値)^{1/2}$）を示している．

表13.10 欧米人のLF成分とHF成分の正常値

研究者	Biggerら (1995)[11]	Sevreら (2001)[12]	Kontopoulosら (1997)[15]	Tsujiら (1996)[13]	
	アメリカ人	ノルウェー人	ギリシャ人	アメリカ人	
年齢（歳） （範囲）	57 ± 8.2 (40〜69)	男性 53.6 ± 2.6* 女性 51.4 ± 1.2*	52	52 ± 13	54 ± 14
人数（名）	男性202/女性72	男性19/女性15	男性9/女性1	男性1101	女性1400
連続記録時間	24時間	24時間	24時間	2時間	2時間
LFパワー値 (ms^2)	791 ± 563	813 ± 115*	824 ± 109	1037 ± 767	823 ± 682
LF平均振幅 (ms)	40	40	41	46	41
HFパワー値 (ms^2)	229 ± 282	215 ± 38*	368 ± 61	329 ± 390	323 ± 387
HF平均振幅 (ms)	21	21	27	26	25
LF/HF	4.61 ± 2.33	4.75 ± 0.36*	1.64 ± 0.21	40.5 ± 1.91	3.13 ± 1.45

研究者	Laitinenら (1998)[8]				
	フィンランド人				
年齢（歳） （範囲）	29.3 ± 0.7* (23〜39)	49.9 ± 0.9* (40〜50)	67.9 ± 0.9* (60〜77)	47.7 ± 2.1*	47.4 ± 2.2*
人数（名）	44	38	35	男性59	女性58
連続記録時間	仰臥位安静5分間			仰臥位安静5分間	
LFパワー値 (ms^2)	626 ± 130*†	287 ± 77*†	139 ± 59*†	323 ± 60*†	431 ± 110*†
LF平均振幅 (ms)	35	24	17	25	29
HFパワー値 (ms^2)	2454 ± 436*	455 ± 83*	329 ± 54*	1189 ± 264*	1204 ± 293*
HF平均振幅 (ms)	70	30	26	49	49
LF/HF	0.33 ± 0.04*	0.73 ± 0.13*	0.46 ± 0.08*	0.47 ± 0.3*	0.44 ± 0.03*

LF：0.04 − 0.05 Hz（† 0.07 − 0.15 Hz）　　HF：0.15 − 0.40 Hz　　　　　平均±標準偏差（*標準誤差）

健康な欧米人で得られたLF成分とHF成分のパワー値，およびLF/HFを示している．また，表13.5の値と比較するために，パワー値の平均値より平均振幅（2×パワー値$^{1/2}$）を算出して示している．

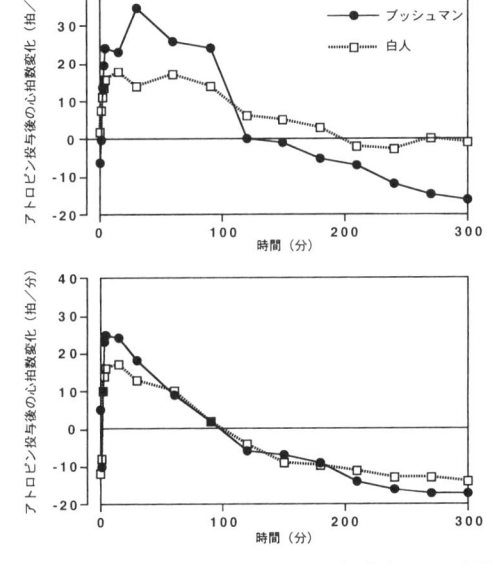

図13.4 白人とブッシュマンのアトロピン投与による心拍数変化（勝浦，1997[1]；Meyerら，1990[14]）
上図はアトロピンを投与した後5時間の心拍数変化（アトロピン投与時と偽薬投与時の差）を示している．下図はアトロピン投与に先立ち，β遮断薬（交感神経遮断薬）を投与したときの結果を示している．

c. アトロピン投与による心臓自律神経活動の変化

図13.4上は白人とブッシュマンについてアトロピン（心臓副交感神経遮断薬）を投与したのち5時間の心拍数変化（アトロピン投与時と偽薬投与時の差）を示したものである．ブッシュマンは投与後2時間まで顕著な心拍数の増加を比較し，その後減少している．一方，白人の心拍数の増加は比較的少なく，後半の減少も軽微で，全体として明瞭な人種差がみられる．アトロピンの投与に先立ち，β受容体遮断薬（交感神経遮断薬）を投与すると，ブッシュマンでは前半の心拍数増加は抑えられ，白人では後半の心拍数低下が顕著となり，結果として両者のアトロピン投与の効果に差はみられなくなった（図13.4下）．これはブッシュマンが白人に比べ高い副交感神経緊張と低い交感神経緊張状態にあることを示唆している．同様に白人に比べ黒人の副交感神経緊張が高いとする報告もみられる．

図13.5は中国人と白人男性について，アトロピン投与による心拍数増加を比較したものである．血

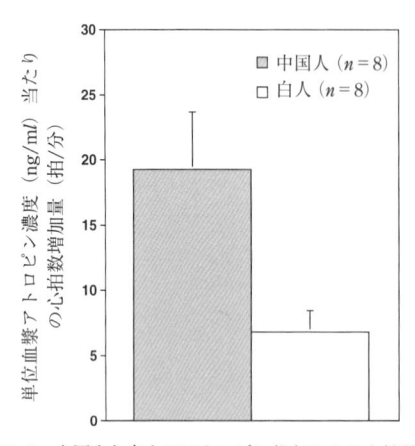

図 13.5 中国人と白人のアトロピン投与による心拍数変化[15]
アトロピン 0.04 mg/kg 投与後の単位血漿アトロピン濃度 (ng/ml) 当たりの心拍数増加量を示している．中国人の心拍数増加は白人と比較して約 2.8 倍高い．

表 13.11 日本人の安静時およびアトロピン投与後の心電図 R-R 間隔（景山ら，1978）[6]

年齢（歳）	20〜29	60〜69
仰臥位安静 (ms)	910 ± 32 (14)	872 ± 28 (14)
アトロピン投与後 (ms)	556 ± 22 (5)	610 ± 30 (5)

数値は平均値±標準偏差を示している．かっこ内は例数．仰臥位安静時および硫酸アトロピン 30 μg/kg を静注した5分後の R-R 間隔を示している．20 歳代で R-R 間隔は約 354 ms の短縮，60 歳代では 262 ms の短縮が認められる．

漿中の単位アトロピン濃度に対する心拍数増加は，白人の 6.83 ± 1.62 拍/分に対して，中国人は 19.24 ± 4.41 拍/分と約 2.8 倍高いことを示している．これは中国人のアトロピンに対する高い感受性を示すものである[16]．

日本人と他の人種を直接比較した研究はないが，日本人のアトロピン投与による R-R 間隔（心拍数）の変化をみると（表 13.11），20 歳代では R-R 間隔は 354 ms の短縮（すなわち心拍数の約 42 拍/分の増加），60 歳代では 262 ms の短縮（約 30 拍/分の増加）が認められる．試験方法が異なるので直接の比較はできないが，白人の心拍数増加より高いものと思われる．これは日本人が白人より高い副交感神経緊張にあることを示唆するものであろう．

13.3 体温調節にかかわる自律神経

体温調節には汗腺，皮膚血管など多くの器官が関与しており，これらの働きは自律神経によって調節

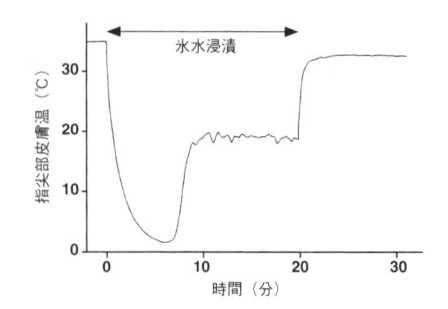

図 13.6 氷水浸漬時の指尖部皮膚温変化
最初は急速に低下するが，その後上昇と下降を繰り返す．これを皮膚温変動反応あるいは乱調反応（hunting reaction）という．この図では 20 分間浸漬している．

表 13.12 日本人の左右第2指氷水浸漬時の最低皮膚温，最高皮膚温の正常値（鬼島ら，1995[17]；鬼島，1997[18]）

	最低皮膚温（℃）	最高皮膚温（℃）
平均±標準偏差	0.46 ± 0.51	13.72 ± 2.80
範囲	0.05〜2.59	9.43〜19.94

19〜39 歳の健康な日本人男女 25 名について，氷水に左右第2指を 30 分間浸漬したときの皮膚温の最低値，最高値を示している．

されている．したがって，体温調節に関係する皮膚温，皮膚血流量，発汗量などをみることにより，自律神経機能を評価することができる．

a. 皮膚温変動反応

手指を氷水に浸したときの指先の皮膚温の変化を測定すると，最初は急速に低下するが，その後上昇と下降を繰り返す（図 13.6）．これを皮膚温変動反応あるいは乱調反応（hunting reaction）という．皮膚温の低下は，寒冷刺激が皮膚の感覚受容器，末梢感覚神経（無髄線維）を経て，皮膚交感神経の皮膚血管収縮神経活動を亢進することにより起こる．一方，皮膚温の上昇は，皮膚血管の動静脈吻合が開大することで皮膚血流が増加することにより起こる．この動静脈吻合の開大は，寒冷刺激により末梢感覚神経の軸索反射が生じ，感覚神経末端から血管拡張物質が放出されたことにより生じたものである．

日本人の左右第2指氷水浸漬時の最低皮膚温，最高皮膚温の正常値を表 13.12 に示す．一側のみの浸漬したときもこれらの値と有意な差は認められないという[18]．交感神経機能が低下すると，皮膚温低下

13.3 体温調節にかかわる自律神経

表 13.13 皮膚温変動反応の人種・民族差（佐藤，1971）[19]

年齢（歳）	8〜14		15〜19		20〜28	
	人数	指数	人数	指数	人数	指数
日本人	74	6.39 ± 0.11	156	5.76 ± 0.09	137	5.80 ± 0.09
中国人	17	6.77 ± 0.15	21	6.19 ± 0.29	14	6.71 ± 0.18
蒙古人	22	6.64 ± 0.18	28	6.14 ± 0.17	22	6.50 ± 0.16
オロチョン	5	7.20	4	8.00	3	8.66

第3指を氷水中に浸漬したときの皮膚温変動から求めた各人種・民族の抗凍傷指数を年齢層別に示している．

表 13.14 抗凍傷指数採点法（吉村，1977[20]；勝浦ら，1993[21]）

	1点	2点	3点
MST（入水後5〜30分の平均皮膚温）（℃）	4.0以下	4.1〜7.0	7.1以上
TFR（入水後最初の皮膚温上昇に転じたときの皮膚温）（℃）	1.5以下	1.6〜4.0	4.1以上
TTR（入水後最初の皮膚温上昇に転じるまでの時間）（分）	12以後	11〜8	7以内

氷水浸漬中の皮膚温から3つのパラメータの合計点を求める．

表 13.15 サーミ人（ラップ人），漁民，対照者の氷水浸漬時の皮膚温変動反応（Krogら，1960）[22]

	サーミ人（ラップ人）		ノルウェーの漁民		対照者	
	人数	平均±標準偏差	人数	平均±標準偏差	人数	平均±標準偏差
入水後最初に皮膚温上昇に転じるまでの時間（分）	13	5.4 ± 2.1	12	6.9 ± 2.0	11	9.1 ± 4.4
皮膚温上昇後の最高皮膚温（℃）	12	8.1 ± 3.7	12	7.5 ± 2.9	10	7.7 ± 1.6
最低皮膚温（℃）	14	1.6 ± 1.2	12	1.7 ± 1.0	10	1.2 ± 0.6

ノルウェーに居住するサーミ人（ラップ人）（年齢18〜45歳，平均24歳の男性），ノルウェーの漁民（年齢16〜52歳，平均31歳の男性），対照者（白人の研究者，学生）（年齢21〜45歳，平均25歳の男性）について，氷水中に手を漬けたときの第3指の皮膚温変動反応を示している．

は十分に起こらないが，浸漬中の皮膚温変動は生ずる．また，交感神経機能の亢進があると，皮膚温の低下は正常に起こるが，その後の皮膚温上昇が十分に起こらなくなる．

日本人を含むいくつかの人種・民族でこの皮膚温変動反応が比較されている（表13.13）．第3指を氷水中に浸漬したときの皮膚温変動から，表13.14に示す採点法により点数化したものである．この数値は抗凍傷指数とよばれ，局所耐寒性の評価に用いられてきたものである．寒冷地に居住する人種・民族ほどこの数値が高く，高い耐寒性を示している．特に成人での差が大きく，寒冷馴化の所産であることが示唆される．日本人のなかでも寒冷地に居住するもののほうがこの数値が高いことが知られている．

一方，表13.15はノルウェーに居住するサーミ人（ラップ人），ノルウェーの漁民，対照者（白人の研究者，学生）の氷水浸漬時の結果を示したものである．最低皮膚温や皮膚温上昇後の最高皮膚温には明確な差異は認められなかったが，入水後最初に皮膚温上昇に転じるまでの時間は，対照者に比較し寒冷適応しているサーミ人や漁民は短いことが示された．

この反応には，皮膚感覚受容器，末梢感覚神経，脊髄，交感神経などが関与しており，自律神経機能のみを示しているわけではないが，自律神経機能のある側面を反映している．

b. 皮膚交感神経活動

上記のとおり皮膚交感神経は皮膚血管を支配し，皮膚交感神経活動の上昇により皮膚血流は減少する．電気刺激，冷水刺激，深吸気による皮膚血流量の減少の日本人正常値を表13.16に示す．交感神経性皮膚血管反応は，皮膚温水準によって変化する．

表 13.16 日本人の各種刺激に対する皮膚血流減少率の正常値
(稲葉ら, 1993)[23]

	第2手指	第1足趾
深吸気刺激	75 ± 14 (41 - 92)	69 ± 22 (29 - 92)
電気刺激	70 ± 14 (37 - 91)	67 ± 20 (27 - 92)
冷水刺激	80 ± 19 (40 - 97)	70 ± 20 (37 - 95)

数値は%.　　　　　　　　　平均±標準偏差（範囲）
健康な日本人成人（27～53歳）20名（男性15名，女性5名）について得られた深吸気刺激，前額部電気刺激，冷水（4℃）刺激に対する手指および足趾皮膚血流の減少率（%）を示している．

皮膚温が28℃以下ではこの反応は低下あるいは消失する．また，皮膚温が40℃以上になると反応は増強する．したがって，この反応を測定するときは皮膚温を32～35℃に管理することが必要である．

皮膚交感神経は皮膚血管とともに汗腺を支配している．したがって，汗腺活動に伴う皮膚電位の変化を測定することにより皮膚自律神経活動をみることができる．電気刺激などの侵害刺激を与えることにより手部・足部に生ずる皮膚電位の変化を交感神経皮膚反応（SSR：sympathetic skin response）という．これは末梢感覚神経の電気刺激による体性-交感神経の単シナプス反射である．表13.17に日本人正常壮年者（18～60歳）と老年者（61～75歳）の前額部電気刺激による交感神経皮膚反応の振幅（最大振幅）と潜時を示す．上肢の潜時は下肢より約0.5秒短い．また，加齢により振幅は減少し，潜時は延長する．

13.4　その他の機能にかかわる自律神経

a. 筋交感神経活動

骨格筋を支配する交感神経活動をタングステン微小電極によって直接観察することができる．この手法をマイクロニューログラフィ（微小神経電図法）といい，筋交感神経や皮膚交感神経の活動をみることができるが，ここでは筋交感神経活動について述べる．筋交感神経は主として骨格筋内の血管収縮を行い，骨格筋の血流と末梢血管抵抗を調節する．筋交感神経活動は種々の要因によって変化するが，仰臥位から立位への姿勢変化によって活動が高まることが知られている．体位傾斜角度の正弦値と筋交感神経活動（バースト数/分）の間には正の相関が認められ，仰臥位から直立位に近づくに従い，筋交感

表 13.17 日本人壮年および老年者の電気刺激による交感神経皮膚反応の振幅（最大振幅）と潜時の正常値
(横田, 1997)[24]

	18～60歳 n=40		61～75歳 n=10	
	最大振幅（mV）	潜時（s）	最大振幅（mV）	潜時（s）
左手掌	6.30 ± 3.23 (1.60 - 12.1)	1.33 ± 0.10	2.94 ± 2.36 (0.96 - 9.69)	1.39 ± 0.10
右手掌	6.23 ± 3.10 (1.44 - 11.21)	1.33 ± 0.10	2.72 ± 1.96 (1.10 - 7.80)	1.40 ± 0.12
左足蹠	1.90 ± 1.01 (0.52 - 6.34)	1.82 ± 0.26	0.96 ± 0.64 (0.42 - 3.08)	1.88 ± 0.28
右足蹠	1.82 ± 0.92 (0.71 - 6.96)	1.83 ± 0.28	0.93 ± 0.52 (0.36 - 3.00)	1.87 ± 0.29

平均±標準偏差（範囲）
健康な壮年者（18～60歳）40名と老年者（61～75歳）10名について前額部を電気刺激したときの手掌・足蹠における交感神経皮膚反応を示している．加齢により振幅は減少し，潜時は延長する．

表 13.18 日本人各年齢層における筋交感神経活動の正常値（間野, 1997）[26]

年齢（歳）	10～19	20～29	30～39	40～49	50～59	60～69	70～79
基礎活動（バースト数/分）	2.73 ± 2.25	11.89 ± 1.75	17.19 ± 3.59	26.22 ± 3.74	38.16 ± 3.05	55.85 ± 2.57	54.8 ± 3.77
（例数）	3	15	7	5	3	5	4
起立反応に対する反応性（バースト数/分）	46.1 ± 4.56	40.15 ± 4.65	30.02 ± 2.23	26.51 ± 2.57	15.2 ± 3.96	10.23 ± 1.66	8.37 ± 2.06
（例数）	2	10	7	5	3	5	4
立位時活動（バースト数/分）	52.1 ± 1.9	49.46 ± 4.29	47.34 ± 2.79	52.26 ± 2.81	57.52 ± 5.9	68.05 ± 4.45	63.25 ± 3.14
（例数）	2	9	7	5	3	5	4

平均±標準誤差
仰臥安静時（基礎活動），仰臥位から立位への体位変換時（起立負荷に対する反応性），立位時の筋交感神経活動（バースト数/分）を示している．

表 13.19 アメリカ人の若年者および高齢者の仰臥安静時筋交感神経活動（Ngら，1993）[27]

	若年男性	若年女性	高齢男性	高齢女性
年齢（歳）	26 ± 1	24 ± 1	66 ± 1	63 ± 1
人数（名）	8	9	8	7
筋交感神経活動（バースト数/分）	18 ± 2	10 ± 1	39 ± 5	25 ± 3

平均±標準偏差

健康なアメリカ人若年者および高齢者から得られた仰臥安静時の筋交感神経活動を示している．加齢により筋交感神経活動は増加し，いずれの年齢層でも男性の値が女性より高いことが示される．

表 13.20 アメリカ人の仰臥安静時筋交感神経活動，心拍数，血圧（Narkiewiczら，1999）[28]

	男性（120名）	女性（48名）	性差（P値）
年齢（歳）	25.6 ± 6.5	27.9 ± 8.0	—
BMI（kg/m^2）	23.3 ± 1.2	22.0 ± 2.0	—
筋交感神経活動（バースト数/分）	21 ± 1	18 ± 1	0.02
心拍数（拍/分）	62 ± 1	62 ± 1	ns
収縮期血圧（mmHg）	118 ± 1	110 ± 2	< 0.001
拡張期血圧（mmHg）	65 ± 1	65 ± 1	ns

平均±標準偏差

健康なアメリカ白人168名（男性120名，女性48名）から得られた仰臥安静時の筋交感神経活動，心拍数，血圧を示している．BMI（body mass index）は体重（kg）を身長（m）の2乗で割った値で体格指数の一つで，標準は22である．筋交感神経活動，収縮期血圧に有意な性差が認められた．

神経活動が直線的に増加する．日本人21名より得られた回帰式は，

$$Y = 16.2 + 33.9X, \quad r = 0.716$$

となった[25]．ここで，Y は筋交感神経活動（バースト数/分），X は体位傾斜角度（θ）の正弦値（$\sin\theta$）である．この回帰直線の傾き（回帰係数）は起立負荷に対する筋交感神経活動の反応性とみることができるが，これは加齢により低下することが知られている．また，安静臥位時の筋交感神経活動（基礎活動）は，逆に加齢により上昇する．表13.18に日本人の各年齢層で得られたこれらの値を示す．

健康なアメリカ人若年者および高齢者から得られた仰臥安静時の筋交感神経活動を表13.19に示す．加齢により筋交感神経活動は増加し，いずれの年齢層でも男性の値が女性より高いことが示されている．日本人の値を比較すると高齢者の値は男女ともに低いが，これをただちに人種差とみることは早計であろう．表13.20に多数の健康な米国白人（男性120名，女性48名）から得られた仰臥安静時の筋交感神経活動を心拍数，血圧などとともに示す．この場合も筋交感神経活動には有意な性差が認められ，男性の値は女性の値より高い．この研究では男性において，筋交感神経活動，心拍数，収縮期血圧相互に関連が認められ，安静心拍数が高く，筋交感神経活動が高い男性は安静収縮期血圧が高いことが示されている[28]．

以上のように筋交感神経活動は，姿勢，年齢，性などにより変化することがわかる．さらに，エネルギー代謝量，肥満などとの関連も指摘されている[29]．

b. 瞳孔の対光反応

瞳孔は虹彩を支配する自律神経によって散大，縮小する．虹彩の瞳孔括約筋と瞳孔散大筋はそれぞれ交感・副交感神経両者の二重支配を受け，縮瞳は括約筋の収縮と散大筋の弛緩により，散瞳は散大筋の収縮と括約筋の弛緩によって生ずる．瞳孔は周囲の明るさに応じてその大きさを変える（対光反応）が，それ以外に知覚刺激や情動刺激によっても変化す

表 13.21 日本人各年齢層における対光反応の正常値（辻澤ら，1997）[31]

年齢（歳）	性別	〜10	10〜19	20〜29	30〜39	40〜49	50〜59	60〜69	70〜
A_1 (mm^2)	M	41.7 ± 4.8	43.7 ± 6.6	44.5 ± 5.9	40.2 ± 5.3	34.0 ± 5.9	31.6 ± 6.7	24.5 ± 9.6	22.3 ± 6.5
	F	37.0 ± 3.9	40.9 ± 3.4	38.9 ± 6.7	38.4 ± 7.5	36.8 ± 3.1	26.5 ± 4.0	24.0 ± 7.2	17.4 ± 5.4
A_3 (mm^2)	M	19.2 ± 3.3	19.9 ± 3.8	19.5 ± 2.1	17.5 ± 2.6	17.0 ± 2.1	14.5 ± 5.5	11.8 ± 3.7	11.6 ± 1.9
	F	18.3 ± 2.3	19.8 ± 1.5	19.6 ± 2.0	17.7 ± 2.8	16.8 ± 2.2	13.0 ± 1.9	12.2 ± 3.8	9.0 ± 3.4
CR(A_3/A_1)	M	0.46 ± 0.84	0.46 ± 0.83	0.44 ± 0.68	0.44 ± 0.44	0.50 ± 0.63	0.46 ± 0.55	0.48 ± 0.89	0.52 ± 0.96
	F	0.49 ± 0.46	0.48 ± 0.46	0.51 ± 0.57	0.48 ± 0.79	0.45 ± 0.48	0.50 ± 0.59	0.50 ± 0.80	0.52 ± 0.76

平均±標準誤差

15分間の暗順応後の初期状態の瞳孔面積（A_1），輝度3,000 td，刺激視野15°，刺激時間0.25秒の光刺激で得られた縮瞳量（A_3），および縮瞳率（$CR = A_3/A_1$）を示している．加齢とともに初期状態の瞳孔面積，縮瞳量は減少する．

る．たとえば，男性にトップレスの女性などの写真を見せると散瞳することが報告されている[30]．また，一般に瞳孔面積は年齢により異なり，加齢により小さくなる．表 13.21 に日本人の各年齢層における対光反応の正常値を示す．これらの値は，15 分間の暗順応の後に，輝度 3,000 td，刺激視野 15°，刺激時間 0.25 秒の光刺激で得られたものである．

[勝浦哲夫]

文　献

1) 勝浦哲夫（1997）ヒトの自律神経機能，最新生理人類学（佐藤方彦編），pp. 23-38，朝倉書店．
2) 田中信行（1988）自律神経機能から見た生理と病態．日温気物医誌，52 (1)，3-10．
3) 島津邦男（1997）アシュネル眼球圧迫試験，自律神経機能検査　第2版（日本自律神経学会編），pp. 2-3，文光堂．
4) 勝浦哲夫（1998）人間工学/生理人類学における信号処理．J. Signal Processing, 2 (1), 13-18.
5) 藤本順子・弘田明成・畑　美智子・近藤まみ子・島　健二（1987）心電図 R-R 間隔の変動を用いた自律神経機能検査の正常参考値および標準予測式．糖尿病，30 (2)，167-173．
6) 景山　茂・持尾聰一郎・阿部正和（1978）定量的自律神経機能検査の提唱―心電図 R-R 間隔の変動係数を用いた非浸襲的検査法―．神経内科，9，594-596．
7) 早野順一郎（1997）心電図 R-R 間隔変動のスペクトル解析，自律神経機能検査　第2版（日本自律神経学会編），pp. 57-64，文光堂．
8) Laitinen, T., Hartikainen, J., Vanninen, E., Niskanen, L., Geelen, G. and Lansimies, E. (1998) Age and gender dependency of baroreflex sensitivity in healthy subjects. *J. Appl. Physiol.*, 84, 576-583.
9) Huikuri, H.V., Pikkujamsa, S.M., Airaksien, K.E.J., Ikaheimo, M.J., Rantala, A.O., Kauma, H., Lilja, M. and Kesaniemi, Y.A. (1996) Sex-related differences in autonomic modulation of heart rate in middle-aged subjects. *Circulation.*, 94, 122-125.
10) 大塚邦明・渡邊晴雄（1997）ホルター心電図検査　自律神経機能検査　第2版（日本自律神経学会編），pp. 40-47，文光堂．
11) Bigger, J.T. Jr, Fleiss, J.L., Steinman, R.C., Rolnitzky, L.M., Schneider, W.J. and Stein, P.K. (1995) RR variability in healthy, middle-aged persons compared with patients with chronic coronary heart disease or recent acute myocardial infarction. *Circulation*, 91, 1936-1943.
12) Sevre, K., Lefrandt, J.D., Nordby, G., Os, I., Mulder, M., Gans, R.O.B., Rostrup, M. and Smit, A. J. (2001) Autonomic Function in Hypertensive and Normotensive Subjects : The Importance of Gender. *Hypertension*, 37, 1351-1356.
13) Tsuji, H., Larson, M.G., Venditti, F.J., Manders, E.S., Evans, J.C., Feldman, C.L. and Levy, D. (1996) Impact of reduced heart rate variability on risk for cardiace events, The Framingham Study. *Circulation*, 94, 2850-2855.
14) Meyer, E. C., Sommers, D. K., Schoeman, H. S. and Avenant, J. C. (1990) The effect of autonomic blockers on heart rate : a comparison between two ethnic groups. *Br. J. clin. Pharmac.*, 29, 254-256.
15) Kontopoulos, A.G., Athyros, V.G., Didangelos, T.P., Papageorgiou, A.A., Avramidis, M.J., Mayroudi, M.C. and Karamitsos, D.T. (1997) Effect of chronic quinapril administration on heart rate variability in patients with diabetic autonomic neuropathy. *Diabets Care*, 20, 355-361.
16) Zhou, H. H., Adedoyin, A. and Wood, A. J. J. (1992) Differing effect of atropine on heart rate in Chinese and white subjects. *Clin. Pharmacol. Ther.*, 52 (2), 120-124.
17) 鬼島正典・北　耕平・平山惠造（1995）乱調反応（hunting reaction）における交感神経系の関与―特発性手掌足低多汗症での検討―．自律神経，32 (1)，39-43．
18) 鬼島正典（1997）氷水浸漬試験，自律神経機能検査　第2版（日本自律神経学会編），pp. 12-15，文光堂．
19) 佐藤方彦（1971）人間工学概論，p. 362，光生館．
20) 吉村寿人（1977）ヒトの適応能―気候変化への適応を中心として―, p. 142, 共立出版．
21) 勝浦哲夫・佐藤方彦（1993）環境人間工学，p. 196，朝倉書店．
22) Krog, J., Folkow, B., Fox, R.H. and Lange Anderson, K. (1960) Hand circulation in the cold of Lapps and North Norwegian fisherman. *J. Appl. Physiol.*, 15, 654-658
23) 稲葉　彰・横田隆徳（1993）健常成人における Sympathetic Flow Response (SFR). 自律神経，30 (1)，1-9．
24) 横田隆徳（1997）Sympathetic skin response（交感神経皮膚反応），自律神経機能検査　第2版（日本自律神経学会編），pp. 123-128，文光堂．
25) Mano, T., Iwase, S., Watanabe, T. and Saito, M. (1991) Age-dependency of sympathetic nerve response to gravity in humans. *The Physiologist*, 34 (1), Suppl. 121-124.
26) 間野忠明（1997）マイクロニューログラフィ，自律神経機能検査　第2版（日本自律神経学会編），pp. 211-217，文光堂．
27) Ng, A.V., Callister, R., Johnson, D.G. and Seals, D.R. (1993) Age and gender influence muscle sympathetic nerve activity at rest in healthy humans. *Hypertension*, 21, 498-503.
28) Narkiewicz, K. and Somers, V.K. (1999) Interactive Effect of Heart Rate and Muscle Sympathetic Nerve Activity on Blood Pressure. *Circulation*, 100, 2514-2518.
29) Spraul, M., Ravussin, E., Fontvieille, A.M., Rising, R., Larson, D.E. and Anderson, E.A. (1993) Reduced sympathetic nervous activity : a potential mechanism predisposing to body weight gain. *J. Clin. Invest.*, 92, 1730-1735.
30) Hess, E. H. and Polt, J. M. (1960) Pupil size as related to interest value of visual stimuli. *Science*, 132, 349-350.
31) 辻澤宇彦・石川　哲（1997）瞳孔検査，自律神経機能検査　第2版（日本自律神経学会編），pp. 218-225，文光堂．

14
日本人の消化器系

14.1 消化器系と消化器癌

　食物を摂取し，口腔内で咀嚼して嚥下したのち体内のさまざまな消化管とその付属器の働きによって消化を行い，栄養素を吸収し，不要物を排泄するのが消化器系である．消化管は，口腔，咽頭，食道，胃，十二指腸，小腸，大腸の諸部が区別され，さらに付属器あるいは腺として唾液腺，肝臓，および膵臓が存在している．ここでは，日本人に関する消化器系に発生した悪性新生物（癌）の頻度を実際の数値で示し，癌化の危険要因について考察する．

　わが国の人口動態統計からみると，1980年の悪性新生物（癌）による死亡者は16万1,764人で，脳血管疾患の16万2,317人についで第2位であった．

しかし1981年からはこの順位は逆転しており，1995年の癌による死亡者は26万3,022人と，脳血管疾患の14万6,552人を大きく上回っている（図14.1）．年齢別にみても，35歳以上79歳以下までの死因の第1位を悪性新生物が占めている（表14.1）．

　1995年の部位別割合では，男性は，肺（約21%），胃（約20%），肝（約18%），大腸（約11%）の順で，女性は，胃（約18%），肝（約16%），大腸（約14%），肺（約12%）の順である（表14.2）．圧倒的に消化器系の悪性新生物が多いことがわかる．しかしこれらの死亡者数の移り変わりを部位別にみると，胃癌はその割合が減少し，代わって肺癌と大腸癌の増加が顕著である（図14.2）．この傾向は部位別にみた悪性新生物の人口10万対の年次推

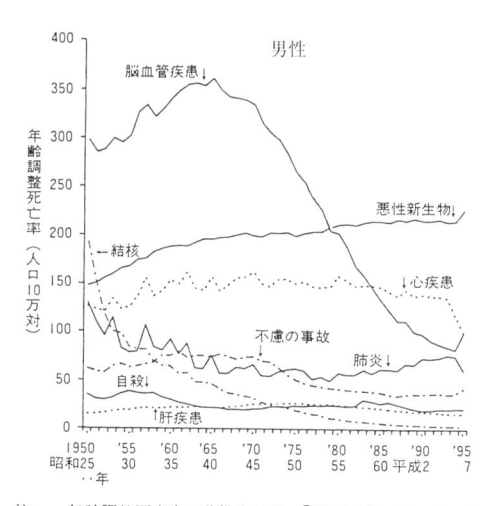

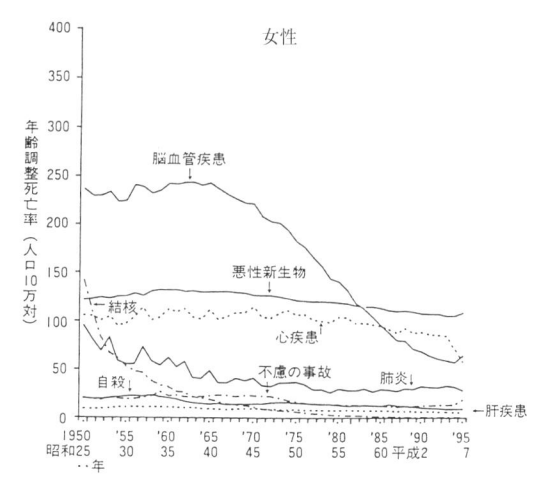

注　年齢調整死亡率の基準人口は，「昭和60年モデル人口」である．
　　「肺炎」←「肺炎及び気管支炎」（分類変更）
　　「不慮の事故」←「不慮の事故及び有害作用」（名称変更のみ）
　　「肝疾患」←「慢性肝疾患及び肝硬変」（分類変更）
　　平成6年までの死亡数は旧分類によるものである．
資料　厚生省「人口動態統計」

図14.1　性・主要死因別にみた年齢調整死亡率（人口10万対）の年次推移

表 14.1　3 大死因の年齢階級別死亡率（人口 10 万対）・死因順位（1995 年）

	悪性新生物死亡率	順位	脳血管疾患死亡率	順位	心疾患死亡率	順位
全年齢	211.6	1	117.9	2	112.0	3
0 歳	2.3	9	1.9	11	12.0	5
1 ～ 4	3.0	3	0.3	15	1.7	5
5 ～ 9	3.0	2	0.2	11	0.9	4
10 ～ 14	2.9	2	0.3	9	1.1	3
15 ～ 19	4.0	3	0.5	8	2.1	4
20 ～ 24	4.2	3	0.8	7	2.8	4
25 ～ 29	7.2	3	1.3	5	3.6	4
30 ～ 34	13.1	2	3.4	5	6.1	4
35 ～ 39	25.6	1	6.3	5	9.2	4
40 ～ 44	48.7	1	13.2	5	15.0	4
45 ～ 49	88.7	1	23.5	3	24.9	2
50 ～ 54	154.3	1	39.5	2	38.9	3
55 ～ 59	247.7	1	60.0	3	65.4	2
60 ～ 64	419.2	1	100.0	3	109.3	2
65 ～ 69	622.5	1	166.9	3	179.5	2
70 ～ 74	826.5	1	313.8	3	317.9	2
75 ～ 79	1130.9	1	655.6	2	620.0	3
80 歳以上	1666.4	3	2049.6	1	1795.4	2

① 0 歳の死亡率は出生 10 万対である．
② 0 歳の脳血管疾患の順位は「死因順位の選び方―乳児死亡」において，順位を付す対象の死因とされていない．
資料：厚生省『人口動態統計』

表 14.2　性・部位別にみた悪性新生物死亡数の年次推移

		昭和 25 年 (1950)	昭和 35 年 (1960)	昭和 45 年 (1970)	昭和 55 年 (1980)	昭和 60 年 (1985)	平成 2 年 (1990)	平成 7 年 (1995)
男	悪性新生物	32670	50898	67074	93501	110660	130395	159623
	胃	19023	26283	29653	30845	30146	29909	32015
	大腸[*1]	1819	2390	4303	7724	10112	13286	17312
	肝[*2]	3601	5760	7248	12829	18236	23462	28962
	肺[*3]	789	3638	7502	15438	20837	26872	33389
	その他	7438	12827	18368	26665	31329	36866	47945
女	悪性新生物	31758	42875	52903	68263	77054	87018	103399
	胃	12188	16467	19170	19598	18756	17562	18061
	大腸[*1]	1909	2647	4196	7015	8926	11346	13962
	肝[*2]	2578	4202	5372	8280	11105	13761	16491
	肺[*3]	330	1533	2987	5856	7753	9614	12356
	乳房	1419	1683	2486	4141	4922	5848	7763
	子宮	8356	7068	6373	5465	4912	4600	4865
	その他	4978	9275	12319	17908	20680	24287	29901

*1：結腸と直腸 S 状結腸移行部および直腸を示す．ただし，昭和 40 年までは直腸肛門部を含む．
*2：肝の胆のうおよび肝外胆管を示す．
*3：気管，気管支および肺を示す．
資料：厚生省『人口動態統計』

移をみると非常に顕著である（図 14.3）．

14.2　消化器癌の疫学

　胃癌は第 1 位（男性と女性との合計）を占めているとはいえ，食生活をはじめとする生活環境の変化と，胃癌に対する研究成果が臨床の場へ反映され，ほかのほとんどの癌が増加傾向にあるのに対し，子宮癌とともに減少の傾向にある．一方，大腸癌は逆に増え続けており，大腸癌が胃癌にとってかわり，日本人の死因の第 1 位になるのは時間の問題と考え

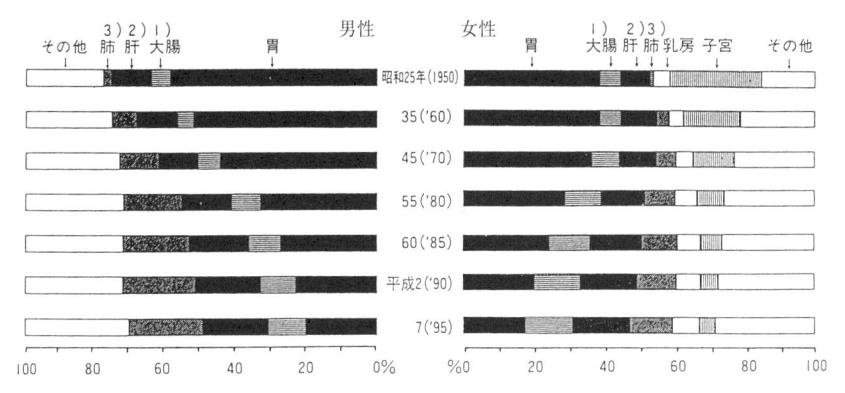

注 1) 結腸と直腸S状結腸移行部および直腸を示す．ただし，昭和40年までは直腸肛門部を含む．
    2) 肝と胆のうおよび肝外胆管を示す．
    3) 気管，気管支および肺を示す．
  資料　厚生省『人口動態統計』

図 14.2 性・部位別にみた悪性新生物死亡数割合の年次推移

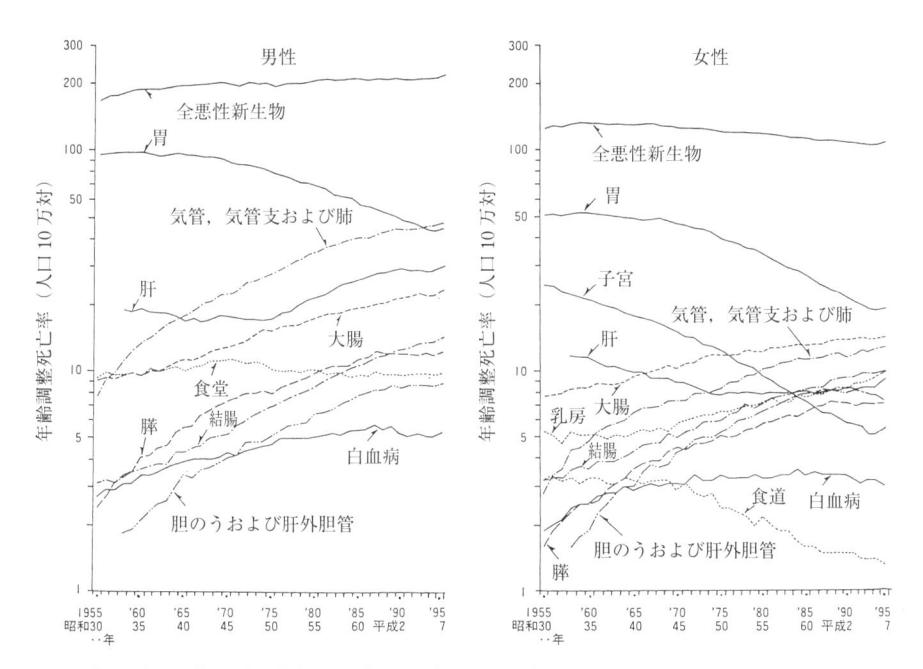

注　年齢調整死亡率の基準人口は「昭和60年モデル人口」である．片対数グラフを使用した．
　　大腸は，結腸と直腸S状結腸移行部および直腸を示す．
　　ただし，昭和40年までは直腸肛門部を含む．
　　結腸は大腸の再掲である．
  資料　厚生省『人口動態統計』

図 14.3 部位別にみた悪性新生物の年齢調整死亡率（人口10万対）の年次推移

られている．死亡率の国際比較においても同様なことがいえる（表14.3）．胃癌の死亡率のこの10年の変化をみると，日本では40.7から38.5へ，アメリカでは6.0から5.3へ，フランスでは14.7から10.9へ，ドイツでは25.4から19.5へ，イギリスでは20.8から14.6へ，イタリアでは27.0から23.4へと，いずれの国でも減少傾向にある．一方，大腸癌では日本，フランス，イタリアでは増加傾向にあり，日本，イタリアの増加程度は非常に大きいことがわかる．

表 14.3 死亡率の国際比較

	国	人口10万対の死亡率（調査年）	
悪性新生物	日本	196.4 (1994)	156.1 (1985)
	アメリカ	204.1 (1992)	189.3 (1983)
	フランス	247.5 (1993)	238.3 (1984)
	ドイツ	260.2 (1994)	266.3 (1985)
	イギリス	271.6 (1994)	278.0 (1984)
	イタリア	261.4 (1992)	216.3 (1981)
胃癌	日本	38.5 (1994)	40.7 (1985)
	アメリカ	5.3 (1992)	6.0 (1983)
	フランス	10.9 (1993)	14.7 (1984)
	ドイツ	19.5 (1994)	25.4 (1985)
	イギリス	14.6 (1994)	20.8 (1984)
	イタリア	23.4 (1992)	27.0 (1981)
大腸癌	日本	23.5 (1994)	15.9 (1985)
	アメリカ	22.1 (1992)	23.3 (1983)
	フランス	28.3 (1993)	27.0 (1984)
	ドイツ	37.1 (1994)	38.8 (1985)
	イギリス	31.0 (1994)	34.7 (1984)
	イタリア	25.7 (1992)	19.5 (1981)
呼吸器癌	日本	35.0 (1994)	23.8 (1985)
	アメリカ	57.2 (1992)	49.2 (1983)
	フランス	40.4 (1993)	34.3 (1984)
	ドイツ	44.3 (1994)	43.0 (1985)
	イギリス	63.6 (1994)	71.8 (1984)
	イタリア	54.1 (1992)	42.0 (1981)

一般に癌化の要因としては，環境因子の占める割合が大きいと考えられており，なかでも消化管の癌に関しては，食物は最も大きな要因と考えられている．特に胃癌，大腸癌にかかわるものでは，直接的に消化器粘膜と接触することや，食習慣の異なる民族間では消化器癌の死亡率に差がみられること，さらにアメリカ大陸在住の日系人と日本在住の日本人との癌罹患率を比較してみると大きな違いがあることから，癌の発症には日本人に共通した遺伝的な要因よりもそれぞれの集団が接する環境的な要因，とりわけ食事が大きく関与していることが示唆されている．

わが国の肝臓癌は，その90％以上が肝細胞より発生する肝細胞癌（肝癌）である．肝癌はサハラ砂漠以南のアフリカおよびアジア地域において高率であり，欧米においては一般に低率である．日本は特に先進国のなかではきわだって高率である．たとえば1985年前後の男性肝臓癌の年齢調整罹患率（人口10万対）は，ザンビア（アフリカ）36.0，啓東（中国）89.9，大阪（日本）41.5，シンガポール中国人26.8，アメリカ白人2.4，イギリス1.7，トリエステ（イタリア）14.5，フィンランド4.7となっている．どの地域においても一般に男性は女性の2〜4倍前後高率である[1]．

同じ地域についてみても，肝臓癌罹患率には人種差があり，たとえばアメリカのロサンゼルスでは，男性は，韓国人，中国人，フィリピン人，黒人，スペイン系白人，日本人，白人の順に高率であり，韓国人と白人の間には約9倍の率の開きがある．また同じ人種であっても地域によって罹患率が異なり，たとえば日系移民男性についてみると，前述のとおり母国大阪で肝臓癌罹患率が41.5であるのに対して，ロサンゼルス2.3，ハワイ6.4とかなり低率である．このことは，肝癌の病因として環境要因が大きく関与していることを示唆する．わが国においては，1995年には約3万2,000人が肝癌で死亡しており，男性は，肺癌，胃癌についで第3位，女性は，胃癌についで第2位の癌死因となっている．死亡率を地域別にみると西高東低の傾向を示している．

14.3 胃癌と大腸癌の発生にかかわる物質および食物，嗜好品

癌の発生に大きな影響を与えている物質および食物に関しては，さまざまなものが知られている．発癌物質としては，胃癌に関しては，ベンツピレン，ニトロソ化合物，トリプトファンなどが焦げてできるトリプP1，トリプP2，ヘテロサイクリックアミン，糖質が焦げてできるメチルグリオキサール，ワラビに含まれるブタキロサイド，フキノトウに含まれるベタステニンなど，大腸癌に関しては，サイカシンなどである．実際の食べ物としては，魚の焼き焦げ，食品添加物，食塩，脂肪，嗜好品としては，煙草，アルコール，コーヒーなどがかかわっていると考えられている．

魚の焼き焦げでは，トリプトファンが焦げてできるトリプP1，トリプP2，グルタミン酸が焦げてできるグルP1，グルP2，ヘテロサイクリックアミンなど，10種類をこえる発癌物質ができる[2]．

食品添加物である亜硝酸塩は，天然の食べ物に含まれる2級アミンと胃のなかで反応して，強い発癌性をもつジメチルニトロソアミンができる．亜硝酸塩は肉の保存料として用いられてきた物質であるが，肉や魚肉の色をきれいにみせる発色剤としても

用いられた．また，亜硝酸塩は野菜，果物，乳製品などにも含まれる．野菜に含まれる硝酸塩は，漬け物にされると，細菌の働きによって亜硝酸塩に還元される．したがって，漬け物好きの日本人は欧米人の5～10倍もの亜硝酸塩を摂取しているものと考えられている．

食塩そのものには発癌性はない．しかし，塩分の多いものを食べると胃癌になりやすいと考えられている．胃癌患者は塩辛い漬け物類を多くとる地方に多いだけではなく，米飯毎食，みそ汁毎日，漬け物毎食の人に多いといわれてきた．近年わが国で胃癌が減ったことについては，食塩が日本人に多い脳出血，高血圧に悪いということで始まったキャンペーンによって食生活が非常に変わったこと，なかでも塩蔵の食べ物の量が減ったことが大きく影響していると考えられている．その根拠として重要なことは，電気冷蔵庫が普及すると胃癌が減るという事実である．食べ物の塩蔵に関連するいろいろな発癌物質，あるいは発癌条件が電気冷蔵庫の普及によって消えていくと考えられる[3]．大腸癌との関連はわかっていない．

脂肪は癌の発生と結びついている確率が高い栄養素である．一般に，脂肪分を多くとる人たちには大腸癌が多く，あまりとらない人たちには少ないことが明らかにされている．欧米人の脂肪摂取量は，日本人の2倍に近いといわれている．日本人の摂取量もしだいに増加していることが，日本人の大腸癌を増加させた原因であると考えられる．脂肪をとると，この脂肪の消化吸収のために，肝臓で大量の胆汁がつくられ，腸への排泄が増加する．腸内細菌叢がこの胆汁酸に働きかけ，強力な発癌物質を産生することによると考えられている[4]．また，従来身体に良いといわれてきた植物性の不飽和脂肪酸がフリーラジカルという活性酸素との親和性をもつことで，細胞のDNAを損傷し，癌化を促すのではないかといわれている[5]．

嗜好品としては，煙草，アルコール，コーヒーなどが発癌にかかわる可能性を指摘されている．喫煙の危険度を数値でみると，毎日喫煙する人の死亡率と喫煙しない人の死亡率の差は，癌全体では毎日喫煙する人の死亡率の，男性38.7％，女性26.5％，胃癌の男性32.0％，女性20.0％であったとのことである．つまり，喫煙する男性の場合，喫煙しなければ，胃癌の約32％を予防することができるということである．また喫煙に飲酒が重なると発癌の危険性はいっそう高まるといわれている[3]．アルコール単独が何らかの癌化へ関与する割合は，煙草35％，食物30％に比較して大いに少なく，わずか3％程度であろうといわれている[6]．実際，非飲酒者の場合を1.0とした場合の毎日飲酒者の相対危険度は，胃癌では0.92程度であるが，大腸癌では，直腸癌1.39，S状結腸癌5.42と有意に高いのが現状である[7]．コーヒーに関しては，喫煙しない人では，コーヒーと胃癌との間には，関係はないといわれているが，喫煙する人では，毎日コーヒーを飲む人は，飲まない人に比較して胃癌の発生の危険率は，60歳以上で2.2倍になるという報告がある．糖質が焦げてできるグリオキサール，メチオグリオキサールなどが発癌に関与するのではと考えられている．

14.4 肝癌に関する危険因子

肝癌に関する危険因子は，胃癌，大腸癌と大きく異なっている．慢性B型肝炎ウイルス（HBV）感染[8]，C型肝炎ウイルス（HCV）感染[9]，飲酒[10]，およびアフラトキシン摂取[11]が，高い危険因子であるといわれている．実際に慢性B型肝炎ウイルス（HBV）感染者，C型肝炎ウイルス（HCV）感染者は，これらのウイルスを有しない健常人を基準とすると，その相対危険度は，それぞれ294倍，340倍であると報告されている[12]．また，日本肝癌研究会の第11回全国原発性肝癌追跡調査報告によると，1990年から1991年の2年間で，登録された肝癌患者のうち17.8％にB型肝炎ウイルスが，68.9％にC型肝炎ウイルスが関与していた[13]．C型肝炎ウイルスの感染率には地域差があり，その差はそのまま肝癌患者の発生頻度の高低に一致している．近年肝癌患者が増加している（表14.2）理由としては，以下のようなことが考えられる．肝癌の大多数にC型肝炎ウイルス感染者を認めることから，①戦後の覚醒剤中毒者における注射の回し射ち，②肺結核に対する外科治療時に売血制度により集められた肝炎ウイルスに汚染された血液が輸血された，③不十分に消毒された注射器や注射針による感染などである．このような背景がない限り，

1980年頃からの肝癌患者の急激な増加は理解しがたいとされている．飲酒に関しては，その危険率は約2～3倍程度と考えられている．アフラトキシンは，南米産のカビに汚染されたピーナツを飼料にした七面鳥が肝障害を起こした原因物質として明らかにされた，強力な発癌性を有するカビ毒素である．わが国ではアフラトキシンの摂取に関しては，ほとんど問題にならない．

日本人においての消化器癌は，全体としては増加の傾向であるが，生活様式の変化，特に食事内容の変化とともに部位別の癌死亡者数は変化し，胃癌の減少傾向，大腸癌の増加傾向が著明である．つまり，これらの癌に関しては，日本人本来の遺伝的な要因よりも，食事をはじめとする外的要因・環境要因が大きくかかわっていると考えられる．またほかの先進国に比し，肝癌の死亡者数がきわだって多いことも日本における消化器癌の特徴である．これは，肝炎ウイルスの国民間の伝播がその元凶となったと考えられる．肝炎ウイルスに関しては，簡便で鋭敏なウイルス感染の有無がわかる検査法の開発，ワクチンによる予防，感染者に対するインターフェロン療法などの対策がとられており，肝癌による死亡者の数は著減するものと考えられている．

［中島　衡］

文　献

1) Parkin, D. M., Muir, C. S. and Whelan, S. *et al*., eds. (1994) Cancer incidence in five continents Vol. VI. Lyon：IARC, pp. 67-97.
2) 榊原　宣（1995）胃がんと大腸がん，岩波書店．
3) 平山　雄（1987）予防ガン学，その新しい展開，メディサイエンス社．
4) Wynder, E. L. *et al*. (1977) Diet and cancer of the colon. *Curr. Concepts. Nutr*., **6**, 55-71.
5) 小林　博（1993）がんの予防，岩波書店．
6) Doll, R. and Peto, R. (1982) The cause of cancer：Quantitative estimates of avoidable risks of cancer in the United States today. *J. Natl. Cancer Inst*., **66**, 1192-1308.
7) Hirayama, T. (1989) Association between alcohol consumption and cancer of the sigmoid colon, observations from a Japanese cohort study. *Lancet*, **2** (8665), 725-727.
8) International Agency for Research on Cancer. IARC monographs on the evaluation of carcinogenic risks to human, Vol. 59：hepatitis viruses. Lyon：IARC, 1994, pp. 67-97.
9) International Agency for Research on Cancer. IARC monographs on the evaluation of carcinogenic risks to human, Vol. 59：hepatitis viruses. Lyon：IARC, 1994, pp. 165-221.
10) International Agency for Research on Cancer. IARC monographs on the evaluation of carcinogenic risks to human, Vol. 44：alcohol drinking. Lyon：IARC, 1994, pp. 67-97.
11) International Agency for Resarch on Cancer. IARC monographs on the evaluation of carcinogenic risks to human, Vol. 56：some naturally occuring substances：food items and constituents, heterocyclic aromatic amines and mycotoxins. Lyon：IARC, 1993, pp. 245-395.
12) Tanaka, K., Hirohata, T. and Koga, S. *et al*. (1991) Hepatitis C and hepatitis B in the etiology of hepatocellular carcinoma in the Japanease population. *Cancer Res*., **51**, 2842-2847.
13) 日本肝癌研究会（1995）原発性肝癌追跡調査—第11報．肝臓，14，208-217.

15
日本人の泌尿生殖器系

泌尿器系と生殖器系はおのおの異なった機能を有しているが，発生学的には緊密な関連があるので，一般には合わせて泌尿生殖器系とよぶ．泌尿器系に属する臓器としては腎臓，尿管，膀胱および尿道がある．生殖器系に属する臓器としては，男性では精巣，陰茎など，女性では卵巣，卵管，子宮，腟などがある．性腺の原基は胎生5～6週頃から認められるが，外観的に性別はまだ明らかではない．性腺と性管とが発達を続けて生殖器系が完成され，出生時には男女の区別が明瞭となる．

15.1 泌尿器系

a. 解 剖

1) 腎 臓

腎動脈から運び込まれた血液中の老廃物や不要な物質を血液中から取り除き，尿管へ送り込む器官である．脊柱の左右両側の腹腔後壁に1対存在する．第12胸椎から第3腰椎の高さに位置し，右腎は左腎よりもやや低い位置にある．これは，右側に肝臓があるためである．

大きさはその人のこぶしの大きさよりやや大きく，縦約10 cm，幅約5 cm，厚さ3～4 cm，重量はおよそ130 gである．剖検例による検討では，重量は年齢とともに増加し，15歳前後でほぼ成人レベルに達する（表15.1）．15～65歳の平均重量は，男性の左腎が133～163 g，右腎が125～154 g，女性の左腎が115～145 g，右腎が110～138 gである．ヨーロッパ人では左右の腎臓を合わせて，男性280 g，女性249 gと報告されている[2]．60歳を過ぎると腎臓重量は男女とも減少していく（表15.2）

2) 尿 管

尿管は腎臓で生成された尿を膀胱へ運ぶ管で左右1対ある．腎盂から始まり腎門を出て，後腹膜腔を

表15.1 各年齢における腎臓の平均重量 (g)

年齢	男性 左	男性 右	女性 左	女性 右
0—	12	11	12	11
1か月—	18	18	18	17
2か月—	22	21	19	19
3か月—	26	24	22	22
4か月—	25	24	24	22
5か月—	27	27	24	25
6か月—	26	25	25	24
7か月—	30	27	28	27
9か月—	32	30	29	27
11か月—	27	27	25	26
1歳—	36	34	32	32
2歳—	40	37	40	37
3歳—	43	44	43	42
4歳—	48	50	50	48
5歳—	58	55	64	58
6歳—	74	68	68	66
7歳—	66	66	63	62
8歳—	72	70	77	72
9歳—	78	71	86	80
10歳—	89	80	84	87
11歳—	92	88	95	92
12歳—	114	109	113	106
13歳—	112	102	108	99
14歳—	140	132	112	107
15歳—	138	141	115	110
16歳—	141	136	129	118
17歳—	133	125	127	117
18歳—	137	132	129	125
19歳—	153	145	123	115
20歳—	138	128	118	115
21歳—	149	135	124	119
26歳—	149	141	133	132
31歳—	156	148	133	128
36歳—	158	148	142	133
41歳—	163	154	145	138
46歳—	159	153	136	129
51歳—	160	149	137	131
56歳—	153	148	132	130
61歳—	148	138	131	125
66歳—	142	135	118	115
71歳—	134	126	115	109
76歳—	122	119	108	105
81歳—	111	108	99	94

日本法医学会課題調査報告，1992より改変[1]

表 15.2　各年齢における腎臓の重量

	年齢（歳）	体重（kg）	身長（cm）	左腎臓（g）	右腎臓（g）
男性	60〜69	45.1 ± 9.4	160.1 ± 6.9	144.7 ± 38.7	139.9 ± 48.4
	70〜79	44.0 ± 8.8	158.2 ± 7.0	145.1 ± 106.5	126.5 ± 36.1
	80〜89	41.8 ± 7.9	156.3 ± 6.8	123.4 ± 33.4	114.6 ± 32.7
	90〜99	39.6 ± 4.4	156.2 ± 5.6	96.2 ± 18.2	93.7 ± 14.2
	100〜	—	—	—	—
女性	60〜69	39.2 ± 8.6	149.1 ± 5.2	119.2 ± 40.9	115.6 ± 37.5
	70〜79	38.4 ± 8.8	146.0 ± 6.6	112.2 ± 34.8	111.6 ± 32.8
	80〜89	35.1 ± 7.3	143.6 ± 6.0	100.0 ± 29.2	97.4 ± 31.0
	90〜99	33.9 ± 6.6	141.3 ± 6.7	95.0 ± 27.4	88.3 ± 22.7
	100〜	34.1 ± 5.9	143.0 ± 1.4	93.8 ± 31.5	81.3 ± 22.5

Inoue, T. and Otsu, S., 1987[3] より改変

下行し，膀胱に開口する．長さ約 30 cm，太さ 5〜6 mm である．尿管は尿を下方の膀胱に向かって送り込むが，これは 1 分間に 4〜5 回の周期的な蠕動運動による．尿管膀胱移行部ではいったん膀胱に流出された尿が尿管や腎盂へ逆流しない仕組みが備わっている．

3）膀　胱

伸展性に富んだ袋状の器官で，骨盤腔の最前方で恥骨結合のすぐうしろにある．膀胱の後側には男性では直腸が，女性では子宮と腟がある．膀胱は尿を一時的に溜める器官で，容量は平均 500 ml である．一般に女性は男性よりやや小さいといわれている．また，尿道括約筋との協働作用によって排尿を意のままに円滑に行う役割を担っている．

4）尿　道

膀胱に溜まった尿を体外へ排泄する器官である．男性では，長さが 16〜18 cm と細長く，精液を運ぶ通路（精路）ともなっている．膀胱の内尿道口から始まり，下行して前立腺（前立腺部），尿生殖隔膜を貫き，陰茎の内部を走って外尿道口として開く．側面からみると S 字状に屈曲している．前立腺部では精管が開口している．女性の尿道はまっすぐで長さが 4〜5 cm と短い．内尿道口から始まり尿生殖隔膜を貫いて，腟前庭に外尿道口として開く．女性は尿道が太くて短く外尿道口の位置が肛門に近いため，膀胱に細菌が侵入しやすく膀胱炎にかかりやすい．

b. 機　能

1）尿

毎日 1,000〜1,500 ml の尿がつくられるが，その

表 15.3　排尿回数（熊澤，1997）[4]

年齢（歳）	1 日排尿回数（回）
乳児（〜1 歳）	12〜20
1〜2	10〜12
2〜3	8〜10
3〜4	6〜8
4〜10	5〜6
>10	4〜6

量は水分摂取量，発汗量などによって大きな影響を受ける．尿量は個人差が大きく，乳児で 100〜500 ml/日，小児で 500〜1,400 ml/日，思春期で 500〜2,000 ml/日，成人で 500〜2,000 ml/日くらいである．また，女性より男性のほうが多い傾向にある．1 日尿量が 100 ml 以下を無尿，100〜500 ml を乏尿，3,000 ml 以上を多尿とする．1 日尿量が 500 ml 以下になると体液の恒常性の維持が困難になる．

尿は淡黄色ないし黄褐色透明であるが，水分摂取量により色はかなり変化する．蛋白，糖，血液成分などを含むことはほとんどない．おもな成分は尿素（1 日 15 g）と塩化ナトリウム（1 日 30 g）である．

排尿回数は通常 1 日 4〜6 回で，10 回以上を頻尿という．年齢により回数は異なり乳幼児では 1 日 10 回以上であるが，年齢とともに低下し，10 歳以上になると 1 日 4〜6 回程度になる（表 15.3）．

2）腎臓の検査

検査として，検尿，尿蛋白，尿潜血，尿沈査，クリアランス試験（腎臓の排泄能力をみる），PSP 試験，血液化学検査，腎生検，レントゲン検査などがある．

代表的な血液化学検査として血中の尿素窒素（BUN），クレアチニンなどがあげられる（表 15.4）．

表15.4 性別，年齢別による血中尿素ならびにクレアチン

性別	年齢	尿素窒素		クレアチニン	
		例数	M ± SD (mg/dl)	例数	M ± SD (mg/dl)
男性	20～35	47	15.04 ± 2.22	47	1.15 ± 0.20
	50～59	1512	14.74 ± 2.88	1548	1.02 ± 0.16
	60～69	1512	15.24 ± 3.38	1576	1.00 ± 0.17
	70～79	1512	18.45 ± 4.07	1576	1.05 ± 0.23
	80～	1512	18.77 ± 4.54	1581	1.04 ± 0.24
女性	20～35	47	13.58 ± 1.65	52	0.82 ± 0.15
	50～59	1512	13.73 ± 2.81	1513	0.82 ± 0.14
	60～69	1512	15.90 ± 3.16	1576	0.82 ± 0.15
	70～79	1512	16.09 ± 3.27	1537	0.83 ± 0.19
	80～	1512	17.85 ± 4.12	1555	0.87 ± 0.19

野間昭夫ら，1987[5] より改変

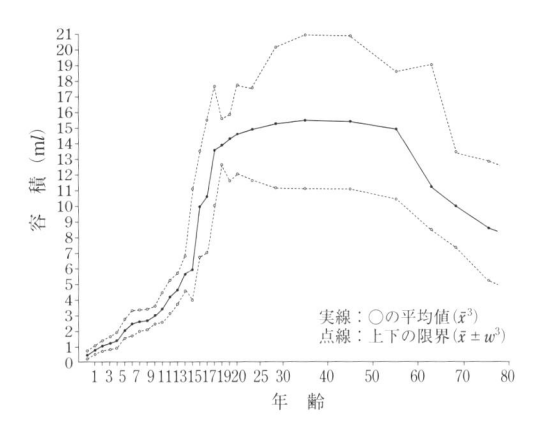

図15.1 各年齢における精巣容積（中村, 1961）[6]

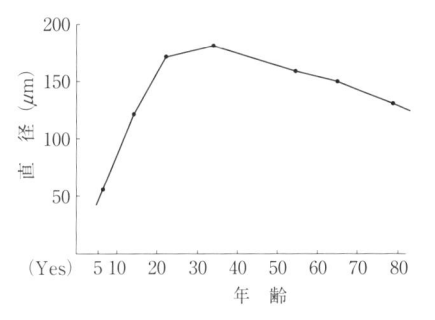

図15.2 各年齢における精細管直径（落合, 1965）[8]

尿素は蛋白の最終代謝物で，腎機能が障害されると血中に増加する．高蛋白食や激しい運動によっても上昇する．成人では男性が女性よりやや高く，加齢とともにしだいに高くなる．クレアチニンは筋肉中に含まれるクレアチンの終末代謝産物で，腎臓の排泄機能が低下すると血中に増加する．女性よりも男性のほうがやや高く，年齢による差はあまりない．

15.2 男性生殖器系

a. 解 剖

1）精 巣

左右1対あり，陰嚢に包まれている．大きさは長径4 cm，前後径2 cm，1個の重さ約8 gである．思春期になると精子がつくられ，つくられた精子は直精細管を通って精巣上体に送られる．また，男性ホルモンの生合成・分泌器官としても重要である．

精巣の大きさは年齢によって大きく異なる（図15.1）．1歳から3, 4歳までの大きさの増加は比較的緩徐で，4～6歳に少し大きくなる．9歳頃から発育はだんだん促進され，10歳前後～16, 17歳頃にかけて急激に大きくなる．思春期を過ぎると発育は再び緩徐となり，35歳から45歳頃にピークに達する．50歳過ぎから容積は減少に転じる．具体的には，1歳未満では平均0.30 ml，その後，5歳で2.2 ml，9歳で3.14 ml，12～13歳で5.83 ml，20歳前後で15.0 ml，31～40歳で15.62 ml，41～50歳で15.81 ml，70歳以降で8.84 mlと推移する．したがって，日本人の成人男子の精巣容積はだいたい15 ml前後といえる．機能的には，11～12 mlの容積があれば正常と考えられている．精巣の高さには左右差があり，日本人でもアメリカ人でも左側が低い位置にあることが多い[7]．

精巣には引き伸ばすと1 m近くになる長い精細管が1個の精巣のなかに曲がりくねっておさまっている．精細管の壁は精上皮からなり，これから精祖細胞が生じ，思春期になると分化して精子細胞となる．つくられた精子は精巣上体に送られる．精巣容積の大きさが変化するのは，おもに実質の2/3を占める精細管の変動によるものと考えられている．精細管の内径は年齢とともに太くなり，26～50歳では平均0.174 mmとなる（図15.2）．

2）精巣上体

精巣の上部から後縁に沿って存在し，長い管が曲がりくねった形でおさめられている．機能としては，精子の輸送と成熟および貯蔵が考えられている．精巣から送られてきた精子がここで10～20日間蓄え

3) 精管

精巣の産生物を運ぶ管である．精巣上体の続きとして上行し，鼠径管を通って腹壁を通過する．左右1対あり，直径約3 mm，長さ約40 cmある．精子を含む精巣分泌物の輸送と精管膨大部での貯蔵と分泌の機能を有している．

4) 前立腺

膀胱の下にある栗の実のような形をした腺で成人で約20 gである．分泌物は特有のにおいのある乳白色の液で，精子の運動を促進する働きがある．

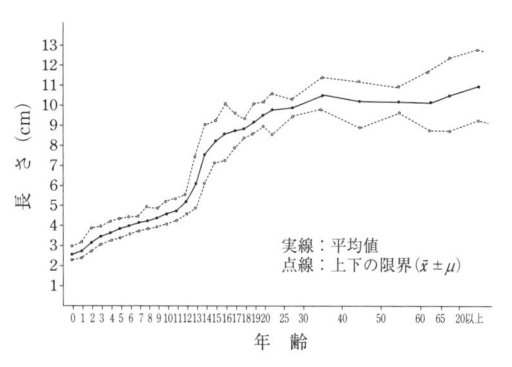

図15.3 各年齢における伸長させた陰茎の長さ（中村，1961）[6]

5) 陰茎

男性の交接器官で，尿道が通過する．陰茎根，陰茎体，亀頭に分けられる．性的興奮が起こると，陰茎は太く硬くなる（勃起）．日本人の弛緩時の陰茎長は平均7.3～9.5 cm，陰茎周は平均7.6～8.6 cmである[7]．伸長時の陰茎長は平均10～11 cmとなる（図15.3）．各人種の陰茎の大きさを比較すると，欧米人が日本人などの東アジアの人々より大きいことは事実のようである（表15.5）．Dickinson[9]の1949年のデータによると，アメリカ人の陰茎長は弛緩時で平均10 cm，勃起時で平均15.5 cmである．アメリカ人の平均膨張率（膨張率：容積＝$\pi \times \left(\dfrac{陰茎周}{2\pi}\right)^2 \times$陰茎長 で容積を求め，弛緩時に対する勃起時の割合を算出する）が2.6倍であるのに対して，日本人では平均2.8～3.5倍と報告されている（表15.6）．

6) 陰嚢

精巣ならびに精巣上体を入れる袋状の皮膚で，陰茎の皮膚に連続する．外気温が低いと陰嚢の皮膚は縮み，外気温が高いと緩む．これは精子形成に適するように陰嚢内の温度を調節する仕組みであると考えられる．

表15.5 各人種の陰茎の大きさ(cm)

人種	報告者	例数	長さ	周径	亀頭長	亀頭周
日本人	吉岡・武藤(1983)	各報告集計	4.2～18.5 (8.29)	5.6～15.5 (8.31)	1.5～4.5 (2.65)	6.1～14.2 (8.27)
欧米人	Dickinson(1949)	各報告集計	6～11.5 (10)	7.5～10.5 (8.5)	—	—
朝鮮人	久保(1915)	35-41	(8.99)		(2.25)	—
中国人	村山ら(1939)	142	4.7～11.4 (7.7)	6.5～12.8 (8.8)	3.0～4.8 (3.7)	6.9～10.5 (8.8)
フェゴ島住民（アルゼンチン）	Hyades and Denicker(1891)	21	6.0～10.5 (7.7)	—	—	—

( )内は平均値

表15.6 陰茎の膨張率（吉岡ら，1983）[7]

報告者	例数	陰茎長(cm)		陰茎周(cm)		容積(ml)		膨張率
		弛緩	勃起	弛緩	勃起	弛緩	勃起	
中島(1933)	45	8.2	12.7	8.5	11.5	47.1	133.6	2.8
藤巻(1942)	15	8.5	11.9	8.0	11.45	43.0	124.0	3.0
稲葉ら(1977)	250	8.5	13.4	8.6	12.8	49.9	174.0	3.5
Dickinson(1949)	—	10.0	15.5	8.5	11.0	57.1	148.9	2.6

b. 機　能
1） 勃起と性交

　勃起は陰茎海綿体に大量の血液が流入し充満することによって生じる陰茎の増大現象である．中枢から交感神経を介し，精巣上体，精管，精囊，前立腺および会陰筋の律動的な収縮によって精液は尿道を経て体外に放出される．これを射精という．日本人健康男性の勃起機能を夜間睡眠時勃起による陰茎周最大増加値からみると，20歳代をピークに，その後は下降傾向を示す（図15.4）．特に50歳代から低下が著しくなり，また，個人差も非常に大きくなってくる．

　性行為の回数は加齢とともに減少し，日本人では50歳代以降になると「性交なし」の頻度が増加する．50歳代前半では5.1％であるのに対し，50歳代後半で9.3％，60歳代前半で14.8％，60歳代後半で23.0％，70歳代前半で32.1％，70歳代後半で50.8％，80歳代で62.6％に上昇する（図15.5）．週1回以上の性交のある男性の頻度は，30歳未満では37.7％であるのに対し，30歳代後半で21.9％，40歳代後半で13.4％，50歳代後半で9.6％，60歳代後半で3.4％，70歳代以降では2.1％以下となる．熊本らによると，アメリカ人に比べて日本人は5～10年早く性的能力の減退がみられる（図15.6）．30歳代までは性交回数に日米間の差はないが，40歳代以降，日本人の性交回数は急激に低下する．

　さらに，最近では新婚インポテンス（性交不能症）とよばれる新婚第一夜からのインポテンスやセックスレス夫婦とよばれるセックスをしない夫婦の増加も話題になっている．

2） 精　液

　身体的な成長や成熟は，男性は女性より遅れて始まる．初めて経験する射精を精通または精通現象とよんでいる．平均の精通年齢は13.2歳で，平均初経年齢の12.3歳に比べてほぼ1年遅れる（図15.7）．射精による精液放出量は約2～4 mlである．精液の性状は射精までの禁欲期間によって左右される．精液は精子，精囊の分泌物，前立腺の分泌物からなり，乳白色で特有の臭気がある．

　ここ数十年，精液の質の低下が世界的に注目されている．Carlsenら[13]によると，正常男性の平均精子数は1940年の113×10^6/mlから1990年には

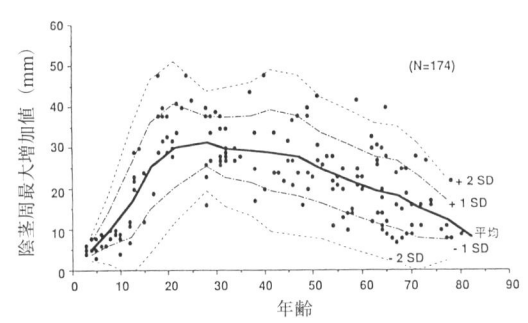

図 15.4 夜間睡眠時勃起による陰茎周最大増加値の年齢による推移（健康男子）（塚本ら，1994）[10]

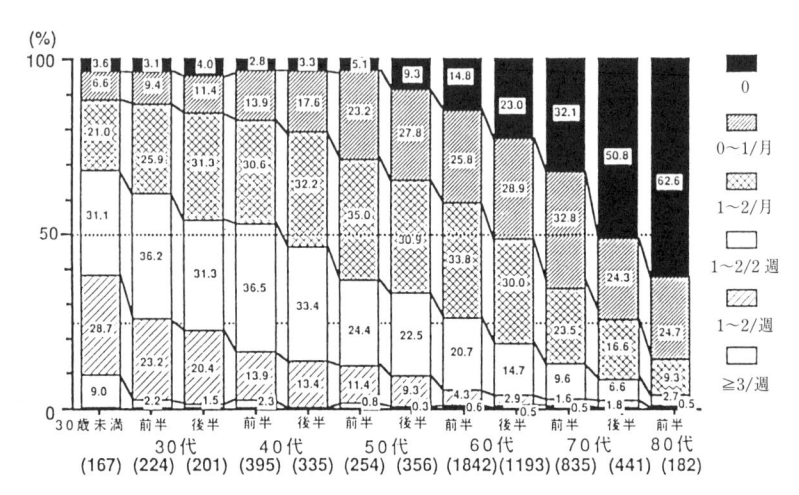

図 15.5 日本人男性の性生活の実態（塚本ら，1994）[10]

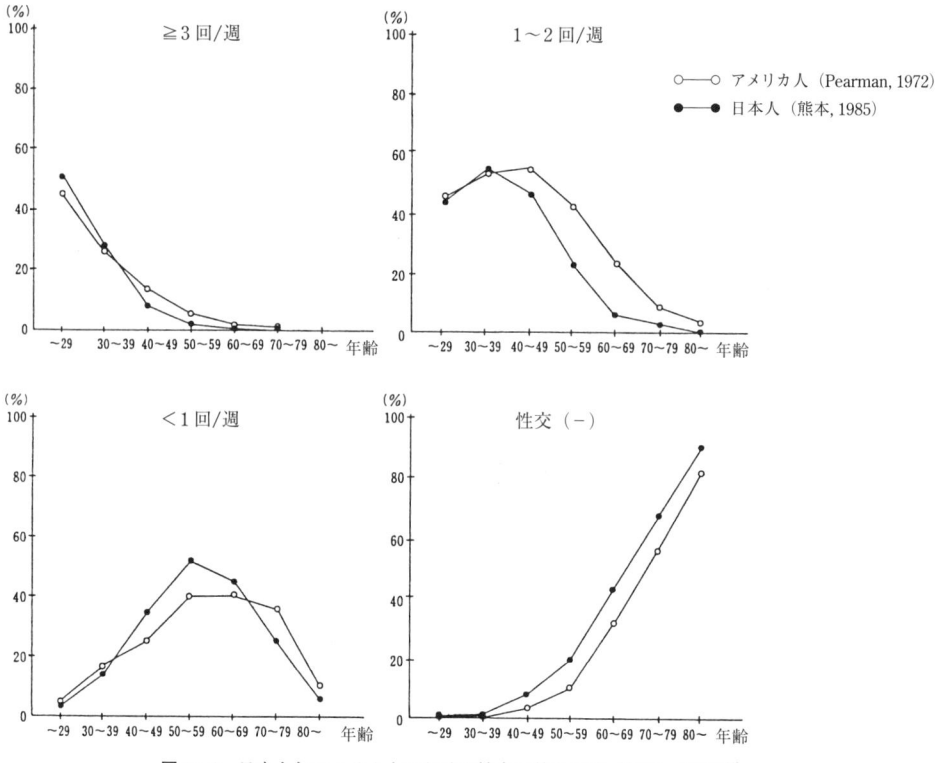

図 15.6 日本人とアメリカ人における性交回数の比較（熊本, 1986）[11]

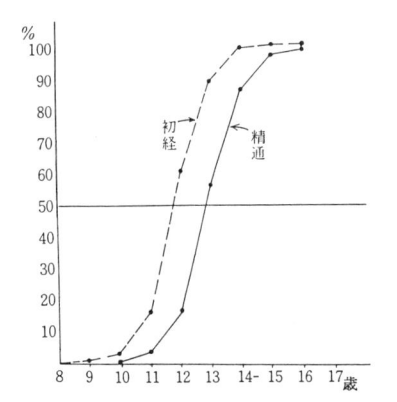

図 15.7 初経と精通年齢の累積曲線（黒川, 1996）[12]

$66×10^6$/ml へと，1 年当たり $0.934×10^6$/ml ずつ減少し（表 15.7），また，精液量も 3.40 ml から 2.75 ml へと，1 年当たり 0.013 ml ずつ有意に減少している．わが国の成人健康男性においても，1970 年から 1979 年までの平均精子数が 6,500 万/ml，運動率が 78％であるのに対して，1980 年から 1989 年までの平均精子数は 6,300 万/ml，運動率は 74％と精子数は減少傾向を示し，1990 年以降も同様の傾向が続いている[14]．

表 15.7 精液の推移

	0～1986 年	1987 年（WHO）	1992 年（WHO）
精液量	2.0～4.5 ml	2.0 ml 以上	2.0 ml 以上
pH		7.2～7.8	7.2～8.0
精子濃度	$40×10^6$ ml 以上	$20×10^6$ ml 以上	$20×10^6$ ml 以上
総精子数		$40×10^6$ ml 以上	$40×10^6$ ml 以上
精子運動率	70～80％以上	前進する精子が 50％以上，または高速に前進する精子が 25％以上	前進する精子が 50％以上，または高速に前進する精子が 25％以上
精子形態	80％以上が正常形態	50％以上が正常形態	30％以上が正常形態
精子生存率		50％以上	75％以上

15.3 女性生殖器系

a. 解 剖

1) 卵 巣

卵巣は子宮の両外側に伸びた卵管にぶら下がったような形で左右1対存在する．ほぼ母指頭大の大きさで重さは約4～8gである．女性生殖器であると同時にエストロゲンやプロゲステロンを分泌する内分泌器官としての役割も果たしている．ヒトの卵巣には出生時には約40万～50万個の卵母細胞（卵子の起源）がある．

2) 卵 管

卵巣から排卵された卵子を取り込み，子宮腔内に運ぶ管である．左右1対あり，内側は子宮腔に開き，外側は腹膜腔に開く．長さ約10cmで，左卵管が右卵管より長いことが多く，また，加齢とともに長くなる．子宮側から間質部，峡部，膨大部，漏斗部の4つに分けられ，直径は部位により異なる．間質部は子宮筋層内を通過する部分で最も狭く，管腔直径は1mm，全体の厚さは3～4mmである．直径は峡部で2～4mm，膨大部で6～8mmである．

3) 子 宮

骨盤腔の中央に位置し，前方では膀胱に，後方では直腸に接する．西洋梨を前後に平たく逆さまにした形で，大きさは鶏卵大で全長6～7cm，重さは約50gである．上2/3の子宮体部，下1/3の子宮頸部に分けられる．子宮の壁は1～1.5cmの厚さがあり，内側から子宮内膜，筋層，漿膜の3層からなる．

子宮内膜は卵巣から分泌されるホルモンに反応し，その厚さは月経周期により著しく変化する．MRIを用いた観察では，月経直後が1～3mmと最も薄く，増殖期後期では2～3mm，分泌期初期には3～5mmとなり，分泌期後期には5～7mmと最も厚くなる[15]．

妊娠すると子宮は著しく大きくなり，妊娠前の重量50g前後，子宮容量10ml以下，子宮腔長7cm前後から重量1kg前後，子宮容量5l前後，子宮腔長36cm前後になる．

4) 腟

子宮頸管と腟前庭を結ぶ粘膜の管である．女性の交接器官であるとともに胎児が通る産道としての役目ももっている．前後に扁平で腟前後壁が接している．前壁が7～8cm，後壁が8～9cm，その横径は2～3cmであり，分娩後にはより広くなる．

5) 外陰部

恥丘，大陰唇，小陰唇，陰核，前庭球，バルトリン腺（大前庭腺），小前庭腺，女性尿道，スキネ腺，処女膜，腟前庭からなる．陰核の背側に左右に分かれて小陰唇があり，それを外側から大陰唇がおおっている．腟前庭の腹側に外尿道口，背側に腟口があいている．腟口との境にあたる腟前庭の粘膜のひだが処女膜である．腟前庭にはバルトリン腺と小前庭腺が開き，粘液を分泌する．

陰核は男性の陰茎に相当し，長さ3cmほどの円筒状である．日本人における陰核体の長さは30mm以下の割合が45.8％，31～40mmが48.4％，41mm以上が5.9％である（表15.8）．陰核亀頭横径は5mm以下の割合が43.6％，6～7mmが39.9％，8mm以上が16.5％である（表15.9）．一方，アメリカ人では，総長は平均16.0mm，亀頭長は平均5.13mm，亀頭幅は平均3.4mmと報告されている（表15.10）．これらの数値は報告者による差が大きく，計測時の条件や方法の影響も否定できない．

6) 骨 盤

骨盤は直立・歩行の運動の中心であり，上半身の体重を支える役割を果たしている．女性では特に分娩時の産道としての意味をもち，男性に比べて広く浅くできている．骨盤は形によって女性型，類人猿型，扁平型，男性型の4つに分類できる．日本人女性では白人に比べて女性型骨盤の割合が高く，60～80％に達する（表15.11）．

7) 乳 房

乳汁を分泌する腺で，皮膚腺の一種である．乳腺は前胸部に1対存在し，男性では痕跡的で発達はよくないが，女性では発達がよく特に乳房とよぶ．女性が思春期になると乳腺は発達する．乳腺は乳房の脂肪組織に埋まっているが，妊娠すると大きくなり，出産後，乳汁を分泌する．授乳を終えると再び乳腺は萎縮する．

日本人の20歳女性の身長，体重，胸囲の年次推移をみると，1948年には身長154cm，体重51.4kg，胸囲81.2cmであったのに対して，1970年にはそれぞれ156.5cm，51.1kg，81.6cm，1989年には

表 15.8 各年齢における陰核包皮長 (mm)

陰核包皮長＼年齢	～19	20～22	23～25	26～28	29～31	32～34	35～37	38～40	41～43	44～	計
	(131)	(202)	(452)	(472)	(804)	(1510)	(2158)	(1561)	(583)	(457)	(8330)
30以下	42.0	37.6	36.5	41.3	40.2	45.8	47.9	48.2	50.4	49.5	45.8
31～40	52.7	57.9	55.5	51.1	52.9	48.7	46.7	46.0	44.3	44.9	48.4
41以上	5.3	4.5	8.0	7.6	7.0	5.5	5.4	5.8	5.3	5.7	5.9

笠井, 1995[16] より改変

表 15.9 各年齢における陰核亀頭横径 (mm)

陰核包皮長＼年齢	～19	20～22	23～25	26～28	29～31	32～34	35～37	38～40	41～43	44～	計
	(131)	(202)	(452)	(472)	(804)	(1510)	(2158)	(1561)	(583)	(457)	(8330)
5以下		37.6	36.3	38.3	42.3	45.6		47.8	41.9	42.9	43.6
6～7	38.9	46.0	45.6	44.7	41.0	38.8	39.7	36.7	41.7	37.9	39.9
8以上	11.5	16.3	18.1	16.9	16.7	15.6	17.1	15.5	16.5	19.3	16.5

笠井, 1995[16] より改変

表 15.10 初産婦・経産婦別の陰核サイズ (mm)

	全長	亀頭長	亀頭横径
全女性	16.0 ± 4.3	5.1 ± 1.4	3.4 ± 1.0
出産歴あり	15.4 ± 4.3	4.8 ± 1.3	3.2 ± 1.0
出産歴なし	16.3 ± 4.3	5.3 ± 1.5	3.6 ± 1.0

S. Barry et al., 1992[17] より改変

158.1 cm, 51.2 kg, 82.1 cm となっている（表 15.12）．身長が著しく伸びているのに対して，体重はむしろ減少し胸囲はほとんど変化していない．

年齢別に比較してみると，バスト周径，アンダーバスト径ともに年齢とともに大きい傾向にある．身長，体重，バスト周径，アンダーバスト周径はそれぞれ25～29歳で159.3 cm, 50.8 kg, 82.3 cm, 71.6 cm, 35～39歳で158.4 cm, 52.1 kg, 82.8 cm, 73.3 cm, 45～49歳で156.0 cm, 53.5 kg, 84.8 cm, 74.9 cm, 55～59歳で154.6 cm, 53.5 kg, 86.8 cm, 77.0 cm となり，35歳以上でバストの増加がみられるが，ウエストの増加がより顕著である（図15.8）．東アジアの主要都市における女性の体型を比較すると，北京の女性は最も背が高くスリムでバストは最も小さい（表15.13）．東京の女性は8都市中ウエストは最も細く，バストは平均的である．

表 15.11 骨盤形態 4 型の特徴

形状・分布	女性型	類人猿型	扁平型	男性型
形状	短径型	長径型, 細長型	扁平型	心臓型
入口部前後径 (cm)	11.0	12.0	10.0	11.0
入口部最大横径 (cm)	12.0	<12.0	12.0	12.0
前方部の形	広い	長く狭い	広い	狭い
後方部の形	広い	長く狭い	広い	やや広い
側壁の形状	直線的下方でやや広がる	直線的で下方に広がる	直線的	下方狭くなる
坐骨棘	ゆるく突出	やや突出	中等度	鋭く突出
仙骨 傾斜	凹形	後方に鋭角	直線的で浅い	直線的で長い
長さ	中等	長い	中等	中等
幅	広い	狭い	広く扁平	広い
恥骨弓 形	ゆるい弯曲	ゆるい弯曲	ゆるい弯曲	鋭角で長い
大きさ	幅広い	幅広い	中等度	狭い
出口部横径 (cm)	10.0	10.0	10.0	<10.0
骨の構造	繊細	やや繊細	かなり繊細	頑丈
白人 (%)	50～70	15～30	8～12	2～8
日本人 (%)	60～80	5～25	4～14	1～7

表 15.12　日本人 20 歳男女の身長，体重，胸囲，座高平均値の時代的推移（落合，1965）[8]

年	身長(cm) 男性	身長(cm) 女性	体重(kg) 男性	体重(kg) 女性	胸囲(cm) 男性	胸囲(cm) 女性	座高(cm) 男性	座高(cm) 女性
1900	160.9	147.9	53.0	48.0	80.9	79.1	—	—
1	160.0	148.2	53.8	49.3	81.8	77.0	—	—
2	160.6	147.9	53.9	51.5	81.8	76.4	—	—
3	160.9	147.3	53.8	47.3	81.8	75.5	—	—
4	160.9	148.2	53.6	47.6	81.8	76.4	—	—
5	162.1	150.0	53.9	48.6	81.5	77.3	—	—
6	160.9	148.8	54.1	47.8	81.8	76.7	—	—
7	160.6	149.7	53.6	47.1	81.2	76.4	—	—
8	160.6	148.8	53.1	48.5	81.8	77.6	—	—
9	161.2	149.1	54.1	49.0	82.1	78.5	—	—
1910	161.5	149.1	54.3	48.3	81.8	78.5	—	—
11	161.5	148.8	54.1	48.7	81.8	77.9	—	—
12(大正元)	161.5	149.4	54.2	48.7	81.8	79.4	—	—
13	161.2	150.3	53.8	48.6	82.4	78.5	—	—
14	161.2	150.0	54.4	49.3	82.4	79.1	—	—
15	161.5	149.4	54.2	49.0	82.7	78.8	—	—
16	161.8	150.3	54.8	50.1	82.7	79.4	—	—
17	161.8	150.0	54.8	49.3	82.4	79.1	—	—
18	160.9	149.7	54.7	49.7	82.4	78.8	—	—
19	162.1	150.0	54.3	48.9	82.4	78.5	—	—
1920	162.4	150.9	54.4	49.3	82.4	81.2	—	—
21	—	—	—	—	—	—	—	—
22	162.7	150.9	54.4	48.9	82.7	80.0	—	—
23	163.0	150.3	54.7	50.3	83.0	80.3	—	—
24	162.4	150.9	54.6	49.0	83.0	79.4	—	—
25	162.4	151.5	54.8	48.4	83.0	78.5	—	—
26(昭和元)	162.7	151.1	54.6	48.6	83.1	77.9	—	—
27	162.7	150.8	55.1	48.6	82.9	79.0	—	—
28	162.9	152.2	55.4	48.7	83.0	77.5	—	—
29	163.0	151.2	55.3	49.0	83.3	77.9	—	—
1930	162.5	150.5	54.8	48.9	83.1	77.4	—	—
31	163.3	151.8	55.2	49.0	83.2	78.0	—	—
32	163.4	152.3	55.4	49.2	83.4	77.9	—	—
33	163.8	152.2	55.7	49.2	83.7	78.1	—	—
34	163.7	151.7	55.8	50.6	83.7	78.3	—	—
35	163.9	152.5	55.7	49.5	83.9	78.2	—	—
36	164.1	152.3	55.5	49.8	84.0	78.8	—	—
37	163.7	152.3	55.6	49.5	83.7	78.3	89.5	84.0
38	164.3	153.0	55.2	49.7	83.9	78.5	90.0	84.3
39	164.5	152.7	55.7	49.6	84.0	78.5	—	—
1940	163.9	—	55.9	—	85.3	—	—	—
41	163.0	—	55.5	—	84.9	—	—	—
21	164.0	—	56.1	—	85.0	—	—	—
43	164.2	—	56.3	—	85.2	—	—	—
44	163.0	—	57.6	—	85.2	—	—	—
45	165.0	—	57.3	—	85.0	—	—	—
46	—	—	—	—	—	—	—	—
47	—	—	—	—	—	—	—	—
48	163.7	154.0	55.3	51.4	83.5	81.2	—	—
49	163.5	153.6	55.0	51.1	83.5	81.6	88.9	84.2
1950	163.7	153.7	55.0	50.7	83.5	81.4	89.1	84.5
51	164.7	153.8	55.1	50.0	83.6	80.9	89.7	84.2
52	164.7	153.7	55.3	49.8	83.4	80.9	89.6	84.0
53	164.9	153.8	55.6	49.6	83.5	80.7	89.7	84.3
54	165.2	154.1	55.5	49.6	83.6	80.7	89.8	83.9
55	165.5	154.3	56.0	49.9	83.8	80.6	90.1	84.0
56	165.7	154.5	56.4	50.2	84.2	80.7	90.2	84.0

表 15.12 のつづき

年	身長(cm) 男性	身長(cm) 女性	体重(kg) 男性	体重(kg) 女性	胸囲(cm) 男性	胸囲(cm) 女性	座高(cm) 男性	座高(cm) 女性
57	165.9	154.6	56.6	50.2	84.5	81.0	90.4	84.2
58	166.0	154.6	56.7	50.0	84.8	80.7	90.5	84.4
59	166.2	154.6	56.9	50.1	85.0	80.9	90.6	84.5
1960	166.4	154.7	57.0	50.1	85.2	80.7	90.6	84.7
61	166.7	154.9	57.4	50.4	85.5	80.9	90.7	84.9
62	167.0	154.9	57.6	50.4	85.7	80.9	90.9	84.7
63	167.1	155.0	57.7	50.2	86.1	81.0	90.7	84.9
64	167.2	155.3	58.0	50.3	86.3	81.3	90.6	84.9
65	167.5	155.4	58.2	50.8	86.6	81.6	90.7	85.0
66	167.8	155.5	58.6	50.7	87.0	81.5	90.7	84.9
67	168.2	155.9	59.1	50.9	87.2	81.9	90.6	85.2
68	168.5	156.3	58.8	50.7	87.0	81.5	91.1	85.3
69	168.5	156.2	59.4	51.0	87.2	82.1	90.6	85.0
1970	168.8	156.5	59.3	51.1	86.8	81.6	90.7	85.2
71	169.0	156.8	59.6	51.3	87.2	81.7	90.8	85.1
72	168.6	155.7	59.6	50.5	86.8	—	89.7	83.7
73	169.0	156.6	59.8	51.1	87.1	81.6	89.9	84.3
74	168.5	156.0	59.8	50.6	86.9	81.6	89.4	83.1
75	—	—	—	—	—	—	—	—
76	169.0	156.2	60.1	51.1	86.9	81.7	89.6	83.9
77	169.4	156.7	60.5	50.6	87.3	81.7	89.9	83.9
78	169.5	157.2	60.8	51.1	87.1	81.7	89.6	83.4
79	169.7	156.9	60.9	50.9	87.4	81.7	89.8	83.9
1980	169.9	157.3	61.4	50.8	87.6	81.6	89.6	83.6
81	169.9	157.1	61.7	50.7	87.7	81.9	89.7	83.9
82	170.6	157.6	62.7	51.1	88.4	81.9	90.2	83.8
83	170.1	157.7	62.0	50.8	87.5	81.8	89.9	83.5
84	170.9	157.5	62.6	50.7	87.8	81.4	90.3	83.4
85	170.6	157.7	63.4	50.6	88.2	81.1	90.2	83.8
86	171.0	158.0	63.1	51.3	88.3	81.7	90.4	83.8
87	171.0	158.0	63.1	51.2	88.6	82.0	90.3	83.9
88	171.4	158.1	63.3	51.1	88.5	81.9	90.2	83.5
89(平成元)	171.2	158.1	63.7	51.2	88.2	82.1	90.4	83.7

1921 年の資料は 1923 年の関東大震災のため焼失，1939 ～ 1948 年の資料の欠如は戦争のため．

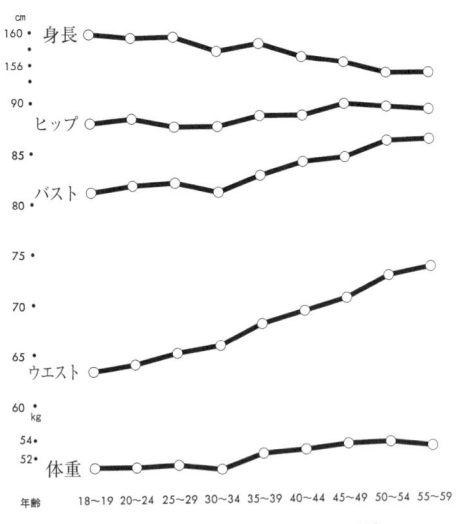

図 15.8 現代女性のボディサイズ[19]

b. 機　能

1) 思春期と初経

思春期は乳房発育や陰毛発育など第二次性徴の出現に始まり，初経を経て第二次性徴が完成し月経周期がほぼ順調になるまでの期間をいう．わが国ではおおむね 8，9 歳頃～17，18 歳頃に相当する．第二次性徴は思春期におけるホルモン動態に対応した特徴的な身体の発育である．これらの変化は段階的に現れ，多くは乳房の発達，陰毛の発生，初経の順となる．乳房発育は 7 ～ 11 歳に，陰毛発生は 9 ～ 12 歳に，月経は 10 ～ 14 歳に始まる[21]．

過去 100 年間，先進国における初経年齢は著しく低下傾向にある（図 15.9）．わが国においても同様の傾向にあり，ここ 20 年間に限っても，1.5 年程度早まっているが，最近は大きな変化がない．初経年

表 15.13　アジア女性のボディサイズ[20]

	東京	北京	ソウル	台北	香港	バンコク	シンガポール	ジャカルタ
身長（cm）	158.9	161.5	160.6	159.8	159.5	157.8	159.8	156.4
体重（kg）	49.3	50.1	50.2	49.9	52.2	48.8	52.9	46.4
バスト（cm）	82.7	79.4	82.3	84.2	84.6	82.8	83.1	80.1
ウエスト（cm）	60.4	64.2	65.4	64.3	65.2	64.4	66.5	65.3
ヒップ（cm）	86.6	85.1	84.2	90.6	88.1	88.7	85.9	85.8

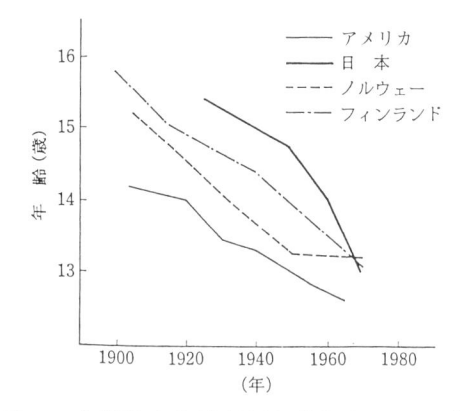

図 15.9　先進国における初経年齢の推移（原田, 1990）[22]

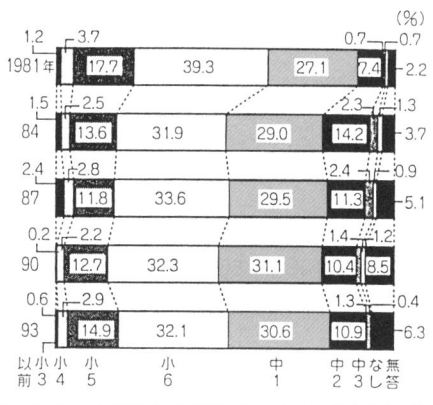

図 15.10　月経経験年度別比較（中学 3 年生女子）[24]

齢が低下する要因として，乳製品，蛋白，脂肪などの栄養摂取量が急増し，その結果，体格が著しく向上したことがあげられる．1978〜1979 年の初経年齢は，12 歳が 34.9％，13 歳が 26.1％，11 歳が 17.5％，14 歳が 14.5％となり，11 歳から 13 歳までで 78.5％を占めることになる[23]．小学校終了時点で約半数，中学校終了時点で 90％以上の生徒が月経を経験している（図 15.10）．初経発来時の体重は初経年齢にかかわらずほぼ一定で 43 kg 前後であり，欧米では 48 kg 前後である[25]．月経発来には 17％前後の体脂肪率が必要であるといわれている．初経年齢には人種差があるといわれてきたが，むしろ個人の栄養状態の影響が大きい．

2）排卵と月経

思春期以降になると卵は成熟し，初経以降，だいたい 28 日間隔で左右いずれかの卵巣から交互に 1 個ずつ排卵される．一生の間に約 500 個が排卵されることになる．卵胞の発育には下垂体からの刺激ホルモンが重要な役割を担っている．初経後しばらく排卵率は低いが，その後年々排卵率は上がり 20 歳以降でほぼ正常の排卵周期が確立される．

女性生殖器系は男性と異なり，一定の周期的な変化を示し，その最も典型的なものが月経である．月経は子宮内膜が剥がれ落ちるために起こる腟からの生理的な出血である．月経周期はおもに下垂体や卵巣から分泌されるホルモンによって調節される．月経周期は人によりかなりばらつきがあり，23〜38 日ならばほぼ正常と判断される（図 15.11）．また，個人の月経周期も毎月一定していることはむしろ少なく，連続する 2 周期の周期の差が 1 日以内のものは 30％以下である．

月経血は剥離した子宮内膜，血液，分泌物から構成される．全体の量は 50〜250 g とされているが，失われる血液量は約 50 g 程度である．その量は個体差が大きく，日常生活に支障をきたすほど多い場合を過多月経とよぶ．

3）性　交

わが国では性交開始年齢の低年齢化が進み，高校 3 年生では 1990 年の男子 20.7％，女子 17.1％から，2002 年にはそれぞれ 37.3％，45.6％となっている[12]．日本人女性の年齢別頻度では，50 歳代以降に「性交なし」の頻度が増加する．50 歳代前半で

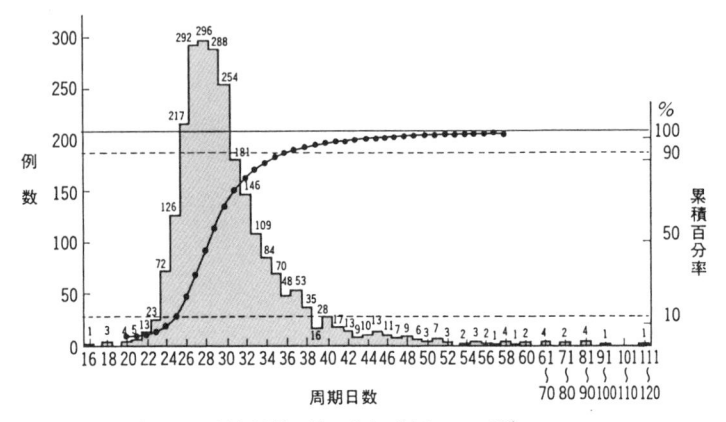

図 15.11　月経周期日数の分布（松本，1962）[26]

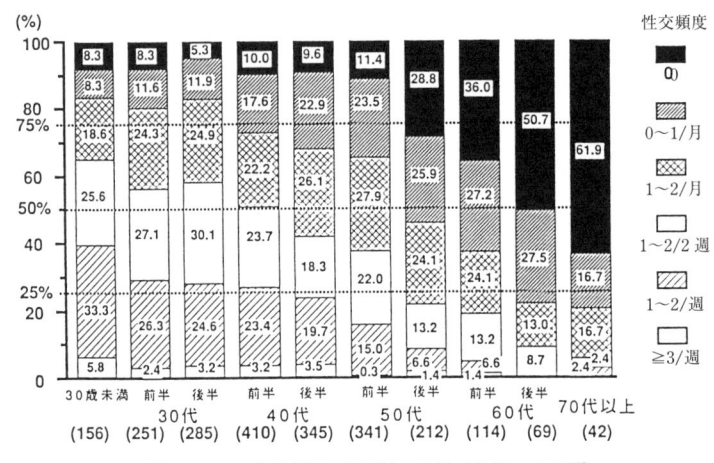

図 15.12　日本人女性の性生活の実態（本多，1994）[27]
既婚かつ現在妊娠していない女性：2225 例

は 11.4％であるのに対し，50 歳代後半で 28.8％，60 歳代前半で 36.0％，60 歳代後半で 50.7％，70 歳代以上で 61.9％に上昇する（図 15.12）．週 1 回以上の性交のある女性の頻度は，30 歳未満では 39.1％であるのに対し，40 歳代後半で 23.2％，50 歳代後半で 8.0％，60 歳代後半以降で 0％となる．

4）分　娩

近年，少子化問題が大きく取り上げられている．諸外国の合計特殊出生率を比較すると，旧西ドイツ，イタリアについで低く，その低下傾向は著しい（表 15.14）．1970 年には 2.13 であったのに対し，1980 年には 1.75，1990 年には 1.54，そして 1996 年には 1.43 となり，人口を維持するのに必要な水準（人口置換水準）である 2.08 を大幅に割り込んでいる．

出産年齢は，わが国では 10 歳代の出産は少なく，15〜19 歳での女子人口 1000 対で 3.9 ときわめて低い（表 15.15）．これは合計特殊出生率が日本より低い旧西ドイツやイタリアに比べても半分以下である．一方，40 歳以上の出生率も諸外国に比較して低い傾向にある．

出生体重は人種・民族，社会経済的条件，栄養状態，標高差などの物理的環境などによって影響を受ける．わが国の平均出生体重は 3,000 g 強で，67.0％が 3,000 g をこえる．4,000 g 以上の巨大児の頻度は，わが国では 2.5％であるのに対し，体格のよい欧米諸国でその頻度は高く，アメリカで 11.0％，旧西ドイツで 10.1％，イタリアで 8.3％である（表 15.16）．北欧では巨大児の頻度がきわめて高く，フ

表15.14 諸外国の合計特殊出生率(1970年～2001年)[28]

国	1970 (昭和45)	1975 (昭和50)	1980 (昭和55)	1985 (昭和60)	1990 (平成2)	1995 (平成7)	1996 (平成8)	1997 (平成9)	2001 (平成13)
日本	2.13	1.91	1.75	1.76	1.54	1.42	1.43	1.39	1.33
アメリカ	2.48	1.77	1.84	1.84	2.08	2.02	2.03	2.03	2.13
スウェーデン	1.94	1.78	1.68	1.73	2.14	1.74	1.61	1.53	1.54
イギリス	2.45	1.81	1.89	1.79	1.83	1.71	1.73	1.71	1.65
フランス	2.48	1.93	1.95	1.81	1.78	1.70	1.72	1.71	1.89
ドイツ	2.02	1.45	1.45	1.28	1.45	1.25	1.32	―	1.36
イタリア	2.43	2.21	1.68	1.45	1.36	1.19	1.21	1.22	1.23

注 ドイツは1990年までは旧西ドイツの数値である.

表15.15 諸外国の母の年齢別の出生率 (1995年)[28]

国 \ 母の年齢	全年齢 (15～49)	20歳未満 (15～19)	20～24	25～59	30～34	35～39	40～44	45歳以上 (45～49)
日本	38.8	3.9	40.4	116.1	94.5	26.2	2.8	0.1
カナダ	56.6	25.8	83.3	129.5	86.3	28.2	3.9	9.0
アメリカ	62.0	63.5	115.7	118.2	79.5	32.0	5.5	0.2
ホンコン	41.6	6.8	42.2	85.5	77.4	29.4	4.5	0.3
フィリピン	103.2	32.8	163.5	180.3	134.7	91.7	40.5	8.3
デンマーク	51.6	9.9	68.1	140.5	98.8	31.8	4.4	0.2
フィンランド	52.1	12.4	71.6	133.4	94.3	37.1	7.9	0.4
フランス	53.9	9.1	73.2	139.4	93.4	37.0	7.4	0.5
旧西ドイツ	44.0	11.1	54.2	107.3	78.1	26.7	4.9	0.2
イタリア	38.7	8.0	49.7	90.7	71.8	29.3	5.2	0.2
オランダ	48.7	7.2	41.3	113.8	112.4	36.8	4.7	0.3
ノルウェー	56.3	16.0	85.7	137.5	98.3	35.2	5.3	0.2
スウェーデン	57.5	11.2	82.3	145.2	108.7	43.4	7.6	0.2
スイス	47.4	6.8	54.4	116.8	92.5	31.0	4.3	0.2
イギリス	53.6	30.9	81.8	114.3	86.8	33.8	5.8	0.3
オーストラリア	55.8	20.9	71.1	130.0	105.5	39.0	6.3	0.2
ニュージーランド	65.4	33.8	95.3	142.0	108.5	39.9	6.5	0.3

表15.16 諸外国の出生時の体重別,出生割合 (1985年)[28]

国 \ 出生時の体重	出生総数	～500g	501～ 1000g	1001～ 1500g	1501～ 2000g	2001～ 2500g	2501～ 3000g	3001～ 3500g	3501～ 4000g	4001～ 4500g	4501～ 5000g	5001g	不詳
日本	1431577	0.0	0.1	0.3	0.8	4.2	27.4	46.5	18.0	2.3	0.2	0.0	0.0
カナダ	367227	0.1	0.3	0.5	1.1	3.8	15.7	36.9	30.2	9.5	1.6	0.2	0.3
アメリカ	3669141	0.1	0.5	0.6	1.3	4.2	15.9	36.7	29.5	9.1	1.7	0.2	0.1
ホンコン	76126		4.4				68.5		26.5		0.4		0.1
マレーシア	388442	0.0		0.2	0.8	4.2	16.7	24.0	9.3	1.6	0.2	0.1	42.9
チェコスロバキア	277784	0.1		0.4	1.0	3.2	14.6	32.6	23.3	6.0	0.7	0.1	0.0
デンマーク	53749	―	0.2	0.6	1.3	4.1	16.0	35.9	30.1	9.9	1.7	0.2	0.1
フィンランド	62796	―	0.1	0.5	1.0	2.4	9.7	30.2	36.0	16.3	3.3	0.5	―
旧西ドイツ	586155	0.0	0.2	0.5	1.2	3.8	15.8	38.0	30.0	8.8	1.2	0.1	0.2
ハンガリー	130200	0.1	0.6	1.0	2.4	7.2	26.1	37.3	20.4	4.3	0.6	0.1	0.0
イタリア	623103	0.0	0.2	0.4	0.9	3.6	16.6	41.3	28.6	7.1	1.0	0.2	0.0
ノルウェー	49772	0.0	0.2	0.4	0.9	2.9	10.9	32.1	34.9	14.6	2.8	0.3	0.2
ポーランド	677576	―	0.2	0.7	1.8	5.1	21.1	37.5	25.8		7.8		0.0
スウェーデン	91319	0.0	0.2	0.5	0.9	2.8	11.4	32.8	33.5	13.8	2.5	0.3	1.3
スイス	74684	0.1	0.1	0.4	1.0	3.6	17.7	41.2	28.1	6.9	0.7	0.1	0.1
イングランドおよびウェールズ	656417	0.0	0.3	0.6	1.3	4.9	19.2	38.4	26.9	7.2	1.0	0.1	0.1
ニュージーランド	51798	0.2	0.2	0.6	1.1	3.6	14.9	36.5	30.8	10.4	1.6	0.2	0.2

ィンランドでは 20.1％ に達する．一方，2,500 g 以下の低出生体重児の頻度は，わが国では 5.4％ で，欧米諸国の 4～6％ とあまり差はない．

5) 乳汁分泌

妊娠中は種々のホルモンの作用によって乳腺の発育が著しくなる．分娩を終えると，新生児の吸啜の刺激などによって下垂体からのオキシトシンやプロラクチンが分泌され，乳汁分泌が促される．

乳汁分泌は分娩直後にはごく微量であるが，産褥 2 日目までには持続的な分泌が始まるようになる．最初の数日間は初乳であり，免疫グロブリンを多く含み新生児の免疫能を高めるのに役立っている．乳汁の平均産生量は産後 1 日目 20～50 ml/日，2 日目 120 ml/日，3 日目 180 ml/日，4 日目 240 ml/日，その後 300 ml/日となる．順調に経過すれば 10～14 日に授乳が確立し，1 回の授乳量が 120～180 ml となる．

6) 閉 経

閉経年齢の年次的変化はほとんど認められず，また，人種差もほとんどなく，ほぼ 50 歳と一定である（表 15.17）．閉経後，エストロゲンの分泌は低下し，自律神経失調症状（のぼせ，発汗など），泌尿生殖器症状（腟乾燥感，性交時の痛み，尿失禁など），骨粗鬆症，動脈硬化などの現れる危険性が高くなる．これらの疾患に対する治療ないし防止策として，近年，ホルモン補充療法が盛んに行われている．

戦後，日本人の体格は着実に向上しつつあり，初経や精通の年齢は明らかに低下傾向にある．一方，精子数は世界的に減少傾向にあり，環境ホルモンとの関連が注目されている．また，不妊症と関連深い子宮内膜症も増加傾向にあり，その発症にダイオキシンの関与の可能性も取り上げられている．このように，生殖器系は文化，環境などの影響を受けやすい臓器であり，今後の推移が注目される．最後に，泌尿生殖器系に関しては計測の機会が少ないこともあり信頼できる新しいデータは意外と少なく，引用したデータに年代的なずれがあることを考慮していただければ幸いである．

［今中基晴・仲谷達也・石河　修・荻田幸雄］

文　　献

1) 日本法医学会課題調査報告（1992）現代日本人の臓器計測値．日法医誌，**46**，225．
2) 奥平雅彦（1968）臓器重量．綜合臨床，**17**，2352．
3) Inoue, T. and Otsu, S. (1987) Statistical analysis of the organ weights in 1,000 autopsy cases of Japanese aged over 60 years. *Acta. Pathol. Jpn.*, **37**, 343.
4) 熊澤浄一（1997）症候論，新泌尿器科学（熊澤浄一編）p. 17，南山堂．
5) 野間昭夫ほか（1978）高令者における血清化学成分の正常値設定に関する研究．日本老年医学会雑誌，**15**，251．
6) 中村　亮（1961）日本人男子の性器系の発育と成熟．日本泌尿器科学会雑誌，**52**，172．
7) 吉岡郁夫・武藤　浩（1983）性の人類学，共立出版．
8) 落合京一郎（1965）男子性腺の生理と病理．日泌尿会誌，**56**，923．
9) Dickinson, R. L.（古沢嘉夫・西堀乙彦訳）(1969) 人体性解剖図譜，好江書房．
10) 塚本泰司ほか（1994）性機能障害―老人の性―，性をめぐる諸問題（日本学術会議泌尿生殖医学研究連絡委員会編），p. 70，メジカルビュー社．
11) 熊本悦明ほか（1986）加齢による男子性機能の変化．ホルモンと臨床第 34 巻春季増刊号，p. 239，医学の世界社．
12) 東京都幼稚園・小・中・高・心障性教育研究会（2002）児童・生徒の性，学校図書．
13) Carlsen, E. *et al.* (1992) Evidence for decreasing quality of semen during past 50 years. *BMJ*, **305**, 609.
14) 篠原雅美ほか（1998）本邦における健常男性の精液所見―28 年間の変化―．第 16 回日本受精着床学会（抄録）．
15) 杉村和朗（1993）骨盤臓器の MRI 診断，医学書院．
16) 笠井寛司（1995）日本女性の外性器―統計学的形態論―，フリープレスサービス．
17) Barry, S. *et al.* (1992) Clitoral size in normal women. *Obstet Gynecol*, **80**, 41.
18) 文部省体育局（1990）平成元年度体力・運動能力調査報告書．
19) ㈱ワコール広報室（1995）ゴールデンカノン，p. 40，㈱ワコール広報室．

表 15.17 世界各国各年代における閉経年齢の分布（Khaw, 1992）[29)]

国	調査年	人種	平均値(歳)	中央値(歳)
イギリス	1951～61	白人		49.8
イギリス	1965	白人	47.5	50.8
イギリス	1970	白人		50.1
アメリカ	1934～74	白人	49.5	49.8
アメリカ	1966	白人		50.0
		黒人		49.3
オーストラリア	1978	白人		50.4
スウェーデン	1968～69	白人		49.6
	1974～75			50.4
ドイツ	1972	白人	49.1	
フィンランド	1961	白人	49.8	
スイス	1961	白人	49.8	
イスラエル	1963	白人	49.5	
ニュージーランド	1967	白人		50.7
ニューギニア	1973	メラネシア人		47.3
日本	1975	東洋人	49.6	

20) ㈱ワコール広報室 (1993) アジア女性のこころとからだ, p. 30, ㈱ワコール広報室.
21) 玉田太朗 (1978) 思春期の内分泌. 日内分泌誌, **54**, 1331.
22) 原田 一 (1990) 性, 人間の許容限界ハンドブック (関 邦博ほか編), p. 89, 朝倉書店.
23) 石浜淳美 (1989) 10代の妊娠と中絶, メディカ出版.
24) 東京都幼稚園・小・中・高等学校性教育研究会編 (1993) 児童・生徒の性 1993 年調査, 学校図書.
25) Frisch, R. E. and Revelle, R. (1970) Height and weight at menarche and a hypothesis of critical body weights and adolescent events. *Science*, **169**, 397.
26) 松本清一 (1962) 月経異常に関する研究, 第 14 回日産婦総会宿題報告.
27) 本多 洋 (1994) 性機能障害―女性の立場より―性をめぐる諸問題 (日本学術会議泌尿生殖医学研究連絡委員会編), p. 48, メジカルビュー社.
28) (財) 母子衛生研究会編 (2003) 母子保健の主なる統計, p. 108, 母子保健事業団.
29) Khaw, K. T. (1992) Epidemiology of menopause. *Br. Med. Bull.*, **48**, 249.

16
日本人の免疫系

近年の免疫学の進歩は著しい．しかし，その根本にある問いは今も昔も同じである．それは，① 免疫システムは，いかにして攻撃すべき相手（非自己）と，攻撃すべきではない相手（自己）を区別しているのか（自己と非自己の識別），② 一度遭遇したことのある相手をいかにして記憶しているのか（免疫学的記憶），③ その破綻によりどのような病態が形成されるのか（免疫関連疾患），④ それらをどう人為的にコントロールするか（免疫関連疾患の治療および免疫療法），という点であろう．実は，免疫学的認識に重要な役割を担っている分子のうち，免疫応答を開始させるうえで大変重要な分子に，大きな個体差と人種差が存在し，それが日本人の免疫系の「個性」を大きく支配していることが明らかとなっている．ここでは，まずこの免疫学的認識機構について概説した後，日本人の免疫系の特徴とそれを支配する分子メカニズムについて述べる．

16.1 免疫学的認識にかかわる細胞と分子

自己と非自己の識別のためには，抗原の構造を詳細に認識することが必要条件となる．生体内では，2種類の細胞がこれを担っている．一つはB細胞（Bリンパ球）で，抗体分子（B細胞抗原レセプター）を認識のための「眼」として用いている．もう一つはT細胞（Tリンパ球）で，1983年に発見されたT細胞抗原レセプター分子[1]を認識のための「眼」として用いている．前者は抗原と直接結合できるが，後者は抗原提示細胞とよばれる一連の細胞群によって処理された抗原（蛋白分解酵素によって分解されたペプチド）とのみ結合できる点が特徴的である（図16.1）．

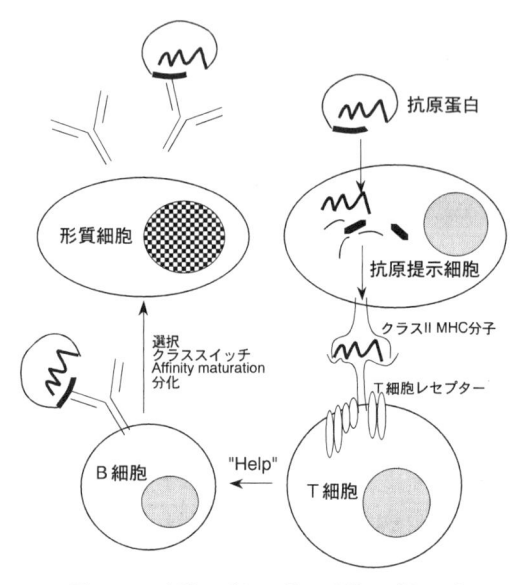

図 16.1 T細胞エピトープとB細胞エピトープ

a. 1970年代のジレンマ

1つの個体（ヒト）が有する遺伝子は高々10万個である．にもかかわらず，1つの個体は100万種類以上の抗体をつくることができる．これは，1つの遺伝子が1つの蛋白質をつくる暗号をコードしているというドグマではまったく説明不可能であり，1970年代の免疫学の中心的な問いであった．この問題に明確な解答を与えたのが，利根川 進博士による研究である．

すなわち，B細胞は100万種類の遺伝子をもつ特別な細胞ではなく，遺伝子にはさみを入れ，異なる断片を組み合わせてあたかも糊で接着するように遺伝子の「再構成」を行い，それによって莫大な数の（種類の）抗体を「つくり上げる」ことができるということが明らかになった．たとえば，300個の遺伝子を100個ずつ3つのグループに分けて用意し，

1つのグループから1個の遺伝子を選び出して組み合わせれば，100×100×100＝100万種類の抗体をつくることができる．このような遺伝子再構成は抗体分子の先端部分，すなわち抗原との結合部分で起こっており，この部位を超可変領域とよぶ．利根川博士がこの一連の仕事によりノーベル賞を受賞したことは記憶に新しい．その後，このような巧みな分子機構はT細胞抗原レセプターにも存在することが明らかとなった．遺伝子再構成の詳細な分子機構については他著を参照されたい[2]．

B細胞表面にあるB細胞抗原レセプターは，「抗原と結合した」という情報をB細胞内に入れて分裂増殖や分化を誘導しているのみならず，細胞から放出されて「ミサイル」としても機能している．これが抗体である．抗体はその分子の根本の部分をカセットのように入れ替えて，抗原との結合性を保ったまま生理的機能がまったく異なる分子に変身してしまうという優れ者でもある．IgM，IgG，IgE，IgAなどがそれにあたる．たとえば，IgM抗体は自然抗体として感染防御の初期相に，IgG抗体は高親和性かつ母体から胎児への受渡しが可能な抗体として，IgEは寄生虫（特に線虫類）の感染防御に，またIgAは粘膜免疫の主役として，それぞれ重要な機能を有している．IgEはアレルギーを誘発する抗体でもある．

b. T細胞が認識する抗原

抗原提示細胞内の自己蛋白や，細胞外から取り込まれた可溶性蛋白（自己，非自己）は，プロテアーゼによってペプチド断片に分解され，HLAという分子の先端部分に存在する溝状の構造（抗原ペプチド収容溝）のなかに結合して膜表面に運ばれる．HLA分子は数十Åの大きさである（細胞の数千分の1）．この複合体をTCRによって認識したT細胞が活性化されて抗原特異的免疫応答の引き金が引かれる．図16.2(b)はこの相互作用を側面から眺めた様子，図(a)はT細胞側から見下ろした様子である．図(a)からわかるように，抗原ペプチドはHLAから挟み込まれており，ちょうどホットドッグのパンがHLAで，ソーセージが抗原ペプチドに相当するような複合体を形成している[3, 4]．B細胞の抗原レセプターが蛋白分子そのものを認識できるのに対して（B細胞エピトープ），TCRはこのように分解されたペプチドをHLAとの複合体としてしか認識できない点が特徴的である（T細胞エピトープ）．一般的に細胞性免疫にせよ液性免疫にせよ活性化T細胞なしには反応が進まないから，このステップは免疫応答の開始にとって必要条件であるということができる．

c. HLAはヒトMHCである

Major histocompatibility complex（MHC，主要組織適合遺伝子複合体）は，組織適合性に深く関与する細胞膜結合型糖蛋白質をコードする遺伝子の総称で，ヒトでは第6染色体短腕上の限られた領域にさまざまな遺伝子が群をなして複合体として存在している．これらの遺伝子群によりコードされ，免疫学的に識別される蛋白群を主要組織適合抗原系とよぶ．

Gorer（1936）とSnell（1958）はマウスを用いた同種皮膚移植実験で強い拒絶反応を引き起こす組織適合抗原系をいくつか明らかにした．なかでも2番

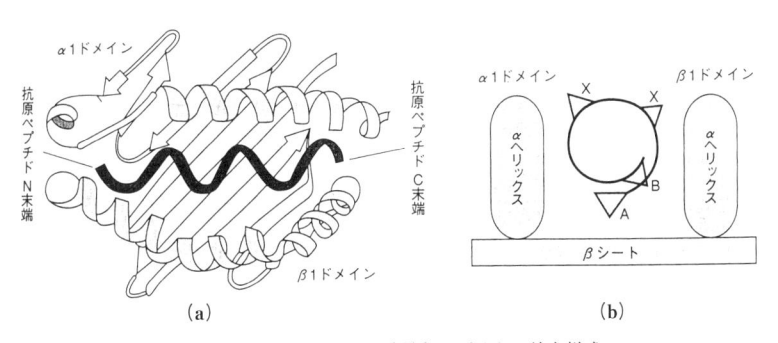

図16.2 MHCクラスII分子とペプチドの結合様式

目に同定解析された抗原系が拒絶に深くかかわっていた（Histocompatibility-2＝H-2複合体）．その後これは多型（個体差）に富む多数の遺伝子座から成り立っていることが明らかになり，マウス主要組織適合遺伝子複合体が確立した．すなわち，H-2はマウスのMHCである．

Dausset（1958）は輸血を受けたヒトの血中に白血球を凝集する同種抗体を見出した．その後数回に及ぶ国際HLAワークショップでの検討を経て，現在のヒト主要組織適合抗原系が確立された．このようにヒトのMHCは白血球の血液型として発見されたためにヒト白血球抗原（human histocompatibility leukocyte antigen：HLA）ともよばれている．すなわち，HLAはヒトのMHCである．HLAは白血球以外にも発現しているため，必ずしも適正な用語とはいいにくいが，現在では，HLAを一つの単語として用いている．

d. HLAのクラス分類と蛋白構造

HLA分子は2本のポリペプチド鎖が非共有結合で会合したヘテロ二量体（heterodimer）であるが，その基本的分子構成によりクラスⅠ分子とクラスⅡ分子とに分類される．いずれも糖蛋白分子であるが，抗血清を用いた研究で体系づけられたので，しばしばHLA抗原とよばれる．免疫グロブリンと相同なドメイン構造からなり，免疫グロブリン超遺伝子族（immunoglobulin supergene family）に属する（図

16.3）．HLA分子の最大の特徴は，多型性（個体差）が大きいことにある．別のいい方をすれば，特定の遺伝子の塩基配列（それによってコードされるHLA蛋白のアミノ酸配列）の個体差が大きい，すなわち対立遺伝子の数が多いということである．

1）クラスⅠ分子

クラスⅠ分子は$\beta2$ミクログロブリン（分子量11.5 kDaの蛋白，L鎖とも呼ばれ$\beta2m$と略記される．ちなみにkDa＝キロダルトン，水素原子の分子量は1ダルトン）と，HLAのクラスⅠ領域によってコードされるα鎖（44 kDaの蛋白，H鎖ともよばれる）が非共有結合で結ばれたヘテロ二量体である．α鎖のみで膜を貫通している．α鎖の違いによってHLA-A, B, C, E, F, Gが区別される．H鎖はアミノ末端を外側部に，カルボキシ末端を細胞の内側部にして細胞外領域，細胞膜結合領域（TM），細胞内領域（CY）よりなっている．分子の先端部分に$\alpha1, \alpha2$ドメインからなる溝状の構造を形成し，このなかに8ないし11アミノ酸残基からなるペプチド（多くは9残基からなるペプチド＝9 mer）を収容する[5]．図16.2は$\alpha1$と$\alpha2$を上部からみたもので，βシート構造を底面とし，αヘリックス構造で囲まれた溝を形成している．溝の大きさは長さ25 A，幅10 A，深さ11 Aである．$\beta2$ミクログロブリンは単一ドメインからなり，免疫グロブリン超遺伝子族の原型ともいえる．系統発生上は無脊椎動物にも認められる．ヒト$\beta2$ミクログロブリンに構造上の個体差はない．

HLA-A, B, Cはほとんどすべての有核細胞と血小板に発現している．これに対しHLA-E, F, Gは，限られた組織，細胞に発現している．たとえば，HLA-Eは休止期T細胞，皮膚などに，HLA-F抗原は休止期T細胞，胎児肝などに，HLA-G抗原は胎盤トロホブラストにおもに発現している．

2）クラスⅡ分子

クラスⅡ分子はHLAのクラスⅡ領域によってコードされるα鎖とβ鎖のヘテロ二量体である．HLA-DR, HLA-DQ, HLA-DPがこれに相当し，35 kDaのα鎖（またはH鎖）と27〜29 kDaのβ鎖（またはL鎖）が非共有結合で結ばれている．各構成鎖の細胞外領域は2つのドメイン（$\alpha1, \alpha2$および$\beta1, \beta2$）に分けられ，これらに細胞膜結合領域，

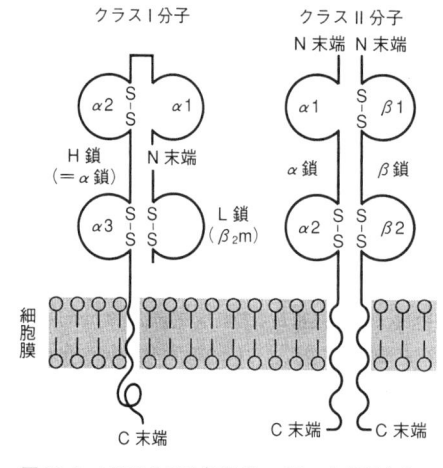

図16.3 MHC分子は免疫グロブリンと相同なドメイン構造からなる

細胞内領域が続いている．両鎖ともに膜貫通ドメインを有し，免疫グロブリン超遺伝子族に属する．抗原提示能のある細胞（B細胞，マクロファージ，樹状細胞，内皮細胞，ミクログリアなど），精子などに発現している．ヒトでは活性化T細胞にも発現するがマウスの活性化T細胞には発現しない．自己免疫病では標的臓器（甲状腺の濾胞細胞，膵臓の β 細胞など）にも発現していることが多い．

細胞膜から遠い側の $\alpha 1$ と $\beta 1$ ドメインがクラスI分子と同様に溝状の構造を形成して，このなかに9～30数merのペプチド（多くは15mer前後）を収容する（図16.2）．クラスI分子でもクラスII分子でも多型はペプチド収容溝の内部に集中している[6]．

16.2 HLAと免疫応答

a. 免疫応答に果たす役割

抗原提示細胞のエンドソーム由来の自己蛋白や，細胞外から取り込まれた可溶性蛋白（自己，非自己）は，プロテアーゼによってペプチド断片に分解され，CPL（compartment for peptide loading）において，インバリアント鎖が解離したクラスII分子（HLA-DR, DQ, DP）の抗原ペプチド収容溝内に結合して膜表面に運ばれる．この複合体をTCRによって認識したT細胞が活性化されて抗原特異的免疫応答の引き金が引かれる（図16.4）．

一方，核や細胞質に由来する蛋白（自己蛋白やウイルス由来の蛋白など）は分解された後，小胞体内でHLAクラスI分子と会合して細胞表面に運ばれ，CD8陽性T細胞により認識される（図16.4）．細胞質の蛋白分解の大部分は，プロテアソームとよばれる20～30 kDaの28個のサブユニットからなる，巨大で，しかも基質特異性の広い複合体（large multifunctional protease：LMP complex）によって行われる．ペプチドはATP結合カセットファミリーに属するtransporters associated with antigen processing-1, 2（TAP-1，TAP-2，いずれの遺伝子もMHC領域内に存在）とよばれる蛋白によって小胞体内へと運ばれている．

以上述べたように，T細胞は，細胞表面の自己のHLA分子に結合した非自己の抗原ペプチドを，T細胞レセプターを介して認識して免疫応答を開始する．その結果，キラーT細胞はウイルスの遺伝子を内蔵する細胞を死滅させてウイルスの増殖を抑制

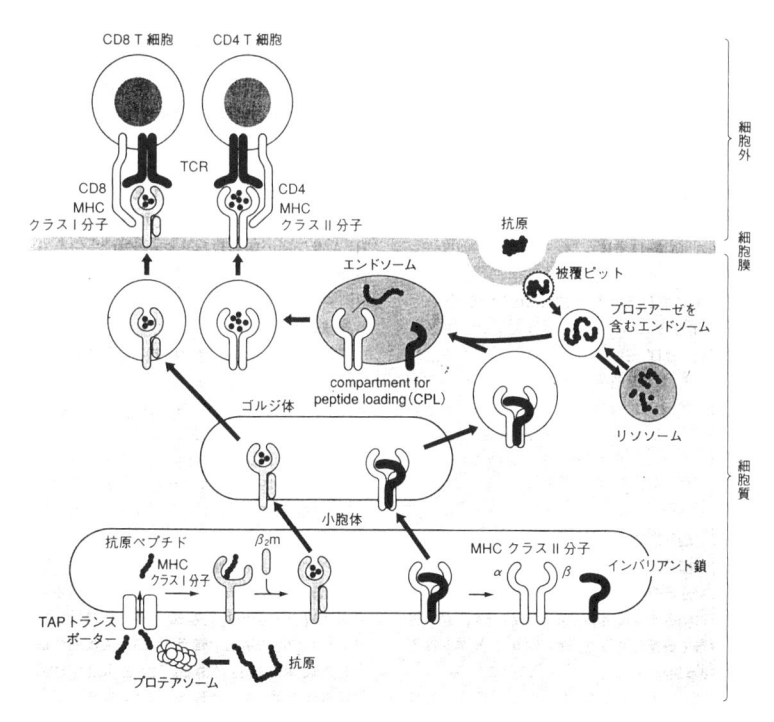

図16.4 クラスI分子，クラスII分子による抗原提示

する．さらにヘルパーT細胞は抗原に特異的なB細胞による抗体の産生を助けて，抗原を除去するか不活性化する．

他方，自己のHLA分子に結合した自己の蛋白由来のペプチドに対しては免疫寛容（immunological tolerance）が成立しており，病的な状態でないかぎり，これに反応するT細胞は存在しないか不活性化されている．この自己に対する免疫寛容が破綻してしまった状態が自己免疫病である．どのような臓器のどのような蛋白質を誤って自分の免疫系が攻撃してしまうかで，どのような自己免疫病になるかが決まる．現在，国内外で最も患者数の多い自己免疫病は慢性関節リウマチで，これは関節滑膜の自己成分に対する免疫寛容の破綻であると考えられている．

b. HLAにおける多型と立体構造との関係

HLA遺伝子には，蛋白質レベルにおけるドメインの構造にほぼ一致して，エキソンとイントロンが存在する．HLA遺伝子にみられる多型は，クラスI分子の α1 と α2 ドメイン，あるいはクラスII分子の α1 と β1 ドメインがつくる抗原ペプチドを収容するための溝の部分のアミノ酸残基をコードするDNA塩基配列で特に顕著である．また，これらの部分では，他の部分に比べてアミノ酸の変化を伴う塩基置換の頻度が高い．

この仕組みに関しては，抗原ペプチドを収容するHLA分子の溝の部分の多型が大きいほど多様な抗原に幅広く免疫応答することができ，自然選択に対して有利であったためであると推定される．

c. HLAの型決定の方法

HLA蛋白は著しい遺伝的多型性を有しているため，血清学的に多数のHLA抗原型が検出される．HLA-A, -B, -Cの各遺伝子座には，おのおの27, 59, 10個のアロ抗原型が（アロとは同種異個体のこと），HLA-DR, -DQ, -DPの各遺伝子座にはおのおの24, 9, 6個のアロ抗原型が公認されている．HLAタイピング用の抗血清には分娩血が頻用される．妊婦は胎児のHLAに対して抗体を産生しており（もちろん自分と共通のHLA抗原に対しては抗体をつくらない），すでにタイプのわかっているリンパ球と反応させることによって，その特異性を知ることができるからである．このアロ抗原型はそれぞれの遺伝子の塩基配列の差に基づく蛋白の一次構造の差を反映しており，現在各遺伝子座の遺伝子の塩基配列の決定により，アロ抗原型よりはるかに多い対立遺伝子が同定されている．最近はHLA遺伝子の多型部分を含む断片をPCR法により増幅し，その多型性を検出してHLA型を決定する方法（DNAタイピング）が一般的に利用されるようになった．

古くから行われているタイピング法の一つとして混合リンパ球反応（mixed lymphocyte reaction：MLR）がある．2人の非血縁のリンパ球をともに培養すると，T細胞は他人のHLAクラスII（特に発現量の多いDR）+ペプチドXを認識して，芽球化（分裂増殖）する．DNAの前駆物質である3H-チミジンを培養液中に加えておくとDNAに取り込まれる放射能の強さから，DNA合成（分裂）の程度を知ることができる．この反応をMLRとよぶ．実際には，一方のリンパ球をあらかじめX線照射して，自らは増殖しないが相手のリンパ球を刺激する能力を残しておき，他方のリンパ球の反応をみる（一方向反応）．HLA-DRがホモ接合のものを刺激リンパ球に用いて無反応の場合，反応する側は刺激リンパ球と同じHLA-DRを有すると判定できる．HLAクラスII に DR, DQ, DP といった複数の種類があることがわかる以前には，MLRでタイプされる特異性をHLA-Dとよんでいた．よってHLA-Dという名の遺伝子座はない．MLRによる対立遺伝子の識別能は，血清学的方法よりも優れているが，DNAタイピングよりは劣っている．したがって，血清学的にタイプされるHLA-DRはMLRによりいくつかのサブタイプに分けられ，さらにDNAタイピングにより詳細に分類されると理解して差し支えない．

d. 対立遺伝子の命名法

塩基配列が決定されたHLA遺伝子だけについて恒久的な命名がなされている．クラスIの場合，HLA-Aを例にとれば，個々の対立遺伝子はHLA-A* 0203などと表記される．これは血清学的にはHLA-A2（HLA-Aの2番目の抗原の意）とタイプされていたもので，DNAレベルではその3番目のサブタイプであることを意味している．ちなみにHLA-A2にはHLA-A* 0201からHLA-A* 0212まで12種類の

サブタイプが存在する．

　HLA-DRB 遺伝子（DR の β 鎖をコードする）は複数存在し，DRB1, DRB3, DRB4, DRB5 と命名されている．クラス II 遺伝子のうち機能的な蛋白をコードする遺伝子は DRA, DRB1, DRB3, DRB4, DRB5, DQA1, DQB1, DPA1, DPB1 の 9 種類である（図 16.5）．したがって，一言に HLA-DR 分子といっても，DRA＋DRB1, DRA＋DRB3, DRA＋DRB4, DRA＋DRB5 の組合せでコードされる 4 種類が存在する．ただし，DRB3, DRB4, DRB5 座位は特定の DRB1 対立遺伝子と連鎖したハプロタイプにしか存在しない（表 16.1）．

　一例をあげよう．従来の血清学で同定される HLA-DR4 は，PCR-RFLP 法や PCR-SSO 法[3)] で DNA レベルのタイピングを行うと 22 種類ものサブタイプに分かれる．ちなみに DRB1*0405 は DRB1 遺伝子座の対立遺伝子で，血清学的には DR4 とよばれていたものであり，DNA レベルでは 5 番目のサブタイプであることを意味する．DRB1, DQA1, DQB1, DPB1 遺伝子には特に顕著な多型があり，それぞれの座位における対立遺伝子の頻度は民族によって異なる（図 16.6）．

e. HLA と移植

　前述したように，MHC はもともとマウスの皮膚移植がうまくいくか否かをもとにして決定された白血球の血液型であるから，臓器移植の成否はドナーと患者との間の HLA の一致いかんに大きく左右される．前項で述べたように，HLA-D が他人のリンパ球を非自己と認識したがための免疫反応であることからも明らかであろう．骨髄移植もまた，白血球を含む細胞集団の移植であるから，HLA が一致していれば成功率が高くなる．しかし図 16.5 に示したように HLA の型は ABO 式血液型とは異なりはるかに数が多く，しかも図 16.6 に示したように人種・民族によって差が大きいため，日本人の患者を

表 16.1 日本人集団の HLA ハプロタイプ

DRB1*	DRB3*	DRB4*	DRB5*	DQA1*	DQB1*	頻度(%)
0101	—	—	—	0101	0501	10
1501	—	—	0101	0102	0602	12
1502	—	—	0102	0103	0601	23
0401	—	0101	—	0302**	0301	4
0405	—	0101	—	0302**	0401	27
0406	—	0101	—	—	0301	0302	5
1201	0101	—	—	0501	0301	5
1302	0301	—	—	0102	0604	10
0803	—	—	—	0103	0601	17
0901	—	0101	—	0301	0303	30

日本人集団中，高頻度に認められるハプロタイプを示した．—は遺伝子座が存在しないことを表す（本文参照）．**は安永ら（*Jpn. J Human Genet.*, **40**, 45, 1995）による．表中の数字は特定の対立遺伝子型を示す．

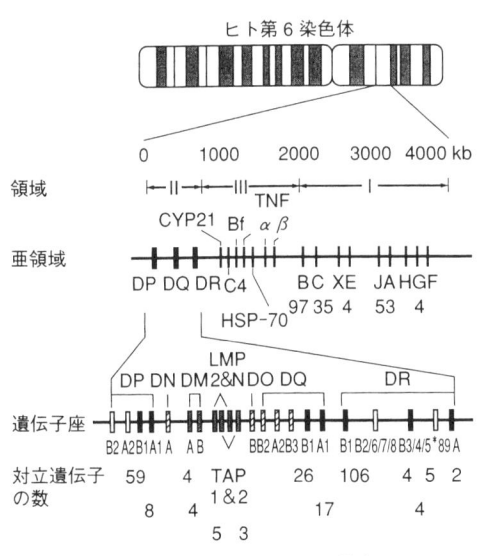

図 16.5 HLA 遺伝子領域の構成
■：遺伝子産物である HLA 分子が蛋白レベルで確認されている遺伝子，▨：遺伝子産物は確認されていないが，構造上は異常を認めない遺伝子，□：遺伝子産物が存在しない遺伝子．
　Bf：補体 B 遺伝子，C2, C4：補体第 2, 4 遺伝子，TNF：腫瘍壊死因子遺伝子，CYP21：副腎皮質ステロイド 21-水酸化酵素遺伝子，HSP-70：熱ショック蛋白（70 kD）遺伝子，TAP：ペプチドトランスポーター遺伝子，LMP：多機能性蛋白分解酵素複合体（large multifunctional protease）遺伝子

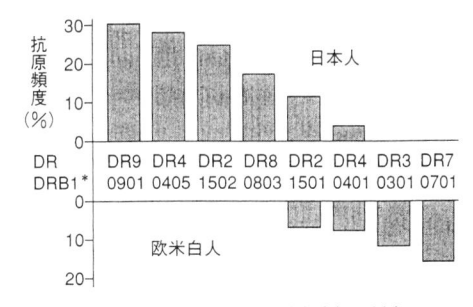

図 16.6 人種間の HLA 対立遺伝子頻度
日本人と欧米白人を比較すると，それぞれの人種で高頻度にみられる対立遺伝子は一方にはまったくみられない．DR は血清学的タイピング，DRB1* は DNA タイピングによる型を示している．

対象にした移植医療を推進するためには大きな日本人のドナー集団（あらかじめ供与の意思を示しHLAの型検査を済ませてコンピュータに登録した人の集団）が必要である．

f. HLAの個体差は免疫応答の個体差である

HLAの多型（個体差）は収容溝内部のアミノ酸残基に集中しており，異なるHLA分子の収容溝は物理化学的に異なっている．そのため，異なるHLA分子は異なる種類のペプチドと結合して免疫応答を開始させる．ダニアレルギーであるのにスギ花粉アレルギーではない人がいる一方，その反対の反応性を示す人もいるといった現象は，おもにHLAの個体差による（図16.7）．つまり，HLAの型しだいでは，うまく攻撃できる非自己とできない非自己（微生物など）があるということになる．実際，人口が激減するような感染症の大流行が起こると，特定のHLAをもつ人のみが生存しえたことを示唆するデータもある．19世紀中頃に南米のスリナムに移民したオランダ農民が，腸チフスと黄熱の流行にあい，その死亡率はそれぞれ50％，20％という高率であった．その子孫のHLAを調査してみると，本国人に比べB7の減少とA30の増加が有意であった．この事実はこれらの伝染病に対してB7が感受性に，A30が抵抗性に関与したとみられる[7]．特定の免疫関連疾患（自己免疫病など）では特定のHLA型が多いことが知られており，これも同じ理由による．以下，HLAの個体差が疾患感受性の個体差に直結する分子機構の一例として，筆者らが明らかにしたインスリン自己免疫症候群を取り上げる[8,9]．

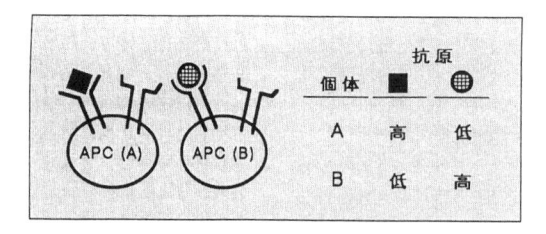

図16.7 HLAの個体差は免疫応答性の個体差である
1つのクラスII遺伝子座に着目すればAさんとBさんの抗原提示細胞（APC）は母親由来と父親由来の遺伝子を共優性に発現している．その抗原ペプチド収容溝とペプチドの構造の対応を模式化した．抗原■と●に対するT細胞応答性（高または低）はAさんとBさんとでは正反対になる．

g. インスリン自己免疫症候群とHLA

インスリン自己免疫症候群（insulin autoimmune syndrome：IAS）は低血糖発作を主徴とする自己免疫疾患（本来免疫系は自己成分に対して反応しない寛容状態にあるが，これが何らかの機構で破綻し，自己の免疫系が自己を標的とするようになった病的状態）であり，患者にはインスリンに特異的な抗体を産生するB細胞とインスリン特異的T細胞とが存在する．特記すべき点は，患者のほぼ全員が，東洋人に特徴的なDR4のサブタイプであるDRB1*0406陽性であるという点である．一方，DRβ鎖の4つのアミノ酸残基を異にしているだけのDRB1*0405はIASに非感受性である．これら2つの対立遺伝子産物のペプチド収容溝に結合するペプチドの構造上の法則性（モチーフ）が以下のような過程を経て生化学的方法で決定された[9]．

① DRB1*0405ホモ接合のBリンパ芽球様細胞株を大量培養（10^{10}個）してDR4分子900 μgを精製し，溶出した結合ペプチドを分画精製して1つ1つのアミノ酸配列を決定した．② これらのうち^{1}GSTVFDNLPNPE^{12}はDRB1*0405とDRB1*0406の両方に同レベルの高親和性結合（Kd=70 nM）を示した．③ この12 merの疎水性残基を中性親水性低分量のセリンへ，また親水性残基を疎水性低分子量のアラニンへ1つずつ置換した合成ペプチドの結合能を検討することにより，5番目のフェニルアラニン（F），8番目のロイシン（L），10番目のアスパラギン（N）がDRB1*0405, 0406両方への結合にとって重要なアンカーであることを明らかにした．④ アンカー以外をアラニンに置換したAAFAALANAAもGSTVFDNLPNPEと同レベルの親和性を示した．⑤ この3つのアンカーを1つずつ他のアミノ酸に置換したペプチドを合成して^{125}I-ペプチド-DR結合アッセイに加えることにより，50％競合阻害を示すペプチド濃度（IC_{50}）を決定した．

図16.8にその結果を示す．IC_{50}が低いアミノ酸残基（スペクトルの谷の部分）ほどDR分子によく結合することを表す．これより以下の点が結論できよう．① 第1アンカーには疎水性残基しか許容されない．② 第2アンカーにおいても疎水性残基が高い親和性を示すが，中性または酸性残基でも弱い親和性を示す．③ 第3アンカーにおいてはまった

16.2 HLAと免疫応答

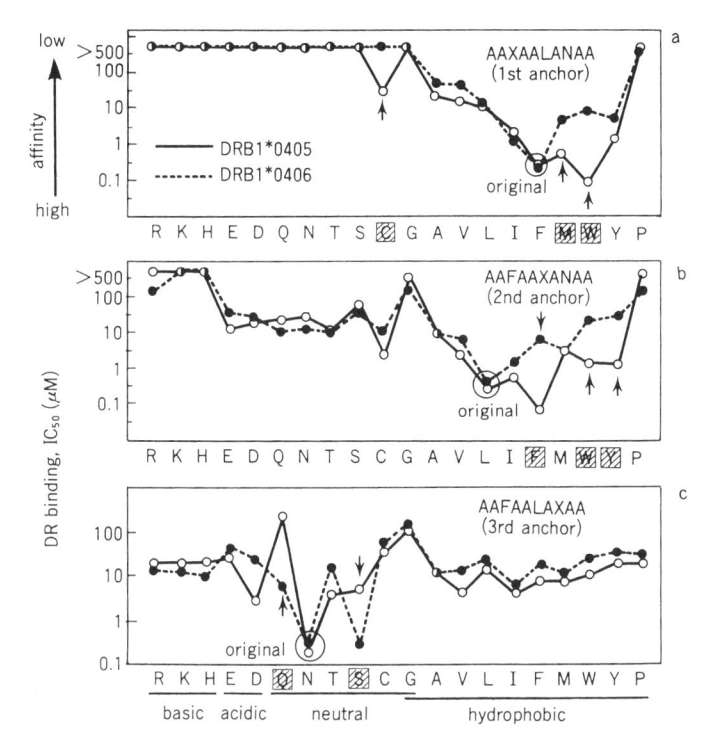

図16.8 1残基置換ポリアラニンペプチドとDR4分子の親和性スペクトル
ポリアラニンペプチドAAFAALANAAの第1アンカー (a), 第2アンカー (b), 第3アンカー (c) を横軸に示した残基に置換したペプチドとDR4 (0405は白丸, 0406は黒丸) 分子との親和性をIC_{50}で表示した. 低いIC_{50}ほど高親和性である. 2つのサブタイプ間でIC_{50}に10倍以上の差を認める残基を枠で囲んだ. 各残基の属性は図最下部に示した. 図中には示していないが, ヒドロキシプリンはプロリンと同じレベルの親和性を示した.

く許容されない残基は存在しないが, 高親和性のもの（一部の中性残基）と低親和性のものとの間にはIC_{50}で数百倍もの差が存在する. ④ DRB1*0405（長方形）とDRB1*0406（ひし形）は基本的モチーフが同じであるにもかかわらず, 特定の残基に着目するとIC_{50}で10倍以上の差を示す（図16.8中の枠で囲んだ残基）.

そこで図16.8の結果を応用して, インスリン分子中にDRB1*0406特異的結合断片が存在するか否かを検討してみた. 図16.8 (c) からそのようなペプチドの第1候補は第3アンカーにグルタミン (Q) またはセリン (S) を有して, なおかつ第1, 第2アンカーの条件を満たしているものであろうと考えられる. 実際インスリンα鎖にはTSICSLYQLEなる断片（図16.9）が存在し, この合成ペプチドはDRB1*0406特異的な高親和性結合を示した（DRB1*0405におけるIC_{50}の44分の1）. さらに興味深いことに, 薬剤誘発性IAS患者の大半が還元物質（メチマゾール, グルタチオンなど）の投与後に本症を発症しているが, このモチーフ中に存在するシステインは, 図16.9に示すように他のシス

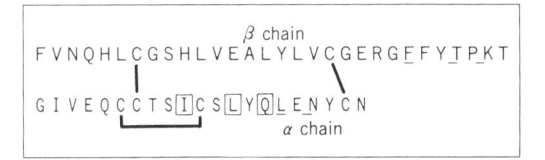

図16.9 インスリン分子中のHLA-DRB1*0406に特異的な結合モチーフ

テインとジスルフィド結合を形成しており, 還元状態でのみ直鎖ペプチドとしてMHCポケットに入り込める構造をとっている. さらにDRB1*0406陽性者の末梢血単核球をインスリンで刺激して得られたT細胞はこのペプチド断片に対して最も大きい反応性を示した. すわなち, インスリンα鎖のTSIC-SLYQLEは, 強制的還元によって現れてくるDRB1*0406特異的 cryptic self である可能性が大きいと考えられた.

IASは, おそらくT細胞が cryptic self に対して反応するようになる分子機構のシンプルな一例にすぎないと思われる.

h. 日本人に特徴的な他の疾患と HLA

IASのように，疾患感受性を担うHLA分子が日本人集団（および近縁の民族）に特徴的なものであるために，疾患自体の発生率が日本人で多い例がほかにもみられる．

高安病は原因不明の大動脈炎で，別名脈なし病ともいう．患者は日本人集団に多いHLA型であるDRB1*1502を有する人に多い．

原田病は，Vogt-小柳-原田病ともよばれ，脈絡膜を主体とした自己免疫現象に基づく眼科的疾患である．失明に結びつくことが多い．患者は日本人に多いDRB1*0405を高頻度に有している．

多発性硬化症は髄鞘に対する自己免疫により生ずる進行性の神経変性疾患である．このうち，病変の数が少なく視神経や脊髄に限局して現れやすい型（アジア型）ではHLAと本症の相関が欧米白人型のそれとはまったく異なっている．興味深いことに，欧米白人型の多発性硬化症では，日本人においても白人においても同じHLA型との相関が認められる[10]．

図16.6に示したように，日本人（倭人）と欧米白人のHLA型にはかなりの差がある．つまり，日本人に多いHLA型（たとえばDR9）は欧米白人にはほとんどみられず，逆に欧米白人に多いHLA型（たとえばDR7）は日本人にはほとんどみられない．このようにHLA型には民族ごとに特徴がある．これを利用して，民族の分布と移動を知ることもできる．たとえば，ベーチェット病患者に多いHLA-B51という血液型は，トルコから日本に至るアルタイ語族に特徴的であり，その地域内で民族の移動があったことをうかがわせる．

i. HLA とアレルギー

鼻アレルギーを発症するためには，アレルゲン刺激によって肥満細胞からヒスタミンなどの血管拡張物質が遊離されなければならず，そのためには肥満細胞上のFcεレセプターにアレルゲン特異的なIgEクラスの抗体が結合していなければならない．特異的IgEの産生は，B細胞がヘルパーT細胞由来のインターロイキン（IL-4やIL-13）によって刺激されることで可能となる．このためには抗原提示細胞（マクロファージや樹状細胞など）によって処理されたアレルゲンがヘルパーT細胞によって認識されなければならない．これらのどの過程に遺伝的に規定された（遺伝子で決まる）個体差があっても，それは鼻アレルギーの遺伝要因として働きうる．しかし，現時点で鼻アレルギーの発症を規定している遺伝要因としてコンセンサスを得ているのは唯一，HLAのみである．

アフリカから輸入されたチンパンジーをスギ花粉で感作してもなかなか鼻アレルギーを発症しない．ところが駆虫薬を繰り返し投与して腸管内寄生虫を一掃すると発症するようになるという．寄生虫に対するIgE抗体が大量につくられている生体では，肥満細胞表面がそのIgEで飽和しており，少々の抗スギ花粉IgE抗体が産生されても，肥満細胞に十分結合できないことによるらしい．これは開発途上国の子供達にアレルギー患者が少ないことと一脈通じるところがある．IgEは寄生虫に対する有効な防御法として哺乳類だけが有する分子進化の賜であり，「アレルギー体質」は，現代日本を含めた文明社会における生体の免疫応答を，ネガティブな側面から眺めている結果であるといっても過言ではない．

［松下　祥］

文　献

1) Roitt, I., Brostoff, J. and Male, D. (1995) 免疫学イラストレイテッド（多田富雄監訳），原書第3版, pp. 279-300, 南江堂.
2) 坂野　仁・石黒啓一郎 (1997) 標準免疫学（谷口　克・宮坂昌之編），pp. 70-92, 医学書院.
3) 松下　祥 (1997) 標準免疫学（谷口　克・宮坂昌之編），pp. 119-172, 医学書院.
4) Stern, L. J. et al. (1994) Nature, **368**, 215-221.
5) Bjorkman, P. J. et al. (1987) Nature, **329**, 506-509.
6) Brown, J. H. et al. (1993) Nature, **364**, 33-39.
7) 片桐　一 (1995) 医科免疫学（菊池浩吉編），改訂第4版, pp. 127-146, 南江堂.
8) Uchigata, Y., Omori, Y., Nieda, M., Kuwata, S., Tokunaga, K. and Juji, T. (1992) Lancet, **340**, 1467.
9) Matsushita, S., Takahashi, K., Motoki, M., Komoriya, K., Ikagawa, S. and Nishimura, Y. (1994) J. Exp. Med., **180**, 873-883.
10) Kira, J-I., Kanai, T., Nishimura, Y., Yamasaki, K., Matsushita, S., Hasuo, K., Tobimatsu, S. and Kobayashi, T. (1996) Annals Neurol., **40**, 569-574.

17

日本人の外皮系

17.1 日本人特定に占める外皮

a. 人体における外皮（皮膚）

多少遠くからでもヒトは「姿・形とその動き」により対象を竣別できるが、最終的には近づいて「体表の細かい特徴」により見極める。前者を決定するのは骨・筋・内臓、後者は外皮、すなわち皮膚である[1]。

外皮は外界と人体とが接する境界面であり、（骨・筋・内臓からなる）内部構造物を最も効率的に収容する臓器である[2]。解剖学的に皮膚は、表皮（汗腺・毛・脂腺などの付属器を含む）、真皮結合組織、皮下脂肪組織で構成される（図17.1）。

b. 人種と外皮（皮膚）

ヒトはかなりの雑種であるため人種を明確に分類するのは困難であるが、ここでいう日本人はモンゴロイド（Mongoloid）に含まれる。人種の区別に用いられる生物学的特徴のうち、背丈、頭蓋骨の縦横比（頭指数）・容積、鼻や顎の突出の形状は骨格によって決まるが、毛髪の色と形、肌や虹彩の色、口唇や眼瞼の切れ込みなどは外皮（皮膚）による。前者の代表である背丈は個体差が大きいうえに社会変化（特に栄養状態）などに依存して大きく変化するのに対して、後者は共通性が高く、ほぼすべての日本人の毛髪は直毛で黒く、全身の体毛は乏しい。

17.2 日本人の皮膚（肌）色

a. 皮膚色にかかわる生体側の要素

皮膚色とは、表面での反射光と、組織内で修飾を受けて出てきた光との総和である。皮膚色にかかわるおもな要因は、① 表皮では、個体ごとに遺伝的に決定される構成成分（ケラチン蛋白、糖、脂質など）の違いはもちろんであるが、角質細胞層の表面形状・厚さ・含水量・細胞間接着の状態、表皮構成細胞が含む食事由来の色素（カロチンなど）、および表皮組織中に含まれるメラニン色素の種類と量、② 真皮では、結合組織の構成成分と沈着した外来性の色素、同部を流れる血液の量と血液中の酸化・還元ヘモグロビンの比率、③ 皮下では、脂肪の量と脂肪細胞に含まれる色素などである（図17.1）。

b. メラニン色素

1）人種とメラニン色素

日本人が白人ほど白く（実際には紅く）なく、また多少黒くても黒人ほど漆黒ではなく、概して黄色みを帯びた淡紅から淡褐色調の皮膚色であるのは、メラニン色素量が両者の中間であることによる。すなわちメラニン色素量が皮膚色決定に最大の貢献を

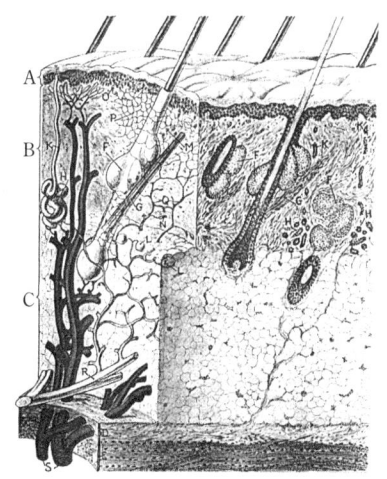

図17.1 外皮（皮膚）の顕微鏡的な立体断面図（Warwickら，1973）[1]
表皮、毛と汗腺などの付属器、真皮結合組織、皮下脂肪組織が示されている。

している．

概して日光曝露量が多い南方のヒトほど皮膚色も黒く，逆に北に行くほど皮膚色が淡いことから，メラニン色素は紫外線の体内への侵入を防ぐ役割を担うと考えられる[3]．紫外線吸収の過程でメラニン色素はフリーラディカルを産生して，紫外線などにより障害された表皮細胞を壊死させる[4]こともわかっているので，皮膚では光との関係が最重要であると考えられる．

2) 生来の色と修飾された皮膚色

個人に特有の皮膚色（ほぼメラニン含有量に比例）は遺伝的に支配される．この皮膚色は同時に，太陽曝露後の色調変化（反応性のメラニン産生）の程度を決定する[5]．色白の親から生れた子供はやはり色白であるとともに，日焼け後にはヒリヒリと紅くなるが，色黒の子供は日焼け後にいっそう黒くなるという具合である．前者を生来の皮膚色（constitutive skin color），後者を修飾された皮膚色（inducible skin color）という[6]．

日焼け後の変化は2段階に分けられ，紫外線曝露の直後に黒ずむ（immediate pigment darkening）即時性反応と，約24～72時間後に徐々に黒くなる（delayed tanning）遅延性反応からなる．前者は可視領域からおもに波長330～440 nmの紫外線A領域により生じ，メラニン色素が酸化されて，より黒いメラニンへと合成される変化であるので消褪も早い．これに対して，後者はおもに紫外線B領域（297 nmが最大）によるが，A領域までの広い波長域で生じる持続性の色素沈着で，炎症が消褪する1週間後くらいで最大となり数か月持続する．こちらはメラニン産生の増加と表皮細胞への供給増加による．

3) 生来の皮膚色とメラニン色素

表皮そのものはメラニン色素を産生できず，胎生期に中枢神経堤から移動してきて表皮に定住したメラノサイトが産生する．メラノサイトは表皮組織にほぼ一定の密度で分布（Voronoi分布）し，胞体から樹状の突起を出して周囲の表皮細胞に色素を分配する．その様子は水玉模様をプリントした布地に似る．メラノサイトから色素を受け取った表皮細胞は，細胞内に色素を貯留して核の上に傘をつくり自らの核内の遺伝情報を紫外線から守るとともに，体内への紫外線の侵入を防御する．

4) メラニン色素の種類

現在知られているメラニン色素は，eumlanin（不溶性，黒褐色）と，phaeomelanin（水溶性で黄色～赤褐色）のおもに2種類である．ほとんどの日本人は前者のみをもつ．しかし両者間には移行があり，条件しだいではユーメラニンが分解されて可溶性のフェオメラニンに変化して色が浅くなる[7]．また赤毛の髪にはさらに，trichochrome（赤い色素）が含まれるが，この代謝系やフェオメラニンとの関係は十分にはわかっていない．

5) メラニン色素の形態

メラノサイト細胞内では，メラニン合成が進むにつれて形態学的にも電子顕微鏡で観察できるメラノゾーム（メラニン小体）となる．メラノゾームは人種間の違いが大きい．日本人では完成したメラノゾーム（stage IV）は，長径350～700 nm，短径100～300 nmほどのラグビー球のような形で，縞模様から無構造の黒色物を含む，膜で限界された小体である[8～10]．黒人のメラノゾームは長径1,000 nmに達するほど大型で，逆に白人では小型であるとともに色素の沈着量も貧弱で，時には完成（stage IV）しないうちにライソゾームで消化される[3]．

完成したメラノゾームは樹状突起から周囲の表皮細胞に受け渡されて，表皮細胞内のライソゾームに蓄えられる．日本人では，1つのライソゾームに1～十数個のメラノゾームが取り込まれている．ライソゾーム内のメラニン色素は顆粒層に達するまでには完全に崩壊してしまうため，角層の細胞内にメラノゾームをみることは正常ではない[8]．これに対して黒人では，メラノゾームは個々に蓄えられ，ライソゾーム消化に耐えて角層にまで残存する[3]．

6) メラノサイトの分布

皮膚単位面積（mm^2）当たりのメラノサイト分布密度は，北欧白人では平均1560，最も多いのは陰部，ついで顔面の2,900±249，最も少ない腹背部・上腕では1,100±215前後と計測されているが，個体差も大きいために報告ごとに値が異なる[11～13]．

日本人のメラノサイト分布様式は，粘膜における分布を含めて，白人や黒人とほぼ同一であり分布様式には人種差がない[10,14]．表皮内メラノサイトは陰部が最も密で，頭部，顔面，頸部，上肢＞背部＞胸

表 17.1 人体各部位の色素細胞の数的分布（日本人と白人の比較）（池田）[14]

部 位	池田			Staricco & Pinkus			Szabo
	症例数	メラノサイト per mm²	平均	症例数	メラノサイト per mm²	平均	メラノサイト per mm²
陰部	19	1000～1768	1378	12	1200～2784	1668	
頭							
顔	33	688～1520	1010	12	700～2000	1340	1100～4500
頸							
胸	21	588～1372	942	5	550～1050	860	
背	9	840～1096	962	2	1290～1390	1340	
腹	6	792～935	828	15	400～1270	754	
上肢	13	548～1540	1021	9	950～2500	1302	820～1540
下肢	39	432～1328	848	11	500～1400	1031	500～1850

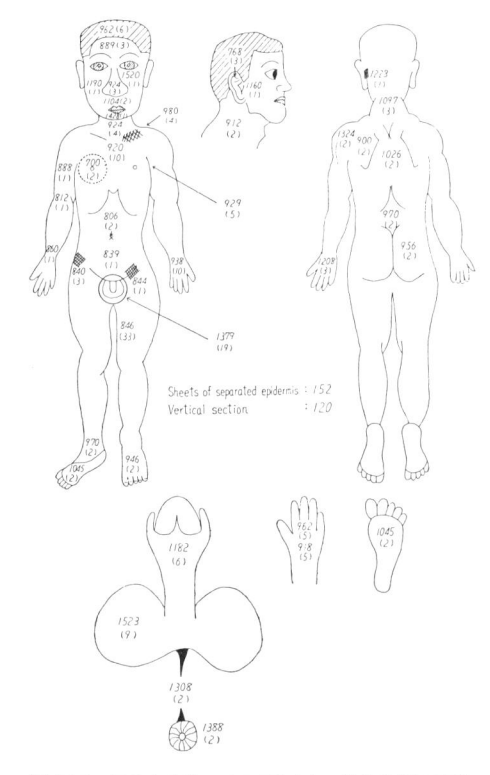

図 17.2 日本人皮膚のメラノサイトの分布密（池田）[14]
メラニン合成に必須の DOPA を組織化学的に染色することによりメラノサイトが特定される．（　）は検数．

部＞下肢＞腹部としだいに粗になる（表 17.1，図 17.2）．しかし分布様式を詳細に検討すると，日本人と比較して，白人では露出部と四肢の伸側に多く，逆に屈側には少ない．これは白人が好んで日光を浴びるという生活観の反映ではないかと思われている．分布態度から計算して，成人表皮のメラノサイ

ト総数は約 $2×10^9$ 個と計算されている[13]．

乳幼児から成人まで日本人皮膚におけるメラノサイトの分布密度は変化しない．このことは体表面積が増える場合はメラノサイトも一定の率を保ちながら増加することを示しており，メラノサイトがメラニン色素を表皮細胞に供給する効率は，個体ごとに一定であり，それは生涯を通して不変であることを示すと考えられる．また性による違いもない[14]．

7) 日本人の皮膚色とメラニン色素

以上の検討から日本人の皮膚色は，表皮内ユーメラニンの含有量が最大の要因であり，それは遺伝的に支配されたメラノサイトのメラニン産生能力と，表皮細胞への受け渡しの効率，表皮細胞内での分布と崩壊の進行状況などによって決定されると考えられる．

c. 皮膚色の実際

1) 皮膚色の測定と表現

現時点では色彩は三次元ベクトル（表色値），① 色相，② 明度，③ 彩度で表現される[15,16]．皮膚色の評価においては，明度と彩度には強い相関があり，明度が高い（明るい）ほど彩度も低い（淡い）ことがわかっているので，皮膚色の表現は，① 色相，② 明度の二次元で近似されることが多い．

皮膚の色合いの表現には一般的な用い方，すなわち「色白の肌」などの大和言葉としての表現と，皮膚科学としての「皮膚色」とがある．前者はどちらかというと社会的な，すなわち修飾された皮膚色を意味していて顔の皮膚色で代表されるのに対して，後者は修飾を受けていない領域，すなわち衣類にお

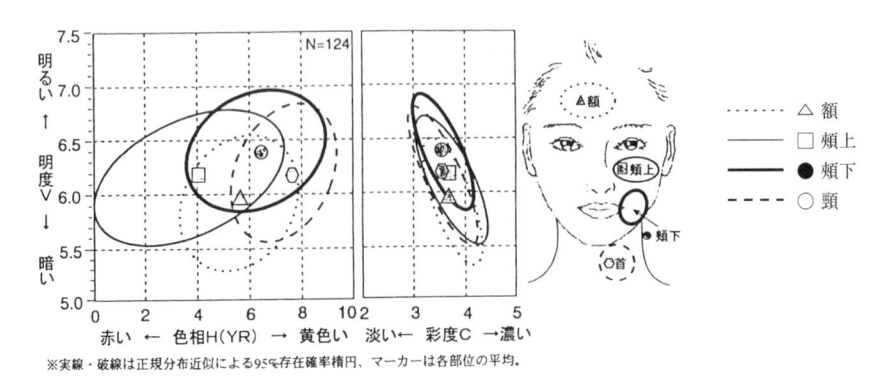

図 17.3 日本人女性顔面各部位と首の肌色分布（南ら）[17]
下眼瞼の領域が紅みが強いのは同部を流れる毛細血管，すなわち赤血球の色調が反映されていることを示す．これを反映してクマができやすい．

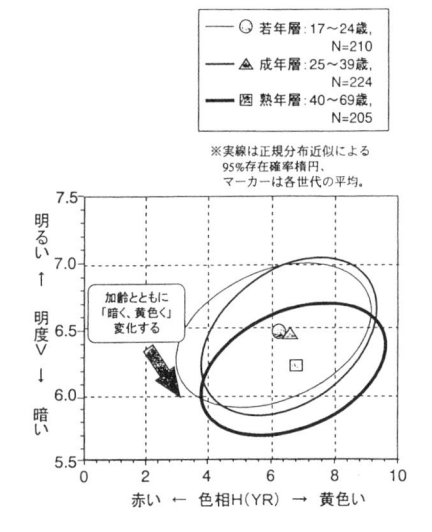

図 17.4 日本人成人女性の顔（頬下部）色の年齢ごとの違い（南ら）[17]
年齢が高いほど色調は黄色みを帯びて暗くなる傾向がある．これに対して額では色相の変化は少ない．

おわれている軀幹（なかでも背面）の生来の皮膚色で代表されることが多い．

2) 日本人の肌色（修飾された皮膚色）

わが国成人女性の多くは顔色を，顔において皮膚そのものが一定の面積を占めている領域，すなわち頬部（上下には下眼瞼から上口唇まで，水平方向には鼻梁から耳前部にかけて）の色調で評価していることがわかっている[17]．

また顔面皮膚のうち，ある程度の面積を占める部分，すなわち額，下眼瞼，頬下部の3部位を分光光度計により，色相，明度，彩度を測定すると，下眼瞼がしみ，くすみ，火照りなどの二次的変化により分布がばらつくのに対して，頬下部では比較的狭い範囲に値が収斂することからも，頬の中央下部を日本人の顔色（肌色）として代表させてよい．日本人の顔色はやや黄色みを帯びた淡い紅色で，比較的明度は高い色といえる（図17.3）．

3) 加齢による肌色の変化

肌色は加齢とともに変化する．日本人の頬では色相は赤から黄色へと変移し，明度も徐々に低下する（図17.4）．女性では化粧品によってそのような変化を相殺するような化粧を施すことが多い[17]．色相変化はおもに紫外線による結合組織の変性と，体表近くまで血流が供給されないことに由来し，明度低下は角層細胞の貯留時間の長期化と表面粗造化，真皮内のメラニン色素沈着の増加，結合組織成分の変性などに由来する．

4) 日本人の紫外線反応性

前述の理由により本来の皮膚色の評価には非露光部である背中皮膚が用いられる．日本人の90％以上が紫外線反応性分類[6]のI～IV群に含まれ，II，III群がそれぞれ約30％，I，IV群が16～18％を占めるが，V，VI群に含まれる人たちもわずかに存在する（表17.2）．そこで日本人皮膚の反応性を3群に分類するスキンタイプ（Japanese skin type）が提唱されており，一般表現のI：色白，II：普通，III：色黒に相当し，最小紅斑量には約2倍の違いがある[18]．

表 17.2 世界的に汎用されているスキンタイプ（紫外線に対する反応性）と日本人に提唱されているスキンタイプ（JST：Japanese skin type）

	スキンタイプ	紫外線感受性	サンバーン（日焼け）	サンタン（黒化）	日本人の意識
欧米人	I	大変高い	常にすぐに赤くなる	繰り返し照射でも色がつかない	18%
	II	大変高い	常に赤くなる	繰り返し照射でうっすらと色がつく	28%
	III	高い	適度に赤くなる	徐々に色がつく（薄茶色）	30%
	IV	中程度に高い	うっすらと赤くなる	常に色がつく（茶色）	16%
	V	やや高い	稀に赤くなる	強く色がつく（濃茶色）	7%
	VI	反応しない	決して赤くならない	極端に強く色がつく（黒色）	1%
日本人	JST-I	平均以上	起こしやすい	起こしにくい	
	JST-II	日本人の平均	日本人の平均	日本人の平均	
	JST-III	平均以下	起こしにくい	起こしやすい（長く続く）	

17.3 日本人の毛

a. 毛の種類：軟毛と硬毛

誕生までに脱落してしまう，柔らかくて短い無髄の，色のない胎生毛（lanugo）を除けば，皮膚にある毛は2種類に分けられる．ほぼ全身にある，せいぜい数 cm の柔らかくて短い毛：軟毛（vellous hair）と，それ以外の，硬くて長い毛：硬毛（terminal hair）とである．興味深いことに，皮膚の部位ごとに生後徐々に軟毛から硬毛への移行が起こるが，どんなに遅くても生後1年以内に，眉毛・睫毛・頭髪は硬毛になる．次に男女とも第二次性徴とともに陰毛・腋毛とが硬毛化する．同時期に鼻毛も硬毛に変化する．男性ではさらに（いわゆる）ひげ・胸毛・背毛・指趾毛が，そして壮年期には耳毛が硬毛化する．老化とともに上記の硬毛の多くは再び軟毛へ移行する．頭髪については「禿げ」とよぶ[19,20]．

日本人には全身の毛深い人は稀であるため硬毛は上記部にしかみられないが，白人では軀幹・四肢の軟毛の大部分が硬毛化（濃い胸毛はその代表）する．これらを硬毛の一種（intermediate hair）と見なす考えもあり，そうすると白人男性では体毛の90%，女性で35%近くが硬毛に分類される[21]．

b. 毛の形状

何もしない状態でまっすぐな毛を直毛，クルクルと縮れる毛を縮毛，波を打つようにうねる毛を波状毛とよぶ．日本人を含めてアジア人のほとんどは直毛，黒人では多くが縮毛，白人では波状毛が多い．これらの違いは毛を構成する角化細胞の角化機転の違いによる．すなわち毛の構成細胞が全周性に均等に角化すると断面は円形で直毛となるのに対し，一部分の角化が遅延すると断面が変形するとともに同部の発育が強く引き留められることになり（その部分が内側の）縮れた毛になる[19]．断面積が最も小さいのは波状毛である．

c. 毛数と密度

全身のすべての毛（軟毛＋硬毛）の総数は約500万本といわれるが，そのほとんどは軟毛である．硬毛のなかでも最も目立つ頭髪では，断面積の一番小さい金髪が 14.0×10^4 本，栗毛髪が 10.9×10^4 本，日本人を含めて太い黒髪では 10.2×10^4 本，赤毛が 9.0×10^4 本の密度である[20]．

毛は毛囊でつくられるが発生後に毛囊が新生することはない．そのため誕生直後が最も密度が高く成長とともに疎になる（表 17.3）[22]．毛の密度と太さは部位ごとに差が著しく，同じ日本人でも個体差が大きい．以上から日本人の毛を特徴づけるものは，黒い毛髪であり，基本的にほとんどの毛が直毛であり，毛髪以外の軟毛についても硬毛化している範囲が狭く，硬毛の密度も低い，ことといえる．

たとえば頬ひげで比較すると，日本人に比較して，白人男性ではひげの密度が高く範囲も広いうえ，最もひげが濃い時期も若い．白人男性では30～40歳代で最もよく伸び，最大 40 mg/日のひげ産生がある．一方，日本人のピークは60歳代以降で，最大 12 mg/日の産生しかない．単位面積当たりの頬ひげの密度についても，白人が20歳代では $200/cm^2$ で，45歳以降になると $250/cm^2$ と増加するのに対

表 17.3 日本人の身体各部の毛と脂腺の密度（橋本，1987)[22]

	谷口（屍体，qcm につき）					加藤
	生後5～11か月 (6例)	3～11歳 (6例)	13～14歳 (5例)	57歳	70歳	胎児6～11か月 (5例)
頭頂	546～888	270～594	365～504	236	527	1615～766
前額	751～2743	302～1061	320～916	824	463	3056～936
胸	177～334	50～139	45～107	71	87	717～402
腹	78～125	25～77	44～62	44	57	493～174
背	233～435	90～221	54～125	93	82	1020～461
臀	254～597	55～236	73～123	96	115	1787～488
上腕屈側	170～356	67～230	44～132	98	60	1250～267
伸側	274～409	33～179	37～69	59	58	1753～392
前腕屈面	71～284	63～183	41～71	95	77	726～228
伸面	264～456	25～186	39～68	40	—	1486～416
大腿内側	153～376	46～127	43～90	50	53	1310～278
外側	107～565	28～186	42～87	69	59	1231～300
下腿後面	54～314	42～112	42～61	47	40	1154～184
前面	122～303	53～122	43～77	79	66	985～233

胎児，成人，老人の計測値を Taniguchi, Kato の論文から引用したもの．

して，日本人では 30 歳代で初めて 100～120/cm^2 の顎ひげが生えるにすぎず，加齢とともに増えることもない[23]．このような硬毛化の違いは女性ではさらに大きく，日本人女性には男性型多毛は非常に稀であるのに対して，白人では 10～28％に男性型多毛が観察される．

腋毛でも同様の人種間の相違がみられ，それは女性ではいっそう著明である．白人では妊娠可能女性では日本人女性の約 4 倍の腋毛があり，閉経後も数年間は発育が続くのに対して，日本人では閉経とともに止まる．腋毛は男性では白人は日本人の 2 倍である．両性ともに白人では単位面積当たりの腋毛の密度も高く，最長腋毛も常に白人で長い．このような違いは 20 歳代以降の成人では普遍的である[23]．

d. 毛周期

日本人の皮膚を直視下に観察した研究によれば，部位ごとの毛周期は，顔で平均 30 週（成長期 22 週，休止期 8 週），顎ひげで平均 22 週（成長期 16 週，休止期 6 週），上肢で平均 26 週（成長期 13 週，休止期 13 週），指で平均 21 週（成長期 12 週，休止期 9 週），下肢で平均 40 週（成長期 21 週，休止期 19 週）の測定値が得られている．概して老人では毛周期が長いのは，成長期が長くなっていることに由来し，休止期は年齢によらずほぼ一定であることもわかっている．四肢では休止期は長く顔と頭では短い．

体幹四肢の体毛は夏場は冬よりは毛の成長は早いが，成長期間は短い[24,25]．頭髪では毛周期は 104～360 週で，休止期は 19 週という白人の観察結果がある．

老化の観点を加味すると，頭髪の脱毛「禿げ」は白人に生じやすく，日本人は禿げにくく，禿げが始まる年齢も白人より高齢になってからである．禿げとは毛周期がしだいに短くなって他の部分の軟毛と同じ周期になることである．

17.4　日本人の皮膚腺

a. 皮膚の外分泌腺

皮表に開口して直接，外界に液体を外分泌する腺を皮膚腺とよぶ．おもに水を分泌する腺を汗腺，乳汁を分泌する腺を乳腺，油を主成分とする腺を脂腺と分ける．いずれも胎生期に表皮シートが体内に陥凹してできた腺で，出生時にはほぼ完成しており成長とともに密度が下がる．個々の腺ごとに固有の機能を果たす活動時期は異なるが，すべての腺は全生涯を通じて活発な代謝をする．

汗腺はエクリン汗腺とアポクリン汗腺に分けられる．乳腺は，大量に脂肪滴を含む特別なアポクリン腺ともいえる．汗腺と乳腺は主成分が水である点で類似性が高く，分泌部を取り囲む豊富な筋上皮細胞が存在し，その収縮が分泌に関与するため短時間に分泌量が変化する．

脂腺は（汗腺や乳腺とは異なり）自らの細胞内に脂肪滴を充満させては脱落する全分泌腺である．その意味では，表皮の角化細胞がケラチン蛋白を充満させては脱落する角化過程と同じであり，重層扁平上皮と見なされる．筋上皮をもたないため短時間では分泌量は変化しない．

これらの皮膚腺には，日本人を特定するほどの解剖学的または生理学的特徴は乏しいのは，個体差が大きいこと，その機能に自然環境および社会生活による修飾が大きいこと（各論）に加えて，測定技術の側すなわち腺機能の計測と解析が困難であることにもよる[26～28]．

b. エクリン汗腺
1) 解剖学

汗腺のうち全身に分布する普通の汗腺で，導管を経て皮膚表面に直接開口する単管状腺であり，人体表面のほぼ全体に分布する．汗腺は，生後新生されることはないので，新生児期には非常に密度が高く成長するにつれ小さくなる．これらの汗腺のうち，能動的な発汗の条件づけは生後2歳半までに完了し，この年齢をこえてから汗腺が新たに能動化することはないとされる[29]．たしかに同じ日本人でも日系ブラジル人は在留中でも，（在住日本人と比較すると）高温環境下では発汗よりは体幹部皮膚温上昇により対応し，高温にも不快感を感じないという傾向が維持される[30]．これは発汗による水喪失が生命危機に直結する環境下（熱帯など）または個体条件（小児・老人など）では皮膚血流増加による熱放散が優先されることによる．

日本人の平均能動汗腺数は寒冷地生れの日本人で約216.6万，熱帯生まれで約296.1万の報告がある[31]．同じ方法による検討では，寒冷地に住むアイヌ人では約144.3万，ロシア人では約188.6万，フィリピン人で約280.0万である[32]．これらの結果は，汗腺機能が，人種の違いより，個体が置かれた自然および社会環境（衣類，住居，食生活などを含む生活）に強く支配されることを示している．

部位ごとに分布密度が異なり概して露出部に密で，手掌・足底には300/cm²以上分布するのに対して，軀幹・四肢では少なく，手背には200/cm²程度，背部には100/cm²以下であり，粘膜との移行部（亀頭・陰核・大陰唇・包皮内面）にはない（表17.4）．活動と非活動汗腺を形態学的に識別するのは困難であるため，解剖学的な汗腺数（密度）

表17.4 皮膚の厚さ，汗腺数の平均（橋本，1987）[45]

	角層(mm)	種子層(mm)	表皮(mm)	皮膚の厚さ(mm)	汗腺数(mm³)
後頭部	0.031	0.029	0.060	1.476	1.074
前額部	0.024	0.035	0.059	1.224	1.243
頬部	0.015	0.027	0.042	1.533	1.547
鼻尖部	0.021	0.039	0.060	2.040	1.738
上口唇	0.021	0.036	0.057	1.770	2.027
頸部	0.021	0.033	0.054	1.410	3.893
項部	0.027	0.042	0.069	2.400	1.346
胸部	0.021	0.024	0.045	2.040	0.646
乳暈	0.009 0.029	0.032	0.041 0.061	2.412	0.271
腋窩	0.090	0.036 0.045	0.126 0.135	1.490	1.282
腹部	0.027	0.036	0.063	2.362	1.325
背部	0.020	0.032	0.052	2.612	1.041
臀部	0.025	0.035	0.057	1.778	1.386
肛門周囲	0.035	0.029	0.064	2.380	1.562
上腿内側	0.057	0.054	0.102	1.623	0.766
外側	0.027	0.032	0.059	1.575	1.136
膝蓋部	0.057	0.036	0.093	1.530	0.596
膝窩部	0.032	0.041	0.073	1.350	0.816
下腿伸側	0.047	0.029 0.047	0.076 0.094	1.190	0.686
屈側	0.027 0.038	0.027 0	0.054 0.065	1.395	1.306
上膊伸側	0.021	0.033	0.054	1.508	1.320
屈側	0.020	0.038	0.058	1.508	1.052
前膊伸側	0.041	0.036	0.077	1.480	1.067
屈側	0.045	0.041	0.086	1.380	1.610
肘関節	0.075	0.042	0.117	1.520	0.895
肘窩	0.020	0.038	0.058	1.485	1.111
手背	0.065	0.035	0.100	1.290	1.433
手掌	0.090	0.047	0.137	1.370	2.192
示指尖	0.126 0.196	0.043	0.196 0.239	1.460	2.942
足背	0.060	0.050	0.110	1.880	1.232
足蹠	0.142	0.043	0.185	1.420	0.551
蹈趾尖	0.195 0.228	0.040	0.235 0.268	1.910	1.120
指間背側	0.085	0.042	0.127	1.710	0.916
腕関節	0.113	0.036	0.149	1.620	0.376
包皮	0.018	0.045	0.063	1.800	0
陰嚢	0.036	0.043	0.079	1.380	0.369
陰挺（核）	0.009	0.072	0.081	1.890	0
亀頭	0.009 0.018	0.054	0.063 0.072	1.800	0
大陰唇	0.014	0.045	0.059	1.845	0.020

ホルマリン固定皮膚組織を計測して得られた測定値，成人6名，小児1名，それぞれ100以上の標本からの平均値，角層は最も厚い部位，皮膚の厚さとは外表面から真皮深層までの値．

とは必ずしも一致しない[33,34]．

2）生理学

日本人では生後数日から体温調節のために温熱性発汗を開始し，ほとんど水に近い汗を分泌する．部位による違いはあるが，高温条件下にて中枢性に（温熱性）発汗して体温調節反応の主役を果たす．単一汗腺当たりの発汗量は最高7～8 ml/分とするものから2～20 ml/分まで一定しない[26,27,32,33,35]．発汗はコリン作動型の交感神経節後線維に支配される．このほかに緊張により手掌足底に発汗する精神的発汗，味覚刺激により顔面に発汗する味覚性発汗などがある．精神的発汗時には手足以外の領域では発汗は抑制される．

温熱による発汗量測定は一般に体幹に多く四肢の屈側と関節屈側では少ない．左右差は乏しい．わが国では夏に発汗量が多いが，高温環境下では温度変化による反応性が亢進（汗をかきやすくなる：暑熱順化）する．また発汗量は局所性にも慢性刺激に応じて変化する．発汗能は暑熱順化と訓練効果によって亢進する．そのため日常的に運動する人では発汗の反応性が高く，大量に発汗する．

温熱性発汗は生後数日からみられるが，個体差と環境と発育の影響を受ける．乳幼児から幼少時期には季節変動をおおい隠すほどに発汗量が増える．思春期以降は性差が著明になる．男性が温熱性発汗の感受性が高く，発汗量も多い．近年の冷房普及による日本人の耐熱能低下の可能性については，循環動態変化と発汗増加を合わせた全体としての耐熱能に関するかぎり，乳幼児期の冷房による差は小さい[36]．青年期を過ぎて加齢が進むとともに温熱変化に対する発汗反応性，あるいは薬物に対する反応性も低下する．その傾向は50歳代から明瞭になり[37]，男性ほど著明なため，高齢者では発汗反応にも性差がなくなる．

c．アポクリン汗腺

腋窩に最も多く分布し，導管の多くは毛包に開口する大型の単管状腺で，組織学的に1層の細胞からなり，腺細胞の破片とともに管腔内に分泌（アポクリン分泌）されるため粘稠である．哺乳類の芳香腺が退化したものと考えられ，ヒトでは性ホルモンの影響を受けて思春期に活動し始める．成人では外耳道・眼瞼縁・腋窩・乳輪・陰部・肛囲に分布して活動しており，腋窩が最も活発である．腋窩腺は黒人が最も良く発達しており，ついで白人であり日本人を含めた東洋人では腋窩発毛部の面積が狭いことに加えてアポクリン腺の発達が悪い[39]．分泌物ににおいはないが，それを常在菌（lipophilic diptheroides, large colony diphtheroides など）が分解して生じた，transmethyl-2-hexenoic 酸や低級脂肪酸により性的刺激となる強いにおいを発する[40]．そのためか，黒人・白人ではむしろにおいがあるのが普通であるため腋臭症は異常と見なされないが，日本人では腋臭症は少数であるためと，近年の体臭を嫌う社会的傾向のために苦痛も大きいと思われる[40]．

d．乳　腺

乳腺はそれぞれの分葉を束ねた15～20本前後の導管として乳首に開口し，性ホルモンの影響を受けて思春期に成長する．女性では妊娠とともに分泌部の形成が進んで多房化し，分娩とともに分泌が開始される．脂肪は滑面小胞体で合成されて腺細胞上部に集合して細胞質とともにアポクリン分泌され，カゼイン（蛋白）は粗面小胞体で合成されて細胞外へ開口分泌される[41]．授乳期間中に最大の役割を果たすが，それ以外の期間中にも，また男性でも微量の分泌が継続している．

近年，日本人においては乳房の容積が急速に増大してきた．これにより乳房を支える下着であるブラジャーの容積と形状も大きく変化している[42]．これは脂肪摂取の質・量との変化による．

e．脂　腺

ヒト皮膚の表面に存在する脂質には，① 脂腺から分泌された脂質，おもにトリグリセリド，スクワレン，ワックスエステル，② 角質細胞間の，セラミドを中心とするスフィンゴ脂質，③ 表皮角化細胞そのものがもつ膜成分の脂質，おもにリン脂質，コレステロール類がある[43]．

このなかで，① を分泌する皮脂腺は，多くは毛と同じ穴に開口する多または単胞状腺で，口唇・頬粘膜・乳輪・陰部などでは毛が発達しないために（毛がなくて）独立して表面に開口する．脂腺が最も多いのは頭・額・鼻近傍で，400～900/cm^2 の密

度で分布し，それ以外では約 100/cm² の分布密度と想定されている[44]．逆に指・趾先を含めて手掌・足底には存在しない．性ホルモンの影響を受けて分泌が制御されるが，個々の腺の大きさと分泌は，個体，性，年齢，体表の部位による違いが大きいうえに，トリグリセリドなどは血中のものを利用するため，食餌性に摂取される脂肪の影響を強く受ける．近年，日本人でも欧米型のにきびが増えているのは急速に進んだ西洋化などによると思われる．

17.5　日本人の皮膚の物理化学的性状

a. 皮膚の静的物性

1) 物性の臨床表現

皮膚の物理化学的性状は「肌合い・肌触り」などと表現される範疇の性状を決定する．すなわち日本人の肌の，① スベスベ，カサカサ，ガサガサなどの表皮の物理的性質，② 透明，ツヤツヤ，テカテカ，ギラギラなどの表皮・付属器の光学的性質，③ きめ細かい，荒れたなどの表皮と真皮乳頭層の物理と光学的性質，④ ひんやり，ポカポカ，ほてったなどの循環動態，⑤ 弾くような，硬い，柔らかい，手になじむ，弛んだなどの真皮結合組織の物性，⑥ 皮下脂肪による肥満などである．

前述したように，外界と生命体との至適境界面を提供するのが外皮（皮膚）であるから，皮膚性状は自然および社会的環境との交渉の産物であるといえる．したがって，皮膚の物性といえども自然社会環境の変化に伴って変化することはいうまでもない．

2) 組織の測定値

i) 各組織厚さの意味　皮膚の厚さは物理的性状を決定する最大要因の一つである[45]．皮膚は，表皮，真皮，皮下脂肪組織からなり，それぞれに多彩な機能を分担している．要約すれば，① 表皮は外界から隔離するための障壁（近年，好んでバリアとよばれる）である角層を供給する組織である．表皮は角層で代表される．② 真皮結合組織は，内部臓器を封入するための張力と内部の運動変形に追随する弾力を発揮する組織であるが，その機能はおもに，膠原線維と弾力線維とが密に配列した網状層とよばれる結合組織層が受けもつ．③ 皮下脂肪層は皮膚全体のなかで最も厚い層であるが，この層は空間的な距離を維持する組織で，栄養状態の影響を強く受ける[2]．

ii) 表皮（角層）　角層の厚さは外界との摩擦と圧に比例するので手掌・足底が最も厚い．平均的日本人で最も角層が厚い部位は第 1 趾尖，ついで第 2 指尖である．概して足底で 140 μm ほど，手掌で 90 μm ほどの厚さがある．肘頭や膝蓋では 50 μm ほど，軀幹，すなわち頸部・胸部・腹部・背部・臀部・上腕では 20〜30 μm ほどの厚さがある．顔面もほぼ同様で前額部以外は 15 μm ほどである．最も薄いのは，陰核と亀頭で 9 μm ほどである（表 17.4）[45]．この値は 1933 年という 70 年以上前の数値で，これらの数値は社会生活あるいは運動趣味などの反復性摩擦の反映であるため恒常的な値ではない．

個々の角化細胞の大きさと重層の密度に関しては黒人と白人では角層の厚さは同じであるが，黒人ではより多くの細胞層が同じ厚さのなかに重層していて，細胞間脂質の量も多く，その結果電気的抵抗も大きいなど，人種間の差が知られる[46]．わが国における測定値はない．皮膚組織の計測は従来，顕微鏡用標本を用いた計測であったため，標本作製過程で人工的変形が生じやすいという欠点があったが，現在ではレーザーによる生体での直接測定がなされている[47]．

iii) 真皮結合組織　内部臓器の封入のために要する張力の大小に比例して，真皮結合組織は軀幹では背面，四肢では伸側に厚くて 1.5〜2.5 mm 程度ある．このような皮膚領域では太い膠原線維系が張力を受ける方向に互い違いに交互に配列している．逆に腋窩，鼠径のように張力を受けもたない屈側では，委縮しないように結合組織内に脂肪細胞を抱え込んで内側から張力を発生させているため，薄いものの厚さが一定しない．

多彩な表情，すなわち皮膚組織自体を（内在する横紋筋により）伸縮させる顔面では，弾力線維が細かく疎に配列している．加えて下床は頭骸骨であるため張力を受けもたない．この構築のために組織厚は同じく 1.5 mm 程度あるが，自己の組織重量を支えきれずに，老化とともに弛みを生じやすい[2]．

3) 表面模様

i) 皮溝と皮野　新生児から老人に至るまで，皮膚表面には U 字型の細かい溝：皮溝が縦横に走り，その溝に囲まれた領域を皮野とよんでいる．皮

表17.5 日本人の指紋の出現頻度（橋本，1987）[48]

		左					右				
		I	II	III	IV	V	I	II	III	IV	V
男性 (992名)	弓状紋	2.0	3.3	2.3	0.6	0.3	1.2	3.7	1.2	0.6	0.3
	尺側蹄状紋	46.4	40.3	61.9	42.1	74.9	37.5	36.1	65.6	34.4	67.3
	橈側蹄状紋	0.2	13.7	1.7	0.3	0.2	0.2	14.1	2.4	0.4	0.5
	渦状紋	51.4	42.6	34.1	56.9	24.6	61.0	45.9	30.6	64.6	31.9
	不明				0.1		0.1	0.2	0.1		
女性 (1324名)	弓状紋	5.1	6.7	4.5	0.9	0.8	2.9	6.0	2.6	0.5	0.5
	尺側蹄状紋	46.0	37.8	59.5	46.0	74.9	46.9	43.5	70.1	40.3	71.2
	橈側蹄状紋	0.7	12.8	1.6	0.4	0.3	0.3	7.6	0.4	1.4	0.5
	渦状紋	47.7	41.9	33.8	51.7	21.9	49.2	42.6	26.2	56.9	26.0
	不明	0.5	0.7	0.6	1.1	2.1	0.6	0.4	0.8	0.8	1.9

溝は最大伸長時の表面積の備蓄として機能しているから，皮溝の方向と深さは，部位ごとの伸縮負荷の方向と大きさと，その部の皮膚の柔軟性によって決定される．多方向に伸縮する胸腹部や大腿内側などでは皮溝は3方向に走り，その結果，皮野は三角形の組合せ，すなわち六角形になりやすい．四肢では長軸と円周の2方向がおもな伸縮負荷であるため皮溝も直交する2方向になり皮野は四角形に，関節のように1方向の伸縮のみの領域では，伸縮と直交する平行な深い皮溝が形成される．

皮溝の陥凹はすべて乳頭層で吸収されており真皮網状層には及ばない．U字型の表皮の伸縮で吸収できないような大きな変形は網状層の膠原線維と弾力線維が受けもつことにより吸収される．皮溝の均一性が維持されている限り皺としては認識されない[1,2]．

ii) **指紋・掌紋・足趾紋・足紋**　手掌・足底は，恒常的な摩擦維持のために体毛がなく厚い角層を発達させており，U字型の陥凹：皮溝が著明である．皮溝は一定の幅で平行かつ流線状に配列して，いわゆる指紋や掌紋を形成する．このような紋様の理解には数理生物学の概念が必要である．指紋は，その形状により，弓状紋，蹄状紋，渦状紋の3基本型に分類されている．蹄状紋はさらに，紋理の中心線が尺（小指）側に流れ出る尺側蹄状紋と橈（親指）側に流れ出る橈側蹄状紋に分けられる[48]．

日本人の指紋には尺側蹄状紋と渦状紋がほとんどで9割以上を占め，弓状紋はまれであり，渦状紋の出現頻度はイギリス人の報告に比べると約1.5倍高い．指の紋理の発現頻度には，性差，左右差そし

て指ごとの違いがあり，たとえば渦状紋は男性の多く，全体として右手に多く，なかでも第4指に最も高い頻度で出現し，あと第1→2→3→5指の順である（表17.5）[48]．指紋と同様に掌紋にも個人差，左右差や人種差がみられる．母指球部から第1指間部にかけての領域にも蹄状紋や痕跡紋，ときに渦状紋がみられるが，他人種に比べて日本人では頻度が低い．

足趾の紋理と指紋の形には関連性がないといわれている．たとえば渦状紋は足趾紋では第3趾が一番多く，第2→4→1→5趾の順に低くなる．日本人は白人に比べて渦状紋が指紋には多いが，足趾では逆にわずかではあるが白人のほうが多い．

多彩な紋様の形成は，遺伝的に支配されている蛋白の組成によって決定される表皮角化細胞の力学的強度，加わる張力の大きさに大きく影響を受け，汗腺の分布によって決定的な支配を受けると思われる．いずれにせよ古典的な紋様の分類では説明できない多様さも，数理生物学により容易に説明できるようになることが予想される．

b. **皮膚の生理状態**

1) **pH**

皮膚表面はpH 4～7の酸性環境にあり，概して男性は女性に比べて酸性であるが老人になると差がなくなる．気温と反対に昇降し，夜間にはやや高値を示す．日本人はもとより人種間の違いは個体差をこえないようである[49,50]．分泌されたばかりの汗はわずかにpH 7.0を下回るくらいであるが，乾燥とともに低下する．基本的に角層細胞の主成分である

表17.6 日本人の前額における総皮脂量の，男女ならびに年齢変化 (mg/cm²/3 h)（山本，1998）[52]

年齢	男性 平均値（標準偏差）	女性 平均値（標準偏差）
0～9	55 (20)	19 (5)
10～19	98 (28)	222 (40)
20～29	237 (49)	198 (34)
30～49	299 (32)	128 (33)
50以上	264 (86)	58 (19)

表17.7 日本人男性の前額における総皮脂の組成の年齢比較（山本，1998）[52]

脂質組成	20歳代 平均値（標準偏差）	60歳代 平均値（標準偏差）
ワックスエステル	45.3 (12.5)	35.6 (8.5)
トリグリセリド	27.8 (4.9)	32.0 (4.3)
スクアレン	16.3 (3.8)	10.2 (2.9)
遊離脂肪酸	5.8 (3.0)	10.5 (2.9)
コレステロールエステル	3.8 (2.2)	9.1 (1.5)
コレステロール	0.9 (0.7)	2.1 (2.0)

表17.8 日本人の老人と小児における角層水分含有量の季節的変動（徳留ら，1986）[54]

部位	季節	夏 (μU)	秋 (μU)	冬 (μU)
顔面	小児	317.0 ± 136.8	63.2 ± 20.1	69.8 ± 49.4 ⎤*
	老人	315.8 ± 77.3	144.4 ± 92.5	150.2 ± 90.3 ⎦
手背	小児	90.1 ± 34.0	45.3 ± 35.3	37.7 ± 12.9
	老人	162.4 ± 186.6	40.1 ± 20.9	32.6 ± 18.3
腹部	小児	102.6 ± 27.2	27.3 ± 14.0 ⎤*	30.0 ± 14.0
	老人	83.1 ± 29.1	46.8 ± 18.2 ⎦	73.5 ± 106.6
前腕	小児	99.3 ± 18.1	29.0 ± 11.2	32.0 ± 15.7
	老人	110.2 ± 58.9	47.5 ± 21.1	37.4 ± 12.2

* $p < 0.05$

ケラチン蛋白の等電点がpH 5.0であること，汗に含まれる乳酸がpH 4～4.5に緩衝能をもつことなどが，皮表のpHを一定させる理由と考えられる．細菌や真菌感染はこれらをアルカリ側に移行させる．新生児は当初の24時間はpH 6～7.0であるが，次の24時間には低下し始めて1週間以内にすべての領域でpH 5.0程度に近づく[51]．老年になると再びアルカリ性に近づく．一般に発汗が持続するとpHが上昇する．また露出部は被覆部よりpHが高く，特に足底，足踵，肘頭は高い．入浴はpHを激変させるが，高温浴ほどアルカリ側に，低温ほど酸側に傾き，約12時間影響を受ける．

2）皮脂量

皮膚表面に存在する脂質は，脂腺が分泌した脂質（ワックスエステル，トリグリセリド，スクアレンなど），細胞膜由来の脂質（遊離コレステロール，コレステロールエステルなど），および角化細胞間の脂質（脂肪酸，スフィンゴ脂質など）からなり，量的には前者が大半を占める．したがって，分泌量は体表面ごとの脂腺密度と個々の腺の活性に影響される（毛脂腺の項参照）．そのため顔面には皮脂が多いが，顔面のなかでも額や鼻では頬の約2倍分泌される．皮脂の総和は男性では幼小児期から20歳代に向けて増加し，その後も高値を維持するのに対して，女性では10歳代で最大量に達した後，加齢とともに減少する．皮脂腺由来の脂肪に限れば，男女ともに20～30歳代が最も分泌量が多い（表17.6, 17.7）[52]．

3）角層水分量

成人と比較して，新生児の角層は含有水分量が少なく乾燥しており，水分保持能も低い．日本人では小児と老人を比較しても，小児の角層は水分保持能が低い．にもかかわらず小児に皮膚が湿潤してみえるのは成人に比較して大量の発汗による．小児の顔の皮膚では特に水分保持能が低いため，小児では冬期に頬がカサカサになりやすい[53,54]．成人と比較して，老人では角層水分量が減少するが，角層を抜けて出ていく水分（transepidermal water loss : TEWL）も低下している．老人では角化して脱落するまでの速度が低下しているために，結果として厚い角層が付着しており，細胞間脂質が減少していても見掛け上バリアとしては機能している．

4）皮膚温

血流量がおもに皮膚温を決定するが，皮膚への侵入以前にも循環血液量は熱平衡の中枢性制御を受ける[55]．すなわち四肢深部にて並走する動脈と静脈との間で対向流熱交換（末梢にて冷却された静脈血に動脈血の熱が渡される）が行われており，一般に四肢末梢ほど皮膚温は低い．逆に高温環境では静脈血は皮膚を経由して戻ることにより体表からの熱放散に寄与する．静脈血が深部静脈を通らないために動脈血は熱交換をしないまま末梢に達する．このため高温環境下では四肢が末梢まで温かい．末梢ほど表面積が大きく熱移動がよいから熱放散もよい[55]．以上の機序により，軀幹は変動が少ないが露出部特に

四肢末梢では変化が大きい（図17.5）[56]．幼小児では成人よりも外界の温度変化に強く迅速に反応して高低する傾向がある．

顔面・頸部・前胸部・上肢の皮膚には活発に機能する動静脈吻合が密に分布している．動静脈吻合は常時は交感神経性血管収縮線維の濃厚な支配を受けて一定のリズムを刻みながら内腔を閉じているが，開大すると大量の動脈血を皮膚に灌流させる．情動による「紅潮」や緊張による「蒼白化」は本器官の拡張と収縮による．露出部に密に分布するのは感情表現がヒトの生存に非常に重要な機能を受けもつことによる．思春期以前には十分に活動していない．

c. 皮膚の動的物性

1) 弾力性・柔軟性

弾力性は一定の外力負荷を加えたときに生じる皮膚変形の程度，および負荷前の状態に回復するまでに要する時間によって評価される[57]．伸展/圧縮，陽圧/陰圧などが負荷の方法として用いられることが多いが，皮膚変形の範囲と深さにより測定対象が異なる．概して小さい変形ほど表面の，大きいほど深層（真皮結合組織）の性質を反映する．

負荷を徐々に強めると，当初は負荷に応じて大きく変化していた皮膚変形が小さくなり，ついには急に大きくなって断裂する．前者の伸張度は成人が最大で，老化とともに小さくなるが小児も小さい．成人皮膚を加圧による変形の大きさで評価すると，皮膚柔軟性は，頸＞頬＞臀＞胸腹＞背＞上肢＞下肢の順であり，また四肢では末梢ほど硬い．部位が同一であれば概して前＞後，屈側＞伸側の関係がある（図17.6）[58]．興味深いことに皮膚の柔軟性は日内でも変動し，夜には頬・上腕が柔らかく，昼には胸

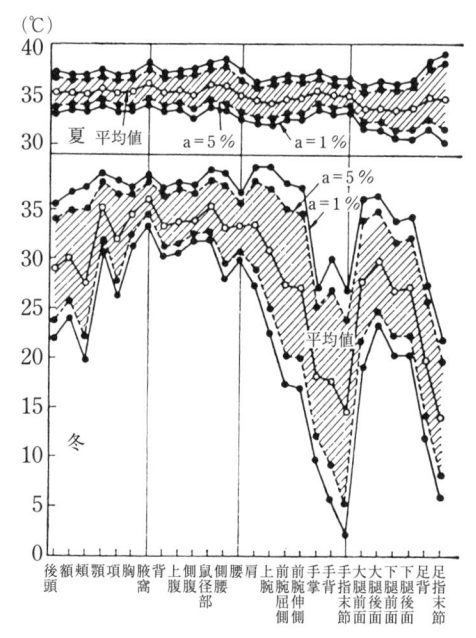

図17.5 日本人成人男性の皮膚温（武田，1976）[56]
夏と冬の皮膚温を示す．末梢ほど変化が大きく，逆に体幹では変化が小さい．

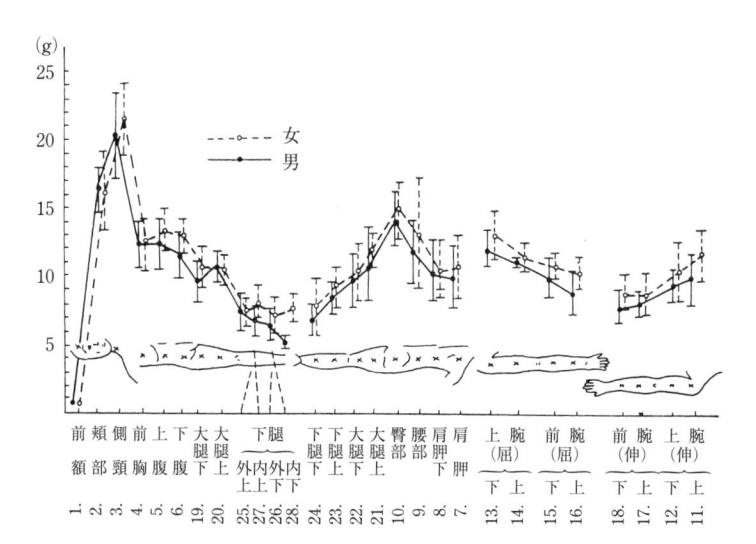

図17.6 日本人の身体各部分の皮膚の柔らかさ（西村ら，1992）[59]
皮膚に65gの外力を加えたときの皮膚の陥凹度を測定したもの．

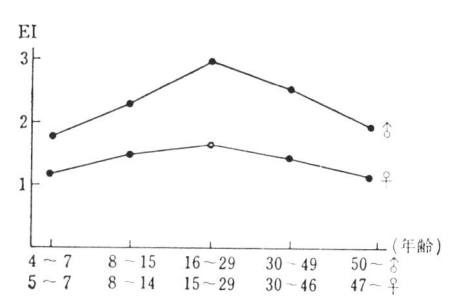

図 17.7 日本人の成人男性の背中の皮膚色と紫外線による最小紅斑量（武田，1976）[60]
低温太陽灯（253 μm）を光源とした，24 時間後の紅斑量を紅斑指数（erythema index：EI）として示す．指数が大きいほど感受性が高い．

が柔らかく，朝に大腿は硬くなる．腹部は一定しない．また季節的には，夏に柔らかく，冬には硬い傾向がある．女性では変動が大きく月経中に皮膚が最も柔らかく，徐々に硬くなり排卵期が最も硬い[58]．陰圧による測定でも加齢とともに皮膚弾力性は低下し，老人では明らかに弾力性が低下していること，同年齢であれば男女差はほとんどないこと，露光部位との差は大きくないことが示されている[59]．

2）光感受性

近年は光に対する皮膚感受性を，紅斑を生じさせるのに必要な最小光線量（minimum erythema dose：MED）で表現する．前述したように生来の皮膚色に大きく依存するため個体差が大きく，色白肌では容易に紅斑を生じるのに対し，色黒になるに従い大量に紫外線を照射しないと紅斑を起こせない[6]．日本人を 3 群に分ける案もある[18]．

日本人では女性より男性のほうが太陽灯に対する感受性が約 2 倍も高く，成人が最も感受性が高いことが知られる．成長とともに徐々に感受性が亢進するが，20 歳前後でピークを迎えた後は老化とともに徐々に感受性も低下する（図 17.7）．部位による違いを概略すると，光感受性は被覆部＞露出部，躯幹＞四肢，後＞前，四肢では中枢側＞末梢側の傾向がある．また季節的には冬が感受性が最低で，夏には最高になる[60]．　　　　　　　［今山修平］

文　献

1) Warwick, R. and Williams, P. L. (1973) The integument, In：Gray's Anatomy (Warwick, R. and Williams, P.L. eds.), 35th ed, pp. 1159-1169, Longman.
2) 今山修平 (1999) 皮膚老化の発症機序．形成外科，**42**，793-799．
3) Szabo, G. (1967) Photobiology of malanogenesis：Cytological aspects with special reference to differnces in racial coloration, In：Advances in Biology of Skin, Vol. VIII, The Pigment System (Montagna, W. and Hu, F. eds.), pp. 379-396, Academic Press.
4) Blois, Ms., Zahlan, A. B. and Maling, J. E. (1964) Electron spin resonance studies on melanin. *Biophysiol. J.*, **4**, 471-487.
5) Fitzpatrick, T. B. (1974) Sunlight and Man, University of Tokyo Press.
6) Fitzpatrick, T. B. (1988) The validity and practicality of sun-reaction skin types I through VI. *Arch. Dermatol.*, **124**, 869-871.
7) Porta, G. (1988) Progress in the chemistry of melanins and related metabolites. *Med. Res. Rev.*, **8**, 525-556.
8) Mishima, Y. (1965) Macromolecular changes in pigmentary disorders. *Arch. Dermatol.*, **91**, 519-557.
9) 堀木　學 (1966) 表皮樹状細胞の電子顕微鏡的研究．皮膚，**8**，233-250．
10) 佐藤晋一 (1970) 人口腔粘膜樹枝状細胞の組織学的，電子顕微鏡的研究．日本皮膚科学会誌，**80**，585-609．
11) Szabo, G. (1954) The number of melanocytes in human epidermis. *Br. Med. J.*, **1**, 1016-1017.
12) Szabo, G. (1959) Quantitative histological investigations on the melanocyte system of the human epidermis, In：Pigment Cell Biology (Gordon, M. ed.), pp. 99-125, Academic Press.
13) Rosdahl, I. and Rosman, H. (1983) An estimate of the melanocyte mass in humans. *J. Invest. Dermatol*, **81**, 278-281.
14) 池田重雄：正常皮膚メラノサイトおよびメラニンの所見．日本皮膚科学会会誌，**72**，836-867．
15) 滝脇弘嗣・神野義行 (1998) 皮膚の色をはかる．*Derma*, **15**, 1-6.
16) 滝脇弘嗣 (1993) 新しい検査法と診断法，皮膚血流測定法．臨床皮膚科，**47**，95-99．
17) 南　浩治・南　孝英：ファンデーションの色設計．*Fregrance Journal*, **28**, 21-26.
18) Satoh, Y. and Kawada, A. (1986) Action spectrum for melanin pigmentation to ultraviolet light and Japanese sikin typing, University of Tokyo Press.
19) 黒住一昌・荒尾龍喜・高島　巌 (1987) 皮膚の付属器官，毛および立毛筋，現代皮膚科学大系 3A（山村雄一・佐野栄春・久木田淳編），pp. 133-181, 中山書店．
20) Marples, M. J. (1965) Cutaneous appendages：The hair, In：The Ecology of the Human Skin (Marples, M.J. ed.), pp. 46-70, Charles C. Thomas Publisher.
21) Myers, R. J. and Hamilton, J. B. (1951) Regeneration and rate of growth of hairs in man. *Ann. NY Acad. Sci.*, **53**, 562-568.
22) 橋本　謙 (1987) 各種の測定値，現代皮膚科学大系 3A（山村雄一・佐野栄春・久木田淳編），pp. 326-338, 中山

23) Hamilton, J.B. (1958) Age, sex and genetic factors in the regulation of hair growth in man : A Comparison of Caucasian and Japanese pupulations, In : The Biology of Hair Growth, pp. 399-433, Academic Press.
24) Saito, M., Uzuka, M., Sakamoto, M. and Kobori, T. (1967) Rate of hair growth, In : Hair Growth, Advances in Biology of Skin (Montagna, W. and Dobson, R. L. eds.), Vol. 9, pp. 183-201, Pergamon Press.
25) Saito, M., Uzuka, M. and Sakamoto, M. (1970) Human hair cycle. *J. Invest. Dermatol.*, **54**, 65-81.
26) 小川徳雄 (1986) 発汗の生理学. 日本臨床, **44**, 1510-1515.
27) 今山修平 (1998) 皮膚の計測：外分泌線の無侵襲性測定. *Monthly Book Dermatol.*, No. 15, 21-28.
28) Imayama, S., Shimozono, Y., Urabe, A. and Hori, Y. (1995) A simple method for measuring the amount of immunoglobulin A secreted onto the skin surface. *Acta. Derm. Venereol.*, **75**, 212-217.
29) Woollard, H. H. (1930) The cutaneous glands of man. *J. Anat.*, **64**, 415-421.
30) Katsuura, T., Tachibana, M. E., Lee, C. F., Okada, A. and Kikuchi, Y. (1992) Comparative studies on the thermoregulatory responses to heat between Japanese Brazilians and Japanese. *Ann. Physiol. Anthropol.*, **11**, 105-111.
31) Kawahata, A. (1950) Studies on the function of human sweat organs. *J. Mie. Med. Coll.*, **1**, 25-41.
32) Kawahata, A. and Sakamoto, H. (1951) Some observations on sweating of the Aino. *Jap. J. Physiol.*, **2**, 166-169.
33) 橋本　謙 (1987) 各種の測定値, 現代皮膚科学大系 3A (山村雄一・佐野栄春・久木田淳編), pp. 326-338, 中山書店.
34) 小川徳雄 (1987) 発汗の末梢機構, 現代皮膚科学大系 3C, (山村雄一・佐野栄春・久木田淳編), pp. 89-109, 中山書店.
35) 福田　實 (2001) 汗を整えるスキンケア. *Derma*, **50**, 44-48.
36) Morimoto, T., Slabochova, Z., Naman, R.K. and Sargent, F. II (1967) Sex differences in physiological reactions to thermal stress. *J. Appl. Physiol.*, **22**, 526-532.
37) Tochihara, Y., Ohnaka, T. and Nagai, Y. (1995) Thermal responses of 6-to 8-year-old children during immersion of their legs in a hot water bath. *Appl. Human Sci.*, **14**, 23-28.
38) Muta, Y., Ohnishi, A., Yamamoto, T. and Ikeda, M. (1991) The effect of ageing on the active sweat gland density in the dorsum on foot. 臨床神経科学, **31**, 1165-1169.
39) Homma, H. (1926) On apocrine sweat glands in white and negro men and women. *Bull. Johns Hopkins Hosp.*, **38**, 365-371.
40) 青木　健 (1987) アポクリン汗腺, 現代皮膚科学大系 3C, (山村雄一・佐野栄春・久木田淳編), pp. 110-122, 中山書店.
41) Imayama, S., Mori, M., Ueo, H., Nanbara, S., Adachi, Y., Mimori, K., Shimozono, Y., Hori, Y. and Sugimachi, K. (1996) Presence of elevated carcinoembryonic antigen on absorbent disks applied to nipple area of breast cancinoma patients. *Cancer*, **78**, 1229-1234.
42) 綿貫茂喜 (2001) 衣類によるスキンケアの背景と現実, 実践, スキンケア. *Derma*, **50**, 20-25.
43) 土屋　明 (1962) 皮脂排出機能並びにそれの皮表に於ける性状に関する研究. 日本皮膚科学会誌, **72**, 295-307.
44) Marples, M. J. (1965) The sebaceous gland, In : The Ecology of the Human Skin (Marples, M. J. ed.), pp. 71-81, Charles, C. Thomas Publisher.
45) 橋本　謙 (1987) 各種の測定値, 現代皮膚科学大系 3A (山村雄一・佐野栄春・久木田淳編), pp. 326-338, 中山書店.
46) Weigand, D. A., Haygood, C. and Gaylor, J. R. (1974) Cell layers and density of negro and caucasian stratum corneum. *J. Invest. Dermatol.*, **63**, 563-568.
47) 次田哲也・南　浩治・河合通雄・山田　朗・今山修平 (1999) ヒト皮膚の表皮厚みの無侵襲計測 (Optical Coherence Tomography : OCT). 日本皮膚科学会誌, **109**, 437.
48) 橋本　謙 (1987) 皮膚紋理, 現代皮膚科学大系 3A (山村雄一・佐野栄春・久木田淳編), pp. 15-25, 中山書店.
49) Marples, M. J. (1965) Climatic conditions on the surface of the skin, In : The Ecology of the Human Skin (Marples, M. J. ed.), pp. 130-156, Charles, C. Thomas Publisher.
50) 樋口健太郎 (1967) 皮膚 pH および中和能について. 皮膚臨床, **9**, 89-98.
51) Behrendt, H. and Green, M. (1955) The relationships of skin pH pattern to sexual maturation in boys. *Am. Dis. Child.*, **90**, 164-172.
52) 山本綾子 (1998) 皮表脂質をはかる. *Derma*, **15**, 29-33.
53) 笹井　収・田上八朗 (1998.) 角層の性状の測定. *Derma*, **15**, 7-14.
54) 徳留康子・田上八朗 (1986) 皮膚の老化と角層の水分保持機能・小児との比較における老人の身体各部位の季節による角層水分含有量の変化の特徴. 日本皮膚科学会誌, **96**, 493-496.
55) 今山修平 (1999) 生涯教育講座：皮膚血管の解剖学的理解. 日本皮膚科学会誌, **109**, 1-10.
56) 武田克之 (1976) 皮膚血管の生理機能と反応性, 皮膚の生理ならびに病態生理, 基本皮膚科学 (小嶋理一・三浦　修・清寺　真編), pp. 146-174, 医歯薬出版.
57) 石川　治 (1998) 皮膚の弾力性をはかる. *Derma*, **15**, 43-50.
58) 武田克之 (1976) 皮膚の物理的性状：皮膚の生理ならびに病態生理, 基本皮膚科学 (小嶋理一・三浦　修・清寺　真編), pp. 182-192, 医歯薬出版.
59) 西村正弘・辻　卓夫 (1992) ニュータイプの皮膚弾力測定器による皮膚弾力性の測定-加齢, 男女, 部位による差および病的皮膚との比較. 日本皮膚科学会誌, **102**, 1111-1117.
60) 武田克之 (1976) 皮膚の刺激に対する反応性：皮膚の生理ならびに病態生理, 基本皮膚科学 (小嶋理一・三浦　修・清寺　真編), pp. 125-146, 医歯薬出版.

18
日本人の表皮分泌

　ヒトの皮膚の分泌物には汗と皮脂とがあり，それぞれ汗腺，脂腺（皮脂腺）から分泌される．汗腺にはエクリン腺とアポクリン腺とがある．皮膚の人種差については，その色にかかわる性質，毛の形や分布などについてはよく論じられ，文献も豊富であるが，汗腺や脂腺の，特に機能的な人種差については追究も容易ではない．また人種間に差がみられても，それが遺伝的な人種差によるものか，生活環境の差によるものか，文化的な差に起因するかなどの鑑別も容易ではなく，十分理解されているとはいいがたい．

18.1　エクリン腺

　表皮の分泌器官で最も生理学的な意義が大きく，口唇，爪床，亀頭などごく一部を除くほとんど全皮膚面に分布し，暑熱負荷時の熱放散に重要な役割を演じる温熱性発汗と精神興奮に伴う精神性発汗を行う．前者が主体であり，温度環境に対する適応能が高いので，集団間における汗腺機能の差には，人種差のほかにも気候や生活温度環境，さらには文化人類学的な要因によるものも大きな部分を占める．

a. エクリン腺の大きさ

　エクリン腺の腺体（分泌管と曲導管とで糸球体を構成）の大きさは部位によってかなり異なる．屍体からの組織標本についての慶応義塾大学解剖学研究室における計測では，日本人女性（2体）はそれぞれ $0.006 \sim 0.022$, $0.008 \sim 0.023$ mm^3，韓国人女性（1体）で $0.008 \sim 0.024$ mm^3，アイヌ人男性（1体）は $0.006 \sim 0.038$ mm^2 と近い値を示すが，ドイツ人やバントゥー族（各1体）についてのデータでは $0.016 \sim 0.040$ mm^3 と，やや高い数値が報告されている[1]．しかし，測定部位やその数が異なり，精確な比較ではない．

　染色した組織標本では多少とも萎縮しているが，日本人の生体からの新鮮標本について，側臀部は 0.021 mm^3，手背は 0.017 mm^3，手掌は 0.014 mm^3 と報告されている[1]．一方，白人での背部皮膚の生検組織から分離した汗腺の分泌管について，$0.001 \sim 0.007$ mm^3 と計測され，大きさの個人差と腺の分泌能との間には，高い相関があると指摘されている[2]．この値は分泌管のみのサイズ（分泌管の断面積×長さとして計測）であるが，背部の汗腺が分泌能が高いことから大きな汗腺と考えられ，従来のデータと比べてきわめて低値といわざるをえない．これが人種差によるのか計測法の違いによるのかは明らかでない．なお，同部の分泌管の長さは $2 \sim 5$ mm と計測されている[2]．

　腺体は真皮の深層から皮下組織の上層にわたって存在し，その深さは部位によって異なる．日本人男性の新鮮屍体（1体）についての計測では，$0.2 \sim 5$ mm とされる．

b. エクリン腺の分布と総数

　汗腺の分布には個人差が大きく，総数を見積もることはむずかしいが，屍体について解剖学的に測定した多くのデータから推算して，およそ200万〜500万あると思われる[1]．部位的には，一般に手掌と足底に最も密に分布し，ついで頭部に多く，体幹や四肢には少ない．白人では四肢より体幹に多く，日本人ではむしろ逆のデータが報告されているが，例数が少ないうえ，個人差が大きく，人種間の差異は定かではない．

　能動汗腺，すなわち分泌機能のある汗腺の分布も部位差が大きい．韓国人男性8名についてのデータ（図18.1A）によれば，足底，前額，手掌で最も密

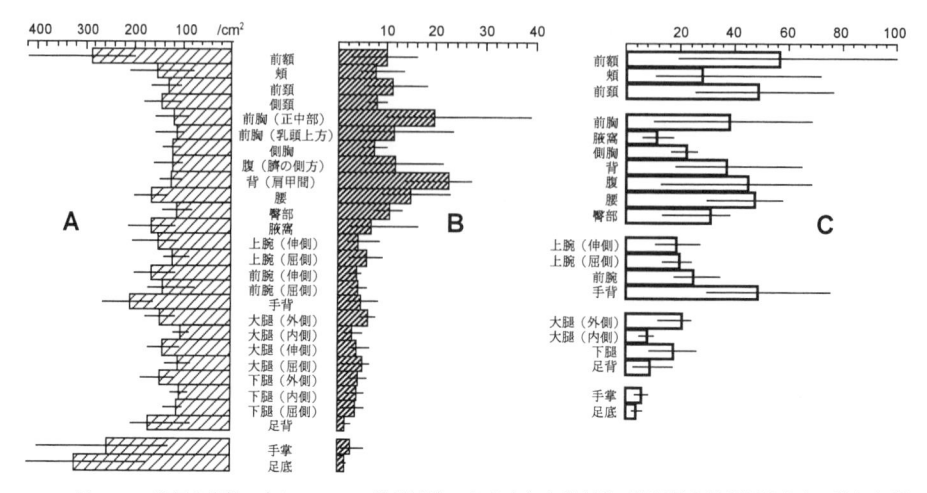

図 18.1　韓国人男性 8 名についての能動汗腺の密度（A）と発汗能（発汗量を能動汗腺密度で除した値）の部位差（B），および日本人男女 8 名についての発汗量の部位差（C）
平均値と測定値の範囲を示す．B, C の単位は任意の相対値（Kuno, 1956[1] より改変）．

表 18.1　部位別汗腺密度（cm² 当たり）

	解剖学的	機能的								
著者	Szabo (1962)	Ogata (Kuno引用)	Thomson (1954)		Ojikutu (1956)					Bar-Or ら (1968)
被験者例数	3〜21	韓国人 8	欧州人 21	アフリカ人 26	アフリカ人 108	アフリカ人 13	欧州人 74	アメリカ黒人 12	シリア・イラン人 6	アメリカ白人 ♂9　♀10*
刺激	—	「最高発汗」	運動 (db 38℃, wb 32℃)		下肢温浴 (Ta 25〜28℃, rh 87%)	下肢温浴 (Ta 25℃, rh 50%)				高温曝露 (db 47℃, wb 24℃)
前額	300± 50	290	215.7	254.7	352.7±10.8	178.5±5.06	177.8±5.84	158.9±3.96	137.7±5.27	— —
頰	320± 60	—	—	—	—	—	—	—	—	— —
前胸	175± 35	115	81.3	86.4	151.5±5.95	60.0±2.46	79.6±1.97	80.5±8.00	88.2±2.66	45　60
腹部	190± 5	125	103.3	96.3	149.7±5.66	89.4±3.25	87.1±2.64	71.2±8.20	85.2±2.02	65　75
肩甲	—	130	87.7	93.5	174.7±5.86	84.4±2.33	80.4±2.65	73.0±7.60	94.3±4.20	55　80
腰部	160± 30	175	89.3	86.2	173.7±5.91	86.3±2.84	85.8±3.39	67.3±6.81	79.8±2.64	50　75
上腕	150± 20	115	110.9	118.9	114.8±4.16	87.9±3.27	81.5±2.45	73.3±1.22	112.8±2.71	50　90
前腕	225± 25	140	113.9	109.3	201.4±6.91	102.4±6.74	105.8±5.03	79.5±1.22	100.3±1.79	60　105
手背	—	215	240.0	240.3	—	—	—	—	—	100　155
手掌	—	270	—	—	—	—	—	—	—	— —
大腿	120± 10	145	86.1	84.3	98.5±3.98	69.7±1.74	66.1±1.65	61.6±6.77	72.7±6.36	50　70
下腿	150± 15	110	87.0	77.8	—	—	—	—	—	50　85
足背	250± 5	175	193.9	174.6	—	—	—	—	—	— —
足底	620±120	—	—	—	—	—	—	—	—	— —

*　女性，ほかはすべて男性
±で示す数値は標準誤差

度が高く，手背がこれにつぎ，腰部，腋窩，四肢の外側・伸側と続き，体幹や四肢の屈側・内側で最も少ない．平均すると，1 cm² 当たり 134.6〜187.0 となり，その総数はおよそ 200 万〜 300 万と推算される[1]．能動汗腺の分布密度の部位差についての諸家の測定値を表 18.1 に示す．温熱刺激の与え方（し

たがって暑熱負荷の度合）が諸家で異なり，必ずしも最高発汗時の活動汗腺数を数えたとはいえないものもあり，真の能動汗腺の分布密度やその総数が人種間で差があるか否か判定するのは困難であるが，少なくとも著しい差異は認められない．

能動汗腺の総数については，Kawahata と

Sakamoto[3]が11名の日本人について詳細に調べた結果によると178万〜276万（平均2,282,000±66,000）とされ，前記の解剖学的に調べた汗腺総数と比べばらつきが少ない．ロシア人では平均約190万とやや少なく，アイヌ系日本人ではさらに少なく平均約140万にすぎない[3]．一方，フィリピン人では日本人より多く，平均約280万もある（図18.2A）．これは人種差というより，生まれ育った温度環境と関係が深いと推定されている．ただし，アメリカ在住の白人男性（出身地は多様）では黒人男性（中西部出身）より能動汗腺が明らかに多いこと（白人平均約250万，黒人平均約220万）が認められ，その差は人種的なものであろうと推測されている[4]．

寒帯住民であるエスキモー人では，最高に近い発汗反応を起こしたときの活動汗腺密度が顔面，ことに鼻や頬のみで高く，その他の部位，ことに四肢では白人より著しく低いことが認められている．彼らは顔面以外は毛皮で厚着をしており，狩猟など激しい労働時に出た汗は顔面からはよく蒸発するが，厚い衣服におおわれた他の部位からは蒸発しないのみならず，衣服を湿らして不利になり，このような環境に適応した状態といえよう．

能動汗腺の総数は生後2年までは成人より少なく，生後2年半以降は年齢に関係なくほぼ一定していることから，汗腺の能動化はその頃までに完了し，その数はその期間の生活温度環境に影響され，熱帯地方で出生した者は寒冷地出生者より多くなる[1]．それ以降は汗腺の新生や能動化はないとされる．し

たがって，汗腺の分布密度は体表面積と逆相関の関係にある．日本人の間でも，熱帯地方で生まれ育ったものでは能動汗腺数が多く，熱帯原住民と変わらないのに対し，成長後に熱帯に移住した日本人ではその数は本土在住者と同様である（図18.2B）．ただし，ヨーロッパ人とアフリカ人について暑熱下運動中の活動汗腺の平均密度がほぼ等しいとの観察もあり，これが能動汗腺数密度にあたるかどうかを含め，さらに検討を要する．

なお，肥満者は痩身者より汗腺の分布密度が低いが，能動汗腺の総数には差はなく，体表面積と汗腺密度とは逆相関の関係にある[5]．

ところが，人種によっては成人でも暑熱順化によって能動汗腺数が増加するという証拠がいくつかあげられている．Knip[6]によれば，暑熱順化で発汗機能の増大が起こる過程には，個々の汗腺活動の増加が起こるのみとは限らず，活動汗腺の数も増加することがあり，人種によってこの両過程の関与の程度が異なるらしいという．とすれば，日本人では暑熱順化における発汗機能の増大には活動汗腺の増加がほとんどかかわらない，つまり「不能汗腺」の「能動化」が起こりにくいと解釈される．そもそも生涯を通じてまったく機能しない汗腺があるとは考えにくく，刺激閾のきわめて高いものがいわゆる「不能汗腺」といわれるものであろう．順化によって発汗発現の閾値体温が低下することはよく知られているので，「不能汗腺」も「能動化」しうると見なされ，その程度に人種差があるのかも知れない．

なお，女性は男性より能動汗腺の分布密度が高いのみでなく，その総数も多いことが白人やエスキモー人で観察されている[4,7]（図18.2C）．女性は男性より体表面積が小さいが，男女の汗腺数の差は体の大きさの差では説明できない[5]．女性では男性より軽度の暑熱負荷でより多くの汗腺が動員されるといわれるので，活動汗腺数の測定方法により誤差が生じる可能性も残る．

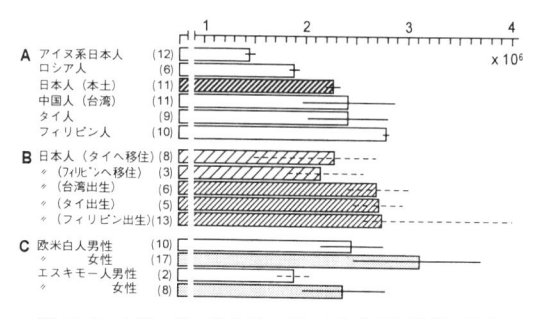

図18.2 人種，性，出生地などによる能動汗腺数の相違
A：人種間，B：成長後熱帯へ移住した日本人と熱帯出生の日本人との間，C：男女間の比較．平均値と標準偏差（実線）または測定値の範囲（点線）を示す．括弧内の数字は被験者数（Kawahata, 1960[7], Kawahata and Sakamoto, 1951[3], Kawahata and Adams, 1961[4], Kuno, 1956[1]のデータにより作図）．

c. 発汗量と汗の塩分濃度

発汗量は全身発汗量と局所発汗量とについて評価する必要がある．全身発汗量は精密な体重計による体重減少によって測定される．局所発汗量はアームバッグ法，濾紙法，換気カプセルを用いた連続記録

法（抵抗湿度計，静電容量湿度計，その他による）などで測定される．いずれも欠点があるので目的により選択すべきであるが，必ずしも吟味されていない報告が多い．

単一汗腺当たりの分泌能は，8名の韓国人で調べたデータ（図18.1B）によると，背面，前胸部の汗腺の分泌能が特に高く，前額や頸部，腰部でも比較的高いが，個人差が大きい．また一般に体幹の側面では前後面と比較して低い[1]．四肢の汗腺は一般に分泌能が低いが，やはり個人差がある．また，図18.1Cには，日本人8名（男女各4名）について，局所発汗量を比較したデータを示す．さらにヨード・デンプン反応によって汗を着色し，部位による発汗量を色の濃さで比べると，頭部では前額や頸部では多いが頬では少なく，体幹では胸・背中・腰などの前後面で多く，四肢は一般に少ないが，手背では多く，また大腿の内面や前面で特に少なく，いずれも個人差が大きい．なお，この傾向は韓国人とほぼ同様である．日本人では四肢の発汗量が上肢では末端へ向かうほど多くなり，下肢では逆に先のほうほど少なくなる傾向がみられるが，韓国人でははっきりしない[1]．また局所の発汗量やその部位差は順化前後でもかなり異なる．したがって，局所発汗量で人種差などを検討するときは，測定する季節や測定部位に留意する必要がある．

1）日本人と熱帯住民との比較

i）発汗量　日本人など温帯住民ははっきりした四季の気候変化を体験し，それに適応した体温調節機能の季節変化，すなわち季節順化がみられる．特に発汗機能の季節変化は著しく，夏季には発汗活動が著しく増加する．すなわち発汗開始の体温閾値が低くなり，体温上昇に伴う発汗量の増加も大きくなる．また汗腺導管におけるNa^+，Cl^-の再吸収能が増すため，汗中の食塩濃度が発汗量の割に低値になる（図18.4参照）．一方，熱帯住民は1年を通じて持続的な暑熱にさらされており，温帯住民とは暑さに対する反応がかなり異なる．

日本人や欧米人（白人）が熱帯地方に滞在し，その暑さに慣れた頃にその発汗機能を熱帯住民と比べると，熱帯住民では発汗発現が遅く，発汗量もはるかに少ない[1, 8～10]．日本人の間でも，亜熱帯の沖縄住民は本土住民より発汗量が少ない[11]．

また熱帯出身者が夏以外の季節に日本やヨーロッパなどの温帯に移住して数か月してから温帯住民と発汗機能を比較すると，やはり発汗量が少ない．熱帯出身者も温帯で生活すると，発汗機能に季節差が現れ，夏にはこれが増大するが，同時期に温帯人と比べると，やはり温帯人より発汗量が少ない．実験的な暑熱順化をさせても，発汗量の増加度は熱帯出身者のほうが低い（図18.3）[10]．また，沖縄で育った人が本土へ移住して数年以上経っても本土人より発汗量が低値を保っている．また，熱帯人では皮膚血流量の増加による乾性熱放散（非蒸発性熱放散）の機能が優れ，暑熱負荷に際して体温の上昇が遅いため発汗発現が遅れるのであって，発汗発現の体温閾値は日本人との間に差はないことが示されている[12]．さらに，皮膚血流量が多いため，汗の蒸発による皮膚温低下を抑え，これが汗の蒸発効率を上げることにもなるようである．

日本の本土人のような温帯住民は，暑熱にさらされるのは夏季のみで，しかも夏でも夜間は通常涼しくなる．すなわち，間欠的に暑熱曝露される．このような環境条件では，暑熱曝露中のみ発汗促進による効率的な熱放散が適していると考えられる．一方，

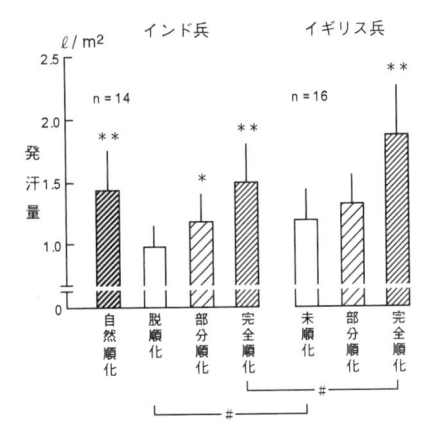

図18.3 インド兵とイギリス兵の暑熱順化前後の発汗量の比較

インドからイギリスに到着した後（自然順化，インド兵のみ），イギリスで冬を過ごした後（脱順化，未順化），順化実験を始めて1週間後（部分順化），2週間後（完全順化）に実施した標準発汗テストの成果を示す．*，**：脱（未）順化時の値との有意差（それぞれ$p<0.01$，$p<0.001$），#：順化前後間の有意差（$p<0.01$）（Clark & Edholm, 1985[10]のデータにより作図）．

熱帯では，1年を通じて継続的な暑熱環境にあり，多量に発汗することは慢性的な脱水につながり，好ましいことではない．そのような環境に長期的に順化した人では，体温調節中枢機構に暑さへの慣れが起こり，さらに何世代にもわたる順化過程で，体型的（四肢が長くやせ型）にも体質的（基礎代謝が低く，皮下脂肪が少ない）にも熱放散に有利な遺伝的適応を獲得したため，暑熱に対する発汗反応が少なくてすむと推定される．沖縄出身者が暑熱負荷に対し発汗中枢機構の応答度が本土住民より低下していることは，中枢性興奮を反映すると考えられる発汗波の頻度特性にも反映されている[13]．

ii）汗の塩分濃度 エクリン腺の汗の主成分は希薄な食塩水で，その原液（前駆汗）は分泌管でつくられ，血漿とほぼ等張（140 mmol）であるが，導管を通る間に Na^+，Cl^- が再吸収され，導管の細胞膜は水を通しにくく，水はほとんど再吸収されないため，皮膚面に出た汗の食塩濃度はかなり低くなっている．汗の産生量が増すにつれて導管を通る前駆汗の流量が増すので，再吸収を免れる Na^+，Cl^- の量が増し，汗の塩分濃度が上がる．つまり，汗が少ないときには塩分濃度が低いが，汗が多くなるほど濃度が高くなる．したがってその個人差，人種差などを比較するときは，発汗量を考慮して（できれば同一発汗量の状態で）検討しなければならない．

汗腺の塩分再吸収能力は個々の汗腺により異なるが，分泌管と導管の発育はほぼ並行しており，汗の産生機能の高い汗腺ほど塩分再吸収機能も高いと見なされる[2]．したがって，発汗機能の亢進に伴って，一定発汗量における汗の塩分濃度も下がり，また発汗機能の高い人ほど薄い汗を出すことになろう．ただし，副腎皮質ホルモンのアルドステロンが導管のNa再吸収を促すことは知られており，そのほかにも液性物質が導管機能に関与する可能性もある．

汗の塩分濃度には個人差が大きい．genetic にも ethnic にも同一の群内でもかなりのばらつきがある．また，加齢とともに塩分濃度が上昇する．

四季を体験する日本人などでは，冬季の汗は塩分濃度が比較的高く，夏季には発汗機能が増すとともに汗の塩分濃度が低くなる（図18.4）[14]．これにはアルドステロン（AS）の関与が大きく，かつては暑熱順化するとASの分泌が増すと信じられていた

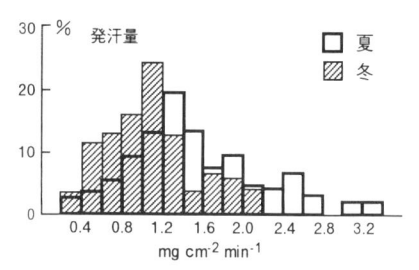

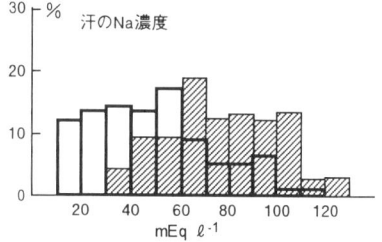

図18.4 最高発汗量と汗の最高ナトリウム濃度の季節差
夏109名，冬105名についての頻度分布．90分間の43℃下肢温浴中に，15分ごとに濾紙法で胸と背から採集した汗についての最高値を平均して示す（Ohara, 1972[14] より改変）．

が，順化によりASの血中濃度はむしろ低下傾向を示し，導管細胞のこのホルモンに対する感受性が増すと解されている[15]．また，局所の反復温浴により，その部の汗腺の分泌機能を高めること（汗腺訓練）ができるが，その際にも汗の塩分濃度が幾分低下する[16]ことから，分泌能とともに塩分再吸収能（AS感受性？）も亢進すると考えられる．

熱帯住民は日本人など温帯住民よりはるかに塩分濃度の低い汗を産生する．この事実から推して，熱帯住民のような長期暑熱順化者では暑熱負荷に対する発汗反応は小さいが，汗腺機能は高いと思われる．

しかし，アセチルコリンの電流輸送による発汗反応度は，刺激部位，軸索反射部位とも日本人よりタイ人や熱帯アフリカ人のほうが劣る[13,17]．また，ヨーロッパの白人と比べても，アフリカ・バントゥー族（ウガンダ）では薬剤の電流輸送による発汗量が著しく少なく，汗の塩分濃度は著しく低い[18]（ただし，汗の塩分濃度は発汗量が増すとともに高くなるので，正確を期した比較には同一発汗量のレベルで測定する必要がある）．このことから，熱帯住民は温帯住民と比べて，汗腺の伝達物質に対する感受性が低下していると推察されている．さらに，インド人では発汗量はヨーロッパ人よりかなり低いが，汗

の塩分濃度は異ならないことから，汗腺の塩分再吸収能が劣ると推測される[18]．インド人は人種的にはヨーロッパ人と等しいといわれ，ethnic な要因と genetic な要因が複雑に絡んでいるらしい．

2) 日本人と他の温帯住民との比較

同一地域に在住する異人種間の発汗能の異同については，アメリカやアフリカの白人と黒人の間で体温調節機能についていくつかの比較研究がなされている．たとえば，高温高湿環境下で行進するとき，アメリカの白人兵士より黒人兵士のほうが発汗量が少なくても体温上昇度が少ないが，この差には出身が南か北かは関係しないとされる．一方，高温低湿環境では，衣服や日陰で直射日光を遮れば，人種差はなくなるという．さらに，裸で日光を浴びて行進すると，白人のほうが黒人より暑さに強くなるという．ほかにも同様の研究が報告されているが，これらはいずれも体力，生活環境などが匹敵した被験者を選択していない．老若男女の被験者にそれぞれの最大酸素摂取量の 40％の強度で砂漠を歩行させると，白人と黒人の間にまったく差を認めないという[19]．

日本人とほかの温帯住民との比較については，十分な研究がなされているとはいえない．同一ないし類似の温度環境に居住する日本人とアメリカ（中東部・中西部）の白人との間に暑熱適応能の人種差があるかどうかを発汗機能の比較によって追究する試みが二，三の研究グループによってなされているが，得られた所見は一致していない．すなわち，日本人男性は白人男性と比べて，発汗量が多く，汗の Cl 濃度が低いとするもの（図 18.5 A）[20]，日本人男性と白人男性の間および日本人女性と白人女性の間にほとんど差異が認められないとするもの（図 18.8 参照）[21]があるが，いずれも実験例数，実験条件の均一性などに問題があり，結論的な見解は得られていない．さらに日本とアメリカ中東部・中西部では気候，特に気湿が大きく異なり，さらに生活環境が

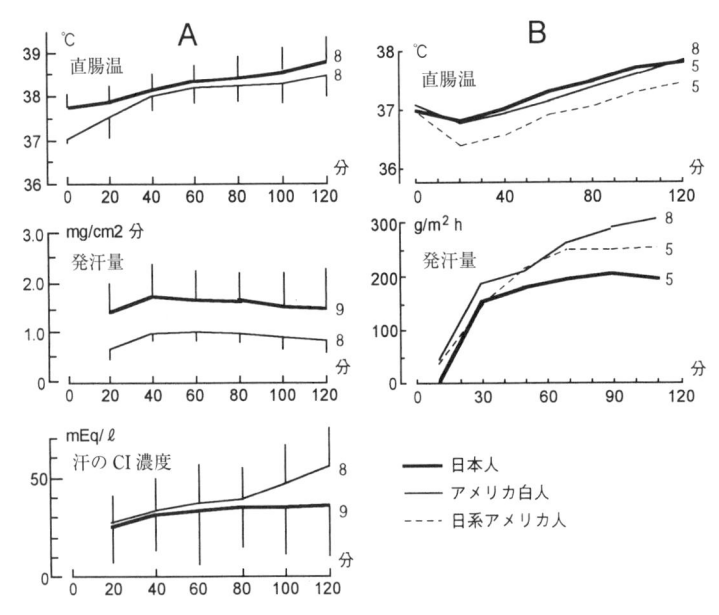

図 18.5 暑熱負荷時の発汗反応などの日本人とアメリカ人との比較

A：日本人（実験地：名古屋）とアメリカ白人（実験地：シンシナティ）のトレッドミル走（4.8 km/h，Ta 45℃，rh 20％）における直腸温，局所発汗量（前額，胸部，前腕より濾紙法で採取し平均），および汗の Cl 濃度．それぞれの値に有意差はないが，白人では直腸温の上昇度が大きく，汗の Cl 濃度が上昇し続ける（Ohara et al., 1975[20] より改変）

B：臥位安静で暑熱曝露（Ta 48℃，rh 22％）したときのの日本人（京都在住）とアメリカ白人および日系アメリカ人（ともにサンタバーバラ在住）の直腸温と全身発汗量．直腸温は日系アメリカ人で他群より有意に低く（$p < 0.05$），発汗量は白人で最も多く，日本人で最も少ない（統計データの記載なし）[22]．

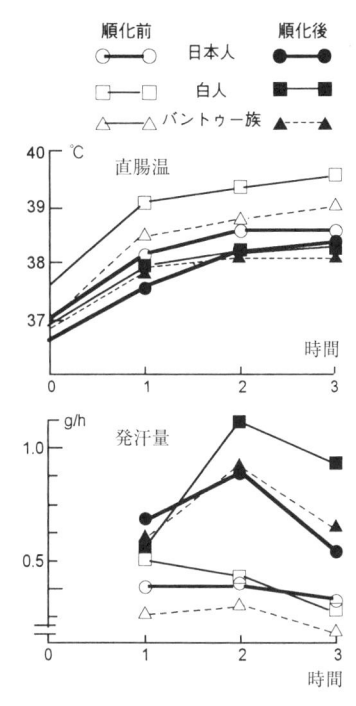

図 18.6 日本人，南アフリカの白人およびバントゥー族の暑熱順化前後の直腸温・発汗反応の比較 暑熱負荷は乾球34℃，湿球32℃の室内で酸素消費量1.0 l/hの連続運動．日本人以外のデータはWnydham et al., 1964[8]のものを引用（Sato et al., 1989[23]より改変）．

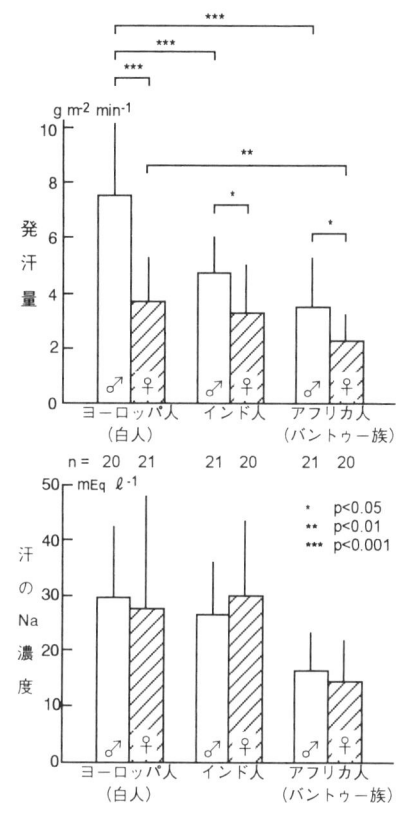

図 18.7 ヨーロッパ白人，インド人，バントゥー族における，ピロカルピン投与（2 mAの電気泳動）に対する発汗量と汗のナトリウム濃度の男女差（McCance and Purohit, 1969[18]のデータにより作図）

異なるので，差異が認められてもそれが人種差とは結論しにくい．

常春のカリフォルニア州サンタバーバラで，実験条件を比較的統一して実施した耐暑反応実験の結果では，全身発汗量は白人，日系アメリカ人，日本人（いずれも男性）の順に多く，大腿部と腹部で測定された局所発汗量も日本人や日系アメリカ人が白人よりより有意に少なかったが，汗の塩分濃度には著しい差がなく，体温は白人より高くならず，日系人ではむしろ低い傾向を示したと報告されている（図18.5 B）[22]．ただし，例数は少ない．

さらに，日本人と南アフリカの白人，バントゥー族との暑熱順化前後の運動時の発汗量，直腸温，心拍数を比較し，順化前には日本人は直腸温の上昇度が他人種よりやや少ないが，順化後には人種間の差がなくなること，また発汗量については順化前にバントゥー族でやや低い値が得られている以外，有意差がないことが観察されている（図18.6）[23]．ただし，やはり被験者の体格のマッチング，運動負荷法，発汗量評価法などに問題が残る．

3）性差の人種差

女性は温熱性発汗発現の体温閾値が高く，発汗量も少ないことはよく知られている．総汗腺数は女性のほうが男性より多いにもかかわらず発汗量が少ないのである．汗腺自体の機能にも男女差がみられ，個々の汗腺の最高発汗量は男性のほうが多い．そして暑熱負荷を漸増したとき，女性のほうが早く全汗腺が動員される[21]．汗の塩分濃度も，女性では発汗量の割に塩分濃度が高い．つまり，女性の汗腺は汗を生産する能力も，汗の塩分を再吸収する能力も低い．

発汗機能の男女差の程度にも人種差が認められている．ピロカルピンの局所投与（電気泳動による）に対する汗腺の応答度は白人では男女差が著しく，女性の発汗機能がきわめて低いが，熱帯住民では男

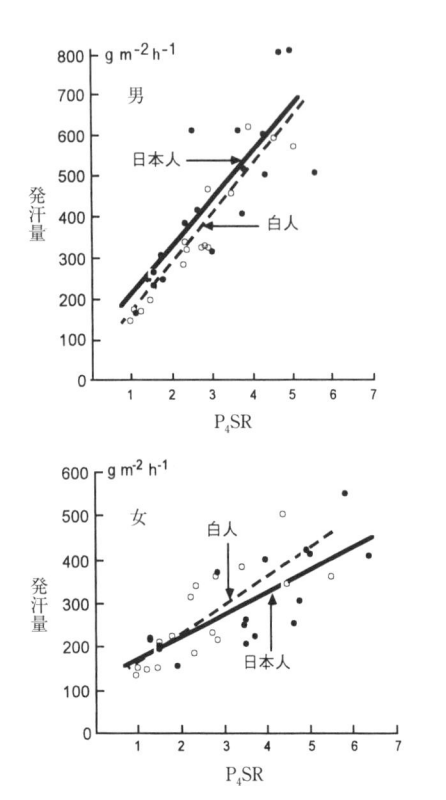

図 18.8 日本人とアメリカ国（中西部）の白人の男女別の発汗量の比較
　P_4SR（4 時間発汗量予測値）で表された暑熱負荷量と発汗量との関係（相関係数はすべて有意，$p<0.001$）を示し，回帰直線は男女いずれにも有意な人種差はない[20]．

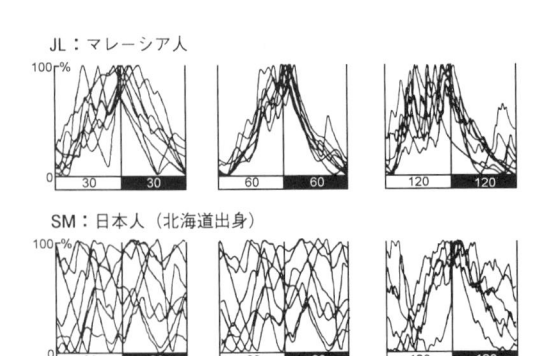

図 18.9 異なった周期の温熱刺激に対する発汗応答度の個人差：マレーシア出身の日本留学生と北海道出身の学生との比較
　背部に間欠的に赤外線照射（照射時間，非照射時間各 30, 60, 120 秒）したときの非照射部位（前腕）の周期ごとの発汗応答を％表示して 6〜8 周期重ね合わせたもの[24]．

女差が少ない（図 18.7）[18]．一方，北海道在住のアイヌ人は，倭人と比べて発汗機能の男女差が著しいことが認められている[24]．本土在住の日本人とアメリカ（中西部）の白人の男女差には有意な差は認められていない（図 18.8）[21]．

d. 発汗の動的特性

　定常状態でも発汗量はたえず動揺している．そのリズムを周波数分析によって調べると，そのパワー・スペクトルは 1〜十数分の周期で $1/f$ 特性を示すが，発汗の状態によって異なる．このリズムは発汗の熱放散効果によるフィードバック機構の遅れに起因すると考えられる．この特性には著しい個人差があり，特に熱帯出身者では定常状態における発汗量の動揺が少ない．

　さらに，周期的な温熱刺激に対する発汗反応パターンをみると，熱帯出身者では比較的短い周期の刺激にも迅速に反応して発汗が増減するが，北海道など寒冷地出身の日本人では長い周期の刺激にしか発汗量が追従して増減しえない（図 18.9）[25]．この特性は出身地の温熱環境に依存し，季節によって影響されず，また熱帯人が温帯に移住してもこの特性は失われないが，運動鍛錬者や肉体労働者などでも発汗反応が迅速であることから，先天的にも後天的にも長期順化した者に備わる特性と考えられる．

e. 発汗異常

　エクリン腺の機能異常で人種差が最も著明なものに嚢胞性線維症がある．この疾患は，膵臓や汗腺など外分泌腺の機能障害を伴う遺伝性の致死性の全身疾患で，汗腺では導管細胞の Cl^- 透過性が著しく低下するため食塩の再吸収が阻害され，汗の塩分濃度が異常に高くなる．白人に多く，2,000 人に 1 人にも達するというが，日本人にはきわめて稀にしかみられない[26]．

　更年期多汗症や更年期のぼせなど閉経にかかわる疾患の罹患率は，問診により調べた結果では東南アジア（香港，インドネシア，韓国，マレーシア，フィリピン，シンガポール，台湾）の女性では西洋諸国の女性より低いといわれる[27]．日本人女性ではそれよりさらに罹患率が低いとされる[28]．調査方法の相違にもよるが，文化的な要因が関与すると考えられ，また食餌も一要因とみられる．つまり伝統的な

日本食は植物性エストロゲンに富んでいるので，それが関与する可能性が考えられる[27]．

18.2 アポクリン腺

a. アポクリン腺の分布と発達

ヒトのアポクリン腺は腋窩，会陰部，乳輪，外耳道（耳道腺），眼瞼など剛毛のある限局した部位にのみある．アポクリン腺の分布の人種差については，Schiefferdecker（1917, Kunoにより引用）[1]によって初めて記載された．彼はアポクリン腺の分布が広範で，発達している人種ほど進化の程度が劣るとし，オーストラリア・アジア系の人種でアポクリン腺が最も発達し，北欧ゲルマン系民族で最も発達が悪いとした．しかし，その後の調査により，東洋人，特に日本人ではむしろ発達が悪く，分布も白人のほうが広範囲であることがわかった[1, 29]．黒人では白人よりアポクリン腺が発達し，その数も多いといわれる．腋窩の発汗は思春前期に始まるといわれるが，アポクリン腺の発達と並行し，白人は黄色人種よりやや早く，黄色人種間では日本人がやや早く，ついで韓国人，中国人の順である．毛の発育との関連が深く，毛深い人ほど腋窩の発汗量が多い．日本人はじめ黄色人種の腋窩発汗量は一般に少なく，個人差が大きいが，白人では発汗量が多く，個人差がさほど大きくない．黒人ではアポクリン腺の分泌量が白人よりさらに多い．また，アポクリン腺はいったん分泌活動があると，その後24～48時間刺激に応じない「不応期」があるが，この時期が黒人では比較的短い[29]．

なお，アポクリン腺の発達には性差も著しく，女性では男性より数が多く，また，男性よりアポクリン腺の分泌活動が始まる年齢が若いという．なお，女性における性周期や妊娠による機能の変化の有無については諸家の見解が分かれている．いずれにしろ，少なくともアポクリン腺の発達には性ホルモンが重要な役割を演じている．

b. 腋臭（わきが）

腋臭はアポクリン腺の腺細胞に由来する脂質成分が皮膚面の雑菌から遊離される脂肪分解酵素によって分解されて生じる，短鎖の脂肪酸の発するにおいがおもな原因となるといわれるが，脂腺からの皮脂成分も関与している可能性がある．日本人はじめ黄色人種では約10％の人が腋臭に悩まされているにすぎないが，白人および黒人では，ほとんどすべての人で多少とも腋臭があり，これが必ずしも異常とは見なされないほどである．

日本人のアポクリン腺では，細胞質顆粒が多く腋臭を起こす基質を細胞内にもつ腺と，細胞内顆粒が少なく基質をもたない腺とが区別され，前者は最も原始的な汗腺と思われるが，一方，後者は小型で分泌量も少なく，アポクリン腺としての発達が劣るものとも，むしろ退化したものとも解される[1]．また，腋臭のない人のアポクリン汗には鉄が含まれていないという．白人や黒人では，このような区別は認められていない[29]．

においの強さは分泌量と密接に関係し，白人や黒人のアポクリン腺の分泌活動が黄色人種よりかなり高いことがにおいを発生しやすくしているとも考えられる．日本人のなかでも，腋臭のある人ではアポクリン腺が大きく，その数も多いといわれる．

c. 色汗症

黒人では腋窩の色汗症が多く10％に達するという．一般に黄色か黄緑色で，褐色のことも青黒いこともある．白人では腋窩の色汗症は少ないが，ときに顔の色汗症がみられることがあり，色は濃い青か黒のことが多い．汗を色づかせるのはリポフスチンで，アポクリン腺の色素顆粒に由来する．この色素の量や酸化の程度により汗が多様に発色すると考えられる[29]．色汗症は日本人などの黄色人種では稀である．

d. 耳 垢

外耳道にはアポクリン腺に属する耳道腺（耳垢腺）と，脂腺とがある．耳垢はアポクリン汗と皮脂との混合物であるが，両者の量的な割合については明らかでない．耳垢には比較的乾燥してカサカサした乾型耳垢（コナミミ）と，飴状でネバネバした湿型耳垢の2種類があり，この区別は他部のアポクリン腺と同様に，耳道腺の分泌物の成分および量の差によると考えられる．この両型は個人ごとに明らかで，どちらとも判別できない移行型は0.5％にすぎないという．また腋臭のある人の耳垢が例外なく湿型で

あり，アポクリン腺と耳垢型の関連を裏づける．また耳垢型は各個人については，生涯を通じて変化しないようである[30]．

耳垢型は単純な遺伝機構に支配され，湿型のものが乾型に対し完全優勢に遺伝するといわれる．日本人など東洋人には乾型耳垢が多いが，白人，黒人では乾型のものは稀である．耳垢型の分布に男女差はみられない．また，モンゴロイドの耳垢が通常無色であるのに対し，白人や黒人の耳垢は黄褐色である．これは，白人や黒人の耳垢腺には非常に多くのリポフスチン顆粒が含まれることに関係し，東洋人ではこの顆粒がわずかしかない[29]．

日本人の耳垢型の頻度分布については多くの報告があり，湿型耳垢の頻度は12～22%とされるが，松永[30]がこれらの資料を合計したデータによると被験者総数23,417人中3,810人が湿型で，16.3%に当たる．これから乾型耳垢を表す劣性遺伝子の比率は0.92と計算される．

日本およびその周辺の集団を中心に調べられた成績を，松永[30]が湿型の頻度の低い順にまとめたものを表18.2に示す．この表からわかるように，蒙古系人種は明らかに湿型耳垢の頻度が少ないが，そのなかでも北方民族は特に低く，熱帯地方の住民は比較的高値を示している．

日本人でも，本土の和人と沖縄人やアイヌ人とではかなり異なり，尾本[31]によれば，和人における湿型耳垢の頻度が15～23%（平均21.6%）であるのに対し，奄美大島での調査では30～40%に達し，北海道各地のアイヌ系の人の平均値は45.6%であるという．なお，アイヌの湿型頻度が表18.2の値よりかなり低値であるが，表18.2の値は足立（1937）の古いデータによるもので，純粋のアイヌに対して行った調査とみられる．近年は和人との混血が多く，値が低下したとも考えられるが，調査の正確度にも影響されているようである．

18.3 脂　　腺

a. 脂腺の分布

脂腺は，硬毛の毛包に連なる大型のもの，軟毛に付随した小型のもの，痕跡的な毛包についた巨大なもの（皮脂毛包）の3型に大別される．そのほかに毛包とは関係なく，直接皮膚表面に開く脂腺が上唇の縁，乳頭，眼瞼にみられる．

脂腺は手掌や足底など無毛の部位以外の体表に広く分布するが，頭皮や顔面では他部よりはるかに密度が高い（図18.10）[32]．

脂腺の大きさは，黒人の方が白人より大きいという．

b. 皮脂の分泌量

皮膚面の皮脂量は，部位によってかなり異なり，前額，上背，特に正中部，前胸上部，特に胸骨部に多い（図18.11）[32]．

皮脂の分泌量は幼小児期には少なく，青壮年期に

表18.2　人種集団別の湿性耳垢の頻度

人種集団	頻度（%）
北方中国人	4.2
韓国人	7.6
ツングース人	9.4
モンゴル人	12.1
日本人	16.3
南方中国人	26.0
琉球人	37.5
海南島黎族	55.4
ミクロネシア人	62.9
高砂族	71.4
メラネシア人	72.2
アイヌ人	86.7
ドイツ人	96.9
アメリカ白人	97.5
アメリカ黒人	99.5

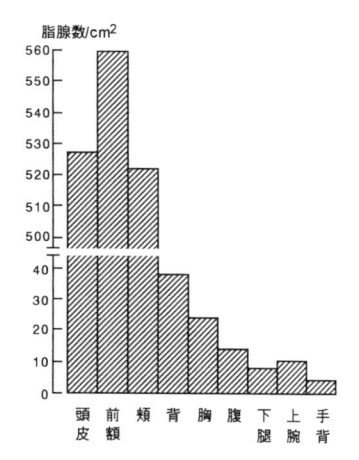

図18.10　身体諸部位における脂腺の密度（Wheatley, 1986[31]に引用されたBefanati and Brillianti, 1939のデータにより作図）

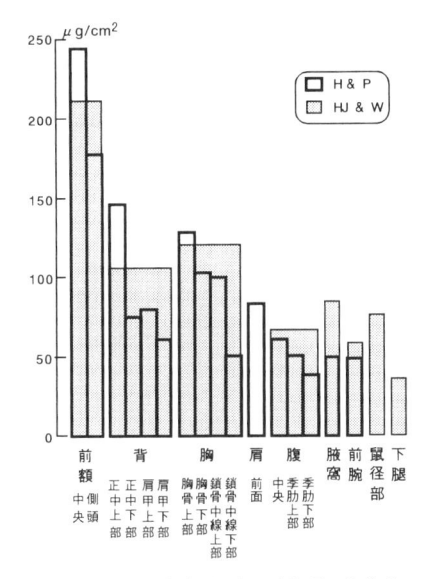

図 18.11 通常皮膚面にある皮脂量の部位差
H & P：Herrmann and Prose, 1951 による；HJ & W：Hodgson-Jones and Wheatley, 1952 による（Wheatley, 1986[31] に引用されたデータにより作図）．

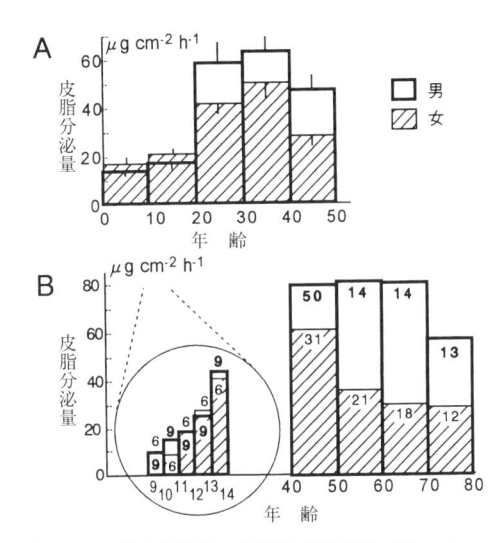

図 18.12 男女年齢別の前額部皮脂分泌量（Wheatley, 1986[31] に引用された，A：Cotterill et al., 1972；B：Pochi et al., 1979 のデータにより作図）

多く，高齢者では加齢とともに漸減するが，個人差が大きい[32]．思春期以後は男性が女性より著しく多い（図 18.12）[32]．

人種差については，毛髪の皮脂量や前額皮膚面の皮脂量や分泌量について調べられ，黒人は白人よりかなり多いとされる．人種差は遺伝的な素因によるほか，食餌やホルモンの分泌量の違いなどが考えられている．また実質的な人種差はないとする報告もある[32]．

脂腺の神経支配はないとする見解が有力であり，脂腺の活動は主として男性ホルモンによって支配される．成人男性では，正常レベルのテストステロンですでに最高に刺激された状態，あるいはそれに近い状態にある．女性では，男性ホルモンは副腎皮質のデヒドロエピアンドロステロンのみであるが，これにも脂腺の刺激作用がある．一方，卵胞ホルモンには脂腺活動を抑える働きがある．

にきびは脂腺の炎症性疾患で，白人と比べて日本人には少なく，また程度も軽いといわれる．このことは日本在住の日本人もアメリカ在住の日本人も変わらないという．

［小川徳雄］

文　献

1) Kuno, Y. (1956) Human Perspiration, Thomas.
2) Sato, K. and Sato, F. (1983) *Am. J. Physiol.*, **245**, R203–R208.
3) Kawahata, A. and Sakamoto, H. (1951) *Jpn. J. Physiol.*, **2**, 166–169.
4) Kawahata, A. and Adams, T. (1961) *Proc. Soc. Exp. Biol. Med.*, **106**, 862–865.
5) Bar-Or, O., Lundegren, H. M., Magnusson, L. I. and Buskirk, E. R. (1968) *Hum. Biol.*, **40**, 235–248.
6) Knip, A. S. (1975) *Ann. Hum. Biol.*, **2**, 251–277.
7) Kawahata, A. (1960) Essential Problems in Climatic Physiology (Yoshimura, H., Ogata, K. and Itoh, S. eds.), pp. 169–184, Nankodo.
8) Wyndham, C. H., Strydom, N. B., Morrison, J. F., Williams, C. G., von Rahden, M. J. E., Holdworth, L. D., von Resenburg, A. J. and Munro, A. (1964) *J. Appl. Physiol.*, **19**, 598–606.
9) Hori, S., Tsujita, J., Tanaka, N. and Mayuzumi, M. (1984) Thermal Physiology (Hales, J. R. S. ed.), pp. 487–490, Raven Press.
10) Clark, R. P. and Edholm, O. G. (1985) Man and his Thermal Environment, Arnold.
11) Hori, S., Ihzuka, H. and Nakamura, M. (1976) *Jpn. J. Physiol.*, **26**, 235–244.
12) 松本孝朗・山内正毅・小坂光男ほか (1994) 日本熱帯医学会雑誌, **22** (Suppl.), 118.
13) Ogawa, T. and Asayama, M. (1978) New Trends in Thermal Physiology (Houdas, Y. and Guieu, J. D. eds.), pp. 105–107, Masson.
14) Ohara, K. (1972) Advances in Climatic Physiology (Ito,

S., Ogata, K. and Yoshimura, H. eds.), pp. 122-133, Igaku Shoin.
15) Kirby, C. R. and Convertino, V. A. (1986) *J. Appl. Physiol.*, **61**, 967-970.
16) Ogawa, T., Asayama, M. and Miyagawa, T. (1982) *Jpn. J. Physiol.*, **32**, 971-981.
17) Lee. J. B., Matsumoto, T., Othman, T. and Kosaka, M. (1997) *Trop. Med.*, **39**, 111-121.
18) McCance, R. A. and Purohit, G. (1969) *Nature*, **221**, 378-379.
19) Yousef, M. K., Dill, D. B. and Vitez, T. S. *et al.* (1984) *J. Gerontol.*, **39**, 406-414.
20) Ohara, K., Okuda, N. and Takaba, S. (1975) JIBP Synthesis (Horvath, S. M., Kondo, S., Matsui, H. and Yoshimura, H. eds.), Vol. 1, pp. 145-154, University of Tokyo Press.
21) Morimoto, T. (1978) The Physiology and Pathophysiology of the Skin (Jarret, A. ed.), pp. 1655-1666, Academic Press.
22) Hori, S., Taguchi, S. and Horvath, S. M. (1975) JIBP Synthesis (Horvath, S. M., Kondo, S., Matsui, H. and Yoshimura, H. eds.), Vol. 1, pp. 154-166, University of Tokyo Press.
23) Sato, M., Matsuda, M. and Koujima, T. (1989) *Ann. Physiol. Anthrop.*, **8**, 25-27.
24) 大原孝吉 (1970) 日本人の適応能 (生物圏動態ヒトの適応能分科会編), pp. 3-17, 講談社.
25) Ogawa, T. (1974) *Jpn. J. Physiol.*, **24**, 475-489.
26) Kunimoto, K., Komi, N., Kawahito, M. *et al.* (1991) *Tohoku J. Exp. Med.*, **38**, 85-89.
27) Boulet, M. J., Oddens, B. J., Lehert, P. *et al.* (1994) *Maturitus*, **19**, 157-176.
28) Lock, M., Kaufert, P. and Gilbert, P. (1988) *Maturitus*, **10**, 317-332.
29) Hurley, H. J. and Shelley, W. B. (1960) The Human Apocrine Sweat Gland in Health and Disease, Thomas.
30) 松永 英 (1969) 科学, **39**, 482-489.
31) 尾本恵市 (1970) 日本人の適応能 (生物圏動態ヒトの適応能分科会編), pp. 316-336, 講談社.
32) Wheatley, V. R. (1986) The Physiology and Pathophysiology of the Skin (Jarret, A. ed.), Vol. 9, pp. 2705-2971, Academic Press.
33) Pochi, P. E. and Strauss, J. S. (1988) *Dermatol. Clin.*, **6**, 349-351.

日本人の体力

19
日本人の反応時間

19.1 反応時間

a. 用語と種別

1) 定義

反応時間（reaction time：RT）は，図19.1に示したように，刺激提示から反応開始までに要する時間で，これはまた潜時（latency）とよばれることがある．すなわち，なんらかの約束事を前提にして提示された刺激を同定し，これに基づいて所定の反応を開始するまでに要する時間を測定するものである．これを情報科学的視点からみたときには，人間が行う情報処理の最も基本的な単位であると考えられている．

反応時間の測定においては，刺激として「光」または「音」などが提示され，これに対してできるだけ速く指でキーを押す（あるいはまた，押している指をキーから離す）までの時間が，1,000分の1秒（ms）単位で計測されるのが一般的であり，典型的な反応時間は，約0.2秒，すなわち約200 ms前後の値を示す．さらに，反応動作の開始から終了までは動作時間（あるいは運動時間，movement time：MT）といわれ，刺激提示から反応終了までの全体的経過は，応答時間（response time）といわれる．すなわち，応答時間＝反応時間＋動作時間である．

場合によっては，刺激提示の数秒前に「用意」の予告信号（warning signal）が発せられることがある．この用意から刺激提示までの時間は，先行間隔（foreperiod：FP）とよばれている．また，筋電図（electromyogram：EMG）を用いて，反応時間をさらに細分化して測定しようとする試みもされており，それぞれ図19.1に示したような呼称がある．

2) 種別

反応時間は，測定に際して提示される刺激の数と選択される反応の数によって，次のように区分され

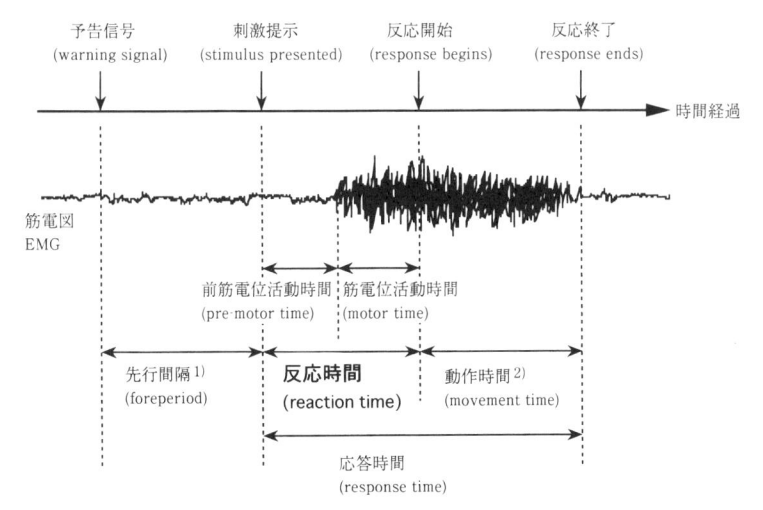

1）：先行時間間隔，2）：運動時間ともよばれる
図19.1 反応時間測定のパラダイム

① 単純（簡単）反応時間（simple RT）：刺激と反応がそれぞれ1個の場合
② 選択反応時間（choice RT）：刺激と反応がそれぞれ複数個の場合
③ 弁別反応時間（discriminative RT）：刺激が複数個で，そのなかの特定の刺激1個のみに反応することが要求される場合（広義には上記の選択反応のなかに含まれる．また，②と③の総称として disjunctive RT とする呼称もある）

この刺激と反応数による説明は，実験室などで研究を行う場合の典型であって，作業現場では，カード分類などのような選別・分類作業などに関する研究もみられる．また，上記の区分とは別に，測定に用いる用具から棒反応時間（bar-gripping RT）とか，反応動作から全身反応時間（body RT）などがある．

反応時間のほとんどは，現在，電子工学的装置を用いて測定されるのが一般的であるが，戸外などにおいて電源を必要とせず，簡便な方法で反応時間の測定を行う場合には，棒反応時間が用いられることがある．これは物体の落下の法則を利用したもので，棒の下端を利き手の第1，第2指の間でしかも第1指の上端に合致させるようにした準備状態から，これが落下し始めたことを被測定者が知覚し，手でこれを握るまでの間に落下した棒の距離（長さ）を測定して，この距離を時間に換算するという方法である．

また，人間が機敏に活動するための運動能力として反応時間を位置づけて，これを測定する場合に，反応動作に床面からの跳躍を用いるもので，これは全身反応時間あるいは跳躍反応時間（jumping RT）といわれる．これについては，後に考察する．

b. 反応時間研究の起源

この "reaction time" という命名は，オーストリアの生理学者エクスナー（Exner）によるもので，1873年のことである．また，反応時間というよび名ではないが，この種の研究は，この時期に散見することができ，19世紀の初頭に起源があるとされる[1]．以下に，その時代の代表的な研究3件を示す．

その一つとして，心理学の創始者の一人として名高いヘルムホルツ（Helmholz）の神経インパルス伝導速度に関する研究があげられる．この時代に至るまで，神経系の伝導速度は，無限の速さであるというふうに考えられていた．これに関してヘルムホルツは，次のような検討を試みた．カエルの運動神経を刺激して筋肉が収縮するまでの時間を測定するという実験，あるいは人間の頭部に近い部位（大腿）と遠い部位（足底）を電気的に刺激し，これを感じたら手で反応させる方法を用いることで，刺激部位の違いによる反応時間の差から神経伝達速度を計算した．その結果，今日確認されている神経伝導速度に近似する秒速50〜100 m という値を得ている．

2番目は，当時の天体観測における個人差にまつわる一連の研究である．この時代に星の移動を記録するために広範に受け入れられていた方法は，"eye and year" 法といわれるもので，時計が秒を刻む音を聞きながら，特定の星が望遠鏡内に刻まれた2本の平行線を通過するのを観測して，その時刻を1/10秒単位で推定するものであった．これは，単純な作業のように思われていたが，その観測に際して，実は「眼」と「耳」の協応を必要とし，移動する天体（星）の位置を覚えておき，星の通過時期について1/10秒単位の推定を行わなくてはならないという複雑な作業であった．このとき観測者の反応は，即時的に行われるものではなく一定の時間的遅れを伴い，しかも，これには観測者に固有の個人差が認められるところから，個人方程式（personal equation）といわれるものである．

この個人方程式に関する一連の研究の発端は，1796年にグリニッジ天文台の天文学者マスケリン（Maskelyne）が助手のキンネブロック（Kinnebrook）を，解雇したことにある．マスケリンが助手を解雇した理由は，この助手の観測値に約0.5の遅れがあることを指摘するとともに，この修正に努めるよう促したにもかかわらず，その半年後にはさらに，この遅れが0.8秒にまで増加していたからである．この出来事は，1816年に刊行されたグリニッジ天文台の歴史を記した文章のなかで言及されて，これが天体測定の誤差に強い関心をもっていたケーニスブルグの天文学者ベッセル（Bessel）の注目するところとなった．ベッセルは，ヨーロッパの天体観測者の数人について，特定の星に関する観測

表 19.1 ドンダースの反応時間課題の特徴

種類	刺激の数	反応の数	時間的構成
A反応	1	1	単純反応時間
B反応	2以上	2以上	単純反応時間 ＋刺激弁別 ＋反応選択 「選択反応時間」
C反応	2以上	1	単純反応時間 ＋刺激弁別 「弁別反応時間」

記録を抽出し，これをおよそ1年単位で比較検討した結果，2人の観測者間の差違は，2者の観測値A，Bの差（すなわちA－Bという式）で示され，変動も小さいことを認めた．さらに，個人の測定値に影響を与える要因として，星の明るさ，事象が予期できる程度などがあることも示している．

3件目はオランダの生理学者ドンダース（Donders）の研究[2]で，これは刺激から反応までの心理的過程を3段階に分割し，表19.1に示したようなパラダイムで，3種類の反応時間を測定し，それぞれの段階に対する所用時間を減算法により算出した．すなわち，弁別反応時間から単純反応時間を減じること（C反応－A反応）で，どの刺激が提示されたのか刺激を区別分類するのに要する弁別時間が推定できること，および選択反応時間から弁別反応時間を減じること（B反応－C反応）で，刺激に対応させて行うべき反応を選ぶのに要する反応選択時間が推定できるとした．

このようにしてドンダースは，アルファベット数文字を提示してこれを読ませるという実験の結果から，弁別時間は約36 msであり，反応選択時間は約47 msという値を得た．しかしながら，その後このような考え方に対する批判が強く，これに続く研究は途絶えていたが，近年の心理学などにみられる人間の認知過程，あるいは人間工学の重要な研究法[3]として復活している．

19.2 反応時間に影響する要因

反応時間の遅れに影響を及ぼす要因はさまざまで，これらは相互に関連するものであるが，ここでは次のように二大別して，測定が行われる課題と被測定者である個人の要因について概観する．

a. 課題の要因

刺激の強度 刺激の強度が一定の範囲内において増せば，これに対する反応時間は一般的に速くなる．

1) 刺激と反応の数

選択反応時間の測定において，刺激あるいは反応の数が増せば，反応時間は遅くなることは容易に推測できるであろう．この選択肢の数と反応時間の遅れの関係を明確に示すものとして，$RT = a + b\log_2 N$という関数式で示されるヒック（Hick）の法則があげられる．ここでaおよびbはそれぞれ定数，Nは選択肢の数，そして2を底にした対数は情報量（bit）を示す．すなわち，反応時間の遅れは情報量の1次関数で示されるというものである．その後，このような関係は，単に選択肢の数ばかりではなく，選択肢が提示される確率，あるいは前後関係の依存性などのように，確率を含む課題にまで適用されるようになった．

2) 刺激の感覚様相

提示される刺激の感覚様相によって，反応時間に違いが生じることはよく知られているが，上にあげた刺激強度の影響を受けることでもあり，各感覚様相における反応時間を比較して，その遅速を単純に結論づけることはできない．すなわち，感覚様相が異なる2刺激（たとえば音と光）を比較する場合を考えると，そのいずれの刺激強度が大であるかを示すことは容易でない．このため，各感覚様相に対する反応時間には，幅をもたせて示すものが多い．しかし，速い順におおよその傾向としての結果を示せば，触あるいは音刺激，光刺激，嗅刺激，味刺激とされている．

3) 反応動作部位

反応を行う部位によっても反応時間は異なってくる．四肢でそれぞれ左右を比べると，その間に差は認められないが，部位間の比較をすると，足による反応時間のほうが手よりも遅くなる．全身（跳躍）反応時間はさらに遅くなる．

4) 反応動作の複雑性

反応動作が複雑になれば，反応時間が遅くなるとする理論がある．HenryとRogers[4]は，単純反応課題において刺激側の条件は一定にして，反応動作の複雑性について3段階を設定し，これが反応時間に及ぼす影響を検討した．キーから指を離すだけの

一番簡単な動作を行う課題の場合には 159 ms であった反応時間が，約 33 cm 前方に吊り下げられたテニスボールを打つ動作が求められた 2 番目の課題では，36 ms の遅れを示して 195 ms になった．さらに，2 個のボールを打つという 3 番目の課題では，13 ms 遅れて 208 ms になった．これは，反応が複雑になれば，中枢において反応動作のために，運動命令の大規模な組織化を行う必要が生じることになり，その結果，反応時間に遅れが生じるものと考えられた．

5) 予告信号と先行間隔

「用意！」などのように，刺激提示がされることを前もって知らせる合図を予告信号といい，これが示されない場合よりも示されるほうが反応時間は短縮される．また，予告信号があってから，実際に刺激が提示されるまでの時間間隔，すなわち先行間隔の長さが反応時間に影響することもよく知られている．

単純反応時間課題において，最小の反応時間を生じる最適先行間隔の実験結果をみると，初期の研究において示された 1〜2 秒というものから，最近の研究をまとめて 250〜500 ms とするものなどがある[5]．具体的な例をあげると，男性 10 名を対象に陸上競技のスタート場面で，先行間隔として 1 秒，1.5 秒，2 秒の 3 条件を設けて実験を行った中村は，1.5 秒のときに最短の反応時間 171 ms を得ている[6]．実験室において大学生を対象に，先行間隔を 1 秒から 5 秒までの 5 段階とし，これをランダムな順序で各 4 回繰り返して提示し，音に対する単純反応時間を測定した結果を図 19.2 示す．これをみると，中間の 3〜4 秒が最適先行間隔であるように思える．

このように，最適先行間隔の値は必ずしも一致した結果を示していない[7]．これは，その研究で設定された先行間隔の範囲，そのなかで提示される先行間隔は何段階なのか，条件の反復の有無あるいは反復回数などの測定方法が，被測定者に心理的な影響を及ぼし，これによって結果が大きく影響を受けるからではないかと推測される．

6) 2 刺激連続課題（心理的不応期）

典型的には連続して 2 つの刺激が提示され，それぞれに対応してキー押しなどの反応を行うという実験において，2 刺激の提示間隔が一定の範囲内では，第 2 刺激に対する反応時間に大きな遅れがみられる．これは数 ms である筋肉の生理的不応期と比べて数百 ms と大きく，生理的には説明しにくいことであり，情報処理の容量に制限があるために生じるとして，心理的不応期（psychological refractory period）といわれる．

図 19.3 に女子大学生の運動訓練者 10 名を対象にして行われた心理的不応期の実験結果[8]を示す．こ

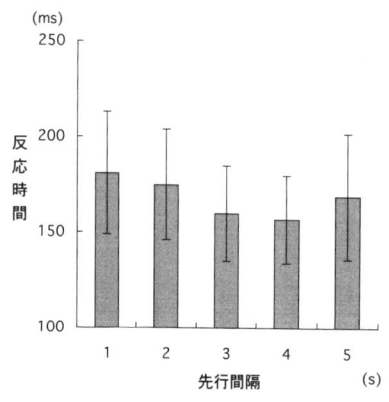

図 19.2 先行間隔（foreperiod：FP）が反応時間に及ぼす影響
　21 歳の男性 10 名に対し，先行間隔 1, 2, 3, 4, 5, 秒の各条件をランダムな順序でそれぞれ 4 回ずつ提示して測定した結果による．

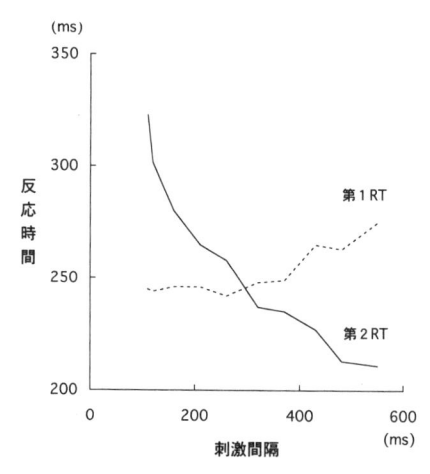

図 19.3 連続反応課題における第 2 刺激に対する反応時間の遅れ（心理的不応期）に関する実験結果（藤原・鷹野，1962）[8]
　光刺激に対する運動鍛練者のボタン押し反応で，刺激間隔は 110〜550 ms の 10 段階をランダムな順序で提示したもの．

れは，第1刺激（光）に対しては左手を，第2刺激（光）に対しては右手を反応ボタンから離すという課題であった．結果は図のように，第1反応時間は単純反応時間に比べて長くなり，さらに第2反応時間は刺激間隔が短い条件になると，しだいに遅れてくることを示している．非運動訓練者を対象にして行われた同様の実験においても，この現象が認められている．

7）刺激と反応の適合性（compatibility）

選択反応時間の測定において刺激と反応が，無理なく自然に対応している程度のことである．たとえば，光刺激2個が左右に1個ずつ設置されており，左が点灯すれば左手で，右が点灯すれば右手で反応する場合と，逆に左が点灯すれば右手，右が点灯すれば左手で反応する場合とを比較すれば，前者の同側対応の反応時間のほうが速いことが知られている．これは，刺激と反応間の適合性が高いからであると考えられている．

また，選択肢3 bit（個数でいえば8個）までの範囲で行われた選択反応時間の研究結果をまとめて，Fitts[9] は次のような知見を示している．① 指を振動板の上にそれぞれ置いた場合と光刺激を指す場合，そして光刺激にキーで反応する集中練習を行った後（2 bit までの範囲であるが）の選択反応時間は200 ms あまりで，選択肢が増えてもほとんど増加を示さない．② 同様に，提示される数字を口頭で読み上げる場合は，選択反応時間は約430 msで，選択肢数の影響を受けない．③ 光刺激に対応しているキーで反応する場合の選択反応時間は，1 bit における約300 ms から始まり選択肢の増加に伴って約500 ms までの遅れを生じる．④ 提示される数字に対応してキーで反応する場合と光刺激の点灯番号を口頭で報告する場合の選択反応時間は，約500 ms から始まり選択肢数の増加に伴って約900 ms までの遅延をみせる．このように，刺激-反応の適合性は，反応時間の値そのもの，および選択肢数が反応時間に影響する程度に深く関係する．

b. 個人の要因
1）年齢・性

後に具体的データを示して考察するが，一般的に反応時間は，児童期から青年期に向けて急速に発達し，20歳頃でピークを迎え一番速くなり，その後は，加齢に伴って徐々に遅れを示してくる．同年齢の男女比較を行うと，全体的な傾向としては，男性の反応時間のほうが数十 ms 速い．そして，男女とも20歳頃に最速を示し，その前後とも男女の値はほぼ並行状態で，年齢とともに推移している．これについては，後でさらに詳細に述べる．

2）意欲・動機づけ

反応時間測定にあたって，被測定者の参加態度も重要である．積極的で，意欲をもった参加が望まれるが，眠気などで覚醒水準が低いとき，また逆に，過度の緊張状態のときなどでは，反応時間は遅くなる．疲労状態においても同様である．

3）構え

反応に先立つ被測定者の精神的構え（mental set）が，反応時間に影響を及ぼすという指摘がある．Titchener によれば，構えの違いで反応時間に約100 ms の差が生じるとしている[10]．すなわち，被測定者が刺激提示に際して「感覚的構え」をして，刺激提示をできるだけ速く察知しようとする場合よりも，「運動的構え」をして素早く動作しようとしている場合のほうが，反応時間は速いというのである．実際に陸上競技のクラウチングスタートにおいて，大学生を対象にして行った安部の研究によれば[11]，10 ms あまりではあるが，運動的構えのほうが有意に速いという結果を示している（表19.2参照）．

4）その他

以上のほかに，反応時間に影響する要因として，パーソナリティ，知能，その課題に対する経験の有無などがあげられる．また，練習を行えばある程度その効果が認められる．さらに，a項であげた選択反応時間課題における選択肢の確率については，個人の側でこれをどのように重みづけをしているかという主観的確率としても考えられる．

表 19.2　陸上競技クラウチングスタート時間に対する心理的構え（set）の影響（大学生男女各18名，計36名）（安部，1978）[11]

	統制群	感覚的	運動的
反応時間	332 ± 51	333 ± 56	320 ± 50
運動時間	190 ± 42	183 ± 38	182 ± 47
スタート時間	522 ± 38	516 ± 40	502 ± 35

19.3 反応時間の応用的研究

a. 認知心理学的分野

人間の刺激弁別あるいは反応選択に要する時間を，反応時間を用いて測定しようとするドンダースの企ては，その数十年後，情報論的接近さらには近年隆盛をみた認知心理学において，重要な研究手段として復活した．そこで，認知心理学の教科書的書籍に掲載されている反応時間の研究例[12,13]を列挙してみると，次のようなものがある．

1) 記憶に関する研究

記憶は抽象的命題として処理されるという理論に対して，視覚的あるいは言語的符号（コード）のいずれとしても貯蔵されるとする二重コードモデルが提示された．これを証明する実験において，図形あるいは単語を学習させたのち，テスト刺激が学習時の刺激と同一か否かを判断するのに要する時間（反応時間）が測定された．また，概念構造は階層的ネットワークを有しているとして，この階層的隔たりを反応時間の差で示した研究とか，概念的表象を研究するなかで，語彙的表象は，意味的ばかりでなく音韻的にも構造化していることを，先行刺激（単語）に続いて提示される後続刺激に対する反応時間の遅速から証明しようとする試みなどがある．

2) イメージに関する研究

イメージがアナログ的特性を有している証拠として，図形の回転をイメージで行わせると，回転角度が大きくなるにつれて反応時間が遅延すること，動物を対にして組み合わせ，イメージでその大小比較を行わせると，両者間の違いが大きい対の比較ほど判断に要する時間（RT）が短くなること，展開図を示しイメージで立体を完成させる課題では，紙を折る回数の1次関数に近似した時間（RT）を必要とすることなどの報告がある．また，認知地図上の目標物をイメージ走査する際の所要時間（RT）は，イメージ対象間の距離に比例するという．

3) 文章理解に関する研究

文章理解の方略（strategy）として①語順，②助詞，③意味がどのように用いられるかを，各方略が制約的に働くようにした8種類の文章の意味処理過程における判断時間（RT）を測定することで検討した．また，カードに描かれた絵に関して，「真・偽」と「肯定・否定」を組み合わせて記述した文章のチェックを行わせる実験で，その処理に要する時間（RT）から否定文の処理のされ方について検討を行っている．

4) 注意に関する研究

注意集中の程度を，反応時間を用いて測定しようとする試みがある．注意には，その時々の条件によって利用できる一定の限度があり，複数課題を同時的に遂行する場合，これに必要な注意がそのときの限度内であれば，注意をうまく配分することができる．しかし，限度をこえた注意が必要になると，同時的処理が困難になり，遂行時間の延長，誤差の発生などが起こるという考えがある．注意の必要量は，課題の困難度と個人の能力・熟練度によるところが大きい．したがって，特定の課題に熟練すると，ほぼ自動的に処理ができるようになり，この課題遂行に対する注意の必要量は低減する．

そこで，典型的には，2つの課題を遂行するという二重課題（dudal task）を設け，注意の必要量を測定しようとする作業を第1課題，反応時間課題を第2課題として課し，両課題のパフォーマンスをそれぞれ単独で行ったときのものと比較する．このとき測定される反応時間は，第1課題に探りを入れるということから探査反応時間（probe RT，プローブRT）と呼ばれる[14]．

b. 人間工学的分野

人間工学の主要な目的は，人間の特性に適合した機器・装置，施設あるいは環境の設計を行うことにある．このような設計が進めば，作業は迅速・正確でしかも安全容易に行えるようになり，そのときの疲労も低減することになる．そこで心理学，生理学，衛生学，工学，その他の分野の手法を用いて，人間の諸特性に関するデータが蓄積されてきた．そのなかで，反応時間は，人間の感覚・知覚，意思決定，反応それぞれあるいはこの全過程に関する特性を端的に示すものとして，さらには中枢系の疲労を示す指標として測定されてきた．

具体的には，計器類，表示パネル等の視認性，あるいはFittsによる刺激-反応の適合性の箇所でみたように，計器等とスイッチ，操作レバー等について，反応時間の測定結果を一つの要因として考慮して，

その形状，大きさ，方向，可動範囲，空間的配置と組み合わせなどについて検討が行われている．また，上で述べた二重課題を設定して，作業中の精神的負担度などの測定もされている．

また，反応時間は精神的疲労の指標としても位置づけられており[15]，これを用いた事例は，フリッカー値（critical flicker frequency：CFF）ほど多くはないが，VDT作業とか[16,17]長時間運転の疲労，単調感との関係などにおいて利用されている[18]．この場合，選択反応時間の方が，単純反応時間よりも疲労に対する感度がよいとか，単に反応時間の平均値による比較考察だけではなく，分散，変動，最大遅延などについても考察の対象にすべきであるという指摘などもあって，今後，検討すべき課題も残されている．

19.4 日本人の反応時間

a. 単純反応時間

わが国における反応時間の研究成果は，1950年代に多数みられるようになった．当初，医学・生理学の分野ではreaction timeが「反応時」と表記され，大脳による随意運動の制御特性を検討する方法として用いられている[19〜21]．

測定開始直後に反応時間が遅延を示すことから，最初の10試行程度は別の目的で分析する場合以外はこれを採用しないで，それ以降の測定値をデータとして採用すべきであるとしている[22]．このことは反応時間測定の未経験者に顕著であり，練習を積んだ者でも最初の2〜3回はしばしば遅延を認め，その後70〜80試行は安定した値を示すという[23]．

反応時間の最小限界（生理的限界）について手の反応時間を筋電図学的に検討した研究[24]では，視覚刺激に対しては105 ms，聴覚刺激に対しては85 msを得ている．また，至適先行間隔は，1/3〜0.9秒あたりであるとするもの[25〜27]と，設定条件の中間になる（この実験では1.5秒）とするもの[28]がある．

反応時間の練習効果について6歳から21歳の男女，計442名を対象に4〜6日間に総計70〜80試行を行わせたところ，12歳までくらいの若年層に十数msから100 ms近い短縮をみせ，安定した値を示した[29]．これと東京都立大学身体適性研究室による標準値[30]と比較すると10歳代に開きがみられる（図19.4）．また，30〜40日にわたる練習の前期（初めの10日間）と後期（21日〜30日）を比較すると，後期において参加者6人中5人に有意な練習効果を認めている[31]．

運動競技者に15〜20分のジョギングや柔軟体操などをウォーミングアップとして課すと，その後の反応時間が十数ms短縮している[32]．2分間の踏台昇降運動後の15分間における反応時間の消長は，体育科学生と一般学生ともに3分後は運動前より遅くなり，前者は5分後，後者は7分後に最速の値を示している[33]．また，心拍数と反応時間の間には逆U字関係が成立し，100拍/分のときに反応時間が最速になる[34]という報告がある．合宿中の反応時間は，午前の練習前，同後，午後の練習前，同後と時間経過とともに短縮を示すが，5〜6日間の変動については，全体的に少しずつ速くなるとするもの[35]と後半になるに従って遅れを示すとするもの[36]など一定の結果を示していない．

日本人の単純反応時間について，光刺激に対する反応で年齢段階に沿って値が示されているものの2例を図19.5に示す．松山のものは松島[37]からの引用で，原資料の出所が明確でないが，男女それぞれ8歳から29歳までの範囲で，各年齢ごとに測定結果が示されている．また，前出の東京都立大学の資料は，日本人の体力（広義）に関する120項目について，0歳から70歳にわたって標準的値が算出されたものである．単純反応時間についても，標準値として算出された値が，同じ年齢範囲にわたって示

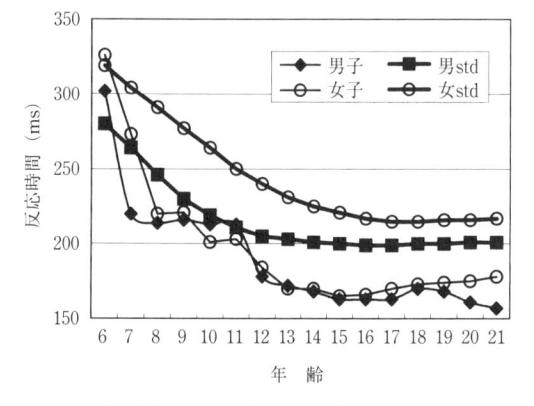

図19.4 数日間にわたる練習後の反応時間（辻野，1964から作成，stdは都立大標準値を示す）

されている．

この図をみると，発達的にみて，反応時間が最速になるピークは，20歳頃であると思われる．東京都立大学の標準値では，これより少し早く男性で16, 7歳，女性で17, 8歳にピークを示している．全体的傾向は，男性が女性よりも各年齢で20～30 ms速い．松山によれば，男女の値が17, 8歳までは接近していて，東京都立大学の女性の値に近い．ピークには男性のほうが女性よりも2, 3年早く達しているように見うけられる．

これをいっそう特徴づけるための試みとして，外国人に関する同様のデータを示したものが図19.6である．このなかでHodgkins[38]のデータは，原資料の図の値を読み取って示したものである．年齢に伴う変化，男女間の差についてみると，全体的傾向は，図19.5の東京都立大学のものと酷似している．ただし，値そのものは，Hodgkinsのほうが全体的に日本に比べて20 msばかり小さくなっており，日本人男性の値が，Hodgkinsの女性のそれとほぼ同等である．Fieandtら[39]によるものは，Welfod[40]からの引用で，被測定者の性別は不明であるが，各年齢層について120名のデータが集計されたものである．これとHodgkinsを比較すると，40歳代までは近似した傾向を示している．残りの2例についてみると，Bellis[41]のデータで10, 20歳代は，やや遅い値を示しているものの上述のデータに近似しているが，加齢に伴う遅れの程度が著しい．PiersonとMontoye[42]のものは，全般的に約70 msほど遅

い値を示しており，加齢に伴う変化は，ほかと同様の傾向を示しているといえよう．この後で扱った2例を除いて，外国人のこれらのデータは日本人と同様の傾向を示すところから，単純反応に関して，特に日本人に特有と思われる傾向は認められない．

b. 選択反応時間

上のa項において，30歳代以降は男女とも単純反応時間が遅れてくることをみてきた．この原因について選択反応時間を基にして，加齢による反応時間の遅延が，中枢における選択過程に起因するものなのか，あるいはそれ以外のより末梢的な過程に起因するものなのかという検討が行われている．

このとき，前述のヒックによる情報量と選択反応の関係式がどのような課題で成立するのか，刺激の配置，反応様式などが検討されている[43]．そして，加齢による反応時間の遅延が中枢過程に起因するのであれば傾きbが増大し，それ以外の過程によるところが主である場合には，aが増加するという推測から10歳代～50歳以上の範囲で，10年ごとの年齢段階を設定し，労働者の職種別に10名から100名近い人数について選択反応時間を測定した[44]．提示刺激は，水平に配置した8個までのランプあるいは8種の数字で，反応は刺激に対応したキーを指で押す動作である．数字を提示したときの測定結果は，表19.3に示したとおりである．

これからわかるように加齢に伴って，3職種に共通してaかbのいずれか（あるいは両方）が，系統

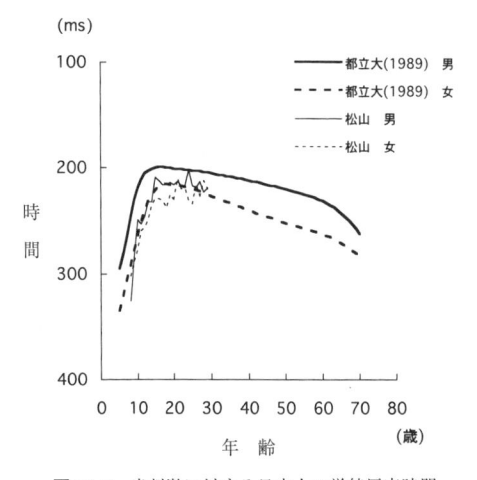

図19.5 光刺激に対する日本人の単純反応時間

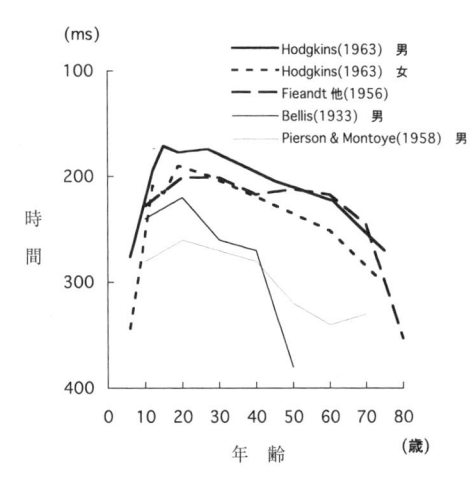

図19.6 光刺激に対する外国人の単純反応時間

表19.3 職種，年齢の違いによる選択 RT の比較（森清ら，1967）[44]　（単位：ms）

年齢範囲 \ 従事作業	監視作業 a	監視作業 b	分類作業 a	分類作業 b	身体作業 a	身体作業 b
10 歳代	—	—	209	191	—	—
20 歳代	181	189	199	193	213	216
30 歳代	190	204	205	207	231	217
40 歳代	199	209	191	233	208	216
50 歳以上	—	—	216	234	—	—

刺激は同一場所に提示される数字で，選択肢の数から 0, 1, 2, 3 bit 課題それぞれの反応時間を測定しヒックの式 ($RT = a + b \log_2 N$) に適用した．

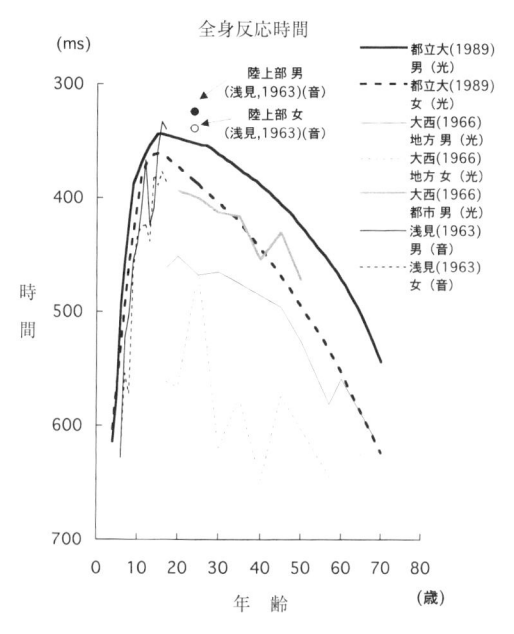

図19.7 日本人の全身反応時間

的に変動するという傾向は認められない．森 清らは職種別に考察して，① パネルの監視作業従事者においては，定数 a，b が加齢とともに増加する，② 分類作業従事者においては，a は変化なく b は加齢とともに増加する，③ 肉体的作業従事者においては，a は 30 歳代が最大で b は変化しないとして，職種による違いが大きいことを指摘している．この種の研究を総括した Welford の結果[45] も同様で，加齢の影響を主として定数 a に認める研究結果と逆に b に認めるものとがあり，全体としては，加齢の影響を特定できていない．しかし，このような結果は，刺激の持続時間に起因するのではないかという指摘を行っている．つまり，刺激の持続時間が長く反応を行う前に刺激の同定に十分な時間がある場合には，加齢の影響は主として傾き b に現れるが，刺激持続時間が短い場合には a に現れるというのである．

また，上記（19.3 第 a 項）の探査反応時間を用いて卓球選手の試合における戦績予測を行った研究[46] では，卓球マシンを用いた打球練習中に，選択反応による探査反応時間課題を課し，そのときの反応時間と返球の正確性などから，総当たり戦における選手の順位を予測している．この他，選択反応時間は，信号図形や信号音の検出に関与する要因の検討[47,48] などに利用されている．

c. 全身反応時間

1) 測定方法

全身反応時間（または跳躍反応時間）の測定に用いられる装置は，跳躍台にスイッチを取り付けた初期のものから，最近では，筋電図やひずみ計 (strain ga(u)ge) を用いたものに変化している．被測定者は跳躍台の上に膝を軽く曲げて立ち，刺激が提示されたらできるだけ早く垂直方向に 10 cm ばかりの跳躍を行う．このときの刺激提示から足の離床までの時間を測定して全身反応時間とする．

2) 測定結果とその評価

日本人の全身反応時間についても単純反応時間と同様に，一定の範囲で年齢段階に沿って測定されているもの数例を図 19.7 に示す．提示刺激の様相は，浅見[49] による全身反応時間のみ音刺激で，それ以外は光刺激である．

ここでも 0～70 歳という広い年齢段階にわたって反応時間の値を示している東京都立大学の資料を中心にして，ほかの研究で得られた資料と比較してみる．小学校 1 年生～高等学校 3 年生の範囲で示された浅見の値は，東京都立大学のものと近似度が高い．大西[50] の都市（工場労働者）・男性の値は東京都立大学の女性の値と近く，地方（農作業従事者）・男性の値は東京都立大学のものから数十 ms ～100 ms の差で，これと並行している．女性の値はさらに差が大きく，年齢間の変動が著しい．

全身反応時間と単純反応時間と比較すると，全身反応時間のほうが全体的に 200 ms 近くの遅れを示しており，これはまず全身で反応するという反応様式の違いによると考えられる．しかし，男性のほう

が女性に比べて反応時間は速く，最速のピークは20歳前でみられることは，手による単純反応時間でみられた傾向と同様である．20歳以降の加齢に伴って認められる反応時間の遅れは，全般的に全身反応のほうが大きい．この高年齢者の遅れに関する主要な要因として，先の大西は筋電図などによる所見から，筋収縮時間も含め動作の神経支配と筋収縮の速さの低下，つまり筋運動の協応能の低下を指摘している．

次に日本人の男女について，オリンピック選手（陸上競技），大学運動部員，一般人を比較したものを表19.4に示す[51]．これによれば，一般人よりも競技者，特に男子短距離選手が優れた値を示している．

反応方向に着目し，8方向（前後左右およびおのおのその中間位）への送り足ステップによる全身反応時間を体育専攻の男子学生185名について測定したもの[52]を図19.8に示した．これによれば，「前」方向の要素が含まれるほど，全般的に反応が遅くなり，前方への反応が最も遅い．左右に関しては相称的である．同様のステップによる反応時間について運動選手間の比較を行い野球部，バレーボール部，バスケットボール部選手などが速いという結果がある[53]．

全身反応時間を評価する際の判定基準として，池上[54]が作成したものを表19.5に示す．この表に示されている各年齢段階の平均値，あるいは「普通」とされる時間範囲を図19.7の東京都立大学の標準値と比較すると，20歳代，30歳代では東京都立大学の方が厳しいが，徐々に両者は接近し，男性の60歳代，女性の50，60歳代においてはほぼ同様とみてよい．若い年齢においてみられるこの食い違いについて，どちらを採用すべきかを明示するだけの根拠を有していないが，図19.7に示した浅見の児童生徒および陸上競技者の資料を加味すると，東京都立大学の値は上限に近く，これと池上の間に一般的な値はあるものと考えてよいのではないか．全身反応時間の測定においては，特に姿勢による影響が大きく，測定値が20〜30 ms異なるといわれている．さらに，系統的なデータの収集，外国人のものとの比較・検討が課題となる． ［坂手照憲］

表19.4 音に対する全身反応時間（猪飼ら，1961，部分）[51]

	被検者（人数）	全身反応時間 (ms)
男子	一般男子 (40)	365 ± 39
	中級選手 (48)	308 ± 35
	一流選手 (29)	324 ± 42
	日本短距離 (4)	283
	飯島選手 (1)	250
女子	一般女子	385 ± 36
	中級選手	307 ± 21
	一流選手	339 ± 26
	日本短距離 (4)	317
	岸本選手 (1)	270

表19.5 全身反応時間の判定基準（単位：ms）（池上，1987）[54]

(a) 男性

年齢	平均 ± SD	低い	やや低い	普通	やや高い	高い
20〜29	390 ± 66	〜 476	475〜424	423〜357	356〜306	305〜
30〜39	418 ± 75	〜 515	514〜457	456〜381	380〜322	321〜
40〜49	443 ± 94	〜 564	563〜491	490〜396	395〜323	322〜
50〜59	475 ± 104	〜 609	608〜528	527〜423	422〜342	341〜
60〜69	521 ± 115	〜 669	668〜580	579〜464	463〜374	373〜

(b) 女性

年齢	平均 ± SD	低い	やや低い	普通	やや高い	高い
20〜29	477 ± 70	〜 568	567〜513	512〜444	443〜387	386〜
30〜39	496 ± 83	〜 603	602〜539	538〜455	454〜390	389〜
40〜49	508 ± 107	〜 646	645〜563	562〜455	454〜371	370〜
50〜59	538 ± 108	〜 677	676〜593	592〜484	483〜401	400〜
60〜69	588 ± 115	〜 736	735〜647	646〜532	531〜443	442〜

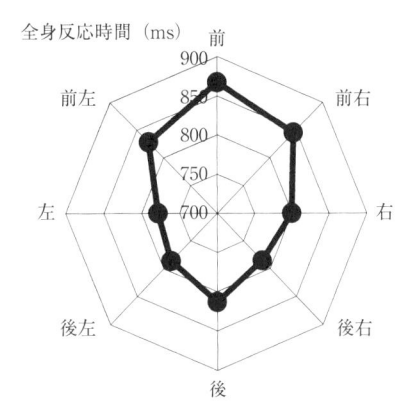

図 19.8 送り足ステップによる 8 方向全身
(Takano, 1975 より作成)

文　献

1) Boring, E. C. (1950) The personal equation, In : History of experimental psychology, pp. 134-153, Appletnon-Century-Crofts.
2) Snodgrass, J. G., Levy-Berger, G. and Haydon, M. (1985) Mental chronometry : Measuring the speed of mental events, In : Human experimental psychology, pp. 88-105, Oxford University Press.
3) 大山　正 (1985) 反応時間研究の歴史と現状. 人間工学, **21** (2), 57-64.
4) Henry, F. M. and Rogers, D. E. (1960) Increased response latency for complicated movements and the "memory drum" theory of neuromotor reaction. Res. Quart., **31**, 448-458.
5) 積山　薫 (1994) 反応時間, 新編感覚・知覚心理学ハンドブック (大山　正ほか編), pp. 185-193, 誠信書房.
6) 中村弘道 (1928) 競走発走における反応時間の研究 (第 1 回報告). 心理学研究, **3** (2), 75-106.
7) Drazin, D. H. (1961) Effects of foreperiod, foreperiod variability, and probability of stimulus occurrence on simple reaction time. J. of Exp. Psychology, **62** (1), 43-50.
8) 藤原瑞子・鷹野健次 (1962) 反応時間における心理的不応期の研究. 体育学研究, **7** (1), 5.
9) Fitts, P. M. (1964) In : Fitts, P. M. and Posner, M. I. "human performance", pp. 105-107, Brooks/Cole Publishing Company.
　関　忠文ほか訳 (1981) 作業と効率, pp. 121-123, 福村出版.
10) 松田岩男 (1966) 陸上競技の心理, p. 51, ベースボール・マガジン社.
11) 安部香里 (1978) クラウチングスタートにおける構えの心理学的研究, pp. 5-8, 卒業論文抄録集, 広島大学教育学部体育科.
12) Anderson, J. R. (1980) Cognitive psychology and its implications, p. 503, W. H. Freeman Co.
　富田達彦ほか訳 (1982) 認知心理学概論, p. 552, 誠信書房.
13) 森　敏昭ほか (1995) グラフィック認知心理学, p. 285, サイエンス社.
14) Heuer, H. and Wing, A. M. (1984) Doing two things at once : Process limitations and interactions, In : The psychology of human movement (Smyth, M. M. and Wing, A. M. eds.), pp. 183-213, Academic Press.
　小坂健二翻訳監修 (1990) 運動行動のメカニズム—心理・生理・障害, pp. 133-154, 建帛社.
15) 飯田裕康 (1978) 反応時間, 新労働衛生ハンドブック増補第 3 版 (三浦豊彦ほか編), pp. 649-650, 労働科学研究所.
16) 長谷川徹也・神代雅晴 (1994) データ入力作業を例とした VDT 作業における一連続作業時間についての実験的検討. 人間工学, **30** (6), 405-413.
17) 長谷川徹也・神代雅晴 (1997) 短時間のデータ入力作業における休憩の配置に関する実験的検討. 人間工学, **33** (1), 1-7.
18) 長塚康弘 (1985) 事故傾性, 疲労および単調感と反応時間. 人間工学, **21** (2), 71-79.
19) 土井正夫 (1956) 反応時と運動速度 (1). 体力科学 **5** (5), 136-141.
20) 土井正夫 (1956) 反応時と運動速度 (2). 体力科学 **5** (5), 142-145.
21) 土井正夫 (1956) 反応時と運動速度 (3). 体力科学 **5** (5), 146-149.
22) 伊藤利男 (1956) 反応時運動系の研究 (第 1 報) 測定開始直后の反応時延長の機序について. 体力科学, **5** (6), 82-86.
23) 渡辺俊男ほか (1967) 反応時の研究　反応時につきまとう変動因と測定値の扱い方. 体育学研究, **12** (1), 24-34.
24) 猪飼道夫 (1955) 動作に先行する抑制機構. 日本生理学雑誌, **17**, 292-298.
25) 久保玄次ほか (1966) 反応時間に及ぼす先行時間間隔について. 体育学研究, **10** (2), 124.
26) 久保玄次ほか (1968) 反応時間における至適 foreperiod の成立について　第 1 報　至適 foreperiod に及ぼす pre-warning signal activity の影響について. 体育学研究, **12** (5), 155.
27) 久保玄次ほか (1970) 反応時間に及ぼす先行時間間隔と活動水準の影響についての実験的研究. 体育学研究, **14** (5), 77.
28) 鷹野賢次・田中典子 (1967) 反応時間に影響を及ぼす予期の効果. 体育学研究, **11** (5), 74.
29) 辻野　昭 (1964) 単純視覚反応時間の習熟効果から見た年令別並びに性別変化について. 体力科学, **13** (3), 94-100.
30) 東京都立大学身体適性学究室 (1989) 日本人の体力標準値　第 4 版, pp. 177-190, 不昧堂出版.
31) 23) の前掲書.
32) 岩田　敦 (1966) W-up の Reaction Time および Starting Time の効果について. 体育学研究, **10** (2), 41.
33) 東　正雄・安田　保 (1966) 運動と反応時間に関する研究. 体育学研究, **11** (2), 86-93.
34) Hunahashi, A. and Hagiwara, H. (1976) Effect of exercise-induced activation on simple reaction time. Res. J. of Phys. Edc., **20** (6), 315-320.
35) 32) の前掲書.
36) 志沢　進ほか (1967) 剣道合宿時における反応時間について. 体育学研究, **11** (5), 89.
37) 松山・松島茂善 (1963) スポーツテスト, pp. 46-47, 第一法規.
38) Hodgkins, J. (1963) Reaction time and speed of move-

39) Fieandt, K. *et al.*, (1956) In：Welford, A. T. (1980) Motor Performance, In：Handbook of the Aging (Birren, J. E. and Schaie K. W. eds.), p. 464, Van Nostrand Reinhold Company.
40) Welford, A. T. (1980) Reaction Time, p. 418, Academic Press.
41) Bellis, C. J. (1933) In：Welford, A. T. (1980) Motor Performance. In：Handbook of the Aging (Birren, J. E. and Schaie, K. W. eds.), p. 464, Van Nostrand Reinhold Company.
42) Pierson, W. R. and Montoye, H. J. (1958) Movement time, reaction time, and age. *J. Gerontol.*, **13**, 418-421.
43) 森清善行・飯田裕康 (1967) 選択行動と反応時間. 労働科学, **43** (8), 461-467.
44) 森清善行ほか (1967) 年齢と選択反応時間. 労働科学, **43** (11), 636-642.
45) Welford, A. T. (1980) Motor Performance, In：Handbook of the Aging (Birren, J. E. and Schaie, K. W. eds.), pp. 450-496, Van Nostrand Reinhold Company.
46) 章　建成・坂手照憲 (1990) プローブ法による卓球選手の順位予測. 広島体育学, **16**, 13-21.
47) 行待武生・林　喜男 (1967) 情報と反応時間—Ⅱ—ノイズのある図形認識の反応時間と眼球運動. 人間工学, **3** (3), 229-235.
48) 富永洋志夫 (1969) 選択反応時間を指標とした騒音下の信号音の聞きやすさ—耳栓装着の影響について—. 労働科学, **45** (10), 594-604.
49) 浅見高明 (1963) 全身反応時間の発達過程に関する研究. 体育学研究, **8** (1), p. 367.
50) 大西徳明 (1966) 跳躍反応時間の年齢推移. 労働科学, **42** (1), 5-16.
51) 猪飼道夫・浅見高明・芝山秀太郎 (1961) 全身反応時間の研究とその応用. *Olympia*, **7**, 210-219.
52) Takano, K. (1975) Body reaction time to eight different directions in the ego-centric space. *Res. J. Phys. Edc.*, **19** (6), 307-316.
53) 鶴岡英吉ほか (1964) 選択刺激による反応動作の分析的研究. 体育学研究, **8** (2), 49-54.
54) 池上晴夫 (1987) 運動処方の実際, pp. 115-116, 大修館書店.

日本人の体力

20
日本人の全身持久性体力

20.1 全身持久性体力とは

体力は，人間の身体活動の基礎となる身体的能力のことである．健康の回復・維持・増進や競技力の向上など目的に応じて体力のとらえ方が異なるため，すべての人に通じるよう体力を定義することはむずかしい．日本では猪飼による定義が広く採用されてきた．猪飼[1]は，体力を身体的要素と精神的要素に大別して，さらにそれを行動体力と防衛体力に分けた．そして運動や競技力向上に必要な体力（行動体力）は，形態と機能によって構成されるとした．この分類に従えば，持久性体力は身体的な行動体力の一要素になる．

一方，欧米では日常生活における身体的活動量の減少が体力水準の低下を招き，そのことが種々の慢性疾患（生活習慣病，成人病）の危険因子になるという仮説のもとに，さまざまな疫学的研究（epidemiological physical activity research）がなされてきた．たとえば，運動習慣の有無によって健康に関連している体力の水準が決まり，その水準が低いと慢性疾患の引き金になるという概念がAAHPERD（American Alliance for Health, Physical Education, Recreation and Dance）などによって提唱されてきた．この概念は，健康関連体力（health-related physical fitness, health-oriented physical fitness）とよばれており，全身持久性体力，筋力，柔軟性体力，身体組成から構成され，全身持久性体力はその中核をなしている．

HollmanとHettinger[2]は，持久性体力を筋持久性体力と全身持久性体力に区別し，前者を全身の骨格筋の1/7〜1/6以下の筋が働く場合の体力，後者をそれ以上の筋が働く場合の体力と定義している．全身持久性体力は，長時間にわたってより高い運動強度で全身的な活動を行い続ける体力，すなわち全身的運動パフォーマンスを支える体力のことである．全身的運動パフォーマンスには，呼吸，循環，血液などの酸素運搬系や骨格筋組織の酸素利用系が総合的に関係することから，全身持久性体力の優劣はおもに有酸素性能力で評価される．体力水準のかなり高い競技者では，全身持久性体力の優劣が筋機能や運動効率（運動スキル）にも強く影響されると考えられる．また，体力水準のかなり低い高齢者の場合も同様に，全身持久性体力が有酸素性能力のほかに筋機能や運動スキルによる影響を受けると考えらる．以上のように，全身持久性体力は，実験室内で測定された有酸素性能力で評価する場合と実際のパフォーマンスで評価する場合があり，目的に応じて使い分けている．

全身持久性体力を科学することは，① 呼吸循環器系を中心とする慢性疾患の予防や有疾患者の健康・体力の回復・維持，② 高齢者の活発な身体活動水準の維持（"Healthy Aging"，"Successful Aging"，"Productive Aging"のため），③ さまざまなスポーツにおける競技力向上などに重要であると考えられる．

20.2 全身持久性体力の指標と測定方法

a. Physiological resources からみた指標
1) 最大酸素摂取量

全身持久性体力の評価指標は，実験室内で得られる生理学的機能（physiological resources）からみた指標とフィールドパフォーマンス（physical performance）で評価される指標の2つに大別できる．前者のなかで従来から最も頻繁に用いられている指標として最大酸素摂取量（$\dot{V}_{O_2max}$）があげられる．全身持久性体力が有酸素性能力に大きく依存するこ

とから，これまで $\dot{V}_{O_2max}$ は全身持久性体力の最も妥当な基準と見なされてきた．$\dot{V}_{O_2max}$ は，運動負荷量を増大しても酸素摂取量（$\dot{V}_{O_2}$）がそれ以上増加しない水準，つまり運動時の酸素摂取量（＝心拍出量×動静脈酸素較差）の上限を意味する．$\dot{V}_{O_2max}$ は絶対値（l/min）と体重 1 kg 当たりの相対値（ml/kg/min）の 2 通りで表示されるが，一般に体重の影響を消去した相対値が利用される．なお，目的に応じて除脂肪組織量（fat-free mass：FFM）1 kg 当たりの相対値，つまり ml/kgFFM/min で表示することもある．

$\dot{V}_{O_2max}$ と有意な相関を示す要因として，① 遅筋線維（slow twitch fiber）が筋線維全体に占める割合，② 骨格筋内の毛細血管密度や酸化系酵素活性，③ 体重に占める筋肉または脂肪の割合などがあげられることから，これまで全身持久性競技における競技者としての能力の大部分はこの $\dot{V}_{O_2max}$ の大小によって推し測られてきた．$\dot{V}_{O_2max}$ は全身持久性体力に優れる一流の男性ランナーで 70 ml/kg/min 以上を示し，全身持久性競技の成績を左右する第一の要因であると考えられる．しかし，$\dot{V}_{O_2max}$ が 70 ml/kg/min 以上の一流男性ランナーのみを対象として，$\dot{V}_{O_2max}$ と競技成績との関係を検討した結果，両者間に一定の対応関係が認められないとの報告もあり，高い競技成績には $\dot{V}_{O_2max}$ 以外の要因も複雑に影響しあっていると考えられる．

一般人についてみた場合，$\dot{V}_{O_2max}$ は身体活動水準や加齢と密接に関係していることがわかる．$\dot{V}_{O_2max}$ と慢性疾患の罹患率や死亡率との間に，さらにその危険因子との間にも，有意な因果関係の存在が示唆されており，今日では慢性疾患の発症を間接的に予防する意味で身体活動水準の尺度として $\dot{V}_{O_2max}$ が重視されている．また，$\dot{V}_{O_2max}$ は体力要素の評価にとどまらず，運動処方やトレーニングプログラムを作成する際の運動強度の設定にもよく利用される．

2）換気性閾値

近年，新たな全身持久性体力の評価指標として，換気性閾値（ventilatory threshold：VT）あるいは乳酸性閾値（lactate threshold：LT）が注目されている．生理学的にみて 2 つの指標は似て異なる指標であるが，ここではこの 2 つを総称して無酸素性代謝閾値（anaerobic threshold：AT）と定義することにする．AT は 1973 年に Wasserman ら[3]が心疾患者や呼吸器系疾患患者の診断基準の一つとして提案したものである．その後，多くの研究者によって，AT は有酸素性トレーニングによる適応度や全身持久性体力の評価指標として有用であることが報告されてきた．これまで AT は $\dot{V}_{O_2max}$ と同様に，全身持久性体力の優劣に影響を及ぼす種々の要因，① 運動時の酸素摂取能力（心拍出量×動静脈酸素較差），② 筋線維全体に占める遅筋線維の割合，③ 骨格筋内の毛細血管密度や酸化系酵素活性と密接な関連性を有することが明らかにされている．

AT の定義や解釈については 1980 年代に激しい議論が繰り返され，今なお論争中といっても過言ではないが，ここでは発案者である Wasserman ら[3]に従い，漸増負荷運動中の換気量や呼気パラメータの変化から得られる VT の測定法について説明する．血中乳酸濃度に着目して得られる LT については次項で解説する．

Wasserman ら[3]は，VT を「代謝アシドーシスおよびそれに伴う呼気パラメータの変化が起こる運動

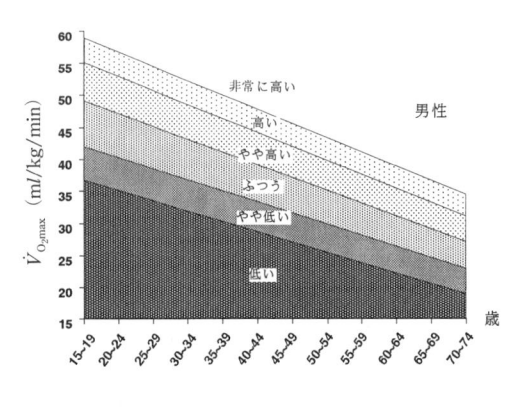

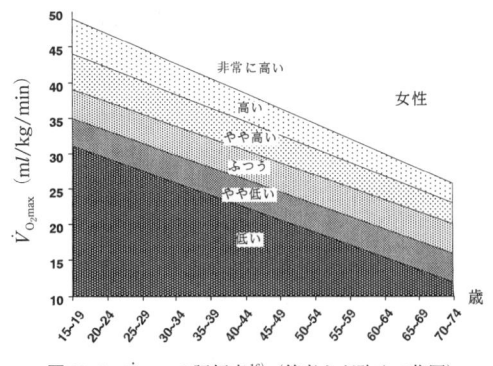

図 20.1　$\dot{V}_{O_2max}$ の評価表[16]（筆者らが改めて作図）

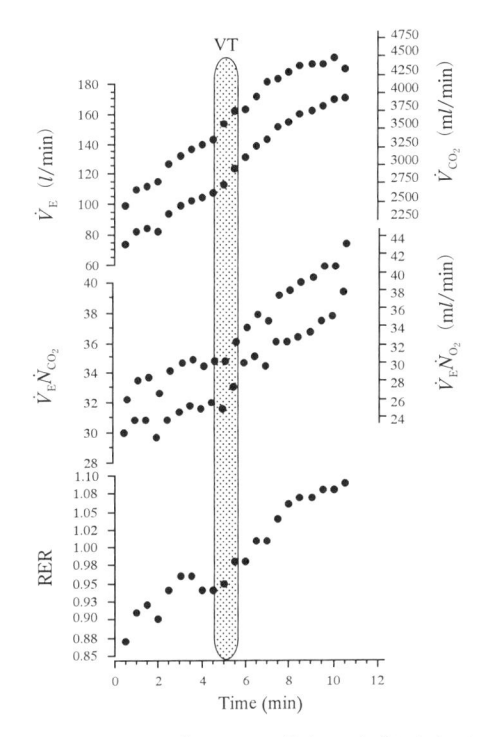

図 20.2 VT の決定[3]（データは筆者らが収集したもの）
$\dot{V}_E$：換気量, RER：呼吸交換比.

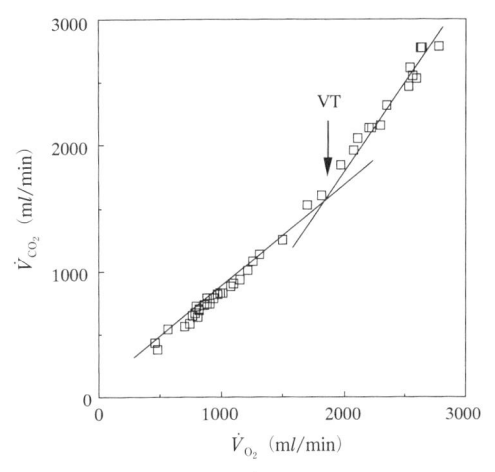

図 20.3 V-slope 法[4] による VT の決定
（データは筆者らが収集したもの）

強度あるいは酸素摂取量」と定義した．そして，呼気パラメータを 1 呼吸ごとに解析できるコンピュータシステムを開発し，VT の判定に利用した．その後，漸増負荷運動中の換気量および呼気パラメータから，① 換気量（$\dot{V}_E$），二酸化炭素排出量（$\dot{V}_{CO_2}$）の急激な上昇と，② $\dot{V}_E/\dot{V}_{CO_2}$ の変化を伴わない $\dot{V}_E/\dot{V}_{O_2}$ の上昇，および ③ 終末呼気二酸化炭素分圧（$_{PET}CO_2$）の変化を伴わない終末呼気酸素分圧（$_{PET}O_2$）の上昇の判定基準を提案した．1986 年には，Beaver ら[4] が新たな VT の決定法として V-slope 法を提案した．これは漸増運動負荷中に $\dot{V}_{CO_2}$ の増加する割合が $\dot{V}_{O_2}$ よりも大きくなる時点と定義し，$\dot{V}_{CO_2}$（X 軸）と $\dot{V}_{O_2}$（Y 軸）に対する回帰直線を描き，その直線がわずかに変曲する点を VT と見なす方法である．現在，換気量や呼気パラメータから VT を求める場合，この 2 つの方法が主流となっている．

3）乳酸性閾値

運動強度を徐々に増加していく漸増負荷運動中において，血中乳酸濃度はある時点から急激に上昇するようになる．Ivy ら[5] はこの時点を乳酸性閾値（lactate threshold：LT）と称した．LT 時の $\dot{V}_{O_2}$ の大きさが骨格筋内の酸化系能力や遅筋線維の占める割合と有意に相関することから，LT の決定要因は筋の酸化代謝能力であると考えられている．血中乳酸濃度は乳酸の産生と除去の影響を受けるため，血中乳酸値から骨格筋による乳酸産生をみることはむずかしいが，運動中に血中乳酸濃度が上昇すると，血液の pH が低下し，筋細胞内のエネルギー代謝に影響が及ぶ．また，乳酸の緩衝作用に伴う呼吸性緩衝が引き起こされ，それに伴って換気効率の低下や換気量の増加など呼吸器系への負担が高まる．LT は，このようなエネルギー代謝系やそれに伴う呼吸器系の変化を一括してとらえようとするものである．全身持久性体力に優れる一流ランナーは，最大下運動時において，血中乳酸濃度を低い水準に保つことができる．また，一般人についても，長期間の有酸素性トレーニング後には，トレーニング前に比べて最大下における同一強度の運動時の血中乳酸濃度が有意に低下する．このようなことから，LT は $\dot{V}_{O_2max}$ と並んで全身持久性体力を評価する有効な指標と見なされている．LT と同様に，血中乳酸濃度を用いた，全身持久性体力の評価指標としては，OBLA（onset of blood lactate accumulation）や MSS（maximal steady state），MaxLass（maximal lactate steady state）などもあるが，ここでは割愛する．

LT を決定するときに用いられている方法は，

Beaverら[6]の両対数変換（log-log transformation）法である．漸増負荷運動中に血中乳酸濃度を頻繁に測定し，運動強度（または$\dot{V}_{O_2}$）と血中乳酸濃度について対数変換する．そして，対数変換した運動強度（X軸）に対する血中乳酸濃度（Y軸）をプロットし，その急上昇開始点をLTと定義する方法である．この方法によるLTの決定には，運動中に採血を頻繁に行わなければならないという一つの短所がある．

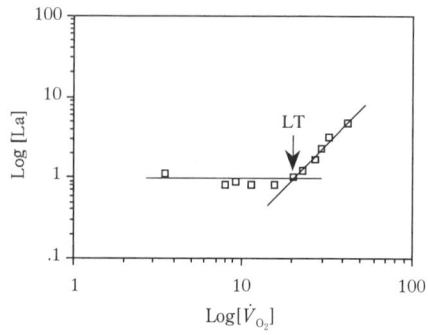

図20.4 log-log transformation 法[6]によるLTの決定（データは筆者らが収集したもの）

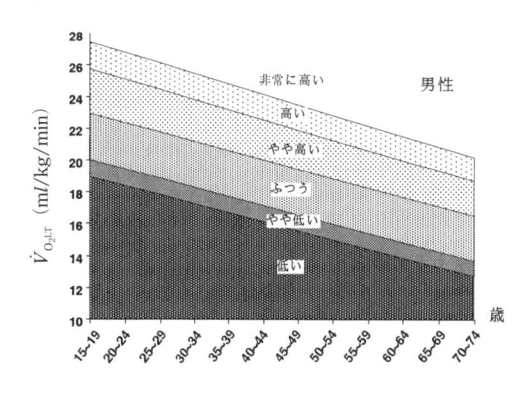

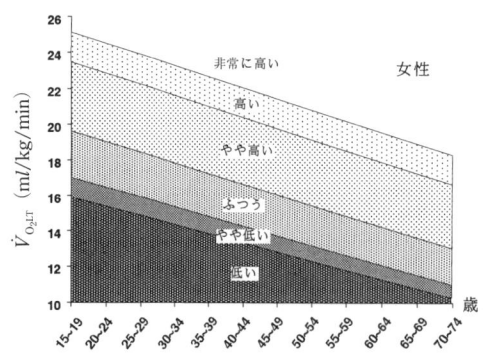

図20.5 $\dot{V}_{O_2LT}$の評価表[16]（筆者らが改めて作図）

b. Physical performance からみた指標
1）走/歩テスト

全身持久性体力の評価指標として$\dot{V}_{O_2max}$が大衆に広まるにつれて，従来から行われてきたパフォーマンステストと$\dot{V}_{O_2max}$との関連性が再び活発に論議されるようになった．パフォーマンステストのなかで最も実用的な評価法として用いられてきたのが，持久走テストである．持久走テストは，①1,000 m走や1,500 m走に代表されるように所定の距離を走るのに要する時間を測定する距離走と，②12分間走や5分間走に代表されるように所定の時間内に走れる距離を測定する時間走に大別できる．平成11年度から新たに施行された文部省のスポーツテストでは，若年者用として1,500 m走の走行時間と20 mシャトルランテストのスコアを，中高齢者用には1,500 m急歩の歩行距離を全身持久性体力の評価指標としている．$\dot{V}_{O_2max}$と持久走テストとの間に有意な相関関係がみられることを明らかにした先駆的な研究は，Cooper[7]の12分間走テストである．空軍に在籍する17～52歳の者115名を対象として，$\dot{V}_{O_2max}$と12分間走テストの成績との間に$r=0.90$と密接な関係があることを認めた．その他，Tanakaら[8]は男子大学生を対象に1,500 m走のタイムと$\dot{V}_{O_2max}$および$\dot{V}_{O_2AT}$との関係を検討し，能力の面で個人差の著しい集団の$\dot{V}_{O_2max}$や$\dot{V}_{O_2AT}$を予測する場合には，1,500 m走などの持久走テストが有用であることを示唆した．中高齢者を対象とした歩行テストについても，竹島ら[9]が$\dot{V}_{O_2max}$や$\dot{V}_{O_2AT}$と歩行テストの成績に密接な関係があることを報告している．シャトルランテストについては，LegerとLamber[10]が20 mシャトルランの最高スピードと$\dot{V}_{O_2max}$との間に$r=0.84$の有意な関係があることを示している．一方，金子ら[11]は，シャトルランテストの変法としてさらに簡便なシャトルスタミナテストを提案し，その妥当性を報告している．

近年，筆者らは中高齢者や有疾患者を対象とした新しい歩行テストを提案した[12]．これまでのテストと異なり，主観的な運動強度を用いた最大下のトレッドミル歩行から全身持久性体力を評価する点が特徴である．トレッドミルを必要とする点では実用性に劣るが，必要に応じて運動中に心電図のモニタリングや個々の表情の観察が容易にでき，人との競争

が避けられるなどいくつかの利点がある．このテストは，運動強度をおおむね AT 水準，つまり Borg の自覚的運動強度（RPE）の 11～13 に設定することから，個々が健康の維持・増進の運動を行いながら，全身持久性体力を評価できるという大きな利点を有する．これまでの報告[5]によると $\dot{V}_{O_2max}$ および $\dot{V}_{O_2AT}$ と 12 分間トレッドミル歩行距離との相関は $r=0.70～0.80$ で，従来のテストと同等かそれ以上である．さらに，中垣内ら[13]や熊谷ら[14]は若齢者についても最大下の 12 分間走（歩）テストから全身持久性体力を簡便にかつ妥当に評価できることを観察し，その具体的な方法を提案している．

2） PWC テスト

ヨーロッパで開発された PWC（physical work capacity）テストは，全身持久性体力の有効な指標として広く普及してきた．Sjostrand や Wahlund は，身体が受ける適切な負荷強度の上限を一般人の場合，心拍数（HR）で 170 拍/分とし，そのときに達成される仕事量を PWC_{170} と定義した．現在では HR で 170 拍/分が若年者で有酸素性運動のなされる最大強度に近いと理解され，そのときに達成される仕事量の大小（PWC_{170}）で全身持久性体力の優劣を評価している．PWC_{170} は HR_{max} が年齢とともに低下することを考慮せず（あるいは若年者向けとして）開発されたテストであることから，その後 PWC_{150} テスト，PWC_{130} テスト，$PWC_{75\%\ HRmax}$ などが提案されてきた．宮下ら[15]は，男性 151 名，女性 275 名から $PWC_{75\%\ HRmax}$ テストのスコアに基づく全身持久性体力の評価表を作成し，その妥当性を報告している．

c. アンケート調査による評価

全身持久性体力は，一般に実験室内での運動負荷テストで測定される $\dot{V}_{O_2max}$ や $\dot{V}_{O_2AT}$ によって評価される．また，実用性を優先する立場から前述のごとくフィールドパフォーマンスによる評価や最大下の運動中の生理的応答から評価する方法も多数開発され，その有用性が認められている．しかし，大集団について全身持久性体力の優劣を評価したり，著しい低体力者をスクリーニングする場合，$\dot{V}_{O_2max}$ や $\dot{V}_{O_2AT}$ の直接測定法はもちろんのこと，間接法も決して安全かつ簡便であるとはいえない．病院や大学などの機関においてメディカルチェックアップの一環として運動負荷テストや間接テストを行う際でも，特に高齢者や有疾患者の場合，事前にどの程度の全身持久性体力を有するのかを把握しておくことは安全性を高めるうえで有効である．田中ら[16]は大集団のなかから全身持久性体力の優劣をスクリーニングでき，メディカルチェックアップにおける全身持久性体力のおおよその把握ができる簡易テストとして質問紙法に着目し，有疾患者や中高齢者に適した全身持久性体力を評価するための有用な質問紙を作成している．一般健常者（女性）および有疾患者（女性）について，質問紙による $\dot{V}_{O_2max}$ の推定値と実測値との相関は $r=0.78～0.60$ であることを報告した．このほか，いくつかの方法が提案されている．

20.3 日本人の全身持久性体力

オリンピックに代表されるスポーツの国際競技大会において，日本のマラソン選手の活躍にはめざましいものがある．マラソンは全身持久性体力の高低が直接反映される競技である．競技スポーツにおいては，民族間の勝敗を明確に表せるが，全身持久性体力をはじめとする各体力要素について，一つの研究機関が民族間の相違を明らかにするまでの条件の整った研究資料はこれまでに得られていない．$\dot{V}_{O_2max}$ については，世界各国で多くのデータが収集されており，数値上の比較は試みられている．しかし，その値の違いが人種によるものなのか，生活習慣や労働条件，生活水準の違いによるものなのか，それとも測定誤差の範囲内なのかは，現在のところ明らかではない[17]．

小林と近藤[18]は，健康な一般成人の $\dot{V}_{O_2max}$ と年齢の関係を報告している（図 20.6）．図中の●で示しているのは日常的にあまり運動を実践していない人，△と○で示しているのは，スポーツ選手か高強度・高頻度で運動を実践している人である．男女とも運動を実践している人は，$\dot{V}_{O_2max}$，すなわち全身持久性体力が高い水準にある．年齢との関係をみると，運動実践の有無にかかわらず，加齢に伴って同じような割合で全身持久性体力が低下していくことがうかがえる．『新・日本人の体力標準値』では日本人の $\dot{V}_{O_2max}$ の標準値として図 20.7 が報告されて

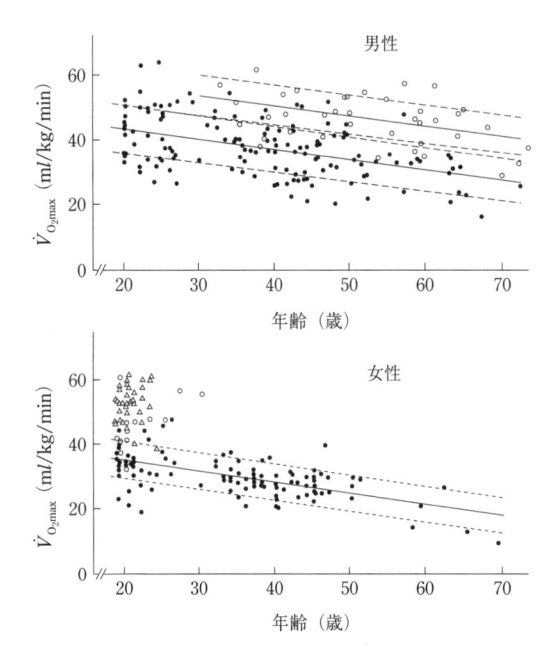

図 20.6 日本人の$\dot{V}_{O_2max}$の年齢による推移（小林ら，1985）[18]
男性：●一般健常，○スポーツ愛好者
女性：●一般健常，○スポーツ愛好者，△スポーツ選手

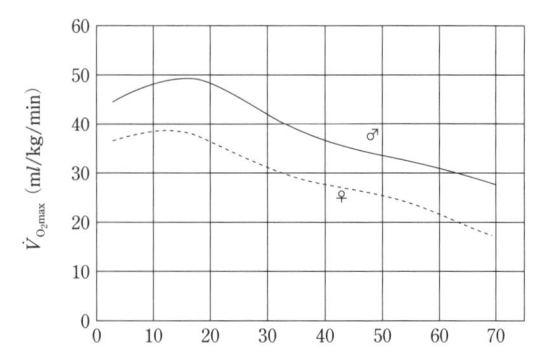

図 20.7 日本人の$\dot{V}_{O_2max}$標準値（東京都立大学体力標準値研究会，2000）[19]

いる．

以下，日本人の全身持久性体力をより詳細に説明するために，ある特徴をもった対象者別の全身持久性体力について述べることとする．

一般健常者と有疾患者の全身持久性体力

1）一般健常者

i）子供 $\dot{V}_{O_2max}$や$\dot{V}_{O_2AT}$は，一般に全身持久性体力の最も妥当な指標として認められているが，これは健康な一般成人についてのことであって，子供や高齢者にもあてはまるかどうかはわからない．極端にいうと，思春期前の子供の$\dot{V}_{O_2max}$（ml/kg/min）は一般成人の値とほとんど同じであるにもかかわらず，フィールドパフォーマンスは子供の方が劣っている．吉田ら[20]は5，6歳の子供の$\dot{V}_{O_2max}$は，体重当たりでは45〜50 ml/kg/minと青年に匹敵するが，1,500 mの持久走では11〜13分と青年よりも劣ることを報告している．これについては子供と青年で脚長や絶対的な筋力などにおける違いが影響していると考えられる．子供の場合，乳酸性の無酸素性代謝能力が一般成人よりも有意に低いことから，

子供のAT水準は一般成人よりも高く測定され，高強度の運動であっても有酸素性の代謝機構によって運動が遂行できるのかもしれない．以上のことから，子供と一般成人を比較する場合，あるいは思春期前後で比較する場合，$\dot{V}_{O_2max}$や$\dot{V}_{O_2AT}$などの有酸素性能力の指標のみで全身持久性体力を評価することには注意されたい．ただし，同一年齢の集団内あるいは成長や形態を考慮した等質の集団内であれば$\dot{V}_{O_2max}$や$\dot{V}_{O_2AT}$は，全身持久性体力の指標として妥当であろう．

ii）高齢者 全身持久性体力は加齢とともに低下するが，Pasonerら[21]はその低下の度合は日常必要とされる$\dot{V}_{O_2AT}$より$\dot{V}_{O_2max}$の低下によるところが大きいとしている．つまり，$\dot{V}_{O_2AT}$に比べて$\dot{V}_{O_2max}$のほうが加齢の影響を強く受けると報告している．中垣内ら[22]は，一般健常者の$\dot{V}_{O_2max}$および$\dot{V}_{O_2AT}$と年齢の回帰直線の回帰係数（傾き）では$\dot{V}_{O_2max}$の方が加齢の影響を強く受けるが，1年間の低下率（%）を算出すると，$\dot{V}_{O_2max}$（0.80%）と$\dot{V}_{O_2AT}$（0.81%）が同値であることを報告している．Robinsonら[23]は，$\dot{V}_{O_2max}$が1年に約1%の減少となり，持久走などのパフォーマンスの低下率と等しいことを報告している．そのほか，60歳をこえると$\dot{V}_{O_2max}$の低下率はさらに大きくなり，加齢に伴って$\dot{V}_{O_2max}$が直線的に低下するのではなく，高齢期に急速に低下するという見方もある．永田[24]は，$\dot{V}_{O_2max}$の減少は60歳くらいまで直線的に起こるが，それ以後は指数関数的に減少すると報告している．中垣内ら[22]の60歳以上の一般健常者の結果からは，$\dot{V}_{O_2max}$と$\dot{V}_{O_2AT}$が加齢とともに直線的に低下しており，指数

20.3 日本人の全身持久性体力

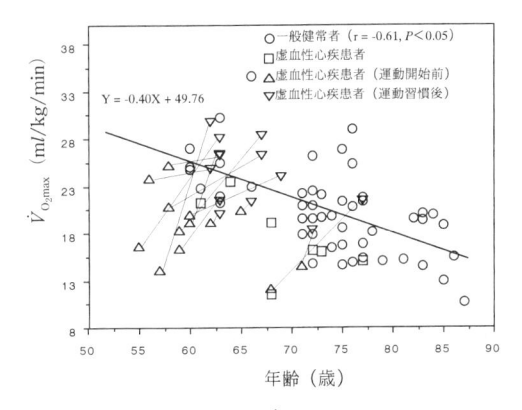

図20.8 最大酸素摂取量（$\dot{V}_{O_2max}$）の加齢に伴う変化（中垣内ら，2000）[22]
一般健常者では横断的変化，虚血性心疾患者（△-▽）では縦断的変化を示している．回帰直線および相関係数は一般健常者のデータのみから算出したものである．

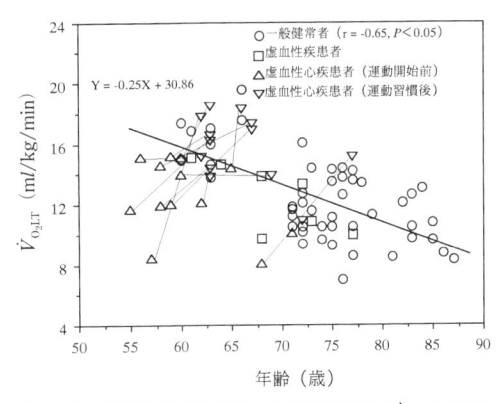

図20.9 乳酸性閾値に相当する酸素摂取量（$\dot{V}_{O_2LT}$）の加齢に伴う変化（中垣内ら，2000）[22]
一般健常者では横断的変化，虚血性心疾患者（△-▽）では縦断的変化を示している．回帰直線および相関係数は一般健常者のデータのみから算出したものである．

関数的な低下は観察していない．

　これからの超高齢社会を憂慮すると，高齢者が自立して生活できるための必要最低限の全身持久性体力水準を明らかにし，それを維持もしくは向上させるための運動処方のあり方を提示することが重要な検討課題といえる．小林と近藤[25]は，人が他人の手助けを受けることなく，独立して立ったり歩いたりする能力の最低限界（独立行動の可能最低限水準，independent level）を，$\dot{V}_{O_2max}$ からみた場合，12〜13 ml/kg/min とし，さらに健康で活力ある生活を送るためには，この水準の2倍（約25 ml/kg/min）をこえることが望ましいとしている．武者ら[26]は，心筋梗塞急性期リハビリテーション終了者から推定される instrumental activities of daily living（IADL）レベルの $\dot{V}_{O_2max}$ は年齢に関係なく 12 ml/kg/min（$\dot{V}_{O_2AT}$ が 10 ml/kg/min）程度であるとして，これを非疾患高齢者においても社会生活を営むうえで必要な全身持久性体力水準としている．そのほか，Morey ら[27]は，質問紙調査による日常生活活動遂行能力と $\dot{V}_{O_2max}$ との関係を検討し，$\dot{V}_{O_2max}$ が約 18.0 ml/kg/min 以下の者は日常生活の遂行になんらかの支障をきたしていることを示唆した．

　iii）ランナー　オリンピック選手を含む一流競技者のみを対象として $\dot{V}_{O_2max}$ とこれを測定した時期の競技成績との関係を検討すると，両者間には一定の対応関係は認められない（$r = -0.18$）とい

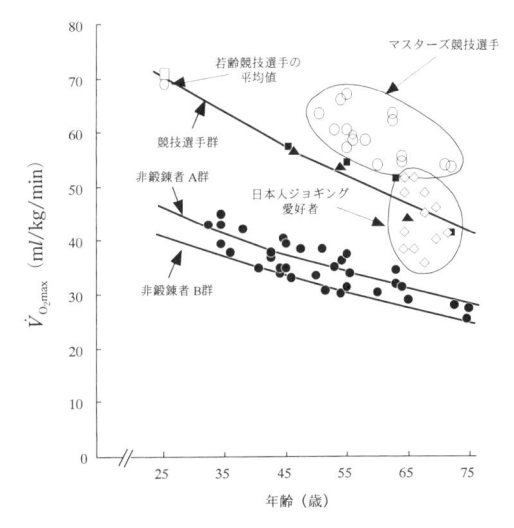

図20.10 競技選手と非鍛錬者における最大酸素摂取量の変化（田中，1989）[28]
○：Heath et al., 1981
□：Dill et al., 1967, ランナー；●：非鍛錬者
■：Pollock et al., 1974, ランナー；
▲：Grimby and Saltin, 1966, クロスカントリーランナー
◇：田中ほか，1995, 日本の高齢ジョギング愛好者
非鍛錬者A群：適度に運動している非鍛錬者
非鍛錬者B群：運動しない過体重の非鍛錬者
競技者群：持久性競技を専門にする競技者

う報告がある[28]．Conley ら[29]も $\dot{V}_{O_2max}$ が 67.3〜77.7 ml/kg/min，10,000 m 走の成績が 30 分 31 秒〜33 分 33 秒の長距離ランナー12名について検討しているが，$r = -0.12$ なる低い相関を示している．

全身持久性体力に優れるほとんどのランナーの$\dot{V}_{O_2max}$が顕著に高いことから，$\dot{V}_{O_2max}$は競技者としての資質をはかる一尺度となるが，70 ml/kg/minをこえるほどの能力集団に限れば，$\dot{V}_{O_2max}$が高ければ高いほど競技成績も優れているとはいいきれない．優れた競技成績の発揮には，ランニング効率，AT，無酸素的パワー，筋線維組成，精神力，レース前のコンディショニング，環境的要素などが複雑に絡み合って決まるため，$\dot{V}_{O_2max}$のみで競技成績を推し量ることには限界がある．

中高年ランナーでも，トレーニングによって$\dot{V}_{O_2max}$が高い水準に維持される．Sealsら[30]の報告によると，60歳前後のマスターズ競技者の$\dot{V}_{O_2max}$は50.4±1.7 ml/kg/minで，同年齢の高齢者（29.6±1.4 ml/kg/min）に比べて著しく高い．田中ら[31]の日本人に関するデータによると65〜69歳のジョギング愛好者の$\dot{V}_{O_2max}$は44.1 ml/kg/minと高く，小林ら[32]の報告値（46.2 ml/kg/min）とほぼ等しい．さらにランナー，ウォーカー，一般人で比較すると強度の高い運動を行っている人ほど$\dot{V}_{O_2max}$が高い．また，70歳代のランナーの平均値はまったく運動をしない40歳代の平均値に相当する．

2）肥満者

中長距離ランナーやマラソンランナーに肥満者はいない．長距離走では心臓をはじめとする内臓諸器官や筋骨格系の負担が大きくなることから，太っている（体重が重い）ことは明らかに不利である．つまり，重心移動を伴う強い運動や全身持久的な運動では，運動に関与しない脂肪が障害となる．高度肥満者の全身持久性体力や有酸素性運動能力は一般の人に比べて著しく劣る．

LeBlancら[33]は，$\dot{V}_{O_2max}$が60 ml/kg/min以下の場合，体脂肪量（% Fat）と$\dot{V}_{O_2max}$との間に負の相関関係があり，体脂肪量が少ない者は$\dot{V}_{O_2max}$が大きいことを指摘している．日本人のデータとしては，AtomiとMiyashita[34]が，中年肥満女性の$\dot{V}_{O_2max}$が25.1±3.0 ml/kg/minと非肥満女性の$\dot{V}_{O_2max}$（28.9±2.9 ml/kg/min）より有意に低いことを報告している．また，中年女性（42.4±5.3歳）を対象とした田中ら[35]の報告でも，肥満者の$\dot{V}_{O_2max}$が27.3±3.4 ml/kg/min，$\dot{V}_{O_2AT}$が14.6±2.4 ml/kg/minとAtomiとMiyashitaの報告より若干高いが，一般健常者に比べれば低いといえる．一方，除脂肪組織量1 kg当たりの$\dot{V}_{O_2max}$については一致した見解が得られていないようで，肥満者と非肥満者で差異がないとの意見もある．

運動トレーニングによる$\dot{V}_{O_2max}$の改善は明らかで，身体組成の変化による効果はもちろんのこと，有酸素性能力それ自体の増加も指摘されている．田中ら[35]は，AT水準の運動によって除脂肪組織量当たりの$\dot{V}_{O_2max}$や$\dot{V}_{O_2AT}$が有意に増加し，最大下あるいは最大運動時での骨格筋代謝の効率が改善されたことを示唆している．

3）高血圧者

これまでの欧米を中心とする疫学的調査研究の結果からも明らかなように，活動的なライフスタイルの者では高血圧への罹患率が低い．また，活動的な者は非活動的な者に比べて全身持久性体力が高いことも知られており，高血圧者の全身持久性体力は一般健常者に比べて低いことが予想される．盧ら[36]の報告によると，一般健常者に比べて高血圧者の体力のなかでも全身持久性体力の指標である$\dot{V}_{O_2max}$や$\dot{V}_{O_2AT}$の低下が顕著である．男性の場合，高血圧群（18名：55.1±10.2歳）が21.8±5.0 ml/kg/min，一般健常者群（25名：54.8±13.8歳）が34.6±10.3 ml/kg/min，女性の場合，高血圧群（26名：51.8±8.0歳）が20.4±3.9 ml/kg/min，一般健常者群（29名：51.7±5歳）が24.9±4.2 ml/kg/minであった．

運動不足の生活習慣が高血圧症などの成人病を招く一因となりうることから，高血圧を予防するための手段として，あるいは非薬物的療法として運動の有効性が検討されるようになり，運動療法による降圧効果およびその降圧機序が明らかにされつつある．高血圧に対する運動療法の有効性に基づき，治療の一環としてのみならず，予防のためにも積極的に運動を実践し，体力を高めることが推奨されるようになってきた．Duncanら[37]は，全身持久的な運動の実践によって収縮期血圧，拡張期血圧とも10〜20 mmHgほど低下することを認めている．しかし，運動による$\dot{V}_{O_2max}$の増加量と安静時血圧の低下量には密接な関係がないことも示されている．筆者ら[35]のデータでは，4か月にわたるLTレベルでの運動で$\dot{V}_{O_2LT}$が12.9±1.6 ml/kg/minから16.4±

表 20.1 一般健常高齢者と長期にわたって運動を実践している虚血性心疾患者および運動を実践していない虚血性心疾患者の全身持久性体力（中垣内ら，2000）[22]

	一般健常者 $n=49$		虚血性心疾患 $n=7$		虚血性心疾患者（運動群） $n=13$			
					運動開始前		運動習慣後	
	平均±標準偏差	範囲	平均±標準偏差	範囲	平均±標準偏差	範囲	平均±標準偏差	範囲
年齢（歳）	73.8±7.3	60～87	69.0±5.5[*2]	61～77	60.6±4.7[*1]	55～71	65.9±4.7[*1]	62～77
身長（cm）	147.4±5.8	133.5～161.0	149.3±5.2	142.0～157.0	150.4±4.3	144.0～158.8	150.1±4.2	143.7～158.3
体重（kg）	49.9±8.6	34.7～71.7	53.7±7.1	40.0～61.6	52.6±4.8	44.0～63.0	52.8±5.3	37.6～57.0
$\dot{V}_{O_2max}$ (ml/kg/min)	20.4±4.7	10.7～34.6	17.5±4.1	11.5～23.5	18.3±3.8	12.0～25.1	24.2±3.6[*2,*3]	18.2～29.6
$\dot{V}_{O_2LT}$ (ml/kg/min)	12.4±2.8	7.0～19.6	12.5±2.3	9.7～15.1	12.4±2.5	8.0～15.1	15.6±2.2[*2,*3]	10.8～18.4

$\dot{V}_{O_2max}$：最大酸素摂取量，$\dot{V}_{O_2LT}$：乳酸性閾値に相当する摂取量
[*1] $p<0.05$（一般健常者と比較して）
[*2] $p<0.10$（一般健常者と比較して）
[*3] $p<0.05$（虚血性心疾患者の運動開始前と比較して）

2.2 ml/kg/min と有意に向上している．また，高血圧運動群の $\dot{V}_{O_2LT}$（17.0±3.1 ml/kg/min）は高血圧非運動群（14.0±2.8 ml/kg/min）に比べて有意に高い．高血圧者にとって降圧効果が運動療法の第一義的な目的となるが，降圧効果のない場合でも全身持久性体力など個々の体力水準が向上することによって個人の quality of life（QOL）が高まれば，その意義は大きい．

4) 虚血性心疾患者

虚血性心疾患者の $\dot{V}_{O_2max}$ は同年代の健常者に比べてかなり低いことが知られている．Blair ら[38]は，クーパークリニックのデータを分析し，トレッドミル時間からみた全身持久性体力水準と，心筋梗塞による総死亡率との間に，負の相関がみられることを示した．Doston[39]は，45歳以上の中高齢者では $\dot{V}_{O_2max}$ が 42 ml/kg/min 以上ないと冠動脈疾患の危険度が高まるとしている．わが国においては，$\dot{V}_{O_2max}$ がある水準以下になると慢性疾患の危険因子数が増加することに着目し，厚生省は $\dot{V}_{O_2max}$ の境界値（60歳代の場合，男性：37 ml/kg/min，女性：31 ml/kg/min）を設定している．虚血性心疾患を含んだ心疾患者の $\dot{V}_{O_2max}$ が低い理由の一つとして心予備力の低下が考えられる．$\dot{V}_{O_2max}$ を支えているのは呼吸循環系機能のなかでも心臓のポンプ能力であり，心疾患者においては特に HR_{max} の低下による心拍出量の減少が $\dot{V}_{O_2max}$ の低下に起因している．このようなわけで，全身持久性体力は健康度をうらなう一指標としてあるいは心疾患予防の一指標と見なされているのである．われわれの研究データによると，冠動脈疾患者の $\dot{V}_{O_2max}$ および $\dot{V}_{O_2LT}$ は一般健常者に比べて明らかに低いが，運動の習慣化によって大きな向上がみられる．たとえば，冠動脈疾患者の $\dot{V}_{O_2max}$ が 20 ml/kg/min 前後であり，同性・同年齢の一般人に比べて約35％も低いが，運動の習慣化により45％向上することを報告している．また，中垣内ら[22]の報告でも虚血性心疾患者の全身持久性体力は長期にわたって運動を実践することで同年代の一般健常者と同等もしくはそれ以上の水準にまで回復・向上する結果を得ている．

このように，全身持久性体力は心疾患者の健康度の重要な指標であることがわかるが，その重要性を過大評価していることに留意すべきである．$\dot{V}_{O_2max}$ は運動によって高まるが，その効果は最初の1～2年が大きく，その後はほとんど変化しない．しかし，心疾患に対する運動の予防効果はその後も続き，心電図異常も徐々に好転していくことがある．このことは $\dot{V}_{O_2max}$ を増加させること以外に，心疾患に対して運動を勧める意義が認められることを示唆している．われわれの心臓リハビリテーションの効果の報告からもわかるように，運動開始後1年までは $\dot{V}_{O_2max}$ が顕著に改善され，それ以降は変化が緩やかになっている．しかし，総合的健康度の指標とされる活力年齢は運動継続とともに改善されている．

5) 糖尿病患者

糖尿病患者においても $\dot{V}_{O_2max}$ は，一般健常者と比較して有意に低い．このことは糖尿病患者に運動不足や肥満を伴う者が多いことと関係している．インスリン感受性の低下が原因で起こるインスリン非依存型糖尿病は日常的な運動で予防できる可能性が高いことから，ATレベルあたりでの運動が処方さ

表 20.2 疾病の有無および運動習慣の有無と AT（田中ら，1993）[43]

	人数	年齢（歳）	$\dot{V}_{O_2max}$ (ml/kg/min)
冠動脈硬化性心疾患(CHD)群	14	58.1 ± 10.5	12.8 ± 2.9
CHD に対する高リスク群[*1]	10	54.9 ± 10.5	13.9 ± 2.6
高血圧＋肥満群	12	55.2 ± 7.4	14.1 ± 2.9
高血圧＋運動不足群	14	57.4 ± 8.1	14.0 ± 2.8
肥満±運動不足群	21	56.1 ± 8.7	14.2 ± 2.8
高血圧＋運動群[*2]	10	52.6 ± 7.5	17.0 ± 3.1
肥満＋運動群[*3]	12	51.2 ± 6.8	17.4 ± 1.9
運動群	22	52.2 ± 5.9	20.3 ± 2.9
一般群	68	48.8 ± 9.6	16.5 ± 2.1

[*1] 高血圧，高コレステロール，低 HDL コレステロール，肥満傾向，虚血性心電図異常などを合併している群
[*2] 高血圧でありながら運動を実施している群
[*3] 肥満で運動を実施している群

れる．Frisch ら[40]は女子大学卒業生を対象とした疫学的調査研究から，学生時代に運動を定期的に実施していなかった群では糖尿病の発症率が 1.30 %であったのに対し，運動実施群では 0.57 %と顕著に低かったことを報告している．また，佐藤[41]はインスリン感受性の指標となるグルコース代謝量と $\dot{V}_{O_2max}$ との間に $r=0.73$ の有意な相関関係がみられたことを報告している．

糖尿病患者であっても全身持久性運動によって $\dot{V}_{O_2max}$ やインスリン感受性の高まることが報告されている．Costill ら[42]は，糖尿病ランナーの $\dot{V}_{O_2max}$ が一般ランナーの $\dot{V}_{O_2max}$ と同等であるという興味深い結果を発表している．また，トレーニングによって $\dot{V}_{O_2max}$ が増加するとインスリン感受性も高まり，その傾向の限界値は $\dot{V}_{O_2max}$ が 60 ml/kg/min あたりであるといわれている．

全身持久性体力は，スポーツに必要な体力の一要素としてだけではなく，人間の健康維持や QOL にかかわるものであり，successful aging のなかで根幹となる体力要素といえる．つまり，① 呼吸循環器系疾患の予防や，有疾患者の健康・体力の回復・維持，② 高齢者の活発な身体活動水準の維持（"Healthy Aging"，"Productive Aging" のため），③ さまざまなスポーツにおける競技力向上など，それぞれの立場から全身持久性体力を科学することの必要性は明らかである．今後，健康の回復・維持，活力寿命の延伸のための運動処方が正しく実践現場で活かされたり，競技力向上のためのトレーニングが実践現場で効率よく展開されたりすることによって，体育科学（スポーツ健康科学）の分野で得られた知見が社会に大きく貢献していくことを切に願う．

［田中喜代次・中垣内真樹］

文　献

1) 猪飼道夫（1967）日本人の体力，pp. 181-184，日経新書，日本経済新聞社．
2) Hollman, W. and Hettinger, T. H. (1990) Sportmedizin arbeits-und trainingsgrundlagen, pp. 303-304, Schattauer.
3) Wasserman, K., Whipp, B. J., Koyal, S. N. and Beaver, W. L. (1973) Anaerobic threshold and respiratory gas exchange during exercise. J. Appl. Physiol., 35, 236-243.
4) Beaver, W. L., Wasserman, K. and Whipp, B. J. (1986) A new method for detection anaerobic threshold by gas exchange. J. Appl. Physiol., 60, 2020-2027.
5) Ivy, J. L., Withers, R. T., Handel, P. J., Elger, D. H. and Costill, D. L. (1980) Muscle respiratory capacity and fiber type as determinants of the lactate threshold. J. Appl. Physiol., 48, 523-527.
6) Beaver, W. L., Wasserman, K. and Whipp, B. J. (1985) Improved detection of lactate threshold during exercise using a log-log transformation. J. Appl. Physiol., 59, 1936-1940.
7) Cooper, K. H., Pollock, M. L., Martin, R. P., White, S. R., Linnerud, A. C. and Jackson, A. (1976) Physical fitness levels vs selected coronary risk factors, A cross-sectional study. J. A. M. A. 236, 166-169.
8) Tanaka, K., Endoh, Y., Hazama, T., Watanabe, H., Ichii, H., Shimada, I., Yamada, T., Maeda, K., Minami, M., Doya, H. and Yoshihara, K. (1985) Validity of an endurance performance test as a possible substitute for cardiorespiratory fitness. Osaka City Univ. Health Sci. Phys. Educ., 21, 19-28.
9) 竹島伸生・田中喜代次・小林章雄・渡辺丈真・鷲見勝博・加藤孝之（1992）高齢者の全身持久性評価における種々の間接法の妥当性．体力科学，41, 295-303．
10) Leger, L. A. and Lambert, J. (1982) A maximal multistage 20 m shuttle run test to predict $\dot{V}_{O_2max}$. Eur. J. Appl. Physiol., 49, 1-12.
11) 金子公宥・淵本隆文・末井健作・田路秀樹・矢邊順子・西田　充（1986）簡便な屋内持久走テストの提案―シャトル・スタミナテスト（SST）の考案と検討―．体育の科学，36, 809-815．
12) 田中喜代次（1995）全身持久性能力の簡易評価法に関する提案（第 1 報：最大下 での 12 分間トレッドミル歩行テストの妥当性）．臨床スポーツ医学，12, 217-223．
13) 中垣内真樹・熊谷もりえ・鍋倉賢治・佐伯徹郎・三本木温・田中喜代次（1996）全身持久性体力の評価法としての主観的運動強度を用いた最大下 12 分間走テストの提案．体育学研究，41, 173-180．
14) 熊谷もりえ・中垣内真樹・西嶋尚彦・田中喜代次（1997）個人情報と主観的運動強度を導入した全身持久性の簡易推定法―若年成人男性について―．体力科学，46, 179-188．

15) 宮下充正・武井義明・福田裕之（1984）PWC$_{75\%\,HRmax}$の全身持久性の評価尺度としての妥当性の検討. J. J. S. S., 3, 559-562.

16) 田中喜代次・金禧植・李美淑・佐藤喜久・大浜三平・上向井千佳子・長谷川陽三・檜山輝男（1995）質問紙によるヒトの全身持久性体力の簡易評価法に関する提案—成人女性を対象として—. 臨床スポーツ医学, 12, 438-444.

17) 山地啓司（1992）最大酸素摂取量の科学, pp. 126-141. 杏林書院.

18) 小林寛道・近藤孝晴（1985）高齢者の運動と体力, pp. 77-92, 朝倉書店.

19) 東京都立大学体力標準値研究会編（2000）新・日本人の体力標準値, pp. 324-326, 不昧堂.

20) 吉田敬義・石河利寛（1978）呼吸循環機能からみた幼児の持久走について. 体育学研究, 23, 59-65.

21) Posner, J. D., Gorman, K. M., Klein, H. S. and Cline, C. J. (1987) Ventilatory threshold: measurement and variation with age. J. Appl. Physiol., 63, 1519-1525.

22) 中垣内真樹・田中喜代次・盧昊成・重松良祐・大蔵倫博・竹田正樹・檜山輝男（2000）高齢者の全身持久性体力を評価することの意義. 日本生理人類学会誌, 5, 11-15.

23) Robinson, S. (1938) Experimental studies of physical fitness in relation to age. Arbeits Physiologie, 10, 251-323.

24) 永田 晟（1995）高齢者の健康・体力科学, pp. 73-76, 不昧堂出版.

25) 小林寛道・近藤孝晴（1985）高齢者の運動と体力, pp. 77-82, 朝倉書店.

26) 武者春樹・土屋勝彦・田中裕之・長谷川輝美・大森圭貢・青木詩子・渡辺 敏（1998）内科系—社会生活を送るためのAT, peak $\dot{V}_{O_2}$の必要最小値の提案. 臨床スポーツ医学, 15, 825-829.

27) Morey, M. C., Pieper, C. F. and Cornoni, H. J. (1998) Is there a threshold between peak oxygen uptake and self-reported physical functioning in older adults? Med. Sci. Sports Exerc., 30, 1223-1229.

28) 田中喜代次（1989）持久性競技者の競技成績とAT. 体育の科学, 39, 382-390.

29) Conley, D. L. and Krahenbuhl, G. S. (1980) Running economy and distance running performance of highly trained athletes. Med. Sci. Sports Exerc., 12, 6-18.

30) Seals, D. R., Hagberg, J. M., Spina, R. J (1994) Enhanced left ventricular performance in endurance trained older men. Circulation, 89, 109-120.

31) 田中喜代次・水野 康・浅野勝己（1995）有酸素性トレーニングの生理と効用[7]老年期の一般健康者に対する有酸素性トレーニング. 臨床スポーツ医学, 12, 1160-1366.

32) 小林寛道・北村潔和・松井秀治（1980）一般健康成人男子および中高年スポーツ愛好者のAerobic Power. 体育学研究, 24, 313-323.

33) LeBlanc, J. (1979) Effect of physical training and adiposity on glucose metabolism and ^{125}I-insulin binding. J. Appl. Physiol., 46, 235-239.

34) Atomi, Y. and Miyashita, M. (1984) Maximal oxygen uptake of obese middle-age women related to body composition and total body patassium. J. Sports Med., 24, 212-218.

35) 田中喜代次・吉村隆喜・奥田豊子・小西洋太郎・角田聡・出村慎一・岡田邦夫（1986）AT水準以上の強度を基準とした完全監視型持久性運動療法および不完全監視型食事療法の併用が肥満者の健康・体力に及ぼす効果. 体力研究, 62, 26-40.

36) 盧昊成・田中喜代次・竹田正樹・海野英哉・檜山輝男（1996）本態性高血圧症女性に対する運動療法の血圧および活力年齢への効果. 体力科学, 45, 91-100.

37) Duncan, J. J. (1985) The effects of aerobic exercise on plasma catecholamines and blood pressure in patients with mild essential hypertension. J. A. M. A., 254, 2609-2613.

38) Blair, S. N., Kohl, H. W. III, Paffenbarger, R. S., Clark, D. G., Cooper, K. H. and Gibbons, L. W. (1989) Physical fitness and all-cause mortality: a prospective study of healthy men and women. J. A. M. A., 262, 2395-2401.

39) Doston, C. (1988) Health fitness standards — aerobic endurance —. J. O. P. E. R. D., 57, 26-31.

40) Frisch, R. E., Wyshak, G., Ibright, T. E., Albright, N. L. and Schiff, I. (1986) Lower prevalence of diabetes in female former college athletes compared with nonathletes. Diabetes, 35, 1101-1105.

41) 佐藤祐造・中井直也・下村吉治（1997）糖尿病の人の運動. 保健の科学, 39, 4-9.

42) Costill, D. L., Miller, J. M. and Fink, W. J. (1980) Energy metabolism in diabetic distance runners. Physician Sportsmed., 8, 64-71.

43) 田中喜代次・浅野勝己（1993）肥満・高血圧症の運動療法とAT, 関連指標, In: 谷口興一, 心肺運動負荷テスト, pp. 365-370, 南江堂.

44) Heath G. W., Hagberg J. M., Ehsami A. A., Holloszy, J. O. (1981) A physiological comparison of young and older endurance athletes. J. Appl. Physiol., 51, 634-640.

45) 中垣内真樹・田中喜代次（2000）一般健常者および有疾患者の全身持久性体力—運動処方への応用—. ランニング学研究, 11, 9-20.

日本人の体力

21
日本人の筋力

21.1 筋力について

筋力というとき，特に記さない限りは等尺性収縮における最大随意筋力である[1]．しかも，通常は筋が付着している部分の骨格が計測器に働きかけた「見かけ」の筋力をみている．てこの原理からいうと，筋は第3種のてこ（モーメントで，支点から筋が付着している力点までの距離が作用点までの距離より短い）として作用する場合が多い．たとえば，手首（作用点）に10 kgのおもりを下げて肘関節（支点）を90度に保持するとき，支点から上腕二頭筋が前腕骨に付着する点（力点）までの距離を4 cm，支点から作用点までの距離を20 cmとすると，上腕二頭筋そのものが発揮する「真の」筋力は50 kgとなる．このように，筋自体が発揮する「真の」筋力（50 kg）は「見かけ」の筋力（10 kg）よりずっと大きいのが普通である．ただし，この「見かけ」の筋力に「真の」筋力が連関していることはいうまでもない．

筋の収縮様式を限定しないならば，最大随意筋力は一般的に伸張性（離心性）収縮によりもたらされる．文字どおり，筋が外力に抗しきれずに伸張されつつ収縮している状態である．たとえば，鉄棒への懸垂時に両手の握力を合わせても体重を支えきれないと思われる場合も，握力を発揮する筋が伸張性収縮をして等尺性収縮を上回る大きな力を産み出しているので両手が鉄棒を保持してぶらさがることができるという説明がなされている．しかし，蓄積されている資料が少ないということもあり，ここでこれから取り上げる日本人の筋力は主として等尺性収縮によるものである．

通常計測されている筋力には単一の筋が関与しているのではなく，いくつかの筋が協同している．代表的な筋力としてしばしば取り上げられる握力についてみると，この力は主として前腕から伸びている長い屈筋群（浅指屈筋，深指屈筋，長母指屈筋）によりもたらされる．肘関節の屈曲力については上腕二頭筋と上腕筋が協同して前腕を屈曲し，膝関節の屈曲力については大腿二頭筋，半腱様筋，および半膜様筋が協同して下腿を屈曲する．個々の筋がどの程度収縮しているかを非侵襲的に明らかにするのは容易ではないが，一つの筋のみが関与するものとしてしばしば調べられているのは親指を人差し指に添える動作である．この動作は母指内転筋の単独の作用によりもたらされる．

その特殊さから母指内転筋を用いた種々の実験がなされているが，この筋を支配する尺骨神経を電気刺激して誘発した最大収縮と随意的な最大収縮を比較したものがある．筋力は両方ともほぼ等しく，随意収縮により生理的な最大収縮に到達しうることが示されている．しばしば，筋や骨格の破壊を防ぐ手段として心理的な随意収縮は生理的な最大収縮力以下の力しか発揮できないという説を否定するものである．生理的な最大収縮力を「火事場の馬鹿力」とするならば，これは日常的にも発揮可能なことを意味する．

日本人の筋力というような大きな集団の特徴を知るためには，なるべく多人数の資料が蓄積されている筋力が望ましい．各種の筋力測定が実施されているが，日本では1964年より毎年，文部省の体力診断テストのなかで行われている筋力測定が広く普及している．具体的な測定項目は握力（人差し指の第2関節が直角になるようにスメドレー式握力計の握り幅を調節し，握力計が体に触れないようにして強く握る．左右交互に2回ずつ測定し，左右それぞれ良いほうの記録をとり，その平均値を握力とする）

と背筋力（力量計の台の上に立ち，膝を伸ばしたまま上半身のみを30度前方に傾けた状態で力量計につながれたハンドルを握り，上半身を起こすように強く引く．テストを2回行い，良いほうの記録を採用する）である．握力については，前述したように手指の屈筋群の収縮によりもたらされる力であり，背筋力については，上肢や胸部の筋も関与しているが，腸肋筋，最長筋や多裂筋を含む体幹起立筋の役割が大きい．

体力診断テストでは，握力や背筋力のほかに反復横とび，垂直とび，伏臥上体そらし，立位体前屈，踏み台昇降運動が行われている．各測定項目で得られる成績を主成分分析すると，図21.1に示すように体力診断テストは筋を支配している神経の伝導速度，筋収縮の速さや強さが関与する筋機能のテストとしての意味合いが強く，特に筋力の違いがテスト全体の成績に大きく影響している[2]．体力診断テストは体力要素として平衡性や協応性の測定項目を含んでおらず，体力の全体を評価するものではないが，筋力は行動体力の成績を左右する大変重要な要素としてとらえられる．したがって，日本人の筋力の特徴が何か明らかになるとすれば，それはもっと全身的な体力を推定する手がかりとなろう．

筋力を決定する生理学的要因としては，その筋力発揮にかかわる筋の横断面積（筋線維の走行に垂直になるような生理的横断面積）や，質的には速筋線維や遅筋線維に代表される筋線維の構成割合，筋収縮に動員される運動単位の数が考えられる．生理的横断面積については，筋力と比例関係にあり，横断面積が広いほど筋力は大きくなる．真の筋力を生理的横断面積で除した単位面積当たりの筋力，すなわち絶対筋力でみると，年齢や性に関係なくほぼ一定であるとされており，その平均値，および標準偏差として6.3±0.81 kgという値が示されている[3]．筋線維の構成割合については，その特性から当然，速筋線維が多く含まれているほうが筋力は大きくなる．運動単位の動員状況についてみると，筋の収縮力が強くなるにつれて「サイズの原理」に従って運動神経細胞体の小さい運動単位から大きい運動単位へと順に動員される．これと並行して各運動単位のインパルス発射頻度は増加する．最大随意収縮時において，すべての運動単位が動員されているわけではない．動員されうる運動単位の数はトレーニングにより増加する．

21.2 筋力に影響する人類学的要因

a. 性差

筋力に性差をもたらす生理学的要因についてはいくつか考えられる．一つは量的な観点からのものであり，男性の筋の横断面積が明らかに大きいということである．横断面積が大きければ筋線維数も多く，個々の筋線維の収縮力が加算されて，全体としての筋力も当然大きくなる．このような性差は特に思春期以降の男性ホルモンの生理作用により生じる．テストステロンの分泌が思春期から急増するが，蛋白同化作用があり，男性において筋の発育はいっそう強化される．筋線維との関係を動物実験でみると，テストステロンは速筋線維の割合を増加させる作用がある[4]．しかし，このような筋の大きさの相違に筋力の性差の原因を求めている場合でも単位横断面積当たりの筋力には性差を認めず，筋力発揮における男女間の質的相違を否定するものが多い．

筋力に性差をもたらす要因を質的な観点からみると，ATPやCPの分解酵素であるATPase（アデノシントリフォスファターゼ）とCPK（クレアチンフォスフォキナーゼ），および解糖酵素であるPFK（フォスフォフルクトキナーゼ）の活性が男性において高く，速やかにエネルギーを供給するという観点から筋力発揮に有利であるといわれている[5]．また，筋収縮力の決め手となる速筋線維が筋に含まれる割合が問題となるが，そのような割合に性差はな

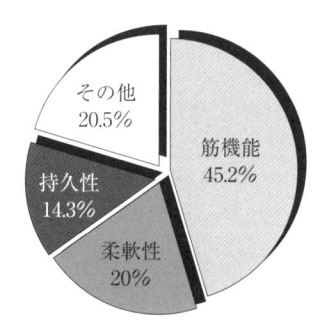

図21.1 体力診断テストの成績に寄与する各種体力要素の割合
筋を支配している神経の伝導速度や筋収縮の速さと強さが関与する筋機能のテストとしての意味合いが強い．特に筋力の影響が大きい．

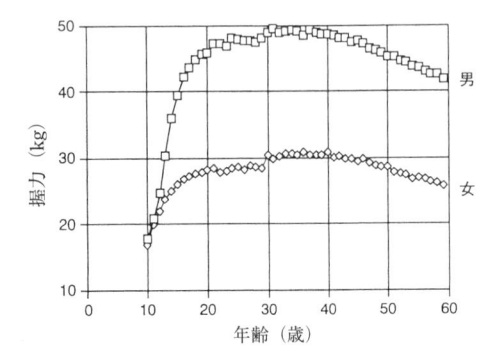

図21.2 性別,年齢別の握力（文献11より作図）
各年齢群の握力の平均値を示している．男女とも30代でピークになる．女性の握力は男性の約60％である．

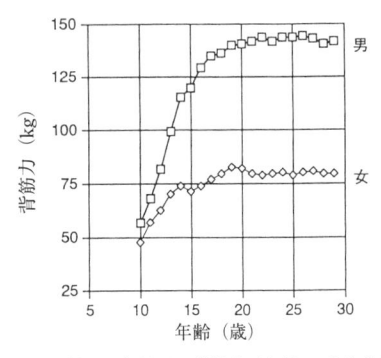

図21.3 性別,年齢別の背筋力（文献11より作図）
各年齢群の握力の平均値を示している．女性の背筋力は男性の約55％である．

く，筋力の性差には関係していない．先天的であるかどうかは明らかでないが，速筋線維の太さは女性のほうが細い傾向にある．

筋力の性差がどの程度かということについては筋の種類や筋収縮の様式により大きな幅があるが，女性の筋力は男性の約3分の2とされている．欧米人を対象にしてまとめたものをみると[6]，男性の筋力を100％としたときの女性の上肢の筋力は35〜79％（平均55.8％），下肢の筋力は57〜86％（平均71.9％），体幹の筋力は37〜70％（平均63.8％）程度である．日本人の筋力について，代表的な測定項目である握力と背筋力を性別，年齢別に概観したものを図21.2と図21.3に示す．いずれも平均値を示しているが，統計的に有意な性差は握力と背筋力ともに10歳の時点ではすでに存在している．30歳から59歳までの握力をすべて込みにして男女を比較すると，女性の握力は男性の62.1％となり，上述した欧米人女性の上肢の筋力の平均値55.8％よりも性差の小さい傾向がみられる．一方，20歳から29歳までの背筋力をすべて込みにして男女を比較すると，女性の背筋力は男性の56.2％となり，欧米人女性の体幹の筋力の平均値63.8％よりは性差の大きい傾向がみられる．

b. 年齢差

個々の筋における筋線維の構成割合には遺伝的影響の大きいことが知られているが，加齢により構成割合の変化することが示されている．思春期以降に速筋線維が発達して筋は急増し，成人以降の特に退縮的変化においては速筋線維が選択的に減少し，一部は遅筋線維へ移行する[7]．このような速筋線維の割合の加齢による減少に加えて，高年者では速筋線維のサイズが縮小することも示されている．また，高年者では運動神経の異常が増加し，両手，両足にある筋において機能することができる運動単位数が減少する．

握力を決定する主要な因子は前腕の筋量である．筋量はクレアチニンの24時間排出量や前腕の周径により推定することができるが，加齢による筋の量的，質的な変化のみで握力低下の様相を説明しえない．筋量の減少，速筋線維の退縮や動員される運動単位数の減少といった生理的要因以外にも握力の低下要因があげられている．その一つとして高年者には手の骨関節炎が多く，その痛みが握力を制限しているという．ただし，骨関節炎は無症候性のものが多く握力の大きな制限因子ではない．また，高年者では身体的活動度が低下するので，握力が十分にその力を発揮する機会を失って低下するという指摘もある．握力測定時にどの程度に動機づけされているかを知ることはむずかしいが，高年者では最大の力を発揮するための動機づけがなされにくいといわれている．もしそうであればそのことも握力の低下につながるであろう．

諸外国における筋力の年齢差をみると[8]，カナダ人男性の握力は25歳から45歳までが大きく比較的安定しており平均54kgである．それ以降の年齢になると握力は低下し，65歳までに20％低下して44kgになる．若いカナダ人女性であまり活動的でな

い人たちの握力は平均36.0 kgである．デパートに勤務するカナダ人女性の平均握力は45歳で31.2 kgであるが，65歳では27.5 kgに低下している．デンマーク人男性の握力は30歳で最高の55～65 kgになる．それ以降の年齢で握力は低下し，60歳になると20％低下している．デンマーク人女性の握力は男性の55～65％で，最高は35～40 kgである．チェコスロバキア人の握力は男女とも25歳から45歳まで変化していない（男性は25歳で49.7 kg，45歳で49.9 kg，女性は25歳，45歳ともに30.0 kg）．一方，図21.2と図21.3に示されているように日本人の握力は男女とも30歳から40歳くらいまでが大きく比較的安定しており，男性は48.5～49.5 kg，女性は29.8～30.7 kgである．40歳以降は握力が徐々に低下し，男女とも59歳の握力は15％低下している．

横断的資料に基づいて握力の年齢差をみると，握力は年齢の増加とともに曲線的に減少する．握力の標準偏差は老化とともに減少し，握力の個人差は一見，小さくなることが示される．しかし，老化とともに握力そのものも減少するので，変動係数で表すと個人差は年齢によってあまり変化しない．変動係数は15％前後になる．握力の年齢変化は横断的資料，縦断的資料ともに同程度であり，年齢が高くなると変化量は大きくなる[9]．このようなことから，横断的資料でみた場合の握力の年齢変化は時代差によるものではなく，生理学的な加齢現象を示していると考えてよい．

c. 時代差

右大腿骨の最大長から平均推定身長を割り出している資料に基づけば[10]，日本の古墳時代や鎌倉時代の身体は比較的大きく，それ以降の室町，江戸，明治の各時代は低身長の傾向にあったものと推測される．明治時代以降は文部省（現　文部科学省）が体格の資料を収集している．それによれば今日に至るまで途中の世界大戦による退行はともかくとして身体は大型化してきている．身体の大きさが筋量を十分に説明してくれるのであれば筋力もこのような身体の大きさの変遷と並行して考えられそうであるが，必ずしもそうはならない．たとえば，いわゆる向こうずねを形成している三角柱状の脛骨には前脛骨筋が付着しているが，筋が大きいほど脛骨は扁平性を増す．その点からみると現代人に比べて縄文時代のほうが扁平性は強く，付着している筋は力強かったのではないかと推測されている．したがって，骨格のような形態的指標であれば，かなり古くまでさかのぼって調べることができるが，筋力のような機能的指標についての資料を得ようとするには測定器が必要となることや測定方法が統一されていなければならないことから，時代差あるいは世代差といったものの検討は比較的最近の資料に限られてくる．

図21.4と21.5は最近20年間（1975～95年）の握力と背筋力の推移を，思春期の発育発達の急変期を過ぎた17歳の男女（高等学校全日制）についてみたものである．5年ごとに男女それぞれの平均値を示している．男女とも特に最近10年間に握力や背筋力の低下が生じているように思われる．発育発

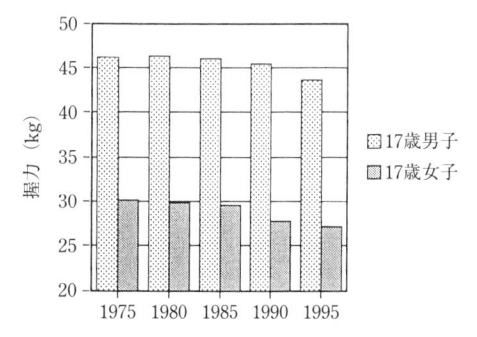

図21.4 高校生男女（17歳）の握力の経年変化
握力の平均値の推移を示している．男女とも1990年代の低下が大きい．

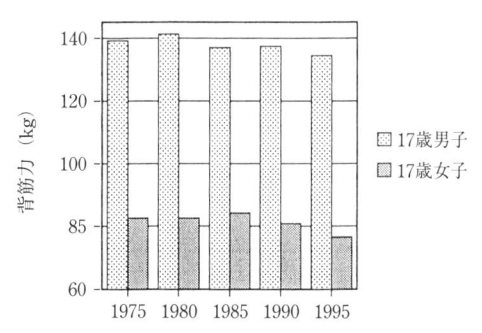

図21.5 高校生男女（17歳）の背筋力の経年変化
背筋力の平均値の推移を示している．男子は1980年代，女子は1990年代から低下がみられる．

達がほぼ完了している 20 歳の大学生男女について
みても，最近 10 年間に男子の握力は 45.9 kg から
45.1 kg に，背筋力は 146.2 kg から 139.7 kg に，女
子の握力は 29.3 kg から 28.2 kg に，背筋力は 86.5
kg から 83.3 kg に低下している．このような低下傾
向は筋力のみでなく，総合的にみた体力や運動能力
においても最近 10 年間に観察される現象である[10]．
20 歳の男女について最近 10 年間（1985～1995 年）
の体格の推移をみると，男子では身長が 170.6 cm
から 171.2 cm へ，体重が 63.4 kg から 66.1 kg へと，
女子では身長が 157.7 cm から 158.8 cm へ，体重が
50.6 kg から 51.0 kg へといずれも大型化している．
その間にみられる筋力の低下傾向は，身体の大型化
がその実質となるべき筋量の増加を伴っていないこ
とを推測させるものである．

d．地域差

　スウェーデンの都市部と農村部の 40 歳以上の男
女について，脚の屈曲力と伸展力を比較したものを
みると[12]，男性の脚伸展力は都市部のほうが小さい
傾向にある．男性の脚屈曲力は高齢者において都市
部のほうがやはり小さい傾向にある．同様に，女性
においても脚伸展力は都市部のほうが小さい傾向に
ある．女性の脚屈曲力は高齢者において都市部のほ
うが小さい傾向にあるものの，40 歳代では農村部
のほうが小さい傾向にある．このようなことから，
おおよそ 40 歳以上の男女において，脚伸展力はす
べての年齢階級にわたって都市部のほうが小さく，
脚屈曲力は高齢者において都市部のほうが小さい傾
向にある．脚屈曲力が都市部と農村部であまり異な
らない理由として，日常的な動作のなかで脚の屈筋
群は十分な筋力を発揮する機会が少ないことをあ
げ，生活を通じた地域差が現れにくいと推測してい
る．農村部において脚伸展力が大きい傾向にある理
由として，農村部の居住者には生活を通じて比較的
強い負荷が身体にかかる可能性があり，隠居するま
でに働く時間が長く，自力で生活している人の多い
ことがあげられている．

　日本人においても筋力の地域差は存在する．文部
科学省は体力・運動能力調査の地域差を分析する際
に，地域を過密地域（市街地のなかでも，特に住居
や事務所，商店などが密集し，自然の環境や遊び場，

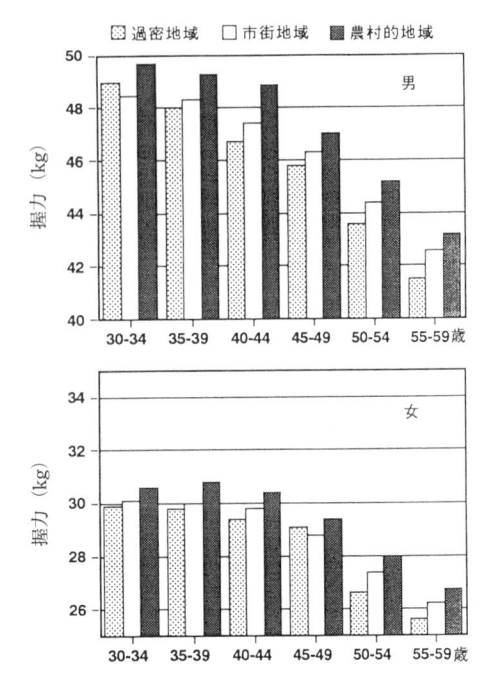

図 21.6　地域別にみた握力（文献 11 より作図）
男女ともほとんどの年齢階級で握力の地域差がみられ，
農村的地域で最も大きく，市街地域，過密地域の順に小
さくなっている．

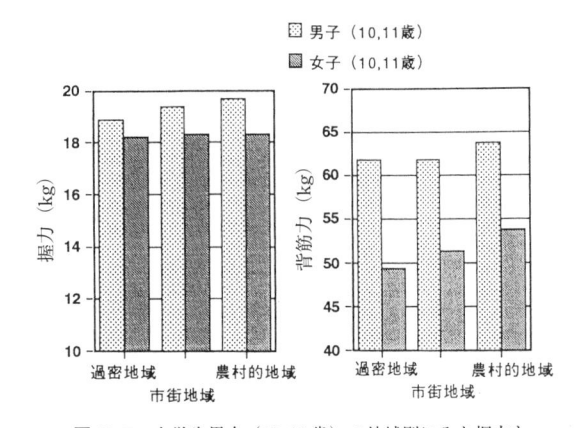

**図 21.7　小学生男女（10, 11 歳）の地域別にみた握力と
背筋力**（文献 11 より作図）
子供にもみられるので，労働形態以外の生活環境因子も
影響していると推測される．

運動広場などがほとんどみられない地域），市街地
域（都市的な地域であるが，まだ自然の環境や遊び
場，運動広場などがかなり残っている地域），農村
的地域（住居がまだ少なく，自然の環境に恵まれた
田園的な地域）の 3 つに分類している[11]．図 21.6
は全国の 30 歳から 59 歳までの約 33,000 人から得

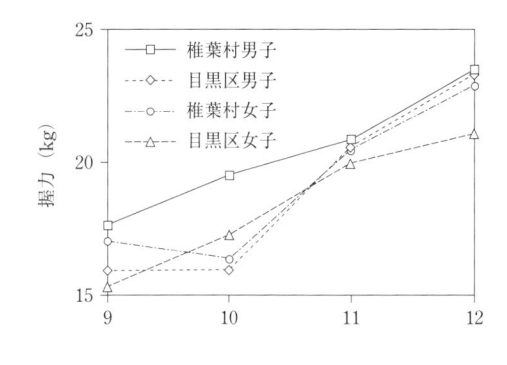

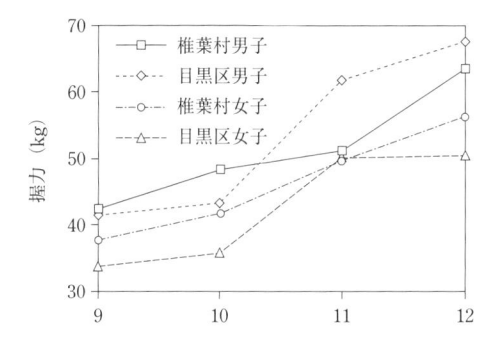

図 21.8 農村と都会の子供の握力と背筋力 (文献 13 より作図)
宮城県椎葉村と東京都目黒区の子供の筋力に明瞭な地域差はみられない.

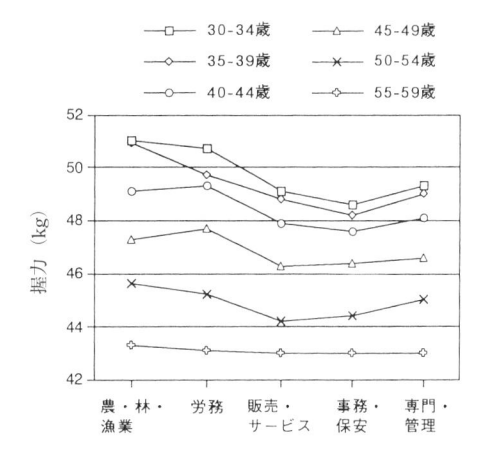

図 21.9 男性の職業別, 年齢階級別にみた握力 (文献 11 より作図)
全体的に握力は第一次産業従事者で大きく, 第三次産業従事者で小さい傾向にある.

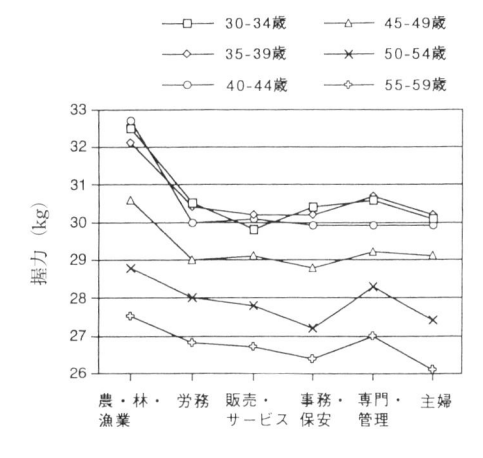

図 21.10 女性の職業別, 年齢階級別にみた握力 (文献 11 より作図)
男性と同様, 握力は第一次産業従事者で大きく, 第三次産業従事者で小さい傾向にある.

られた握力をもとに, 地域別, 性別, 年齢階級別の平均値について比較したものである. 男女ともほとんどの年齢階級において同様の地域差がみられ, 握力は農村的地域で最も大きく, 市街地域, 過密地域の順に小さくなっていることが示される. このような筋力の地域差は先述したスウェーデンの都市部と農村部においてみられた結果と似ている. また, 成人のみではなく全国の約 4,000 人の小学生 (10, 11 歳) から得られた握力と背筋力についても同様の地域差がすでに存在しているので (図 21.7), 労働形態以外の生活環境因子も影響していることが推測される.

しかし, 必ずしも農村部に居住する人の筋力が大きいという結果が示されたものばかりではない. 過密地域である東京都目黒区の小学生と農村的地域である宮崎県椎葉村の小学生の筋力を比較してみると[13], 筋力の地域差に一定の傾向はみられない. どちらかといえば過密地域の小学生では体が大きいので, それに影響されて発達している筋では筋力も大きくなる傾向がみられる. いずれにしても, 筋力が地域環境の影響をどの程度受けているかについては, 地域環境に含まれる要素が多すぎて説明がむずかしい.

e. 職業による差

筋力の増減には身体活動の強弱が大きく反映するので, 筋力の地域差には地域環境の影響というよりも各地域を構成している住民の日常生活における身

体活動度が少なからず関与していると考えられる．特に，職業は身体活動度を左右する大きな要因となろう．文部科学省の体力テストでは，本人の職業を農・林・漁業（農耕作業者，養畜作業者，林業作業者，狩猟者，漁業作業者など），労務（採鉱，採石作業者，運輸・通信従事者，技能工，生産工程作業者，単純労働者など），販売・サービス業（販売店員，保険外交員，理容師，給仕，女給，使用人9人以下の商店主または企業主など），事務・保安的職業（会社・銀行・役所・学校などの事務員，警察官・消防士・守衛などの保安職業従事者），専門・管理的職業（技術者，医師，教員，弁護士，著述家，課長以上の公務員・会社員，宗教家，使用人10人以上の商店主または企業主など），主婦（有職者を除く），無職（主婦を除く），およびその他に分類している[11]．図21.9と21.10は男女それぞれについて職業別，年齢階級別に握力の平均値を比較したものである．全体的に農・林・漁業を職業とする，いわゆる第一次産業従事者の握力が最も大きく，販売・サービスをはじめとする第三次産業従事者の握力は低い傾向にある．第一次産業従事者は農村的地域に多く，第三次産業従事者は市街地域や過密地域に多いと考えられ，先述した握力の地域差の現状ともよく対応するものである．また，このような職業による差は年齢が高くなるにつれて小さくなることが観察される．

f. 日常の運動・スポーツの実施状況による差

図21.11と21.12に運動・スポーツの実施状況[11]について「ほとんど毎日（週3～4日以上）」，「ときどき（週1～2回程度）」，「ときたま（月1～2回程度）」，「しない」の4段階に分類したときの各段階における握力の平均値を年齢階級別に示している．全体的にみると，男女とも運動・スポーツの実施頻度が少なくなるほど握力は低下している．男女とも「週3～4日以上」と「週1～2回程度」の間にあまり大きな差はみられないが，「週1～2回程度」と「月1～2回程度」の間で比較的大きな差が出てくるように思われる．男性では，「月1～2回程度」と「しない」の間にも明らかな差がみられるが，女性では，「月1～2回程度」と「しない」の間にはあまり大きな差はみられない．運動・スポーツの実施状況については単に実施頻度のみでなく，運動の継続時間や強度も考慮する必要があるが，週に少なくとも1回は運動・スポーツを実施することが握力の低下を抑制する効果を生じさせているように思われる．年齢階級間でみると男性の握力は30歳代前半も後半も大きく違わないが，40歳代以降は年齢階級が高くなるとともにいずれの実施頻度においても握力が低下している．女性の握力は30歳代から40歳代前半までは交錯するが，それ以降は同様に年齢階級が高くなるとともにいずれの実施頻度においても握力が低下している．男女とも50歳

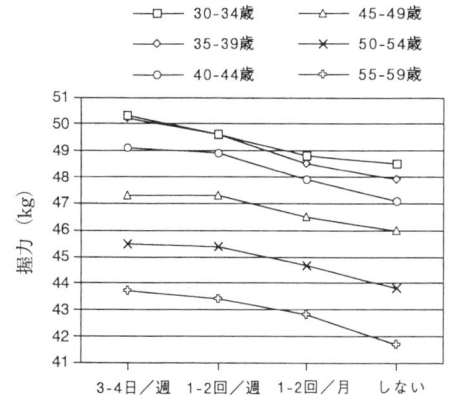

図21.11 男性の運動・スポーツ実施状況別にみた握力（文献11より作図）
運動・スポーツの実施頻度が少なくなるほど握力は低下している．

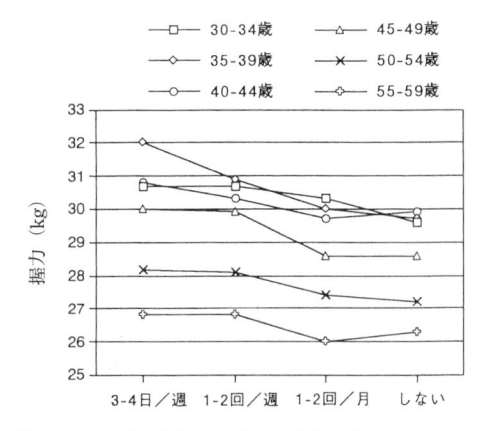

図21.12 女性の運動・スポーツ実施状況別にみた握力（文献11より作図）
男性同様，運動・スポーツの実施頻度が少なくなるほど握力は低下している．

代以降になると，運動・スポーツの実施頻度が多くても40歳代で運動・スポーツを実施していない者の握力をしのぐことができないようになる．

運動・スポーツの実施状況において，その極みにあるのは何といってもスポーツ選手であろう．日々の鍛錬は彼らの使命でもある．スポーツ選手といっても，さまざまなレベルの選手がいるが，その頂点にあると考えられるオリンピック参加選手（ロサンゼルスオリンピック）の筋力については以下のような数値が示されている[14]．競技種目により筋力はかなり異なるが，背筋力の範囲をみると男性は陸上競技の長距離選手の平均値（123.0 kg）が最小で，レスリングの100 kg超級選手の平均値（258.8 kg）が最大である．女性は飛び込みの選手が最小（79.0 kg）で，陸上競技のやり投げ選手の平均値（136.5 kg）が最大である．握力の範囲についてみると，男性はボクシングの軽量級選手の平均値（右44.8 kg，左43.7 kg）が最小で，陸上競技の投てき選手の平均値（右73.0 kg，左69.0 kg）が最大である．女性は陸上競技のマラソン選手が最小（右22.0 kg，左24.0 kg）で，陸上競技のやり投げ選手の平均（右42.0 kg，左37.3 kg）が最大である．このように，オリンピック参加選手の筋力といってもばらつきが大きく一概にいえないが，背筋力について全体を平均すると男性は172.3 kg，女性は104.0 kgとなる．日本人で背筋力が最大となる年齢での平均値（男性144.1 kg，女性82.0 kg）と比較すると，オリンピック参加選手の男性は20％増し，女性は27％増し程度になる．また，オリンピック参加選手の握力について全体を平均すると男性は55.0 kg，女性は33.2 kgとなる．日本人で握力が最大となる年齢での平均値（男性49.5 kg，女性30.7 kg）と比較すると，オリンピック参加選手の男性は11％増し，女性は8％増し程度になる．しかし，オリンピック参加選手のように高度に鍛錬された日本人であっても，同様に鍛錬された外国人と比較すると筋力は幾分小さい．東京オリンピック参加選手の背筋力を日本人と外国人で比較した資料[15]でみると，種目による違いはあるもののすべてを平均すると日本人男性は外国人男性の88％，日本人女性は外国人女性の83％程度となる．

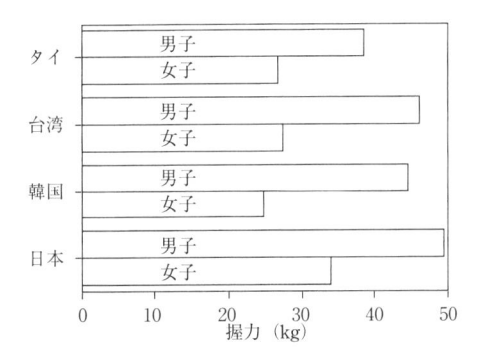

図21.13 アジアの国々における18歳男女の握力（文献8より作図）
日本人（未成年）はアジアの諸国と比較しても握力が大きい傾向にある．

g. 民族差

筋力の民族差については，1960年代にInter-

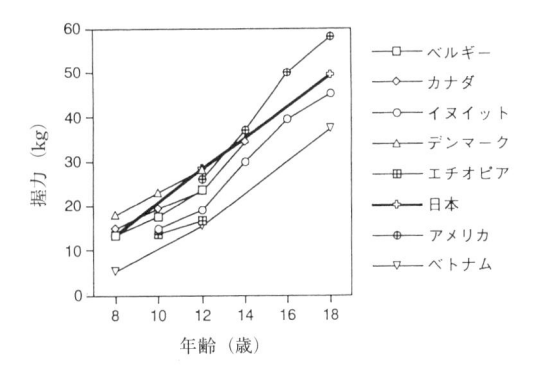

図21.14 子供（男）の握力の民族差（文献8より作図）
日本の子供の握力は大きい傾向にある．

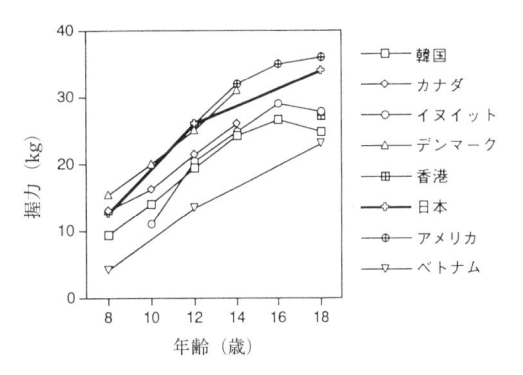

図21.15 子供（女）の握力の民族差（文献8より作図）
男子と同様，日本の子供の握力は大きい傾向にある．

national Biological Programme（IBP）で子供の資料が検討されている[8]．特にスポーツや労働を通じて腕力を鍛えていない人では，握力が全身の筋力をよく反映する．各国から集められた握力の数値を図21.13〜21.15に示す．男女ともアメリカ（オークランド），デンマーク（コペンハーゲン）や日本の子供たちは握力が大きい傾向にある．ただし，日本の子供たちは思春期以降の握力の増加が小さいように思われる．しかし，これらの各国間の相違を解釈することはむずかしく，また，どの程度に対象集団の偏りやテスト用具の影響が利いているか明らかでない．未開発国の子供たちでは握力に栄養状態が影響しているようである．特にベトナムやエチオピアの子供たちの握力が小さい．イヌイットでは脚伸展力が大きいのに握力はあまり大きくない傾向がみられ，1年の大部分を不自由な手袋をはめて過ごさなければならないことが原因の一つとして考えられている．

一方，子供から大人に至るまで幅広い年齢範囲での握力の資料を日本人とアメリカ人で比較したのが図21.16と図21.17である．日本人の資料は最近の文部科学省から出されている体力テストの報告書[11]に基づき，アメリカ人の資料は1960年代にミシガン州の住民から得た資料[16]に基づいている．日本人の握力の計測には，スメドレー（Smedley）の考案した力量計（ダイナモメーター）を用いている．

アメリカ人の握力の計測も同様に力量計を用いており，計測するときに被験者の握り幅を調節し，左右それぞれ2回計測して左右それぞれ成績の良いほうの握力値を採用している．日本人の資料が6万人あまりの被験者から得たものであるのに対し，アメリカ人の資料は4,000人程度と少なめであるが，アメリカ人の資料はほかに報告されている数値と比較しても大きな違いはなく，アメリカ人を代表する数値と考えられている．両国の男子についてみると，10歳代の前半までは日本人の握力がやや大きいが，10歳代の後半になると逆転し，20歳では平均で5 kg以上の差をもってアメリカ人の握力のほうが大きくなる．30歳代以降はその差が縮小し，40歳代以降は両国とも低下傾向を示すものの，依然としてアメリカ人のほうがわずかながら大きな値を維持している．女性についてみると，すべての年齢で握力の平均値は日本人が明らかに大きく，両国とも40歳代以降に握力は低下する．また，ほかの資料をみると，すでに年齢差の箇所でも記しているように，カナダ人やデンマーク人の握力は男女いずれも日本人の握力より大きい．チェコスロバキア人の握力は日本人の握力とほぼ同等である．これらのように，測定方法が統一されていないということもあるが日本人と諸外国人の間に種々の握力差が存在し，その差異は一様でない．しかし，おおむね日本人成人男性の握力は欧米人より小さいようである．日本人女性の握

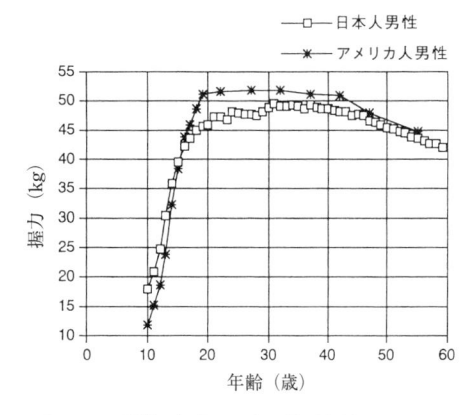

図 21.16 男性の握力の日米比較（文献 11, 16 より作図）
思春期以降，握力は逆転してアメリカ人男性のほうが大きくなる．

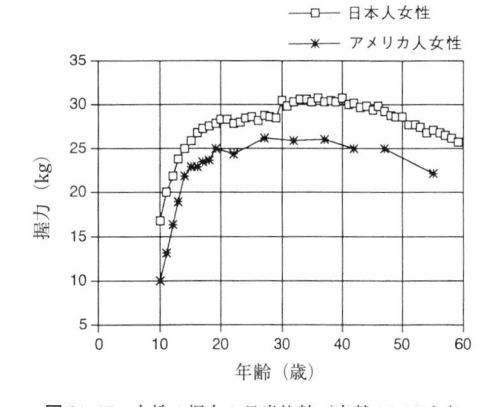

図 21.17 女性の握力の日米比較（文献 11, 16 より作図）
全年齢にわたり日本人女性の握力が大きいが，他の欧米人の資料も考慮すると一貫していない．

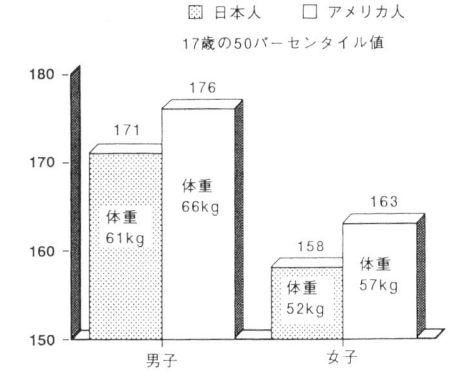

図 21.18 高校生男女（17歳）の体格の日米比較
（文献 16, 17 より作図）
日本人の体格は小さく、筋力も小さい傾向にあると考えられる．

力は図 21.17 でみる限りアメリカ人女性よりも大きいが、他の欧米人の資料も勘案すると必ずしもそうはいえない．

h. 体　型

個々人にはそれぞれに形態的特徴があり、個体差、性差、年齢差などによる変異がみられる．生体観察することにより、クレッチマー（Kretschmer）は体型を最長型、闘士型、肥満型の3つに分類している．最長型は体重が身長に比べて少なく、胸囲が臀囲より小さく、皮下脂肪、消化器の発達が弱いと同時に、筋の発達が弱いので筋力も小さい．筋が発達しているのは闘士型で、最も大きな筋力発揮が可能な体型である．肥満型の筋力は最長型と闘士型の中間と考えられる．一方、シェルドン（Sheldon）は発生学的に消化器の原基となる内胚葉、筋と骨の原基となる中胚葉、および皮膚感覚器官の原基となる外胚葉という同じく3つの標準体型を設定して体型を分類している．これらのうち中胚葉型は体格がよく、骨、筋や結合組織がよく発達しており、最も筋力が大きい体型である．内胚葉型は消化器系臓器が、外胚葉型は皮膚感覚器官や神経系の発達がよいが、いずれも筋骨格系の発達は貧弱である．

以上、いくつかの人類学的要因が筋力に関与している様子を観察した．従来より指摘されているように筋力の民族差において日本人の筋力は思春期以降になると欧米人よりも小さい傾向がうかがえる．筋力が体格のみに依存するものではないが、次元解析の観点からも筋力は筋の断面積に比例し、断面積は筋量の 2/3 乗に比例するので筋力 F と身長 L、体重 W の間には $F \propto L^2 \propto W^{2/3}$ の関係が成立することの影響はやはり大きいように思われる．依然として欧米人と比較[17,18]して小さめな日本人の体格（図21.17）が筋力に影響しているように推察される．

その他の人類学的要因については、たとえば日本人の筋力の性差をみると女性が男性の3分の2前後であり、年齢差をみると中年以降は加齢による筋力低下が顕著となり、地域差をみると農村的地域の住民のほうが市街地域や過密地域よりも握力が大きいなど、欧米人の筋力の諸相と比較してみても日本人の筋力がきわだった特徴を示すわけではない．

［高崎裕治］

文　献

1) 佐藤方彦監修（1992）人間工学基準数値数式便覧, p. 121, 技報堂出版.
2) 深澤　宏・浦井孝夫・高崎裕治（1995）体力測定評価の類型化と問題点. 秋田大学教育学部紀要, **48**, 27-33.
3) 宮下充正・石井喜八編著（1983）新訂運動生理学概論, p. 66, 大修館書店.
4) 宮下充正・加賀谷淳子編著（1997）からだの「仕組み」のサイエンス—運動生理学の最前線— 63, 杏林書院.
5) 宮下充正監修（1995）女性のライフステージからみた身体運動と健康, p. 71, 杏林書院.
6) Laubach, L. L. (1976) Comparative muscular strength of men and women : a review of the literature, **47** (5), 534-542.
7) 勝田　茂編著（1993）運動生理学20講, p. 145, 朝倉書店.
8) Shephard, R. J. (1978) International Biological Programme 15 : Human physiological work capacity, 220, 221, 241, 242, Cambridge University Press.
9) Kallman, D. A. et al. (1990) The role of muscle loss in the age-related decline of grip strength : cross-sectional and longitudinal perspectives. Journal of Gerontology : Medical Sciences, **45** (3), M82-88.
10) 平本嘉助（1981）骨からみた日本人身長の移り変わり. 考古学ジャーナル, **197**, 24-28.
11) 文部省体育局（1996）平成7年度体力・運動能力調査報告書, 28, 29, 43, 80-82, 85, 86, 90-92, 103-108, 文部省.
12) Ringsberg, K. (1993) Muscle strength differences in urban and rural populations in Sweden. Archives Physical Medicine and Rehabilitation, **74**, 1315-1318.
13) 吉田敬一ほか（1986）昭和60年度科学研究費補助金（総合研究 A）研究成果報告書「日本人の発育発達の地域的特徴」, pp. 39-40.

14) 黒田善雄ほか（1985）第 23 回ロサンゼルス・オリンピック大会日本代表選手健康診断・体力測定報告，昭和 59 年度日本体育協会スポーツ科学研究報告，1-34.
15) 福田邦三監修（1977）新版日本人の体力，p. 288, 杏林書院.
16) Montoye, H. J. and Lamphiear, D. E.（1977）Grip and arm strength in males and females, age 10 to 69. *The Research Quarterly*, **48**（1）, 109-120.
17) 文部省（1996）平成 7 年度学校保健統計調査報告書，20-35, 文部省.
18) Malina, R. M. and Bouchard, C.（1991）Growth, maturation, and physical activity, 50, 51, Human Kinetics Books.

日本人の体力

22
日本人の走力

22.1 移動運動と走行

a. 走行と歩行

動物の移動運動（locomotion）は歩行（walk），走行（run），腕渡り（brachiation），跳躍（leap），飛行（fly），泳行（swim），爬行（crawl）などに区分される．人類とはこの地球上に出現して以来，日常的に直立姿勢をとり，生活活動をすることが可能となった霊長類であると定義されるように，通常の移動運動形態は直立の二足歩行と二足走行である．このため，人類の移動運動は1対の下肢でいかにうまく移動できるかという進化上の難問を解決する過程をとおして完成されてきた．動物の最も基本的な活動形態は，移動運動を含むものであり，したがって，歩行と走行は人類にとっても，最も基本的な身体運動である．

歩行は通常の速度での前方への移動運動である．歩行は単位移動距離当たりの消費エネルギー（エネルギーコスト）が少なく，したがって，移動に対する身体的負担が少なく，経済的であると同時に，運動を発現，維持するための努力，すなわち，精神・心理的な負担も少なくてすむことから，通常的な移動運動形態として適している．この低エネルギーコストの理由は，着地している側の脚（軸足）がほぼ伸展状態にあり，したがって，軸足が鉛直に近くなる時点で身体重心高が最も高くなり，そのとき，前方への移動速度が最小になる．このように，身体重心の位置エネルギーと運動エネルギーの変換サイクルが振り子のように繰り返され，エネルギーの損失が最小に抑えられるという運動力学的な機構に求めることができる．進化史上，人類において初めて完成された直立二足歩行のエネルギー効率は四足動物に比肩するもので，人類が直立姿勢を選択できた重要な因子と考えられている．

それに対し，走行とは速い速度での前方への移動運動であり，歩行に比べ，エネルギーコストが一般的に大きく，したがって生体負担と運動を持続するための努力も大きいため，緊急的な短期間の移動運動形態であると見なされる．生活場面では，攻撃行動，逃避行動などの，いわゆる情動行動に関連する緊急的局面で惹起されるが，同時に，獲物の捕獲など，食生活をはじめとした生活行動の基幹にかかわる重要な運動形態である．

しかし，現代の人類社会では，狩猟や戦闘などの走行が必要とされる生活局面が限定，局地化され，緊急を要し，走行が必要な機会が減少した．また，鎌倉から江戸時代にかけて制度化されたといわれる飛脚制度など，市井でよくみられた走行風景も，日常生活のなかから姿を消した．

このように，現在の人類の大多数が所属する文明社会においては，直接走運動が要求される生活局面は極端に減少し，代わりに，スポーツ，レクリエーションをとおして走運動が必要とされるようになった．走力は前述のように動物の一種としての人類の基本的身体能力である．動物は生来の能力を発揮すべく動機づけられた存在であり，したがって走ることにより身体機能を高め，心的充足を得る経験が少なくとも個人の成長・発達過程のどこかの時点に存在する．走運動に関する人々の考えや嗜好はさまざまであってよいことはもちろんであるが，一通りの身心機能を備えた個体としての統一性を健康の基本的要素とするならば，時代が変わっても人類の走行機能の維持と，それが発揮されるべき場面が必要であろう．実際に多くの一般の人々が，現代生活の弊害とされる生活習慣病を克服するため，運動不足の解消を目的としてジョギングを楽しんでいる．

以上のように，走行は進化過程における必然的動作であることとも関連し，ダイナミックで目立ちやすい躍動的・審美的身体運動表現として人々を感情的に刺激する性質をもっている．したがって，現在でも，ほかのスポーツ種目と比較し，国や世界を代表する選手は人々の関心や尊敬の対象となる存在でありうるのである．

b. 走行形態の分類

人類の場合，歩行と走行の違いは，歩行では，どちらか一方の下肢がどの歩行相においても必ず着地状態にあるのに対し，走行では，両下肢ともに空中にある瞬間があるという点で区別されている．つまり，歩行の場合，前方への推進力を得るため一方の下肢で地面を蹴るとき，対側の下肢は着地している（両足支持相）．これにより，前述の振り子様運動が可能となる．他方，走行の場合，一方の下肢で蹴り出した瞬間，他方の下肢は空中にあり，それが着地するまでの間，重心を支える支柱が一時的に失われ，着地時の股，膝，足首の関節の屈曲により運動エネルギーが吸収される．このため，位置エネルギーと運動エネルギーの変換サイクルの効率が低下し，歩行に比べてエネルギーコストの増加をもたらす原因となる．成人の歩行エネルギーコストは 45～90 m/min の範囲で比較的一定であり，約 2 J/kg/m である．その範囲をこえると急速に上昇し始め，125～130 m/min あたりで，走行のエネルギーコストと等しくなる．

一方，四足哺乳動物では，歩行（walk）のほかに，速歩（trot），側対歩（pace），駆歩（gallop）の区別があるのが一般的である．速歩，側対歩では，対角の前後肢または，同側前後肢がそれぞれほぼ同期して動くため，人類の歩行や走行のように，左右対称で時間的に等間隔な（対称歩調の）2 拍子となる．これらは一般的には走行の一種として分類されているが，人類の歩行のようにいつでも四肢のうちのいずれかが必ず着地しており，エネルギー効率の高い移動運動である．他方，駆歩は最高速度が要求される場合にみられる走行形態で，人類の走行のように四肢が地上から離れる時間相と，一肢または二肢支持相がみられる．四肢の接地は不等間隔な非対称歩調の 3 拍子または 4 拍子リズムとなる．これは両側同時蹴り出し（跳躍）の要素が幾分か混入していると見なすこともできる．

つまり，人類は基本的に歩行と走行の 2 移動運動形態をもつのに対し，四足哺乳類では前述したように一般的に 4 つの移動運動形態を示す．この数は駆動体肢数と一致するが，体肢の数が多いほどさまざまな運動形態をとりうる自由度が大きいということであろう．いわば，人類では 2 段変速ギアであるのに対し，四足哺乳類では 3 段ないし 4 段変速ギアを備え，移動速度ごとに最小のエネルギーコストで対応できるような移動運動形態を無意識的に選択する．人類ではジョギング（馬では速歩をジョグともいう）のような低速走行であっても疾走と基本的に同一の走行形態をとることしかできない．一方，四足哺乳類のなかで馬や鹿のように中・長距離を駆歩で持続できる種（距離型）とチータやライオンのように短時間しか持続できないがきわめて高速な駆歩能力をもつ種（スプリント型）が存在する．このような動物種による駆歩機能の差の理由はおもに体肢筋の筋線維組成の相違に求められる．すなわち，距離型の動物では赤筋線維が大部分を占めるのに対し，スプリント型では白筋線維が大部分を占める．しかし人類では下肢筋の赤筋線維と白筋線維の割合は相半ばし，しかも個体差が著しい．激しく疾走すれば白筋線維が動員され，乳酸の蓄積により短時間で走行を持続できなくなるが，低速では赤筋線維がおもに動員されるため長時間の走行が可能であり，距離型とスプリント型の性質を併せもつといえる．進化論的観点から，人類は未分化な形質を保持したまま進化を遂げた種といわれるが，二足移動運動という特殊な形態をとりながら，走行機能についても同様な解釈が成り立つ．このような，高エネルギー効率の歩行と，柔軟性・適応性に富んだ走力が人類進化の過程で重要な役割を演じてきたと考えられている．

以上のように人類の走行運動形態は基本的に単一である．しかし，詳しく分析すると，ジョギングや長距離走競技など持久性や効率性が求められる距離走（distance run）と，全力走やスプリント走競技など短時間ではあるができるだけ速く走るスプリント走（sprint）には，運動学・運動力学的側面およびエネルギー論的な側面で，微妙な相違が認められ

る.

走行時の姿勢については，距離走ではスプリント走より軀幹が直立に近く，スプリント走では前傾姿勢が著しくなる．足蹠のどの部分で着地するかについては，持久走では踵か足蹠の後方部分であるが，スプリント走ではより前方で，小趾球—拇趾球の近辺で着地する場合が多くなる．必然的に着地時の膝関節角度は，距離走ではスプリント走より伸展位となり，下肢がより前方に振り出された状態になる．ただし，着地後一度膝関節はその反動により屈曲され，蹴り出し時に再度伸展するため，膝関節角度は明確な二相性をなす．スプリント走では着地時の膝関節がすでに多少の屈曲位にあり，着地の反動が膝関節と距腿関節の双方に起こるが，事前に強い筋収縮で着地準備がなされているため，反動角度は距離走に比べ小さい．速く走るためには蹴り出し時の力積（蹴り出す力と時間の積）が大きいことが重要であり，蹴り出しに要する時間が長く，股関節の過伸展の度合がより大きくなる．距離走ではエネルギー効率が重視されるため，身体重心の上下および前後移動の少ない，滑らかな運動であるのに対し，スプリント走では重心移動が大きな，躍動的な運動となる．特に，重心の前後移動は走速度の増加とともに著しく増大し，哺乳類の駆歩時のように，脊柱の屈伸運動を伴うようになる．これは外見上，鞭のようにしなやかな反復運動であり，身体の柔軟性とも関係するものである．スプリント走では，このような重力や慣性に対する反動を，弾性組織に一時的に蓄える，弾性エネルギーの再利用がエネルギー効率上，重要となる．

エネルギー論的には，走行の主働筋である下肢伸筋群に含まれる赤筋線維と白筋線維の動員の割合が距離走とスプリント走で異なってくる．距離走のうち，ジョギングのようなより緩慢な走行では，おもに赤筋線維（type I）が収縮し筋力を生じているが，マラソンのような競技的な距離走の場合には一部の白筋線維（type IIa）が動員される．この白筋線維が動員され始めると，血液中の乳酸濃度が上昇し，換気が亢進し始めるので，この時点の運動強度を乳酸閾値または換気閾値とよんでいる．この閾値

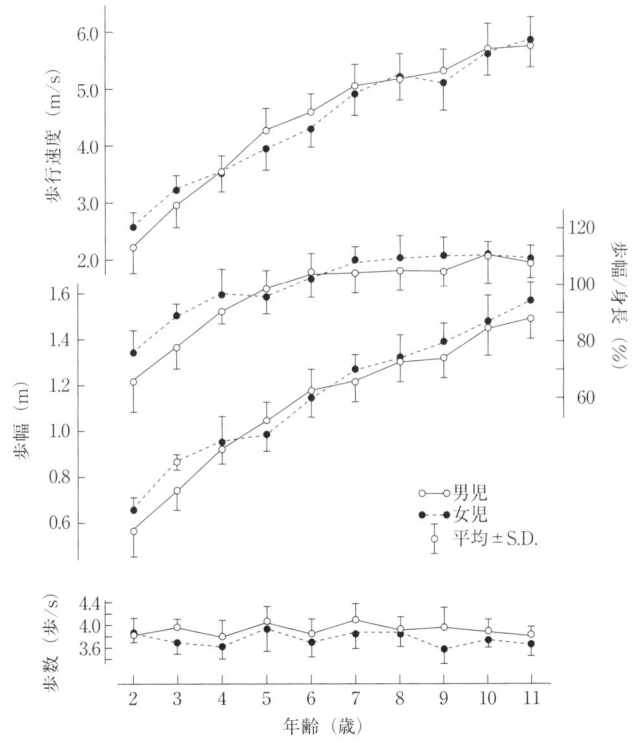

図 22.1 走力の発達．2〜11歳児の距離走の映像解析による分析（斉藤ら，1981）[6]

に相当する走行速度を境に，エネルギー基質が脂質から糖質に移行する．しかし，距離走では乳酸濃度が一定の範囲（約 4 mM）をこえないため，持続的な走行が可能となる．一方，スプリント走の場合には，より無酸素的な性質をもった白筋線維（type IIb）が動員されるため，より大きなパワーが発生する．激しいリズミカルな重心の移動のため，エネルギー消費量が増大するが，着地時の下肢筋の受動的伸展や脊柱の前後屈および回旋運動では消費エネルギーの一部が弾性エネルギーとして再利用される．距離走の範囲ではエネルギーコストは走行速度に関係なく，成人で約 4 J/kg/m で，歩行時の約 2 倍である．したがって，走行に要する酸素摂取量は $4 \cdot S$ J/kg/min となる（S は走行速度 m/min）．

人類の二足歩行は生後約 1 年後に始まるが，前述した滑らかな重心移動を伴うものではない．ピッチが速く，走行のような感じがあるが，まだ，両足が空中にある時間相がみられない．前述の定義上走行と見なされる行動がみられるのは 2 歳半頃からで，約 6 歳で歩行と同様に，成人と同様の移動運動形態の完成をみるに至る．図 22.1 に歩行速度の発達経過を示した．歩行速度，歩幅が成長とともに増加するが，歩数には変化がみられないのは神経系の発達と身体サイズの増加が相殺した結果であろう．身長当たりの歩幅が前述の完成期間まで増加した後，変化が少なくなる．この傾向は成長に伴う接地時間の減少および滞空時間の増加と軸と一にする．サルでは一時的に二足歩行が観察され，速度を速めると，一見走行のようにみえるが，人類の歩き始めと同様に両足が空中にある時間相がみられないので，定義上，走行とはいえない．一部の類人猿では 1 ストロークに 1 回の空中相のある，不等間隔 2 拍子で非対称歩調の不完全な走行が認められる．これは哺乳動物の駆歩のように，跳躍の要素が含まれるものと見なすこともできる．

一方，二足歩行および走行時の上肢の運動は，哺乳動物の対側歩と同様の時間的・空間的配置をなす．歩行時では下肢の運動に遅れて対側上肢の運動が起こるが，走行ではむしろ上肢の運動が先立つ．歩行では下肢の運動に伴う体軸回りの回転モーメントを打ち消す働きが主であるが，走行ではより積極的な役割があるためであろう．すなわち，走行時の前傾姿勢を打ち消す矢状面上の回転モーメントをつくり出すため，腕を前に振り出すとき肘を屈曲し，後ろに戻すとき伸展位となる．

22.2 日本人の走力

a. 走力の身体的資質

以上は人類の走行を，動物の移動運動全般のなかに位置づけて記述したものである．以下では，日本人の走力を，まず，日本人のトップクラスの競技選手の走力と，競技記録をつくるための条件や身体的資質について述べ，次に，各種の体力テストやスポーツテストの記録をもとにした，子供や一般的な国民の走力について述べる．さらに，かつて江戸時代まで，飛脚制度のもとで活躍した人足の職業的走力を文献的に紹介する．走力は身体の形態や走行に必要な諸身体機能などの身体的要因に加え，さまざまな生活習慣などの文化的要因によっても大きく規定されるものである．

日本人の身体的形質のなかで，初めに身長を取り上げて検討する．日本人の身長は，遺跡や墳墓から出土された人骨から判断すると，縄文時代から近代の明治初期に至るまで男性で 157〜163 cm，女性で 145〜152 cm 前後で推移したことが知られている．その後，栄養条件など，さまざまな社会・経済的な発育刺激要因が加わり，急激な身長の長期的増加傾向を示した．この傾向は第二次世界大戦期間中に中断し，戦後この中断を取り戻すように大きく回復したが，1990 年代後半に至って，この増加は著しく弱まり，頭打ちの傾向を呈してきた．

走力と身長の関係についてはこれまでに多くの研究がなされてきたが，結論的にいうと，走力は身長にほとんど依存しないという考えが支配的である．ただし，成長期にあっては，状況は多少複雑である．成長期全般を比較すれば，身長は年齢とともに増加し，したがって，年齢が高く，身長の大きい者が走力も高いのは当然である．しかし，同一年齢であれば，身長が年齢（月齢）と密接に関連する成長期の初期と，男性の思春期にみられる成長のスパート期を除き，走力は身長にあまり依存しないという結論を再確認することができる．男性の思春期では，同一年齢であっても，高身長の者ほど早熟傾向があり，したがって，男性ホルモンの作用により筋力が飛躍

的に増加するからである．日本の陸上競技短距離界では，1935年に10秒3の世界タイ記録，その後には参考記録ながら10秒2の世界記録を打ち立てた吉岡隆徳選手の身長は165 cmそこそこであった．短距離や長距離で国際的に活躍する選手の身長は，その時代の国家や民族の平均身長に比べ，やや高い傾向が認められることはあるが，大差はないのが通常である．

この理由は次元論とよばれる生物学的な経験則により説明される．これによると，身体サイズの異なる競走馬（サラブレッド）と競走犬（グレーハウンド）の最高走行速度はほぼ同じであり，身体が相似形と見なされるかぎり，走力は身体サイズに依存しないという考えである．これはストライド（歩幅）とピッチ（歩数頻度）の積が一定になるということで，ストライドの短い動物（ヒトの場合は個人）はピッチを増加しても組織の破壊から免れるという材料力学的観点から，進化論的に説明されている（次元論の幾何学的相似モデル）．ただし，重力による骨などの身体組織の強度を補正したモデル（弾性相似モデル）では，身長の1.33乗となり，わずかに身長に依存することになるが，どちらのモデルが現実により適合するかについては，実証的な確認がまだ十分になされていない．

前出の吉岡は彼が出場したどのような競技会であっても，前半から60 mくらいまではほぼトップを走っていたと伝えられている．これは彼のスタート技術のすばらしさを物語ると同時に，小柄な人間が走行加速度に優れるという次元論的な結論でもある．幾何学的相似モデルでは加速度の次元は長さマイナス1乗であり，すなわち，加速度は身長に反比例する．仮に50 m競争が公認競技としてあったとすれば，彼は長期にわたり世界のトップアスリートとして君臨したであろう．このような傾向は多かれ少なかれ日本人ランナーにいえることであり，図22.2の100 m競争の日本記録が世界記録に接近する理由と考えられる．

以上の次元論的考察は，身長に恵まれない日本人を含めた黄色人種に属する民族の走力の展望に明るい希望を与えるものではある．次に体型について考えると，距離走とスプリント走の一流競技者では明確な相違がみられる．すなわち，距離走者は一般的に細めの体型であり，スプリント走者はがっしりとした筋肉質タイプが多い．日本人の一般的な体型は，いわゆる肥満型，細長型などのソマトタイプからいうと中間型が多いとされる．しかし，運動選手のこのような体型は，トレーニングや栄養などの後天的影響を多分に受けるものであり，日本人選手に不利になる要素はあまり見当たらない．

ただし，身体サイズや上記の太め，細めの体型以

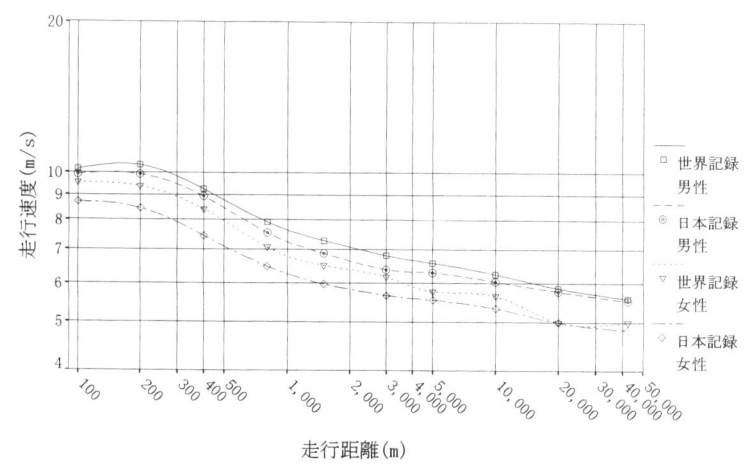

図22.2 陸上競技の各種距離種目およびマラソン競技の日本記録および世界記録から計算した走行速度
日本記録は1998年の日本陸上競技連盟公認記録，世界記録は1997年の国際アマチュア競技連盟（IAAF）の公認記録を採用．

表 22.1 日本人を含む形態項目および形態指数の人種間比較

	日本人		白人（北欧）		黒人（西アフリカ）	
	男性	女性	男性	女性	男性	女性
身長（mm）	1720	1590	1810	1690	1670	1530
座高（mm）	920	860	950	900	820	790
下肢長（mm）	1030	970	1100	1050	1020	960
膝高（mm）	515	470	550	500	530	480
比座高	0.535	0.540	0.525	0.535	0.490	0.515
下肢長/身長	0.600	0.610	0.610	0.620	0.610	0.625
膝高/身長	0.300	0.295	0.305	0.295	0.315	0.315

各形態項目はそれぞれのグループの 50 パーセンタイル値を示す．
下肢長は臀・踵距離（buttock-heel length）で代用した．
文献 16 より作表．

外に，身体各部の長さのプロポーションが問題として浮上してきている．これは特にスプリント系競技における著しい黒人系選手の活躍を説明するための身体的理由の一つとなるものである．黒人系は細長型の体型が多く，特に身長に対する上肢長，下肢長（特に膝から下）の比率が大きい点に特徴がある．この比率は，白色人種，黄色人種順に小さくなり，身長とともに，遺伝的決定率の高い形質である．この順位はあくまでも人種の平均的な特徴であって，選手個人を規定するものではない．しかし，スプリント走のような短時間のエネルギー生成過程が下肢筋群のなかだけでほぼ完結してしまうような競技では，下肢の身体に占める比率が大きく，下肢の筋や腱が長くて大きくしなやかな個人を多く含む集団は，優秀な選手を輩出するうえで有利であることは否めない．この点では日本人はかなり不利な立場に置かれていると判断せざるをえない．距離走においても下肢機能については同様な見解が成立するが，同時に呼吸・循環・血液などの酸素運搬系や内臓系の働きも加味されるので，不利な立場は大いに軽減されるとみてよいであろう．実際 20,000 m 以上の競技で日本人の記録は世界記録に接近する（図 22.2）．

走力に影響する身体的，機能的要因として，筋のエネルギー生成機構があげられる．すなわち，距離走では有酸素性エネルギー出力，スプリント走では無酸素性エネルギー出力が重要な走力決定要因で，これらは走行運動の主働筋である下肢筋群の筋線維組成に大きくかかわっている．筋線維は姿勢の保持や遅い筋収縮に適した赤筋線維と強く速い筋収縮に適した白筋線維に進化の過程で機能分化したと考えられている．人類の場合，生後の筋線維の増殖（hyperplasia）はほとんど起こらず，したがって，トレーニングや生活条件により，各筋における赤筋，白筋線維の割合は，老化などによる白筋線維の選択的脱落の場合を除き実際的に変化がない．そのため，筋線維組成は，走力を規定する重要な素質的要因と考えられてきた．すなわち，距離走に適した人は赤筋線維，スプリント走では白筋繊維の比率が多いほど有利であり，大腿の外側広筋赤筋線維比率については，スプリント走の選手で 20〜30 %，長距離走の選手で 65〜95 %に集約されると報告されている．

筋線維組成について人種差があるか否かについては現在のところ十分に明解な見解は示されていない．筋の種類により筋線維組成が異なることは，筋の機能的適応現象という観点からよく知られていることであるが，同一筋であっても，被検組織の摘出部位により異なる．筋組成は遺伝的決定率の高い指標であるが，上記の例からも明らかなように，同名筋であっても個人差の著しい指標でもある．また，距離走やスプリント走選手の筋線維組成については，外側広筋や腓腹筋について研究されているが，被験者の属性を考慮した統計的検討に耐えうる研究がきわめて少ないこと，日本人の筋線維組成については，治療目的でない特別な侵襲的検査に対する忌避からデータが少ないこともこの点について明確でない理由の一つである．したがって，人種内の変異は人種間の変異よりも大であるとする人類の機能一般に関するモンタギュー（Montagu, A.）らの概念を超越した実証を得るのは容易ではない．このよう

表 22.2 日本人, 白人, アフリカ黒人男性被験者の身体的特性と外側広筋線維組成

	日本人	白人	アフリカ黒人
被験者数	35	23	23
年齢 (歳)	21.9 ± 2.4[c]	25.5 ± 3.0	25.5 ± 3.0
身長 (cm)	172.8 ± 6.1	173.1 ± 5.6	174.7 ± 7.5
体重 (kg)	66.1 ± 7.4[d]	70.0 ± 13.2	71.0 ± 7.0[d]
BMI (kg/m^2)	22.1	23.3 ± 3.9	23.3 ± 2.8
筋線維組成			
type I	47.1	40.9 ± 10.5[a]	32.6 ± 9.1[a]
type II	52.9 ± 13.9	59.0	68.3
type IIa	—	41.9 ± 8.8[b]	48.6 ± 9.6[b]
type IIb	—	17.1 ± 7.8	19.7 ± 9.0

a；$p \leq 0.01$, b；$p \leq 0.05$, c；$p \leq 0.001$, d；$p \leq 0.05$
文献 1, 14 より作表.

な限られた状況で, 白人, 黒人の外側広筋線維組成に関してなされた特異な研究結果に日本人データを加え, 表 22.2 に示した. 黒人被験者はカナダ・ケベック州の大学に留学するアフリカ中・西部出身の学生であり, 白人は地元のフランス語圏在住者で, ともに特別な身体トレーニングをしていない一般人である. 表から示されるように身体的特性が合わされるよう計画されている. 日本人被験者は体育専攻学生で, 種々の運動競技歴を有している. 白筋線維の割合は黒人＞白人＞日本人の順となり, 赤筋の場合の順序はその逆になる. 白人, 黒人間には有意差が認められる. ただし, 日本人データは被験者の選定にあたり属性が考慮されていない特殊な集団のものであるため, 仮に統計的有意差が検出されたとしても推計学的な比較には無理がある. 一方, 白人と黒人の比較においてはどの程度この結論を敷衍(ふえん)できるかが問題となる. 両グループの標準偏差は一般に報告されている値に比べ少なめである. また, アフリカ内の諸民族は生活環境に応じきわめて多様な身体的変異を示すことが知られており, 数少ない研究から一概に結論を導くことは慎重を要する. 標本抽出方法を吟味し, 日本人を含めた多くの確認研究が望まれる. このように筋線維組成の人種差の研究は不十分なものであるが, 上述の白筋線維組成の順序は西部アフリカに起原をもつとされる黒人競技者のスプリント系種目における優勢とよく符合する. 加えて, 日本人は遺伝的に比較的均質な集団であるとされており, 平均から外れた特殊な資質の累積を要求される一流競技選手を生み出す土壌としてはあまり適さないという点も考慮されねばならない.

筋線維組成以外に, 距離走に関する全身的な身体機能的な指標として, 最大酸素摂取量, および前述の乳酸閾値, 換気閾値などの無酸素閾値 (AT) とよばれる機能も関係してくる. これらの成人データに関しては, 日本を含む各国のデータがすでに蓄積されている. 最大酸素摂取量 (l/min) は体格, 筋線維組成, 持久的身体運動トレーニングなどを反映し, かなり遺伝的素質の影響の強い指標であると考えられている. それを体重で割った指標 (ml/kg/min) のほうが, 絶対値のままよりも, 距離走の成績と密接な関係にある. しかし, 体重を算定式中に含むため, 栄養摂取を含めた生活条件の影響を受けやすい. いくつかの研究で民族間の差が認められているが, 大多数の研究では, 民族, 人種といった観点からは特別な傾向はみられない. 平均値は男性で約 45 ml/kg/min, 女性で約 35 ml/kg/min になる. 民族差を認めた研究であっても, 生活習慣, 生活条件などによる肥満傾向やい(贏)痩傾向などの民族差がおもな原因であろうと見なされている. エリート持久性競技選手の最大酸素摂取量は人種や民族に関係なく, 男性で 80 ml/kg/min, 女性で 60 ml/kg/min 前後に達することが知られている (表 22.3). 無酸素閾値については, 筋内代謝系の酸素活性に依存するなど, 最大酸素摂取量よりもさらにトレーニングなどによる環境的影響を受けやすい指標である. その差は個人的な身体活動量などの要因を受けており, 人種や民族間に差があるという系統的な研究結果はない.

表 22.3 一流持久性競技選手の最大酸素摂取量の国際比較

		被験者数 (人)	体重 (kg)	最大酸素摂取量 (l/min)	最大酸素摂取量/体重 (l/kg/min)
男性	日本	5	55	4.39	79
	スウェーデン	5	67	5.56	83
	ノルウェー	5	65	5.11	79
	ソ連	3	72	5.91	82
女性	日本	3	46	2.82	61
	スウェーデン	5	59	3.75	64
	ノルウェー	5	62	3.30	55

文献5より抜粋作表.

b. 文化的要因

以上のように，形態的，機能的な身体資質の観点から，日本人の走力を検討した．その結果，特にスプリント走では，日本人を含めアジア系人種の選手が国際的最高水準のパフォーマンスを要求される場合，身体資質の面からは不利な立場にあるという結論が導かれた．特に現代日本人の特性の原型を決定づけたといわれる弥生期から約2000年間，米作農業が民族的な主産業となった．このような生産現場では走行は主要な行動形態ではなくなり，淘汰による優秀な遺伝子の選択の機会が失われるとともに，遺伝的な隔離による民族的な均質化が進行したとする推論にはかなりの説得力があると考えられる．トレーニング理論や，運動用具の研究・開発や，競技に対する意欲などに関して，多くのスポーツ強国に遜色ないと考えられるわが国の状況を考慮すると，図22.2に示すような，陸上競技の記録から計算された日本と世界の最高レベルの選手の走力の差（特に短・中距離種目における）が，単に競技人口の比率のような確率論的な観点から説明するには大きすぎるのには，以上のような背景が存在するからであろう．

ただ，遺伝的な均質性と同時に，日本人の文化的な画一性もよく指摘されている．競技選手のトレーニングや技術的な指導法における個性化，最適化において，今後，改善されていく余地が幾分かは残されているであろう．

一方，選手ではなく，国民の平均レベルの評価として，体力テストの一環として行われる走力テストの解釈は，より複雑である．筆者の所属する福岡教育大学附属体育研究センターでは，1987年以降，日本，韓国，台湾の小中学校の児童生徒を対象に，同一テスト法による体力運動能力の比較研究を行った．その結果，日本の子供の走力が距離走，スプリント走のいずれにおいても，ほかの国や地域に比べ高いことが判明した．図22.3には戦前から現代に至る，成長期の日本人のスプリント走の能力を，年齢および身長の発育と対比して示したものである．同図に，戦後しばらく経過したのちのアメリカの子供のデータを付け加えた．これによると，日本人のスプリント走力は，女性の一時期を除き，身長など体位の向上にもかかわらず，戦前から一貫して低下してきていることがわかる．ここではデータは示さないが，距離走についても，女性が1970～1980年代にかけて向上しているのを除き，同様の傾向を示している．日本人はアメリカ人に比べ，どの年齢でも走力に優れるが，男性では成人に近づくにつれ，時代的，民族的な差が少なくなる．この図にはまた，時代，民族の枠を取り払ってしまうと，身長と走力はあまり関係がなく，同一身長よりも同一年齢のほうが走力との関係が強いことを示しており，上述の次元論の正当性を示すものである．これはまた，走力の発達に必要な生理機能の成熟と，運動経験の蓄積は，身長よりも年齢により大きく依存することを示している．

日本の歴史を通してみると，特に明治以降の富国強兵政策と関連し，国力と同時に体力の重要性が強く意識されていた．当時の文献に，「体力は国民的発展の根底をなすものなるにかかわらず，わが国民の体力が平均的に欧米列強のそれに比し劣っているので，国家総力の発展上，わが国民体力向上に関する科学的研究は刻下の急務なりとの朝野識者の意見に基づいている」のような記載がみられる．このような民族的に強力な社会的背景が，図22.3にみら

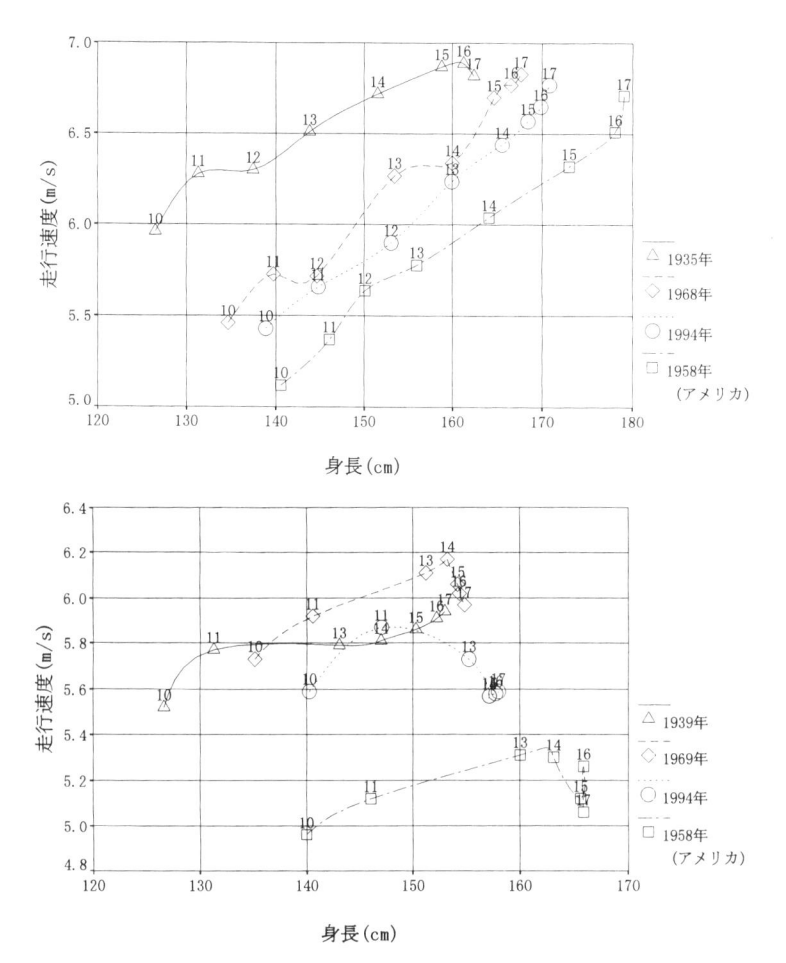

図 22.3　男性（上）と女性（下）の走行速度の身長（横軸）と，年齢（図中の数字）に対する相対成長．速度は 50 m 走（日本），50 ヤード走（アメリカ）の記録から算出（文献 2, 8, 10, 15 より作図）．

れる，同一年齢における走力の優劣に強く影響していることは明らかである．同様に女性の戦後の一時的向上は，戦後の男女共学制や女性の解放運動などの，生活習慣の変化に対応している．しかし，1969年以来の文部省（現 文部科学省）の体力運動能力調査によると，このテスト開始から現在に至るちょうど中間の1985年頃までは，筋力など体位に関連の大きい項目も含めた総合体力点数は向上するが，それ以降上昇は止まり，低下の傾向に転じて現在に至っている．

走力を含めた体力テストの結果は，以上のように，その国の教育カリキュラム，政府のスポーツ政策，社会教育プログラム，さらに直接的には，テストの練習や慣れ，トレーニング状況などによりきわめて大きく影響される．実際1954年にアメリカで行われた，Kraus-Weberテストでは，それがヨーロッパで一般的なテストであったため，アメリカの子供たちはヨーロッパの子供たちに劣った成績を示した．前述の東アジアやアメリカとの地域の比較によると，日本人の走力が優勢であるという結果が示されたが，これは学校における体育授業や体育課外活動の質や量，体力テストに対する価値観，意欲などが大きく影響するものである．日本の文部科学省では，体力診断テストや，運動能力テスト，スポーツテスト，壮年体力テストなど，さまざまなテストを毎年実施し，一般成人を含めた国民全体に体力向上に対する啓蒙を図っており，国民にも一応受け入れられている．現在の一般人の平均レベルからみると，日

本人の走力は近年低下の傾向があるとはいえ，世界の国々のなかでかなりの高水準であることは，このような社会的，歴史的背景によるのであろう．

次に，少し時代をさかのぼり，歴史上，日本人の走力に関連深い飛脚の走力を検討してみる．飛脚は，古代律令時代の駅伝制度が衰退したのち，中世以降，幕府などの公用の書簡や手荷物の主要な郵送制度となった．特に江戸時代では，幕府や藩の飛脚（継飛脚，七里飛脚など）のほかに，民間の飛脚業が発達し，町中の配送（町飛脚）や，宿場を中継点として，江戸，大坂（大阪），京都や各藩の間の郵送も行った．藩では下級武士が配送の任にあたることもあったが，民間の飛脚屋が人足を使い，藩などの飛脚業務を請け負った．飛脚が書簡を携え疾走する様子は，シーボルト（Siebold）など江戸末期に日本を訪れた外国人の目には非常に興味深くみえたらしく，彼らの見聞録に多く記録が残っている．「郵便物は毎月七日，一七日，二七日に大坂から長崎に，八日，一八日，二八日に京都と江戸に送られる．京都は至近距離にあるので更に毎日でもその機会がある．長崎まで郵便は七日でとどく．……蝋びきの布で包んだ手紙入りの小函を棒にくくりつけ，大声で叫びながら次の宿場にたどりつき，他の走者に渡すと，下にも置かず，さらに先へと運んでいく」．また，別の見聞録によると，「手紙の配達夫は，いつも同伴者を連れて，正規の配達夫が病気や事故のために遅れることを防止している．この人々は常に交替させられて，それぞれの行程を全力で走る．私はあるとき，この人々の一人が小さな包を持って疾走していくのに出会った．あまりの激しさに彼の用向きはどんなことなのだろうと，尋ねてみたくなったほどである．もっとも彼は一人だけだった．おそらく，市中の配達夫は二人で走る必要はないと考えられているのであろう」．

では，飛脚は実際にどのような速度で走っていたのだろうか．表22.4は，尾張藩の七里飛脚の一文字（特急便）の行程表である．江戸―尾張間の90里18町を，50時間半ほどで走破する．中継点は，東海道の宿以外に，5か所の地点を含み，1区間の距離が約4～6里の範囲に収まるようになっている．当時の1里は3.6 km～4.2 kmといわれ，1区間はハーフマラソン程度の距離となり，持久力に優れる1人の走者によって走破できる適切な距離である．夜8時半に江戸または尾張を発ち，昼夜を徹して走り続けると，関所や川（表の括弧内の地点）を都合のよい時間に通過でき，遅滞なく目的地に到達

表22.4 尾張藩七里飛脚の一文字(最急便)の行程表

中継宿	区間	里程	所要時間	平均時速
市ケ谷（江戸）				
六郷	4里13町			
程ケ谷	3里32町			
藤澤	4里 3町			
大磯	4里 8町			
小田原	4里			
箱根（関所）	4里 8町	24里28町	13時間52分	1里28町 (7.15 km/h)
三島	3里28町			
元吉原（富士川）	5里 8町			
由井	4里 8町	36里11町	20時間19分	1里28町 (7.13 km/h)
小吉田	5里 1町			
岡部（大井川）	4里23町			
金谷	5里 1町	52里27町	29時間59分	1里25町 (6.81 km/h)
掛川	3里22町			
見付	3里34町			
篠原（今切）	5里29町	68里32町	38時間31分	1里32町 (7.56 km/h)
二川	5里33町			
法蔵寺	5里29町			
池鯉鮒	6里12町			
御城（名古屋）	5里30町	90里18町	50時間33分	1里29町 (7.19 km/h)

江戸―尾張間，90里18町（1里＝4 km換算で362 km）を50時間33分で走破する．表最右欄の括弧内は同様の割合で換算した場合の平均時速を示す．
文献6より一部改変．

できる．表右欄に1里を4kmに換算したときの平均時速を括弧内に示した．この速度は現在のマラソンや駅伝競技の半分以下ではあるが，飛脚は競技ではなく生活業務の一部であり，定時に配送できることが重要である．したがって，気象条件や走力の個人差などを考慮し，余裕のある設定になっていると思われる．前述の大坂—長崎間についても，距離と日数から判断して大差ない走行速度設定になっており，この表は日本の都市や藩との間の一文字飛脚の行程を，かなり普遍的に表しているものと推察できる．日常業務としての頻繁さや参加人員の多さを考えれば，走行活動の活発さは大いに評価されるべきである．一方，前述の見聞録の後半は町飛脚の様子を記載しており，走行速度について高く評価されている．町飛脚では，距離が短く，より高速で走っていた可能性があるが，筆者の調べた範囲では数値的な資料を得るには至らなかった．

日本人は弥生時代以来，稲作農耕民族の一員として，主生産活動のなかに走運動が重要な位置を占める場合はほとんどなくなったが，飛脚のような日本の独特の制度をもち，重要な通信業務にかかわる走力が社会的に要求されていたことは，走行に重きをおく文化的資質として，特記されてよい．

走力に価値を認め，向上の努力を厭わない文化的背景と，身体的不利を克服するための創意・工夫が吉岡らをはじめ大正から昭和初期にかけての日本人競技者の世界的な活躍の源泉であった．ここに述べた身体的，文化的事項は，今後とも日本人の走力を決定づける要因としてありつづけるであろう．

[石井　勝]

文　献

1) 秋間　広ほか（1995）異なる部位における大腿四頭筋の各筋頭の筋断面積と筋線維組成が等速性膝進展力に及ぼす影響．体育学研究，**39**，426-436.
2) 朝比奈一男編（1979）日本人の体力と健康，社会保険新報社．
3) 浅見俊雄他編（1984）現代体育・スポーツ大系第13巻：陸上競技，講談社．
4) オストランド，ラダール（1976）運動生理学，大修館書店．
5) 黒田善雄ほか（1968）日本人一流選手の最大酸素摂取量．1968年度日本体育協会スポーツ科学研究報告集．
6) 斉藤昌久ほか（1981）2～11歳児の走運動における脚の動作様式．体育の科学，**35**(5)，357-361.
7) 田中正敏・菊地安行編（1988）近未来の人間科学事典，朝倉書店．
8) 東京都立大学体育学研究室編（1989）日本人の体力標準値第4版，不昧堂．
9) 徳川義親（1940）七里飛脚，(財)国際交通文化協会．
10) 文部省体育局（1996）体力運動能力調査報告書．
11) 薮内吉彦（1975）日本郵便創業史：飛脚から郵便へ，雄山閣出版．
12) 吉岡隆徳（1979）わが人生一直線，日本経済新聞社．
13) 吉田章信（1939）日本人の体力，藤井書店．
14) Ama, P. F. M. et al.（1986）Skeletal muscle characteristics in sedentary Black and Caucasian males. *J. Appl. Physiol.*, **61**(5), 1758-1761.
15) Hunsicker, P. and Reiff, G. G.（1976）AAHPER youth fitness test manual, AAHPER publications.
16) Yürgens, H. W. et al.（1990）International data on anthropometry. ILO, Geneva.

日本人の体力

23
日本人の泳力

23.1 歴　　史

　日本人の泳力について述べるにはその風土を抜きにして語ることはできない．四面を海に囲まれた日本では早くから水に親しんできた事実は縄文時代の貝塚からもうかがえる．貝塚は有史以前の日本人の水とのかかわりを知る貴重な資料を提供してくれる．貝塚にみられる多くの貝殻や魚の骨，またそれらを捕獲するために用いられた石の矢じりや動物の骨でつくられた釣り針などは当時の生活の糧として貝殻を採っていたことが想像される．捕獲するためには泳いだり，潜ったりする技術が当然存在していたものと思われるが，その時代の泳ぎや潜りを記述してあるものは発見されていない．文献でみる最も古い泳ぎに関する記述は『古事記』，『日本書紀』のなかにみられる「みそぎ」であろう．神伝流は，この故事にちなんで，同流の伝書「神伝流」水練基本の巻・身滌伝（17世紀中頃に記述された）として現在も古式泳法の水泳儀式の重要な一部としてみそぎの式を伝えている．「およぐ」という言葉が記述され始めたのは平安時代以降で『宇津保物語』，『源氏物語』，『今昔物語』などにみられる．その後，源平の時代，すなわち1185年頃では戦に水泳が取り入れられていることがわかる．壇の浦の合戦では敗れた平家一門に水泳の達者な内大臣宗盛とその子息の清宗が入水したが竪ざま横ざま立遊大遊し沈まずとらえられる（源平盛衰期/壇の浦合戦）．（壇ノ浦の戦：元暦2年（文治1，1185）3月24日，長門壇ノ浦で行われた源平最後の合戦．平氏は宗盛が安徳天皇および神器を奉じ，源氏は義経を総大将とし，激戦の後に平氏は全滅し，二位尼は安徳天皇を抱いて入水した．）

　日本人の泳ぎはこのように生活の手段（図23.1，23.2），「みそぎ」的，医療的，戦争の手段など，さまざまな形で発達した．近代に入るとイギリスが速さを競うスポーツとして水泳競技を体系化した．

　日本では，1897（明治30）年に横浜の西波止場で水府流太田派と横浜在住のローイングメンバーとで行われたのが最初であった．国際大会で日本選手が活躍したのは1915（大正4）年，上海の第2回極東大会で，鵜飼選手が4種目に優勝した．その後，1928（昭和3）年アムステルダムでのオリンピックで鶴田義行選手が200m平泳ぎで優勝し，1931（昭和6）年，神宮プールでの第1回日米対抗では日本が圧勝するなどした．しかし，1964（昭和39）年東京オリンピックで日本水泳は惨敗に終わり，以

図23.1　浮世絵にみる江戸時代における海女

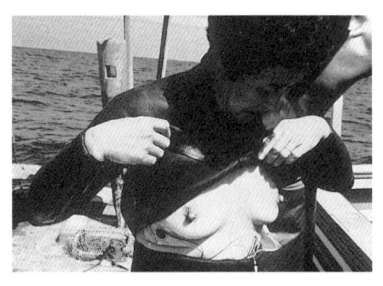

図23.2　現代における海女の潜水中の心拍数変動を測定

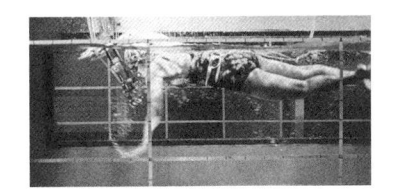

図23.3 新しい泳力評価の試み流水プールを使用した水泳時のエネルギー消費量の測定

降,日本水泳はエージグループの育成を中心に新しいトレーニング方法の開発,研究が進められた(図23.3).なお,戦後の日本人の泳力については競泳の節で述べる.

23.2 日本泳法

世界のなかでも日本は島国であったことから「泳ぎ」の文化にはその独特の風土をもっていた.海を近辺にもつ諸国の武将たちは,戦争の際には必ず海や川湖を利用して戦いを有利にする戦術を行使したといわれている.このためには,水軍という特殊な兵を用意する必要があった.これらの軍隊が必要な武術とは操船,海流や気象情報を知る学問,そして水泳術であった.水泳術は武器をもって泳いだり,急流を横切ったりするような戦いに実際に用いられる技術が研究された.このような背景から日本泳法とよばれる各種の泳法が全国各地で起こり,今日までその伝統は地域の人々により受け継がれている.

日本泳法が水泳の技術として体系化されたのは12世紀頃で,16世紀の戦国時代になってからであった.多くは戦争のための武術として起こり,近代に至っては茶道,華道と並んで伝統的な側面をもつようにまで発展していった(図23.4).

図23.4 揃甲冑御前游(小堀流)(岩下 聆氏提供)
甲冑をつけて数人で御前游をする.

〔注〕●印は現在日本水泳連盟が正式に日本泳法として認めている流派の発祥地.
△印はその分派など,稽古場のあるところ.

図23.5 日本泳法各流派の分布図(『図解日本泳法』より)[12]

現在,日本泳法として,その伝承が確認されているのは12の流派である(図23.5).

泳ぎの体形は,平体(水面に俯状,または仰臥),横体(身体をまっすぐに伸ばし,水面に横臥),立体(身体を垂直に立てる)の3体に分けられる.脚の動作も特徴で,扇足(あおりあし),蛙足(かえるあし),踏足(ふみあし)に分類され,現代の速く泳ぐための泳法というより,自然の水を克服するための実用型といってよい.

また,安全に泳ぐための水泳術は小堀流(熊本県)の肥後踏水術として独自の泳法をあみだしていった(図23.6).それらの技術は特に水難事故防止の観点から体系化されており,さまざまな水環境において安全に自己保全がなされるような泳技術が発展していった.このような泳力こそ現代の日本における水難事故を未然に防ぐための泳法として広く普及されるべきであると考える.

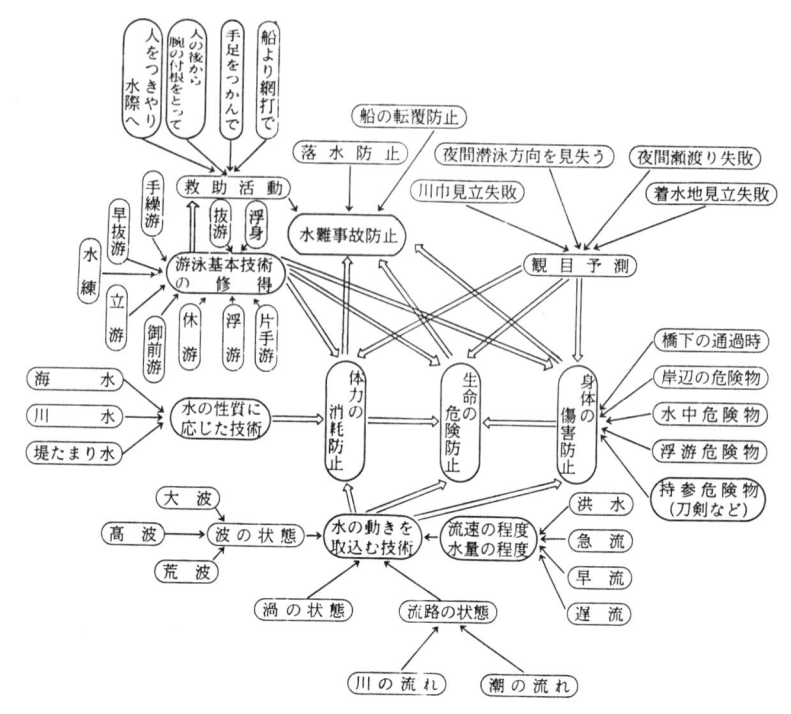

図 23.6 習水口傳集にみる安全遊泳の構造

23.3 海水浴

日本における海水浴は、『古事記』にあるイザナギノミコトが筑紫で黄泉国（よみのくに）でのけがれを洗い流すために海水浴をしたという伝説があり、これは「みそぎ」の要素の強いものであった．また医療的要素（潮湯治）を当時の人々は知っていたという記録もあり、その代表的な一つとして「因幡のしろうさぎ」伝説がある．このように海水浴として、日本人は海での泳ぎを生活の手段のみでなく用いてきたのである．

近代になると西洋式の養生法としての海水浴の普及が行われ、1885年、神奈川県の大磯海岸に海水旅館潮涛館が建てられ、日本で初めての海水浴場が開設された．日本人の海水浴を発展させたのは四面が海であることはもちろんのこと、海水浴の医学的効果についての素地があったことと、当時の政府がその効能に目をつけ、海水浴場の振興を図ったことがあげられる．こうして海水浴は学校教育にも取り入れられたのである．高等師範学校校長であった嘉納治五郎も全学生を対象に千葉県館山の北条海岸に北条寮を開設し、指導者の水泳指導の普及に努めた．その後、高等師範学校の卒業生が全国各地に奉職し、臨海学校が学校教育の一環として実施され、日本人の泳力の基礎が発展するに至った．

23.4 遠 泳

海水浴が盛んになるにつれて、訓練的な意味での遠泳が全国各地で行われるようになった．遠泳とは、海や湖沼などで1km以上（およそ1時間）の距離を計画したコースで隊列などを組み、泳ぐことをいう．大きく分けると横断泳と回遊泳があり、どちらも個人、リレー形式、グループ泳などがある（図23.7, 23.8）．

横断泳では、日本で初めてドーバー海峡（約41km）を横断した大貫妙子があげられる．彼女は水温が20℃以下の海で長時間泳ぐために、低水温刺激に耐えられる訓練、体温低下防止のため高カロリー食を摂り皮下脂肪をつけた．また、体表面にワセリンを塗り、体温が奪われないようにした．そのほか、30分に1回くらいのペースで栄養を補給することでカロリー消費を防ぎ、横断泳を成功させた．

図 23.7 遠泳における隊列泳．観海流では「誉勇溝礼（よゆこれ）」のかけ声をかけ動作の統一を図った．

図 23.8 着衣泳
自然界における水難事故防止では着衣のまま漂流したり，浮く物を使って，自己保全の泳ぎが求められた．

日本では熱海―初島間（約 10 km）などの横断泳が行われている．前述の高等師範の学生は館山の北条海岸にて「めざすは 3 里沖の島」といわれるように，1 日 9 時間ほどかけて湾を回遊泳したといわれている．

このようにして全国で受け継がれてきた遠泳は，1960 年代後半，産業の発展に伴い，海岸が汚染されたりして中止される県が多くなった．しかし，また最近，自然への環境教育と海辺環境の改善に伴い，新しく遠泳を計画するグループや学校も徐々ではあるが増加してきている．通常，学校などで行われる遠泳は，回遊泳をグループで隊列を組み行われる．時間としては，1～3 時間くらいが最も多い．海での泳ぎは多くは平泳ぎ，横泳ぎでゆっくりと泳ぐ場合が多い．筑波大学で行われている遠泳では，プールで 200 m 以上直進して泳ぐことができる学生のほとんどは 2 時間の遠泳が完泳できている．例外としては，低水温時に皮下脂肪の少ない男性において，低体温による中止，なかには放尿をできずに途中で上船してしまうものもいる．

このようにして，日本人は海をたくみに利用してその泳力を養ってきた．これらの基礎が後に述べるオリンピックでの日本選手の活躍につながったことは明白な事実であろう．

23.5　子供の泳力

子供の泳力について述べるには，初心者指導から文部科学省学習指導要領にあるように，学校教育で目標とされている泳力とスイミングスクールなどで英才としてトレーニングしているエージグループ水泳選手に分けられる．

平成 11 年度における全国のプールは屋外屋内プールすべてで 41,850 あまりあるという．これは，世界でも類をみない普及率であろう．そのなかでも学校（小，中，高）におけるプールの普及率は約 70 ％をこす．プールの普及率と泳力とは相関するといわれている．

沖縄県における小学校は 211 校，中学校 123 校，高校 47 校の計 381 校（121,978 名）で，プールの有無と泳力を調査した．その結果，図 23.9 のようにプール設置校のほうが各学年を通じて男女とも泳力が高いことが判明した．一方，未設置校においても近辺に海のある学校では比較的泳力が高い傾向にあることも認められた．このように，学校を含め泳ぐ環境の有無に大きく左右されていることがわかった．また，1960 年代以降全国各地にスイミングスクールが広まり，当初は小学生が学校体育の授業だけでは泳力が十分に育成されないことを理由に父兄が児童をスイミングスクールに入れる，いわゆる水泳の塾化現象が起こった．最近の調査によると，都市部で人口 50～100 万人での幼児・児童のスイミングクラブ入会の普及率は 25 ％近くにもなるとい

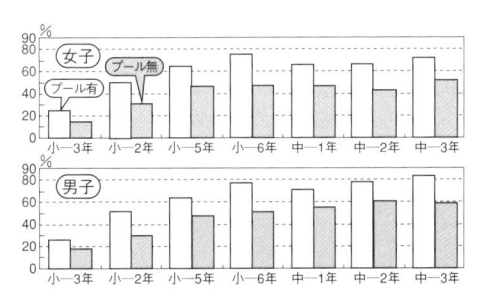

図 23.9　プール設置校と未設置校の泳力差（泳力：25 m いずれかの泳法で完泳できる者）

う．このように，スイミングスクールで年間を通じて泳ぎを学ぶ児童の泳力は学んでいない児童と比較して当然高く，平均1年6か月で四泳法（クロール，背泳ぎ，平泳ぎ，バタフライ）をマスターしている．これに対して，スイミングスクールに入っていない児童は現行の文部科学省体育指導要項では年間10時間くらいの水泳授業が一般的で，そのくらいの時間数では当然泳げるようになる児童は少ない．スイミングスクールの普及が子供の泳力をさらに向上させたことは疑いのない事実である．さらに，四泳法をマスターした子供はその後，競技水泳へと進む．第二次世界大戦後，アメリカの水泳が戦前の日本の活躍にとってかわったのは，エージグループの選手育成の成果であるといわれている．

遅ればせながら，日本も東京オリンピック（1964年）以後，アメリカのエージグループの成功にならい，スイミングスクールで選手育成を始めた．その成果はたちまち現れ，全国各地から優秀な選手が育った．以前は水泳選手の不毛の地といわれた秋田（長崎宏子選手，ロサンゼルスオリンピック200 m平泳ぎ4位），北海道（田中雅美選手，200 m平泳ぎ2000年世界ランキング2位），新潟（中村真衣選手，100 m背泳ぎ2000年世界ランキング1位）など，スイミングスクールで育った選手がほとんど全日本代表選手となり，クラブチームが学校体育の部活動選手を圧倒したのは水泳が最初であった．

23.6 エージグループ選手

日本におけるエージグループ選手（8〜18歳）とオーストラリア選手の100 m平泳ぎの最高記録を男女で比較したのが図23.10である．この図からわかるように，年齢が低い時期には日本の選手のほうが男女とも速いが，年齢が高くなるにつれてオーストラリア選手のほうが速い（女子）か，日本選手の記録に近づいてくる（男子）．

オーストラリア選手の2000年エージグループランキングと最もレベルの高いアメリカのそれと比較しても，そのレベルは2000年シドニーオリンピックに向けての選手強化の影響でオーストラリア選手の記録のほうが上回っている．このことから日本選手のエージグループ選手の記録は若年層（8〜12歳）においては世界トップといえよう．高年齢になると

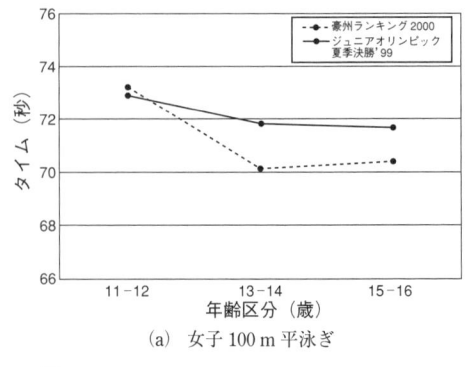

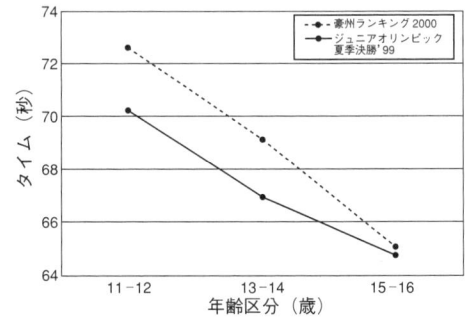

(a) 女子100 m平泳ぎ

(b) 男子100 m平泳ぎ

図23.10 日本とオーストラリアのエージグループ選手の記録の比較

記録が伸び悩む傾向にある日本のエージグループ選手になにか問題はないのか十分考える必要があると思われる．水泳競技は体操競技や新体操などと同様に，比較的早い年齢からかなり激しいトレーニングが可能なスポーツである．その理由として，水中トレーニングが浮力などの影響で成長期の骨の発育にはそんなに悪影響を及ぼさないこと，そして水の抵抗は最大筋力を必要としないことがあげられる．

日本選手は，スイミングクラブ化により，早い時期に成人と同じようなプログラムで激しいトレーニングを行うのに対し，欧米などでは，若年層においてはストロークの完成を主目的に比較的余裕をもって育てている．そして，クラブでの長期的視野に立った練習計画がコーチによって遂行されている．これに対して日本では，中学，高校などの進学時に入学試験という関門を通過しなくてはならない．そこで大半の選手が勉学を選択するという傾向がある．そのような環境でクラブのコーチはできるだけ早期に成果を上げるような考えが主流を占めているのが現状である．今後，日本が国際的に欧米に並ぶには，

系統的なコーチングシステムの確立とコーチ間での協力体制が望まれる．

23.7 マスターズ選手

1964年の東京オリンピック以降，スイミングスクールの普及により，エージグループ選手の育成が最初に行われ，その成果も現れてきた．その後，泳ぎを学んだ子供が成人になり，1980年代から成人での水泳教室や選手コースが普及していった．これは，欧米のほうがひと足早くその状況を迎えたが，日本においても成人水泳の普及はめざましく（図23.11），健康水泳，競技水泳（マスターズ水泳）から始まり，最近では，シニアスイミング（65歳以上の人のための健康水泳）やデイケアスイミング（水中歩行を中心とした水泳療法）までその勢いはとどまるところを知らず，「赤ちゃんから老人まで」がプールに一様に集まっているのが現状である．このような背景からマスターズ水泳は全国的に広まり，全国でマスターズ大会が行われ始めた．1983年に第1回全国マスターズ水泳が開催されてから1999年第16回にはおよそ6,000名近くの水泳愛好者が集まり，盛大に行われている．図23.12に25〜99歳までの年齢区分の男女100m平泳ぎの世界記録と1999年に開催されたジャパンマスターズの記録を比較した．この図からわかるように，男女とも世界記録に非常に近い記録で泳いでいる．特に，男性80〜84歳，85〜89歳，女性75〜79歳の世界記録は日本人のものである．日本人は高齢になるほど世界との差が小さくなる傾向にある．先のエージグループ選手では若年層（8〜12歳）のほうが記録が良く，マスターズ選手では逆に高齢者のほうが世

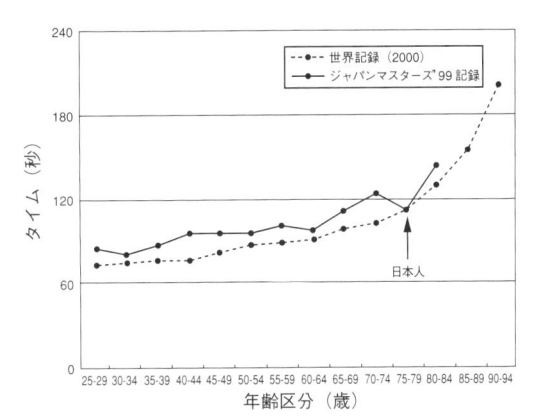

(a) 女性100m平泳ぎ

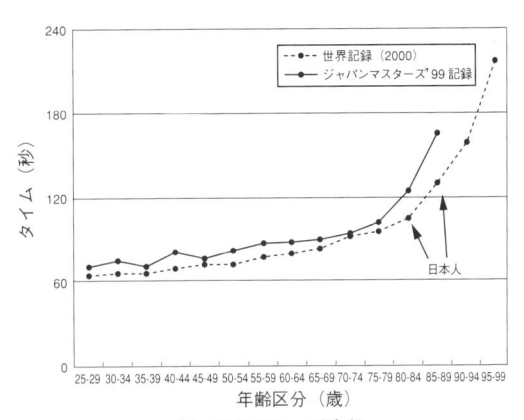

(b) 男性100m平泳ぎ

図23.12 男女100m平泳ぎの世界記録（1999年）とジャパンマスターズ記録との比較

図23.11 マスターズ水泳大会での一こま かなり高齢者が参加している．

界に近いという特殊な現象が日本選手にはみられる．

高齢者での好記録の傾向は，水泳の一般人への普及と日本人が高齢になっても比較的元気で生涯スポーツとしての水泳を競技の分野まで楽しむ傾向にあることがあろう．日本人の水泳はまさにあらゆる年齢層の人に，陸上運動が無理な人でも，水の浮力，抵抗などの利点が水泳に参加させていることがあげられよう．今後，日本人がさらに水環境の改善やあらゆる人々（障害者を含めて）の指導法の確立などにより国民皆泳傾向になると予測される．

23.8 新水泳（フィンスイミング）

新水泳という言葉はまだ聞きなれていない人が多いと思う．この水泳はフィンを使用しておもに脚のキックにより前進するもので，手の使用は自由であ

る．近代スポーツの歴史は科学の進歩とともに発展してきた．たとえば，陸上競技の棒高跳のポールは戦前は竹製で，あの有名なベルリンで日本の西田，大江選手が跳んだのは 4 m 25 cm であった．それが戦後のグラスファイバー製のポールにより記録が伸び，6 m をこえ，現在世界記録は（1999 年）6 m 14 cm にもなった．競泳の 100 m の世界記録は 48.21 秒で，やっと秒速 2 m をこえるようになった．

新水泳では 100 m 33 秒 65 で秒速約 3 m で泳ぐ．これは，時速にすると毎時 10 km で走足のジョギングに相当する．現在ロシアのスコルジェンコ（Skorjenko）選手が世界記録（50 m アプニア 14 秒 55，2001 年秋田ワールドゲームズ）をもっている（図 23.13）．このスポーツは胴長で短足の日本の選手には有利と思われる．フィンをつけることにより脚に大きな負荷がかかるので，短い脚で強い筋力をもつ日本人は比較的大きいフィンをコントロールできるのではないかと思われる（図 23.14）．最近では，イルカのように 1 つのフィン（モノフィン）を使用している．このフィンの技術改革において日本は特に熱心な国で，ハイテク分野は他国の追随を許さない．このハイテク分野での成果いかんによっては記録も樹立，過去の水泳王国日本をよみがえらせる水泳の一つといえよう．

23.9 競　　泳

前述のように，戦前の日本人の競泳の泳力は水泳王国といわれたほど，世界のトップとして君臨した．戦後，東京オリンピック（1964 年）を境に日本は徐々に世界に水をあけられていった．しかし，ミュンヘンオリンピック（1972 年）の田口信教選手（100 m 平泳ぎ），青木まゆみ選手（100 m バタフライ）の金メダルをはじめとし，ソウル（1988 年）の鈴木大地選手（100 m 背泳ぎ），バルセロナ（1992 年）の岩崎恭子選手（100 m 平泳ぎ）らの活躍は特筆すべきであろう．

図 23.15 は競泳における 100 m 自由形の記録の推移を日本記録と世界記録の比較で表したものである．男性において世界で最初に 60 秒を切ったのが 1921 年アメリカのワイズミューラー（Weissmuller）で，58 秒 6 である．日本人では高石が 1925 年に世界から 4 年遅れて 59 秒 4 で 60 秒の壁を破った．その後，世界記録，日本記録ともにほとんど変わらず，1935 年にはその差が 1 秒以内にまで縮まったが，その後，現在に至るまで徐々にその差が広がりつつある．世界記録は 1976 年にすでにアメリカのスキ

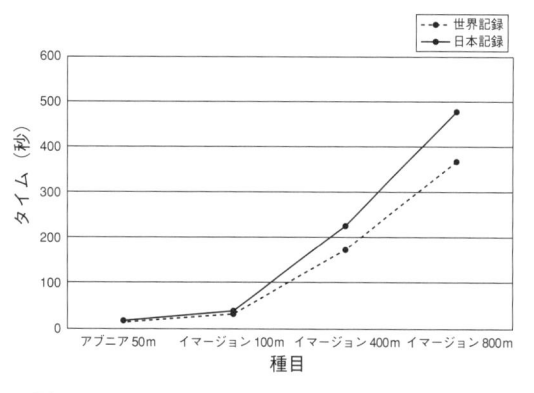

図 23.13　フィンスイミング世界記録と日本記録の比較（男性）

図 23.14　フィンスイミングの水中フォーム
　　　　手は使用せず，限りなくイルカに近い泳ぎである．

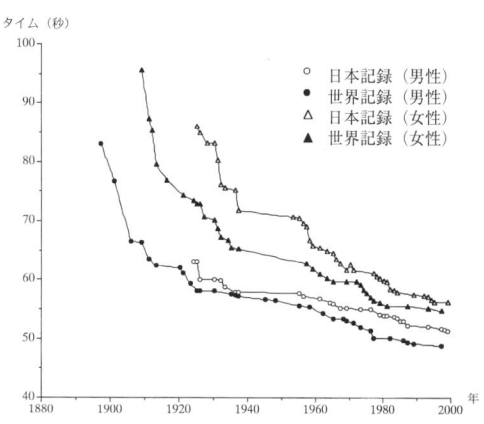

図 23.15　100 m 自由形における世界記録および日本記録の推移

表 23.1 世界ランキング 100 位以内に含まれる日本人の人数（1998 年 10 月現在）

種目	距離	日本人の人数（男性）			日本人の人数（女性）		
		100 位以内	50 位以内	10 位以内	100 位以内	50 位以内	10 位以内
自由形	50 m	1	1	0	1	1	1
自由形	100 m	1	0	0	3	1	1
自由形	200 m	6	3	0	5	3	0
自由形	400 m	5	2	0	6	3	0
自由形	1500 m	4	1	0	5	4	0
背泳ぎ	100 m	9	2	0	8	6	2
背泳ぎ	200 m	6	0	0	8	8	2
平泳ぎ	100 m	7	2	0	6	4	0
平泳ぎ	200 m	7	4	0	5	3	1
バタフライ	100 m	4	3	1	6	4	1
バタフライ	200 m	6	2	0	9	7	1
個人メドレー	200 m	7	4	0	4	3	0
個人メドレー	400 m	6	2	0	6	3	1
合計人数		69	26	1	72	50	10
平均人数		5.31	2.00	0.08	5.54	3.85	0.77

ナー（Skiner）によって50秒の壁が破られているが，日本ではいまだに破られていない．一方，女性においては，1962年オーストラリアのフレーザー（Fraser）が59秒5の記録を樹立し，日本人では山崎が1977年に59秒90で初めて60秒を切った．また，女性の世界記録と日本記録の差は徐々に縮まる傾向がみられる．

図からもわかるように，日本記録，世界記録ともに伸び率こそ減少しているがいまだに伸び続けており，今後さらに記録が向上していくものと考えられる．

表23.1と図23.16は現在の日本記録と世界記録を表したものである．100 m自由形男性の現在の世界記録（1999年）はロシアのポポフ（Popov）の48秒21，日本記録は伊藤の50秒68で，4.9％の差がある．この男性の世界記録のスピードはスタートとターンのスピードを補正しても秒速2 mくらいになる．一方，女性の世界記録は中国の楽の54秒01，日本記録では源の55秒49で，2.7％の差がある．前述したように，女性のほうが男性よりも日本記録が世界記録に近いといえる．

世界ランキングの100位以内に含まれる種目ごとの日本人の人数を表23.1に示す（合計13種目）．100位以内では男性合計69名（1種目平均5.31名），

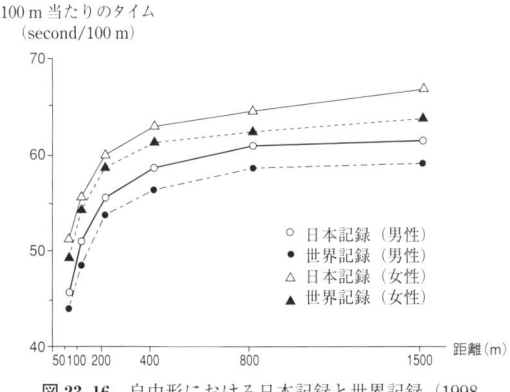

図 23.16 自由形における日本記録と世界記録（1998年10月現在）

表 23.2 世界ランキング 100 位以内に含まれる人数（男女区別なし，2,600 名中）

順位	国	人数
1	アメリカ	739
2	オーストラリア	209
3	カナダ	170
4	ドイツ	144
5	中国	141
6	日本	141
7	イギリス	127
8	イタリア	98
9	ロシア	93
10	スペイン	64
11	フランス	63
12	オランダ	45
13	南アフリカ共和国	44
14	ルーマニア	43
15	ハンガリー	42

女性合計72名（1種目平均5.54名）と男女にそれほど差がないが，10位以内になると男性は合計1名（1種目平均0.08名），女性が合計10名（1種目平均0.77名）で女性のほうが世界のトップに近い傾向がある．

　表23.2は世界ランキング100位以内に含まれる人数を国別に比較したものである．1位はアメリカの939名，2位はオーストラリアの209名，3位はカナダの170名となっている．日本は6位の141名で，アメリカのわずか19.1％の人数であった．

［野村武男］

文　　献

1) Bestford, P.（1971）Encyclopadia of swimming, St Martin Press.
2) 藤　四明（1984）水連創立60周年記念誌，（財）日本水泳連盟，広研印刷．
3) 月刊スクールサイエンス，**305**，47，2000.
4) 現代体育・スポーツ体系14巻，競泳・飛び込み・水球・シンクロナイズドスイミング・日本泳法，講談社，1984.
5) 磯谷誠一（1988）肥後踏水術「習水口傳集」の特色とその中にみる安全遊泳．佐賀大学教育学部研究論文集，36.
6) Masters world records（2000）http://www.fina.org/recordshome.html
7) 宮畑虎彦（1987）スポーツ大事典「日本泳法」，pp. 927-930，大修館書店．
8) 野村武男（1999）水泳競技選手の高所トレーニング，臨床スポーツ医学，pp. 549-533.
9) 野村武男（1987）マリンスポーツのはなしII「新水泳」，pp. 113-119，技報堂出版．
10) Nomura, T.（1978）Maximal oxygen uptake of age-group swimmers. 体育学研究，**22**（5），301-309.
11) 野村武男（1985）水泳の授業を見なおす，体育教科書，pp. 18-20，大修館書店．
12) 白山源三郎（1975）図解日本泳法：12流派の秘法，日貿出版社．

24
日本人の歩容

24.1 はじめに

a. 活動・行動の原点である歩行の由来[1]

直立二足歩行は人類の特徴である．人類の起源は約500万年前にもさかのぼる．宝来 聰は現生のヒトと類人猿のミトコンドリア内のDNAの全構造を比較した結果，人類と古代の類人猿とが分岐したのは490万年前という結果を導きだした．1992年，人類の祖先としては最も古い440万年前の猿人とみられる化石，ラミダス猿人がエチオピアで日本の諏訪 元やアメリカのホワイト（White）らによって発見された[1]．腕や歯の特徴から森林のなかで生活していたと推測されている．脚の骨は見つかっていないが，発見されたほかの化石類から，立って歩いていたと推測されている[1]．

b. 動物のロコモーション

1） 四足動物の場合

（1） 地上に並行移動する犬，猫などの四足動物の四肢動作の順序は，後方交叉型，または一般型である．すなわち，右前肢→左後肢→左前肢→右後肢の順序で移動する．重心加重は前肢が大．

（2） その他の例：ロリスの樹上四手歩行，キリンやラクダにみられる同側を同時に移動させる対側歩．

2） 霊長類の場合

i） 樹上移動 樹上で身体を並行移動するだけでなく，頭をもち上げ，地球の重力に逆らって身体を地上面より垂直にし，木に登るという行動ができる．したがって，霊長類のほとんどは四足動物とはまったく異なる移動様式で，前方交叉型である．すなわち，ロコモーションは左後肢→右前肢→右後肢→左前肢の順序である．前肢，後肢における体重配分は後肢加重が大となる．真猿類のニホンザルの場合，樹上，地上いずれも活発に活動する．

ii） ブラキエーション 真猿のなかでも高等な類人猿（テナガザルは典型的）は手の第2〜5指を屈曲させて，その手を枝にひっかけ，枝から枝へと渡って移動していく，腕わたり（ブラキエーション）を行う．軽量のチンパンジー，ゴリラ，オランウータンなども腕わたりを行う．

iii） ナックルウォーキング チンパンジーのような類人猿は通常4脚移動および後肢の足裏と手の指関節で歩く．これを蹠行またはナックルウォーキングという．

iv） その他の例 メガネザルの二足跳躍．

3） ヒトの場合

形態は直立二足歩行に適したものに進化してきた．前肢は解放され，後肢はロコモーション専用となった．たとえば，足では拇指対抗性が失われ，踵も全身の重力を担うにふさわしい強度のものとなった．下肢筋も抗重力筋が発達した．前肢の解放は道具の使用を可能にし，脳の発達を促進させることとなった．

c. 歩容に関する用語[2]

1） 歩 容

歩容とは字のごとく，歩く容（かたち），歩行する様（さま），歩きぶり，歩き姿である[2]．英語では歩行をwalk，またはwalkingといい，歩容はgaitに相当する．意味はKenkyusya New Dictionary of English Collocation — Katsumata —によれば，gaitは「歩きぶり，足どり」と示されている．

2） 歩 行

英語ではwalkに相当し，「徒歩，散歩，歩き方」という意味である．Ambulationはwalkに近い意味

であるが，ambulatory animals（歩行動物）などで用いられており，動物の移動に用いられる．

3）ロコモーション（locomotion）
身体の移動動作を総称したもの．

4）ウォーキング
ウォーキングはカタカナ英語であるが，近年は健康のために行うスポーツの一種として歩行を通称ウォーキング，またはエクササイズウォーキングとして用いるようになった．

5）1歩（step）
たとえば，右踵接地から左踵接地までをいう．

6）歩行のサイクル，歩行周期（walking cycle），重複歩（stride）
たとえば，右足の接地，左足の接地から再び，右足の接地までを1サイクルと見なしている．

7）歩幅（step length）
ストライド長または1歩の長さをいう．また，歩行速度を歩調で割って出すこともある．

8）歩調（cadence，walking rate）
① 歩行の調子，行進の足取り，② 行動の様子，足並み（『広辞苑』），③ 歩行のリズム．
単位時間当たりの歩数．歩行のテンポを表す単位として，歩/s，歩/min，回/s，またはサイクル/sがとられる（step frequency）．

9）歩行速度（walking speed）
通常，1秒間または1分間に何歩歩いたかをm/s，m/minで表す．歩行速度は対象者の身体のサイズや体重，また服装，履物によっても変わるが，日本人の成人の普通の歩き方の歩調は，100歩/min程度である．

10）歩行指数（index of walking）
人間工学の分野の研究で用いられる作業環境評価法の一つ．ある一定の作業を遂行するための必要歩行の距離を総計したもの．

11）ストライド（stride length）
右の踵が着地してから，さらに右の踵が着地するまでの距離．

12）散歩
気晴らしや健康のために，ぶらぶら歩くこと．散策（『広辞苑』）．

13）競歩
スポーツ競技としての競歩はまだマイナーな存在であるが，オリンピックの種目でもある．競歩の定義はいずれかの足が常に地面から離れないようにして前進することである．オリンピック選手であっても競技中にはやる気持ちが抑えられず，この基本的な定義が守られないで違反してしまい，失格の宣告を受けることがよくある．勇み足で，浮き足だってはいけないのである．

14）その他の歩行に関する用語[3]
古い文献でみられた歩行に関する用語を以下に記す[2]．

歩態：歩容と同義語．
正歩または正常歩：自然歩行の正しい歩き方．
挙股歩またはもも高歩：軍隊歩行でみられるような，脚を高く，大きくあげる歩行．
急歩：急いで歩くこと．
大股歩：大股で歩く．
慢歩：だらだらとした歩き方．
強歩（ごうほ）：自由に自然な歩き方で長距離を歩く運動（約5〜15 km）．
摺足：足を床や地面にするようにして，静かに歩くこと．また，その歩き方．

本章における歩容は歩行やウォーキングを包括した意味と解釈して，日本人の歩容の内容を展開する．

24.2 歩容の解析[2,4〜7]

実験的に行われる歩容の解析は，いわゆる歩行解析法として知られる身体各部の関節移動の記録と解析を行う運動学的分析法（kinematic analysis）と，歩行動作を起こす源を筋電図やエネルギー消費量などから解析する運動力学的解析法（kinetic analysis）がある．野外の自然歩行に関しては，歩行状況，環境などをふまえた動作観察法（movement observation）がある．

a. 歩行動作の合理性

ヒトの動作には多くの合理性が含まれている．その最も顕著で基本的な動作は歩行動作である．人類の直立が物理的に不安定であるにもかかわらず，絶妙なバランス機構を内在させ歩行動作を長く行うことを可能にしている．足や手でみられる振り子運動はエネルギーの節約となる．また脚の振り方向と手

振り方向の対称性は互いの振り方向におけるエネルギーの打ち消しを行い，歩行運動の直進性を容易にしている．これは，両手で荷物などをもつと，体の回転軸が増すことで手の振り作用の有効性を知ることができる．

幼稚園の園児のなかには緊張して手と足の同側を振りあげ，身体まで振りを大きくしながら行進する者がいて，微笑みを生じる場面に出くわす．

また筋活動において，上肢筋，下肢筋ともに，振り子運動に伴う主働筋と拮抗筋の動作交代のシステムがリズム的になされ，疲労の遅延がなされる．

猫を高いところからほうり投げると素早く地面に四肢を下にして着地する姿勢反射は前庭迷路機構による．これは身体のバランスをとるのに重要である．また，緊張性頸反射，緊張性腰反射などの各種動作に内在する反射運動も歩行運動をはじめとする運動・動作の合理性に寄与している．人間の歩行運動はよく考えてみると，実に複雑な機構であり，姿勢反射機構と合理的な運動形態の支援がなければ直立歩行運動の継続は不可能である．

b. 歩行のバイオメカニクス

1) 歩行時の筋活動

歩行時の筋動作は通常振り子様式であるので，筋活動もいつも動作しているわけではない．すなわち，歩行周期の一部だけ瞬間的な動作をリズミカルに展開している．おそらく，この瞬間的な筋活動の切れのよさが次動作の駆動性や再現性を増し，望ましい，疲れない，経済的な歩容を生み出すことになろう．平足立脚相（着地）前半と遊脚相（離地）のときに下肢筋の多くが動作する（図24.1）．

歩行にかかわる主要筋の動作については以下のとおりである．

前脛骨筋：全体的に軽度に働く．踵の着地の前から動作し，遊離相で足の背屈をする．

下腿三頭筋：立脚時に動作，特に，爪先が離れる寸前に大きく働く．

大腿直筋：遊脚相前半に間欠的に動作．

外側広筋：遊脚相後半に動作．

大臀筋：拇指球の着地時と離地時．骨盤の屈曲と回旋の制限．

拇指外転筋：拇指球の着地時．

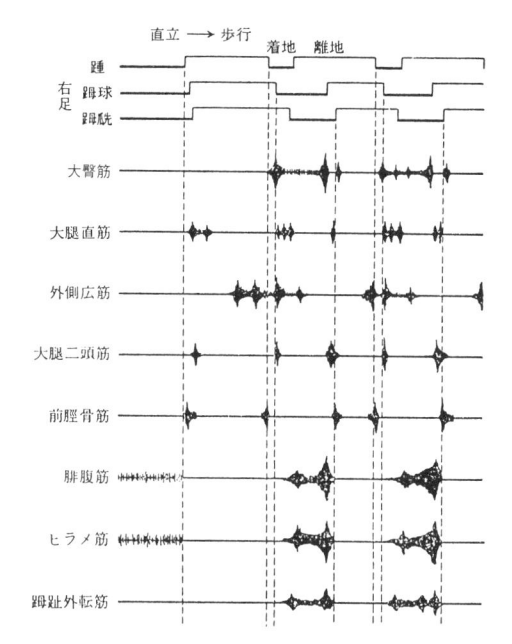

図 24.1 正常歩行時の下肢筋の働き方（近藤, 1979)[3]

大腿二頭筋：爪先離地時．

股関節外転筋群：内転作用のコントロール，体重心の左右揺れを防ぐ．

股関節内転筋群：着地前後に動作．左右同時着地時に骨盤を安定位に保つ．

背筋群：歩行周期全体に軽く，着地時はやや強く，左右交代に，体の前後揺れを抑制するように働く．

全体的にみると，地上に垂直に下肢を保持しているときは，抗重力筋の下腿三頭筋が持続的に動作する．下腿三頭筋を除けば，他の筋の多くは着地，離地の移行期に強く動作している．

2) 重心の移動

歩行時の重心移動は前方進行方向だけでなく，上下左右と揺れながら進行している．上下方向の揺れは1サイクル中に2回起こる．その振幅波は成人で約 4.5 cm の正弦曲線である．頭部が最も高くなるのは立脚中期，最も低くなるのは踵接地時である．横揺れは1サイクル中に右と左のそれぞれ1回生じる．揺れ幅は成人で約 3 cm の正弦曲線となる[5]．

これらの結果は実験によって得られるのであるが，実験条件の規制による被験者への物理的，心理的影響を考えれば，自然歩行のほうが，揺れはより小さくなっているものと思われる．

3) 歩行時の足運び

足の運びの重心移動は踵→足底外側部→小指球→拇指球にぬけることが一般的に知られる．高年者では踵踏み込みは弱くなり，足底全体で接地していくぺたぺた歩きになる．踏み込み時は制動的に，離地時は推進的に作用する．

4) 歩行のサイクル（図24.2）

歩行とジョギング，ランニングの決定的相違は歩行は両脚が地上に同時に着地することである．

歩行のサイクルは片脚支持相（stance phase），遊脚相（swing phase），両脚支持相（double stance phase）に区分できる．

(1) 片脚支持相（unilateral support）：歩行1サイクル中，60％を占める．この前半は床面を踏み込む抑制期，後半は足が地面を蹴って推進力を出す推進期である．

(2) 遊脚相（oscillating phase）：後ろからの脚を前に蹴り出す．1サイクル中の40％である．

(3) 両脚支持相（double support）：片側の踵接地から反対側の足尖離地までの期間．1サイクル中の10％を占める．

5) ロコモーションの型

ロコモーションの原型が反射レベルで形成されていることは古典的な研究として知られるシェリントン（Sherrington）の除脳猫の実験，大脳皮質を除去した中脳犬の反射研究などが知られている．また，脊髄カエルにも交叉性の移動歩行形態が存在することが知られている．ヒトの歩行もそのほとんどが反射運動によってまかなわれていることがわかる．

6) 経済速度

一般的には動きの速度が増すとエネルギーの消費量が増えるのであるが，歩行速度の割にエネルギー消費量が少ない場合があり，これを経済速度，または至適速度という．成人女性の場合は約75 m/min，男性の場合は約90 m/minで，これよりも遅すぎても速くなりすぎても不経済となる．歩行速度をしだいに速めると，120～140 m/minで走行に切り替わる．また，この範囲内であれば，歩行も走行もエネルギー消費量は差がない．しかし，それ以上となると，歩行よりも走行のほうが経済的である．

これらの数値はあくまで概算であることを知っておかなければならない．観察したヒトの区分を青年，中年，高年に分け，さらにそれらを男女別に分けた自然歩行の観察では，最も速い青年男性（1,049名）では約90 m/min，最も遅い高年女性（1,029名）は65 m/minであった．

したがって，これらの経済速度も，性，年齢，体力，体格などによって異なる．

7) 歩行と循環機能

心拍数，最大酸素摂取量は運動負荷の増大に伴って増加する．下腿の血流量は100 m/minで最大値を示し，それ以上歩行速度が増しても血流量は減少する．

24.3　日本人の自然歩容[8,9]

a. 今と昔の歩行速度

日本人の自然歩容を客観的に詳細に記した記録として最も古いものは1925年の石川[8]（被験者数373名）の報告であろう．1994年に片岡ら[9]によって行われたもの（被験者数6,432名）と比較したものが図24.3（a, b）である．両者の間には69年の年月差がある．方法は両者とも街頭で自然歩行をしている人に気づかれないようにストップウォッチで歩行速度を測定している．1924年の調査（論文は1925年）の被験者は，調査終了後に年齢や職業などの聞き取りも行い，履物，着物，荷物のチェックを行っているが，それらと歩行との関連は年齢以外は結果にまとめられていない．1994年の調査は被験者数は多いが年齢層区分の判定は調査者の見かけ

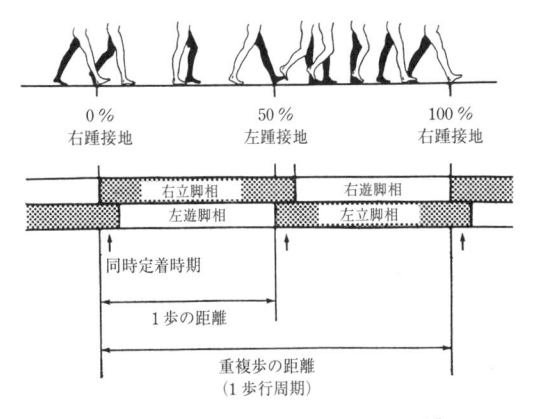

図24.2　歩行のサイクル（中村ら，1992）[5]

	女性	男性	計
青年	1088	1049	2137
中年	1058	1181	2239
高年	1028	1028	2056
計	3174	3258	6432

表 24.1 歩行者の数

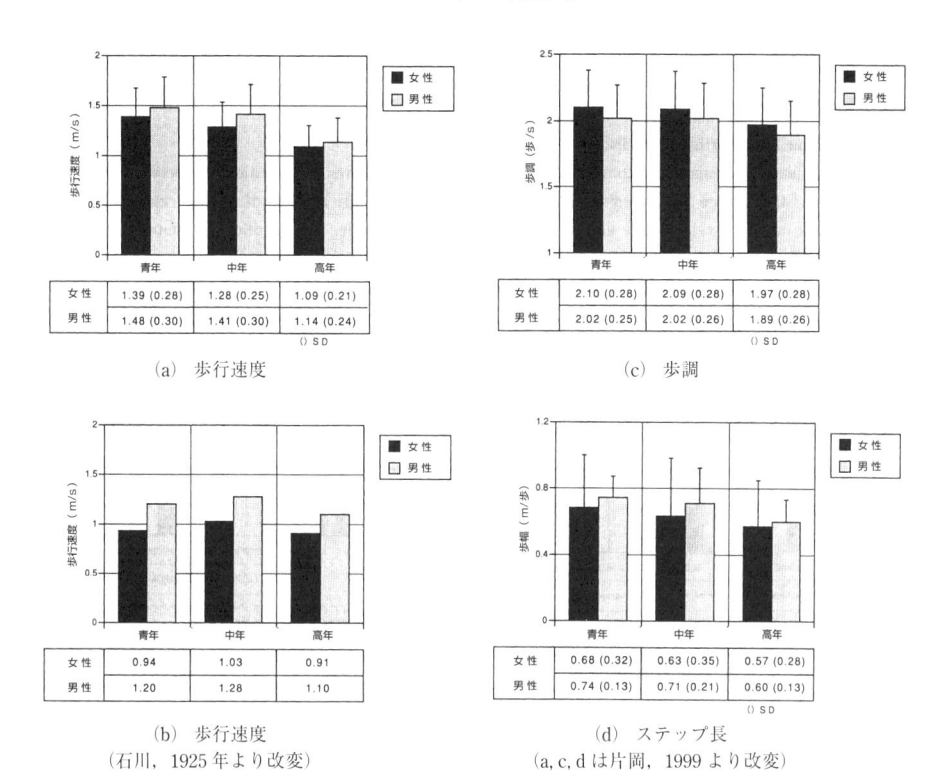

図 24.3

(a) 歩行速度

	青年	中年	高年
女性	1.39 (0.28)	1.28 (0.25)	1.09 (0.21)
男性	1.48 (0.30)	1.41 (0.30)	1.14 (0.24)

(c) 歩調

	青年	中年	高年
女性	2.10 (0.28)	2.09 (0.28)	1.97 (0.28)
男性	2.02 (0.25)	2.02 (0.26)	1.89 (0.26)

(b) 歩行速度 (石川, 1925 年より改変)

	青年	中年	高年
女性	0.94	1.03	0.91
男性	1.20	1.28	1.10

(d) ステップ長 (a, c, d は片岡, 1999 より改変)

	青年	中年	高年
女性	0.68 (0.32)	0.63 (0.35)	0.57 (0.28)
男性	0.74 (0.13)	0.71 (0.21)	0.60 (0.13)

による年齢層区分である（表 24.1）．歩行速度の時代変化に関して，青年は高年よりも，また男性よりも女性のほうが高かった（表 24.2）．そのほかの結果と考察の要約を下記に記す．

1925 年と 1994 年を比較すると，青年男性（72

表 24.2 歩行速度の性・年齢差の有意性

	女性	男性	青年	中年	高年	青年女性	中年女性	高年女性	青年男性	中年男性	高年男性
女性											
男性	***										
青年											
中年			***								
高年			***	***							
青年女性											
中年女性						***					
高年女性						***	***				
青年男性						***	***	***			
中年男性						NS	***	***	***		
高年男性						***	***	***	***	***	

*** $p<0.001$
** $p<0.01$ A*
* $p<0.05$
NS：non-significant

m/min：88.8，1.23倍），青年女性（56.4：83.4，1.47倍），中年男性（76.8：84.6，1.10倍），中年女性（61.8：76.8，1.24倍），高年男性（66.0：68.4，1.03倍），高年女性（54.6：65.4，1.19倍）で，1994年のほうがどの区分においても速くなっており，平均1.21倍であった．どの年齢区分においても男性（平均1.12倍）より女性（平均1.3倍）のほうが速度が速くなっていた．年齢層が若くなるほど速度が速くなっており，青年女性では1.47倍も速くなっていた．

これには以下の4つの理由が考えられる．

（1）体格の変化：67年間のうち，男女とも体格が良くなってきており，下肢長も長くなり，そのため歩幅が長くなったことも影響しているであろう．

（2）測定場所：1925年は岡山K市（おそらく倉敷市）で，1994年は東京，新宿（新宿西口）で行われた．年代の違いだけでなく，測定する場所が都市であること，また，都市における社会的速度の高速化が歩行にも影響していると思われる．

（3）服装の変化：着物，草履，下駄などが履かれなくなり，動きやすい西洋型のスタイルとなった．女性もパンツ姿，スポーツシューズ人口が増えた．

（4）女性の歩行速度が速くなっていることは，社会的な女性の解放が影響を及ぼしていると思われる．社会的地位が向上していけば，上を向いて，大股で歩く女性もさらに増加することであろう．

b. 自然歩行にかかわる諸要因

自然歩行にかかわる要因は多数ある．年齢，性，身体の大きさやプロポーション，体力，遺伝，教育などの生物的および学習要因，履物，服装，装飾品，荷物，ヘアースタイルなどの外装，装飾要因，時代差，地域差，都市化，風土，などの環境要因が考えられる．日本人の歩容もこれらの要因が複雑に融合しているのであるが，なにが他国人と異なり，それらが歩容の変異にかかわるのであろうか．

低身長で短足の日本人は歩幅が短く，せかせか歩きである[10]．文明化現象で，日本人の若者も身長および下肢長の長い人が増えてきてはいるが，世界の文明国の身長は全体的に伸びてきているので相対的には相変わらず下肢長の短い，低身長の特徴は厳然としてある．山崎[11]は身長を170 cmに標準化して他国の白人と比較し，日本人は身長を標準化しても歩行速度を変化させても歩幅が短いという結果を得ている．それによると，1歩につき数cmの差があり，仮に1歩で5 cmの差があるとすると，1分間120歩のペース歩行で，1時間で360 mの遅れをとることになるという．これは，胴長短足であることと，腸骨大腿靭帯が短いため股関節の可動域が制限されることが考えられるという．これをさらに追求したければ，下肢長を標準化して歩容を比べるとよい．

歩幅が小さければ頭部の上下動は小さくなるということからすると，日本人の歩容も時代によって変わっているということが推察されているが，伝統的な日本的歩行とは上下動の小さいしずしずとした歩きを連想する．これを美しく様式化し，芸術化したのが能や歌舞伎の女形にみられる歩行であろう．やや膝を曲げたままで踵から踏み込み，親指で蹴って進む歩行である．ここでは頭部の上下動はない．しかし，日常生活にみられる日本人の歩行は必ずしも美しいとはいえない．座位姿勢の習慣は歩行時にも膝が出てしまい，美的にはマイナスであることが知られている．特に，ハイヒールを履いたときは，膝がさらに出て，腰が落ち，その特徴はより明らかとなる．こうなると，頭部動揺も小さいかどうか怪しくなる．

最近では生活環境も西洋化されてきているので，正坐などの座位姿勢をとることも少なくなってきてはいるが，西洋的な颯爽とした美しい歩き方ができるまでには至っていない．これは，歩行教育がほとんどなされていないことによるのだろう．

さらに今や少数派となっているが歩容に影響する着物，草履などの着用も日本人の特徴といえよう．

諸要因のなかからいくつかについて，歩行との関係について調査した結果を示す．日本人の調査結果だけで他国人の比較が不十分であるが，基礎的な資料であるのでいつの日か他国人の資料との比較に活かされればと思う．

24.4 自然歩行に影響を及ぼすもの

a. 荷物の数や大きさによって歩行速度は変わるか
（図24.4（a））

人類は荷物をもつ動物である．あまり重要でな

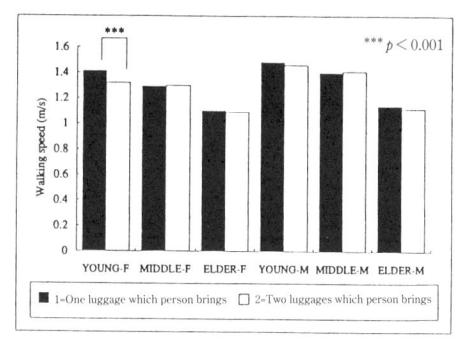

(a) 荷物数と歩行速度の関係
（青年女性に有意な差がみられた）

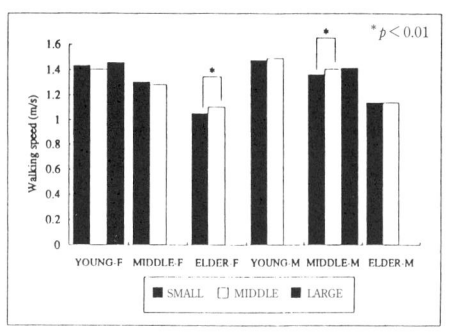

The number of luggages and subjects.

N of luggage	YOUNG female	YOUNG male	MIDDLE female	MIDDLE male	ELDERLY female	ELDERLY male
1	827	851	646	898	615	722
2	222	69	363	92	355	94

(b) 荷物の大きさと歩行速度の関係

The subject number for each luggage size.

luggage size	YOUNG female	YOUNG male	MIDDLE female	MIDDLE male	ELDERLY female	ELDERLY male
SMALL	135	136	514	189	106	129
MIDDLE	671	672	514	663	507	557
LARGE	21	0	0	46	0	0

図 24.4　荷物と歩行（Kataoka ら，1994[9]）より改変）

いものでももち歩くのは四足歩行から立ち上がり，手が解放された人類の手もちぶさたがなせる由縁なのであろうか．

日本人の都会のなかでは荷物をもつ人は女性で97.1％，男性で88.9％であった[12]．この調査は東京とその近郊を走る電車内での調査で，7,800名を対象として行ったものである．荷物をもてば歩行速度にも影響する．

(1) 荷物の数の影響：荷物の数に関しては，荷物数1つの人と2つの人を比較した．青年女性にのみ荷物数2つのほうが歩行速度は低下した（$p<0.001$）．

(2) 荷物の大きさの影響：荷物の大きさを大，中，小に区分し，荷物の大きさと歩行速度の関係をみたのが図24.4(b)である．

中年女性と中年男性において，荷物の小と中の間に5％レベルで差がみられた．

b．服装と歩行速度

同一人物であってもスポーツウェアを着たときと晴れ着を着たときでは行動の仕方に変化が生じることは日常生活の経験からでも容易に想像できる．歩容も着ている服装で異なることが予測できる．歩容に変化をきたす下半身の衣服を対象にした．またそれらの衣服の変化の大きい女性をおもにみた．衣服の調査結果を表24.3に，歩行速度の結果を表24.4に示した．それらの統計的結果は表24.5～24.7である．

1）着ているものは何か（表24.3）

近年は女性のパンツ姿が増えているとテレビが報道していたが，1991年に行われた調査ではスカート派はパンツ派の約2倍の高率であった．パンツ派

表 24.3　女性歩行者の服装（Kataoka ら，1994）[9]

女性	青年（％）	中年（％）	高年（％）	計
ジーンズ	185 (17.2)	49 (4.6)	16 (1.6)	250
パンツ	134 (12.5)	260 (25.0)	333 (32.5)	727
スカート	299 (27.8)	376 (35.6)	449 (43.8)	1124
ストレートスカート	379 (32.6)	336 (31.8)	183 (17.8)	898
着物	3 (0.3)	21 (2.0)	36 (3.5)	60
短いパンツ	48 (0.5)	12 (11.4)	9 (1.0)	69
ユニフォーム	27 (0.3)	2 (0.2)	0 (0.0)	29
その他	0 (0.0)	1 (0.0)	0 (0.0)	1
計	1075	1057	1026	3158

表 24.4 衣服と歩行速度の関係 (Kataokaら, 1994)[9]

(a) 女性 (平均±SD)

	青年			中年			高年		
	n	速さ	歩数	*n*	速さ	歩数	*n*	速さ	歩数
ジーンズ	185	1.41±.26	1.46±.28	49	1.31±.28	1.57±.38	16	1.18±.24	1.68±.38
パンツ	134	1.45±.27	1.50±.22	260	1.34±.79	1.64±.27	333	1.09±.23	1.94±1.31
スカート	299	1.42±.29	1.52±.26	376	1.27±.24	1.66±.27	449	1.08±.21	1.82±.31
ストレートスカート	379	1.36±.27	1.60±.27	336	1.29±.25	1.71±.29	183	1.13±.21	1.83±.26
着物	2	1.11±.16	2.03±.30	21	1.13±.19	1.86±.29	36	1.00±.14	1.99±.20
短いパンツ	48	1.38±.26	1.56±.30	12	1.19±.21	1.78±.24	9	1.28±.19	1.79±.23
ユニフォーム	27	1.18±.29	1.75±.26	2	1.16±.22	1.81±.40			
その他	0			1	1.22	1.79			

(b) 男性 (平均±SD)

	青年			中年			高年		
	n	速さ	歩数	*n*	速さ	歩数	*n*	速さ	歩数
ジーンズ	467	1.48±.29	1.39±.23	73	1.31±.22	1.61±.29	8	1.25±.14	1.63±.23
パンツ	531	1.50±.31	1.39±.25	1106	1.42±.31	1.47±.30	1009	1.13±.25	1.73±.36
着物				1	1.24	1.48			
ユニフォーム	10	1.22±.19	1.66±.16		1.26	2.16	4	1.17±.20	1.64±.11

速さの単位 m/s
歩数の単位 step number/min

表 24.5 青年女性の服装と歩行速度の有意差 (Kataokaら, 1994)[9]

	ジーンズ	パンツ	スカート	ストレートスカート	着物	短いパンツ	ユニフォーム
ジーンズ							
パンツ	*						
スカート	NS	NS					
ストレートスカート	*	***	**				
着物	***	***	***	***			
短いパンツ	NS	**	*	NS	NS		
ユニフォーム	***	***	***	***	NS	***	

*, **, *** と NS は表24.2参照

表 24.6 中年女性の服装と歩行速度の有意差 (Kataokaら, 1994)[9]

	ジーンズ	パンツ	スカート	ストレートスカート	着物	短いパンツ	ユニフォーム
ジーンズ							
パンツ	NS						
スカート	**	***					
ストレートスカート	NS	***	**				
着物	***	***	**	***			
短いパンツ	**	**	NS	NS	NS		
ユニフォーム	NS	NS	NS	NS	NS	NS	

*, **, *** と NS は表24.2参照

表 24.7　高年女性の服装と歩行速度の有意差（Kataokaら，1994）[9]

	ジーンズ	パンツ	スカート	ストレートスカート	着物	短いパンツ
ジーンズ						
パンツ	＊＊＊					
スカート	＊＊＊	NS				
ストレートスカート	NS	＊＊	＊＊			
着物	＊＊＊	＊＊	＊＊	＊＊＊		
短いパンツ	NS	NS	NS	NS	NS	

＊，＊＊，＊＊＊とNSは表24.2参照

はスカート派に対して，青年は54％，中年は45％，高年は55％で，最もスカートを愛用する年代は中年であった．

2）歩行速度が最も速い服装は何か（表24.4）

各年代によって着ている服装の種類が異なるので多少の違いはあるが，パンツ，ジーンズ，フレアスカートなどの動きやすいものは歩行速度は速い．ストレートスカートは動きにくいが，多少の緊張感を必要とするためか，中高年者においては意外と歩行速度が高い．見方を変えれば，体力のある，歩行速度の速い人がストレートスカートを着ているともいえる．

着物着用者は歩行速度は遅く，統計的にも明らかに差がある．

　青年…1位：パンツ，2位：スカート，3位：ジーンズ
　中年…1位：パンツ，2位：ジーンズ，3位：ストレート
　高年…1位：ジーンズ，2位：ストレート，3位：パンツ

c. 履物と歩行

歩行と履物の関係は明らかに歩容に影響を及ぼす．足底と履物の接着面が密な靴などは比較的エネルギーの消費量が少なくてすむが，草履や下駄などの和式の履物ではエネルギー消費量は比較的多くなる．女性の靴ヒールは当然のことながら高くなるほど下腿三頭筋の緊張，エネルギー消費量などが増加し，生体負担が大きくなる．人間工学的には2～3cmのヒール高が望ましい．

1）どんな履物を履いているのか（表24.8）

女性の履物は男性と比べて種類が多いので，服装と同様におもに女性について述べる．女性はどの年代においてもローヒールの靴が高率を占める．特に，中高年者は60％以上を占める．青年女性はいろいろな種類の履物を履いている．たとえば，ローヒール（40.6％），レザーフラット（33.3％），ハイヒール（18.7％），スポーツシューズ（6.5％）である．ハイヒールは青年に多く，高年者は少ない．下駄や草履は全体的には少ないが，加齢とともに多くなる．

2）歩行速度が最も速い履物は何か（表24.9）

　青年…1位：スポーツ，2位：レザーフラット，
　　　　3位：ハイヒール
　中年…1位：ハイヒール，2位：ローヒール，3
　　　　位：スポーツ
　高年…1位：ローヒール，2位：レザーフラット，
　　　　3位スポーツ

女性については，青年のスポーツシューズの項目が最も速く1.43 m/s，最も遅かったのは高年女性の下駄，草履の項目で0.99 m/sであった．青年では履きやすい，動きやすい履物が歩行速度が速いが，中高年ではこの定義はあてはまらない．中年ではハイヒールが最も速い．各履物間で統計的に有意差のあるものは少ない．

3）生活行動と歩行速度（表24.10）

この結果は街頭に行き交う人々の生活行動を見かけ上，仕事，学校，日常生活の3分類に分けて観察した資料からみた．仕事とはオフィスへの行き帰りにみえる人を仕事という分類項目としている．学校も同様である．日常生活はその他である．青年女性の「日常生活」と「学校」間の歩行速度には0.1％，歩幅には1％レベルで差がみられた．

青年男性では「日常生活」と「学校」に歩行速度

表 24.8 履物のタイプ別数と比率（Kataokaら，1994）[9]

(a) 女性

	青年 (%)	中年 (%)	高年 (%)	計
レザーフラット	357 (33.3)	154 (14.6)	326 (31.7)	837
ローヒール	435 (40.6)	670 (63.4)	612 (60.0)	1717
ハイヒール	200 (18.7)	152 (14.4)	17 (1.7)	359
スポーツシューズ	70 (6.5)	53 (5.0)	32 (3.1)	155
下駄, 草履	4 (0.4)	27 (2.6)	39 (3.8)	70
その他	6 (0.6)	1 (0.1)	1 (0.1)	8
計	1072	1057	1027	3156

(b) 男性

	青年 (%)	中年 (%)	高年 (%)	計
レザーフラット	785 (77.7)	1116 (94.5)	970 (94.6)	2871
ローヒール	17 (17.0)	6 (0.5)	6 (0.6)	29
ハイヒール	0 (0.0)	0 (0.0)	0 (0.0)	0
スポーツシューズ	183 (18.1)	52 (4.4)	39 (3.8)	274
下駄, 草履	9 (9.0)	4 (0.3)	9 (0.9)	22
その他	16 (16.0)	3 (0.3)	2 (0.2)	21
計	1010	1181	1026	3217

表 24.9 履物と歩行速度（Kataokaら，1994）[9]

(a) 女性（平均±SD）

	青年			中年			高年		
	n	速さ	歩数	n	速さ	歩数	n	速さ	歩数
レザーフラット	357	1.40 ± .28	1.51 ± .26	154	1.26 ± .24	1.68 ± .28	326	1.08 ± .23	1.86 ± .32
ローヒール	435	1.38 ± .24	1.57 ± .25	668	1.29 ± .53	1.68 ± .28	612	1.11 ± .21	1.86 ± .99
ハイヒール	200	1.39 ± .33	1.57 ± .30	152	1.34 ± .28	1.65 ± .30	17	1.07 ± .24	1.82 ± .26
スポーツシューズ	70	1.43 ± .29	1.50 ± .29	50	1.28 ± .25	1.67 ± .27	32	1.07 ± .18	1.86 ± .25
下駄, 草履	4	1.29 ± .24	1.58 ± .55	27	1.16 ± .19	1.86 ± .29	39	0.99 ± .14	2.01 ± .21
その他	6	1.07 ± .14	1.79 ± .13	1	1.07	1.76	1	1.10	1.94

(b) 男性（平均±SD）

	青年			中年			高年		
	n	速さ	歩数	n	速さ	歩数	n	速さ	歩数
レザーフラット	785	1.48 ± .28	1.40 ± .24	1115	1.41 ± .31	1.47 ± .30	970	1.13 ± .25	1.72 ± .36
ローヒール	17	1.63 ± .16	1.26 ± .17	6	1.48 ± .12	1.55 ± .06	6	1.09 ± .16	1.59 ± .25
ハイヒール									
スポーツシューズ	183	1.54 ± .35	1.39 ± .28	52	1.34 ± .26	1.58 ± .32	39	1.13 ± .23	1.75 ± .31
下駄, 草履	9	1.48 ± .16	1.32 ± .12	4	1.17 ± .20	1.56 ± .11	9	1.07 ± .10	1.92 ± .22
その他	16	1.09 ± .18	1.62 ± .28	3	0.98 ± .21	1.94 ± .15	2	1.15 ± .16	1.64

unit of speed = m/s
unit of step = step number/min

と歩幅に1％レベルで統計的有意差がみられた（表24.11）．

4）主婦と勤労婦人

主婦と勤労婦人に歩容の違いはあるだろうか．イメージとしては家庭と仕事を両立させている女性は忙しそうに歩く姿を，主婦の人はゆったりとした歩き様を想定する．以下の資料は40歳以上の主婦と勤労婦人で観察されたものである（n=300，1979年日本女子体育短大人類・解剖学研究室資料）．また，主婦であるか，勤労者であるかは直接質問をしている．資料からすると，予測どおり勤労婦人のほうが歩数も多く，歩行速度も速いことがわかる．

歩行速度（m/s）…主婦：1.15，勤労婦人：1.25
歩幅（step/s）… 主婦：1.92，勤労婦人：2.05

表 24.10 生活行動別数と比率（Kataoka ら，1994）[9]
(a) 女性

	青年（%）	中年（%）	高年（%）	計
日常生活	627 (15.6)	939 (23.4)	1014 (25.4)	2580
仕事	279 (14.8)	104 (5.5)	13 (0.7)	396
学校	182 (38.4)			182
計	1088	1043	1027	3158

(b) 男性

	青年（%）	中年（%）	高年（%）	計
日常生活	412 (10.3)	296 (7.4)	729 (18.1)	1437
仕事	345 (18.3)	849 (45.0)	298 (15.8)	1492
学校	292 (61.6)			292
計	1049	1145	1027	3221

5) 混雑度と歩行速度（表 24.12）

新宿，渋谷などの駅のラッシュ時の混雑度では，人の移動進行速度は決められてしまい，急いでいる人もそのスピードにあった進行を余儀なくさせられる．また，そのスピードについていけない遅速度者はその時間帯は敬遠することになる．この混雑度とは調査時の通行人の数によって評価した．歩行調査時の前後，2分ずつ，その場を通る通行人の人数をカウンターで数えた．そのうち，最も人数の多かったとき（452人/min）と，少なかったとき（174人/min）の歩行速度を比較した（表 24.12）．性，年齢区分にかかわらず，どの区分においても混雑しているほうが歩行速度は速く，全体的にみても 0.1% の有意差で混雑時の歩行速度は速い．最も速いのは青年男性で 1.6 m/s，最も遅いのは高年女性で 1.01 m/s であった．性，年齢区分別に統計的な有意差をみると，青年，中年では 1% または 0.1% レベルで両者に差がみられたが，高年者は男女とも有意差はみられなかった．これは歩行という最も人類にとって基本的な移動形態においても体力の余裕の有無を反映していることがわかる．

すなわち，自然歩行という行動に対しては，体力的に余裕のある青年，中年は周囲の状況に対応した

表 24.11 各種項目別有意差（Kataoka ら，1994）[9]

		歩行速度 (m/s)	歩数 (step/s)	歩幅 (m/step)
青年女性	shoes	low：sport　NS	flat：low　** flat：high　*	flat：low　NS sport：low　*
	life	daily：school　*** daily：job　*		daily：school　** school：job　**
青年男性	shoes	flat：low　* flat：sport　* low：geta　*	flat：sport　*	flat：low　*
	life	daily：school　** daily：job　NS	daily：job　*	daily：school　** job：school　NS
中年女性	shoes	flat：high　** flat：geta　* high：geta　** sport：geta　*	flat：high　**	flat：geta　** high：geta　** sport：geta　*
	life	daily：job　NS		
中年男性	shoes	flat：geta　* sport：geta　***		flat：low　** low：sport　* low：geta　** sport：geta　NS
高年女性	shoes	flat：low　* flat：geta　* low：geta　** sport：geta　NS	flat：low　NS low：high　NS high：geta　**	flat：low　*** sport：geta　***
高年男性	shoes		low：sport　NS low：geta　NS	flat：geta　NS low：geta　***
	life			daily：job　NS

*，**，*** と NS は表 24.2 参照．

表 24.12 混雑時と非混雑時の歩行速度の比較（Kataoka ら，1994)[9]

混雑状態	青年		中年		高年		計
	女性	男性	女性	男性	女性	男性	
最大	1.42	1.60	1.28	1.43	1.28	1.17	1.32
	**	***	*	***	†	†	***
最小	1.33	1.54	1.30	1.33	1.03	1.01	1.30

unit = m/s

*，**，*** と NS は表 24.2 参照．
† $p<0.1$

表 24.13 時間帯と歩行速度（Kataoka ら，1994)[9]

(a) 女性

		n	歩行速度（m/s）平均±SD	歩数（step/s）平均±SD	歩幅（m/step）平均±SD
青年	1	191	1.54 ±.36 ***	2.15 ±.32 *	.78 ±.64 ***
	2	469	1.36 ±.27 ***	2.08 ±.26 *	.66 ±.14 **
	3	414	1.35 ±.21	2.09 ±.31	.66 ±.24
中年	1	165	1.52 ±.99 ***	2.22 ±1.42 *	.69 ±.19 ***
	2	459	1.23 ±.23 ***	2.08 ±.31 *	.62 ±.51 *
	3	433	1.27 ±.19	2.10 ±.27	.62 ±.07
高年	1	177	1.16 ±.22 ***	2.05 ±.28 ***	.57 ±.09
	2	457	1.07 ±.23 ***	1.92 ±.30 ***	.58 ±.41
	3	393	1.09 ±.19	1.98 ±.27 ***	.55 ±.07

(b) 男性

		n	歩行速度（m/s）平均±SD	歩数（step/s）平均±SD	歩幅（m/step）平均±SD
青年	1	161	1.69 ±.40 ***	2.04 ±.23	.84 ±.22 ***
	2	417	1.40 ±.26 ***	2.01 ±.25	.70 ±.11 ***
	3	433	1.49 ±.25 ***	2.02 ±.26	.74 ±.09 ***
中年	1	302	1.55 ±.40 ***	2.02 ±.22	.78 ±.31 ***
	2	411	1.36 ±.25 ***	2.01 ±.28	.68 ±.21 ***
	3	469	1.36 ±.24	2.02 ±.26	.68 ±.09
高年	1	151	1.18 ±.28 ***	1.99 ±.27 ***	.59 ±.12
	2	454	1.09 ±.24	1.83 ±.27 ***	.60 ±.11
	3	422	1.16 ±.23 ***	1.92 ±.25 ***	.61 ±.15

*，**，*** と NS は表 24.2 参照．
1　10：00〜12：00 am
2　12：00〜15：00 pm
3　15：00〜17：00 pm

行動の微妙な変化をきたすという身体のフレキシビリティが存在していることがわかる．一方，高年者は環境変化に対応した行動の変化はなく，常に一定した速度を固持していることがわかる．

6) 時間帯と歩行速度（表 24.13）

1日の時間帯の違いによって歩行速度は変化をきたしているのであろうか．朝のラッシュアワータイムは人々の歩きはせわしそうであるし，昼間の時間帯はゆっくりしているようにも思える．ここでは，午前10：00-12：00，午後12：00-15：00，午後15：00-17：00 と調査時間を3区分に分けて分析している．

歩数や歩幅は図24.3を参照にして，ここでは歩行速度についてのみ検討する．性，年齢区分のいずれをみても歩行速度は午前中が最も速く，ついで夕方，昼と続く．3つの時間帯は連続しているが，午前中の観察時間がより早く（たとえば9：00頃から）開始し，夕方ももう少し遅ければ（たとえば18：

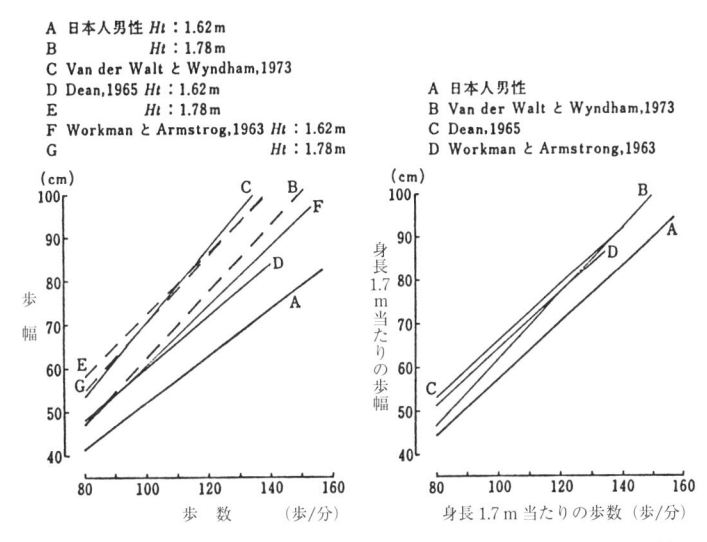

図 24.5　歩数と歩幅（左）および身長 1.7 m 当たりに基準化した歩数と歩幅（右）の関係における国際比較（山崎，1988）[11]
同じ歩数で歩くと，日本人の短い歩幅がより明らかになる．身長の基準化を行っても1歩につき数 cm の差がみられる．

00頃まで）もっと明らかな差が出ることが予測される．午前中と昼の結果間には性，年齢の6区分全部に統計的な差がみられる．すなわち，午前中は速く歩き，午後は速度が落ちていることは明らかである．

7）日本人と外国人の自然歩行に関するその他の資料

以上のように，自然歩行は多くの要因に影響されるので，日本人と外国人の自然歩行を比較する場合には，特に都市化現象などを配慮した比較が必要であろう．

せかせか歩きの日本人はおもに都市の人を観察したものである．同じ東京であっても都心と沿線地とは異なる．路地に入ればゆっくり歩きになるし，バカンスで田舎に帰ればさらにゆっくり歩行になろう．大都市と地方での観察では明らかに大都会で歩行速度は速い[7]．

表 24.14 に示すような自然歩行は代謝測定のためにダグラスバックや排気管を抱えながらの実験をしているので，本当の意味の自然歩行とは異なるのであるが，異なる国の異なる研究者や時代の違いが標準化した歩行定数（体重 1 kg を 1 m 運ぶために必要なカロリー量）で個別的に表示されており，比較

しやすい．ここからは高地であることや，歩行訓練の程度による歩行定数の違いが読み取りやすい．

8）自然歩行に関するその他の報告

東京の数か所（上野公園，茗荷谷，目白など）の屋外を歩いている男女それぞれ 300 人の歩行速度は，男性 1.414 m/s，女性 1.317 m/s であった[14]．

9）外国人の自然歩行に関する資料[15]

ニューヨーク市の歩道通行人 752 名を観察（ドリリス，1961）し，観察終了後，身長，体重，年齢を聞いている．歩調は 1.9 歩/s（112.5 歩/min），歩幅は 76.3 cm，歩行速度は 1.46 m/s．

アムステルダムの歩行者（モーレン，1973）は，成人男性 533 名，歩調 1.79 歩/s，歩幅 77.4 cm，歩行速度は 1.39 m/s，成人女性 224 名，歩調 1.88 歩/s，歩幅 67.1 cm，歩行速度は 1.27 m/s と報告されている．

24.5　歩行の発達と老化

a. 脳内における歩行動作の準備

ヒトの生活行動の基礎は立って歩くことである．個体発生は系統発生を繰り返すといわれるが，歩行以前の乳幼児の移動形態は爬虫類を思わせる床いざり運動，四足動物時代を経過しているかに思える四

肢を動作した移動形式が現れる．やがて摑(つか)まり立ちを経ておぼつかない立位，歩行が成立し，安定した歩行様式を獲得してゆく．

ヒトは他の高等哺乳類と比べると独立した移動能力の出現は遅い．馬も牛もキリンも生まれおちてしばらくすればやがてよろよろと立ち上がり，歩き始める．しかし，ヒトは生まれてすぐには立つことはおろか坐ることも首を横に向けることすらできない．ポルトマン（Portmann）はヒトの長い胎生期間に立ち上がり，歩行するという人類特有の能力が脳に準備されており，ヒトは生理的早産の状態で出生してくるという[17]．それを裏づけるかのように，生後間もない新生児の両わきをかかえて床に坐らせると，まるで歩行するかのように足を交互に動かす動作（stepping movement）が生じる．現実には生まれたての子は歩行などできないのであるが，脳には歩行のプログラムができあがっていることを示唆する．出生後のヒトの運動はさまざまな動物行動を可能としている．魚のように泳いでいたり，ワニのように大地をはうこと，カエルのようにぴょんぴょん跳んだりすることもできる．また，犬や猫のように四足で移動すること，猿のように木に登ることもできる．あまり上手ではないにしてもヒトはこれらの多種多様な運動発現を可能にしている．その可能性を発揮する準備は胎生期に着々と脳で行われている．このため，胎生期には生後直後に立ち上がり，歩くことのできる腕や脚の筋肉や骨の発達は抑えられ，出生以後の脳の進化の可能性にエネルギーやスペースが委(ゆだ)ねられていると考えられる．ヒトの新生児は大きな頭が特徴である．Forssberg[18]は156名の乳児と29名の新生児について脚の筋電図，フォースプレートを使って研究を行いヒトは四足歩行様式のプログラムをもって出生してくることを示唆したのであるが，おそらくヒトは，四足歩行だけでなく，歩行に至るまでの移動動作において，系統発生の順をたどるような脳のプログラムを内在しているのであろう．

スキャモン（Scammon）の成長曲線のうち，神経型については，生後3〜4年間の成長曲線は急カーブを描いて成長する．脳の急激な発達は妊娠中期の胎児期から4歳ぐらいまで続くといわれ，妊娠中期から18か月はグリア細胞増殖期，スパート期の

後半4歳までは髄鞘形成期である．神経線維は髄鞘が形成されて初めて神経衝撃の伝導を機能させることができる．グリア細胞は神経細胞の物質代謝を行い，神経細胞を機能させるのに重要な細胞である．ヒトの大脳皮質の脳細胞は140億あるが，生まれたときはすでに数だけはそろっている．この脳細胞を働かせるには脳細胞間のネットワークである樹状突起を張りめぐらせ，髄鞘が形成されなければ機能しない．

立位し，歩行に至るまでには神経系の成熟と筋や骨などの運動器の成熟を待たなければならない．

b. 新生児期，乳幼児期に出現する反射

新生児期には多くの反射系機能が活発に出現する．乳幼児に至り，脳が発達し，抑制作用が出てくるとこれらの反射はしだいに現れなくなり，漸次随意的にコントロールする運動が多く出現してくる．反射運動は初め，生命にかかわる探索，吸引などの反射運動が出現する．やがて自分で立ち，歩けるようになるための調整機構準備ともいえる数々の姿勢反射が現れ，やがてそれらの多くは消失してゆく[19]．

新生児には脊髄系の探索反射，吸引反射，手掌と足底の握り反射がみられる．緊張性手掌握り反射は新生児では一瞬ではあるが，自分を宙吊りにするほど強く握ることができる．生後12日頃が最も強く，以降この反射は弱まり，4か月頃には発生頻度は少なくなり，生後1年で消失する．緊張性足底反射は，新生児1,000名中984名は屈曲反応をする．6か月から12か月の間に消失する[20]．足の裏をさすると足指を広げるバビンスキー（Babinski）反射は生後1年頃までみられる．その他，舌の下顎後退，眼の角膜反射，まばたき反射などがある．脊髄系の反射は局所的な身体部位の反射運動が多いのであるが，脊髄−橋系の反射であるモロー（Moro）反射，緊張性頸反射などは全身で反応する姿勢反射である．モロー反射は身体の姿勢が急変したときなど両手足を伸展させ，何かにつかまろうとする反射である．たとえば，背臥位の乳児をしだいに起こして急に手を離す動作をすると，乳児は反射的に手足を伸ばして何かにつかまろうとする．緊張性頸反射は，頭部が回旋された側では前肢，後肢の筋緊張が増大し，反対側のトーヌスは減少する．たとえば，右側を向け

ば右上肢，下肢が伸展し，左の上肢，下肢は屈曲する．この姿勢を fencing position というが，他にもこの姿勢は，片方の上肢を伸ばしてねらいを定めるようなスポーツである弓道やアーチェリー，射撃，ダーツなどの基本姿勢にもみられる．

中脳-視床系の反射としては，パラシュート（parachute）反射と頸部立ち直り反射などがある．パラシュート反射は6か月頃に出現し，一生残存する．たとえば，幼児を横に倒すととっさに手を出して身体を支えようとする運動．頸部立ち直り反射は，頭部を横にすると，手も足も同じ方向へ向いてしまう反射運動．6か月頃に現れ，10か月頃に盛んにみられ，2歳頃まで残存する．大脳皮質系の反射では，ホッピング（hopping）反射がある．乳児を支えながら立たせた状態で左右前後に押し倒し動作をしかけると，これに抗して片足を踏み出す姿勢調整のための反射運動である[21]．

c. 歩行までの運動発達

多くの子供たちは1歳の誕生日を迎える頃にはおぼつかない足どりではあるが歩けるようになる．歩き始めは大人の介助が必要である．2歳になるとかなり安定してひとり歩きができる．早産で生まれたり，胎内発育状態の悪い低体重児などは歩行開始の時期は遅れる．また，肥満児よりも筋肉質のやせ型の方が歩行開始は早い．これらの運動機能の発達に影響するのは，どんな親に育てられたか，どんな養育法であったか，など，衣食住と人間環境，すなわち，育てられ方と環境によってその発育発達の質とスピードが変わってくる．

個人によって発育の幅はあるが，歩行に至るまでの子供の運動の発達を概観してみよう．

1か月頃： 生まれて1か月しか経たない乳児は内在する動物体としての運動衝動に加え，主として快，不快の動物的な感覚から反射的な身体運動を引き起こしている．おむつが濡れたり，汚れたりすると泣き，お腹が減ると泣く．また，物理的な刺激が加えられ身の危険を感じるような場合も大泣きする．すべてが満足な状態で眠気がさすと，にーと微笑むような表情をしたりする．

よく目覚めていて機嫌のよいときは顔の表情もいきいきし，手足をぐるぐるまわしたり，左右の肢を交互に屈伸させたりなど活発に運動する．まだ人見知りはしないので誰が抱きかかえても大泣きをしないが，1か月半には母親の存在と他人とは明らかに異なる表情を全身で表現する．

2か月頃： 腹臥位から頭をもち上げる（迷路性立ち直り反射）．

3か月〜4か月頃： 人見知りをするようになる．母親以外の人が抱くと大泣きをしたりする．首がすわるようになってくるので外出，旅行などにも行きやすくなる．だんだんと首のもち上げ角度が高くなり，頸筋，腹筋，上肢筋が強くなっていることが観察される．

5か月〜6か月頃： 寝返りをうつようになるので危険な場合も生じる．腹臥位から両上肢で上体をもち上げる．座位姿勢は安定してくる．表情も豊かになる．

6か月〜9か月頃： 座位姿勢はより安定し，はいはい，つかまり立ちなどができる．膝を伸ばした四つんばい姿勢ができる．

支持立位に関しては，8か月で約50％の幼児ができるようになる．つかまり立ちは，9か月で約50％，11か月で90％以上の者がおもちゃなどを与えると片手を離して立ち上がり，自力で立位姿勢が可能となる[22]．

10か月頃： つたい歩きができる．

12か月頃： 支えられての歩行から数歩のひとり歩きができる．

2歳頃： 歩行形態としては未熟ながら安定した歩行がかなり長い間できるようになる．階段歩行，ブランコや滑り台もひとりでできるようになる．歩行もできる．立位歩行までの運動の発達は，顔，頭，頸部から上肢，体幹，下肢，足へと発達してゆく．

d. 筋電図研究からみた歩行の発達

山下ら[23]は成人安定歩行と四足歩行様パターンの基本的放電様相をとらえることによって，新生児，乳幼児の原始歩行，7歳までの歩行の発達を解釈している．成人安定歩行の筋電図パターンは踵着地では前脛骨筋に放電がみられ，腓腹筋には放電が消失しているのが特徴であるという．また，四足歩行は着床前に腓腹筋に放電があるのが特徴という[18]．

この2つの特徴パターンから新生児から7歳まで

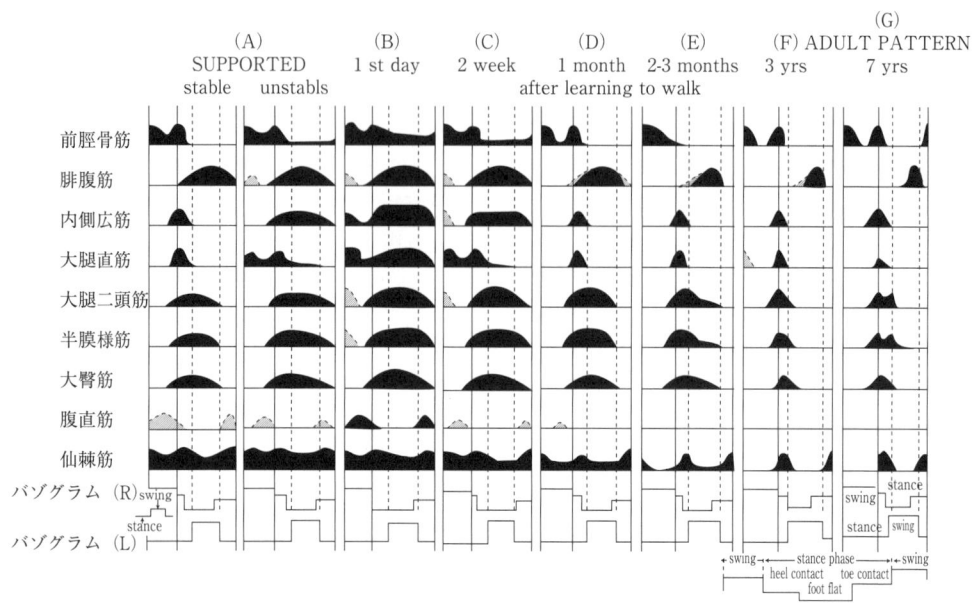

図 24.6 筋電図からみた歩行の習熟過程（後藤，1984）[22]

の歩行実験結果の解釈を以下のようにしている．

　生後2週間： 新生児の両脇をかかえた stepping movement は股，膝，足関節を強く屈曲させ動作をし，着床時には前脛骨筋の放電がみられたところから，成人歩行パターンの内在を示唆した．

　生後1か月の新生児： 着床前に腓腹筋の放電がなかった．このことから二足歩行，四足歩行の両歩行パターンを内在させていると推察した．

　1か月以降の乳児期： 二足歩行よりも四足歩行が優位の内在パターンであった．

　3か月頃： 爪先着地が多くなり，着地前から腓腹筋に強い放電がみられた．これは，独立歩行開始時や乳幼児の走行開始時の筋様式パターンと似ているという．

　つたい歩き時代の幼児をしっかりと支えた支持歩行をすると，ひとり歩きができて2，3か月後の幼児と似た筋電図の放電パターンを示したところから，歩行の未成立は，神経様式はできあがっているが，筋や平衡感覚の未発達によることがわかった[22]．同様な結果は Foressberg [18] によっても報告されている．

　1歳前後のひとり歩き開始時： 腓腹筋放電がみられ，再び四足歩行様式が優位に出現した（不安定期）．

　ひとり歩き開始から2〜3か月頃： 歩行のトレーニングが繰り返されると，腓腹筋放電は不安定，踵踏み切りに変わり，前脛骨筋動作も消失し，幼児型歩行へ移行する（安定期以降期前期）．

　ひとり歩き開始から3〜4か月： 着地前の腓腹筋放電はみられない．しかし，歩行速度が速くなるとみられる（安定期以降後期）．

　1歳頃： 腓腹筋放電はなし．足関節のプッシュオフ動作で歩行速度のコントロールができる（安定期）[24]．

　3歳頃： 歩行は習熟し，着床時は踵踏み切りで前脛骨筋動作を伴う成人型歩行へ移行する．

　3〜7歳： まだ下肢筋の放電に幼児型が存在するので歩行完成への移行期とする．

　7歳以降： エネルギー消費量の少ない，足底のローリング動作（hell strike, foot flat, toe off）を伴う成人型歩行様式が完成する．

　成人の日常歩行時： 足が地面に接している立脚時の後半は腓腹筋が踵の押し上げ，前進力を生み出すために集中的に動作，この間，他の放電はみられなかった[25]．幼い子供の小さな身体に多くの電極をつけての実験は大いなる労苦を伴う．それだけに記録されたデータは貴重である．結果をみると，独立歩行開始時の筋電図の動作はほとんどの筋において

みられている（図24.6）．

独立歩行の特に初期における幼児を観察すると，筋電図で観察された他にも多くの身体部位を不安定にコントロールしながら歩行動作を成しとげている．歩行とは無縁にみえる顔や指先までも動員し，未熟な神経コントロールを懸命に働かせている．それゆえに親たちは歩行運動の達成と習熟の過程を感動をもって見守ることになるのであろう．

e. 歩行の老化

老化に伴う歩行形態の変化としてとらえやすいのは歩幅，歩調や歩行速度の変化であろう．それらは自然歩行の観察（図24.3）結果からも判読できる．それらのいずれをみても青年，中年における数値よりも値は低下している．すなわち，速度の低下，青年者と高齢者では身長差もあるので当然の結果という見方もある．そのため，身長差を補正したり[26]，Murrayら[27]は実験被験者の身長が同じような人を選んでいる．いずれの報告も歩調，歩幅，速度など高齢者は有意に低下をしていた．また，老化に伴う歩行の退行は直線的か，曲線的か，急激に下降する時期をとらえられるのかと研究したものもある．Himannら[28]は289名の男性，149名の女性について，自己ペース歩行（ゆっくり，普通，速い）が加齢に伴ってどのように変化するかを研究した．その結果，普通速度の歩行では，速度が急激に低下するのは男女ともに62歳であった．62歳前の低下率は1〜2％であるのに62歳以降では女性12.4％，男性16.1％であった．63歳以上の年長グループは，19〜39歳，40〜62歳のグループと比較すると，統計的に有意に歩行速度はゆっくり，ステップ長も短かった．

Kanekoら[29]，金子[30]は48歳から82歳の日本女性57名について普通速度と速い速度の歩行について，そのステップ長，ステップ頻度，歩行スピードなどを解析した結果，60歳以降は急激にその値は低下した．50〜60歳代では歩行スピードの低下はステップ長だけが原因であったが，60〜70歳代では，ステップ長の低下は25％，ステップ頻度の低下は10％であった．

小坂井ら[31]は男性1,139名，女性1,128名について通常歩，速度の歩幅，歩調，歩行速度の研究を行っている．加齢に伴う身長の低下を考慮して身長の補正を行った結果の通常歩でも歩行能力低下の屈曲年齢は，男性70歳，女性60歳であった．速歩では，男性72歳，女性60歳であった．

また，山本ら[26]は高齢者（45〜84歳，89名）を対象に実験的な調査，動作解析を行っている．歩行速度，歩調，歩幅に加え，両脚支持時間や力学的な振り子モデル，エネルギー効率などを分析している．加齢に伴う両脚支持時間の延長は不安定な歩行の要因となること，また，歩行時の振り子運動については振り子運動の不完全性から筋活動によって外的パワーを補う．この外的パワーの強い人ほど気持のよい自由歩行が速く，効率のよい歩き方をしていた．また，高齢者は姿勢の分析から後方蹴りのときに下肢関節がよく伸びず，足関節背屈角が減少していた．

加齢に伴う歩行の退行の原因は，筋肉の衰え，筋肉量，速筋線維の減少，体脂肪量の増加と除脂肪体重の減少，小脳および運動単位の機能低下，関節液の減少，関節の柔軟性の低下が考えられる[28]．特に，中高年女性については，筋力，瞬発力，敏捷性，神経筋機能の低下と高い相関を示した[30]．

これらの結果をふまえると，歩行の老化に抗するには，少し歩幅を広げ，脚筋力を使って外的パワーをあげて速度を増し，着地時，離地時は足首を柔らかくする．すなわち，踏み込みは爪先をあげ，踵から入り，離地時にはしっかりと大地を後方に蹴ることを心がけると良いのであろうか．高齢者は歩幅が狭くなるのは明らかなのであるが，これは，渡部[32]によれば，一側の脚の着地局面で身体重心位置を足底面で確保しながら圧力中心を足底部の踵方面から足先方向へ移動させ，多側の脚の足底部に素早く切り替える必要がある．その際，身体重心位置を安全に多側へ移動させるには歩幅をできるだけ狭くすることで安全性の合理性があると解説している．

24.6 健康と歩容

a. はじめに

人類の約500万年の歴史のうち，99％は森で暮らした狩猟採集民であったということから数百万年も歩いて活動し続けているのであるが，人体の形態は物理的にみても直立を維持するにはいまだ不安定

表 24.14 Durig の歩行定数一覧表（真家，1976）[13]

発表者	年代	被験者数	歩行速度(m/min)	$\dot{V}_{O_2}$ (ml/kg·m)	歩行定数(cal/kg·m)	条件その他	
A. Loewy	1897	3	62.0	0.141	0.670	歩行盤	
J. Loewy			60.0	0.112	0.530		
L. Zuntz			55.0	0.118	0.570		
L. Zuntz	1899	1	56.8		0.554	歩行盤	
			98.7		0.653		
			140.1		1.072		
Frenzel	1901	2	66.9		0.527	歩行盤	
Reach			64.0		0.553		
Zuntz	1901	2	76.5	0.111	0.540	歩行盤	$\dot{V}_{O_2}$の値から呼吸商 0.85 で著者が計算
Schumberg			73.5	0.109	0.530		
Durig Zuntz	1904	4	99.6	0.112	0.527	自然歩行	戸外
Caspari	1905	2	139.4	0.225	0.979	歩行盤	Dresden と Berlin を毎日往復している被験者で速度が速い
			131.7	0.206	0.972		
Zuntz	1906	4	60.2		1.636	歩行盤	高山における結果なので値が大きい
Loewy			43.2		1.845		
Lueller			81.2		1.613		
Caspari			76.8		1.643		
Durig	1906	2	99.6	0.112	0.53	自由歩行	平地(Wien)
			65.0	0.135	0.60		
			95.4	0.135	0.64	自由歩行	高山(Sporner Alpe)
			71.9	0.140	0.67		
Durig	1909	4	90.1		0.539	自由歩行 natural walking	道路上
Kolmer			66.3		0.562		
Rainer			87.2		0.567		
Reichel			88.2		0.548		
Brezina	1912	1	74.3		0.462	自然歩行	
Kolmer			75.6		0.575		
			86.0		0.535		
Douglas Faldane Henderson Schneider	1913	1	81.0	0.152	0.739	自然歩行	$\dot{V}_{O_2}$の値から呼吸商 0.85 で著者が計算
			106.0	0.152	0.739		
Frezina Kolmer	1914	2	46.1		0.533	歩行盤	
Benedict Murschhauser	1915	2	75.9		0.507	歩行盤	
			71.5		0.493		
					0.521		
			106.3		0.585		
					0.603		
			144.1		0.932		
					0.945		
Liljestrand Steinström	1920	2	50.0〜75.0	0.107	0.517	自然歩行	
			75.0〜100.0	0.127	0.613		
			＞100.0	0.172	0.830		
			50.0〜75.0	0.101	0.490		
			75.0〜100.0	0.118	0.574		
			＞100.0	0.146	0.710		

(表 24.14 のつづき)

発表者	年代	被験者数	歩行速度(m/min)	$\dot{V}_{O_2}$(ml/kg·m)	歩行定数(cal/kg·m)	条件その他	
Magne	1920	1	63.0	0.119	0.579	自然歩行	$\dot{V}_{O_2}$の値から呼吸商 0.85 で著者が計算
Studer	1926	2	74.1	0.101	0.490	歩行盤	
			83.3	0.092	0.447		
Atzler Perbst	1927	1	60.7		0.531	歩行盤	
					0.587		
石川知福 小河等隆	1931	4	79.8		0.49	自然歩行	円形舗道
			62.2		0.58		
			70.2		0.54		
			70.8		0.58		
奥山美佐雄	1933	1	71.9	0.131	0.64	自然歩行	円形舗道
			60.6	0.127	0.62		
佐々木 隆 照屋常吉 田代芳弘 林 春二 山田高明	1956	3	88.0	0.157	0.763	自然歩行	$\dot{V}_{O_2}$の値から呼吸商 0.85 で著者が計算
		4	94.0	0.155	0.754		
寺元 薫	1957a	2	70.0		0.377	自然歩行	17, 18歳の被験者
			70.0		0.462		
K. K. Youseff D. B. Dill D. V. Freeland	1972	5	～80～	0.090	0.438	自然歩行 砂漠	$\dot{V}_{O_2}$の値から呼吸商 0.85 で著者が計算
真家和生	1976	9	79.7	0.103	0.844	自然歩行 本文参照 夏期・屋外, 舗装路面	
			62.7	0.092	0.838		
			103.8	0.117	0.838		
			85.5	0.109	0.804		
			91.2	0.105	0.799		
			78.0	0.105	0.793		
			81.1	0.104	0.843		
			82.1	0.104	0.824		
			92.3	0.115	0.888		
		11	73.5	0.082	0.708		
			79.3	0.116	0.899		
			98.7	0.125	0.854		
			49.9	0.080	0.836		
			107.2	0.135	1.012		
			84.6	0.103	0.694		
			74.3	0.070	0.625		
			92.3	0.124	0.888		
			94.1	0.130	0.902		
			90.7	0.120	0.876		
			77.1	0.118	0.853		

表 24.15 日本人の1日の歩数（日本万歩クラブ，1978）

職種	調査人数	1日の歩数
新聞配達少年	7	22400
保険集金人	9	14800
高校生	28	9300
大学生	30	8500
主婦	29	6200
ホワイトカラー	11	6000
ブルーカラー	10	5700
OL	21	5500
教師	14	5300
管理職	20	4700
施設老人	17	3300
運転手	7	2700

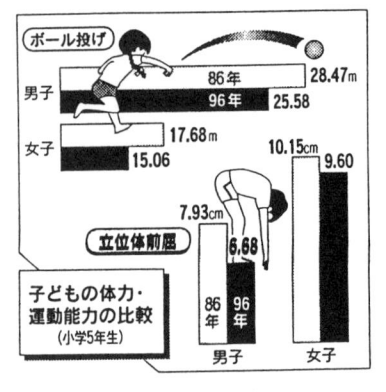

図 24.7 子供の体力低下続く（日経，1997.10.10）

な形であり，腰をずらしたり，膝が痛くなったりしがちである．地球に生命が発生して約40億年，脊椎動物の出現以来約5億年であるから，歩き始めて数百万年の人類という動物は歩行形態をとるにはいまだ歴史的には浅いのかもしれない．戦後50年の生活環境の変化はめざましく，人々の歩行を中心とする生活行動も急激に変化しつつある．たとえば，労働形態も立位歩行を基礎とした全身的な大筋使用の肉体労働から座位姿勢でキーを叩いて1日が終わるような局所筋使用時代へと移行しつつある．身体活動の目安ともなる1日の歩行数について，1993年に厚生省が1万人について調査した結果，男性の平均は7,400歩，女性は6,500歩と報告されている．

また，青木ら（表24.15）は基礎的な体力低下が予測されるほど歩数が少なくなっていることを述べているが，現実に，1996年と1986年度の体力・運動能力を比較すると，子供たちの体力は特に，走，投，跳などの基礎的能力の低下が目立つことが報告されている（図24.6）．歩行も今や意図的に健康を意識したスポーツの一種として扱われる時代へとなりつつあり，健康維持，獲得のためのウォーキングが盛んに行われるようになってきた[34]．

b. 良い歩き方，悪い歩き方，美しい歩き方

良いとか悪いとかは，その目的，用途，時と場所によっても異なる．ステージの上を歩くモデルの歩き方はそれが健康に良いとか悪いとかいったことよりも美的で挑戦的でなければならない．見た目に美しい歩き方，長い距離を歩くとき，競歩のように速さを競う歩き方，荷物をもって歩くときなど，それぞれ望ましい歩き方が存在する．どこを歩くのかによっても異なる．大地の上，ぬかるみの上，水のなか，雪の上，草原，砂漠，さらに宇宙空間での歩き方などによって異なる．同一人物でも，リラックスしたリゾート地での歩き方と宮中晩餐会に招かれたときの歩き方は異なる．また，個人の体格，体構，体力などの形質の違いによっても望ましい歩き方に差異が生じる．

ここでは，著名な生理学者と舞踊家の立場からみた良い歩き方とは何かを述べているものを抜粋した．

1） 生理学者杉靖三郎（1906-）[35]

歩くには正しい姿勢でなければならない．では正しい姿勢とはなにか．正しい歩き方とはどんなものか．"頭をまっすぐに，顎をひいて，胃部をへこまして！"という昔の軍隊式の姿勢のことではない．正しい姿勢は人によって違うが，根本的には共通点がある．

A. H. Steinhans によると，よい姿勢（good posture）とはいつも楽で（easy）疲れないで（non-tiring），動作に応じやすい（ready for action）ことだという．それには3つの要素——身体の構造，生活習慣，および情緒的な問題——が問題になる．現代人は坐ることにかけては，誰もがチャンピオンであるが，歩き方や歩く姿勢に対しては，素人になってしまった．歩くときにも上体は直立のよい姿勢——体をまっすぐに，むりのない状態をたもち，頭は多少もち上げ，前方に視線をおき，胸を多少張って，楽に呼吸できる状態にし，何よりも気分を楽にもつことが大切である——を目標にし，足を同じ歩調で，

長つづきのする速さで歩を運ぶこと．これは誰でもやっていることで，特別なことではなかろう．

歩く速さは，あまり速ければ，しだいに疲れてくるが，ゆっくりすぎてもやはり疲れてくる．人によって速度は違うが，あまり細かいことは考えないで，よい．つまりは"適当"でよい．消費カロリーはRMRで2.5～5.0ぐらい，多少遅くても，速くても，適当刺激の範囲である．1マイル当たりの消費エネルギーは次のようである．ふつうの速さは2～3マイル/hで，5マイル/hではかなり速足である．カロリーだけからは，運動量の適否はいえないことは上にも述べたが，歩行のような全身的な運動では，この総カロリーがものをいうのである．歩行中，脈拍や呼吸数は多くなるが，運動がオーバーにならないための目安としては，運動を止めてから，脈拍や呼吸の回数が10分以内に元にかえればよいのである．ちょうど10分くらいで元にかえるのが，最も適当であるといわれている．簡単すぎるようだが，ガス代謝や心電図その他の精密な測定の結果得られた値なのである．かなり速く歩いて疲れをおぼえ，息がはずみ，心臓がドキドキしても，10分以内に元にかえれば，適正運動刺激であるというわけである．

時間は，ふつうの散歩ぐらいの速さなら1～2時間，時間を短くして20～30分（10分でもよい）にするには，多少大股に速く歩けば，目的を達せられる．また，大勢が一緒に歩くハイキングなどでは，足弱の人を先に立てて，その人のペースに従うことである．男でも太った人は坂を登るとき呼吸がはずみ，心臓が苦しくなるが，そんなとき，やせた人が涼しい顔をして先を急ぐのは，エチケットに反するばかりでなく，"罪悪"でさえある．足というものは，ただ単に体を支えているだけのものではない．足を動かして歩行すれば，足の神経や筋肉が使われるとともに，血液のめぐりが良くなり，全身の循環が新しくされる．また，歩くことは，呼吸とも関係し，そのため横隔膜と内臓とをはたらかせる．

ことに足の皮膚は，下腹部にある内臓（特に女性では性器）と神経的に連なっていて，足が冷えると内臓も充血し，またその反対に内臓に故障があると，足が冷えたり，疲れやすい．このようなことから，歩行によって足に心地よい刺激をあてると，内臓のために，ひいては全身の健康のためにもたいへん良いのである．

2）舞踊家江口隆哉（1900－1977）[36]

美しい歩き方とは，身体を合理的に，上手にうごかしている「正しい歩き」である．そのための10箇条をあげてみよう．

1. 全身の総合運動

……歩くときに，足首やひざから出るのではなく，重心部からおきる運動が，脚のつけ根，もも，ひざ，足首，かかと，爪先という順になるのが正しい．つまり，歩くことも全身の総合運動だということである．

2. 交差性運動

犬や馬が歩くのに，右前足，左後足，左前足，右後足というように対角線に関連をもつ歩き方をするが，これを交差性運動という．……

人間も四足獣と同じ身体つきをしているということで，歩くとき，右足を踏み出せば腕が前へ出る．厳密にいえば，腕の方がやや速く，左腕，右足，右腕，左足となるものだろう．

だから，歩くときは腕を振り出すのがよく，軍隊では肩の真ん中へ手が伸びるようにしたが，ほんとうは，身体の正中線－鼻の線に向かって振り出すのがよく，それはつぎの項目と照らしあわせていただきたい．

3. 一直線上を歩く

……横振れによるエネルギーの消耗をすくなくする正しい歩き方である．

4. ひざとひざの間

……ひざとひざをすれすれに出すのがよい．もし，弧を大きく，足を回して出し，そこでキュッと外輪になおせば，それは「花魁道中」（おいらんどうちゅう）の「外八文字」の歩き方になる．

5. 内輪のこと

……踏み出した足を，まっすぐにしようとすると，どうしても内輪になりやすいから，やや外輪めにして，一直線上に土ふまずが乗るようにする．そのとき，うしろの足も外輪にする練習が必要である．

なお，全身の総合性からいって，胸をひらき，腕も外輪にするようにしなければ，足だけを外輪にすることができない．

6. 体重を前足にかける

……特別の目的をもたないふつうの歩き方は，踏み出してから体重をかけるのではなく，はじめから，胸から，身体から前へ出て，当然踏み出した足に体重がかかるという方が正しい．

7. かかとからつく

踏み出す運動は，身体の重心部からおきて，脚のつけ根，もも，ひざの順になるから，次は足の裏を爪先の方へ踏みしめるので，なんでもないことのようでも，それを怠り，足の裏がなんとなくつくようでは病弱の歩き方になる．

8. 歩く音

かかとをつくとき，靴をはいているなら「カッカッ」と音のするのが良い．儀式のときは別だが，音のしないのや，「パタラ，パタラ」とひきずるのは，身体のわるい人の歩き方である．

9. 靴のへり方

靴底のへり方は，外がわ，まうしろ，内がわ，一つが外がわ，一つが内がわとある．日本人は，90％以上がO字型の脚をしているから，外がわの減るのが多いが，「一直線上を歩く」「ひざとひざの間」「内輪のこと」に気をつけると，なおしていくことができる．理想的には，真っ平らに減るのがいいだろうが，かかとのまうしろが減るようになっても成功のうちである．

10. 歩く速度

子供は速いが老人はおそい．おそく歩くことは，わざと老人になることである．日本の軍隊では1歩の距離が75cmで，1分間114歩だったが，それは，ひざを高くあげての「歩調とれ」の歩き方だから，ふつうに足を運ぶなら，75cm 120歩ぐらいがいいと思う．85cm 150歩とか，こきざみ200歩とかは患者の歩き方である．

（注：……は省略部分）

c. 歩き方指導の変遷

人類における基本姿勢である直立姿勢とそのロコモーション形態は物理的に不安定であるため，背骨，腰，膝などにさまざまな障害も発生しやすい．そのため教育による姿勢や歩行様式の改善はさまざまな障害を防ぐことが期待できる．良い姿勢，良い歩行はバイオメカニクスからみて合理的であるばかりでなく，精神的にも良い気分を導く．戦前までは日本の教育現場において厳しく，細かく指導されたが，戦後は軍隊の訓練イメージを引き起こすことからか，姿勢教育は低迷していた．最近ではエアロビクス運動としてジョギングよりも安全なウォーキングエクササイズが盛んに行われるようになった．スポーツとしてのウォーキング法の指導は普及しつつある．ここでは，約70年間における歩行に関する指導法，また日本で最古の歩行指導法の資料を取り上げる．

1) 1925：二村忠臣「歩行と體育」[37]

「早歩行の法は東京高師校長三宅博士御保存の日本最古の秘伝書の内容であって，……」とあるのでそれを引用する．

「第一節　早歩行の法

……今この法は唐土宋の載宋道人の伝也，予先年故ありてこの法を受得てより，一日に数十里の道を行く事安うして草臥ると草臥ざるにより数日の旅行を心易く往来す．今諸人のため梓にして世に示すといふ．洛下隠士森友吉」

内容の目次とそのうちの数件について，内容の概略を記す．

1. 足数の傳：脈の往くこと一呼に三寸，一吸に三寸，日夜の定息13,500息也．是れ計の漏下する所，人身気血の順行する證明なり．

1. 行歩気持の傳：先ず歩行せんと思はゞ心を正しくして後あるくべし．……気を體に充る様に心がくれば，自然に気にてあるかるゝ也．

1. 足はこび様の傳：大股は悪し．小足にてありき足の土踏まずより向こふの方にて歩くべし．……

1. 歩行（ありき）様の傳：早歩行の大事は片足づつにてあるくべし．先左の足にてありかんと思う時は，左の足を向こふへとふみ出し，右の足は左の足にそろへてふみとめ，又左の足を向こふへふみ出し右の足は左より向こふへ越さず片足ばかりをふみ出すべし．……

1. 歩行養生の傳

1. 息遣いの傳：口をふさぎ，息を内へ引込み鼻より息を出すべし．

1. 目遣いの傳：脇目をふらず只向ふを真直ぐにみて行くべし．

1. 登り坂の傳：人多く登坂に腰をかがむ甚だ悪

し.

　1. 下り坂の傳：下り坂は少し腰をかがむ心もちにて同じく卦門に手をあて下るべし.勿論息を鼻より出し口より息を出すまじき也.

　1. 石多き山道の傳：……只外を見ず,足もとに心をつけ,なるべく石の上を歩くべし.道はやくして怪我をせず,ここにては爪さきより少しあとの方にてあるくべし. 1. 駕に乗る傳　1. 帯刀人道中の傳　1. 袴或は立付を着し歩行の傳　1. 宿に着ての傳

　1. 長旅にて豆出来ず足の裏痛まざる法：是は風呂へ入りやがて休まんと思う時ともし油を紙にしたし足のうらゆびなどにぬるべし.

　1. 旅にて心得のこと：1. 空腹まであるくべからず.食事は時より早く致すべし.勿論大食を致すべからず.少しづつ度々喰うべし. 1. 下帯のゆるみは悪し.……

2) 1942：大谷武一（体育理論家）「正常歩」[2]

正常歩の性格

　1. 上体はまっすぐ,前傾したり,殊更反りもしない.

　2. 頭は真直に保ち,視線もおおむね進む方向へ真直ぐに,極端に視線を下げたり,或いはよそ見などしない.

　3. 腕は十分脱力し,肩甲関節において大きく,肘関節において小さく振れる.

　4. 肘関節は,腕が前方に振れるに連れて少し屈る.この際,腕が最後まで固い棒のようになっているのは緊張の過ぎた証拠である.

　5. 指は脱力の結果,いつも軽く屈がっているか,もしくは軽く伸びている程度がよい.

　6. 腕の振れは,真前でなく,こころもち内方に振れることになる.勿論故意に内へ振るのではない.

3) 1969：奈良岡良二（1936年,ベルリンオリンピック競歩選手）

正歩5原則

　1. 上体をまっすぐにして歩く
　2. 膝を伸ばす
　3. 体重をかかとから足先に移す
　4. 足先を前方にむけて歩く
　5. 腕を前方に振る

4) 1996：厚生省認定健康運動指導者資格取得のためのテキスト[38]

現在のウォーキングフォームの指導内容を記す.
　1. ふだんよりも,やや歩幅を大きくする
　2. 背筋をのばす
　3. 足はかかとからしっかり伸ばす
　4. 足を着く時,膝はしっかり伸ばす
　5. あごを引く
　6. まっすぐ前を見る
　7. 肘を曲げ,腕を軽く振る
　8. 足関節は,過度に内転あるいは外転してはいけない

　良い歩き方,美しい歩き方についても,先に述べたように,目的によって異なる.ステージの上を歩くとき,街を歩くとき,畦道を歩くときとは「良い」も「美しい」も異なる.長い距離を歩くときには膝を伸ばして歩き続けると膝関節を痛めることにもなりかねない.「背骨はまっすぐ伸ばす」のは体力,背筋力程度の如何によっては椎骨,特に腰部を痛める危険もあろう.何日も何日も歩き続けて歩行秘伝を書した洛下隠士森友吉は「気を體に充る様に心がくれば,自然に気にてあるかる、也」と述べている.これは,現在の科学ではこれを解明し,証明するにはむずかしいのであるが,気の心得あるものはまさに秘伝を得た感がするのではないかと思われる.

d. 日本人の歩容

　日本人は欧米人と比べ,身長が低いこと,下肢長が短いこと,足長,足幅が小さいことにより,歩幅が短いことがわかった.しかし,せかせか歩きで歩行速度はアメリカ人より速いという[7].

　服装,履物,測定環境の混雑度,測定した時間帯,生活様式の違いで歩行速度に差が生じた.これらの結果は外国の調査でも同様な結果が出ることが予測される.日本人の生活環境や風土が日本人独特の歩容を形成したと思われる.

　日本人の生活形態が西洋化しつつあるとはいえ,まだベッド生活者より布団生活者が多いこと,近年では椅子式のテーブル使用者が増加しているであろうが,座位姿勢による低テーブル使用者は外国人と比較すると依然として多い.これらの生活形態の差は体型の違いを生みだし,腰,膝,足関節の使用法

にも違いが出てくる．また伝統的な生活形態が身体の形へ及ぼした影響は動作の型にも影響するであろう．特に，訓練をしない，自然歩行や自然動作のなかにその土地や風土に特徴的な動作形態が発見されるであろう．したがって，歩容の様式も日本人独特の形が形成されるのである．

日本の文化にみられる身体表現様式は，能，文楽，歌舞伎，お茶，お花などのように，西洋文化と比較すると，その身体表現は概して控えめ，すなわち，動きの抑えられたなかで感情の表現がなされている．このように抑制された身体表現様式は日常生活にも望ましく受け入れられてきた．歩き方も古来女性は内股でしずしず歩くことが教育されてきたのである．男も女も何事も控えめで慎ましい振る舞いをよしとした．たとえば，現在でもよくみられるように，日本の女性は笑うときに口に手をあてるくせがある．歯を出して大笑いをしたり，口のなかまで見えるほど笑うのは行儀の悪いこととして戒められたのである．歩行も，往来で上を向いて大股で闊歩するような歩き方は特に女性においてはのびのびとできなかったのである．ここでいう古来とは着物着用時代をいうが，着物のすそがはだけることもあったのであろう．

戦後，日本女性も服装やヘアースタイル，職業の選択など社会的に解放されたとはいえ，控えめ型の行動をしている人のほうがいまだ生きやすく，好ましく思われているのではないだろうか．スウェーデンやフィンランドのように女性の国会議員が約半数を占めるようになれば，日本女性の歩き方もより颯爽とするのではないだろうか．また，男性も女性も真の国際性が身につくということは，語学だけでなく，動作やしぐさなどの身体表現まで外国人（主として欧米人）と融合するような変化をすることかもしれない．このことに関しては異論もあろう．動作の融合，国際化は日本的動作を否定することかもしれない．欧米人型の歩き方が美しく合理的であれば見習うのもよいが，日本人の歩容は教育がほとんどされていないこと，体力低下をしてきていること，さらに将来，未来に希望がもちにくくなっている社会的状況も反映し，青少年の歩容は一層虚弱化してだらしなくなっている．

1997年11月10日の朝日新聞の一般投書欄に，夫婦で歩いたスリーデーという記事が載っていた．「日本人は，腰を折り，顎を前にせかせか歩く人が多く，外国人は，背骨を伸ばし，大地を踏みしめ，力強く歩く人が多いことに気づいた．恐らく幼少時から，家庭や学校で姿勢や歩き方を指導され，それが文化となっているのだろう」．3日間の歩き続けた観察から述べられたものである．ラフカディオ・ハーン（Lafcadio Hearn）やモース（Morse）が日本人の歩行を見たときとあまり変わっていないのではないかと思われる．戦後50数年にわたる日本人の生活様式の変化は急激であったが，それらは形の変化にとどまり，長く続いたその国の生活文化のなかに溶け込んだ人の自然動作は物の形のように簡単には置き換えられていないようである．歩くという簡単な動作も教えられればその場ですぐに変えられるものの，習慣的に変化するのは教育と明るい未来が見えてくる社会的環境，自然的環境が重要である．

[片岡洵子]

文献

1) 馬場悠男・高山 博（1997）人類の起源，イミダス特別編集，p. 27, pp. 101-1112.
2) 大谷武一（1941）正常歩，目黒書店.
3) 近藤四郎（1979）足の話，p. 101, 岩波新書，岩波書店.
4) 佐藤方彦（1971）人間工学概論，pp. 141-146, 光生館.
5) 中村隆一・斎藤 宏（1976）基礎運動学，pp. 284-310, 医歯薬出版.
6) 山崎昌廣（1983）人間工学事典（人間工学用語研究会編），pp. 365-366, 日刊工業新聞社.
7) 山崎昌廣・佐藤陽三（1990）ヒトの歩行―歩幅，歩調，速度およびエネルギー代謝の観点から―. Anthorop. Soc. Nippon 人類誌, 98 (4), 385-401.
8) 石川知福（1925）自然歩行に関する統計的研究. 労働科学研究, 第2巻.
9) Kataoka, J., Suzuki, M., Shibata, S. and Sakamoto, K. (1994) Observation Study on Natural Walking in the Tokyo Metropolitan. Annals. Physiol. Anthrop., 13 (5), 219-231.
10) 佐藤方彦（1988）日本人の体質・外国人の体質―世界の人々とくらべてみよう―, pp. 155-159, 講談社.
11) 山崎昌廣（1988）日本人の歩行，日本人の生理（佐藤方彦編），pp. 138-153, 朝倉書店.
12) 片岡洵子・西沢尚子・早弓 惇・Kataoka, J., Nishizawa N. and Hayami, A. (1991) 日本人の荷物の種類と持ち方―電車内での観察から― The Kinds and Holding Style of Baggage on Japanese Passenger in the Train. 日本女子体育大学紀要, 22, 119-131.
13) 真家和生（1976）東京大学理学部人類学研究室所蔵論文.
14) 足立和隆（1995）ヒトの歩行のテンポ―比較動物学の立場から. 体育の科学, 45 (1), 12-17.
15) マージョリー・H・ウーラコット，アン・シャムウエ

イ・クック編（矢部京之助監訳）（1993）姿勢と歩行の発達―生涯にわたる変化の過程―, p. 314, 大修館書店.
16) 大柿哲朗（1992）日常生活に生かす運動処方（青木純一郎・前嶋 孝・吉田敬義編）, p. 18, 杏林書院.
17) アドルフ・ポルトマン（高木正孝訳）（1964）人間はどこまで動物か, p. 433, 岩波新書, 岩波書店.
18) Forssberg, H. (1985) Ontogeny of human locomotor control 1. Infant stepping, supported locomotion and transition to independent locomotion. *Exp. Brain Res.*, **57**, 480-493.
19) ロバート・M・マリーナ, クロード・ブシャール（1995）事典 発育・成熟・運動（高石昌弘・小林寛道監訳）, 大修館書店.
20) Albraechet Peiper (1999) 乳幼児期の脳の機能―よくわかる乳幼児期の発達（三宅良昌訳）, 新興医学出版社.
21) 桜木真智子（2000）運動の発達, 身体発達（片岡洵子・真塚信生・坂本和義編著）, pp. 196-197, ぶんしん出版.
22) 後藤幸弘（1984）立位から歩行への動作の移り変わり. 体育の科学, **34**(12) 927-933.
23) 山下英明・小川亮恵・後藤幸弘・堤 博美・岡本 勉（1989）新生児・乳児期の原始歩行の筋電図的検討. 臨床脳波, **31**(5).
24) 堤 博美・岡本 勉・後藤幸弘・岡本香代子・山下英明・小川亮恵（1994）臨床脳波, **36**(6), 375-380.
25) 岡本 勉・岡本香代子・岡本恵美・山下英明・堤 博美・後藤幸弘（1993）筋の働きからみた運動としての歩行. 臨床スポーツ医学, **10**(7), 849-856.
26) 山本明美・森本剛史・淵本隆文・金子公宥（1995）加齢に伴う歩行能力の退行―高齢女性の歩行動作と振子的エネルギー効率について. *Japanese Journal of SPORTS SCIENCES*, 14-4.
27) Murray P., Kory, R. C. and Clarkson, B. H. (1969) Walking patterns in healthy old men, *J. Gerontol.*, **24**, 169-178.
28) Himann, J. E., Cumminghan, D, A., Rechnitzer, P. A. and Peterson, D. H. (1988) Age-related changes in speed of walking. *Med. Sci. Sports Exerc.*, **20**(2), 161-166.
29) Kaneko, M., Morimoto, Y., Kimura, M., Fuchimoto, K. and Fuchimoto, T. (1991) A Kinematic analysis of walking and physical fitness testing in elderly women. *Canada J. Sports Scu.*, **m16**, 223-228.
30) 金子公宥（1991）高齢者の歩行運動. *J. J. Sports Sci.*, 730-733.
31) 小坂井留美・下方浩史・矢部京之助（2001）加齢に伴う歩行動作の変化. バイオメカニクス研究, **5**(3), 162-167.
32) 渡部和彦（2001）高齢者の歩行動作のバイオメカニクス―指導のための方法原理を探る―. バイオメカニクス研究, **5**(3), 168-172.
33) 池田克紀（1996）ウォーキングの本, 岩波ジュニア文庫, 岩波書店.
34) 杉 靖三郎（1979）歩行と健康. 体育の科学, **29**, 243-245.
35) 江口隆哉（1979）美しい歩き方. 体育の科学, **29**, 246-248.
36) 二村忠臣（1925）競歩研究健康増進―歩行と体育―, p. 49, 更新出版社.
37) 財団法人健康・体力づくり事業財団（1996）健康運動実践指導者用テキスト, pp. 571-583.

25
日本人の姿勢

25.1 人間の姿勢

a. 身体を保持するための姿勢

ヒトがほかの四足動物と大きく異なるのは，2本の足で立って歩く点である．これによって，頭部，背骨，骨盤などの形が立った姿勢にふさわしいように変化した結果，人間の背骨はS字型の形状をしている．人間の身体的特徴においては，立ったときの姿勢は自然だが，坐ると無理が生じる．坐るためには骨盤を後方へ回転させなければならないが，骨盤が回転すると背骨の下端の仙骨も回転し，背骨はS字形を保ちにくくなるのである．そのため，内臓は圧迫され，背骨にも無理がかかる．

立つと上体は楽だが下肢が疲れ，坐ると下肢は楽だが上体に無理が生じるというのがヒトの身体である．そこでヒトは，生活の各場面で，適宜，身体の補助具としての椅子を用いることで，より安楽な姿勢を追求することになった．

このように，姿勢はその一面でヒトがその身体自身を支え保つための技術である（図25.1）．

b. 社会的場面のなかの姿勢

人間にとっての姿勢は，その人個人のものであるばかりでなく，社会的場面においては，他者との関係を示すシンボルでもある．

人間の姿勢が地位のシンボルとなる，そのことを最も象徴的に示すのが，玉座である．椅子は，王がその権威を示すためのしかけとして誕生した（図25.2）．古代エジプトやギリシャ・ローマにはいく種類かの椅子が存在したが，ローマ文明崩壊後長い間，個人用の椅子は発達せず，椅子は限られた人だけに許されていた（図25.3）．

ヨーロッパで15世紀頃に用いられた椅子も，安楽に坐ることよりは，地位の象徴として儀式的な場面で使うためであった．16世紀には，宮廷貴族階

(a) 人間が立つまでの歴史

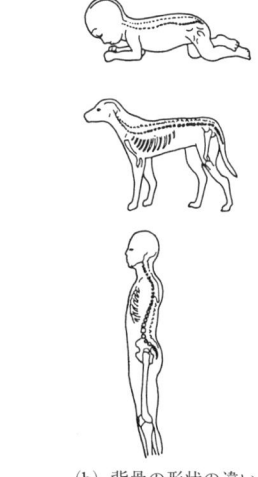

(b) 背骨の形状の違い

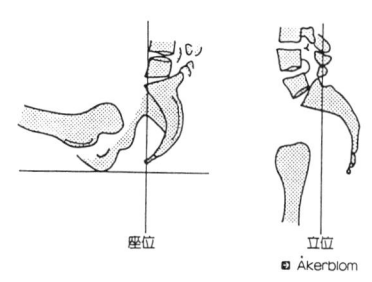

(c) 姿勢と骨盤の動き

図 25.1 人間の姿勢の特徴（小原，1988）[21]

図 25.2 シンボリックな王の姿勢（ルドフスキー，1985）[22]
（スツールの上で王位につくアッシリアの王，ベルレキューヴ記，ベルリン，ドイツ国立美術館）

図 25.3 姿勢が地位の相違を表明する（Mercer, 1969）[23]

図 25.4 西欧の作法では，フォーマルな場には，フォーマルな姿勢が求められた（Thornton, 1984）[24]（A. Vernarin 画．British Library, London 蔵）

有するような富裕な支配階級の人々は，安楽さよりはむしろ威儀を正すための姿勢を示すことのほうが大事であったことが浮き彫りになる．また，一般庶民の人々が，安楽椅子やソファなどに坐り心地の良さを求めるようになるのはさらに遅く，家庭や社会で民主主義が確立してからのことである．

威厳のある姿勢と安楽な姿勢，この2つの姿勢は，ヒトの心身の緊張と解放，あるいは社会と個人といった二面性を示している．

c. 文化的規範のなかの姿勢

姿勢を使い分ける行動様式，すなわち立ったり坐ったり，お辞儀をしたりといった動作には，その社会固有の意味がある．たとえば，欧米では，スピーチを行うときや他人に敬意を示す場面では「立つ」姿勢をとり，あいさつは「立礼」で行われる．一方，日本では他人に敬意を示す場合に身を低くし床に「平伏」する姿勢をとり，あいさつは「座礼」で行われる．

各種の姿勢や動作は規範あるいは慣習として受け継がれ，社会的場面に一定の意味づけを行う働きがある．

級の人々において，姿勢や均整のとれた容姿がきわめて大きな関心事となる．支配階級の人々にとっては姿勢は人間の内面を映しだす鏡と考えられ，胸をはりまっすぐ立つ姿勢でその威光を示そうとしたのである．体型や姿勢や身体的作法に関する多くの規律もこの時代につくられた（図25.4）．そうした緊張から解放されゆったりとした姿勢で坐る椅子が求められるようになったのは，18世紀フランスのロココ時代のことである．

ヨーロッパの歴史をひもといてみると，椅子を所

フランスの社会人類学者マルセル・モース（Marcel Mauss）は，多くの人間の姿勢や動作が，それぞれの文化のなかで型として伝承されてゆくことを指摘し，それを身体技法と名づけた[1]．

d. 行動様式としての歩く文化と坐る文化

「立ったり，椅子に腰掛けたりする」姿勢で生活する文化圏と，「床に坐る」姿勢で生活する文化圏，それは大きくみて人間の行動様式の2つのタイプと考えられる．

山折哲雄は『坐の文化論』[2]のなかで，宗教史・思想史の立場から考察し，ヨーロッパの立像と日本の坐像を例にあげ，直立の文化と坐の文化の相違と指摘する．すなわち，「坐の方法には古くから2つの型がみられ，一つは，地上もしくは床に直接に尻やひざをつけて坐る方法，もう一つは床几や腰掛けのようなものに腰をおろして脚を垂らして坐る方法であり，前者を「平坐（地に坐る）」，後者を「倚坐（ものに倚って坐る）」とよぶ．また，平坐の慣習が，どちらかというと農耕社会により多く見出されるのに対して，倚坐の慣習はどうも北方の遊牧民族が生みだしたと推定される」，としている．このように，生業における行動様式から坐の文化が導かれるとする見解は有力である．

また，こうした人間の行動様式は，人間の思考方法や認識・表現方法にも影響を及ぼすとの指摘もある．

堀 秀彦は『日本人の思考』[3]のなかで，比較文化論の立場から，「立俗の文化」と「坐俗の文化」という対比概念を提示し，「日本的思考とは坐俗的人種の静坐的思考であるといっていいような気がする」と指摘している．

同様に，野中 涼は『歩く文化，座る文化』[4]のなかで，比較文学論の立場から考察している．これによれば，「ヨーロッパの文学者たちは，歩きながら考え，歩きながら話し，歩きながら詩をつくる，という歩行の習性をしばしば示してきた．歩かないまでも，立ったまま読んだり書いたりする例は，非常に多い．日本の文学者たちは，それに対して，たいてい，じっと座って考え，座って話し，座って創作する，という静座の習性を示す．きちんと端座したり，ゆったりあぐらをかいたり，ときには寝そべるようなこともある．意識の集中，精神の緊張，知力の活動が，できるだけ身体の静止状態を要求するように見える」と指摘し，この「運動習慣」と呼べるような対照は，ヨーロッパの文化が論理的認識に優れているのに対して，日本の文化が感覚的認識に優れているなど，認識方法や表現方法の相違にも通じている，としている．

姿勢や立ち居振る舞いの仕方は，人間の身体的な安定を保つ技術であるばかりでなく，精神的諸活動を行う基盤として作用し，人間の文化的な営みを切り開く地平となっている．

25.2 姿勢の分類

a. 休息姿勢や坐法への注目

アメリカコロラド大学の人類学者ゴードン・W・ヒューズ（Hughes, G. W.）は『姿勢の人類学』[5]のなかで，人間の休息姿勢の多様性に注目し，椅子に坐る生活様式の一般化について，否定的な見解を示している．すなわち，「人間の衣類と間違った教育が，本来自由であった人間の姿勢をゆがめてしまった．最も一般的な休息姿勢は，足を組んだ姿勢，跪いた姿勢，しゃがんだ姿勢である」とする．ヒューズによる「坐」の姿勢の図式化によれば，その種類は132に及んでいる（図25.5）．

日本人の姿勢については，医学博士入沢達吉が1919（大正8）年に「日本人の坐り方に就きて」の演題で行った学術講演の記録がある[6]．これによれば，日本人のいわゆる「正坐」の方法は，世界中のどの国においてもみることのできない坐法である．西欧人はいうまでもないが，昔から交渉のあった朝鮮人や中国人も「正坐」とはちがった姿勢で坐る」と指摘している．日本人の貴族や家長などがとった日本流の坐法は「胡坐」であったとしながら，「胡坐」は立つのに不便な姿勢であるから「跪坐」となり，これは長時間になると疲れるのでつい腰を下ろし日本流の坐り方となったのであろうと推察している．入沢による坐法の分類は，3種の「跪坐」を含む12種の坐法からなっている（図25.6）．

b. 建築人間工学における生活姿勢の分類

日本では，1955（昭和30）年頃から建築人間工学が新しい学問として体系づけられるようになっ

25.2 姿勢の分類　　　255

図 25.5　休息姿勢の種類（ゴードン・W・ヒューズ：『姿勢の人類学』の挿し絵）[25]

図 25.6　入沢達吉による坐法の分類（佐藤，1985）[26]
1：正坐，2：蹲踞，3：跪坐，4：跪坐，5：割坐，6：楽坐，7：半跏趺坐，
8：結跏趺坐，9：胡坐，10：箕踞，11：立膝，12：歌膝．

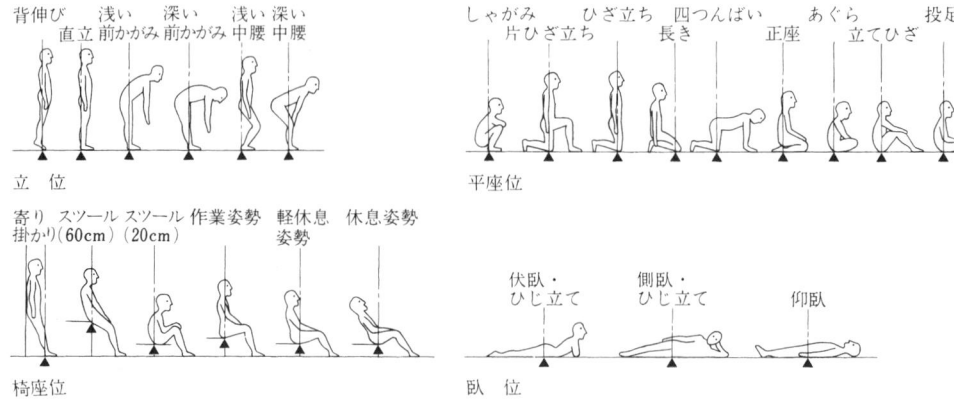

図 25.7 生活のなかでとる姿勢のいろいろ（小原ら，1986）[27]

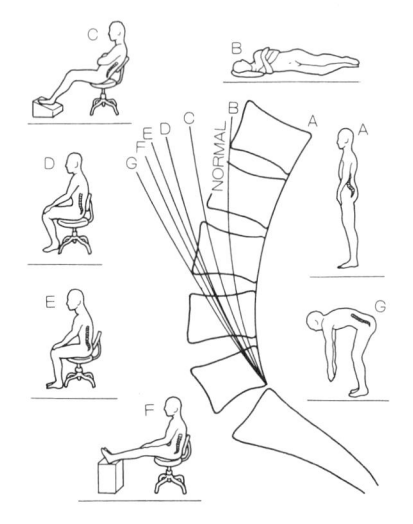

図 25.8 姿勢と腰椎の形状（Kiegan）（小原，1988）[28]

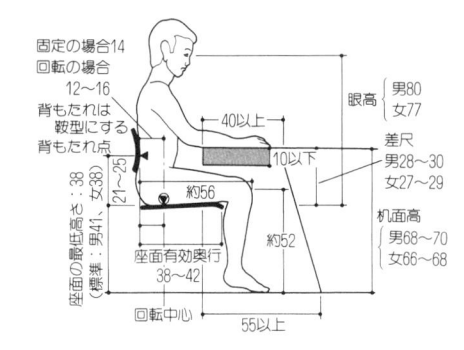

図 25.9 事務用椅子と机の機能寸法（小原，1988）[29]

た．その第1段階は千葉大学工学部建築学科室内計画研究室が中心になり，人体寸法・動作寸法の基礎研究が行われた．第2段階は「建築設計計画のための人体計測の研究」[7]として進められ，第3段階で建築計画のための人体計測の著書[8]がまとめられている．

そのなかで，生活のなかでとられる姿勢は，立位，椅座位，平座位，臥位の4種に大別されている（図25.7）．

c. 建築人間工学における椅子の役割

前に述べたように，人間の姿勢は椅子に坐ると無理が生じる．建築人間工学の考え方によれば，坐った姿勢に無理があるならそれを最小限に止めるなんらかの補助具が必要であり，それが椅子であるとしている．したがって，椅子は人体支持具としての役割をもっている．

人体の骨格の構造は，曲がりにくい部分と曲がりやすいジョイント部分とからなる．曲がりにくい部分とは，頭部，胸部，骨盤，それをつなぐジョイント部分とは，頸椎と腰椎である．図25.8は，姿勢の変化に応じて，腰椎の形状がどのように変わるかを示したものである．

図25.9は，成人男性・女性を対象にした事務用椅子と机の標準的な寸法を示したものである．また，図25.6は，椅子の支持条件に関する実験結果を総合して，設計に応用できるようにまとめたものである．支持面のプロトタイプとともに，典型的な椅座位姿勢が示されている．

d. 椅子の基準寸法における海外との比較

椅子に坐る姿勢に関する海外の寸法基準に注目してみると，まずGrandjeanによる「住生理学（Wohnphysiologie）」の理論体系によるもの[9]があ

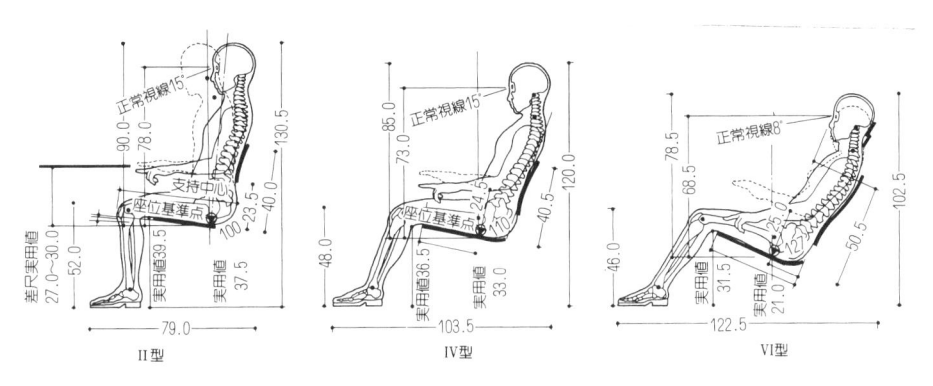

図 25.10 椅子の支持面のプロトタイプ（戸田，1974）[36]

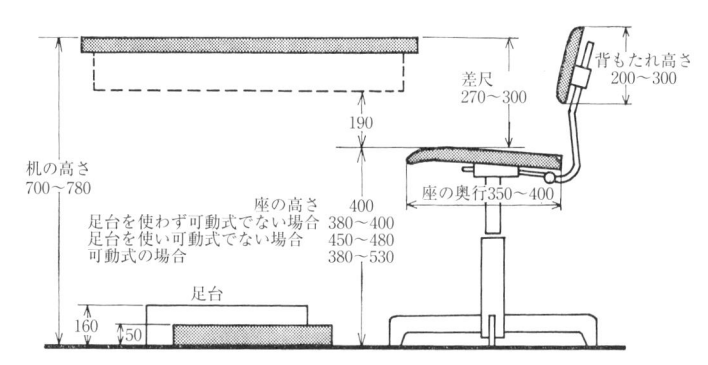

図 25.11 作業用椅子と机の基準寸法（Etienne Grandjean による）（沢田，1981）[31]

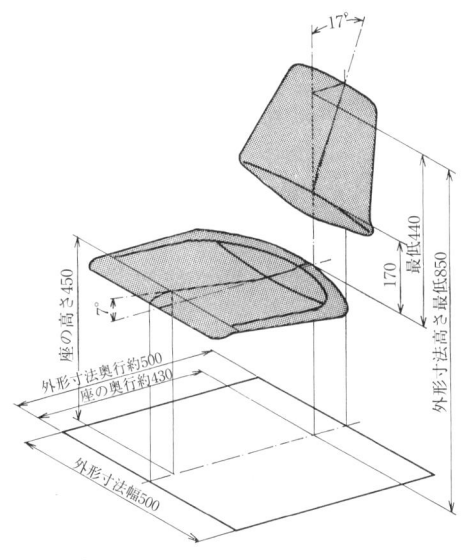

図 25.12 多目的椅子の基準寸法（Etienne Grandjean による）（沢田，1981）[32]

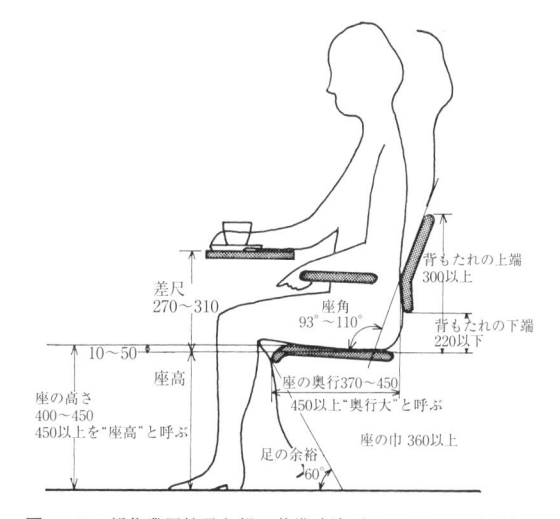

図 25.13 軽作業用椅子と机の基準寸法（メーベルファクタによる）（沢田，1981）[33]

る．ここでは，椅子のタイプを 3 種，すなわち，作業用椅子（事務用），多目的椅子（食事用など），休息用椅子（安楽な姿勢の椅子）に分類している．そのうち，作業用椅子と机の基準寸法（図 25.11），多目的椅子の基準寸法（図 25.12）を示す．

また，北欧諸国の場合には，スウェーデンの家具

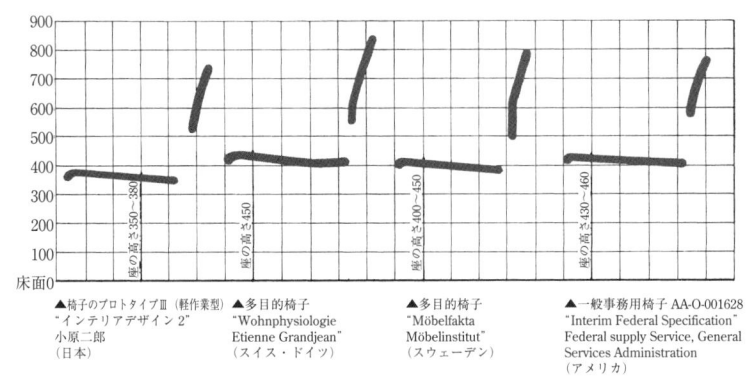

図 25.14　多目的椅子の基準寸法の比較（沢田, 1981）[34]

▲椅子のプロトタイプⅢ（軽作業型）"インテリアデザイン 2" 小原二郎（日本）　座の高さ350～380

▲多目的椅子 "Wohnphysiologie Etienne Grandjean"（スイス・ドイツ）　座の高さ450

▲多目的椅子 "Möbelfakta Möbelinstitut"（スウェーデン）　座の高さ400～450

▲一般事務用椅子 AA-O-001628 "Interim Federal Specification" Federal supply Service, General Services Administration（アメリカ）　座の高さ430～460

研究所の規格であるメーベルファクタ（Möbel fakta）による椅子の基準寸法（図 25.13）がある．加えて，椅子の基準寸法の国際間の開きについてみるため，多目的椅子を取り上げ，日本，スイス・ドイツ，スウェーデン，アメリカの場合の，座と背もたれの形状ならびに座の高さの基準寸法の相違（図 25.14）を示す[10]．

海外の資料と，日本における建築人間工学で用いられている椅子の基準寸法とを比較すると，日本のものがかなり小さいことが明らかで，日本人の人体寸法に適合させた椅子の設計がなされていることがわかる．

25.3　日本人の坐法としての姿勢

a. 床の上の立て膝坐りの世界

日本人の姿勢の祖型としての正坐は，いつどのようにして一般化したのか，この問は誰にとっても興味深く，また重要であるが，実在として残りにくい対象であるだけに，確固とした見解は見出しにくい．姿勢をみる資料には，風俗画や宗教画に描かれた人物，座具や室内形式からの推測，茶道や芸道における坐法，礼法や作法の成立とその内容などが参考となる．

ところで，正坐の坐り方は古来から日本人に継承されてきた，と推測する向きもあろうが，決してそうではない．入沢によれば，「日本人が平常に正坐の坐り方をするようになったのは，江戸時代の元禄・享保ごろではなかったか」としている．興味深いことに，中国人も漢代まで，あぐらをかいたり，正坐をしたりしていたが，六朝時代に西方から椅子が伝えられ，室内で靴をはき腰掛ける坐法が一般化した．朝廷の儀礼の形式も椅子（胡しょう）を用いて行われるようになり，その形式は日本にも伝えられた．しかし，日本人の姿勢としては一般化せず，結局は，古来からの床面に接して坐る低い姿勢の坐り方に戻ってしまった．

正坐が成立する以前，床の上で日本人はどのような坐り方をしていたのか，こうした資料としてよく引き合いに出されるのが「柿本人麻呂像」である．柿本は万葉の歌人で，平安時代を通じて歌聖としてあがめられた．柿本人麻呂像を描いて本尊として供養（人麻呂供養，元永元年 1118 年以後）するための像が残されている（図 25.15）．この図中の人麻呂は，上畳の上で脇息にもたれて，ゆったりとくつろいだ雰囲気で，歌の想を練っている．注目される下半身の描写は，装束の影に隠されており，脚や腰の形が明確ではないが，左脚のひざを立てて坐って

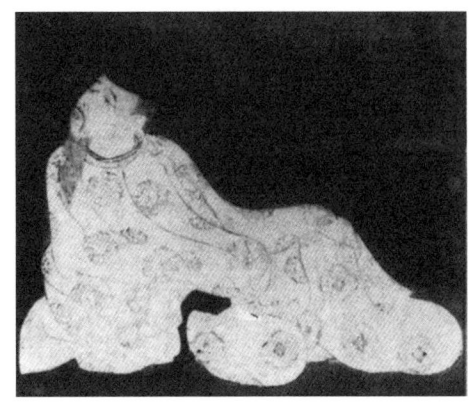

図 25.15　柿本人麻呂像
歌の想を練る場面（詫磨栄賀画，赤星家旧蔵）

図 25.16　対面の場面（源氏物語絵巻）

図 25.17　三美人拳を打つの図（喜多川歌麿画）

図 25.18　京都鴨川ベリの床[35]

いることがわかる．

　12世紀前半期に制作された『源氏物語絵巻』には，公卿の住居を舞台にしたさまざまな場面が描かれている．当時の姿勢を探ろうとすると，その登場人物たちの下半身は裾引きずりの重ねの衣装の影に隠され，その下で自由な脚組みが許されているようにみえる．また同時に，姿勢は場面によって異なり，とりわけ位階の異なる人が同席する場面では，それぞれが異なる姿勢をとる関係がみられる．こうしたなかに正坐もみられ，その姿勢は坐を低くする儀礼の姿勢であるように推察される（図 25.16）．

　一般庶民の風俗を描いた絵画などをみると，さまざまな姿勢の人物が描かれている．とりわけ遊楽の場面では，立膝坐り，横坐り，あぐら，横たわった姿勢など，自由奔放な姿勢が許された模様である（図 25.18）．江戸初期の浮世絵や美人画などでも，姿勢はきわめて多様であり，また，女性に立て膝坐りが多いことが注目される（図 25.17）．

　このようにみると，ある時代まで日本人の姿勢は階層や場面や目的に応じて使い分けられながらも，全般的には変化に富んだ自由奔放で動的な下肢形態の姿勢をとっていたと推測される．

　いずれにしろ，大きくみれば，奔放で自由な立て膝坐りの世界から正装の着座法としての正坐の世界が生じ，日本人にとっての坐法の型となったのはなぜか．これには，禅宗の坐法，そして侘茶の影響が

b. 侘茶の大成と正坐の確立

12世紀頃から日本に禅宗が伝えられ，修行僧は禅宗寺院で坐禅をする生活から仏道を極めようとした．坐禅に用いる結跏趺坐の姿勢とは，臀部を床に接し，両脚を組んでそれぞれの足の裏を返して反対側の大腿部の上に載せる姿勢を指す．このとき，背骨は垂直にし静的で簡潔で安定した上体から，瞑想的な心身の統一が促される．結跏趺坐の姿勢は，明らかに動きを封じた独居の姿勢である．

禅僧は禅堂生活全般を仏道修行の道とし，食作法とともに茶礼・茶儀を重要な作法としていた．わが国茶道の始祖とされる珠光は，大徳寺の一休宗純の門に入って点茶の作法と精神を学ぶ．それは，村田珠光（1423-1502），武野紹鴎（1502-1555），千利休（1522-1591）と受け継がれ，わが国独自の侘茶の大成へと至る．

今日では，茶の作法において，茶を献ずる側も茶を喫する側も正坐に身を正して向かいあう．この正坐は，坐禅の坐りとは，かなり性格の異なる姿勢である．坐禅の結跏趺坐は，ただ1人壁に向かい瞑想のなかで自己に対し続ける姿勢であるのに対し，茶室のなかの正坐は，客と主人とが向かい合い儀礼を行う姿勢で，併せて，茶を献じたり，茶を喫したりする所作に対して即応性と即興性をもった姿勢でなければならない．

しかし，この茶室における姿勢も，当初から正坐と定まっていたわけではない．熊倉功夫は『茶の湯—わび茶の心とかたち』[11)]のなかで，当初は茶室では多くはあぐらをかいていた．それがしだいに茶室が小さくなり，1人が坐る広さも限定されるようになってきたときに，あぐら安座から，片膝たてる姿勢へ変化していった．利休の前後では，茶室で立て膝の坐り方が行われたが，やがて茶道の確立とともに正坐が求められることになったと指摘する．

ところで，筆者は，茶室における正坐の坐法の確立を，広間の茶から小間の茶への，茶室空間の狭小化と関連してとらえたい．すなわち，利休によって大成された侘茶の特徴は，小間の茶室の導入とその作法の確立であった．小間の茶室では，小さな躙口から内部に入る．この身を縮めてくぐりぬける入口によって，下肢を極小に折り曲げる坐の姿勢が導かれる．茶室内部の極小性は，立つことを禁じた膝行・膝退の立ち居振る舞いを促すことにもなる．小間の茶室では主人と客の距離はきわめて近づいており，互いに脚を折り敷き，みずからの体重を脚の上に重ねて大地と一体となることで，互いの心の強い通いあわせが得られる．また，席中で行われるあいさつは，両手を膝前に下ろし，上半身を静かに下げて平伏する所作で行われ，相手に対する敬意ならびに自らの謙譲の意を示すが，脚を折り敷いた正坐の姿勢は座礼を行う基本姿勢ともなっており，立て膝坐りやあぐらでは座礼への身のこなしが符合しにくい．正坐の世界は，自らの身体を律することで精神の集中と相手への礼意を表明する，禁欲的で儀礼的な姿勢を示しているといえよう．

こうして，侘びの茶室のなかで育まれた立ち居振る舞いの型としての坐法であるが，それが広く流布するにはかなりの年月を要したというべきかもしれない．江戸時代は茶の湯が一般庶民に広まった時代であった．しかし，図25.19の茶室は躙口から小間の茶室とうかがえるものの，茶を点てている女性の姿勢は正坐ではなく片立て膝坐りであり，躙口に見える女性の「にじり入る所作」も膝立ての姿勢で，今日とは異なっている．茶室内部での坐法や姿勢も，長い時間のなかで推移しながら，しだいに今日の形式に収束していったと推測される．

いずれにしろ，正坐は茶道や武道などにおける身

図25.19 「茶室」（礒田湖龍画　江戸東京博物館蔵）

図 25.20　「美音」（島崎柳塢画）

体訓練の出発点をなす祖型となり，また，日常的な世界から改まった席や晴れの舞台へと進み出るときの心構えを反映した姿勢となっていった．これが，日本人の生活における最も美しい着座法として一般化することとなった時期は，江戸中期の元禄（1688-1703），享保（1716-1735）頃であったろうと推測されている（図 25.20）．したがって，今日からみて，そう古い話ではないことになる．

こうした正坐が生活のなかの姿勢として一般化する背景には，数寄屋風書院の流れをくむ和室意匠が一般住宅に普及する経緯や，裾ひきずりで前をはだけた着物に代わって，裾を切り詰め胸高に帯を締め前を合わせた着物姿が普及し，今日の着衣の型がつくりだされる経緯などが関連していると考えられる．

c.　茶道における着座法としての姿勢

『裏千家茶道入門』[12]によって，茶道における着座法としての姿勢をみてみよう．「客」の場合の着座法としての正坐は，両膝の間隔を，女性なら握りこぶし1つ，男子は2つほど入るくらいに開け，左足を下に，右足を上にして，親指が重なるように組む．上体は顎を引いて，下腹に力を入れ，肩の力を抜いて，心の落ち着きから出る姿勢をとる．「主人」の場合は，重ねた両方の足が上から圧迫を受けないよう，両股に力を入れて，上半身を支える心構えが大切であり，これによって，左右に両手を伸ばしたときに，自由な働きがとれるようにする（図 25.21）．

足の重ね方によって「正坐」にも種類がある．まず，左右の足先をいくぶん離し臀部を床面に落ちつける最も低い姿勢を「真の坐法」といい，最も確かで安定した坐法であるが動きには即応しにくい．次には，左右の足先を相接して並べ両踵の上に臀部を

前面
「客」の着座姿勢

①前面

①草のお辞儀

②側面

②行のお辞儀

③後面
「主人」の着座姿勢

③真のお辞儀
お辞儀3種

図 25.21　茶道における着座法と姿勢（戸田，1974）[36]

落ちつける形があり「行の坐法」という．さらに，両足先を重ねて組みその上に臀部を乗せる「草の坐法」は着座姿勢のなかで最も重心が高く不安定な姿であるが，同時に，上体の自由な動きを確保した姿勢でもある．茶道における「主人」の坐法としては，この「草の坐法」が取り入れられている．

真・行・草の坐法で実際に坐ってみると，その相違はむしろ上体の形にあることに気づく．真の坐法では上体はいくぶん猫背になりがちであるが，行・草と重心が高まるにつれ，腰骨の部分が前方に押し出され，S字型の背骨の形状による上体姿勢が生じてくる．筆者の茶道における体験からも，膝の間を少し広げ，足先を重ねて坐る正坐姿勢は，下肢への負担を除けば，上体には無理のかからない精神の集中にはきわめて好ましい姿勢である思われる．「正坐に身を正す」といった心理作用はこうした上体の特徴を反映したもので，正坐が各種の芸道や晴れの坐法となりえたのも，正坐の着座姿勢の身体的特徴が精神的活動に及ぼす影響あってこそと考えられる．

25.4 日本人の住まいと起居様式の変遷

a. 和洋二重生活の否定と起居様式への関心

少し話が戻るが，正坐や座礼の立ち居振る舞いが定着するに至った要因として，日本住宅の床仕上げとして畳が一般化したこと，また日本住宅の形式が高床でつくられ，履き物を脱いで床上に上がる習慣を継承してきたことなどとの関係を見逃すわけにいかない．すなわち，正坐や座礼の立ち居振る舞いは，日本人の住まいである「和室」のなかで規範化された「ユカ坐」の起居様式であった．

ところが，海外からの住宅形式である「洋室」が取り入れられるようになると，その床仕上げは板張りやカーペットとなり，椅子式家具が導入される．自ずと立ち居振る舞いも「イス坐」の起居様式へと一変せざるをえないこととなる．床面を身体支持面とするユカ坐の起居様式と，椅子やベッドなどの脚つき家具を身体支持具とするイス坐の起居様式では，立ち居振る舞いや生活姿勢の面で大きな相違がある．

ところが今日，和室と洋室の併用が一般化し，ユカ坐・イス坐の起居様式の混在状況が強まりをみせるなかで，独特の「日本人の姿勢」が導かれてきたといっても過言ではない．

ここでは，ユカ坐，イス坐の起居様式の変遷と，住宅形式の洋風化との関係を振り返ってみたい[13]．

中流住宅を対象に椅子式生活への転換が促されるようになったのは大正末期のことである．当時，住宅内部では和服を着て和室で坐る生活，住宅の外では洋服を着て洋室で椅子に腰掛ける生活をするといったように，和洋2つの生活方式があることを「二重生活」とよび，まず，この不合理な二重生活を改めよとの指摘がなされていた．1920（大正9）年に，生活改善同盟会が示した生活改善の目標は，服装，食事，社交儀礼，住宅問題など広範なものであったが，そのなかの「住宅改善に関する六大綱領」の第1項に掲げられたのが「本邦将来の住宅は漸次椅子式に改めること」の方針であった[14]．これからの住宅形式として，ユカ坐を採用するか，イス坐を採用するかは，日本人の日常生活全般の形式に通じる重大課題と考えられたのである（図 25.22，25.23）．

ちなみに「椅子式に改めよ」とされた理由には，坐式の生活は非能率的で時間を浪費し活動には適さ

図 25.22 日本人の二重生活（北沢楽天による風刺画）

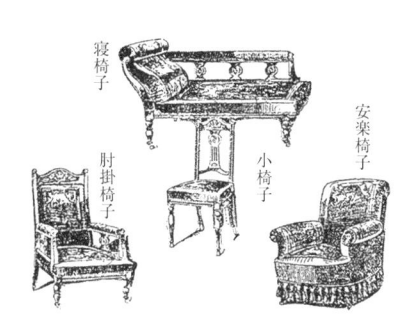

25.4 日本人の住まいと起居様式の変遷

図 25.23 生活改善同盟会が示した推奨家具（住宅家具の改善より）（生活改善同盟会，1927）[37]

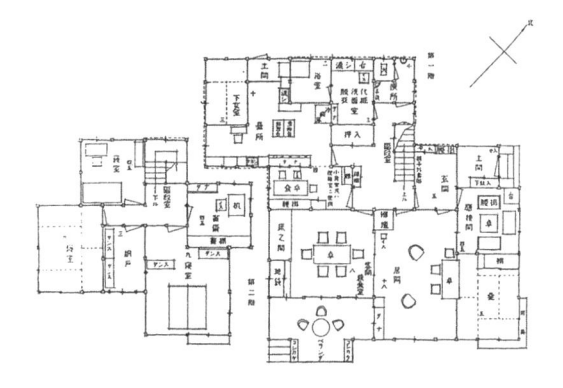

居間（イス坐・ユカ坐の連続部分）

図 25.24 イス坐・ユカ坐を融合するデザイン（藤井厚二設計 第3回実験住宅）（藤井，1932）[38]

ないこと，畳の上の生活が衛生面からも良くないことなどであり，椅子式は世界通有の生活法であり，将来は必ず椅子式が広く行われるのは明らかなので，これを目途と定め，改善の歩を進める必要があるというものであった．

入沢達吉が1919（大正8）年に行った学術講演の冒頭にも，以下の指摘がある．「日本人が日常家庭に居る時には，膝を曲げて畳の上に正しく坐っている．これは吾々五千万の同胞に取っては普通一般のことであって，何等不思議もないことでありますけれども，初めて見た外国人などは，頗る之を奇異に感ずるのであって，世界の珍風俗の一に数えられる位である」．

一方，1923（大正12）年に医学博士高野六郎は，『女性』という雑誌に「女性美の革命期来る」の一文を載せ[15]，次のように指摘した．「現代の女性は何よりも先ずもっともっと大柄で，のんびりと育つ事を要求されている．猫背になり，短く脚を曲げてしまい，そして前屈みに，内輪に歩行する必要は決してない．斯くの如き点を矯正するためには，戸外の自由な運動は最も利益がある．元来，日本の女性は成るべく身を動かさないのを以て貴族的と考え，更に不思議な座位をとる習慣を作りあげた為に，世界中でも有名な体格貧弱者となったのである」．

当時，世界との対比のなかで，日本人の坐法や体格や姿勢に対する疑問が浮き彫りにされ，大きな関心事となっていた様子がうかがえる．

ちなみに，入沢の当時の予測によれば，「坐り方には家屋の建築とか衣服の変化とかが，大に関係しますから今より将来のことを推測することは出来ないのでありますけれども，恐らくは今日の坐り方は廃って一部の人は椅子にかけ，他の部分の人は「アグラ」をかくことになるだろう」としていた．

ところで，実際問題として，日常生活の立ち居振る舞いをユカ坐からイス坐へ切り替えることは，そう簡単なことではなかった．一般の人にとっては，服装の改善が先か，住宅の改善が先かの問題もあった．人間の身体感覚や慣習化された行動からいって，服装，坐り方，部屋の形式は切り離せぬ関係にあったのである．

大正から昭和初期にかけ，中流住宅の形式においては，台所などの作業姿勢が立式へ変わったり，玄関脇に応接間がつくられてここに椅子が置かれるなどの変化がみられたが，日常生活の多くの部分は，和室でユカ坐の生活が温存されていたのである．

また，椅子式生活への転換を詠った指導者たちのなかにも，性急な転換を疑問視し，和室や和風の形

b. 大戦前後の窮状と椅子式家具の導入

昭和初期の束の間の繁栄から敗戦までの時代の流れは，行政の果たすべき役割にも大きな変化をもたらした．1941（昭和16）年，「椅子式生活への転換」を示唆した指導者たちが中心となり，「庶民住宅の技術的研究」[16]の見解が打ちだされた．そこには，「生活方式として便宜上坐式を採用し，居住室のすべてを寝室として転用しえるものとする」との記述があり，事実上，食事と就寝を兼ねた和室による「ユカ坐」が容認されることとなった（図25.25）．

1945（昭和20）年，敗戦によって日本では未曾有の住宅難が生じていた．住む家を失った人々は壕舎やバラックなどを仮の住まいとし，地下道や橋の下にも家のない人々があふれる状況が一般化していた．政府は応急簡易住宅の供給を始めた．しかし，終戦直後の住宅は，総じて，きわめて不潔・不衛生な，やっと雨風をしのぐだけの粗末な住まいであった．ユカ坐の生活にとって，床の不衛生は深刻な影響を与える．畳の生産は滞っており，人々は板張りの床に椅子を用いる簡易生活を志向し始めることになる．

1947（昭和22）年に西山夘三は『これからのすまい』と題した著書[17]を出版した．そのなかで，「住まい様式のうちで最も大きな問題の一つ，古くて新しいそれは，まず第一に起居様式の問題である」と指摘する．すなわち，「戦後の窮状の中では，正統な椅子式生活を行うのは困難であるから，とりあえず，ユカ坐生活を基調とし，その中に最少限必要な椅子を導入する生活が，最も現実性があり含蓄のあるゆき方である」と提言した（図25.26）．また，床材については，畳にこだわる必要はなく，将来は合成樹脂などを利用した工業材料で，清潔性，保健性，保温性，耐久性に優れた材料がつくりだされることを期待したい」とした．

1948（昭和23）年には，婦人雑誌『美しい暮しの手帖』が創刊される．その第3号には，たとえば，建築家柴岡亥佐雄の自邸が紹介されている[18]．そのなかで「私は畳の上に坐らない，つまりベッドに寝て椅子に腰掛ける住宅を，やはり今日の日本の住宅と考えます．タタミが不衛生で，かつ男も女もほとんど洋服を着ている今日，坐るのは不便だということは常識でしょう．然もタタミがべらぼうに高価で，品質も悪い現在，板の間にした方が安く出来ます」と説明し，椅子やベッドの生活を奨めている．

衣生活の面においても，軍服，国民服，婦人標準服，生徒服などによって，服装の洋装化が推し進められた．また，戦争中の生活は，女性に和服よりは活動性に優れた洋服を選択させることにもなり，和服は衣料品という意味でも着る習慣という意味でも，戦争によって一段と衰退することとなった．

一方，一般の人々の関心は，進駐軍や雑誌・ラジオなどを通じて伝えられるアメリカンライフの羨望

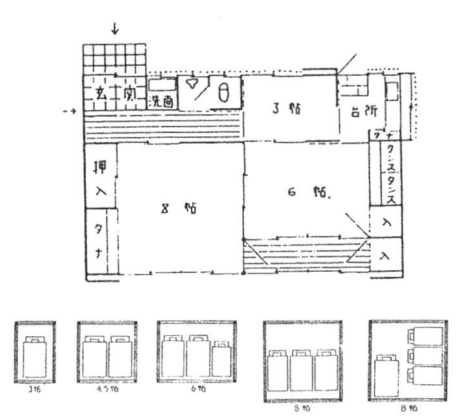

図 25.25 居寝室の就寝時収容人員許容限度を示す（庶民住宅の技術的研究より）（日本建築学会，1941）[39]

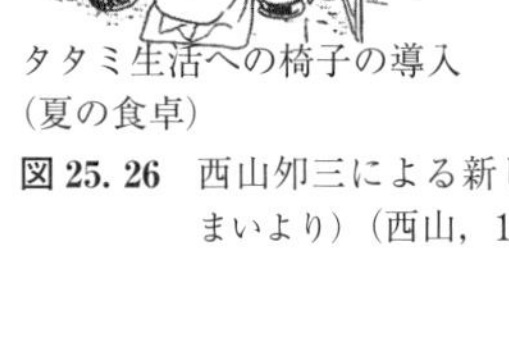

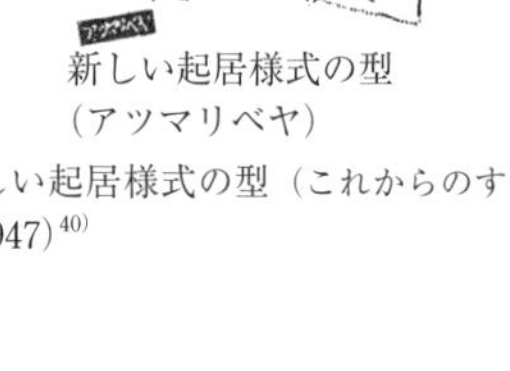

図 25.26 西山夘三による新しい起居様式の型（これからのすまいより）（西山，1947）[40]

へ向かっていた．やがて，家庭電化製品の民需生産が始まると，日本にも電化ブームが生じてくる．ここで普及する電気洗濯機，電気掃除機などの製品は，床にしゃがみこむ姿勢で行っていた忍従の家事労働を，立式の軽作業に変えさせる機器でもあった．家電製品による合理的・近代的生活への憧れは，日本人の起居様式をユカ坐からイス坐へと移行させる契機ともなった．

c．**高度成長期の豊かさと耐久消費財の氾濫**

戦後の公共住宅の供給においても，新しい住宅計画が試みられるようになっていた．その重要課題となったのが，「洋室」で「イス坐」の台所兼食事室である．その計画はまず公営住宅の標準設計51型で試みられ，1955年（昭和30）の日本住宅公団の設立によって，「ダイニングキッチン」形式の採用となる．公団は当初，椅子式の食事スタイルがまだ一般的でなかったことに配慮し，テーブルのみ備え付けとして，椅子に腰掛けて食事する暮らしを啓蒙した（図25.27）．やがて，公団住宅はホワイトカラー層の人々に絶大の人気となり，住宅内部には花形の耐久消費財がいち早く普及して，消費型生活革新の先端をいくモデル住宅の様相を示すこととなった．

また，1957（昭和32）年に電気やぐらごたつが発売されると，これも大ヒットとなった．この頃から，洋風でイス坐の生活と，和風でユカ坐の生活の双方を巧みなかたちで受け入れる，日本的文化受容のスタイルが一般化していくことにもなる．

1966（昭和41）年からの経済成長率の伸びでもたらされた高度成長によって，家電機器のみならず高額の耐久消費財の購入意欲が飛躍的に拡大し，住宅着工戸数も急増して住宅ブームが生じてくる．3C時代といわれたこの頃の花形商品は，カラーテレビ，クーラー，カーであったが，同時に，応接セット，ステレオ，サイドボード，ピアノ，カーペットなどの普及も著しく，これらの耐久消費財が置かれる部屋として，「洋室」の「居間」を要請することとなった．1967（昭和42）年には公団住宅の標準設計にLDK型が採用され，このリビングルームが人々の憧れとなっていった．

カーペットは，カラフルで明るい洋風イメージを導き出すインテリアエレメントとして注目され，普及が進んだ．応接セットに関する当時のイメージは，「部屋の調度品として，部屋の雰囲気を楽しくする」などで（図25.28），一方，こたつについては「家族だんらんに必要」がほとんどであった．こうして，部屋の雰囲気づくりにイス坐，実用的にはユカ坐という併用状態が一般化しつつあった．

d．**安定成長期におけるユカ坐回帰現象**

昭和40年代末（1973年）に到来したオイルショックを機に，日本経済は低成長期に入る．その後は，高度成長期のなかで注目された，新しいもの，高額で華やかなもの，洋風のものへの関心が弱まり，伝統的なもの，落ち着いたもの，和風のものへの価値イメージが再認識される傾向となる．具体的には，応接セットや，カーペットの衰退傾向が顕在化してくる．

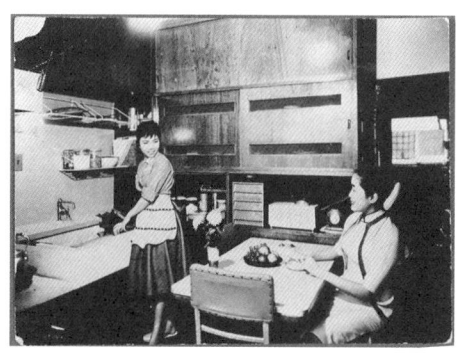

図25.27　日本住宅公団「牟礼団地」のダイニングキッチン

図25.28　応接セットの花形商品「ベルサイユ」のシリーズ

そうした住まい方の事例をみてみると，高度成長期の昭和40年代後半に住宅を改築して，夫の憧れであった応接セットを置いた洋間をつくったものの，実際に応接セットに腰掛ける生活になじめず処分をしてしまう．再び昭和50年代末に住宅の模様替えをした折には，広々と楽に暮らせる居間がほしいと，この洋間に大型の掘りこたつをつくり，食事，くつろぎ，接客などに使えるようにした，などの足跡が認められた．

この事例のように，今日までの住まいの履歴を問うてみると，応接セットは，くつろげない，部屋が狭くなるなどの理由から放棄され，ユカ坐に戻る足跡がかなり認められた．そこで，この現象を筆者はユカ坐回帰現象とよぶこととした．

近年の調査[19]では，洋室のリビングであっても洋風こたつを置いた例や，応接セットの前にこたつを置いて折衷的なしつらいとした例がきわめて多いことがわかってきた．こうした室内は，洋室にもかかわらず，ユカ坐家具をしつらえた「洋室ユカ坐」となるのが特徴であり，部屋の形式と家具の形式との和洋が符合しない状態が容認される傾向となっている（図25.29〜25.31）．

ちなみに，経済企画庁による耐久消費財の保有率をみてみると，昭和40年代の10年間は，食堂セット，応接セットの2種の椅子式家具の急増期で，食堂セットは約3倍に増加して44％の保有率に，応接セットは約2倍に増加して32％に達している．

農家（和室）

公団住宅（洋室）

図25.29　和室ユカ坐の室内と洋室ユカ坐の室内（沢田，1995）[41]

図25.30　ユカ坐回帰の結果として生じた「洋室ユカ坐」の室内（沢田，1995）[42]

図25.31　ソファの前にこたつを合体させた折衷的なしつらい（沢田，1995）[43]

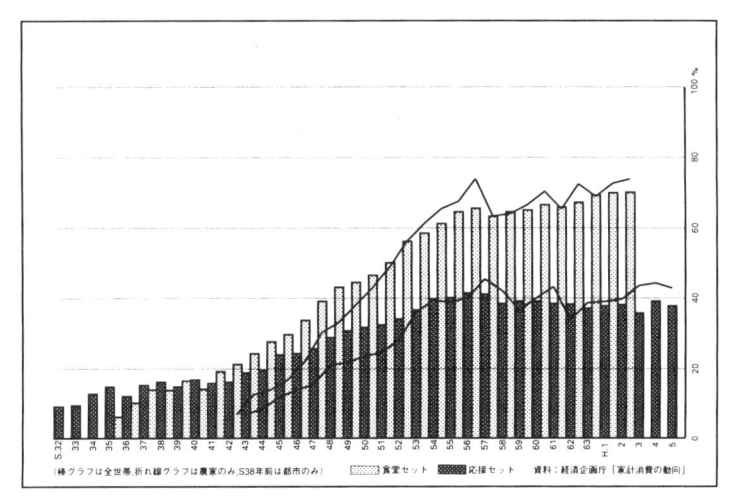

図 25.32 食卓セット，応接セットの保有率の動向

昭和50年代の前半は同様の増加傾向が維持されるが，食堂セットは1982（昭和57）年に65％，応接セットは1981（昭和56）年に41％に達してからは増加傾向ははっきりと頭打状態となる．とりわけ，応接セットの保有率は今回までの約20年間は40％弱で推移しており，今後も椅子式家具の増加は見込まれないと推察される（図25.32）．

一方，東芝で「家具調こたつ」が発売されたのは昭和50年代のことである．この宣伝には，たとえば「元来日本人は畳の上で生活してきていますし，一番のんびりできるのは，ソファなどではなく床の上ではないでしょうか」と謳われ「フロアライフ」が提唱された．この家具調こたつの普及率が近年きわめて高くなっている．

また，カラフルな色彩と温かなテクスチャーで人気をよんだカーペットの保有率は，昭和40年代に約2.5倍の飛躍的普及を遂げ，1982（昭和57）年に73％に達した．その後は下降に転じ，10年後には60％に減少している．公団住宅の標準設計の床仕上げをみると，1978（昭和53）年に板張りからカーペット敷きに変更され，1983・84（昭和58・59）年頃からはフローリングに変わっている．カーペット敷きについては，「毛足が長く温かなイメージ」，「カラフルで見栄えがする」などの肯定的意見が減り，「不潔でいや」，「ダニが気になる」など衛生面から否定され，フローリングすなわち木質系床材が見直される傾向にある．

実際のリビングをみてみると，夏にはフローリングの床材のままとし，冬にはホットカーペットを置き敷きして，その上でユカ坐のくつろぎを追求する，などのスタイルが若い世代にも人気である．

家具の保有動向にみられるユカ坐回帰現象や，家具調こたつ，フローリング人気などは，高度成長期の耐久消費財購入による豊かさ志向に対する，低成長期のくつろぎ志向の流れとして，あるいは高度成長期の商品的・象徴的イス坐から低成長期に入っての生活的・実用的ユカ坐への回帰の流れとして解することが可能であろう．

e. 日本人の生活様式としての和洋混交

大正時代から今日まで約80年の流れを振り返ると，日本人の住まいは，大きくみれば和室から洋室へ，またユカ坐からイス坐へと移り変わってきたのは事実である．しかし，大正期の椅子式生活への転換の方針にあるように，和から洋への転換をすっきりと成し遂げたわけではない．むしろ，和洋混交が導き出されたといってよい．

本来，住宅形式における和と洋は別個の体系であり，和室の空間形式，こたつ・座卓などの家具形式，平座位（床に坐る）の生活姿勢という関係と，洋室の空間形式，ダイニングセット・ソファセットなどの家具形式，椅座位（椅子に腰掛ける）の生活姿勢という関係とに区別して，立ち居振る舞いや行動様式を使い分けてきた．

しかし，今日の日本人の住まいは，外観は洋風であっても内部にはこたつや座卓をおいた洋室ユカ坐

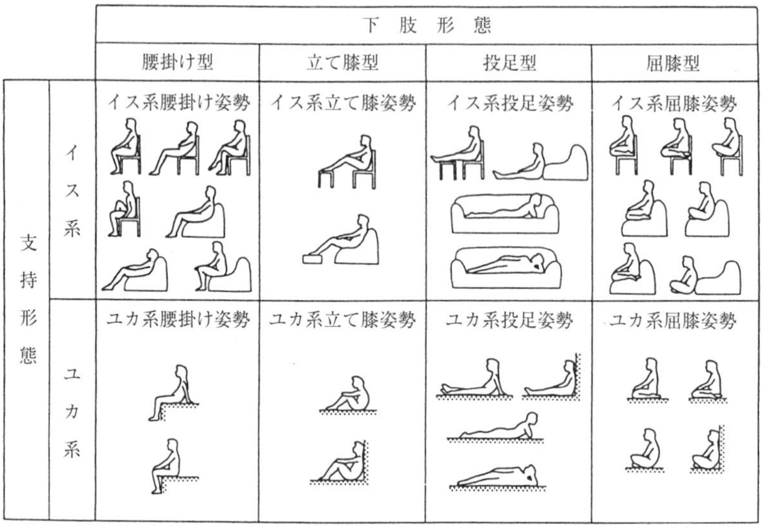

		下肢形態			
		腰掛け型	立て膝型	投足型	屈膝型
支持形態	イス系	イス系腰掛け姿勢	イス系立て膝姿勢	イス系投足姿勢	イス系屈膝姿勢
	ユカ系	ユカ系腰掛け姿勢	ユカ系立て膝姿勢	ユカ系投足姿勢	ユカ系屈膝姿勢

図 25.33 今日の住宅の居室における生活姿勢の分類（沢田，1995）[44]

が多くみられるし、また、家具の形式としても、応接セットとこたつを合体させた折衷的しつらいが一般化している。すなわち、今日の日本人の住まいにおいては、和と洋の形式をもはや意識させないまでに混交状態が浸透する状態となった。

大正期の和洋二重生活から、今日の和洋混交生活へ、それが日本人の生活様式の大きな軌跡といえよう。

f. 正装のユカ坐からくつろぎのユカ坐へ

ところで、上記のような室空間形式と家具形式の不整合が容認され、和とも洋ともつかない室内が一般化するなかで、人々の生活姿勢にも大きな影響が現れている。注目すべき事柄は、和室であれば坐ってお辞儀をする座礼、洋室であれば立ってお辞儀をする立礼といったように、空間の形式によって儀礼的な場面での姿勢や立ち居振る舞いを区別していた規範そのものが成り立ちがたくなっていることである。儀礼的・社会的場面における行動形式が、人間生活において重要な意味をもつことを考えると、このような動向は憂慮すべきといえよう。

そして今、日本人の住まいのなかでどのような生活姿勢がとられているのかといえば、投足、立て膝、横坐りが非常に多い（図25.33）。ここでいう投足姿勢とは、ソファを背に足を投げ出して坐る姿勢や、床に寝ころぶ姿勢、あるいはソファの上で足を投げ出して坐ったり、寝ころんだりする姿勢などを指す。こうした姿勢はくつろぎ場面ばかりでなく食事場面にもかなりみられる。また、世代ごとにみてみると、若年世代では正坐はできないといった傾向が強く、床上での姿勢は、横坐りや立て膝、投足が中心となっている。

近年流行のフロアライフといっても、その姿勢は正坐を意味するわけでなく、むしろ、足を伸ばしたり、身体をリラックスさせる、くつろぎ姿勢が追求されている。そのためには、広々とした床面を確保したユカ坐のしつらいが好ましい、というのが実態である。

「正装のユカ坐」から「くつろぎのユカ坐」へ、それが日本人の起居様式の変化のもう一つの解釈といえよう。

25.5 日本人の姿勢変化のモーメント

日本人の姿勢について、食事やくつろぎなどの際の坐り方や、挨拶の際の姿勢を中心にみてきた。生活姿勢の範疇には、そのほかに、調理、掃除・洗濯、裁縫、アイロンかけ、洗濯物の整理、収納などの家事作業、書き物や学習・執務などの事務作業などの姿勢も含まれる。それらのうち、アイロンかけや洗濯物の整理などの家事作業は、今日でも和室の畳に坐る姿勢で行われる傾向が強いものの、それ以外の作業姿勢は、おおむね、床に坐ったり、しゃがんだ

りする姿勢から，立ったり椅子に腰掛けたりする姿勢へと変化してきたといえよう．

食事・くつろぎ・家事作業・就寝などの生活における姿勢は，それぞれ独立して存在するわけではなく，人間の立ち居振る舞い，行動の仕方の流れとして，相互関連性をもって存在している．もちろん，住居以外の空間である，オフィスや店舗や公的な施設などにおける姿勢や，街や広場や公園，さらには野原や河辺・海辺などの自然のなかで人間がとる姿勢も，一連の人間の行動様式として総体的な関連性を有している．

しかも，そうした人間のとる姿勢の総体は，ゆっくりではあるが時間とともに変化している．人間の姿勢が変化する要因には，部屋の形式が和室から洋室に変わり，食堂セットや応接セットが導入されたり，立式の台所流しや，電気掃除機が普及したりといったように，住居の空間形式や，家具・道具類の形態によって影響を受ける．しかしながら，日本人の生活空間として椅子式の部屋や家具が導入されながらも，生活姿勢全般がユカ坐からイス坐へとスムーズに移行しない要因はなぜか．その一つには，人間の身体を支え保つ技術としての姿勢が必ずしも習得容易なものではなく，社会的・文化的規範として修練を要請されることで，後天的に継承されていくことがあげられる．人間の姿勢の変化は急速かつ容易なものではなく，むしろ，慣習化され強い持続性を有しながらゆっくりとした速度で変化をたどるといえよう．

そうした意味で，再び注目されるのは，どちらかといえば自由奔放な立て膝坐りの世界から，なぜ，日本人の姿勢の型としての正坐が一般化することになったのかの問いである．いうまでもなく，正坐は修練を要する，また身体の拘束度の強い姿勢であり，習得するに足る意味がなければ一般化しがたい姿勢といえよう．そこには，儀礼的な場でのポーズとしての姿勢が重視されなければならない社会的背景と，身体を律することへの美意識が働いていたと考えてよいのではないか．そしてまた，今日の正坐の衰退と，くつろぎのユカ坐の隆盛には，住宅内部における，儀礼的・社会的場面の減少や，美しい姿勢に対する共通認識の衰退が浮き彫りにされるように思われる．

姿勢は，何かの行為や動作をするための基盤となる身体支持の方法であるばかりでなく，まず，人間自身の内面の表徴であり，人間と人間のコミュニケーションの重要な手がかりとなる．姿勢は，時に，言葉よりも重要な意味をもちうる．そうした他者を意識する場面において，人間は自分の身体を律する緊張度の高い姿勢をとる．一方，人間は他者の視線から解放された場面で，床に寝ころび，大地に近づく姿勢をとる．今日，椅子式の生活様式を基盤とする諸国でも，くつろぎの場面を象徴するかのように床に接する安楽な姿勢がみられるのは，こうしたモーメントを示唆するように思われる．社会全般が規範や儀礼や作法から解放され，自由な振る舞いを容認する傾向がある今日，くつろぎのユカ坐は，世界的な潮流になりつつあるといってよいかもしれない．

さらに，日本人における「くつろぎのユカ坐」の温存には，日本の住居に変わることなく継承されている履き物を脱いで上がる習慣の影響が示唆される．履き物を脱ぐ場所としての玄関の存在は，緊張した姿勢から安楽な姿勢への変化を促す，心理的境界線となっていると推察されるのである．

なお，姿勢の慣習が生じる要因には，衣服との関連もあろう．今日の若い世代が正坐ができない理由や，女性でも投足や立て膝が当り前となっている背景には，和服やスカートに代わって，ジーンズやスラックスが普及したことがあろうし，住居内できわめてくつろいだ姿勢が追求される理由には，トレーナーやジャージの部屋着など，安楽な服装の流行が相まっているともいえよう．

また，若者が路上でべたっと坐り込んだりしゃがみ込んだりする姿勢[20]の流行をみていると，しだいに，室内と屋外の姿勢の混用が進むことを暗示するようにも思われる．

日本人の姿勢をみる視点は，身体の機序にかかわる生理学，身体をおおう意味での服装学，また人間の行動や坐法に影響を与える意味での住居学，さらに人間の行動や規範のもつ社会文化的な意味に関連する社会人類学，さらには坐法を含みこむ意味での宗教や思想・文芸などの領域にまたがる，長大かつ複合的な事柄であると考えられる．

　　　　　　　　　　　　　　　　　　　［沢田知子］

引用文献

1) マルセル・モース（有地 亨・山口俊夫訳）（1976）身体技法 社会学と人類学Ⅱ，弘文堂.
2) 山折哲雄（1984）「坐」の文化論，講談社.
3) 堀 秀彦（1961）日本人の思考 日本文化研究9，新潮社.
4) 中野 涼（1993）歩く文化 座る文化―比較文学論―，早稲田大学出版部.
5) ゴードン・W・ヒューズ（1975）姿勢の人類学.
6) 入沢達吉（1920）日本人の坐り方に就て．史学雑誌，第31篇第8号，589-617.
7) 小原二郎ほか（1980）人体寸法の動的計測に関する研究．日本建築学会論文報告集，**297**, 89-98.
8) 小原二郎編著（1985）デザイナーのための人体・動作寸法図集，彰国社.
9) Grandjean, E.（1973）Wohnphysiologie, Verlag für Architektur Artemis Zürich.
10) 沢田知子（1981）家具（Ⅵ）―イスの基準寸法―．文化女子大学研究紀要，**12**, 153-166.
11) 熊倉功夫（1979）茶の湯―わび茶の心とかたち，教育社.
12) 戸田宗寛（1974）裏千家茶道入門，講談社.
13) 沢田知子（1995）ユカ坐・イス坐 起居様式にみる日本住宅のインテリア史，住まいの図書館出版局.
14) 生活改善同盟会（1920）生活改善同盟会における住宅改善の方針．建築雑誌，**404**, 353.
15) 高野六郎（1923）女性美の革命期来る．女性，大正12年7月号.
16) 庶民住宅の技術的研究（1941）建築雑誌，昭和16年2月号.
17) 西山夘三（1957）これからのすまい―住様式の話，相模書房.
18) 柴岡亥佐雄（1949）台所で暮らす自分で家を建てました．美しい暮しの手帖，昭和24年4月号.
19) 沢田知子（1993）起居様式の指向性別による「しつらい」配置形態の特徴．日本建築学会計画系論文報告集，**452**, 55-64.
20) 清水忠男（1996）学位論文 平坐位姿勢のとられ方に及ぼす社会的・文化的要因の影響に関する研究，私家版．（ここでは，姿勢の分類に「ヤンキー坐り」を加え，相撲の土俵上でみられる「蹲居」の姿勢と区別して，その流行現象をとらえている．）
21) 小原二郎編（1988）インテリア大事典，p.197，彰国社.
22) バーナード・ルドフスキー著（多田満太郎監修）（1985）さあ横になって食べよう 忘れられた生活様式，p.66，鹿島出版会.
23) Mercer, E.（1969）Furniture 700-1700, p. 38, Weidenfeld and Nicolson Limited.
24) Thornton, P.（1984）Authentic Decor The Domestic Interior 1620-1920, p. 122, George Weidenfeld & Nicolson Limited.
25) バーナード・ルドフスキー著（多田満太郎監修）（1985）さあ横になって食べよう忘れられた生活様式，pp.58-59，鹿島出版会.
26) 佐藤方彦（1985）人はなぜヒトか 生理人類学からの発想，講談社.
27) 小原二郎・加藤 力・安藤正雄編（1986）インテリアの計画と設計，p46，彰国社.
28) 21) 前掲書，p.198.
29) 21) 前掲書，p.200.
30) 21) 前掲書，p.200.
31) 沢田知子（1981）家具（Ⅵ）―イスの基準寸法―．文化女子大学研究紀要，**12**, 158.
32) 31) 前掲書，p.159.
33) 31) 前掲書，p.162.
34) 31) 前掲書，p.165.
35) 前掲書，pp.84-85，鹿島出版会.
36) 戸田宗寛（1974）裏千家茶道入門，pp.1-4，講談社.
37) 生活改善同盟会編（1927）住宅家具の改善，生活改善同盟会.
38) 藤井厚二（1932）日本の住宅，岩波書店.
39) 日本建築学会住宅問題研究会（1941）庶民住宅の技術的研究．建築雑誌，昭和16年2月号.
40) 西山夘三（1947）これからのすまい―住様式の話―，相模書房.
41) 沢田知子（1995）ユカ坐・イス坐 起居様式にみる日本住宅のインテリア史，p.173，住まいの図書館出版局.
42) 41) 前掲書，p.177.
43) 41) 前掲書，p.181.
44) 41) 前掲書，p.205.

参考文献

1) 佐藤方彦（1985）人はなぜヒトか 生理人類学からの発想，講談社.
2) 佐藤方彦（1988）日本人の体質・外国人の体質，講談社.
3) バーナード・ルドルフスキー（多田道太郎監修，奥野卓司訳）（1985）さあ横になって食べよう，鹿島出版会.
4) バーナード・ルドルフスキー（加藤秀俊・多田道太郎共訳）（1979）みっともない人体，鹿島出版会.
5) 黒田日出男（1986）姿としぐさの中世史 絵図と絵巻の風景から，平凡社.
6) 黒田日出男（1993）王の身体 王の肖像，平凡社.
7) 細野喜彦（1986）異形の王権，平凡社
8) エルンスト・H・カントーロヴィッチ（小林 公訳）（1992）王の二つの身体，平凡社.
9) 多木浩二（1988）天皇の肖像，岩波新書，岩波書店.
10) 大河直躬（1986）住まいの人類学 日本庶民住居再考，平凡社.
11) 安居香山（1987）正坐の文化，五月書房.
12) 宮崎市定（1958）東洋史の上の日本 日本文化研究Ⅰ，新潮社.
13) 野村茂治（1961）ヨーロッパ系（立坐系）居住型の発展に対する研究，宝文書房.
14) 小原二郎・内田祥哉・宇野英隆（1969）建築 室内 人間工学，鹿島研究所出版会.
15) LIFE SCIENCE, 特集姿勢，1993年1月，6-36.
16) 小原二郎編（1988）インテリア大事典，彰国社.
17) 日本生活学会編（1997）現代住居のパラダイム，ドメス出版.
18) Mercer, E.（1969）Furniture 700-1700, Weidenfeld and Nicolson Limited.

26
日本人の体格と体型

体格とは筋肉，骨格，脂肪の発達程度によって決まる，身体の外観的状況の全体である．つまり，全身の大きさと形状（あるいはプロポーション）の両方にかかわる概念であるが，多くの場合問題にされるのは全身の大きさと太りやせの程度である．体型とは体格をいくつかの類型に分けたものである．体格を類型に分けるときの基準はさまざまである．たとえばクレッチマー（Kretschmer）による細長型，闘士型，肥満型の分類は，それぞれやせ型，筋肉質型，肥満型に対応する．また，座高と下肢の長さの比率に基づいて体型を分けるなどがある．

体格や体型は観察に基づいて言葉で表されることもあるが，客観的に表現するために，身長のような人体寸法や，身長と体重から計算されるさまざまな示数を利用することが多い．身体の寸法を測るには，被験者が同じならば誰が測ってもほぼ同じ値が得られるように統一された方法がある．これが人体測定法（anthropometry）である．日本ではドイツの人類学者マルチン（Martin, R.）がとりまとめた教科書が有名であるため[1]，マルチン式の計測と称されることが多い．体型を表現するために，さまざまな人体寸法が使われる．これらを定義するために必要な計測点や計測方法の詳細については教科書を参照されたい[1,2]．

現代日本人の体格・体型を代表できるような，多数の日本人を対象とした計測調査のデータで定期的に収集されているものは，文部科学省や厚生労働省などが行う全国的規模の調査資料に限られる．しかし，このような資料は計測項目が身長，体重，胸囲，座高など少数の項目に限られている．一方，不定期にではあるが，工業製品の設計に役立てるためにもっと多数の身体寸法についての計測も行われている．ここではこれらの資料に基づいて，現代日本人の体格と体型について述べる．

26.1 現代日本人の体格

a. 成人の身体寸法

学齢期以上の年齢を対象とした資料で，対象が無作為サンプルであるものは少ない．表26.1に文部省（当時）の体力・運動能力調査報告書（平成10年度）による身長，体重，座高を示す．

身長にはいくつかの測定法があり，測定法が違うと被験者によっては得られる値が数cm異なる場合もある．文部科学省，厚生労働省の統計調査の身長は身体検査でしばしば用いられるスタジオメータ（身長計；stadiometer）とよばれる計測器で測ったもので，目盛の入った垂直の柱に背を押し当てて身長を計測する（以下，最大身長とよぶ）．これに対して人類学的調査や通産省関連の工業製品の設計のための人体計測調査では，アントロポメータとよばれる計測器で自然立位での身長を測っている．背すじを無理に伸ばさないため，アントロポメータで測った身長はスタジオメータで測った身長よりもやや低くなる．生命工学工業技術研究所（現 産業技術総合研究所人間福祉医工学研究部門）の資料では，両者の差は青年男性217名の平均値で8 mm，青年女性203名の平均値で4 mmであった[3]．一方，乳幼児の身長は立位で計測することができないため臥位で計測する．脊柱の湾曲が変わり，重力の影響を受けないため，同一人について計測した場合は臥位での身長が最も大きくなる．すなわち，臥位身長，スタジオメータで測った最大身長，アントロポメータで測った身長の順に小さくなる．

表26.2，26.3はさらに多くの身体寸法に関するデータである．表26.2は人間生活工学研究センターが行った身体計測の結果である[4]．文部省の資料

表 26.1 日本人の体格

年齢	身長（単位：cm）						体重（単位：kg）						座高（単位：cm）					
	男性			女性			男性			女性			男性			女性		
	標本数	平均値	標準偏差	標本数	平均値	標準偏差	標本数	平均値	標準偏差	標本数	平均値	標準偏差	標本数	平均値	標準偏差	標本数	平均値	標準偏差
6	1104	117.06	4.80	1095	116.11	4.82	1107	21.77	3.51	1094	21.25	3.34	1102	65.22	2.77	1095	64.77	2.78
7	1117	122.77	5.14	1108	121.95	5.16	1117	24.45	4.39	1107	23.86	4.07	1115	67.88	2.94	1105	67.52	2.94
8	1117	128.75	5.37	1118	127.81	5.63	1117	28.14	5.50	1118	27.42	5.51	1115	70.73	3.07	1114	70.22	3.10
9	1103	133.92	5.44	1090	133.94	6.23	1106	31.20	5.99	1091	30.62	6.34	1101	73.06	3.06	1085	73.11	3.48
10	1119	139.17	6.18	1111	140.92	6.73	1119	34.67	7.08	1112	35.63	7.85	1118	75.15	3.27	1112	76.45	3.71
11	1119	145.37	7.01	1122	147.37	6.35	1117	39.19	8.45	1118	39.84	7.77	1115	77.98	3.85	1117	79.67	3.73
12	1111	153.81	8.12	1111	152.33	5.83	1112	45.18	9.77	1102	44.50	7.84	1080	81.36	4.80	1069	81.88	3.77
13	1122	160.76	7.33	1118	155.34	5.25	1120	50.22	9.38	1112	47.45	7.57	1073	84.62	4.70	1076	83.39	3.38
14	1115	165.99	6.53	1107	156.99	5.09	1113	55.38	9.79	1096	50.13	6.88	1068	87.51	4.58	1062	84.26	3.66
15	1250	168.35	5.62	1238	157.75	5.11	1249	58.81	9.63	1238	52.13	7.71	1209	89.09	3.89	1187	84.70	3.35
16	1257	170.12	6.09	1241	158.00	5.25	1257	61.01	9.48	1230	52.43	7.61	1218	90.16	3.79	1212	84.64	3.43
17	1260	171.11	5.57	1229	158.32	5.17	1260	61.76	8.60	1211	52.80	7.66	1239	90.76	3.60	1182	84.59	3.49
18	1172	170.75	5.66	1159	158.15	5.06	1171	61.99	9.21	1142	51.88	7.24	1135	90.81	3.68	1091	84.89	3.50
19	886	171.33	5.46	781	158.54	5.18	887	62.99	8.27	769	51.52	6.04	854	91.17	3.29	714	84.94	3.01
20～24	2156	171.90	5.44	2020	158.63	5.09	2152	66.16	8.98	1915	50.54	5.97						
25～29	2128	171.77	5.41	2059	158.79	5.07	2128	67.56	9.32	1991	50.61	5.56						
30～34	2119	171.55	5.27	2088	158.19	5.01	2118	68.55	8.96	2034	51.54	5.89						
35～39	2212	170.82	5.49	2293	157.95	4.85	2206	68.45	8.99	2205	52.44	5.84						
40～44	2213	170.18	5.26	2264	157.06	4.74	2212	67.97	8.43	2197	53.49	6.12						
45～49	2175	168.75	5.35	2221	155.96	4.86	2170	67.19	8.27	2174	53.56	6.35						
50～54	2063	167.46	5.38	2113	154.94	4.86	2055	65.95	7.90	2097	53.96	6.52						
55～59	1995	165.80	5.31	2023	154.08	4.82	1989	64.84	7.41	2016	53.53	6.28						
60～64	2006	164.66	5.49	2034	153.12	5.16	2005	63.34	7.44	2027	53.48	6.90						
65～69	915	163.40	5.53	917	151.14	5.07	914	61.99	7.51	918	52.11	7.62						
70～74	916	162.09	5.66	899	150.00	5.35	917	59.29	7.57	895	51.01	7.72						
75～79	803	160.68	5.76	763	148.77	5.18	806	57.72	7.52	771	48.99	6.64						

平成10年度文部省体力・運動能力調査報告書による．
年齢は平成10月4月1日の満年齢．　身長は最大身長．

表 26.2　人間生活工学研究センターによる日本人の人体寸法データ[4]

(a) 男性（単位：mm（体重はkg））

年齢	人数	身長	体重	頭囲	背肩幅	上部胸囲	ウエスト囲	ヒップ囲	そで丈	BMI[*1]	頭身示数[*2]
7	191	1195.5	22.9	520.7	298.3	611.2	529.9	642.6	392.2	16.02	5.76
10	427	1357.9	32.7	535.4	340.2	692.6	597.3	736.9	447.4	17.73	6.23
13	536	1551.4	46.2	553.1	384.6	783.5	648.6	834.3	517.2	19.20	6.84
16	907	1687.1	60.4	568.0	424.0	883.1	704.4	923.6	570.2	21.22	7.08
18～24	3265	1702.7	64.5	576.8	433.9	922.3	741.4	943.4	569.8	22.25	7.17
25～29	2536	1706.4	65.6	579.7	441.0	933.7	767.3	948.5	566.4	22.53	7.23
30～39	2836	1695.1	66.8	579.0	436.5	943.4	799.4	953.8	561.9	23.25	7.23
40～49	2253	1673.4	65.8	577.4	427.0	942.4	819.6	950.0	555.0	23.50	7.17
50～59	1457	1648.4	64.1	573.5	419.5	934.4	831.2	945.5	549.4	23.59	7.06
60～	1138	1594.0	57.8	563.7	401.7	897.6	812.9	919.0	538.0	22.75	6.93

(b) 女性（単位：mm（体重はkg））

年齢	人数	身長	体重	頭囲	背肩幅	乳頭位胸囲	下部胸囲	ウエスト囲	ヒップ囲	そで丈	BMI[*1]	頭身示数[*2]
7	219	1185.9	22.2	516.4	297.8	577.8	—	514.4	646.6	383.8	15.86	5.87
10	355	1357.8	31.4	533.5	339.9	653.8	—	561.4	736.1	443.9	17.03	6.41
13	342	1530.2	44.7	547.7	374.4	760.3	670.8	614.5	844.5	507.5	19.09	7.00
16	734	1573.0	51.6	554.1	391.1	816.0	706.7	645.5	907.5	523.3	20.85	7.10
18～24	4696	1580.9	51.8	559.3	391.2	823.4	711.5	641.7	909.2	519.7	20.73	7.12
25～29	1038	1581.8	50.8	558.7	389.1	819.0	711.6	636.8	899.6	517.0	20.30	7.17
30～39	1025	1571.0	52.1	555.7	386.4	830.0	730.0	667.6	911.3	513.0	21.11	7.12
40～49	989	1545.2	54.0	554.8	384.5	860.0	755.1	704.1	929.2	508.4	22.62	7.04
50～59	1061	1524.2	53.7	551.7	384.2	878.3	768.6	722.4	929.4	503.8	23.11	6.99
60～	1524	1474.4	50.8	548.7	374.3	876.3	773.8	754.9	925.4	497.9	23.37	6.74

身長はアントロポメータによる．　[*1]：body mass index，　[*2]：身長÷全頭高

表 26.3 日本人青年の人体寸法の性差 (単位: mm)[3]

項 目	女平均値/男平均値	%	項 目	女平均値/男平均値	%
頭長	180.3/189.6	95.1 **	臍位腹囲	711.3/746.9	95.2 **
頭幅	153.8/161.9	95.0 **	最小胴囲	642.2/734.4	87.4 **
頬弓幅	139.0/146.5	94.9 **	腹囲 (最前方)	799.2/771.5	103.6 **
下顎角幅	106.3/111.7	95.2 **	臀囲	898.4/902.6	99.5 ns
瞳孔間幅	59.5/61.9	96.1 **	大腿付根囲	555.7/613.5	90.6 **
鼻下・頤高	70.1/74.0	94.7 **	大腿囲 (殿溝)	526.8/535.7	98.3 *
後頭・鼻下距離	178.6/190.5	93.8 **	大腿囲	527.9/528.9	99.8 ns
後頭・頤距離	162.8/175.2	92.9 **	大腿最小囲	376.0/380.5	98.8 ns
後頭・鼻根距離	177.6/186.2	95.4 **	膝囲	345.4/364.4	94.8 **
後頭・外眼角距離	162.8/168.8	96.4 **	下腿最大囲	338.1/362.3	93.3 **
後頭・耳珠距離	85.6/89.1	96.1 **	下腿最小囲	204.4/219.4	93.2 **
頭頂・眉間距離	98.0/100.8	97.2 **	上腕囲	253.6/280.8	90.3 **
頭頂・内眼角距離	123.5/125.5	98.4 **	前腕最大囲	228.1/259.2	88.0 **
頭頂・鼻下距離	167.7/171.5	97.8 **	前腕最小囲	153.8/167.7	91.7 **
頭耳高	131.8/138.6	95.1 **	背幅	369.9/397.1	93.2 **
全頭高	228.9/238.7	95.9 **	胸幅	317.3/351.1	90.4 **
頭囲	545.7/569.9	95.8 **	皮脂厚肩甲骨下角部[1]	154.0/101.5	151.7 **
頭矢状弧長	312.7/331.5	94.3 **	皮脂厚腸骨棘部[1]	108.0/66.0	163.6 **
耳珠間頭頂弧長	362.1/373.8	96.9 **	皮脂厚上腕三頭筋[1]	160.0/75.0	213.3 **
身長	1591.3/1714.0	92.8 **	皮脂厚下腿内側[1]	128.0/60.0	213.3 **
内眼角高	1476.3/1596.4	92.5 **	座高	867.6/926.0	93.7 **
頸椎高	1349.4/1456.4	92.7 **	座位肘頭高	243.7/254.2	95.9 **
臍高	925.1/1003.6	92.2 **	座位大腿厚	143.1/150.0	95.4 **
上前腸骨棘高	847.2/933.4	90.8 **	座位転子高	70.3/71.2	98.7 ns
転子高	814.5/875.7	93.0 **	座位膝関節高	428.6/466.8	91.8 **
肩峰高	1277.7/1380.1	92.6 **	座位膝蓋骨上縁高	475.5/519.7	91.5 **
膝蓋骨中央高	420.3/457.8	91.8 **	座位膝窩高	388.2/418.9	92.7 **
脛骨上縁高	404.8/442.0	91.6 **	座位臀幅	357.9/345.7	103.5 **
肘頭高	964.6/1042.6	92.5 **	座位膝間距離	205.2/208.4	98.5 *
上肢挙上指先端高	1966.7/2149.8	91.5 **	座位臀・膝蓋距離	541.6/574.0	94.4 **
指極	1573.9/1720.2	91.5 **	座位臀・膝窩距離	438.6/465.4	94.2 **
前方腕長	754.2/819.9	92.0 **	座位臀・転子距離	80.1/128.0	62.6 **
上肢長	672.8/735.3	91.5 **	大腿骨顆間幅	88.5/96.1	92.1 **
肩峰・肘頭距離	311.2/340.6	91.4 **	座位臀囲	970.0/971.1	99.9 ns
前方前腕長	413.5/452.5	91.4 **	座位上部大腿囲	536.0/535.7	100.1 ns
背面・肩峰 (下垂)	73.7/77.6	95.0 *	第三指長	72.8/79.6	91.5 **
壁面・手首	243.7/276.6	88.1 **	第三指背側長	87.7/99.1	88.5 **
肩幅	407.8/456.2	89.4 **	上腕骨顆間幅	53.6/66.6	80.5 **
臀幅	330.7/327.8	100.9 ns	茎状突起間幅	50.6/56.1	90.2 **
肩峰幅	358.8/397.5	90.3 **	手幅	73.0/82.1	88.9 **
胴部横径	233.5/261.1	89.4 **	第二指近位関節幅	15.7/17.1	91.8 **
腸骨稜幅	263.0/272.2	96.6 **	第二指遠位関節幅	13.2/17.3	76.3 **
大転子間幅	318.2/306.7	103.7 **	手厚	24.1/27.5	87.6 **
肘間幅	367.0/414.7	88.5 **	握り内径	42.4/48.6	87.2 **
肩甲骨下角間幅	163.8/194.7	84.1 **	握り最大径	90.3/100.7	89.7 **
前腕最大幅	84.2/92.6	90.9 **	果間幅	66.8/73.4	91.0 **
大腿幅	163.4/165.2	98.9 ns	内果端高	65.9/67.5	97.6 **
膝幅	101.8/107.6	94.6 **	外果端高	51.2/54.7	93.6 **
下腿最大幅	104.3/113.0	92.3 **	ボール高	31.3/34.1	91.8 **
下腿最小幅	53.6/58.6	91.5 **	第一指高	19.1/19.9	96.0 **
胴部厚径	166.2/193.0	86.1 **	第一指関節高	19.7/22.9	86.0 **
臍位腹部厚径	169.8/188.2	90.2 **	足囲	232.0/249.5	93.0 **
腹部厚径 (最前方)	193.7/197.2	98.2 ns	足幅 (斜め)	93.2/101.2	92.1 **
膝厚	115.3/117.6	98.0 **	足長 (全履協)	233.2/253.9	91.8 **
下腿最大厚	105.4/110.9	95.0 **	内不踏長	172.1/185.6	92.7 **
下腿最小厚	71.2/73.5	69.9 **	踵幅	60.8/63.8	95.3 **
頸囲	306.5/356.3	86.0 **	体重 (kg)	52.6/63.3	83.1 **
肩囲	993.1/1100.2	90.3 **			
上部胸囲 (静時)	825.7/920.1	89.7 **			

*: $p < 0.05$, **: $p < 0.01$, ns: 有意差なし, 1): 中央値 (median)
18～29歳の男性217名, 女性204名のデータに基づく. 身長はアントロポメータで測ったもの.

に比べて身長がやや低いのは，自然立位での身長をアントロポメータで計測したためであろう．表26.3は生命工学工業技術研究所の資料である．

b. 成人の体型とプロポーション
 1) 体格示数

体格を表すために以下のような示数がよく使われる（体重は kg 単位，身長は cm 単位）．これらは身長と体重との関係から太りやせの程度を表すものである．これらの値は，前項に述べたどの方法で測った身長を使うかによって，少し変わってくる．

ローレル示数（Rohrer index）＝ 体重 $\times 10^7 \div$ 身長^3
BMI（Body Mass Index）＝ 体重 $\times 10^4 \div$ 身長^2
リビ示数（Index ponderis）＝ $\sqrt[3]{体重} \times 10^3 \div$ 身長

表26.4に，青年男女におけるこれら示数の変異幅を表す統計量を示す．中央値は50パーセンタイル値に等しく，分布の型にかかわらず，全データのうちこれより小さいデータが全体の50％を占めるような値である．分布の型が正規分布に近い場合は，中央値は平均値にほぼ等しい．分布の型が正規分布から大きくはずれる場合は，平均値には代表値としての意味はあまりないのに対して，中央値は上に述べたような明らかな意味をもつことになる．表には，示数の計算に身長を使った場合と最大身長を使った場合の両方の値が示されており，身長の測り方によって示数値がどの程度異なるかがわかる．

3つの示数のうちローレル示数とリビ示数は身長と低い負の相関をもつため（生命工学工業技術研究所の資料によると相関係数は男性で－0.31，女性で－0.37），身長が高いほどやせ型と判定される傾向をもつ．これに対してBMIは身長と無相関である（生命工学工業技術研究所の資料によると相関係

表26.4 青年男女の体格を表す示数の変異幅

(a) 男性（$n = 216$）

	最大身長 (cm)	体重 (kg)	ローレル示数	BMI	リビ示数
中央値	172.2	63.7	124.4	21.2	23.2
平均値	172.2	63.3	124.0	21.3	23.1
標準偏差	6.21	8.28	14.02	2.29	0.86
最小値	152.4	45.5	86.5	15.2	20.5
最大値	188.3	91.0	172.7	29.4	25.8

	身長 (cm)	体重 (kg)	ローレル示数	BMI	リビ示数
中央値	171.3	63.7	125.5	21.4	23.2
平均値	171.4	63.3	125.7	21.5	23.2
標準偏差	6.26	8.28	14.16	2.30	0.86
最小値	151.5	45.5	89.7	15.6	20.8
最大値	187.7	91.0	174.2	29.6	25.9

(b) 女性（$n = 203$）

	最大身長 (cm)	体重 (kg)	ローレル示数	BMI	リビ示数
中央値	159.4	51.6	128.3	20.5	23.4
平均値	159.5	52.6	130.6	20.8	23.5
標準偏差	5.26	6.22	13.84	2.04	0.82
最小値	145.5	40.1	101.7	16.5	21.7
最大値	174.5	87.8	188.2	29.4	26.6

	身長 (cm)	体重 (kg)	ローレル示数	BMI	リビ示数
中央値	158.8	51.6	129.1	20.6	23.5
平均値	159.1	52.6	129.6	20.7	23.5
標準偏差	5.30	6.22	13.78	2.04	0.82
最小値	144.6	40.1	102.4	16.5	21.7
最大値	173.5	87.8	184.7	29.5	26.4

生命工学工業技術研究所（1996）の資料より．被験者は18～29歳．1991, 1992年計測．身長はアントロポメータで計測したもの，最大身長はスタジオメータで計測したもの．

数は男性で 0.02, 女性で − 0.06).

2) プロポーションを表す示数

表 26.5 に体型を表す示数を示す．比座高など比〇〇という名前の示数は，すべて身長に対する比である．肩峰腸稜示数（腸骨稜幅÷肩峰幅× 100），肩腰示数（最大腰幅÷肩峰幅× 100）はどちらも男性では肩幅が広く女性では腰幅が大きいことを利用して体型の違いを表す示数で，値が小さいほど男性的な体つきである．プロポーションの性差は，これらの示数で最も明瞭に現れる．

軀幹脚長示数（（身長 − 座高）÷ 座高× 100）は胴の長さと下肢の長さのプロポーションを表し，この値が小さいほど相対的に下肢が長い．軀幹脚長示数の値に基づいて，体型は次のように分類される．現代の日本人青年男性平均値は中胴に，青年女性平均値は下長胴に入る．過長胴：～ 74.9，長胴：75.0 ～ 79.9，下長胴：80.0 ～ 84.9，中胴：85.0 ～ 89.9，下短胴：90.0 ～ 94.9，短胴：95.0 ～ 99.9，過短胴：100.0 ～．

3) ソマトタイプ

太りやせを表す示数は身長と体重から計算されるため，体重が重いときに筋や骨格が発達しているために重いのか，脂肪が発達しているために重いのかを区別することができない．しかし，筋や骨格が発達しているために体重が重い場合と脂肪が発達しているために体重が重い場合とでは，外見が大きく異なる．このような体組成の違いによる外観の違いを定量的に表現しようとする方法としてソマトタイプがある．ソマトタイプとは，具体的には内胚葉（endomorphy），中胚葉（mesomorphy），外胚葉（ectomorphy）という 3 つの変量の得点の組み合わせで体型を表現する．これら 3 変量は，それぞれ脂肪の発達程度，筋骨格系の発達度，全身的な細長さを表している．ソマトタイプの分布は図 26.1 のよ

表 26.5 日本人青年男女のおもな示数

	男性（1991 年計測）18 ～ 29 歳			女性（1992 年計測）18 ～ 29 歳			
	n	平均値	標準偏差	n	平均値	標準偏差	t-検定結果
比全頭高（全頭高/身長）	217	13.9	0.55	201	14.4	0.51	− 9.62 **
頭示数（頭幅/頭長）	217	85.5	4.29	203	85.5	4.32	0.00 ns
形態学顔示数（形態学顔高/頬弓幅）	217	84.7	4.93	199	83.0	4.06	3.82 **
鼻示数（鼻幅/鼻高）	216	69.6	6.45	203	68.9	5.95	1.15 ns
内眼角横示数（内眼角幅/頬弓幅）	211	23.8	2.07	203	24.7	1.80	− 4.71 **
鼻横示数（鼻幅/頬弓幅）	217	24.7	1.65	202	23.8	1.38	6.03 **
口裂横示数（口裂幅/頬弓幅）	217	32.5	2.20	202	31.3	2.26	5.51 **
比座高（座高/身長）	216	54.0	1.08	203	54.5	1.04	− 4.80 **
比上肢長（上肢長/身長）	217	42.9	0.93	201	42.3	0.92	6.62 **
比腸骨棘高（腸骨棘高/身長）	217	54.4	1.23	201	53.2	1.23	9.97 **
比脛骨上縁高（脛骨上縁高/身長）	217	25.8	0.70	202	25.4	0.71	5.80 **
比足長（足長/身長）	217	14.8	0.40	198	14.7	0.41	2.51 *
比肩峰幅（肩峰幅/身長）	217	23.2	0.86	201	22.6	0.82	7.29 **
比腸骨稜幅（腸骨稜幅/身長）	217	15.9	0.77	203	16.5	0.90	− 7.36 **
比臀幅（臀幅/身長）	217	19.1	0.83	201	20.8	0.94	− 19.63 **
比胸囲（胸囲/身長）	217	51.8	3.06	203	52.4	3.29	− 1.94 ns
比最小胴囲（最小胴囲/身長）	216	42.9	3.32	202	40.4	3.12	7.92 **
比臍位腹囲（臍位腹囲/身長）	217	43.6	3.48	201	44.7	3.45	− 3.24 **
比臀囲（臀囲/身長）	216	52.7	2.41	203	56.5	2.70	− 15.22 **
軀幹脚長示数（（身長 − 座高）/座高）	217	85.6	3.77	203	83.4	3.49	6.19 **
肢間示数（上肢長/腸骨棘高）	216	78.8	1.83	199	79.5	1.87	− 3.85 **
手示数（手幅/手長）	213	43.2	1.91	201	41.4	1.64	10.26 **
足示数（足幅/足長）	217	39.7	1.58	199	40.9	1.68	− 7.51 **
肩峰腸稜示数（腸骨稜幅/肩峰幅）	217	68.5	3.82	202	73.4	4.41	− 12.18 **
肩腰示数（臀幅/肩峰幅）	217	82.5	3.96	199	92.4	4.24	− 24.62 **
胸郭示数（胸部矢状径/胸部横径）	215	64.5	4.71	198	63.1	4.53	3.07 **
胴示数（胴部矢状径/胴部横径）	190	73.9	4.28	200	71.0	4.53	6.49 **

ns：有意差なし，*：5 %水準有意差，**：1 %水準有意差．
表 26.3 と同じデータに基づく．身長はアントロポメータで計測したもの．

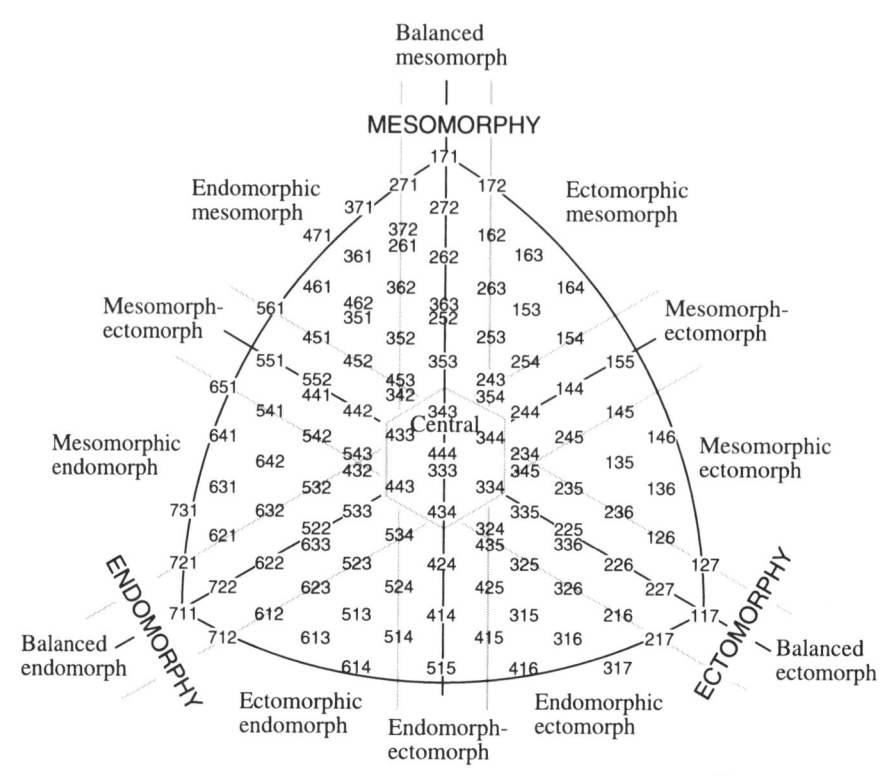

図 26.1　ソマトチャートとソマトタイプの分類（Carter ら，1990）[5]

うなソマトチャートで示され，13 のカテゴリーに分けられる．

　ソマトタイプの 3 変量の採点は，シェルダン（Sheldon）がつくり上げた最初の方法では写真観察に基づいて行った．しかし，現在では人体計測値に基づいて 3 変量の得点を計算する Heath-Carterの方法が使われることが多い[5]．計算に必要な人体計測項目は最大身長，体重，上腕三頭筋部皮下脂肪厚，肩甲骨下角部皮下脂肪厚，腸骨部皮下脂肪厚（上前腸骨棘の 7 cm 上方のレベル，前腋窩線上），下腿内側部皮下脂肪厚，上腕骨顆間幅，大腿骨顆間幅，上腕屈曲囲，下腿最大囲で，計測の単位は皮下脂肪厚は mm，それ以外は cm である．左右ある項目は右側を測る．Heath-Carter による得点の計算式は下記のとおりである．

内胚葉 $= -0.7182 + 0.1451(X) - 0.00068(X)^2 + 0.0000014(X)^3$

ここで，$X =$ 上腕三頭筋部皮下脂肪厚 + 肩甲骨下角部皮下脂肪厚 + 腸骨部皮下脂肪厚．

中胚葉 $= 0.858 \times$ 上腕骨顆間幅 $+ 0.601 \times$ 大腿骨顆間幅 $+ 0.188 \times$ 修正上腕屈曲囲 $+ 0.161 \times$ 修正下腿最大囲 $-$（身長 $\times 0.131$）$+ 4.50$

ここで，修正上腕屈曲囲 = 上腕屈曲囲 − 上腕三頭筋部皮下脂肪厚（cm 単位），修正下腿最大囲 = 下腿最大囲 − 下腿内側部皮下脂肪厚（cm 単位）．

外胚葉 $=$ HWR $\times 0.732 - 28.58$

ここで，HWR（height-weight ratio）= 最大身長 $\div \sqrt[3]{体重}$．$38.25 <$ HWR < 40.75 のとき，外胚葉 $=$ HWR $\times 0.463 - 17.63$．HWR ≤ 38.25 のとき，外胚葉 $= 0.1$．

　これら 3 変量は互いに相関をもつ．また，HWRは身長と低い正の相関をもつため（0.3 程度），身長が高いほど細長いと判定される傾向がある．

表 26.6　18〜29 歳の日本人青年男女のソマトタイプ

	男性（$n = 193$）			女性（$n = 202$）		
	内胚葉	中胚葉	外胚葉	内胚葉	中胚葉	外胚葉
平均値	2.8	4.6	3.1	4.4	3.4	2.7
標準偏差	1.2	1.0	1.1	1.2	0.9	1.0

表 26.3 と同じデータによる．
　腸骨部皮下脂肪厚は上前腸骨棘の 7 cm 上方，腋窩前縁線上ではなく，上前腸骨棘の 1 cm 上方，2 cm 内側にて計測．

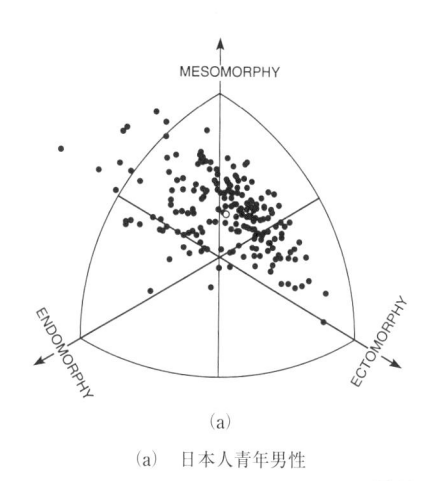

(a) 日本人青年男性 (b) 日本人青年女性

図 26.2　ソマトタイプの分布

日本人のソマトタイプの分布を表 26.6 と図 26.2 に示す．女性のほうが内胚葉型に，男性のほうが中胚葉型によっている．過去の日本人のデータとしては，1950 年代半ばのホノルル市の日系アメリカ人学生の平均ソマトタイプが，男性 2.8－5.1－3.5 ($n=104$)，女性 4.4－3.7－3.1 ($n=104$) であった[5]．

c.　性　差

表 26.1～26.5 のとおり，ほとんどの身体寸法で有意な性差が認められ，男性の寸法が大きい．男女で差が認められないもの，あるいは女性の寸法が有意に大きいものは臀部と大腿部の寸法および皮下脂肪厚に限られる．

表 26.4 の体格を表す示数では，ローレル示数とリビ示数では男性のほうが数値が小さくやせ型となる（1％水準で有意差）．これは男性のほうが身長が高いためである．身長と無相関な BMI で判定すると女性のほうがやせ型となる（1％水準で有意差）．

全身のプロポーションでは（表 26.5），男性のほうが相対的に頭が小さく（比全頭高），四肢が長く（比上肢長，比腸棘高，軀幹脚長示数），胴が短く（比座高），肩が広く（比肩峰幅），腰が狭い（比腸腸骨稜幅，比臀幅，比臀囲）．また，腰に比べて肩が広い逆三角形の体形をしている（肩峰腸稜示数，肩腰示数）．足示数は女性のほうが大きく，相対的に女性のほうが足幅が大きい．

ところで，生物では一般にアロメトリとよばれる現象がみられ，全体の大きさに伴ってプロポーションが異なる．このため同じ年齢，性別の日本人でも，身長が高いほど相対的に四肢が長く，ほっそりした体型になる．平均身長が異なる 2 集団の体型を比べるときに，身長の違いの効果を取り除いて比較するためには，平均身長がほぼ等しいサブグループについて比較をするのが直接的である．

表 26.7 は身長が 170～179 cm の範囲に入る日本人青年男女の人体寸法値および示数値である[6]．身長がほぼ等しい場合，性差が有意でないのは体重，上肢長，下腿最小囲だけで，骨盤と下肢は長さ，周長とも女性のほうが大きく，胴部の測度は長さ，周長とも男性のほうが大きい．平均的な身長の男女を比べた場合と比較して，相対的な下肢の長さ，相対的な胴の長さの大小が逆転している．また，足示数も男性のほうが大きく，足長が同じならば男性のほうが足幅が大きい．

d.　環境条件による体格の差

成長の過程は環境条件，特に栄養状態によって左右される．一般に栄養状態が良いほど早く成人値に到達し，最終的に大きくなる．図 26.3，26.4 はそれぞれ明治時代以後の 20 歳の大学生と壮丁あるいは勤労青年の身長と体重を示したものである．明治時代の大学生と壮丁の平均身長間には約 3 cm の差があった．1980 年代の段階においても，大学生は日本国民全体の平均と比べると裕福な家庭の出身者が多いという報告があることから[7]，20 歳の大学生と勤労青年あるいは一般人の身長の差は環境条件

表 26.7

(a) 身長がほぼ等しい日本人青年男女の人体寸法（Kato ら，1989）[6]

計測項目（Martin による番号）	男性 ($n = 47$) 平均	S.D.	女性 ($n = 42$) 平均	S.D.	t-test
1　身長（1）	1736.4	26.2	1740.5	27.4	ns
2　上前腸骨棘高（13）	929.6	23.1	955.2	24.6	**
3　脛骨点高（15）	440.3	11.8	466.2	13.2	**
4　胴長*1	475.4	19.4	454.6	21.4	**
5　肩峰幅（35）	400.2	16.0	382.0	12.4	**
6　胸部横径（36）	280.8	17.9	273.6	11.2	*
7　胸部矢状径（37）	193.9	15.8	179.6	11.6	**
8　腸骨稜幅（40）	279.8	14.0	299.6	11.6	**
9　最大腰幅（42a）	319.2	15.3	331.6	11.4	**
10　上肢長（45）	748.1	18.9	747.1	18.2	ns
11　手幅（52）	83.4	3.7	81.7	3.5	*
12　足長（58）	253.6	8.4	248.7	6.9	**
13　足幅（59）	103.5	3.5	99.7	4.0	**
14　胸囲（61）	878.5	51.4	842.6	34.6	**
15　胸郭囲*2	753.2	46.8	721.1	27.3	**
16　最小胴囲（62）	737.6	57.7	693.3	35.9	**
17　頸囲（63）	355.0	14.0	318.5	11.6	**
18　臀囲（64 *1）	908.8	37.6	950.2	41.4	**
19　上腕最大囲（65）	261.3	17.7	252.5	19.4	**
20　前腕最大囲（66）	251.4	12.8	241.2	11.4	**
21　前腕最小囲（67）	165.1	8.1	155.9	7.2	**
22　大腿最大囲（68）	519.3	31.6	553.3	32.7	**
23　下腿最大囲（69）	361.6	20.5	373.9	20.1	*
24　下腿最小囲（70）	218.2	10.7	221.1	9.8	ns
25　体重（71）（kg）	65.2	6.8	66.3	5.3	ns
26　腹部皮下脂肪厚*3	184.8	22.4	211.0	13.8	**
27　上腕三頭筋部皮下脂肪厚*3	169.1	19.6	211.2	16.5	**
28　肩甲骨下角部皮下脂肪厚*3	190.5	16.9	205.0	13.0	**

身長はアントロポメータで計測
*1：胸骨上縁高 − 恥骨結合上縁高．
*2：$\pi D + 2(D - d) - d(D - d) \div \sqrt{(D+d)(D+2d)}$．ただし，$d$ は胸郭矢状径，D は胸部横径．
*3：0.1 mm 単位で読み取った値 X を，以下の式により対数変換．$z = 100 \times \log_{10}(X - 18)$．
ns：男女で有意差なし，*：5％水準で有意差，**：1％水準で有意差．

(b) 身長がほぼ等しい日本人青年男女の示数（Kato ら，1989）[6]

示数	男性 ($n = 47$) 平均	S.D.	女性 ($n = 42$) 平均	S.D.	t-test
1　ローレル示数	124.44	11.96	125.92	10.34	ns
2　比胴長	27.38	1.02	26.12	1.05	**
3　比上前腸骨棘高	53.53	1.07	54.89	1.10	**
4　比脛骨点高	25.36	0.57	26.79	0.65	**
5　比足長	14.61	0.43	14.31	0.33	**
6　比上肢長	43.09	0.98	42.93	0.85	ns
7　比足幅	5.96	0.19	5.73	0.22	**
8　比手幅	4.79	0.21	4.69	0.18	**
9　足示数	40.86	1.53	40.12	1.74	*
10　肢間示数	80.50	2.01	78.23	1.64	**
11　比肩峰幅	23.05	0.91	21.95	0.71	**
12　比腸骨稜幅	16.16	0.74	17.22	0.68	**
13　比最大腰幅	18.38	0.80	19.06	0.65	**
14　胸郭示数	69.19	4.85	65.79	4.22	**
15　肩峰腸稜示数	69.97	3.48	78.48	3.29	**
16　肩腰示数	79.82	3.76	86.87	3.36	**
17　アンドロジニイ・スコア*1	92.07	4.44	84.65	3.56	**
18　比胸囲	50.53	2.83	48.42	2.07	**
19　比最小胴囲	42.47	3.23	39.84	2.08	**
20　比頸囲	20.45	0.79	18.85	0.80	**
21　比臀囲	52.33	1.92	54.61	2.51	**
22　比大腿最大囲	29.93	1.67	31.79	1.90	**
23　比下腿最大囲	20.82	1.10	21.49	1.27	*
24　比下腿最小囲	12.56	0.57	12.71	0.58	ns

ns：男女で有意差なし，*：5％水準で有意差，**：1％水準で有意差．
*1：アンドロジニイ・スコア＝肩峰幅×3−腸骨稜幅

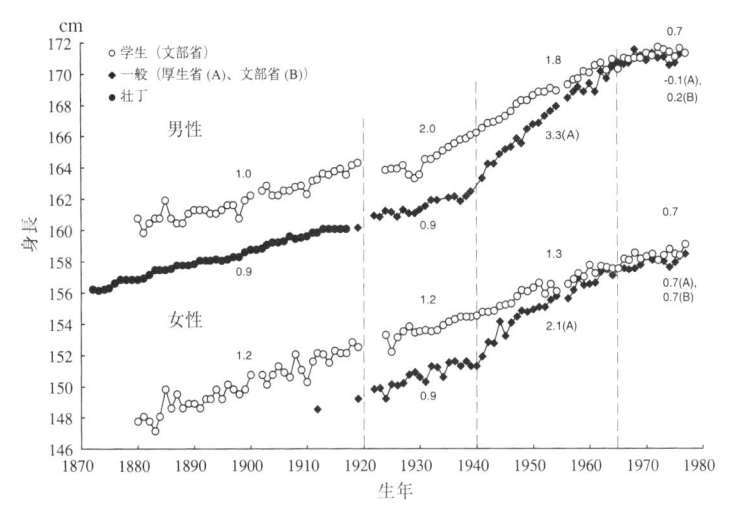

図 26.3 政府の統計資料に基づく出生年別 20 歳時身長
数値は時代変化速度（cm/10 年）を示す.

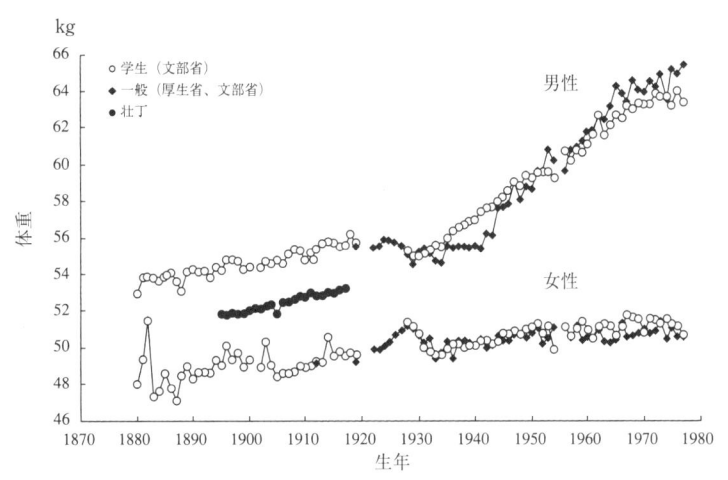

図 26.4 政府の統計資料に基づく出生年別 20 歳時体重

による差を反映すると見なすことができよう．図 26.3，26.4 が示すとおり，両者の体格差は 1940 年代に生まれたグループから急速に小さくなり，1960 年代半ば以後生まれでは事実上なくなった．全体的に生活レベルが上昇した結果，生活水準の格差ももはや成長速度の違いをもたらさなくなったと解釈できる[7]．

e. 加齢変化

1998 年における成人の身長は，男女とも 19 歳から 29 歳までほとんど同じであるが，これ以上の年齢では年齢が高いほど身長が低くなっている（表 26.1）．図 26.3 にみるように，日本人の身長は時代とともにしだいに高くなってきた．年齢が高くなると身長は低下するようにみえるが，実際には成人の年齢間の差のすべてが高齢化による姿勢変化などに由来する身長低下によるわけではない．ある時点における身長の年齢差は，このような時代差を含んだものである．

加齢による身長低下は 40 歳代から始まるといわれる．1981 年までに 63 歳以上の男女 135 名を個人追跡したデータによると，5 年間の加齢による身長の低下速度は男性で年間 0.2 cm，女性で年間 0.34 cm で[8]，女性のほうが急速に身長が低下する．一方，体重はほとんど変化しない．東京都老人総合研究所による縦断的調査では，1976 年に 69～71 歳

表 26.8 縦断的調査に基づく加齢による人体寸法の変化[*][9)]

項　目	性別	年齢	平均	標準偏差	自由度	T値		P値	
身長（cm）	男性	69〜71	161.3	6.2	55				
		74〜76	159.8	6.7		7.31	12.87	0.000	0.000
		79〜81	158.2	6.8		7.11		0.000	
	女性	69〜71	149.3	5.9	59				
		74〜76	147.1	5.7		11.01	15.34	0.000	0.000
		79〜81	144.8	5.7		12.83		0.000	
第七頸椎高（cm）	男性	69〜71	136.9	5.7	55				
		74〜76	135.3	6.3		6.07	10.48	0.000	0.000
		79〜81	133.8	6.2		6.78		0.000	
	女性	69〜71	126.6	5.4	59				
		74〜76	123.6	5.6		9.85	17.98	0.000	0.000
		79〜81	121.9	5.3		6.36		0.000	
大転子高（cm）	男性	69〜71	78.3	3.8	55				
		74〜76	76.6	3.6		5.73	4.03	0.000	0.000
		79〜81	76.4	3.9		0.56		0.580	
	女性	69〜71	74.3	3.5	59				
		74〜76	70.6	3.5		12.50	5.64	0.000	0.000
		79〜81	72.2	4.4		3.71		0.001	
座高（cm）	男性	69〜71	87.7	4.0	55				
		74〜76	86.4	4.1		5.89	11.83	0.000	0.000
		79〜81	84.2	4.6		9.43		0.000	
	女性	69〜71	81.2	3.2	59				
		74〜76	80.1	3.6		6.13	16.16	0.000	0.000
		79〜81	77.6	3.5		12.40		0.000	
体重（kg）	男性	69〜71	54.8	8.2	55				
		74〜76	53.9	8.9		1.80	3.40	0.078	0.001
		79〜81	53.1	9.1		1.89		0.064	
	女性	69〜71	47.5	6.8	59				
		74〜76	46.9	7.1		1.50	3.71	0.140	0.000
		79〜81	46.0	6.9		2.26		0.028	
握力（kg）	男性	69〜71	36.3	7.2	55				
		74〜76	33.3	7.0		4.49	13.43	0.000	0.000
		79〜81	26.6	5.7		11.13		0.000	
	女性	69〜71	20.3	4.5	59				
		74〜76	17.0	4.2		7.28	6.83	0.000	0.000
		79〜81	16.3	4.6		1.32		0.191	
皮厚（肩）（mm）	男性	69〜71	11.6	4.9	55				
		74〜76	12.0	4.0		−0.88	−2.53	0.384	0.014
		79〜81	1.31	5.3		−2.64		0.011	
	女性	69〜71	15.4	5.1	59				
		74〜76	13.6	4.6		4.16	−2.28	0.000	0.026
		79〜81	17.0	6.8		−5.33		0.000	
皮厚（腕）	男性	69〜71	8.0	3.3	55				
		74〜76	8.2	3.1		−0.79	1.45	0.433	0.152
		79〜81	7.5	2.7		2.78		0.007	
	女性	69〜71	14.6	5.9	59				
		74〜76	14.5	4.0		0.17	2.20	0.867	0.032
		79〜81	13.1	4.4		2.84		0.006	

であった男性 57 名，女性 63 名の以後 10 年間の身長の低下速度は男性で年間 0.3 cm，女性で年間 0.5 cm で，やはり女性のほうが低下量，低下速度とも大きい．また，体重は男女とも年間 0.2 kg の低下

表 26.9 学齢期児童の人体寸法（平成 11 年度文部省学校保健統計報告書より）

区分			身長 (cm)		体重 (kg)		胸囲 (cm)	
			平均値	標準偏差	平均値	標準偏差	平均値	標準偏差
男	幼稚園	5歳	110.8	4.74	19.2	2.84	62.2	2.89
		6歳	116.6	4.96	21.7	3.64	65.0	2.90
	小学校	7	122.4	5.18	24.4	4.38	67.7	2.96
		8	128.0	5.37	27.7	5.55	70.4	3.06
		9	133.5	5.68	31.2	6.70	72.8	3.17
		10	139.1	6.19	35.1	7.98	75.2	3.34
		11	145.3	7.10	39.3	8.95	78.0	3.82
	中学校	12歳	152.7	8.01	45.1	10.19	81.5	4.51
		13	160.0	7.61	50.2	10.37	85.0	4.45
		14	165.5	6.62	55.3	10.54	88.0	3.94
	高等学校	15歳	168.5	5.85	59.3	10.75	89.8	3.47
		16	170.2	5.70	61.1	10.09	90.8	3.28
		17	170.9	5.80	62.4	10.14	91.3	3.24
女	幼稚園	5歳	109.9	4.70	18.8	2.72	61.6	2.85
		6歳	115.8	4.82	21.3	3.45	64.7	2.82
	小学校	7	121.6	5.16	23.8	4.11	67.4	2.93
		8	127.4	5.49	27.0	5.14	70.1	3.09
		9	133.5	6.17	30.7	6.37	72.9	3.42
		10	140.3	6.81	34.9	7.45	76.1	3.80
		11	147.1	6.68	40.0	8.28	79.5	3.87
	中学校	12歳	152.2	5.88	45.1	8.59	82.3	3.54
		13	155.1	5.35	48.2	8.21	83.8	3.17
		14	156.7	5.22	50.7	7.88	84.7	3.00
	高等学校	15歳	157.3	5.23	52.2	8.36	85.1	2.96
		16	157.8	5.21	53.1	8.05	85.3	2.96
		17	158.1	5.22	53.1	7.95	85.3	2.92

年齢は，平成 11 年 4 月 1 日現在の満年齢．

率であった[9]．

加齢による身長低下は体幹部と下肢の長さの両方で起こっているが，低下の割合は体幹部のほうが大きい．表 26.8 に縦断的調査に基づく加齢による身体寸法の変化に関する資料を示す．

f. 成 長

表 26.9 と表 26.10 に成長期における現代日本人の身長，体重，座高，胸囲の平均値あるいは 50 パーセンタイル値を示す．男子で 12～13 歳頃，女子で 10～11 歳頃に最も急速に身長が伸びる時期がある．この急速な成長を思春期のスパートとよぶ．この時期の目安となる，身長の成長が最大になる年齢 (PHV 年齢：age at peak height velocity) は，個人追跡データによると 1960 年代生まれの東京在住の男子で平均 PHV 年齢は 12.8（標準偏差 0.82）歳，女子で 11.12（標準偏差 0.95）歳である[10]．なお，女子では PHV 年齢の 1 年ほど後に初潮を迎える．

身体各部の成長は足並みをそろえて進むわけではない．スパートが起こる年齢も身体の部位によって異なる．このため，成長に伴ってプロポーションは変化してゆく．図 26.5 は横断的データに基づいて比座高の年齢変化を示したものである．思春期までは相対的に下肢が長くなってゆくが，これ以後はむしろやや下肢が短くなる．これは，下肢長のほうが胴長よりも先にスパートを迎えるためである．

思春期以後，二次性徴，すなわち性の違いによる体の特徴のうち生殖腺以外のものが発達してくる．これによって，体型の性差が明瞭になってくる．図 26.6 は横断的データに基づいて比胸囲の年齢変化を示したものである．男女とも思春期までは相対的に胸囲が小さくなってゆくが，思春期以後急速に胸囲が大きくなってゆく．この変化の内容は，女子では乳房や皮下脂肪の発達，男子では筋や内臓のスパートによるという違いがある．

相対的に肩幅が広いか，腰の幅が広いかという体形の性差も思春期に明瞭になる．図 26.7 は個人追跡データに基づく比腸骨稜幅の年齢変化を示したも

表 26.10 乳幼児の身長(cm；各パーセンタイル値の左列)と体重(kg；右列)(平成 12 年乳幼児身体発育調査報告書より)

(a) 男児

年・月・日齢	パーセンタイル値													
	3		10		25		50 中央値		75		90		97	
出生時	44.9	2.23	46.5	2.52	47.7	2.76	49.0	3.00	50.1	3.26	51.0	3.51	52.0	3.79
1 日		2.18		2.47		2.70		2.93		3.18		3.43		3.70
2 日		2.16		2.44		2.67		2.89		3.14		3.39		3.65
3 日		2.17		2.46		2.69		2.92		3.17		3.41		3.65
4 日		2.21		2.50		2.73		2.97		3.22		3.47		3.69
5 日		2.25		2.55		2.78		3.02		3.28		3.53		3.74
6 日		2.29		2.59		2.83		3.08		3.34		3.58		3.80
7 日		2.33		2.64		2.88		3.13		3.39		3.63		3.85
30 日	49.5	3.29	51.2	3.63	52.5	3.91	54.0	4.24	55.3	4.60	56.5	4.92	57.7	5.20
0 年 1〜2 月未満	51.6	3.82	53.2	4.21	54.6	4.52	56.2	4.90	57.6	5.32	58.8	5.71	60.0	6.09
2〜3	55.0	4.63	56.4	5.14	58.0	5.52	59.9	5.97	61.2	6.47	62.5	6.94	63.8	7.40
3〜4	57.8	5.31	59.4	5.84	61.1	6.26	62.9	6.78	64.3	7.33	65.6	7.85	67.0	8.36
4〜5	60.6	5.85	62.1	6.35	63.6	6.80	65.3	7.35	66.7	7.94	68.0	8.49	69.5	9.04
5〜6	62.6	6.29	64.0	6.75	65.4	7.22	67.0	7.79	68.5	8.41	69.8	8.98	71.4	9.55
6〜7	64.0	6.66	65.4	7.10	66.9	7.58	68.5	8.16	70.0	8.80	71.3	9.39	73.0	9.97
7〜8	65.1	6.91	66.6	7.36	68.1	7.85	69.7	8.45	71.2	9.09	72.6	9.67	74.3	10.26
8〜9	66.2	7.15	67.7	7.61	69.2	8.11	70.9	8.70	72.4	9.34	73.8	9.92	75.5	10.49
9〜10	67.3	7.36	68.8	7.82	70.3	8.32	72.0	8.93	73.6	9.57	75.0	10.15	76.6	10.73
10〜11	68.4	7.56	69.9	8.02	71.5	8.52	73.2	9.13	74.8	9.78	76.2	10.36	77.8	10.95
11〜12	69.5	7.73	71.0	8.21	72.6	8.72	74.4	9.33	76.0	9.97	77.4	10.57	78.9	11.18
1 年 0〜1 月未満	70.4	7.89	72.0	8.39	73.6	8.90	75.4	9.51	77.0	10.16	78.5	10.77	79.9	11.44
1〜2	71.5	8.04	73.1	8.55	74.7	9.07	76.5	9.68	78.1	10.35	79.6	10.95	81.1	11.70
2〜3	72.4	8.18	74.0	8.69	75.6	9.22	77.5	9.84	79.1	10.51	80.6	11.12	82.1	11.95
3〜4	73.3	8.32	74.9	8.84	76.6	9.37	78.4	10.03	80.1	10.71	81.6	11.39	83.1	12.18
4〜5	74.1	8.47	75.8	8.99	77.5	9.53	79.4	10.22	81.1	10.90	82.6	11.61	84.1	12.41
5〜6	74.9	8.63	76.6	9.16	78.3	9.70	80.2	10.41	82.0	11.11	83.5	11.83	85.1	12.65
6〜7	75.8	8.78	77.5	9.31	79.2	9.87	81.1	10.59	82.9	11.31	84.5	12.04	86.0	12.89
7〜8	76.6	8.93	78.3	9.47	80.1	10.04	82.1	10.77	83.8	11.50	85.4	12.26	87.0	13.12
8〜9	77.5	9.06	79.3	9.62	81.1	10.20	83.0	10.94	84.8	11.69	86.5	12.46	88.1	13.33
9〜10	78.3	9.18	80.1	9.75	81.9	10.34	83.9	11.10	85.7	11.86	87.4	12.65	89.0	13.52
10〜11	79.2	9.33	81.0	9.90	82.8	10.50	84.8	11.28	86.7	12.06	88.3	12.87	90.0	13.74
11〜12	80.1	9.44	81.9	10.03	83.8	10.64	85.8	11.43	87.7	12.23	89.4	13.05	91.0	13.92
2 年 0〜6 月未満	81.2	9.97	83.1	10.59	85.0	11.26	87.1	12.07	89.1	12.91	90.9	13.81	92.6	14.74
6〜12	85.0	10.80	86.9	11.46	88.8	12.18	91.0	13.01	93.2	13.92	95.2	14.97	97.2	16.04
3 年 0〜6	88.3	11.59	90.3	12.28	92.3	13.06	94.6	13.97	97.0	14.99	99.2	16.14	101.4	17.36
6〜12	91.5	12.34	93.6	13.09	95.8	13.93	98.2	14.92	100.9	16.05	103.3	17.33	105.7	18.71
4 年 0〜6	94.5	13.10	96.8	13.90	99.1	14.82	101.6	15.90	104.5	17.16	107.2	18.60	109.8	20.17
6〜12	97.4	13.86	99.8	14.72	102.2	15.72	104.9	16.91	108.1	18.30	110.9	19.93	113.7	21.71
5 年 0〜6	100.2	14.63	102.7	15.56	105.3	16.65	108.1	17.96	111.4	19.52	114.4	21.38	117.4	23.37
6〜12	103.1	15.27	105.8	16.32	108.4	17.48	111.4	18.93	114.9	20.70	118.0	22.85	121.1	25.50
6 年 0〜6	106.2	15.93	109.0	17.14	111.8	18.38	114.9	19.87	118.6	21.94	121.8	24.67	125.1	28.03

(b) 女児

年・月・日齢	パーセンタイル値													
	3		10		25		50 中央値		75		90		97	
出生時	45.0	2.25	46.1	2.50	47.3	2.72	48.5	2.95	49.7	3.21	50.9	3.46	52.0	3.73
1 日		2.18		2.41		2.62		2.84		3.09		3.33		3.58
2 日		2.15		2.38		2.58		2.80		3.04		3.28		3.53
3 日		2.15		2.39		2.59		2.81		3.05		3.29		3.54
4 日		2.17		2.41		2.61		2.83		3.07		3.31		3.56
5 日		2.20		2.43		2.64		2.86		3.11		3.34		3.60
6 日		2.24		2.47		2.67		2.90		3.15		3.39		3.65
7 日		2.28		2.52		2.72		2.95		3.20		3.45		3.70
30 日	49.1	3.10	50.2	3.44	51.3	3.70	52.6	4.01	53.9	4.35	55.0	4.64	56.1	4.87
0 年 1〜2 月未満	51.2	3.69	52.3	4.00	53.5	4.29	54.8	4.64	56.1	5.03	57.2	5.33	58.4	5.63
2〜3	54.5	4.44	55.7	4.83	57.0	5.17	58.4	5.57	59.8	6.03	61.1	6.40	62.3	6.81
3〜4	57.1	5.05	58.5	5.45	59.9	5.82	61.4	6.24	63.0	6.75	64.3	7.17	65.7	7.68
4〜5	59.1	5.53	60.6	5.91	62.0	6.31	63.7	6.75	65.3	7.29	66.8	7.76	68.2	8.29
5〜6	61.0	5.90	62.4	6.30	63.8	6.72	65.5	7.18	67.0	7.74	68.5	8.25	69.9	8.80
6〜7	62.6	6.23	64.0	6.62	65.4	7.06	66.9	7.54	68.5	8.12	69.8	8.67	71.2	9.23
7〜8	63.9	6.44	65.3	6.85	66.6	7.31	68.1	7.82	69.7	8.40	71.0	8.98	72.4	9.53
8〜9	65.2	6.62	66.5	7.05	67.9	7.53	69.3	8.05	70.8	8.64	72.1	9.22	73.5	9.78
9〜10	66.3	6.78	67.7	7.22	69.0	7.72	70.5	8.26	71.9	8.85	73.3	9.42	74.6	10.00
10〜11	67.4	6.96	68.8	7.40	70.1	7.91	71.6	8.46	73.1	9.06	74.5	9.64	75.8	10.21
11〜12	68.5	7.14	69.8	7.59	71.2	8.12	72.7	8.67	74.2	9.28	75.6	9.85	77.0	10.45
1 年 0〜1 月未満	69.5	7.33	70.9	7.79	72.3	8.32	73.8	8.88	75.4	9.49	76.8	10.06	78.2	10.73
1〜2	70.5	7.50	71.9	7.97	73.3	8.52	74.9	9.07	76.5	9.68	78.0	10.30	79.4	10.98
2〜3	71.4	7.66	72.9	8.14	74.3	8.68	76.0	9.26	77.6	9.88	79.1	10.51	80.5	11.22
3〜4	72.3	7.82	73.8	8.31	75.3	8.84	77.0	9.45	78.7	10.09	80.2	10.74	81.7	11.46
4〜5	73.2	7.98	74.8	8.48	76.3	9.00	78.0	9.65	79.7	10.30	81.3	10.97	82.8	11.71
5〜6	74.2	8.14	75.8	8.65	77.3	9.16	79.1	9.84	80.8	10.51	82.3	11.19	83.9	11.95
6〜7	75.2	8.30	76.7	8.82	78.3	9.34	80.0	10.04	81.8	10.72	83.3	11.42	84.9	12.20
7〜8	76.1	8.45	77.7	8.97	79.2	9.50	81.0	10.22	82.7	10.91	84.3	11.63	85.9	12.42
8〜9	77.0	8.60	78.5	9.14	80.1	9.68	81.9	10.40	83.6	11.12	85.2	11.85	86.7	12.66
9〜10	77.8	8.73	79.4	9.28	80.9	9.83	82.7	10.57	84.5	11.30	86.1	12.05	87.6	12.87
10〜11	78.6	8.89	80.2	9.44	81.8	10.00	83.6	10.76	85.4	11.50	87.0	12.28	88.6	13.11
11〜12	79.4	9.03	81.0	9.60	82.6	10.17	84.4	10.95	86.2	11.72	87.9	12.51	89.5	13.33
2 年 0〜6 月未満	80.7	9.45	82.4	10.07	84.1	10.77	86.0	11.53	87.9	12.38	89.7	13.26	91.4	14.17
6〜12	84.2	10.22	86.0	10.95	87.8	11.68	89.9	12.51	92.0	13.46	94.0	14.51	96.0	15.57
3 年 0〜6	87.6	11.03	89.5	11.78	91.5	12.58	93.7	13.49	95.9	14.54	98.3	15.72	100.4	16.92
6〜12	90.9	11.80	92.9	12.62	95.1	13.49	97.4	14.49	99.7	15.65	102.1	16.95	104.3	18.33
4 年 0〜6	94.1	12.57	96.3	13.46	98.5	14.41	101.0	15.50	103.5	16.79	106.1	18.27	108.5	19.84
6〜12	96.9	13.33	99.3	14.29	101.7	15.32	104.3	16.52	106.9	17.96	109.5	19.62	111.9	21.37
5 年 0〜6	99.8	14.07	102.3	15.10	104.8	16.23	107.6	17.55	110.3	19.31	112.9	21.09	115.4	23.29
6〜12	102.6	14.81	105.2	15.93	107.9	17.16	110.8	18.62	113.7	20.66	116.4	22.84	119.0	25.39
6 年 0〜6	105.2	15.49	108.0	16.71	110.7	18.06	113.8	19.69	116.9	22.06	119.6	24.64	122.4	27.71

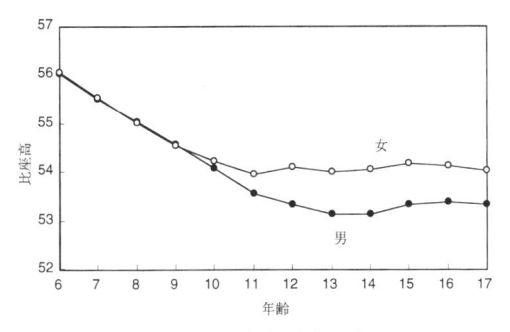

図 26.5 比座高の年齢変化
文部省学校保健統計資料より抜き出した 1974 年生まれの子供の身長と座高の平均値から計算したもの.

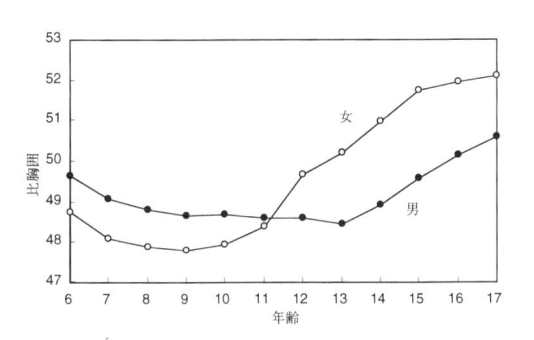

図 26.6 比胸囲の年齢変化
文部省学校保健統計資料より抜き出した 1974 年生まれの子供の身長と胸囲の平均値から計算したもの.

のである[11]. 男子ではしだいに小さくなってゆくのに対し，女子では思春期以後急速に大きくなってゆく. 肩峰腸稜示数も比腸骨稜幅と同様の経過をたどる[11].

身長のスパートのほうが体重のスパートよりも先に起こる. このため，全身の太り具合も年齢によって変化する. 図 26.8 はローレル示数と BMI（カウプ示数ともよぶ）の年齢による変化を示したものである. これらの示数は肥満の判定に使われることがある.

26.2 時代変化

a. 明治時代以前

長期間にわたってある集団の特徴が変化する現象を時代変化という. 変化の向きは一定ではなく，逆転することもある. 時代変化のなかでも，身長の変化は最も目につきやすいものであろう.

明治時代以前の日本については，身長に関する記録された資料はない. したがって，各時代における

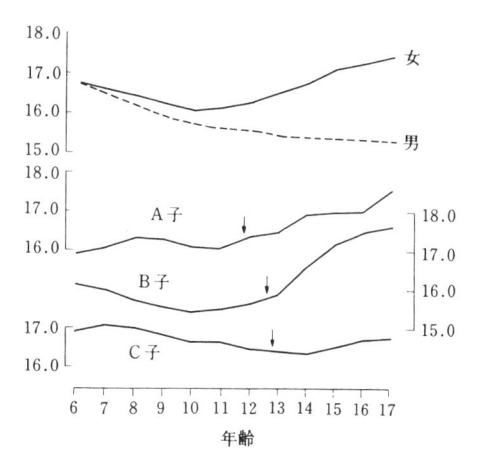

図 26.7 比腸骨稜幅の年齢変化（保志, 1988）[11]
上は完全個人追跡資料から得た平均経過曲線，下はそのなかから 3 人の個人経過曲線を抜き出して例示したもの. 矢印は初潮があったときを示す. A子と B子の曲線は比較的平均経過と似た経過をたどっているが，C子はむしろ男子の平均経過に似ている.

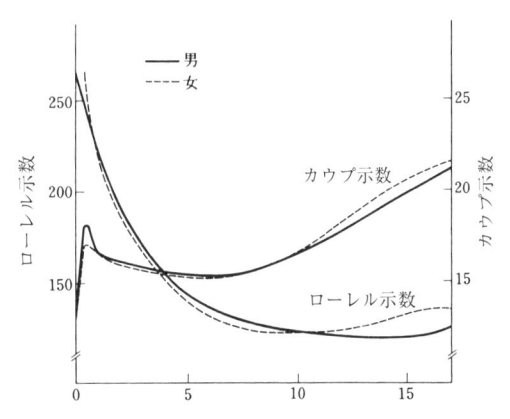

図 26.8 ローレル示数とカウプ示数の年齢変化（保志, 1988）[11]

身長は，その時代の人骨資料のうち大腿骨や脛骨のような四肢の長骨の長さを測り，これから現代人の資料をもとに計算された身長推定式を用いて推定される. 図 26.9 は関東地方で発掘された人骨資料の大腿骨最大長から回帰式に基づいて推定した，身長の時代変化を示したものである[12]. これをみると，古墳時代以後，江戸時代末期まで日本人の身長は低下し続けたようである. その変化速度は明治時代以後の変化に比べるとはるかに低く，図 26.3, 26.4 に示した過去 100 年間に起こったような急激な時代変化を日本人が経験したのは，先史時代，歴史時代を通じて初めてのことであった.

図 26.9 の文献で用いられた身長の推定式は藤井

によるもので[13]，その資料となった被験屍体の生前の推定身長は，男性 156.5 cm，女性 146.6 cm と，現在の基準から考えると非常に低い．明治時代以前における平均身長は概して低く，古墳時代を除けば男性で 160 cm に満たないので，藤井の式によりこれらの時代の身長を推定するのは妥当であろう．

b. 明治時代以後

上記のような回帰式を使う方法では，四肢長骨と身長との関係，すなわち全身のプロポーションは現代人も古代人も等しいと仮定することになる．しかし，明治時代以後に身長が高くなったとき，全身が相似形的に大きくなってきたわけではない．過去数十年間において身長が伸びたのは，体幹部ではなく，主として下肢の長さが伸びたためである[7,15]．図 26.10 は 20 歳日本人の座高と下身長（＝身長－座高）の時代変化を示したものである．座高の変化よりも下身長の変化のほうが大きく，相対的に胴が短く，下肢が長くなってきたことがわかる．

図 26.11 左は 1880 年頃にベルツ（Baeltz）が計測した 20 歳以上の男子学生 46 名の計測データに基づいた[14]，右は 1991 年に計測された 18 ～ 29 歳の男性 217 名の計測データに基づいた身体比例を示したものである．ベルツが採用した胴長の計測法は胸骨上縁から恥骨結合上縁までを巻尺で測るため，生命工学工業技術研究所が採用した床面からそれぞれ

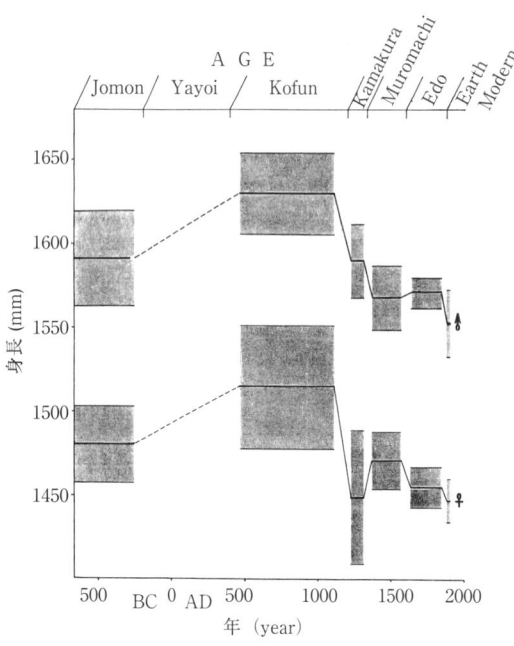

図 26.9 右大腿最大長から藤井の式に基づいて推定した身長の時代変化（網かけ部は 95 ％信頼限界）（平本，1972）[12]

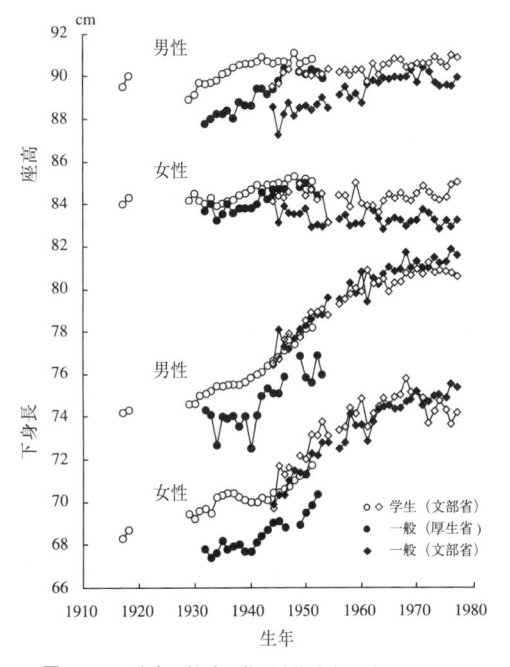

図 26.10 政府の統計に基づく出生年別座高と下身長（Kouchi，1996）[15]

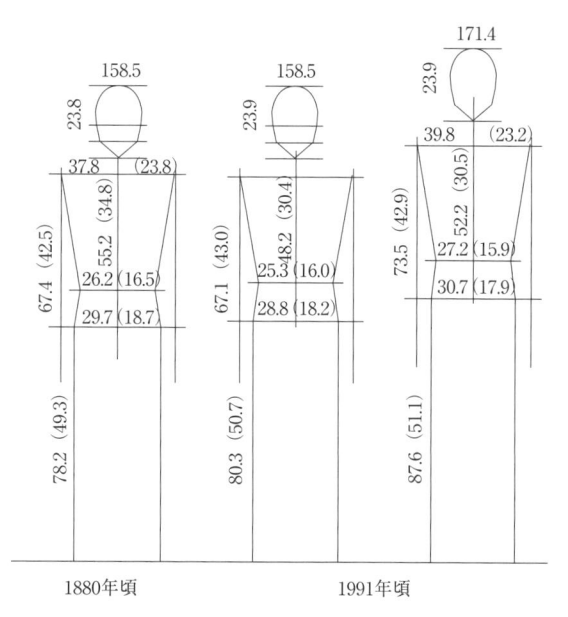

図 26.11 1880 年と 1990 年の日本人成人男性の体形（（ ）内の数値は身長に対する百分率）
左はベルツ（1885），右は生命工学工業技術研究所による平均値．中央は生命研のデータより推定した 1991 年における身長 158.5 cm の男性．

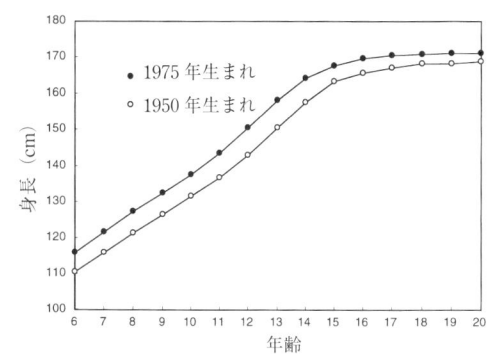

図 26.12 1950年生まれと1975年生まれの男性の身長の年齢変化（文部省データによる）

の高さを測り引き算で求める方法よりも大きくなっている．ベルツの胴長は生命工学工業技術研究所の胴長よりも約3 cm大きいが，実際には両者の胴長に大差はないであろう．つまり，過去110年ほどの間に，頭部の大きさと胴の長さはほとんど変化していないが，四肢の長さと体幹の幅は大きくなった．しかし身長に対する比例でみると，下肢は長くなっているが，体幹部の相対的な幅はむしろ小さくなっている．全身的な太りぐあいをBMIでみると，1880年代では20.8，1990年代では21.5で，現在のほうが太っている．

男性で158.5 cmという身長は1880年代においては平均値であったが，1990年代においては1.5パーセンタイル，すなわち100人の男性がいたら低いほうから1番目か2番目に相当する．すでに述べたように生物の体にはアロメトリという現象が認められるため，1991年のデータのなかでも158.5 cmの人と171.4 cmの人ではプロポーションが異なる．図26.11中央は，1991年のデータから回帰式を用いて身長が158.5 cmであった場合の身体比例を推定したものである．1880年代の体型と比べると，肩幅は変わらないが，四肢が長く腰が細い．すなわち，1880年代と現在では，仮に身長は同じであったとしても，プロポーションは異なっているのである．

c. 高身長化と早熟化

同世代の集団間の環境要因による差と同様に，高身長化という時代変化は多くの場合早熟化を伴う．つまり，昔よりも若い年齢で思春期に到達し，若い年齢で成長が止まるのである．生まれてから何年経

ったかという暦年齢は同じでも，今の子供のほうが昔の子供よりも成熟が進んでおり，大人の状態に近いのである．図26.12は1950年生まれと1975年生まれの男性の身長の年齢変化を示したものである．両者の身長差は6歳の時点ですでに明らかである．この後，思春期のスパートが起こる13歳あたりで両者の差は最大となり，スパート以後の15歳頃から小さくなってくる．成熟の進み具合のずれによって，このような変化が生じるのである．

d. 時代変化の原因と将来

時代変化の原因としては衛生状態の向上，食べ物の変化などにより，全体として栄養状態が良くなったことが最も大きいと考えられる．明治時代以後は環境要因の変化においても激変期であり，動物性蛋白質と脂肪をほとんど採らない食事から，急速に変化した．特に，動物性蛋白質の摂取量は，時代とともに身長とほぼ同様の変化をしている[15]．

これまで急速に進んできた時代変化であるが，その速度はしだいに落ちてきた．図26.3からもみてとれるとおり，1970年以降生まれの世代で時代変化は止まりつつあるようである．

時代変化は欧米諸国でも観察されており，身長では10年間に約1 cmの速度で高くなってきた．現在の段階で身長の時代変化がすでに停止したと報告されているのはオランダと北欧諸国だけである[16]．ヨーロッパ諸国の壮丁の身長の時代変化を調べたSchumidtら[16]によると，成人身長を決定するうえで幼児期の成長が重要であり，この時期のストレスの測度である生後1か月から1年までの死亡率が，成人身長を予測するうえで役に立つ．つまり，生後1か月から1年までの死亡率が1,000人に対し3～5人という低いレベルに落ち着いてから約20年後に，時代変化は停止するという．オランダと北欧諸国では，すでに20年前から，この死亡率が一定レベルに収束している．日本では1985年以後，生後1か月から1年までの死亡率が1,000人に対し2.0～2.1人で落ち着いていることから1980年代半ば以後に生まれた子供たちが成人になる21世紀初めには，日本でも時代変化が停止するかもしれない[15]．

26.3 他人種との体型の違い

30年ほど前に日本人とアメリカ白人の体型を比べた木村は「手足が長く，細く，脂肪の少ない，筋肉のひきしまったニグロイド，あるいは筋肉の隆々とした，逆三角形の，胸部のよく発達したコーカソイドの男，膨隆した乳房，強くくびれた腰，発達した臀部，すんなりした手足のコーカソイドやニグロイドの女性，あるいは極端に肥満したポリネシアの男女などに比べて，日本人はなんともまあアクセントに乏しい，ダイナミックとは縁遠い性質のからだつきである」と述べている[17]．この30年間に日本人青年男女の平均身長は約3cm伸びたが，日本人の体型特徴は変わったのであろうか．

a. 身長と体重

ひとくちにアフリカ系集団，ヨーロッパ系集団といっても，民族集団によってかなり体格は異なる．高身長化など体格の時代変化は日本以外の諸国でも起こってきたため，人種差の現状を調べるためには同じ時期に計測されたデータを比べる必要があり，成人以後の加齢変化を考慮すると，計測時年齢があまり違わないことが望ましい．表26.11に，1980年以後に計測された世界各地における青年男女の平均身長と平均体重を示す．

表26.11にはあげていないが，18歳男子の平均身長がベルギーで176.5 cm，デンマークで179.0 cm，フランスで175.0 cm，オランダで180.9 cm，ノルウェーで180.0 cm，ポーランドで176.8 cm，スペインで175.5 cmと[18]，ヨーロッパ系の集団で明らかに身長が高い．アフリカ系集団ではアメリカ黒人が特に身長が高く，集団間差が大きい．表でみる限りアフリカ系集団の身長は必ずしも高いとはいえないが，生活水準が同じならば，ヨーロッパ系とアフリカ系のアメリカ人の成人身長にはほとんど差がない[18]．これに対してアジア系の18歳男子の平均身長は香港の中国人で170.5 cm，台湾で167.6 cm，ボリビアのアイマラ人で159.0 cmである．生

表26.11 世界各地における青年男女の平均身長 (cm) と平均体重 (kg)

	年齢	調査年	男性		女性		文献
			身長	体重	身長	体重	
ヨーロッパ系							
イギリス：全国	20〜24	1980	176.0	71.4	161.5	59.2	Rosenbaum et al., 1985
ポーランド：学生	18〜30	1983	177.0	72.0	163.1	58.3	Henneberg et al., 1985
アメリカ合衆国：オハイオ州	20	*1	180.1	71.0	165.4	56.5	Hamill et al., 1977
カナダ：全国	20〜29	1976〜79	179.5	77.1	165.4	59.0	Ross et al., 1988
アフリカ系							
ソマリア：ソマリ人	18	1975	170.9	50.3	163.2	50.2	Gallo et al., 1980
マリ：全国農村部	20〜29	1984〜85	170.9	60.8			Prazuck et al., 1988
バンバラ人／フルベ人*2	20〜48	1991	173.1	62.5	161.3	54.4	足立 et al., 1993
ナイジェリア：ヨルバ人*3	20〜	1991	166.8	61.8	158.3	54.0	足立 et al., 1993
アメリカ合衆国：全国	18〜24	1976〜80	176.7	72.2	163.2	63.1	文献18)
インド・地中海							
アルジェリア：全国	16〜25	1986〜87			159.2	56.0	Mobarki et al., 1990
アジア系							
日本：全国学生（文部省）*3	20	1994	171.6	63.7	158.9	51.6	文部省, 1995
全国（厚生省）*3	26〜29	1994	170.3	65.6	157.1	51.4	厚生省, 1996
一般	18〜29	1991〜92	171.4	63.3	159.1	52.6	文献3)
大韓民国：全国	20〜24	1992	169.7	63.6	158.8	52.5	韓国標準科学研究所
釜山，労働者	平均22.3	1987			158.0	53.9	Fernandez et al., 1990
中華人民共和国：北京市部	平均23.8/23.4	1983	170.6		158.8		Xu et al., 1985
北京農村部	平均24.1/21.7	1983	168.3		156.7		
重慶市部	平均25.0/23.9	1983	164.2		153.8		
重慶農村部	平均23.9/19.2	1983	161.4		152.7		
アメリカ合衆国：メキシコ系	18	1982〜84	170.3	67.5	157.9	57.2	Roche et al., 1990

*1：フェルス研究所の個人追跡資料より中央値．
*2：女性は妊娠中の者を含む．
*3：身長はスタジオメータによる．

表 26.12 成人男性の人体寸法と示数

	アジア系		アフリカ系		ヨーロッパ系		オーストラロイド
	日本人	韓国人	バンバラ／フルベ人	ヨルバ人	チェコ人	ハンガリー人	オーストラリア・アボリジニ
	(n = 217)	(n = 157)	(n = 86)	(n = 24)	(n = 269)		(n = 38)
年齢	18〜29	20〜24	20〜48	20〜60	成人	18±	25〜45
計測年	1991	1992	1991	1991	1967〜68		1969
文献	文献3)	韓国標準科学研究院(1992)	(足立ら1993)	(足立ら1993)	Prokopec (1977)	Eiben and Panto (1984), 文献18	Prokopec (1977)
身長	171.4	169.6	173.1	166.8	172.6	175.3	169.4
胸骨上縁高	138.8		142.3	137.1	141.6		139.8
肩峰高	138.0		142.4	137.9			
上前腸骨棘高	93.3		98.9	93.8	98.0		98.2
上肢長	73.5	74.5	80.9	77.3	75.8	76.4	78.8
座高	92.6	91.9			90.6	91.7	83.6
下身長=身長-座高	78.8	77.7			82.0	83.6	85.8
肩峰幅	39.8	38.4	38.6	37.4	38.9	40.1	36.4
腸骨稜幅	27.2	28.9	25.8	25.0	28.9	27.6	25.7
胸部横径	28.9	29.5	26.8	26.7	29.4		25.5
胸部矢状径	18.6		19.4	18.7	20.8		17.9
上腕囲	28.1	28.4	27.1	27.3	29.4	27.5	27.0
下腿最大囲	36.2	36.0	32.5	34.2	36.9	36.0	31.5
胸囲	88.7	88.7	87.4	86.1	97.7		87.3
胴囲	73.4	73.9	74.9	79.3			
臀囲	90.3	90.3	85.2	87.7			
体重 (kg)	63.3	63.6	62.5	61.8	75.2	67.0	58.9
Triceps skinfold (mm)	8.4		4.7	6.6	10.6	11.1	5.4
Subscapula skinfold (mm)	12.1		8.2	11.2	16.3	11.4	12.0
全頭高	23.9		22.9	22.6			
頭長	19.0	18.4	19.4	19.4	18.7		19.7
頭幅	16.2	16.2	14.4	14.7	16.0		13.9
頬弓幅	14.7				14.3		14.0
BMI	21.5	22.1	20.9	22.2	25.2	21.8	20.5
胸示数	64.4		72.5	70.2	70.7		70.2
肩腰示数=腸骨稜幅/肩峰幅	68.5		66.7	67.0	74.3	68.8	70.6
比座高=座高/身長	54.0	54.2			52.5	52.3	49.4
比下身長=下身長/身長	46.0	45.8			47.5	47.7	50.6
比下肢長=上前腸骨棘高/身長	54.5		57.1	56.2	56.8		58.0
比上肢長=上肢長/身長	42.9	43.9	46.8	46.4	43.9	43.6	46.5
比肩峰幅=肩峰幅/身長	23.2	22.6	22.3	22.4	22.5	22.9	21.5
比腸骨稜幅=腸骨稜幅/身長	15.9		14.9	15.0	16.7	15.7	15.2
比胸囲=胸囲/身長	51.8	52.3	50.5	51.6	56.6		51.5
比胴囲=胴囲/身長	42.8	43.6	43.3	47.5			
比臀囲=臀囲/身長	52.7	53.2	49.2	52.6			
比上腕囲=上腕囲/身長	16.4	16.7	15.7	16.4	17.0	15.7	15.9
比下腿最大囲=下腿最大囲/身長	21.1	21.2	18.8	20.5	21.4	20.5	18.6

活水準がかなり高い現代日本人，香港の中国人においてさえ，平均身長は 171 cm 程度である．

b. プロポーション

表 26.12，26.13 は日本人の身体寸法および示数を，いくつかの集団と比べたものである．この資料では，ヨーロッパ系とオーストラロイドの資料がやや古いが，プロポーションの人種差について，以下のような点を指摘することができる．

まず，骨格フレームでは下肢の長さに大きな差があり，オーストラリア・アボリジニで最も長く，アフリカ系集団がこれにつぎ，アジア系集団で最も下

表 26.13 成人女性の人体寸法と示数

	アジア系		アフリカ系		ヨーロッパ系		オーストラロイド
	日本人	韓国人	バンバラ／フルベ人	ヨルバ人	チェコ人	ハンガリー人	オーストラリア・アボリジニ
	(n = 204)	(n = 157)	(n = 92)	(n = 48)	(n = 200)		(n = 30)
年齢	18〜29	20〜24	20〜47	20〜50	成人	18±	25〜45
計測年	1991	1992	1991	1991	1967〜68		1969
文献	文献3)	韓国標準科学研究院(1992)	足立他(1993), 妊娠中の者を含む	足立他(1993), 妊娠中の者を含む	Prokopec (1977)	Eiben and Panto(1984), 文献18)	Prokopec (1977)
身長	159.1	158.8	161.3	158.3	158.9	162.3	157.6
胸骨上縁高	128.6		132.3	129.7	129.8		131.4
肩峰高	127.8	128.6	132.1	130.8			
上前腸骨棘高	84.7		92.9	89.6	90.6		92.7
上肢長	67.3	68.2	73.4	71.5	68.9	68.5	73.9
座高	86.8	86.4			84.6	86.5	77.6
下身長＝身長−座高	72.4	72.4			74.3	75.8	80.0
肩峰幅	35.9	35.0	34.9	34.2	35.9	36.2	32.3
腸骨稜幅	26.3		24.9	25.8	28.6	27.1	25.0
胸部横径	26.4	26.2	25.1	24.3	26.9		23.1
胸部矢状径	16.7		18.4	17.6	19.4		16.6
上腕囲	25.4	26.5	26.5	26.9	28.8	24.9	27.1
下腿最大囲	33.8	34.4	31.4	31.7	36.4	35.0	30.1
胸囲	83.3	82.1	85.0	82.4	91.8		81.7
胴囲	64.2	64.9					
臀囲	89.8	89.3	85.8	90.0			
体重（kg）	52.6	52.5	54.4	54.0	66.9	55.7	46.3
上腕後面皮下脂肪厚*	16.5		11.7	14.8	20.7	19.2	8.6
肩甲骨下角皮下脂肪厚*	16.3		11.2	14.9	22.3	14.8	15.5
全頭高	22.9		22.1	22.2			
頭長	18.0	17.5	18.6	18.6	17.9		18.8
頭幅	15.4	15.4	13.7	14.0	15.4		13.4
頬弓幅	13.9				13.7		12.9
BMI	20.8	20.8	20.9		26.5	21.1	18.6
胸示数	63.2		73.4		72.1		71.9
肩腰示数＝腸骨稜幅/肩峰幅	73.3		71.2		79.7	74.9	77.4
比座高＝座高/身長	54.5	54.4			53.2	53.3	49.2
比下身長＝下身長/身長	45.5	45.6			46.8	46.7	50.8
比下肢長＝上前腸骨棘高/身長	53.2		57.6		57.0		58.8
比上肢長＝上肢長/身長	42.3	42.9	45.5		43.4	42.2	46.9
比肩峰幅＝肩峰幅/身長	22.5	22.0	21.6		22.6	22.3	20.5
比腸骨稜幅＝腸骨稜幅/身長	16.5		15.4		18.0	16.7	15.9
比胸囲＝胸囲/身長	52.3	51.7	52.7		57.8		51.8
比胴囲＝胴囲/身長	40.4	40.9					
比臀囲＝臀囲/身長	56.5	56.2	53.2				
比上腕囲＝上腕囲/身長	15.9	16.7	16.4	17.0	18.1	15.3	17.2
比下腿最大囲＝下腿最大囲/身長	21.2	21.7	19.5	20.0	22.9	21.6	19.1

日本人女性の胸囲は補正下着着用のうえ計測．

肢が短い．ヨーロッパ系とアジア系の集団の座高にはそれほど大きな違いはなく，身長の差は主として下肢長の違いに起因する．上肢の長さにも同様な集団間差があり，アフリカ系とオーストラリア・アボリジニで上肢が長い．

幅径ではアフリカ系集団とオーストラリア・アボリジニで腰の幅が狭いことが目立つ．肩腰示数でみるとアフリカ系が相対的に最も肩幅が広い．オーストラリア・アボリジニは肩峰幅も狭いため，示数にすると相対的に最も肩幅が狭い．

全身の体型は，アフリカ系と特にオーストラロイドがほっそりしている．アジア系とヨーロッパ系では，年齢が同じならば大差ない．

アジア系集団では胸部矢状径が小さく，胸郭示数でみると胸郭が扁平である．しかし，胸筋や肩甲骨も含めた乳頭レベルでの胸部の最大前後径と胸部横径との示数では，ヨーロッパ系集団との違いは明瞭でない．

以上をまとめると，日本人の身長は高くなったとはいえ，ヨーロッパ系集団と比べると低い．体型も下肢が短いというアジア系集団の特徴を明らかにもっている．　　　　　　　　　　　　　　　［河内まき子］

文　献

1) Knussmann, R. (1988) Anthropologie. Band I. 1. Teil. Gustav Fischer.
2) 保志　宏・河内まき子・江藤盛治（1991）人類学講座別巻1，第I部生体計測法，雄山閣出版．
3) 生命工学工業技術研究所編（1996）設計のための人体寸法データ集，日本出版サービス．
4) 社団法人人間生活工学研究所センター（1997）日本人の人体計測データ．
5) Lindsay Carter, J. E. and H. Heath, B. (1990) Somatotyping - development and applications, Cambridge University Press.
6) Kato, K., Yajima, T., Kouchi, M. and Hoshi, H. (1989) Sex difference in somatometry viewed from a comparison of similarly tall men and women. *J. Anthropological Society of Nippon*, **97** (1), 81-93.
7) Ohyama, S., Hisanaga, A., Inamatsu, T., Yamamoto, A., Hirata, M. and Ishinishi, N. (1987) Some secular changes in body height and proportion of Japanese medical students. *Am. J. Phys. Anthrop.*, **73**, 179-183.
8) Takasaki, Y., Kaneko, S. and Anzai, S. (1984) The effect of aging on stature and body weight. *Journal of Anthropological Society of Nippon*, **92**, 79-86.
9) 東京都老人総合研究所（1986）小金井市70歳老人の総合健康調査―第2報・10年間の追跡調査―, pp. 44-56.
10) 加藤純代・山口典子・芦沢玖美・保志　宏（1992）身長・胸囲・体重にみられる最大成長速度年齢の相互関係について．人類学雑誌，**100**（4），433-447.
11) 保志　宏（1988）ヒトの成長と老化―発生から死にいたるヒトの一生―，てらぺいあ．
12) 平本嘉助（1972）縄文時代から現代に至る関東地方人身長の時代的変化．人類学雑誌，**80**（3），221-236.
13) 藤井　明（1960）四肢長骨の長さと身長との関係に就いて．順天堂大学体育学部紀要，**3**，49-60.
14) Baeltz, E. (1885) Die Korperlichen eigenschaften der Japaner. Messungen und Beobachtungen an Legenden. Mitteilungen der Deutchen Gesellschaft fur Natur und Volkerkunde Ostasiens, Tokyo, Bd. IV, pp. 35-103.
15) Kouchi, M. (1996) Secular change and socioeconomic difference in height in Japan. *Anthropological Science*, **10** (4), 325-340.
16) Schumidt, I. M., Jørgensen, M. H. and Michaelsen, K. F. (1995) Height of conscripts in Europe : Is postneonatal motality a predictor? *Annals of Human Biology*, **22**, 57-67.
17) 木村邦彦（1968）日本人の由来と体格の推移（船川幡夫・石河利寛・小野三嗣・松井秀治編），日本人の体力，pp. 16-47, 杏林書院．
18) Eveleth, P. B. and Tanner, J. M. (1990) Worldwide Variation in Human Growth, 2nd ed., Cambridge University Press.

27 日本人の体組成

27.1 日本人の体格

1997年の世界推計人口は約58億5,000万人で，その約2.2％が日本人である[1]．日本人は，類蒙古人種（モンゴロイド）に属し，体が小太りであるという体格的特徴をもつとされている．一般に，アジアの成人はコーカソイドより身長が低いとされているが，日本人の身長は東南アジア系より高く，黄色人種のなかでは高いほうである．また，体重も白色人種のほうが大きく，黄色人種は軽い傾向にあるとされているが，日本人の体重はマレーシア人に比べるとかなり重い平均体重を示す．つまり，日本人の体格は世界の人種のなかでほぼ中程度の範囲に入るといえる．一方，顔が平たく，顔やまぶたの皮下脂肪が厚いことなどとあわせて，胴長短足である日本人の体格的特徴は，寒冷環境に適応した特殊化であるという説が有力である．

a. 身長と体重

身長・体重という形質がいかなるものによって構成されているかを知ることは重要なことである．身長を構成する大きな要素は，骨格とその間に存在する軟骨と皮下組織で，体重を構成する要素は，図27.1に示したいわゆる体組成（body composition）である[2]．

ここでは，体組成を脂肪組織量（fat mass）と除脂肪組織量（lean body mass）に2分する2-compartment modelで述べる．

1）身長と体重の時代的推移

直立姿勢をとるヒトの場合，下肢骨（大腿骨や頸骨）最大長が身長との間に高い相関を示し，この関係は古代人においても成立するものとされている．

表27.1は，古墳時代から明治時代初期までの関東地方における各時代の成人の右大腿骨最大長から推定した平均身長を示している[3]．弥生時代人の資料は関東地方における出土例が少ないため身長の推定はできないが，一般的に，縄文時代から弥生，古墳時代にかけて身長は増加傾向を示し，弥生あるいは古墳時代以降，鎌倉時代人，室町時代人，江戸時代人，明治時代人へと身長は漸次減少する傾向を示している．明治時代（1900年）以降は，文部省（現文部科学省）による生体計測値が公表されており，身長，体重の大型化傾向が各年齢層で認められている．

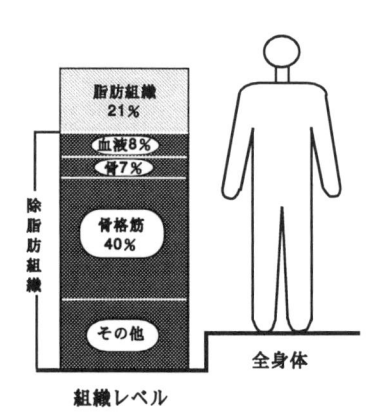

図27.1 ヒトの体組成（Wangら，1992[2]より作図）

表27.1 人骨（成人）の右大腿骨最大長からの平均推定身長の時代推移（平本，1981）[3]

時　代	男性		女性	
	例数	平均推定身長(cm)	例数	平均推定身長(cm)
古墳時代	22	163.06	9	151.53
鎌倉時代	17	159.00	5	144.90
室町時代	26	156.81	17	146.63
江戸時代（前期）	51	155.09	17	143.03
江戸時代（後期）	60	156.49	24	144.77
明治時代	62	154.74	51	144.87

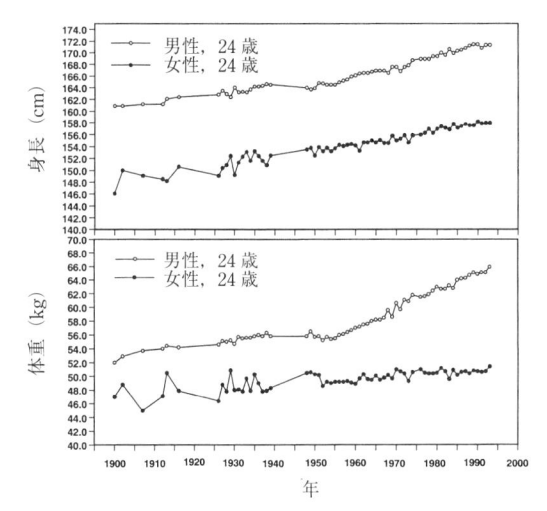

図 27.2　24 歳男女の 1900～1996 年までの身長，体重の推移（文部省，1997 より作図）

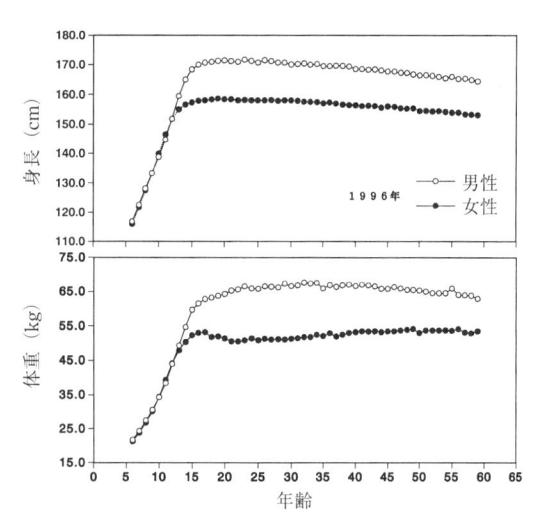

図 27.3　1996 年における身長，体重の年齢変化（文部省，1997 より作図）

　図 27.2 は，終末身長に到達している 24 歳男女の 1900～1996 年までの 96 年間における身長と体重の増加傾向を示している．この 96 年間における男女の平均身長には，男性 10.6 cm，女性 12.6 cm の増加が認められている．しかし，平均体重の変化では，男性が 13.6 kg の増加であったのに対して，女性は 3.3 kg ときわめて少ない増加であった．このことには，男性の 1900 年からの 50 年間における平均体重の増加が 3.7 kg（女性は 3.3 kg 増）であったのに対して，1950 年以降の 46 年間では 9.9 kg（女性の変化は 0 kg）もの増加を示したことが影響している．つまり，第二次世界大戦以降，日本人成人の体格が大型化したといわれる傾向は，女性より男性に顕著である．特に，男性の体重における大きな変化と女性の体重における小さな変化は，日本人の体組成にも少なからず影響を及ぼしているものと考えられる．

2) 身長と体重の年齢変化

　日本人の身長と体重からみた体格は，世界の人種のなかでは中程度の範囲に入るが，黄色人種のなかでは身長も体重も大きいほうである．図 27.3 に，1996 年における 6 歳から 59 歳までの平均身長と平均体重を示す．日本人の身長は，男性で 15 歳，女性で 13 歳までは急速に伸びるが，その後，ピーク値を示す 17 歳までの発育量は明らかに小さくなり，40 歳を過ぎる頃から加齢とともに平均身長は緩やかに低下していく．一方，平均体重は男女とも 15 歳まで急速に伸び，男性では 23 歳くらいまで緩やかな増加を続けて，40 歳を過ぎる頃までは大きな変動を示さず，その後は年齢とともに漸減している．女性の平均体重は，15 歳から 17 歳まで緩やかな増加傾向を示しているが，18 歳から 21 歳までの平均体重はむしろ減少し，その後は加齢とともに漸増する傾向にある．

b.　身長と体重のバランス

　体の大きさは，身長だけ，あるいは体重だけではわかりにくい．体重（kg）を身長（m）の 2 乗で除して求める body mass index（BMI）は，身長の大きさとは無相関の身体の大きさの指標で，国際的に肥満の指標としてもよく使われている．図 27.4 は，1996 年における 6 歳から 59 歳までの BMI の年齢変化である．諸外国の報告でも，5～6 歳頃が最低の BMI を示し，その後，思春期から成人期にかけて上昇するとされている．しかし，日本人女性では 17 歳から 21 歳にかけて BMI が急激に低下しており，男性ではこのような BMI の低下傾向がみられず，女性でも 22 歳以降は漸増傾向を示している．このような青年期女性における BMI の断層的下降現象は，痩身スタイルに憧れた強い「やせ志向」に基づいた意図的な体重調節（ウエイトコントロール）の結果であると考えられる．このような現代日本人青年期女性のウエイトコントロールが体組成にどのような影響を及ぼし，身体機能や健康障害とどのよ

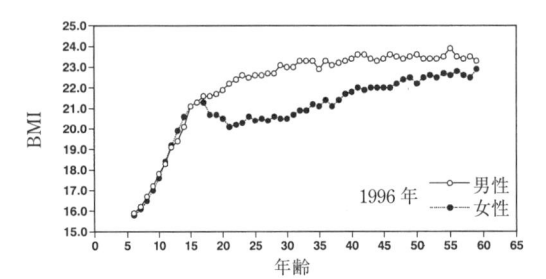

図 27.4 1996 年における BMI の年齢変化（文部省，1997 より作図）

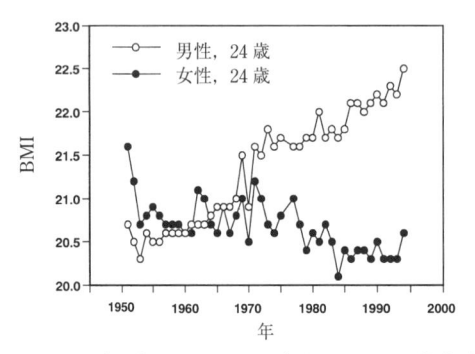

図 27.5 24 歳男女の 1950〜1996 年までの BMI の推移（文部省，1997 より作図）

うにかかわっているのかを検討することはきわめて重大な課題[4]でもある．

図 27.5 は，1950〜1996 年までの 24 歳男女における BMI の推移である．BMI は，1970 年以後，男女とも小さな動揺はみられるが，全体的に男性は急激な上昇傾向，女性では緩やかな低下傾向が認められる．BMI の男女差は 1970 年以降顕著になっている．このような BMI の推移は日本人の体組成にどのように反映しているのであろうか．つまり，体重が年々増加してきた男性と減少してきた女性の体組成にはどのような特徴がみられるのであろうか．現代日本人の体組成を知ることは，身体機能の良否との関係から興味あるところである．

27.2 日本人の体組成

ヒトの体組成は最初，死体分析による直接法によって求められた．しかし，体組成の研究対象である生きているヒトの内部の組成を直接測定することは不可能である．したがって，体組成をヒトが生きている状態で推定する間接法が開発された．この間接法の概念は，1921 年の Matiegka[5] から始まるといわれているが，現在広く用いられている物理的密度法（densitometric method）と化学的水分法（hydrometric method）は 1940 年代に開発されたものである．一方，皮下脂肪厚の測定は 1890 年代から行われていたが，皮下脂肪厚計測専用の機器として一定圧に調節され開発されたのは 1953 年である．その後，体密度法の進歩と相まって，皮下脂肪厚が体組成を評価する方法として広く用いられるようになった．また，1970 年の総体水分量とインピーダンスに関する研究[6]に端を発し，1982 年にはこれらの間接法をさらに簡便化したインピーダンス法も開発されている．日本人の体を構成する要素の種類が外国人と異なるとは考えられないが，体組成の質や量には当然人種差を考慮する必要がある．しかし，現在，日本人用に開発された数多くの推定式の精度は必ずしも満足できるものではない．したがって，日本人の体組成を諸外国の資料と比較することも困難な状況にある．

a. 日本における体組成の推定

日本人の体組成測定の歴史はそれほど古くはない．日本では，1964 年に「栄研式皮下脂肪厚計」が考案され，この皮下脂肪厚から体密度を推定して体脂肪量を求める日本人用の予知式が開発[7]されてから体組成の測定が活発に行われるようになった．しかし，現在でも体組成に関する日本人の標準値はない．わが国で最初に報告された体組成は，18〜27 歳までの 96 名の男性で，身長 167.2 cm，体重 58.9 kg，体脂肪量（Fat）7.7 kg，体脂肪比率（% Fat）13.1 %，除脂肪量（LBM）51.2 kg，18〜23 歳までの 112 名の女性で，身長 155.3 cm，体重 48.9 kg，Fat 10.9 kg，% Fat 22.2 %，LBM 38.0 kg であった．当然，これらの値が日本人の標準値にな

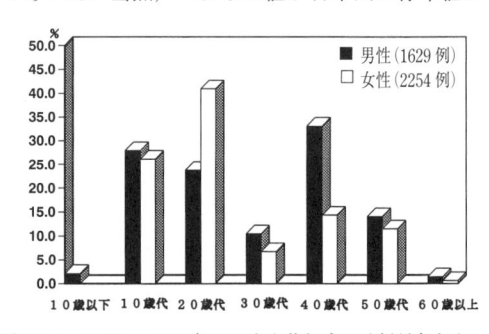

図 27.6 1986〜1996 年に日本人体組成の分析対象となった年代の頻度

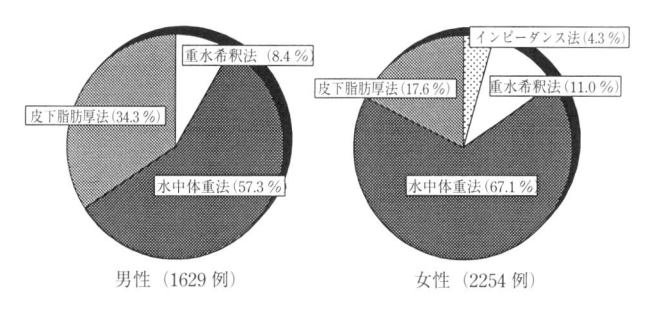

図27.7 日本人の体組成分析に用いられた推定法

りうるはずはないし，その後における日本人の食生活やライフスタイルの変化は体組成に大きな影響を与えているであろう．

図27.6は，1986〜1996年までの10年間にわたって比較的体組成の報告が多い生理人類誌，人類学雑誌，体力科学の3つの学術雑誌に報告された5歳から67歳までの正常な（肥満者やスポーツ選手などを除く）日本人一般男性1,629例と日本人一般女性2,254例の体組成を分析した年代別人数を割合で表したものである．男女の体組成で，10歳以下と60歳以上の報告はきわめて少ない．男性では，10歳代，20歳代，40歳代の体組成が多く報告されており，女性では10歳代と20歳代の報告が多い．30歳代の体組成報告は男女とも少ない傾向にある．

図27.7は，これらの体組成測定に用いられた方法の分類である．男女とも水中体重を用いた体密度法が圧倒的に多く，次に体密度法の簡便法である皮下脂肪厚法が多い．特に，体組成の詳細な分析を内容とした論文には水中体重法が多く用いられ，皮下脂肪厚法による体組成は被験者の特性分析に用いられている場合が多い．そのほか，重水希釈法に基づいた体水分法による報告もみられるがきわめて少ない．近年，インピーダンス法や超音波法などの簡便法による報告もみられるが，これらには日本人用の推定式がまだ確立されていないため確定的な資料とするには必ずしも十分ではない．このように，分析対象の年齢分布やサンプル数および推定法に偏りがあるため，日本人に関する体組成標準値さえ確立されていない．したがって，ここでは筆者らが重水希釈法によって推定した7歳から77歳までの正常な日本人男性134名と7歳から71歳までの日本人女性169名の体組成推定値に基づいて，日本人の体組成を概説する．

b. 体脂肪量

一般的な日本人男性の％Fatは，アメリカ人に比べると明らかに低いが，そのほかのコーカソイド（白色人種）に比べてもそれほど大きな違いはなく，日本人女性の％Fatも，諸外国の値とほとんど同様であり，人種による％Fatの差は小さいとされている．しかし，二重光子吸収法（dual-photon absorptiometry：DPA）によって，18〜94歳までの445名の白人（すべてヨーロッパ人）と242名のアジア人（93％は中国人）の体組成を比較した報告[8]では，アジア人は男女ともヨーロッパ人より％Fatが高いとしている．欧米人を対象とした体脂肪量に関する研究では，男女とも加齢に伴って体脂肪量が増加し，男性の体脂肪量は女性の体脂肪量より有意に少ないことを報告している[9]．

1）体脂肪量の年齢変化

一般にヒトの新生児は体重の10〜15％の体脂肪量で生まれるといわれており，ほかの哺乳動物より多量の体脂肪量をもって生まれる．そのうえ，体脂肪の蓄積は誕生後速やかに始まり，誕生後の1年間が最も著しく，1歳時の％Fatは誕生時の約2倍に相当する．その後，思春期までの間％Fatは低下するといわれているが，図27.6でみたように10歳以下の日本人に関する資料はきわめて少ない．

図27.8は，筆者らが重水希釈法（当然，体密度法や皮下脂肪厚法の値とは異なる[10]）で測定した正常な日本人の男性7歳から77歳までの134名と女性7歳から71歳までの169名の体組成データから体脂肪量と％Fatの年代別平均値を求めたものである．男性の体脂肪量は，55歳のピーク値まで年

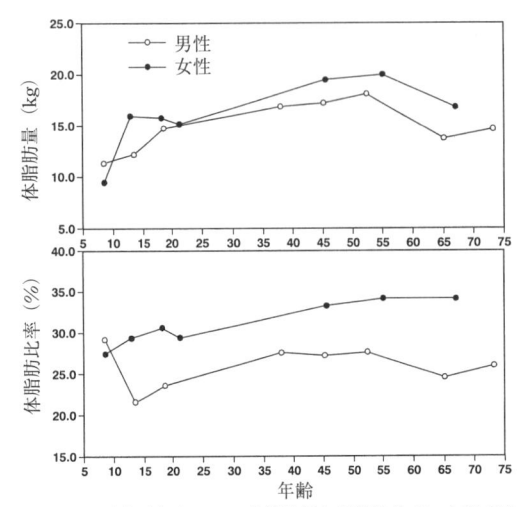

図 27.8 重水希釈法による体脂肪量と体脂肪比率の年齢変化

齢とともに漸増していくが，その後は65歳まで減少して65歳以降はやや増加する傾向にある．女性の体脂肪量は，7歳頃から15歳頃まで急激に増加し，20歳代までは緩やかに減少する傾向にある．しかし，その後は男性と同様に55歳のピーク値まで増加を続け，60歳以降は緩やかに減少している．%Fatでは，10歳前後に大きな性差がみられないだけで，その後は全年齢で女性が高く，男性が低いという明らかな性差が認められる．%Fatとは体重に占める体脂肪量の割合であるため，男性の%Fatが女性より低いということは，後述するLBMが男性に多く，女性に少ないことを表している．%Fatの年齢変化で特徴的なことは，10歳から15歳前後にかけて男性の%Fatが急激に低下することである．このことは，男性の思春期前期において，体脂肪量の相対的減少とLBMの相対的増加という大きな体組成変化が起こることを表している．また，50歳以降では，男性の体脂肪量と%Fatが同様な年齢変化を示すのに対して，女性では体脂肪量そのものは減少しているのに%Fatが低下していないことも特徴的なことである．欧米人における%Fatの加齢変化と比較すると日本人の%Fatはきわめて緩やかな増加傾向を示す．すなわち，欧米人男性の20歳代から50歳代までの増加率が，スペイン人48.1％[9]，アメリカ人44.3％[11]，デンマーク人39.3％[12]であるのに対して，日本人男性ではわずかに17.6％である．一方，女性では欧米人と日本人の間にそれほど大きな違いはなく，20歳代から50歳代までの%Fatの増加率は，スペイン人38.6％[9]，デンマーク人22.0％[12]，アメリカ人14.8％[11]で，日本人女性は19.0％である．このように，加齢に伴って%Fatが急増する欧米人に対して，比較的加齢に伴う%Fatの変化が小さいのが日本人の特徴である．

2) 体脂肪分布の年齢変化

図27.9は，身体14部位の皮下脂肪厚を日本人の若年者（平均年齢18歳），中年者（平均年齢45歳）と高年者（平均年齢65歳）の3世代で比較したものである．頰部から下腿部までの分布パターンには，男女とも世代間に大きな差はみられない．しかし，各部位とも若年者と高年者の値が近似しており，中年男女の皮下脂肪厚は体幹部を中心にきわめて厚い．ほとんどが中国人であるアジア人の皮下脂肪厚は，男女とも上腕前部，腹部，腰部，肩甲骨下部で白人よりも有意に厚く，女性では臍部でもアジア人

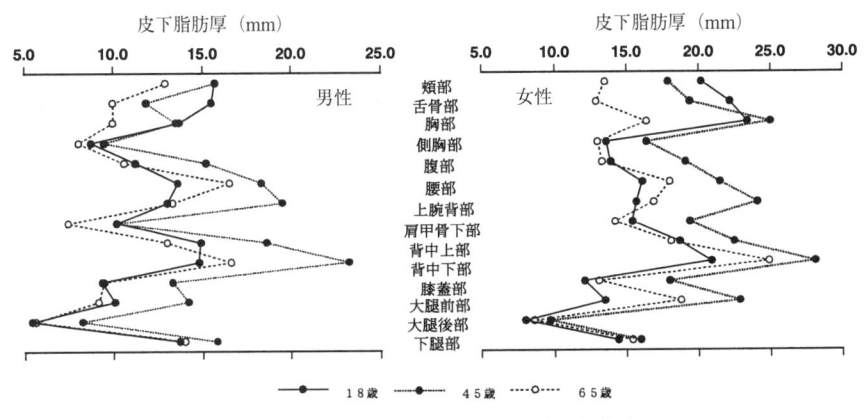

図 27.9 若年者，中年者，高年者の皮下脂肪厚

のほうが有意に厚い．一方，大腿部では白人のほうがアジア人より厚く，女性ではその差が顕著である[8]．これらアジア人の皮下脂肪厚は日本人の皮下脂肪厚とほとんど同じ値を示しているが，女性の胸部，腰部，肩甲骨下部では日本人の皮下脂肪厚のほうが明らかに厚い．すなわち，日本人の皮下脂肪厚は白人に比べて体幹部に多く，大腿部に少ないという特徴がある．

図 27.10 は，図 27.9 に示した 14 部位における平均皮下脂肪厚や体表面積などから推定した皮下脂肪重量，および重水希釈法によって求められた総体脂肪重量から皮下脂肪重量を差し引いて求めた体内深部脂肪重量との 2 成分によって求めた，日本人男女の体脂肪分布の年齢変化を示している．皮下脂肪量では，幼児期を除いた全年齢で男性に比べて女性の皮下脂肪量がきわめて多い．しかし，体内深部脂肪量では，20 歳までと 60 歳以降に男女差がみられないものの，20 歳代から 50 歳代までは男性の体内深部脂肪量が女性のそれに比べて明らかに多い．女性の皮下脂肪量は，15 歳前後から 20 歳前後まで一時減少するが，その後は 50 歳代のピーク値まで増加を続け，60 歳以降減少している．男性の皮下脂肪量は，幼児期から 30 歳代までそれほど大きな変動は示さず，40 歳代，50 歳代で増加し，その後は女性と同様に減少している．男性の体内深部脂肪量は，30 歳代のピーク値まで年齢とともに増加を続け，その後は緩やかな減少傾向にあるが，女性の体内深部脂肪量は，全年齢を通して漸増傾向にある．

図 27.11 は，体脂肪量に占める皮下脂肪量と体内深部脂肪量の割合を日本人の若年者，中年者，高年者で比較したものである．男女とも，若年から中年にかけて体脂肪量は増加するが，その要因としては皮下脂肪量の増加が大きく，体脂肪量に占める皮下脂肪量の割合が男性で約 4 ％，女性では約 5 ％高くなっている．中年から高年にかけて，男女とも体脂肪量そのものは皮下脂肪量の減少によって低下するが，体内深部脂肪量の相対的な割合は男性で約 8 ％，女性では約 14 ％も上昇している．日本人の皮下脂肪と体内深部脂肪の分布に関する研究はまだ少ないが，高齢者において体内深部脂肪の比率が高いことは，日常の活動量が加齢に伴って減少することの影響が少なくない．近年，X 線 CT 法（computerized tomography）や MRI 法（magnetic resonance imaging）によって腹部の皮下脂肪や内臓脂肪の蓄積状態を断層画像としてとらえ，体脂肪分布が検討されている．しかし，これらの方法は高価な医療用機器が必要で，多くは臨床の場で行われている．一方，ウエストとヒップの周径囲比（ウエスト/ヒップ比，

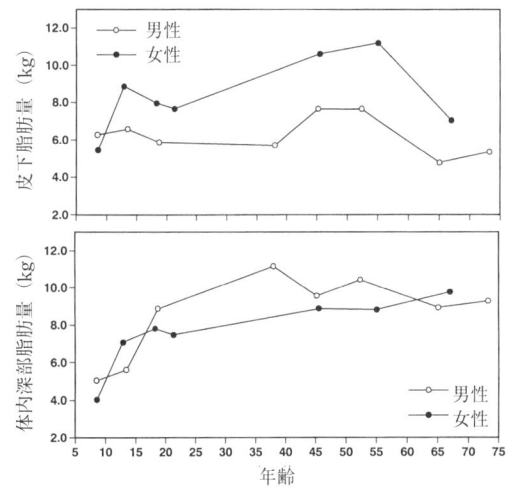

図 27.10　皮下脂肪量と体内深部脂肪量の年齢変化

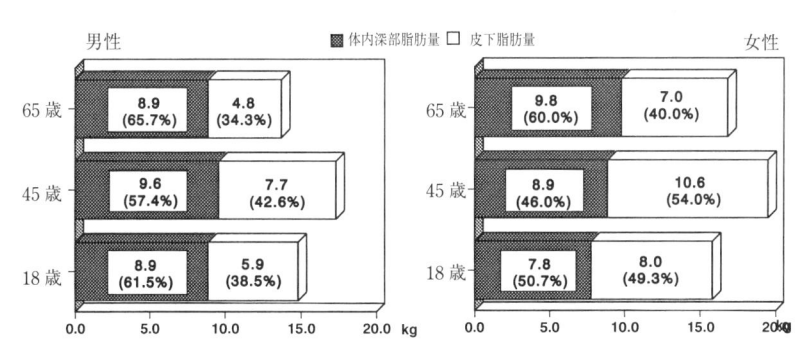

図 27.11　若年者，中年者，高年者の体脂肪分布

WHR）は体脂肪分布を評価する指標のなかでも，特に腹腔内に蓄積する内臓脂肪を観察する方法として国際的にも利用されている．体の形態的特徴を表すWHRが，腹腔内に蓄積する内臓脂肪を反映した指標として有効であることは，X線CT法を用いた研究によっても確認されている．

図27.12は，日本人男女の腹部内臓脂肪の加齢変化をWHRでみたものである．腹部内臓脂肪を反映しているWHRは全年齢で男性のほうが女性より高く，加齢変化では，男女とも40歳代までWHRは増大し，その後男性ではやや低下し，女性ではほとんど変化していない．アメリカ人のWHRの年齢変化[13]と日本人のそれとを比較すると，男性ではほぼ同様の年齢変化を示すとともに，WHRの値そのものも近似している．しかし，日本人女性では欧米人に比べてWHRが高い可能性がある．たとえば，45歳の日本人女子のWHRは0.87で，この値はアメリカ人女性の平均値より大きく，アメリカ人男性の値に匹敵している．一方，イギリス人女性とインド人女性のWHRを比較した報告[14]では，インド人のほうが有意に高い値を示した．また，これらインド人女性と年齢，BMIが同じである日本人女性では，さらに高いWHRを示した．このことは，日本人女性が白人女性やインド人女性に比べて臀部に脂肪が少なく，相対的に腹部に多くの脂肪をもっているからであろうと考えられる．一方，体脂肪分布は体脂肪総量に比べて遺伝の影響が大きいと考えられており，加えて人種間で脂肪組織の代謝に差があるため，これらが体脂肪分布のパターンに違いを生じさせている可能性が考えられ，体格や骨格の人種間での差も関連している可能性が考えられる．

c. **除脂肪量**

除脂肪量（LBM）という場合，体重から脂肪重量を差し引いた重量を意味するが，厳密には骨髄，脳脊髄や内臓に蓄積している必須脂肪の一部を含んでいる．その構成比は，水分約73％，蛋白質約19％，無機質約7％で，残りが必須脂肪であり，LBMの化学的組成はほぼ一定である．一方，LBMは筋量と密接な関係にあると考えられており，骨格筋がLBMの48〜54％を占めている[15]ことも明らかにされている．日本人7歳から77歳までの体脂肪量は身長と低い相関（男性 $r = 0.361$，女性 $r = 0.354$）しか示さないが，LBMは身長（男性 $r = 0.833$，女性 $r = 0.676$）や体重（男性 $r = 0.927$，女性 $r = 0.929$）とは高い相関関係を示す．このようにLBMはボディサイズに比例するが，日本人成人の身長1cm当たりのLBMを諸外国と比較してみると，白色人種[16]よりも身長当たりのLBMは小さな値を示す．これらのことから，日本人では身長当たりのLBMが欧米人より小さく，身体機能に結びつく筋量が日本人では少ないことになる．

1) **除脂肪量の年齢変化**

LBMは体組成のなかでも活性レベルの高い組織で，人体の生理機能との関連が強い組織である．したがって，その年齢変化を知ることはヒトの身体的能力や健康状態の評価をするうえで重要なことである．アジア人と白人の身長当たりのLBMは，男女とも白人がアジア人より有意に高い値を示すが，そ

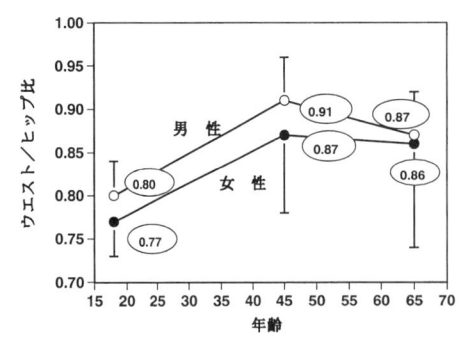

図27.12 若年者，中年者，高年者のウエスト/ヒップ比

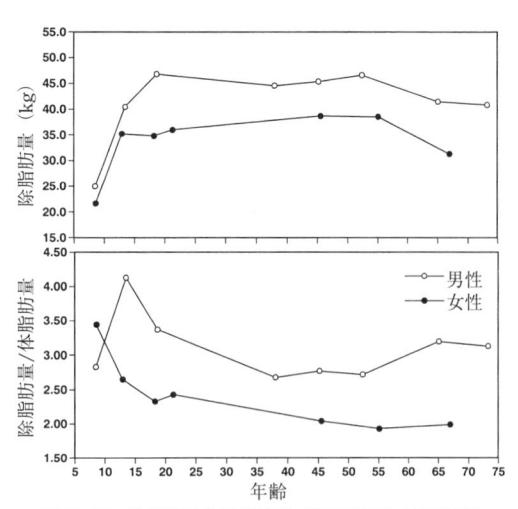

図27.13 除脂肪量と除脂肪量/体脂肪量比の年齢変化

の差は男性のほうが顕著である[8].

図 27.13 は，除脂肪量と除脂肪量/体脂肪量比の年齢変化をみたものである．幼児期から思春期前期までの LBM には大きな性差はみられない．しかし，15 歳前後から 20 歳にかけて，男性では LBM が急激に増大するのに対して女性の同時期ではほとんど増加しないため，15 歳以降の性差はきわめて大きい．たとえば，13 歳の LBM における男/女比は約 1.15 : 1 であるが，18 歳の男女比は 1.34 : 1 に増大し，この時期の体重比 1.21 : 1 や身長比 1.07 : 1 に比べて非常に大きい．成人期の LBM は，男女とも 50 歳までほとんど変化なく推移し，60 歳以降の高年期に減少している．LBM のピーク値から 60 歳代にかけての減少率は，日本人男性 16.0 %，デンマーク人男性 13.6 %[12]，スペイン人男性 13.0 %[9]，アメリカ人男性 14.6 %[11] で，ほぼ同様の減少率を示している．除脂肪量/体脂肪量比は，LBM と体脂肪の相対比をみたものである．男性では，幼児期から思春期前期に LBM の相対比が急上昇し，その後 50 歳代までは徐々に低下して，高齢期には再び緩やかな上昇傾向を示している．これに対して女性では，幼児期から 20 歳前後まで LBM の相対比が急激に低下して脂肪蓄積の促進を示し，その後も高齢期まで LBM の相対比は緩やかに低下し続けている．このことは，日本人の LBM が 20 歳以降 60 歳くらいまで量自体は維持されているものの，相対的には体脂肪量の割合が徐々に増大していることを示している．60 歳以降では，男女とも LBM が減少する．高齢者の体組成で % Fat が増加していることは老化の一般的特徴で，生体の生理機能と代謝に影響を与えているが，LBM の減少は実質細胞（臓器の機能維持に主役を演じている細胞）の減少を意味しており，重要臓器の重量を減少させていることになる．

2）除脂肪量と体脂肪量の関係

同年齢，同性の個人間では体脂肪量が LBM より大きな変動を示す．また，成人期以降の LBM の変動は体脂肪の変化に比べればはるかに小さい．また，体重は LBM と体脂肪によって構成されているが，体脂肪量が莫大に増加できるのに対して，身長の増加に限界があるように LBM の増加にも限界がある．したがって，一般健康人における体重の変動はほとんど体脂肪量の変動と考えられる．

表 27.2 は，身長，体重，体脂肪量，% Fat，LBM それぞれの間の相関関係をみたものである．前述したように，LBM は体脂肪量に比べて身長や体重との相関関係が強く，体脂肪量は身長との相関が弱い．LBM と体脂肪量の関係は，図 27.14 に示

表 27.2 身長，体重，体組成間の相関

	身長	体重	体脂肪量	体脂肪比率	除脂肪量
身長	—	0.724	0.361	− 0.075	0.833
体重	0.556	—	0.824	0.408	0.927
体脂肪量	0.354	0.924	—	0.833	0.558
体脂肪比率	0.157	0.690	0.893	—	0.047
除脂肪量	0.676	0.929	0.717	0.395	—

上段：男性，下段：女性

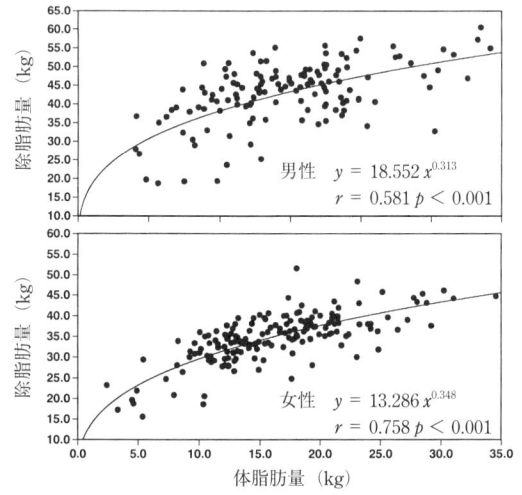

図 27.14 除脂肪量と体脂肪量の関係

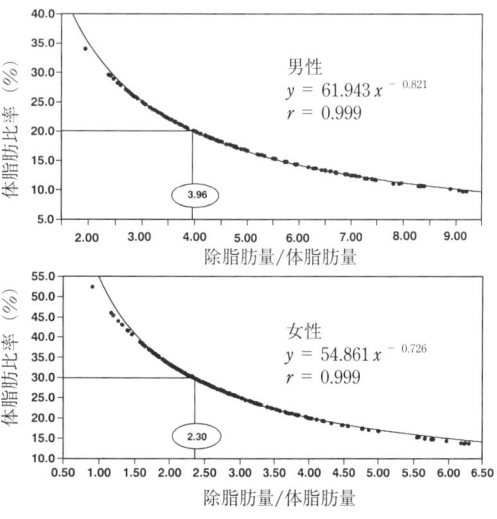

図 27.15 除脂肪量/体脂肪量比と体脂肪比率の関係

すような曲線関係を示す．一方，LBMと％Fatの関係は，女性でr = 0.395を示すが，男性では無相関である．除脂肪量/体脂肪量比と％Fatの関係は図27.15に示すような曲線関係がみられる．すなわち，％Fatが高くなればなるほどLBMの相対比は低下するが，男女の肥満判定基準に該当する除脂肪量/体脂肪量比は男性で3.96，女性では2.30になる．

d. 体組成標準値

本章では，体組成をLBM，および皮下脂肪量と体内深部脂肪量との和である体脂肪量としてみてきた．アメリカでは，広い範囲に及ぶ人体計測学的研究や栄養評価学的研究における数千人の被験者に関する詳細な測定値から，平均的な体の大きさに基づいた体組成の理論的モデルとして20歳から24歳までの男性基準体（reference man）と女性基準体（reference woman）が作成されている[17]．

図27.16は，筆者らが重水希釈法によって測定した日本人7～77歳までの男性134人と7～71歳までの女性169人の体組成について年代別平均値を求め，それらの年齢変化を表したものである．これらの測定値は，現代における健康な幅広い年齢層の被験者から収集されたものではあるが，被験者はすべて九州地区に在住しており，分析方法も重水希釈法を基準にして体組成が求められているため，これらの値そのものが日本人の体組成を代表する標準値であるとはいいがたい．しかし，わが国では広い年齢層で多くの体組成が分析報告されていはいるが，日本人の体組成標準値としてまとめられたものは存在していない．

そこで，上述の日本人組成データを用い，若年者（16～20歳），中年者（40～49歳），高年者（60～69歳）の各群における平均値を求め，それらを総合した標準体モデルを表27.3に示す．男女各群の平均身長と平均体重は，これら各群の平均年齢に対応する日本人標準値とほぼ一致している．ただし，これらの体組成は重水希釈法による分析であるため，体脂肪量を多く（％Fatを体密度法や皮下脂肪厚法より約8％高く），除脂肪量を少なめに評価している可能性がある[10]．一方，日本肥満学会では，日本人成人に関する各種疾病異常の有無（疾病率）とBMIの関係から，日本人成人で最も疾病率が低いBMIは22であるとして，標準体重（理想体重）は22×身長(m)^{2}で求められるとしている[18]．そこで，上述の体組成データのなかからBMIが22±1の範囲にある成人の体組成を分析した結果，図27.17に示す平均値が得られたため，ここではこれらの値を日本人成人一般の体組成標準値とした．男性の標準値は女性の標準値と比較して，身長が11.0 cm高く，体重が8 kg重く，大きな除脂肪量（45：36 kg）と若干少ない体脂肪量（15：16 kg）

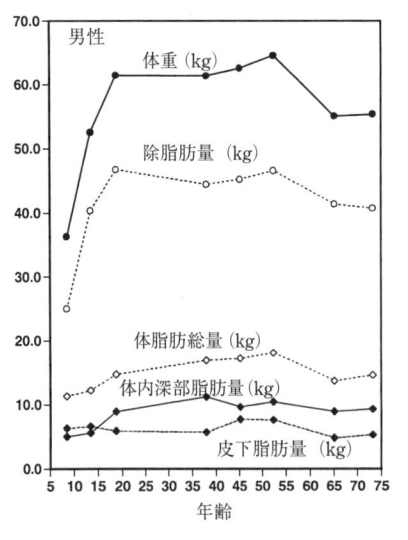

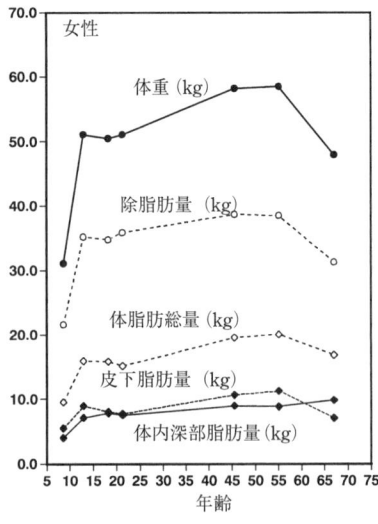

図27.16 日本人の体組成の年齢変化

表 27.3 日本人男女の標準体モデル

	男　性			女　性		
	若年者	中年者	高年者	若年者	中年者	高年者
年齢（歳）	18.7 ± 1.3	45.2 ± 3.1	65.1 ± 2.7	18.2 ± 0.5	45.5 ± 3.1	67.0 ± 4.3
身長（cm）	170.1 ± 6.0	163.2 ± 5.9	164.3 ± 6.2	157.7 ± 3.6	153.5 ± 3.4	150.2 ± 3.1
体重（kg）	61.5 ± 8.3	62.6 ± 8.2	55.1 ± 6.4	50.5 ± 7.8	58.2 ± 7.6	48.0 ± 8.5
BMI（kg/m^2）	21.3 ± 2.5	23.5 ± 2.1	20.4 ± 2.1	20.3 ± 3.0	24.7 ± 3.1	21.3 ± 3.5
体脂肪量（kg）	14.7 ± 4.2	17.2 ± 4.7	13.7 ± 3.6	15.8 ± 4.7	19.5 ± 4.2	16.8 ± 5.7
	(23.9 %)	(27.5 %)	(24.9 %)	(31.3 %)	(33.5 %)	(35.0 %)
皮下脂肪量（kg）	5.9 ± 3.6	7.7 ± 3.7	4.8 ± 1.9	8.0 ± 3.3	10.6 ± 3.3	7.0 ± 3.6
	(9.6 %)	(12.3 %)	(8.7 %)	(15.8 %)	(18.2 %)	(14.6 %)
体内深部脂肪量（kg）	8.8 ± 2.8	9.5 ± 2.1	8.9 ± 2.4	7.8 ± 2.0	8.9 ± 2.8	9.8 ± 2.7
	(14.3 %)	(15.2 %)	(16.2 %)	(15.4 %)	(15.3 %)	(20.4 %)
除脂肪量（kg）	46.8 ± 5.2	45.4 ± 5.2	41.4 ± 4.4	34.7 ± 4.1	38.7 ± 4.7	31.2 ± 3.3
除脂肪量/体脂肪量比	3.18 ± 0.86	2.64 ± 0.69	3.02 ± 0.81	2.20 ± 0.5	1.98 ± 0.38	1.86 ± 0.48
上腕背側部皮下脂厚（mm）	10.2 ± 4.2	10.2 ± 3.4	7.5 ± 1.9	15.4 ± 5.2	19.4 ± 5.0	14.2 ± 4.7
肩甲骨下部皮下脂厚（mm）	13.0 ± 5.5	19.5 ± 7.9	13.3 ± 4.1	15.7 ± 6.3	24.1 ± 7.4	16.9 ± 6.5
ウエスト/ヒップ比	0.80 ± 0.04	0.91 ± 0.05	0.87 ± 0.05	0.77 ± 0.04	0.87 ± 0.09	0.86 ± 0.12

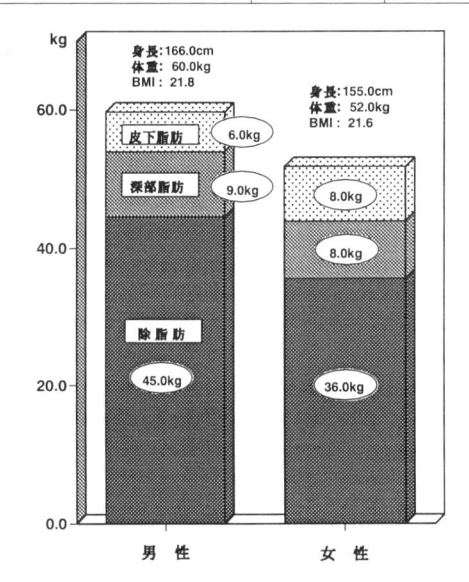

図 27.17 日本人成人男女の体組成標準値

を示している．特に，体脂肪では男性の体内深部脂肪量が女性より 1 kg 多く，皮下脂肪量は逆に男性のほうが 2 kg 少ないことが特徴的である．

27.3 日本人の肥満とやせ

肥満（obesity）とは，単に体重が重いこと（overweight）ではなく，体脂肪が過剰に蓄積された状態と定義され，やせ（leanness）とは，体脂肪量も除脂肪量（LBM）もともに少なく体重が軽い状態と定義される．一般的に体重の増減には，体脂肪量が大きく関与し，摂取熱量と消費熱量の相対的なバランス関係で決定されることが多い．すなわち，体脂肪量が多い肥満の状態は摂取熱量＞消費熱量，逆に体脂肪量が少ないやせの状態は摂取熱量＜消費熱量の関係で成立する．近年のわが国における種々の生活状況を考えると，摂取熱量＜消費熱量のエネルギーバランスは一般的ではなく，肥満を生じさせる可能性が高い摂取熱量＞消費熱量の関係が成立しやすい．肥満で問題になるのは，健康障害を合併する肥満症である．ここでは，わが国における肥満者とるい痩者の動向を検討し，特に肥満と合併症の関係をみることにする．

a. 肥満者とるい痩者の割合

肥満とるい痩を正確に判定するためには，体組成分析を行い体脂肪量とLBMを測定しなければならない．体組成を測定する方法としては体密度法，体水分量法，体内カリウム法，皮下脂肪厚法，二重X線法，近赤外分光法，超音波法，インピーダンス法などがある．しかし，正確に，かつ簡便に測定しうる方法はまだ十分には確立されていない．また，各測定法による測定値間にはそれぞれ有意な相関関係はあるものの，測定値は必ずしも一致しない[19]．たとえ体組成が測定できても，どこまでが正常でどこからが肥満ややせであるかを決定することも非常に困難である．しかし，皮下脂肪厚による判定基準は，皮下脂肪厚の測定に習熟を要し，測定精度も不十分ではあるが[19]，ある程度の共通認識が得られている．

図 27.18 は，1975 ～ 1993 年までの日本人成人男

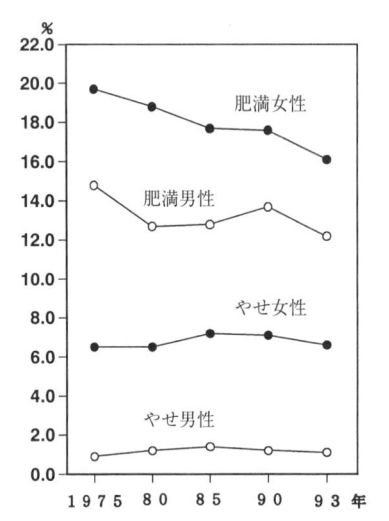

図 27.18 1975〜1993年までの肥満，やせの出現率（厚生省，1995）

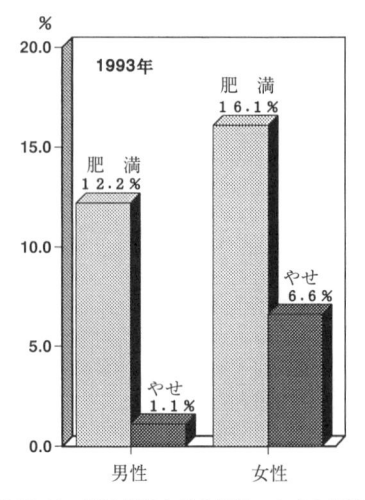

図 27.19 1993年における肥満，やせの出現率

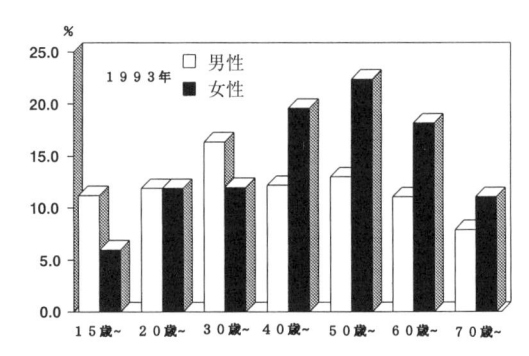

図 27.20 1993年における肥満者の年齢階級別出現率

女について，皮下脂肪厚（上腕背側部＋肩甲骨下部）から肥満者（男性40 mm以上，女性50 mm以上）とるい痩者（男性10 mm，女性20 mm以下）を判別し，その割合を年次推移としてみたものである[20]．肥満者の推移では，女性が1975年の19.7％から1993年の16.1％まで3.6％年次的な減少傾向を示しているのに対して，男性では明確な増減傾向はみられない．一方，るい痩者は男女とも明確な増減傾向を示していない．

図27.19は，1993年における15歳から70歳以上までの全年齢における肥満者とるい痩者の平均出現率である[20]．これらの結果は，日本人男性の8人に1人，女性の6人に1人が肥満者，男性の90人に1人，女性の15人に1人がやせであることを示している．図27.20は，1993年における肥満者の出現率を年齢階級別にみたものである[20]．女性の20歳代と30歳代の肥満者は約12％程度と少ないが，その後50歳代（22.4％）をピークとしてかなり肥満者が増加し，年間間に大きな差がある．それに対して男性の肥満者は，30歳代（16.4％）が若干多く，70歳以上では少ない（7.9％）傾向を示すが，そのほかの年代は12％前後で年代間にそれほど大きな差はみられない．しかし，これらの判定基準はあくまでも皮下脂肪厚を基準にしたもので，肥満の判定基準とした男性の40 mm以上は％Fat 23.2以上に，女性の50 mm以上は％Fat 32.4以上に，またるい痩の判定基準とした男性の10 mm以下は％Fat 9.1以下に，女性の20 mm以下は％Fat 15.7以下に相当する．これらの基準はある程度の共通認識が得られているものの，推定式そのものは青年を対象にしたもので，全年齢に適応できる基準値でもなく，体密度法と皮下脂肪厚法に基づいたものである．また，前述したように，体脂肪量に占める皮下脂肪量と深部脂肪量の比は年齢によって変化する．つまり，体脂肪に占める皮下脂肪量の割合は年齢とともに低下する傾向にあるが，深部脂肪量は逆に増加する傾向にあるため，皮下脂肪厚から高齢者を判定する場合はこのことも考慮すべきである．

b. 肥満と代謝異常の関係

肥満の判定では，体脂肪量を測定することが不可欠である．しかし，このことは太っている状況の判定であるにすぎず，治療すべき対象は，単なる太り

すぎではなく，「肥満症」である．肥満症とは，肥満になんらかの健康障害を合併するか，将来その合併が予想されるもので，体脂肪の減量を必要とする病態である．わが国では，以前から体脂肪量の測定は活発に行われてきたが，今後はハイリスク肥満の早期発見と早期治療が重視されなければならない．すなわち，肥満の合併症には蓄積している体脂肪の絶対量のみが影響するものでもない．体重増加の原因である体脂肪の蓄積は全身一様ではなく，きわめて限定された部位に起こる．なかでも，腹部の脂肪蓄積が多い内臓脂肪型肥満には多くの生活習慣病が合併しやすいことが明らかにされている[21]．このようなことから，肥満の指標としては肥満によってもたらされる合併症を的確に評価する方法も考慮されるべきである．

図 27.21 は，WHR と％Fat の関係をみたものである．男女ともかなり高い相関係数を示している．男女の肥満判定基準に該当する WHR はそれぞれ 0.943 と 0.882 になる．図 27.22 と図 27.23 は，男

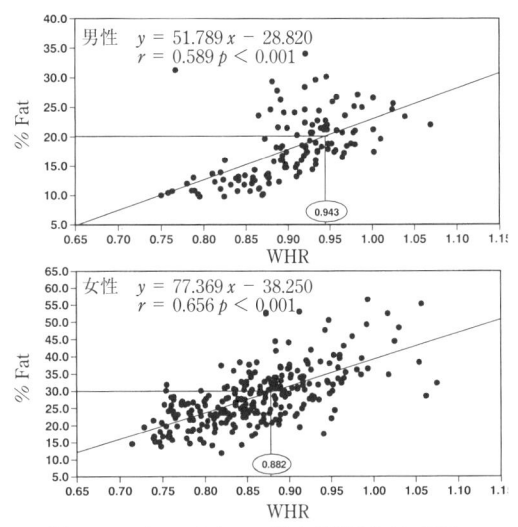

図 27.21 ウエスト／ヒップ比と体脂肪比率の関係

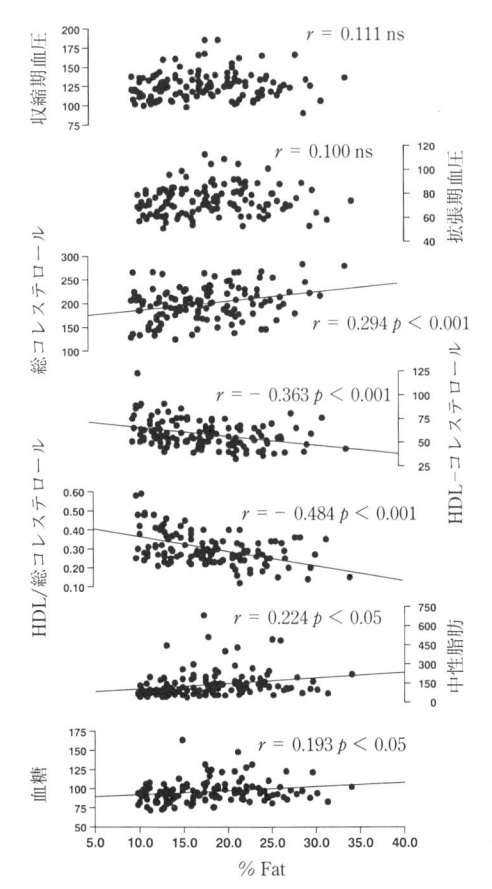

図 27.22 男性の体脂肪比率と代謝指標との関係

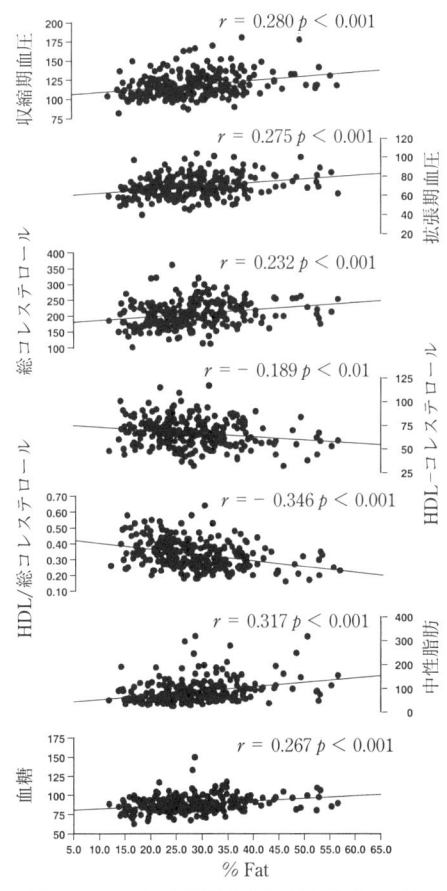

図 27.23 女性の体脂肪比率と代謝指標との関係

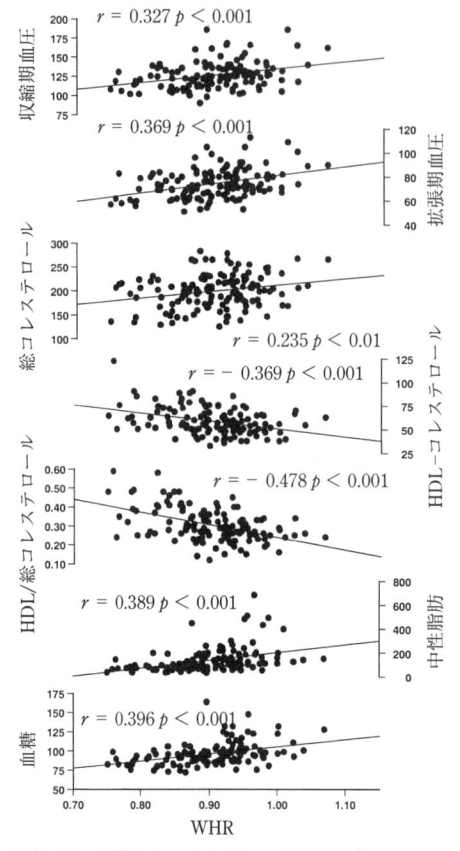

図 27.24 男性のウエスト/ヒップ比と代謝指標の関係

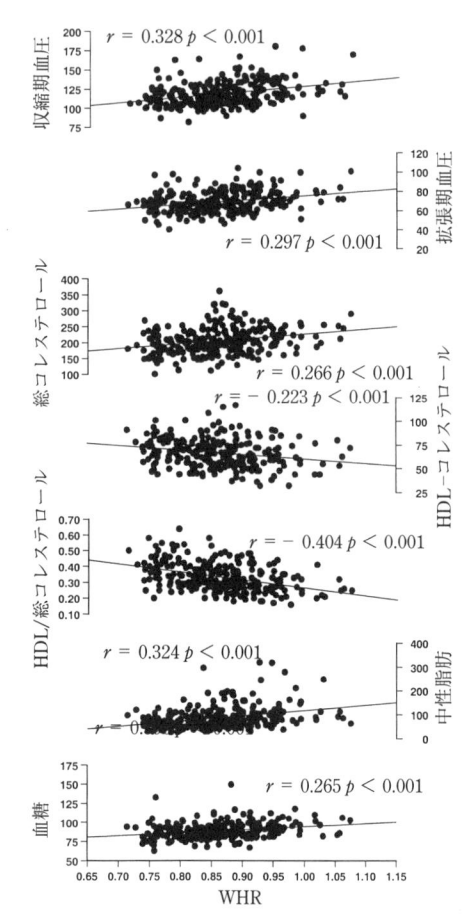

図 27.25 女性のウエスト/ヒップ比と代謝指標の関係

女の％Fatと血圧および脂質・糖代謝各指標との関係をみたものである．男女とも％Fatは，心血管疾患の発症に重要な役割をもつHDL-コレステロールとHDL/総コレステロールのみ負の相関を示し，男性の血圧を除いたほかの指標では有意な正の相関を示している．しかし，われわれの研究では，WHRの影響を調整すると％Fatと有意な相関を示すのはHDL-コレステロールと血糖のみになることを報告している[2]．体脂肪の分布を知る方法にはいくつかあるが，WHRは腹腔内脂肪の絶対量と相関するといわれており[23]，この方法によって診断された内臓脂肪の蓄積程度は合併症との相関が高いため，WHRは内臓脂肪のもつ機能を表現する方法として評価されている．欧米白人のデータでは，男性でWHR = 0.95あるいは1.0以下，女性で0.8あるいは0.85以下を正常値としているが，この値が日本人にあてはまるかどうかは疑問である．

現在，日本人では男性WHR = 1.0以上，女性WHR = 0.9以上が内臓脂肪型肥満と共通してハイリスクの可能性が高い基準値とされている．

図 27.24と図 27.25は，WHRと各代謝指標との関係をみたものである．先の％Fatとの関係に比べ，WHRと各代謝指標との関係はきわめて強く，男性の血圧とも有意な相関を示している．しかし，われわれの研究ではBMIの影響を調節するとWHRと各代謝指標との関係はほとんど有意ではなくなった[22]．このようなことから，われわれは独自にBMIとWHRを組み合わせた肥満の指標を作成している[24]．すなわち，肥満症の診断基準に該当する肥満指数は，男性BMI = 27.52以上でWHR = 1.01以上，女性BMI = 26.8以上でWHR = 0.95以上で，この基準値を超すと合併症を有するか，将来合併症を有する可能性が高いということになる．

［小宮秀一］

文　献

1) 厚生省統計協会編（1998）国民衛生の動向, pp. 37-42.
2) Wang, Zi-Mian, Pierson, Jr., R. N. and Heymsfield, S. G. (1992) The five-level model : a new approach to organizing body-composition research. *Am. J. Clin. Nutr.*, **56**, 19-28.
3) 平本嘉助（1981）骨からみた日本人身長の移り変わり. 考古学ジャーナル, **197**, 24-28.
4) 小宮秀一・宇部　一・増田　隆・満園良一・右田孝志（1996）青年期における低体重女性の身体組成と身体機能. 健康科学, **18**, 13-20.
5) Matiegka, J. (1921) The testing of physical efficiency. *Am. J. Phys. Anthropol.*, **4**, 223-230.
6) Nyboer, J. (1970) Electropheometric properties of tissues and fluids. *Am. N. Y. Acad. Sci.*, **110**, 410-420.
7) Nagamine, S. and Suzuki, S. (1964) Anthropometry and body composition of Japanese young men and women. *Hum. Biol.*, **36**, 8-15.
8) Wang, J., Thornton, J. C., Russell, J., Burastero, S., Heymsfield, S. and Pierson, Jr., R. N. (1994) Asians have lower body mass index (BMI) but higher percent body fat than do whites : comparisons of anthropometric measurements. *Am. J. Clin. Nutr.*, **60**, 23-28.
9) Rico, H., Revilla, M., Villa, L. F., Ruiz-Contreras, D., Hernandez, E. R. and Alvarez de Buergo, M. (1994) The four-compartment models in body composition : data from a study with dual-energy X-ray absorptiometry and near-infrared interactance on 815 normal subjects. *Metabolism*, **43**, 417-422.
10) 小宮秀一・小室史恵・吉川和利（1981）体脂肪比率（% Fat）推定法の比較. 体力科学, **30**, 277-284.
11) Barlett, H. L., Puhl, S. M., Hodgson, J. I. and Buskirk, E. R. (1991) Fat-free mass in relation to stature : rations of fat-free mass to height in children, adults, and elderly subjects. *Am. J. Clin. Nutr.*, **53**, 1112-1116.
12) Rosenfalck, A. M., Almdal, T., Gotfredson, A. and Hilsted, J. (1996) Body composition in normal subjects : relation to lipid and glucose variables. *Int. J. Obesity*, **20**, 1006-1013.
13) Forbes, G. B. (1990) The abdomen : hip ratio. Normative data and observation on selected patients. *Int. J. Obesity*, **14**, 149-157.
14) Wardle, J., Wrightson, K. and Gibson, L. (1996) Body fat distribution in South Asian women and children. *Int. J. Obestiy*, **20**, 267-271.
15) Forbes, G. B. and Lewis, A. M. (1956) Total sodium, potassium and chloride in adult man. *J. Clin. Invest.*, **35**, 596-600.
16) Katch, F. I., MacArdle, E. F., Czula, R. and Pechar, G. S. (1973) Maximal oxygen intake, endurance running performance, and body composition in college women. *Res. Quart.*, **44**, 301-312.
17) McArdle, W. D., Katch, F. I. and Katch, V. L. (1991) Exercise physiology, 3rd Ed., pp. 599-633, Lee & Febiger.
18) 池田義雄・井上修二編（1993）肥満の臨床医学, pp. 129-147, 朝倉書店.
19) 小宮秀一（1991）身体組成の推定法を考える. 生理人類誌, **10**, 3-17.
20) 厚生省：国民栄養の現状, 平成5年国民栄養調査成績, pp. 137-139.
21) Matsuzawa, Y., Fujioka, S., Tokunaga, K. and Tarui, S. (1987) A novel classification : visceral fat obesity and subcutaneous fat obesity, Recent advances in obesity research : V. Berry, E. M., Blondheim, S. H., Eliahou, H. E. and Shafrir, E., pp. 92-96, John Libbey.
22) Komiya, S., Imai, K., Masuda, T. and Nakao, H. (1994) Reassessment of body mass index for screening obesity — assosiation of BMI and WHR with metabolic features in Japanese women —. *Jpn. J. Phys. Fitness Sports Med.*, **43**, 370-380.
23) Sjostrom, L. and Kvist, H. (1988) Regional body fat measurements with CT-scan and evaluation of anthropometric predictions. *Acta Med. Scand.*, **723** (suppl), 169-177.
24) Komiya, S. and Masuda, T. (1995) Metabolic features of type of obesity, based on body mass index and waist to hip circumference ratio in Japanese women. *Jpn. J. Phys. Fitness Sports Med.*, **44**, 287-296.

28
日本人の栄養

28.1 栄養とは

　生体は常に外界から物質を摂取して身体を構成し，エネルギーを発生しながら生命を維持している．栄養（nutrition）とは，外界から物質を摂取すること，およびそれによって体の構成や機能を維持したり高めたりすることをいう．一般には，栄養の過程で摂取される物質のことを栄養と表現することが多いが，このような摂取される物質は栄養素（nutrient）とよばれ，栄養とは区別して用いる．すなわち，栄養という言葉の意味には，ヒトを含めた動物における食べるという行為や，その結果としての発育や老化，健康などの生体の形態や機能の変化が含まれている．本書には，日本人の体型，日本人の体組成，日本人の発育，日本人の老化，日本人の寿命，日本人の体質，日本人と食などの章が設けられているが，これらはすべて栄養の領域として扱われる内容を含むものである．本章では，一部にはこれらと重複するが，おもに栄養素の摂取を中心として日本人の特徴を解説することとする．

28.2 栄養素

　栄養素は，一般に三大栄養素とよばれる糖質，脂肪，蛋白質，およびビタミン，ミネラルの5種類に分類される．水は生命を維持するうえで必須な物質で，その欠乏は短時間で身体機能に変調をきたし生命の危険をもたらすが，一般には栄養素には含めない．呼吸によって取り込まれる酸素も栄養素に含めないのがふつうである．

　栄養素の摂取は，飲料水を含む食物を食事として経口的に摂取すること（経口栄養）が基本である．医療の一環として，栄養素を含んだ薬剤を血管内に投与したり（経静脈栄養），消化管内にチューブを介して栄養素を投与する（強制経腸栄養）などの特殊な摂取（投与）方法も実施されている．

　三大栄養素の共通した特徴は，生体のエネルギー源であるATP（アデノシン三リン酸）を合成する材料になることができることである．1 mol のATPがADPと無機リンに分解することにより約 8 kcal（33.5 kJ）のエネルギーを発生する．また，栄養素のもつエネルギーは栄養素を構成する元素の化学的な結合エネルギーに相当し，生体内での生物学的な酸化反応と生体外での化学的な酸化反応は同等である．ただし，蛋白質を構成するアミノ酸の生体内での酸化は完全ではないので，化学的酸化よりもエネルギー量が小さい．一般には，三大栄養素が生体に与えるエネルギー量は，糖質 1 g が 4 kcal（16.8 kJ），脂肪 1 g が 9 kcal（37.7 kJ），蛋白質 1 g が 4 kcal（16.8 kJ）として見積もられるが，この数値は吸収されない廃棄量を見込んで便宜的に算定されたもので，化学的な酸化反応により発生するエネルギーよりも小さい値である．

　同じ食品でも栄養素の含有量にばらつきがあること，調理の過程によって栄養素の破壊があること，消化吸収効率に個人間，個人内での変動があることなどの理由から，ある個人が食事によって摂取したエネルギーや栄養素の量を評価することは，厳密には不可能である．実際には，自己申告によって1日の食物摂取量を記録し理論的な算出によって推定したり，実際に食べた食物と同じ食物の栄養成分を分析し，消化吸収効率で補正するなどの方法がとられる．

a. 糖質

　糖質として食物に含まれるものとしてはでんぷんや砂糖が一般的で，繊維も糖質に含める場合がある．

一般に砂糖として摂取されているものはショ糖とよばれ，ブドウ糖（グルコース）と果糖（フラクトース）が結合した二糖類である．糖質は，米，小麦などの穀類や果実などの植物の種子に多く含まれている．日本人の主要な糖質源は米で，そのほかうどんなどの麺類や，パンとして小麦でんぷんも主要な糖質源になっている．

食物として摂取された糖質は，消化の過程でブドウ糖や果糖などの単糖類に分解され，小腸において吸収される．果糖は，多くが肝臓においてブドウ糖に変換される．吸収された糖は血糖として血液中を循環しながら，諸臓器で必要なエネルギー源として利用される．また，生体における糖質の貯蔵形態であるグリコーゲンが不足した状態では，肝臓や骨格筋においてグリコーゲンに変えられ貯蔵される．しかし，血糖やグリコーゲンとして生体内に貯蔵できる糖質の量はきわめて少量である．骨格筋に蓄えられるグリコーゲンをエネルギーに換算すると，およそ成人1人当たり 1,200 kcal 程度である．この量は，成人1人の1日のエネルギー消費量（約 2,000 kcal）にも満たない．糖質の欠乏は，いわゆる低血糖として病的な状態を引き起こすばかりでなく，脂肪の代謝も疎外することなどから，生体機能の維持のためには定常的に摂取する必要のある栄養素である．

b. 脂　肪

脂肪も同様にエネルギー源としての意義が大きいが，糖質と異なる点は，先に示した数値のとおり単位量当たりのエネルギー量が大きいことと，生体の貯蔵能力がきわめて大きいことである．ヒトの脂肪の貯蔵量の限界は明らかではないが，標準的な体形の成人でもおよそ 100,000 kcal に相当する体脂肪を蓄えている．このように，脂肪はエネルギー効率が高いこと，生体での貯蔵量が大きいこと，さらには生体内で容易に代謝され，引火や爆発などの危険もないことから，生体にとっては都合の良いエネルギーの備蓄形態である．

食物としては獣肉に含まれる動物性の脂肪と豆類などの種子に含まれる植物性の脂肪に大別される．消化の過程において脂肪は脂肪酸とグリセロールとに分解される．動物性脂肪は飽和脂肪酸を多く含むこと，植物性脂肪はリノール酸やオレイン酸などの不飽和脂肪酸を多く含みコレステロールを含まないことが特徴である．これらの特徴は，食習慣と疾病との関係によく反映され，日本に比べてアメリカにおいて動脈硬化の発症が多いことの原因の一つに動物性脂肪の摂取量の違いがあげられる．

脂肪を構成する脂肪酸のなかでも，リノール酸，リノレン酸，アラキドン酸の3種類は，生体にとって重要な働きをもつが，ヒトの生体内で合成することができないことから必須脂肪酸とよばれ，欠乏を防ぐために食事からの摂取が必要である．栄養学的に必須であるという意味は，その栄養素の摂取が制限された場合になんらかの欠乏症の症状が発現すること，さらに，その症状は摂取の制限を解除することによって解消されるものであることを示している．ヒトにおいて必須とされる栄養素は，脂肪酸，アミノ酸，ビタミン，ミネラルなど多くのものが存在し，食物の種類によってこれらの必須栄養素の含有量や種類が異なる．このことは，のちに述べる日本人と脚気の関係のように，国や民族の違いによる食習慣の特徴と体質的特徴との密接な関係の原因の一つである．

c. 蛋白質

蛋白質は，消化の過程でアミノ酸に分解され吸収される．吸収されたアミノ酸は骨格筋や諸臓器などの身体を構成する蛋白質に再合成されるばかりでなく，ホルモンや神経伝達物質などの材料となる．栄養素としての蛋白質の意義は，これらの身体構成要素の材料となることであるが，実際には吸収されたアミノ酸の一部はエネルギー源として ATP 合成に利用されたり，糖質や脂肪に変えられる．

ヒトの蛋白質合成には20種類のアミノ酸が必要である．20種類のアミノ酸のうち，イソロイシン，ロイシン，リジン，メチオニン，フェニルアラニン，スレオニン，トリプトファン，バリンの8種類はヒトの生体内では生合成されないので食事によって摂取しなければならないもので，必須アミノ酸とよばれている．これら以外にも，アルギニンとヒスチジンは生体内で合成されるものの成長期には必要量をまかなうことができないため，必須アミノ酸に含めることもある．

食物中の蛋白質を構成するアミノ酸の種類や量は

表28.1 各種蛋白質の生物価[5]

植物性蛋白質	トウモロコシ	54
	小麦	52
	カラス麦	66
	米	67
	ジャガイモ	71
	サツマイモ	72
	ホウレン草	64
動物性蛋白質	カゼイン	69
	全乳	90
	全卵	87
	牛肉	97
	豚肉	79
	魚	75

食物の種類によって異なり，それによって食物としての蛋白質の栄養的価値が異なる．食物としての蛋白質の質的な評価方法には，生物価，プロテインスコア，ケミカルスコア，アミノ酸スコアなどの指標がある．蛋白質摂取により吸収された窒素量に対する体内に保留された窒素の割合は生物価とよばれ，生物にとっての利用効率からみた蛋白質の評価指標である．これによると，動物性蛋白質の生物価は植物性蛋白質のそれに比べて大きく，利用効率が優れている（表28.1）．また，ヒトが摂取する蛋白質のアミノ酸構成は，先に述べた必須アミノ酸をバランス良く含むことが望ましく，この観点からの蛋白質の評価がプロテインスコア，ケミカルスコア，アミノ酸スコアなどである．これらの評価においても，植物性蛋白質は動物性蛋白質よりも評価が低く，質的には劣るものである．これらのことは，食習慣や食物の供給の違いによって摂取する蛋白源が異なる場合，同じ量の蛋白質を摂取しても栄養的効果が異なることを示している．

28.3 日本人の栄養素摂取状況

a. 食の時代的変遷

現在の日本に人類が登場したのは旧石器時代であると推定されている．その由来については他章に詳述されているが，当時の日本人も他の例にもれず狩猟採集による肉食が中心であったと考えられる．縄文時代の日本人は，獣肉に加え，大量の魚類や貝類なども食べていたことが貝塚から出土した資料によって推定されている．図28.1に示すように，鳥塚貝塚のデータでは，食物量としては魚類が最も多く，摂取エネルギー構成比率では，全体の半分以上が貝類，魚類，獣肉の動物性の食物であったことが報告されている．

弥生時代には稲作が行われていたと考えられており，獣や魚貝類に米が加えられるようになった．これ以降，日本の農耕は稲作を中心に発達したが，米が主食として日本人一般に食べられていたわけではない．

3〜6世紀頃の大和時代には穀物を中心とした菜食が中心で，豪族層では米食が普及したが，一般庶民層では粟，稗，芋を常食していたものと考えられている．奈良時代には不十分ながら精米が行われ一部の階級では白米が食べられるようになり，平安時代には，下層階級を除いて広く白米が食べられるようになった．室町時代には米，麦を主食としたといわれるが，庶民は稗などの雑穀を材料とした雑炊を主食としていた．江戸時代には幕藩体制による米の統制が行われ，農民は雑穀を主食としていたが，武士や都市の町人層では白米食が普及した．都市を中心に，飲食店や小料理屋，屋台，惣菜屋などが繁盛し，食品の種類や調理法も豊富になった．1日3食

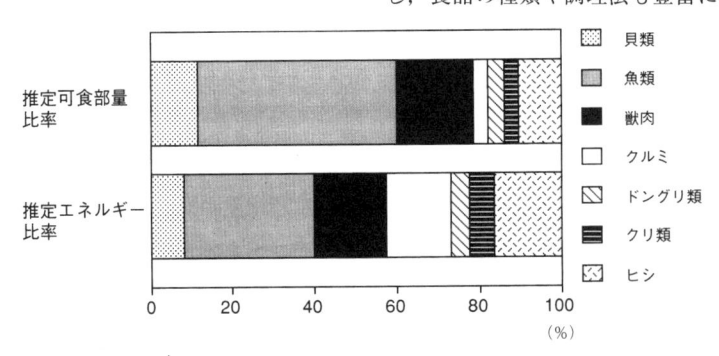

図28.1 縄文時代前期の主要食料（鳥塚貝塚出土の資料による推定値）[3]

表 28.2 米および飯の栄養素含有量（可食部 100 g 当たり）[8]

(a) 米

	エネルギー (kcal)	蛋白質 (g)	脂質 (g)	糖質 (g)	繊維 (g)	灰分 (g)	カルシウム (mg)	リン (mg)	鉄 (mg)
玄米	351	7.4	3	71.8	1	1.3	10	300	1.1
半つき米	353	7.1	2	73.9	0.6	0.9	8	220	0.8
七分つき米	356	6.9	1.7	74.7	0.4	0.8	7	190	0.7
精白米	356	6.8	1.3	75.5	0.3	0.6	6	140	0.5

	ナトリウム (mg)	カリウム (mg)	マグネシウム (mg)	亜鉛 (μg)	銅 (μg)	ビタミン E (mg)	ビタミン B_1 (mg)	ビタミン B_2 (mg)	ナイアシン (mg)
玄米	2	250	110	1800	250	1.6	0.54	0.06	4.5
半つき米	2	170					0.39	0.05	3.5
七分つき米	2	140					0.32	0.04	2.4
精白米	2	110	33	1500	220	0.4	0.12	0.03	1.4

(b) 飯

	エネルギー (kcal)	蛋白質 (g)	脂質 (g)	糖質 (g)	繊維 (g)	灰分 (g)	カルシウム (mg)	リン (mg)	鉄 (mg)
玄米	153	3.3	1.3	31.4	0.4	0.6	4	130	0.5
半つき米	151	2.8	0.9	31.7	0.3	0.3	2	50	0.2
七分つき米	148	2.7	0.7	31.2	0.2	0.2	2	40	0.1
精白米	148	2.6	0.5	31.7	0.1	0.1	2	30	0.1

	ナトリウム (mg)	カリウム (mg)	マグネシウム (mg)	亜鉛 (μg)	銅 (μg)	ビタミン E (mg)	ビタミン B_1 (mg)	ビタミン B_2 (mg)	ナイアシン (mg)
玄米	2	110	48	760	100	0.7	0.16	0.02	1.6
半つき米	2	44					0.09	0.02	0.9
七分つき米	2	35					0.08	0.01	0.6
精白米	2	27	4	540	80	0.2	0.03	0.01	0.3

の食形態が定着したのもこの時期で，栄養的な進展を見ることができる．明治時代には幕藩体制が崩壊し，米の消費量が増大した．牛肉やパンなども普及し，食生活においても近代化が始まった．しかし，大正・昭和初期には，大規模の震災や戦争などにより必ずしも食料の供給は十分ではなかった．

現代の日本人においても米飯を主食とした食生活が一般である．米に含まれる栄養素は精米の程度によって大きく異なる．表 28.2 は，精米の状態ごとに米と炊飯した飯のもつ栄養素を比較したものである．精米と炊飯によって，ビタミンやミネラルの含有量が著しく減少することが示されている．白米の飯が普及した明治から大正にかけて，日本において脚気が流行した．多くの研究が行われ，その原因がビタミン B_1 の欠乏であることはよく知られている．当時の日本の食生活では精米された白い飯を嗜好したのに加え，副食（おかず）が十分ではなかったことが，脚気が流行した栄養学的背景として考えられている．当時の日本における脚気による年間死亡者数は 1〜2 万人（1919 年 11,378 人，1920 年 14,239 人，1921 年 22,675 人）であったが，その後の栄養に対する知識の向上やビタミン B_1 の製剤化などにより，1943 年 6,480 人，1960 年 350 人，1966 年には 20 人にまで減少している．今日でもほとんどが白米の状態で摂取されるが，胚芽米や玄米などを混ぜて炊飯したり，ビタミンを添加した強化米なども摂取されている．

以上のように，日本では米を中心として独自の食文化が形成され，社会構造や経済の象徴でもあった．飽食の時代とよばれる今日の食生活は，第二次世界大戦後の急速な経済発展によるもので，他の生活様式の例にもれず，日本人の歴史からみればきわめて短時間に生じた急激な変化の結果である．

b. 現代日本人の栄養の特徴

わが国においては，近年食生活の欧米化が進んで

いることが指摘され，脂肪，蛋白質の摂取量が増加する反面，糖質の摂取量が減少していることがよく知られている．図28.2は，近年の日本人の三大栄養素の摂取について，エネルギー摂取量の比率で示したものである．図からわかるように，1950年代の脂肪によるエネルギー摂取量は全体の10％以下であったが，最近では30％近くに増加している．1977年のアメリカの資料では，同様の脂肪によるエネルギー摂取量は42％で，目標として30％まで減少させることが推奨されている．一方，北極に住むエスキモーの脂肪摂取の絶対量は日本人の約3倍であることも知られている．これは寒冷に対して脂肪をエネルギー源として産熱を高めるための栄養的適応の一形態であると解釈されている．本来生物は，栄養の不足に対していかに対処し適応するかという命題を背負ってきた．今日の日本を含めた先進諸国地域では今のところこの原則があてはまらない状態であるが，近い将来には地球の食糧生産能力が許容できる人口をこえることが予測されており，飽食という現象は人類の歴史のなかではきわめて限られた時期と集団についての特殊なものかもしれない．

図28.3は，各種食物によるエネルギー摂取量の相対的な内訳を国別に比較したものである．日本は西欧諸国に比べ，穀類，魚介類の占める割合が大きい．このことは韓国，中国，フィリピンなどのアジア諸国に共通した特徴である．これに対し，西欧諸国では油脂類，肉類，乳製品によるエネルギー摂取が多い．しかし，イタリアでは，これら西欧諸国のなかでは穀類によるエネルギー摂取が多い傾向にあり，パスタ類を多く摂取していることの影響が現れている．

図28.4は，体格指数の一つであるボディマスインデックス（body mass index：BMI）について，近年の日本人の経年的変化を男女それぞれについて年齢層別に示したものである．BMIは，さまざまな体格指数のなかで，体脂肪率と高い相関を示すことが知られている．肥満に関する指数や体格指数は，栄養の量的な充足を評価するのに有効な指標である．この図に示されるように，1950年代の日本人は，男女とも年齢にかかわりなく同程度のBMIを示していた．男性では，その後中高年層のBMIが上昇している．女性では，60〜69歳のBMIが明らかな上昇を示しているのに対し，20歳の若い女性では逆に低下している．これらのことは，1950

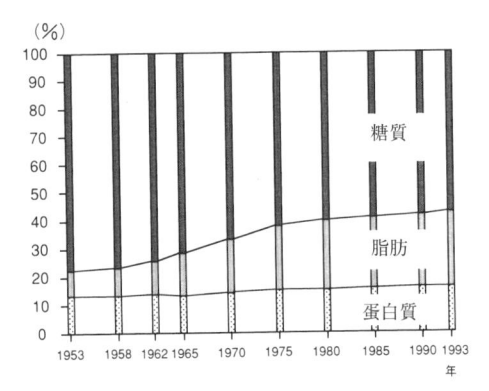

図28.2 日本人のエネルギー摂取量に占める三大栄養素の割合の変化（厚生省の資料から筆者作成）

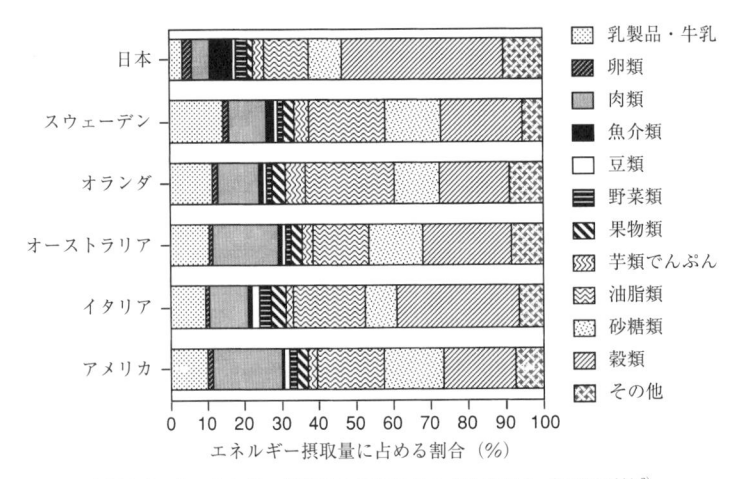

図28.3 全エネルギー摂取量の各種食品の占める割合（国際比較）[8]

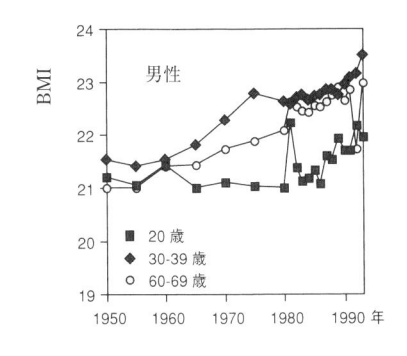

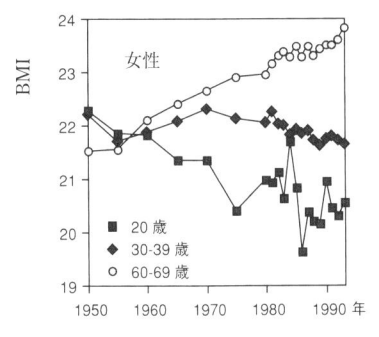

図 28.4 日本人男女の BMI の近年の変化（厚生省，1999）[9]

年代の日本人では，食事によるエネルギー摂取量と身体活動によるエネルギー消費量の平衡状態が加齢によって変化しなかったが，最近の日本人では，加齢とともにエネルギー摂取の相対的な過剰が増大する傾向にあることを示している．あとに示すようにエネルギー摂取量自体の平均値は増加していないので，BMI の増加傾向の背景には，加齢に伴う身体活動量の減少が影響していることを示すものと解釈される．一方，若い女性の BMI の低下傾向は，痩身願望やそれに基づく食生活の特徴を反映したものと解釈することができよう．

28.4 日本人の栄養所要量

現在の日本人が摂取する栄養素の量的な基準については，厚生省の調査研究によって，5 年ごとに「日本人の栄養所要量」として発表されている．表 28.3 は，1999（平成 11）年に発表された第六次改定の「日本人の栄養所要量 食事摂取基準」から引用したものである．ここに示した所要量とは，調査した集団の半数の人が各栄養素の欠乏症を生じない必要量に，集団全体の必要量の標準偏差の 2 倍を加えた値として策定されたものである．詳しくは，「第六次改定 日本人の栄養所要量 食事摂取基準」を参照していただきたい．

図 28.5 は，栄養所要量のなかでエネルギーと蛋白質について，日本と諸外国の数値を比較したものである．エネルギーの所要量は身体活動度や体格によって影響を受けるが，ここに示した諸国間ではそれほど大きな違いは認められない．これに対して，蛋白質の所要量の国際比較では，国によってかなり大きな違いのあることが認められ，日本は蛋白質の所要量が大きいグループに属する．たとえば，アメリカの男性の蛋白質所要量は，10 歳で 28 g/日，20 歳代で約 60 g/日であるのに対し，日本のそれは 75 g/日と 70 g/日である．栄養学的には，成人の蛋白質所要量は体重 1 kg に対し約 1 g/日であることが広く認められている．スポーツマンなどを対象にした研究では，これ以上の蛋白質の摂取が骨格筋の肥大に有効であることを示したものも散見されるが，同時に身体的なトレーニングを行うことが条件であり，過剰な蛋白質摂取自体が有効に働くことは確認されていない．

蛋白質の所要量に国によって大きな違いがあることの原因を明確に説明することはできない．しかし，栄養所要量では，その国民の食習慣，すなわち日常的に摂取している食物の種類や嗜好，入手のしやすさなどを考慮していることや，栄養に対する目的や考え方，基準などが国によって異なることが，実際の数値に反映している．したがって，日本人の蛋白質所要量が高く設定されていることは，蛋白源としての食物の違いも大きな原因の一つであると考えられる．動物性蛋白質と植物性蛋白質を比較すると，アミノ酸組成からみた蛋白質の質や食物としての消化吸収率から，動物性蛋白質のほうが良質の蛋白源であることは先に示したとおりであり，このことを考慮して諸外国よりも高めの値が設定されているものと考えることができる．

28.5 日本人の栄養摂取量

日本人の栄養の摂取状況については，国民栄養調査として厚生省（現 厚生労働省）によって調べられている．表 28.4 は，これまでの国民栄養調査の結果をまとめて示したものである．

図 28.6 は，エネルギー，糖質，脂肪，蛋白質に

表 28.3 日本人の栄養所要量（第六次改定）

年齢（歳）			0〜(月)	6〜(月)	1〜2	3〜5	6〜8	9〜11	12〜14	15〜17	18〜29	30〜49	50〜69	70以上	妊婦	授乳婦
エネルギー (kcal/日)	生活活動強度 I (低い)	男	110〜120/kg	100/kg	—	—	—	—	—	2100	2000	1950	1750	1600	+350	+600
		女			—	—	—	—	—	1700	1550	1500	1450	1300		
	II (やや低い)	男			1050	1350	1650	1950	2200	2400	2300	2250	2000	1850		
		女			1050	1300	1500	1750	2000	1950	1800	1750	1650	1500		
	III (適度)	男			1200	1550	1900	2250	2550	2750	2650	2550	2300	2050		
		女			1200	1500	1700	2050	2300	2200	2050	2000	1900	1700		
	IV (高い)	男			—	—	—	—	—	3050	2950	2850	2550	—		
		女			—	—	—	—	—	2500	2300	2200	2100	—		
脂肪エネルギー比(%)			45	30〜40	25〜30	25〜31	25〜32	25〜33	25〜34	25〜35	20〜25	20〜25	20〜25	20〜25	20〜30	20〜30
蛋白質 (g/日)		男	2.6/kg	2.7/kg	35	45	60	75	85	80	70	70	65	65	+10	+20
		女					55	65	70	65	55	55	55	55		
ビタミンA (μgRE*1)		男	300	300	300	300	350	450	600	600	600	600	600	600	+60	+300
		女					350	450	540	540	540	540	540	540		
ビタミンD (μg)			10	10	10	10	2.5	2.5	2.5	2.5	2.5	2.5	2.5	2.5	+5	+5
ビタミンE (mgα-TE*2)		男	3	3	5	6	6	8	10	10	10	10	10	10	+2	+3
		女					6	8	8	8	8	8	8	8		
ビタミンK (μg)		男	5	10	15	20	25	35	50	60	65	65	65	55	+0	+0
		女					25	35	50	55	55	55	55	50		
ビタミンB_1 (mg)		男	0.2	0.3	0.5	0.6	0.8	1.0	1.1	1.2	1.1	1.1	1.1	1.1	+0.1	+0.3
		女					0.7	0.8	1.0	1.0	0.8	0.8	0.8	0.8		
ビタミンB_2 (mg)		男	0.2	0.3	0.6	0.8	1.0	1.1	1.2	1.3	1.2	1.2	1.2	1.2	+0.2	+0.3
		女					0.8	1.0	1.1	1.1	1.0	1.0	1.0	1.0		
ナイアシン (mgNE*3)		男	2*4	4	8	9	12.0	14.0	16.0	17.0	17.0	16.0	16.0	16.0	+2	+4
		女					10.0	13.0	14.0	14.0	13.0	13.0	13.0	13.0		
ビタミンB_6 (mg)		男	0.1	0.1	0.5	0.6	0.8	1.1	1.4	1.6	1.6	1.6	1.6	1.6	+0.5	+0.6
		女					0.7	0.8	1.1	1.2	1.2	1.2	1.2	1.2		
葉酸 (μg)			40	50	70	80	110.0	140.0	180.0	200.0	200.0	200.0	200.0	200.0	+200	+80
ビタミンB_{12} (μg)			0.2	0.2	0.8	0.9	1.3	1.6	2.1	2.3	2.4	2.4	2.4	2.4	+0.2	+0.2
ビオチン (μg)			5	6	8	10	14.0	18.0	22.0	26.0	30.0	30.0	30.0	30.0	+0	+5
パントテン酸 (mg)			1.8	2	2.4	3	3.0	4.0	4.0	4.0	5.0	5.0	5.0	5.0	+1	+2
ビタミンC (mg)			40	40	45	50	60	70	80	90	100	100	100	100	+10	+40
カルシウム (mg)		男	200	500	500	500	600	700	900	800	700	600	600	600	+300	+500
		女					600	700	700	700	600	600	600	600		
鉄 (mg)		男	6	6	7	8	9	10	12	12	10	10	10	10	+8	+8*7
		女					9	10*5	12	12	12	12*6	12*6	10		
リン (mg)			130	280	600	700	900	1200	1200	1200	700	700	700	700	+0	+0
マグネシウム (mg)		男	25	30	60	80	120	170	240	290	310	320	300	280		
		女					120	170	220	250	250	260	260	240		
カリウム (mg)		男	500	700	900	1100	1350	1550	1750	2000	2000	2000	2000	2000	+0	+500
		女					1200	1400	1650	2000	2000	2000	2000	2000		
銅 (mg)		男	0.3	0.7	0.8	1.0	1.3	1.4	1.8	1.8	1.8	1.8	1.8	1.6	+0.4	+0.6
		女					1.2	1.4	1.6	1.6	1.6	1.6	1.6	1.4		
ヨウ素 (μg)			40	50	70	80	100	120	150	150	150	150	150	150	+25	+25
マンガン (mg)		男	0.003	1.2	1.8	2.5	3	3.5	3.5	4	4	4	4	3.5		
		女					3	3	3	3	3.5	3.5	3.5	3		
セレン (μg)		男	15	20	25	35	40	50	55	60	60	55	50	45	+7	+20
		女					40	45	50	45	45	45	45	40		
亜鉛 (mg)		男	1.2*8	4	5	6	6	7	8	10	11	12	11	10	+3	+3
		女					6	7	8	9	9	10	10	9		
クロム (μg)		男	—	—	16	20	25	30	35	35	35	35	30	25	+0	+0
		女					25	30	30	30	30	30	25	20		
モリブデン (μg)		男	—	—	6	8	12	15	20	30	30	30	30	25	+0	+0
		女					12	15	20	25	25	25	25	25		

*1 RE：レチノール当量
*2 α-TE：α-トコフェロール当量
*3 NE：ナイアシン当量
*4 単位：mg
*5 11歳女子は12 mg/日
*6 閉経後10 mg/日
*7 分娩後6か月間
*8 人工乳の場合は3 mg/日

28.5 日本人の栄養摂取量

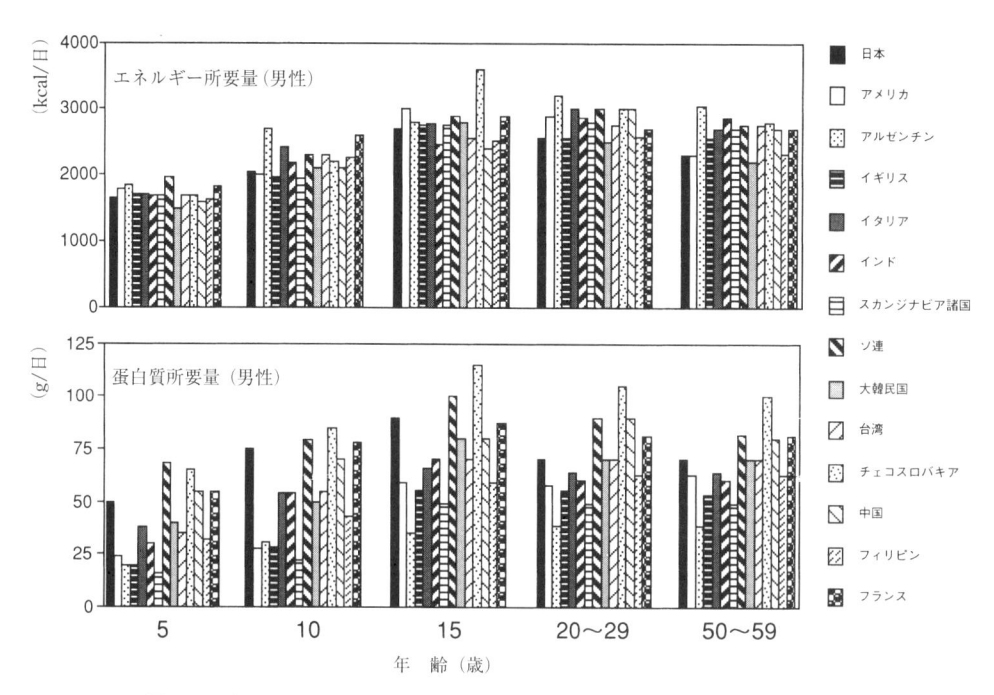

図28.5 各国の栄養所要量におけるエネルギー所要量（上）と蛋白質所要量（下）
活動量の階層別に設定されている場合にはすべて中等度の活動量のものとした

表28.4 日本人の栄養素等摂取量の推移（1人1日当たり）

	エネルギー	蛋白質	うち動物性	脂質	うち動物性	炭水化物	カルシウム	鉄	ナトリウム食塩換算	ビタミンA	ビタミンB_1	ビタミンB_2	ビタミンC
	(kcal)	(g)	(g)	(g)	(g)	(g)	(mg)	(mg)	(g)	(IU)	(mg)	(mg)	(mg)
昭和21年	1903	59	11	15	—	—	253	—	—	2448	1.81	0.67	187
25	2098	68	17	18	—	—	270	—	—	1314	1.52	0.72	107
30	2104	69.7	22.3	20.3	—	—	338	—	—	1536	1.16	0.67	76
35	2096	69.7	24.7	24.7	—	—	389	—	—	1180	1.05	0.72	75
40	2184	71.3	28.5	36.0	14.3	384	465	—	—	1324	0.97	0.83	78
45	2210	77.6	34.2	46.5	20.9	368	536	—	—	1536	1.13	1.00	96
50	2226	81.0	38.9	55.2	26.2	335	552	10.8	13.5	1889	1.39	1.23	138
55	2119	78.7	39.2	55.6	26.9	309	539	10.4	12.9	1986	1.37	1.21	123
60	2088	79.0	40.1	56.9	27.6	298	553	10.8	12.1	2188	1.34	1.25	128
61	2075	78.9	40.1	56.6	27.9	295	551	10.7	12.1	2169	1.35	1.26	124
62	2053	78.5	40.1	56.6	27.6	291	551	10.5	11.7	2119	1.34	1.25	122
63	2057	79.2	41.7	58.3	28.0	289	524	11.1	12.2	2596	1.29	1.32	115
64	2061	80.2	42.4	58.9	28.3	290	540	11.4	12.2	2687	1.26	1.36	123
平成2年	2026	78.7	41.4	56.9	27.5	287	531	11.1	12.5	2567	1.23	1.33	120
3	2053	80.2	42.7	58.0	28.4	288	541	11.2	12.9	2685	1.26	1.35	113
4	2058	80.1	42.5	58.4	28.5	289	539	11.3	12.9	2649	1.25	1.36	122
5	2034	79.5	42.2	58.1	28.3	285	537	11.2	12.8	2603	1.22	1.34	117
6	2023	79.7	42.5	58.0	28.5	282	545	11.3	12.8	2602	1.21	1.35	117
7	2042	81.5	44.4	59.9	29.8	280	585	11.8	13.2	2840	1.22	1.47	135
8	2002	80.1	43.1	58.9	29.3	274	573	11.7	13.0	2836	1.21	1.43	131
9	2007	80.5	43.9	59.3	29.7	273	579	11.6	12.9	2832	1.19	1.43	135
10	1979	79.2	42.8	57.9	29.2	271	568	11.4	12.7	2701	1.16	1.42	125
11	1967	78.9	42.3	57.9	29.0	269	575	11.5	12.6	2803	1.18	1.43	129

厚生省の資料（国民栄養の現状・国民栄養調査結果）より筆者作成

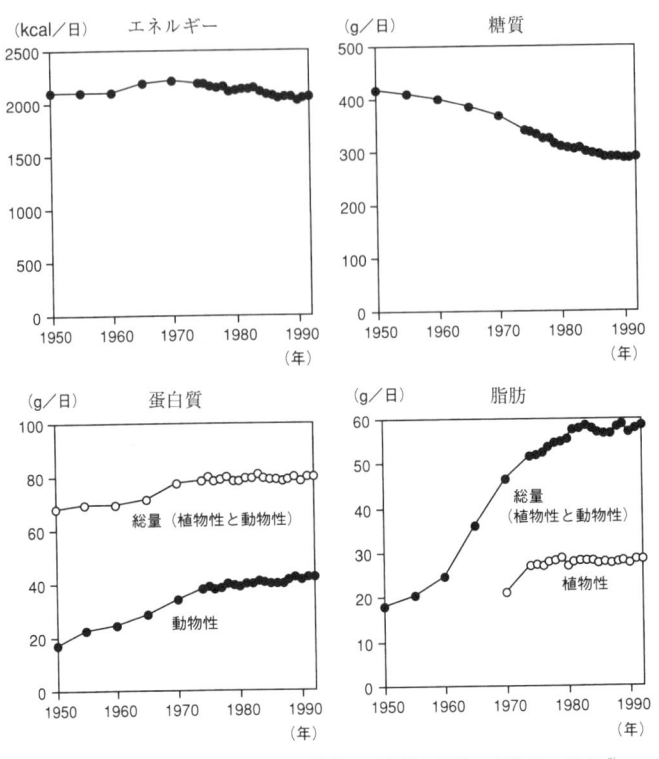

図 28.6 日本人のエネルギー・糖質・蛋白質・脂肪の摂取量の推移[8]

ついて，1日の摂取量の経年的変化を示したものである．エネルギー摂取量は絶対値としては大きな増減はないが，1970年以降，わずかながら減少傾向にある．糖質の摂取量も減少しており，それまでの米飯による主食中心の食形態から，副食の充実をうかがうことができる．食生活の欧米化を反映して，動物性蛋白質が増加し，脂肪はさらに著しい増加を示している．

表28.5は平成9年度の国民栄養調査の結果から，男女別に年齢階級別の各栄養素の摂取量を示したものである．1日1人当たりの摂取量である．図28.7は，各栄養素の摂取量を栄養所要量に対する割合（充足率）で表し，調査対象人数に占める割合を示したものである．近年の日本人の栄養素の摂取状況では，平均で所要量に満たない栄養素はカルシウムのみであることが強調されている．この資料でも充足率のピークは70〜80％にみられ，充足率を満たしていない人口の占める割合は61.1％である．高齢社会において特に老人女性の骨粗鬆症の問題が顕在化したことと相まって，若年期に十分なカルシウムの摂取が必要であることが強調されている．そのほかの栄養素摂取状況は，平均値でみる限り充足率を満たしている．特にビタミン群では全体的には所要量は十分に充足されているのが現状である．しかしながら，この資料はあくまでも栄養所要量に対する充足率であることに留意しなければならない．すなわち，各個人の栄養必要量を厳密に定めることは不可能であり，所要量以下の摂取量であっても，個人としてはその必要量を満たしている場合が少なくないからである．また，必要以上の過剰な栄養摂取の弊害も懸念される．

栄養素の摂取量を含めた栄養状態を評価するためには，個人ごとに栄養の結果としての身体の形態的，機能的状態や疾病の有無を含めた健康状態を評価することが効果的である．近年の日本人の平均寿命の延長や体位の向上から判断すると，全般的には今日の日本人の栄養摂取状況は良好であると判断することが妥当であろう．しかしながら，生活の豊かさの裏腹として食生活も多様化する傾向にあり，極端な偏食による片寄った栄養素の摂取が問題となる集団

28.5 日本人の栄養摂取量

表 28.5 日本人の栄養素など摂取量（男女・年齢階級別）（1人1日当たり）（厚生省, 1999）[9]

	栄養素など別	総数	1～6歳	7～14歳	15～19歳	20～29歳	30～39歳	40～49歳	50～59歳	60～69歳	70歳以上
男性	調査人数	6243	381	647	446	772	694	963	955	781	604
	エネルギー（kcal）	2221	1435	2122	2557	2275	2389	2325	2347	2237	1924
	蛋白質（g）	87.9	53.6	81.7	99.4	89.1	92.0	91.6	96.6	90.4	78.7
	うち動物性（g）	48.3	30.2	46.9	56.8	49.5	50.7	50.4	53.4	47.3	40.6
	脂質（g）	63.9	46.3	72.2	81.8	70.1	70.9	65.1	62.5	55.9	47.7
	うち動物性（g）	32.6	22.8	37.7	42.6	36.3	35.3	32.8	32.5	27.8	24.4
	炭水化物（g）	299	199	282	348	304	312	305	311	311	275
	カルシウム（mg）	589	509	705	640	520	539	543	612	640	594
	鉄（mg）	12.3	7.3	10.8	13.1	12.0	12.8	127.0	13.8	13.5	11.9
	食塩（g）*	13.7	7.6	11.7	13.9	13.2	14.1	14.7	15.5	15.1	13.5
	ビタミンA（IU）	2948	1653	2908	3187	2799	3177	2799	3276	3319	2798
	ビタミンB_1（mg）	1.28	0.79	1.28	1.56	1.35	1.33	1.32	1.34	1.27	1.10
	ビタミンB_2（mg）	1.52	1.16	1.66	1.76	1.49	1.55	1.50	1.60	1.53	1.37
	ビタミンC（mg）	134	86	136	145	134	121	123	146	154	137
	穀類エネルギー比（%）	41.9	34.6	37.7	44.3	43.9	42.5	42.4	41.5	42.7	42.7
	動物性蛋白質比（%）	55.0	56.3	57.4	57.1	55.5	55.1	55.0	55.3	52.3	51.6
女性	調査人数	7046	363	628	418	927	794	1066	1064	863	923
	エネルギー（kcal）	1817	1377	1901	1885	1845	1869	1908	1904	1820	1624
	蛋白質（g）	73.9	51.4	74.7	74.5	73.1	73.8	77.9	80.6	76.0	68.4
	うち動物性（g）	40.0	29.5	43.2	42.2	40.0	39.8	42.3	43.5	39.4	34.9
	脂質（g）	55.2	46.1	66.4	61.9	60.1	59.5	58.4	54.9	49.3	41.9
	うち動物性（g）	27.1	22.6	33.9	30.3	29.1	28.2	28.6	27.0	24.1	20.8
	炭水化物（g）	251	188	248	254	246	250	260	266	266	241
	カルシウム（mg）	569	512	671	488	499	526	548	637	624	563
	鉄（mg）	11.0	7.3	10.1	10.5	10.6	10.6	11.7	12.4	12.1	10.8
	食塩（g）*	12.2	7.2	11.1	11.5	11.5	12.1	13.0	13.6	13.3	12.4
	ビタミンA（IU）	2730	1799	2670	2334	2607	2542	2806	3142	3010	2774
	ビタミンB_1（mg）	1.11	0.77	1.15	1.15	1.12	1.11	1.16	1.19	1.11	1.01
	ビタミンB_2（mg）	1.35	1.15	1.52	1.31	1.30	1.30	1.36	1.46	1.41	1.23
	ビタミンC（mg）	136	96	122	122	120	116	139	162	165	140
	穀類エネルギー比（%）	39.2	32.7	35.4	40.1	39.7	40.5	39.3	38.4	40.3	41.8
	動物性蛋白質比（%）	54.1	57.4	57.8	56.7	54.7	53.9	54.2	53.9	51.9	51.1

*：食塩は，ナトリウム× 2.54/1000 の値．

表 28.6 地域別の栄養摂取量（1日1人当たり）

	エネルギー	蛋白質	同動物性	脂質	同動物性	炭水化物	カルシウム	鉄	食塩	ビタミンA	ビタミンB_1	ビタミンB_2	ビタミンC
北海道	1977	82.8	47.2	56.8	30.2	270	568	11.4	13.2	2636	1.19	1.49	131
東北	2073	87.3	48	60.3	30.1	279	635	12.6	14.9	2953	1.32	1.56	148
関東Ⅰ	2020	80.6	43.8	61.5	30.4	271	583	11.7	12.8	3052	1.23	1.45	140
関東Ⅱ	2051	81.4	43.8	60.7	29.2	281	569	11.8	13.7	2915	1.28	1.45	141
北陸	1962	78	40.2	55.2	26.9	274	578	11.3	12.8	2547	1.14	1.42	142
東海	1977	78.4	42.2	58.4	28.5	271	577	11.5	12.7	2651	1.16	1.36	129
近畿Ⅰ	2044	82.2	46.2	62	32.4	274	575	11.6	12.2	2933	1.16	1.46	134
近畿Ⅱ	1935	78.4	42.4	53.9	26.9	274	614	11.7	12.3	2544	1.17	1.36	138
中国	2017	81.4	44.2	58.4	29.5	278	581	12	13.8	2840	1.14	1.46	132
四国	1974	78.4	43.3	55.6	29.6	275	585	11.5	12.1	2928	1.08	1.42	140
北九州	1972	78.3	42.9	58.7	29.4	268	548	11.4	12.4	2814	1.11	1.38	120
南九州	1953	78	42.7	55.2	27.9	269	552	11	12.5	2312	1.17	1.36	119

が存在することも否定できない．

表28.6，28.7は，平成9年度の国民栄養調査結果から，47都道府県を12の地域に分けた各地域ごとの栄養摂取量および所要量に対する充足率を示したものである．概観すると，今日の日本では栄養摂取量における顕著な地域差は認められず，摂取量，充足率とも全国的に均一化しているといえる．しかしながら，食塩，カルシウム，鉄，ビタミンA，ビ

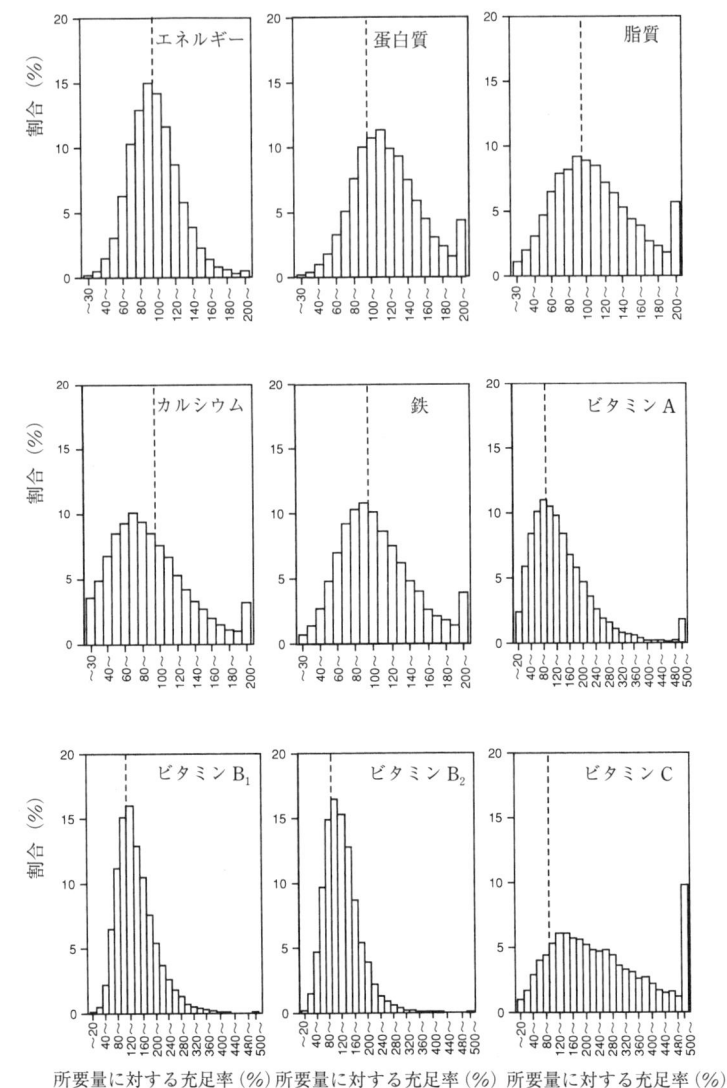

図 28.7 栄養摂取量の所要量に対する充足率の割合分布（厚生省, 1999）[9]
全国の男女をまとめたもの．破線は所要量を示す．

タミン B_1，ビタミン B_2，ビタミンCなどのミネラル・ビタミン類の摂取量は，東北地方において大きい傾向があり，食塩は特に顕著である．平成9年度の国民栄養調査結果では，食塩の摂取量は東高西低となっていることが指摘されている．摂取食品類との相関を調べると，これらのミネラル・ビタミン類の摂取量は野菜の摂取量と有意な正の相関を示し，野菜の摂取量の違いを反映している．食塩とビタミン B_2 以外では，緑黄色野菜の摂取量との相関を示す．食塩の場合には，緑黄色野菜以外の野菜の摂取量との相関を示すことから，東北地方において食塩摂取量が多いことは，漬け物などの加工食品の影響が大きいものと考えられる．現代の日本人において平均では唯一不足している栄養素であるカルシウムは，東北と近畿Ⅱの地域のみが所要量を満たしている．

［岩永光一］

文　献

1) 山下政三（1995）脚気の歴史 ビタミンの発見，思文閣出

表 28.7 地域別の栄養所要量の充足率

	エネルギー	蛋白質	カルシウム	鉄	ビタミンA	ビタミンB_1	ビタミンB_2	ビタミンC
北海道	99.6	125.3	92.4	105.6	143.5	148.8	134.2	262.0
東北	102.8	131.7	103.4	117.8	161.6	161.0	138.1	302.0
関東Ⅰ	100.5	123.2	95.3	108.3	167.0	151.9	129.5	285.7
関東Ⅱ	101.6	123.1	92.8	110.3	160.5	156.1	128.3	287.8
北陸	98.9	119.1	94.9	105.6	140.3	142.5	127.9	289.8
東海	99.3	120.2	94.4	107.5	145.8	145.0	122.5	263.3
近畿Ⅰ	103.9	126.1	94.1	107.4	160.5	145.0	132.7	273.5
近畿Ⅱ	100.2	122.5	101.2	110.4	142.5	150.0	124.8	281.6
中国	103.2	124.5	94.9	112.1	155.0	142.5	131.5	269.4
四国	99.8	119.7	95.6	107.5	161.1	135.0	127.9	285.7
北九州	99.8	120.1	89.1	105.6	156.0	138.8	124.3	244.9
南九州	99.0	118.0	89.5	102.8	127.3	146.3	122.5	242.9

北海道：北海道
東 北：青森県，岩手県，宮城県，秋田県，山形県，福島県
関東Ⅰ：埼玉県，千葉県，東京都，神奈川県
関東Ⅱ：茨城県，栃木県，群馬県，山梨県，長野県
北 陸：新潟県，富山県，石川県，福井県
東 海：岐阜県，愛知県，三重県，静岡県
近畿Ⅰ：京都府，大阪府，兵庫県
近畿Ⅱ：奈良県，和歌山県，滋賀県
中 国：鳥取県，島根県，岡山県，広島県，山口県
四 国：徳島県，香川県，愛媛県，高知県
北九州：福岡県，佐賀県，長崎県，大分県
南九州：熊本県，宮崎県，鹿児島県，沖縄県

版.
2) 山下政三（1983）脚気の歴史 ビタミン発見以前，東京大学出版会.
3) 小石秀夫・鈴木継美編（1984）栄養生態学 世界の食と栄養，恒和出版.
4) 上代淑人監訳（1985）ハーパー・生化学 原書19版，丸善.
5) 吉利和総監修（1980）最新看護セミナー臨床編 食事・栄養管理ハンドブック，メヂカルフレンド社.
6) 厚生省保健医療局健康増進栄養課監修（1994）第五次改定 日本人の栄養所要量，第一出版.
7) 健康・栄養情報研究会編集（1999）第六次改定 日本人の栄養所要量 食事摂取基準，第一出版.
8) 香川 綾監修（1995）四訂食品成分表，女子栄養大学出版部.
9) 厚生省保健医療局地域保健・健康増進栄養課生活習慣病対策室監修（1999）国民栄養の現状：平成9年国民栄養調査結果，第一出版.
10) 遠藤元男・谷口歌子（1983）日本史小百科16 飲食，近藤出版社.
11) 佐藤方彦編著（1997）最新生理人類学，朝倉書店.

29
日本人の発育

ここでは日本列島に住む人々の，誕生から成人するまでの過程を扱う．

地球上の動物で，個体として不老不死の生き方をとるものはたぶんなく，世代交代を繰り返すことにより，生命を継続してきた．個体の一生はこの生命サイクルの一環として位置づけられ，次代を生み出せるまでに成熟する過程が発育である．

現生の全人類は，基本的にヒトという種として定まった経過をたどって，成長・発達する．日本人特有の発育様式があるわけではないが，成人の形態に人種差を認めるとすれば，発生・発育の過程で生じてくることになる．

ある生物種の成長パターンがどのようにコントロールされているか詳細は不明であるが，基本的に遺伝子に支配され，外界の時間要素によって調節されているのは確かであろう．また，種に特有な，生物時計あるいは生物暦のような仕組の関与もありうるが，想像の域を出ない．

a. 成長と発達

形態的な変化を成長（growth），機能的な変化を発達（development）という．あわせて発育という[1]．

b. 研究方法

1） 成長曲線・速度曲線

時間を追って，身体諸測度をプロットすると成長曲線が得られる．単位時間の増加量を並べると成長速度に相当する曲線となる．さらに，成長速度の時間変化，すなわち成長の加速度を考えることができる．ニュートンの法則になぞらえると，力に相当するなんらかの作用が成長を加速させていると想像することもできよう．

2） 縦断的方法

個人追跡法ともいい，個人について年齢を追って繰り返し計測を行う．1759年からフランスのモンベヤール（de Montbeillard）が息子（1759-1777）の身長を年に2回測定し続けたのが最初の縦断的資料となった（図29.1）．短間隔の測定を長期にわたって続けることにより，成長の加速，減速や季節変化が観察されている（図29.2）．

3） 横断的方法

ある時点で，いろいろな年齢の集団について計測を行い，各年齢階級の平均値を結んで発育曲線と見なす（図29.3 (a)）．横断資料で年齢間の差をプロ

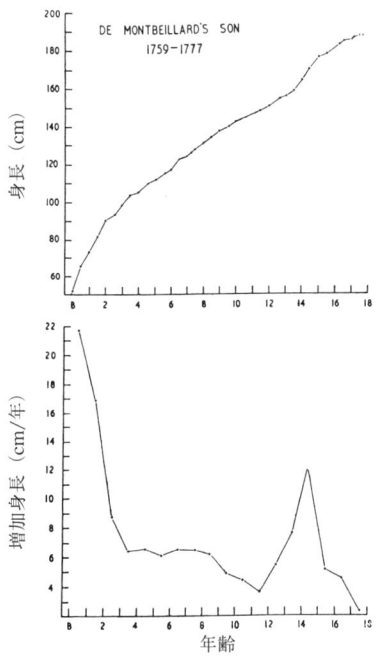

図29.1 モンベヤール（Montbeillard）の息子の誕生から18歳までの身長の増加（Tanner, 1990）[2]．
上：成長曲線．各年齢で到達した身長．
下：速度曲線．ある年から次の年までの身長の増加．

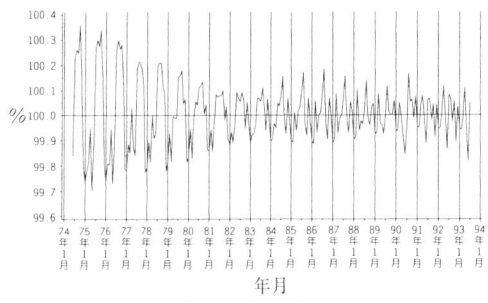

(a) 身長の季節変動　Em

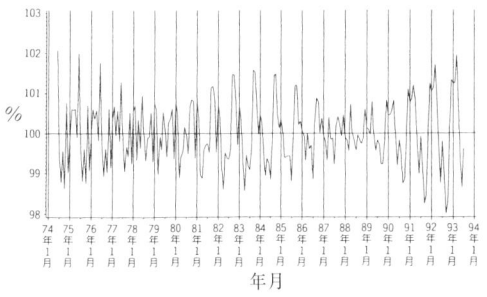

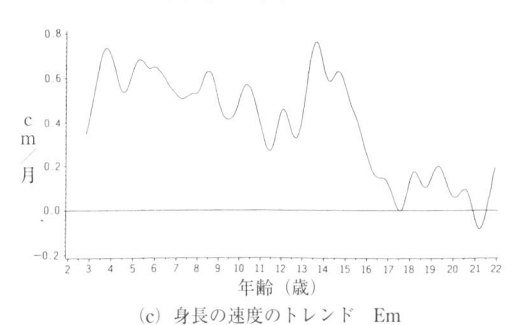

(b) 体重の季節変動　Em

(c) 身長の速度のトレンド　Em

図 29.2　男性 Em の身長と体重の季節変動および身長の速度（東郷，1998）[3]

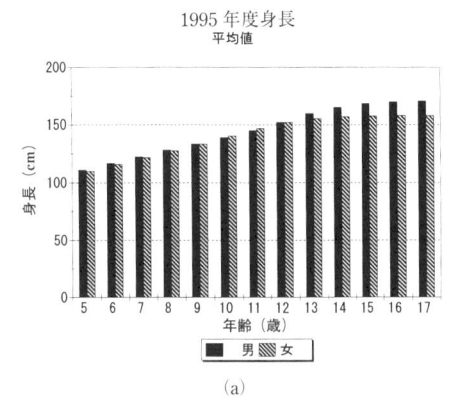

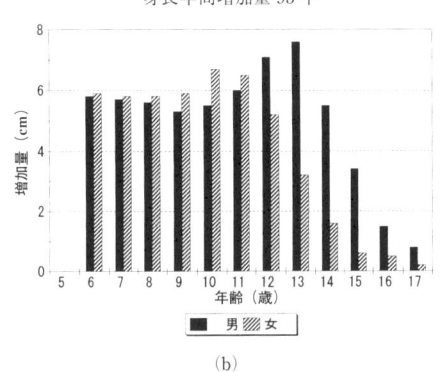

図 29.3　身長の横断的擬似速度曲線（文部省，1996）[4]

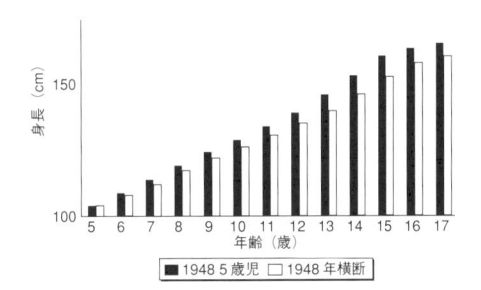

図 29.4　1948 年に 5 歳であった集団の追跡と同年における横断資料（文部省，1996）[4]

ットすると，擬似的な成長速度曲線が得られるが（図 29.3（b）），個人追跡速度曲線を平均した図と，およその傾向は似ているようである．すなわち，身長の増加は 11 歳まで女子が男子を上回っており，小学 5，6 年生では平均身長は女子のほうが高い．女子は小学 5 年生でピークを示すのに対し，男子は中学 2 年生のときにピークを迎え，ピークの高さも女子より大きい．

4）集団追跡法

複数年度にわたる横断的資料を用いて，たとえば 1980 年の 5 歳児，1981 年の 6 歳児，1982 年の 7 歳児などの値をつないでいくもので，個人としての対象は異なるが，同じ生まれ年の集団を追跡することになるので，時代的変化があるとしてもある程度分離できるであろう．1948（昭和 23）年の 5 歳児の集団を追跡した曲線と，1948 年の横断資料による曲線ではかなり開きがあり（図 29.4），1943 年生まれの集団の成長と，1931 年以降生まれの集団とで成長の様子が異なっていたことがうかがわれる．

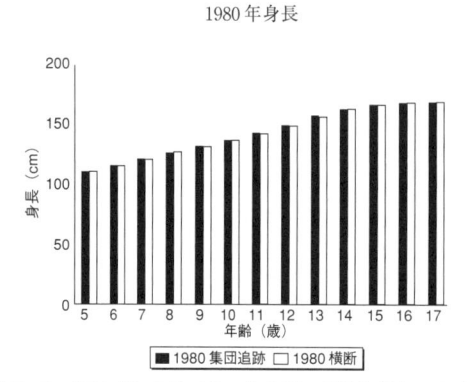

図 29.5 1980 年に 5 歳であった集団の追跡と同年における横断資料（文部省，1996）[4]

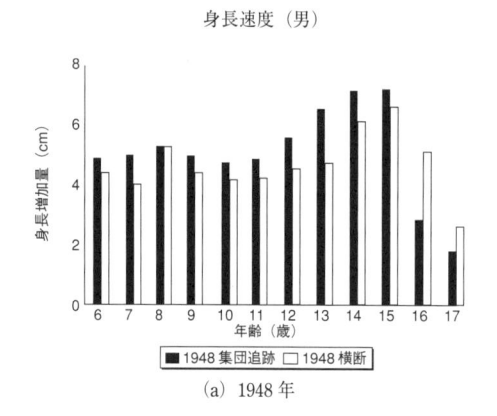

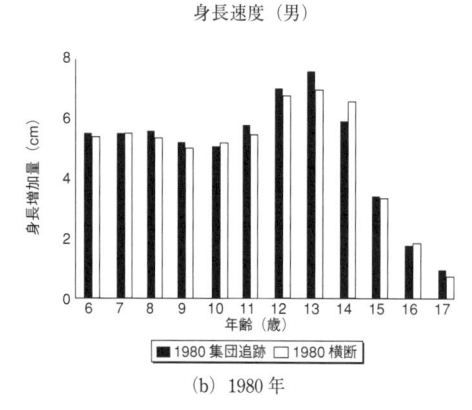

図 29.6 5 歳児集団追跡による成長速度と，同年の横断資料による成長速度（文部省，1996）[4]

1980 年における同様の曲線では両者にほとんど差がなく（図 29.5），1960 年以降の生まれでは成長環境が安定したといえるであろう．擬似速度曲線でも同じ傾向がみられる（図 29.6 (a) (b)）．なお，女子の場合も同様である．

5）形　質

形態的，機能的な特徴を形質といい，量的または質的に調査することにより，発育研究の具体的資料となる．縦断的資料については少数の対象者に限らざるをえないが，横断的には身長，体重，座高についての文部省の学校保健統計のように，各年齢につき数万人の資料が得られている．内臓重量などは従来横断資料によるしかなかったが，近年の生体画像技術の発達により，縦断資料も得られるようになろう．

c. 生命時間

生物は，地球の自転による昼夜リズム，公転による季節変化に合わせて生存活動を営む．単に生理的反応として，時間的な環境変化に対応するばかりでなく，前もって組み込まれたプログラムに従っても対応すると考えられる．同じ種では，成長発達が個体差はあっても基本的に同じような経過をたどるのがその例であり，発育が遺伝的にプログラムされていることになるが，詳細は不明である．

d. 成　長

身体のサイズの増大が成長で，細胞数の増加，細胞が大きくなること，細胞間物質の増加によっている．身体の成長のための必要条件は，摂取エネルギーが消費エネルギーを上回ることである．

成長の型

スキャモン（Scammon）の 4 発育型として，一般型，神経型，生殖器型，リンパ型が区別されている．一般型に属す器官は，幼児期に成長速度が大きく，少年期に速度を減じ，思春期にまた加速する成長を示し，いわゆる S 字曲線を描く．体の全体的サイズや，筋，骨格，循環器，呼吸器，消化器，泌尿器などがこれに属する．骨の長さの成長は骨端軟骨が増殖し，ついで骨化することで行われる．骨膜では太さの成長が生じる．

神経型は神経系にかかわる器官で，幼児期にすでに成人の大きさにまで成長する．頭のサイズ，眼などもこの型の成長をする．

生殖器系の器官は，幼少期を通じて成長速度は低く，思春期に急激に成長する．リンパ系の器官であ

る胸腺などは，少年期に成人をこえる成長をし，思春期以後逆にサイズを減ずる．

e. 発　達

機能の発達は順を追って進行するが，その時期には個人差があり，また一時的に退行すること，いわゆる赤ちゃん帰りを示すこともある．運動能力の発達は，頭尾方向に，近位から遠位方向に，そして粗大な動きから細やかな運動に進行する．

f. 個人差

1）集団内の変動

身長などの量的形質は，正規分布に近い分布をするので（図29.7），横断的資料は年齢ごとの平均値と標準偏差としてまとめられる．また，皮脂厚などは対数変換をすると，正規分布に近づくといわれる．学校保健統計にみる身長の標準偏差は，男子では12歳，女子では10歳で最大値を示し，この時期の個体差が大きいことをうかがわせる（図29.8）．体重の標準偏差は直線的に増大し，男子では15歳，女子では12歳で最大になる（図29.9）．標準偏差を平均値で割った変動係数は，身長で0.04前後で，体重では1桁大きく，0.15から0.22の範囲にある．

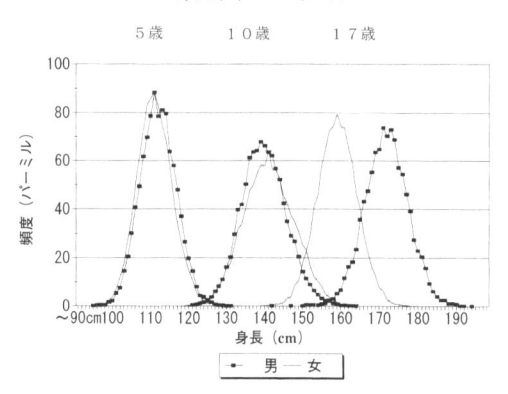

図 29.7　5歳，7歳，17歳の身長分布（文部省，1996）[4]

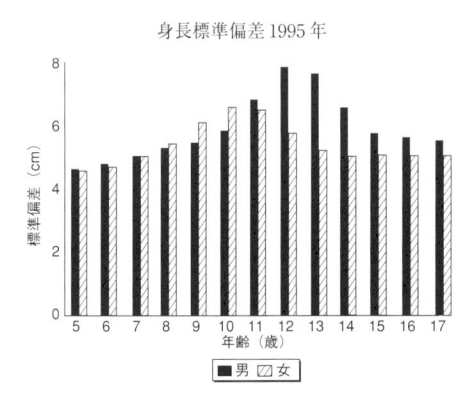

図 29.8　身長の標準偏差（文部省，1996）[4]

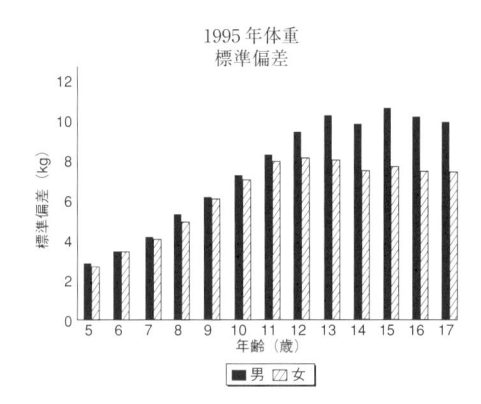

図 29.9　体重の標準偏差（文部省，1996）[4]

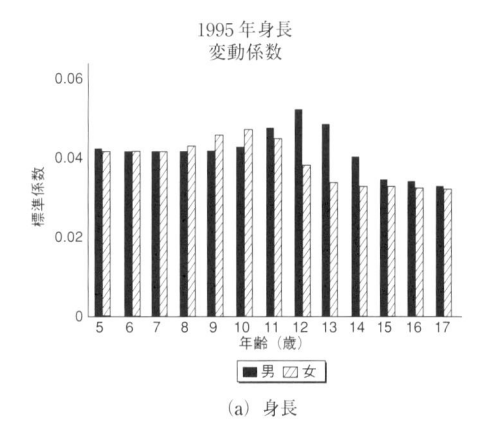

図 29.10　身長・体重の変動係数（文部省，1996）[4]

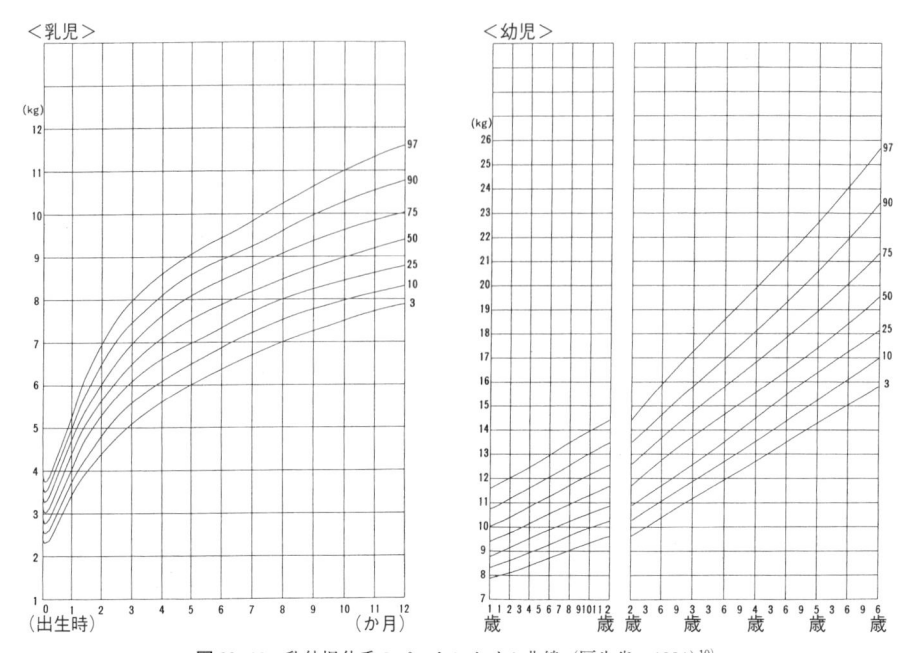

図 29.11 乳幼児体重のパーセンタイル曲線(厚生省,1991)[10]
乳児期体重のパーセンタイル値について7本の線で示してある.下から3,10,25,50,75,90および97パーセンタイル値を示す.

変動係数[5]も,身長では男子12歳,女子10歳でピークを示し,また体重では男子11歳,女子10歳でなだらかな山を示す(図29.10).思春期の成長加速(スパート)の開始時期とピーク時期の個人差が大きいことが現れているが,学校保健統計の調査が行われる4月から6月の時点での個人差に,月齢差が含まれていることも考慮する必要があろう.

2) 発育基準

ある個人の発育状況を評価するために,同年齢集団のどこに位置づけられるかを知る必要があり,パーセンタイルで表した図が用いられる(図29.11).

g. 発 生

受精により一そろいの遺伝子(ゲノム)が整えられ発生が始まる.性染色体により性が基本的に決定される.受精後2週間は接合子または胚とよばれる状態で,その後子宮壁に着床してから2か月までは胎芽(embryo),3か月以後は胎児(fetus)とよばれる.胎芽の段階で組織や器官の形成と形態形成が行われ,胎児は明らかにヒトの形態をとって成長を続ける.男子では受精後7週にはY染色体にある遺伝子の作用で,それまで未分化だった性腺は精巣に分化し,ライディッヒ細胞が形成されてテストステロンを分泌する.Y染色体がないと性腺は卵巣に分化し,ミュラー管が卵管や子宮となり,外部生殖器は女性生殖器になる.かくして12週までに性別が決まる(第一次性徴).テストステロンは脳の視床下部にも作用して,性行動の基礎をなす.妊娠後半に精巣は鼠径管を通って陰嚢内に下降する.16週頃には母親は胎動を感じられる.28週までに呼吸循環器や神経系の発達が進んで,早産により未熟児の状態で生まれても生存可能になっているが,機能は不安定で,保育器による手厚いケアを要する.

h. 誕 生

1) 死 亡

現在,毎年およそ120万人が日本人として誕生する.受胎から誕生にまで至らなかった胎芽や胎児が全妊娠の10〜15%いると推定される.誕生後1週以内に死亡する早期新生児死亡は,出産1,000当り1.4で,1か月未満に亡くなる新生児死亡は2.4,生後1年未満の乳児死亡率は現在10を割っている.

日本の伝統農耕社会では,妊娠,出産,成長に伴う危機をまぬがれることを願ってさまざまな儀礼が

行われた．子供は家の一員としてばかりでなく，共同体の一員としても健やかな発育が期待されたのである．妊娠5か月の帯祝い，出産時の産立て飯，三日祝い，お七夜，100日前後の宮参り，初節句，初誕生，七五三など，節目ごとに共食，贈答を通して社会的に子供の成長を確認，祝福した[6]．

2) **生まれ月**

月ごとの出生数は図29.12のようになる．7月生まれが多い．

3) **出生性比**

出生した女児の数に対する男児の数の比を性比といい，通常105程度とされる．どちらの性の子供が望まれるかは文化や状況によって変わる．

4) **出生場所**

現代では，出産の99.8％は医院，産院などの施設で行われ，90％が医師の立ち会いを得て行われる．出産に伴う民俗が廃れたのにはこんな事情もある．

5) **分娩**

最終月経の初日から数えて出産までが妊娠期間とされる．平均280日であるが，医療技術の進歩により，妊娠22週から37週未満の早産でも生存可能になっている．未熟児（低出生体重児，2,500g未満）や超未熟児（超低出生体重児，1,000g未満）は，出産の5～10％とされる（図29.13）．分娩の開始を調節する仕組として，最近コルチコトロピンリリースホルモン（CRH）が注目されている[8]．妊娠が維持されている間，胎盤ホルモンのプロゲステロンの作用により，子宮壁の平滑筋は弛緩し，子宮頸部の組織でコラーゲン線維が発達して子宮口をふさいでいる．同じく胎盤ホルモンのエストロゲンは妊娠後期にしだいに増加し，その作用で平滑筋線維がコネクシンという蛋白質で接続され，オキシトシンに対する受容体が発達する．またプロスタグランジンの生産を促し，この物質は子宮頸部のコラーゲン線維を溶かす酵素を生産させて，頸部を柔らかくする．一方CRHは副腎に作用して，エストロゲンの材料となる物質を産生させるとともに，コルチゾールを産生させて胎児肺の発達を促し，呼吸に備える．この副腎の働きは，胎児の脳下垂体がつくる副腎皮質刺激ホルモン（ACTH）によっても促進する．母体の血液中のCRH濃度が早産の起こりやすさを測る指標となることが期待されている．

子宮筋層の収縮による陣痛が始まってから，およそ12～15時間で破水が起こり，胎児は頭を先にして産道を通過しこの世に出現する．臀部や脚を先にしての出産，すなわち逆子は難産で，帝王切開が適用されることがある．

産道を通過中の胎児の頭骨は，結合組織の膜でつながれており，骨が重なり合ってサイズを小さくしている．臍帯が縛られ切断される．胎盤が剥離して排出される後産により，分娩が完了する．新生児は，産声をあげることにより呼吸を開始し，肺循環が始まる．左右の心房を通じていた卵円孔は機能的に閉鎖し，解剖学的には生後1年で半数が閉鎖する．肺動脈と大動脈を短絡していた動脈管も生後まもなくふさがる．

i. **発育期の区分**

出生から成人に至るまでの発育期間は，さまざま

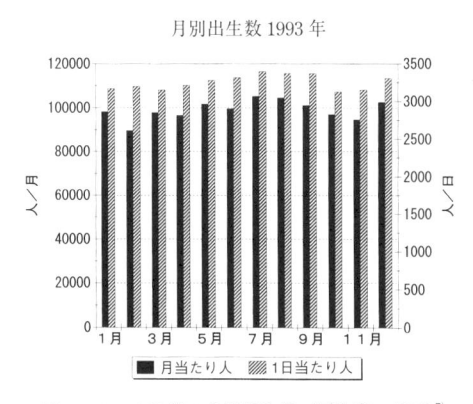

図29.12 1993年の月別出生数（厚生省，1998）[7]

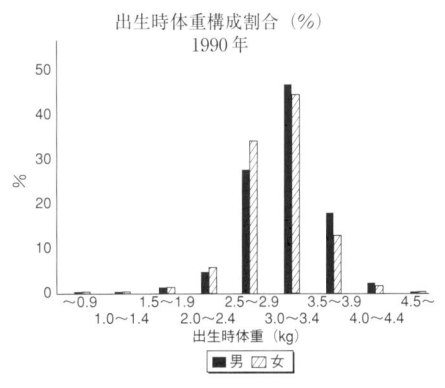

図29.13 1990年出生時体重の分布（厚生省，1991）[10]

な立場から区分されている．ヒトは社会という文化環境のなかで発育するので，生物学的な発育区分ばかりでなく，文化的，社会的な発育区分がなされる．たとえば教育制度における発育区分は，基本的には生物学的発育を基本としているはずであるが，歴史的に形成された社会的区分といえる．

よく使われる区分は，新生児，乳児，幼児，少年，青年，成人であろう．少年期には，少女と少年の区別が出てくる．少年期と青年期の移行期が思春期となる．日本では，1950（昭和25）年から満年齢を使うように法律化された．

以下はアメリカの標準的な新生児と乳幼児についてのDevelopmental Profiles[9]の記述からの引用であるが，一部を除いて多くの部分は日本人についても共通すると思われる．細部についての比較は，文化継承の見地から興味ある課題である．

j．新生児

生後1か月までの新生児は，胎内環境から外界へ出てくるという激しい変化に適応しなければならない．運動能力は未熟であるが，知覚能力はかなり準備が進んでいることが知られている．

1) 出生時体重

平均男児3.2 kg，女児3.4 kg（Profiles）．日本人の1990年9月における出生時体重平均値は，男児3.15 kg，女児3.06 kg（図29.13）で，数日間は50から100 g程度減少する．その後1か月で1.3 kg増加する．

2) 出生時体長

45.7〜53.3 cm（Profiles）．日本人の厚生省統計では中央値が男児49.9 cm，女児49.0 cmである．

3) 生理と行動

胸郭は円筒形で頭と同じくらいのサイズである．生後1か月呼吸数は毎分30〜50回である．熱平衡温度が30〜32℃（成人では25〜27℃）で，環境温が低いと褐色脂肪の熱産生により体温は35.6〜37.2℃に維持される．

頭部は身長の1/4．頭囲は31.7〜36.8 cm．縫合が完成していないので，結合組織の膜でできた泉門がある．おどりこ，ひよめきなどとよばれる．

運動能力は嚥下，吸う，げえげえいう，咳，あくび，まばたき，排泄，吐出などほとんど反射的である．ほかに，モロー（Moro）反射（背中と頭を支えて，落下させるように下げると腕を広げ，すぐ胸に抱く），探索反射，乳探し反射（口の付近を軽く刺激すると，あごを刺激側に向け，しゃぶりつこうとする），把握反射（手のひらを刺激すると握り締める），ババンスキー（Babinski）反射（足の裏を刺激すると，指を反らす），びっくり反応（大音にびくっとする），足踏み反射（もち上げて地面に足をつけると歩くように足を動かす），緊張性頸反射（頭を回すと，その側の手足を伸ばし，対側の手足を縮めフェンシングの構えとよばれる），うつぶせに支えると，頭を下げ，上下肢とも下に下げるなどの反射がみられる．瞳孔反射・瞬目反射もある．

伸ばした手をしげしげと見つめる．20〜30 cm離れた対象を追従視する．

声は聞こえ，母親を区別できる．

胎便（かにばば）を排出する．

分娩後6時間から12時間おいて母乳を与えることが多い．吸い出し反射により，オキシトシンが分泌されて，乳汁の分泌が行われる．1日660 mlを吸引．

おむつ交換の必要や空腹を泣き声で知らせる．それに対する保護者の反応が，基本的安心感覚を生じ，社会性と性格の基調をつくるといわれる．

眠り：1日のうち65％近くを眠りに費やし，睡眠覚醒間隔はまちまちである．

k．乳　児

生後1年間の乳児はまったく頼りない状態にあり，両親や介護者による全面的な世話を必要とする．ポルトマン（Portmann）は，本来，歩き出したり，言葉を使い始める生後1歳の段階で生まれてくるべきなのに，1年間の早産が生理的に正常となったとし，高等な哺乳類でありながら，自力で移動もできないこの時期が，ヒトにとって大きな意味をもっていることを指摘している[11]．

1) 体　重

1か月から4か月には月当たり800 gの割合で増加し，4か月から12か月には月に450 gの割合で増加，満1歳で出生時体重の約3倍になる（図29.14）．

2）身　長

1か月から4か月の間月当たり2.8 cm体長が伸びる．4か月から8か月には月に1.3 cm増加，8か月から12か月に月に1.3 cmの速さで成長し，誕生日頃に出生時身長の1.5倍になる．

3）生理と行動

1か月から4か月：呼吸数は毎分30〜40回．安静時心拍数は毎分120から150拍．

4か月から8か月：呼吸数は毎分25から50．心拍数は毎分100から150．

8か月から12か月：呼吸数は20から45/分．

i）1か月から4か月　頭囲が2か月までは月に1.9 cm，4か月までは1.6 cmの割合で増加する．小泉門は2か月で閉鎖する．大泉門は9か月から18か月で閉鎖する．上肢と下肢は同じくらいの長さである．足の土踏まずは見えない．4〜10週間の間に笑顔を見せるようになる．泣くとき涙を流す．

反射運動は変化する．緊張性頸反射と足踏み反射は消失し，探索反射と吸入反射はよく発達する．嚥下反射と舌の動きは未熟である．ランダウ（Landau）反射（うつぶせに支えると，頭をまっすぐにし，下肢を伸ばす）が出現する．

親と見知らぬ他人を区別する．

仰臥位で頭を左右に回す．動く対象を追従視する．視野から出たものを探そうとはしない．上肢の動きが活発で，対象に焦点を合わせて，手を伸ばす．手と対象に交互に視線を移す．動作を模倣する．

生後16週あたりから，睡眠と覚醒のリズムが昼と夜に同調してくる（図29.15）．アメリカでは，1992年にアメリカ小児科アカデミーが，幼児突然死症候群の危険を考えると仰臥または側臥が望ましいとの勧告を出すまで，腹臥位での睡眠が普及していたようである．

ii）4か月から8か月　吸入は随意的になる．瞬き反射がよく発達．モロー反射は消失．パラシュート反射（うつぶせに支えて急に下げると，腕をひろげて守るかのようにする）が出現．嚥下反射が発達する．固形物を口の前から後ろに移動して飲み込めるようになる．

這い這いの姿勢がとれる．隠されたものが存在し

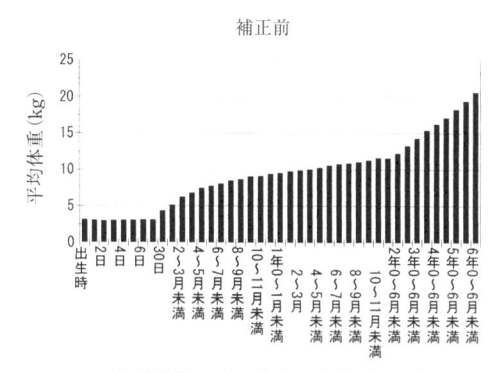

（a）新生児，乳幼児の平均体重（男児）

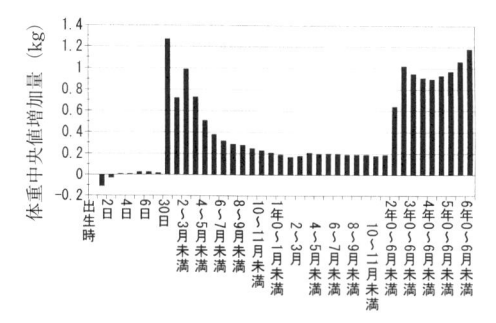

（b）新生児，乳幼児の体重中央値の増加曲線（男児）

図 29.14[10]

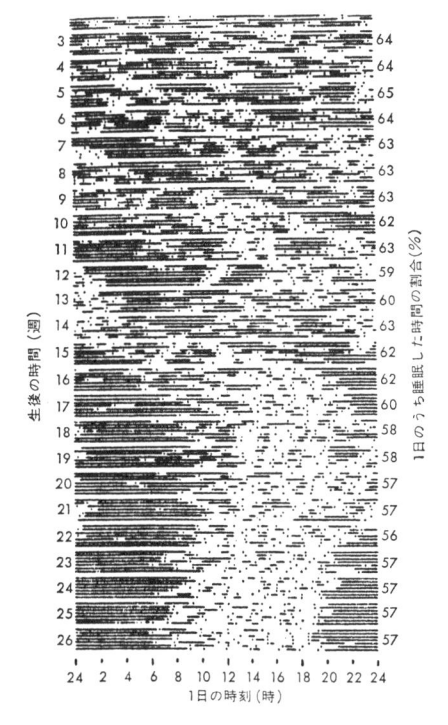

図 29.15　新生児，乳児の睡眠（実線），目覚め（空白），授乳の時間（点）の分布（ビュニング，1977）[12]

続けていることがわかる．手と眼で物を調べる．まわりの出来事を興味をもって見守る．異なる表情に応じた反応をし，模倣もする．初めは他人にも友好的だが，やがて人見知りを示す．腕をあげて，抱き上げられることを求める．物をつまめる．なんでも口にもっていく．

iii) 8か月から12か月 離乳は，生後8ないし9か月で終了する．指で食べ物を口から出し，また口に入れる．食べ物の好き嫌いが始まる．入浴を好み，手拭いなどで遊ぶ．おむつが汚れると，はずそうとする．着替えのとき協力しようとする．

朝は6時から8時頃まで眠る．目覚めると1人でベッドで遊ぶ．毎日午睡する．

頭に物を載せておもしろがる．容器に物を入れたり出したりする．椅子の後ろに隠れてまわりの反応を楽しむ．戸やドアの開閉に興味を示す．

4) 乳歯

早くて生後4か月，平均8か月で下顎中切歯が最初の乳歯として生え始め，遅くて3年3か月で20本の乳歯が生えそろう．早くて4歳8か月，平均6歳6か月で，最初の永久歯である下顎第一大臼歯が生え始め，乳歯が抜けて永久歯に置き換わっていく．

l. 幼児

1) 身長と体重

1歳児では体重は月に200 g増え，満2歳で11 kgに達する．2歳児の体重増加は年1 kgの速さで，満3歳で12〜15 kgと，出生時の4倍に達する．3歳での体重増加は1〜2 kgで，14〜17 kg．4歳児の体重増加は年2 kgで，15〜18 kgに達する．5歳児の体重増加は年2 kgで，17〜21 kgに達する．

1歳児では身長の成長速度は遅くなり年5〜8 cm伸びる．2歳児の身長は年8から13 cm増加し，満3歳で86〜97 cmになる．3歳児で成長は緩やか着実に進む．身長は年5〜8 cm伸び，満4歳で97〜102 cmと誕生時の2倍になる．成人になったときの身長が3歳の身長から予測可能になる．3歳時の身長は，男児で成人の53％，女児で57％に達している．4歳児の身長増加は年5〜6 cm，102〜114 cmに達する．5歳児の身長増加は年5〜6 cm，107〜117 cmに達する．

2) 心肺機能，体温

1歳児：心拍数は毎分80〜110．血圧はおよそ96/64．

2歳児：呼吸はゆっくり規則的になる．毎分20〜35回．体温は活動や感情によって変動しやすい．

3歳児：呼吸数は毎分20〜30．おもに腹式呼吸．血圧は84〜90/60．体温は35.5〜37.4℃．

4歳児：呼吸数は20〜30/min．体温は36.6〜37.4℃．血圧は84/60．

5歳児：呼吸数は毎分20〜30．体温は36.6〜37.4℃で落ち着く．

3) 運動能力と行動の発達

おもな運動機能の発達については厚生省の運動機能通過率調査（図29.16），また上田らによる，日本版デンバー式発達スクリーニングテストがある（図29.17）．後者は，デンバー式発達スクリーニングテストを，1970年代の東京都の乳幼児に適用した結果をもとに標準化したものである．原法の検査用紙では，デンバー市の正常な乳幼児1,036人について，個人—社会行動，微細運動—適応行動，言語，全身運動の4領域で計105項目の検査を行い，25，50，75，90％の子供が通過する月齢・年齢を横棒（バー）で示してある．規定の用具と方法で検査することにより，被験児の暦年齢における発達が正常であるか，遅滞の可能性があるかをスクリーニングしようとするものである．上田は言語の複数形の使用を除いた104項目の検査から同様の通過バーを作成したが，単語の定義，物の素材を言う能力は，育児文化の違いから変更が必要であるとした．さらに

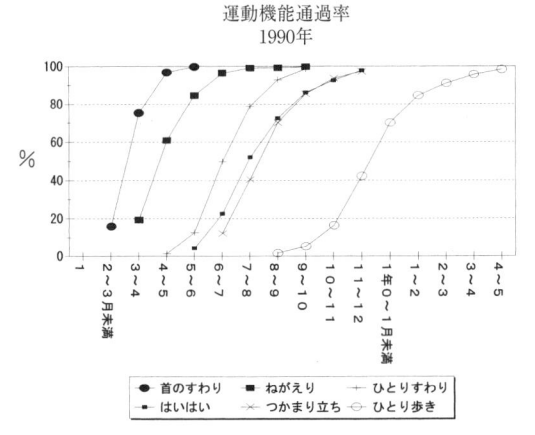

図29.16 運動機能通過率（厚生省，1991）[10]

29 日本人の発育

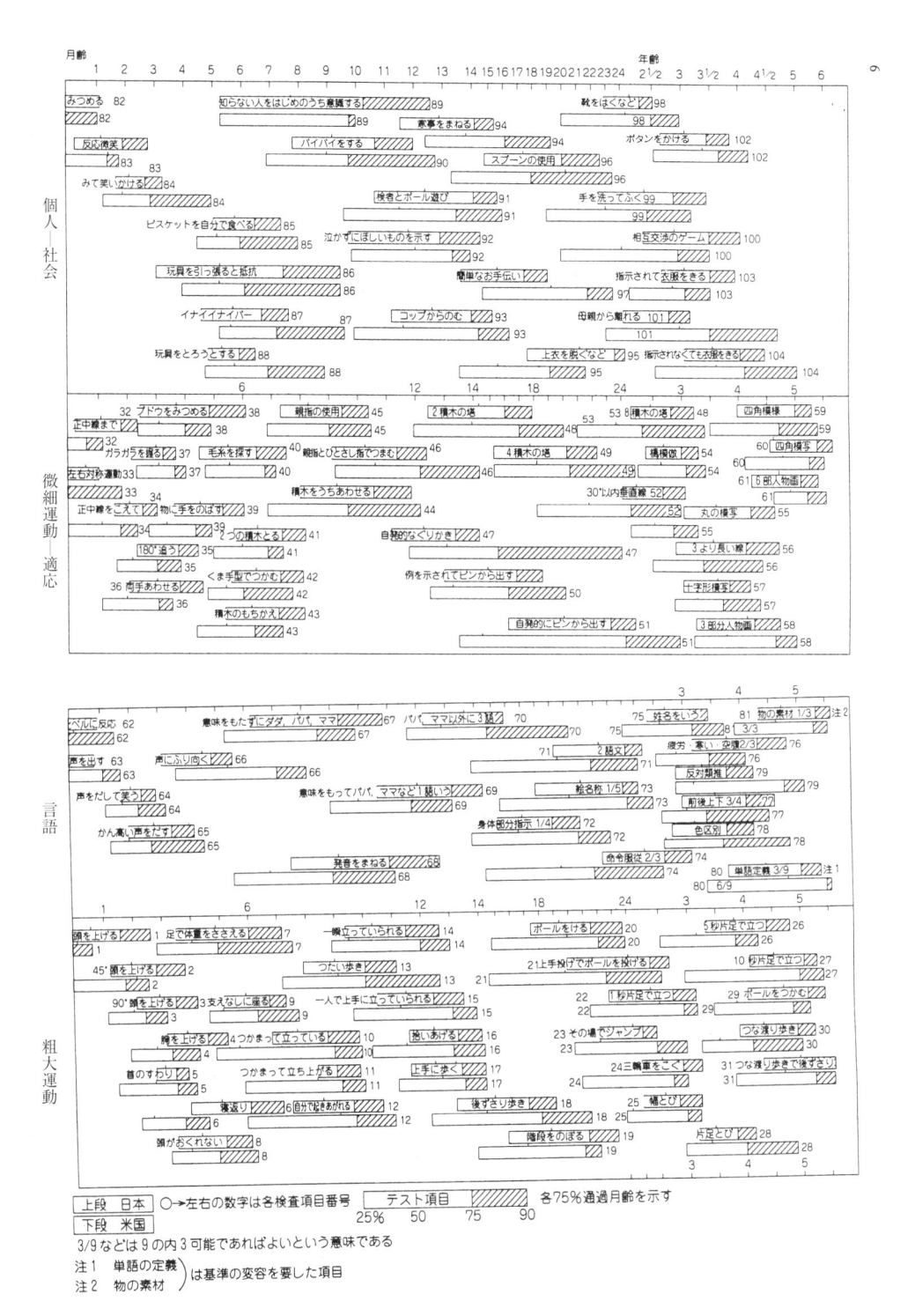

図 29.17 デンバー式発達スクリーニングテストの日本とアメリカの比較（上田，1998）[15]

日本国内でも沖縄と岩手での検査結果との比較から，気候条件，都会要素を考慮した補正により，問題のある者を見落としたり，問題ない者を問題ありとする間違いをできるだけ少なくできるように努めている[15]．

以下に，Developmental Profiles[9] による発達事項を列記する．

i）言葉　言語の獲得：いろいろな声を発する段階を経て，生後1年前後で1語か2語をしゃべるようになる．しゃべれないが，聞いた言葉を理解する段階が先行するようである．

1歳児：名前をよぶと反応する．母音のほかにいくつかの子音を発声する．いくつかの言葉に反応する．「駄目」という言葉に反応して動作をとめるが，笑って動作を続ける．まわりの物の名前をいう．造語を行う．単語や音を話すかのように並べる．簡単な指示に従う．聞かれると，人や動物や物を指し示す．欲しい物や行動のいくつかを名前でいう．簡単な質問に yes, no で答える．頭の動きを伴う．5から50の単語を覚えて使う．会話の相互やり取りを理解しているようにみえる．

2歳児：痛む場所がわかり表現する．本を読んでもらうことを喜び，指さしたり，声で表したり，ページをめくったりする．人に何かをしてもらうのに言葉が有効であることを理解する．50から300の単語を使う．語彙は増え続ける．話すより聞く能力がより発達する．3語文，4語文を使う．普通の語順を使いより完全な文章に近づく．あれは何？を連発する．たどたどしさが普通である．話すことの65〜70％は了解可能である．お話をじっと聞き，身近なことにコメントを述べる．本を読んで聞かせるふりをし，あるいは絵を説明する．謎，推理，サスペンスのある話を好む．発音の似た言葉を聞いて，絵を区別して指し示す．7割は正解．

3歳児：目の前にない，知っている事物，人物について話す．人の行動を話す．いわれたことに追加説明．適切に質問．質問数も増加．会話のつなぎをより多く使う．対象への注意を求める．他人の行為を促す．必要なことを要求．挨拶語を使用．物事を説明．語彙は300から1,000．歌を歌う．いうことの80％は了解可能．名詞の形容が拡大．何，何処質問に回答．声を出して数える．過去形で明日を使うような混乱．

4歳児：絵本を読み始める子がいる．物がいかに成長し，機能するかという話を喜ぶ．言葉遊びを好み，造語して喜ぶ．誰の，誰，なぜ，いくつ？の問いに答える．複雑な文をつくり出す．過去形を正確に使い始める．目の前にない活動，出来事，物，人について述べる．赤ん坊に話し掛けるときと，大人に話すときの文や声の調子を使い分ける．自分や兄弟の名前，性別をいう．もし何々だったらどうするという問いに適切に答える．

5歳児：語彙1,500以上．本の絵を見ながら知っている話をする．簡単な言葉を役割で説明．簡単なジョークの面白さがわかり，ジョークやなぞなぞをつくる．平均5から7語の文をつくる．住んでいる市や町の名前，誕生日，両親の名前をいえる．電話に適切に応答する．話すことはほぼ100％了解可能．明るい，暗い，早いという言葉を理解．

ii）社会的行動

1歳児：ほかの子と一緒にいるのを喜ぶが，一緒に遊びはしない．おもちゃをほかの人に示したり渡したりして見せようとする．表情を変えて反応するが，完全に表情をまねすることはできない．身振りで大人の注意を引こうとする．他人に友好的で，人見知りが少なくなる．

2歳児：家族がどこにいるか，また不在かをも理解する．同情や慰めの徴候を示す．傷ついたほかの子を慰め，時に抱きしめたり，キスしたりする．大人に命令する．ほかの子の遊びをまねるが，一緒に参加することは少ない．1人でよく遊ぶ．おもちゃをほかの子に提供することがあるが，ふつうは自分の物は自分の物である．

3歳児：何事にも，「僕も」と参加したがる．順番待ちを理解しているが好きではない．友好的，よく笑う，喜ばせたがる．グループ活動に参加．年下の子や怪我した子に同情を示す．10分間坐ってお話を聞き，ほかの子が聞いているときは邪魔しない．

5歳児：友達とのつきあいを喜び，1人か2人特に親しい友達ができる．物の共有に寛容になり，順番待ち，協同遊びする．グループ遊びや役割分担に参加する．特に小さい子，傷ついた子，動物に情愛深い．親の求めによく応じる．冗談をいい，人を楽

iii) 個人的行動

1歳児：スプーンをもったり，コップから飲むのを喜ぶが，うまく口にはこべずしばしばこぼす．自立性を主張し始める．手助けなしに着たり食べたりしたがる．食欲が減る．食べ物の好き嫌いが出ることがある．おむつやパンツが汚れたことを親に知らせる．排尿や排便をある程度我慢できる．

2歳児：トイレット訓練ができる．食べ物の好き嫌いが激しく，1つの物だけを食べることがある．混ぜたものでなく，簡単にわかる食べ物を好む．さらに1人で食べる能力が増す．まわりをまねてテーブルマナーを学ぶ．入浴時に自分で洗おうとする．髪を洗われるのをいやがることが多い．着替えに協力する．脱衣を自分でできることが多い．排便のコントロールができかかる．一部の子はマスターしている．

3歳児：手助けなしに食べる．スプーン使用は上達．フォークを使うこともある．空腹でないとぐずぐずと食べる．手を洗い拭く．自分で歯を磨く．排尿をコントロール．夜尿しないこともある．

iv) 全身運動

歩行の開始：標準的には，8か月で這い，10か月で支えられて立ち，11か月で支えられて歩き，15か月で1人で歩けるようになるというように順を追って発達する．しかし，個人差が大きく，8か月で歩き始める子も，20か月で歩き始める子も正常な発達範囲にありうる．

1歳児：多くの子供が歩けるようになるがしばしば転ぶ．走ろうとするがうまく止まれず床に倒れる．手足4本を使って階段を登り降りする．おもちゃをもち運ぶ．

2歳児：直立姿勢はよりまっすぐになるが，依然腹を突き出し，反り返っている．歩幅が広くより直立して，踵から爪先を着くパターンの歩行を行い，歩きながら物を操作する．しっかり走り，あまり転ばない．長い間しゃがむ．ジャンプするがまだ転ぶ．ボールを下手で投げる．椅子にのぼり向きを変えて坐る．

3歳児：直立姿勢はよりまっすぐで，腹部の出っ張りが減る．まだがにまたふう．
階段を足を交互に登り，最下段からジャンプして両足で着地する．大きなボールを蹴る．ゴロボールを両手を伸ばしてとらえる．ブランコを楽しむ．

4歳児：直線上を歩く．三輪車などペダルこぎとハンドル操作に熟達し，角を曲がり障害物を避ける．はしご，木，遊園具などに登る．低い障害物を跳びこす．1段から飛び降り両足着地．やすやすと走り回る．

5歳児：後ろ歩きできる．膝を曲げずにつま先を触われる．平均台の上を歩ける．スキップを始める．1m先から投げられたボールを受け取る．一部の子は自転車を習い始める．連続して前へジャンプする．

v) 細かい運動

1歳児：2つめのおもちゃを渡されると，もっていた物を対側の手にもちかえたり，床に置いたりする．小さな物を容器に入れ，ぶちまける．ほかの人の器械操作のまねをしようとする．片手でカップやグラスをもつ．大きなボタンやジッパーをはずす．ドアノブを回してドアを開ける．クレヨンを握りもちして喜んで書く．

2歳児：容器を満たしたり空けたりすることを喜ぶ．4～6個の物を積み上げる．手と目の協調が良くなる．

3歳児：クレヨン使いが向上し，垂直，水平，円運動をする．クレヨンを親指，人差し指，中指でもつ．本を1ページずつめくる．積み木遊びが好き．8個以上積む．粘土遊びが好き．利き手の傾向が出る．あまりこぼさずに液体を入れた容器を運ぶ．液体を容器から別の容器に移す．

4歳児：ハンマーで釘打ちが上達．糸にビーズを通す．5段階の大きさの積み木を順に積み重ねる．利き手で積み木を10段以上積む．粘土で形をつくる．いくつかの形や文字を繰り返し書く．

5歳児：絵を真似て積み木で立体をつくる．多くの形や文字を写し書く．鉛筆やペンをうまく使う．塗り絵を始める．線に沿って鋏で切る．利き手が確立している．三角を並べて四角をつくる．積み木で階段をつくる．

6歳児：器用さと手と目の協調が進む．絵を描いたり，粘土細工，工作などを楽しむ．文字や数字を書く．手や物の輪郭をなぞり描く．紙を折って簡単

な形を切りぬく．靴紐を結ぶ．

vi）認知能力

1歳児：物隠し行動を楽しむ．喜んで絵本を見る．物の役割を理解していることを示す．スプーンを椀に入れ，食べるまねをする．カップを皿に載せ，カップから飲む．人形を立たせようとする．物の形や空間的配置の理解が進んでいることを示す．好奇心が強く，危険を避けるために注意深く見守る必要がある．

2歳児：おもちゃの恐竜を車と分けるような簡単な分類を行う．原因と結果の関係を発見し始める．

3歳児：絵描き，円，四角，文字を描こうと試みる．三角，円，四角を区別し，指し示す．デザイン，形，色で物を分類するが，色や大きさによる分類が優先．大きさの比較を8割正答．赤，黄，青を区別して言う．積み木を1列に並べたり，橋をつくったり．1～4，時に1～5個を識別．絵で，より多く物があるページを区別．時間の持続をいくらか理解．「ずっと」，「一日中」，「二日」．

4歳児：1～4の個数を識別．最大，より多いといった概念を理解する．20まで，またはそれ以上の数を暗記．多くの物から1～7個のものを取り出す．1日の出来事の順序を理解．人や動物の絵で欠けている部分や人を識別．

5歳児：同じ形，大きさの概念を理解．色と形で物を選別．いろいろな物から共通の特徴をもつものを選別する．属性のクラスの区別はまだできない．木製の多数の赤いビーズと少数の青のビーズを見せて，赤いビーズと木のビーズとどちらが多いか聞くと，赤いビーズと答える．最小，最短の概念を理解し，物を短い順や小さい順に並べる．順番のある物体を最初，2番目，最後と識別する．数字を1から10まで認識．より少ないという概念を理解．時計の時刻を行動と関連づける．時刻をいえる．暦の役割を知る．硬貨を識別．半分という概念を理解．新しいことを知るのに熱心．

vii）自意識・情緒

1歳児：歌を楽しむ．しばしば大人のまねをする．鏡に映った自分を認める．ことがうまくいかないとかんしゃくを起こすときがある．自分の物という意識が強くなる．

2歳児：長い期間注視する．自分で選んだ活動を長い間続ける．身体で怒りや不満を表現することは続くが，言葉の発達につれ，減っていく．かんしゃくを起こすのが頂点に達し，起こしているときはいって聞かせても効果がない．待つことがむずかしい．選択することはむずかしい．同時に両方したい．しばしば反抗的になる．儀礼的に同じ行動を繰り返し，あるべき物はあるべき場所に置く．

3歳児：怖い夢を見，闇，怪物，火を怖がる．ひとり言．もち物を守り，攻撃行動をとることもある．共同使用はむずかしいが，理解はしている．性役割分化．命令より，自分で選ぶほうを好む．

5歳児：自己抑制が利き，感情の激発は減る．成し遂げたことに誇りをもつ．

viii）遊び

2歳児：積み木を船に見立てて動かすようなことをする．日常行動のまねごと，おもちゃの動物に排泄させたり，人形に食べさせたりする．

3歳児：男の子は機械関係の話への好みを示す．ままごと，ごっこ遊び．物を象徴として使用．1個の積み木はトラックにも鉄砲にもランプにもなる．ほかの子の遊びを観察し，ちょっと参加したり，真似したりする．ごっこあそびを1人でしたり，参加する．愛玩ぬいぐるみをもち続けることがある．

4）幼児期のその他の発育

1歳児：頭囲の成長は緩やかで，半年で1.3 cm増加し，大泉門は1歳半でほぼ閉じる．胸囲は頭囲より大きい．乳歯の萌出が速やかで6～10本生える．だんだん大人の体型に近づくが，まだ頭が大きく，おなかが出ている．夜8時か9時に眠る．眠る前にぬいぐるみや本を要求する．

2歳児：脳の大きさは成人の80％に達する．乳歯が20本生えそろう．夜間睡眠は9～12時間．依然午睡が必要．ベッドに入るのをいやがることがある．眠りに落ちるのに時間がかかることがある．

3歳児：下肢の成長が上肢の成長より速く，大人のプロポーションに近づく．頭囲と胸囲はまだ同じ．頸部の脂肪が減り，首が伸びたようにみえる．睡眠は10～12時間．目覚めは7時から8時．もっと早起きな子もいる．昼寝しないときもある．夢を見始めるようで，夢で目覚めることがある．夢遊行動する場合がある．

4歳児：床で足を交差して座る．

5歳児：頭の大きさは大人並み．乳歯が抜け始める．体型が大人に似ている．1日約1,800カロリーを要する．

m．少年期

児童，学童と称される時期でもある．ほかの動物，たとえばサルでも，学習による行動の発達が必要であるが，特にヒトは生物としての発育に加えて，いわば文化的な発育が要請される．学校への入学や卒業が近代社会の標準となっている．また，文化に応じた性役割の獲得が期待されもする．

1）体重と身長

6歳：体重は年2～3 kg増加し，女児は19～22 kg，男児は17～21 kgになる．体重増加は筋量の増加を反映する．

7歳，8歳児：体重増加は年2～3 kgで，8歳で25～28 kgになる．6歳児の身長は年5～8 cm増加し，110～118 cmになる．7，8歳児の身長増加は年6.3 cmで，女児は115～123 cm，男児は120～130 cmになる．上肢，下肢が伸び，やせ型の体型になる．

2）少年期の成長と発達

上田[15]は，日本版デンバー式発達スクリーニングテストの標準化に寄与した被験児の一部で，学童期に運動能力調査を行い，乳幼児期の発達の遅速が学童期の垂直とびやマッチ棒並べなどの成績と関連していないことを示し，子供時代の運動機能の発達がダイナミックに変化することを述べている．

6歳児：腕や脚の長骨の成長が速まり，ほっそりした体型になる．乳歯が抜け永久歯が生え始める．上顎切歯2本が最初に代生する．5歳臼歯はすでに生えている．

話すことを好む．大人のような会話を交わせる．日に5から10の新しい単語を覚え語彙は10,000から14,000に達する．不快を言葉で表現することが増える．俗語や卑語をまねする．外国語を学べる．

筋力が増大し運動能力が発達する．激しい運動を好む．長い時間1つの作業を続ける．

時間や動きに関する簡単な抽象概念を理解．初歩的な保存量を理解し，形の異なる容器に同量の液体が入っていることがわかる．ファンタジーや魔法を含め信じ続ける．死について理解がめばえ，親の死への恐れを口にする．

気分の大きな変化を経験する．すぐ友達をつくるが長く続かないことがある．大人に承認され褒められることを求める．自己中心性が持続する．うまくできないことに落胆，不満をもつ．間違いを指摘されたり，ゲームに負けたりすることに耐えられない．

倫理的行動や道徳的基準についての理解はほとんどないが，親や教師のいいつけに従って善と悪の区別はつく．雷鳴，闇，知らない騒音，犬などへの恐れが増すことがある．

7歳，8歳児：眼球の形と大きさの変化が継続する．姿勢はより真っ直ぐになる．乳歯の永久歯への生え変わりが継続する．

スポーツなど競争行動に参加を楽しむ．敏捷性，平衡能，調整力，持続性など運動能力がよく発達．7歳児は鉛筆を強く握るが，8歳までに緩やかになる．書いた文字はサイズと形がよりそろってくる．線やページをはみ出すことがある．新しい動作を繰り返し練習する．物を収集し分類する．友人と交換したりして増やす．貨幣の使用や貯蓄にはげむ．
友人や他国の人々の考えや行為に興味をもち始める．計画を立てて行動する．手品に魅せられ，友人や両親の前でやって見せることを楽しむ．日常の出来事を理解するのに，より進んだ論理に従う．時刻をいえ，年月日を正しく判断する．原因と結果の概念を理解する．物語の細部を思い出す．読書を楽しむ．経験したことを詳しく語る．物語をつくって話すことを楽しむ．友人と電話で話すことを好む．

9歳，10歳，11歳：一生を通じて死亡率が最も低い時期である（図29.18）．

n．思春期

少年から成人への過渡期で，少年期後期と青年期前期に位置づけられる．日本では小学生高学年から中学生の時期にあたり，身体の成長が急速に進む．スキャモンの一般型の発育で成長加速（思春期スパート）の生じるときであり，生殖器型の器官が成熟し，生殖機能が働くようになり，初経，精通をみる．陰毛，腋毛，声変わりなどの二次性徴が発現する．

思春期の開始時期，進行速度には性差と個体差がある．一般に女子は男子より思春期の進展が2年早

死亡率

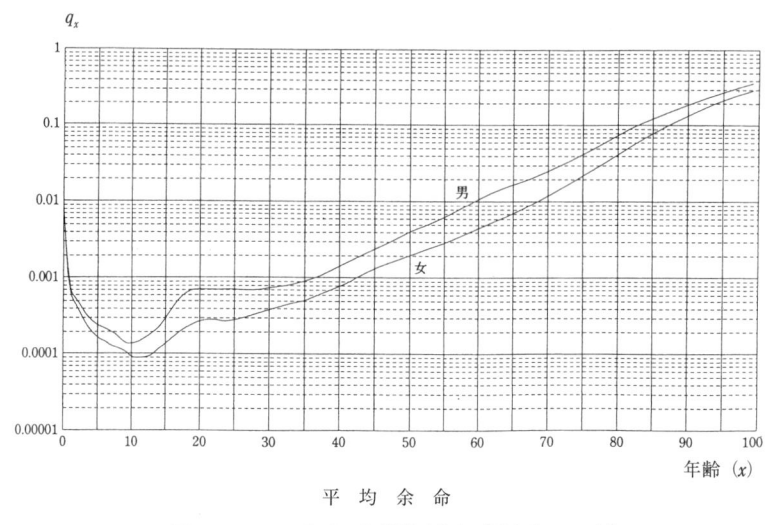

図29.18 1996年度の年齢別死亡率（厚生省, 1998）[7]

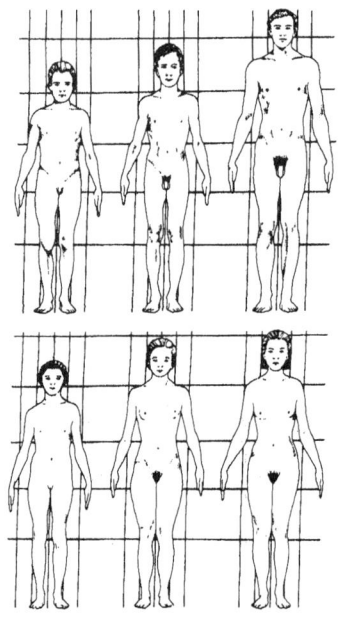

図29.19 14歳9か月の少年3人と12歳9か月の少女3人の思春期発育の個人差（Tanner, 1973）[16]

い．個体差は大きく，思春期の諸問題の基礎を成している（図29.19）．

学校制度との不適合で不登校など問題の起きやすい時期であるが，その背景に急速な成長に伴う体のアンバランスが存在しており，思春期病としてとらえる必要があることを小児科の北島晴夫医師が指摘している[17]．

ホルモンによるコントロール

成長を司どる最も重要なホルモンは脳下垂体が分泌する成長ホルモンである．成長ホルモンは軟骨芽細胞の増殖を刺激し，肝細胞にも作用して，それらの細胞から分泌されるインスリン様成長因子Iまたはソマトメジン C とよばれるペプチドホルモンが骨端の成長を促す．成長ホルモンの分泌は，視床下部の成長ホルモン放出ホルモンと抑制性のソマトスタチンによって調節される．成長ホルモンは3〜4時間おきに間欠的に分泌される．

脳下垂体前葉からの性腺刺激ホルモンにより，卵巣と精巣および副腎から性ホルモンが分泌され，性的発育が進行する．性機能の発達は，思春期成長加速と連携している．女子では成長加速のピーク時期についで初潮を迎える．スパートの開始の早い者は，初潮発現までの差が短い．下垂体の黄体化ホルモンと卵胞刺激ホルモンの分泌は視床下部の黄体化ホルモン放出ホルモンによって支配される．

o. 青年期

身体発育は完成に近づき，社会的発達が要請される時期である．

p. 成　人

法律的,社会的に成人として扱われることになり，

生物学的ならびに精神的な成熟との離齬(そご)がさまざまな社会問題を生じる．

q．発育の時代変化

第二次世界大戦後日本人の体格が向上したことはよく知られているが，1900（明治33）年からの文部省学校保健統計のとられた期間を通して，平均身長，平均体重ともに徐々に増加しており，第二次世界大戦中の低下の後，戦前より大きな増加率で大きくなっている．

成長の時代変化は欧米諸国でも同様に起こった．

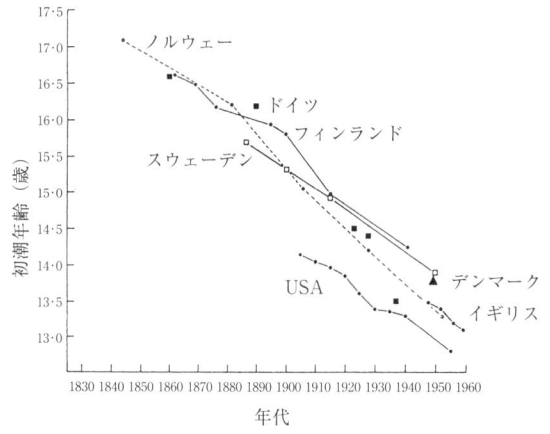

図 29.20 初潮年齢の時代推移（Tanner, 1990）[2]

初潮年齢の低下も工業化先進国に共通してみられる現象である（図29.20）．これらの発育加速現象は栄養，衛生状態の改善によるところが大きいとみられる．

昭和30年代の都道府県別平均身長における都市部と農村部の違いを，乳製品消費量と関連づけた報告がある（表29.1）．発育の時代変化と経済状態の関連を示す例となる．

r．日米混血児の成長

アフリカ系または白人系アメリカ人を父とし，日本人を母とする混血児の発育調査が1951年から神奈川県大磯町のエリザベス・サンダース・ホームと大和町のボーイズ・タウンで続けられた．6歳から15歳まで追跡調査のできた男36名，女21名についての生体計測の結果が報告されている．身長と体重について父親の系統による有意差はみられなかった．ほぼ同時期に育ったアメリカ白人の縦断資料と，日本人についての文部省統計による同年代追跡資料とを用いて比較が行われた．調査した年齢範囲を通して，身長はアメリカ人が日本人より約7cm高かったが，日米混血児は男女とも，6歳で日本人と変わらず，15歳になると日本人とアメリカ人の中間の値を示した．体重は2kgないし6kgアメリカ人が重く，混血児は男児で13歳まで日本人と変わら

表 29.1 身長と経済状態との相関（高橋, 1968）[17]

(a) 都道府県別生徒身長と経済水準との相関係数（昭和34年度）

生徒身長（昭35）	経済水準指標	県民1人当たり基礎収入（昭34）	耐久消費財所有率	
			電気洗濯機（昭34）	テレビ受像機（昭34）
14歳	男	＊＊＊ 0.687	＊＊＊ 0.596	＊＊＊ 0.630
	女	＊＊＊ 0.635	＊＊＊ 0.696	＊＊＊ 0.722
17歳	男	＊＊ 0.388	＊＊＊ 0.521	＊＊＊ 0.573
	女	＊＊＊ 0.527	＊＊＊ 0.479	＊＊＊ 0.589

(b) 都道府県別生徒身長と消費者世帯家族1人当たりの乳卵類消費支出額および消費量との相関係数

生徒身長（昭35）	家族1人当たり	牛乳および乳製品（バターを除く）		鶏卵	
		消費支出額	Ca推定摂取量	消費支出額	摂取個数
14歳	男	＊＊＊ 0.672	＊＊＊ 0.724	＊＊＊ 0.518	＊＊ 0.444
	女	＊＊＊ 0.588	＊＊＊ 0.519	＊＊＊ 0.527	＊＊ 0.402
17歳	男	＊＊ 0.482	＊＊ 0.437	＊＊ 0.431	＊ 0.322
	女	＊＊＊ 0.581	＊＊＊ 0.638	＊＊ 0.444	＊ 0.318

＊ $p < 0.05$, ＊＊ $p < 0.01$, ＊＊＊ $p < 0.001$

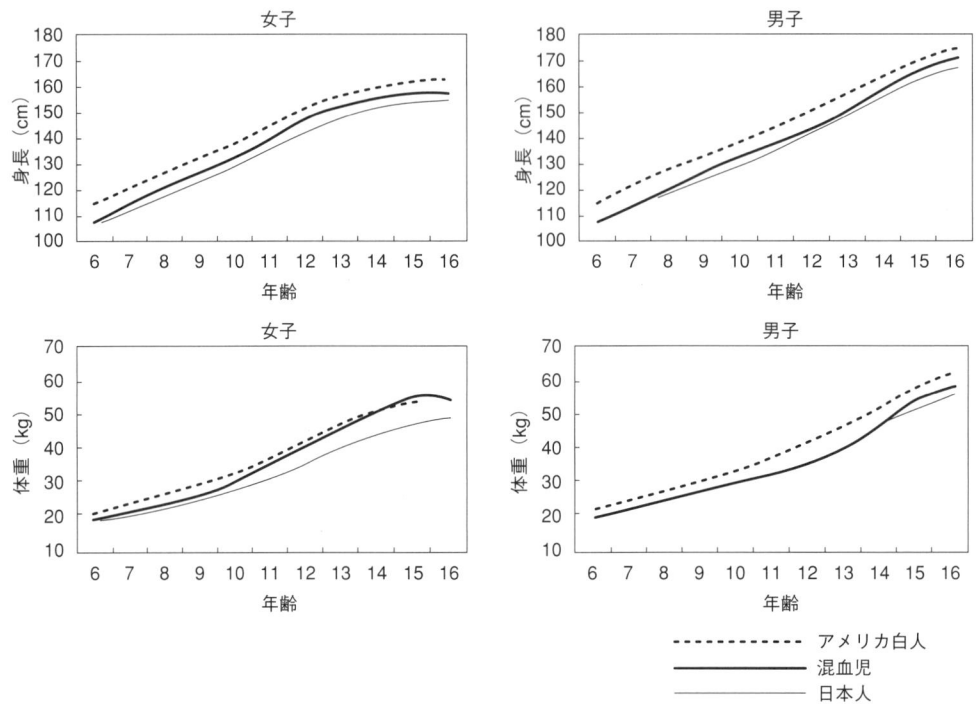

図 29.21 日米混血児と日米児童の身長・体重の成長曲線

ず，15歳で2kg日本人より重くなった．女子は6歳で日本人と変わらないが，15歳でアメリカ人をこえ，日本人より7kg重くなった．筆者らはこの結果を，幼年期の発育は生育環境に大きく影響されるが，思春期を経過する間に，しだいに遺伝的要因が強く現われてくるものと解釈している．同じ被験者の胸囲と座高についても報告されており，親の体型の反映とみられる結果が示されている．

[早弓　惇]

文　献

1) 木村邦彦（1979）人類学講座8　成長，p.309，雄山閣出版．
2) Tanner, J. M. (1990) Foetus into Man : Physical Growth from Conception to Maturity, revised and enlarged edition, p. 280, Harvard University Press.
3) 東郷正美（1998）身体計測による発育学，p.206，東京大学出版会．
4) 文部省（1996）平成7年度学校保健統計調査報告書，p.185，大蔵省印刷局．
5) 増山元三郎（1994）成長の個体差　ヒトの成長直線をめぐって，みすず書房．
6) 武田　正（1997）子供のフォークロア：その異人ぶり，岩田書店．
7) 厚生省大臣官房統計情報部（1998）平成8年簡易生命表，p.49，厚生統計協会．
8) Smith, R. (1999) The Timing of Birth. *Scientific American*, March, 50-57.
9) Allen, K. E. and Marotz, L. (1994) Developmental Profiles : Pre-birth through Eight, p.184, Delmar Publishers Inc.
10) 厚生省児童家庭局母子衛生課監修（1991）乳幼児身体発育値　平成2年乳幼児身体発育調査結果報告書，p.67，母子衛生研究会．
11) アドルフ・ポルトマン（高木正孝訳）（1961）人間はどこまで動物か，岩波新書，岩波書店．
12) ビュニング，E.（古谷雅樹・古谷妙子訳）（1977）生理時計，p.290，学会出版センター．
13) 上田礼子（1983）発達スクリーニングテストの特徴と実用，体力測定と精神測定（小児科Mook29），金原出版．
14) 上田礼子（1983）日本版デンバー式発達スクリーニング検査増補版，p.114，医歯薬出版．
15) 上田礼子（1998）発達のダイナミックスと地域性，p.221，ミネルヴァ書房．
16) Tanner, J. M. (1973) Growing Up, *Scientific American*, **229**, Sept., 35-43.
17) 高橋英次（1968）発育と体力（福田邦三編），日本人の体力，p.278，杏林書院．
18) http://www.hi-ho.ne.jp/haruo-kitajima/adoles.html
19) Suda, A. *et al.* (1965) Longitudinal Observation on the Stature and Body Weight of Japanese American Hybrids from 6 to 15 years of Age. *J. Anthrop. Soc. Nippon*, **73**, 54-63.
20) Suda, A. *et al.* (1968) Longitudinal Observation on the Chest Circumference and Sitting Height of Japanese-American Hybrids from 6 to 15 Years of Age. *J. Anthrop. Soc. Nippon*, **76**, 95-104.

30
日本人の老化

　65歳以上の高齢者が全人口に占める比率が1994年には14％をこえたことで，高齢化社会から高齢社会へと移行した．また1997年には，高齢者の人口が14歳以下の年少人口を初めて上回るなど，わが国のこれまでの歴史上で経験したことのない年齢構造の変動が続いている．この高齢者の比率の上昇は，図30.1の人口ピラミッド[1]でみられるような高齢者の絶対数の増加による高齢化傾向と，男女とも世界第1位の平均寿命が続く寿命そのものの延長（表30.1[2]および図30.2[3]）による長寿化傾向が背景にある．このような高齢化を促進させる要因により，2010年代を待たずに諸外国に先駆けて，高齢者の比率が21％をこえる超高齢社会（図30.3[1]），さらには2020年頃には75歳以上の後期高齢者数がそれ未満の前期高齢者数を上回る超後期高齢社会を経験することになる．

　超高齢あるいは超後期高齢社会のなかにあって，健康的で安全性の高い生活環境を維持してゆくためには，高齢者の生活特性や身体機能に配慮した社会基盤の整備が前提となる．ここでは，身のまわりの生活から就労に至るまでの生活内容全般にわたる年代的な特異性，形態面から運動面や感覚面にまで及ぶ身体機能の変化やその特徴について紹介してゆく．

30.1　老化と生活環境

a．健康と障害
1）健康感

　国民生活基礎調査による年齢階級別の有訴者率と健康意識を図30.4に示す[4]．ただし，健康意識は「あまり良くない」と「良くない」の合計で表示している．有訴者率の全体の平均は30.5％であるが，加齢とともに増加する傾向にあり，65～74歳で

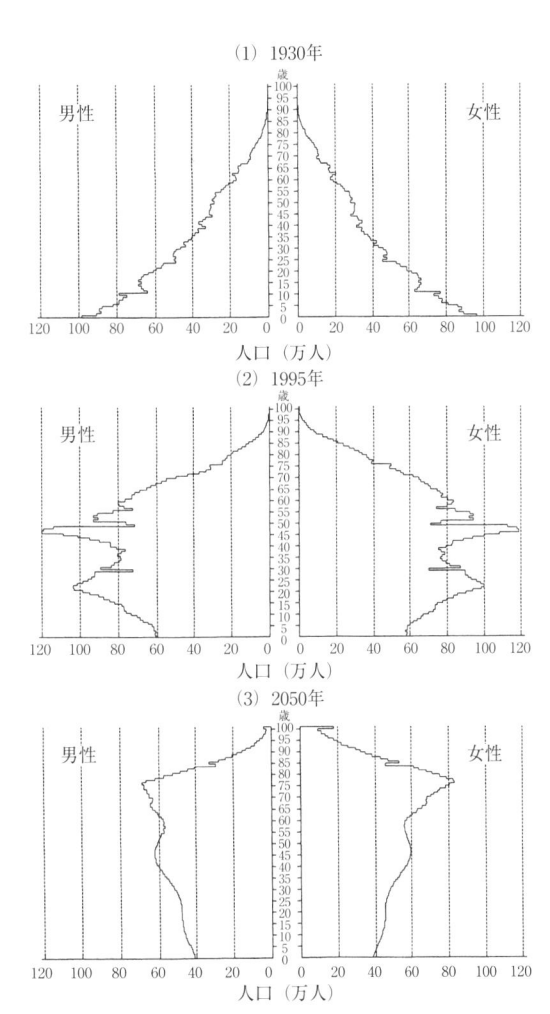

図30.1　人口ピラミッド（1930，1995，2025年）（厚生省人口問題研究所，2000）[1]

50％をこえ，75歳以上の後期高齢者になると60％近くにも達する．健康意識も同様な傾向を示しており，「あまり良くない」あるいは「良くない」とする比率は20歳前後で5％程度であるが，年齢の増加とともに高くなり，85歳以上では28.0％となる．

表 30.1 平均寿命の国際比較(厚生省人口問題研究所, 2000)[1]

	男性	女性	作成期間
日本	77.64	84.62	2000年
アイスランド	77.5	81.4	1998-1999
スウェーデン	77.4	82.0	2000
スイス	76.2	82.3	1997
イギリス	74.7	79.6	1997
フランス	74.6	82.2	1998
ドイツ	73.3	79.7	1994-1996
アメリカ	73.8	79.5	1998

(単位 年)

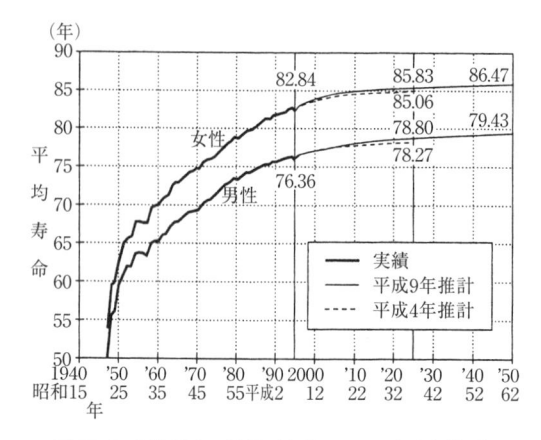

図 30.2 平均寿命の推移（文献3のデータより作図）

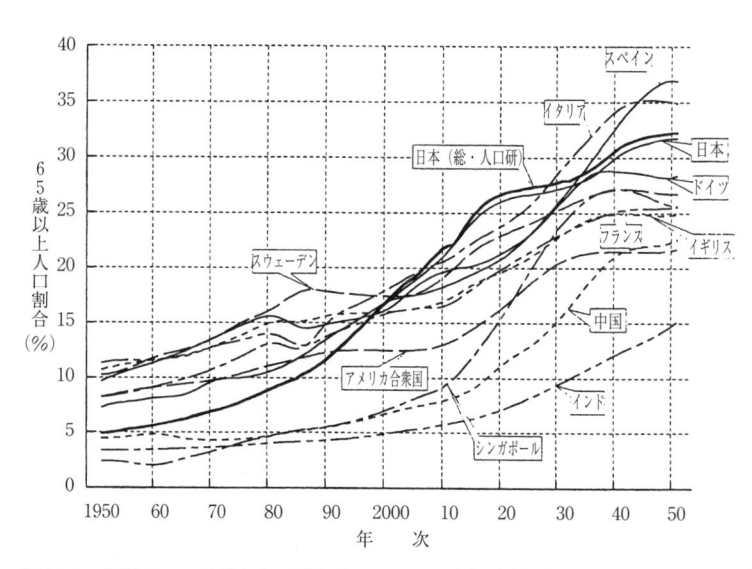

図 30.3 主要国の 65 歳以上人口割合（1950〜2050年）（厚生省人口問題研究所, 2000)[1]

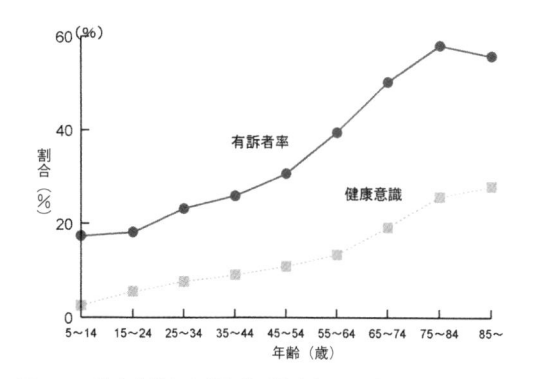

図 30.4 健康意識と有訴者率（健康意識：「あまり良くない」と「良くない」の合計）（文献4のデータより作図）

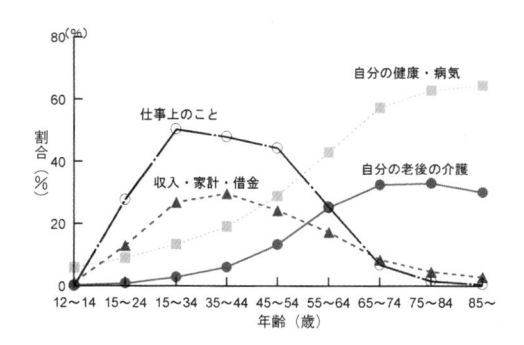

図 30.5 悩みやストレスの原因（文献4のデータより作図）

また，性別では有訴者率，健康意識ともに女性のほうが高い傾向がみられる．

2) 精神的負担感

日常生活において悩みやストレスのある者の割合は，35〜44歳が50.4％で最も高く，65歳以降では各年代とも30％台で推移する．具体的な悩みやストレスの原因について，加齢により特徴的な変化がみられる項目に注目することで，年齢階級別の分布状況を図30.5に示す[4]．これによると，若年者層では「仕事上のこと」や「収入・家計・借金」などが主要な原因となるが，65歳以上ではこれらの原因は数％程度にまで低下する．これに代わって，高齢者層では「自分の健康・病気」や「自分の老後の介護」が悩みやストレスの原因として高い比率を示すようになり，とりわけ75〜84歳ではそれぞれ62.9％，33.0％にまで増加する．

3) 自立活動への支障

某市在住の65歳以上（1,405名）の高齢者について，視聴覚，会話や記憶，あるいは動作や行動面などの，自立活動に支障を有する者の頻度を，男女別に前期高齢者群と後期高齢者群に分類することで表30.2に示す[5]．わずかに女性の視力で統計的な差が検出されないほかは，すべての項目にわたり後期高齢者群の機能や自立度は，前期高齢者群に比較して低下の大きいことがわかる．また性別では，女性のほうが視力と移動力での低下が大きい．

4) 骨粗鬆症の発生率

高齢者の転倒は，骨折などの重大事故を招来させやすい．これは図30.6にみられるように，加齢に伴う骨粗鬆症の発症率の増加が主要因の一つとなる[6]．とりわけ，骨粗鬆症患者の4人に3人までが女性といわれるように，50歳をこえる頃からの女性の発症率は高くなり，80歳以上では70％近くにも達する．この原因は，閉経により女性ホルモン（エストロゲン）のバランスが崩れるために，カルシウムが骨から抜けやすくなるためとされている．

表30.2 自立活動に支障を有する者の頻度（単位・％）（中西ら，1997）[5]

		総数	男	女	有意水準[#1)]
視力	65〜74歳	32.8	24.8	38.7	***
	75歳以上	40.8	33.7	44.8	*
	全年齢	35.8	27.9	41.2	***
	有意水準[#2)]	**	*		
聴力	65〜74歳	12.6	15.2	10.7	
	75歳以上	29.5	30.1	29.3	
	全年齢	19.1	20.4	18.2	
	有意水準[#2)]	***	***	***	
会話	65〜74歳	4.8	6.4	3.7	
	75歳以上	14.0	16.6	12.5	
	全年齢	8.3	9.9	7.2	
	有意水準[#2)]	***	***	***	
記憶力	65〜74歳	18.5	17.5	19.3	
	75歳以上	41.8	43.0	41.1	
	全年齢	27.4	26.4	28.1	
	有意水準[#2)]	***	***	***	
移動力	65〜74歳	19.2	15.0	22.4	**
	75歳以上	47.3	42.5	50.0	
	全年齢	30.0	24.5	33.6	***
	有意水準[#2)]	***	***	***	
身のまわりの動作	65〜74歳	3.8	4.2	3.5	
	75歳以上	13.8	14.9	13.1	
	全年齢	7.6	7.9	7.4	
	有意水準[#2)]	***	***	***	
排泄（尿）	65〜74歳	3.9	3.8	4.0	
	75歳以上	19.1	20.9	18.1	
	全年齢	9.8	9.8	9.8	
	有意水準[#2)]	***	***	***	
排泄（便）	65〜74歳	3.7	4.6	3.0	
	75歳以上	13.6	16.3	12.0	
	全年齢	7.5	8.7	6.7	
	有意水準[#2)]	***	***	***	
問題行動	65〜74歳	3.0	3.9	2.4	
	75歳以上	9.6	12.4	8.0	
	全年齢	5.6	6.8	4.7	
	有意水準[#2)]	***	***	***	

[#1)]：同一年齢階級間における男女間の頻度の差の検定（χ^2testによる）
[#2)]：各性における年齢階級間における頻度の差の検定（χ^2testによる）
[#1)], [#2)]とも：$p<0.05$ ** $p<0.01$ *** $p<0.001$

b. 身のまわりの使いにくさ

1) 困難を感ずることがら

最近でこそ，高齢者に優しい○○製品や○○環境などというキャッチフレーズの広告をよく見かけるようになったが，その実態はまだ乏しい状況にある．社会施設や交通機関の利用に当たって，高齢者がど

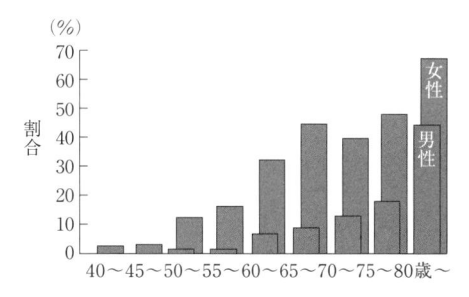

図30.6 骨粗鬆症の発生率[6]

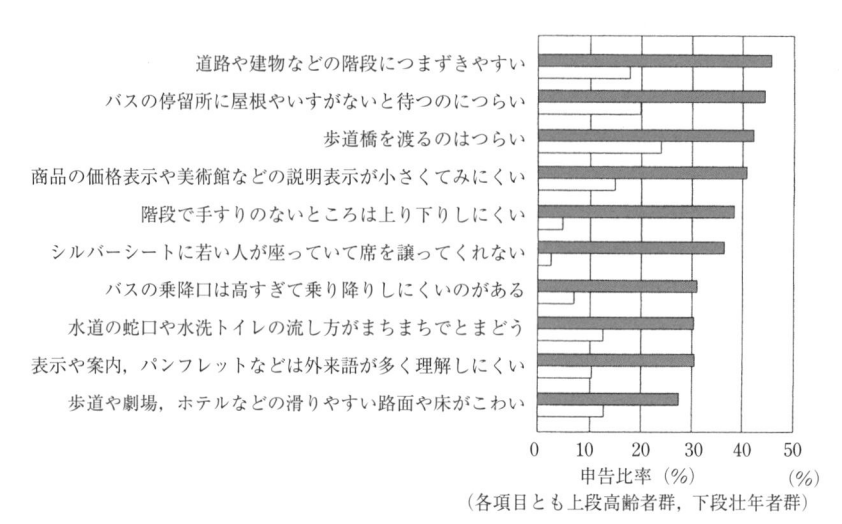

図30.7 最近困難に感じられるようになったこと（商品科学研究所，1992）[7]

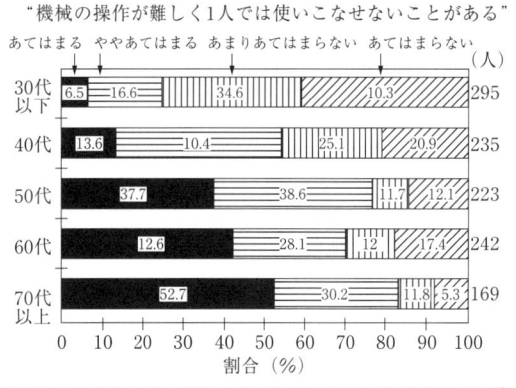

図30.8 日常生活に必要な機器類の不便さ（通産省，1997）[8]

のような制限や不都合を感じているかについて調査したアンケート報告のなかから，最近困難になったことがらを高齢者群と40歳代の壮年者群に大別すると，図30.7のようになる[7]．高齢者群が困難を感じる度合は，すべての項目において壮年者群を上回る．具体的には，体のバランスをとる体位平衡保持機能，下肢筋力の関与などを必要とする抗重力動作，多くの情報のなかから必要とする情報をすばやく選別する瞬時判断能力の含まれる動作などにおいて，多くの困難を感じているようである．

2) 生活機器の不便さ

家電製品などのモデルチェンジの周期は非常に短く，またこれまでは多機能型製品への設計思想が根強かったが，ようやく単機能型製品の良さも注目されるようになってきた．ただし，図30.8が示すように[8]，"機器の操作が難しく1人では使いこなせないことがある"ことに「あてはまる」とする割合は，70歳以上では過半数がこれに該当しており，「ややあてはまる」までを含めると40歳代でも50％をこえるなど，依然として高齢者はもとより壮年者にとっても使いにくい製品が多い．

3) 情報通信機器への要望

現在の高齢者はパソコンを使用した作業経験が乏しい年代に相当しており，電話をこえるような情報通信機器の取り扱いは苦手であるとされている．しかし，パソコンを使わなくても，電話やファックスでインターネットに接続し，必要な情報を取り出すシステムも整備され始めてきた．図30.9の高齢者向け情報通信機器への要望によれば[9]，音声による操作ガイダンスや画面上の絵や文字の拡大などのソフトウェア的な要望とともに，60歳代以上の一般高齢者では，操作ボタンの大きさや数などにかかわるハードウェア的な要素に対する要望も少なくない．

4) 作る側と使う側の隔たり

日常生活に不可欠な消費生活用製品について，生産者側には企画・設計段階での重視点を，高齢消費者側には購入時の目安について質問した調査結果を図30.10に示す[10]．生産者，高齢消費者の双方ともに，価格，安全性および品質の重要性については，ほぼ意見の一致をみている．しかし，これに続き重要とした項目は，生産者がデザインのあり方である

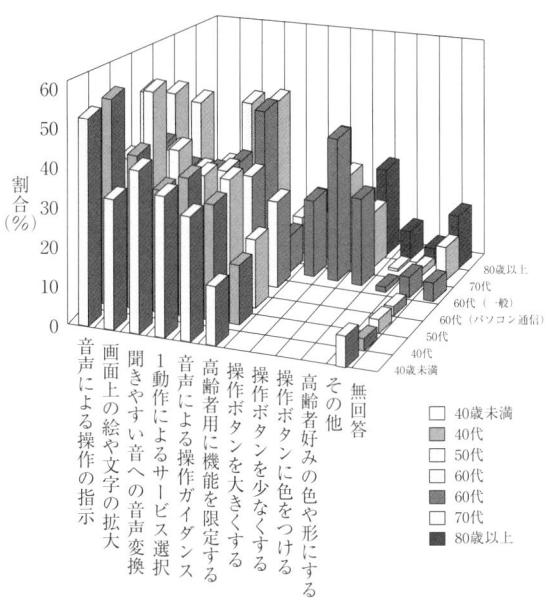

図 30.9 高齢者向け通信機器への要望（郵政省，1996）[9]

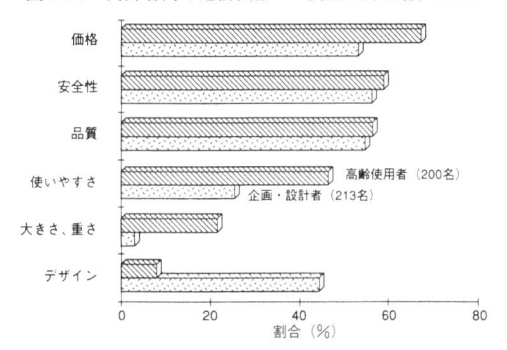

図 30.10 消費生活用製品の購入時の目安と企画・設計時の重視点（文献 10 のデータより作図）

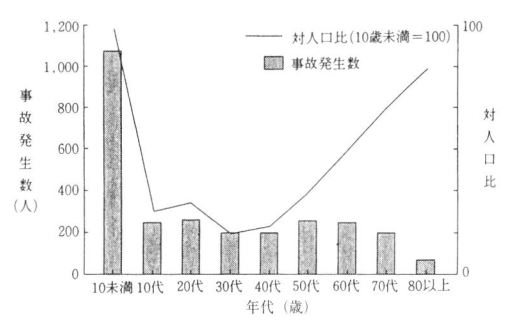

図 30.11 転落・転倒事故の発生件数と発生比率（高橋ら，1986）[11]

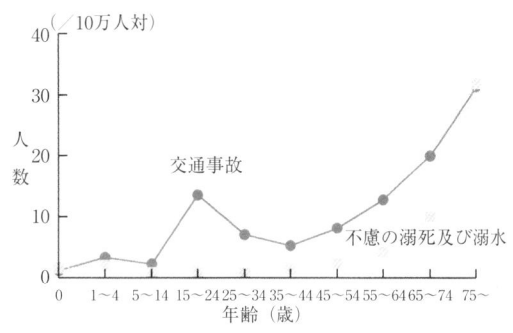

図 30.12 自動車交通事故・不慮の溺死の死亡率（文献 12 のデータより作図）

のに対して，高齢消費者は製品の使いやすさを掲げている．このように，製品に対する考え方には双方の間にギャップが生じており，これを解消するための相互の情報交換や理解のすりあわせが大切となる．

c. 事　故

1) 転倒・転落事故

次節で紹介している老化に伴う身体機能の低下などにより，高齢者では環境への適応能力がしだいにせばまり，さまざまな事故に遭遇する機会はこれらの年代層ほど多くなる．その一例として，国民生活センター危害情報室によせられた転倒・転落事故の報告事例をもとに，年齢階級別の事故発生件数と各年代の人口当たりの事故発生比率を図 30.11 に示す[11]．事故発生件数（棒グラフ）では，10 歳未満が著しく多く，10 歳代以降においては発生件数の差が比較的少ない．これに対して，人口当たりの事故発生比率（折れ線グラフ）では，10 歳未満とともに高齢方向へ進むに従い比率の増加が顕著となり，80 歳以上では 30 歳代の 5 倍程度となる．

2) 屋内外での死亡事故

年齢階級別による自動車交通事故と不慮の溺死の死亡率を図 30.12 に示す[12]．ただし，交通事故による死亡統計の出典は厚生省の人口動態統計であるために，「発生の場所の如何を問わず自動車等（原付を含む）が関与した交通事故により 1 年以内に死亡した者（後遺症による死亡は除く）」を定義としており，警察庁の交通事故統計「道路交通法第 2 条第 1 項第 1 号に規定する道路上において車両等及び列車の交通によって発生した事故で，24 時間以内に死亡した者」とはその概念が若干異なる．これによると，15～24 歳の期間を除き，自動車交通事故死は 65～74 歳を境に急激な増加を示している．この年代を境とした事故の特徴は，不慮の溺死におい

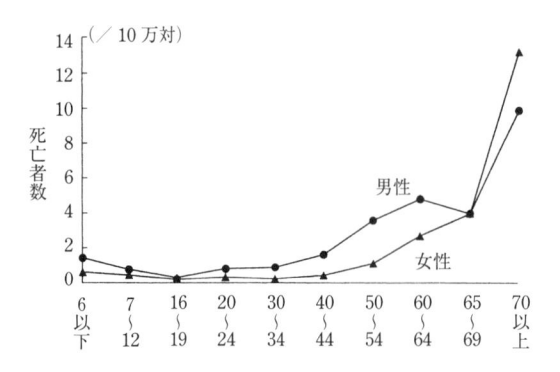

図30.13 歩行者の年齢層別死亡者数（交通事故総合分析センター，1995）[13]

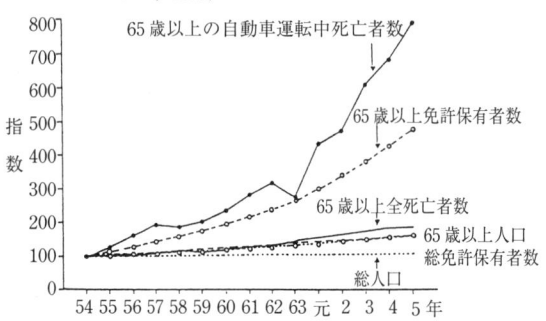

図30.14 65歳以上の人口，運転免許保有者数および交通事故死傷者数の推移（松本，1994）[14]

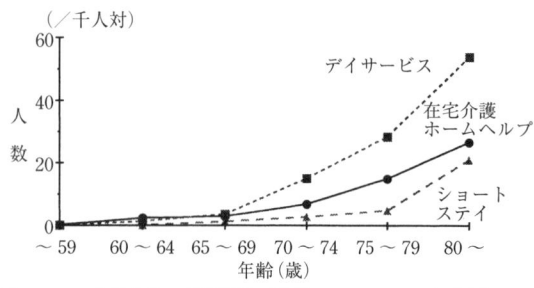

図30.15 各種施設の利用者数（文献15のデータより作図）

て一層顕在化する傾向にあり，75歳以上の後期高齢者による不慮の溺死は前期高齢者の3倍以上にも達する．

3） 歩行者の死亡者数

高齢歩行者は自宅近くでの死亡事故が多く，とりわけ自宅から半径100 m以内での死亡が半数をこえるという．図30.13は，人口10万人当たりの歩行者の年齢階級別による死亡者数を示している[13]．男性は50〜54歳以降，女性では60〜64歳以降での死亡者数の増加がうかがえる．特に，70歳以降での死亡者数が著しく高く，この傾向は女性に顕著である．

4） 運転者の死亡者数

一方，第1当事者となる自動車運転中の事故については，どのような特徴がみられるのであろうか．図30.14は65歳以上の人口，運転免許保有者数および交通事故死亡者数の年次推移を表している[14]．高齢者の運転免許保有者数（1993年末現在約400万人）は毎年増加しており，その傾向は高齢者人口の増加を上回るという．しかし，高齢者の自動車運転中の死亡者数はこの運転免許保有者数をさらに上回っており，同年の死亡者数は10年前（1983年）に比較して4倍にも達している．

d. 生活支援

1） 在宅医療・福祉関連サービス

かなりの高齢に到達してからでも，心身ともに自立した生活を継続することが望まれる．しかし，介護を必要とする高齢者の数は確実に増加の一途をたどっており，2010年での要介護高齢者（65歳以上の寝たきり老人＋要介護痴呆老人＋虚弱老人）は390万人と推定されており，1993年に比較して2倍近い増加となる．このため，在宅での自立持続あるいは施設介護に向けたさまざまな方策や環境整備が進められている．図30.15は福祉関連サービスのなかから，在宅介護・ホームヘルプサービス，デイサービス，およびショートステイサービスについて，年齢階級別の利用者数をまとめた結果である[15]．それぞれのサービスとも年齢が高くなるに従い利用者数も増加してゆくが，各年代ともデイ，ホームヘルプ，ショートステイの順で利用者数は多くなり，80歳以上では人口千人当たりの利用者数はそれぞれ53.9人，26.6人，20.9人となる．また，身体機能の低下が一層顕在化しやすい80歳以上においては施設に一定期間滞在するショートステイサービスの利用率が75〜79歳に比較して4倍以上にもなる．

2） 福祉機器の活用

全国の特別養護老人ホーム（回答施設2,973件，有効回答率50.76％）を対象とした身体負担の強い動作に対する介護機器の活用状況に関する調査では，使うと時間がかかりすぎることや使いたいが適当な機器がないなどの理由から，導入されていない割合が半数をこえている．このなかから，使用され

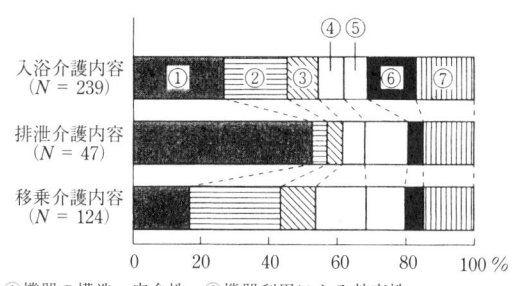

図 30.16 介護内容別による機器の問題点（徳田ら，1997）[16]

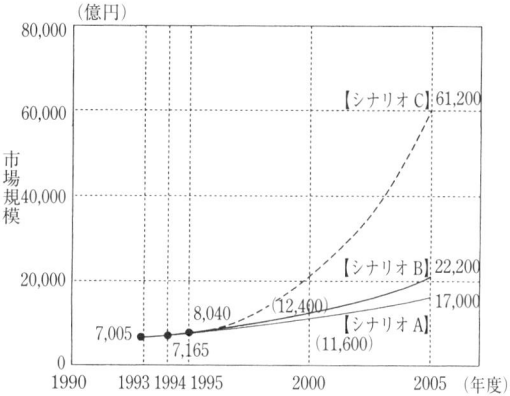

①機器の構造・安全性，②機器利用による効率性，
③機器の操作性，④機器の所要空間，⑤導入目的との整合性，
⑥介護者の負担感，⑦機器と要介護者の親和性

図 30.17 福祉機器の市場規模の将来予測（通産省，1997）[17]

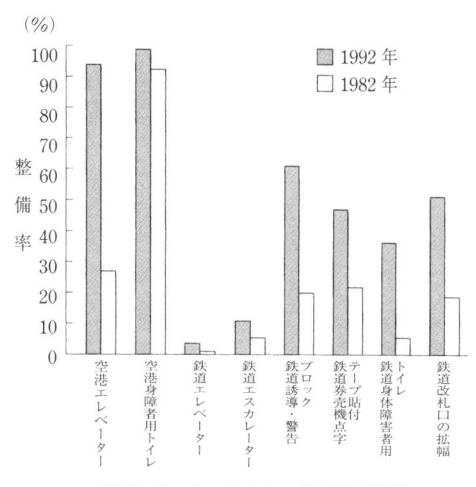

図 30.18 ターミナルの障害者対策[18]

ている介護機器に限定して，機器の問題点をまとめると，図30.16のようになる[16]．排泄介護では機器の構造・安全性についての指摘が半数をこえており，入浴介護は介護者の負担感が，移乗介護では機器利用による効率性の悪さが，それぞれ高い比率を示す．また，各介護内容ともに，機器と要介護者間における不安感や不快感などの親和性にかかわる指摘の多い点にはもっと注目してよい．

3）福祉機器の市場規模

このように，使用者側の立場に立脚した福祉機器の普及は，いまだに不十分な状況にあるといえるが，福祉機器の市場規模は年々増大する方向にある．図30.17は，これまでの数年間の実績値をもとに，福祉機器産業の市場規模を3つのシナリオに基づき予測した結果を示している[17]．図中のシナリオA（利用者を性別に分類し，1人当たりの年間購入金額から推計）とシナリオB（福祉機器の品目ごとの伸びを合わせて推計）は，現在のトレンドを延長して推計しており，シナリオCは福祉機器の社会的な認知度や受容性が向上し，利用形態が大幅に拡大することを前提とした提案である．これによると，超高齢社会の入口にさしかかる2005年での市場規模は，シナリオAやBであっても2兆円前後と，1995年時点の2倍以上の成長が見込まれており，冷蔵庫やエアコンなどの民生用電機産業の3兆円規模（1995年現在）にまで接近する勢いである．

4）公共移動空間での対策

鉄道駅舎などの公共交通ターミナルについては，運輸省によりエレベータやエスカレータなどの垂直移動施設の充実を柱としたガイドラインが策定されている（1993年に改訂）．その後，1994年にハートビル法（高齢者，身体障害者等が円滑に利用できる特定建築物の建築の促進に関する法律），2000年には交通バリアフリー法（高齢者，身体障害者等の公共交通機関を利用した移動の円滑化の促進に関する法律）が，相次いで施行されている．図30.18には，社会的弱者ともいえる高齢者や障害者が空港および鉄道施設を利用する場合の対策を，1982年とそれから10年経過後の整備状況について比較した結果である[18]．空港内の身障者用トイレは1982年の時点でもかなり高い整備率にあるが，これを除く対策はすべて30％以下にとどまる．1992年には空港のエレベータや，鉄道の誘導・警告ブロックおよび改札口の拡張などで50％をこえたのに対して，鉄道でのエレベータやエスカレータの整備率は依然として低い状況にあった．しかし，近年の，ハートビル

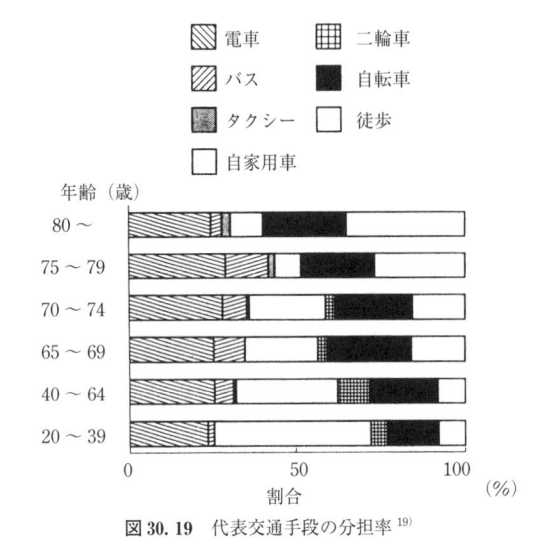

図 30.19 代表交通手段の分担率[19]

法や交通バリアフリー法の施行以降は整備率に改善がみられている．

5） 移動交通手段

身体機能の低下は日常生活圏をせばめる方向にある．年齢階級別による移動交通手段の分担率を図30.19に示す[19]．これによると，加齢とともに自動車の分担率が減少し，代わって75～79歳ではバスと徒歩による分担率が増加しており，80歳以上では徒歩の分担率が全体の1/3をこえる．ただし，前述したように高齢運転者数の急激な増加は，将来の高齢者層での分担率に大きな影響を与えるものと推察される．また，65歳以上では自転車による分担率が各年代層とも20％を上回っており，高齢者にとっては自転車が主要な交通手段の一つであることがうかがえる．一方，高齢者では自転車の走行中による事故が多いことも指摘されている．

e. 就　労

1） 労働力

わが国では60歳定年年齢が2001年で90.6％と一律定年制がしだいに定着しつつあるが，アメリカでは，「仕事をこなすのに必要な具体的な能力というものは，高齢者の身体能力を下回っている」という報告を受けて，年齢差別禁止法（採用，給与，昇進，配転，その他雇用のあらゆる面における意思決定を，年齢に基づいてはならない．本人の能力に基づいてなされなければならない）が1967年に制定され，さらに定年撤廃へと進んでいる．図30.20は主要国の年齢階級別による労働力率を示す．男性でみる限り，60～64歳の日本の労働力率は80％と他国に比較して著しく高く，アメリカを30ポイント近くも上回る[1]．一方，女性の労働力率は全般的に低く，とりわけ20代後半から30代にかけての育児期に相当する期間での低下が顕著である．

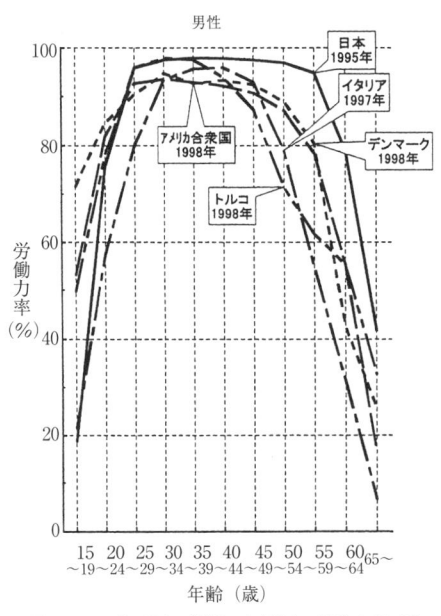

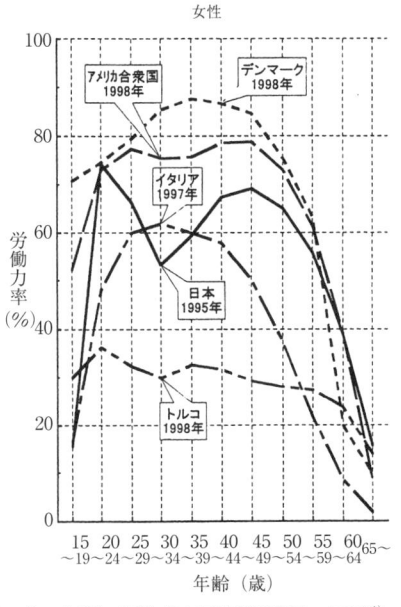

図 30.20　主要国の性別，年齢別の労働力率（左：男性，右：女性）（厚生省人口問題研究所，2000）[1]

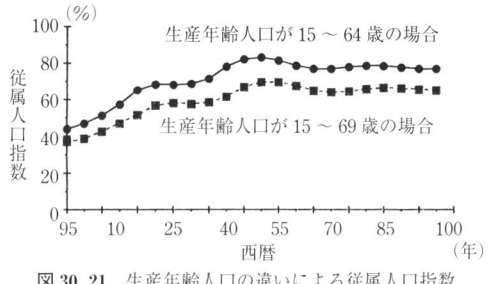

図 30.21 生産年齢人口の違いによる従属人口指数
（文献 3 のデータをもとに作図）

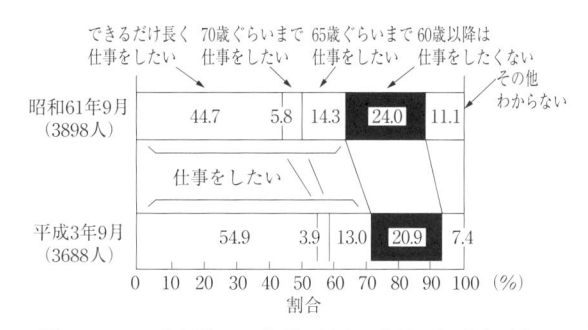

図 30.22 60 歳以降での仕事に対する意欲（経済企画庁, 1994）[20]

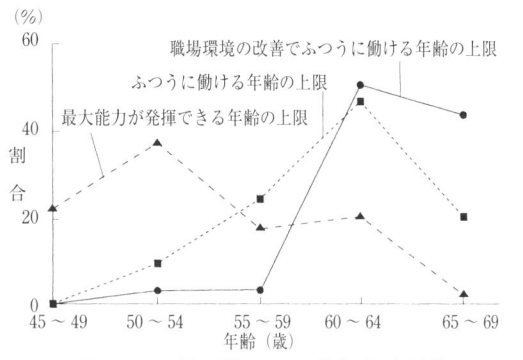

図 30.23 職場環境における能力発揮年齢 [21]

2）従属人口指数

この労働力率の構造がこのまま継続すると，高齢者数の急激な増加による従属人口指数の上昇が危惧される．そこで，従来までの生産年齢人口とされていた 15～64 歳までを，15～69 歳に変更することによる従属人口指数を比較してみた．図 30.21 に示すように，高齢側を 5 歳延長することにより，従属人口指数は 15～64 歳の場合に比較して 2000 年で 8.1 %，2040 年には 16.6 %にまで低下する．また，最も従属人口指数が高くなると予想されている 2050 年では，15～64 歳の場合が 83.0 %（働き手 1.20 人で子供あるいは老人を 1 人を扶養）であるのに対して，15～69 歳にすると 69.5 %（1.44 人の働き手で 1 人を扶養）にまでの軽減が図られる．

3）働き手の意欲

図 30.20 では 60～64 歳での労働力率は男性が 80 %と高く，女性でも 40 %程度の比率を示していた．そこで，「あなたは 60 歳以降，仕事をしたいと思いますか」という質問に対する昭和 61 年と平成 3 年の調査結果を図 30.22 に示した [20]．「できるだけ長く仕事をしたい」とする比率が両調査時期とも半数前後と最も多く，これに「70 歳ぐらいまで仕事をしたい」と「65 歳ぐらいまで仕事をしたい」を加えると，昭和 61 年の調査が 64.8 %，平成 3 年の調査ではこれより 7 %も増加している．ただし，一方では，「60 歳以降は仕事をしたくない」とする割合が，両調査とも 20 %をこえている事実には注目すべきであろう．

4）能力発揮年齢

45 歳から 67 歳までの製造業従事者などを調査対象として，最も能力が発揮できる年齢の上限，普通に働くことのできる年齢の上限，職場環境の改善などによりふつうに働くことのできる年齢の上限を図 30.23 に示す [21]．ここでいう職場環境の改善とは，機器や設備面での技術的な支援，中高年齢者向けの技術習得システム，温熱，騒音および照明などの作業環境，仕事や勤務時間の分担調整などを指している．最も能力の発揮できる上限は，50～54 歳をピークに加齢とともに漸減傾向を示し，65～69 歳では皆無となる．これに対して，ふつうに働くことのできる年齢や就労環境の改善によりふつうに働くことのできる年齢の上限は，これより高齢側へ 10 歳から 15 歳程度ずれたところにピークがある．特に，就労環境に配慮した職場であれば，65～69 歳に至っても半数近い者がふつうに働くことができると考えられる．ただし，回答者が高齢になるほど，それぞれの回答のピークは右方向へ移行しやすい傾向を有する点には留意する必要がある．

30.2 老化と身体機能

a. 骨・神経・筋

1）骨

前節でも紹介したように，高齢者，とりわけ女性

での骨粗鬆症の発生率は高い．図30.24は，女性の年齢階級別による腰椎骨密度を示している[22]．40歳代後半までの骨密度は1.0 g/cm^{2}と安定した推移を示すが，閉経期前後を境にして骨密度の減少がよく認められている．また，加齢に伴い骨の表面をおおっている関節軟骨などが摩耗し，ついには軟骨の下にある骨が露出することで，関節の辺縁に骨棘が形成される変形性関節症へと進行する．

2) 神　経

すべての動物は加齢に伴い末梢神経線維数が減少するとされている．しかし，線維径の違いにより減少の程度には差がみられる．すなわち，細い線維は比較的よく保たれる傾向にあるのに対して，図30.25の坐骨神経の年代変化が示すように，5 μm以上の大径有髄神経線維の減少は著しく，70歳代の高齢者では若年者の半分程度にまで減少する[23]．一般に，末梢神経伝導速度は神経線維の直径にほぼ比例して速くなるとされていることから，高齢者での太い線維の変性は伝導速度を低下させる原因の一つとなる．

3) 筋

超音波による筋厚の測定結果を図30.26に示す[24]．一般に筋厚は筋の断面積と高い相関があり，また筋の断面積は筋の発揮張力に比例するとされている．加齢とともに身体各部の筋量は減少傾向を呈するが，特に，上腕三頭筋，腹直筋，大腿四頭筋の筋量の減少傾向が著しく，70歳代のこれらの筋量は30歳代に比較して半分近くとなる．このように，筋量は加齢により一律に低下するものではなく，身体の移動や昇降動作での主動筋として関与する筋群の減少傾向が大きいことから，加齢に伴う身体活動

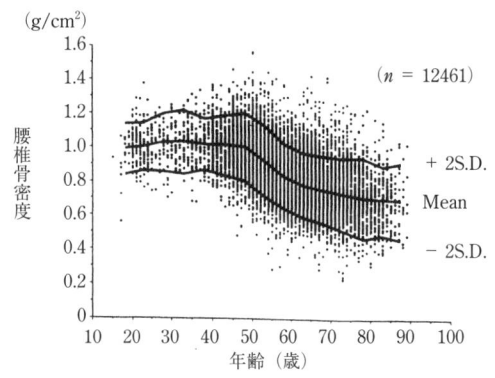

図30.24 腰椎骨密度（女性）（折茂，1995）[22]

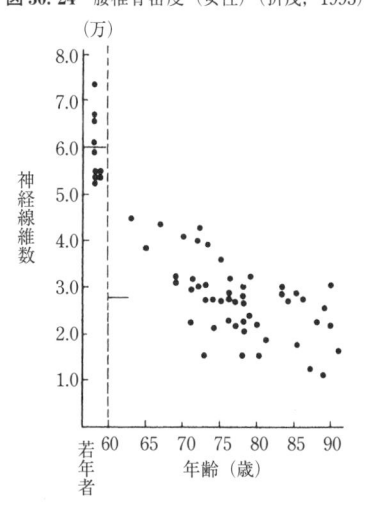

図30.25 坐骨神経における5μm以上の大径有髄神経線維数（高橋ら，1962）[23]

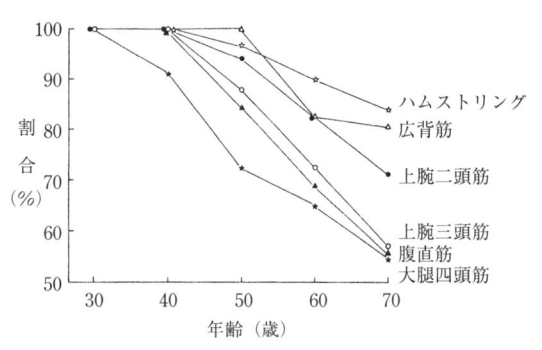

図30.26 各身体部位の筋群の筋量（船渡ら，1995）[24]

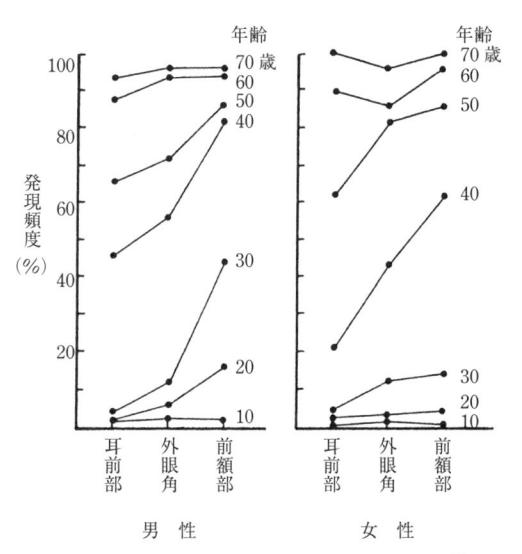

図30.27 顔面の皺の発現頻度（上野，1959）[25]

の減少がこれらの筋の低下速度を一層増加させると推察されている.

b. 形　態
1) 皺やしみ

形態面での老化度を表す指標の一つに，顔面の皺の程度より推定することがある．図 30.27 は耳前部，外眼角（カラスの足跡），前額部での皺の発現度を示している[25]．顔面部位の違いや性別によりその状況は異なるが，60 歳を過ぎるあたりから各部位での発現頻度は男女ともおよそ 90 ％をこえる．俗に老人のしみといわれる老人性色素斑も，加齢に伴い増加する．たとえば，頭顔部では男女とも 40 歳代においてすでに半数以上にみられ，50 歳代では 90 ％程度が，また 60 歳以上では 100 ％近くの発現となる．

2) 喪失歯数

厚生労働省が提唱する 80 歳になっても自分の歯を 20 本以上保とうという「8020 運動」からも指摘されているように，歯の悪いことで食欲が減退し，健康までも損ねてしまうことも稀ではない．某特別養護老人ホームでは，ベッドからの離床と自立促進には体力が必要であり，それには食欲を増進させるための歯の治療が大切であるとの立場から，入居者には定期的な歯の治療を義務づけている．歯の喪失は加齢とともに増加しており，図 30.28 の平均喪失歯数が示すように[26]，60 歳ですでに全歯牙の半数以上が失われている．性別では，女性の喪失歯数が多い傾向にある．

3) 姿　勢

高齢者では自然立位と直立位での身長差が大きい．この差は，自然立位姿勢における脊椎の前屈と下肢関節の屈曲傾向などが原因している．立位安楽姿勢による脊柱曲線の年代別平均値は，図 30.29 のように描かれる[27]．これによると，20 歳代で最も均整のとれた状態にあり，以降は加齢とともに胸椎後湾部の増大とその範囲が広がり，これが頸椎前湾の増加や腰椎前湾の減少を代償し，バランスの維持が図られるという．また，性別では男性が 50 歳代

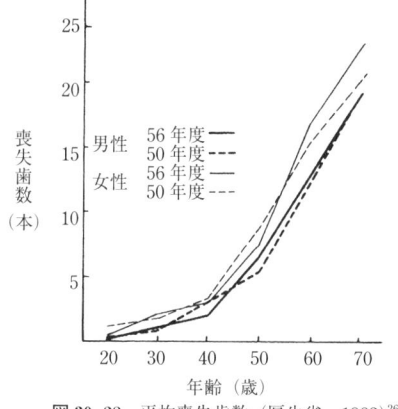

図 30.28 平均喪失歯数（厚生省，1982）[26]

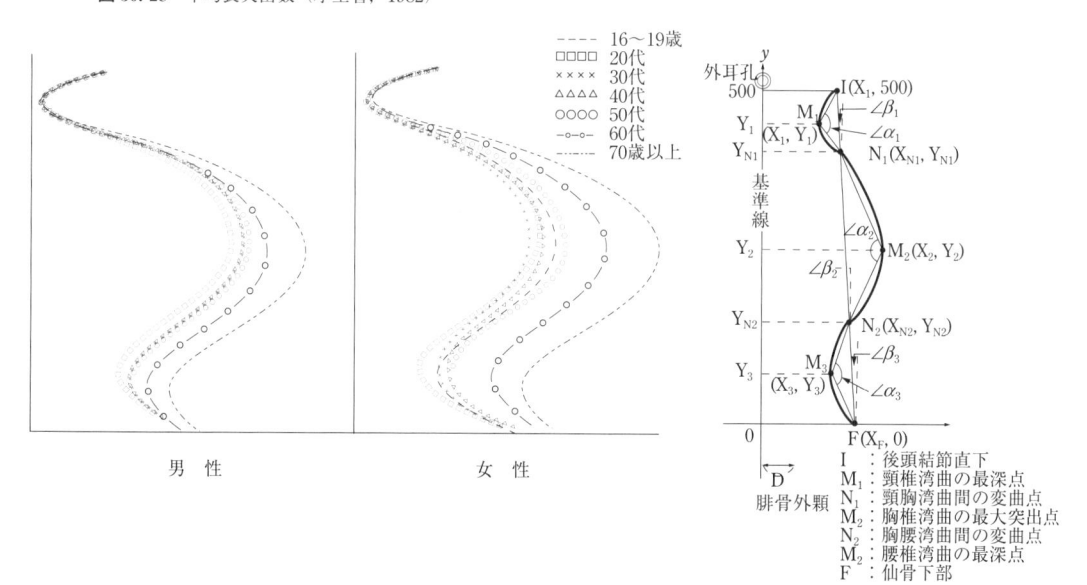

図 30.29 脊柱曲線の平均値（鈴木，1978）[27]

I : 後頭結節直下
M_1 : 頸椎湾曲の最深点
N_1 : 頸胸湾曲間の変曲点
M_2 : 胸椎湾曲の最大突出点
N_2 : 胸腰湾曲間の変曲点
M_3 : 腰椎湾曲の最深点
F : 仙骨下部

(a) 身長 (b) 体重

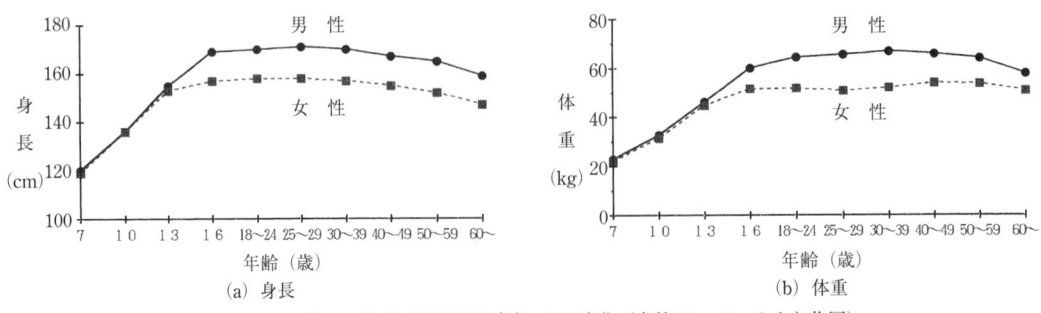

図 30.30 身長，体重の横断面的手法による変化（文献 28 のデータより作図）

表 30.3 身長，体重の縦断面的手法による変化（徳田，1993）[29]

項　目	年齢（歳）	男性（$n = 22$）				女性（$n = 38$）			
		平均	標準偏差	t 値	有意水準	平均	標準偏差	t 値	有意水準
身長（mm）	70	1605	58			1501	62		
	75	1590	59	4.47	0.000	1478	60	9.34	0.000
	80	1572	63	6.84	0.000	1459	59	11.41	0.000
	85	1568	63	2.33	0.030	1443	56	7.36	0.000
体重（kg）	70	53.1	8.1			47.2	6.3		
	75	52.2	8.6	1.26	0.221	46.8	6.7	1.08	0.289
	80	51.5	8.6	0.94	0.358	45.9	6.1	2.06	0.047
	85	50.0	8.7	2.46	0.028	43.0	6.6	6.07	0.000

から変化するのに対して，女性ではすでに 30 歳代から変化が始まる．

c. 体　格

1） 横断面的手法による身長および体重

年齢階級別の身長の変化を図 30.30（a）に，体重の変化を図 30.30（b）に示す[28]．直立位での身長は男女とも 25～29 歳でピークをとり，以降は漸減傾向を呈して，60 歳代では男性が 159 cm，女性が 147 cm と，25～29 歳に比較してそれぞれ 6.6 %（ピーク値からのおよそ年間低下率：0.17 %/年），6.8 %（0.18 %/年）の減少率となる．体重のピークは男性が 30～39 歳，女性が 40～49 歳と身長よりも高齢側へ移行しており，60 歳代での減少率はピーク値に比較して男性が 13.5 %（0.45 %/年）であるのに対して，女性は 5.9 %（0.30 %/年）にとどまる．ただし，ここでの年代間の差には，これまで経験してきた栄養状態や生活様式など生活履歴の違いが含まれていることに留意する必要がある．

2） 縦断面的手法による身長および体重

そこで，当時 69～71 歳であった高齢者を，5 年間隔で 15 年間にわたり連続追跡した縦断面的な調査結果を表 30.3 に示す[29]．身長の低下率は男性，女性の順で 0.15 %（2.5 mm）/年，0.26 %（3.9 mm）/年，体重はそれぞれ 0.39 %（207 g）/年，0.59 %（280 g）/年と，女性の低下率のほうが身長，体重とも大きい．しかしながら，ここでの調査手法は，対象者が指定された場所に出向く集団健康診断の方式が採用されており，身体機能の比較的高い者に限定された経年変化といえよう．

この特徴は，前表での 70 歳を基準とした 85 歳時

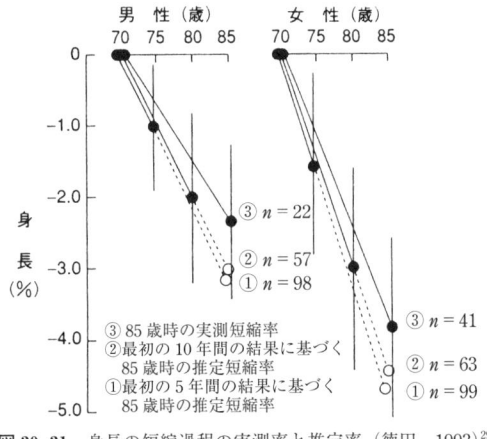

図 30.31 身長の短縮過程の実測率と推定率（徳田，1993）[29]

③ 85 歳時の実測短縮率
② 最初の 10 年間の結果に基づく 85 歳時の推定短縮率
① 最初の 5 年間の結果に基づく 85 歳時の推定短縮率

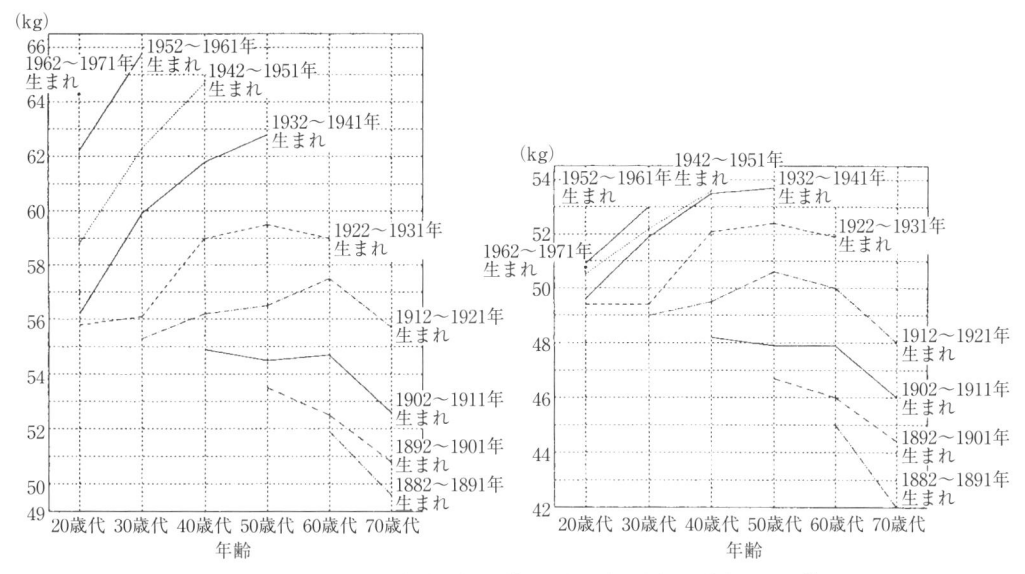

図 30.32 出生世代別の体重の変化（左：男性，右：女性）（鈴木，1996）[30]

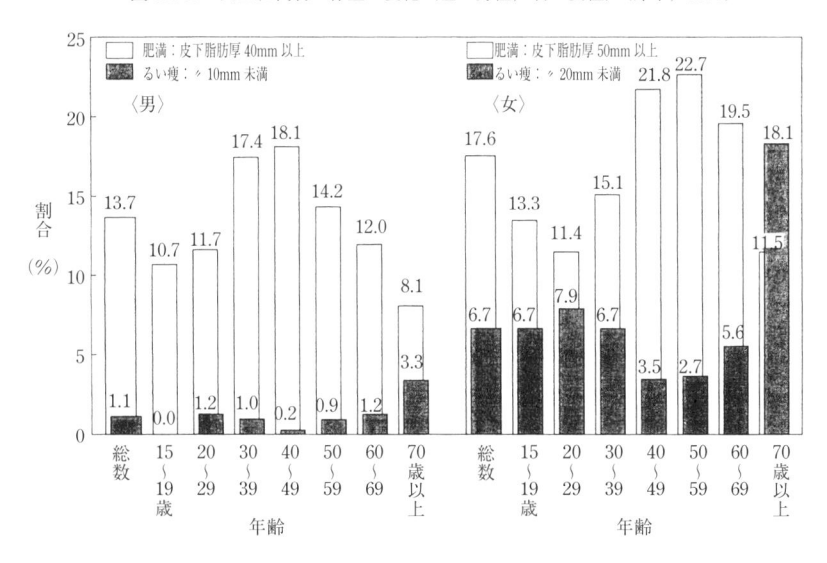

図 30.33 皮下脂肪厚からみた肥満とるい痩（左：男性，右：女性）（厚生省，1996）[31]

での身長の実測短縮率と，70歳時と75歳時の2回のみ，あるいは80歳時までの3回のみの受診者から85歳時の身長を算定した推定短縮率によく現れている（図30.31）[29]．85歳時での実測短縮率（図中の実線：③）は，男女ともに推定短縮率（同，破線：①または②）に比較して低い水準にとどまる．また80歳時までの受診結果をもとに算定した85歳時の推定短縮率は75歳時までの受診結果によるそれに比較してわずかに低い水準にある．このように，身体機能に著しい変動を示す年代層にあっては，限られた情報量だけをもとに将来にわたっての変動状況を推定することに多くの危険を伴う．

一方，図30.32は，某生命保険会社が実施した最長11年間にわたる出生世代別の体重変動を示している[30]．同じ年齢層について出生世代間の体重を比較すると，たとえば，1882～1891年生まれの60歳代での体重は，1922～1931年生まれに比べて男女とも7kgも軽いなど，出生世代が古くなるほど同一年齢層での体重は軽くなる傾向が読み取れる．

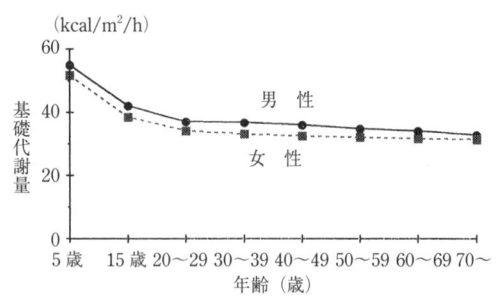

図 30.34 基礎代謝量（文献 30 のデータより作図）

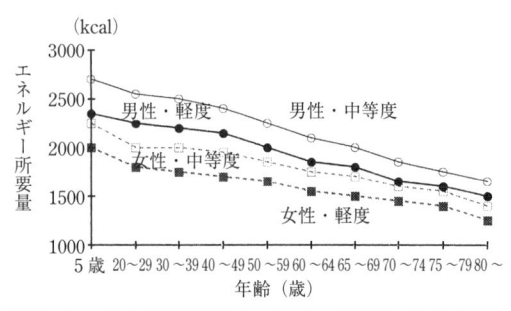

図 30.35 生活活動強度別のエネルギー所要量（文献 32 のデータより作図）

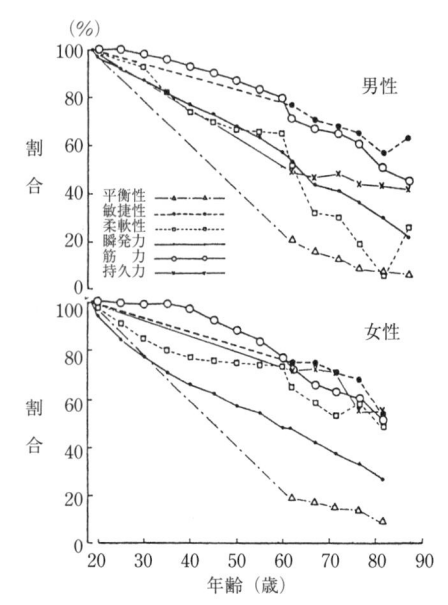

図 30.36 20 歳を基礎とした主要な運動能力（木村，1991）[33]

3) 皮下脂肪厚

前述した身長と体重のピーク値より，壮年女性での肥満傾向が推察されるが，図 30.33 に示すような皮下脂肪厚（上腕背部＋肩甲骨下部）の計測により，この特徴が一層明確になる[31]．肥満を皮下脂肪厚が男性で 40 mm 以上，女性で 50 mm 以上，るい痩をそれぞれ 10 mm 未満，20 mm 未満と定義すると，男性の肥満は 30 歳代から 40 歳代にかけて，女性ではこれより 10 歳ほど高齢側にピークがある．一方，るい痩では性差による違いが大きく，男性は各年代層とも数％かそれ以下にとどまるのに対して，女性では 70 歳以上において著しく高まり，同年代における肥満の 1.5 倍にも達する．

d. 基礎的な身体機能
1) 基礎代謝量

快適な温度で，心身ともに安静状態で，空腹，横臥時でのエネルギー発生量を基礎代謝と定義しており，計測をしやすい安静時代謝はこの基礎代謝の 20 ％増し程度とされている．図 30.34 には，体表面積 1 m² 当たりの 1 時間値における基礎代謝量を年齢階級別に示した[30]．図からは割愛されているが，2 歳頃の基礎代謝量が最も高く，20 歳ぐらいまでは著しい低下を呈するが，その後は漸減傾向で推移し，70 歳代では男女とも 30 kcal/m²／h を若干上回る程度となる．このように，加齢に伴う身体機能の低下は進行するものの，生命の維持に基本的にかかわりの深い機能の低下は比較的少ない．

2) エネルギー所要量

これに対して，必要とするエネルギー所要量は日常生活での活動性の多寡により異なる．生活活動強度を軽度（通勤や買い物を含む 1 時間程度の歩行，座位姿勢が主体）と，中程度（通勤や買い物のほかに 2 時間程度の歩行，座位姿勢と立位姿勢が同程度）に区分して，年齢階級別のエネルギー所要量を図 30.35 に示す[32]．20 歳代以降でのエネルギー所要量は軽度，中程度ともに直線的に低下し続け，70 歳代前半のエネルギー所要量は 20 歳代に比較して，男性は 70 ％強，女性では 80 ％程度となる．

3) 運動機能

運動機能検査の多くは若年者用に開発された経緯もあり，またこのような検査では最大能力の発揮を要求される場合も多いことから，年代差がたいへんに大きくなる．一例として，主要な運動能力の年齢階級別による比較を図 30.36 に示す[33]．次節でも紹介する平衡性の低下が最も大きく，60 歳代では

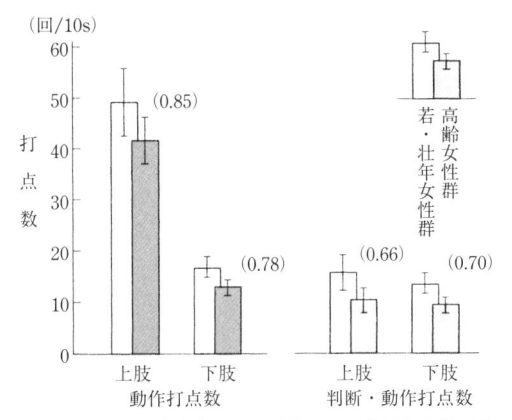

図 30.37 適応能力検査による動作および判断打点数（徳田ら，1987）[34]

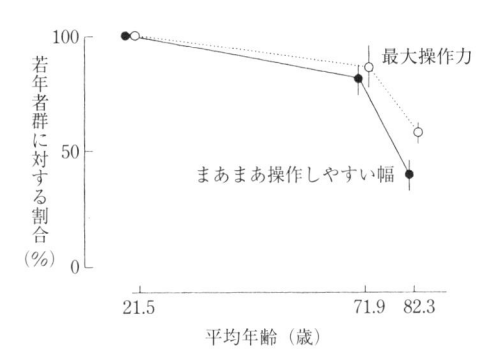

図 30.38 最大操作力およびまあまあ操作しやすい幅（徳田ら，1991，1992）[35]

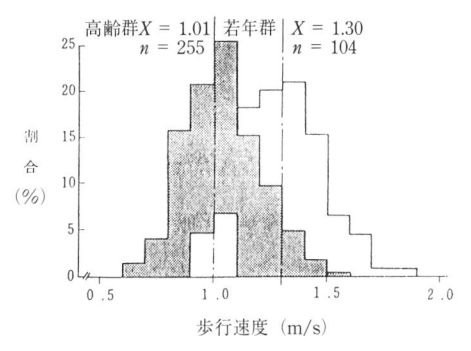

図 30.39 横断歩道での歩行速度（徳田，1982）[36]

20歳の1/3以下にまで低下する．また，瞬発力の低下も大きく，これには加齢に伴う骨格筋の萎縮，とりわけ速い収縮を行ういわゆる白筋に相当するType Ⅱ fiberに萎縮傾向が強いためとされている．

e. 日常的な作業能力

1) 動作および判断作業

決められたペダルをできるだけ速く交互に打つ動作打点数と，これに打つペダルを毎回指定する判断要因を加えた判断・動作打点数を，上肢と下肢の別に整理し，図 30.37 に示す[34]．上肢の成績を両群間で比較すると，高齢女性群の判断・動作打点数は若年・壮年女性群の66％程度にとどまり，動作打点数による群間差の85％に比較して著しい年代差を示す．すなわち，上肢については，単なる繰り返し動作よりも判断を伴う動作において，老化による影響が強く認められる．

2) 操作力および操作幅

日常生活で利用されているさまざまな操作機器を，押引および回転操作にモデル化することで，操作高と操作力の年代的特徴に注目した研究報告のなかから，図 30.38 にまあまあ操作しやすい幅と最大操作力の年代別の比較結果を示す[35]．操作幅，操作力ともに，若年者群から高齢者群への変動幅に比較して，高齢者群から後期高齢者群への変動幅のほうが大きく，後期高齢者群の操作可能な適応幅に強い制限がみられる．特に，まあまあ操作しやすい幅には，暦年齢の差以上の著しい年代差を示しており，最高能力を発揮させるための作業内容とは異なる日常的な作業能力などにおいても，年代別の身体寸法や関節可動域などの基本的な体格情報に加えて，操作機能面の特性を十分に理解しておくことが大切となる．

3) 歩行動作

歩行状態に注目することは，日常活動全般にわたっての自立の程度を推定することにつながる．全長31 mの横断歩道上を歩行者用信号機の青点灯により横断を開始した者に限定した歩行速度を，図 30.39 に示す[36]．若年者群の平均歩行速度は1.3 m/sであるのに対して，高齢者群は1.0 m/sとかなり遅く，この値は警察庁が横断歩道の青信号点灯時間の目安としている基準に一致する．すなわち，高齢者の半分程度はこの基準に満たないことになり，歩行速度の違いに応じて信号点灯時間の切替えが可能な信号機の普及が望まれる．

4) 移動困難動作

家庭内の移動で高齢者が困難を感じる動作を，立ち上がり坐り動作，段の昇降動作，またぎ動作に大

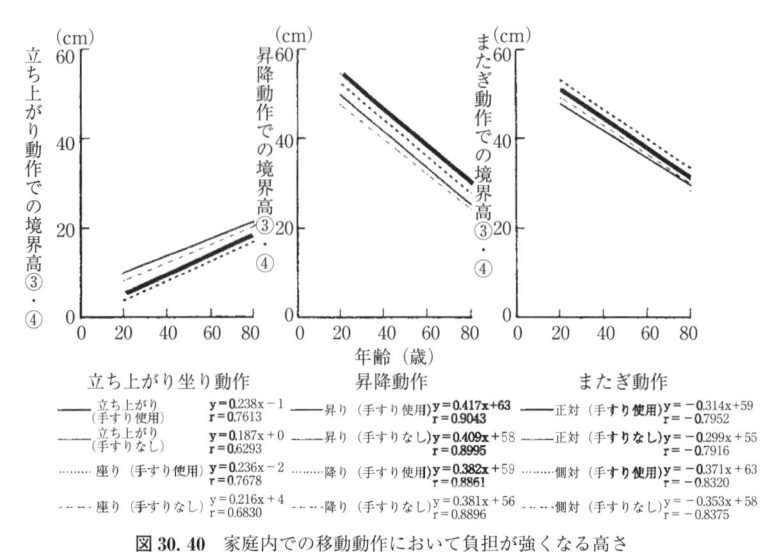

図 30.40 家庭内での移動動作において負担が強くなる高さ
（③：負担を感じる高さ，④：たいへん負担を感じる高さ）（徳田ら，1995）[37]

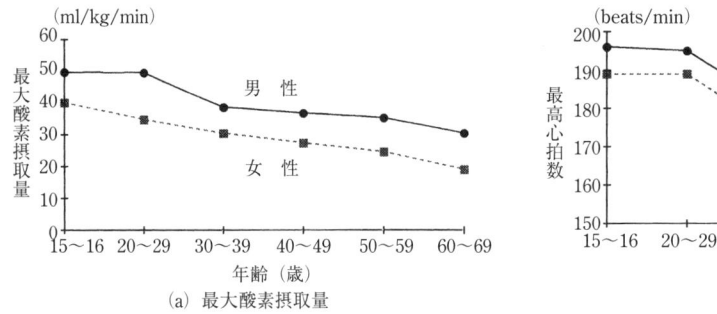

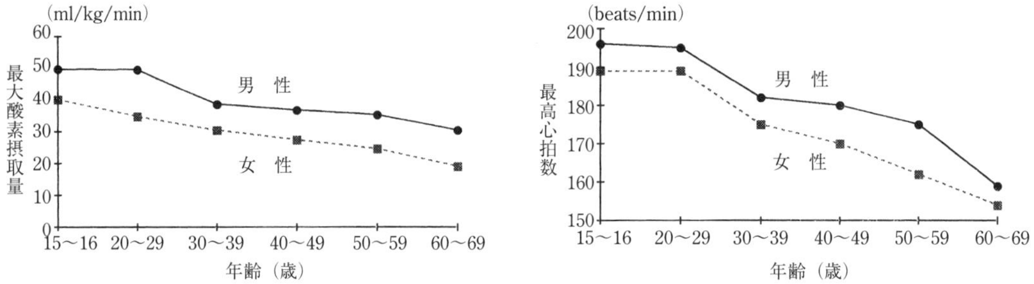

図 30.41 最大能力発揮時の呼吸循環機能（文献 38 のデータより作図）
(a) 最大酸素摂取量
(b) 最高心拍数

別することで，それぞれの動作の適正移動寸法を手すりの有無により計測すると，図 30.40 に示すようなスライディングスケールを作成することができる[37]．たとえば，70 歳の高齢者が段の昇り動作に「負担を感じる」と「たいへん感じる」とする境界高は，手すりを使用しない場合では 29 cm までにとどまるが，手すりを利用することによりこれより 5 cm 程度高くなる．また，手すりの最適値は年代差や動作内容の違いで異なるが，横型設定での最適手すり高は直立位状態での上前腸骨棘高付近に相当する．

f. 最大能力

自転車エルゴメータ負荷試験による最大酸素摂取量および最高心拍数の年齢階級別の変動状況を，図 30.41 (a)，(b) に示す[38]．体重当たりの最大酸素摂取量は，男性のピーク値が 17～18 歳の 52.2 ml/kg/min であるのに対して，この年代での女性は 40.1 ml/kg/min となり，男女間に 10 ml/kg/min 程度の差がある．双方とも加齢とともに減少傾向を呈するが，男性では 20 歳代から 30 歳代の間で，女性では 50 歳代から 60 歳代の間で著しい低下を示し，60 歳代ではそれぞれ 30.5 ml/kg/min，19.1 ml/kg/min と半減する．

一方，最高心拍数は男女とも 20 歳代から 30 歳代にかけての低下が著しいが，最大酸素摂取量の場合とほぼ同様な傾向を示す．60～69 歳での最高心拍数は，男性が 159 beats/min，女性が 154 beats/min となり，18～20 歳を基準とした年間当たりの平均低下率は，それぞれ 0.96 beats/min/年，0.78 beats/min/年となる．

g. 体力評価

高齢者を対象とした健康教室によると，適切な運

表 30.4 体力測定の項目と評価基準（太田ら，1994）[39]

	年齢	非常に強い		強い		ふつう		やや弱い		弱い	
		男	女	男	女	男	女	男	女	男	女
最大酸素摂取量 (ml/kg/min)	20～29	50.0～	45.0～	40.0～49.9	37.0～44.9	34.0～39.9	29.0～36.9	32.0～33.9	27.0～28.9	～31.9	～26.9
	30～39	40.0～	37.0～	36.0～39.9	31.0～36.9	32.0～35.9	27.0～30.9	30.0～31.9	25.0～26.9	～29.9	～24.9
	40～49	35.0～	30.0～	33.0～34.9	28.0～29.9	29.0～32.9	24.0～27.9	26.0～28.9	22.0～23.9	～25.9	～21.9
	50～59	33.0～	28.0～	31.0～32.9	26.0～27.9	26.0～30.9	22.0～25.9	22.0～25.9	20.0～21.9	～21.9	～19.9
	60～65	32.0～	27.0～	29.0～31.9	24.0～26.9	22.0～28.9	20.0～23.9	20.0～21.9	18.0～19.9	～19.9	～17.9
握力 (左右平均 kgf)	20～29	54.0～	38.0～	50.0～53.9	34.0～35.9	46.0～49.9	30.0～33.9	44.0～45.9	28.0～29.9	～43.9	～27.9
	30～39	50.0～	34.0～	48.0～49.9	32.0～33.9	44.0～47.9	28.0～31.9	42.0～43.9	26.0～27.9	～41.9	～25.0
	40～49	47.0～	31.0～	45.0～46.9	29.0～30.9	41.0～44.9	25.0～28.9	39.0～40.9	23.0～24.9	～38.9	～22.9
	50～59	45.0～	29.0～	43.0～44.9	27.0～28.9	39.0～42.9	23.0～26.9	35.0～38.9	21.0～22.9	～34.9	～20.9
	60～65	44.0～	28.0～	41.0～43.9	25.0～27.9	35.0～40.9	21.0～24.9	32.0～34.9	20.0～20.9	～31.9	～19.9
上体おこし (回／min)	20～29	41～	35～	37～40	31～34	29～36	23～30	25～28	19～22	～24	～18
	30～39	37～	31～	33～36	27～30	25～32	19～26	21～24	15～18	～20	～14
	40～49	31～	25～	27～30	21～24	19～26	13～20	15～18	9～12	～14	～8
	50～59	27～	21～	23～26	17～20	15～22	9～16	10～14	5～8	～9	～4
	60～65	25～	19～	19～24	13～18	10～18	5～12	6～9	3～4	～5	～2
長座位体前屈 (cm)	20～29	20.0～	22.0～	17.0～19.9	20.0～21.9	9.0～16.9	12.0～19.9	6.0～8.9	10.0～11.9	～5.9	～9.9
	30～39	17.0～	20.0～	13.0～16.9	16.0～19.9	6.0～12.9	10.0～11.9	4.0～5.9	8.0～9.9	～3.9	～7.9
	40～49	11.0～	14.0～	7.0～10.9	11.0～13.9	2.0～6.9	7.0～10.9	-3.0～1.9	4.0～6.9	～-3.1	～3.9
	50～59	7.0～	11.0～	5.0～6.9	9.0～10.9	-3.0～4.9	4.0～8.9	-7.0～-3.1	0～3.9	～-7.1	～-0.1
	60～65	6.0～	10.0～	2.0～5.9	7.0～9.9	-7.0～1.9	0～6.9	-10.0～-7.1	-3.0～-0.1	～-10.1	～-3.1
全身反応時間 (ms)	20～29	299～	319～	319～300	339～320	359～320	379～340	379～360	399～380	～380	～400
	30～39	319～	339～	339～320	359～340	379～340	399～360	399～380	419～400	～400	～420
	40～49	349～	369～	369～350	389～370	409～370	449～390	459～410	489～430	～460	～490
	50～59	369～	389～	389～370	409～390	439～390	469～410	479～440	509～470	～480	～510
	60～65	379～	399～	409～380	429～400	479～410	509～430	499～480	529～510	～500	～530
開眼片足立ち (男女共通,s)	20～29	100～		80～99		55～79		45～54		～44	
	30～39	80～		65～79		45～64		35～44		～34	
	40～49	60～		50～59		30～49		20～29		～19	
	50～59	50～		40～49		20～39		10～19		～9	
	60～65	45～		30～44		10～29		5～9		～4	

動処方に基づくトレーニングと日常的な健康管理の継続により，70歳を過ぎても呼吸循環機能や筋力などに改善がみられており，鍛錬効果は期待できる．

体力測定の方式とその評価基準にはさまざまな提案が行われている．その多くは年齢別，性別に区分することにより，個別的かつ総合的に評価する場合が多い．その方式の一例を表30.4に示す[39]．ここでは体力評価を「非常に強い」から「弱い」までの5段階に大別することで，総合的な判定が行われている．たとえば，男性の60～65歳で「ふつう」とされる体力評価とは，最大酸素摂取量で22.0～28.9 ml/kg/min，握力で35.0～40.9 kgf，上体起こしで10～18回/min，長座位体前屈で−7～1.9 cm（マイナス表示は床面から上方向への距離），全身反応時間で0.479～0.410 s，閉眼片足立ち時間で10～29 sの範囲を指す．

30.3 老化と感覚

a. 感覚閾値

既往歴に感覚障害をもたず，臨床神経学的検査で異常を認めない者を対象とした年齢階級別の感覚閾値を図30.42に示す[40]．前腕部および足背部ともに，すべての感覚において加齢とともに閾値の上昇傾向が観察される．特に，足背部は振動覚と触覚が50歳代から，二点識別覚と温度覚が60歳代からそれぞれ急激な上昇を示し，前腕部では二点識別覚が60歳代から，触覚は70歳代からの上昇が著しい．

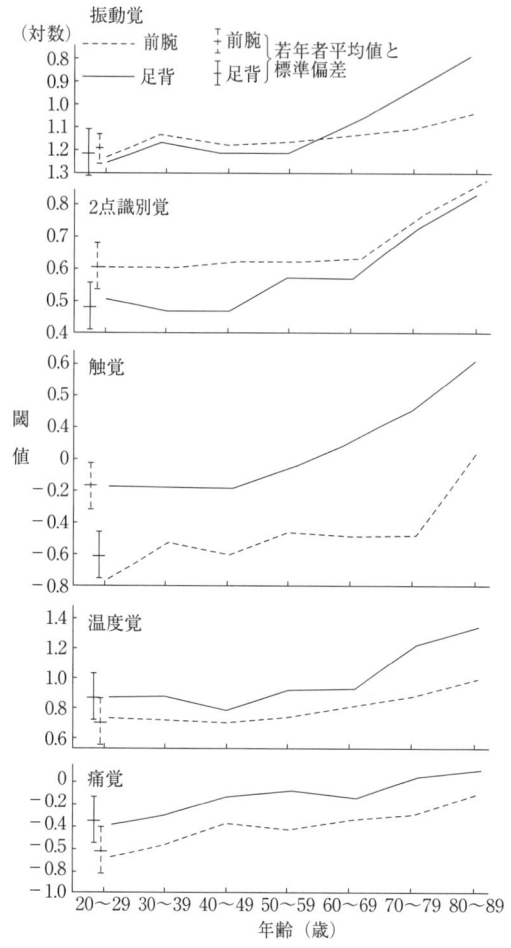

図 30.42 受容器別の感覚閾値（榎本，1969）[40]

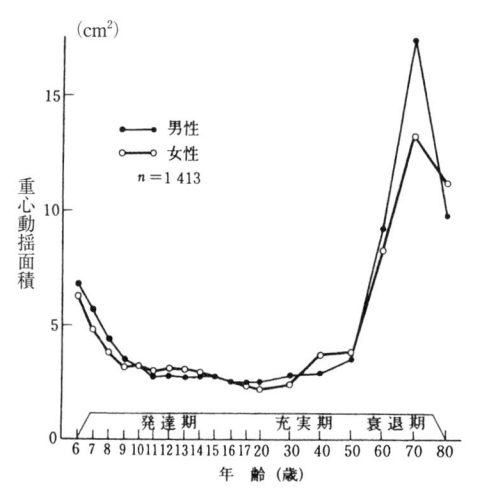

図 30.43 安楽立位閉眼時の重心動揺面積（平澤，1979）[41]

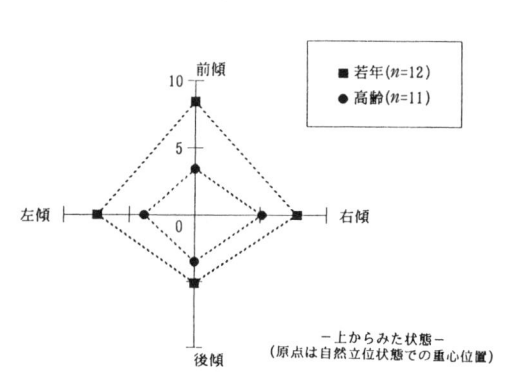

図 30.44 前後左右方向の基底面移動範囲[42]

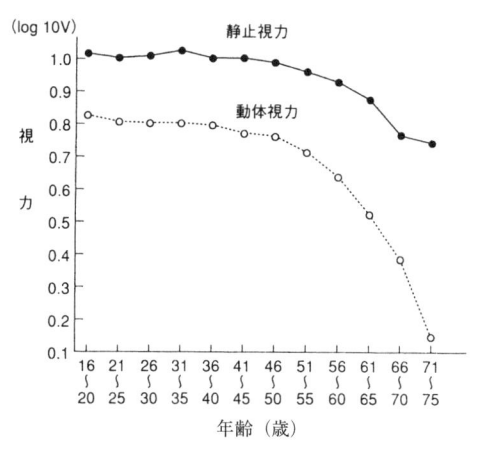

図 30.45 静止視力および動体視力（鈴村，1971）[43]

b. 平衡能

1) 重心動揺面積

体位平衡保持機能をとらえる重心動揺面積や次項の基底面移動範囲は，下肢筋力，神経系の反射機能，深部感覚および三半規管などの多くの機能が統合化された結果を表出している．図30.43は，安楽立位を20秒間持続させたときの重心動揺面積を年齢階級別に示している[41]．発達期に相当する6〜20歳までは加齢とともに減少傾向を示し，その後は増加方向へと転じ，50歳代までは漸増してゆくが，60歳代以降では急激な増加となる．性差は若干見受けられるものの，個人差の方が大きい．

2) 基底面移動範囲

自然立位状態から体幹を前後左右の各方向へ傾斜させることで，体幹を保持し続けることの可能な重心移動の限界点を図30.44に示す[42]．すべての方向において高齢者群の移動範囲は若年者群を下回っ

ており，特に前傾姿勢による高齢者群の移動範囲は3.5 cm前後と，若年者群に比較して40％程度にとどまる．

c. 視　覚
1) 静止視力と動体視力
眼の光学系のうち，水晶体，瞳孔，網膜，眼球運動の加齢に伴う変化は，視力，焦点調節力，色識別力などの低下やグレアの増加などを引き起こすという．学童の視力検査では静止視力を主体とした計測が行われるが，自動車運転や瞬時の判断動作を要する多くのスポーツでは，動体視力の良否が成績などに影響する．図30.45は，年齢階級別による静止視力と動体視力を示している[43]．双方の視力とも加齢とともに低下傾向を呈するが，50歳を境に動体視力の低下は静止視力以上となり，60歳以降での低下は一層顕著となる．免許更新時に，優良運転者

ということだけの理由で，年齢などの要因に配慮することなく一律に実施されている，現在の視力検査のあり方が問われる．また，老化に伴い暗順応時での瞳孔の大きさは小さくなるために眼球内への入射光量は少なくなることや，暗順応の進行程度の遅いことなどにより，トンネルが頻繁に出現するような道路環境での運転操作は高齢者ほどしづらいことが推察される．

2) 視力と背景輝度
都内のシルバー人材センターではパソコンを利用した職務内容が増えてきており，一日の大半をCRT画面とにらめっこという高齢者も少なくない．視力の年代的特徴は，指標が提示される背景輝度の違いによっても認められる．図30.46は，背景輝度と近点視力の関係を表している[44]．各年代とも背

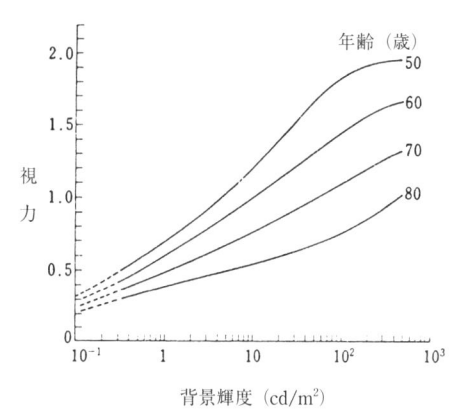

図30.46　視力と背景輝度（栗田，1985）[44]

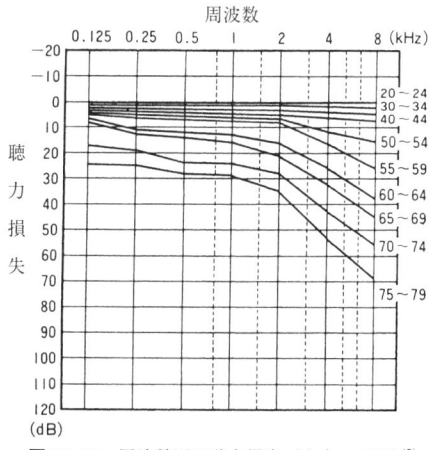

図30.47　周波数別の聴力損失（立木，1986）[45]

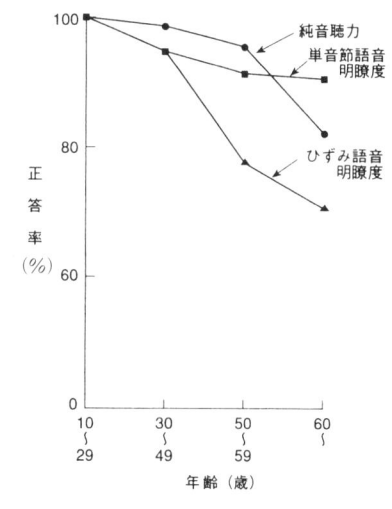

図30.48　語音聴力（富田，1984）[48]

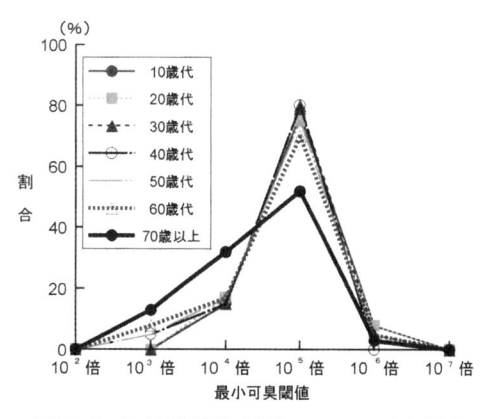

図30.49　最小可臭閾値（文献47のデータより作図）

景輝度が高くなるとともに視力の向上がみられるものの，より高齢になるほど背景輝度が高くなっても視力の向上効果はわずかにとどまる．

d. 聴　覚
1) 聴　力
加齢に伴い，伝音系の仕組や耳管機能の低下に加えて，内耳神経などの神経そのものの老化がみられ，高齢者難聴が生じるという．最近では，高齢者の聴力機能に配慮するという立場から，炊飯器や電気ポットなどの電子音をこれまでの4 kHz前後から2 kHz以下に切り替える家電製品が多くなってきた．この変更の背景には，図30.47に示すような聴力損失値の年代的な変化がある[45]．この図から明らかなように，50歳を過ぎるあたりから2 kHz以上の高周波数領域での聴力損失が大きくなり，65歳以上では日常会話での主要言語の聴力領域に当たる0.5～2 kHzの範囲であっても，聴力損失の低下を認めるようになる．

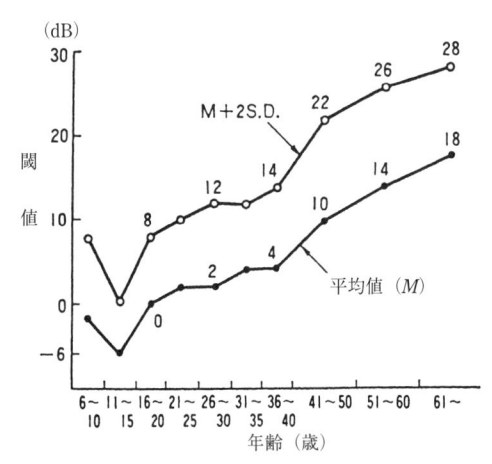

2) 語音聴力
高齢者では，1語1語を聞き分ける能力にも低下がみられる．図30.48は，語音聴力検査による単音節語音明瞭度とひずみ語音明瞭度について，10～20歳代を基準とした年代別の正答率を表している[46]．これによると，単音節の語音明瞭度については60歳代においても比較的よく保たれている．これに対して，語音にひずみを加えたひずみ語音明瞭度はすでに50歳代から大きな低下を示し，60歳代以降での正答率は70％程度にまで低下しており，単音節語音明瞭度との間に著しい年代差を認める．

e. 嗅　覚
鼻腔の感覚器としての機能である嗅覚の一例として，年齢階級別による最小可嗅閾値を図30.49に示す[47]．老人性嗅覚減退は老人性難聴ほどには顕著でなく，10歳代から60歳代までの差はわずかにとどまる．しかし，70歳以上での最小嗅覚閾値には上昇傾向がみられており，10^4倍では60歳代の2倍近い比率となり，さらに10^3倍の閾値の比率では30歳代が皆無であるのに対して，70歳代は13％がこれに該当する．

f. 味　覚
味覚の末梢受容器である味蕾の数は，出生直後が最も多く，高齢者では1/2～1/3にまで減少し，この味蕾の数の減少は味覚閾値の上昇を招来させる．刺激電極により有郭乳頭を直接刺激することにより，電気味覚による閾値を刺激電流の強さとして表示とすると，図30.50のようになる．20歳代では0 dB前後であった閾値が，加齢とともに上昇傾向を示すようになり，40歳代で10 dB，60歳以上

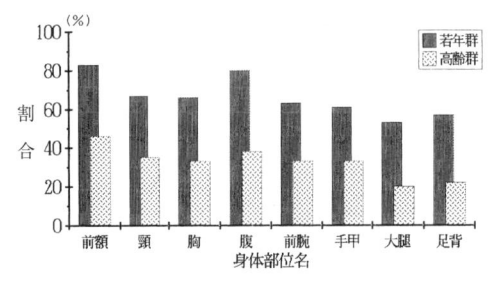

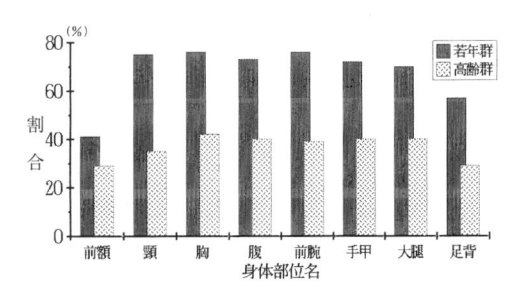

図30.50 鼓索神経領域での電気味覚（富田, 1984）[48]

(a) 冷点分布頻度

(b) 痛点分布頻度

図30.51 皮膚感覚（文献49のデータより作図）

では20 dB近くにも達する[48]．また，性差では男性の閾値の方が高く，これは女性は料理で味を弁別する機会の多いことや，喫煙や飲酒の影響，さらには舌乳頭の生理的な違いなどが影響しているという．

g．皮膚感覚

25℃の部屋から10℃の寒冷室へ移動することによる温冷感を申告させると，若年者群の場合は入室直後とそれから37分目での回答とも「寒い」という申告を得るが，高齢者群では入室直後の「やや寒い」が，37分目の経過では「寒い」へと変化する．この温冷感覚の違いは，図30.51（a）に示すような加齢による冷点分布頻度の差によるところが大きい[49]．すなわち，2 mm×2 mm角の四角形を100区画の格子状に分割して，各区画に一定圧で冷たい針を押しつけることによる冷点分布頻度の結果からは，高齢者群の頻度は身体各部位とも若年者群に比較して，半分程度かそれ以下にとどまる．

同様な傾向は，図30.51（b）に示すような痛点分布頻度においても認められる[49]．前額面を除き身体各部位での痛点分布頻度は，若年者群に比較して高齢者群は半分程度にまで低下する．ただし，冷点および痛点分布頻度ともに群内での標準偏差は大きく，とりわけ高齢者群にその傾向は強い．

［徳田哲男］

文　献

1) 厚生省人口問題研究所（2000）人口の動向　日本と世界　人口統計資料集，p.28, 39, 143，厚生統計協会．
2) 厚生統計協会（2000）厚生の指標　国民福祉の動向，**47**（12），23．
3) 高橋重郷ほか（1997）人口減少社会　日本の将来推計人口．厚生の指標，**44**（5），3-11．
4) 厚生省大臣官房統計情報部（1998）平成10年国民生活基礎調査，厚生統計協会，第1巻，135-136・166-167．
5) 中西範幸ほか（1997）地域高齢者の日常生活上の支障と生命予後との関係．厚生の指標，**44**（1），20-26．
6) 江澤郁子・林泰史（1991）いまからでも治る防げる骨粗鬆症，p.22，健康双書．
7) 商品科学研究所（1992）高齢者が快適に暮らせる社会施設の条件の調査研究，pp.45-47，地域社会研究所．
8) 通商産業省生活産業局（1997）高齢社会対応産業研究会（第Ⅱ期報告書），p.23，高齢社会対応産業研究会．
9) 郵政省通信政策局（1996）共生型情報社会の展望，p.175，NTT出版．
10) 製品安全協会（1993）高齢社会における消費生活用製品の安全性のあり方に関する調査研究報告書，通商産業省委託調査．
11) 高橋　徹ほか（1986）転倒事故に関する研究（その1）転倒・転落事故の加齢による変化．日本建築学会学術講演梗概集，pp.713-714．
12) 厚生統計協会（2001）厚生の指標　国民衛生の動向，**48**（9），57, 73, 408, 409．
13) （財）交通事故総合分析センター（1995）交通統計　平成6年度版．
14) 松本裕之（1994）福祉社会における交通安全対策．交通工学，**29**（増刊号），19-25．
15) 厚生省大臣官房統計情報部（1997）平成6年　健康・福祉関連サービス需要実態調査の概況．厚生の指標，**44**（2），28-39．
16) 徳田哲男ほか（1997）特別養護老人ホームにおける介護負担の改善に関する調査研究．老年社会科学，**18**（2），113-122．
17) 通産省機械情報産業局（1997）福祉用具産業政策の基本的方向，通商産業調査会．
18) 秋山哲男・小坂俊吉編（1996）講座　高齢社会の技術 7 まちづくり，p.25，日本評論社．
19) 秋山哲男・三星昭宏編（1996）講座　高齢社会の技術 6 移動と交通，p.20，日本評論社．
20) 経済企画庁（1994）平成6年度国民生活白書．
21) 徳田哲男ほか編（1996）講座　高齢社会の技術 1 高齢社会の適正技術，p.83，日本評論社．
22) 折茂　肇（1995）原発性骨粗鬆症の診断基準．*Osteoporosis Japan*，**3**，669-674．
23) 高橋和朗ほか（1962）末梢神経系の老年期性変化について．老年病，**6**，726．
24) 船渡和男ほか（1995）運動実践の筋力に及ぼす効果．*Jap. J. Sports Sci.*，**14**（1），61-65（安部の未発表資料）．
25) 上野賢一（1959）老人性皮膚変化の研究．日本皮膚学会誌，**69**，921-950．
26) 厚生省医務局（1982）昭和56年歯科疾患実態調査報告の概要．
27) 鈴木信正（1978）日本人における姿勢の測定と分類に関する研究　その加齢変化について．日本整形外科学会誌，**52**，471-492．
28) 人間生活工学研究センター（1996）人体計測データベース構築に関する報告書，pp.118-119．
29) 徳田哲男（1993）高齢者の体格・体力に関する縦断面的研究-15年間にわたる集団健康診断による継続群と脱落群の特徴．人間工学，**29**（1），1-10．
30) 鈴木隆雄（1996）日本人のからだ　健康・身体データ集，p.69, 130，朝倉書店．
31) 厚生省保健医療局（1996）平成8年度版国民栄養の現状（平成6年国民栄養調査成績），p.59，第一出版．
32) 厚生省（1989）第4次改訂　日本人の栄養所要量，pp.8-135，第一出版．
33) 木村みさか（1991）高齢者の運動負荷と体力の加齢変化及び運動習慣．*Jap. J. Sports Sci.*，**10**，722-729．
34) 徳田哲男ほか（1987）高齢者の階段昇降動作とそれに関連する身体機能について．*Geriat. Med.*，**25**（8），1205-1214．
35) 徳田哲男ほか（1991, 1992）押引および回転操作機器の操作高と操作力に関する年代的特徴（1）-（3）．人間工学，**28**（2）・**28**（4）・**29**（4），69-78・215-219・257-264．

36) 徳田哲男（1982）老年者の身体機能について −自動車運転への影響．自動車研究，**4**（9），351-356.
37) 徳田哲男ほか（1995）高齢期の環境適応力に応じた移動寸法に関する研究 −高齢女性の立ち上がり座り，昇降およびまたぎ動作．人間工学，**31**（1），9-20.
38) Ichikawa, T. *et al.* (1980) Aerobic power of Japanese in relation to age and sex. *Hung. Rev. Sports Med.*, **21**, 243-253.
39) 太田壽城ほか（1994）病医院における体力測定．日本医事新報，**3647**，140-141.
40) 榎本 昭（1969）老年者の感覚に関する研究—定量的感覚検査の成績．臨床神経，**9**，179.
41) 平沢彌一郎（1979）日本人の直立能力について．人類学雑誌，**87**（2），81-92.
42) 製品安全協会（1997）製品安全性確保対策基準調査・消費生活用製品の事故原因に関する調査研究報告書，通商産業省委託調査，p.83.
43) 鈴村昭宏（1971）空間における動体視認知の動揺と視覚適正の開発．日本眼科会誌，**75**，1974-2006.
44) 栗田正一ほか（1985）新時代に適合する照明環境の要件に関する調査研究報告書．照明学会，25-37.
45) 立木 孝（1986）新・難聴の診断と治療，中外医学社.
46) 中村 章ほか（1992）高齢者の聴力特性 —聴力は年とともにどう変化するか，NHK技研 R & D，**18**，1992.
47) 梅田良三ほか（1972）嗅覚閾値の年齢的推移．耳鼻臨床，**65**，568-572.
48) 富田 寛（1984）老年者の味覚．*Geriat. Med.*, **22**, 68-72.
49) 村田成子ほか（1994）老人の体温 −皮膚感覚点分布頻度に及ぼす加齢の影響．日本老年医学会雑誌，**11**（3），157-163.

31
日本人の体質

31.1 体質事始―「体質」の意味するもの

「日本人の体質」というこの章を語る前に，このタイトルから期待される内容について，確認しておかねばならない．それは，一つは「体質」とは何か，本当にそのようなカテゴリーが存在しうるのか，もう一つは，仮にそのようなカテゴリーが存在しても，その「体質」に日本人固有のものがあるかどうか．すなわち，文字どおり「日本人の体質」が存在するのかどうか，という問題がある．しかし，論点を最初に明確にしておくことは，きわめて重要ではあるが，論理の厳密性を求めているうちに，枝葉を見て木が見えにくくなり，木を見て森が見えなくなる愚かさに陥らないことも同時に肝に銘じておく必要がある．まさに，「体質」という言葉は，それほどに巨大で深く，しかも曖昧な世界を表現しているのである．それは，生命とは何かという疑問に答えようとするときの困難さに近いものがある．つまり，存在していることは確かであるが，一定の解はないというジレンマである．このようにいうと，年輩の研究者，医師からは，大げさすぎる，もっとプラクティカルに考えよとお叱りを受けるかもしれない．実際，「体質」研究，「体質」論は，1960年代までは，大変盛んであった．

しかし，アメリカの医学，生物学が世界を席巻するようになってきたのと軌を一にして，「体質」という言葉は急速に生物学，人類学のなかから消失して行った．今，アメリカの医学辞典として有名な"Stedman's Medical Dictionary"を開いてみると，「体質」はconstitutionとして小さく，それも部分的に記載されているのみで，日本の国語辞典『広辞苑』に書かれている量と大差なく，むしろ『広辞苑』の方がわかりやすいくらいである．このことは，「体質」研究が完成したことを意味するのではなく，本来客観的かつ全方向的であるはずの「科学」が，文化圏と時代に支配されていることを皮肉にも示しているのではないか．このようななかで，今「体質」をあらためて考えてみると，「体質」研究，「体質」論は，再び新たな形で，大変重要になってきたというのが，筆者の強い実感である．

これは，おそらく，学問の発展過程として，分化の方向と統合の方向とがいつも振子のごとく変ってきたことと関係が深いと思われる．すなわち，ゲノム解析や素粒子の発見にみられるように現代アメリカの科学は，尖鋭的に「分化」してきたように思われるが，私見を述べれば，学問，科学は再び統合化へのベクトルに向かう，いや向かわざるをえない状況に置かれているのではないか．

そこで，未来の「体質」学の構築のために，過去の「体質」研究を通覧することが有益かつ必須であることはいうまでもないことである．そして，その通覧は，1960年代までに，優れた「体質」学の統括をした良き成書がいくつも残されていることから，木を見て森を見ずの誤りを避けるためにも，これらの成書を中心に行うことにする．

31.2 体質とは―従来の考え方

「体質」という概念については，以前よりいろいろな表現がなされてきて，完全に一致したものはないが，世間一般に常用されるようになって久しい．すなわち，漠然としてはいるが，万人に共通し，合意されているものがあることは，確かである．遺伝に関する研究が急速に分化し始める直前までに収束していた「体質」概念の問題点は，およそ以下のようなものである．

まず，ある個人のもつ「体質」とは，その人の形

態的，機能的，精神的特徴を統合した「現象型」（phenotype）を指すと考える一派と，遺伝子の集合体よりなる遺伝条件によって表現される「遺伝型」（genotype）を意味すると考える一派に分かれていた．理論的には，両者は別物であるが，遺伝型に基づく体質と，これに環境の影響が加わってつくられた「現象型」とを厳密に区別することは，現実的には不可能であるから，曖昧さをそのまま残した広義の解釈，すなわち「現象型」を「体質」とする考え方が，多数派になったようで，特にわが国の研究者ではそうであった．

一方，「現象型」を「体質」とするとしても，その構成要素はいくつかあり，形態的要素，機能的要素，精神的要素からとらえられてきたが，それぞれ，形質，素質，気質という呼び方が一般的である．（宮尾，1967：堀田，1959）．当然，学問が進歩していなかった時代には，個人的特徴を外部から最も容易に識別できる体格すなわち「形質」が方法論の中心となっていたし，学問の発展とともに身体的機能すなわち「素質」や精神的機能すなわち「気質」が課題となり，そして，その相互関係が詳しく検討されるようになった．

さらに，この「体質」の表現型は，小児と成人で異るのは当然で，成長という時間的因子の問題，すなわちもともと成長している小児では，「体質」は変化するというのが現実である．

a. 機能的体質分類

そこで，小児の場合は，機能的体質分離が用いられた．それは，刺激に対して人なみ以上に強い反応を示すもの，反応がふつうであるもの，ふつう以下に低下しているものの3群に分けられる（表31.1）．

1）過敏性体質

過敏性体質とは，生体が外部あるいは内部からの刺激に対して生体を防御する生理的反応を示すが，それが必要限度をこえて強い防衛反応を起こすタイプを意味している[5]．これは，異常体質[2]と同じ内容を指している．この過敏性体質（異常体質）は，表31.1に示すように，さらに細かく分類される．しかし，滲出性体質，胸腺リンパ体質，神経関節炎体質は，決して別個のものではなく，異常体質の一つの段階であって，年齢的な表現の相違ではないかと考えられている（図31.1）[3]．

ⅰ）滲出性体質 図31.1に示すように，乳児期から幼児期の始めにみられる体質で，種々の刺激に対して，特に皮膚と粘膜が敏感に反応しやすい状態をいう．皮膚の症状としては，皮膚蒼白や頭皮が，糠状の痂皮，落屑を形成し，さらに進行すると湿潤となり湿疹となる．

一方，粘膜の症状としては，胃，腸粘膜の過敏な反応，すなわち，舌は白っぽい（白苔）か，一部白色舌苔が剥げ落ちて赤色の舌粘膜がみられる（地図舌）．胃，腸粘膜も反応しやすく，ちょっとした食事の変化により，下痢をきたしたり，便に粘膜がまじることがある．また，呼吸器粘膜も過敏に反応しやすく，器官，気管支の粘膜が分泌かたとなって，滲出液がつまった状態になる．その結果，ゼロゼロ（喘鳴）といいやすい．

ⅱ）胸腺，リンパ性体質 乳児期の後，幼児期にみられる体質である．これは，主として病理解剖

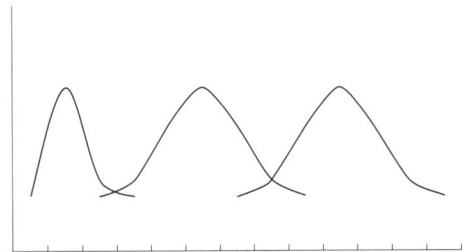

表31.1　機能的体質分類

A．過敏性体質（刺激体質，異常体質）
1. 滲出性体質
2. 胸腺リンパ体質
3. 神経関節炎体質
4. アレルギー体質（特異体質）
5. くる病体質

B．低反応性体質（遅鈍性体質）

C．正常体質

年齢	0歳	1歳	2歳	3歳	4歳	5歳	6歳	7歳	8歳	9歳	10歳	11歳	12歳	13歳
滲出性体質	1	3	1.3	1										
リンパ性体質			1	1.3	2.3	3	2.3	1.3	1					
神経関節炎体質								1	1.3	2.3	3	2.3	1.3	1

図31.1　過敏性体質の年齢分布（堀田，1959）[3]

学的特徴をとらえたもので，リンパ腫の肥大，胸腺の肥大がみられる．症状としては，種々の伝染病（感冒，水痘，麻疹，今では珍しい赤痢など）に感染したときに，激烈な脳症状（意識消失，痙攣）すなわち，いわゆる疫痢症状を呈することが多い．また物理的，精神的，生物的刺激によって，いわゆる自家中毒症状を起こすこともしばしばである．

iii) 神経関節炎体質　図31.1の学童期にみられる異常体質で，特別の原因なくして身体のあちこちに痛み（頭痛，腹痛，胸痛，関節痛）を訴えるのが特徴である．それも，一過性，反覆性である．性格的には，いわゆる神経質で内向性であり，体質はやせ型が多い．

iv) アレルギー体質　アレルギーとは，外部から抗原（異物）が体に入ってきたとき，それに抵抗する抗体ができる現象（抗原抗体反応）が強く起きる，過敏に反応する状態を意味する．症状としてよく知られているのが，気管支喘息，蕁麻疹，さらに最近ではアトピー性皮膚炎，花粉症がある．

この抗原抗体反応症状を起こしやすい体質をアレルギー体質とよぶ．これは，前記3つの体質と異なり，成人しても継続していることが多い．

2) 低反応性体質

これは，過敏性体質（異常体質）とはまったく反対の体質と考えればよい．すなわち，刺激に対する反応が鈍いタイプである．前述の過敏性体質が弱々しそうにみえて，長期的にみれば，死亡率が高いわけではないのに対し，この体質は，案外早期死が多い．つまり，病気の治癒機転としてアレルギー反応は，本来重要なものなので，このような低反応性体質は，見かけは症状がないために元気なようにみえるが，実は病気の治癒機転が障害されていると考えられる．

b. 形態学的（形質）分類

体質の形態学的研究は，最も歴史が古く，多くの研究者によって，種々の分類がなされてきた．そのおもなものは，表31.2に掲げるとおりである．このなかでも，日本の研究者も利用した代表的な分類がクレッチマー（Kretchmer）の分類である．この分類は，成人における形質分類として有名であるだけでなく，形質と気質との相互関係をみた研究として，現在の学問潮流（分析的，演繹的）とは逆の統合的，帰納的研究の一つの象徴として，今，見直すことは，今後の学問的潮流の基本的変化を予測する点で，意味深いかもしれない．そこで，成書（Kretchmer, 1955）に従って，その膨大な内容を概括してみよう．

1) 体型の意味

クレッチマーは，臨床上の患者に3つの体型が繰り返し出現することに気づき，それを表31.2に示すように分類した．ここで，注目すべきは，性差に関する見方で，これらの体型は，男女ともにみられるが，一般に，女性の身体では，形態的分化の程度が男性に比較してわずかであること，すなわち女性では，顔面の成り立ち，筋肉の発達という点で顕著ではないことから，体型を形態学的に研究する際には，まず女性ではなく，男性について研究しなければならないと述べている．

i) 細長（無力）型　3つの体型の身体計測値が表31.3に示されているが，その特徴を一般的印象として述べると，やせてひょろ長いタイプで，狭

表 31.2　形態学的体質分類

A. Kretchmer の分類
　1) 細長（無力）型
　2) 闘士型
　3) 肥満型
B. Signaud の分類
　1) 呼吸器型
　2) 消化器型
　3) 筋肉型
　4) 脳型
C. Rokitansky の分類
　1) 無力性体質
　2) 卒中体質
　3) 兕性体質

表 31.3　体型と身体計測値

	細長（無力）型	闘士型	肥満型
身長（cm）	168.4	170.0	167.8
体重（kg）	50.5	62.9	68.0
肩幅（cm）	35.5	39.1	36.9
胸囲	84.1	91.7	94.5
腹囲	74.1	79.6	88.8
臀囲	84.7	91.5	92.0
前膊囲	23.5	26.2	25.5
手の周囲	19.7	21.7	20.7
腓腸囲	30.0	33.1	33.2
脚長	89.4	90.9	87.4

い肩幅，胸郭は長く，狭く，扁平な形をしており，肉づきの悪い腕と骨ばって細い両手をもっている．体重が身長に比べて少なく，胸囲が臀囲に対して小さい点が，他の体型と比較して目立つ．

ii）闘士型　この体型の特徴は，骨格，筋肉，皮膚がよく発達していることである．一般的印象は，肩幅が広く，発達した胸郭，ぴんと張った腹部，そして軀幹のかたちは下へいくほど細まり，十分発達しているにもかかわらず，下肢が上肢に比べてきゃしゃにさえみえる．頑丈で高い頭部が頸部に真直にのっており，正面からみると発達した僧帽筋が斜めの線を描いている．手の周囲径が大きい．

iii）肥満型　この体型の特徴は，内臓腔の周囲が高度に広まり，軀幹には脂肪がつきがちであるのに，運動器官のつくりは，それに比べてほっそりしていることである．しかし，肥満型は脂肪の沈着は，必ずしも一義的なものではなく，骨格の相違としてとらえられていることは注意しなければならない．

2）精神病患者における体型分布

精神病患者と体型との関係をクレッチマーの自験例と諸研究者の例をまとめて，表 31.4 に示すと，分裂症患者と躁うつ病患者とでは，その体型にきわだった特徴があることがわかる．すなわち，分裂病患者では，細長型が闘士型，肥満型より明らかに多く，躁うつ病患者では，逆に肥満型が多く，細長型，闘士型が少ない．特に，形成不全型がきわめて少ない．てんかんは，肥満型が少ない．

3）体型と気質の関係

「気質」ということばは，「体質」と同様に定義が困難なものである．「気質」に類似した用語に，「性格」があるが，「気質」が情緒活動に際して自然に現れる個人的特徴を指し，意思の方向，すなわち行為の現れた方の特徴を「性格」と一般的に考えられている．クレッチマーは，気質論のなかで，以下のように述べている．「…これはまだ完成した概念にはなっていないので，さしあたり，外因性（アルコール，モルヒネなど）および内分泌性の急性の化学作用に対して，容易にかつしばしば反応する精神要素を中心にまとめてみるのがいいであろう．つまり，気質概念を，感情と精神の一般的なテンポとを中心にまとめるわけである…．」

このような概念で，クレッチマーは「気質」を「循環気質」，「分裂気質」，「粘着性気質」の3型に分類した．この分類は，彼の体型-体質論とともに，気質分類の代表的なものとして認められている．すなわち，「循環気質」とは社交的で親切で，明朗活発でユーモアに富むが，気分が変りやすい気質をいう．これに対し，「分裂気質」は，非社交的，内気，まじめ，繊細，神経質，善良などの特徴をもつ．「粘着性気質」は，几帳面で実直であるが，鈍重で融通性に乏しく，時に激しい癇癪を起こす傾向がある．

クレッチマーは，精神病のない多数の普通人のデータを基に，膨大な解説を行っているが，それを体型との関連でまとめると表 31.5 のようになる．

すなわち，肥満型は循環気質を示すことが多く，

表 31.4　精神病患者の体型分類

	分裂症	躁うつ症	てんかん
1. 肥満型	13.7	64.6	5.5
2. 細長型	50.3	19.2	25.1
3. 闘士型	16.9	6.7	28.9
4. 形成不全型	10.5	1.1	29.5
5. 特徴なし	8.6	8.4	11.0

表 31.5　気質と体型との関係（Kretchmer）

	循環気質	分裂気質	粘着性気質
精神感性と気分素因	気分素因の均衡：高揚（明朗）と抑うつ（悲しみ）との間	精神感性の均衡：感性過敏（多感）と感性鈍麻（冷淡）との間	爆発性と粘液質との間
精神のテンポ	波動的な気質曲線：活発と緩慢の間	跳躍的な気質曲線：突飛さと頑強さの間．感情と思考の二者択一的様式	粘り強い気質曲線
精神の運動性	刺激に順応し，円滑で自然かつ柔軟性がある．	しばしば刺激に順応せず，緊張し，抑圧，跛行，うっ結，硬固などを示す．	刺激に順応し，緩慢，慎重，重苦しく鈍重である．
体型の親和型	肥満型	細長型	闘士型

細長型は分裂気質を，闘士型は粘着性気質と強い相関があると述べている．

また，特殊な才能の持ち主と「気質」の関係を表31.6のようにまとめているのも興味深い．

最後に，クレッチマーほど，生物学的，生理学的基礎データには乏しいが，歴史的に知られている他の気質分類を表31.7にまとめておく．

31.3 薬物に対する反応から体質をみる

はじめに

「体質」と薬物とが関係が深いことは，薬物アレルギー（薬疹やアナフィラキシーショック）の存在から容易に想像されることである．しかし，一般に理解されているアレルギー「体質」というのは，われわれの周辺にいる人たち，すなわち日本人のなかの特殊な「体質」，日本人のなかの個人差を意味しているのであって，必ずしも人種差による体質の相違ではない．それでは，薬物に対する体質は，日本人と他の人種との間に差はないだろうか．

これに対する興味深い資料として，同じ薬物の投与量の国家間差異をあげることができる．表31.8は，日本，アメリカ，ヨーロッパにおける種々の薬物の1日投与量を示しているが，注目されるのはアメリカとヨーロッパでは，ほとんど大きな差異はないのに対し，日本は，他の諸国に対し，投与量が一般的に低いことである[52]．たとえば，心臓と高血

表31.6 特殊な才能と気質（Kretchmer）

	循環気質	分裂気質
詩人	写実主義者 ユーモリスト	激情の詩人 ロマン主義者 形式を尊ぶ芸術家
学者	具象的，記述的な実証主義者	精密な理論家 体系家 形而上学者
指導者	たくましい猪突猛進主義者 派手な組織家 ものわかりのいい妥協家	純粋な理想主義者 専制者と狂信家 冷たい打算家

表31.7 諸家の気質分類

Hippocrates	多血質，胆汁質，黒胆汁質，粘液質
Jung	内向型，外向型
Sheldon	内胚葉型，外胚葉型

表31.8 薬物の1日投与量の国際比較

酵素 薬剤	1日投与量		
	日本	アメリカ	ヨーロッパ
アセチル化転移酵素			
低速アセチル化型	10 %	50 %	50 %
イソニアジド	200～500（1000）mg	300 mg	300 mg
ヒドララジン	30～200（300）mg	40～200 mg	75～200 mg
プロカインアミド	1000～3000 mg	1000～3000 mg	1000～1500 mg
サルファメトキサゾール	2 g	2 g	2 g
サルファサラジン	2～4（8）g	1～2（3～4）g	2.5 g
CYP2C			
代謝酵素欠損型	20 %	5 %	5 %
オメプラゾール	20 mg	20 mg	20～40 mg
プロプラノロール	30～120 mg	80～240（640）mg	160～320 mg
ジアゼパム	4～20 mg	4～40 mg	6～30 mg
CYP2D6			
代謝酵素欠損型	< 1 %	10 %	10 %
メプロロール	60～120 mg	100～450 mg	60～400 mg
プロパフェノン	450 mg	450～675（900）mg	450～900 mg
フレカナイド	100～200 mg	200～300（400）mg	100～400 mg
メキシレチン	300～450 mg	600～900 mg	600～800 mg
CYP3A4			
ニフェジピン	30 mg	30～60 mg	30～60 mg
ニカルジピン	30～60 mg	60～120 mg	60～120 mg

圧の治療になくてはならぬものとして，大変有名で多用されているプロプラノロールは，米，欧に対し，日本ではその1/2から1/3の量しか使われていない．日々の投与量というのは，その薬物の目的としている効果（プロプラノロールでいえば，血圧や心拍数を低下させる効果）をもたらし，かつ副作用の少ない量なので，このデータを素直にみれば，日本人では比較的少量で効果が現れているといえる．一般に薬物の投与量は，①薬物代謝，薬物動態，②薬物受容体の感受性，③外的因子によって規定されることが知られているが，この①，②の因子がいわば薬物からみた「体質」の実態と考えられる．

それでは，このプロプラノロールの投与量が日本で最も少ないのはどの理由によるのであろうか．一般的に，薬物に関する「体質」に人種差があるのであろうか．

以下，薬物に関する人種差が，遺伝子レベル，薬物反応レベル（生理反応レベル），その他の外的因子レベルで，どれほど究明されているか，現状を述べてみよう．

a. 薬物代謝と遺伝多型

薬物の生体内での代謝は，ほとんど酵素によって行われるが，その酵素反応の多くが遺伝子に支配されることがわかってきた．ヒトゲノムの全構造解析が終了したのはつい最近であるが，今やその機能解析が怒濤のごとく行われつつある．ゲノム機能解析を実際に行う方法として遺伝子多型の利用がある．その遺伝多型マーカーとして個体間における1塩基の違いを意味する single nucleotide polymorphism (SNP) が注目を集めている．近年，この手法を用いた薬理遺伝学 (pharmacogenetics) が急速に進歩してきた．これは，まさに薬物からみた「体質」の解析である．

今，この手法を用いた研究により，薬物と遺伝的差，そしてそれによる個体差，人種差がどこまで解明されているかということに，この項では焦点を合わせてみよう．

1) アセチル化反応と遺伝多型

結核の治療で必須の薬物であるイソニアジドの副作用の一つに末梢性神経障害がある．その異常は，一部の人に出現するが，原因は，イソニアジドのアセチル化の代謝スピードと関係があり，その代謝スピードは，遺伝により決定されていることが判明した．すなわち，代謝が速く，血中濃度の低い高速アセチル化群（fast acetylator）と低速アセチル化群（slow acetylator）が存在し，低速アセチル化群は代謝が遅いために高い血中濃度が継続される結果，末梢性神経障害が起きることが明らかになっている[16]．このアセチル化を受ける薬物には，イソニアジドのほかに，ヒドララジン（降圧剤），プロカインアミド（抗不整脈剤），サルファ剤（抗菌剤），カフェイン（中枢興奮薬）などがあるが，ヒドララジンやプロカインアミドで起こるSLE（膠原病の一種）様症候群や抗核抗体（膠原病関連抗体）の発現も低速アセチル化群では，早期に起こることがわかっている[36]．しかし，低速アセチル化群のみが，種々の副作用を発現するのではなく，実はイソニアジドで生じる肝障害は逆に高速アセチル化群で多いことがわかってきた．その理由は，高速アセチル化が低速アセチル化の場合に比べ，大量のアセチルヒドラジンを生産し，それがさらに肝障害をもたらす代謝産物に転化するためと考えられている．

ところで，この低速アセチル化群の頻度に，その後の研究で，大きな人種差があることが判明した[49]．表31.9に示すように，日本人の低アセチル化群の出現頻度は，11.5％であるのに対し，白人のそれは50％をこえており，日本人は世界で最も低い値で

表 31.9 低速アセチル化型の頻度

人 種	人数	頻度（％）	文 献
日本人	1808	11.5	Sunahara et al.（1961）
中国人	108	13	Horai et al.（1988）
エスキモー（アラスカ）	157	21	Scott et al.（1969）
白人（アメリカ）	105	58	Dufour et al.（1969）
イギリス人	472	55-62	Evans（1969）；Philip et al.（1987）
ドイツ人	524	57	Schmeidel（1962）
黒人（アメリカ）	116	51	Dufour et al.（1964）

ある。これらの研究は、その後の薬物動態の人種差を遺伝的に解明するきっかけとなった点で、きわめて意義深いといえよう。

2）デブリソキン型酸化と遺伝多型

デブリソキン（降圧剤）は、その効果に大きな個人差があるが、その原因が遺伝的にデブリソキンを代謝できない個体が存在することが発見された。そして、その形質が英国人の約8％にみられ、常染色体劣性遺伝であることが明らかにされた[29]。同じ頃、スパルティン（子宮筋の収縮薬）をほとんど代謝できない個体が、デブリソキンとほぼ同じ頻度で存在することが見つかった[20]。この2つの発見がきっかけとなって、デブリソキンとスパルティンの代謝に共通する酵素が発見された。チトクローム P450（CYP）とよばれる酵素である。一般に、薬物代謝は多くの酵素によって行われるが、なかでもチトクローム P450（CYP）は、最も重要な酵素で、多くの臨床の場で使用されている薬物の80％近くに関係していることが現在までに明らかにされている。CYPは、多数（約20種）の分子種からなるが、これらのなかで、CYP2D6は、多型性を示す代表的な分子種である。前述のデブリソキンとスパルティンの研究で、両者に共通する酵素は、このCYP2D6であることが明らかになり、デブリソキンとスパルティンの代謝にみられる個人差は、CYP2D6の遺伝多型によることが確定した[18]。このデブリソキン代謝を行う酵素 CYP2D6 には、デブリソキン、スパルティン以外にも多くの薬物が代謝を受けていることが明らかとなっている。すなわち、抗不整脈薬（プロパフェノン、フレカイニド、メキシレチン）、心臓血管系の重要な薬物であるβ-遮断剤（プロプラノロール、メトプロロール、チモロールなど）、神経遮断剤（ペルフェナジン、チオソダジン、クロザピンなど）、抗うつ剤（ノリトリプチリン、デシプラミン）、鎮痛、鎮咳薬（コデイン、デキストメトルファンなど）、現在30種類をこえる薬物が知られている。

この代謝酵素が欠損している群（poor metabolizer＝欠損型）と代謝酵素が正常な群（extensive metabolizer＝正常型）、それに最近は、中間型の反応を示す群（intermediate metabolizer＝中間型）とに分けられている。欠損型、中間型では、正常型に対し、薬物の血中濃度が高く、代謝産物の濃度が低いので、治療効果や有害な副作用の発現が異なってくる。しかし、必ずしも欠損型に副作用が多いというわけではないことは、アセチル化反応の項でも述べたとおりである。たとえば、コデイン（鎮咳、鎮痛剤）は、CYP2D6により活性代謝物であるモルヒネを生じるが、CYP2D6の「欠損型」では、モルヒネが産生されにくいので、コデインによる鎮痛効果を望めないことになる[39]。また、エンカイニド（抗不整脈剤）は、CYP2D6で代謝されると活性代謝物ができるが、「欠損型」では不整脈の治療効果が少なくなる[50]。これに対し、同じ抗不整脈であるフレカイニドは、CYP2D6で代謝を受けると不活性体に変化するので、「欠損型」では、抗不整脈効果が出やすくなるが、逆に有害な副作用も発現しやすくなる[10]。

以上のデブリソキン型酸化反応を起こす CYP2D6 酵素の「欠損型」の出現頻度には大きな人種差があることが明らかとなってきた。欧米人では5～9％に出現するが、日本人ではきわめて少ない[19,21,23,28,46]。デブリソキンでいえば、「欠損型」は、経口投与による血中最高濃度が「正常型」に比し4倍にも達するので、当然、薬物反応（降圧効果）が強くなるが、「欠損型」がほとんどみられない日本人の場合は、そのような過敏な薬物反応は出にくいことになる。

表 31.10 デブリソキン型酸化の「欠損型」の頻度

人　種	人数	頻度（％）	文　献
日本人	200	0.5	Horai et al.（1989）
中国人	269	0.7	Lou et al.（1987）
白人（アメリカ）	156	7	Wedlund et al.（1984）
イギリス人	258	9	Evans et al.（1980）
ドイツ人	990	6.5	Eichelbaum et al.（1986）
黒人（ナイジェリア）	123	8	Mbanefo et al.（1980）

3）メフェニトイン型酸化と遺伝多型

デブリソキンの研究ののち，メフェニトイン（抗てんかん薬）の効果の個体差が，同じチトクロームP450系酵素の中のCYP2Cの遺伝多型と密接に関係していることが明らかとなった[27]．これにも，「欠損型」poor metabolizerと「正常型」extensive metabolizerが存在するのである．

このCYP2Cで代謝される薬物は，CYP2D6により代謝される薬物よりやや少ないが，それでもオメプラゾール（抗潰瘍薬）や，ジアゼパム，メフォバルビタール，イミプラミンなどの抗精神薬，プロプラノロール（心臓血管作動薬），プログアニル（抗マラリア薬）がある．プログアニルは，CYP2Cに代謝されて初めて有効代謝物が生まれるので，この「欠損型」では，プログアニルを予防的に投与してもマラリアにかかってしまう[48]．

このCYP2Cの「欠損型」の出現頻度にも人種差があることが明らかにされている[12,23,41]．興味深いのは，CYP2D6酵素の場合とは逆に，この「欠損型」の出現頻度は，日本人が20％前後で世界で最も高頻度である（表31.11）．

4）チトクロームP450（CYP）の遺伝子変異

薬物の多くがCYPにより代謝され，その酵素「欠損型」の存在が発見されて，薬物反応の個体差，人種差が解明されてきたことを前項までに述べたが，最近は，「欠損型」の原因となる遺伝子変異に関する詳細な分析もなされるようになってきた．

i）CYP2D6の変異 デブリソキン型酸化反応の酵素であるCYP2D6のゲノタイピングが発展し，現在，多くの変異遺伝子が発見されている．そして，この変異遺伝子のレベルでの発現頻度に人種差があることが明らかにされつつある[7,8,30,38]．欧米人（コーカサス人種）で最も発現頻度の高い変異遺伝子は，CYP2D6＊4（遺伝子頻度20％），ついでCYP2D6＊5（遺伝子頻度2〜4％），CYP2D6＊3（遺伝子頻度1〜2％）である．これら3種の変異遺伝子により，コーカサス人種の「欠損型」（poor metabolizer）が90％以上説明可能とされている．これに対し，モンゴル人種やニグロ人種ではCYP2D6＊4の頻度がきわめて低いことがわかった．そして，これがこれらの人種にCYP2D6の「欠損型」（poor metabolizer）が少ないことと密接に関連していると考えられている．CYP2D6の遺伝子に関する研究は，「欠損型」（poor metabolizer）ほどではないが，CYP2D6の代謝能が正常より低下している「中間型」（intermediate metabolizer）の原因となる変異遺伝子，CYP2D6＊10の発見につながった．このCYP2D6＊10という変異遺伝子の発見頻度は，コーカサス人種約3％に比し，中国人では50％をこえることが判明し[26]，これが中国人においてCYP2D6の平均的な代謝能力が低いことの主因であると考えられるようになった．それでは，日本人ではどうかというと最近の調査によれば，表31.12に示すように38.6％と欧米人に比し，きわめて高い頻度であることがわかった[14]．

ところで，このような微細な遺伝子変異は，実際に生体反応につながるかどうかという検討，すなわちゲノタイプ（遺伝子型）とフェノタイプ（表現型）との関連についての研究もなされている．たとえば，CYP2D6の代謝を受けることがわかっているデキストロメトルファン（鎮咳剤）を用いてその代謝産物の生成が，CYP2D6＊10のホモ接合体（＊10/＊10）とヘテロ接合体（＊10/＊104）で有意に低いことが証明されている．この研究は，さらに日本人にわずかながら存在する「欠損型」（poor metabolizer）は，欧米人と少し異なる組み合わせ，すなわちCYP2D6＊5とCYP2D6＊14の2つの変異遺伝子により，日本人の「欠損型」（poor metabolizer）の83％が説明されると推定している[14]．

ii）CYP2A6の変異とニコチン代謝 チトクロームP450（CYP）の分子種のなかの一つであるCYP2A6は，タバコの主成分であるニコチンの代謝

表31.11 メフェニトイン型酸化の「欠損型」の頻度

人　種	人数	頻度（％）	文　献
日本人	200	22.5	Horai *et al.* (1989)
中国人	98	17.4	Horai *et al.* (1989)
スウェーデン人	488	3.3	Bertilsson *et al.* (1992)

表 31.12 CYP2D6 変異遺伝子の頻度

人種	人数	対立遺伝子頻度				文献
		*2	*5	*10	*14	
日本人	162	12.9	6.2	38.6	2.2	千葉ら (2001)
中国人	113	13.4	5.7	50.7	—	Johansson et al. (1994)
サウジアラビア人	101	10.4	1.0	3.0	—	McLellan et al. (1997)
ドイツ人	589	33.7	2.0	1.5	0.0	Sachse et al. (1997)
トルコ人	404	35.0	1.0	6.0	0.0	Aynacioglu et al. (1999)
エチオピア人	122	16.0	3.3	8.6	—	Aklillu et al. (1996)

に関与し，その個体差はCYP2A6の遺伝多型に起因することが，最近明らかにされてきた[31]．その変異遺伝子レベルの解析で，CYP2A*6は，「欠損型」(poor metabolizer)の原因遺伝子であることがわかるとともに，人種差があることが判明した[35]．その遺伝子頻度は欧米人0.5〜1.0％，中国人15.1％に比し，日本人において20.1％と最も高頻度であることが最近の研究で明らかにされている[33]．この研究のなかで興味深いのは，日本人と韓国人の人種差比較で，同じCYP2A6遺伝子型であっても，韓国人の方が高い代謝能を示したことである．これは，「体質」の指標として今回用いている薬物代謝に，遺伝子以外の要因があることを示すもので，この点は31.3節c項で論じる．

5）アルコール代謝と遺伝多型

アルコールに弱い人，強い人がいること，すなわちアルコール代謝に個体差，人種差があることは，古くから知られていることで，その原因はアルコール脱水素酵素とアルデヒド脱水素酵素活性の差にあることは，すでによく知られている[22,34,44]．アルコール脱水素酵素には，「通常型」と「非通常型」があり，「非通常型」はアルコール酸化能が高く，かつ遺伝型と人種差があることがわかっている．「非通常型」の変異遺伝子の頻度は，コーカサス人種が5％以下であるのに対し，日本人，中国人で85〜90％と高頻度であることが知られている[17,40,45]．当初，この高いアルコール代謝が，顔面紅潮，動悸などの種々のアルコール反応を示すこと，いわゆるアルコールに弱いことの原因と考えられていたが，現在は，アルデヒド脱水素酵素のアイソザイムが欠けることによりアセトアルデヒドの血中濃度が高いことが，それらの症状の原因とされている[22,34,44]．このアルデヒド脱水素酵素の異常によるアルデヒド代謝能が低いことは，一方でコーカサス人種に比較して，日本人にアルコール中毒患者が低いことにもつながっていることはいうまでもない．

b. 薬物治療に対する反応性の人種差

実際に薬物を投与したときの薬理効果（生理反応）は，薬物濃度と薬物受容体の感受性，さらには次項で述べる外的因子（食事や生活環境など）に規定される．

したがって，前節で述べたような薬物代謝の遺伝子レベルでの情報では，まだ薬理効果の一部しか説明することはできない．

一方，薬物感受性は in vitro の摘出臓器レベルあるいは受容体レベルでは評価が容易であるが，薬物濃度と薬物感受性を in vivo で評価することは，現実にはきわめてむずかしいために，この分野の情報はあまり多くはない．

したがって，日本人と欧米人との比較は，ほとんどみられない．その稀な貴重データとして，冠動脈攣縮の日・伊共同研究[37]がある．冠動脈攣縮（スパスム）は，狭心症や心筋梗塞の重要な原因として以前より指摘されているが，この冠動脈の異常反応性が欧米に比し日本で多いと推測されていた．この異常血管反応を見つける方法として，アセチルコリンを動脈注射して血管攣縮が起こるかどうかをX線で血管造影しながら観察するという大変手間のかかる方法が用いられている．

この日・伊の共同研究は，これらの方法を用いて対象を心筋梗塞後14日以内の患者（日本人15名，イタリア白人19名）に限定して血管収縮性を観察した．その結果，アセチルコリンによる攣縮の誘発率が日本人で47％とイタリア人の15％に比較し明らかに高いこと，逆に亜硝酸剤による冠血管の拡張

率が低いことがわかった．この研究の対象が一般健康人ではないという限界があるが，もともと冠動脈攣縮による狭心症が日本で多いという背景を考えると，これらのデータから日本人は，アセチルコリンに対する感受性が高く，逆に亜硝酸剤に対する感受性が低いことが示唆される．

一方，中国人と白人，黒人と白人に関する循環器系薬物の薬物反応性は，いくつか検討されており，たとえば前節で登場したチトクローム P450（CYP）に代謝される薬物であるプロプラノロール（心臓，血管薬）は，よく検討されている．

同量のプロプラノロールを経口投与したとき，白人の方がその血中濃度が約 2 倍高いが，血圧，脈拍に対する反応は逆に血中濃度の低い中国人の方が高いという報告がなされている[53]．つまり，中国人の方がプロプラノロールに対する感受性が高いことを示唆している．

同種の実験が白人と黒人で行われた結果は，血中薬物動態には差がないにもかかわらず，黒人の方が血圧，脈拍の反応が低い（降圧除脈効果が少ない）ことがわかった．このことは血液から取り出されたリンパ球のプロプラノロールに対する感受性が $in\ vitro$ でも証明された[25]．これらの結果は，黒人が白人と同程度のプロプラノロールの薬理効果を得るには，約 7 倍のプロプラノロール濃度が必要なことを示している．

中枢系薬物に関しては，さらにアジア系と白人とでは薬物反応に複雑な差があることがわかってきている．たとえば，ジアゼパム（精神安定剤）の血漿クリアランスは，白人と韓国人では CYP の「欠損型」(poor metabolizer) で有意に低いが，中国人では「正常型」(extensive metabolizer)，「欠損型」ともにクリアランスが低く，遺伝多型のみでは説明できない[11]．この理由として，中国人では「正常型」(extensive metabolizer) の遺伝型がヘテロ接合体であることが多いことによると考えられている．

これに関連したことでは，デブリソチン代謝の場合にもホモ接合体に比し，ヘテロ接合体の「正常型」(extensive metabolizer) は，同じ「正常型」であっても，代謝が遅いことが，認められている．

三環系抗うつ剤やリチウムなどの中枢神経等に関しては，アジア人と白人との関係はさらに混乱している．アジア人は総じて多様性を示し，黒人は高い血中濃度と早い治療効果を示す傾向があるが，前二者よりも副作用が多い[42]．また躁状態の治療薬であるリチウムの有効血中濃度はアジア人（この場合日本人も含む）では，$0.5 \sim 0.8\ mh/l$ であるのに対し，白人では $0.8 \sim 1.2\ mh/l$ と高値である[24]．

c. 外的因子（非遺伝的要因）

本来，非遺伝的要因を論じることは，狭義の「体質」には関係ないことであるが，体質総論で述べたように，「体質」という現実的，実用的な概念は，遺伝的要因と後天的要因との織りなす綾とでもいうべきものである．そこで，この項では，薬物という最も物質的，客観的かつ遺伝的に説明しやすいモデルでも，やはり個人と人種を取り囲む外的因子が深く関係しているということを，そしてそれは，複雑であるだけに，まだ十分には解明されていないことを示すために，従来あげられている問題点（多くはまだ推定の段階）を以下にまとめておこう．

1）食習慣その他の生活習慣との関連

362 ページで述べたように，タバコのニコチン代謝を行う酵素 CYP2A6 の遺伝子型が日本人と韓国人とは同じであるにもかかわらず，日本人より韓国人がニコチン代謝能が高かったという事実は，遺伝子以外の要因が存在するということになる[14]．この遺伝子以外の要因を考えるとき，重要な影響を与えるであろうと推測されるのは，生活習慣であろう．なかでも食習慣は，毎日条件づけを行っているようなもので古典的な条件反射をもたらす可能性も大きい．実際，韓国人がニンニクやトウガラシを多量に摂取することが遺伝子以外の原因の一つではないかと推測されている．そのメカニズムとして，これらの食物には，ジアリルスルフィドやアリルメチルスルフィド，さらにはカプサシンが含有されているが，これらの化合物はチトクローム P450（CYP）を誘導する作用があることが報告されているからである[47]．すなわち，これらの化合物が CYP 中のニコチンの代謝酵素である CYP2A6 を誘導し，これが韓国人のニコチン代謝機能を高めている可能性が考えられている．

グレープフルーツジュースはジヒドロピリジン系カルシウム拮抗剤（降圧剤）の代謝を阻害する[9]．

日本で有名なのは納豆がワーファリン（抗凝固剤）の凝固阻止過程を妨害し，ワーファリンの治療効果を低下させる[43]．しかし，一方で納豆は，ナットウキナーゼにより，凝固した血液を溶かす機能（線溶能の促進作用）があり，多面的で，複雑であることが自然の食べ物の作用であることに注意しておかねばならない．

アルコール飲料は，アルコールが肝代謝性薬物の多くで酵素活性を高めることから，日本人のようにアルデヒド脱水素酵素が欠落している個体が多い場合には，アルコール飲用の有無で薬物反応が異なってくることは十分考えられることである．

一方，肥満は，先進国の大きな問題であるが，脂肪親和性薬物の蓄積や代謝にも大きく影響を与えていると推定されるので，これが薬物反応性の人種差として誤認される可能性は否定できない．

2）環境因子

種々の環境汚染，特に農薬を含む化学物質による汚染は，アメリカや日本では急速に進行しつつあることが各種のレポートで報道されている．これ自体が微量で生体の基本的な代謝に大きなマイナスを与えることは，一般に「環境ホルモン」とよばれていることからも明らかである[13, 15, 51]．同時に，これらの化学物質が，従来の生体環境での薬物代謝を狂わすことも容易に想像できることである．しかし，残念なことに，この分野の検討は，ほとんどなされていない．今後の，それも緊急の課題である．

3）文化的背景との関連

人種というより国家間で疾病構造や治療哲学が大きく異なっていることも，「体質」と直結する薬物反応にかなり影響を与えている可能性がある．31.1節で述べたように，人種により薬物の使用量がかなり異なるのは，その薬物代謝が人種によって異なることがその原因の一つであることを述べたが，一方で遺伝的差異のみでは説明のつかない薬用量の差がたくさんあることも述べてきた．薬用量に関しては，その文化のもった治療哲学が大きく影響する可能性がある．すなわち，欧米の医師は投与量を上げて有効性の発現を重視するので，有害反応（副作用）は相対的に重要視されていない傾向があるといわれている[52]．これに対し，日本の医師は，有効性はほどほどでも有害反応（副作用）を出さないようにすることを重視する．また，薬を用いなければならないという圧力は，ヨーロッパよりもアメリカで高く，1人当たりの抗生物質の使用量はイギリスの2倍，ドイツの4倍多い．アメリカの医療訴訟の多さと完全治癒（careでなくcure）を目指す積極的アプローチとは相関しているようにみえる．この治療観の差が欧米に比べて，日本の1日の薬用量が低いことの一因になっている可能性がある．いずれにしろ，薬用量，即薬物感受性の差（「体質」の差）とは結びつかないことに留意する必要がある．

まとめ

薬物代謝や薬物感受性の科学は，今や遺伝子レベルで解析されるようになりこのような研究から得られたデータは，この項で紹介したように，人種差すなわち日本人の特性を大変明確にさせつつある．いわば，「日本人の体質」の遺伝子レベルでの解析がなされつつある．そして，いずれ遠くない将来に臨床に使用されているあらゆる薬物の遺伝子レベルでの解析がなされるであろうことは，あの膨大なヒトゲノム構造解析が終了したことからいえば，疑いのないことであろう．

しかし，そのとき，「体質」あるいは人種差としての「日本人の体質」は，完全に解決されているであろうか．おそらく，そうではないのではないだろうか．なぜなら，まず現時点で，同一の遺伝子型でも人種差で薬物反応に差があるという事実がそのことを示唆している．体質総論で述べたように，「体質」は遺伝と環境との総和であるからである．そして，遺伝子がすべて機能解析されたとしても日常の場での遺伝子の機能とは，必ずしも一致しない．なぜなら，遺伝子の機能の発現は，その個体，人種の「場」（総合された環境）に左右されると同時に，あらゆる「場」は常に変動して行くからである．その意味で広義の「環境」である「場」と「体質」の関係の研究が，今後開始されねばならないように思われる．このことは，狭義の「場」の変化である環境汚染が基本的に「体質」を変化（おそらくマイナスの方向に）させるであろう，いやさせているであろうということにもつながる．

いずれにしろ「体質」を生理反応レベルでも研究し続けることは，「木を見て森を見ず」の誤りを防

ぐためにもきわめて重要であろう．

31.4　心電図左室電位は新たな体質の指標となるか

はじめに──左室電位事始

心臓病の診断に「心電図」が必須のものであることは，医療関係者以外の人々にも，すでに常識となっている．ところが，この心電図を病気でないふつうの人たち多数で記録すると実にさまざまな個性があることがわかる．そして，それはちょうどクレッチマーの「体型」分類がきわめて興味深い人間洞察につながったように，この心電図が新たな分類法，「生理人類学的」分類として有用となるのではないかというのが，本節の主旨である．

通常用いられている心電図は，心臓の電気現象（電位）を，体表面の電位変化として記録したものである．この波形とそのリズムが，病気の場合に変化することがわかっているが，その一つとして，心臓の左心室の電位が，左心室の肥大の診断に有用であるとされてきた．その左室電位は，図の胸部 V_1 で得られた電位の陰性部分（S）と胸部 RV_5 で得られた電位の陽性部分（R）との和（$SV_1 + RV_5$）で代表させることが一般的である．実は，この病気の診断に用いられている $SV_1 + RV_5$ が新たな生理人類学的指標となる，いい換えれば，新たな体質の指標となるというのが，筆者らの提言であるが，以下にその概念を述べることにしよう．

a. 日本人の左室電位

正常若年者群の左室電位の年齢差，性差を知るために，高電位（左室肥大）の頻度を調べるという定性的手法を用いたが，その結果，明らかな年齢差，性差が認められ，特に男子高校生に，異常な高率で，左室高電位（左室肥大）が認められたことは，注目に値する．従来，心電図の左室肥大の基準（高電位基準）として，$SV_1 + RV_5 > 35$ mm が世界的に用いられているが，日本人にそのまま適用すると偽陽性率が高いために，いくつかの改定基準が用いられている．そのなかでも，今回われわれが用いた森らの基準（30歳以下では $SV_1 + RV_5 > 50$ mm を左室肥大とする）が最も厳しい，すなわち，偽陽性率が低いとされる基準である．それにもかかわらず，今回の結果では，大学1年生で 8.6%，高校1年生で 21.4% の高率で，この基準をこえる者（左室肥大）がみられたこと，しかも，それらのうち，精密検査を実施しえた者の全員が，実際は左室肥大（拡大を含む）ではないという結果が得られたことは，2つの点で重大である．

第1は，今回の目的ではないが，臨床的な意味，すなわち，心臓病のスクリーニングテストとして用いられている現在の心電図基準に対する疑義である．ここでは，従来の，年齢差に対する顧慮（30歳以上と以下の2つに分ける）では不十分で，少なくとも20歳以下に対する新たな基準が必要なこと，また性差を加味させる必要性を指摘するにとどめる．

第2の問題は，今回比較した 15.5 歳と 18.6 歳というわずかな年齢差しかみられない2つの若年男子群間で，左室電位に明らかな差がみられたことの生理学的・生物学的意義である．従来，日本人の正常者の左室電位の計測値はいくつかの報告があるが，それらは，最も狭い年齢区分をしたものでも，16～20歳，21～25歳，26～30歳，…という区分で行われており，したがって，今回のわれわれの得た年齢差には，気づかれていない．われわれと同様に1つの群の年齢幅を狭くして2つの若年群を比較したものは，他には，林らの報告があるが，そこでは，約20歳の大学生と 13～14 歳の中学生とを比較し，RV_5 の値は，中学生が有意に高値を示したとしている．また，従来の報告では，正常者の左室電位は，16～20歳が最高で，以後の年齢群では，左室電位はしだいに減少することで一致している．そこで，さらに，最近の津田らの小学生のデータとを加味すると，おそらく，中学生から高校生の年代において左室電位は最高値を示し以後減少を示していくのではないかと推定される．

ところで，このような左室電位の年齢分布が確定したとしても，そのメカニズムは，現時点では明らかでない．われわれの知りうる左室電位は，あくまでも，胸壁上のそれであり，必ずしも真の心臓の電位を示すものではない．すなわち心臓以外の外在的因子，たとえば心臓と電極との距離，これに関連した肥満や胸囲（胸郭）の問題，あるいは肺含気量，皮膚抵抗の影響も考えねばならないし，また，心臓自体の因子（真の起電力の増大）にも心筋の肥大，

心臓の拡大，血液の問題（Brody 効果）など数多くの因子を考慮せねばならない．今回の左室高電位が，外在的因子による見掛け上のものかどうかを検討するために，まず体型を比較したが，表31.4で示したように，左室高電位（左室肥大）の頻度が高い高校生の方が，大学生に比し，体重も，胸囲も低値であることは，従来の左室電位が体重や胸囲と逆相関の傾向を示すという知見からのみで，説明できるようにみえる．しかし，同じ年齢群のなかでは，左室肥大群と正常電位群との間には，体重，胸囲に，まったく差がないこと，また男女差でいえば，女性は，男性に比し体重，胸囲が低値なので，左室高電位になっていいはずなのに，実際は，逆に男性より低電位を示していることなどから，体重・胸囲の因子だけで割り切れないことは明らかである．さらに同年齢ということで，上述の外在的因子の他のものも体型同様，差がないことも考えられることから，高校生と大学生の左室高電位の差は，真の起電力の差である可能性は，十分考慮するに値しよう．この意味で左室肥大群が，正常電位群に比し，定期検診診断時に相対的に血圧が高い可能性を示したことは，興味深い．

すでに，われわれは，九州大学学生の高血圧群は，仮に高血圧と判定しうるものでも動揺性高血圧で，β－受容体亢進状態との関連が深いことを報告したがこのことは左室高電位の成因を解明する一つの手がかりとなるのではないかと考えられる．さて性差については，今回のデータからその成因を推定することは困難であるが，高校生で最も性差が大きいことは，乳房等の外在的因子の存在は十分考えられるが，それのみで説明するには，あまりにも，性差が大きすぎるように思われる．

b. 左室電位は時代とともに変わる

大学1年生という若年男子において，13年間の心電図左室電位の変化を検討した結果明らかに左室起電力は低下し，また左室肥大と判定される高電位の出現頻度も低下してきていることが明らかになった．この原因としてまず体格について検討したが，13年間身長の平均値はまったく変化なく，体重で約1 kg 増加しているのみであった．また体格と $SV_1 + RV_5$ との間には相関はなかった．一方，血圧は，平均値で上昇傾向にあること，また血圧と $SV_1 + RV_5$ との間には有意な相関がみられなかったことにより血圧が左室電位低下の原因とは考えられない．

心電図左室電位に性差，年齢差があることはすでによく知られた事実であるが，人種差もあることはわれわれや他の研究者により報告されてきた．すなわち，従来左室電位の異常値（左室肥大）として，Sokolow Lyon の $SV_1 + RV_5 \geq 3.5$ mV が世界的に用いられているが，これらの voltage criteria を日本人，黒人などのコーカソイド以外の人種にそのまま適用すると，偽陽性率が高いことが知られてきた．したがっていくつかの改定基準が用いられているが，そのなかでも森らの基準（30歳未満の男性では）$SV_1 + RV_5 \geq 5.0$ mV を左室肥大とする）が最も偽陽性率の低い厳しい基準とされている．しかし，この基準を用いても心エコー図その他の精密検査から，実際には解剖学的な左室肥大は存在しないこと，すなわち偽陽性がかなりあることをすでにわれわれはじめ多くの報告がある．それでは，左室電位（$SV_1 + RV_5$）は体型や肥満度とは関係していないか？ という疑問が起こる．しかし，すでにわれわれの九州大学学生調査，与那国島調査，新疆ウイグル自治区調査において，左室電位が心臓の肥大や拡大とはほとんど関係がなく体型や肥満度とも関連性がないことを明らかにしてきた．また体力（最大酸素摂取量）についても日本人よりも優れているウイグル族やカザフ族の方が，左室電位が低いという結果は，左室電位が心臓の大きさや収縮力とはあまり関係ないことを間接的に支持するものと考えられる．

一方，Xie ら[110]のシカゴ在住の労働者における心電図の調査でも，喫煙，血中コレステロール，血糖，教育歴などさまざまな因子の影響を除外しても，白人に比し黒人の心電図上の左室肥大の比率が高く，この差は人種差以外考えられないと結論している．以上の検討などにより，左室電位は左室肥大の解剖学的指標というよりは，なんらかの生理的活性度の指標である可能性を示唆する．このことは，逆に左室電位が人種差をはかる物差し（すなわち生理人類学的指標）に使えることを示唆する．

今回の研究は，左室電位をこのような視点からとらえ，それを縦断的研究に応用したものである．そ

の結果は，若年の日本人男子は1980年代より徐々に生理活性度が低下してきていることを示唆する．われわれの本研究と関連する報告として，大柿らの体力年次推移の報告や1995年度の文部省報告がある．それらの結果は，10歳代の運動能力は1980年代をピークとしてそれ以降は低下・低落傾向にあるということを示している．また，R-R間隔が徐々に短縮していること，すなわち安静時心拍が徐々に増加しているというわれわれの研究結果は，スポーツマンの心拍が除脈になっていくのとちょうど裏腹の関係にあると考えられる．今後，左室電位が低下していく過程と心臓の大きさとの変遷を比較することにより，以上新たな視点がより明確になることが考えられる．

c. 与那国島調査にみる都市と僻地の差

1）はじめに

前章までに左室電位が体質の新たな指標になるのではないかという示唆と，その時間変化（時間因子）について述べてきたが，それでは，空間変化（環境因子）はどうであろうか．その空間変化を都市地区と僻地との差でみたものが，以下のデータである（藤野ら，2000；金谷ら，2000；大柿ら，2000）．

日本の都市部は，第二次世界大戦後に急激な生活形態の変化（アメリカ型生活への傾斜）が起きたが，すなわち，壮大な急性実験が行われたようなものであるが，それに対し，僻地は，その都市部の実験前の姿，コントロールを表現すると考えられる．したがって，実験結果をより明確にするためには，対照となる僻地は都市部の影響を最小限にしか受けていないことが望ましい．その意味で，この研究の対象となった与那国島は，現在の日本では最もふさわしい調査地域と考えられる．なぜなら，この島は，北緯27度27分，東経123度，那覇から520km，台湾まで170kmの位置にある八重山群島最西端の離島であり，面積約28.5km^2，島の周囲27.5kmの小さな島であるが，かなりの人口（2,000人）を有するとともに，離島のなかでは人口構成が自然であり，かつ人口の流出が少ないからである．いわば，タイムトンネルをくぐって，かつての日本をみるのにも最も近い地域といえよう．

2）与那国島の左室電位

八重山保健所の住民検診に参加することにより，彼らの行う，胸写，検尿，血圧，血計内科検診のほかに，心電図，心エコー図，血液型検査，血液検査（GOT，HB，尿素窒素，コレステロール，HDL，電解質），および皮脂厚測定を含む形態計測を行った．対象は，20歳以上の男性483名，女性524名である．

図31.2，31.3に，心電図胸部誘導より計測した$SV_1 + RV_5$の値の年齢別，性別分布を示す．図31.2は，心電図を記録，計測し得た979名全員の性別，年齢別平均値と標準偏差を示すが，図31.3は，内科的に異常なしと判定された者（高血圧，脳血管障害，心臓病，糖尿病，貧血などの疾患が認められなかった者）276名の性別，年齢別平均値を示す．

全員でみてみると（図31.2），男性はいずれの年代でも，女性より高値を示すが，年齢とともにしだいに低下傾向を示し，年齢と$SV_1 + RV_5$の間には有意な逆相関がみられた．これに対し女性は，年代間の差はなく，したがって，年齢と$SV_1 + RV_5$の間には有意な相関はみられなかった．

次に，検診の結果，まったく正常と判定された者に限ってみると（図31.2），男性では，全員の場合より，年齢による$SV_1 + RV_5$の減少は著明となり，30歳代から50歳代までは，女性との差は僅少となった．しかし，60歳代では再び有意な男女差がみられた．一方，女性では，全員の場合に比較し，各年代の平均値は，少し低下したものの，年齢による増減は，全員の場合と同様みられなかった．$SV_1 + RV_5$を用いた森のSokolow. Lyon改訂基準により，左室肥大を判定し，その頻度を性別，年代別にみると，ほとんど差はなかった．このうち，20歳代で心電図上左室肥大を示した者は13.6％で，全員，高血圧，心臓病など左室肥大を生じる基礎疾患はまったくなく，また，心エコー図により計測した左室内径，左室心筋厚ともに正常であった．

前章でも述べたように，森ら（2000）の基準（30歳未満の男性では，$SV_1 + RV_5 > 50$ mm，30歳以上の男性では，$SV_1 + RV_5 > 40$ mm，女性では，$SV_1 + RV_5 > 40$ mmを左室肥大とする）が最も偽陽性率の低い厳しい基準とされている．この基準を用いて与那国島住民を判定すると，左室肥大が高率に

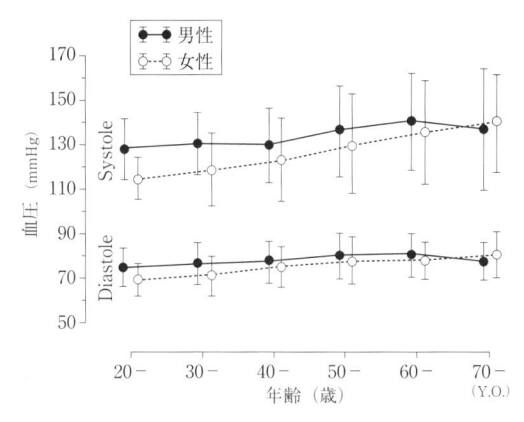

図 31.2 対象者全員における男女別，年齢別の心電図 SV_1+RV_5 の平均値と標準偏差

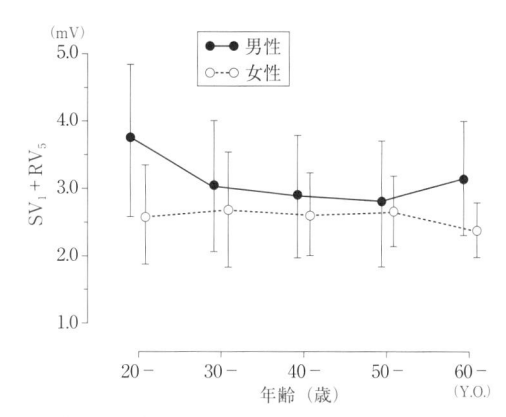

(a) 正常対象者のみにおける男女別，年齢閲の心電図 SV_1+RV_5 の平均値と標準偏差

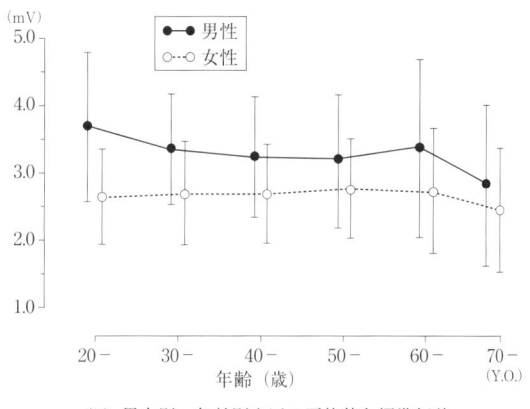

(b) 男女別，年齢別血圧の平均値と標準偏差

図 31.3

みられる結果になった．しかも，30歳未満の心電図上の左室肥大については，心エコー図その他の精密検査から，実際には解剖学的な左室肥大は存在しない，すなわち，偽陽性であることが確められたことは，前章と比較して，いくつかの問題を投げかけている．

一つは，福岡市の若年男性の場合にも $SV_1+RV_5 > 50$ mm を示すものが 8.6％みられ，それらがいずれも真の左室肥大ではなかったことは，与那国島若年男性と同様であるが，与那国島の 13.6％ に比し，比較的低頻度であることである．ところで SV_1+RV_5 は，真の左室電位と心臓以外の外在因子（体型，肺含気量，皮膚抵抗など）との総和と考えられるが，肥満度や体型が，胸壁と電極との距離を変化させることで，SV_1+RV_5 の値に影響を与えることが知られている．そこで，福岡市の若年左室肥大群と与那国島の若年左室肥大群の身長，体重を比較するとそれぞれ，168.8 cm, 59.7 ± 6 kg, 165.5 ± 6.0 cm, 64.9 ± 9.9 kg で，与那国島の方が比較的肥満型体型であることがわかった．このことは，与那国島の方が，むしろ，SV_1+RV_5 が低値になる外在因子をもっていることを示唆するもので，したがって，与那国島の方が SV_1+RV_5 の高値を示すものが多いということは，真の左室電位が，福岡地区よりさらに高い可能性を示唆するものと考えられる．与那国島の若年男性群の左室電位が福岡市の若年男性群より高いとした場合，その原因として，まず，与那国島住民の方が，肉体労働従事者が多いことによ

るスポーツマンハート的な左室電位の増大が推測されるが，この点は，心エコー図で，解剖学的な肥大が認められなかったことから否定的である．

次に，図31.3 に明らかなような SV_1+RV_5 の性差，年齢差についてであるが，この男女差を，乳房等の外在因子のみで説明するにはあまりにも差が大きすぎるように思われる．また，各年代における絶対値の性差だけでなく，年齢変化における性差，すなわち，男性で年齢とともに SV_1+RV_5 が減少するのに対し，女性は不変であることもまた興味深い事実である．

以上の結果は，同じ日本人でも左室電位の空間分布が異なる，いい換えれば，地域によって体質が異なるということを示している．それでは，このような差を生み出す原因は何か．それは，現時点ではまだ明らかではないが．あとでも述べるように，自律

神経の交感神経活性が高く，その結果として心筋細胞の興奮伝播速度が速いと，たとえ形質的，解剖学的な細胞肥大がなくても左室高電位が生じるという仮説をもっていることを記するにとどめよう．

d. シルクロードから日本人の体質をみる

1) はじめに

シルクロードは交易と文化の交流の道であると同時に，人類学的クロスロードでもある．実際，シルクロード中国地区である新疆ウイグル自治区だけでも，13の民族が存在するといわれている．このような地域で，生理人類学的調査を行うことは自然環境が同一なので，得られたデータの相違はライフスタイルの差異か遺伝子的差異であることを強く示唆できる．

そこで，1990年代に行われた九州大学合同調査隊のデータを基に日本人の体質をシルクロードの諸民族との比較で述べることにしよう．

2) 研究の背景

ⅰ) 対象　新疆ウイグル自治区に居住する少数民族であるウイグル族，カザフ族，シボ族を調査対象としたが，いずれも民族間比較を正確に行うために，18歳から22歳までの若年男性（大学生中心）を主体とした．日本人のデータは，同様の条件を満たす若年男性（九州大学学生中心）から得られた．

ⅱ) 方法　調査は，大学校舎などの屋内で同一日に行った．調査項目は，食餌等の生活調査を中心としたアンケート調査，身長，体重などの形態学的調査，内科診察，検尿，各種血液検査，心電図，心エコー図等の医学的検査，および最大酸素摂取量を全員に測定した．一部にはホルター法による24時間の心電図記録を行い，心拍リズムの特性と運動量とを計測した．以下には生理人類学的関連データについてのみ述べる．

ただ，血液検査については，血液の国外持ち出しが禁止されているために，一般の医学，生化学的検査は行いえたが，遺伝子分析はまだ遂行されていない．

3) 形態的特徴

生理人類学的差異をみる前に，少し日本人とシルクロード住民の形態的特徴，形質人類学的指標の測定結果を述べておこう．

身長，体重は図31.3のように，日本人がいずれも高値である．シボ族は，清朝成立と同時に，中国の東北地方から現在の新疆ウイグル自治区に移住し，以来200余年隔離された状況にある民族として有名であるが，その人類学的な調査は，かつてなく幻の民族とされてきた．このシボ族のみは，若年男子のみならず老年まで年齢別に計測を行ったが，興味深いことに，その身長に年齢差がみられない．このことは，この民族が，歴史的に閉ざされた状況に置かれてきたことと密接な関係があると考えられる．ただ，現地の中国人研究者によりシボ族女性の初潮年齢が，最近急速に低年齢化しつつあると報告されており，このことはシボ族の生活，文化に急激な変化が生じていることを示唆する．したがって，シボ族にも身長の年齢差異が生じてくるのは，そう遠い将来ではないと予測される．その意味でも，シボ族に関する人類学的データの集積を急がねばならない理由がある．

一方，ウイグル人については，文化的変化，生活形態による変化をみるために，都市地区（100万人の人口を擁し，広大な新疆では唯一，突出した都市であるウルムチ市）とその他の地域（イリ地区）に居住する2グループ（いずれも若年男子）で調査を行ったが，身長には有意差はなかった．このことは，ウイグル族の初潮年齢が少数民族の間では最も低年齢であること，またこの新疆ウイグル自治区という少数民族の集合地域では多数派で，政治，経済の分野でも主導権を握っていることなどからも示唆されるように，身長の文化変容ともいうべきその増大がすでにピークに近づいていることを示すものかもしれない．

体重については，前述のようにそれが脂肪由来か，その他の実質部分に由来するかは，体重測定のみでは弁別できないので，皮脂厚を測定することにより推定したが，図31.2のように日本人が圧倒的に体脂肪量が多い．シルクロードの少数民族のなかでは，シボ族が高値を示している．これは食餌調査でシボ族の脂肪摂取が比較的多かったことと関係していると思われる．しかし，一般的には脂肪の蓄積が多いほど，体力が低下するが，シボ族は逆に，他の民族に比し高い最大酸素摂取量（高い体力）を示したのは興味深い（図31.3）．これに反し，日本人は一般

的図式どおり，体脂肪量大，最大酸素摂取量低下（低体力）を示した．一方，同じウイグル族，カザフ族でもウルムチ市在住者の最大酸素摂取量は比較的低値であった（それでも日本人よりは高体力）．

以上の形態的特徴は，それぞれの民族の生活形態に根ざすものが多く，いわば都市文化の身体に及ぼす影響を如実に示すものであるが，なかでも日本人がその先端的変化（健康体力の低下）をきたしていることが明らかとなった．

ところで，人体計測はかつては民族の遺伝的指標として重視されてきたが，その面から解剖学的計測値についても検討してみよう．その多数行った計測項目のなかで，頭指数といって，人の頭を上方から観察したときに短頭（丸に近い形）か長頭（楕円に近い形）かを判定する指標で民族比較を行ってみると，ウイグル族は86.3と短頭で，カザフ族はさらに短頭であった．日本人はその中間の値を示した．この短頭か長頭かということは，かつてその民族の固有の指数，すなわち遺伝的指標として重視されてきたが，最近は同じ民族でも時代とともに変わりうる（短頭化する）ことが指摘されている．これが文化変容といわれるものであるが，要するに頭の形という解剖学的指標が遺伝軸だけでなく文化軸という比較的短時間（50年，100年）の物差しでも測っていないと本質を見誤るかもしれないということがいえる．また，比肩峰幅という肩幅の広さを表現する指標については，今回の調査でも各民族で異なっていたが，特に興味深いのは，ウイグル人では，新疆ウイグル自治区の北方に住むウイグル人と南方に住むウイグル人では，統計的に有意差があったことである．これは，南北の生活の差を反映している可能性も頭指数同様否定できないが，それよりもウイグル人の成立と関係する混血の度合いの相違，いい換えれば民族のなかの遺伝子的多様性を示しているのではないかという可能性が大きいように思われる．

4）生理人類学的特徴

前項までは，形態的特徴をみることによって，民族間比較を行ったが，この項では，身体の機能，それも心血管系の機能を測定することで，それぞれの民族の相違をみることにしよう．今回，用いた手法は，心電図法，超音波法とよばれる医学の精密検査法であるが，これはまだ人類学上はほとんど用いられていない．われわれが新たな人類学的手法として，これらの方法を集団に導入したのは，すでに述べたように心電図による心臓病の診断基準がアメリカ人と日本人とでは，かなり異なる面があることに気づいたことから始まる．

一方，心臓超音波法（心エコー法）は，非観血的に短時間で心臓の形，動きや強さを外から正確に測定することができる．2つの手法はそれぞれ単独で有用な独立した情報を提供してくれるが，同時に用いれば相互補完的である点でさらに有用にある．後者の利点の一例をあげれば，心電図左室電位が高い場合，心臓超音波法を併用することにより左室肥大の有無を直接証明することができ，左室高電位が疾患とは無関係の生理活性指標であることを明らかにすることができる．

さて，このような新手法を調査対象全員に，それも条件を一定にするために若年男性に限って用いた結果，民族間で明らかな差異がみられた．図31.3のように，左室電位は，日本人が最高値を示し，シボ族が最低値を示した．しかも，日本人とシボ族とでは，左室内腔の大きさにも左室筋肉の厚さにも有意差がみられなかった（表31.13）．

すなわち，この両者における左室電位の差は，明らかに形態的差異によるものではなく，生理的，機能的差異であることは明らかである．心臓形態のなかで唯一，左室筋肉の厚さがシボ族のみ比較的高値であったが，したがってシボ族の左室電位は従来の心電図論理からいえば，日本人より高値であって自然であるが，実際は，逆に日本人より著明に低値であった．

一方，左室電位の民族差（生理的，機能的差異）が何に基づくかを知るために，各民族において，左室電位と他の多数の形態的，機能的指標との相関を解析したが，ほとんど有意な相関はなく，わずかに収縮期（最高）血圧との間に弱い相関がみられた．

以上の事実は，左室電位がヒトの新しい生理活性指標の一つになること，したがって，それは同時に新しい人類学的指標になること，またこれはまだ十分には実証していないが，左室電位高値と自律神経（交感神経）活性の高さ，すなわち興奮伝播速度の速さとが密接に関連していることが示唆される．したがって，日本人の左室電位の高値は，日本人の体

表 31.13

	身長(cm)	体重(kg)	$SV_1 + RV_5$(mV)	LV mass(g)
ウイグル族	167.7 ± 6.4	57.5 ± 6.9	3.28 ± 0.80	140.0 ± 30.0
カザフ族	168.9 ± 5.3	59.2 ± 5.7	3.40 ± 0.85	144.5 ± 30.0
シボ族	168.5 ± 5.5	58.6 ± 6.1	2.81 ± 0.65	185.4 ± 25.8
漢族	169.1 ± 6.7	57.9 ± 7.6	3.14 ± 0.78	157.1 ± 35.3
日本人	172.0 ± 5.8	63.5 ± 8.3	3.71 ± 1.10	174.4 ± 33.9

質の特性を表現することになろう．また，それは日本人の行動特性（緊張型，勤勉性，効率性など）をその生理的基盤から説明することにもつながるかもしれない．

31.5 体質学の未来

この「日本人の体質」の章では，「体質」というきわめて古く（ヒポクラテス（Hippocrates）の時代）から存在する概念が，近代に至るまで曖昧ながら重要な概念として研究が続けられてきたこと，そして，それが近年の演繹的，分析的科学の発展とともに下火になったことを述べた．しかし，演繹的，分析的科学の象徴ともいえる遺伝学が，ついにはヒトゲノムの全解析を完成することに至ったことで，逆に新たな体質学が浮上してきつつあることを31.3節で述べた．

すなわち，近年，薬物に対する反応が遺伝子レベル，遺伝多型で理解されるようになったことをまとめてみると，それ自体が新たな体質学を表現していることに気づいたからである．いわば，森から木へ，木から葉へ，葉から葉脈へと分析，微細化する過程で，従来の体質学という森は視野から消え去ったようにみえたが，その微細なものを一歩離れてみれば，また再び微妙な木の葉の色や形の違いがみえてきたとでもいえようか．この微妙な差をみる行為は，個性を明確にすることであるが，これは，帰納的，統合的科学が再開されることの必要性，あるいは必然性を示唆している．

そして，その帰納的科学の手法として，化学的，遺伝子的手法と同時に，もっとマクロの生理人類学的手法として心電図左室電位が新たな指標になりうることを31.4節で述べた．これは，新たな体質学へのチャレンジの一つではないかと考えられる．

一方，今回，述べることを控えたが，近未来に，「脳と体質の関係」が語られることになろう．いや，この脳との関係こそが，体質の個人差を決定する最も重要な要因と考えられるからである．かつて，『日本人の脳』[111]で語られた日本人の特性は，日本人論のブームを引き起こすことになったが，残念ながらその後のアメリカにおける追試結果が否定的であったために，結論は棚上げされた状態といえる．しかし，現在の脳科学の進展ぶりは，遺伝学の進展と軌を一にして，最も研究困難といわれている部分に光を照射し始めているので，新たな「日本人の脳」が語られるようになることが期待される．体質学の未来も，これとともに，新たな世紀を迎えることは確かであろう．

〔藤野武彦〕

文 献

31.2節 体質とは

1) エルンスト・クレッチメル（1960）体格と性格（相場均訳），文光堂．
2) 遠城寺宗徳（1955）日本小児科全書，21/X，金原出版．
3) 堀田正之（1959）異常体質，金原出版．
4) 木田文夫（1934）遺伝と素質と髄質，白水社．
5) Klare, K. (1930) Konstitution und Lungeninfiltrierungen, Springer-Verlag.
6) 島薗順雄・林　髞・山田弘三・山村雄一・吉利　和（1967）病気の生化学，寿命・体質I，中山書店．

31.3節 薬物に対する反応から体質をみる

7) Aklillu, E., Persson, I., Bertilsson, L., Johansson, I., Rodrigues, F. and Ingelman-Sundberg, M. (1996) Frequent distribution of ultrarapid metabolizers of debrisoquine in an ethiopian population carrying duplicated and multiduplicated functional CYP2D6 alleles. J. Pharmacol. Exp. Ther., **278**, 441-446.
8) Aynacioglu, A.S., Sachse, C., Bozkurt, A., Kortunay, S., Nacak, M., Schroder, T., Kayaalp, S.O., Roots, I. and Brockmoller, J. (1999) Low frequency of defective alleles of cytochrome P450 enzymes 2C19 and 2D6 in the Turkish population. Clin. Pharmacol. Ther., **66**, 185-192.
9) Bailey, D.G., Arnold, M.O., Strong, A., Munoz, C. and Spence, J.D. (1993) Effect of grapefruit juice and naringin on nisoldipine pharmacokinetics. Clin. Pharmacol. Ther., **54**, 589-594.
10) Beckmann, J., Hertrampf, R., Gundert-Remy, U., Mikus, G., Gross, A.S. and Eichelbaum, M. (1988) Is there a

genetic factor in flecainide toxicity? *Br. Med. J.*, **297**, 1326.

11) Bertilsson, L. and Kalow, W. (1993) Why are diazepam metabolism and polymorphic S-mephenytoin hydroxylation associated with each other in white and Korean populations but not in Chinese populations? *Clin. Pharmacol. Ther.*, **53**, 608-610.

12) Bertilsson, L., Lou, Y.Q., Du, Y.L., Liu, Y., Kuang, T.Y., Liao, X.M., Wang, K.Y., Reviriego, J., Islius, L. and Sjoqvist, F. (1992) Pronounced differences between native Chinese and Swedish population in the polymorphic hydroxylations of debrisoquin and Smephenytoin. *Clin. Pharmacol. Ther.*, **51**, 388-397.

13) Carson, R. (2001) 沈黙の春 (青樹簗一訳), 新潮社.

14) 千葉 寛・久保田隆廣 (2001) 日本人における CYP2D6 変異遺伝子の頻度と人種差. 臨床薬理の進歩, (22), 1-8.

15) Corborn, T.D., Dumanoski, D. and Myers, J.P. (1997) 奪われし未来 (長尾 力訳), 翔泳社.

16) Devadatta, S., Gangadharam, P.R.J., Andrews, R.H., Fox, W., Ramakrishnan, C.V. et al. (1960) Peripheral neuritis due to isoniazid. *Bulletin of the World Health Organaization*, **23**, 587-598.

17) Edwards, J.A. and Evans, D.A.P. (1967) Ethanol metabolism in subjects possenssing typical and atypical liver alcohol dehydrogenase. *Clinical Pharmacology and Therapeutics*, **8**, 824-829.

18) Eichelbaum, M. and Gross, A.S. (1990) The genetic polymorphism of debrisoquine/sparteine metabolism-clinical aspects. *Pharmacol. Ther.*, **46**, 377-394.

19) Eichelbaum, M., Reetz, K.P., Schmidt, E.K. and Zekorn, C. (1986) The genetic polymorphism of sparteine metabolism. *Xenobiotica*, **16**, 465-481.

20) Eichelbaum, M., Spannbrucker, N., Steincke, B. and Dengler, H.J. (1979) Defective N-oxidation of sparteine in man : a new pharmacogenetic defect. *Eur. J. Clin. Pharmacol.*, **16**, 183-187.

21) Evans, D.A.P., Mahgoub, A., Sloan, T.P., Idle, J.R. and Smith, R.L. (1980) A family and population study of the genetic polymorphism of debrisoquine oxidation in a white British population. *Journal of Medical Genetics*, **17**, 102-105.

22) Harada, S., Agarwal, D.P. and Geodde, H.W. (1980) Electrophoretic and biochemical studies of human aldehhyde dehydrogenase isozymes in various tissues. *Life Science*, **26**, 1773-1780.

23) Horai, Y., Nakano, M., Ishizaki, T., Ishikawa, K., Zhou, H.H., Zhou, B.J., Liao, C.L. and Zhang, L.M. (1989) Metoprolol and mephenytoin oxidation polymorphisms in far eastern oriental subjects. Japanese versus mainland Chinese. *Clin. Pharmacol. Ther.*, **46**, 198-207.

24) Jefferson, J.W., Ackerman, D.L., Carol, J.A. and Greisi, J.H. (1987) Lithium Encyclopedia for Clinical Practice, American Psychiatric Press.

25) Johnson, J.A. (1993) Racial difefrences in lymphocyte bate-receptor sensitivity to propranolol. *Life Sci.*, **53**, 297-304.

26) Johansson, I., Oscarson, M., Yue, Q.Y., Bertilsson, L., Sjoqvist, F. and Ingelman-Sundberg, M. (1994) Genetic analysis of the Chinese cytochrome P4502D locus : characterizatino of variant CYP2D6 genes present in subjects with diminished capacity for debrisoquine hydroxylation. *Mol. Pharmacol.*, **46**, 452-459.

27) Jurima, M., Inada, T. and Kalow, W. (1984) Sparteine oxidation by human liver : absence of inhibition by mephenytoin. *Clinical Pharmacology and Therapeutics*, **35**, 426-428.

28) Lou, Y.C., Ying, L., Bertilsson, L. and Sjoqvist, F. (1987) Low frequency of slow debrisoquine hydroxylation in a native Chinese population. *Lancet*, **2**, 852-853.

29) Mahgoub, A., Idle, J.R., Dring, L.G., Lancaster, R. and Smith, R.L. (1977) Polymorphic hydroxylation of Debrisoquine in man. *Lancet*, **2**, 584-586.

30) McLellan, R.A., Oscarson, M., Seidegard, J., Evans, D.A. and Ingelman-Sundberg, M. (1997) Frequent occurrence of CYP2D6 gene duplication in Saudi Arabians. *Pharmacogenetics*, **7**, 187-191.

31) Nakajima, M., Yamamoto, T., Nunoya, K.I., Yokoi, T., Nagashima, K., Inoue, K., Funae, K., Shimada, N., Kamataki, T. and Kuroiwa, Y. (1996) Characterization of CYP2A6 involed in 3-hydroxylation of cotinine in human liver microsomes. *J. Pharmacol. Exp. Ther.*, **277**, 1010.

32) Nakajima, M., Ymamoto, T., Nunoya, K.I., Yokoi, T., Nagashima, K., Inoue, K., Funae, K., Shimada, N., Kamataki, T. and Kuroiwa, Y. (1996) Role of fuman cytochrome P4502A6 in C-oxidation of nicotine. *Drug Metab. Dispos.*, **24**, 1212.

33) 中島美紀・横井 毅 (2001) CYP2A6 の遺伝的多型とニコチン代謝の個体差の研究. 臨床薬理の進歩, **22**, 16-23.

34) Mizoi, Y.I., Ijiri, J., Tatsuno, T., Kijima, S. and Fujisawa, J. et al. (1979) Relationship between facial flushing and blood acetaldehyde levels after alcohol intake. *Pharmacology Biochemistry and Behavior*, **10**, 303-311.

35) Oscarson, M., McLellan, R.A., Gullsten, H., Yue, Q.Y., Lang, M.A., Bernal, M.L., Sinues, B., Hirvonen, A., Raunio, H., Pelkonen, O. and Ingelman-Sundberg, M. (1999) Characterization and PCR-based detection of a CYP2A6 gene deletion found at a high frequency in a Chinese population. *FEBS Lett.*, **448**, 105.

36) Perry, Jr. H.M., Tan, E.M., Carmody, S. and Skamoto, A. (1970) Relationship of acetyl transferase activity to antinuclear antibodies and toxic symptoms in hypertensive patients treated with hydralazine. *Journal of Laboratory and Clinical Medicine*, **76**, 114-125.

37) Pristipino, M. et al. (2000) *Circulation*, **101**, 1102-1108.

38) Sachse, C., Brockmoller, J., Bauer, S. and Roots, I. (1997) Cytochrome P450 2D6 variants in a Caucasian population : allele frequencies and phenotypic consequences. *Am. J. Hum. Genet.*, **60**, 284-295.

39) Sindrup, S.H., Brosen, K., Bjerring, P., Arendt-Nielsen, L., Larsen, U., Angelo, H.R. and Cram, L.F. (1990) Codeine increase pain thresholds to copper vapor aser stimulin in extensive but not poor metabolizers of sparteine. *Clin. Pharmacol. Ther.*, **48**, 686-693.

40) Smith, M., Hopkinson, D.A. and Harris, H. (1971) Developmental changes and polymorphism in human alcohol dehydrogenase. *Annals of Human Genetics*, **34**, 251-271.

41) Sohn, D.R., Kusaka, M., Ishizaki, T., Shin, S.G., Jang, I.J.,

41) Shin, J.G. and Chiba, K. (1992) Incidence of S-mephenytoin hydroxylation deficiency in a Korean population and the interphenotypic differences in diazepam pharmacokinetics. *Clin. Pharmacol. Ther.*, **52**, 160-169.
42) Strickland, T.L., Lin, K.M., Mendoza, R., Poland, R.E., Ranganath, V. and Smith, M.W. (1991) Psychopharmacologic Considerations in the Treatment of Black American Populations. *Psychophan Tlacol. Bull.*, **27** (4), 441-448.
43) 須見洋行 (1995) 食品機能学への招待，三共出版．
44) Teng, Y.S. (1981) Human liver aldehyde dehydrogenase in Chinese and Asiatic Indians : gene deletion and its possible implications in alcohol metabolism. *Biochemical Genetics*, **19**, 107-114.
45) Wartburg, J.P.V. and Schurch, P.M. (1968) Atypical human liver alcohol dehydrogenase. *Annals of the New York Academy of Science*, **151**, 936-946.
46) Wedlund, P.J., Aslanian, W.S., McAllister, C.B., Wilkinson, G.R. and Branch, R.A. (1984) Mephenytoin hydroxylation deficiency in Caucasians : frequency of a new oxidative drug metabolism polymorphism. *Clinical Pharmacology and Therapeutics*, **36**, 773-780.
47) Wilkinson, G.R. (1997) The effects of diet, aging and disease-states on presystemic elimination and oral drug bioavaiability in humans. *Adv. Drug Delive. Rev.* **27**, 129.
48) Wards, S.A., Helsby, N.A., Skjelbo, E., Brosen, K., Gram, L.F. and Breckenridge, A.M. (1991) The activation of the biguanide antimalarial proguanil co-segregates with the mephenytoin oxidation polymorphism -a panel study. *Br. J. Clin. Pharmacol.*, **31**, 689-692.
49) Wood, A.J.J. and Zhou, H.H. (1991) Ethnic differences in drug disposition and responsiveness. *Clin. Pharmacokinet*, **20**, 350-373.
50) Woosley, R.L., Wood, A.J.J. and Roden, D.M. (1988) Drug therapy-Encainde. *N. Engl. J. Med.*, **318**, 1107-1115.
51) Worldwatch Institute (2002) 地球白書（井上利男ほか訳），家の光協会．
52) 安原　一 (1994) 薬効・安全性評価に及ぼす人種差要因．日薬理誌，**104**, 67-78.
53) Zhou, H.H., Koshakji, R.P., Silberstein, D.J., Wilkinson, G.R. and Wood, A.J.J. (1989) Racial diferences in drug response : Altered sensitivity to and clearance of propranolol in men of Chinese descent as compared with American whites. *N. Engl. J. Med.*, **320**, 565-570.

31.4節　心電図左室電位は新たな体質の視標となるか

54) Araoye, M.A., Omotoso, A.B. and Opadijo, G.O. (1998) The orthogonal and 12 lead ECG in adult negroes with systemic hypertension,comparison with age-matched control. *West Afr. J. Med.*, **17** (3), 157-164.
55) 馬場国蔵 (1977) 心電図自動化の問題点．若年者心疾患対策協議会誌，**5**, 96.
56) Blackburn, H., Vasquez, C.L. and Keys, A. (1967) The aging electrocardiogram. ─ A common aging process or latent coronary artery disease ? ─ *Am. J. Cardiol.*, **20**, 618-627.
57) Brozek, J.F., Grande, J.T., Anderson, and Keys, A. (1963) Densitometric analysis of body composition : revision of some quantitative assumptions. *Ann. N. Y. Acad. Sci.*, **110**, 113-140.
58) Caceres, C.A. (1970) Limitation of the computer in electrocardiographic interpretation. *Am. J. Cardiol.*, **38**, 362-376.
59) Caceres, C.A. and Hochberg, H.M. (1970) Performance of the computer and physician in the analysis of the electrocardiogram. *Amer. Heart. J.*, **79**, 439.
60) Eddleman. E.E. Jr. and Pipberger, H.V. (1971) Computer analysis of the orthogonal electrocardiogram and vectorcardiogram in 1,002 patients with myocardial infarction. *Amer. Heart J.*, **81**, 608.
61) 江藤胤尚 (1983) 良性本態性高血圧症．日本臨床，春期増刊，226.
62) 藤野武彦 (1991) 新疆の医学・人類学，ウイグル―その人びとと文化―（権藤与志夫編著），pp243-274，朝日新聞社．
63) 藤野武彦・前田泰宏・平松義博・田村雅道・山根章敬・鍵山　裕・蔵田恵美子・金谷庄蔵 (1982) 若年正常者における左室重量と左室電位との関係．日超医誌講演論文集，**41**, 201-202.
64) 藤野武彦・森田ケイ・西山スガ・伊規須英輝・山口剛・武谷　溶 (1979) 若年性，動揺性高血圧症への寒冷昇圧試験の応用．健康科学，**1**, 75-80.
65) 藤野武彦・村上秀親・金谷庄蔵・大柿哲朗・峰松　修・柏木征三郎・林　純・野村秀幸・緒方道彦 (1984) 与那国島住民調査―血圧と心電図左室電位について．健康科学，**6** : 15-22.
66) 藤野武彦・武谷　溶・藤田和孝・宇都宮弘子・森田ケイ・銅直孝子・西山スガ・長谷サヨ子・船瀬邦子 (1980) 正常若年群の心電図に関する研究（第1報）―とくに左室肥大との関連―．健康科学，**2**, 7-12.
67) 藤野武彦・武谷　溶・伊規須英輝・山口　剛・森田ケイ・西山スガ (1979) 若年性動揺性高血圧症への寒冷昇厚試験の応用．健康科学，**1**, 35.
68) 藤島和孝・藤野武彦・船瀬邦子・長谷サヨ子・吉川和利・小室史恵・大柿哲朗・森田ケイ・武谷　溶 (1981) 児童・生徒の体温と身体的特徴および心電図所見との関係．健康科学，**3**, 111-113.
69) 藤島和孝・藤野武彦・森田ケイ・西山スガ・伊東盛夫・武谷　溶 (1979) 末梢皮膚温度刺激の循環動態に及ぼす影響．健康科学，**1** : 117-120.
70) 藤島和孝・藤野武彦・宇都宮弘子・西山スガ・武谷　溶 (1980) 末梢冷却刺激の体温調節反応ならびに心臓血管反応に及ぼす影響．健康科学，**2**, 17-23.
71) 藤島和孝・藤野武彦・船瀬邦子・吉川和利・宇都宮弘子・西山スガ・武谷　溶 (1980) 高校生の体温と形態および心電図所見との関係．健康科学，**2** : 13-15.
72) Hashida, E., Rin, K. and Inoue, H. (1973) Exercise, body build and electro cardiogram-the influences of sports and training on the electrocardiogram. *Jap. Circul. J.*, **37**, 305
73) 林　国雄 (1972) 正常心電図の研究―13～14歳のと20歳前後の差違―．*Jap. Circul. J.*, **36**, 1269.
74) 早田　工・赤須正道・北国秀一・川名実徳・山田耕二 (1975) 非症候生の小，中，高校生24677例に於ける心電図異常について．*Jap. Circul. J.*, **39**, 381.
75) 平松義博・前田泰宏・山根章敬・鍵山　裕・蔵田恵美子・金谷庄蔵・藤野武彦・石原保之・武田誉久 (1982) 心エコー図による左室重量と左室電位との関係について．日超医誌講演論文集，**40**, 381-382.
76) Hiss, R.G. and Lamb, L.E. (1962) Electrocardiographic findings in 122,043 individuals. *Circulation*, **25**, 947-961.
77) 石川宏靖 (1973) 日本人正常成人のFrank誘導ベクトル

心電図の性差，年齢差の分析．*Jap. Circ. J.*, **37**, 543.

78) 石川宏靖・外畑 巌・山内一信・安井昭二・野村雅則・永野 康（1974）Frank 法ベクトル心電図の左室肥大診断基準の検討—日本人健康成人における偽陽性率—．心臓，**6**，1585-1595.

79) 岩塚 徹・岡本 登・横井正史（1978）わが国における心電図自動解析の現状と問題点．臨床 ME，**2**, 52.

80) 小坂光男（1979）暑さ寒さの生理学．からだの科学，**88**，38-43.

81) 金谷庄蔵・藤野武彦・大柿哲朗・峰松 修・柏木征三郎・吉川和利・村上秀親・緒方道彦（1984）与那国島住民の健康調査—（2）血清脂質について．健康科学，**6**：23-28.

82) 車 忠夫・牧角和宏・森 唯史・馬場裕三・永島隆一・金子武生・星井 尚・江島準一・加治良一・津田泰夫・金谷庄蔵・斉藤篤司・大柿哲朗・高岸達也・藤野武彦（1992）左室電位（SV1+RV5）の臨床的意義に関する心エコー図法による再検討—民族差について—（Abstract in Japanese）．*Jap. Circ. J.*, **56** (Suppl), 297.

83) Kuruma, T., Makizumi, K., Saitou, A., Osaka, T., Ogaki, T., Kanaya, S., Takagisi, T., Tsuda, Y. and Fujino, T. (1992) Medical and anthropological study on the ethnic groups in Xinjiang Uygur Autonomous Region, China (5th Report). (Abstract). *J. Anthropol. Soc. Nippon*, **100** (No 2), 251.

84) Meyer, J., Heinrich, K.W., Merx, W. and Effert, S. and 岡島光治訳（1975）電子計算機と医師による心電図診断の信頼性の比較．心臓，**7**, 971.

85) Mizuno, Y. (1966) Normal limits and variability of electrocardiographic items of the Japanese. *Jap. Circ. J.*, **30**, 357-378.

86) 森 博愛（1971）心電図とベクトル心電図，最近の考え方，読み方，金原出版.

87) 森 博愛・河村 久・矢永尚士・木下賢竜・竹下 勇・柴田 卓（1964）左室肥大診断における心室興奮時間の臨床的及び剖検的検討．*Jap. Circ. J.*, **28**, 259-265.

88) 森 博愛・村上 駿・川真田恭平（1961）左室肥大の心電図診断基準．臨状と研究，**38**, 570-578.

89) 森田ケイ・武谷 溶・藤野武彦・山口 剛・西山スガ（1979）若年性動揺性高血圧への心理学的アプローチ，健康科学，**1**, 24.

90) Moyer, C.L., Holly, R.G., Amsterdam, E.A. and Atkinson, R.L. (1989) Effects of cardiac stress during a very-low-calorie diet and exercise program in obese women. *Am. J. Clin. Nutr.*, **50**, 1324-1327.

91) 村上 直（1973）体温の生理．臨床と研究，**50**, 3-13.

92) Nagamine, S. and Suzuki, S. (1964) Anthropometry and body composition of Japanese young men and women. *Hum. Biol.*, **36**：8-15.

93) 永田 溢（1980）弱い子からの脱出，pp. 19-24, 草土文化.

94) Nakagaki, O., Kuroiwa, A., Yano, H., Nose, Y. and Nakamura, M. (1979) The evaluation of electrocardiographic analysis program of IBM-Bonner (1974) for Japanese. *J. Jap. Soc. Intern. Med.*, **18**, 58.

95) 中村元臣・中垣 修（1978）電子計算機による心電図自動診断．臨床と研究，**55**, 3192.

96) 中山昭雄（1970）体温とその調節，pp. 5-9, 中外医学社.

97) 緒方維弘（1970）体温とその調節，生理学大系Ⅳ-1, pp. 579-596, 医学書院.

98) 大柿哲朗・藤野武彦・金谷庄蔵・峰松 修・中谷光代・柏木征三郎・吉川和利・村上秀親・緒方道彦（1984）与那国島住民の健康調査—（3）形態および体脂肪率について．健康科学，**6**, 29-40.

99) 大柿哲朗・堀田 昇・高柳茂美・山本教人・斉藤篤司・熊谷秋三・橋本公雄・多々納秀雄・金崎良三・小宮秀一・藤島和孝・徳永幹雄（1993）九州大学教養部学生の体力の年次推移．健康科学，**15**, 107-114.

100) 岡島光治（1977）シンポジウム "心電図計算機処理の現況と展望"（Amsterdam,1976）．心臓，**9**, 182.

101) 大国雅彦（1977）日本人における正常像の確立と変遷．小児．日本臨床，**35**, 2260

102) Ostrander, L.D., Brandt, R.L., Kjelsberg, M.O. and Epstein, F.H. (1965) Electrocardiographic findings among the adult population of a total natural community. tecumseh Michigan. *Circulation*, **31**, 888

103) Pipberger, H.V., Goldman, M.J., Littman, D., Murphy, G.P., Cosma, J. and Snyder, J.R. (1967) Correlations of the orthogonal electrocardiogram and vectorcardiogram with constitutional variables in 518 normal men. *Circulation*, **35**, 536

104) R.E.ボナー（1978）「心電図診断プログラム」シンポジウム．日本医師会雑誌，**80**, 1197.

105) 白崎和夫（1966）左室肥大の心電図諸要素の健常人分布と診断基準設定に関する考察．日本公衛誌，**13**, 969.

106) Sokolow, M. and Lyon, T.P. (1949) The ventricular complex in left ventricular hypertrophy as obtained by unipolar precordial and limb leads. *Am. Heart. J.*, **37**, 161-186.

107) 津田淳一・中沢秀雄・島 信幸・長谷川峰子・原中瑠璃子（1974）学令期心臓病検診方式の問題点について（511, 984 例集検成績）．小児科診療，**37**, 1435.

108) Vitelli, L.L., Crow, R.S., Shahar, E., Hutchinson, R.G., Rautaharju, P.M. and Folsom, A.R. (1998) Electrocardiographic findings in a healthy biracial population. Atherosclerosis risk in communities (ARIC) study investigators. *Am. J. Cardiol.*, **81**, 453-459.

109) Watanabe, K., Yamasawa, I., Hirano, K., Suzuki, A., Yamada, M., Saito, M., Simizu, H. and Moroto, K. (1993) Electrocardiographic surveys with respect to high voltage of the left ventricle. *J. Med. Syst.*, **17**, 247-251.

110) Xie, X., Liu, K., Stamler, J. and Stamler, R. (1994) Ethnic differences in electrocardiographic left ventricular hypertrophy in young and middleaged employed American men. *Am. J. Cardiol.*, **73** (8), 564-567.

31.5節 体質学の未来

111) 角田忠信（1978）日本人の脳，大修館書店．

32
日本人の寿命

　寿命（life span）とは，生命体・非生命体，単一体・集合体，有形・無形にかかわらず，広く事物においてそれが特定の性状を維持したり，あるいは機能しうる期間を指す．

　生物における寿命には，① 個体を構成する個々の要素，すなわち細胞や臓器などの寿命，② 1つの個体が誕生し成長・成熟・老衰を経て死に至るまでの寿命，③ 血統や種といった集団としての寿命がある．

　ここでは，歴史上の人物の死亡年齢，あるいは厚生省が報告する各種の統計資料を用いた．これらは特定集団の保健福祉水準を意味するものであって，本来の寿命の概念とは少し異なっていることをあらかじめ断っておく．現実の社会では，すべてのヒトが自然死を迎えるわけではないからである．

32.1　寿命に関するおもな用語

　生命表（life table）とは，その表の作成基礎期間の死亡状況が一定不変であると仮定し，同一時点に生まれた幼児10万人の集団が死亡していく過程について，男女別に生存数，死亡数，死亡率，平均余命などを示したものである．

　わが国では厚生省が「完全生命表」および「簡易生命表」を公表している．前者は国勢調査による確定数に基づく．第1回の完全生命表は1891（明治24）～1898（明治31）年の死亡状況をもとに作成された．なお第1回～第3回は基礎資料が不備であるとされる．1955（昭和30）年の「第10回生命表」以降は5年ごとの実施が定着し，1995（平成7）年には「第18回生命表」が作成された．後者の簡易生命表は，概数による人口動態統計と推計人口により毎年作成される．

　おもな用語について表32.1，32.2にまとめた．

各種の死亡率，出生率，死産率などは1,000倍として表されるが，死因別死亡率については100,000倍となる．図32.1は胎児および出生児の死亡区分について示したものである．妊娠期間中については12，20，22，28週を境界として，また出生後は1，4週および生後1年を境界として，名称が区分されている．周産期死亡については，WHOの勧告に従い，平成7年からは妊娠満22週以後～生後1週未満の死亡を対象としている．

32.2　古代における寿命

　古代人の寿命は発掘された人骨の観察，埋葬記録，寺の過去帳などによって求められる．古代人の平均寿命について，諸研究者は15～30歳と推定している．初めて生命表がつくられたスウェーデンの1755～1756年における平均寿命は，男女それぞれ33.2歳および37.5歳にすぎず[4]，人類は長きにわたり高い乳幼児死亡率とともに暮らしを続けてきたことが推察される．

　歴史上の人物については死亡年齢を知りうる．彼らは乳幼児期を無事に乗りこえており，その平均値は当時の平均寿命よりはるかに高くなる．筆者はまず河部と保坂[1]，野島[10]，および天皇家記録（井原[3]および諸資料による）に基づきデータベースを作成した．なお戦死・自死・刑死・殺害などの記述がある人物については省いた．

　図32.2および表32.3は，西洋の著名人計3,084名および日本の公卿計2,710名（60歳以上は計1,417名）の平均死亡年齢について，誕生した世紀別に区分して表したものである．

　平均死亡年齢は，西洋では15世紀において最も低く（61.0歳），これ以後は徐々に増加を示す．なお西洋での黒死病（ペスト）の大流行は，14世紀

表 32.1 死亡統計に関するおもな用語

用語	説明
平均余命（mean expection of life, life expectancy）	各年齢に達した者の集団が，現在の衛生状態が将来にわたって続くと仮定した場合，以後，平均して何年生きられるかを示したもの．
平均寿命（mean length of life, mean life-span）	0歳児の平均余命．生命表が作成された期間での全年齢の死亡状況に基づくため，保健福祉水準の総合的指標となる．
死亡率（mortality rate, death rate）	①÷②×1000　（①対象の集団の死亡数，②対象の集団の人口）．なお，②において，分母を性や年齢などによって分類せず総人口を用いる場合，「粗死亡率（普通死亡率）（crude death rate）」という．粗死亡率は，単に死亡率と称されることが多い．
年齢階級別死亡率（age-specific mortality rate）	①÷②×1000　（①各階級（通常，5歳ごとに区分）の死亡数，②その階級における人口）
年齢調整死亡率（age-adjusted death rate）	①÷②　（①観察したい集団の各年齢階級の死亡率と，基準の人口集団における年齢階級の人口とを掛け合わせ，各年齢階級について求めた総和．別の表現をすると，観察したい集団の死亡率で，基準の人口集団が死亡したと仮定した場合の総和．②基準の人口集団の総人口） ・一般に老齢人口の多い集団では粗死亡率は高くなる．そこで年齢構成の偏りについて調整するために本方法がある． ・厚生省はこの名称を平成3年4月から使用している．従来は「訂正死亡率」と称した． ・基準の人口集団として「昭和60年モデル人口」が用いられる．これは5歳ごとの年齢階級において，40～44歳を最大の940万人とし，これより上または下へ移動するごとに人口を漸減させるモデルで，総人口は1億2028万7000人である．
標準化死亡比（standardized mortality ratio）	①÷②×100　（①観察集団の死亡数，②観察対象となる地域の年齢階級別人口と，基準の人口集団の年齢階級別死亡率を掛け合わせ，各年齢階級について求めた総和） ・年齢調整死亡率では，検討対象となる各地域について年齢階級別に死亡率を求める必要がある．これに対し，標準化死亡比では，基準となる人口集団の年齢階級別死亡率を用いるため，計算が容易である．
死因別死亡率（cause-specific mortality rate）	①÷②×10万　（①死因別死亡数，②人口）

表 32.2 出産統計に関するおもな用語

用語	説明
出産（childbearing）	出生と死産を合わせたもの．
出生（live birth）	生きて生まれたもの．出産から死産を除いたもの．
出生率（live birth rate）	①÷②×1000　（①出生数，②総人口） ・②は，昭和25～41年は外国人を含む総人口，昭和42年以降は日本人人口とする．
合計特殊出生率（total fertility rate）	15歳から49歳までの女性の年齢別出生率の合計．
死産（stillbirth）	妊娠12週（第4月）以後の死児の出産．人工死産と自然死産がある．
死産率（fetal mortality rate, stillbirth rate）	①÷②×1000　（①死産数，②出産数）．なお，人工死産率あるいは自然死産率とは，本項での①をそれぞれ，人工死産数あるいは自然死産数としたもの．
人工死産（artifical fetal mortality）	胎児の母体内生存が確実なときに人工的処置により死産に至った場合をいう．なお，「母体保護法」による人工妊娠中絶については，1991（平成3）年以降は従来の「妊娠満23週未満」から「妊娠満22週未満」に改められた．
自然死産（spontaneous fetal mortality）	人工的処置を加えない死産．なお，人工的処置を加えた場合であっても，胎児を出生させることを目的とするもの，あるいは胎児が生死不明か，またはすでに死亡している場合では自然死産とする．
周産期死亡（perinatal mortality）	妊娠22週以後の死産と生後1週未満の早期新生児死亡を合わせたもの．なお，わが国の人口動態統計では，1994（平成6）年までは，妊娠期間について，妊娠満22週ではなく妊娠満28週以後とした．
周産期死亡率（perinatal mortality rate）	①÷②×1000　（①周産期死亡数，②出生数と妊娠満22週以後の死産数の合計）
早期新生児死亡（early neo-natal mortality）	生後1週未満の死亡．
新生児死亡（neo-natal mortality）	生後4週未満の死亡．
乳児死亡（infant mortality）	生後1年未満の死亡．
早期新生児死亡率（early neo-natal mortality rate）	①÷②×1000　（①早期新生児死亡数，②出生数）
新生児死亡率（neo-natal mortality rate）	①÷②×1000　（①新生児死亡数，②出生数）
乳児死亡率（infant mortality rate）	①÷②×1000　（①乳児死亡数，②出生数）

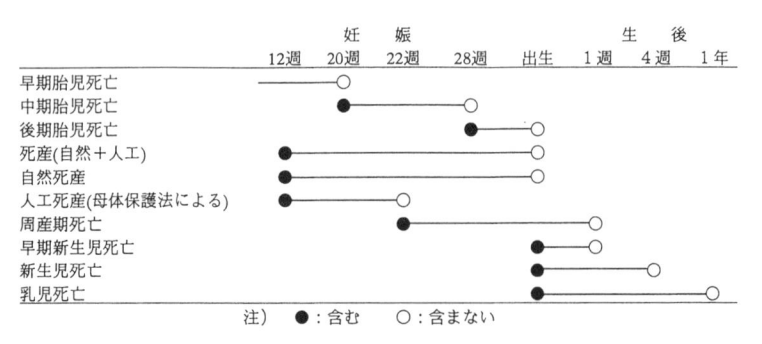

図 32.1 胎児あるいは出生児の死亡区分

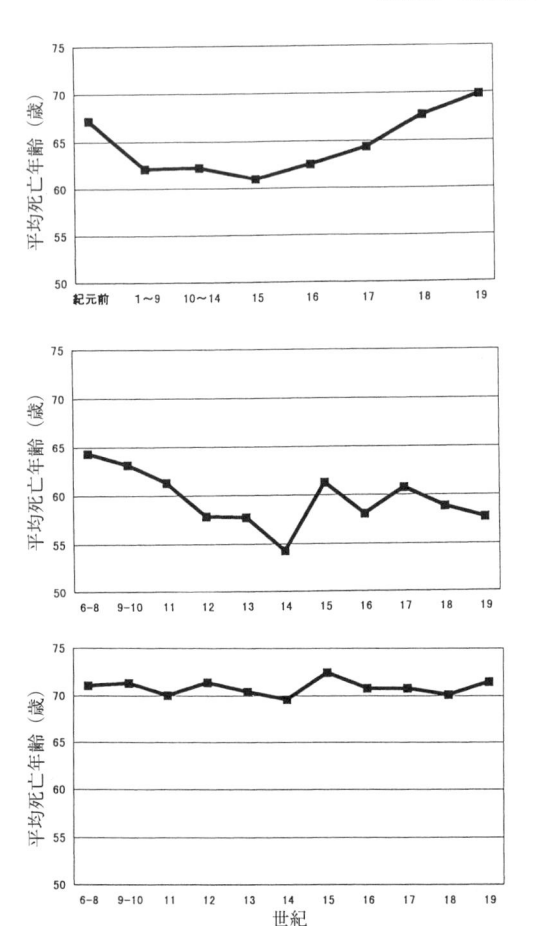

図 32.2 古代における死亡年齢の推移
注）上段：西洋の著名人，中段：日本の公卿（全体），下段：公卿（60歳以上）

中頃（1347～1351年）であるとされるが，本資料における死亡者数は，1348年は5名，1349年は1名，1350年は3名となっている．本資料において，14世紀の100年間に死亡した著名人の総数は39名であることから，この期間での死亡は高率であるといえる．

表32.4に西洋での国別比較について示した．平均死亡年齢の最高および最低は，それぞれ，アメリカ（71.9歳）および古代ローマ（60.6歳）である．なお，これには建国の歴史や後述の職業構成なども影響していることになる．

表32.5には西洋での職業別比較について示した．平均死亡年齢の最高は，法学者の73.3歳である．一方，作家あるいは旅行家などは短命である．

わが国の公卿における平均死亡年齢は，14世紀に最低値（54.2歳）を示し，これ以降での明確な増加はみられない．死亡年齢60歳以上についてみると，全期間を通じて，平均死亡年齢の変動はわずかである．

表32.6, 32.7に，歴代の天皇の平均死亡年齢について示した．死亡年齢が正確であるとされる33代以降の男女の天皇について比較すると，それぞれ46.1歳および65.5歳であり，女性の天皇のほうが明らかに長寿である．

図32.3は誕生年と死亡年齢との関係について表したものである．13～14世紀においては短命者が多く，図32.2における公卿全体の死亡年齢の推移にほぼ類似する．

一般民衆の寿命については，立川[8]が須田圭三著『飛騨O寺院過去帳の研究』（昭和48年）の内容について以下のように紹介している．すなわち，1771（明和8）年から1870（明治3）年までの100年間では，0歳の平均余命は男28.7歳，女28.6歳である．この数値の低さは乳幼児（0～5歳）の死亡が全死亡の70～75％を占めるためであり，21歳以上の平均死亡年齢では，男61.4歳，女60.3歳になるという．

表 32.3 古代における死亡年齢

(a) 『世界人名辞典』より

世紀	人数（計3084）	平均	sd
紀元前	103	67.2	15.4
1～9	108	62.1	13.3
10～14	155	62.2	12.1
15	182	61.0	13.8
16	251	62.5	14.4
17	303	64.4	13.8
18	795	67.7	14.1
19	1187	69.8	13.8

(b) 日本の公卿

	全体			60歳以上		
世紀	人数（計2710）	平均	sd	人数（計1417）	平均	sd
6～8	126	64.3	11.8	81	71.0	8.5
9～10	190	63.1	12.2	114	71.3	7.0
11	113	61.3	13.6	68	70.1	7.3
12	208	57.8	14.7	87	71.4	8.5
13	313	57.7	15.3	154	70.4	7.4
14	194	54.2	14.9	72	69.6	7.6
15	200	61.3	15.8	115	72.4	7.8
16	187	58.0	15.5	92	70.8	8.3
17	429	60.7	14.4	250	70.8	7.3
18	599	58.8	14.9	313	70.1	6.8
19	151	57.7	16.6	71	71.5	9.1

表 32.4 西洋の著名人の国別にみた死亡年齢

国	人数	平均死亡年齢（歳）	標準偏差	平均生年（西暦）
アメリカ	189	71.9	12.0	1811
スイス	38	71.0	11.0	1741
オーストリア	53	69.5	13.1	1771
古代ギリシャ	88	68.8	14.5	−262
ドイツ	661	68.2	13.5	1741
フランス	500	67.6	14.2	1709
デンマーク	30	67.3	15.4	1716
スペイン	63	66.8	11.8	1533
イギリス	684	66.7	14.7	1717
スウェーデン	28	65.9	13.6	1748
イタリア	254	65.2	13.9	1552
オランダ	84	63.3	15.9	1608
ロシア	134	61.7	15.2	1788
ハンガリー	18	61.5	16.2	1786
ポルトガル	23	60.8	11.7	1552
古代ローマ	59	60.6	13.9	190

表 32.5 西洋の著名人の職業別にみた死亡年齢

職業区分	人数	平均死亡年齢（歳）	標準偏差	平均生年（西暦）
法学者	46	73.3	12.3	1771
その他の自然科学者	208	72.0	12.3	1779
経済学者	67	71.5	11.0	1790
俳優，舞踊家	18	70.6	10.5	1794
政治家，外交家，大統領	204	70.5	13.4	1755
発明・実業家	102	70.5	13.5	1786
天文学者	68	69.6	14.2	1754
軍人	79	69.5	11.2	1761
神学者	41	69.4	11.6	1686
化学者	81	69.3	11.9	1793
哲学者	105	68.8	12.9	1751
医学・生理学者	165	68.7	12.8	1766
その他の人文学者	203	68.6	14.4	1780
物理学者	123	68.5	13.8	1784
宗教家，牧師	60	67.9	13.8	1649
数学者	108	65.9	14.5	1727
画家，建築家，彫刻家	299	65.4	14.8	1642
音楽家，作曲家	153	64.6	14.9	1746
王，皇帝，法王，貴族	141	63.7	15.6	1642
作家，詩人，文学者，小説家	418	62.4	15.1	1744
旅行家，航海者	28	59.5	12.4	1721

表 32.6　歴代の天皇の死亡年齢

時代区分	代	名前	よみかた	死亡年齢	在位（西暦年）	備考	時代区分	代	名前	よみかた	死亡年齢	在位（西暦年）	備考
縄文時代	1	神武	じんむ	127	-660 ～ -585			66	一条	いちじょう	31	986 ～ 1011	
	2	綏靖	すいぜい	84	-581 ～ -549			67	三条	さんじょう	41	1011 ～ 1016	
	3	安寧	あんねい	57	-549 ～ -511			68	後一条	ごいちじょう	28	1016 ～ 1036	
	4	懿徳	いとく	77	-510 ～ -477			69	後朱雀	ごすざく	36	1036 ～ 1045	
	5	孝昭	こうしょう	114	-475 ～ -393			70	後冷泉	ごれいぜい	43	1045 ～ 1068	
	6	孝安	こうあん	137	-392 ～ -291			71	後三条	ごさんじょう	39	1068 ～ 1072	
	7	孝霊	こうれい	128	-290 ～ -215			72	白河	しらかわ	76	1072 ～ 1086	
	8	孝元	こうげん	116	-214 ～ -158			73	堀河	ほりかわ	28	1086 ～ 1107	
	9	開化	かいか	111	-158 ～ -98			74	鳥羽	とば	53	1107 ～ 1123	
	10	崇神	すじん	119	-97 ～ -30			75	崇徳	すとく	45	1123 ～ 1141	
	11	垂仁	すいにん	141	-29 ～ 70			76	近衛	このえ	16	1141 ～ 1155	
	12	景行	けいこう	143	71 ～ 130			77	後白河	ごしらかわ	65	1155 ～ 1158	
	13	成務	せいむ	108	131 ～ 190			78	二条	にじょう	22	1158 ～ 1165	
	14	仲哀	ちゅうあい	52	192 ～ 200			79	六条	ろくじょう	12	1165 ～ 1168	
	15	応神	おうじん	111	200 ～ 310			80	高倉	たかくら	20	1168 ～ 1180	
	16	仁徳	にんとく	110	313 ～ 399			81	安徳	あんとく	7	1180 ～ 1185	
	17	履中	りちゅう	67	400 ～ 405		鎌倉時代	82	後鳥羽	ごとば	59	1185 ～ 1198	
	18	反正	はんぜい	60	406 ～ 410			83	土御門	つちみかど	36	1198 ～ 1210	
弥生時代	19	允恭	いんぎょう	80	412 ～ 453			84	順徳	じゅんとく	45	1210 ～ 1221	
	20	安康	あんこう	56	453 ～ 456			85	仲恭	ちゅうきょう	16	1221 ～ 1221	
	21	雄略	ゆうりゃく	62	456 ～ 479			86	後堀河	ごほりかわ	22	1221 ～ 1232	
	22	清寧	せいねい	41	479 ～ 484			87	四條	しじょう	11	1232 ～ 1242	
	23	顕宗	けんぞう	38	485 ～ 487			88	後嵯峨	ごさが	52	1242 ～ 1246	
	24	仁賢	にんけん	50	488 ～ 498			89	後深草	ごふかくさ	61	1246 ～ 1259	
	25	武烈	ぶれつ	18	498 ～ 506			90	亀山	かめやま	56	1259 ～ 1274	
	26	継体	けいたい	82	507 ～ 531			91	後宇多	ごうだ	57	1274 ～ 1287	
	27	安閑	あんかん	70	531 ～ 535			92	伏見	ふしみ	52	1287 ～ 1298	
	28	宣化	せんか	73	535 ～ 539			93	後伏見	ごふしみ	48	1298 ～ 1301	
	29	欽明	きんめい	63	539 ～ 571			94	後二条	ごにじょう	23	1301 ～ 1308	
	30	敏達	びだつ	48	572 ～ 585			95	花園	はなぞの	51	1308 ～ 1318	
	31	用明	ようめい	69	585 ～ 587		南朝	96	後醍醐	ごだいご	51	1318 ～ 1339	
	32	崇峻	すしゅん	73	587 ～ 592			97	後村上	ごむらかみ	40	1339 ～ 1368	
飛鳥時代	33	推古	すいこ	74	592 ～ 628	女帝		98	長慶	ちょうけい	51	1368 ～ 1383	
	34	舒明	じょめい	48	629 ～ 641			99	後亀山	ごかめやま	78	1383 ～ 1392	
	35	皇極	こうぎょく	67	642 ～ 645	女帝 重祚	北朝		光厳	こうごん	51	1331 ～ 1333	
	36	孝徳	こうとく	57	645 ～ 654				光明	こうみょう	59	1336 ～ 1348	
	37	斉明	さいめい	67	655 ～ 661	女帝			崇光	すうこう	64	1348 ～ 1351	
	38	天智	てんじ	45	661 ～ 671				後光厳	ごこうごん	36	1352 ～ 1371	
	39	弘文	こうぶん	24	671 ～ 672				後円融	ごえんゆう	35	1371 ～ 1382	
	40	天武	てんむ	65	673 ～ 686		室町時代	100	後小松	ごこまつ	56	1382 ～ 1412	
	41	持統	じとう	57	686 ～ 697	女帝		101	称光	しょうこう	27	1412 ～ 1428	
	42	文武	もんむ	24	697 ～ 707			102	後花園	ごはなぞの	51	1428 ～ 1464	
奈良時代	43	元明	げんめい	60	707 ～ 715	女帝		103	後土御門	ごつちみかど	58	1464 ～ 1500	
	44	元正	げんしょう	68	715 ～ 724	女帝		104	後柏原	ごかしわばら	62	1500 ～ 1526	
	45	聖武	しょうむ	55	724 ～ 749			105	後奈良	ごなら	61	1526 ～ 1557	
	46	孝謙	こうけん	52	749 ～ 758	女帝 重祚		106	正親町	おおぎまち	76	1557 ～ 1586	
	47	淳仁	じゅんにん	32	758 ～ 764		江戸時代	107	後陽成	ごようぜい	46	1586 ～ 1611	
	48	称徳	しょうとく	52	764 ～ 770	女帝		108	後水尾	ごみずのお	84	1611 ～ 1629	
	49	光仁	こうにん	72	770 ～ 781			109	明正	めいしょう	73	1629 ～ 1643	女帝
平安時代	50	桓武	かんむ	69	781 ～ 806			110	後光明	ごこうみょう	21	1643 ～ 1654	
	51	平城	へいぜい	50	806 ～ 809			111	後西	ごさい	48	1654 ～ 1663	
	52	嵯峨	さが	56	809 ～ 823			112	霊元	れいげん	78	1663 ～ 1687	
	53	淳和	じゅんな	54	823 ～ 833			113	東山	ひがしやま	34	1687 ～ 1709	
	54	仁明	にんみょう	40	833 ～ 850			114	中御門	なかみかど	36	1709 ～ 1735	
	55	文徳	もんとく	31	850 ～ 858			115	桜町	さくらまち	30	1735 ～ 1747	
	56	清和	せいわ	30	858 ～ 876			116	桃園	ももぞの	21	1747 ～ 1762	
	57	陽成	ようぜい	81	876 ～ 884			117	後桜町	ごさくらまち	73	1762 ～ 1770	女帝
	58	光孝	こうこう	57	884 ～ 887			118	後桃園	ごももぞの	21	1770 ～ 1779	
	59	宇多	うだ	64	887 ～ 897			119	光格	こうかく	69	1779 ～ 1817	
	60	醍醐	だいご	45	897 ～ 930			120	仁孝	にんこう	46	1817 ～ 1846	
	61	朱雀	すざく	29	930 ～ 946			121	孝明	こうめい	35	1846 ～ 1866	
	62	村上	むらかみ	41	946 ～ 967			122	明治	めいじ	60	1867 ～ 1912	
	63	冷泉	れいぜい	61	967 ～ 969			123	大正	たいしょう	47	1912 ～ 1926	
	64	円融	えんゆう	32	969 ～ 984			124	昭和	しょうわ	88	1926 ～ 1989	
	65	花山	かざん	40	984 ～ 986			125	平成	へいせい		1989	

32.2 古代における寿命

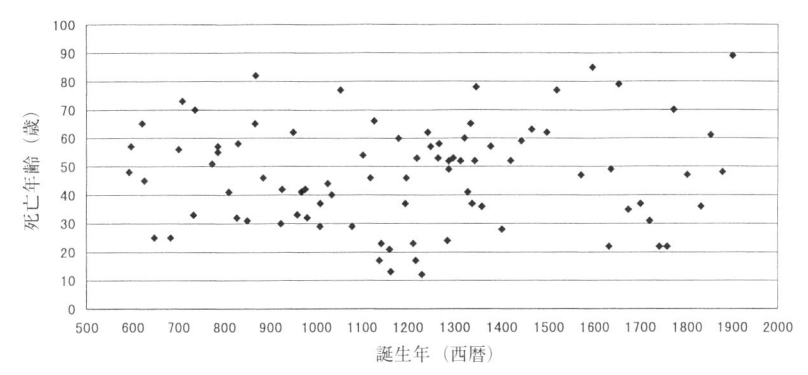

図 32.3 歴代の天皇の死亡年齢
注1) 33代推古天皇～124代昭和天皇まで
注2) 女帝を含む
注3) 81代安徳天皇は省く

表 32.7 天皇の死亡年齢

		人数	平均死亡年齢(歳)	標準偏差	備考
天皇（男）	①	118	56.4	28.4	神武天皇以後
	②	102	48.2	18.2	17代履中天皇以後
	③	86	46.1	17.8	34代舒明天皇以後
天皇（女）	④	8	65.5	7.7	
全体		94	47.8	18.0	③+④（33代以後）

死亡年齢は33代推古天皇以後については正確であるとされる．
81代安徳天皇は入水したため統計より省いた．
重祚（ちょうそ）とは退位後再び就くことをいう．これは女帝において2度あり，35代皇極天皇と37代斉明天皇，および46代孝謙天皇と48代称徳天皇である．よって統計においては重複しないよう配慮した．

平田[11]は岐阜県全域にある計251か所の寺の過去帳を調査した．1700年から1950年まで50年ずつⅠ～Ⅴ期に分けて検討し，0歳平均余命は58.4～59.9歳，60歳平均余命は13.2～13.7歳と報告している．阿部[2]は埼玉県入間郡の竜泉寺過去帳に基づく平均死亡年齢について，1700年代では男53.4歳，女55.0歳，1800年代（1867年まで）では男51.3歳，女51.2歳と報告している．これらの数値を，わが国の第1回生命表（1891～98）における0歳平均余命の値（男42.8歳，女44.8歳）と比較すると大きな違いがある．

古代における乳幼児死亡率の高さはよく指摘されるところである．11代将軍徳川家斉は55人の子をもうけ，そのうちの21人が2歳未満で亡くなり，彼らの平均死亡年齢は14歳にすぎなかった[9]．

平均寿命の算出には乳幼児死亡の正確な把握が必要であり，各報告の差異は，こうした事項の影響を

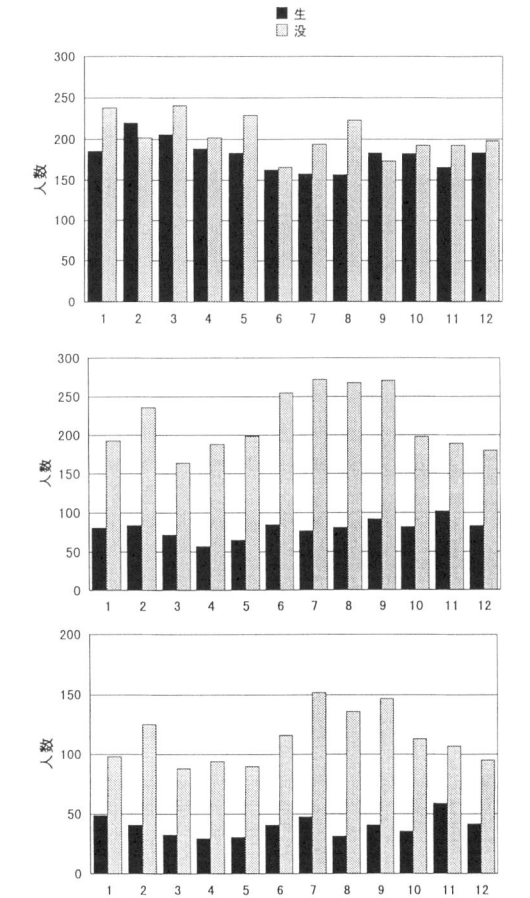

図 32.4 生没月の度数の比較
注）上段：西洋の著名人，中段：日本の公卿（全体），下段：公卿（60歳以上）

表 32.8 平均余命の推移

			0歳			40歳			65歳		
			男	女	差	男	女	差	男	女	差
大正10〜14年	1921〜1925	*	42.06	43.02	0.96	25.13	28.09	2.96	9.31	11.10	1.79
大正15〜昭和5年	1926〜1930	*	44.82	46.54	1.72	25.74	29.01	3.27	9.64	11.58	1.94
昭和10・11年	1935・1936	*	46.92	49.63	2.71	26.22	29.65	3.43	9.89	11.88	1.99
	1947	*	50.06	53.96	3.90	26.88	30.39	3.51	10.16	12.22	2.06
	1948		55.60	59.40	3.80	29.10	32.50	3.40	12.00	14.20	2.20
	1949		56.20	59.80	3.60	29.20	32.60	3.40	11.70	14.00	2.30
	1950〜1952	*	59.57	62.97	3.40	29.65	32.77	3.12	11.35	13.36	2.01
	1951		60.80	64.90	4.10	31.40	35.40	4.00	—	—	—
	1952		61.90	65.50	3.60	30.90	34.20	3.30	12.50	14.80	2.30
	1953		61.90	65.70	3.80	30.60	33.90	3.30	11.90	14.20	2.30
	1954		63.41	67.69	4.28	31.45	35.22	3.77	12.88	15.00	2.12
昭和30年	1955	*	63.60	67.75	4.15	30.85	34.34	3.49	11.82	14.13	2.31
	1956		63.59	67.54	3.95	30.45	33.85	3.40	11.36	13.54	2.18
	1957		63.24	67.60	4.36	30.04	33.39	3.35	11.01	12.93	1.92
	1958		64.98	69.61	4.63	31.29	35.23	3.94	12.12	14.71	2.59
	1959		65.21	69.88	4.67	31.30	35.08	3.78	11.91	14.37	2.46
	1960	*	65.32	70.19	4.87	31.02	34.90	3.88	11.62	14.10	2.48
	1961		66.03	70.79	4.76	31.44	35.10	3.66	11.88	14.10	2.22
	1962		66.23	71.16	4.93	31.19	35.15	3.96	11.55	14.09	2.54
	1963		67.21	72.34	5.13	31.79	35.89	4.10	12.10	14.70	2.60
	1964		67.67	72.87	5.20	31.96	36.11	4.15	12.19	14.83	2.64
昭和40年	1965	*	67.74	72.92	5.18	31.73	35.91	4.18	11.88	14.56	2.68
	1966		68.35	73.61	5.26	32.33	36.55	4.22	12.42	15.11	2.69
	1967		68.91	74.15	5.24	32.56	36.79	4.23	12.50	15.26	2.76
	1968		69.05	74.30	5.25	32.61	36.86	4.25	12.48	15.26	2.78
	1969		69.18	74.67	5.49	32.71	37.17	4.46	12.53	15.51	2.98
	1970	*	69.31	74.66	5.35	32.68	37.01	4.33	12.50	15.34	2.84
	1971		70.17	75.58	5.41	33.42	37.85	4.43	13.08	16.00	2.92
	1972		70.50	75.94	5.44	33.67	38.11	4.44	13.25	16.17	2.92
	1973		70.70	76.02	5.32	33.74	38.12	4.38	13.22	16.10	2.88
	1974		71.16	76.31	5.15	33.99	38.30	4.31	13.38	16.18	2.80
昭和50年	1975	*	71.73	76.89	5.16	34.41	38.76	4.35	13.72	16.56	2.84
	1976		72.15	77.35	5.20	34.68	39.11	4.43	13.91	16.80	2.89
	1977		72.69	77.95	5.26	35.12	39.63	4.51	14.29	17.24	2.95
	1978		72.97	78.33	5.36	35.32	39.95	4.63	14.40	17.48	3.08
	1979		73.46	78.89	5.43	35.70	40.42	4.72	14.75	17.92	3.17
	1980	*	73.35	78.76	5.41	35.52	40.23	4.71	14.56	17.68	3.12
	1981		73.79	79.13	5.34	35.88	40.55	4.67	14.85	17.93	3.08
	1982		74.22	79.66	5.44	36.24	41.02	4.78	15.18	18.35	3.17
	1983		74.20	79.78	5.58	36.20	41.10	4.90	15.19	18.40	3.21
	1984		74.54	80.18	5.64	36.47	41.46	4.99	15.43	18.71	3.28
昭和60年	1985	*	74.78	80.48	5.70	36.63	41.72	5.09	15.52	18.94	3.42
	1986		75.23	80.93	5.70	37.02	42.13	5.11	15.86	19.29	3.43
	1987		75.61	81.39	5.78	37.35	42.54	5.19	16.12	19.67	3.55
	1988		75.54	81.30	5.76	37.24	42.44	5.20	15.95	19.54	3.59
平成元年	1989		75.91	81.77	5.86	37.56	42.89	5.33	16.22	19.95	3.73
	1990	*	75.92	81.90	5.98	37.58	43.00	5.42	16.22	20.03	3.81
	1991		76.11	82.11	6.00	37.00	43.18	5.48	16.31	20.20	3.89
	1992		76.09	82.22	6.13	37.70	43.29	5.59	16.31	20.31	4.00
	1993		76.25	82.51	6.26	37.80	43.55	5.75	16.41	20.57	4.16
	1994		76.57	82.98	6.41	38.13	44.00	5.87	16.67	20.97	4.30
	1995	*	76.38	82.85	6.47	37.96	43.91	5.95	16.48	20.94	4.46
平成8年	1996		77.01	83.59	6.58	38.48	44.55	6.07	16.94	21.53	4.59

「1998年国民衛生の動向」に準じる.
20歳男女については省いた.
*印は完全生命表による.
昭和47(1972)年以降は沖縄を含めた値.

強く受けているものと思われる．

図32.4は生没年月日の記載があった者について，誕生と死亡の度数を月別に比較したものである．わが国における公卿の死亡月には，夏季（7～9月）と冬季（2月）におけるピークが認められる．一方，西洋の著名人については，季節差は明確ではない．

32.3 現代の日本および主要国における寿命

a. 平均余命

図32.5および表32.8にわが国の平均余命の推移について示す．1996（平成8）年における男女の平均寿命はそれぞれ77.01歳，83.59歳である．なお平成7年1月に起こった阪神・淡路大震災のため，日本人5,326名，外国人166名が死亡した．よってこの年は平均余命が減少した．また，都道府県別の標準化死亡比においては，兵庫県が1位となった．

表32.9, 32.10には主要各国の序列を示す．男性は1970年以後，アイスランドと1位の座を争っている．女性は1977年に2位となり，1984年以降は1位を保っている．

b. 乳児の死亡

図32.6はわが国における死産率および乳児死亡率の推移を示したものである．1966（昭和41）年の突出は「ひのえうま」による．1995年の自然死産率および人工死産率は，それぞれ14.9, 17.2であり，また同年の乳児死亡率は4.3であった．

図32.7に1996（平成8）年における0～50歳の死亡率について示す．全年齢において男性の死亡率は女性を上回る．なお0, 1, 2歳における死亡率はきわめて高く，男性ではそれぞれ411, 69, 48，女性ではそれぞれ345, 51, 35である．

表32.11は出生児の死亡率の国際比較について示したものである．1985～1989年の5年間の平均では，乳児死亡率および早期新生児死亡率の低さは，ともにわが国が1位である．30年前の水準と比べた場合，わが国では改善度が高いことが特色であり，これが平均寿命の増加に大きく貢献したといえる．

c. 死因

ヒトはなんらかの死因によって寿命が尽きる．図32.8にわが国における死因の推移について示す．死因の1位は，1925年までは肺炎，1950年までは

表32.9 平均寿命の国際比較

作成基礎期間	国	男	女	差	男女平均
1996	日本	77.01	83.59	6.58	80.30
1995 *	スウェーデン	76.17	81.45	5.28	78.81
1992～93	アイスランド	76.85	80.75	3.90	78.80
1994 *	香港	75.84	81.16	5.32	78.50
1993～94	スイス	75.10	81.60	6.50	78.35
1994	オーストラリア	75.04	80.94	5.90	77.99
1995 *	ノルウェー	74.80	80.82	6.02	77.81
1990～92 *	カナダ	74.55	80.89	6.34	77.72
1993	イスラエル	75.33	79.10	3.77	77.22
1992～93	オランダ	74.21	80.20	5.99	77.21
1992	イタリア	73.79	80.36	6.57	77.08
1992	フランス	72.94	81.15	8.21	77.05
1994	イギリス	74.17	79.44	5.27	76.81
1994	オーストリア	73.34	79.73	6.39	76.54
1994	フィンランド	72.82	80.15	7.33	76.49
1992～94 *	ドイツ	72.77	79.30	6.53	76.04
1990～92	ニュージーランド	72.86	78.74	5.88	75.80
1993	アメリカ	72.20	78.80	6.60	75.50
1992～93	デンマーク	72.49	77.76	5.27	75.13
1990～92	プエルトリコ	69.60	78.50	8.90	74.05
1994	チェコ	69.53	76.55	7.02	73.04
1991 *	韓国	67.66	75.67	8.01	71.67
1990～95	メキシコ	67.84	73.94	6.10	70.89
1990～91	アルゼンチン	68.17	73.09	4.92	70.63
1990～95	中国	66.70	70.45	3.75	68.58
1995	ブラジル	63.81	70.38	6.57	67.10
1991	エジプト	62.86	66.39	3.53	64.63
1994	ロシア	57.59	71.18	13.59	64.39
1990～95	インドネシア	61.00	64.50	3.50	62.75
1986～90	インド	57.70	58.10	0.40	57.90
1990～95	ナイジェリア	48.81	52.01	3.20	50.41

「1998年国民衛生の動向」に基づき作成．
序列は男女の平均値に基づく．
＊印は当該政府からの資料提供による．

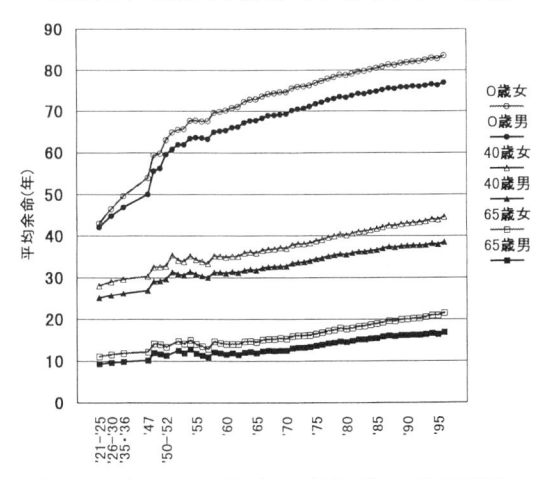

図32.5 日本における平均余命の推移（「1998年国民衛生の動向」に基づき作成）

表 32.10 平均余命の国際比較

作成基礎期間	国	40歳				60歳			
		男		女		男		女	
1996	日本	38.48	日本	44.55	日本	20.75	日本	25.91	日本
1993	アイスランド	38.45	スイス	43.00	アイスランド	20.51	アイスランド	24.50	スイス
1993	スウェーデン	37.62	フランス	42.66	スウェーデン	19.83	スウェーデン	24.38	フランス
1991	スイス	37.40	オーストラリア	42.52	スイス	19.80	スイス	24.01	オーストラリア
1992	イスラエル	37.33	カナダ	42.40	イスラエル	19.62	イスラエル	23.98	カナダ
1995	オーストラリア	37.21	スウェーデン	42.36	キューバ	19.60	キューバ	23.91	スウェーデン
1990〜92	カナダ	36.77	ノルウェー	41.78	オーストラリア	19.43	オーストラリア	23.33	ノルウェー
1988	ノルウェー	36.57	アイスランド	41.57	カナダ	19.35	カナダ	23.29	アイスランド
1990〜92	キューバ	36.40	オランダ	41.43	プエルトリコ	19.33	プエルトリコ	23.15	オランダ
1993	イギリス	35.92	フィンランド	41.29	フランス	19.18	フランス	22.94	プエルトリコ
1990〜91	オランダ	35.90	オーストリア	41.04	ノルウェー	18.93	ノルウェー	22.85	フィンランド
1994	ニュージーランド	35.76	プエルトリコ	40.87	アメリカ	18.80	アメリカ	22.80	アメリカ
1994	フランス	35.71	アメリカ	40.60	オーストリア	18.62	オーストリア	22.79	オーストリア
1992〜93	シンガポール	35.70	イギリス	40.57	ニュージーランド	18.43	ニュージーランド	22.51	ニュージーランド
1994	オーストリア	35.65	ドイツ	40.55	イギリス	18.32	イギリス	22.38	イギリス
1992	アメリカ	35.40	イスラエル	40.42	シンガポール	18.30	シンガポール	22.35	ドイツ
1992〜94	フィンランド	34.95	ニュージーランド	40.36	オランダ	18.24	オランダ	21.98	イスラエル
1992〜93	ドイツ	34.87	シンガポール	39.70	フィンランド	18.16	フィンランド	21.81	キューバ
1992〜93	プエルトリコ	34.77	キューバ	39.29	ドイツ	17.97	ドイツ	21.40	シンガポール
1995	デンマーク	34.59	デンマーク	39.04	デンマーク	17.58	デンマーク	21.38	デンマーク
1995	マレーシア	32.62	チェコ	38.18	アルゼンチン	16.52	アルゼンチン	20.16	チェコ
1993〜94	アルゼンチン	32.46	韓国	37.93	マレーシア	16.25	マレーシア	20.12	韓国
1994	中国	32.30	アルゼンチン	37.38	チェコ	15.99	チェコ	20.04	アルゼンチン
1994	チェコ	32.00	マレーシア	36.11	中国	15.72	中国	18.50	マレーシア
1990〜92	韓国	30.94	中国	35.28	韓国	15.48	韓国	18.19	中国

「1998年国民衛生の動向」に基づき作成.
10, 20, 30, 50, 70, 80歳のデータについては省略した.
ドイツは統一ドイツの数値.

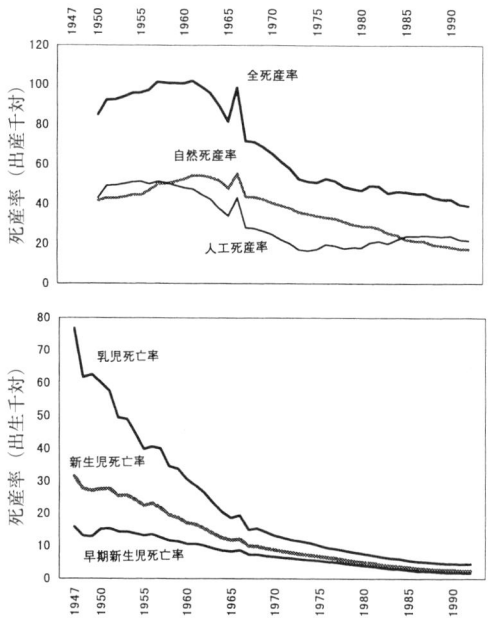

図 32.6 日本における死産率および出生児の死亡率の推移（「平成9年最近の人口動態」および「1998年国民衛生の動向」に基づき作成）

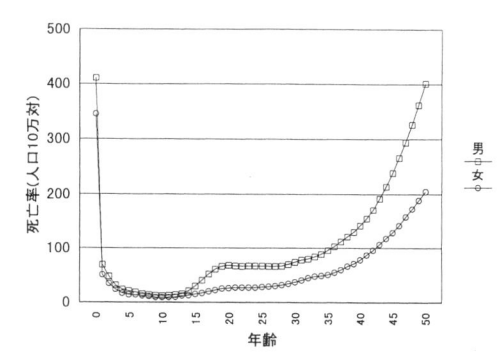

図 32.7 日本の0〜50歳における死亡率（1996年）（「1998年国民衛生の動向」に基づき作成）

結核，1980年までは脳血管疾患で，これ以後は悪性新生物である．

図 32.9 は各年齢階級における死因の序列について示したものである．1位となる死因は，0歳では男女ともに先天奇形，変形および染色体異常で，以後は不慮の事故および自殺となる．そして中・高年齢期においては長きにわたり悪性新生物が1位の座を保つ．

表 32.11 出生児の死亡率の国際比較

	乳児死亡率			早期新生児死亡率		
	1985〜89	1955〜59	比率	1985〜89	1955〜59	比率
日本	5.0	37.7	7.5	2.2	12.4	5.5
スウェーデン	6.1	17.0	2.8	3.2	11.4	3.6
オランダ	7.4	18.1	2.4	3.9	10.7	2.8
カナダ	7.5	30.5	4.1	4.1	16.3	4.0
フランス	7.9	33.9	4.3	3.1	12.1	3.9
西ドイツ	8.1	37.3	4.6	3.4	23.8	7.1
オーストラリア	8.8	21.4	2.4	4.3	13.3	3.1
イギリス	9.1	24.1	2.7	4.0	14.4	3.6
オーストリア	9.5	42.7	4.5	4.4	21.5	4.9
イタリア	9.6	48.7	5.1	6.2	18.4	3.0
アメリカ	10.2	26.4	2.6	5.4	16.9	3.1
ニュージーランド	10.7	19.8	1.8	3.7	11.9	3.2
ポーランド	17.1	74.6	4.4	9.6	19.1	2.0
ハンガリー	17.6	58.5	3.3	10.8	22.5	2.1
スリランカ	24.0	65.5	2.7	—	28.1	—
ソ連	24.6	43.3	1.8	7.8	—	—

「1994年人口動態統計の国際比較」に基づき作成.
出生千対の値.
5年間の平均値を示してあるが,一部に欠損があり,その場合は5個に満たないデータについて平均値を求めた.

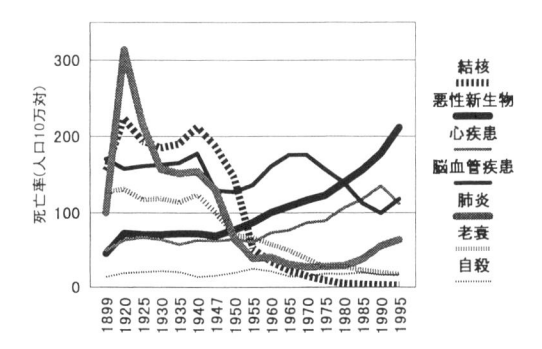

図 32.8 日本における死因の推移(「1998年国民衛生の動向」に基づき作成)

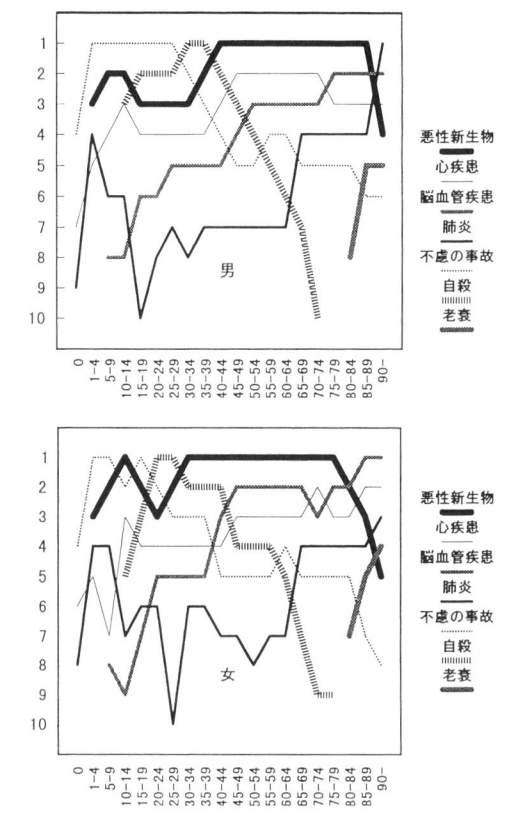

図 32.9 日本における各年齢階級でみた死因(1996年)(「1998年国民衛生の動向」に基づき作成)

表32.12は各種の死因に関し,主要16か国での死亡率および年齢調整死亡率について比較したものである.表32.13はわが国の順位について,男女別に示したものである.わが国では男女ともに周産期における死亡率,また男性では前立腺肥大症,女性では乳癌による死亡率が低いことがわかる.その一方,男女ともに胃癌,肺炎,腎炎などによる死亡率が高い.

表32.14は各種死因の国別の較差について検討したものである.まず各種の死因ごとに,上位3か国(低死亡率群)と下位3か国(高死亡率群)に分けて各群の死亡率の和を求め,そして両者の比率(後者÷前者)を求めた.表の上段側に位置する死因は,上位群と下位群との較差が小さく,よって人類にとって普遍的な死因であるといえる.一方,下段側に位置する死因は較差が大きいことから,各国の文化事情,衛生状態,あるいは遺伝的要素などが関与していることを示唆する.癌は人類にとって普遍的な死因である.また,感染症あるいは老衰といった死因は,国家間の較差が大きい.

表32.15は女性の死亡率に対する男性の死亡率の比を示したものである.この比が1.0をこえれば,その死因は,男性側において強く作用することを意味する.年齢調整死亡率では全項目において比が1.0以上であり,男性の短命ぶりを如実に示している.ただし下欄の死亡率についてみると,少数ではあるが,高血圧性疾患や糖尿病のように,女性の側において不利となる死因が見うけられる.

d. 国内比較

表32.16は都道府県別に求められた統計値につい

表 32.12　各死因の死亡率の比較（＊：年齢調整死亡率）

感染症・寄生虫症

男＊		女＊		男		女	
イタリア	4.2	オーストリア	1.7	イタリア	4.3	オーストリア	2.2
オーストリア	4.5	イタリア	2.2	ニュージーランド	4.3	イタリア	3.0
イギリス	4.7	イギリス	3.2	オーストリア	4.4	オーストラリア	3.9
ニュージーランド	5.5	オーストラリア	3.6	イギリス	5.0	カナダ	4.6
スウェーデン	5.5	カナダ	4.0	オーストラリア	5.0	イギリス	4.6
カナダ	5.8	オランダ	4.1	カナダ	5.0	ポーランド	4.7
オランダ	5.9	スウェーデン	4.3	オランダ	5.3	ニュージーランド	5.1
オーストラリア	6.1	ハンガリー	4.5	スウェーデン	6.8	ハンガリー	5.7
旧西ドイツ	8.3	ポーランド	4.7	旧西ドイツ	8.4	オランダ	5.9
フランス	11.6	ニュージーランド	4.9	ポーランド	11.0	スウェーデン	7.6
日本	12.8	旧西ドイツ	5.0	フランス	12.3	日本	8.7
ハンガリー	13.1	日本	6.3	アメリカ	12.4	旧西ドイツ	8.7
ポーランド	13.6	フランス	6.5	ハンガリー	12.4	旧ソ連	10.3
アメリカ	13.8	アメリカ	9.5	日本	13.0	フランス	12.0
旧ソ連	26.1	旧ソ連	10.3	旧ソ連	23.7	アメリカ	12.3
スリランカ	61.7	スリランカ	38.2	スリランカ	38.4	スリランカ	25.8

すべての結核

男		女	
オランダ	0.1	オランダ	0.1
オーストラリア	0.4	オーストラリア	0.2
カナダ	0.5	カナダ	0.3
ニュージーランド	0.7	アメリカ	0.5
スウェーデン	0.7	ニュージーランド	0.5
イギリス	1.1	スウェーデン	0.5
アメリカ	1.1	イギリス	0.6
イタリア	1.5	イタリア	0.6
旧西ドイツ	1.8	旧西ドイツ	0.8
フランス	2.2	オーストリア	0.8
オーストリア	2.8	フランス	1.3
日本	4.1	日本	1.3
ポーランド	5.8	ポーランド	1.5
ハンガリー	8.0	旧ソ連	2.6
スリランカ	10.2	ハンガリー	2.8
旧ソ連	13.6	スリランカ	4.0

すべての悪性新生物

男＊		女＊		男		女	
スリランカ	57.1	スリランカ	51.5	スリランカ	29.3	スリランカ	26.1
スウェーデン	197.3	日本	112.8	旧ソ連	196.2	旧ソ連	140.2
日本	228.1	フランス	129.2	オーストラリア	203.8	日本	146.7
アメリカ	246.0	旧ソ連	133.6	ニュージーランド	211.2	オーストラリア	153.8
オーストラリア	250.7	スウェーデン	144.0	アメリカ	217.6	ポーランド	160.3
カナダ	258.0	イタリア	146.2	カナダ	220.4	カナダ	174.7
ニュージーランド	260.8	オーストラリア	150.7	ポーランド	228.2	アメリカ	183.0
オーストリア	262.6	ポーランド	155.2	日本	230.5	フランス	184.6
イギリス	273.5	オーストリア	156.4	スウェーデン	249.1	ニュージーランド	185.8
旧西ドイツ	276.2	アメリカ	161.6	オーストリア	260.6	イタリア	199.2
旧ソ連	284.3	オランダ	162.4	オランダ	268.9	オランダ	202.4
イタリア	285.9	カナダ	162.8	旧西ドイツ	282.0	スウェーデン	221.4
オランダ	296.4	旧西ドイツ	164.6	イタリア	299.4	オーストリア	234.2
ポーランド	296.9	イギリス	183.8	イギリス	300.4	ハンガリー	251.6
フランス	298.1	ニュージーランド	187.8	フランス	304.8	旧西ドイツ	261.1
ハンガリー	377.9	ハンガリー	196.3	ハンガリー	359.9	イギリス	262.5

食道癌

男		女	
スリランカ	1.2	オーストリア	1.1
スウェーデン	4.7	ポーランド	1.1
ポーランド	5.5	スリランカ	1.2
オーストリア	5.6	ハンガリー	1.4
カナダ	5.6	イタリア	1.5
アメリカ	5.9	アメリカ	2.0
オーストラリア	6.0	旧西ドイツ	2.0
イタリア	6.6	カナダ	2.0
ニュージーランド	6.9	日本	2.1
オランダ	7.4	フランス	2.4
旧西ドイツ	7.5	スウェーデン	2.7
旧ソ連	8.4	ニュージーランド	3.2
ハンガリー	10.6	オーストラリア	3.4
日本	10.8	旧ソ連	3.6
イギリス	12.9	オランダ	3.8
フランス	15.6	イギリス	8.2

胃癌

男＊		女＊		男		女	
スリランカ	5.3	アメリカ	3.6	スリランカ	2.7	スリランカ	3.4
アメリカ	8.0	カナダ	5.0	アメリカ	7.0	アメリカ	4.5
カナダ	11.7	オーストラリア	5.7	カナダ	10.0	カナダ	5.9
オーストラリア	13.2	フランス	5.7	オーストラリア	10.6	オーストラリア	6.3
ニュージーランド	13.6	スウェーデン	6.7	ニュージーランド	10.9	ニュージーランド	7.8
フランス	13.7	スリランカ	7.1	フランス	14.3	フランス	9.7
スウェーデン	13.9	ニュージーランド	7.6	オランダ	17.2	オランダ	10.8
イギリス	18.4	イギリス	7.7	スウェーデン	18.0	スウェーデン	12.0
オランダ	19.1	オランダ	7.7	イギリス	20.4	イギリス	12.8
旧西ドイツ	22.5	ポーランド	11.9	旧西ドイツ	23.1	ポーランド	12.9
オーストリア	24.9	旧西ドイツ	12.0	ポーランド	24.4	イタリア	19.9
イタリア	27.6	オーストリア	12.8	オーストリア	24.6	旧西ドイツ	21.0
ポーランド	32.2	イタリア	13.3	イタリア	28.9	ハンガリー	21.2
ハンガリー	36.0	ハンガリー	15.5	ハンガリー	34.3	オーストリア	21.7
日本	51.5	日本	22.0	旧ソ連	35.4	旧ソ連	24.7
旧ソ連	52.1	旧ソ連	22.8	日本	50.3	日本	27.9

結腸癌

男		女	
スリランカ	0.0	スリランカ	0.1
旧ソ連	7.1	ポーランド	8.0
ポーランド	7.4	旧ソ連	9.1
日本	14.5	日本	13.6
イタリア	16.4	イタリア	15.6
カナダ	16.9	カナダ	16.4
オランダ	17.7	オーストラリア	18.7
ニュージーランド	18.5	アメリカ	19.6
オーストラリア	18.6	スウェーデン	19.8
アメリカ	19.6	フランス	19.9
スウェーデン	19.6	ニュージーランド	22.4
フランス	20.5	オランダ	22.5
イギリス	21.1	イギリス	23.4
オーストリア	22.6	オーストリア	24.5
旧西ドイツ	23.5	ハンガリー	25.2
ハンガリー	25.7	旧西ドイツ	31.5

32.3 現代の日本および主要国における寿命

直腸・S状結腸・肛門癌

男		女	
スリランカ	0.3	スリランカ	0.2
アメリカ	3.4	アメリカ	2.8
カナダ	5.9	カナダ	4.3
オランダ	6.2	オーストラリア	4.9
旧ソ連	7.7	オランダ	5.8
オーストラリア	8.0	フランス	6.2
フランス	8.1	日本	6.3
イタリア	8.8	イタリア	7.3
ポーランド	9.9	スウェーデン	8.2
日本	10.2	旧ソ連	8.6
スウェーデン	10.3	ポーランド	8.7
旧西ドイツ	11.1	ニュージーランド	9.5
オーストリア	12.5	イギリス	9.7
イギリス	12.6	旧西ドイツ	10.9
ニュージーランド	13.2	オーストリア	11.5
ハンガリー	18.4	ハンガリー	13.8

気管・気管支・肺癌

男*		女*		男		女	
スリランカ	3.9	スリランカ	0.9	スリランカ	2.0	スリランカ	0.4
スウェーデン	34.1	フランス	7.4	スウェーデン	42.3	フランス	9.7
日本	47.6	旧ソ連	10.3	日本	48.2	旧ソ連	11.0
オーストリア	66.7	イタリア	10.9	ニュージーランド	54.2	イタリア	14.6
ニュージーランド	66.9	旧西ドイツ	12.1	オーストラリア	56.1	ポーランド	14.8
フランス	67.9	日本	12.5	旧ソ連	63.4	オランダ	16.3
オーストラリア	68.1	オーストリア	14.0	オーストリア	65.5	日本	17.4
旧西ドイツ	72.2	スウェーデン	14.3	フランス	68.1	旧西ドイツ	17.7
アメリカ	83.8	ポーランド	14.5	カナダ	72.8	オーストラリア	18.6
カナダ	85.1	オランダ	14.7	旧西ドイツ	73.6	スウェーデン	19.9
イギリス	85.4	オーストラリア	18.6	アメリカ	73.6	オーストリア	20.1
イタリア	85.5	ハンガリー	22.8	ポーランド	79.7	ニュージーランド	24.3
旧ソ連	90.7	ニュージーランド	25.9	イタリア	89.9	ハンガリー	28.3
ポーランド	102.5	カナダ	30.3	イギリス	94.5	カナダ	30.9
オランダ	103.6	イギリス	30.9	オランダ	94.9	アメリカ	37.8
ハンガリー	115.0	アメリカ	35.3	ハンガリー	110.5	イギリス	42.7

乳癌

女*		女	
スリランカ	3.0	スリランカ	1.6
日本	9.0	日本	10.3
旧ソ連	19.0	旧ソ連	18.6
ポーランド	21.7	ポーランド	21.4
スウェーデン	25.2	オーストラリア	28.4
フランス	28.1	アメリカ	33.7
オーストラリア	29.6	フランス	34.9
イタリア	29.8	カナダ	34.9
オーストリア	31.1	スウェーデン	35.0
アメリカ	31.9	ニュージーランド	35.8
旧西ドイツ	32.9	イタリア	36.8
ハンガリー	33.4	ハンガリー	40.5
カナダ	34.2	オーストリア	41.1
オランダ	38.3	オランダ	43.5
ニュージーランド	38.4	旧西ドイツ	45.6
イギリス	40.0	イギリス	52.2

子宮癌

女	
スリランカ	1.2
オーストラリア	6.9
日本	7.4
カナダ	7.8
アメリカ	8.1
オランダ	9.1
ニュージーランド	9.3
スウェーデン	10.1
フランス	10.8
イタリア	11.2
イギリス	11.9
旧西ドイツ	13.3
旧ソ連	14.0
オーストリア	14.3
ポーランド	16.5
ハンガリー	19.9

白血病

男		女	
スリランカ	2.3	スリランカ	1.8
旧ソ連	5.2	日本	3.7
日本	5.5	旧ソ連	4.3
ポーランド	6.5	ポーランド	5.1
オーストラリア	7.4	オーストラリア	5.6
オーストリア	7.4	オランダ	6.0
オランダ	7.5	カナダ	6.0
カナダ	7.7	ニュージーランド	6.2
イギリス	7.9	イギリス	6.2
スウェーデン	8.1	アメリカ	6.4
ニュージーランド	8.2	スウェーデン	7.1
アメリカ	8.3	イタリア	7.2
旧西ドイツ	8.8	オーストリア	7.6
フランス	9.1	フランス	7.7
イタリア	9.7	ハンガリー	7.9
ハンガリー	9.8	旧西ドイツ	8.2

糖尿病

男		女	
旧ソ連	4.4	スリランカ	6.9
日本	7.9	旧ソ連	8.0
スリランカ	8.7	日本	8.1
フランス	9.2	ニュージーランド	12.4
オーストラリア	11.2	オーストラリア	13.1
ニュージーランド	11.9	フランス	13.5
ポーランド	12.8	カナダ	16.3
イギリス	13.6	イギリス	16.3
ハンガリー	14.0	スウェーデン	18.4
旧西ドイツ	14.7	ポーランド	19.9
カナダ	14.9	アメリカ	21.3
スウェーデン	15.2	ハンガリー	22.0
アメリカ	16.3	旧西ドイツ	29.0
オーストリア	17.5	オーストリア	30.2
オランダ	17.8	オランダ	31.3
イタリア	23.6	イタリア	40.8

すべての心疾患

男		女	
スリランカ	99.2	スリランカ	43.7
日本	142.6	日本	141.8
フランス	178.8	ポーランド	180.1
カナダ	225.0	カナダ	184.2
イタリア	227.6	フランス	187.7
オランダ	249.5	オーストラリア	211.6
オーストラリア	249.5	イタリア	212.4
ポーランド	276.0	オランダ	214.4
ニュージーランド	278.8	ニュージーランド	215.8
旧ソ連	291.4	アメリカ	276.7
アメリカ	296.2	ハンガリー	308.6
オーストリア	327.8	イギリス	316.8
旧西ドイツ	333.0	旧ソ連	327.5
イギリス	361.8	スウェーデン	342.3
ハンガリー	378.3	旧西ドイツ	381.0
スウェーデン	428.3	オーストリア	386.9

虚血性心疾患

男*		女*		男		女	
日本	48.5	日本	27.5	スリランカ	36.2	スリランカ	12.5
スリランカ	74.5	スリランカ	29.6	日本	44.5	日本	38.4
フランス	91.2	フランス	39.5	フランス	96.7	ポーランド	73.6
イタリア	138.8	イタリア	63.8	イタリア	143.4	フランス	77.5
オランダ	194.0	ポーランド	67.8	ポーランド	158.0	イタリア	103.2
ポーランド	204.0	オランダ	82.1	オランダ	175.9	オランダ	124.2
オーストリア	217.0	旧西ドイツ	103.7	カナダ	187.1	カナダ	143.4
旧西ドイツ	219.9	オーストリア	112.4	アメリカ	212.9	オーストラリア	167.2
カナダ	223.1	カナダ	112.5	オーストラリア	214.8	ニュージーランド	175.4
アメリカ	243.2	スウェーデン	120.5	オーストリア	217.5	アメリカ	189.0
スウェーデン	269.7	アメリカ	132.0	旧西ドイツ	223.8	旧西ドイツ	210.2
オーストラリア	273.4	オーストラリア	141.4	ニュージーランド	246.3	オーストリア	215.9
イギリス	300.9	イギリス	145.5	旧ソ連	267.7	ハンガリー	245.9
ニュージーランド	308.9	ニュージーランド	150.1	ハンガリー	314.9	スウェーデン	250.7
ハンガリー	339.9	ハンガリー	173.9	イギリス	330.3	イギリス	265.1
旧ソ連	455.5	旧ソ連	258.9	スウェーデン	349.1	旧ソ連	302.7

急性心筋梗塞

男		女	
日本	28.7	スリランカ	10.4
スリランカ	30.4	日本	22.2
旧ソ連	43.8	旧ソ連	25.6
フランス	65.0	フランス	49.1
カナダ	107.2	イタリア	51.7
アメリカ	111.0	カナダ	74.0
ポーランド	121.8	アメリカ	88.5
オランダ	135.4	オランダ	96.5
オーストリア	135.5	旧西ドイツ	98.9
旧西ドイツ	136.8	ニュージーランド	99.2
ニュージーランド	142.1	オーストリア	106.5
オーストラリア	148.3	ハンガリー	109.7
ハンガリー	174.6	オーストラリア	112.6
イギリス	203.0	スウェーデン	140.0
スウェーデン	217.8	イギリス	158.0

肺循環疾患その他の心疾患

男		女		男		女	
旧ソ連	19.3	旧ソ連	19.0	カナダ	3.7	カナダ	5.5
ニュージーランド	29.2	スリランカ	30.2	オランダ	3.8	スウェーデン	5.6
イギリス	29.3	ニュージーランド	36.7	スウェーデン	4.8	オランダ	6.7
オーストラリア	32.9	カナダ	38.2	日本	5.2	イギリス	7.0
カナダ	36.7	オーストラリア	41.3	ニュージーランド	5.3	ニュージーランド	7.5
ハンガリー	57.3	イギリス	45.6	オーストラリア	5.5	オーストラリア	8.1
スリランカ	62.5	ハンガリー	54.0	イギリス	5.9	スリランカ	8.4
オランダ	73.4	アメリカ	84.5	旧ソ連	6.8	旧ソ連	8.7
スウェーデン	77.3	スウェーデン	87.7	フランス	8.3	日本	8.8
フランス	80.7	オランダ	89.7	旧西ドイツ	8.7	フランス	13.4
アメリカ	81.8	ポーランド	98.9	アメリカ	11.3	アメリカ	14.5
イタリア	81.9	日本	102.0	オーストラリア	12.6	旧西ドイツ	19.1
日本	97.4	イタリア	104.9	スリランカ	13.1	オーストリア	22.2
旧西ドイツ	107.6	フランス	107.6	ポーランド	18.0	ポーランド	24.7
オーストリア	108.8	旧西ドイツ	166.3	イタリア	18.7	イタリア	31.9
ポーランド	112.0	オーストリア	167.3	ハンガリー	39.9	ハンガリー	65.8

高血圧性疾患 (右側)

脳血管疾患

男*		女*		男		女	
スリランカ	42.0	スリランカ	28.4	スリランカ	19.6	スリランカ	12.4
アメリカ	54.0	カナダ	45.1	カナダ	46.3	カナダ	59.0
カナダ	56.5	アメリカ	47.9	アメリカ	47.4	アメリカ	69.3
フランス	65.5	フランス	48.0	オーストラリア	61.0	ポーランド	75.0
スウェーデン	72.1	オランダ	61.5	ニュージーランド	64.8	オーストラリア	89.4
オランダ	75.1	スウェーデン	61.6	ポーランド	64.9	ニュージーランド	94.5
オーストラリア	81.6	ポーランド	66.1	オランダ	66.7	オランダ	98.7
ニュージーランド	85.0	日本	72.4	フランス	71.4	フランス	99.0
ポーランド	88.7	オーストラリア	73.8	日本	91.5	日本	99.6
イギリス	94.1	旧西ドイツ	77.7	スウェーデン	96.1	スウェーデン	131.6
旧西ドイツ	98.4	ニュージーランド	78.3	旧西ドイツ	99.6	イタリア	139.5
日本	100.9	イタリア	84.1	イギリス	104.6	旧西ドイツ	164.6
オーストリア	102.9	イギリス	84.1	オーストリア	104.7	イギリス	165.7
イタリア	109.8	オーストリア	89.6	イタリア	111.0	オーストリア	179.6
ハンガリー	207.2	ハンガリー	150.0	旧ソ連	139.1	ハンガリー	215.1
旧ソ連	245.5	旧ソ連	199.4	ハンガリー	190.4	旧ソ連	232.7

肺炎

男		女	
オーストラリア	8.8	ハンガリー	7.0
ハンガリー	9.0	オーストラリア	9.9
イタリア	11.7	スリランカ	11.5
スリランカ	15.2	イタリア	11.9
ポーランド	15.2	旧ソ連	11.9
オーストリア	16.3	ポーランド	13.5
旧ソ連	18.4	オーストリア	21.1
オランダ	19.3	フランス	23.0
旧西ドイツ	21.4	カナダ	24.1
フランス	21.6	オランダ	27.4
カナダ	24.1	旧西ドイツ	27.9
ニュージーランド	29.0	アメリカ	31.3
アメリカ	29.1	ニュージーランド	40.6
イギリス	42.5	スウェーデン	50.8
スウェーデン	51.3	日本	50.8
日本	69.9	イギリス	74.7

32.3 現代の日本および主要国における寿命

胃・十二指腸潰瘍

男		女	
スリランカ	0.4	スリランカ	0.1
カナダ	2.5	旧ソ連	2.1
アメリカ	2.6	カナダ	2.3
オランダ	2.7	日本	2.6
日本	3.2	アメリカ	2.6
フランス	3.7	ポーランド	2.8
旧西ドイツ	4.7	イタリア	2.9
オーストラリア	5.0	オランダ	3.0
イタリア	5.1	フランス	3.1
ポーランド	5.2	旧西ドイツ	5.0
旧ソ連	5.4	オーストラリア	5.2
ニュージーランド	6.0	オーストリア	6.1
オーストリア	6.5	スウェーデン	6.4
スウェーデン	7.2	ニュージーランド	6.7
イギリス	7.9	ハンガリー	6.7
ハンガリー	10.7	イギリス	8.6

慢性肝疾患・肝硬変

男*		女*		男		女	
ニュージーランド	5.6	ニュージーランド	2.1	ニュージーランド	4.5	スリランカ	1.7
オランダ	6.6	スリランカ	2.9	オランダ	6.0	ニュージーランド	2.0
イギリス	7.2	オランダ	3.4	イギリス	7.3	オランダ	3.6
スウェーデン	9.5	スウェーデン	3.7	スリランカ	9.7	オーストラリア	3.7
オーストラリア	12.4	オーストラリア	4.1	スウェーデン	10.2	スウェーデン	5.0
カナダ	13.3	イギリス	4.7	オーストラリア	10.3	カナダ	5.0
アメリカ	16.6	カナダ	4.9	カナダ	11.3	イギリス	5.4
スリランカ	17.3	日本	6.9	アメリカ	14.3	アメリカ	7.4
日本	18.7	アメリカ	7.3	ポーランド	16.1	ポーランド	7.7
ポーランド	20.1	ポーランド	7.5	日本	19.1	日本	8.8
フランス	26.0	フランス	10.2	フランス	25.1	フランス	10.7
旧西ドイツ	28.6	旧西ドイツ	12.1	旧西ドイツ	29.6	旧西ドイツ	16.1
イタリア	35.5	オーストリア	13.8	イタリア	36.9	オーストリア	16.9
オーストリア	43.7	イタリア	14.3	オーストリア	41.7	イタリア	19.0
ハンガリー	84.1	ハンガリー	31.3	ハンガリー	81.6	ハンガリー	34.2
旧ソ連	—	旧ソ連	—	旧ソ連	—	旧ソ連	—

腎炎・ネフローゼ症候群

男		女	
ハンガリー	3.8	スリランカ	3.6
旧ソ連	5.0	スウェーデン	4.0
オーストリア	5.1	旧ソ連	4.1
スウェーデン	6.1	ハンガリー	4.4
オランダ	6.3	ニュージーランド	6.0
イギリス	6.6	オーストリア	6.2
ニュージーランド	6.6	イギリス	7.2
オーストラリア	6.7	ポーランド	7.9
スリランカ	7.5	カナダ	7.9
カナダ	7.8	フランス	8.2
旧西ドイツ	8.3	オーストラリア	8.5
フランス	8.4	アメリカ	8.5
アメリカ	8.5	イタリア	8.6
イタリア	8.9	旧西ドイツ	9.8
ポーランド	9.8	オランダ	9.9
日本	14.4	日本	15.2

前立腺肥大症

男	
日本	0.3
アメリカ	0.4
カナダ	0.5
オーストラリア	0.9
旧西ドイツ	1.1
フランス	1.1
オーストリア	1.1
ポーランド	1.4
イギリス	1.5
ニュージーランド	1.6
スウェーデン	1.6
イタリア	1.8
オランダ	1.9
ハンガリー	2.6
旧ソ連	3.0
スリランカ	—

先天異常

男		女	
オーストラリア	2.1	オーストラリア	1.8
日本	3.1	スリランカ	2.5
スリランカ	3.1	日本	2.6
フランス	3.5	フランス	2.9
イタリア	3.7	旧西ドイツ	3.0
旧西ドイツ	3.8	イタリア	3.0
オーストリア	4.4	オーストリア	3.3
スウェーデン	4.7	イギリス	4.2
イギリス	4.9	スウェーデン	4.4
オランダ	5.5	カナダ	4.6
カナダ	5.6	オランダ	4.6
アメリカ	5.6	アメリカ	4.8
ニュージーランド	6.3	ハンガリー	5.8
ハンガリー	7.2	ニュージーランド	6.2
ポーランド	8.4	旧ソ連	6.3
旧ソ連	8.7	ポーランド	6.8

周産期に発生した主要病態

男		女	
日本	140.5	日本	117.6
フランス	211.9	スウェーデン	142.0
スウェーデン	259.7	フランス	161.1
旧西ドイツ	272.1	旧西ドイツ	200.3
カナダ	318.5	ニュージーランド	235.6
オランダ	347.6	オランダ	252.1
オーストリア	355.9	カナダ	254.0
ニュージーランド	357.4	オーストリア	260.7
イギリス	383.1	イギリス	289.3
オーストラリア	404.8	オーストラリア	319.2
アメリカ	507.9	アメリカ	418.0
イタリア	581.0	イタリア	485.6
ポーランド	864.9	旧ソ連	588.4
旧ソ連	874.4	ポーランド	632.3
ハンガリー	1049.0	ハンガリー	829.3
スリランカ	1494.0	スリランカ	1195.0

精神病の記載のない老衰

男		女	
オーストラリア	0.2	オーストラリア	0.6
アメリカ	0.3	アメリカ	0.7
ニュージーランド	0.4	ハンガリー	1.1
ハンガリー	0.5	ニュージーランド	1.1
カナダ	0.5	カナダ	1.2
イギリス	2.6	オーストリア	7.6
オーストリア	3.2	イギリス	10.4
オランダ	4.4	オランダ	10.9
スウェーデン	4.8	スウェーデン	11.2
旧西ドイツ	5.2	旧西ドイツ	15.1
フランス	6.1	フランス	17.0
イタリア	8.9	イタリア	18.1
日本	12.6	日本	25.0
旧ソ連	17.0	旧ソ連	45.5
ポーランド	29.4	ポーランド	58.8
スリランカ	120.0	スリランカ	121.3

不慮の事故・有害作用

男		女	
オランダ	27.1	スリランカ	16.4
イギリス	27.7	日本	17.6
旧西ドイツ	37.1	イギリス	18.8
日本	39.0	オランダ	21.5
スウェーデン	42.6	オーストラリア	22.1
カナダ	44.6	カナダ	22.3
オーストラリア	47.5	アメリカ	24.5
イタリア	47.6	スウェーデン	27.7
スリランカ	51.1	ニュージーランド	28.2
アメリカ	52.8	旧西ドイツ	28.5
オーストリア	58.6	イタリア	30.2
ニュージーランド	59.2	オーストリア	31.6
フランス	68.4	ポーランド	31.6
ポーランド	89.4	旧ソ連	32.2
ハンガリー	100.7	フランス	51.7
旧ソ連	117.5	ハンガリー	63.2

すべての交通事故

男		女	
スリランカ	10.3	スリランカ	2.5
オランダ	13.5	オランダ	5.4
イギリス	13.7	イギリス	5.4
スウェーデン	17.3	スウェーデン	6.4
旧西ドイツ	18.5	イタリア	6.7
日本	18.9	日本	7.0
カナダ	22.7	旧西ドイツ	7.0
イタリア	25.3	カナダ	8.6
フランス	27.5	オーストリア	9.2
アメリカ	29.0	フランス	9.5
オーストラリア	29.5	ポーランド	10.6
オーストリア	29.6	旧ソ連	11.2
ニュージーランド	39.3	アメリカ	11.5
ハンガリー	40.4	イタリア	12.0
ポーランド	41.8	ハンガリー	12.0
旧ソ連	44.6	ニュージーランド	15.4

自動車交通事故

男*		女*		男		女	
スリランカ	6.1	スリランカ	1.4	スリランカ	4.3	スリランカ	1.0
オランダ	11.7	イギリス	4.5	オランダ	12.2	オランダ	5.1
イギリス	12.1	オランダ	4.8	イギリス	12.7	イギリス	5.2
スウェーデン	13.5	スウェーデン	5.3	スウェーデン	14.2	スウェーデン	6.0
旧西ドイツ	16.0	日本	5.7	旧西ドイツ	17.2	イタリア	6.4
日本	16.4	イタリア	5.7	日本	17.2	日本	6.6
カナダ	18.8	旧西ドイツ	5.8	カナダ	19.4	旧西ドイツ	6.6
イタリア	22.6	オーストリア	7.3	イタリア	24.4	カナダ	8.2
オーストリア	25.1	カナダ	8.0	オーストラリア	26.4	オーストリア	8.6
オーストラリア	25.3	フランス	8.6	アメリカ	26.4	フランス	9.2
フランス	25.4	ポーランド	9.3	フランス	26.5	ポーランド	9.5
アメリカ	25.7	アメリカ	9.4	オーストリア	27.0	旧ソ連	9.6
ニュージーランド	29.7	ハンガリー	10.1	ニュージーランド	32.0	オーストラリア	10.9
ハンガリー	35.0	オーストラリア	10.4	ハンガリー	34.8	ハンガリー	10.9
ポーランド	38.4	アメリカ	11.0	ポーランド	36.3	アメリカ	11.5
旧ソ連	39.2	ニュージーランド	13.7	旧ソ連	37.9	ニュージーランド	14.0

不慮の墜落

男		女	
日本	4.9	スリランカ	1.0
アメリカ	5.2	日本	2.6
オーストラリア	5.3	旧ソ連	2.9
スリランカ	5.6	アメリカ	4.6
イギリス	5.9	オーストラリア	6.3
ニュージーランド	6.5	カナダ	8.0
旧ソ連	6.5	ニュージーランド	8.5
カナダ	7.5	ポーランド	12.1
オランダ	7.8	スウェーデン	12.1
旧西ドイツ	10.6	オランダ	13.3
イタリア	12.3	イギリス	15.6
スウェーデン	12.6	オーストリア	17.7
ポーランド	12.8	旧西ドイツ	17.7
フランス	14.4	イタリア	19.9
オーストリア	15.3	フランス	25.8
ハンガリー	32.8	ハンガリー	41.1

不慮の火災・火炎

男		女	
オランダ	0.5	オランダ	0.4
オーストリア	0.9	オーストラリア	0.4
イタリア	0.9	イタリア	0.6
旧西ドイツ	1.0	オーストリア	0.6
オーストラリア	1.0	旧西ドイツ	0.7
フランス	1.2	ニュージーランド	0.7
スリランカ	1.3	スウェーデン	0.8
イギリス	1.3	日本	0.8
日本	1.3	カナダ	0.9
ニュージーランド	1.5	フランス	0.9
カナダ	1.6	ポーランド	0.9
スウェーデン	1.7	イギリス	1.0
ポーランド	2.1	アメリカ	1.5
アメリカ	2.3	ハンガリー	2.0
ハンガリー	3.4	スリランカ	2.1
旧ソ連	3.8	旧ソ連	2.1

不慮の溺死

男		女	
イギリス	0.8	イギリス	0.2
オランダ	1.2	オランダ	0.3
旧西ドイツ	1.2	イタリア	0.4
イタリア	1.6	スウェーデン	0.4
フランス	1.9	旧西ドイツ	0.4
スウェーデン	2.0	フランス	0.5
カナダ	2.2	カナダ	0.5
オーストリア	2.4	アメリカ	0.6
アメリカ	2.7	ニュージーランド	0.7
オーストラリア	2.8	オーストラリア	0.8
日本	3.3	オーストリア	0.8
ニュージーランド	3.4	ハンガリー	0.8
ハンガリー	5.9	ポーランド	1.2
ポーランド	6.8	日本	2.0
スリランカ	8.0	旧ソ連	2.6
旧ソ連	12.9	スリランカ	3.0

自殺

男*		女*		男		女	
イタリア	10.8	イギリス	3.3	イタリア	11.2	イギリス	3.6
イギリス	12.1	イタリア	3.6	オランダ	12.3	イタリア	4.1
オランダ	12.1	ポーランド	4.6	イギリス	12.4	ポーランド	4.4
カナダ	20.0	アメリカ	4.8	アメリカ	19.9	アメリカ	4.8
日本	20.1	カナダ	5.1	カナダ	20.4	カナダ	5.2
アメリカ	20.2	ニュージーランド	5.7	オーストラリア	21.0	ニュージーランド	5.5
旧西ドイツ	20.9	オーストラリア	5.7	日本	22.3	オーストラリア	5.6
オーストラリア	21.2	オランダ	6.8	旧西ドイツ	22.4	オランダ	7.2
ニュージーランド	22.4	旧西ドイツ	7.8	ニュージーランド	22.5	旧ソ連	9.1
スウェーデン	25.4	旧ソ連	9.1	ポーランド	23.9	旧西ドイツ	9.6
ポーランド	25.8	スウェーデン	9.8	スウェーデン	26.8	スウェーデン	10.6
フランス	29.1	オーストリア	10.1	フランス	29.6	フランス	11.1
オーストリア	33.1	フランス	10.2	旧ソ連	34.4	オーストリア	11.6
旧ソ連	39.3	日本	10.3	オーストリア	34.6	日本	11.7
スリランカ	55.1	スリランカ	17.5	スリランカ	46.9	スリランカ	18.9
ハンガリー	58.8	ハンガリー	18.0	ハンガリー	58.0	ハンガリー	20.7

表 32.13 各死因における日本の順位

男		女	
死因	順位	死因	順位
前立腺肥大症	1	周産期に発生した主要病態	1
周産期に発生した主要病態	1	虚血性心疾患	2
急性心筋梗塞	1	乳癌	2
不慮の墜落	1	すべての心疾患	2
糖尿病	2	不慮の墜落	2
虚血性心疾患	2	急性心筋梗塞	2
すべての心疾患	2	白血病	2
先天異常	2	不慮の事故・有害作用	2
白血病	3	糖尿病	3
気管・気管支・肺癌	3	先天異常	3
高血圧性疾患	4	子宮癌	3
結腸癌	4	すべての悪性新生物	3
不慮の事故・有害作用	4	結腸癌	4
胃・十二指腸潰瘍	5	胃・十二指腸潰瘍	4
自動車交通事故	5	自動車交通事故	6
すべての交通事故	6	すべての交通事故	6
自殺	7	直腸・S状結腸・肛門癌	7
不慮の火災・火炎	7	気管・気管支・肺癌	7
すべての悪性新生物	8	不慮の火災・火炎	7
脳血管疾患	9	脳血管疾患	9
慢性肝疾患・肝硬変	10	食道癌	9
直腸・S状結腸・肛門癌	10	高血圧性疾患	9
不慮の溺死	11	慢性肝疾患・肝硬変	10
すべての結核	12	感染症・寄生虫症	11
肺循環疾患その他の心疾患	13	すべての結核	11
精神病の記載のない老衰	13	肺循環疾患その他の心疾患	12
食道癌	14	精神病の記載のない老衰	13
感染症・寄生虫症	14	不慮の溺死	14
胃癌	16	自殺	14
肺炎	16	肺炎	14
腎炎・ネフローゼ症候群	16	腎炎・ネフローゼ症候群	16
		胃癌	16

「1994年人口動態統計の国際比較」に基づき作成.
各死因について主要 16 か国の死亡率を比較した場合のわが国の順位を示してある.
表 32.12 に記載された死亡率の値が他国と同じ場合は同一順位とした.
下段にある死因は他国に比しわが国では高率であることを意味する.

て，上下それぞれ 5 位ずつを示したものである．上段側に位置する都道府県ほど，長寿もしくは各種疾患での死亡率が小さいことを意味する．沖縄県では，老衰を除く死因計 11 項目中，6 項目が上位 5 位以内にある．

表 32.17 は，前出の表 32.14 に類似する手法により比較したものである．すなわち，上位と下位のそれぞれ 5 都道府県を低死亡率群および高死亡率群とし，各群の死亡率の和を求め，次に両者の比率（後者÷前者）を求めた．これによれば，悪性新生物，心疾患，糖尿病などは地域差は少なく，老衰，高血圧性疾患，結核などは大きいことになる．これらの結果は，表 32.14 が示す世界の主要国家間について比較した結果に類似する．

おわりに

現在，平均寿命において日本は世界最高水準にあり，下位の国とは 30 年ほどの開きがある．これをもたらした要因として，敗戦からの経済発展，健康志向，食習慣，医学および医療技術の躍進，保険制度や福祉の充実，そして長らく国内が平和に保たれている僥倖などをあげることができる．

平均寿命は客観的指標であり，日本が羨望の対象となりうることを意味する．幸福感についての各人の思いがどうであれ，乳幼児を亡くして嘆く母親の比率は，世界の国々のなかで最も小さい水準にある

表 32.14 各死因の国による較差

	男	比率	女	比率
年齢調整死亡率	すべての癌	2.02	すべての癌	1.93
	脳血管疾患	3.69	自動車交通事故	3.28
	気管・気管支・肺癌	3.75	脳血管疾患	3.62
	自動車交通事故	3.77	乳癌	3.76
	自殺	4.38	自殺	3.98
	虚血性心疾患	5.16	胃癌	4.22
	胃癌	5.58	気管・気管支・肺癌	5.19
	慢性肝疾患・肝硬変	6.59	慢性肝疾患・肝硬変	5.43
	感染症・寄生虫症	7.58	虚血性心疾患	6.03
			感染症・寄生虫症	8.17
死亡率	白血病	2.20	白血病	2.43
	すべての癌	2.25	すべての癌	2.48
	腎炎・ネフローゼ症候群	2.38	不慮の事故・有害作用	2.79
	すべての心疾患	2.78	先天異常	2.80
	糖尿病	2.80	すべての交通事故	2.96
	先天異常	2.93	腎炎・ネフローゼ症候群	2.98
	気管・気管支・肺癌	3.24	すべての心疾患	3.04
	不慮の事故・有害作用	3.35	自動車交通事故	3.22
	すべての交通事故	3.38	子宮癌	3.27
	食道癌	3.45	自殺	4.24
	自動車交通事故	3.73	不慮の火災・火炎	4.43
	自殺	3.89	糖尿病	4.45
	脳血管疾患	3.89	脳血管疾患	4.46
	不慮の墜落	4.06	食道癌	4.59
	不慮の火災・火炎	4.13	乳癌	4.63
	肺循環疾患系心疾患	4.22	結腸癌	4.72
	直腸癌	4.60	胃・十二指腸潰瘍	4.89
	前立腺肥大症	4.67	直腸癌	4.96
	胃・十二指腸潰瘍	4.69	肺循環疾患系心疾患	5.14
	結腸癌	4.95	気管・気管支・肺癌	5.28
	肺炎	5.55	胃癌	5.38
	周産期での主要病態	5.58	感染症・寄生虫症	5.51
	虚血性心疾患	5.60	肺炎	6.21
	感染症・寄生虫症	5.78	周産期での主要病態	6.31
	心筋梗塞	5.79	虚血性心疾患	6.57
	胃癌	6.09	高血圧性疾患	6.88
	高血圧性疾患	6.23	心筋梗塞	7.05
	慢性肝疾患・肝硬変	6.93	慢性肝疾患・肝硬変	7.29
	不慮の溺死	8.66	不慮の溺死	8.44
	すべての結核	31.80	不慮の墜落	13.35
	老衰	184.89	すべての結核	15.67
			老衰	94.00

「1994年人口動態統計の国際比較」に基づき作成.
年齢調整死亡率はWHOによるヨーロッパ人口モデルに基づく.
比率の算出は次式による. 死亡率が高い3か国の死亡率の和÷死亡率が低い3か国の死亡率の和.

ことは事実なのである.

　平均寿命は総合的指標である. よって個々についてはしだいに拡大しつつある負の要素もある. それは, 診断技術の発達による不安の増大, 情報社会ならではの不公平感や不幸感の拡大, 医学の過度の介入がもたらす遺伝子レベルでの弱体化, 介護や財政面における負担増などである.

　先端的医療技術の類は, それが普及する以前に情報が早く伝わる. よってその存在を知りながら恩恵にあずかることができない者は, 大きな失意を抱くであろう. 長寿を言祝ぐのは社会的通念であるとはいえ, とりわけ痴呆の進行は周囲に多大の負担を強

表 32.15　各死因の男女比

	世界全体		日　本	
		比(男/女)		比(男/女)
年齢調整死亡率	全死因	1.69	全死因	1.66
	脳血管疾患	1.25	脳血管疾患	1.39
	すべての悪性新生物	1.73	虚血性心疾患	1.75
	感染症および寄生虫症	1.80	すべての悪性新生物	1.91
	虚血性心疾患	2.05	感染症および寄生虫症	2.10
	胃癌	2.18	自殺	2.15
	慢性肝疾患・肝硬変	2.67	胃癌	2.16
	自動車交通事故	2.98	慢性肝疾患・肝硬変	2.95
	自殺	3.22	自動車交通事故	3.28
	気管・気管支・肺の癌	4.28	気管・気管支・肺の癌	3.69
死亡率	全死因	1.12	全死因	1.24
	老衰	0.63	老衰	0.50
	高血圧性疾患	0.67	高血圧性疾患	0.59
	糖尿病	0.69	脳血管疾患	0.92
	脳血管疾患	0.72	腎炎・ネフローゼ症候群	0.95
	不慮の墜落	0.79	肺循環その他の心疾患	0.95
	肺循環その他の心疾患	0.85	糖尿病	0.98
	肺炎	0.92	すべての心疾患	1.01
	結腸癌	0.93	結腸癌	1.07
	腎炎・ネフローゼ症候群	1.00	虚血性心疾患	1.16
	すべての心疾患	1.10	先天異常	1.19
	先天異常	1.12	周産期に発生した主要病態	1.19
	胃・十二指腸潰瘍	1.19	胃・十二指腸潰瘍	1.23
	白血病	1.23	急性心筋梗塞	1.29
	虚血性心疾患	1.24	肺炎	1.38
	直腸・S状結腸・肛門の癌	1.24	白血病	1.49
	すべての悪性新生物	1.29	感染症および寄生虫症	1.49
	周産期に発生した主要病態	1.32	すべての悪性新生物	1.57
	感染症および寄生虫症	1.37	直腸・S状結腸・肛門の癌	1.62
	急性心筋梗塞	1.46	火災・火炎による事故	1.63
	胃癌	1.49	不慮の溺死	1.65
	火災・火炎による事故	1.57	胃癌	1.80
	すべての不慮の事故・有害作用	1.95	不慮の墜落	1.88
	慢性肝疾患・肝硬変	2.20	自殺	1.91
	自動車交通事故	2.85	慢性肝疾患・肝硬変	2.17
	食道癌	2.91	すべての不慮の事故・有害作用	2.22
	自殺	2.91	自動車交通事故	2.61
	すべての結核	2.97	すべての交通事故	2.70
	すべての交通事故	3.00	気管・気管支・肺の癌	2.77
	気管・気管支・肺の癌	3.36	すべての結核	3.15
	不慮の溺死	3.89	食道癌	5.14

「1994年人口動態統計の国際比較」に基づき作成.

いる.

　生命の火が長らく消えぬことを望むなら，その分，不幸をこうむったり，あるいは周囲に迷惑を及ぼしたりすることを覚悟せねばならぬ，ということになる.

[山崎和彦]

文　献

1) 河部利夫・保坂栄一編（1971）新版世界人名辞典・西洋編，東京堂出版.
2) 阿部弘毅（1970）歴史人口の民族衛生学的研究．民族衛生，**36**（1），1-12.
3) 井原頼明（1979）増補皇室事典，冨山房.
4) 黒田行昭（1993）動物の寿命と遺伝．老化と疾患，**6**（12），1711-1717.
5) 厚生省大臣官房統計情報部編（1994）人口動態統計の国際比較・人口動態統計特殊報告，財団法人厚生統計協会.

表32.16 平均寿命と死亡率の国内比較（1996年）

	平均寿命				結核		悪性新生物		糖尿病		高血圧性疾患		心疾患	
	男	歳	女	歳		率		率		率		率		率
	全国	76.72	全国	83.26	全国	2.3	全国	217.5	全国	10.3	全国	5.8	全国	110.8
1位	長野	78.08	沖縄	85.08	新潟	1.2	沖縄	158.7	神奈川	7.5	埼玉	2.9	沖縄	72.2
2位	福井	77.51	熊本	84.39	沖縄	1.3	埼玉	169.9	埼玉	8.1	沖縄	3.1	神奈川	81.5
3位	熊本	77.31	島根	84.03	滋賀	1.3	神奈川	180.9	長野	8.1	埼玉	3.6	埼玉	85.6
4位	沖縄	77.22	長野	83.89	北海道	1.3	千葉	184.2	滋賀	8.4	北海道	4.0	千葉	93.6
5位	静岡	77.22	富山	83.86	富山	1.4	愛知	189.3	愛知	8.8	宮城	4.3	福岡	98.5
43位	鳥取	76.09	栃木	82.76	高知	3.1	長崎	264.9	福島	13.1	長野	8.8	愛知	145.9
44位	和歌山	76.07	和歌山	82.71	青森	3.1	高知	267.5	富山	13.2	新潟	9.3	島根	146.0
45位	秋田	75.92	兵庫	82.68	和歌山	3.1	和歌山	270.0	福井	13.7	長崎	9.4	和歌山	148.4
46位	大阪	75.90	大阪	82.52	岐阜	3.2	秋田	280.8	青森	16.1	大分	10.8	徳島	154.3
47位	青森	74.71	青森	82.51	大阪	3.6	島根	285.0	徳島	16.4	佐賀	13.3	高知	161.5

	脳血管疾患	率	肺炎	率	肝疾患	率	腎不全	率	老衰	率	不慮の事故	率	自殺	率
	全国	112.6	全国	56.9	全国	13.2	全国	13.0	全国	16.7	全国	31.4	全国	17.8
1位	沖縄	62.7	埼玉	40.4	滋賀	7.7	神奈川	9.1	北海道	8.2	東京	19.3	奈良	12.6
2位	大阪	84.1	千葉	41.9	新潟	8.2	埼玉	9.3	大阪	8.4	沖縄	21.8	千葉	14.1
3位	埼玉	84.4	神奈川	44.3	宮城	9.0	千葉	9.9	東京	9.1	埼玉	22.7	神奈川	14.6
4位	神奈川	85.8	宮城	44.7	長野	9.5	山梨	10.5	神奈川	9.2	神奈川	23.4	静岡	14.9
5位	千葉	91.7	愛知	45.7	岐阜	9.8	愛知	10.6	福岡	11.1	大阪	25.4	兵庫	15.0
43位	鹿児島	158.1	島根	79.1	大阪	16.8	鹿児島	18.3	山梨	33.1	鳥取	43.9	新潟	23.8
44位	島根	160.5	香川	79.8	大分	17.5	京都	18.6	島根	33.6	島根	44.9	宮崎	25.0
45位	山形	169.9	鹿児島	83.7	愛知	17.6	大分	18.8	鳥取	34.7	香川	45.0	島根	26.1
46位	長野	179.1	山口	83.9	広島	18.1	徳島	19.5	三重	35.1	新潟	45.1	岩手	26.1
47位	秋田	189.2	高知	87.5	徳島	20.3	高知	22.0	長野	35.4	高知	49.7	秋田	30.4

「1998年国民衛生の動向」に基づき作成．

表32.17 各死因の地域較差（1996年）

死因	比率
悪性新生物	1.55
心疾患	1.75
糖尿病	1.77
自殺	1.85
肺炎	1.91
腎不全	1.97
不慮の事故	2.03
肝疾患	2.04
脳血管疾患	2.10
結核	2.48
高血圧性疾患	2.88
老衰	3.74

「1998年国民衛生の動向」に基づき作成．
　比率の算出は次式による．死亡率が高い上位5つの都道府県の死亡率の和÷死亡率が低い下位5つの都道府県の死亡率の和．

6) 厚生省大臣官房統計情報部人口動態統計課監修（1997）最近の人口動態，第33号，財団法人厚生統計協会．
7) 厚生統計協会編（1998）国民衛生の動向・厚生の指標，**45**（9）．
8) 立川昭二（1976）日本人の病歴，中公新書．
9) 立川昭二（1984）病いと人間の文化史，新潮社．
10) 野島寿三郎編（1994）公卿人名大事典，日外アソシエーツ．
11) 平田欽逸（1963）過去帳からみた昔人の寿命．民族衛生，**29**（4）73-96．

33
温熱環境と日本人

33.1 はじめに

これまでの章のタイトルの多くは,「日本人の一」という形式であった.この章から「一と日本人」というタイトルの論述が始まる.前者は諸外国の人々との比較から日本人の特徴を浮き彫りにすることがその背景にある考え方であろう.それに対して,後者はその環境要因が日本人の資質形成にどのようにかかわってきたかに力点が置かれるに違いない.すなわち前者は空間軸に論述のベクトルが穏やかに向いているのに対して,後者は時間軸に論述のベクトルが穏やかに向いているといういい方もできよう.最初の課題は「温熱環境と日本人」である.

温熱環境を考える場合,代謝量(産熱量),蓄熱,熱授受量(放熱量)の平衡を考えることが基本である.代謝レベルは個体の活動に依存する.蓄熱は生体の熱物性とその組成に依存する.熱授受量(放熱量)は肺からの呼吸放受熱(一般には呼吸放熱),体表面での対流熱伝達,放射熱伝達,蒸発に伴う熱伝達,接触面との熱伝導の経路による.温熱環境要因はその熱授受量(放熱量)にかかわり,具体的には空気温度(気温),周囲放射温度(含む太陽放射),気流速度(風速),湿度(相対湿度)である.さらに,入浴や水泳のような水生場面では,流体温度(水温)と流体速度も念頭に入れる必要がある.

加えて,人類の場合,着衣を考える必要がある.着衣と温熱環境との関係では,熱抵抗の役割のclo値のみが強調されがちであるが,着衣は同時に湿気抵抗,熱容量,湿気容量の役割性質を備え,衣服内気候を形成し,温熱環境と生体のインターフェイスの役目を果たす.

以上,定量的に「温熱環境と日本人」の問題を論ずるために,必要最低限の要因についてみた.しかし,人類がこのような理解に至ったのは,つい最近のことである.

表33.1は,温熱環境に関連する物理・化学的基礎のおもな発明および発見事項についてまとめたものである.表に示されるように,そもそも,温熱環境のなかで最も基本の概念である温度(temperature)が現在用いられているのと類似の様式となったのは,18世紀に入ってのことである.すなわち,華氏温度目盛りをファーレンハイト(Fehrenheit,

表33.1 温熱環境に関連する物理・化学的基礎のおもな発明および発見事項

年	おもな発明・発見
1643	トリチェリの真空(E. Torricelli, イタリア)
1648	大気圧の証明(B. Pascal, フランス)
1662	ボイルの法則(R. Boyle, イギリス)
1720	華氏温度計の目盛(G. D. Fahrenheit, ドイツ)
1772	燃焼の説明,質量不変の法則(A. L. Lavoisier, フランス)
1774	摂氏温度計の目盛(A. Celsius, スウェーデン)
1791	潜熱・熱容量の発見(J. Black, イギリス)
1798	摩擦による熱の発生(G. Rumford, イギリス)
1799	定比例の法則(J. L. Proust, フランス)
1802	気体の熱膨張の法則(J. L. Gay-Luosac, フランス)
1803	気体の圧力のドルトンの法則(J. Dalton, イタリア)
1822	熱解析論(J. Fourier, フランス)
1824	カルノーの定理(N. L. S. Carnot, フランス)
1842	エネルギーの保存,熱の仕事当量(J. R. Mayer, ドイツ)
1843	熱の仕事当量(J. P. Jule, イギリス)
1847	エネルギーの保存の法則(H. L. F. Helmholtz, ドイツ)
1848	熱力学温度目盛(L. Kelvin, イギリス)
1850	熱力学の第2法則(R. Clausius, ドイツ)
1851	熱力学の第2法則(L. Kelvin, イタリア)
1860	放射のキルヒホフの法則(G. R. Kirchhoff, ドイツ)
1865	エントロピー増大の原理(R. Clausius, ドイツ)
1877	熱力学第2法則の統計的基礎(L. Bolzmann, オーストリア)
1879	放射のシュテファンの法則(J. P. Steffens, オーストリア)
1882	自由エネルギーの概念(H. L. F. Helmholz, ドイツ)
1884	シュテファンの法則の理論(L. Bolzman, オーストリア)
1905	湿球温度(L. Haldane, イギリス)
1906	熱力学第3法則(H. W. Nernst, ドイツ)
1916	カタ冷却力(L. Hill, イギリス)
1930	グローブ温度計(H. M. Vernon, イギリス)

ドイツ）が提言したのは1720年，摂氏目盛りをセルシウス（Celsius，スウェーデン）が提案したのが1742年である．熱力学温度すなわち絶対温度目盛りがケルビン（Kelvin，イギリス）によって提唱されたのは1848年のことである．華氏温度（°F）の0°Fは血液が凍結する温度，100°Fは生体を構成する蛋白質が不可逆的変成し始める温度にほぼ相当し，そのスケーリングはいわば生物の生存可能域を示しており，生物温度とよぶのにふさわしいものと考えられる．摂氏温度（°C）のスケーリングの0°Cから100°Cは水が液相で存在する範囲で，水惑星とよばれる地球の状態を示し，いわば地球温度を示していると解釈される．その観点からすると，熱力学温度すなわち絶対温度（K）のスケーリングには，上限が規定されず，下限の0Kに確固たる意味があり，それ以下では分子運動ができない．すなわち宇宙を構成する森羅万象の活動停止温度を示し，いわば宇宙温度ともいえる．生物，地球，宇宙の活動の状態を解釈しうる温度概念の進展を例に，温熱環境についての基本概念の理解が，近年になって急激に進展したものであることを示した．同様に，熱移動現象のなかの潜熱，熱容量の考えも，1761年のブラック（Black，イギリス）らによって進展してきたものである．

温熱環境の要素の空気温度（気温），周囲放射温度（含む太陽放射），気流速度（風速），湿度（相対湿度）に関連する部分的観測データの収集の始まりは，歴史が教えるところによれば，紀元前6世紀にギリシャでの風向観察とされている．また，紀元前4世紀にインドで雨量の観測がなされたとされる．温熱環境の各要素について，われわれが利用可能な形の観測データの蓄積はずっと後のことである．その発端は表33.1にみるように伝熱学や熱力学の黎明と軌を一にする．1643年トリチェリ（Torricelli，イタリア）が気圧に関する実験をし，その発展形態が水銀気圧計である．本格的な測定器械による気象観測は，後述するように19世紀初頭からである．その観点からすれば，それらの要因の膨大ともいえる時系列データを入手し，かつ定量的に体温調節機能の変容を古代にまでさかのぼって完全に解き明かすことはむずかしいといえよう．ここでは，適用可能な資料の信頼性の観点から，温熱環境を地質時代，歴史時代，観測時代の3つのカテゴリーに分けて考えていくことにした．その際，日本人を人類の一員として，人類を生物の一員とする観点から，特に前半部ではできる限り時空間を広くとり，われわれの祖先が温熱環境にどう適応してきたのかを考える資料となるよう心掛けた（図33.1）．

33.2　地質時代の地球環境とその変遷

現代宇宙物理学の知見によれば，約200億年前に宇宙（cosmos）が誕生した．いわゆるビッグバン（Big Bang，原初大爆発）説である．宇宙の主要構成元素はH_2とHeだった．約46億年前，宇宙塵とガス雲の固化が始まり，地球が誕生したのは約45億5000万年前といわれる．惑星科学からみた地球の特徴は，鉄（Fe），マグネシウム（Mg），ケイ素（Si），酸素（O_2）がその構成要素に多く含まれていることである．

地球の歴史の約45.5億年前〜5.4億年前は先カンブリア時代（the precambrian time）とよばれる．地球の温熱環境変動に関しては不明な点が多い．われわれ人類のような有機生命体すなわち生物の進化についていえば，約38億年前から35億年前頃に，太陽エネルギー利用により化合物を合成する能力，すなわち光合成生物が出現したとされる．氷礫岩の分析より立証できる最初の氷河期は約27億年前〜約23億年前に存在したと推定されている．しかし，その後の10億年の間は，地球は温暖で，万年雪や氷床が存在しなかったと考えられる．

約20億年前頃，それまでの大気は二酸化炭素（CO_2），水蒸気（H_2O），窒素（N_2），二酸化硫黄（SO_2）などにより形成されていた．酸素は少なく，オゾン（O_3）層も形成されていなかった．20億年前の酸素濃度は現在の1％程度と推定され，この頃より酸素が多くなり，オゾン層の形成が始まった．

知られている氷河期で2番目に古いものは約9億5000万年前〜8億9000万年前，その後，約8億2000万年前〜7億3000万年前，6億4000万年前〜5億8000万年前にあった．先カンブリア時代の後期は地球上での活発な造山活動の期間で，氷河期は大陸の運動と大陸どうしの衝突変化と関連していた．具体的には，極方向へ移動する大陸は氷におおわれやすく，地形変化による高所は氷河が形成しや

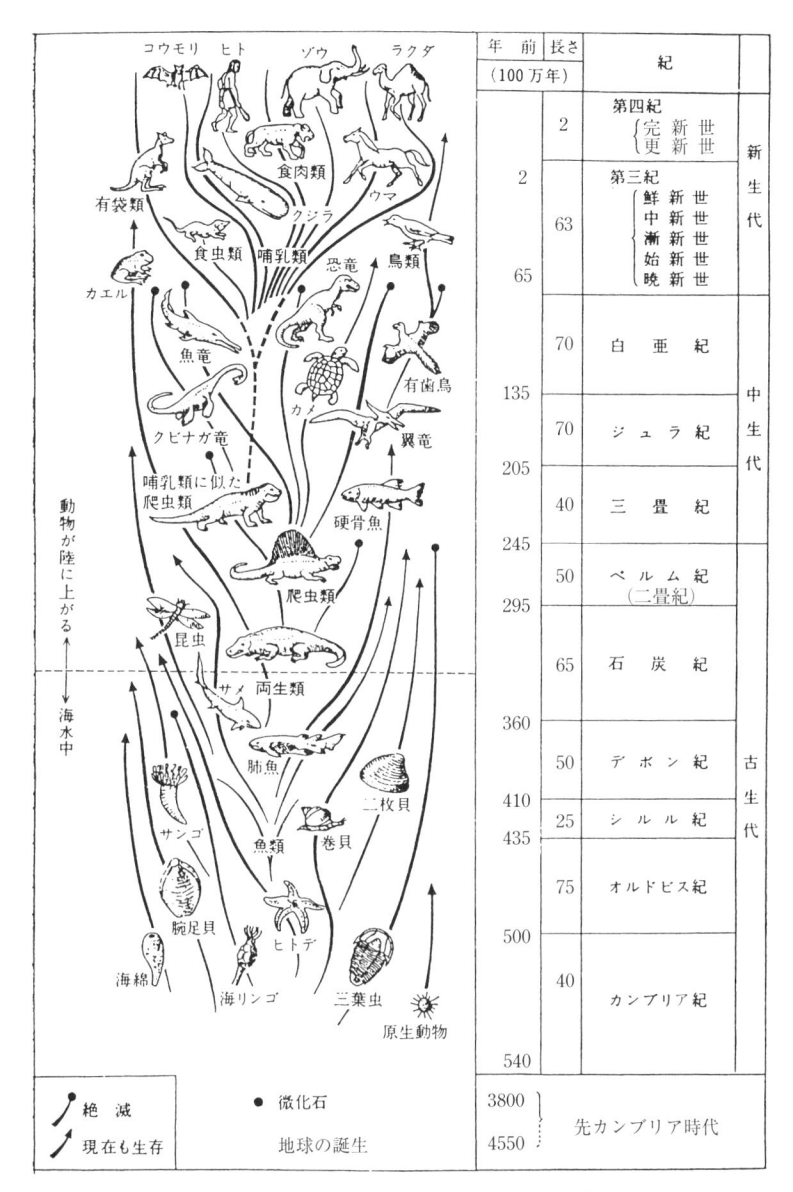

図 33.1 地球環境と有機生命体の変遷（菊池，1976[18]）を改変）

すいことと関連していたと考えられる．

　7億年前の酸素濃度は現在の10％で，大気組成の安定化すなわち現在の大気組成と同様なものになったのは，3億5000万年前である．先カンブリア時代は約5億4000万年前に生じた有機生命体の最初の爆発的進化という出来事でその時代区分を終える．

　続く時代を古生代（the paleozoic era）とよぶ．古生代は約5億4000万年前〜2億4500万年前とさ

れ，生物進化の観点から，カンブリア紀，オルドビス紀，シルル紀，デボン紀，石炭紀，ペルム紀（二畳紀）に分類される．古生代後半の石炭紀からペルム紀（約2億8900万年前〜2億4700万年前）にかけて，南半球を中心として氷河時代があったと推測されている．

　最初のカンブリア紀の気候は温暖であったと推定されている（図33.2）．この時代に生物が外側の骨格すなわち外殻を形成するために炭酸カルシウムと

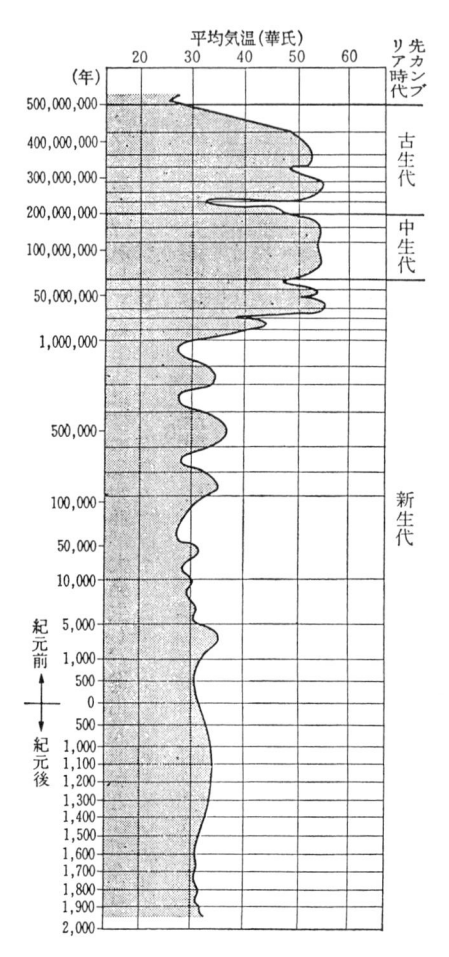

図 33.2 地質時代の気温変化（佐藤，1987）[55]

シルル紀は陸上性の生物が出現した時代である．初期の陸上生物は発達した循環系をもつ維管束植物で，水中で発生したことに制約され，低湿地帯のみで生息していた．植物が陸上へ移動するにつれ，ほかの生物も同じように移動していった．空気呼吸をするサソリやヤスデなどがこのシルル紀に生息していた．

デボン紀には，維管束をもった植物は陸上に広がっていった．ソテツシダ類，チャセンシダおよび真正シダ類が低地に森をつくって繁茂した．一方，海洋では魚類が急増した．デボン紀の後半に両生類が出現した．両生類は陸上にて生存することができたが，産卵は依然水中であった．

石炭紀の地球は温暖で多湿の気候状態であった．草木が繁茂し，低湿地帯に多くの密林が形成された．これらの低湿地帯が後に広域な石炭層となり，北米，ヨーロッパ，中国北部に多くみられる．石炭紀では昆虫が急激な進化をとげ，巨大なゴキブリや羽の長さが80 cmもあるトンボなどが派生した．いくつかの両生類は，水環境から離れて生存可能な状態に進化した．有羊卵すなわち羊膜でおおわれた多孔性の殻に包まれた卵への進化によって，胚子が完全に自足できる環境が用意された．同時に，卵殻によって胚子が乾燥から保護される仕組みを得た．これらのことにより，動物は水辺の環境から陸地へ移動することが可能となり，最初の爬虫類出現への段階に進んだ．

ペルム紀（二畳紀）には種々の爬虫類が出現した．ペルム紀に現れた爬虫類は大きく3つの群に分けられる．初期の爬虫類である無弓亜綱，トカゲやヘビや恐竜を含む双弓亜綱，哺乳類に似た爬虫類を含む単弓亜綱である．ペルム紀末期には，海洋性動物群にとって史上最大級規模の絶滅が起こった．絶滅の理由の一つに，地球の寒冷化が考えられている．地球のほとんどが氷河におおわれ，それに伴って海面が下がった．海面低下の期間は2000万〜2500万年も続き，これが海の生物の環境を圧迫したことは間違いない．しかし，これだけでは，絶滅の大きさを説明することができない．陸上生物も影響を受けたが，犠牲はそれほど激烈ではなく，陸上動物は急激な進化と拡大を続けた．海洋性生物の絶滅の最も有力な仮説として，造山活動の活発化と超大陸パン

リン酸カルシウムを分泌する能力をもった．この能力をもった生物は捕食動物に対して攻撃されにくく，紫外線に対しても防護されるので，それまでより浅い海に生息地を移動することが可能となった．そのなかで，三葉虫はカンブリア紀の代表的な化石である．

オルドビス紀は，種々雑多でかつ豊富な海洋生物が存在した時代である．サンゴ，コケムシ，フデイシがこの時代の化石としてよく知られている．ヤツメウナギやメクラウナギ（無顎綱）のような脊椎動物が出現した．しかし，オルドビス紀の末期の約4億3500万年前に氷河が広範囲に広がった結果，多くの生物が絶滅した．高緯度でかつ深海の生物はあまり影響を受けなかったが，熱帯地方の浅瀬の海洋生物は最も大きな影響を受けた．

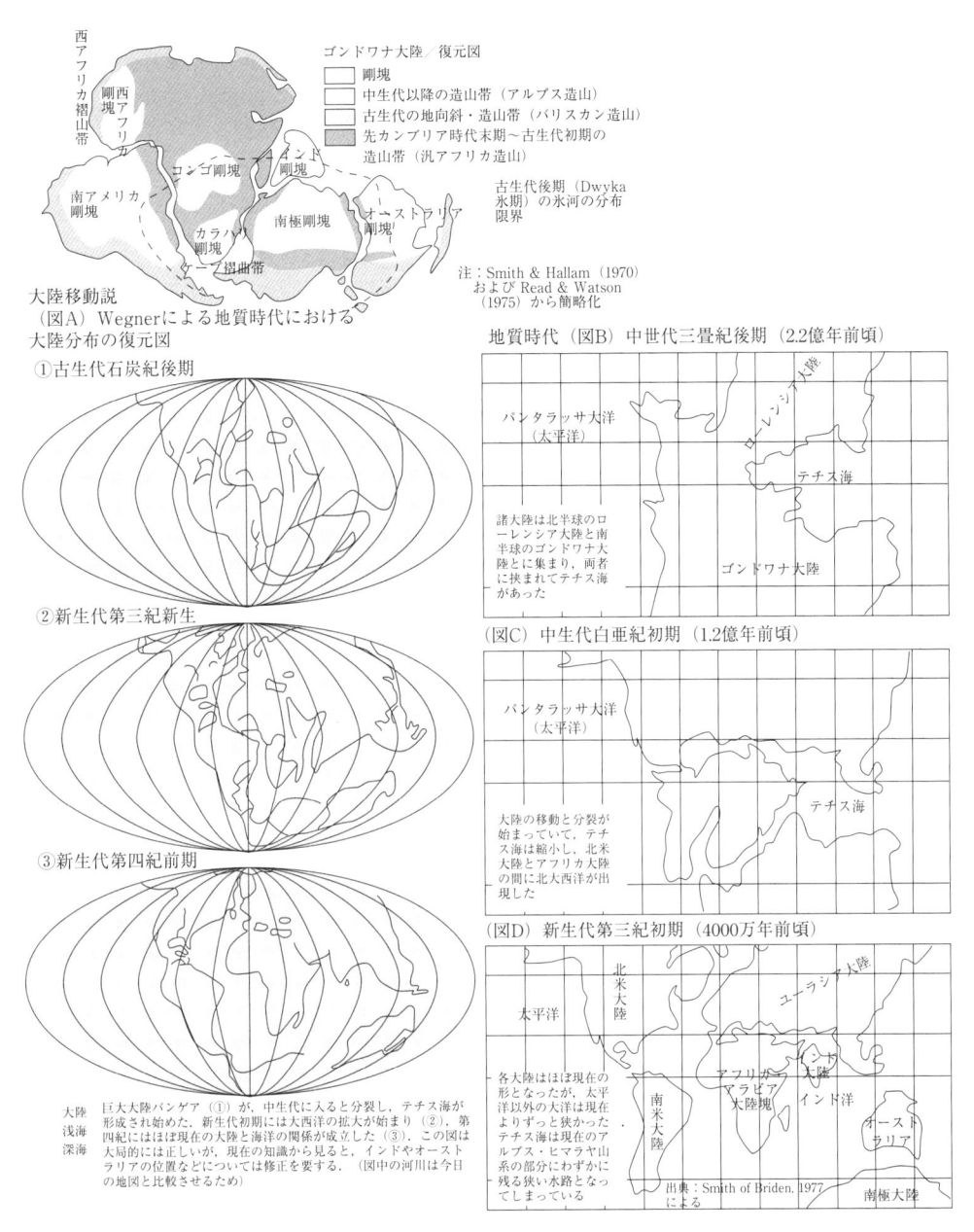

33.2 地質時代の地球環境とその変遷

図33.3 古生代からの大陸形成の変遷（鈴木，1996を改変）

ゲアの形成があげられている（図33.3）．

中生代（the mesozoic era）は約2億4500万年前〜6500万年前とされている．中生代は爬虫類の時代ともいわれる．三畳紀（2億4500万年前〜2億500万年前），ジュラ紀（2億500万年前〜1億3500万年前），白亜紀（1億3500万年前〜6500万年前）の3紀に分類される．各紀の概略は以下のようである．三畳紀は最初の恐竜と哺乳動物の出現の時代，ジュラ紀は最初の鳥類が出現し恐竜が栄えた時代，白亜紀は恐竜絶滅の時代として終わった．

中世代は地球全域，特に高緯度で，長期間温暖化した時代でもあった．地球全体の気温は，現在より6〜10deg高温だったと推定されている．中生代のほとんどの期間を通して，大陸は南半球の高緯度か

ら北半球の高緯度にまで広がる1つの超大陸となっていた．このような状況では，海流による赤道から両極への熱輸送が促進され，陸地が分散して分布する場合よりも，地球全体が一様になったと考えられている．

古生代末期のペルム紀（二畳紀）に多くの生物が絶滅したが，爬虫類には大きな影響を及ぼさなかったので，中生代は爬虫類が世界を支配した．特に，この時代の注目に値する出来事は，恐竜の出現である．

陸上の植物も中生代の間に多様化していった．松や杉などの裸子植物の森林が出現し，急激に地上に広がっていった．白亜紀の頃には，花をつけた被子植物である顕花植物も出現し，急速に多様化して植物群の大部分を占めるようになった．この顕花植物の出現は，同時に昆虫を加速度的に進化させ，また特殊化させていった．

系統分類学では，哺乳類は哺乳類型爬虫類から枝分かれしたとされている．哺乳類型爬虫類も哺乳類も，ともに中生代に地球に現れた．先述したとおり中生代の気候は一般に温暖で，中緯度地方の地表面温度は現在より10～15deg高かった．陸地には大きく浅い内陸海があり，その周辺では中型から大型の爬虫類が比較的高い体温を保ちながら生息していたと考えられている．哺乳類型爬虫類や中生代の哺乳類は，強力な捕食者の生息している内陸海沿岸を避け，乾燥した陸地で昆虫や植物を餌としていた．この時代の哺乳類などの内温性動物の深部体温は35～40℃と推測される．このように比較的高い体温を維持しながら暑く乾燥した陸地に生息するという条件下で，被毛はまず日中の日射熱を避け，体温上昇を防ぐ断熱材の役割を果たした．乾燥陸地では夜間の気温低下は著しいが，被毛はその場合でも体温の維持に役立った．被毛の獲得と並行して，蒸散性放熱機構の発達や陰嚢の下垂（爬虫類の精巣は体腔内にある）が起こり，また，尿を高度に濃縮したり紫外線を吸収して活性型ビタミンDを得るといった哺乳類の腎臓の進化もこの時期に起こったと考えられている．

白亜紀の終末期は中生代を特徴づけるような生物の多くがいっせいに絶滅した時代で，恐竜も完全に消滅してしまった．この原因については完全に明確化されていないが，最も有力な仮説は巨大隕石衝突説である．たとえば，直径10 km程度の小天体の衝突は地球の大気に多大な影響を与える．このような物体の衝突速度は通常20 km/s以上に達し，衝突により広島型原子爆弾がもつエネルギーの約40億倍に相当する6,000万メガトンのエネルギーを解放し，直径150 kmのクレータをつくりだす．衝突に伴う衝撃波で加熱された大気の大部分は2,000～3,000℃にまで加熱される．この結果生成される高濃度のNO_xはオゾンと素早く反応し，大気中からオゾンを除去してしまう．そのため，少なくとも衝突直後には，高エネルギーの紫外放射線が地表にまで到達することが予想される．次の段階には，NO_xから生成される硝酸や亜硝酸が雲粒や雨滴に溶けて降り，海や陸に蓄積することが考えられる．降水の酸性度は大気中の酸の量と，それが水滴にどれだけ速く取り込まれるかに依存する．これらの要因を考えると，酸性度がきわめて高くなったことが予想される．この状況では，カルシウムからできている海生生物の貝殻は溶解し，ほとんどの陸上植物も絶滅の危機にさらされたと考えられる．

大隕石の衝突で引き起こされるのは，単に大気中の化学成分の変化だけではない．このような衝突が陸上で起こった場合，太陽放射を数ヶ月間にわたって遮るに十分なほどの厚い塵の雲を地球全体にわたってもたらす．そのような状況では，植物は光合成ができなくなって急激に死滅し，草食動物は食物の供給が断たれ，食料不足となる．また，衝突に伴う熱で広範囲にわたって植物は燃え，地球上の生物資源の大部分が失われてしまう．対流圏に滞留する煤からなる高濃度の粒子が太陽光を遮るため，地球表面の温度は急激に低下し，寒冷化する．煤や塵が地表に落下した後には，高濃度の二酸化炭素，一酸化二窒素，メタン，そして火災や腐敗した植物から放出される他の気体成分などが，数世紀から数千年にわたり大気中に滞留し，その結果，温室効果が強くなり，やがて気候は温暖化に向かうものと考えられる．また，隕石が海上で衝突した場合でも，炭酸塩を多く含む堆積物から二酸化炭素が気化するため，温室効果は同様にかなり強まったであろうと想像される．

約6500万年前に起こった恐竜を含む地球上の生

物種の約70％が突然に絶滅した出来事に関連して，当時堆積した岩石の分析により，異常に高レベルのイリジウムが検出された．多くの科学者はイリジウム含有性の巨大隕石が地球に衝突したと考えるようになってきている．

33.3 新生代の温熱環境とその変化

先カンブリア時代，古生代，中生代を経て，新生代（the cenozoic era）となる．新生代は6500万年前から始まり，現在に至る．生物進化の観点からの新生代の特徴は哺乳類の時代とよばれていることである．新生代は第三紀と第四紀の2つの紀からなる．第三紀は，古いほうから新しいほうへ，暁新世（6500万年前～5300万年前），始新世（5300万年前～3400万年前），漸新世（3400万年前～2350万年前），中新世（2350万年前～530万年前），鮮新世（530万年前～165万年前）の5つの世に分類されている．第四紀（165万年前～）は，更新世（165万年前～1万年前）と完新世（1万年前～現在）とに分類される．

中生代の白亜紀の危機を乗りこえた初期新生代の生物は，多くの点で現存の動物と類似している．

内温性動物とよばれる哺乳類の体温は，動物種によって異なるが，おおよそ36～38℃で，日内変動は1deg以内である．この内温性という性質は，恐竜を含む生物種の70％が絶滅した中生代の白亜紀の危機を乗りこえるのに好都合であった．内温性の獲得には，被毛と高い代謝速度の獲得が重要と考えられている．Hammel（1976）によれば，高い代謝速度が有利に働く条件として，①地表温度がそれまでより15degまたはそれ以上低下したとき，②動物の体格が大型ではなく中型から小型であること，③皮膚に断熱性が備わっていること，をあげている．哺乳類は，②と③の条件をすでに中生代の頃から満たしている．①の条件は新生代第三紀も終わりに近い第4氷河期に到来した．哺乳類は，このとき高い代謝速度を得て内温性を獲得したと考えられている．事実，同じ体重の哺乳類のラットと爬虫類のトカゲでは基礎代謝がラットのほうが4～5倍高いことが知られている．哺乳類の代謝速度が高いのは，細胞膜のナトリウム−カリウムポンプの活性が高いためと考えられている．

さらに，哺乳類のもつ胎生というシステムが，この温熱環境変動の危機を乗りこえることに有利に働いたものと考えられる．そもそも，胎生とは受精した卵が母体内にとどまり，母体と組織の連絡を保ち栄養の供給を受けながら胚として発育し，成体と同様な体型となって生まれてくることである．脊椎動物のうち水中生活の動物は通常体外受精をし，その卵や胚は乾燥からの保護や水の熱容量により温熱環境の急変から保護されて発生可能である．陸上生活をするようになった爬虫類や鳥類は体内受精をして産卵する．この卵の表面には殻があり，なかには羊膜をもち（有羊卵），乾燥に耐えられ，発生に必要な栄養を蓄えた多量の卵黄をもっている．しかし，哺乳類ではその卵はきわめて小さなもので，初期の発生に必要な栄養の供給をできるくらいの卵黄しかもたない．哺乳類では受精した卵は輸卵管の一部が変化して生じた子宮内にとどまり，その壁に着床して胚発生をする．胚と母体の組織は胎盤組織を形成し，それを介して母体から栄養の補給を受け，また老廃物の排出も行う（図33.4）．哺乳類のうちでも原始的な単孔類（カモノハシ，ハリモグラなど）はまだ卵生で，哺乳類の祖先型といわれる有袋類（フクロネズミ，カンガルーなど）では胎盤が発達せず，胚に近い未熟な子が生み出され，母体の育児嚢のなかで育てられる．

胎盤の繊毛は血管が多く，人類の場合，総面積は約15 m²にも及ぶ．また，羊水も胎児の成長に伴い増加し，人類では12週で50 ml，20週で400 mlに増える．このように子宮内の内部環境は典型的なホメオスタシス（恒常性維持）の仕組みが備わってい

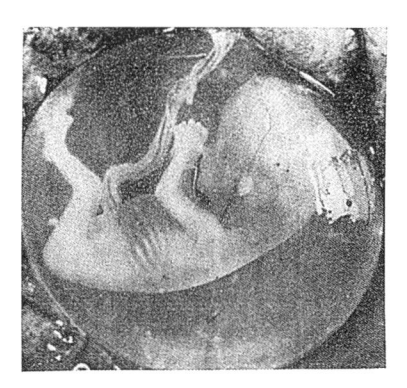

図33.4 胎生システム（Smithら，1973）

る．新生児は，生後数分間に深部体温が通常1～2deg低下する．逆からいえば，それまでの子宮内の温熱環境がいかに安定しているかを示している．

それに対して，卵生システムでは，15degないしそれ以上の急激な地表温度変化を伴うような環境変動に対処するには明らかに不利である．それを乗りこえた鳥類は，渡りという行動と巣づくりの巧緻性を発揮したものと考えられる．

新生代における生物進化の面の特筆すべき出来事は，ある地域の気候は比較的温暖であったが，第四紀の更新世に現在の陸地の3分の1が氷でおおわれ，極端な気候変化が起こり（図33.2），ある種の哺乳動物に影響を与え，絶滅に瀕したことである．そして，絶滅した大型哺乳類と人類の出現との間には強い相関がみられるという．事実，北アメリカでの多数の大型哺乳動物の絶滅は，人類がベーリング海峡を渡って来たあとに起こっている．アフリカでの哺乳類の絶滅と石器時代の狩猟民族の出現との関連が指摘されている．

33.4 人類の出現と温熱環境

人類は中新世の終わりの約540万年前にアフリカで猿人として誕生した（図33.5）．人類のさらに祖先である霊長類は中生代白亜紀の約7000万年前に食虫類に類似の哺乳類から分岐し，地球上に姿を現した．それから2000万年ほどの間の新生代第三紀に，アフリカからユーラシア，アメリカの各大陸に生活圏を広げることに成功した．事実，北アメリカ・ロッキー山脈沿いの第三紀暁新世中期の地層から霊長類の化石が発見されている．哺乳類から進化して，眼は前方に向けられるようになり，視覚が鋭敏となり，爪は鉤爪から平爪へと変わり，樹上で生活するのに適した姿になっていった．時代の経過に伴い，霊長類は加速度的に進化し，種々の新種が形成された．そのなかから人類の祖先が現れた．類人猿が，霊長類のキツネザル亜目（キネズミ，キツネザル，タルシア）の子孫として，ナイル河の豊かな熱帯森林にいたことが立証されている．類人猿は共通して熱帯森林に生息し，その身体的特徴は尾をもたないこと，頬袋をもたないことである．中新世の終わりに，人類の祖先の猿人と類人猿が，分子構造および形態学的知見から分離していったと考えられ

ている．

その頃，人類の祖先は，熱帯森林からすみかを変えたと考えられている．熱帯森林のなかは，生い茂る葉の隙間から薄明かりがもれ，空気の流れはかすかで，日中は30℃をこえる生暖かい湿気のよどむ環境であったと想像される．気温が皮膚温とほとんど同程度で，風がなく，しかも高湿度の環境に生息していた頃は，動きも少なく代謝量の小さい動物として，薄暗がりのなかにのっそりと生活していたものと考えられる．それが，最終的には太陽の輝く熱帯草原へ進出するようになったのである．

昼行性の猿人として狩猟生活に入った人類の祖先にとって，狩猟労働に伴う大幅な体温上昇と直射日光がもたらす高い放射熱は著しく大きな高温ストレスを誘発したに違いない．当時すでに直立歩行が可能であったので，炎天下の日射の受容面積は四足動物より相対的に小さかったものの，皮膚に照りつける熱帯草原の放射エネルギーは，日射病の危険をはらむものであった．

太陽放射熱に対する哺乳類の最も重要な対抗手段

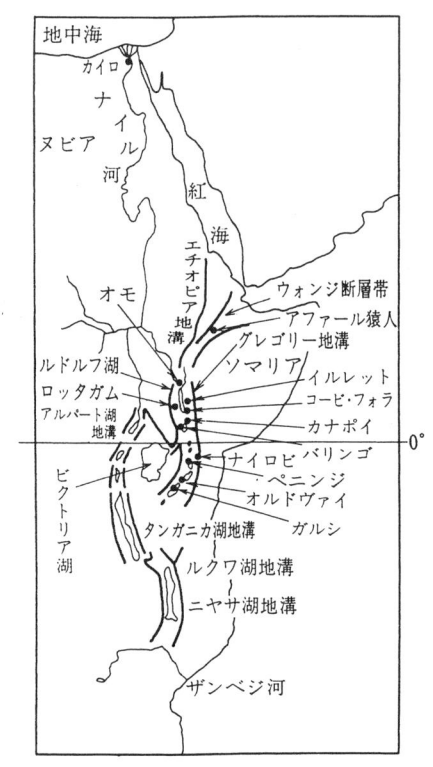

図33.5 アフリカ大地溝帯と猿人類出土地点（江原，1987）[6]

は毛皮である．直射日光のかなりの部分を反射し，残りのエネルギーを皮膚から離れた毛の先で受けとめる．毛はその熱伝導率が 0.038 w/m·deg 程度のいってみれば熱の不良導体であり，毛の間はさらに熱伝導率が低い 0.024 w/m·deg の空気から成り立っている．毛先の熱は皮膚へ伝わりにくい機構になっている．日中の毛先への受熱は，大部分が対流熱伝達と放射熱伝達の経路により，外部環境へ放熱される仕組みとなっている．現在でも，ラクダをはじめ砂漠の動物に毛皮がよく発達しているが，先述したとおり日中の放射熱の防御と夜間の寒冷への対策の二重の役割をもっている．

しかし，人類の祖先は毛皮を失っていた．デズモンド・モリス（Desmond Morris）の表現を借りれば，「裸のサル（Naked Ape）」であった．人類の祖先がなぜ毛皮を失ったかについてはさまざまな説明が試みられている．失った時期については，熱帯雨林の時代，熱帯雨林から熱帯草原の移行期の時代，熱帯草原の時代，あるいは原始的な衣服を発明して寒冷や暑熱に対抗しうるようになった時代など異なった見解が発表されている．毛皮を失った原因の説明としては，寄生虫からの防御説，半水生生活（アクア）説，発汗蒸発促進説などがあるが，定まっていない．そのなかの発汗蒸発促進説の概略は以下のようである．熱帯草原に進出した人類の祖先が，大きな労働負担に伴う高体温から身を守るために放熱に有利なように，毛皮を捨てたとするものである．霊長類の一般的な食性を受け継いだ人類の祖先は，ほかの肉食動物とは異なり，摂取頻度が高く，そのため高温の炎天下でも過酷な追跡行動を続けて獲物を求めねばならなかった．高体温化を防げるか否かが生存の分かれ目となった．毛皮を捨てることは熱の吸収を増す危険を伴うが，獲物を追って走りまわることで産生された熱を放熱することのほうが重大であった．生存をかけて毛皮を捨てる道を選んだ．草原が森林ほど高温多湿でなかったことが裸になることを成功させたとするものである．

また，半水生生活（アクア）説は，これまで人類の祖先の化石が見つかっていない，今から 500 万年以上前のいわゆるミッシングリンクの時代に，人類の祖先は一時期半水生生活を送り，その後に再び陸での生活に戻った．そしてその半水生生活こそが，人類への進化の引き金となった，とするものである．類人猿と比較した場合の，人類の皮下脂肪層，体毛の生える方向の明確な特異性，圧倒的な水泳能力への着目に端を発し，水中での二足歩行の獲得容易性，涙腺，平衡感覚機能，潜水反射などの海洋性動物との共通性，水かきや人中に代表される水中生活の身体的痕跡性をおもな論拠にしている．その半水生生活のなかで毛皮を失うと同時に，のちの熱帯草原の夜間の寒さをしのぐに十分な皮下脂肪層を身につけたとするものである．

毛皮を捨てた原因はともかく，結果的には人類が毛皮を捨て裸であったことは，次のような点で有利であった．人類はきわめて高い発汗能力をもっているが，草原のような低湿で気流があるところでは，蒸発に伴う熱伝達による放熱が促進される．すなわち，長時間にわたるチームワークによる狩猟活動が可能になったことである．

類人猿から進化した猿人は，新生代の第三紀と第四紀の境目頃の 140 万年ないし 170 万年ほど前に故郷のアフリカを出発し，中近東を経て西はヨーロッパ，東はアジアへと適応拡散した．

さて，地球の歴史の最後の少なくとも 100 万年は氷河期であった．すなわち新世代第四紀の更新世（170 万年前〜1 万年前）では世界的に寒冷気候となり，高緯度地方や山岳地域に氷河が発達した．それゆえ，氷河時代ともよばれる．この時代には寒冷な氷期と比較的温暖な間氷期が交互におとずれたと考えられている．それらの期間を古い順に，ドナウ（Donau）氷期，ギュンツ（Günz）氷期，ミンデル（Mindel）氷期，リス（Riss）氷期，ウルム（Würm）氷期と呼ばれている．ギュンツ氷期はおよそ 60 万年〜54 万年前，ミンデル氷期は 47 万年〜42 万年前，リス氷期は 23 万年〜18 万年前の頃である．ウルム氷期は現代に最も近い氷期で，今から 5 万 3000 年から 1 万年前の時期を指す．そのなかの寒冷期のピークが約 2 万年前とされる．

氷河時代の初期の頃までは，人類はほかの獣類と同様に裸体の状態で生きてきたと考えられ，火の利用と自律性体温調節機構によって寒冷気候をしのいだと考えられている．

東南アジアでは，この氷期の間に海水面が下がり，インドシナ半島からジャワ島，カリマンタン島に至

る広大な陸地スンダランドが存在した（図33.6）．スンダランドでは，気候が変動してもアフリカのような草原にはならず，食物が豊富で，ジャワ原人（ピテカントロプス）が栄えた．90万年前頃，ジャワ原人が中国南部へ北上したとされる．

60万年前頃，温帯北部で暮らす北京原人が出現した．中国へ北上した北京原人は，ギュンツ氷期の頃，火の利用など寒い冬をこす技術を獲得し，中国北部にも居住するようになった（図33.7）．北京原人の発掘で有名な北京郊外の周口店の洞穴では象，サイ，馬，牛，水牛，ラクダ，イノシシ，カモシカ，鹿などの骨がみられ，狩猟動物が豊富だったことを示している．

20万年前，古代型新人（旧人）が登場した．脳容量が1,200 cm^{3}をこえ，ほぼ現代人並みになる．この段階の人類として，ヨーロッパではネアンデルタール人（図33.8），アジアでは中国のマパ人，ジャワ島のソロ人などが知られている．彼らは，居住地をほとんど変えないまま，現代型新人へと進化する．

ネアンデルタール人の特徴は，濃い眉毛と強調された顎，がっしりとした体つきであった（図33.9）．脳の大きさは平均で1,200 cm^{3}であった．彼らは洞穴に住んでいた．石器の作成，火の利用，死者の埋葬の風習があり，集団生活をしていた．このネアンデルタール人が，人類最初の衣料としての獣皮を用い始めたとされている．ネアンデルタール人は，襲いかかってきたウルム氷期の寒さに耐えかねて，食料として狩りとった野獣の毛皮を防寒のための衣料としたと想像されている．この毛皮という新しい素材は，衣料のほかに敷物，カーテン，寝具その他あらゆる防寒資材として利用されたと推測されている．当時の石器にスクレーパー（皮はぎ用ナイフ）が出土している．

毛皮の着用の形式は不明であるが，縫い合わせの技術の発明される以前で，初めは毛皮を全身にまといつけるような形式と推定されている．すなわち，テラデルフェゴ島のオーナ族（図33.10）のように，成形せずに単に被覆する防寒用毛皮の着用の仕方と同様なものと考えられている．

日本にも，約4万8000～3万3000年前の長野県信濃町野尻湖周辺に旧石器時代人がナウマン象やオオツノシカを狩猟して生活していたことが明らかにされた．日本の旧石器時代人は，象のほかにニッポンイノシシの狩猟をしたとされる．

ウルム氷期の頃の後期旧石器時代に，古代型新人（旧人）は急速に現代型へと進化し，居住域を拡大していく．すなわち世界各地に移動して進化を続け，地域的に異なる人種を形づくり，ヨーロッパ人的，黒人的，エスキモー人的，モンゴル人的，ミクロネシア人的特徴を備えた各種族に分かれ，一部は氷期の海面低下によって陸続きになったベーリング海峡を通ってアメリカ大陸へ移動し，また一部は東南アジアからニューギニア，オーストラリアまで分布して，世界に広がったと考えられている（図33.11）．

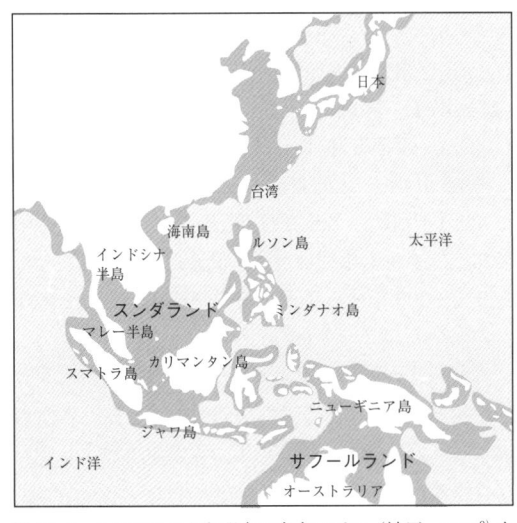

図33.6 スンダランドと現在の東南アジア（埴原，1997[9]）を改変）

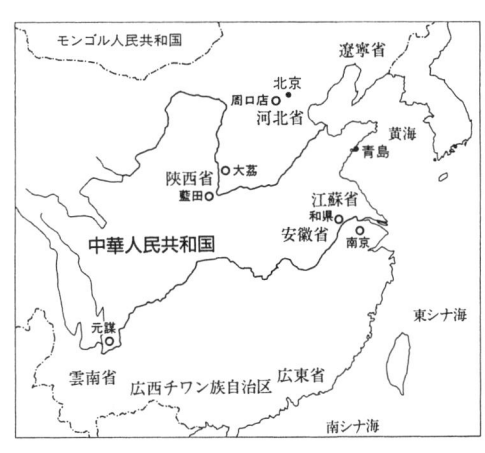

図33.7 中国の原人遺跡（埴原，2000）[10]

33.4 人類の出現と温熱環境

図 33.8 ネアンデルタール人遺跡の発掘地（埴原，2000）[10]

図 33.9 ネアンデルタール人のスクレーパーによる獣皮加工の想像図（シカゴ自然史博物館模型）

図 33.10 テラデルフェゴ島のオーナ族の防寒用毛皮の着用の仕方．成形せず単なる被覆[41]．

この時代以降の人類を現代型新人とよぶ．現代型新人すなわちホモ・サピエンス・サピエンスが最初に現れたのは，南アフリカで9万年前，中東では5万年前，ヨーロッパでは3万5000年前の頃とされている．これら初期の現代型新人はヨーロッパではクロマニョン人として知られており，高い平らな額と少し短い頭蓋骨，そして丸みをおびた顔が特徴である．クロマニョン人の脳の大きさは平均で1,300 cm^3 であった．ネアンデルタール人とクロマニョン人は約1万年にわたって共存していたが，クロマニョン人が優勢になって広がっていった．

この後期旧石器時代の遺物として，骨製の針が出土している．氷期の寒さを耐え抜くために，骨の針で，動物の細い腱を縫い糸として，毛皮を縫い綴って衣服として着たのであろうと推測されている．その作成の仕方と着装の様式はイヌイット（エスキモー）によるトナカイの毛皮のそれと類似したものと推測されている．

すなわち，イヌイットはトナカイの毛皮を剥ぎ，日に干し，これをもみほぐして柔らかくし，骨の針とトナカイの細い腱とで，アノラックを縫い，シュラーフザックをつくって用いる．その雪と氷のなかの生活はウルム氷期のクロマニョン人たちの生活と共通するところが多い．

33.5 アジア・日本の初期人類と温熱環境

アジアでは中国の山頂洞人，柳江人，ジャワ島のワジャク人，カリマンタン島のニア人，マレー半島のペラ人，そして日本の港川人が知られている．一方，この頃スンダランドに住んでいたソロ人の子孫の一部が，狭くなった海峡を渡ってオーストラリアに入った．彼らの子孫はカウ・スワンプ人，キーラー人などの化石人骨として知られ，さらにオーストラリア先住民へと進化した．

上記のアジアの新人は，新しい型の北方アジアに対しては古い型のアジア人であり，南方アジア人の系譜へ連なると考えられている．沖縄県具志頭村港川採石場で発見された港川人は，頭骨の頑丈さなどに旧人のおもかげを残しているが，眉や口の周辺は現代型新人の特徴をもっており，年代が明確にされている東アジアの現代型新人のうちで最も古く，縄文人の祖先と考えられている．抜歯の風習の最古の例を推測される痕跡もみられる．

現代に最も近いウルム氷期のピークの約2万年前の寒冷期には，蒸発した海水は大陸氷河となり，海に戻ってこず，海水面が低下し，現在よりも100〜140mも低下したと考えられている（図33.12）．

現代型新人の居住域は東シベリアまで及んでいた．約2万年前の寒冷期の頃，北東アジアに住む人々は，この寒冷気候に適応した身体的特徴を獲得し，新しい型の北方アジア人が誕生したと考えられる．北東アジアの人々は，厳しい寒さに耐えて生き延びるために有利な体へと進化した．皮下脂肪の厚い，手足の短いずんぐりとした体型で，はれぼったい目と低い鼻，張り出した頬骨からなる平べったい顔となった．これらの特徴はすべて寒冷気候に適応した結果である．彼らは勢力を拡大して南下し始め，

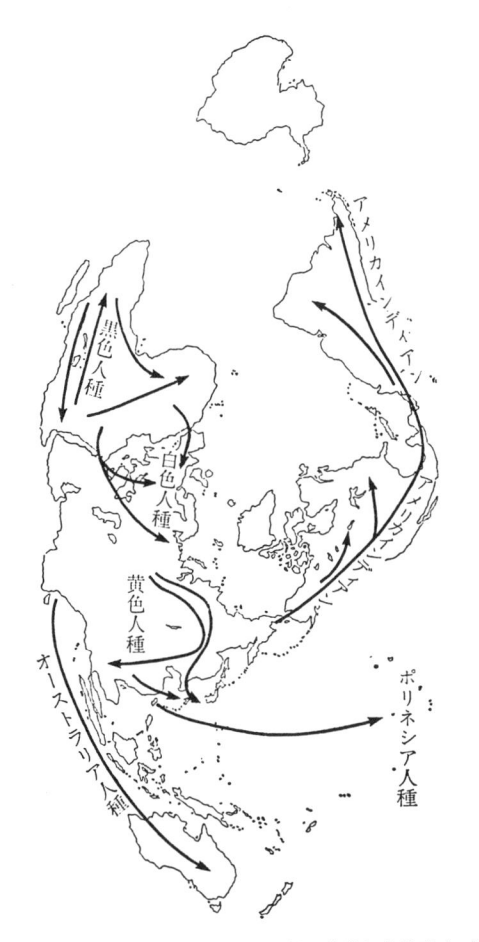

図 33.11 ウルム氷期終了までの人類の移動と人種形成（佐藤，1988）[56)]

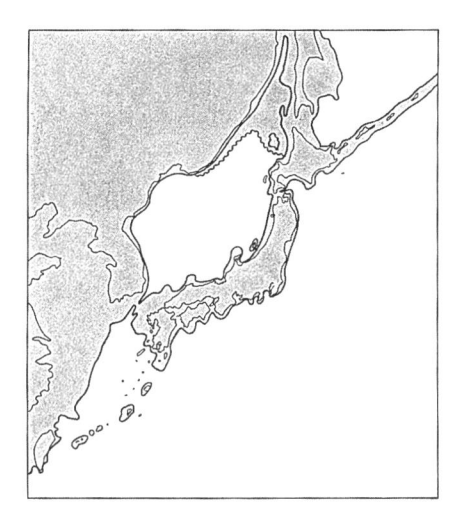

図 33.12 約2万年前の海岸線と，凍結した日本海北部（灰色）
（吉野ら，1979；中村ら，1996[36]）

やがて日本にも渡ってくることになる．

最終氷期の約2万年前の頃，海面は現在より100〜140mも低下したことは述べたが，日本列島の島々は1つにつながり，サハリンは大陸と陸続きとなった．琉球列島も断続的に陸橋のような様相を呈した．対馬海峡もふさがったと考えられ，日本海には対馬暖流が流入しがたい状況となったと想像される．現在の日本海付近の水温が低下し，現在の冬季にみられる活発な蒸発現象が抑制され，日本海側の豪雪は今ほど多くなく，北海道では雪は少なかったと想像されている．海面低下によって，いわゆる太った日本列島には，屋久島と種子島にわずかに照葉樹林があるだけで，暖温帯林が消滅してしまったと考えられている．西日本は広く冷温帯林におおわれ，東北日本は針葉樹林帯であった．北海道には現在みられないツンドラが広がっていた．陸続きの大陸からマンモスなどが渡ってきたと推測されている．氷期には北極前線帯が北海道まで南下し，夏でも寒帯前線が九州の南端あたりまでしか北上しなかったという．また，上空の気圧の谷が日本の東側にあって，やや北よりの偏西風が吹き，日本上空に寒気を送り込んでいたとも想像されている．

33.6 縄文人と温熱環境

約1万2000年前に氷河時代が終わりに近づき，温暖化し後氷期とよばれる時期に日本は縄文時代を迎える．縄文時代は，その後約2300年前までのおよそ9700年間続いたとされる．旧石器時代に起こった地理的・古気候学的大変動は，縄文時代には沈静化し，縄文人を取り巻く自然環境は比較的落ちついてきたが，縄文時代の初頭の草創期（1万2000年〜1万年前）にはまだかなりの変動があったとされる．ウルム氷期が終わり，後氷期になると気候はしだいに温暖となり，大陸をおおっていた氷雪が融解し海に流れ込み，海面は上昇する．その結果，縄文時代早期（1万〜6000年前）に始まった海進は，前期（6000〜5000年前）で最高位に達したのち，海退へ移行し中期（5000〜4000年前），後期（4000〜3000年前）に至る．晩期（3000〜2300年前）になると小海進が始まり，それは弥生時代まで続いたと考えられている．

その後，現在に至るまで海岸線の大きな変化はみられない．日本海は拡大し，対馬暖流が流れ込むようになった．おそらく，この頃より日本海側には豪雪が降るようになった．縄文時代前期の6000年前頃は世界的に現在より温暖で，日本列島が最もスリムな時代であった．冷温帯林は北海道，東北北部と山地に後退し，暖温帯林と照葉樹林が広く各地をおおうようになった．屋久島，種子島には亜熱帯林がみられるようになった．

気温の変動についてみると，ウルム氷期末期は現在より6deg低かったものが，後氷期になるとしだいに温暖化し，縄文前期頃には現在より2deg程度高くなった．その後5000年前頃再び寒冷化に向かい，縄文時代以後，温暖となって現在に至っているという．

このような気候変動が，縄文人の生活と形質に影響を及ぼしたと考えられ，縄文早・前期に不安定であった人々の生活は，中・後・晩期には安定したとみられる．

縄文時代の人口推定結果によると，早期人2万1,900人，前期人10万6,000人，中期人26万2,500人，後期人16万1,000人，弥生人60万1,500人，奈良時代539万9,800人と試算されている．また，縄文時代には東北地方に人口の集中が，弥生時代には南西日本に人口の集中がみられると報告されている．縄文人の人口は中期で爆発的に増大し，後期になると減少する．後期の人口減少は気候の寒冷化の

側面立面図　正面立面図

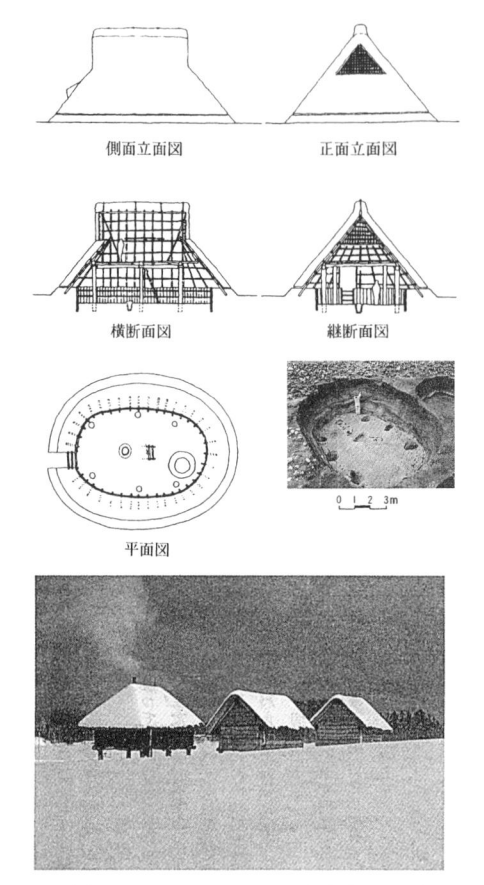

横断面図　継断面図

平面図

側面立面図

横断面図

平面図

図 33.13（a） 青森県三内丸山遺跡の想定復元竪穴住居（大林組，1998[49]）を改変）

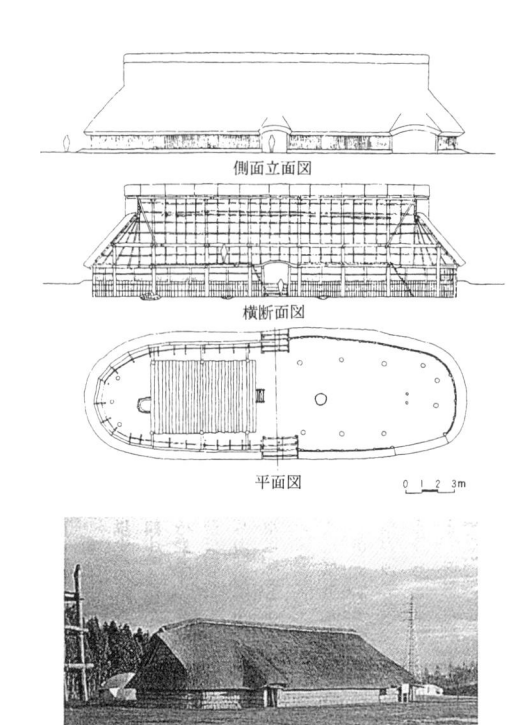

図 33.13（b） 青森県三内丸山遺跡の想定復元大型竪穴住居（ロングハウス）（大林組，1998[49]）を改変）

関連が示唆されている．

　縄文人の食物のなかには，ブナ，トチ，クルミなど落葉広葉樹の実や，アカガシ，イチイガシなどの照葉樹の実，サザエのような貝類，ブリ，カツオなどの魚などが入っている．従来，縄文時代の集落は，大きくてもせいぜい30人規模で，自然まかせの移動生活をしており，その暮らしぶりも貧しかったと考えられていた．しかし，青森県三内丸山遺跡の発掘，復元（図 33.13）や富山県小矢部市の桜町遺跡の発掘はその縄文時代観をくつがえしたといえる．三内丸山遺跡は，縄文前期から中期にかけて約1500年間栄えた．大型建造物があり，最大時には500人の人々が豊かな暮らしを営んでいたといわれる．桜町遺跡では高度な加工の跡のある木材が見つかったのをはじめ，朱漆塗りの鉢など次々に出土した．桜町遺跡は縄文時代中期末（約4000年前）と推定され，特に注目されたのは，柱などの建築部材を釘を使わずに削って組み合わせる「渡腮（わたりあご）」とよばれる技法が使われていたことである．従来，渡腮技法は法隆寺のものが最古とされていた．このほか高さ5～6mと思われる高床式建物の柱や丸太にヒノキの板を網代に組んだ壁も出土された．これらの加工品や高度な建築加工技術から当時から職人集団の存在も想定されるようになった．

　しかし，三内丸山遺跡の集落は，最盛期を迎えたのち，突然消滅してしまう．それ以降の縄文後期，晩期には，きわめて小規模な集落しか存在せず，人口は先に示したように減少する．その原因は，先述の気候の寒冷化による生活環境の悪化とともに，伝染病の流行があったのではないかと推測されている．従来の縄文人のイメージはザンバラ頭で腰蓑姿で槍を片手に野山をかけめぐるというものであった．最近の研究によると，縄文人は髪を結い，女性は飾り櫛を刺し，イヤリングなどのアクセサリーをつけ，編布の衣服を着用し，しかも普段着と晴着お

図 33.14 (a) 縄文時代の土偶の例（白石中学校，1994）[61]

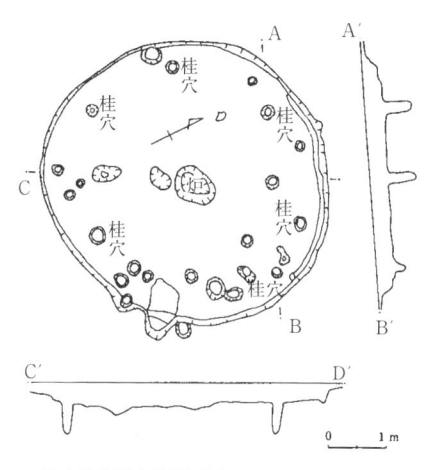

図 33.15 縄文時代竪穴住居平面および断面図（東京都渋谷区代々木八幡神社境内遺跡住居祉）

図 33.14 (b) 縄文時代の復元着衣の例（尾関，1996）[52]

よび温熱環境に対し夏季用と冬季用の使い分けをしていたと考えられている（図 33.14）.

この時代の竪穴住居跡の中央には必ず裸火を燃焼させる炉が設けられ，炊事施設とともに暖房施設の役割を果たしていた（図 33.15）.中期には円形プランの竪穴の中央より少し奥まったところに炉が位置し，これにより，冬季の温熱環境を人工的に制御していたと考えられる.

33.7 弥生人と温熱環境

弥生時代は紀元前3世紀から後3世紀にわたる約600年の期間である.約2万年前に極寒のシベリアで寒冷適応して生きていた人々がいた.気候の寒冷化があったおおよそ5000年前に南下を始め，日本列島には，約2300年前に渡来し始めた.縄文時代は狩猟，漁撈を生業とする採集経済の時代であったが，この頃，大陸から稲作や青銅器などの技術が伝えられ，弥生文化が形成される.彼らは，すでに日本に住んでいた南方系アジア人である縄文人と混血しながら，東日本へと広がっていった（図 33.16）.弥生時代になって稲作農耕が本格的に始まり，金属器が使用され，生産経済へと移行していく.社会制度も変わり，水田を中心とした集落から小国家群が形成され，古墳時代に継続している.稲作をはじめとする弥生文化の生成は大陸文化の強い影響によるものであり，文化的に最も変革に富んだ時代の一つとされる.

弥生人は半地下の竪穴住居からなる村に住んだ.北部九州などでは，初め貯蔵穴に穀物を蓄えたが，のちには高床倉庫を用いている.大きい村は，まわりに堀を巡らし，その外に垣を回したらしく，土のかたまり（土塁）の痕跡が認められることもある.これら環濠集落のほかに，水田耕作の不便な丘の斜面や頂上に村（高地性集落）を営むこともあった.これも環濠集落とともに防御的集落をなしている.弥生時代の水田跡は，各地ですでに20か所以上見

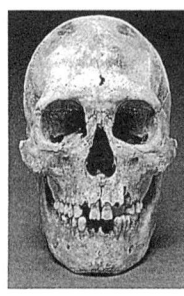

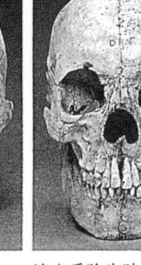

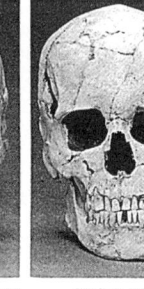

図33.16 （上）渡来系弥生人と在来系（縄文系）弥生人の想像図
（下）縄文人，渡来系弥生人，古墳時代人骨（国立博物館：埴原，1997[9]）

出されている．以前から有名な静岡市登呂の水田は1枚が大きく（13a前後と20a前後），畦道も太い．しかし，規模の小さな水田（一辺が2～5m）が一般的であった．

耕作には，刃先まで木でできた鋤，鍬を用いた．田植えか直播きかは，久しく論じられてきたところである．現在では田植え説が有力で，水田跡から稲株の跡とみられるものも見つかっている．収穫は，石包丁とよばれる穂摘み具を用いた．稲の熟成期が不ぞろいだったため，熟した穂から摘んだのである．収穫した稲は貯蔵穴か高床倉庫に蓄え，必要な分ずつ臼に入れ杵で脱穀した．

弥生時代を含め，日本古代では米を蒸して食べたといわれてきた．しかし，弥生人は深鍋で直接煮て食べた．焦げ付きがそのまま残って見出されることもある．稲作が始まったとはいえ，弥生人は食用植物にも大きく依存し，また，シカ，イノシシを狩り，魚貝類も愛好した．絵画資料は狩り用の弓を上に長く下に短くもったことを示しており，『魏志倭人伝』の記載と一致する．弥生時代の終わりに近く，瀬戸内海から大阪湾の沿岸にかけて，土器を用いた製塩が開始されている．

弥生時代は，衣服を布でつくり始めた時代でもある．野生のカラムシや栽培のタイマを材料として糸を紡ぎ，布を織り始めた．織機の部品も各地で見出されている．それだけでなく，北部九州で出土した絹が大陸のものとは異なっている事実から，養蚕が始まっていたことも説かれている．弥生時代の衣服は，『魏志倭人伝』の記述から，布を2つに折って，折った部分に孔をあけ，ここに首を通す貫頭衣だったといわれている．しかし，出土した部品から復元される布幅は30cmであった．1枚の布で身をおおうことはできず，むしろ二つ折りにした2枚を首の部分があくように重ね合わせたものとして復元できる．弥生時代には，縄文時代と同様，各種の装身具がある．しかし，耳飾りだけは遺物として残っていない．貝製の腕輪のうち，注目をひくのは，南海産の巻き貝ゴボラ製のものを男が右手に着用する風習が北部九州に広まった事実であって，特定の職能なり身分なりを示したものらしい．中・四国から愛知県にかけての絵画資料によると，弥生人は額から頬にかけて平行弧線のいれずみあるいは塗彩をしていたらしく，『魏志倭人伝』の記載を想起させる．

弥生時代の竪穴住居跡は隅丸方形プランとなり，

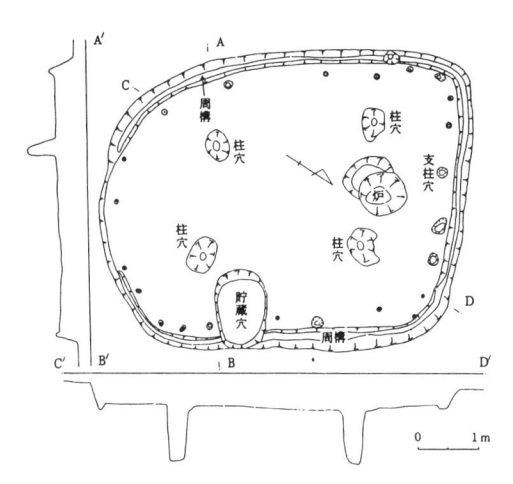

図 33.17 弥生時代竪穴住居平面および断面図（神奈川県川崎市高津区姿見台遺跡第2号住居祉）

4本の主柱が建ち梁と桁を架すことができるようになるが，裸火を燃焼させる炉はその一方の梁の中央真下に設けられるようになった（図 33.17）．これらの炉の多くは，数個の自然石あるいは土器片を立並べて周壁とし，時には炉の底部に甕形の土器を据えその周囲に石を立並べる場合もあり，単に甕形土器を据えた炉もあった．このようにして，炉は住居の中心となり，炊事用としてまた暖をとる場所ともなり，これを中心として家族生活が営まれていたものと考えられる．縄文時代と共通するが，竪穴住居は軒先が地面に下る様式の建物であるため，室内の暖房効果は高かったものと考えられる．特に，裸火を焚くことで排煙や排湿効果を高めたと考えられる．燃料は可燃性のものすべてを使用したようであるが，特にクリ，カシ，ナラが多かったことがその残存炭塊から指摘されている．温熱環境の面からいえば，これにより，冬季の温熱環境を人工的に制御していたといえる．

33.8 歴史時代人と温熱環境

北方アジア人の渡来は弥生時代に始まり，古墳時代の終わる7世紀頃まで，約1000年間続く．この間の渡来者数は，数十万人から100万人以上に及んだものと試算されている．彼らは縄文系の人々と混血しながら，本州を東へと進んでいった．

ハンチントン（Huntington）の内陸の乾燥地周辺や水位変化などによる推測によれば，欧米の紀元前5世紀頃には多雨であったが，7世紀には乾燥がはなはだしくなったとしている．そして，10世紀前後には雨が多くなったものの，13世紀に再び悪化した，としている．北欧のヴァイキングたちがグリーンランドや北アメリカ大陸の北東岸にまで進出して農業をした10～11世紀頃は，世界的に温暖であったと考えられている．

15世紀は小氷期であった．ヨーロッパでは1400～1650年の間，現在では一年中凍らないバルト海やイギリスのテムズ川，スペインのタホ川などの河川が毎年凍結した．アルプスなどでは18～19世紀に山岳氷河がかなり拡大して低いところまで下りてきていたから，この時代は小氷期ともよばれ，ナポレオン氷期ともよばれる．

ここからは，用いることのできる歴史的な資料が増えるので，社会状況，温熱環境と密接に関連する衣食住生活様式の観点を加えて，日本人と温熱環境の関連をみていくことにする．

a. 古墳時代

日本では，3世紀から6世紀を古墳時代とよんでいる．古墳から発掘される埴輪は，当時男性は衣褌，女性は衣裳を着用していたことを示唆している．衣褌は二部式の服装で袖は筒袖であった．上衣は2か所を紅ひもで留め，下衣の褌は太い袴で，膝関節の下をひもで留めている．女性の衣裳は上衣が男性のものと同様で，下衣がスカート風の裳から成り立っ

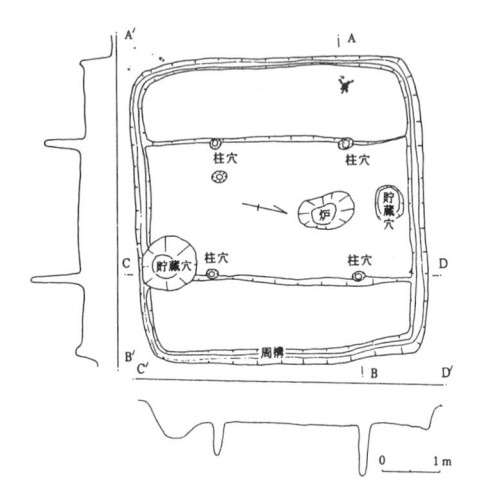

図 33.18 古墳時代竪穴住居平面および断面図（千葉県市原市西国吉遺跡第4号住居祉）

図 33.19 古墳時代の竈のある竪穴式住居（群馬県北群馬郡子持村黒井峯遺跡）（落藤，1996）[50]

図 33.20 白石火舎（奈良市正倉院）

ている．

古墳時代の頃の住居（図33.18）では，床の一辺に焚火の施設が設けられるようになり，火処は大きく変化し，炉がなくなり，それに代わって竈が登場するようになった（図33.19）．燃料にはカヤ，ワラ，アシなども用いられるようになった．

b. 飛鳥時代

続く飛鳥時代は593〜710年までを指す．飛鳥時代に仏教が伝来し，新しい文化が生まれた．しかし，それらが民衆の生活に直接の影響を及ぼすことはほとんどなかった．民衆は弥生時代，古墳時代から引き続いて竪穴式住居をすみかとし，一部に平地式住居を営むものもあったが，高床式住居は依然として支配階級のものであった．この状況は奈良，平安時代に至ってもあまり変わらなかった．衣料については，聖徳太子に代表される上流階級は，左右の脇があいている対丈の服装で朝服とよばれるものを着用

した．朝服の袖は広袖となっている．庶民の衣料は前代以来，男性は衣と褌，女性は衣，裳を着用したが，この基本的な組合せは室町時代に至るまで変わらなかった．

民衆の食生活は，ある程度食器の種類も整い，ハレの日の食事などはかなり豊かな内容をもったかもしれないが，日常の食生活は決して豊かといえるものではなかったと想像される．奈良時代でも庶民や下級官人の食事は一汁一菜か，せいぜい一汁二菜程度であった．

飛鳥時代は古気象学的には寒冷期とされ，その最下限は7世紀頃であった．歴史上で有名な聖徳太子は622年に，蘇我馬子は626年に亡くなるが，記録によれば，626年には春は寒冷で霜が降り，春から秋にかけて長雨が続き，大凶作，大飢饉が起こったという．老人は草の根をくわえて路端に倒れ，赤ん坊は母の乳房を含んで母子もろとも死に，強盗，窃盗がいたるところに横行したという．628年の夏には桃実大や李子実大の雹が降り，春から夏にかけて干ばつという不安定な気候の様子の記録が残されている．

c. 奈良時代

奈良時代は奈良に都のあった710〜784年の74年間をいう．奈良の都の平城京は，その最盛時には20万人の人口をもったと推定される．その住民は，皇族，貴族，官吏，僧侶らと奴婢，手工業者，農民，地方からの遙役民であった．奈良時代の日本の総人口は，戸籍その他の史料に基づき，約600万人と推定されている．その9割以上が課役を負担する公民で，奴婢は5％以下と考えられる．公民は律令の定めに従って与えられる口分田のほか，国家所有の公田を賃租（小作の一種）して生活を維持したが，調，

庸，雑徭，兵役などの負担，天候不順による不作などのために生活は苦しく，浮浪逃亡するものも少なくなかった．一方，有力な農民は稲などを貸しつける出挙や土地の開墾などで一層富裕になり，貧富の差は時とともに拡大し，律令体制の崩れる原因の一つとなった．奈良時代はわが古代国家の黄金時代とよばれるが，整った律令制度のもとで貧困な農民も数多く生じ，浮浪者が続出し，飢饉や天然痘などの流行病もしばしば起こって，深刻な社会問題が生まれた．

奈良時代の上流階級の服装に背子（はいし）がみられた．背子は，上衣の上に着ける初期の唐衣である．裄が短い上半衣で裙の上に着けたものである．

この時代の暖房器具として，正倉院に白石火舎とよばれる火鉢（火舎）が見られるようになった．これは大理石製の円形火炉を金属製の5頭の獅子が前足で支える形の火鉢である．各獅子の間に金銅製遊環がたれている．しかし，一般用には土製の浅鉢や桶に灰を入れて使用していたものと考えられている．

d. 平安時代

平安時代とは，784年の長岡京遷都から，鎌倉幕府創始の1185年までの約400年間を指す．平安時代は古気象学的には温暖期とされ，その最上限は9世紀末〜10世紀初頭とされる．この時代は，古代から中世への移行期であり，古代律令国家支配が崩壊して武士の政権の基盤が形成される時代でもあった．10世紀頃に関東地方に武士が台頭してきたが，その背景には，気候が温暖化し，関東地方の農業生産が拡大したことがあげられている．一般に10〜12世紀も比較的温暖であったと推定されている．

平安時代の一般生活を知るうえで次のような史料がある．菅原道真が讃岐守として赴任した886年からの4年間に，讃岐国の人々の暮らしを同情してつくった『寒草十首』に次のようなものがある．租税を免れるため本貫の地を離れて他国に流浪する浮浪人は，かえって逃れ先で税を責め取られている．鹿の皮の着物も破れ，円形茅葺き（かやぶ）きの家一間を住まいとし，子を背負い妻を連れて物ごいに歩いている．賃船を生業とする人はまったく土地をもたず，風波の激しい日にも棹を操っているが，彼らの望みはただ雇われる機会が多いことだけである．漁業を生業とする人は釣り糸が切れないかと心配しながら魚を釣り，それを売って租税にあてるので，天気や風向きばかりが気がかりである．塩を売る人は海水を煮る仕事に命をすり減らしている．讃岐の風土は製塩に適してはいるが，豪族が利益を独占するので，人々は港で官人に何度も事情を訴えている．国の薬草園で働く人々は賦役として薬草を弁別する作業に従事しているが，わずかの量でも欠けると鞭で打たれる．ここに当時の農業以外の生業で暮らす人々の生活ぶりの一端がうかがえる．平安時代には百姓が国司の非法を訴えることも多かった．

平安時代の10〜11世紀に農業生産力が躍進した．種籾をまく前に水につけておくこと，田植えの技術，稲の穂を摘むことから稲刈りへの移行，稲架の作成，刈り稲をかけて乾燥させること，稲作過程の各段階での技術改善がなされた．鍬，まくわ，鎌，鋤など鉄製農具が，11世紀には一般農民にまで普

図 33.21（a） 平安時代の上流階級の正装姿と甲冑姿の田村麻呂（『清水寺縁起』東京国立博物館：大塚，1980）

図 33.21（b） 田村麻呂と蝦夷軍との戦いにみる平安時代の戦闘姿（『清水寺縁起』東京国立博物館：大塚，1980）

及し，牛馬耕も広まった．

平安時代の上流階級の男性の正装は束帯（そくたい）であった．身分や地位によって冠，上衣の色，下襲の裾の長短が決まっていた．また，衣冠もあり，束帯を簡略にした服装で石帯はなく，袴はくくり袴（はかま）であるのが特色である．下級役人は狩衣，水干を着用した．いずれも挙動が便利なようにつくられている（図33.21）．女房の正装は十二単（じゅうにひとえ）ともよばれる女房装束であった．平安時代には華麗なものになり，唐衣（からぎぬ），裳（も）ともよばれた．日常着は重々しい女房装束に代わって小桂（こうちぎ）という上衣の丈が短いものを着用した．一般の女性は袖口の小さい小袖を着用した．上衣の丈はすねくらいまでで，初期のものは白無地で，帯は細いひも状であった．

住居形態では10世紀の後半から，貴族の邸宅として，母屋の寝殿と東西の対屋，釣殿とを廊下で結び，それらの中庭に池をしつらえた寝殿造りが発達した．建物内部には仕切がなく，必要に応じて，襖（障子）や衝立（几帳）で仕切った．夏季はしのぎやすいが，厳冬季はしのぎにくいものであったらしい．

平安時代には木製の火桶におきや炭火を入れて手足をあぶり，室内を暖めるために用いた．当時の宮廷や貴族の邸宅では，焚火の煙と煤を避けるために表向きの部屋には囲炉裏を設けなかったので，火桶や火櫃が使用されるようになった．しかし，初めはありあわせの桶や櫃を使用し，これに土製の「ひいれ」を置いて，囲炉裏のおきなどをついで暖をとっていたものと考えられる．『信貴山縁起』などの絵巻物には，火桶は檜，杉などの曲物に土製の「ひいれ」を置いたものが描かれている．火桶は後には，桐，欅，杉などの丸太をくりぬいてつくり，これに銅製の「おとし」を仕込んだものもできるようになった．また，火桶には木地のままのものもあったが，外側に山水，洲浜あるいは竹に鶯などの絵を描いた絵火桶も現れた．大きさは口径約30〜90cm，高さ約20〜25cmなど大小さまざまで，箔泥や梨子地に華美な色彩をほどこしたものもあり，やがて飾金具を用いたものも使用されるようになった．火櫃は初め唐櫃のようにつくられたが，後には絵火桶と同様に丸銅で外側に絵を描いたものも使用されるようになった．当時の火桶，火櫃の使用期は毎年10月から3月までで，4月になればこれを取り片づけていた．清少納言の『枕草子』の描写にもあるように，火桶，火櫃はしだいに上流階級の間に普及していった（図33.22, 33.23）．また，炭櫃とよばれるものもあり，床に切った炉で囲炉裏といわれるが，一説では角火鉢とも考えられている．また，炭櫃桶ともいわれている．

これらの火桶，火櫃，炭櫃の使用の普及を助長したのは木炭の利用で，もともと，木炭は金属精錬用の燃料として使用されていたが，これが採暖，暖房用の燃料としても利用されるようになった．ただし，金属加工用の黒炭（消炭）に対して，むし焼きの白炭（堅炭）が使われた．これは，カロリーは低いが燃焼時間が長いので重宝され，埋火すると一夜を過ごすことも可能であった．木炭の利用によって，初めて煙と煤のない採暖，暖房生活が可能な段階になった．しかし，当時の貴族の住宅の床は板張りで天井板はなく，土壁はあまり使われていなかったので，熱は屋根裏へ上がってしまい，室内を暖める効果は少なかったと考えられている．そのため一方で重ね

図33.22 『枕草子絵巻』にみる平安時代の採暖方法

図33.23 『骨董集』にみる女性の冬季着衣と足を暖めている光景

図 33.24 慕帰絵詞にみる炉と竈

図 33.25 『石山寺縁起』にみる料理をしている女性の姿と火鉢(滋賀県石山寺)

図 33.26 鎌倉時代の西本願寺(京都市)僧院の台所にある火鉢とその使用風景

着の風習の発達を促したと考えられる.

　他方,竪穴内において竈の焚口前方部分で明らかに住居中央の床面上で火を焚いており,炉と考えられるものが現れてきた.炉はこの時期に復活してきた.いずれにしろ,一般庶民の家では,暖房も照明も,竈や炉の火が兼ねるという,古墳時代と変わらない生活が続いていたようである(図 33.24).

e. 鎌倉時代

　その後の鎌倉時代は 1185〜1333 年を指す.鎌倉時代の社会の基盤は荘園体制で,荘園領主,在地領主の二元支配を特色とする.鎌倉時代は寒冷期で,その最下限は 13 世紀であった.1231(寛喜 3)年春の「寛喜の大飢饉」をはじめ,大飢饉がしばしば起こり,数万人の餓死者が出,また大地震や台風もしばしばあったとされる.また,鎌倉時代の 1274年と 1281 年にモンゴルの来襲があった.いずれも,大暴風雨によって難を免れた.モンゴルの東征や日本来襲の背景には,日本のみならず当時のアジア大陸全体が寒冷化したものと解釈される.

　平安時代に下級の役人が着用した狩衣,水干は武士の正装となり,武士は平素は直垂を着用した.上層農民,有力商人も直垂で,庶民は小袖に括袴を用いた.豪族の女性は小袖に袿や打掛を着用,平素は小袖の着流しであった(図 33.25).庶民の女性は,小袖に褶(腰裳)か,小袖着流しが普通であった.被り物では一般に烏帽子を用いたが,一部では何もかぶらない風習もあった.髪型は普通髻が行われたが,身分によりさまざまであった.女性は市女笠をかぶったり,被衣を羽織ったりした.従来,裸足であった庶民も,足駄や草履を用いるようになった.

　食事は 1 日 2 回が原則であったが,労働の激しい人々は,1,2 回の間食をとった.貴族社会では食生活が形式化し,故実が生まれたり,動物性食品を忌む風習が起こったりしたが,庶民の生活はこれとは関係なく,貧しいながらも健康なものであった.彼らは米穀のほか,雑穀や芋類を一緒に煮炊きし,山野河海からとれるすべてのものを食用に供し,主食と副食との区別は困難であった.調味料は塩,酢,味噌,煎汁を用い,甘味料には,飴,蜂蜜,甘葛煎,干柿の粉があった.貴族が飲む酒の種類は増えたが,庶民の酒は濁酒であった.旅行の際には,焼米,糒,干物,海藻などの保存食を用いた.

　貴族は平安時代からの寝殿造りの住宅に居住した.武士の住居は,高台や交通の要地に建てられ,周囲に堀,土塁,垣根を巡らせ,堀の内,土居とよばれた.主人である武士の居室(主殿)を中心に警護の武士がつめる遠侍のほか,厩,櫓など武士の生活に必要な設備を備えていた.屋根は萱葺き,板葺きで,主殿にも一部しか畳を敷いていなかった.京都,鎌倉などの町屋は切妻の板葺きが多く,内部は板の間に籾殻や藁を敷き,上に蓆を敷いており,屋根は萱葺き,藁葺きであった.

　鎌倉市の遺跡からは火鉢の破片がよく発掘されて

図33.27 鎌倉時代の火鉢（篠原, 1990）[60]

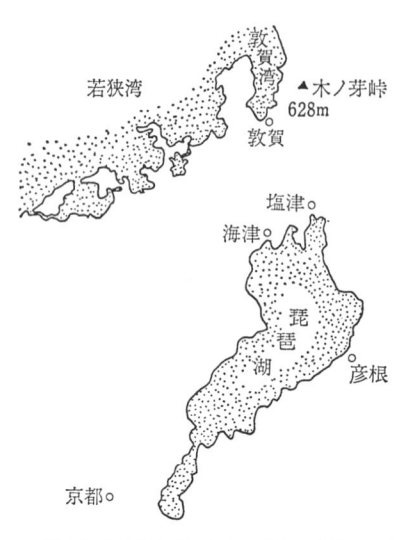

図33.28 新田義貞軍が凍死した木の芽峠の位置（三浦, 1985）[27]

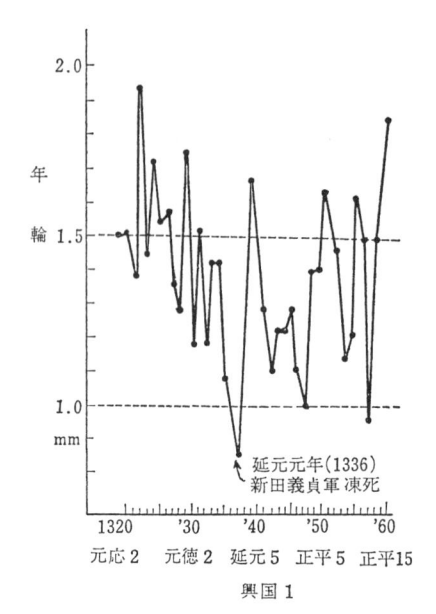

図33.29 1320～1360年の木曽の御料林の檜の年輪成長曲線（西岡, 1957[46]；三浦, 1985[27]）

おり，暖をとるために火鉢が使用されていたことがわかる（図33.26）．それらは火舎とよばれる瓦質のもので，底部には3つの足がついており，口辺に菊文様の印花が押されているものが多い．これらは鋭角的な造りで，金属器の模倣と考えられる．鎌倉時代末からは一般庶民にも火鉢の使用が進んでいき，簡単な炊事用を兼ねたものとして，浅い円筒形の土火鉢が多いといわれている（図33.27）．

f. 南北朝時代

引き続く1333～1392年までの半世紀あまりを南北朝時代とよぶ．この時代は，公家，寺社など旧勢力の権力基盤であった荘園公領制の解体が進行し始めた時代でもあった．また，農業生産力の発展を背景とした村落構造の変化がみられた．特に，畿内を中心とした先進地域では，施肥量の増加，品種の多様化，灌漑・排水条件の改善によって水稲の収量が高まり，同時に水田の裏作麦の栽培も拡大した．このような農業生産力の発展を基礎として，苧麻（チョマ），綿（絹綿），荏胡麻などの原料作物や簾，蓆，油，索麺などの農産加工品の生産，流通も拡大し，

南北朝時代は社会分業と貨幣流通が鎌倉時代に比べ顕著に発展した．交換手段として貨幣が一般化しだしたのはこの時代からともいえる．

1333年に北条一族を滅ぼし鎌倉幕府を打倒するのに力のあった武将に新田義貞（1301-1338）が知られている．南北朝時代は南軍の中心的役割を果たした．336（延元1）年10月皇太子の恒良親王を奉じて越前国に赴くとき，この優れた武将に悲劇が起こった．標高わずか628mの北陸の木ノ芽峠で新田義貞軍7,000余騎の大半が凍死したという（図33.28）．この年の寒冷気候のせいである（図33.29）．新田義貞は室町幕府を開いた宿敵の足利尊氏によってではなく，思いもよらぬ寒冷な冬将軍に破れて，2年後に歴史から消える．

g. 室町時代

室町時代は，広くは1336年足利尊氏が「建武式目」を定め幕府を開いたときから，1573年将軍足利義昭が織田信長によって追放されたときまでを指す．そのうち1392年の南北朝合体までを南北朝時代，1467年以降を特に戦国時代とよぶことが多い．したがって，狭くは室町時代を1392年以降1467年の応仁の乱，文明の乱までを指す．ここではその意味で用いる．

図 33.30 諏訪湖の御神渡り（中村ら，1996）[36]

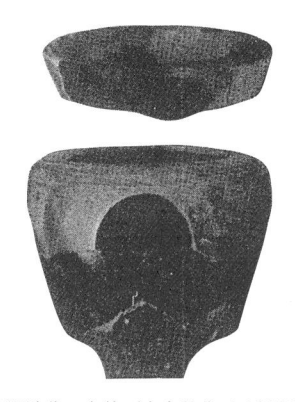

図 33.31 室町時代の火鉢（広島県草戸千軒町遺跡調査研究所）．
上：直径 26 cm，下：高さ 28.8 cm

図 33.32 絵本和歌浦にみる炬燵と上流階級の冬季着衣

　室町時代は経済的には発展の顕著な時期であった．農業では，用排水技術，肥培技術の進歩と品種の改良，多様化などによって耕地の安定と集約的利用が進んだ．土地生産力の上昇の半面，荘園領主権の弱化から，農民層の手元に残される剰余部分を加地子として売買することが行われ，加地子収取権を集積する加地子名主層が成長した．加地子名主層は百姓身分に属する有力農民で，惣とよぶ村落共同体結合の指導層となり，さらに惣村の地域連合を発展させ，自治的権利を強めるとともに，しばしば荘園領主に対する年貢，夫役の減免を求める闘争や，幕府に対し徳政令を求める土一揆の先頭に立った．そうした生産力の向上と農民闘争によって，農民の手によって販売される農産物や農産加工品の量が増し，特に苧麻（チョマ），荏胡麻などをはじめとする農産物，農産加工品の商品化が進んだ．
　古気象学的には，室町時代の 15 世紀は小氷期であった．諏訪湖の御神渡り（図 33.30）の克明な記録が 15 世紀中頃から残されている．それによると，15 世紀の半ば頃や後半は厳冬であった．1428（正長 1）年夏から初秋には，米の端境期にあたって，飢饉が広まり，社会不安が深まった．また，1461 年には未曾有の大飢饉が起こり，大量の餓死者が出たという記録が残されている．
　室町時代には，上流階級においては大袖衣の表着を省いていく傾向にあって，それまで肌着として用いられていた小袖が表着化していった．その形態は対丈で，幅の狭い帯を腰に締めるようになった小袖帯という着流しの姿である．小袖の表着化に伴い織り柄，染め柄をつけた小袖が現れ，意匠が凝ってきたという．
　暖房具としては，鎌倉時代末からは一般庶民にも火鉢の使用が進んでいった（図 33.31）．一方，日本の家庭生活において広く用いられている採暖装置の炬燵が禅の影響で室町時代に渡来したとされる．初めは炉の残り火の上にやぐらを載せ，それに夜具などをかけて足を暖める簡単なものであったといわれる（図 33.32）．

h．戦国時代

　引き続く戦国時代は 1467 年の応仁の乱の開始から織田信長が全国統一に乗り出すまでのほぼ 1 世紀間を指す．室町幕府の存在を指標とする室町時代の後半とほぼ一致するが，各地に群雄が割拠して中央政権が無力化した日本歴史上最も顕著な戦乱の時代

であった．群雄の争覇とともに民衆の反権力闘争の高揚した時期でもある．その象徴が一向一揆である．

また，生産技術や経済が顕著な発展を遂げた時代でもあった．戦争が生産を刺激する面もあったが，基本的には生産力の高まりが大名領国制の展開を可能にした．農業面では，台地上に長い水路を引いて，これまでは水不足のため放置されていた可耕地を開発するようになった．

新種作物として木綿（もめん）の栽培が急速に広まった．従来の衣料原料の麻などに比べて，木綿が強度，保温，肌触りなどの点で性能的に優れていることは15世紀のうちに認識され，応仁前後から朝鮮木綿，唐木綿の輸入が盛んになり兵衣にも珍重されたが，16世紀に入った頃から日本でもたちまち各地で栽培されるようになった．

15世紀の日明貿易の中心的輸出品としての刀剣の大量生産をきっかけに，たたら製鉄の技術，生産力も高まり，鉄砲，武器生産と結びついて一段と飛躍した．なお，鉄砲伝来は1543年のことであった．鉄砲使用の開始に伴い鋳鉄，鍛造技術が発達し，火薬製造法も大名側の秘密保持努力にもかかわらずたちまち各地に普及した．そのほか築城に必要な石積，大鋸挽，城郭設計など建築関係技術の向上も顕著であった．戦国大名はこの種の技術をもった職人群を積極的に保護し，武器の生産にあたらせるとともに，たとえば城攻めにあたり金掘りの掘削技術を使って敵方の城内井戸の水を抜いてしまうという形で軍事力にも活用した．

図 33.33 は戦国武将の着衣例の一つで，戦場のような過酷な環境に適するようにつくられていることがわかる．

i. 安土・桃山時代

安土・桃山時代は，約1世紀にわたった戦国動乱を終息させた織田信長と豊臣秀吉とがそれぞれ政権を掌握した時代で，1573年から1603年の江戸幕府開設の約30年間を指す．近世封建制社会（幕藩制社会）の骨格が形成されていく劇的な起伏に富んだ時期で，歴史学的には中世から近世へと大きく踏み出した転換期とされる．

古気象学的には安土・桃山時代は温暖期であったとされる．しかし，諏訪湖の御神渡りの記録によると，豊臣秀吉の没後の16世紀末の冬はかなり寒冷化したらしい．

安土・桃山時代には，風俗にも新しい息吹が感じられ，衣食住にも江戸時代の原型をみることができる．室町時代後半期に発生し武家の礼装となった素襖（すおう）が，この時代にさらに簡略化されて肩衣袴となり，また庶民には羽織が用いられるようになった．この時代，身分の上下なく等しく一般に用いられたのは小袖であった．木綿の国内生産の発達，南蛮貿易による大量の生糸の輸入，あるいは染色技術の発達と相まって，表着としての小袖の色彩感覚は著しく多様性をおび，帯の装飾性を増加させ，女装では華麗な文様の色鮮やかな打掛という小袖が花形であった．織物では西陣織，染物では辻が花染の発達をみた．

食生活で特に注目されるのは，従来の蒸してつくる強米から鍋や釜で炊く姫米が普及し，また朝夕2食から3食制への変化もみられるようになった．公家，武士階級の主食は半白米または黒米（玄米）で，町人，農民は米は特別のときで，麦，粟，稗を主として食し，また雑菜飯を常用していた．

兵農分離は農民と商人，職人をも分離すると同時に，町と農村との地域的分離をももたらした．町に住む武士や町人のうち，町人の住居はほとんど平屋建ての店舗住宅で，大部分は長屋であり，屋根は押さえ石を置く板葺きであったが，貨幣経済の発達に

図 33.33 戦国武将の着衣例（片倉小十郎具足：白石市，1979）[62]

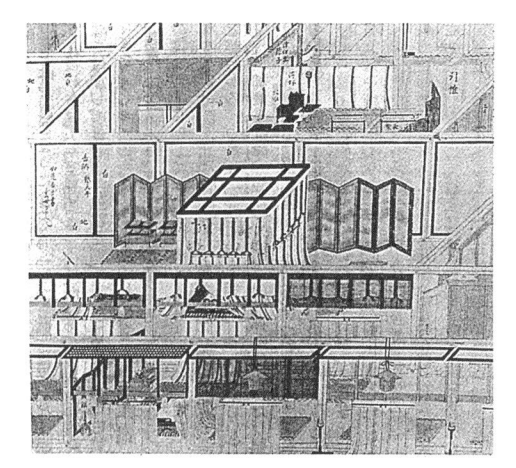

図 33.34 永久3 (1115) 年7月21日 東三条殿室礼 (『類聚雑要抄指図巻第3巻』)

表 33.2 江戸時代における人口の変遷

	総人口	男性	女性
1721 (亨保6)	26065425	–	–
1726 (亨保11)	26548998	–	–
1732 (亨保17)	26921816	14407107	12514709
1744 (延保1)	26153450	–	–
1750 (寛延3)	25917830	13818654	12099176
1756 (宝暦6)	26061830	13933311	12228919
1762 (宝暦12)	25921458	13785400	12136058
1768 (明和5)	26252057	–	–
1774 (安永3)	25990451	–	–
1780 (安永9)	26010600	–	–
1786 (天明6)	25086466	13230656	11855810
1792 (寛政4)	24891441	–	–
1798 (寛政10)	25471033	–	–
1804 (文化1)	25621957	13427149	12194708
1822 (文政5)	26602110	–	–
1828 (文政11)	27201400	14160736	13040064
1834 (天保5)	27063907	14053455	13010452
1846 (弘和3)	26907625	13854043	13053582

伴い，やがて大きな進展をとげていく．

武士階級の住宅建築としては，前代以来の書院造りが発達し，武家や公家の邸宅ばかりでなく，後には豪商や豪農の間にも取り入れられて，日本住宅の基本型となった（図 33.34）．また茶道の発達，普及に伴って，豪華な書院造りに対して簡素清雅を旨とする数寄屋造りが創成された．そのほか神社建築として，本殿と拝殿とを合の間で結合した権現造りが出現していることも注目される．仙台の大崎八幡宮がその代表的なもので，この様式は江戸時代に東照宮建築として普及定着する．

桃山時代になると，火鉢は食器の懸盤の中央に火皿をはめこんだ形が流行しだし，上にホロをかけて，袖口などの焼けることを防ぎ，俗に大名火鉢とよばれるものである．これは蒔絵，螺鈿，定納付などの装飾性をもち，調度として室内を飾る効果をねらったものである．

j. 江戸時代

歴史時代としての最後は江戸時代である．江戸時代は，江戸に幕府が開設された 1603 年から 1869 年事実上の東京遷都が行われるまでの 266 年間を指す．後期封建制時代あるいは幕藩体制という独特な政治形態をとっていたことから，幕藩制時代ともよばれる．そして，この 260 余年のうち，1642 年から 1854 年に至る 212 年間は，鎖国制がしかれていたこともあって，世界史上でも独自の発展がみられ

た時代でもあった．

江戸時代は封建制の時代であったから，政治，社会経済の基礎は土地と農業にあった．1716～1747 年の記録によると，わが国の全耕地（田，畑，屋敷など）は 297 万 780 町歩で，そのうち田の比率は 55.6% であったとされている．この総耕地面積は，明治初年の地租改正直前の耕地面積 301 万 9,741 町歩とほとんど変わらない．18 世紀前半での土地状況の大略は，反当たり石高 9 斗余，1 村当たり平均耕地面積 47.3 町歩前後であるといってよい．

同じく幕府の公式調査によると，江戸時代のわが国の人口は，表 33.2 のようである．この調査には除外されている者が少なくないので，人口の実数はこれより 400 万～500 万人ほど多かったであろうと考えられている．身分別人口区分は，士が 5～6%，農が 80～85%，工が 3% 前後，商が 6% 前後，賤民が 1.7% であり，ほかに神官僧尼が 1% 前後を占めていた．

江戸時代の衣生活は，太平の世が続いたので華美に，またしゃれたものへと進展し，小袖も布地によって区別されるようになった．麻で仕立てたものを帷子（かたびら），木綿で仕立てたものを布子（ぬのこ），絹織物で仕立てたものを小袖とよぶようになり，夏は単衣（ひとえ）（図 33.35），春秋は袷（あわせ），冬は綿入れ，季節から季節に移り変わるときは合着（あいぎ）と，それぞれに温熱適応するものを着衣するよう心掛けた．これを更衣といい，第二次世界大戦前までこの慣習が受け継がれてきた．ま

図 33.35 江戸時代の夏季の着衣の例（筆者撮影）

図 33.36 江戸時代の夏季以外の着衣の例（筆者撮影）

た，着装の仕方によって被衣，小袖，打掛，腰巻とよび名がつけられた．小袖に締める帯は，室町，桃山，江戸初期には幅の狭い桁帯が用いられ，江戸中期頃には幅もやや広く丈も長くなり，吉弥結び，水木結びなどの帯結びができた．小袖の丈が長くなったのと並行して帯幅も広くなり，江戸後期には現在の帯幅と同様になり，太鼓結びなどが用いられ，帯揚，帯留なども使用するようになった（図 33.36）．

江戸時代の 18 世紀後半から 19 世紀前半の小氷期には，日本でも気候が著しく不順であった．実際，天明年間（1780 年代）と天保年間（1830 年代）には，「やませ」がつのり，東北地方は凶作であった．また，天明年間の頃の夏は，東北地方だけが異常であったのではなく，全国的に雨天の日が多かった．幕末維新は寒冷期（最下限 19 世紀）のように歴史時代に気候変動が繰り返された．

日本の歴史時代の気候変動の振幅は，気温にして 3deg 程度であったが，農作物にとっては重大な意味をもち，豊作と凶作が人々の暮らしを大きく規定したことは，想像に難くない．近世日本では，天保 7（1836）年の凶作は影響が大きく，東北地方では，草木やネズミはおろか死んだ人の肉まで食べたと伝えられている．このほかの江戸時代の大飢饉としては，享保 17（1732）年，天明 2（1782）年〜天明 7（1787）年，天保 4（1833）年〜天保 10（1839）年，慶応 2（1866）年が記録に残されている．衣生活も当然気候変動による温熱環境に規定されるが，大略的には，温暖期は服飾の展開，開花，隆盛の傾向があり，寒冷期は緊縮，質実化の傾向にあるとされる．

江戸時代には，初め明からの輸入品であった青銅製の宣徳火鉢が国内でも量産されるようになった．他方，1 人用の小火鉢は煙草用を兼ねて，茶席，宴席に登場し，なかには美術的なものも少なくなかっ

た．また，一般庶民用には上方では大阪火鉢とよばれるまわりに欅の厚いつばをつけて，酒器や喫煙用具，湯茶などを載せるいわゆる食卓兼用のものができたり，江戸では長火鉢とよばれる長方形で一端にネコ板を置いて茶器などを載せるようにし，その下に抽出をつけて，大阪火鉢とともに火鉢が収蔵家具として小物を収納する用に使われるようになった．この庶民用の両火鉢はともに，なかにどうこを入れて湯を沸かし，そこで酒にかんをつけることも目的としているので，純暖房用火鉢から，半炊事用火鉢を兼ねるものであるといえる．一般に，小火鉢や大名火鉢以外は，五徳を置いて湯茶を沸かすものが多く，いずれも火鉢の目的は多目的であったといえる．

火鉢の材質は木製以外は陶磁器が多く，瀬戸，信楽，丹波，苗代川，高取，唐津などの陶製火鉢に対し，有田，九谷の磁器製火鉢も量産され，江戸時代終わり頃までに炉を使用する地域である東北日本にまでこの陶磁製火鉢が分布するようになった．この火鉢の普及は，一方では木炭の普及と改良に貢献し，文化，文政期以後堅炭の産地は全国に広がることとなり，特に佐倉，土佐，豊後，日向，京都北山などはその質の優秀さで名をなした．このようにして，日本の代表的室内暖房具である火鉢が全国に広がり，しだいに炉の機能を制限するという傾向となった．

また，冬季下半身を暖める保温具である炬燵は，室町時代から使用が始まり，江戸時代になると急激に普及し，江戸時代の初期の寛永年間（1624〜1644 年）頃になって現存のようなものの原型ができた（図 33.37）．当時は高炬燵とよんでいた．こ

図 33.37 西鶴織留にみる江戸時代の炬燵と冬季の着衣

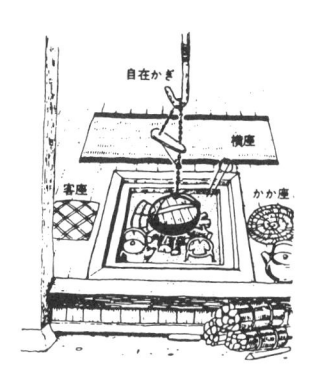

図 33.38 岩手県盛岡地方にみられる囲炉裏（篠原，1990）[60]

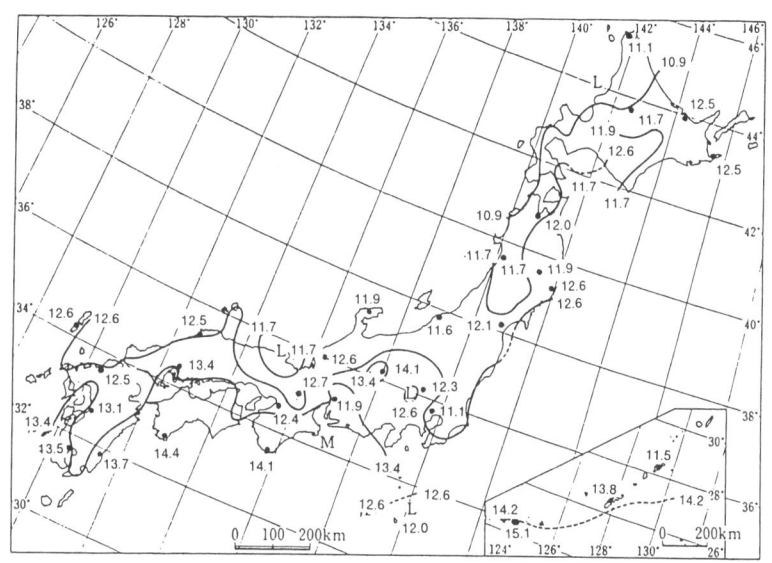

図 33.39 日本の年平均全天日射量の分布（MJ/m² day）（落藤，1996）[50]

の矢倉炬燵に対して土製に紙を貼って火皿を入れる小形の大和炬燵がある．これは奈良地方で用いられていた置炬燵である．

当時の炬燵は，座敷の畳と床を切り抜き，主として石材でつくった炉を据えつけ，炉縁を置き，炬燵矢倉と蒲団を掛け，暖をとるようにしたものである．炉の大きさは約 45 cm 角が普通で石材で製作し，内部は土，漆喰などを塗り，また銅板を貼り，炉縁は黒塗または白木である．

寒い地方では，炬燵は一家団欒の場所であり，来客をここに招いて食事を供にするなど唯一の採暖設備であった．農家では板の間に切った囲炉裏（図33.38）が暖房を兼ね，そこを囲んで家族が坐る場所も定まっていた．特に，江戸時代では十月朔日（陰暦）を亥猪とし，柳営をはじめ一般家庭においても炉開き，炬燵開きを行い，その使用を開始するほど広く行きわたっていた．これら炬燵の熱源はいずれも木炭で，木炭は無煙の燃料として日本で発達し室内用の需要が増していた時期である．寝具も綿入りの敷き布団や夜着がしだいに普及し，夜着は衿と袖のついた大ぶりの衣服状の寝具で，関東では掻巻とよんでいた．そして，元禄年間（1688～1740年）頃から掛蒲団ができた．従来の蒲団は座蒲団とよぶようになった．しかし，下層の庶民は，なお莚や藁を寝具としていた．

33.9 観測時代と温熱環境

観測時代とは日本の温熱環境要素の観測データの収集開始，すなわち気象台の始まりから現在までの時代を指す．

日本人による気圧や気温記録の最古のものは，1827（文政10）年とされるが，わが国での本格的な気象観測の始まりは，1875（明治8）年の東京気象台の設立からといえる．しかし，この時点では観測項目や方法が統一されておらず，本格化するのは1887（明治20）年気象台測候所条例の公布からである．この時点から国が気象観測事業を担うようになった．当初の管轄は内務省で，東京気象台はこの時点で中央気象台と改称され，測器検査の業務も担うようになった．当時の定員は25名といわれ，その規模がしのばれる．その後，1895（明治28）年に文部省へ移管され，1943（昭和18）年に運輸通信省へ，1945（昭和20）年に運輸省へ移管された．1954（昭和29）年の洞爺丸台風の被害をきっかけとして気象台の整備拡充が図られ，1956（昭和31）年中央気象台は気象庁となった．

すなわち，温熱環境と日本人の問題を論ずる場合に，われわれは高々125余年間の定量データしかもち合わせていないともいえる．詳細な日本人の地域特性を考えようとすれば，もち合わせているデータは高々40余年分ともいえる．地球上の温熱環境を左右する根源は太陽放射による日射量である．その定量例を図33.39に示す．その日射変動により大きく左右される気温について，最高気温と最低気温の記録をまとめたのが，表33.3と表33.4である．なお，以下表33.10までの各欄末尾の数字は観測開始年を表している．

表33.3と表33.4にはないが，日本で観測された最低気温は1931（昭和6）年1月27日の北海道上川支庁美深町-41.5℃とされている．ここ125余年間の日本の気温の変動幅は80degに及ぶ．

表33.5と表33.6は，最大風速と最大瞬間風速のまとめである．台風の影響で，最大風速は69.8m/sと最大瞬間風速は85.3m/sに及んだことが記録として残っている．

表33.7から表33.10は降水量についてのまとめである．表33.7は時間降水量の最大記録，表33.8は日降水量の最大記録である．台風シーズンの太平洋岸の降雨量の多さがわかる．表33.9は年降水量の最大記録である．これも台風の到来によることが読み取れる．逆に，表33.10は年降水量の最小記録である．干ばつの影響を受けた年である．

観測時代の日本での記録によると，明治2（1869）年，明治17（1884）年，明治35（1902）年，明治38（1905）年，大正2（1913）年，昭和6（1931）年，昭和9（1934）年，昭和16（1941）年，昭和20（1945）年に凶作が起こっている．第二次世界大戦後では，昭和28（1953）年，昭和39（1964）年，昭和51（1976）年，平成5（1993）年が凶作の年として知られている．

そのなかの明治38（1905）年の東北の大凶作の様子は以下のようであった．この年の7月から8月にかけて東北は冷害に襲われた．それまで東北6県の8月の平均気温は23.6℃に対して，この年の平均気温は19.7℃の低温で，米の収穫量は激減した．たとえば，宮城県の平年収穫は115万1,400石だったものが16万石となり，平年の約14％の大凶作と

表33.3　最高気温

山形	40.8℃	1933年7月25日 (1891)
宇和島	40.2℃	1927年7月22日 (1922)
酒田	40.1℃	1978年8月3日 (1937)
名古屋	39.9℃	1942年8月2日 (1923)
熊谷	39.9℃	1997年7月5日 (1897)

表33.4　最低気温

旭川	-41.0℃	1902年1月25日 (1888)
倶知安	-35.7℃	1945年1月27日 (1944)
帯広	-34.9℃	1922年1月31日 (1915)
網走	-29.2℃	1902年1月25日 (1890)
釧路	-28.3℃	1922年1月28日 (1910)

表33.5　最大風速

室戸岬	69.8 m/s	1965年9月10日 (1961)
宮古島	60.8 m/s	1966年9月5日 (1938)
石垣島	53.0 m/s	1977年7月31日 (1897)
那覇	49.5 m/s	1949年6月20日 (1927)
石廊崎	48.8 m/s	1959年8月14日 (1939)

表33.6　最大瞬間風速

宮古島	85.3 m/s	1966年9月5日 (1938)
室戸岬	84.5 m/s 以上	1965年9月16日 (1961)
名瀬	78.9 m/s	1970年8月13日 (1937)
那覇	73.6 m/s	1956年9月8日 (1953)
与那国	70.2 m/s 以上	1994年8月7日 (1957)

表33.7	1時間降水量の最大記録	
清水	150 mm	1944年10月17日 (1941)
潮岬	145 mm	1972年11月14日 (1937)
宮崎	140 mm	1995年 9月30日 (1924)
銚子	140 mm	1947年 8月28日 (1912)
尾鷲	139 mm	1972年 9月14日 (1940)

表33.9	年降水量の最大記録	
尾鷲	6175 mm	1954年 (1940)
八丈島	4895 mm	1907年 (1907)
名瀬	4430 mm	1959年 (1897)
大島	4384 mm	1941年 (1886)
宮崎	4175 mm	1993年 (1886)

表33.8	日降水量の最大記録	
尾鷲	806 mm	1968年 9月26日 (1940)
高知	629 mm	1998年 9月24日 (1886)
彦根	597 mm	1896年 9月 7日 (1894)
宮崎	587 mm	1939年10月16日 (1886)
名瀬	547 mm	1903年 5月29日 (1896)

表33.10	年降水量の最小記録	
帯広	541 mm	1900年 (1894)
網走	545 mm	1905年 (1891)
長野	556 mm	1889年 (1889)
松本	578 mm	1926年 (1898)
神戸	600 mm	1994年 (1897)

なった.当時の宮城県人口の約90万人中の窮民人口は約28万人にのぼった.同様に,福島県は人口約117万人中窮民は約87万人,岩手県は人口約75万人中窮民約16万人と記録されている.当時の被害状況は甚大なものであった.また,北海道の北部や東部では,昭和9(1934)年の冷害の頃,米作限界線の後退が認められ,限界以内でも米作の放棄を余儀なくされた.

歴史の変遷を温熱環境の側面から考える間接資料として,近代の気象観測データを歴代首都と主要都市についてまとめてみた.表33.11はその観測点についての特性である.表33.12〜33.19に,①気温(℃)の最高および最低記録,②年降水量(mm)の最高記録と最小記録,③短期(日,1時間)降水量(mm)の最高記録,④風速(m/s)の最大記録,⑤積雪(cm)の最深記録と初雪日と終雪日,⑥初霜日と終霜日,⑦年間の寒暖日数,⑧暖房・冷房デグリデー(degree days)をまとめた.表33.16に関連して,東京で1984(昭和59)年1月19日に22 cmの積雪があった.転倒する人が続出し,交通機関が大混乱に陥ったことを記憶している.1883(明治16)年2月8日の46 cmの積雪ではどうであったかと考える.表33.17の初雪日と終雪日の平年値とは,1960年秋から1990年春までの平均値である.

表33.19のデグリデーは,暖房に要する熱量,または冷房に要するエネルギーを見積もるための評価指標である.ここでは,暖房については,日平均気温が10℃以下になると行うものとし,10℃以下の平年の初日と終日をとって暖房期間を算出してある.暖房デグリデーは,この期間について基準温度を14℃とし,毎日の日平均気温との差を積算したものである.冬季の場合,暖房以外の発生熱により室内外の温度差がコンクリート建物で6deg程度,木造建物で4deg程度あるものとすると,室内の温度レベルはコンクリート建物で20℃程度,木造建物で18℃程度に相当する.一方,冷房は日平均気温が24℃以上になると行うものとし,24℃以上の平年の初日と終日をとって冷房期間を算出してある.冷房デグリデーは,この期間について基準温度を24℃とし,毎日の日平均気温との差を積算したものである.夏季の場合,室内外の温度差がほとんどないと解釈し,基準温度が保持しようとする温度に相当する.

33.10 温熱環境の技術的制御

以上のような自然の温熱環境の変動に対し,第二次世界大戦前の日本の住居は,夏の高温高湿の気候に対して,開放的で風通しの良いことを考えていた.それ以外の季節では着衣量を変化することによって,まず対処し(図33.40),そして,冬の採暖方法は,生活様式の変化また燃料の取得の難易によって,古代における炉,地火炉,火桶,炭櫃,また中世から近代にかけては囲炉裏,火鉢,炬燵などで,温熱環境の技術的制御を行ってきた.火鉢は手あぶりで,手の先を暖めて全身に暖かみを与えることを利用したもので,炬燵は足先を暖めて全身の暖かみを得ていたものである.日本人は,暖房を考えないで,炬燵や火鉢で暖身を考えたともいえる.

日本にストーブが導入され,その製造が始まったのは,江戸時代末期とされる.その後のストーブの変遷はいくつかの時代区分に分けられる.まず,江

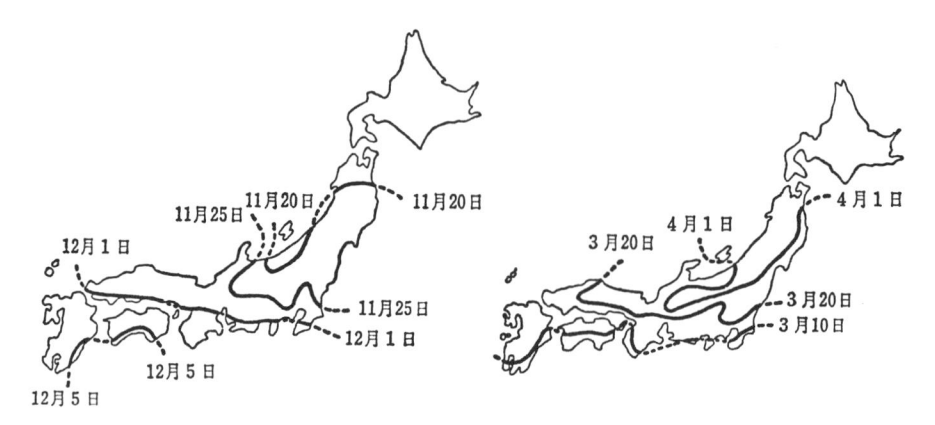

図 33.40 オーバー着脱の時期（大後, 1971）[41]

表 33.11 近代の気象観測データからみた歴代首都と主要都市の気象観測点

	緯度(N)	経度(E)	標高(m)	気象官署
奈良	34°41′	135°50′	104.4	地方気象台
京都	35°01′	135°44′	41.4	地方気象台
鎌倉（横浜）	35°26′	139°39′	39.1	地方気象台
大阪	34°41′	135°31′	23.1	管区気象台
東京	35°41′	139°46′	6.5	管区気象台
福岡	33°35′	130°23′	2.5	管区気象台
名古屋	35°10′	136°58′	51.1	地方気象台
仙台	38°16′	140°54′	38.9	管区気象台
札幌	43°03′	141°20′	17.2	管区気象台

表 33.12 近代の気象観測データからみた歴代首都と主要都市の特徴—気温（℃）の最高および最低記録

	最高値	年月日	最低値	年月日
奈良	39.3	1994.8.8	−7.8	1977. 2.16
京都	39.8	1994.8.8	−9.4	1917.12.27
鎌倉（横浜）	37.0	1962.8.4	−8.2	1927. 1.24
大阪	39.1	1994.8.8	−5.5	1981. 2.27
東京	39.1	1994.8.3	−9.2	1876. 1.13
福岡	37.7	1994.8.8	−8.2	1919. 2. 5
名古屋	39.9	1942.8.2	−10.3	1927. 1.24
仙台	36.8	1929.8.8	−11.7	1945. 1.26
札幌	36.2	1994.8.7	−23.9	1945. 1.18

表 33.13 気象観測データからみた歴代首都と主要都市の特徴—年降水量（mm）の最高記録と最小記録

	最高値	年	最低値	年
奈良	1790	1959	716	1994
京都	2151	1921	881	1994
鎌倉（横浜）	2535	1941	996	1984
大阪	1879	1903	744	1994
東京	2230	1938	880	1984
福岡	2977	1980	891	1994
名古屋	2324	1896	1061	1994
仙台	1892	1950	814	1973
札幌	1672	1981	729	1897

表 33.14 気象観測データからみた歴代首都と主要都市の特徴—（c）短期（日，1時間）降水量（mm）の最高記録

	最高値	年月日	1時間降水量	年月日
奈良	182	1959.8.13	59	1968.7. 6
京都	289	1959.8.13	88	1980.8.26
鎌倉（横浜）	287	1958.9.26	92	1998.7.30
大阪	251	1957.6.26	78	1979.9.30
東京	393	1958.9.26	89	1939.7.31
福岡	270	1941.6.26	97	1997.7.28
名古屋	240	1896.9. 9	92	1988.9.20
仙台	329	1948.9.16	94	1948.9.16
札幌	207	1981.8.23	50	1913.8.28

表 33.15 気象観測データからみた歴代首都と主要都市の特徴—風速（m/s）の最大記録

	最高値	年月日	最大瞬間風速	年月日
奈良	25.0	1961.9.16	47.2	1979.9.30
京都	28.0	1934.9.21	42.1	1934.9.21
鎌倉（横浜）	37.4	1938.9. 1	48.7	1938.9. 1
大阪	19.4	1993.9. 4	33.9	1997.7.26
東京	24.7	1965.9.18	38.2	1979.10.19
福岡	32.5	1951.10.14	49.3	1987.8.31
名古屋	37.0	1959. 9.26	45.7	1959.9.26
仙台	24.0	1997. 3.11	41.2	1997.3.11
札幌	13.0	1994.10.13	28.8	1998.4.12

表 33.16 気象観測データからみた歴代首都と主要都市の特徴—初霜日と終霜日

	初雪／平年値	最早	終雪／平年値	最晩
奈良	11月 6日	1986.10.20	4月14日	1969.5. 7
京都	11月13日	1892.10. 2	4月 9日	1928.5.19
鎌倉（横浜）	11月29日	1945.10.29	3月 7日	1926.4.27
大阪	11月27日	1936.10.24	3月19日	1940.5. 6
東京	12月 1日	1937.10.21	3月13日	1926.5.16
福岡	12月 2日	1903.10.21	3月21日	1913.5.11
名古屋	11月21日	1899.10.13	3月29日	1902.5.13
仙台	11月 6日	1944.10. 3	4月18日	1928.5.20
札幌	10月14日	1888. 9. 9	4月25日	1908.6.28

初霜日と終霜日の平年値は，1960年秋から1990年春までの平均値である．

表 33.17 気象観測データからみた歴代首都と主要都市の特徴—積雪 (cm) の最深記録と初雪日と終雪日

	最大値	年月日	初雪/平年値	最早	終雪/平年値	最晩
奈良	21	1990.2.1	12月22日	1976.11.29	3月19日	1996.4.13
京都	41	1954.1.26	12月15日	1904.11.6	3月22日	1996.4.13
鎌倉（横浜）	45	1945.2.26	1月2日	1962.11.22	3月16日	1969.4.17
大阪	18	1907.2.11	12月25日	1938.11.12	3月13日	1996.4.12
東京	46	1883.2.8	12月30日	1900.11.17	3月18日	1969.4.17
福岡	30	1917.12.30	12月11日	1938.11.12	3月7日	1962.4.4
名古屋	49	1945.12.19	12月16日	1904.11.7	3月11日	1902.4.11
仙台	41	1936.2.9	11月21日	1981.11.8	4月4日	1991.5.3
札幌	169	1939.2.13	10月28日	1880.10.5	4月19日	1941.5.25

表 33.18 近代 (1961〜1990年) の気象観測データからみた歴代首都と主要都市の特徴—年間の寒暖日数

	真夏日	夏日	冬日	真冬日
奈良	59日	124日	64日	0日
京都	66日	131日	40日	—
鎌倉（横浜）	39日	100日	23日	0日
大阪	66日	132日	14日	—
東京	45日	105日	20日	0日
福岡	54日	124日	14日	0日
名古屋	57日	124日	46日	0日
仙台	17日	65日	85日	3日
札幌	7日	46日	135日	51日

表 33.19 近代 (1961〜1990年) の気象観測データからみた歴代首都と主要都市の特徴—暖房・冷房デグリデー

	暖房日数	デグリデー	冷房日数	デグリデー
奈良	135日	1168	64日	125
京都	127日	1035	75日	203
鎌倉（横浜）	120日	888	61日	106
大阪	117日	837	83日	247
東京	117日	855	65日	148
福岡	111日	754	78日	215
名古屋	127日	1057	70日	159
仙台	158日	1580	26日	10
札幌	194日	2574		

表 33.20 体温調節に関連する生理学的基礎と温熱指標の主な発明および発見事項

年	おもな発明・発見
1604	静脈弁の発見（H. Fabricius, イタリア）
1614	不感蒸泄の発見（S. Sanctorius, イタリア）
1628	血液循環説（W. Harvey, イギリス）
1672	毛細血管などの発見（M. Malpighi, イタリア）
1756	刺激生理学の創設（A. Haller, スイス）
1777	呼吸の化学的説明（A. L. Lavoisier, フランス）
1826	感覚生理学の研究（J. P. Muller, ドイツ）
1833	汗腺の発見（J. E. Purkinje, チェコ）
1923	有効温度 ET（F. C. Houghton and C. P. Yaglou, アメリカ）
1932	修正有効温度 CET（H. M. Vernon, イギリス）
1934	発汗学の大系化（Y. Kuno, 日本）
1937	筋肉活動の熱力学（A. V. Hill, イギリス）
1937	作用温度 TO/STO（A. P. Gagge, アメリカ）
1947	P4SR（B. McAdle, イギリス）
1948	Windchill Index（P. A. Siple, アメリカ）
1955	熱ストレスインデックス HIS（H. S. Belding and T. F. Hatch, アメリカ）
1957	WBGT（C. P. Yaglou and D. Minard, アメリカ）
1958	不快指数（E. C. Thom, アメリカ）
1964	Oxford Index（A. P. Lind, イギリス）
1970	快適線図 Comfort Chart（P. O. Fanger, デンマーク）
1971	新有効温度（A. P. Gagge, J. A. J. Stolwijk and Y. Nishi, アメリカ・日本）
1972	Comfort Meter（T. H. Madsen, デンマーク）

表 33.21 各種民族の全身の能動汗腺総数

人種（在住地）	被験者数	能動汗腺数（万）		
		最小	最大	平均
アイヌ人	12	106.9	199.1	144.3
ロシア人	6	163.6	213.7	188.6
日本人	11	178.1	275.6	228.2
台湾人	11	178.3	341.5	241.5
タイ人	9	174.2	312.1	242.2
フィリピン人	10	264.2	306.2	280.0
日本人移住者（タイ）	8	149.7	269.2	229.3
日本人移住者（フィリピン）	3	183.9	260.3	216.6
日本人2世（台湾）	6	243.9	305.9	271.5
日本人2世（タイ）	3	250.2	296.4	273.9
日本人2世（フィリピン）	15	258.9	402.6	277.8

移住者は成長後移住者を，2世は現地出生者を指す．

戸時代末期から大正前期は，外国からストーブが輸入され，輸入されたストーブを模倣したストーブが国内でつくられた時期といえる．大正中期から昭和 11 (1936) 年は，国内でストーブの研究開発が進められ，薪の不足からストーブ用燃料が薪から石炭に転換し，純国産ストーブが完成した時期に当たる．昭和 12 (1937) 年から第二次世界大戦の終戦時の昭和 20 (1945) 年は，日中戦争が勃発し，昭和 16 (1941) 年には第二次世界大戦が始まったため，ストーブの生産はしだいに制限され，ついには生産が

表33.22 日本本土（温帯）生育者と沖縄（亜熱帯）生育者の発汗反応の季節変動

群	夏				冬			
	人数	汗量（kg）	潜時（min）	Na濃度（mEq/l）	人数	汗量（kg）	潜時（min）	Na濃度（mEq/l）
沖縄	19	0.31	6.1	33.3	15.	0.32	8.9	48.6
本土	18	0.49	4.0	42.7	16	0.43	5.6	60.4

潜時は発汗の潜時，Na濃度は汗の平均ナトリウム濃度で，ともに，30℃，湿度70％の室内で42℃の湯に90分湯浴によって発汗させ，胸部と背部より発汗カプセル法で測定している．人数は被験者数（人），被験者はいずれも青年男性である．測定は沖縄で行われ，本土群の被験者は本土から沖縄へ来て2年以内である．

できなくなった．

昭和21（1946）年から昭和29（1954）年の時期は，戦禍を受けたストーブのメーカーは進駐軍からのストーブの発注によって製造を再開し，昭和25（1950）年に勃発した朝鮮戦争による特需景気を経て，その生産高は戦前の水準までに復活したときである．昭和30（1955）年から昭和39（1964）年は戦後の復興期に引き続き好況で，ストーブの燃焼方法の改良や開発が活発に行われ，また家電メーカーがガスストーブや石油ストーブの製造を開始した時期に当たる．昭和40（1965）年から昭和47（1972）年は高度成長期で持ち家やマンションが増加し，室内空気汚染を防止するため強制給排気式ストーブの製造が行われ，また昭和43（1968年）年の十勝地震により石油ストーブの耐震自動消火装置の取り付けが始まった．昭和48（1973）年にはオイルショックがあり，原油の相次ぐ値上げのため，灯油と他の暖房用燃料との価格差が縮まり，そして採暖における熱源が多様化し，また強制給排気式ストーブに比べ，燃料の消費が少ないファンヒーターの販売台数が伸びた．近年ではいろいろな形態からなるセントラルヒーティングが現れており，温水暖房，床暖房，温風暖房などが普及している．

一方，冷房の歴史は暖房と比較して新しい．とはいえども，乾燥と風力を利用して冷水をつくり，通風や水打ちによって涼しさを求める知恵はそれぞれの地域で行われていたことは事実である．しかし，冷凍機を用いた冷房はわずか100年程度で，本格的な普及は第二次世界大戦以降である．

33.11 現代日本人の温熱生理特性

日本人と温熱環境のかかわりをみてきた．その温熱環境の変動に直接的に対応する体温調節機能に関連する生理学的基礎事項を表33.20に示した．現在では，自律性体温調節の主要な機構として，① 水分蒸発量（発汗量）調節，② 血流量調節，③ 産熱量調節とに分類されている．以下に，現代日本人の自律性体温調節のそれぞれの調節機構についてみる．

自律性体温調節のなかの水分蒸発量（発汗量）調節の効果器である能動汗腺総数は胎児期に形成され，その能動化は生後2年ほどまで継続する．表33.21はその能動汗腺総数を比較したものである．表33.22は日本本土（温帯）生育者と沖縄（亜熱帯）生育者の発汗反応の季節変動の比較である．いずれも温熱環境の影響が反映される結果となっている．

血流量の調節に関連する測定の項目に，ルイス（Lewis）により発見された指部皮膚温の冷水侵漬時の寒冷血管反応（hunting reaction）がある．これは，体温調節反応に占める血管反応の動態を探る有力な手がかりの一つとして，従来より詳しい研究がなされてきた．実際面への応用としても局所耐寒性の検査法や末梢循環障害の検査法の一つとして利用されている．

寒冷血管反応について先祖代々ある地域に生育する，すなわち温熱環境の履歴がほぼ同一と考えられる親子ならびに兄弟から得られた測定結果を図33.41と図33.42に示した．図33.41から成長期児童の寒冷血管反応の形成過程が示され，図33.42から成人における加齢効果が示されている．図33.43は，京都の賀茂川で冬季に冷水中に足をつけて染物の水洗作業に従事する友禅職工の寒冷血管反応を示したもので，日常の鍛錬がこの反応には重要であることを示している．寒冷血管反応の強さを採点法によって一種の指数化がなされ，抗凍傷指数が提案されている．抗凍傷指数が8～9点は強者，5～7点は中等者，3～4点のものは弱者とされている．表33.23は，その凍傷指数の日本人とほかのモンゴロイドを比較したものである．これによると，日本人よりも北方在住の中国人や蒙古人の凍傷抵抗性が高

図 33.41 寒冷血管反応の成長期児童の加齢効果（横山ら，1983）[73]

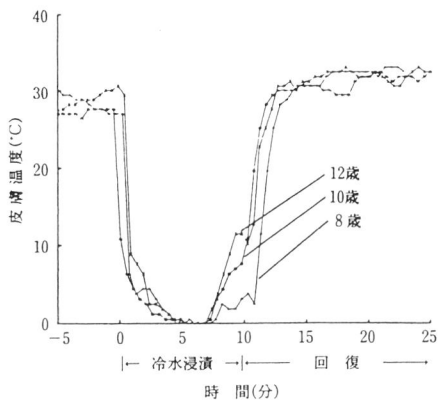

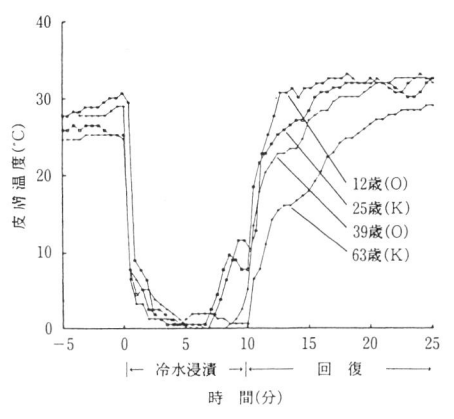

図 33.42 寒冷血管反応の成人におけるの加齢効果（横山ら，1983）[73]

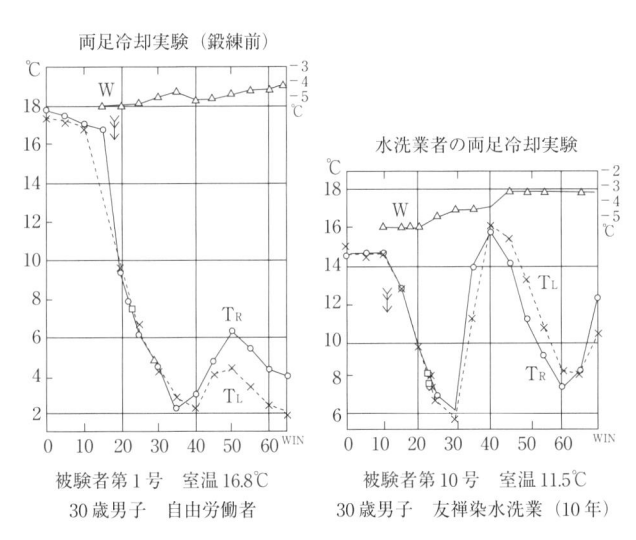

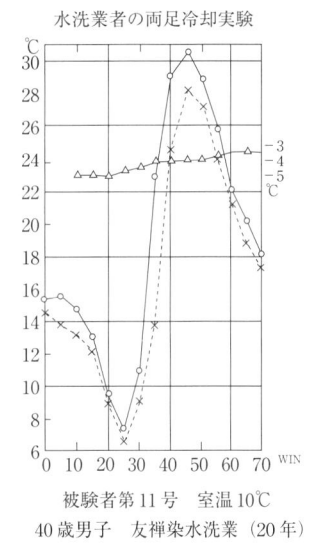

被験者第1号　室温 16.8℃
30歳男子　自由労働者

被験者第10号　室温 11.5℃
30歳男子　友禅染水洗業（10年）

被験者第11号　室温 10℃
40歳男子　友禅染水洗業（20年）

図 33.43 血流量調節における寒冷血管反応の比較（高橋，1943）[67]

曲線 W は水温，T_R は右側，T_L は左側趾温（すべての図において右側を実戦，左側を点線を以て表す）．矢の部において足を冷水中に浸す．曲線上□印は疼痛の発生，△印はその麻痺を意味する．以下諸図之に同じ．

表 33.23 抗凍傷指数の人種差および年齢差（被験者は男性）

人　種		日本人	中国人	蒙古人	オロチョン人
少　年 （8〜14歳）	被験者数	74	17	22	5
	抗凍傷指数	6.36 ± 0.11	6.77 ± 0.15	6.64 ± 0.18	7.20
青　年 （15〜19歳）	被験者数	156	21	28	4
	抗凍傷指数	5.76 ± 0.09	6.19 ± 0.29	6.14 ± 0.17	8.00
壮　年 （20〜28歳）	被験者数	137	14	22	3
	抗凍傷指数	5.80 ± 0.09	6.71 ± 0.18	6.50 ± 0.16	8.66
平均値	年齢	8〜27	8〜28	8〜28	10〜57
	被験者数	367	52	72	19
	抗凍傷指数	5.90 ± 0.05	6.52 ± 0.13	6.49 ± 0.10	7.68 ± 0.20

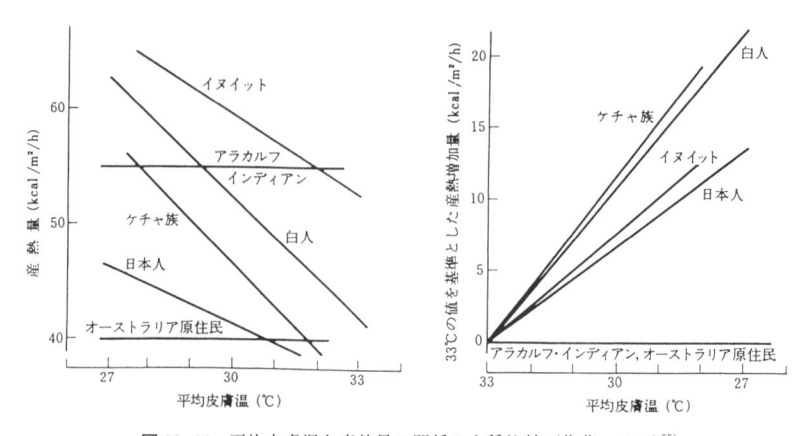

図 33.44 平均皮膚温と産熱量の関係の人種比較（佐藤, 1987）[55]

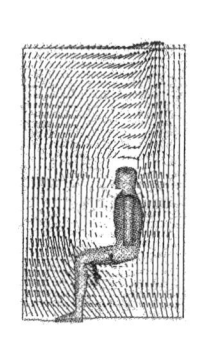

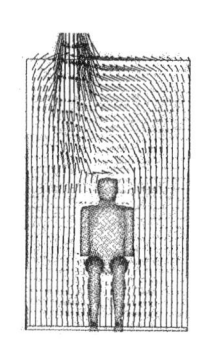

図 33.45 人体周辺の三次元気流解析例（Mizuta ら, 2001）[28]

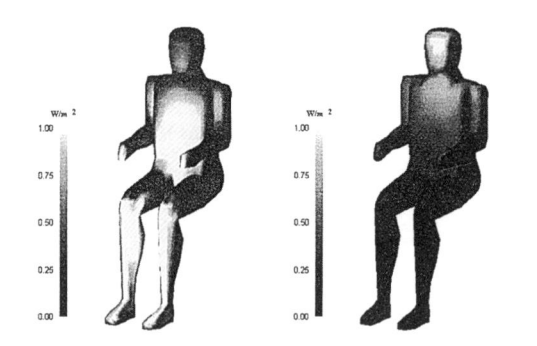

図 33.46 人体周辺の三次元気流解析例（Kakuta ら, 2000）[17]

表 33.24 下臨界温度推定成績

民族・人種， または動物	下臨界温度 （℃）	出典
日本人	24.0	吉村ら
日本人	21.7	石井
日本人	26.2	佐藤ほか
ノルウェー人	26.2	Erikson ほか
ラップ族	27.0	Scholander ほか
白人	25.2	Wilkerson ほか
イヌ（短毛）	25	Prossor ほか
イタチ	15	〃
赤ギツネ	8	〃
ブタ	0	〃
フイリアザラシ	−10 以下	〃
野生ヤギ	−30	〃
肉用ウシ	7	Finlay
ヒツジ	0	〃
コウモリ	24.0	Barthlomew ほか

く，蒙古人のうちでも興安嶺に遊牧するオロチョン族が最も高いことが示されている．

産熱量調節に関しては，図 33.44 に平均皮膚温-産熱量相関図で比較したものを示す．表 33.24 は，産熱量増加の起こる環境気温を示す下臨界温度の推定成績である．

表 33.20 には，温熱環境を評価するために温熱生理を反映させた温熱指標についてのまとめも示した．これまでの温熱指標は，基本的には定常状態かつ温熱環境要因が均一の場合に適用されるものである．現在，不均一な温熱環境と非定常問題に対応可能な部位特性を考慮したモデルが開発されつつある（図 33.45 ～ 46）．このモデルの形態と機能のパラメータを変化させることにより，温熱環境への適応能の日本人のたどってきた変遷と地球環境問題と関連した未来予測に対する定量的知見が得られることが可能な状況にある．

［横山真太郎］

文献

1) 網野善彦（1997）日本社会の歴史，岩波書店．
2) Ardrey, R.（1976）The Hunting Hypothesis ; A Personal Conclusion Concerning the Evolutionary Nature of Man,

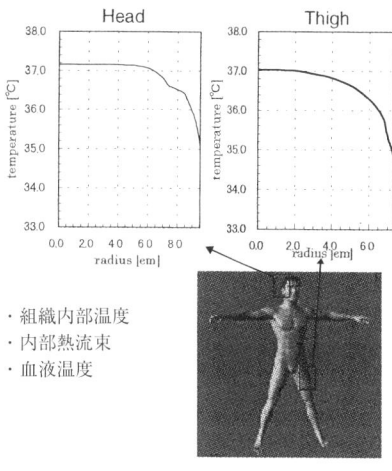

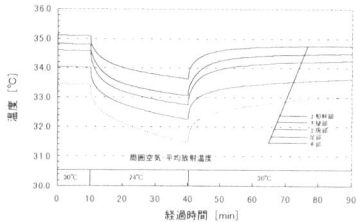

- 組織内部温度
- 内部熱流束
- 血液温度

図 33.47 部位別特性を考慮した生体内温度予測シミュレーションの例（横山ら，2000[83,84]；2002[85]）

Wm. Collins Sons & Co.
3) 別技篤彦（1975）服装の地理―身を飾る人間，玉川大学出版部.
4) 大後美保（1971）季節の事典，東京堂出版.
5) Draedel, T. E. and Crutzen, P. J. (1995) Atmosphere, Climate, and Change, AT & T Bell Laboratories.
6) 江原昭善（1971）人間性の起源と進化，日本放送出版協会.
7) 藤田至則・新堀友行編（1985）氷河時代と人類―第四紀―，共立出版.
8) Hady, R. N. (1979) Temperature and Animal Life, Edward Arnold.
9) 埴原和郎（1997）日本人の骨とルーツ，角川書店.
10) 埴原和郎（2000）人類の進化 試練と淘汰の道のり，講談社.
11) Hewitt, P. G., Suchocki, J. and Hewitt, L. A. (1994) Conceptual Physical Science, Haper Collins College Publisher.
12) Hori, S., Iizuka, H. and Nakamura, M. (1976) Studies on physiological responses of residents in Okinawa to a hot environment, *Jap. J. Physiol.*, **26**, 235-244.
13) Huntington, E. (1913) Civilization and Climate, Yale University Press.
14) 井上 清（1963）日本の歴史，岩波書店.
15) 入来正躬編（1995）体温調節のしくみ，文光堂.
16) 人類学講座編纂委員会編（1981）人類学講座第5巻・日本人 I，雄山閣出版.
17) Kakuta, N., Yokoyama, S., Nakamura, M. and Mabuchi, K. (2001) Estimation of Radiative Heat Transfer Using a Geometric Human Model. *IEEE Transacrions on Biomedical Engineering*, **48**, 324-331.
18) 菊池俊秀（1976）人間の生物学，理工学社.
19) 菊池安行・坂本 弘・佐藤方彦・田中正敏・吉田敬一（1981）生理人類学入門―人間の環境への適応能―，南江堂.
20) 菊池安行・関 邦博編（1987），現代生活の生理人類学，垣内出版.
21) 小林達雄（1999）縄文人の文化力，新書館.
22) 小山修三（1999）美と楽の縄文人，扶桑社.
23) Kuno, Y. (1956) Human Perspiration, Charles C Thomas.
24) 久野 寧（1963）汗の話，光生館.
25) 三浦豊彦（1964）労働の歴史，紀伊国屋書店.
26) 三浦豊彦（1977）暑さ寒さと人間，中央公論社.
27) 三浦豊彦（1985）冬と寒さと健康―気候・気温と健康（上）―，労働科学研究所出版部.
28) Mizuta, Y., Kakuta, N. and Yokoyama, S. (2001) A General System for Three-Dinensional Analyses on the Basis of CFSV-Model and its Application to the Airflow Analysis around Human Body. *Computational Fluid Dynamics Journal*, **9**, 528-540.
29) 持田 徹・横山真太郎（1977）着衣の透湿抵抗に関する研究，空気調和・衛生工学会論文集，第3号，pp.79-87.
30) 文部省国立天文台編（1999）理科年表 CD-ROM 2000，丸善.
31) Morgan, E. (1982) The Aquatic Ape；A Theory of Human Evolution, Souvenir Press.
32) Morgan, E. (1990) The Scars of Evolution；What our bodies tell us about human origines, Souvenir Press.
33) Morgan, E. (1997) The Aquatic Ape Hypothesis, Souvenir Press.
34) Morris, D. (1967) The Naked Ape, Jonathan Cape.
35) Morris, D. (1994) The Human Animal；A Personal View of the Human Spacies, BBC Books.
36) 中村和郎・木村竜治・内嶋善兵衛（1996）日本の気候，岩波書店.
37) 中山昭雄（1970）体温とその調節，中外医学社.
38) 中山昭雄編（1981）温熱生理学，理工学社.
39) 中山昭雄・入来正躬編（1987）エネルギー代謝・体温調節の生理学，医学書院.
40) 人間工学用語研究会編（1983）人間工学事典，日刊工業新聞社.
41) 人間-熱環境系編集委員会編（1989）人間―熱環境系，日刊工業新聞社.
42) 日本人類学会編（1984）人類学―多様な発展，日経サイエンス.
43) 日本生気象学会編（1968）生気象学，紀伊国屋書店.
44) 日本生気象学会編（1992）生気象学の事典，朝倉書店.
45) 西尾幹二（1999）国民の歴史，扶桑社.
46) 西岡秀雄（1957）寒暖の歴史―気候700年周期説―改訂第5版，好学社.
47) 野尻湖発掘調査団編著（1997）最終氷期の自然と人類，共立出版.
48) 能 登志雄（1966）気候順応，古今書院.
49) 大林組プロジェクトチーム（1998）三内丸山遺跡の復元，学生社.
50) 落藤 澄編（1996）現代の空気調整工学，朝倉書店.
51) 尾本恵市（1996）分子人類学と日本人の起源，裳華房.
52) 尾関清子（1996）縄文の衣，学生社.
53) 大塚徳郎（1995）坂上田村麻呂伝説，宝文堂.

54) 佐藤方彦 (1985) 人はなぜヒトか—生理人類学からの発想—, 講談社.
55) 佐藤方彦 (1987) 人間と気候, 中央公論社.
56) 佐藤方彦編 (1988) 日本人の生理, 朝倉書店.
57) 佐藤方彦・関 邦博編 (1988) 住環境とヒト—生理人類学の視点, 井上書院.
58) 佐藤方彦監修（勝浦哲夫・佐藤陽彦・栃原 裕・横山真太郎編著）(1992) 人間工学基準数値数式便覧, 技報堂出版.
59) 生物圏動態ヒトの適応能分科会（代表吉村寿人）(1970) 日本人の適応能, 講談社.
60) 篠原隆政 (1990) 給排水衛生・暖房設備の変遷, 水曜会.
61) 白石中学校 (1994) ふえるの神様, 宮城県白石市白石中学校.
62) 白石市教育委員会 (1979) 白石市の文化財, 白石市文化財愛護の会.
63) Smith, D. W. and Bierman, E. L. (1973) The Biological Ages of Man, W. B. Saunders Company.
64) Strickland, G. G. (1979) A Revolutionary New Solution to the Mystery of Man's Origins, The Dial Press.
65) 須藤良吉 (1990) 古代謎の証し—日本民族列島漂着考, 宝文堂.
鈴木俊彦 (1996) 電子ブック版 日本大百科全書 付属・大図鑑, 小学館.
66) 高橋浩一郎・朝倉 正 (1994) 気候変動は歴史を変える, 丸善.
67) 高橋史郎 (1943) 指趾皮膚血管に於ける寒冷反応の習慣による増進. 日本生理学雑誌, 8, 461-482.
68) 田中正敏・菊池安行編 (1988) 近未来の人間科学事典, 朝倉書店.
69) タウト, ブルーノ (1966) 日本の家屋と生活（篠田秀雄訳）, 岩波書店.
70) Winslow, C.-E. A. and Herrington, L. P. (1949) Temperature and Human Life, Princeton University Press.
71) 山田幸生・棚澤一郎・谷下一夫・横山真太郎 (1998) からだと熱と流れの科学, 第2章 体温コントロールの秘密, pp.33-52, オーム社.
72) 横山真太郎 (1978) 寒冷適応に関する研究 (1) 心拍数変化および局所筋産熱の観点から. 人類学雑誌, 86, 347-355.
73) 横山真太郎・荻野弘之 (1983) ヒトにおける不可避的非ふるえ熱産生, 体温調節性非ふるえ熱産生, ふるえ熱産生の推定. 生理人類学研究会会誌, 2, 55-64.
74) Yokoyama, S. and Ogino, H. (1983) Theoretical and Experimental Studies on Calculation Formula of Respiratory Heat Loss. *Jap. J. Biometeor.*, 20, 1-7.
75) 横山真太郎・荻野弘之・木下 均・三浦邦弘 (1983) 局所冷却に伴う指部皮膚温反応における加齢要因. 生理人類学誌, 2, 143-145.
76) Yokoyama, S. and Ogino, H. (1985) Developing Computer Model for Analysis of Human Cold Tolerance. *Annals Physiol. Anthrop.*, 4, 183-187.
77) 横山真太郎 (1989) 自律機能におけるマンマシン・インターフェイス, マンマシン・インターフェイス（佐藤方彦編）, pp.147-160, 朝倉書店.
78) 横山真太郎・落藤 澄・持田 徹 (1990) 室内空気環境の現状と将来展望. 空気調和・衛生工学, 64, 915-920.
79) 横山真太郎 (1993) 生体内熱移動現象, 北海道大学図書刊行会.
80) 横山真太郎・落藤 澄・長野克則 (1994) 生体内熱移動現象の基礎—部位別特性を考慮した体温調節モデルの開発をめぐって—. 伝熱研究, 33, 41-50.
81) 横山真太郎・角田直人・落藤 澄 (1997) 生体内熱移動方程式のアルゴリズムの改良とシミュレーション. 日本生気象学会雑誌, 34, 73-79.
82) Yokoyama, S., Kakuta, N. and Ochifuji, K. (1997) Development of A New Algorithm for Heat Transfer Equation in the Human Body and its Applications. *Applied Human Science*, 16, 153-159.
83) 横山真太郎・角田直人・富樫貴子・濱田靖弘・中村真人・落藤 澄 (2000) 部位別特性を考慮した生体内温度予測プログラムの開発第1報, 生体内熱移動方程式とその解法. 空気調和・衛生工学会論文集, 77, 1-12.
84) 横山真太郎・角田直人・富樫貴子・濱田靖弘・中村真人・落藤 澄 (2000) 部位別特性を考慮した生体内温度予測プログラムの開発第2報, 皮膚血流量調節の数理モデルの検討. 空気調和・衛生工学会論文集, 78, p.1-8.
85) 横山真太郎・角田直子・富樫貴子・中村光良・正木辰明・濱田靖弘・中村真人・落藤 澄 (2002) 部位別特性を考慮した生体内温度予測プログラムの開発 第3報 被験者実験の深部温, 皮膚温の測定値と計算値の比較. 空気調和・衛生工学会論文集, 第78号. 43-52.
86) 吉田敬一・田中正敏 (1986) 人間の寒さへの適応, 技報堂出版.
87) Yoshimura, H. and Iida, T. (1952) Studies on the reactivity of skin vessels to extreme cold. Part II Factors govering the individual difference of the reactivity, or the resistance against frost-bite. *Jap. J. Physiol.*, 2, 177-185.

34
音環境と日本人

34.1 音環境と生活

a. 生活行動と音環境

音は私たちを取り巻く環境要素の一つで，光とともに大切な情報源である．聴覚は視覚に比べれば分析的ではないが，耳は眼と違って四六時中閉じることがないから，音は絶えず聴覚を刺激し，心身に影響を与え続ける．音環境を構成する音には，風，川の流れ，海の波などの音，鳥，獣の鳴き声，虫の音などの自然音，人の音声，音楽，交通や生産に伴う音などによる人工音がある（表34.1）．

これらの音をどれくらい聴くかは生活の場所や行動の内容によって異なり，しかも時間によって変化するので個人差も大きく，同じ人でも日によって違う．生活の経過に伴ってどんな音を聴いているか，その詳細を調べたデータはないと思うが，聴いている音量のみの記録は日本にかなりある．この仕事は20年前のアメリカ環境保護庁（EPA；Environmental Protection Agency）の発表がきっかけで始まった．これは健康と生活を保護するために望ましい騒音のレベルについての発表であった[1]．そのなかで騒音から聴力をまもるためには，24時間平均の騒音レベル（24時間の等価騒音レベル L_{eq24}）が70 dB以下が望ましいとした．しかし実生活での曝露音量はこれに近いかこえているとして，工具，事務員，主婦，子供などの1日の曝露音量が示された．そこでわが国でもいくつかの大学で同種の調査が行われた．その詳細は後述することとし，筆者が最近調べた一例を紹介しよう．

図34.1はある女子短大生の24時間の曝露音量の経過である．いちばん上はバイトの日，次の2つは登校日のデータである．学生には騒音曝露計（データロガー NB 13A，リオン）を携帯させ，10分ごとの等価騒音レベル L_{Aeq} をストアし，これをインターフェイス SV-12（リオン）を介してパソコン，プリンターに出力した．また同時に1こま5分のスケールをもつ時間記録用紙をもたせて，1日の行動を逐一記録させた．この学生はバイトの日にはレンタルCD店で仕事しており，そのため70〜80 dBの曝露が長時間続いている．登校日で曝露レベルが高いのは電車での通学中である．体育などの授業もレベルが高い．

6人の学生で行動別の曝露レベルを調べた結果，図34.2のようになった．最もレベルが高いのは通学時の電車内で平均約76 dB，学校でのレベルも高く，学生食堂では74 dB，授業中も内容によるがかなり高い．家では概して低く，50〜60 dBであった．TVの聴取レベルはバラエティで65 dB，ドラマで50 dB位であった．睡眠中は30〜35 dBと低い．

b. 生活の場と音環境

騒音のレベルを記録しただけでは，生活に伴う音環境の変化の一部を調べたにすぎない．音には大きさ（レベル）のほか，音質（周波数スペクトル），時間的変動性などさまざまな物理的特性があるから，図34.1の調査は生活の音環境のごく一面を取

表34.1 音響環境の構成音

自然音	自然：風，雨，嵐，川，滝，海
	動物：ペット，家畜，野生動物，昆虫
人工音	音声：会話，合図，放送，電話，講演，演劇
	音楽：楽器，歌声，合図，背景音楽
	動作：歩行，雑踏，運動
	機械：自動車，列車，航空機，建築設備，工場機械
混合音	地域：商店街，工場街，住宅地，公園
	行事：祭，スポーツ

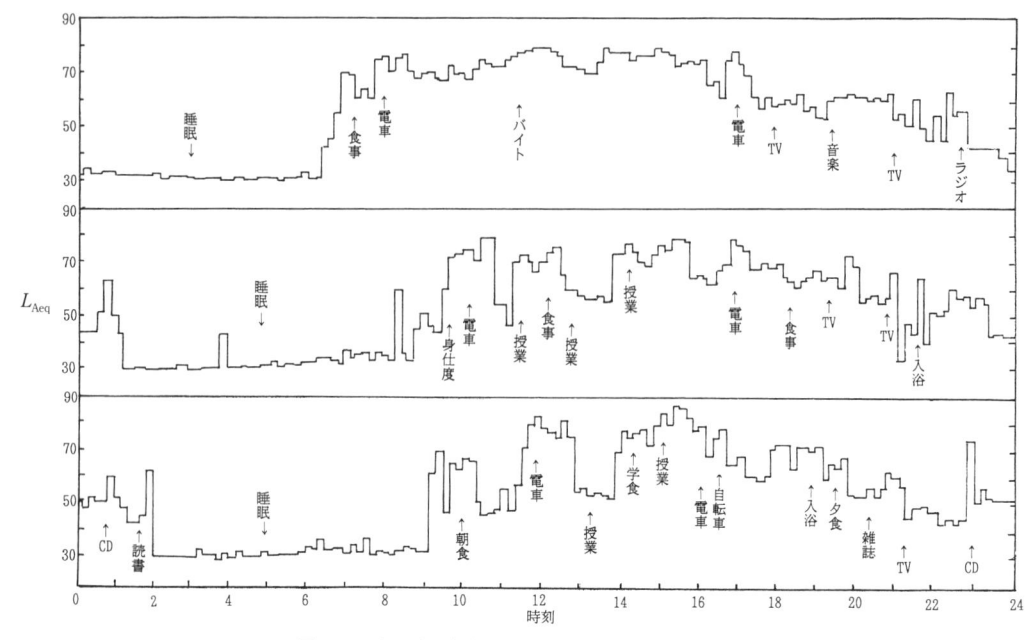

図 34.1 ある女子短大生の 1 日の騒音曝露レベル (dB)

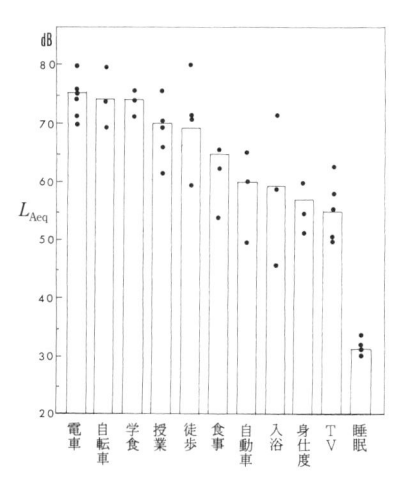

図 34.2 女子短大生の行動別等価騒音レベル

り上げたにすぎない．またこの調査では，行動ごとの曝露音の種類まではわからない．通学途上では街の音，電車内の音，駅構内の音が含まれていること，授業中には講義や会話の音声，体育や移動の動作音，学生食堂では会話，音楽，食器の音などが含まれることなどが推定されるが，詳細はわからないのである．もし詳しい音の種類が記録されていれば，音源別の曝露割合がおよそ判明するであろう．そのうえで，講義，会話，音楽などの必要音（信号音）と電車，街などの不必要音（雑音）の割合，必要音でも言語のような有意味音，自然音のような無意味音の区別なども調べうるであろう．そうすれば図 34.1 のような曝露音量の記録とともに，情報量からみた経過図，快─不快からみた経過図などもつくりうると思われるが，そのような試みはないようである．

この点に関して大変貴重なデータがあるので紹介しよう[2]．表 34.2 と 34.3 がそれである．これは日立市内の代表的な 6 地域を選び，地域ごとに昼間の 10 分間の騒音レベルを測定するとともに，音の種類を記録し，また音の録音，ビデオ撮影を行ったものである．表 34.2 は，各地域において，音の種類ごとに記録紙上のレベル×持続時間がつくる面積を調べて支配率を計算した結果である．音の種類（音源）ごとおよび音の種別ごとの支配率が示されている．駅前では自動車，バスの音のほか噴水の音，公園では子供の遊ぶ声と音のほか風の音，鳥の声が支配的である．そこでこれらの地域に滞在し，あるいは移動する間にどのような音をどの程度聴いているかがわかることになる．表 34.3 は，音なしのビデオ映像を学生 83 名に見せて，地域ごとにイメージされた音を調べ，各地域で音源ごとの支配率（音の全想起数に対する各音の想起数%）を計算した結果

表 34.2 各地域の環境支配音（小柳, 1993）[2]

	環境支配音			
	音源	（%）	意味カテゴリー	（%）
駅前	自動車の音	38.07	輸送機関の音	58.92
	バスの音	14.37	合図の音	12.46
	歩行者用信号の音	10.82	生活の音	7.61
	噴水の音	10.53	アメニティの音	5.81
繁華街	スピーカーからの音楽	33.28	生活の音	51.03
	人の話声	15.98	アメニティの音	33.28
	足音	15.14	産業の音	13.79
	店内の音楽	9.60	輸送機関の音	0.64
公園	子供の声	32.13	生活の音	52.67
	野鳥の声	19.41	鳥の音	19.41
	風の音	12.58	大気の音	1.61
	遊具の音	9.52	風による音	1.31
住宅地	自動車の音	31.65	輸送機関の音	54.72
	犬の鳴き声	16.47	生活の音	15.81
	車通過路の鉄板の音	14.31	動物の音	16.47
	工事の音	10.06	産業の音	10.06
海岸	波の音	53.88	水の音	53.88
	自動車の音	32.64	輸送機関の音	35.47
	人の話声	3.48	生活の音	6.71
	子供の声	2.6	情報の音	1.75
港	風の音	42.75	大気の音	42.75
	自動車の音	15.60	輸送機関の音	35.47
	作業者	14.44	産業の音	14.44
	船の音	11.98	生活の音	8.53

網かけは環境支配音．

表 34.3 各地域のイメージ支配音（小柳, 1993）[2]

	環境支配音			
	音源	（%）	意味カテゴリー	（%）
駅前	自動車の音	26.32	輸送機関の音	41.52
	噴水の音	16.37	アメニティの音	16.96
	バスの音	10.82	生活の音	14.91
	クラクションの音	10.53	警報音	10.53
繁華街	足音	24.44	生活の音	56.67
	人の話声	22.59	産業の音	12.59
	店内の音	11.85	アメニティの音	8.89
	スピーカーからの音	8.89	輸送機関の音	6.67
公園	野鳥の声	20.97	生活の音	45.16
	子供の声	18.15	鳥の音	21.77
	人の話声	13.71	大気の音	13.31
	風の音	13.31	風による音	10.89
住宅地	自動車の音	40.43	輸送機関の音	47.38
	犬の鳴き声	15.65	生活の音	24.35
	自転車の音	9.13	動物の音	15.65
	足音	6.52	警報音	4.35
海岸	波の音	40.70	水の音	41.21
	風の音	17.09	生活の音	26.63
	子供の声	12.56	大気の音	17.09
	人の話声	11.06	鳥の音	10.55
港	波の音	19.93	輸送機関の音	33.21
	船の音	15.50	水の音	22.14
	自動車の者	9.23	産業の音	12.92
	風の音	8.12	生活音	8.86

網かけは環境支配音．

である．音量からみた表 34.2 の数値と比較すると，音の種類や支配率は似ているものの，イメージでは各地域の特徴を示し，かつ，場としてふさわしく，好ましい音が強調されていることがわかる．たとえば駅前では噴水の音，繁華街では足音や話声の率が高くなっている．しかし発表者によると，生活音やアメニティ音はおおむね快いと評価され，自動車や工事の音は不快と評価されたが，同じ音でも地域によってふさわしさが異なるという．たとえば駅前では，自動車の音は不快だがふさわしいとされ，鳥の声などは快いがふさわしくないとされるという．地域によって音の許容度が違うことになる．

これまでの考察によって明らかになったことは，音響には音のレベル（dB）などの物理的特性，やかましさ，うるささ，こころよさ（美醜，好悪）などの感覚的・心理的特性，有用性，情報性，歴史性などの社会的・文化的特性があり，しかもその評価は人により，時により変動するということである．そのうえ，音環境は多種多様な音が共存，混在しているので非常に複雑な構造をもっている．音環境には多次元的な評価が必要ということになる．

c. 音環境の歴史

さて，今日私たちは多種多様な音のなかで日々暮らしている．自然の音もあるが，家のなかでも外でも音声，音楽，機械，地域，行事の音に絶えず曝露されて暮らしている．音声，音楽のように必要な，自発的な音もあるが，不必要な，騒音とよばれる音も多い．近代化され，機械化された国ほど騒音が大きいことも知られている．しかし，これほど多様な，しかも大きな音のなかで暮らすようになったのはそれほど昔ではない．

人類がアフリカのサバンナ地帯に出現（原人）してから 200 万年くらいといわれ，ジャワ原人が 100 万年前，北京原人が 50 万年前である．その頃は，風雨，河川，海などの音，動物の声などの自然音と，互いの会話，合図，歌声，それに原始的な楽器の音などを聴いていたのであろう．騒音としては狩猟や戦（いくさ）の音があったであろうが，大きなものとは考えられない．旧人の時代は数万年前，現生人

になってから1万年になるが,ようやく牧畜,農耕が始まったといわれるエジプト,ギリシャの古代文明がそれぞれ6000年前,4000年前で,その頃には車や武器の発達,都市の形成で騒音も増えてきたであろうが,近代的な工場,交通機関,大都市の発達は産業革命以後であるから,今のようにやかましくなったのは約200年前からである.

原人時代からの200万年に比べると産業革命以後の200年は1万分の1にすぎない.長さにたとえれば,100 mに対する1 cm,時間にすれば1年に対する1分以下にすぎない.この短い間に,自然音を主体にしていた環境が人工音に移行し,さらに騒音とよばれる厄介ものに急激に支配されるようになったのである.

騒音については,こんなエピソードが知られている[3].ローマの叙情詩人ホラチウス(Horatius;65-8B.C.)は職人の鋸のキーキーいう音や狂ったような牝犬の鳴き声をやかましいと痛罵し,哲学者ショーペンハウエル(Schopenhauer;1788-1860)は,「狭い反響する街路での忌まわしい馬車の鞭の鳴る音」を槍玉にあげて「音の中で最も許しがたい恥ずべきものとして告発されねばならない」と書いているという.今からみると呑気な話である.ショーペンハウエルの生きた時代はちょうど産業革命に重なり,蒸気機関車が発明された頃で,それまでの牧歌的時代から騒々しい近代文明への入口にあたる.

d. 明治期の音環境

わが国ではどうであったか,あまり記述がない.ヨーロッパの機械文明が本格的に入ってくるのは明治後半であるから,それまでの日本の音環境は穏やかであったに相違ない.有名なのは小泉八雲(ラフカディオ・ハーン,Lafcadio Hearn;1850-1904)の文章である[4].八雲が来日したのは1890(明治30)年で今から約100年前である.八雲には十数冊に及ぶ日本関係の著作があるが,第1作の日本印象記『知られぬ日本の面影』によって早くも彼は有名になった.来日して最初に滞在したのは横浜であったが,外人居留地から人力車に乗って町へ繰り出した1日の印象が「東洋の土を踏んだ日」に詳しく書かれている.八雲は車夫に命じて寺や神社を回りながら町の様子を観察しており,そのなかで音らしい音として出てくるのはまず下駄の音である.「歩くと音のする,高い木製のはきもの」である下駄は,「それをはいて歩くと,いずれもみな右左わずかに違った音がする.片方がクリンといえば,もう一方がクランと鳴る.だからその足音は,微妙に異なる二拍子のこだまとなって響く.駅のあたりの舗装された道などでは,ことのほかよく響く」.下駄の音のほかには寺の境内の滝の音,賽銭箱のチャリンという音,山の上の鐘の音くらいしか出てこない.人力車は全速で走ったというが,ゴムの車輪だし,車夫は草鞋履きだったというから,騒音も出なかったであろう.1日終えて宿で寝ていたら,物悲しい笛のあとに女あんまの「あんまーかみしもーごひゃくもん」という歌うような声を聞いたとある.横浜にしばらくいた八雲は松江に移り1年あまり滞在した.当時の松江の様子を書いた『神々の国の首都』も有名である.このなかの音の描写を拾ってみよう.松江の朝,最初に聞こえる物音は規則正しい「柔らかな鈍い音」で精米をする米つきの重い杵の音である.ついで寺の大釣鐘のゴーン,ゴーンという音と小さな地蔵堂の勤行の太鼓の音,最後に野菜や薪を売るよび声が聞こえる.起床後に方々から聞こえるのは,太陽に向かって,あるいは社や寺の方角に向かって礼拝する柏手である.鴬の鳴き声も聴く.さて住民の活動が始まると,橋を渡るおびただしい下駄の音が響いてくる.「大橋をわたる下駄の響きほど忘れ難いものはない.足早やで,楽しくて,音楽的で,大舞踏会の音響にも似ている.そういえばそれ(下駄で爪先立って歩く足裁き)は実際に舞踏そのもだ」.このあと出てくる音は,蒸気船の汽笛,物売りの声,師範学校生徒の軍事教練のラッパと行進,夜の町の方々から聞こえる宴会の太鼓,月を拝む柏手の音である.

このように,近代化以前の日本の音環境はまことに静かで優雅なものであった.やがて家のなかにラジオ,電話,蓄音機が入り,外では自転車,自動車,列車が走りまわるようになるのは大正になってから,音響機器,家庭電気機器が普及するのは第二次世界大戦後しばらく経ってからである.

34.2 日本人が好む音環境

a. 俳句に現れた音環境とその変遷

日本人が古くから関心をもっていた環境音は何であろうか．これを日本固有の詩歌，俳句と和歌のなかに探ってみよう．この場合，会話や集団の音声は除外しよう．これらはもちろん環境音として詠まれてはいない．また不愉快な音，騒がしい音が詠まれることもないから，自ずから自然音が情緒に訴えるものとして詠み込まれることになる．

日本の代表的短詩形である俳句は江戸時代からのものではあるが，日本人の音に対する関心を探るうえで参考になる．この点に関して，歳時記のなかの音の句を統計的に分析し，江戸から現在にわたる変化を調べた岩宮らの論文は大変示唆に富んでいる[5]．岩宮らは『日本大歳時記』と新聞投稿掲載句集『朝日俳壇』に収められた俳句のなかから音に関する記述のある3,810句を選び，詠まれている「音」，その音の聞かれた「場所」，詠まれた「季節」によってカテゴリーに分類し，時代的変遷を統計的に分析した．

まずその集計によって全体の傾向をみよう（図34.3）．対象となった句を数量化理論Ⅲ類で分析したところ，俳句に現れた音環境（知覚され理解された音環境＝サウンドスケープ）は，江戸時代は末期にかけて緩やかに変化し，明治以後の傾向は戦後から1980年頃まであまり変化せず，1980年から変化が急激で，80年代と平成年間の2つに分けられるという．そこで岩宮らは図のように時代区分を，江戸，近代（明治から1980年まで），1980年代，平成の4つとした．音についての記述のある句の全数に対する割合（出現頻度）はいずれも約1割であったという．さて図のように江戸時代で圧倒的に出現頻度が高いのは鳥の声で，近代になっても第1位である．しかし平成に向かって急速に減ってしまう．そのほか頻度は低いが，やはり江戸以降減っているのは雨，草木，動物で，要は自然環境の音を詠むことが少なくなったのである．売り声や家事，仕事の音が減ってきたのは生活様式の変化である．このように季節感を醸し出すような音が減ってきたのである．

かわって1980年代や平成になって急に増加するのが生活にかかわる人の声で，江戸の鳥の声をこえる出現頻度になる．そのほか，雷，交通，祭，音具などが頻度は低いが増加している．しかし句での音の取り上げ方をみると，自然詠のような季節感が失われつつあることがわかるという．また音の場所的な象徴感も減退してきているという．このように音環境に対する感受性が最近までは緩やかに，1980年代を過ぎると急激に変化していることは，わが国の社会経済的変化の反映であるという．

b. 短歌に詠われた音環境とその変遷

短歌（和歌）は上代からつくられていた古い詩形

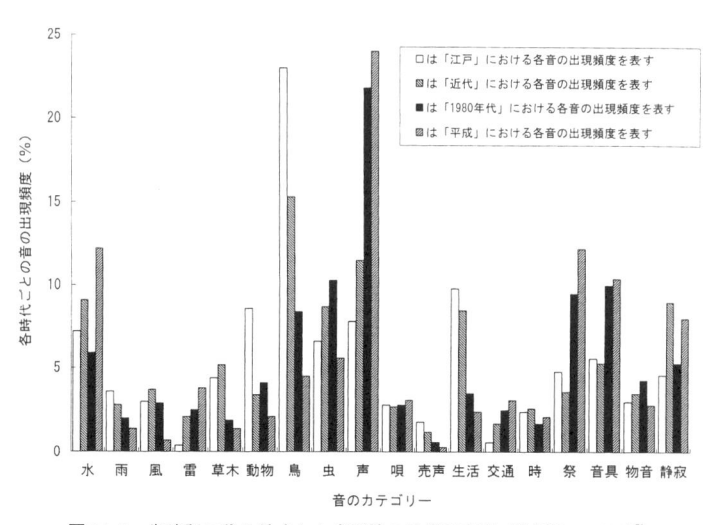

図34.3 歳時記に詠み込まれた音環境の時代的変遷（永福ら，1996）[5]

である．まず最も古い歌集の一つ，万葉集について，斎藤茂吉の『万葉秀歌 上・下』[6] を調べてみた．

自然の音としては川や滝の歌が多い（以下，例歌の番号は巻・歌番号を示す）．

　　ぬばたまの夜さり来れば巻向の川音高しも嵐かも疾き（7-1101）

「落ちたぎつ滝」，「山川の瀬の鳴るなべに」，「石走る垂水の上の」などの表現がある．海の波の音は採られていない．風の音もほとんどないようである．

　　わが宿のいささ群竹吹く風の音のかそけきこの夕かも（19-4291）

自然音で圧倒的に多いのが鳥の声である．そのなかでも多いのは，ホトトギス，鶴（たず），雁で，ついで呼子鳥（カッコウ？），千鳥，鶯，鴨である．少ないが烏，鵙，雉，山鳥，ヒバリなどもある．著者斎藤茂吉が解説を書いた例歌は万葉集の短歌約4,000首中の360首あまりであるが，うち音環境が明瞭なのが50首（約14％）ほどで，川の音などの自然音が10首，動物などが10首，残りの30首（60％）以上が鳥の声である．万葉歌人たちの音に対する関心の第一が鳥の声であったことは明らかである．

　　足引の山ほととぎす汝が鳴けば家なる妹し常におもほゆ（8-1469）
　　若の浦に潮満ちくれば潟を無み葦辺をさして鶴鳴き渡る（6-919）
　　さ夜中と夜は深けぬらし雁が音の聞こゆる空に月渡る見ゆ（9-1701）

動物の声では鹿とコオロギが多く，蛙，ヒグラシ，馬なども詠われている．

　　夕月夜心もしぬに白露のおくこの庭にこほろぎ鳴くも（8-1552）

人の行動音などはほとんどなく，わずかに武士たちが戦に備えて弓を試している音，漁師の呼び声くらいなものである．ただし長歌には柿本人麿の壬申の乱の長歌が有名で，「ととのふる鼓の音は雷の声と聞くまで，吹き響む小角の音も敵見たる虎が吼ゆると，諸人のおびゆるまでに」（2-199）とあるから，大変な音だったであろう．しかしふだんの音環境は静かで，もっぱら鳥の声などに歌心を誘われていたのであろう．それにしても歌や楽器が出てこないのは不思議である．

万葉集以後の和歌における音の記述をうかがうために，武田祐吉・土田知雄著『通解・名歌辞典』（1990）[7] を利用することにする．この本には上代から江戸時代までの主要な和歌集から3,000首あまりの秀歌を収録，解説している．さらに明治以降の近代短歌からも1,000首ほど集めているので，短歌（和歌）の時代的変遷を追うのに便利である．

万葉集以後の代表的歌集として『古今和歌集』は1,100首からなる．そのうちの650首が解説されている．そのなかで音を詠み込んだものは85首（13％）ほどあり，その半数は鳥の声で，鶯，ホトトギス，雁が多い．また蛙，秋の虫の音が多く，いずれも万葉以来の傾向である．しかし風，ことに秋の風を侘しむ歌が目立ってくる．

　　秋きぬと目にはさやかに見えねども風の音にぞおどろかれぬる
　　吹くからに秋の草木のしをるればむべ山風を嵐といふらむ

次に『新古今和歌集』をみよう．この本では，1,980首の本歌から440首を解説している．音を詠み込んでいる歌は96首（22％）ほど数えられ，万葉，古今に比べて非常に増加している．これは秋風，あられ，木枯らし，夕べの鐘，砧の音など，秋の侘しさを詠った歌が急に増えたためである．また鳥の歌の割合は半分くらいになっているが，ほととぎすの歌は多くなっている．

　　み吉野の山の秋風さ夜更けてふるさと寒く衣うつなり
　　暁とつげのまくらをそばだてて聞くも悲しき鐘の音かな

以上のように，万葉，古今，新古今と進むにつれて，鳥では鶴，呼子鳥，鴨が減り，ホトトギスが増え，獣では鹿が増え，川，滝の音が減り，秋風，鐘，砧の音が増えてきている．これは身のまわりの自然の変化もあろうが，写生的，具体的な歌風から，抽象的，類型的な歌風へ変わったことによるもので，音に対する感受性が直接的なものから象徴的（シンボリック）なものに変わったためであろう．

明治以降では，西欧文芸の影響で旧来の和歌は一変し，多数の流派が発足して近代短歌が発展したが，生活の変化，環境の変化によって歌風が多様化した．

その変遷も急激で，そのなかでの音の感性を把握するのは容易ではない．しかし一応『通解名歌辞典』で紹介している近代短歌1,000首を調べた結果は次のようである．1,000首のうち音を詠み込んでいるのは154首（15.4％）で，この割合は万葉，古今とさして変わらない．しかし自然音の割合は万葉，古今の100％，新古今の90％（残りは鐘，砧などの音）に比べて約70％と激減する．なかでも鳥の声は少なく，しかも数種に限られていたのが20種以上になっている．虫の声も歌われており，身近なコオロギが多い．自然音のなかでは川や風の音が半数近くを占める．しかもその表現が，土用の風，樹をゆする風，夜嵐の音など，個性的になっている．自然音の代わりに増えているのは生活音，ことに音声である．家族，特に児の声を詠んだ歌は非常に多い．これまでなかった工場，町などの音も出てくる．要は生活，社会の現代化によって音環境が変わったこと，短歌自体が旧弊な風流文芸から脱して個性的になり，内容が複雑になったこと，そのため音環境への感性も変わったのであろう．

c. 現在の音環境の嗜好

高度経済成長に伴う環境破壊によって自然も地域も急速に変貌してきた．これに対して，自然環境を保護するとともに，より快適な環境を目指すアメニティ指向が全国的に広がった．そのなかでNHKは十年ほど前，日本人が好きだという音の世論調査を行って発表した（表34.4）[8]．せせらぎの音，秋の虫の音，鳥の声など昔から好まれた自然音が圧倒的に多い．同時に風鈴，鐘の音が上位に入っているほか，船の汽笛，蒸気機関車，ピアノなど現代的なものも顔を出している．しかしいずれも郷愁を誘うような音である．環境庁は1996（平成8）年，『日本の音風景100選』を発表した[9]．これは「残したい日本の音風景百選」認定事業の結果である．事業は1月の全国向け公募に始まり，3月の締切，6月の選定結果の発表となった．応募は738件で，地方公共団体が392件，その他の団体97件，個人249件であった．選定の結果を表34.5に示す．これによって日本人の現在の音環境の嗜好を知ることができよう．応募総数に対する選定数は約7分の1，各音源別の選定割合もほぼ7分の1なので，比較的平等に選ばれた感がある．さてその内容は，生き物と自然現象が半数を占め，自然環境の音を好む傾向は，詩歌に現れた昔からの嗜好傾向に一致している．生き物でいちばん多いのは鳥であるが，特定の種類ではなく「富士山麓・西湖畔の野鳥の森」のような野鳥，渡り鳥が名高い土地の鳥の声である．特定のものでは鶴，雁がある．鳥の次は昆虫で，秋の虫，セ

表34.4 日本人の好む音（NHK, 1984）[8]

順位	音
1	小川のせせらぎの音
2	秋の虫の鳴き声
3	小鳥のさえずり
4	風鈴の音
5	波がよせる音
6	わき水の音
7	お寺の鐘の音
8	草原の風の音
9	雨だれの音
10	船の汽笛の音
11	ヒグラシの鳴き声
12	蒸気機関車の音
13	木の葉がざわめく音
14	ピアノを練習する音
15	カエルの合唱
16	チャルメラの音
17	木枯らしの音
18	学校のチャイム
19	鳥が羽ばたく音
20	さお竹売りの音

表34.5 音源種別「音風景百選」（山下, 1996）[9]

音源種別	応募総数	選定数
生き物	208	31
鳥の声	93	12
昆虫の声	40	7
カエルの声	23	2
その他の動物	13	2
植物	29	5
これらの複合	10	3
自然現象	164	19
川，滝など陸水の音	93	10
波など海の音	41	9
その他の自然現象	21	0
これらの複合	9	0
生活文化	291	37
祭りなど行事の音	69	9
鐘など信号的名音	65	10
産業・交通の音	74	11
その他の生活文化	73	6
これらの複合	10	1
以上の複合音	52	12
その他（静けさ，分類不能など）	23	1
合計	738	100

ミの声が多い．自然現象では川，滝，海の音が多い．なかでも「せせらぎ」，渓流，滝，鳴き砂などが目立つ．生活文化では鐘の音が10か所以上あがっており，特定された音源としては百選中でいちばん多くなっている．各地の祭の音も数か所選ばれた．産業の音では紙漉き，機織り，焼き物などがある．伝統的な手工業が選ばれているのもうなずける．古くからなじんでおり，しかもさして大きくない音が好ましいのである．日本人の音に対するメンタリティはあまり変わっていないようである．

34.3　騒音環境と日本人

a. さわがしさ，やかましさ，うるささ

これまでは音環境に関する日本人の好み，伝統的な嗜好について考えてきた．本節では騒音環境について日本の現状や日本人の対応について調べてみよう．最初に，この騒音という言葉について考察する[10]．騒音は文字どおり，騒がしい音の総称である．「騒」は，蚤（のみ，音はそう）のように馬がとびはねるという字で，「さわぐ」，「さわがしい」の意とある（『漢語林』，昭和62年，大修館書店）．かつて楽音と対比して用いられた噪音の噪（そう）の字は口扁に木の上に鳥が群がって鳴きさわぐ様を表す旁がついた字で，騒と同義であるという（『大字典』，昭和38年復刊，講談社）．とにかく騒音にしろ噪音にしろ，さわがしい，やかましい，うるさい音のことである．

最近では騒音に対して「うるさい」と表現することが普通になっている．しかし，この「さわがしい」，「やかましい」，「うるさい」という形容詞は意味するところが少しずつ違う．「さわがしい」は「さわぐ（さわさわ音を立てる，動いて音を立てるなど）」からきた形容詞で，やかましい，騒々しい，忙しい，せわしない，という意味である（多数の辞書）．「やかましい」については『大字典』は喧の字を当て，① かまびすしい，かしましい，騒がしい，② こごとが多く理屈っぽい，あまりに厳しい，③ 煩わしい，小うるさい，と説明している．「さわがしい」に比べると，音の感覚的な表現に加えて，物事の煩わしさにも使われる言葉である．「うるさい」という言葉は，現在では音の感覚的な不快感を表すのにいちばんよく使われている．ところが「うるさい」は本来，音から遠く離れた言葉である．『言泉』（大正10年，昭和56年復刊，日本図書センター）は「うるさし」：五月蠅しと書き，煩わしい，厭わしいの意としている．『大言海』（昭和7年，冨山房）は「うるさし」：① 煩わしい，悩ましい，面倒である，② 転じて，厭わしい，嫌い，嫌悪と解している．『大辞典』（昭和9年，平凡社）では「うるさし」を① 煩わしい，面倒である，② 厭わしい，嫌い，と『大言海』を踏襲している．『日本国語大辞典』（昭和48年，小学館）に至って初めて，音のやかましさが加えられた．すなわち「うるさい」：煩，五月蠅．① いきとどいて完全であるさま，またその度が過ぎて反発あるいは敬遠されるさまをいう．したがって，㋑ いやになるほど優れている，㋺ 煩わしいほどよく気が回る，㋩ こまごまいきとどきすぎて煩わしい．② 技芸すぐれている，上手，巧者．③ わざとらしく嫌味．④ ものが多くつきまといすぎて煩わしい，うっとうしい，やかましい．㋑ 虫とか煙について，㋺ 音について，㋩ 話，態度について，㋥ 手続，手順について．⑤ 面倒，煩わしい．⑥ きたない．

以上のようにみてくると，本来は音の「やかましさ」を「うるさい」と形容することは稀であったのである．それは物音や音声が煩わしいほど大きく，長続きすることはなかったからであろう．「うるさい」を音のことに多用するようになったのは，工場，交通，雑踏など現代的な騒音源が出現し，多くの人を煩わすようになったためである．

このように「さわがしい」，「やかましい」，「うるさい」という形容詞は，後の言葉ほど耳障りな感覚に加えて不快感，煩わしさなどの情緒的意味合いが強くなる．そこで騒音をもっぱら「うるさい」と表現する最近の傾向は，逆に「うるささ」の本来の意味にかなっていることになる．「うるさい」という言葉の使い方に日本の音（騒音）環境の変化が込められているのは興味深い．

b. 騒音の歴史と現状

環境省が発表する公害被害の訴え件数で毎年第1位を占めるのは騒音である．工場，工事，道路，列車，飛行機など地域騒音がひどいうえ，テレビ，ステレオ，掃除機，洗濯機，アパート内の足音など屋

内の音の問題も多い．このように騒音がひどくなったのは，昭和30年代，ことにその後半から目覚ましくなった高度経済成長政策，それに伴う重化学工業化，モータリゼーション，都市化，家庭内電化などの結果であり，大気，水質，土壌などの汚染の進行とともに環境破壊の一環をなしている．しかし以前は社会的にもあまり問題になっていなかったようである．飯島伸子編著『改訂 公害・労災・職業病年表』[11]は日本の過去500年の記録を含むが，騒音の記事が初めて出てくるのはようやく1929(昭和4)年で，大阪市に「噪音防止委員会」が設置されたとある．翌年，大阪で騒音の測定が開始され，1931年，神戸では地下鉄工事の騒音，振動で苦情が発生，1932年，神戸の在日外人の訴えで騒音防止座談会開催とある．東京の最初の記事は1934年で警視庁の自動車の警笛の取締である[12]．しかし，ほかの公害記事が膨大なのに敗戦前の騒音の記事はこれだけである．自動車の警笛は当時甲高いクラクションで無闇に鳴らしていたが，これを手押しラッパのみとして数dB下げ，使用回数も30～50％に減らしたという．敗戦後，騒音の問題がこの本に出てくるのは1950(昭和25)年頃の東京で，街頭放送などが問題となり，1954年に騒音防止条例ができたとある．その後はほかの公害を追いこして苦情の第1位に駆け登ってしまった．公害対策基本法(1969年)，騒音防止法(1968年)，各種の騒音環境基準，各都道府県，市町村の条例などの法規整備がありながら，交通騒音，工場騒音，近隣騒音による被害は依然深刻である．かつて仙台で開かれた国際騒音制御工学会議(Inter-Noise1975)を主催した故二村忠元教授は，外国の学者から"Worst Noise, Best Law"と批評されたという．日本で騒音問題が急に深刻になった理由には，都市計画の遅れ，急速なモータリゼーション，音に弱い住宅構造，過密な都市構造，地域コミュニティの問題などがある．

c. 騒音性難聴

騒音の影響には難聴(聴力低下)，「やかましさ」，会話，TVなどの聴取妨害，仕事，勉強，睡眠などの生活の妨害など多種多様である．そのうちの騒音性難聴は，昔から騒音の激しい工場の職業病の一種として知られてきた．鉄工場，造船などでは耳が遠

くなくては一人前ではないなどといわれた．現在は法規によって予防，発見，補償が行われている．聴力保護のための基準は各国とも85～90 dBである．しかしこのレベルは職業病としての難聴防止の基準であり，日常会話に支障のない程度の聴力低下はまず起こらないと考えられる値である．一般人で，聴力にまったく影響を与えない十分に安全なレベルはいくらか．アメリカの環境保護庁は1日平均(L_{eq24})で70 dBであると計算した[1]．そして典型的な勤め人，主婦，子供について1日の騒音曝露量を測定したところ，このレベルに近いかこえている人が多いと発表した．このことを知った日本では仙台，東京，名古屋を中心に多数のデータが集積された．これらの結果を表34.6に示す[13]．これでみる限り，日本人もアメリカ人も大差がないと思われる．前述のように筆者も女子短大生6人で1日の曝露騒音を測定

表34.6 1日の騒音曝露レベル L_{eq24}
(a) アメリカ人でのデータ (EPA, 1974)[1]

職業	郊外 (dB (A))	市内 (dB (A))
工場労働者	87	87
事務員	72	70
主婦	64	67
学童	77	77
学齢前幼児	60	69

(b) 日本人でのデータ (久野, 1989)[13]

職業	例数 (人)	平均 (dB(A))	標準偏差 (dB(A))
有職者	462	72.7	4.7
主婦	140	69.9	4.7
学生	20	72.6	4.6
児童	7	81.9	2.0

表34.7 24時間の騒音曝露量推定 (女子短大生330名の時間調査結果を利用)

動作	時間 (min)	騒音 (dB)
徒歩	180	68.4
電車	47	75.7
車	3	60.0
自転車	3	74.0
授業	221	70.1
学食	30	73.9
バイト	71	65.9
勉強	57	55.0
TV	184	54.9
趣味	23	47.4
身支度・家事	104	55.5
入浴	10	59.2
食事	68	64.8
睡眠	439	32.4
合計 1440		平均 66.7

し，図34.1に示したように平均68 dBだった．また行動別の曝露レベル（図34.2）を，別に調べた学生330名の生活時間データにあてはめてみたところ，表34.7のように平均67 dBになった．1日のなかで最も高い電車通学中のレベルは75 dBで，表34.6中の有職者の通勤時レベルとほぼ同じであったが，アメリカの80 dBよりやや低い．いずれにせよ日本での1日の騒音曝露はアメリカと変わらないようであり，聴力への影響もなしとはいえない．

ところで最近，音楽による聴力影響が世界的に問題となっている．音響機器の発達とロック，ポップなどの強大な音楽の流行のためである．ディスコ，ライブなどの音響レベルは100 dBをこえる．ヘッドホンでの大きさは鼓膜近くで70～80 dB，電車のなかなどで聴くときには100 dBをこえる（図34.4）．これは難聴防止からみると，1日せいぜい2時間が限度というレベルである．そのため耳鼻科では，ディスコ難聴（ディスコによる突発的な難聴）やヘッドホン難聴という言葉をつくった．

図34.5はあるライブ会場で座席下にマイクを置いての記録である．演奏は約2時間，1分ごとに測定した平均レベルと最大レベルを示している．平均レベルは90 dB前後，最大レベルは100 dB前後と激しい音量である．そのため演奏が終了しても一時的な耳鳴りや難聴を感じた．ロック演奏者の聴力を測定した経験があるが，一時的な難聴も，おそらく職業性の難聴と思われる人もいた．欧米で問題となっている音楽難聴が日本でも起こっている．外国，特にアメリカでは音楽に加えて，オートバイやガン（銃砲）の流行による青年たちの難聴も話題になっている．

d. 騒音環境に対する日本人の態度

一般地域での騒音は難聴を心配するほどではない（ただし，基地周辺では難聴が心配されている）．もっぱら「やかましさ」などの感覚被害，会話，TV，電話などの聴取妨害，仕事，勉強，睡眠などの生活妨害が訴えられている．

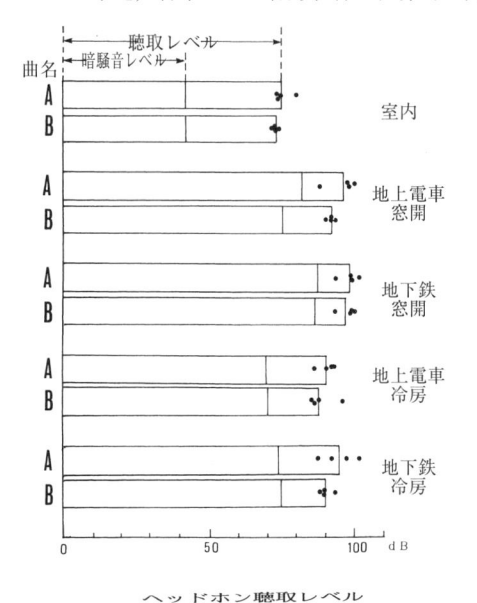

図34.4 カセットプレーヤーとヘッドホンで音楽を聴いたときのヘッドホン内音圧レベル（暗騒音レベル：音楽なしのとき，聴取レベル：音楽を聴いているとき）

図34.5 あるライブ演奏会での騒音レベル

このような被害の研究には，実験的方法と社会調査的方法とがある．実験的方法は，実験室に被験者を入れ，問題となる騒音を聴かせて「やかましさ」，音声などの聞き取り，心理テストの成績，睡眠状態などへの影響などを測定する．社会調査的方法は，地域の騒音を測定するとともに，住民にアンケートを配布して，「やかましさ」や生活妨害の程度を回答してもらう．どちらの方法でも，曝露されている騒音の種類やレベルと，影響の程度との関係（量–反応関係）を明らかにすることが第一の目的である．

この種のデータは外国にも日本にも膨大な数があり，結果には国による差はほとんどない．したがって，各国の騒音の基準も大同小異である．しかし，生活妨害度や迷惑感には，受音者側のいろいろな要因が関係するから，国による差があって当然であるが，これに関する研究は大変少ない．かつてヨーロッパで，道路騒音に対する住民の迷惑感がスウェーデンとイタリアとで差があるという調査があった．道路に面するアパートの住民に自動車騒音の迷惑感を尋ねたところ，イタリアのフェラーラ市ではスウェーデンのストックホルム市の住民より騒音に対して寛容だった．交通量は同じくらいだったが，フェラーラのほうが建物の壁が薄く，窓が2重でないため，室内の騒音レベルは高かった．にもかかわらずフェラーラのほうが訴えが弱かった理由には，社会的文化的な違いがあるかもしれないとされた．その後，このようなデータはない．

日本では大阪大学の難波教授らが，実験室での音の大きさ判断の日独比較を行った[14]．大阪大学とミュンヘン大学で16名ずつの学生被験者に，衝撃音（コンクリートに金属をぶつける音）と自動車音を録音して聴かせて大きさを判断させた．模擬音の大きさ判断では差がなかったが，録音した現実音では日本人は全体の印象に基づいて，ドイツ人は目立つ部分の最大（ピーク）レベルによって大きさを判断したという．理由については言及していない．

山下らはスウェーデン，タイの研究者と協力して，日本（苫小牧，熊本），スウェーデン（イェーテボリ市），タイ（コラート市）で道路騒音に対する住宅地の住民の不快感をアンケートで調査した[15]．交通量は4地域でほぼ同じであるが，大型車はイェーテボリではほかの半分くらいである．平均騒音レベルはイェーテボリ市とコラート市が少し高い．住宅の構造は日本はほとんど木造，イェーテボリとコラートは木造とブロック造が混在していた．しかし窓の遮音性は気候の差で大変違い，熊本，コラートはすべて1重ガラス，苫小牧は2重ガラス，イェーテボリは3重，一部が1重，4重ガラスである．そのため推定遮音量は熊本（多分コラートも）で約24 dB，苫小牧（イェーテボリも）で約32 dBである．さて騒音が「不快」と答えた人の割合はイェーテボリが86％，コラートが70％であった．ところが熊本，苫小牧では「不快でない」という人が40％以上もいて，イェーテボリの14％，コラートの29％に比べて大差がある．また排気ガスについては熊本，苫小牧の72％が「不快でない」といっているのに対して，イェーテボリでは80％，コラートでは60％が「不快」と答えていて，これも大差があった．さらに騒音に対する敏感さでは，敏感と答えた人がイェーテボリで多かった．またアンケートを多変量解析によって詳しく分析した．その結果，コラートではほかの地域に比べて騒音レベルの寄与が大きく，おそらくタイでは自動車の規制が甘く，騒音レベルが高いためであろうという．また騒音感受性の不快感に及ぼす影響はイェーテボリで強く，タイではみられず，日本では中間にあるという．これらの地域差には，騒音レベル，住宅構造のほか，社会文化的な違いが関係していると結論している．

大阪大学の桑野らは中国，ドイツ，アメリカ，トルコの研究者と共同で騒音に関する住民調査を行って興味深い結果を発表した[16]．各国で261～387名，合計1,644名（すべてあまり騒がしくない住宅地のアパート住人）にアンケートを配布し，騒音に対する経験，態度などを質問した．まず聞こえる音とその迷惑度を尋ねた答えをみると，聞こえる音がすべて迷惑というわけではない．トルコ，ドイツ，アメリカでは聞こえる音が迷惑という率が高いが，日本，中国では低い．いちばん嫌な音はドイツ，トルコではバスルームやトイレ，ホール，エレベータ，階段の音など，日本ではバイク，街頭放送，アメリカでは近所の自動車，ペット，中国ではTV，ラジオ，ステレオの音と国によって違う．これには建物の構造，地域の人間関係，生活様式の差が関係して

いる．中国では複数の家族と住むケースが多いため，こんな結果が出たのであろうという．騒音が迷惑だったときどうしたかという質問では，直接相手に文句をいったというのはドイツに多く，ほかの国では我慢したというのが多い．特に日本ではこの率が高い．騒音に対する慣れでは，アメリカ人は慣れやすいという．選挙のときの候補者の演説放送は中国，日本では迷惑視され，トルコでは寛容だという．

これらのデータをみると，日本人はヨーロッパ人に比べ騒音に対して敏感でなく，迷惑を受けてもあまり文句をいわないようである．とにかく騒音環境に対する態度には，各国の都市や家屋の構造，社会文化的な要因が関係しており，今後この種の国際比較研究が進むことを期待したい．

34.4 日本人と音

前述のように東北大学の故二村忠元教授は1975年，国際騒音制御工学会議 Inter-Noise1975 を主催され，その閉会式の挨拶で次のように述べている[17]．

「日本人は，古くから自然の音を愛しました．松風の音，川のせせらぎ，岸におしよせる波の音，蛙が池にとび込む音など，そして蝉の鳴声も"岩にしみ入る"と表現し，日本の簡潔直截な詩，すなわち和歌・俳句に数多く表現されています．いっぽう人工音についても，その特殊なものについては大変強い興味と愛着を持ちました．たとえば"鳴竜"，"鶯張りの廊下"など，作った大工さんを讃えました．このような繊細ともいうべき日本人に現在覆いかぶさっているものは，環境基準をはるかに超えた文字どおり"人工的な騒音の山"なのであります」．教授は続けて，関係者すべてが子孫のために環境破壊を改善すべき大きな責務を背負っていると述べ，「都会の真只中でも蛙が水に飛び込む音が聞こえるような環境に早くなってほしい」と結んだ．それから20年，工場，工事，空港などの騒音はかなり改善されたが，依然として騒音問題は深刻であり，住民の苦情や運動も盛んである．同時に他方では生活水準の向上，小家族化，マイホーム主義などによって，快適環境（アメニティ）指向が高まり，両者が結びついて音環境（サウンドスケープ）の見直しと設計の試みが広がってきた[18]．これからの進展が待たれるところである．

おわりに貴重な図表の転載を許可して頂いた茨城大学小柳武和先生，九州芸術工科大学岩宮眞一郎先生に深謝します．　　　　　　　　　　　　　　［長田泰公］

文　献

1) Environmental Protection Agency (1974) Information on levels of environmental noise requisite to protect public health and welfare with an adequate margin of safety.
2) 小柳武和 (1993) 音環境のイメージ．騒音制御, **17** (4), 173-177.
3) 日本化学会訳編 (1974) 環境騒音の指標,「環境質の指標」, pp.223-255, 丸善.
4) 小泉八雲（平川祐弘編）(1990) 神々の国の首都, 講談社学術文庫, 講談社.
5) 永幡幸司・前田耕造・岩宮眞一郎 (1996) 歳時記に詠みこまれた音環境の時代変遷の統計的分析. 日本音響学会誌, **52** (2), 77-84.
6) 斎藤茂吉 (1968) 万葉秀歌　上・下（改版), 岩波新書, 岩波書店.
7) 武田祐吉・土田知雄 (1990) 通解・名歌辞典, 創拓社.
8) NHK世論調査部編 (1984) 日本人の好きなもの, 日本放送出版協会.
9) 山下充康 (1996) 環境庁　残したい「日本の音風景100選」. 日本音響学会誌, **52** (10), 805-811.
10) 長田泰公 (1989) 騒音のうるささ. 騒音制御, **13** (4), 185-188.
11) 飯島伸子編著 (1979) 改訂公害・労災・職業病年表, 公害対策技術同友会.
12) 二村忠元 (1976) 騒音公害について―環境騒音を中心にして―. 日本音響学会誌, **32** (1), 34-47.
13) 久野和宏 (1989) 音と生活. 日本音響学会誌, **45** (10), 800-806.
14) Kuwano, S., Namba, S., and Fastl, H. (1988) On the judgment of loudness, noisiness and annoyance with actual and artificial noises., *J. Sound Vib.*, **127**, 457-465.
15) 山下俊雄・矢野　隆・泉　清人・ラグナー・リリンダ・ウット・ダンキティクル (1995) 道路交通騒音に対する社会反応の国際比較研究―イェーテボリ（スウェーデン), 苫小牧, 熊本, コラート（タイ）での社会調査. 日本音響学会騒音・振動研究会資料, N-95-10, 1-8.
16) Namba, S., Kuwano, S., Schick, A., Açlar, A. and Florentine, M. (1991) A cross cultural study on noise problems : Comparison of the results obtained in Japan, West Germany, The U. S A., China and Turkey. *J. Sound Vib.*, **151**, 471-477.
17) 二村忠元 (1976) 自動車の騒音問題によせて. 自動車技術, **30** (3), 130-147.
18) 日本騒音制御工学会編 (1992) ―豊かな環境を創造する―音とアメニティ, 日本騒音制御工学会.

照明環境と日本人

35 明るさと日本人

　自然が豊かであった日本では，水と空気はただという意識が強くあった．ながく，仲間だけで構成する共同体をつくって，日の出とともに働き，日没とともに休むといった農耕生活を送ってきたため，安全と明かりについても水と空気のようなものに思われてきた．しかしながら現代人には，環境破壊や汚染の深刻化に伴い，清浄な空気と水はもはや無料では手に入らないようになっている．同時に，阪神・淡路大震災のような大規模災害を経験し，ひとたびライフライン，とりわけ電気の供給が止まれば，夜間には明かりを失うことを思い知らされた．それまで，人間の行動のほとんどが視覚情報によって支えられているにもかかわらず，光がなければ視覚が得られないという事実は意識されないできた．ここでは，日本人が日常的に経験する人工光の明るさのレベルについて，要求されている基準とともに検討する．

35.1　明　か　り

a. 明かりとは

　実質的に電気による明かりが灯るまで，洋の東西を問わず，明かりはものを燃やすことで得ていた．大野[1]によると，明かりという日本語の語源は，その語根「ak-」が南インドのタミル語と共通している．「ak-」は「離れ去る，その場から消え去る」という意味をもち，人工の明かりを知らないで闇を恐れていた古代の人々の「闇が消え去る」という意味を表す．闇が去る，すなわち夜が明けて，明るくなるという事象から明ルクナルの意味で「アカリ」が生まれたと考えられている．また，夜が明けるとき，太陽が昇る東の空が赤くなることから，「赤」も明るくなるの意味をもっている．

　また，水上[2]によれば，「日」は○に・で満ち満ちた太陽を表し，「月」の音「ゲツ」は欠けるという意味の「缺」である．さらに，「光」は燃える「火」と「人」の合字で火が大いに輝くことを表している．「火」は炎が盛んに燃え上がっている形をかたどった象形文字である．

b. 明かりを得るもの

　人類が最初に手に入れた明かりは，落雷などによる山火事での樹木の燃焼によるものであろう．これを人為的に得ようとして松明が考えられた．やがて，樹木などを直接燃焼させる方法から，動植物の油脂を明かりに用いるようになる．その後，灯台，行灯，提灯，ロウソク，石油ランプ，ガス灯とさまざまな明かりがつくられていくが，いずれもものが加熱されて発光する温度放射を原理とした明かりである．1879年，エジソンにより発明された白熱電球も，燃焼の代わりに電気抵抗による発熱を利用したもので，温度放射に代わるものではない．放電現象と光ルミネッセンスを組み合わせた発光原理の蛍光ランプは，1938年GE社のインマン（Inman）によって開発されている．

c. 行灯の明るさ

　われわれが自然に経験する明るさは，直射日光の十数万lxから0.001 lx以下の星明かりまであるが，日常生活における人工照明では数lxから2,000 lx程度の範囲である．満月によって得られる水平面照度は0.2 lxといわれているが，屋外照明やさまざまな照明器具からの漏れ光によるスカイグローのために，現在の日本の夜間照度はそれ以上になっている．一方，灯心やロウソクによる明かりは驚くほど暗い．深津[3]によると，行灯の灯心を1本にした場合の全光束は6 lmである．同じ温度放射の60 W白熱

図 35.1　行灯のあかり（教草女房形気より）（石川ら，1999）[4]

電球は 810 lm，放電による 40 W 蛍光ランプでは 3,500 lm，1 kW 高圧ナトリウムランプでは 125,000 lm が得られる．これから，均一配光と仮定すれば，30 cm の距離での照度は，灯心では約 6 lx，60 W 電球では約 760 lx が得られる．また，石川[4] は行灯の裸火による 30 cm 距離の照度を 20 lx としている．行灯の障子紙の透過率は約 50％で，さまざまな図絵に残されているように，夜なべの裁縫仕事などには行灯の障子をあげて，30 cm 程度まで近づけないとよく見えない明るさである（図 35.1）[4]．なお，JIS では住宅における裁縫仕事には 1,000 lx 以上を推奨している[6]．

35.2　環境と明るさ

a. 伝統建築と昼光環境

民家をはじめ，日本の伝統的な建築は夏の蒸暑気候を避けるために，夏を旨としてつくられている．高床式で軒の出や庇を深くして直射日光の室内への射入を防ぎ，開放的な開口部を設けて通風を確保してきた．したがって，室内の光環境は直射日光ではなくて天空光や地物反射光によって形成される（図 35.2）．これらはいずれも拡散光で，柔らかではっきりとした陰をつくらないため，部屋全体で明暗の差が小さくなる．さらに，拡散透過性の障子紙によってより均斉度は高くなる．また，室内仕上げで最も反射率の高い（0.5〜0.6％）材質は下方床面にある拡散反射性の高い畳である．そのため，全体として上向き光束が強くなるが，天井付近はあまり明るくならない．主な生活形態が座位であるため，床面付近の照度が高いことは合理的であった．間口 1 間の開口（1,720 × 1,720 cm）で 1 面片側採光とし

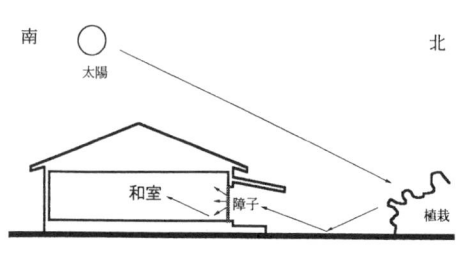

図 35.2　伝統的な和室の光環境（石川ら，1999）[4]

て，4.5 畳間の中央床面では昼光率 10％となり，かなり暗い曇天時でもおおよそ 500 lx の室内照度となって日中の日本建築は明るいといえる．

一方，西欧では冬の寒さに対処するため，石造りやれんが造りで壁の厚い，開口部の小さい建物をつくってきた．そのため，室内は明暗のはっきりした光環境で，指向性が強く，下向き光束が主体の室内光環境を形成している．

b. 伝統建築と夜の光環境

夜間の光環境は行灯の周囲だけで形成され，仮に 4.5 畳の部屋中央に前出の裸の灯心 1 つを置いた場合，全出力が 6 lm，均等配光として光度は約 0.5 cd となり，灯心から壁面までの距離約 1.4 m から，壁面の照度は約 0.3 lx が得られることになる．明るさの比較として，JIS では歩行者通路の安全のための最低照度を路面照度で 0.3 lx 以上と定めている．行灯として障子紙を通せば 0.1 lx 程度となる．均等拡散として，土塗り壁の反射率 0.1 と仮定すれば，壁面の平均輝度は 0.003 cd/m^2 程度と推定される．道路照明では，路面上の障害物を認識できる平均輝度が 0.2 cd/m^2 程度であるから，この輝度ではかなり

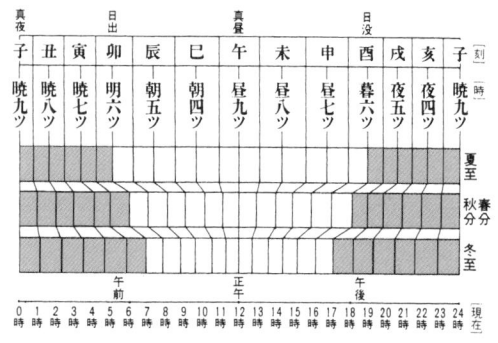

図 35.3　不定時法（江戸の時刻）
（江東区立深川江戸資料館蔵）（NHK，1991）[7]

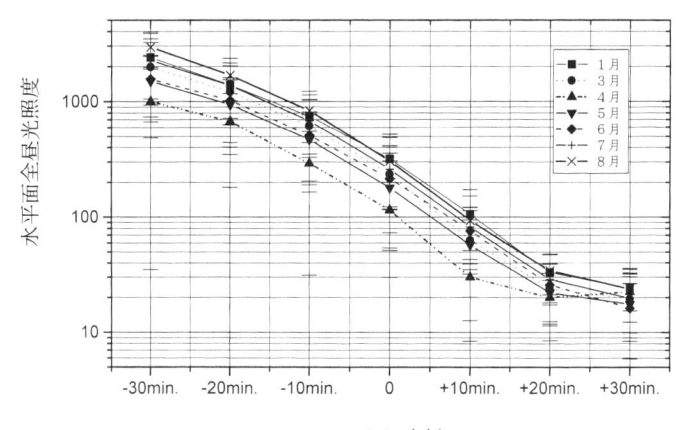

35.2 環境と明るさ

図 35.4 日没前後の水平面全昼光照度（1995 年，大阪における実測値）

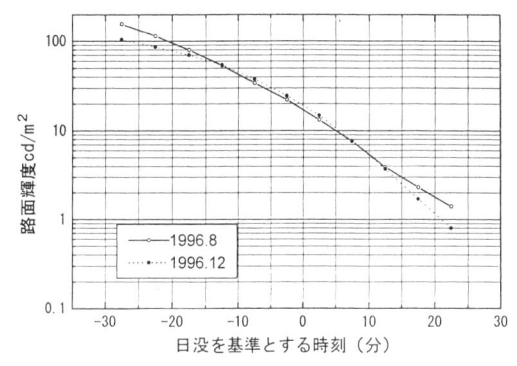

図 35.5 日没前後の路面輝度（大阪における実測値）

図 35.6 不定時法の時刻と太陽の位置（石川ら，1999）[4]

暗いといえる．

c. サマータイムと不定時法

省エネルギーのためにサマータイムの導入が検討されている．サマータイム制は昼間の長い夏の一定期間，時計を 1 時間進める制度である．欧米では daylight saving time といわれるように，朝涼しい間に就業し，まだ十分な昼光の得られる夕方から屋外などで余暇を楽しむことで，昼光を利用して電力消費量を削減しようとするものである．夏の厳しい蒸暑気候の上にヒートアイランドを呈している日本の大都市圏では，早朝といえども窓を開放できないオフィスビルでは冷房が必要である．さらに，現在でも，十分な昼光が得られるにもかかわらず，ブラインドを降ろして人工照明を点灯しているオフィスビルにあって，電力の削減は机上の空論であろう．また，残業が常態化している日本の経済事情において，明るいうちから余暇を楽しむことは不可能に近い．結局のところ，就業時間が伸び，睡眠時間が削られ，睡眠のリズムに変調をきたすだけであろう．

それよりも，環境共生時代には季節に合わせて時刻を変える不定時法のほうが合理的である．少なくとも，日本では 1872（明治 5）年にグレゴリオ暦に切り換えるまでは不定時法であった．不定時法では，1 日を昼夜に 2 分し，それぞれを 6 等分して一刻という時間の長さを決めている（図 35.3）．昼夜の境は明け六ツと暮れ六ツとし，日の出，日没時刻ではなく太陽の中心が地平線下，7 度 21 分 40 秒にあるときと定められている．したがって，大気の季節的な性状変化による変動はあるが，この時点の天空の明るさはほぼ同じと見なせる．

筆者の大阪における測定によると，日没時間前後の水平面全昼光照度は図 35.4 のようになり，季節的な変動幅は小さい．また，ほぼ均等拡散面と見なせるアスファルト路面の輝度は図 35.5 のようになり，年度の違いもほとんど認められない．不定時法の時刻と太陽位置の関係は図 35.6 に示すように，日

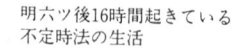

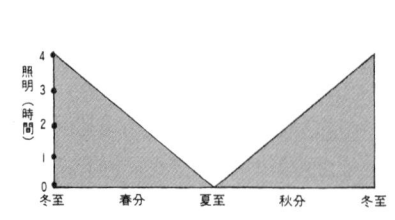

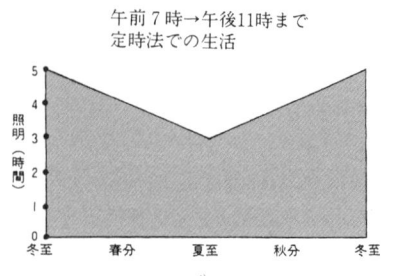

図 35.7　時刻法別照明時間の比較（石川ら，1999）[4]

の出位置あるいは日の入り位置と南中がわかればそれを3等分することで時刻を知ることができる[4]．時刻の長さは季節により変化するが，天空の明るさや，太陽の位置と時刻に対応がとれているため，照明の未発達段階ではそれが必要となる明るさの時刻が一定になるため合理的である．生物としてのヒトが太陽の運行に合わせて生活してきたリズムとも合致するため，健康に及ぼす影響は，現在のサマータイムよりはるかに小さいと考えられる．同じ16時間の生活を明け六ツに起床する不定時法と，午前7時起床の定時法の生活を比較すると，照明の必要な時間は図35.7に示すように不定時法のほうが約半分になり，エアコンなど必要のない時代であれば十分な省エネルギー効果といえる[4]．

35.3　明るさの基準

a．明るさの単位

建築などで簡易な照明設計を行う場合，m^2当たりのW数で行われることがある．しかし，Wは放射束を表す単位で，放射として伝搬されるエネルギーの時間的な割合を示しており，赤外領域や紫外領域にいくらエネルギーがあっても380～780 nmの波長範囲以外に視感をもたないヒトにとっては明るく感じられない．したがって，Wによる照明の計画はナンセンスといえる．

この放射束を視感で測ったものが光束で，ランプなど光源から出ている光の量を表すことになる．光束の単位はlm（ルーメン）である．ある方向に向かう光の強さは単位立体角当たりの光束で表され，光度 cd（カンデラ，lm/sr）という．ロウソクやガス灯の全盛時から，光度の単位は燭光（candlepower）が用いられ，白熱電球にも引き継がれて1948年国際度量衡委員会がcdを採用するまで使用された．1燭光は1.0067 cdに相当する．照度はある面に入射する光束の量をいい，単位はlx（ルクス，lm/m^2）である．ある限定した条件では明るさを表しているといえるが，同じ光源であっても，距離が変われば照度は変化する（距離の逆二乗則）．照度 1 lxは面積 $1m^2$ 当たり 1 lmの光束が入射している状態をいう．

明るさは，目に入射する光量によって変わる．同じ光束を受けていても反射しやすい白いものは明るく見え，反射しにくい黒いものは暗く見える．したがって，光を受けている面から反射なり透過してくる光の量が視対象の明るさを表している．これを輝度という．輝度の単位は cd/m^2 である．ただし，輝度は同じものを見ても，見る方向によって変わるため，明るさを具体的に表現しにくい．そこで，すべての方向に同じ割合で光を発するという均等拡散面という仮定条件をおいて，明るさを照度で取り扱っている．明るさの基準，すなわち照度基準[5]は国によって異なっているが，おおむね経済発展に比例して（図35.8），先進諸国で高い値を示している．

たとえば，オフィス（事務室）の全般照明において，イギリスでは1936年の100 lxから1972年では500 lxになっている．また，旧ソビエト連邦では，1930年ではわずか25 lxであったものが1979

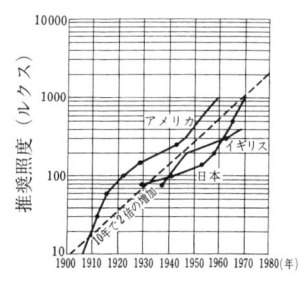

図 35.8　推奨照度の変遷（一般事務室）（深津ら，1998）[3]

表 35.1 推奨照度の国際比較（lx：水平面照度）（Mills ら，1999[17] より作成）

国　名	事務室				教室		
	全般	VDT作業	机上面	視作業	全般	黒板面（*1）	
オーストラリア	160	160	320	320	240	240	AS1680.2 – 1990
オーストリア	500	500			300 – 500	300 – 500	Önom O 1040（1984）
ベルギー	300 – 750	500	500 – 1000	500 – 1000	300 – 750	750 – 1500	1992 & L13 – 006
ブラジル	750 – 1000			200 – 500	200 – 500	300 – 750	NBR/5413/82（1990）
中国	100 – 150 – 200	150 – 200 – 300	150	75 – 100 – 150	75 – 150		（1993）
チェコ	200 – 500	300 – 500	300 – 500	500	200 – 500	500	CSN360450
デンマーク	50 – 100	200 – 500		500	200	500	DS700
フィンランド	150 – 300	150 – 300	500 – 1000	500 – 1000	150 – 300	300 – 750	Finish IES（1986）
フランス	425	250 – 425	425	425	325	425	AFE1992&93, VDT（1997）
ドイツ	500	500	500	500	300 – 500	300 – 500	DIN5035
日本	300 – 750	300 – 750	300 – 750	300 – 750	200 – 750	300 – 1500	JIS 9110
メキシコ	200		600	900	400	900	Mexican IES
オランダ	100 – 200	500	400 – 500	400	500	500	NEN3087, NSVV（1991）
スウェーデン	100	300 – 500	300	500	300 – 500	500	Nutek 1993-94, Ljuskultur 1990
スイス	500	300 – 500	300	500	300 – 500	300 – 500	SLG/SEV8912（1997）
イギリス	500	300 – 500	500	300	300	300	IES/CIBSE（1994）
アメリカ・カナダ	200 – 300 – 500	300	200 – 300 – 500	200 – 300 – 500	200 – 300 – 500	500 – 750 – 1000	IESNA（1993）
旧ソビエト・ロシア	300	200	300	300	300	500	（1995）

＊1：鉛直面照度

年には 300 lx と 10 倍以上になっている．しかしながら，1970 年代以降になると，照明設備の省エネルギーや一般的なオフィスにも VDT（visual display terminal）作業が導入され始めたことから，部屋全体の明るさである全般（アンビエント）照明と適材適所の作業に応じた局部（タスク）照明を組み合わせた照明方式が導入されることになった．そのため，全般照明の推奨照度は低下する方向になってきている．たとえば，フィンランドでは 1974 年の 450 lx が 1985 年には 225 lx に，オランダでは 1970 年の 750 lx が 1991 年には 400 lx と減少している．オーストラリアの VDT 作業の推奨照度は 1976 年 600 lx であったものが 1990 年には 160 lx となっている．スウェーデンでは，全般照明とリーディング（視作業）照明を分けることで，机上面照度は 1970 年の 1,000 lx が 1992 年には 300 lx に低下しているが，リーディングには 500 lx が必要とされている．表 35.1 に推奨照度の国際比較を示す[17]．

照度基準に適合した空間を設計するにしても，光源の出力である光束量がわからなければ受照面の照度を知ることができない．しかるに，照明ランプには W 数は表示されているけれども，光束がなんらかの形で示されたものは少ない．ランプを提供しているメーカーの意識改革が必要といえる．

b. グレア

まぶしさをグレアという．夜道でヘッドライトを浴びたときには一瞬見えなくなる現象が起こることがある．これは，視野のなかの高輝度光源によって視対象の見やすさが損なわれる現象で，強い光によって網膜の順応が不能になったり，感度低下によって暗い光環境では露出不足になることで生じる．そのため，減能グレアとか視覚低下グレアとよばれる．これに対して，オフィスなどで直接天井の蛍光灯が視野に入ったとしても，あまりまぶしさは意識されないが不快感を感じるため不快グレアとよばれる．いずれにしても，視対象以外から入る余分な光はものを見る能力を低下させ，眼精疲労を起こす原因になる．これは，余分な光が眼球内で散乱して，光の薄膜をつくり，目の感度を低下させることによって生じる．

不快グレアは DGI，BCD（Borderline between Comfort and Discomfort），VCP（Visual Comfort Probability）など多くの評価指数で示されるが，茶色い瞳の日本人は白人に比較すると比較的まぶしさに強いことから，これらの数値を直接適応すると，やや過大評価になる場合がある．

c. 高齢社会の明るさ

加齢に伴って起こる目の機能低下は，おもに水晶

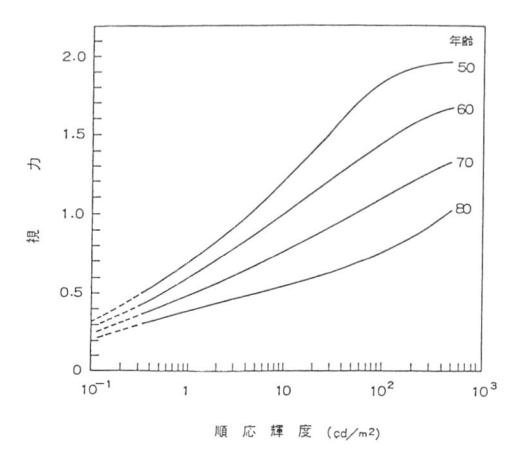

図 35.9 視力と背景輝度（栗田ら，1985）[8]

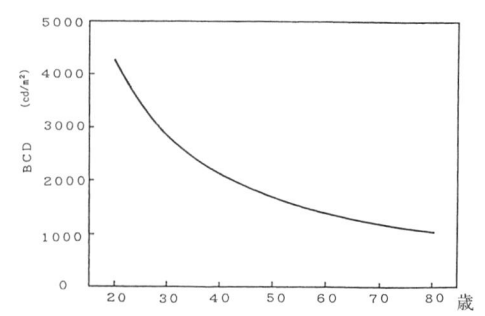

図 35.10 加齢に伴う快・不快の境界となる輝度（BCD）の変化（Bennett, 1977）[9]

体の弾力性の喪失による焦点調節能力の低下，および水晶体の透明度が低下し，透過率の低下と眼球内散乱光の増加による感度低下の2つを原因とする．したがって，視作業では照度を若年者に比較して照度を高めればよいことになる．図35.9に示すように，背景輝度を高くする，すなわち照度レベルを上げれば視力が向上する傾向を示すが，その効果は高齢者になるほど小さくなる[8]．このことは，背景輝度が高くなって眼球への入射光量が増えるとともに眼球内散乱光も増えて，光量に応じて視力が向上しないようになることを示している．このように加齢により眼球内の散乱が増えるとグレアを感じやすくなる．Bennett[9]は加齢により，BCDが低下，すなわち不快グレアを起こす輝度の値が低くなることを明らかにしている（図35.10）．

6ポイント以下の小さな文字を見るといった視作業に限定すれば，楽に見えるかどうかの明るさの下限値は，高齢者には若年者の3〜4倍の照度レベルが必要であるが[10]，すべての生活行為において適応するとグレアや目の疲れといった弊害を生じる．高齢者であっても細かな視作業以外の生活行為においては，JISの照度基準が達成されていれば問題はなく，エネルギー消費の観点からも不必要に全般照明を明るくする必要はない．必要に応じて，局所照明を併用すれば，所要の照度を得ることができる．横田ら[11]は図35.11に示すように，JIS照度レベルを基準に若年者と高齢者のための照度基準を提案している．

また，岩田ら[12]の生活行為の必要な最低レベルの明るさと，快適に行為が行える明るさの評価実験によれば，照明の色温度によって多少の差異はあるものの，3,000 Kの快適照度では，おおむね青年のほうが高齢者より高い照度を要求し，両者ともに低色温度のほうが高い照度レベルを求めている（図35.12）．ただし，局部照明の併用では，細かな視作業を伴う行為については高齢者のほうが照度レベルが高くなっている．一方，生活行為のための最低照度については，高齢者のほうが青年より所要照度が高くなっている（図35.13）．これらから，高齢者といっても一律に高い照度の明るさは必要ないことがわかる．

35.4 安全のための明るさ

安全のための照明には，自動車交通を対象とする道路照明，歩行者の安全な通行にかかわる街路照明および各種災害に対応するための防災照明がある．

a. 道路照明

道路照明の目的は，夜間運転者が，安全走行上必要な十分な距離から，道路上の歩行者，障害物の有無や移動方向，幅員や路面状態などの道路状況，道路上のほかの自動車の状態および道路周辺の視覚情報を得て，不安感なしに走行できるようにすることである．

都市の道路あるいは街路に照明が取り付けられたのは比較的古く，古代ローマ時代にさかのぼる．パリでは17世紀にはキャンドルライトが多数設置されており，19世紀に入るとヨーロッパやアメリカ各地にガス灯やオイルランプによる街路照明が設置

35.4 安全のための明るさ

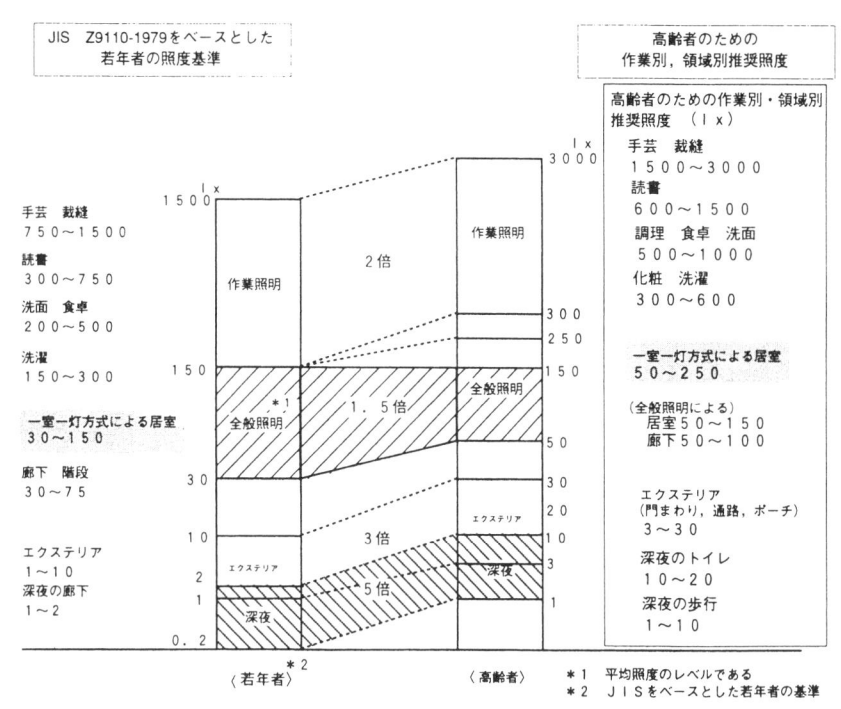

図 35.11 若年者と高齢者の推奨照度（横田，1996）[11]

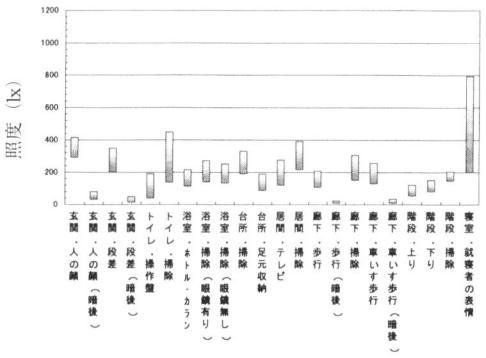

(a) 高齢者の全般照明 3000K の快適照度 60％レンジ値

(a) 高齢者の全般照明 3000K の快適照度 60％レンジ値

(b) 青年の全般照明 3000K の快適照度 60％レンジ値

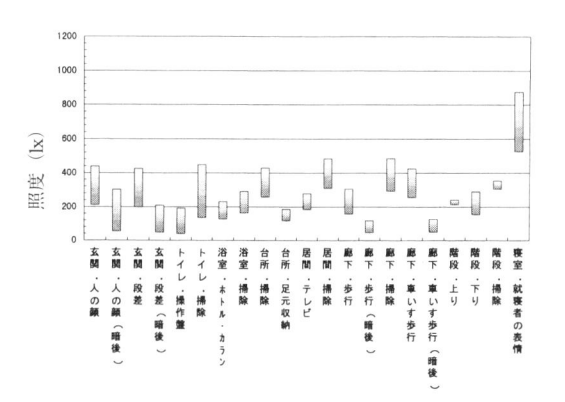

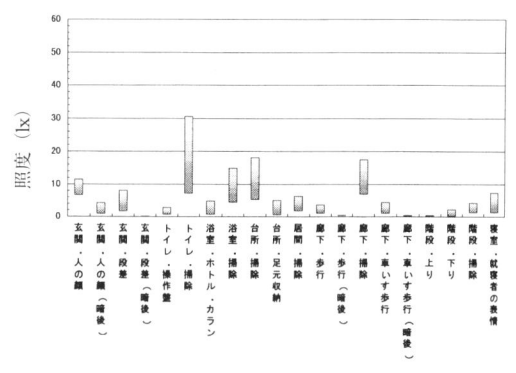

(b) 青年の全般照明 3000K の快適照度 60％レンジ値

図 35.12 全般照明（3,000K）の快適照度レベル（岩田ら，1999）[12]

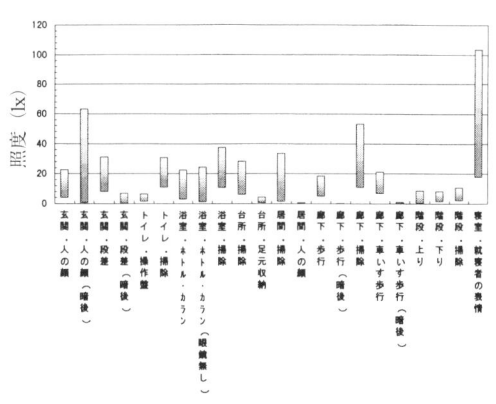

図 35.13 全般照明（3,000K）の最低照度レベル（岩田ら，1999）[12]

されている．

日本では，17世紀江戸吉原の辻行灯の一種，誰哉（たそや）行灯が街路灯のはじめとされる．ガス灯（1872年）やアーク灯（1882年）による街路照明は明治初頭に入ってから設置されるようになった．

日本の道路照明は国土交通省道路照明設置基準で規定され，道路の構造（幅員，車線数，中央分離帯），交通の状況（交通量，設計速度），道路周辺の状況を考慮して，それらの重要度に応じて所要の平均路面輝度を定めている（表35.2）．平均路面照度は路面の舗装や照明方式に応じて実験的に換算係数（表35.3）が求められている[13]．

b. 街路照明

歩行者を対象とする街路照明には，歩行の安全確保と防犯のための明るさが求められるが，住宅地区ではこれに景観や快適な環境づくりから光の量と質が定められている．防犯のためには，路上に暗がりを感じさせる場所をつくらないことが重要で，比較的離れたところまで見渡せる照度分布が必要である．対面してくる人物の顔の表情が認められる明るさ，少なくともJISの歩行者に対する道路照明基準（JIS Z 9110）の路面上1.5 mの高さの道路軸に対して直角な鉛直面の最小照度（住宅地：0.5～1 lx，商業地域：2～4 lx）であれば安心感があり，犯罪の抑止効果も高い（表35.4）．

鉛直面照度1 lxは10 mの距離で相手の顔の向きがわかるレベルで，0.5 lxは4 mの距離から相手の目，耳，鼻の位置が識別できるレベルに相当している[14]．4 mは危険な相手から身をかわすために最低限必要な時間を確保できる距離にあたり，この距離で明瞭に相手の表情が判別できる照明が必要である．また，10 mは余裕をもって危険回避ができる距離で，この距離で相手が誰か判別できる照明があれば歩行者は安心して街路を歩くことができる．ただし，これらの明るさのレベルは，CIEの都市の街路照明に関する技術指針の1/4～1/8程度と決して高い値ではない（表35.5）．さらに，アメリカでは歩行者の安全を考慮した平均鉛直面照度5～22 lxが道路照明基準において規定されており，横断歩道や交差点ではより高い照度が要求されている（表35.6）．

また，街路照明の一般的な取付け間隔は20～30 mとなるため，物陰などでは暗がりとなって，犯罪者がそこに潜んで獲物をねらうためには好都合な

表35.2 道路照明の平均路面輝度（単位：cd/m²）[14]

道路分類		外部条件 A	B	C
高速自動車国道など		1.0 / −	1.0 / 0.7	0.7 / 0.5
一般国道など（都道府県・市町村道を含む）	主要幹線道路	1.0 / 0.7	0.7 / 0.5	0.5 / −
	幹線・補助幹線道路	0.7 / 0.5	0.5 / −	0.5 / −

- 外部条件：建物の照明，広告灯，ネオンサインなど道路交通に影響を及ぼす光が，道路沿道に存する程度をいう．
- 外部条件A：道路交通に影響を及ぼす光が連続的にある道路沿道の状態をいう．
- 外部条件B：道路交通に影響を及ぼす光が断続的にある道路沿道の状態をいう．
- 外部条件C：道路交通に影響を及ぼす光がほとんどない道路沿道の状態をいう．
- 中央帯に対向車前照灯を遮光するための設備がある場合には，表中の下段の値をとることができる．
- 特に重要な道路，またはその他特別の状況にある道路においては，表中の値にかかわらず，平均路面輝度を2 cd/m²まで増大することができる．

表35.3 平均路面照度換算係数（単位：lx/cd/m²）[14]

路面	道路照明	トンネル照明
アスファルトコンクリート路面	15	18
セメントコンクリート路面	10	13

表35.4 歩行者に対する道路照明基準（JIS Z 9110-1988）[6]

夜間の歩行者交通量	地域	照度（lx）	
		水平面照度	鉛直面照度
交通量の多い道路	住宅地域	5	1
	商業地域	20	4
交通量の少ない道路	住宅地域	3	0.5
	商業地域	10	2

表35.5 住宅地域の照度基準（Guide to Lighting of Urban Areas, CIE）

場所	平均水平面照度（lx）	最小水平面照度（lx）	最小半円筒面照度（lx）
人車混合道路（歩行者が主体）	5	2	1
歩行者専用道路			
歩行者交通量　少	3	1	0.8
歩行者交通量　多	4	1.5	1
その他の公共場所			
利用度　高	8	4	3
利用度　中	5	2	2
利用度　低	3	1	1

光環境になる恐れが高い．そのため，路面における均斉度にも注意が必要で，最も暗い部分でも平均照度の1/3以上，すなわち最小照度が0.2～0.3 lxとなるように広角配光の照明器具を選択し，その配置にも工夫が必要となる．また，植栽や樹木を美しく見せる景観形成には樹葉面で30～50 lxの鉛直面照度が必要である．住宅地区の部位別の照度を表35.7に示す[13]．

c. 防災照明

防災照明とは各種の災害に伴い発生した停電時に，その建物・施設の利用者を安全かつ速やかに避難させるとともに，消防隊などの消火・救助活動を支援するための照明である．建築基準法による非常照明と，消防法による誘導灯がこれに該当する．各種災害をうたっているが，次の設置条件から，主な対象は当該建物火災による停電が想定されていることがわかる．

建築基準法第35条，同施行令第126条の4，5に非常用照明設備が規定されている．通常照明を必要とする部分に設置しなければならないが，建物の用途，部屋の用途，屋外や避難階段までの距離などの条件により設置を除外できる部分を定めている．おおむね，不特定多数の人々が利用する建物，施設が対象になっており，一般住宅は設置が除外されている．直接照明により，床面の最低照度を1 lx（火災

表35.6 アメリカの道路照度基準（ANSI/IES RP-8）

	最小平均水平面照度(lx)	歩行者の安全を考慮した平均鉛直面照度(lx)*
道路の沿った歩道および自転車道（Type A）Aタイプ自転車道：		
商業地域	10	22
中間地域	6	11
住宅地域	2	5
道路から離れた歩道および自転車道（Type B）		
歩道，自転車道，階段	5	5
歩行者用地下道	45	54

＊：遠方から相手を視認できるように歩道上1.8 mで必要な値

表35.7 野外各部位の照度[14]

照明の対象（部位）		平均照度（lx）	JIS照度範囲(lx)	均斉度（参考）	備　考
外周道路（幹線道路）		外周 10　団地内幹線 7	7～15	$E_{min}/E_{max} \geq 1/6$	
団地出入口		標識 50　案内板 100	(70～150)		人の確認に必要な明るさ：0.8 lx以上
通　路	歩道（歩行者路）	5	1～10	$E_{min}/E_{max} \geq 1/20$	最小照度：0.3 lx以上　窓際照度：0.5 lx以下
	緑道	3	1～10	$E_{min}/E_{max} \geq 1/40$	最小照度：0.2 lx以上　緑の照明：30～50 lx以下
	遊歩道	3	1～10	〃	〃
アプローチ		3	1～10		最小照度：0.2 lx以上
コモン・スペース		5	1～10		
公共広場	中央広場	5	1～10		モニュメント（造形物）：50～100 lx
	プレイロッド	3	1～10		
	休憩広場	3	1～10		緑の照明：30～50 lx以上
	運動広場	20	5～30		
階　段	玄関階段	3			
	屋外階段	5	(3～15)		
自転車置場		5			最小照度：1 lx以上
駐車場		10	5～30		〃
住棟共用部	廊下，階段		75～150		
	ピロティ	50	30～75		
	構内広場（中庭）	3	2～5		
地区センター		10			

による雰囲気温度の上昇により，光束の低下する蛍光灯による場合は2 lx)，蓄電池には30分以上の点灯容量が求められている．

一方，誘導灯設備は，消防法施行令第26条，同施行規則第28条の3に規定されている．原則としてすべての建物に設置しなければならないが，一般住宅の場合は除外されている．設置場所およびその目的により，避難口誘導灯，廊下通路誘導灯，階段通路誘導灯，客席通路誘導灯および誘導標識の種類がある．避難口誘導灯の取付け高さは，物陰になって非常口を見失うことがないように床上1.5 mで，直線距離30 mからシンボルおよび色彩が識別可能な明るさが規定されている．また，廊下通路誘導灯は器具直下から0.5 mの床面で0.5 lx以上が得られる明るさが求められている．常時点灯で，停電時には蓄電池によって20分以上の点灯容量が必要である．

最低床面照度1 lxという明るさは，煙の水平方向の流動速度0.5～1.0 m/sから歩行速度1.0 m/s以上が確保できる明るさである．また，通路誘導灯は避難経路を示すためのもので，背景が白地に緑色のシンボルマーク，避難口誘導灯は避難口，いわゆる非常口のありかを示し，背景が緑地で白抜きのシンボルがデザインされている．

d. 地震災害と照明

夜間可視光による衛星写真でも日本列島の輪郭がくっきりと写しだされ，光公害とよばれるほど都市圏の戸外は明るくなっている．しかしながら，1995年1月17日，午前5時46分に発生した兵庫県南部地震（M7.3）は死者6,400名あまり，全半壊20万棟以上という最大規模の地震災害となった．同時に，260万戸という戦後初めてといえる大規模長時間停電を発生させた．被災地域を中心に建物内だけでなく道路照明をはじめ屋外空間もすべて光を失った．当日は，満月であったがあいにくの曇天で漆黒の闇といえるほどの状態になったが，ほとんどの被災者が様子のよくわかった自宅で被災したこと，屋外に通勤，通学者など歩行者がほとんどいない時間帯であったこと，夜明けまで1時間あまりですぐに空が明るくなったことなどから，暗闇のなかでの避難パニックは発生しなかった．また，水道，ガスといったほかのライフラインに比べて電気の復旧が迅速に行われたため，被災当日の夜には多くの避難場所でも明かりが灯り，被災者に安心感を与えた[15]．

冬季退勤時間帯に，首都圏など人口密集地において同規模以上の地震災害が発生し，屋外照明も停電した場合の人的被害は甚大なものになると推察される．道路照明，街路照明だけでなく，避難場所となりうる公園，広場などの屋外照明も，避難路の確保，救助活動を支えるためには商用電源の停電に備えて非常電源の設置が必要である．これまで，防犯機能から規定されてきた街路照明について，防災機能面からの再検討が必要である．

模擬街路における路面照度と路上障害物の視認性実験によると，避難行動には障害物の大きさや反射率にかかわらず均一照度分布では0.1～0.3 lxが必

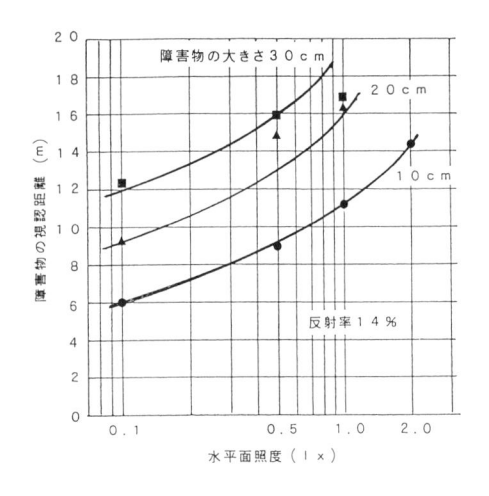

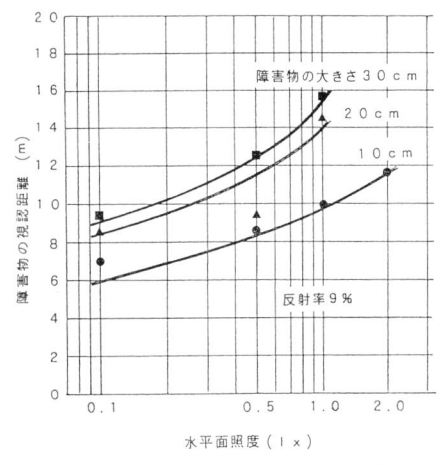

図 35.14 照度と障害物の視認距離（照明学会，1997）[16]

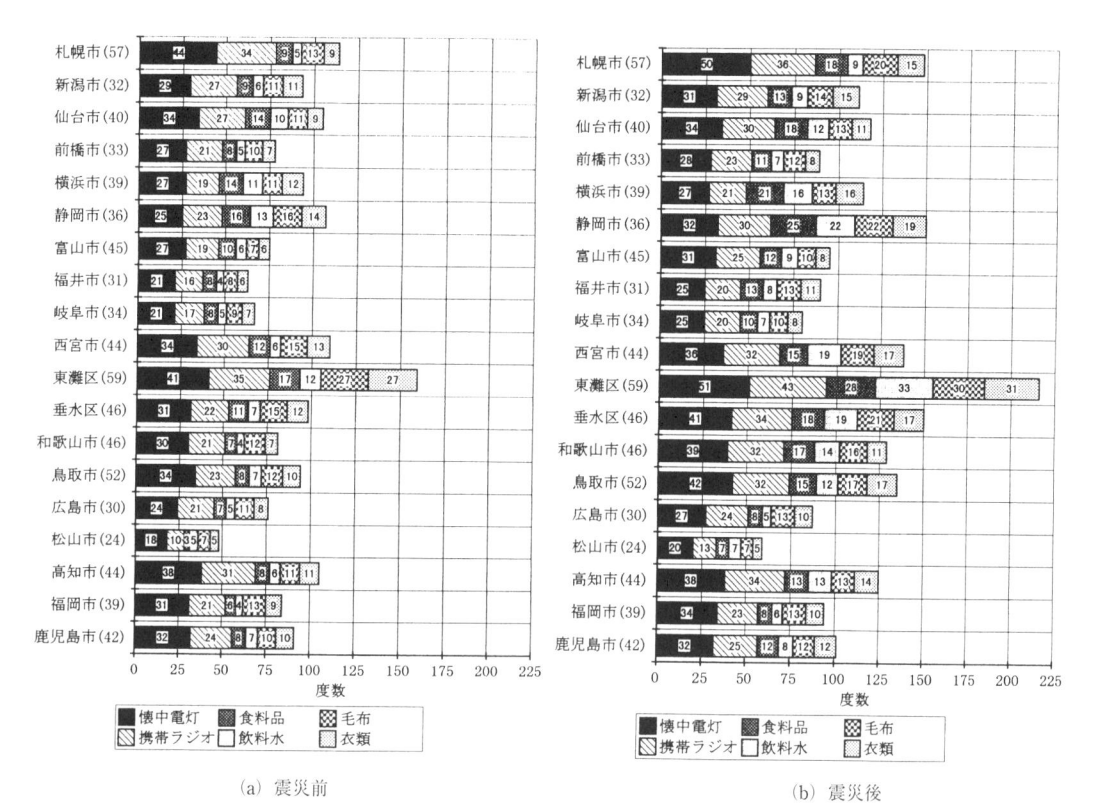

図 35.15 準備している非常用品（図中数字は度数）（照明学会，1997）[16]

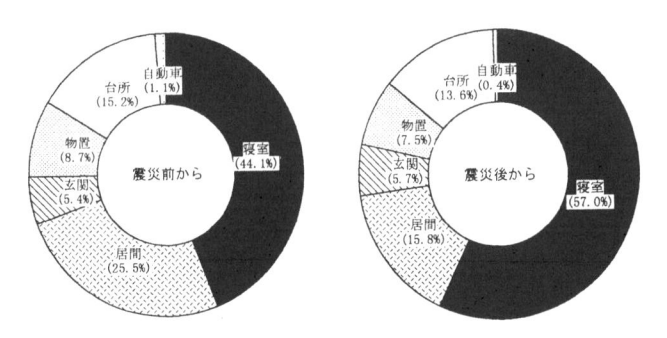

(a) 震災前　　(b) 震災後

図 35.16 懐中電灯の準備場所（照明学会，1997）[16]

要で（図 35.14），実際の街路のように不均一な照度分布では均斉度（最低照度/平均照度 ≒ 0.1）を考慮して，1～3 lx となる．この値は，街路照明基準の交通量の少ない住宅街路にほぼ等しい明るさになる[15]．

e. 住宅における非常時の明かり[16]

集合住宅を除いて，防災照明設備の設置義務が免除されている一般住宅では，非常時の明かりとして準備されているものとしてロウソクと懐中電灯があるが，建物に損傷がでている地震災害などでは火災の危険性があるため，室内でのロウソクの使用は望ましくない．しかしながら，懐中電灯の準備率は低く，また，予備電池の用意もほとんどされていない．過去の震災被害，風水害，降雪などの気候区分を考慮した全国調査によると，阪神・淡路大震災以前の懐中電灯の準備率は，最高が新潟市 91％，最低が富山市で 60％，神戸市 69％，西宮市 77％であっ

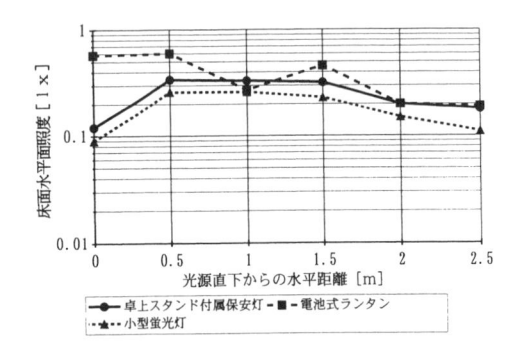

図 35.17 乾電池（1.5 V×2）使用小型ランプによる水平面照度分布（保安灯：BSOIK，蛍光灯 G-100，ランタン BF-125）(照明学会，1997)[16]

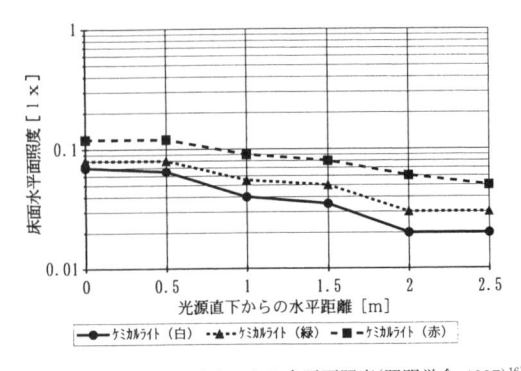

図 35.18 ケミカルライトによる水平面照度(照明学会，1997)[16]

たが，震災後は，新潟市の97％を最高に，最低でも横浜，富山両市の69％と増加している（図35.15）．しかしながら，被災地である神戸，西宮両市でも90％に達していない．震災前の懐中電灯の準備場所は44％が寝室，26％が居間であったが，震災後は寝室が57％となった（図35.16）．震災が起床前の発生であったことから，寝室での明かりの確保の意識が高まった結果を反映している．野外活動用の各種照明器具，特にホワイトガソリンや携帯用ガスボンベを使用するランタンでは，器具から距離3 m における鉛直面照度は10 lx 以上あり，非常時には有効で，ロウソクに比べて火災に対する危険性も低い．また，乾電池使用の小型ランプでも，図35.17に示すように0.2 lx 程度の水平面照度が確保でき，避難には有効である．さらに，保存性の高いケミカルライトも，高輝度タイプで1 m の距離で約0.1 lx 程度の明るさが得られ，避難行動には不十分であるが，身のまわりの安全確認と懐中電灯を探し出すなどの行為には有効であることがわかった（図35.18）．また，日本照明器具工業会からは，法定非常照明の設置が免除されている一般の住宅において，迅速な避難に必要な明るさを確保するための避難灯として1 lx，避難経路や周囲の状況が識別できる避難保安灯として0.2 lx を確保できる照明器具の技術基準が示され，設置が推奨されている．

［土井　正］

文　献

1) 大野　晋（1997）「あかり」という言葉の誕生，あかりの文化誌1，p.62，松下電器産業球事業部.
2) 水上静夫（1997）「あかり」にまつわる漢字，あかりの文化誌2，p.62，松下電器産業球事業部.
3) 深津　正・中島龍興・面出　薫・近田令子（1988）明かりと照明の科学，p.26，彰国社.
4) 石川英輔・田中優子（1999）大江戸生活体験事情，p.284，講談社.
5) JIS Z 9110 照度基準.
6) 照明事典編集委員会編（1998）照明の事典，p.40，産業調査会.
7) NHKデータ情報部編（1991）ビジュアル百科　江戸事情第1巻生活編，p.13，雄山閣出版.
8) 栗田正一ほか（1985）新時代に適合する照明環境の要件に関する調査研究報告書，照明学会.
9) Bennett, C. A. (1977) The demographic variables of discomfort glare. Light. Des. & Appl., 7 (1), 77-24.
10) 照明学会オフィス照明新基準，1991.
11) 横田健治（1996）高齢者配慮の照明要件 視覚生理・心理的配慮と推奨照度，住宅における照明計画のポイント，pp.4-7.
12) 岩田三千子ほか（1999）住宅所要照度と視覚特性の年齢効果に関する実験，高齢者の視覚特性を考慮した照明視環境の基礎検討，pp.69-89，照明学会.
13) 照明普及会編（1983）道路・通路の照明，pp.44-50，照明普及会.
14) 照明学会関西支部（1986-1990）街路照明の適正化に関する調査分析（その1～5），照明学会関西支部.
15) 土井　正（1998）避難所における環境問題 とくに照明問題について，阪神淡路大震災における避難所の研究，pp.218-225，大阪大学出版会.
16) 照明学会関西支部阪神・淡路大震災調査研究委員会（1997）大規模災害と照明，照明学会関西支部.
17) Mills, E. and Borg, N. (1999) : Trends In Recommended Illuminance Levels : An International Comparison, Journal of the Illuminating Engineering Society, pp.155-163.

照明環境と日本人

36
光の色合いと日本人

36.1 光の色合い

a. 光の分光分布

光は，電磁波のうちヒトに視感覚を生じさせる波長範囲を指し，その可視放射の短波長側の限界は360〜400 nm，長波長側は760〜830 nmである（日本規格協会，1990）（図36.1）．自然光や照明光源はさまざまな波長の放射エネルギーで構成されるが，波長単位に光のエネルギー密度を表したものを分光分布という．光の色合いは，この分光分布の違いによって異なり，たとえば光のエネルギーが長波長成分に偏れば赤っぽい光に見えるし，短波長成分に偏れば青っぽい光に見える．

一般に分光分布図は，単位波長当たりの放射量である分光密度を，絶対値でなく相対値をとる相対分光分布を用いることが多い．図36.2に自然光の，図36.3に3波長域発光型蛍光ランプの分光分布例を示す．

b. 光の色合いと色温度
1）色温度

光の色合いを定量的に表現する一つの方法として色温度が用いられる．たとえば金属を熱していくと，熱した部分はしだいに赤みを帯びた光を発し，温度の上昇に伴って赤，黄，白，青という色味が変化する．色温度は，金属（正確には完全黒体）を熱して出現する光源の色合いをそのときの温度で表現しようとしたもので，単位は絶対温度K（ケルビン）を用いる．熱する物を厳密にするには，黒体放射源を用いる．通常，完全黒体は光をまったく反射しないために黒く見えるが，熱せられれば光を放射し，そのスペクトルはプランクの法則によって温度のみの関数となる．つまり，ある光の放射特性はある温度と対応するために，光の色度座標と温度との対応がつくことになる．したがって，温度によって光の色合いを表現することができる．2,000 Kでは赤っぽい光となり，4,000 Kでは黄色っぽく，6,000 Kでは白っぽく，それ以上では青っぽくなる．

表36.1は，絶対温度（K）スケール上の温度で熱せられたときの完全黒体から放出される光の色をCIE 1931 (x, y) 色度座標で示したものである．これは，タングステンランプから放射される色の色度

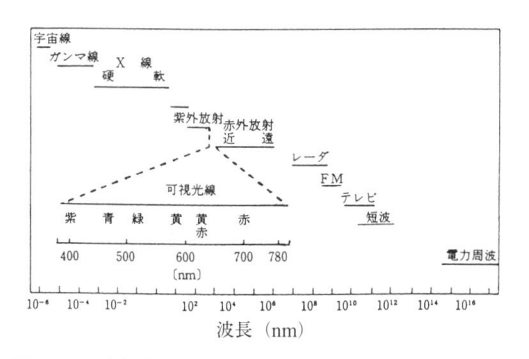

図36.1 電磁波における可視光図（照明学会，1968 および Mckinley，1947 を改図）

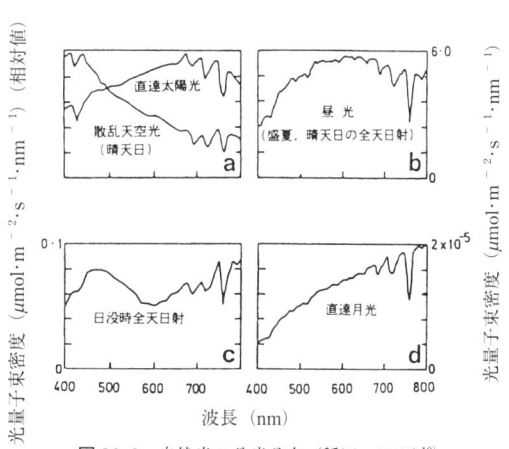

図36.2 自然光の分光分布（稲田，1992）[10]

a) 3波長域発光型蛍光ランプ（3000K）

b) 3波長域発光型蛍光ランプ（5000K）

c) 3波長域発光型蛍光ランプ（6700K）

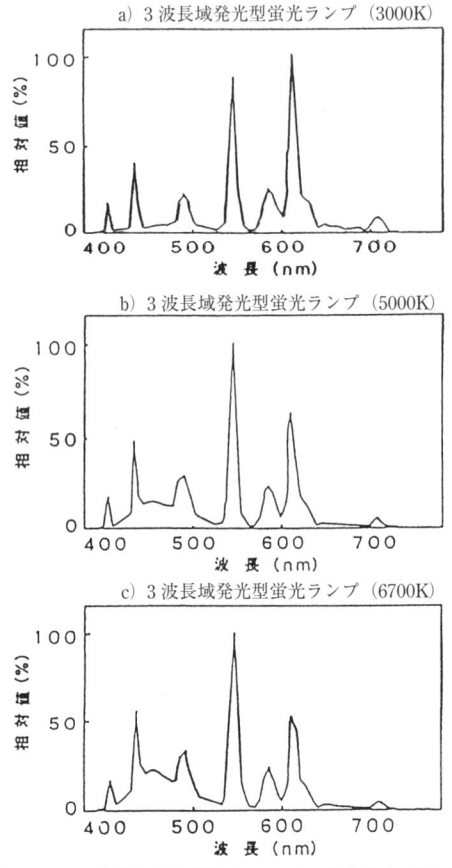

図 36.3 3波長域発光型蛍光ランプの分光分布（National lamps general catalogue,1996を改図）

表 36.1 絶対温度と完全黒体から放出される発色のCIE 1931 (x,y) 色度座標との対応

絶対温度	色度座標		絶対温度	色度座標	
T (K)	x	y	T (K)	x	y
1000	0.6528	0.3444	4000	0.3805	0.3768
1200	0.6251	0.3674	4100	0.3761	0.3740
1400	0.5985	0.3858	4200	0.3720	0.3714
1500	0.5857	0.3931	4300	0.3681	0.3687
1600	0.5732	0.3993	4400	0.3644	0.3661
1700	0.5611	0.4043	4500	0.3608	0.3636
1800	0.5493	0.4082	4600	0.3574	0.3611
1900	0.5378	0.4112	4700	0.3541	0.3586
2000	0.5267	0.4133	4800	0.3510	0.3562
2100	0.5160	0.4146	4900	0.3480	0.3539
2200	0.5056	0.4152	5000	0.3451	0.3516
2300	0.4957	0.4152	5200	0.3397	0.3472
2400	0.4862	0.4147	5400	0.3348	0.3431
2500	0.4770	0.4137	5600	0.3302	0.3391
2600	0.4682	0.4123	5800	0.3260	0.3354
2700	0.4599	0.4106	6000	0.3221	0.3318
2800	0.4519	0.4086	6500	0.3135	0.3237
2900	0.4442	0.4065	7000	0.3064	0.3166
3000	0.4369	0.4041	7500	0.3004	0.3103
3100	0.4300	0.4016	8000	0.2952	0.3048
3200	0.4234	0.3990	8500	0.2908	0.3000
3300	0.4171	0.3963	9000	0.2869	0.2956
3400	0.4110	0.3935	10000	0.2807	0.2884
3500	0.4053	0.3907	15000	0.2637	0.2674
3600	0.3999	0.3879	30000	0.2501	0.2489
3700	0.3947	0.3851			
3800	0.3897	0.3823	2045	0.5218	0.4140
3900	0.3850	0.3795	2856	0.4475	0.4074

に酷似している．なお，CIEとは国際照明委員会（Commission Internationale de l' Éclairage）である．

図 36.4 は，異なる絶対温度における黒体の色度座標をプロットしたものである．つまり，色度図上における黒体放射軌跡上の絶対温度が色温度である．

2）相関色温度

人工光源の色度座標は，通常は黒体放射軌跡上に乗らないことが多い．この場合，人工光源の色度に最も近いと視覚的に感じられる完全黒体の色度を相関色温度として光色を示す．感覚的に等しい色度は等色温度線（isotemperature line）とよばれ，黒体放射軌跡に交差する直線で示される．したがって，この直線上のどの点も黒体放射軌跡に交差する点の色度に最も近似し，その交差点の絶対温度が相関色温度となる．図 36.5 は，CIE 1931 色度図における黒体放射軌跡と等色温度線を示している．図 36.6

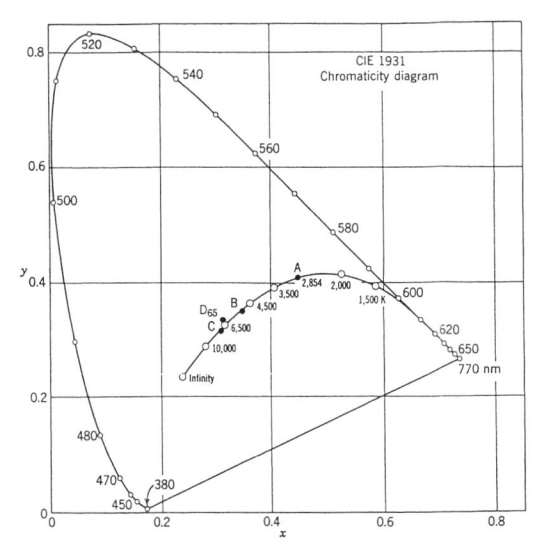

図 36.4 CIE 1931 (x,y) 色度座標上における黒体放射軌跡

には，x,y 色度図上における蛍光ランプの光源色の色度範囲を示す（JIS Z 9112-1990）．

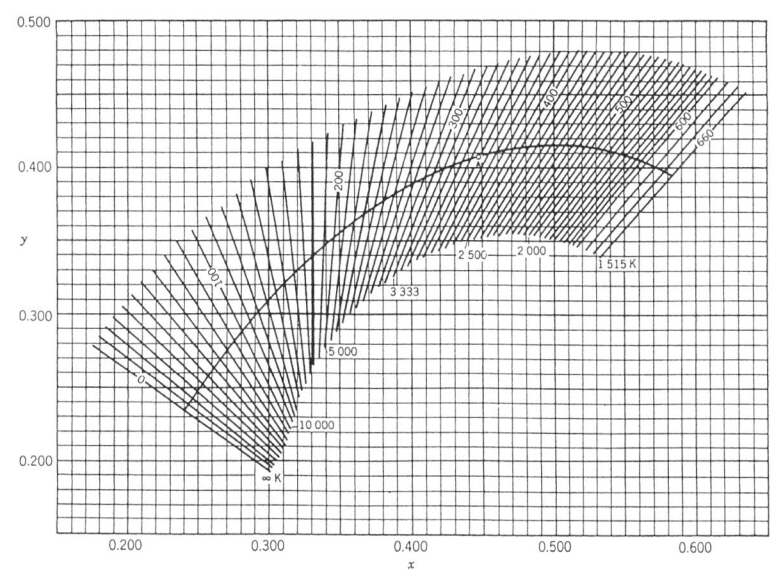

図 36.5 CIE 1931 (x,y) 色度座標上の黒体放射軌跡と等色温度線

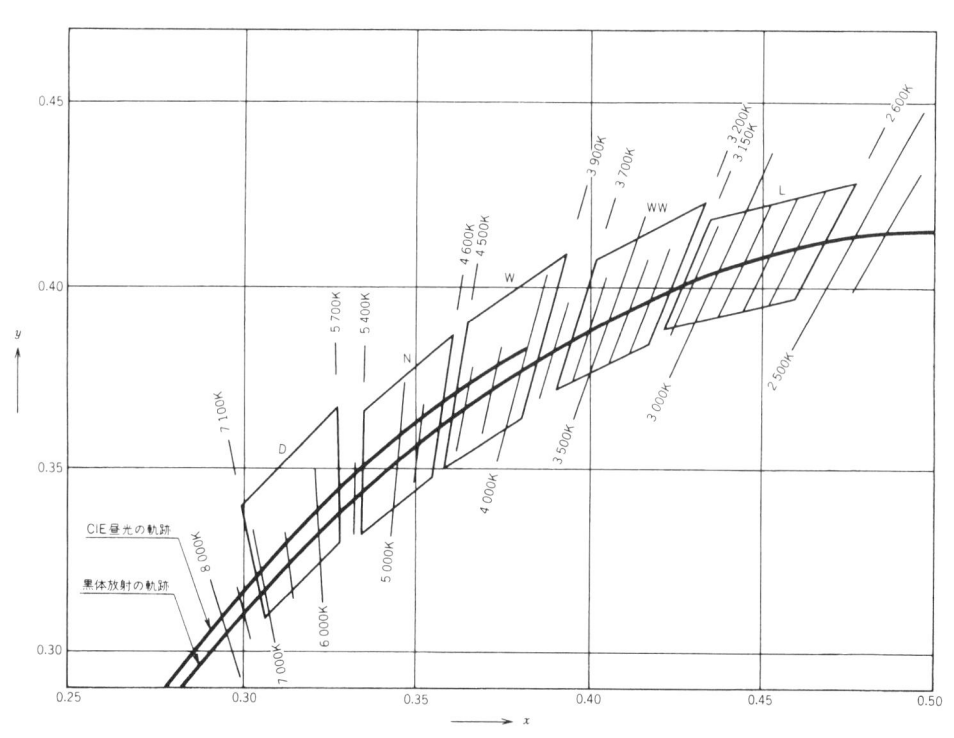

図 36.6 CIE 1931 (x,y) 色度座標上における蛍光ランプの光源色の色度範囲（JIS Z 9112-1990）[22]

色温度もしくは相関色温度は，演色性（後述）という点で光色を表すには正確ではなく，単に黄から青にかけてのランプ光の色味を示しているにすぎない．

c. 自然光と人工光源の色合い

自然昼光は，太陽からの直射光と青空や雲また塵などを含む大気の反射や透過によって構成される天空光からなる．表 36.2 にさまざまな自然光源と人工光源の相関色温度を示す．

表36.2 自然光源と人工光源の相関色温度

自然光	相関色温度(K)	人工光源
よく澄んだ北西の晴天空	20000	
北空晴天空	10000	
	7000	昼光色蛍光ランプ(6500～7500)
北空曇天空	6000	
		キセノンランプ
直射日光		透明水銀ランプ
	5000	メタルハイランドランプ(3800～6000)
日の出2時間の太陽光		白色蛍光ランプ
	4000	蛍光水銀ランプ(3300～4200)
日の出1時間の太陽光		温白色蛍光ランプ
	3000	ハロゲン電球(2800～3200)
日の出・日の入		白色電球
	2000	高圧ナトリウムランプ(2000～2800)
		ろうそくの炎(1920)

一般に広く普及している人工光源は，白熱電球と蛍光灯とである．白熱電球は，タングステンフィラメントの加熱によって生じる光で，その色温度は加熱されたフィラメントの温度によって決まり，通常 2,700～2,900 K になる．

蛍光灯は，ランプ中の水銀蒸気放電で生じる紫外線（波長254 nm）によりランプ内面に塗布された蛍光物質を，ある波長域をもたせて発光させるものである．この蛍光物質は，現在では可視波長の全域にわたってさまざまな波長幅で発光させることができる．

JIS Z 9112 では，相関色温度が 6,500, 5,000, 4,200, 3,500, 3,000 K 前後のものについて，それぞれ昼光色（daylight），昼白色（neutral white），白色（cool white），温白色（white），電球色（warm white）とよび，それぞれ色記号で D, N, W, WW, L の5種類の色光を定めている（図36.6）．IEC（国際電気標準会議）の蛍光ランプの色区分は，以前は従来のアメリカの慣用に従い JIS の定める昼白色（N）はなかったが，その後相関色温度 5,000 K と 2,700 K を加え，6色となっている（IEC 81-1984）．図36.6中の5つの四辺形は，JIS Z 9112 の5色の色度区分を示しているが，IEC の 2700 K は電球色（L）のな

かに入る．

日本の蛍光ランプで最も古いのは昼光色ランプで 1940 年に開発されている．当時の時代的背景から，より少ない消費電力でより明るく見える昼光色ランプが電球に代わって広く普及することになった．1950 年以降には白色の蛍光ランプが主として事務所や工場で用いられた．また昼白色や電球色の蛍光ランプは，1970 年代後半の3波長域発光型蛍光ランプの開発によって使用されるようになった[24]．

現在，日本における蛍光ランプのうちで住宅用照明器具に搭載されている光源のほとんどが3波長型ランプになっている．これらの光源色は，先述のような日本の歴史的背景から昼光色タイプが最も多く全体の過半数を占めており，ついで昼白色タイプが約 40%，電球色タイプは数%になっている．欧米の住宅用照明については昼光色より低い色温度が多いのに比べると，日本は対照的であることが指摘されている．

d. 光の色合いと演色性

ある物体の色の見え方に影響する光源の特性は演色性とよばれ，光そのものの色合いと区別されている．たとえば同じ色温度の光源でも，その分光分布が異なれば物体表面からの反射光の分光分布も異なって色差が生じる．

JIS Z 8113 では，「光源の演色性を表すことを目的とした指数で試料光源の下での試験用物体色の色知覚が規定の標準の光の下での同じ物体の色知覚に合っている程度を表すもの」で，具体的には演色評価数で示される．

演色評価数 (R_i) は，

$$R_i = 100 - 4.6\,\Delta E_i$$

によって定義される．ここで ΔE は，基準光源（k）と試料光源（i）の両光源下で見たときの試験色の色順応補正後の色差を数値化したもので，i は表36.3 に示すような試験色である．現在の JIS 演色評価方法（JIS Z 8726）は，CIE（CIE Publ.13.2）の方法に準拠している．ただし，JIS では CIE の 14 色に日本女性の肌の色を加えた 15 の試験色となっている．

色差 ΔE は，

$$\Delta E = \{(U^*_{r,i} - U^*_{k,i})^2 + (V^*_{r,i} - V^*_{k,i})^2$$

$$+ (W^*_{r,i} - W^*_{k,i})^2\}^{1/2}$$

で求められる．ここで，U^*, V^*, W^* は CIE 1964 均等色空間の座標で，両光源の分光分布とともに JIS Z 8720 において求めることができる．

基準光は，試料光源と等しい相関色温度の黒体もしくは CIE が定めた統計的昼光である．相関色温度が 5,000 K 未満のときは原則として黒体を用い，5,000 K 以上のときは原則として CIE 昼光を用いる．

表の各試験色に対する R_i は特殊演色評価数，試験色 1〜8 に対する特殊演色評価数の算術平均は平均演色評価数とよばれ，R_a で表される．表 36.4 に，各種蛍光ランプにみられる演色評価数を示す．また表 36.5 には，いくつかの平均演色評価数の用途例を示す．

R_a は，8 種類の試験色の色の見え方の違いを数値化してさらにそれらを平均したものであるから，異なる光源の間で相関色温度と R_a が同じであっても，色の見え方は色相によって異なることがあるので注意を要する．また相関色温度が異なる光源間では，基準光源の色温度が異なるため R_a の 100 そのものの意味が異なり，したがって R_a の数値の比較はできない．

表 36.3 演色評価数を求めるときの試験色（マンセル記号）（川上，1976）[14]

①	7.5 R 6/4
②	5Y 6/4
③	5BG 6/8
④	2.5 G 6/6
⑤	10 BG 6/4
⑥	5 PB 6/8
⑦	2.5 P 6/8
⑧	10 P 6/8
⑨	4.5 R 4/13（赤）
⑩	5 Y 8/10（黄）
⑪	4.5 G 5/8（緑）
⑫	3 PB 3/11（青）
⑬	5 YR 8/4（肌色）
⑭	5 GY 4/4（木の葉）
⑮	1 YR 6/4（日本女性の肌色）（JIS のみ）

表 36.4 各種蛍光ランプにみられる演色評価数（JIS Z 9112-1990）

光源色および演色性による区分		色度指標		基準光源	平均演色評価数	特殊演色評価数						
名称	記号	x	y	(K)	R_a	R_9	R_{10}	R_{11}	R_{12}	R_{13}	R_{14}	R_{15}
昼光色	D	0.315	0.349	D 6288	70	−76	49	58	65	65	93	50
昼白色	N	0.349	0.362	D 4890	71	−64	52	59	65	68	94	56
白色	W	0.378	0.391	P 4161	58	−109	33	36	40	53	93	38
温白色	WW	0.406	0.402	P 3573	55	−111	29	29	31	49	93	36
演色 AA 昼光色	D−SDL	0.317	0.335	D 6251	92	93	79	93	86	94	92	95
演色 AA 昼白色	N−SDL	0.343	0.349	D 5066	90	82	77	85	85	89	94	91
演色 AA 白色	W−SDL	0.369	0.365	P 4161	90	91	81	91	84	94	90	94
演色 AAA 昼光色	D−EDL	0.312	0.326	D 6542	98	100	96	99	96	99	97	99
演色 AAA 昼白色	N−EDL	0.342	0.351	D 5139	98	99	98	98	94	97	99	98
演色 AAA 電球色	L−EDL	0.442	0.404	P 2922	95	91	88	95	87	97	94	97
3 波長型昼光色	EX−D	0.313	0.330	D 6469	83	30	48	67	61	94	72	96
3 波長型昼白色	EX−N	0.344	0.359	D 5055	81	13	46	66	58	93	72	93
3 波長型白色	EX−W	0.375	0.383	P 4195	80	6	42	66	48	69	69	91
3 波長型電球色	EX−L	0.458	0.422	P 2816	84	−12	56	79	54	95	70	91

表 36.5 種々の平均演色評価数の用途例（日本色彩学会，1980）[29]

演色区分	平均演色評価数（R_a）	色の見え方	相関色温度（K）	用途例
1	>85	涼 中間 暖	>5000 3500〜5000 <3500	織物，塗料，印刷工業の色検査，展示ホール 事務所，学校，店舗，博物館 住宅，レストラン，店舗
2	70〜85	涼 中間 暖	>5000 3500〜5000 <3500	一般の工業，展示ホール 事務所，学校，デパート，店舗，工場通路
3	40〜70	涼・中間 および暖	−	演色性より効率がより重要な場所
4	<40	−	−	重工業，鋳造工場，圧延工場

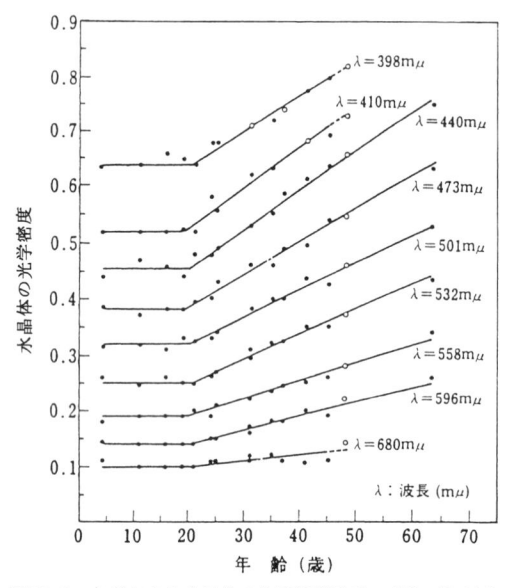

図36.7 加齢による水晶体の波長別透過率の変化（Saidら，1945）[31]

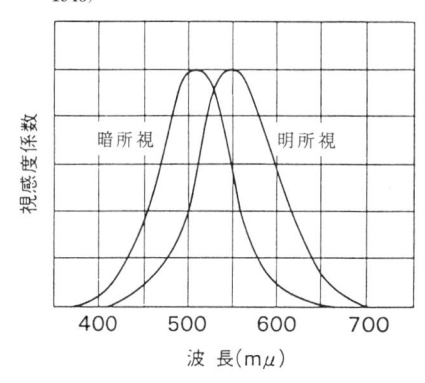

図36.8 視感度曲線（Hechtら，1945）[7]

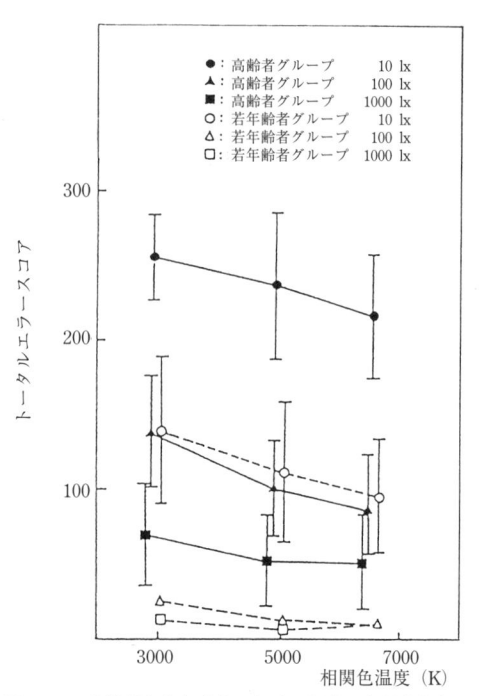

図36.9 高齢者と若年成人における照度，色温度と色識別能力（矢野ら，1993）[38]

e. 光の色合いと年齢

眼の水晶体は，加齢とともに黄色みを帯び光に対する透明度が損なわれてくる．これは水晶体中に黄色の色素が増大するためであるが，この色素が水晶体を通る光のうち緑，青，紫にかけての短波長域の光をより多く吸収するためにこれらの色に対する識別が難しくなる（図36.7）．このような傾向は日本人も欧米人も実験的に同様の傾向が報告されている[2,27,34,38]．

また杆体細胞は，明所視に比べ暗所視ではより短波長域で感度が良くなるために（図36.8），薄暗いときにはさらに不利な条件が加わることになる．

この水晶体の黄色味は，35歳頃までに，特に水晶体の中央部に現れ，加齢とともに色は濃くなってくる[35]．

f. 光の色合いと色識別

日本の大手家電メーカーで，21～31歳の若年成人6名と52～63歳の中高齢者6名を対象として，隣り合う色の色差が1となる明度6の100種類の色チップを用いた色識別能力が比較された[38]．このときの照明条件は，10, 100, 1,000 lxの照度3条件と3,000, 5,000, 6,700 Kの色温度3条件であった．その結果，若年成人では100と1,000 lxにおいては照度間，色温度間で色の識別性に差はなかったが，高齢者においては，100 lxのもとでの識別能力が若年者の10 lxの成績と同じとなり，しかも3,000 Kの赤っぽい光の下ではほかの色温度よりも成績が悪くなった（図36.9）．特に赤と紫の間，および緑と青の間の各色相で色の識別が悪くなったことが指摘されている．

g. 光の色合いとまぶしさ

水晶体は年齢を重ねても細胞の成長が進むため，新しい線維が加わり古い線維がそのまま残るので水

36.2 光の色合いと心理反応

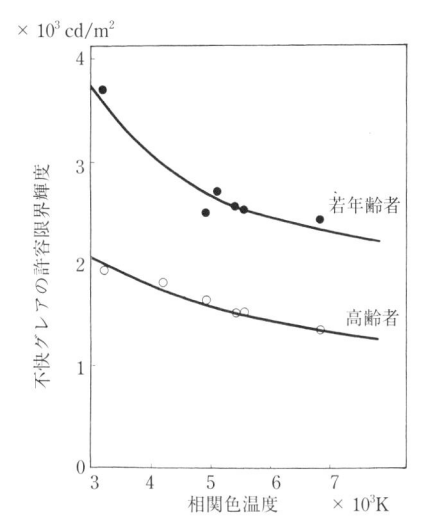

図 36.10 高齢者と若年成人における色温度と不快グレアの許容限界輝度（矢野ら，1993）[39]

晶体は厚くなり，密度はさらに高くなる．このような状況下で圧迫された中央の細胞は結晶質となり，小さな不透明部を形成する．これらの不透明さは視力そのものへの影響よりも光の散乱を招き，まぶしさ（グレア）を生じやすくする．

矢野ら[39]の実験では，光源による不快グレアを許容できる限界輝度は，3,000～7,000 K の色温度の範囲で高齢者は若年成人の約 54 %，また色温度間では年齢にかかわらず 7,000 K の高色温度では 3,000 K の低色温度の約 64 % であったと報告されている（図 36.10）．つまり，若年者においても高齢者においても青っぽい光は赤っぽい光の約 3 分の 2 の輝度でまぶしいと感じ，さらに高齢者は若年成人の半分ほどの輝度でまぶしさを感じることになる．

36.2 光の色合いと心理反応

光の色合いと心理反応について，ここでは色温度との関係について簡単にまとめる．日本において第二次世界大戦前に開発された蛍光灯は昼光色で，当時の主流であった白熱電球に比べるとエネルギー効率に優れ，より明るく見えたために広く普及したことは前述のとおりである．蛍光灯においても電球色の赤っぽい光に比べると，白っぽいもしくは青っぽい光色のほうがより明るく見えることから現在でも昼白色，昼光色の蛍光灯の需要は多い．しかしながら同じ消費電力の蛍光灯で比較すると，電球色も白色や昼光色も光源から放射される光の量，すなわち光束はほぼ同じであることから，これらの明るさ感の違いは光色による心理的な反応ということができる．

光色は，どこを見ることもなく自然に眼に飛び込んでくる光によっても感じるので空間の雰囲気にも影響を及ぼすことになる．このようなことから空間の快適性にも影響する．

さらに色に暖色，寒色があるように，赤っぽい電球色に対しては暖かさ，青っぽい昼光色に対しては涼しさというように光色は温冷感にも大きく影響する．

以下に，光の色温度という属性に関して，明るさ感，空間の雰囲気・快適感，温冷感のような心理反応を記述したいくつかの報告を紹介する．

a. 色温度と明るさ感について

色温度に対する明るさ感の違いは，前述のとおり低色温度より高色温度のほうが明るく見えることは共通しているが，その程度については条件によって異なってくるようである．

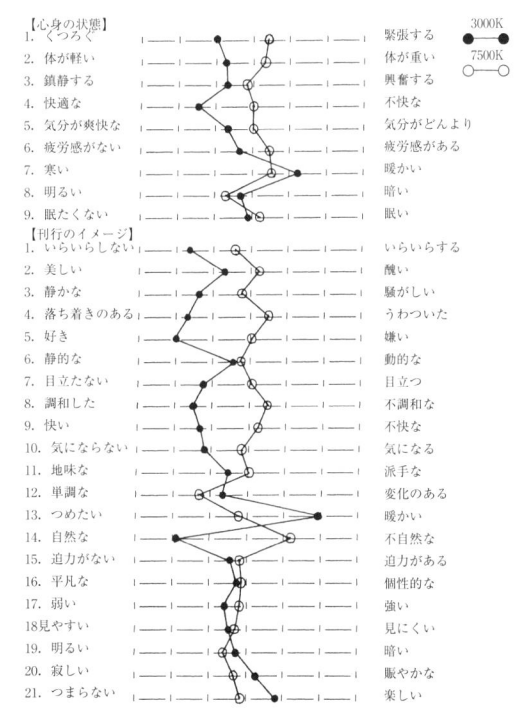

図 36.11 照明色温度条件に対する主観申告の結果（岩切，1994）[12]

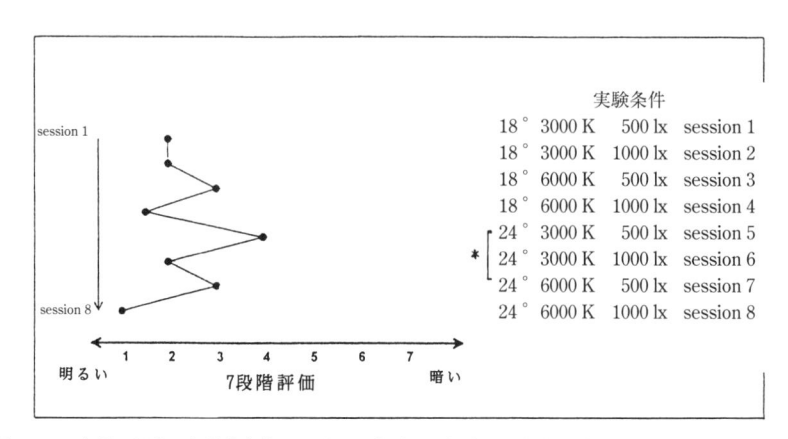

図 36.12 室温，照度，色温度条件下の明るさ感（＊：統計的に有意な差を示す）(Schröder, 1995)[33]

岩切[12] の報告では，男子大学生7名について3波長域発光形蛍光ランプ（Ra84）を用い，3,000 Kと7,500 Kの各色温度への20分曝露後の主観評価を試みている．照度は被験者の眼の高さで1,000 lxであった．図36.11に7段階評価で尋ねた主観申告の結果を示す．

河口[15] は，男子大学生10名に対して3,000 Kと6,700 Kのそれぞれの蛍光灯光源について照度の違いによる明るさ感への影響を観察している．光源は3波長域発光形でR_a88を用い，照度は机上面で700 lxと8,000 lxの2条件である．実験では，3,000 K，6,700 Kの各700 lxを対照にそれぞれ同じ色温度の8,000 lxを比較した．対照光源へは30分の安静曝露であるが，比較対象光源では，ジグソーパズル作業30分と諸測定20分を10分の休息を入れて3回繰り返した．その結果，700 lxと8,000 lxという照度間に大きな開きがあるにもかかわらず，3,000 Kでは明るさ感の差はなく，6,700 Kではむしろ高照度のほうが暗い感じを抱くと報告された．これは照度による明るさ感の違いが色温度によって異なること，また曝露時間や曝露中の行動によって明るさ感は必ずしも照度に依存しないことを示唆している．

安河内[36] は，色温度による明るさ感への影響に対して室温や騒音の交互作用を検討している．実験条件は，色温度は3,000 K，5,000 K，7,500 Kの3条件，室温は21℃，28℃，35℃（いずれも50％RH）の3条件，騒音は暗騒音に0 dB（A），5 dB（A），10 dB（A）を加えた3条件で，これらすべてを組み合わせた計27条件の実験を45分曝露で実施している．なお，被験者は男子大学生7名で，照明光源は3波長域発光形（R_a88）を用い，照度はいずれも机上面（床上700 mm）で700 lxであった．その結果，色温度のみが統計的に有意に明るさ感に影響し，室温や騒音の影響は認められなかった．つまり，室温が21～35℃の範囲で，騒音も暗騒音に10 dB（A）が加わった程度の環境であれば，色温度に対する明るさ感の違いはだいたい同じであることを意味する．

照明の色温度と心理反応について諸外国では欧米に多くの報告があるが，明るさ感に関してここではドイツのキール大学の報告[33]を紹介する．

被験者は男性6名，女性14名の22～40歳（平均28歳）の計20名で，小さなオフィスを想定した部屋で実験された．室温は通常のドイツのオフィスにみられる空調の下限と上限に相当する18℃と24℃の2条件で，湿度は当日の気象条件に依存してだいたい20～30％RHの範囲であった．光源は蛍光灯（CRI；85）を用い，照度は500 lxと1,000 lxの2条件，色温度は通常のドイツオフィスにみられる下限と上限の3,000 Kと6,000 Kの2条件であった．したがって温度，照度，色温度各2条件の組合せで，合計8条件の実験が1時間の曝露で実施された．主観の調査は各条件曝露後20分目以降に行われた．全条件のうち，前半の4条件は18℃，後半4条件は24℃で行われた．図36.12に結果を示す．18℃では一定の傾向はみられなかったが，24℃の500 lxにおいて明るさ感に統計的な有意な差がみられ，3,000 Kより6,000 Kのほうが明るく

見えた．また1,000 lxにおいても有意ではなかったが同様の傾向がみられた．

b. 色温度と空間の雰囲気もしくは快適感

眼に飛び込んでくる光の色合いは，その空間の雰囲気や快適感に影響を及ぼすことは誰にも容易に想像できる．たとえば，落ち着いた雰囲気でゆったりしたいときは低照度の電球色光源が合うし，オフィスのような活性度の高い空間には高照度の白色光源が向いている．このように，空間の雰囲気は照度と色温度との組合せで異なってくる．光の快適感について照度と色温度の関係を定量的に示したKruithof[18]の資料は有名である（図36.13）．図の明るい部分は快適な領域で，暗い部分は不快な領域を示している．これによると，低照度で高色温度の青っぽい光はくすんで寒い感じがして不快，高照度で低色温度の赤っぽい光は不自然で不快といっている．この図は現在でもなおいろいろなところで活用

されているが，任意の色温度をつくりだすための当時の技術水準や演色性が制御されていないことなどから，資料の信頼性に一部疑問がもたれている．

以下に日本および欧米のいくつかの報告を紹介する．

先述の岩切[12]，河口[15]も空間の雰囲気について調査している．岩切の実施した因子分析では，心身の状態を最もよく表しているのは「暖かさを伴う快適感」であり，また環境のイメージについては「自然な快適感」が最も高い寄与率を示した．岩切の条件である1,000 lx, 3,000 Kは不快領域に入ってしまうが，Kruithofの結果は逆に快適を示している（図36.11）．

河口[15]の分析では，心身の状態を最もよく表しているのは「眠さや疲労感」で，その次に「楽しさ感」が示された．高色温度6,700 Kについては高照度（8,000 lx）で疲労感の訴えがあり，また低色温度3,000 Kの高照度では楽しいと答えている原因であった．環境のイメージでは，「開放感や健康」の項目が代表された．照度にかかわらず3,000 Kより6,700 Kのほうが居心地の良さを示し，開放感や健康については，3,000 Kでは高照度のほうが，6,700 Kでは通常照度（700 lx）のほうがそれぞれ良しとし，色温度の効果は照度によってまったく逆の結果を示した．照明4条件のなかでは，6,700Kの通常照度（700 lx）が最も好まれる結果を示したが，この実験の被験者10名の自宅で最も滞在時間の長い部屋の照明条件を調べたところ，昼光色蛍光灯が7名，昼白色蛍光灯が1名，昼光色と昼白色を混合して使用する者が1名，電球色蛍光灯が1名であった．

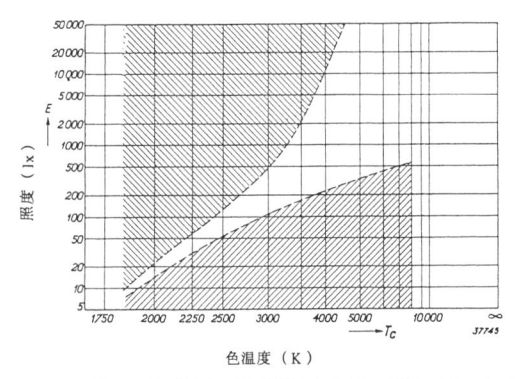

図36.13 快・不快領域を示す色温度と照度の関係（Kruithof, 1941）[18]

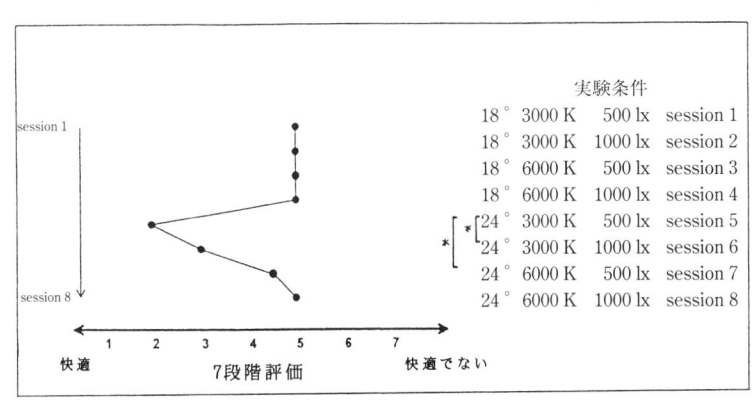

図36.14 室温，照度，色温度条件下の快適感（＊：統計的に有意な差を示す）(Schröder, 1995)[33]

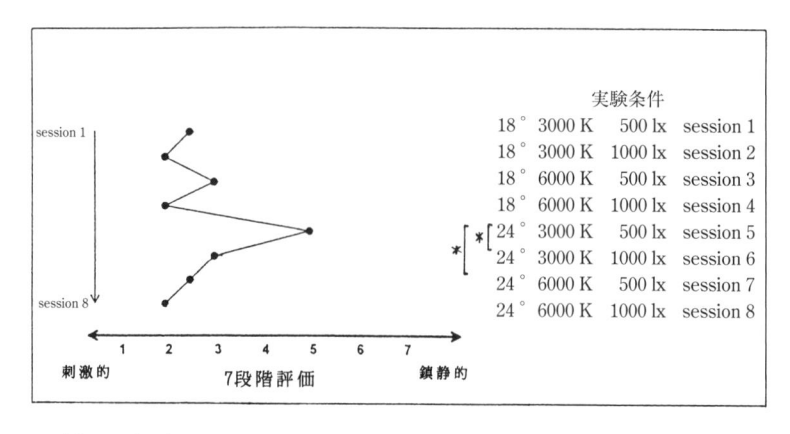

図 36.15 室温，照度，色温度条件下のリラックス感（＊：統計的に有意な差を示す）(Schröder, 1995)[33]

照明条件に関する心理的反応には，日常経験している照明に大きく影響されることが指摘されている．

先のドイツ，キール大学のSchröder[33]は，快適感（図36.14）とリラックス感（図36.15）について調べている．図36.14では，18℃の室温では照度も色温度も快適感に影響しないが，24℃では3,000 Kの500 lxが最も快適感が強く，同じ3,000 Kの1,000 lxより有意な差を示している．また同じ500 lxにおいても，3000 Kは6,000 Kよりも有意に快適感が大きい．この傾向は図36.15のリラックス感についてもまったく同様であった．図からは，高色温度もしくは高照度で刺激性が増すということもできる．色温度に関する好みの調査では，被験者20名中10名が3,000 Kを，6名が6,000 Kを選び，残り4名はその中間であった．高色温度を選んだ被験者は全員1,000 lxが良いと答えている．光の好みについては，高色温度，高照度の刺激性を重視するか低色温度，低照度の落ち着いた雰囲気を重視するかでその評価が大きく異なってくる．興味深いのは，河口[15]の結果では6,700 Kの700 lxが最も好まれたが，Schröder[33]の結果では6,000 K, 500 lxの組合せは20名すべての被験者に好まれなかった．

ドイツ，アーヘンのフィリップ照明研究所のBodmann[1]は，400名をこえる被験者にさまざまな照度と色温度を組み合わせた照明条件に20〜30分間曝露したのち口頭で評価させた結果，700〜3,000 lxの照度範囲では電球色から昼光色にわたるどの色温度も受け入れることができるという報告をしている．また明るさの好みについても，色温度や

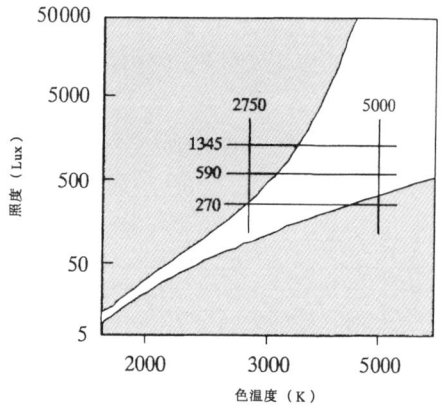

図 36.16 Kruithof曲線と照明条件（Davisら, 1990）[4]

演色性について一貫した傾向はみられないと指摘している．これらはいずれも，Kruithofの結果の一部とは一致しないものである．

アメリカのGTEプロダクツコーポレーションのDavisとミネソタ大学のGinthner[4]は，Kruithofの曲線の再現性を検討している．40名の被験者に対して，2,750 Kと5,000 Kの色温度に3水準の照度（270, 590, 1,345 lx）を組み合わせた照明条件（R_aはいずれも89〜90）に曝露させ調査した．図36.16にみるように，Kruithofの曲線では2,750 Kについては270 lxであれば快適領域にあるが，1,345 lxでは不快領域となる．一方5,000 Kについては，1,345 lxでは快適領域にあるが，270 lxでは不快領域となる．調査の結果，照明条件の好みについて色温度の影響はなく，さらに被験者が男性か女性かによる好みの違いもなかった．ここで唯一影響があったのは照度水準で，270 lxより590 lxもしくは1,345 lxが

より好まれた．

Kruithof の曲線は，人工光源の好みに関して照度と色温度の関係を定量的に示した貴重な資料であるが，実際には個人の経験や重視する評価対象の違いなどによって必ずしも一貫した傾向は示さないことに留意すべきであろう．

c. 色温度と温冷感

光の色合いが温冷感に影響することは，「hue-heat（色相-熱）」仮説としてよく知られている．すなわち，可視放射の長波長域を多く含む赤っぽい光は暖かく感じ，逆に短波長域を多く含む青っぽい光は涼しく感じる．以下に色温度と温冷感に関するいくつかの報告を紹介する．

東北電力の石川[11]は，色温度による温冷感の違いを利用して冷暖房時の省エネ効果を検討している．色温度は 3,000 K と 6,700 K（いずれも R_a 84～85，照度はテーブル上で 400 lx）で 65 名の女性被験者（30～45 歳）に対して 7 段階の温冷感および快適感・満足感を冬季と夏季にそれぞれ調査した．図 36.17 は，夏季と冬季の異なる色温度条件下における満足感・快適感と室温の関係を示している．季節による主観の違いには，着衣量の差（夏季 0.5 クロー，冬季 1.0 クロー）も含まれている．著者によると，満足感・快適感のピークを得られる室温は夏季は昼光色のほうが約 1℃高く，冬季は電球色のほうが約 1℃低くなり，それぞれ冷暖房による消費エネルギーが概略 5～8％程度節約されるとしている．省エネ効果のみで居室の色温度を選択するのは後述の生理反応の結果から必ずしも望ましいとはいえないが，貴重な資料を提供している．

幸野[17]は，室温の経時的上昇に伴う温冷感の変化と色温度との関係を朝と夜で調査している．被験者は男子大学生 7 名で，室温は 20～35℃まで 30 分かけて上昇させながら，色温度 3,000 K，5,000 K，6,700 K（いずれも R_a 88）の下で 7 段階の温冷感を，午前 10 時と夜 9 時で調べている．その結果，いずれの条件においても室温の変化と温冷感の変化との間には有意な相関関係があったが，朝ではその関係に色温度間の差はなく，夜において有意に回帰直線の高さに差があり，同じ室温で 3,000 K が最も暖かく感じ，次に 5,000 K，6,700 K の順となった（図 36.18）．著者によると，朝と夜で温冷感に対する色温度の効果が違うのは体温の違いが関係しているらしい．

先のドイツ，キール大学の報告[33]では，24℃の室温において同じ 3,000 K，もしくは 6,000 K でも照度が 1,000 lx よりも 500 lx のほうがより暖かく感じることを示している．しかし，6,000 K の 500 lx では非常に大きな個人差が示されている．

36.3 光の色合いと生理反応

外界からの光刺激は脳の松果体に達し，生体リズムに影響することが知られている．図 36.19 は，網膜から松果体に至るまでの光情報の伝達経路を示

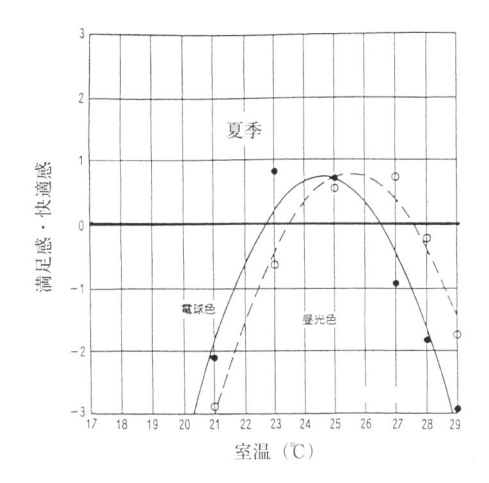

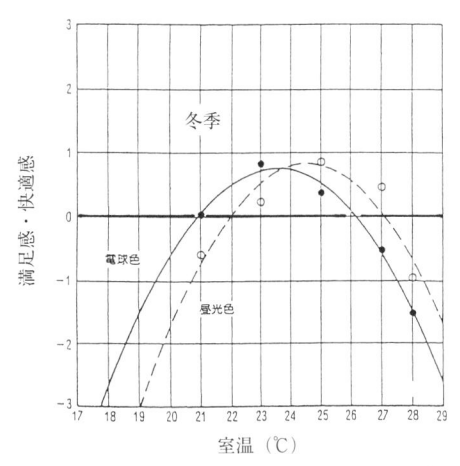

図 36.17 夏季と冬季の異なる色温度条件下における満足感・快適感と室温の関係（石川，1993）[11]

縦軸は，3：非常に快適，2：快適，1：やや快適，0：どちらでもない，−1：やや不快，−2：不快，−3：非常に不快．

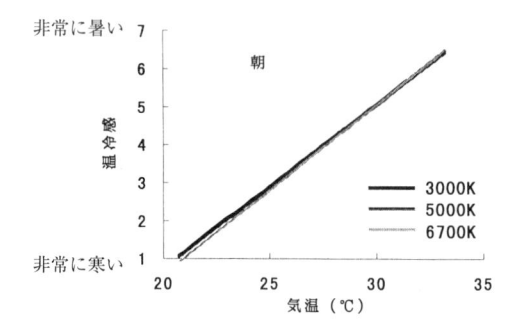

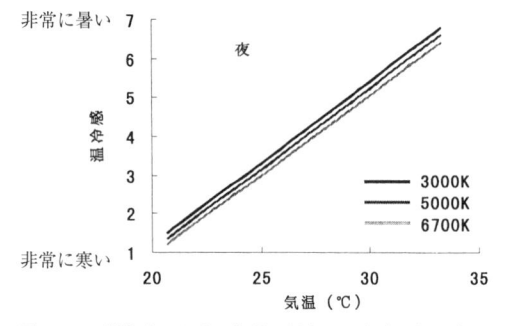

図36.18 朝と夜における気温に対する温冷感の色温度による違い（幸野，1998）[17]

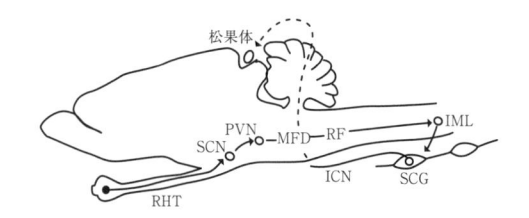

図36.19 ラットの脳内の非視覚系光伝達路（Kleinら，1983の図を一部改変）[16]
RHT：網膜視床下部路，SCN：視交差上核，PVN：室傍核，MFB：内側前脳束，RF：網様体，IML：中間質外側部細胞柱，SCG：上頸部交感神経節，ICN：下内頸動脈神経．

す．網膜に到達した光は，網膜視床下部経路を経由して視交差上核，室傍核を通り，そこから内側前脳束，網様体を抜けていったん脳の外に出たあとに上頸部交感神経節などを経て再び脳内に入り松果体へ達する[16]．この一連の経路のなかで，視交差上核は生体リズムに，室傍核は心拍数や血圧などの自律神経系に，内側前脳束は快や不快に関連する情動に，網様体は大脳新皮質の全体的な覚醒水準にそれぞれ関連することが知られている．また松果体では数種類のホルモンが分泌されているが，このうちメラトニンに関する研究が最も多い．

このようなことから，光の色温度に対する生体の

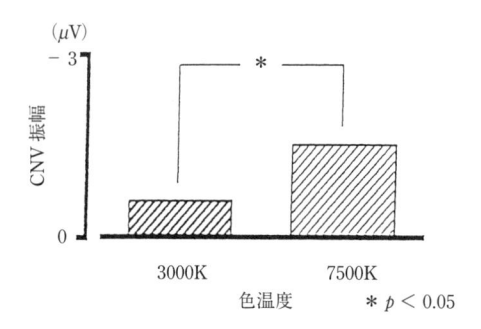

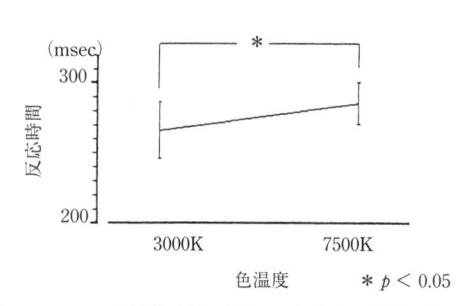

図36.20 CNV振幅と反応時間への色温度の影響（岩切ら，1997）[13]

生理的反応としては，中枢神経系，自律神経系，ホルモン分泌系の広い範囲にわたって関連することが予測される．

これまで，光の色温度に対する生理反応の研究は非常に少なかったが，ここ10年ほど前から九州芸術工科大学や千葉大学の生理人類学教室を中心として数多くの成果が報告されつつある．以下に報告のいくつかを紹介する．

a. 色温度の中枢神経系への影響

中枢神経系への影響をみるためによく用いられる指標としては，新皮質の活動性が高いときにみられるβ波率，外部からの意図的な刺激に対する反応を加算して評価する事象関連電位がある．これらはいずれも新皮質の活動水準，すなわち覚醒水準の指標にもなる．

DeguchiとSato[5]（1992）は，11名の男子大学生について色温度の覚醒水準への影響をみるために，事象関連電位のうち随伴性陰性変動（CNV）の初期成分の振幅を測定している．照明条件は，3,000 K，5,000 K，7,500 Kの色温度3条件（R_a 88）で照度は1,000 lxであった．結果は，7,500 K下では

3,000 K よりも高い CNV 振幅を示し，7,500 K 下において覚醒水準が高まっていることが示唆された．その後，樋口[8]，岩切ら[13] はこれを追認し（図36.20），同時に求められた反応時間の成績から 7,500K の高い覚醒は作業遂行にとって必ずしも適正な水準ではないと考えられた．

野口[30] は，精神性作業の集中時によく観察される Fmθ（前頭部正中線上の θ 波）の増加量が 7,500K の VDT 作業では 3,000 K や 5,000 K の条件下より少ないことを示し，Deguchi と Sato[5] の結果を異なる測定項目によって追認している．

外国では，スウェーデンの研究[19] がある．彼らは 17 名の男性と 16 名の女性（19 ～ 48 歳）を対象に，実験室にオフィスを再現し，照度 450 lx，1,700 lx と色温度 3,000 K（CRI：85），5,500 K（CRI：91）のそれぞれの組合せで午前 9 時から午後 4 時まで曝露したうえで，生理的，心理的評価を行っている．覚醒水準については，低照度より高照度で α 波は減少し，低照度においては 5,500 K のほうが 3,000 K より α 波がより大きいとして，昼光色のほうがよりリラックスできるといっている．しかし一方，β 波も 5,500 K がほかのすべての照明条件より 2 倍ほど大きくなっているにもかかわらず，これに関する言及はなかった．また彼らの用いた昼光色ランプは先の日本で用いた 7,500 K に比べるとかなり低い 5,500 K で，昼白色に近い色温度である．以上のようなことから，日本とスウェーデンの結果の違いは単に人種や地域的な差と即断するのは早計である．

b. 色温度の自律神経系への影響

自律神経系への影響をみるためによく測定される項目は，心拍数，血圧，皮膚温，直腸温（深部体温）などである．

Mukae と Sato[26] は，色温度が 3,000 K, 5,000 K, 6,700 K の 3 条件，照度が 100 lx, 300 lx, 900 lx の 3 条件の組合せで安静と VDT 作業時の心拍数を測定している．その結果，心拍数そのものは照明条件の影響がみられなかったが，心拍数の周期をスペクトル解析して求めた心拍変動（HRV）によると，心臓支配の自律神経系の活動の程度が照度によらず 6,700 K において亢進していることが示唆された

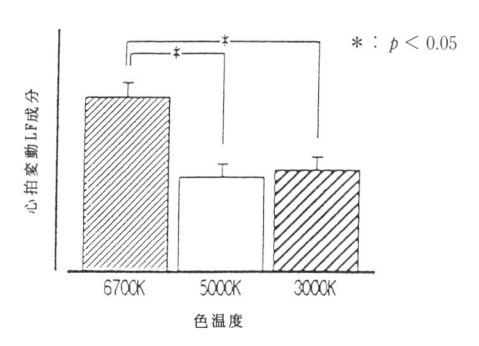

図 36.21 心拍変動 LF 成分への色温度の影響（Mukae ら，1992）[26]
心拍変動 LF 成分：心臓支配の交感神経と副交感神経の両方の活動を含む成分．

（図 36.21）．

Sako[32] は，15 ℃ の室温下では 7,500 K の高色温度条件で拡張期血圧が他の色温度（3,000 K, 5,000 K）よりも低下し，同時に末梢部の皮膚温が上がることを示した．その後，安河内ら[37] は 15 ℃ の室温に 90 分曝露すると，7,500 K において末梢部の皮膚温が上昇することから放熱量が増し，直腸温が 3,000 K に比し有意に低くなることを観察した．

しかしながら先のスウェーデンの例では，彼らの実験で用いられた照度や色温度の条件内では心拍数や心拍変動に系統的な違いはみられていない．同じ昼光色でも色温度の差が結果に影響するのかもしれない．

c. 色温度のホルモン分泌系への影響

ホルモンについては，光との関連が強いコルチゾールやメラトニンの報告がみられる．副腎皮質から分泌されるコルチゾールの血中濃度は，一般に日中に高く，夜低い．また最も高くなるのは早朝で，午後の遅い時間にも小さなピークを示すことが知られている．このホルモンは，熱，痛み，傷害などの物理的ストレスや心理的なストレスに対して増大し，生体をもとの状態に回復させようとする働きがある．またメラトニンは第 3 の目ともよばれる松果体で合成され，光の影響を強く受けることが知られている．一般に血中濃度は日中低く，夜高い．通常，濃度のピークは夜間午前 2 時頃で，夜明けとともに低値になる．メラトニンは睡眠ホルモン，コルチゾールはストレスホルモンとよばれることがある．

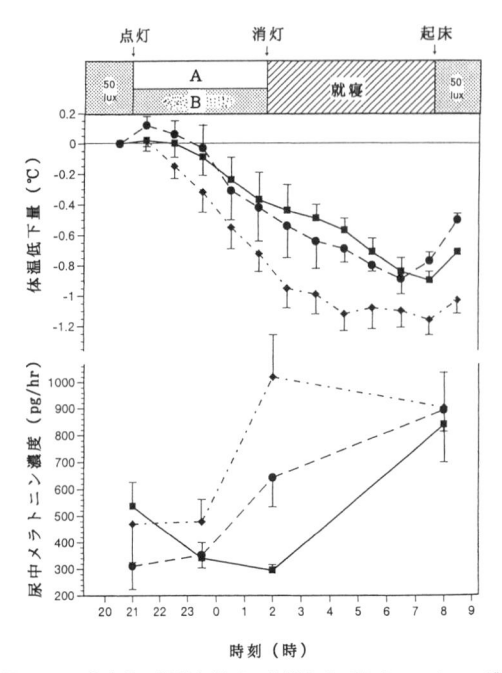

図 36.22 就寝前の照明色温度の体温および血中メラトニン濃度に及ぼす影響（Morita ら，1998）[25]
A：3000K もしくは 6500K への照明曝露（照度はいずれも 1000 lx），B：対照照明への曝露（白熱電球，50 lx）．■：昼光色（6500K），●：電球色（3000K），◆：白熱電球（対照）．

一般にホルモン分泌への影響をみるには照明への長い曝露時間が必要であり，日本における資料は少ない．

Morita と Tokura[25] は夜間の就眠前までに曝露される照明色温度の睡眠への影響をみるために，体温と血中メラトニン濃度を測定している．睡眠前の 5 時間について電球色（3,000 K, R_a95）と昼光色ランプ（6,500 K, R_a74）のそれぞれにさらしたとき，睡眠に必要な体温の低下と血中メラトニン濃度上昇の光による抑制の程度が電球色ランプのほうが小さかったことを報告している．睡眠前に曝される照明は低色温度のほうが熟睡に有利ということができる（図 36.22）．

諸外国の研究では，先のスウェーデン，ルント大学の Küller のグループが精力的な調査をしている[6]．同じビルの異なるフロアで，仕事の内容が類似する 2 か所のオフィスに対して，片方に標準的に使用される白色蛍光灯を，他方に昼光色蛍光灯を設置し，最も日照時間の長い 6 月と最も短い 12 月に 55 名のワーカーを対象に調査した．尿中から分析されたコルチゾールに対して，照明光の違いは日照時間の季節変化に有意な関係を示さなかった．しかしながら心理的な調査との関連において，コルチゾール濃度の高いものについては，6 月の昼光色の条件下で消極的な気分になる傾向がみられた．メラトニン濃度に関しては，昼光色照明において 12 月の濃度が 6 月と同じ水準まで下がる傾向がみられ，部屋の窓辺ではそれがさらに顕著になった．12 月の昼光色下のワーカーはより活動的でより覚醒感があったが，それらは長続きせず，のちに気分的には優れない方向に向かったと報告している．

また Küller と Wetterberg[19] の半日曝露の例では，実験室における 3,000 K と 5,500 K との間でコルチゾールとメラトニンのいずれも色温度間の違いを見出していない．

以上，色温度を中心としてヒトの心理反応，生理反応に及ぼす照明の影響をみてきたが，そこには非視覚的な照明の影響が明らかに存在することが確認された．しかしながら，これらの照明色温度の生体反応への影響はまだ緒についたばかりで，人種や民族，性，年齢，生活習慣，気候，地理的差異などさらに考慮すべき条件が多く，これらを含めた生体反応の特徴を抽出していくには，国内外の研究者との連携による系統だった調査，研究が必要と思われる．

［安河内　朗］

文　献

1) Bodmann, H. W.（1967）Quality of interior lighting based on luminance. *Trans. Illum. Eng. Soc.*, **32**, 22-40.
2) Boyce, P. R. and Simons, R. H.（1977）Hue discrimination and light sources. *Lighting Research & Technology*, **9**, 125-140.
3) CIE Publ. 13. 2（1974）Method of measuring and specifying colour rendering properties of light sources, 2nd Ed.
4) Davis, R. G. and Ginthner, D. N.（1990）Correlated color temperature, illuminance level, and the Kruithof curve. *J. Illum. Eng. Soc.*, **19**, 27-38.
5) Deguchi, T. and Sato, M.（1992）The effect of color temperature of lighting sources on mental activity level. *Ann. Physiol. Anthrop.*, **11**, 37-43.
6) Erikson, C. and Küller, R.（1983）Non-visual effects of office lighting, CIE 20th SESSION'83, Photobiology and photochemistry, D602/1-4.
7) Hecht, S. and Hsia, Y.（1945）Dark adaptation following light adaptation to red and white lights. *J. Opt. Soc. Am.*, **35**, 261-267.

8) 樋口重和・岩切一幸・佐藤方彦・南 一成（1992）照明環境への曝露時間がCNVに及ぼす影響．日本生理人類学会第29回大会梗概集，p.109.

9) IEC 81-1984（1993）Tublar fluorescent lamps for general lighting service, 4th Ed. Amendment 4.

10) 稲田勝美（1992）光環境と生物反応―光バイオインダストリーの基礎として―．照明学会誌，**76**, 7-10.

11) 石川泰夫（1993）光色と快適居住環境―光色による冷暖房省エネ効果について―．照明学会誌，**77**, 690-692.

12) 岩切一幸（1994）光源の色がCNVに及ぼす影響，九州芸術工科大学生活環境専攻修士論文．

13) 岩切一幸・綿貫茂喜・安河内 朗・栃原 裕（1997）光源色がその曝露中と曝露後にCNVの早期成分に及ぼす影響．日本生理人類学会誌，2, 139-145.

14) 川上元郎（1976）色の常識，日本規格協会．

15) 河口綾乃（1999）高照度照明が生体に与える影響について，九州芸術工科大学大学院生活環境専攻修士論文．

16) Klein, D. C., Smoot, R., Weller, J. L. Higa, S., Markey, S. P., Creed, G. J. and Jacobowitz, D. M.（1983）Lesions of the paraventricular nucleus area of the hypothalamus disrupt the suprachiasmatic → Spinal cord circuit in the melatonin rhythm generating system. *Brain Research Bull.*, **10**, 647-652.

17) 幸野康臣（1998）光源の色温度が朝と夜の温冷感に及ぼす影響，九州芸術工科大学生活環境専攻修士論文．

18) Kruithof, A. A.（1941）Tubular luminescence lamps for general illumination. *Philips Technical Review*, **6**, 65-73.

19) Küller, R. and Wetterberg, L.（1993）Melatonin, cortisol, EEG, ECG and subjective comfort in health humans : Impact of two fluorescent lamp types at two light in tesities. *Lighting Res. Technol.*, **25**, 71-81.

20) JIS Z 8113（1988）照明用語．

21) JIS Z 8726（1990）光源の演色性評価方法．

22) JIS Z 9112（1990）蛍光ランプの光源色及び演色性による区分．

23) Mckinley, R. W.（ed.）（1947）IES lighting handbook, New York : Illuminating Engineering Society.

24) 森 礼於（1993）蛍光灯の光（光色と演色性）．照明学会誌，**77**（4）, 205-207.

25) Morita, T. and Tokura, H.（1996）Effects of lights of different color temperature on the nocturnal changes in core temperature and melatonin in humans. *Appl. Human Sci.*, **15**, 243-246.

26) Mukae, H. and Sato, M.（1992）The effect of color temperature of lighting sources on the autonomic nervous functions. *Ann. Physiol. Anthrop.*, **11**, 533-538.

27) 行田尚義（1991）100 hue testと光源．日本眼光学会誌，10-13.

28) 日本規格協会編（1990）JIS ハンドブック，色彩 1990，日本規格協会．

29) 日本色彩学会編（1980）新編色彩科学ハンドブック，東京大学出版会．

30) 野口公喜・小林宏光・佐藤方彦（1992）照明環境の違いが生体に及ぼす影響の脳波トポグラフィーによる評価．日本生理人類学会第29回大会梗概集，p.107.

31) Said, F. S. and Weale, R. A.（1959）The variation with age of the spectral transmissivity of the living human crystalline lens. *Gerontologia*, **3**, 213-231.

32) 迫 秀樹（1995）色温度と環境温度が体位血圧反射に及ぼす影響．倉敷市立短期大学紀要，**25**, 135-141.

33) Schröder, I.（1995）Subjective responses to light sources of different colour temperatures and illuminances. *Z. Morph. Anthrop.*, **81**, 235-251.

34) Verriest, G., Laethem, J. V. and Uvijls, A.（1982）A new assessment of the normal ranges of the farnsworth-munsell 100-hue test scores. *Am. J. Ophthalmol.*, **93**, 635-642.

35) Warwick, R.（1976）Eugene Wolff's anatomy of the eye and orbit, 7th ed., Philadelphia : Saunders.

36) 安河内 朗（1998）平成9年度人間感覚計測応用技術の研究開発委託研究成果報告書，社団法人人間生活工学研究センター．

37) 安河内義剛・安河内 朗（1995）色温度が体温調節に及ぼす影響，日本生理人類学会第34回大会抄録集，p.65.

38) 矢野 正・下村容子・橋本健次郎・金谷末子（1993a）高齢者の色識別性―光色との関係―．日本色彩学会，**17**, 107-118.

39) 矢野 正・金谷末子・市川一夫（1993b）高齢者の不快グレア―光色との関係―．照明学会誌，**77**, 296-303.

高度環境と日本人

37
高地環境と日本人

37.1 高地の日本人

登山などでの短期間の高地滞在を別とすれば，日本人が高地環境に曝露されることは少なく，長期的な順化・適応についての知見は限られている．仮に標高 2,500～3,000 m 以上を高地とした場合，日本国内には人間が定住している高地は存在していない．国外でも，ケニアのナイロビ，エチオピア高原，アルプス，アジアのチベット・ヒマラヤ，アメリカ大陸のロッキー山脈やアンデスといった高地にどれだけの日本人が住んでいるかは明らかでない．本章では南米ボリビア国の高地都市（ラパス市 3,600 m）に居住している約 400 人の日本人・日系人について 1979 年に行った人類生態学的調査によった．

37.2 高地環境と順化・適応

a. 高地環境の特徴

高地環境は低圧低酸素状態，寒冷乾燥気候，乏しい動植物相などから特徴づけられる．海抜 0 m では 760 mmHg の大気圧は高度の上昇とともにほぼ直線的に低下する（図 37.1）．高度 3,000 m では大気圧 530 mmHg，高度 4,000 m で 40％減，5,000 m で半分近くにまで低下する．大気圧の低下に伴って，大気を構成している各種ガスの分圧も低下する．低地では大気圧の 20.9％を占め約 160 mmHg であった酸素分圧も低下し，体積当たりの酸素分子数の少ない低圧低酸素の状態が出現する．気温も気圧低下による気塊膨張によって，150 m 上昇するごとに 1℃下降する．さらに，大気圧低下によって水蒸気圧も下がるとともに，低地から吹き上がる湿潤な空気が途中で雨や雪として降り除去されてしまうので高地では乾燥気候となる．

b. 高地環境への順化

高地環境のうち低圧低酸素は人工的な修飾が困難であり，生物的・生理的な適応が不可欠である．空気中の酸素は肺胞から血液に取り込まれ酸素分圧を徐々に低下させながら動脈血から毛細血管を経て末梢組織に供給されていく．この酸素の移動や供給に従っての酸素分圧の変化を酸素瀑布（O_2 cascade, 図 37.2）という．低地では酸素圧は 150 mmHg であるが高地では高度に従って低下する．吸気中の酸素圧が低くなると低地と同じ傾斜の酸素瀑布では組織への酸素の供給が困難になる．20 世紀の初頭に行われたペルーのアンデス高地農村での調査では，高地民では酸素瀑布の傾斜が低地よりなだらかであ

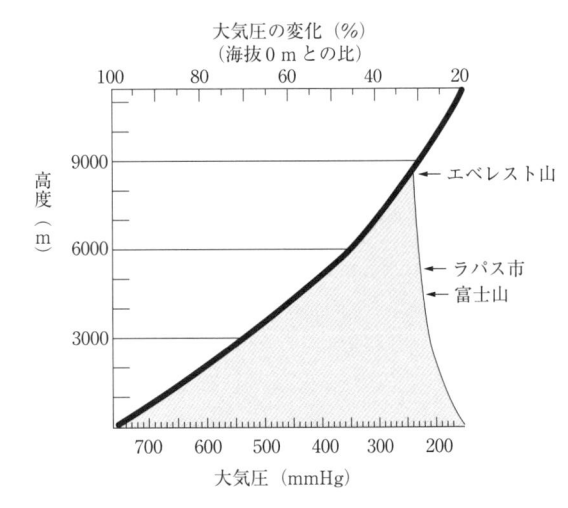

図 37.1 高度上昇に伴う大気圧の低下

大気圧（気圧）はボイル・シャルルの法則によって高度上昇につれてほぼ直線的に低下する．海抜 0 m では 1 気圧，760 mmHg（水銀柱），1,013 hPa（ヘクトパスカル）である気圧が 3,000 m で 530 mmHg（30％減），4,000 m で 460 mmHg（40％減）となる．大気を構成する各種ガスの構成割合は変化しないが，容積当たりの分子数は大気圧の低下につれて減少する．

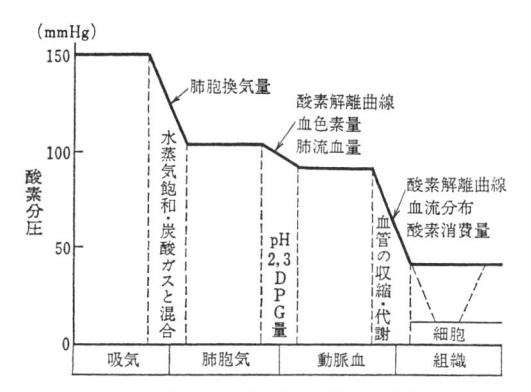

図 37.2　生体内の酸素の移動と解離（酸素瀑布）

生体内での酸素の供給は血中の酸素分圧の低下に従って，酸素分子が解離していくことで行われる．低地の大気では 760 mmHg × 21% ≒ 約 160 mmHg であった酸素分圧が，肺胞気では水蒸気飽和や二酸化炭素との混合によって 110 mmHg 程度となり，動脈血中で水素イオン濃度（pH）やヘモグロビン量，23 DPG（2,3 デホスホグリセレイト）濃度などに応じてさらに分圧を下げ，末梢組織では数十 mmHg となって細胞内のミトコンドリアで好気的分解のために利用されていく．もし大気圧が低い場合に低地と同じ程度で酸素分圧が低下すると，末梢組織まで適切な分圧・酸素飽和度を維持していくことが困難になる．

表 37.1　低酸素状態への適応機序

心肺機能の変化	呼吸の促進（過呼吸）→換気量の増加 心拍出量・心拍数の増加→分時拍出量の増加 肺動脈圧上昇→肺毛細血管拡張と密な分布
血液の変化	酸素解離曲線の右方移動 赤血球数増加，血色素濃度上昇 血液量の増加と分布の変化
組織での変化,その他	末梢毛細血管の密な分布 組織のミオグロビン量増加 細胞内ミトコンドリアの増加 嫌気的代謝の亢進

低酸素状態では酸素を必要とする組織・細胞にいかに多くの酸素分子を効率よく供給できるかが問題である．そのためにはまず，呼吸で空気から肺静脈に移る酸素分子を多くするか，心臓から拍出される血液の量を多くするといった心肺機能における機序がまず考えられる．さらに動脈血中でヘモグロビンに結合して運ばれる酸素の量を多くし，途中でロスがないようにする血液系の適応も不可欠である．近年では組織・細胞レベルで少ない酸素分子の有効利用を図る適応機序の存在が注目されている．

ると報告されている[1]．高地の低圧低酸素状態において酸素の取込みを促進し，効率よく運搬し，有効な組織での利用を図るさまざまな機序が想定されうる（表 37.1）．それぞれの順応機序がどのように有効かは，個体の性・年齢，栄養状態，高地居住歴といった条件や人間集団としての遺伝形質や生業活動などの特徴によって修飾されることはいうまでもない．日本人は歴史的にも父祖伝来の低地民であるが，南米アンデスの高地民は遺跡から推測すると約 2 万年の高地居住歴をもっている[2]．

37.3　高地の日本人

ボリビア国のアンデス高地に位置するラパス市（標高 3,000 ～ 4,000 m）居住の日本人は高地居住の経緯から 3 つに大別される．第 1 のグループは戦前の移民あるいはその子孫である．ボリビアに直接移住してきた人も多いが，ペルーなど南米のほかの国から再移住してきた場合もある．親戚や兄弟の呼び寄せによって戦後この都市に移住してきた人たちもこのグループに含まれる．第 2 のグループは 1960 年代にボリビア熱帯低地に創設された 4 つの日本人移住地（オキナワ第 1 ～第 3 移住地，サンフアン移住地）や低地の都市（サンタクルス市）から移動してきた人たちである．このグループのなかには高地都市と低地の移住地や都市の間を頻繁に往来している人たちも多い．第 3 のグループは最近高地にきた商社員・大使館員などである．

a. 日本人の高地適応像
1）発育・発達

これまで，アンデス高地の子供は身長や体重の発育や発達が遅く，初潮も遅いことが報告されている[3]．しかし，この発育遅延が低圧低酸素状態によるものか，貧弱な生産水準がもたらす低栄養状態によるのかについては実証的なデータは乏しい．

図 37.3 は高地居住の日本人・日系人の子供（男 23 名，女 20 名）の身長・体重・胸囲を調査年と同じ年次（1979 年）の日本の学校保健統計の年齢別平均値と比較したものである．例数が少ないので統計的な検討は加えていないが，身長，体重，胸囲のいずれでも日本での年齢別の平均値を下回っている子供が多い．また高地出生と低地出生とに分けてみると，男で低地出生では身長，体重が日本での値を上回る子供が半数存在したが，高地出生では皆無であった．これら体格測定と同時に行われた健診ではこの子供たちに栄養障害や特定の疾病罹患は認められなかった．また，父兄の血液ヘモグロビン濃度や血清の蛋白質あるいは総コレステロール値からみると，栄養状態は良好と判断された．

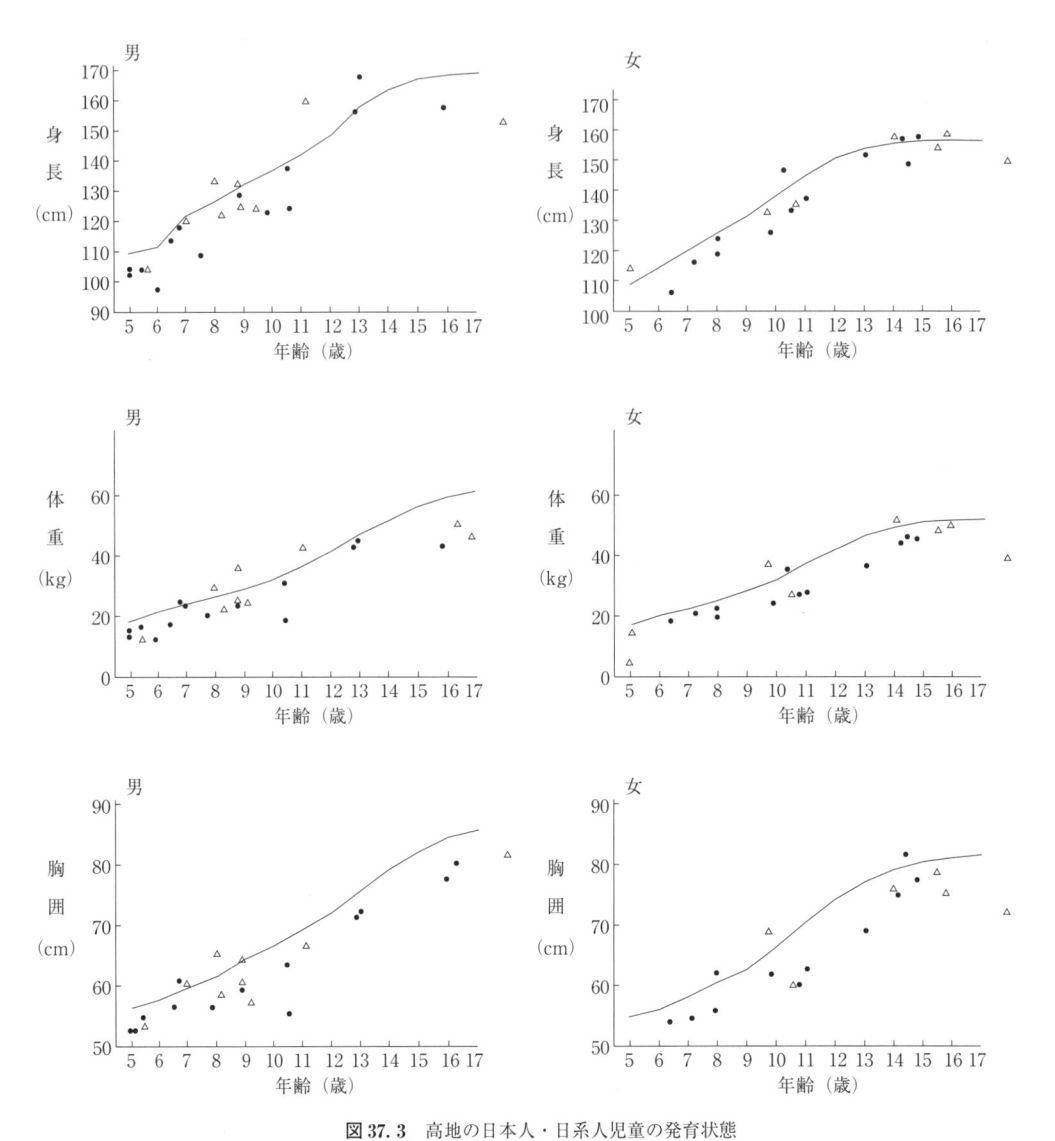

図 37.3 高地の日本人・日系人児童の発育状態
　実線は1979年の日本の学校保健統計による全国平均値．日本またはボリビアの低地出生（●），アンデス高地出生（▲）のいずれでも高地居住群では身長，体重，胸囲のいずれでも日本の平均値を下回っている児童が多い．

2）体格・胸郭

　高地居住の日本人成人男性（20歳以上）と低地の日本人移住地（サンフアン移住地）および都市（サンタクルス市）居住の日本人男性について，身長，体重，胸囲，胸郭指数（胸厚/胸幅）などの体格を比較したが，有意な差異は認められなかった（表37.2）．1997年度の日本の国民栄養調査では男性の平均身長は20歳の167.3 cmから60歳の158.9 cmまで分布し，平均体重は同じく61.5 kgから55.9 kgまで分布していた．高地および低地居住の成人男性の身長，体重もほぼ同じ範囲にあった．女性についても高地と低地間やボリビア居住日本居住との差異はまったく認められなかった．

　アンデス高地民での低酸素状態に対する形態的な適応像として胸が厚いたる状胸郭（barrel-shaped chest, 図37.4）の存在が知られている[4]．このたる状胸郭によって機能的残気量が多くなり少ない酸素分子を有効に利用できると考えられている．表37.

37.3 高地の日本人

表 37.2 日本人，ボリビア人の体格，血液，生理機能の比較（男性，20歳以上）

		日本人		ボリビア人	
		低地 ($n = 57$)	高地 ($n = 59$)	高地 ($n = 82$)	低地 ($n = 95$)
	平 均 年 齢	43.7 ± 15.5	43.8 ± 15.4	28.9 ± 10.3	36.5 ± 12.8
	居 住 年 数	15.4 ± 17.9	16.8 ± 17.2	28.9 ± 10.3	
体　格	身長 (cm)	158.6 ± 13.3	162.0 ± 15.5	161.0 ± 5.7	159.8 ± 5.8
	体重 (kg)	55.9 ± 12.6	56.7 ± 12.0	57.9 ± 6.7	58.5 ± 8.5
	BMI	21.9 ± 3.7	21.3 ± 2.9　＊	22.3 ± 2.2	22.9 ± 3.0
	胸幅 (cm)	26.5 ± 3.0	26.8 ± 1.4	26.6 ± 1.5	25.9 ± 2.5
	胸厚 (cm)	17.5 ± 2.3　＊	18.4 ± 1.5　＊＊	19.6 ± 1.3	19.7 ± 1.9
	胸郭指数	0.66 ± 0.05　＊	0.69 ± 0.06　＊＊	0.74 ± 0.05	0.77 ± 0.12
	胸囲 (cm)	86.0 ± 10.4	86.1 ± 7.6	88.8 ± 14.1	91.4 ± 5.3
呼吸機能	％肺活量 [1]	92.3 ± 17.7	94.7 ± 23.0　＊	104.3 ± 9.8	
	胸郭排出指数 [2]	0.935 ± 0.020	0.935 ± 0.024　＊	0.928 ± 0.017　＊＊	0.945 ± 0.019
血　圧	収縮期血圧 (mmHg)	131.1 ± 21.0	124.0 ± 20.8	123.5 ± 23.8	
	拡張期血圧 (mmHg)	88.5 ± 19.8	85.5 ± 13.1　＊＊	73.2 ± 11.6	
血　液	ヘモグロビン (g/100ml)	15.8 ± 1.5　＊＊	19.1 ± 1.6　＊＊	18.0 ± 1.22　＊＊	14.5 ± 1.6
	ヘマトクリット (%)	46.9 ± 5.3　＊＊	55.0 ± 5.3	54.3 ± 4.1　＊＊	41.0 ± 4.4

％肺活量：実測肺活量と年齢・身長を補正した標準肺活量（Baldwin による）との比
胸郭排出指数：最大呼気時胸囲/最大吸気時胸囲
胸郭指数：胸厚/胸幅
BMI（Body Mass Index）：体重（kg）/身長（m^2）
＊，＊＊：隣り合う2群間での平均値の有意差（＊；$p < 0.05$，＊＊；$p < 0.01$）

体格については高地居住の日本人では低地居住者に比べて胸が厚く，胸郭指数（胸厚/胸幅）が大きい．ボリビア人では居住高度による体格の差異は認められない．高地に居住の日本人とボリビア人間には BMI，胸厚，胸郭指数など日本人の居住高度間にみられた差異が顕著に認められている．心肺機能では胸郭排出係数（呼気時の胸囲を吸気時の胸囲で除した値）が低く呼気時における胸囲の拡大が大きいことが認められた．また，高地居住のボリビア人では日本人に比べて徐脈で肺活量が大きく拡張期血圧が低いことが特徴的であった．日本人で居住高度による差異は血液で顕著であり，高地居住者では低地居住者よりヘモグロビン濃度やヘマトクリット値が有意に高かった．

図 37.4 アンデス高地民のたる状胸部

低地居住者　アンデス高地民

3 にみるように，身長と体重では居住高度による有意な差異は日本人，ボリビア人ともに認められなかったが，BMI（body mass index,体重/身長 ^{2}）ではボリビア人の値が日本人より大きかった．胸幅や胸囲では日本人，ボリビア人とも居住高度による有意な差異は認められなかった．胸厚と胸郭指数（胸厚/胸幅）ではボリビア人の値が日本人より大きくたる状胸郭の存在を示していたが，日本人でも高地居住では低地居住に比べて胸厚と胸郭指数が大きかった．

慢性呼吸器疾患である肺気腫では胸郭の前後径（胸厚）の増大がみられる．高地の低酸素への長期曝露が肺気腫様変化をもたらしたのかもしれない．

3）血　液

血液のヘモグロビン（血色素）は 1 g 当たり 1.34 ml の酸素と結合するので，高地居住ではヘモグロビン濃度が高いことが有利である[5,6]．

図 37.5 は 1979 年のアンデス高地と熱帯低地での人類生態学の海外調査時の 4 名の隊員（日本人）のヘモグロビン濃度とヘマトクリット値（血球容積比）の変化である．高地（ラパス，標高 3,600 m）に到着してから，2～3 日目にまずヘマトクリット値が上がり，ついで約 1～2 日遅れてヘモグロビン濃度の急速な上昇が認められている．初期のヘマトクリット値の上昇が脾臓からの赤血球の放出によるもので，遅れての急速なヘモグロビン上昇は造血機能の亢進によるものと考えられる[7,8]．高地から中等

度高地（コチャバンバ，2,400 m）に下がるとすぐにヘモグロビン濃度，ヘマトクリット値とも減少したが，低地（サンタクルス，100 m）を経て，再び高地に上がると両者とも初回滞在時より急速に上昇した．短期滞在でも低圧低酸素状態に対する血液系の応答が顕著であること，その応答の速度が近過去における曝露に影響を受けているといえよう．

高地居住の日本人とボリビア人のヘモグロビン濃度およびヘマトクリット値とも低地の日本人より有意に高値であった．しかも，高地の日本人のヘモグロビン濃度は 19.1 g/100 ml とボリビア人の 18.0 g/100 ml より有意に高値であった．高地居住歴が 20 年以上に及ぶ日本人高齢者ではモンヘ（Monge）が慢性高山病の高リスクとした 23 g/100 ml に近い値を示していた[9]．また，多血症とともに血清総コレステロールや血清蛋白質も低地の日本人より高かった．心肺機能に関する訴えも多いことを考えると，長期高地滞在でみられる高いヘモグロビン濃度の順応像での役割や有効性については今後検討する必要がある．ボリビア人では年齢（居住歴）による変化が少ないことも過適応の回避といった状態を示唆しているのかもしれない．

4）心肺機能

i）呼吸機能　高地に到着した当初は息切れが強く，呼吸数が多く換気量も大きい過換気状態が起きることは衆知のことである．しかし，こうした心肺機能の亢進による順応はやがてヘモグロビン濃度・ヘマトクリット値の増加といった血液系の順応に変わっていく．高地居住のボリビア人では高地と低地の日本人より％肺活量が高く，胸郭排出指数が小さく吸気時と呼気時の胸囲の変化が大きいことを物語っている（表 37.2）．残気量を増大させるたる状胸郭と合わせて，生来の高地民では呼吸機能による適応がより有効に機能しているといえよう．

ii）血圧　高地での血圧については多くの議論がある．持続的な低酸素状態は副交感神経系を刺激し，血管拡張をもたらし，血圧，特に収縮期血圧を下げると考えられている[4]．しかし，この高地での血圧上昇の抑制がどの程度一般的にあてはまるのかは疑問である．

図 37.6 にみるように，ボリビア人では拡張期・収縮期血圧とも日本人のそれらより低い傾向が認められたが，日本人間には年齢を通じて居住高度によ

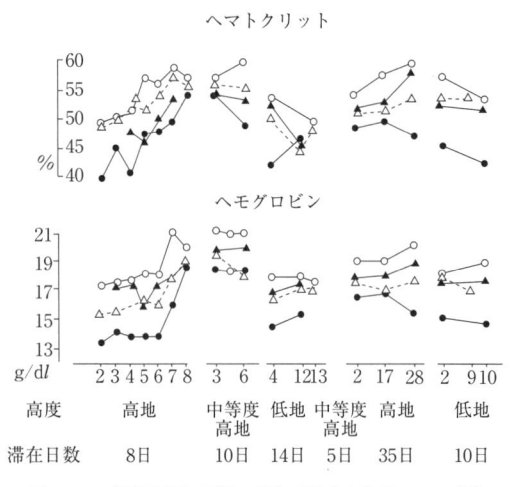

図 37.5　高度移動と血液の変化（日本人男性，1979 年）
高地：ラパス標高 3600 m，中等度高地：コチャバンバ標高 2,400 m，低地サンタクルス標高 100 m．
　高地到着後，ヘマトクリット（血球容積比）は脾臓の貯蔵赤血球の放出によってただちに上昇するが，造血機能の亢進によるヘモグロビン濃度の上昇には 5～6 日を要する．

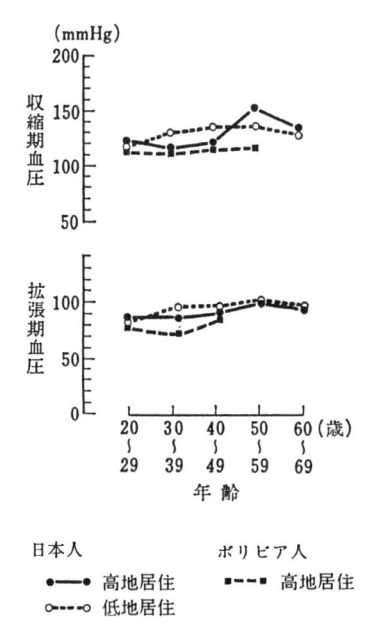

図 37.6　血圧の加齢変化
　高地居住では加齢による血圧上昇がみられないといわれている．高地居住のボリビア人では日本人より収縮期・拡張期血圧とも低い傾向が認められる．日本人でも 30～40 歳代では高地居住のほうが低値であるが，50 歳以上では低地居住の場合と同じ程度になる．

る差異は認められなかった．近年の高地農村での調査ではボリビア人の間でも居住高度による有意な血圧値の差異が認められていない．むしろ加齢によって血圧，特に拡張期血圧が上昇し脈圧が減少することを見出している[10]．尿中ナトリウムの排泄量からみて，1日約15gと推定される高い食塩摂取量が血管拡張による血圧降下を打ち消していると考えられる．

　iii) **心電図**　低酸素状態への適応機序の一つは心拍出量の増加である．高地到着時に息切れとともに動悸と頻脈を多くの人が経験する．高地滞在を続けヘモグロビン濃度の増加など血液系の馴化が始まると心肺系の症状は軽快する．

　心電図所見を比較すると，まず，高地のボリビア人の心拍数が日本人より少ないことが特徴的である．一方，高地と低地の日本人間には心拍数の差異はまったく認められない．父祖伝来あるいは生来の高地民には血流速度を緩やかにして組織への酸素供給を増大させたり，心臓への負担を少なくし労作時の拍出量増加への予備能力を大きくするといった機序があるのかもしれない（表37.3）．

　高地では肺動脈圧の上昇によって右心負荷が大きいが，心電図所見については地域差が大きい．チベットでは心電図のQRS軸（電気軸）は低地とほぼ同じ範囲であるが，アンデスでは右方移動していると報告されている[11]．チベットでは有史以前からの高地移住に対し，アンデスでは数万年という短い高地居住歴によるものと推測されている[12]．電気軸の分布では，右軸変異が日本人で30％，ボリビア人で15％と低地の日本人の7％より大きかったことも，チベットとアンデス間の差異と同じように

高地居住歴とかかわっているのかもしれない．電気軸の右方移動，高いR/S比といったボリビア人で顕著だった心電図上の特徴が加齢によってその頻度が減少する．

　一方，日本人では加齢に従って心拍数は増加を続け，電気軸は右方移動の頻度が高く，R/S比も大きくなるなど，若年期の特徴がより顕著となる傾向が認められる．ベクトル心電図上で，高地の乳幼児で顕著な右心負荷が加齢によって軽度になっていくと報告されている[12]．右心への過重な負荷による肺性心などの発生危険を回避するような機序が生来の高地民には備わっているのかもしれない．右室肥大や冠状動脈の虚血によると思われる異常所見は，高地居住者のみに認められた．日本人とボリビア人でそれぞれ右脚ブロックが2％と10％，陰性T波が2％と5％，STの下降が7％と5％と，STの下降を除くといずれもボリビア人で高頻度であった．数万年という居住歴は心機能における完全な適応を獲得するには短いのかもしれない．

b．高地に長期居住の日本人の健康像

　日本人が何十年という長い間高地に居住した場合，どのような順応像になるのであろうか．長期の日本人高地居住者の例を紹介したい．

　事例1：M.K.さん，61歳の男性．沖縄県生まれ，19歳のときに呼び寄せ移民としてボリビアに移住し，ラパス市に42年間居住している．現在は市内の目抜き通りで飲食店を営んでいる．酒は飲まないが喫煙は20本/日．20歳代後半に眼がチカチカして暗くなるとかすみ，頭重感に悩まされた．7，8年前からは蕁麻疹が出てかゆくていらいらし，不眠と息切れに悩まされている．痛風発作も1～2回あった．身長166.5 cm，58 kgでBMI 20.8．胸郭指数は0.63．血圧は136/92 mmHgと拡張期血圧がやや高い．努力性肺活量3150 mlで％肺活量は91％，1秒量（率）は1,900 ml（60.3％）と低い．血液ヘモグロビン量は21.7 g/100 ml，ヘマトクリット61％，血清コレステロール284 mg/100 ml，血清蛋白9.0と多血症かつ高コレステロール血症である．心電図では特に異常を認めない．

　事例2：R.N.さん，77歳の男性．長崎県生まれで25～39歳までラパスに居住．以後，第二次世界

表37.3　高地と低地の心電図

	日本人		ボリビア人
	低地	高地	高地
心拍数(/分)	70.1 ± 11.3	71.7 ± 11.6	64.1 ± 10.2
右軸偏位	3/45 (7％)	17/56 (30％)	10/60 (15％)
左軸偏位	3/45 (7％)	5/56 (9％)	17/68 (25％)
QRS時間	0.08 ± 0.02	0.09 ± 0.02	0.11 ± 0.02
PQ時間	0.16 ± 0.02	0.16 ± 0.02	0.16 ± 0.02
QT時間	0.39 ± 0.04	0.40 ± 0.03	0.42 ± 0.02
R/S比 (V_1)	0.38 ± 0.26	0.40 ± 0.28	0.70 ± 0.54
右脚ブロック	0	1/51 (2％)	4/39 (10％)
陰性T波	0	1/51 (2％)	2/39 (5％)
STの下降	0	4/54 (7％)	2/44 (5％)

大戦中（1941～62年）は日本に帰っていたが，1962年（60歳）から現在までラパスに住んでいる．通算のラパス居住歴は30年をこえている．既往歴として戦時中にマラリア，デング熱，アメーバ赤痢などに罹患したことがある．数年前に日本で胃潰瘍と診断されたが特に症状はない．ただし現在喘息発作がある．酒は飲まないが煙草は1日30本吸う．身長152.2 cm，体重44.5 kgでBMIは19.3とやせ気味である．胸郭指数は0.99ときわめて大きく肺気腫状態と推定される．血圧は118/96 mmHgと拡張期血圧が高い．肺活量2,000 mlで%肺活量は69%と低いが，1秒量（率）は1,800 ml（90%）と高い．ヘモグロビン濃度は23.6 g/100 ml，ヘマトクリット74%ときわめて高値で，コレステロール値275 mg/100 ml，血清蛋白8.8も高値である．心電図では電気軸と移行帯の右方移動が認められた．

両例とも喫煙本数が多いこと，自覚症状として息切れや喘息発作のあること，体格がやせ気味であること，%肺活量あるいは1秒率が低いこと，ヘモグロビン濃度やコレステロール値がきわめて高いこと，収縮期血圧は正常であるが拡張期血圧がやや高いことなどが共通点として指摘される．

37.4 妊娠・出産

胎児環境は高地環境と同じ低酸素状態にあるといわれている．そのために，高地の妊娠で胎盤が薄く大きくなり臍帯も短いことや出生時体重が小さいことが報告されている[13]．

1979年の調査で高地と低地居住の日本人女性の妊娠出産歴を比較すると，高地居住女性では妊娠・出産回数が低地より有意に少なかった（表37.4）．しかし，初経年齢や結婚年齢，母親の第1児出産時年齢との関連を検討すると産児数に対する居住高度の寄与は小さく，結婚年齢の高いことが高地における産児数が少ない第一の原因と推定された[15]．高地での出生時体重は全出産で2,673 g，初産で2,585 gと低地でのそれぞれ3,095 gと3,057 gより有意に小さかった．低地と比べ，高地で平均出生時体重が少ないことは多くの高地から報告されている．日本人における約300 gの差異はこれまで報告されている他地域での出生時体重の変化とほぼ同程度であ

表37.4 日本人女性の妊娠・出産歴

	高地（ラパス）	低地（サンタクルス）
対象婦人数	30	54
年齢（歳）	39.3	40.2
身長（cm）	151.8	152
初経年齢（歳）	13.5	14.4 *
結婚年齢（歳）	24.8	22.9 *
初回妊娠年齢（歳）	23.5	23.2 *
妊娠回数	3.1	4.5 **
出産回数	2.3	3.5 **
流死産回数	0.7	0.9
出生時体重(g) 全児	2673.3	3094.9 **
第1子	2583.3	3057.4 *

t検定による有意差：* $p < 0.05$，** $p < 0.01$．
高地居住の日本人女性は低地の女性に比べて初経年齢は若いが結婚年齢は遅く，妊娠回数や出産回数は少ない．流死産回数には有意な差異は認められなかったが，出生時体重は低地の場合に比べて軽かった．

り，日本人が高地の受胎・出産において特に高い感受性をもっているとは結論づけられない．

ここでは日本人の高地環境への順応の特徴を生来の高地民であるボリビア人（アンデス高地民）との比較で検討を試みた．したがって，ここでみられた高地居住による変化は日本人の特性というよりは，高地環境への居住期間の長短による差異をみただけかもしれない．高地居住者でみられた特徴もそれらが適応（adaptation）なのか，馴化（acclimatization）なのかについてもさらなる検討が必要であろう．急速に増大している世界人口の最後のよりどころになる地は熱帯高地であるともいわれている．世界のそれぞれの高地で人類生存圏が拡大発展していくことを期待したい．　　　　　　　［竹本泰一郎］

文　　献

1) Hurtado, A.（1932）Studies at high altitude ; blood observations on the Indian natives of the Peruvian Andes, *Am. J. Physiol.*, **100**, 487.
2) Pawson, I. G. and Jest, G.（1978）The high altitude areas of the world and their cultures, In : The biology of high altitude peoples（ed. Baker, P. T.）, pp.17-46, Cambridge Univ. Press.
3) Frisancho, A. R.（1970）Developmental responses to high altitude hypoxia. *Am. J. Physical Anthrop*, **32**, 401.
4) Heath, D. and Williams, D. R.（1977）Man at high altitude, In : Man at High Altitude, Churchill Livingstone.
5) 竹本泰一郎（1980）高地順応，環境（鈴木継美・大塚柳太郎編），篠原出版．
6) 竹本泰一郎（1981）環境適応—その可能性と限界，メディカルヒューマニティー，1．
7) Reynafarje, C., Lorano, R. and Validiviesco, J.（1959）The

polycythemia of high altitude ; iron metabolism and related aspects. *Blood.*, **14**, 433.
8) Reynafarje, C. (1966) Iron metabolism during and after altitude exposure in man and in adapted animals. *Fed. Proc.*, **25**, 1240.
9) Monge, M. C. and Monge, C. C. (1966) High—Altitude Diseases, Mechanism and Management. C. C. Thomas.
10) Kashiwazaki, H., Imai, H., Orias Rivera, J., Kim, C., Watanabe, K., Moji, K., Takemoto, T., Takasaka, K. and Suzuki, T. (1993) Blood pressure and salt intake in high altitude Bolivian Aymara. Seventh Symposium on salt Vol. (2), 263–271.
11) Jackson, F. S. (1977) Hypoxia and the heart. In : Man at High Altitude (Heath, D. and Williams, D. R. eds.) 172.
12) Panaloza, D., Gamboa, R., Marticorena, E. *et al.* (1961) The influence of high altitudes on the electrical activity of the heart. *Am. Heart J.*, **61**, 101.
13) McClung, J. (1978) Effects of High Altitude on Human Birth. In : The biology of high altitude people (Baker, P. T. ed.), 84, Harvard Univ. Press.
14) Kashiwazaki, H., Suzuki T. and Takemoto, T. (1988) Altitude and Reproduction of the Japanese in Bolivia. *Human Biology*, **60** (6), 831–845.

高度環境と日本人

38
高層建築物と日本人

38.1 世界の高層建築物

　古今東西を問わず高いところは神やその御国に近い神聖なところと見なされ，高山・深山は聖なる場所として霊山や神々の山として崇められてきた．しかし，それらの聖山は平地に展開する都市域から遙か遠くに聳え立つのが常であり，人々を容易には近づけない．これでは聖なる場所が有する威光や神聖さにあやかりたい者，とりわけ権力者や特権階級の者にとっては非常に不便なことである．そこで聖なる場所の代わりとして自らが住む都市域やその周辺の身近な場所に神やその御国に少しでも近い高層建築物を建設したとしても無理からぬことである．

　絶対的権力者であることの大義名分やその権力・権威を示すため，あるときには宗教儀式を司る神殿，祭壇，墳墓などとして，またあるときには記念碑やモニュメントなどとして有史以来幾多の高層の建築物が建設されてきた．旧約聖書にも記されているバビロン王朝のバベルの塔，古代エジプトファラオのピラミッド（最大のクフ王のものは高さ 150 m）やオベリスク，古代バビロニアの空中庭園などの歴史に残る数多くの高層建築物が知られている[1]．

　これらの高層建築物はいずれも高いことそれ自体によって，神聖さ，荘厳さ，威圧感などを仰ぎ見る人々に対して与え，また，そのことこそが建設のための重要なモチベーションでもあったように思われる．しかし，古代の未熟な石造・組積技術では高層建築物の内部に十分な空間をつくることはできなかったため，石を単に積み重ねてつくられたこのような高い構築物を高層建築物とよぶのはあまり適切ではないかもしれない．

　その後，西洋では石造・組積技術を中心とした建築技術は進歩し，高層建築物の内部に大きな空間をつくることのできるアーチ，ドーム，リブ，ボールド，バトレスなどのさまざまな組積建築技術が発展した．これらの技術は教会・寺院の大聖堂や尖塔，城砦や宮殿などにもっぱら用いられて，数多くの高層建築物が建設されることになった．しかし，つくられた空間は依然として権力者，支配階級の人々，宗教者らのための特権的，非日常的なものであり，建築物の高さ自体が有する神聖さ，荘厳さ，威圧などがその空間に最大限に付与するための高さへの挑戦でもあったように思われる．中世のロマネスクからゴシックに至る時代に建設された多くの高層教会建築にその典型をみることができる．ウィーンの聖シュテファン寺院の塔は高さ 140 m，ケルン本寺の双塔は 156 m，そしてウルム本寺の塔は 162 m にもなる[2]．それらの詳細については今さらここに述べるまでもなく，すでに数多くの建築史，美術史などをはじめとする書籍で紹介されているのでそれらを参照されたい．

　近代に入ると資本主義経済の興隆と産業革命という大きな社会変革によって高層建築物をめぐる様相は大きな転機を迎えた．都市における工業の進展によって大量生産が進み，また，都市には大量の農民が労働力として流入することになった．そのため，都市のスラム化，過密化，肥大化が進行してさまざまな都市問題を生ずるに至る．新興の都市資本家は過密となった市街地の高度利用やインフラの整備を進める必要に迫られたのである．19 世紀末には高層建築物は都市労働者のための集合住宅やオフィス，行政庁舎，駅舎，ホテルなどへと多様化が著しく進展した．こうして高層建築物はもはや権力者や支配階級の者にのみ威光や神聖さを付与する空間だけのものではなく，ようやく一般市民が利用できる開かれた空間へと変貌していった．

ところで，高層の建築物をどう呼称するかということについて現在のところ厳密な定義が特にあるわけではないが，一般に，約30 mをこえると「高層」，約100 mをこえると「超高層」，約300 mあたりをこえて地震荷重よりも風荷重のほうが建築的制約になる高さを境としてそれ以上のものを「超々高層建築物」と呼称しているようである．

アメリカでは，19世紀末から20世紀初頭にかけて資本主義経済が興隆することで，都市の姿やあり方も大きく変化した．シカゴに始まった鉄骨造，鉄筋コンクリート造による近代高層ビルの建設ラッシュが起こり，それを引き金としてニューヨークのマンハッタン街に摩天楼が出現した．ゾーニング法による容積率規制のなかで最大限に容積率を活用するための新しい建材や建築工法は近代機能主義の建築的形態や様式を表現するものとして，また，どれほど高い建築物を建設できるかという高さへの挑戦としてビルの高さが競われたのである．この高層建築熱は高さ319 mのクライスラー・ビル（1930年）やその後長く世界一の高さを誇ることになる102階，高さ381 mのエンパイヤーステート・ビル（1931年）の建設などにおいてピークを迎え，やがて世界大恐慌が勃発するに及んで終焉した[3]．

このような高層建築物では内部空間の環境は従来の低層ビルとは相当異なってくるが，それにとどまらず一つの巨大な建物として周辺環境に対しても街区形成やインフラなどという都市計画に対してもきわめて大きな影響を与えることになった．このため，高層建築物を都市計画や街づくりのなかに位置づけることの重要性が認識されるに至り，建築家や都市計画家によって高層建築物に関連したさまざまな都市コンセプトが提案された．コルビジェ（Le Corbusier）の「ユニテ」[4]や「輝く都市」[5]，ライト（Frank Lloyd Wright）の「マイルストーン」などのさまざまな高層建築の理念が提唱され，また，その実現のための方策が模索されることとなった[6]．

ニューヨークの異常な摩天楼競争が終焉した後もアメリカ各地において高層建築物の建設が復活し，1974年にはシカゴにエンパイヤーステート・ビルを凌ぐ高さ442 mの超々高層オフィスビルであるシアーズタワービルが竣工して世界一の高さを誇ったのである．近年，この超々高層ビル熱は東南アジアへ波及し，中国，香港，台湾，マレーシアなどにさまざまな超々高層ビルが次々と建設され始め，あたかも超々高層ビルの世界的な実験場のような様相を呈することとなった．ちなみに，1998年にマレーシアに建設された高さ452 mのペトロナスタワーが現在では世界第1位の高さである．

38.2　日本の高層建築物

日本は平地が少なく国土の狭小な国で，同時に世界有数の地震国でもある．そのため耐震的な制約から歴史的な高層建築物は多くないと一般に考えられている．しかしながら，近年発掘された環濠集落である吉野ヶ里遺跡や三内丸山遺跡などからはすでに縄文・弥生時代においても相当高い木造架構の楼閣があったことが明らかにされている．また，10世紀に書かれた『口遊（くちのすさび）』という本によれば，出雲大社は掘立柱架構の木造構造建築物でありながら，その高さは42 mもあったと推定されている．

天平期には木造耐震技術における大きな技術革新があり，寺社建築において心柱により荷重支持をバランスさせて柔構造により高層化することを特徴とした木造建築技術が発展した．このような技術を用いることにより，高さ32 mの法隆寺の五重塔，34 mの薬師寺の東塔，55 mの東寺の五重塔などが次々に建設されたのである．12世紀の戦火で焼失した東大寺の七重の塔に至っては，木造でありながらその高さが実に96 mもあったと推定されている[2]．安土桃山時代になると高層建築物の中心は城郭建築に移るが，天守閣の高さが50 mあったと推定される安土城をもってしても天平期の寺社建築の高さには及ばない．

いずれにしても日本においてもこのような高層建築物の高さゆえに仰ぎ見る人々に対して神聖さ，荘厳さ，威圧などを与えることには変わりなく，また，そのことが封建領主や宗教者が建設することの重要なモチーフであったという事情は洋の東西を問わず同じであるように思われる．

日本において高層建築物が一般庶民にも利用される空間として建設されるようになるのは明治時代もようやく中頃になってからのことである．東京市内に塔屋建設が初めて認められたことから，高層建築

物は当初物見のための塔屋や模擬富士遊覧場などの見世物として都心の各地につくられて大いに賑わった．そして1890（明治23）年には日本で最初のエレベータを有する12階建て，高さ54 mの高層煉瓦造ビルである陵雲閣（りょううんかく）が浅草に建設され，連日多くの物見客で盛況をきわめたという[7]．

しかし，その後1919（大正8）年に制定された旧建築基準法によって，帝都のビルの高さがさしたる根拠はないもののすべて31 m以下に制限されることになった．この制約の下で都心の丸ノ内界隈には数多くの近代的なオフィスビル群が多数建設されていったが，やがて1923（大正12）年に起こった関東大震災によって先の陵雲閣とともにその多くは灰燼（かいじん）に帰してしまう．

日本における本格的な超高層建築の幕開けは20世紀も半ばを過ぎてからで，耐震設計技術が確立されて東京に建設された35階，高さ147 mの霞ヶ関ビルに始まると考えられている．高度経済成長によって市街地は都市計画法や建築基準法による規制の不十分さ，異常な土地投機，容積率緩和等により招いた地価の異常な高騰が土地の「高度利用」のための高層ビル建設を促進することになったのである．

霞ヶ関ビル建設をきっかけとした超高層建築物はその後続々と建設され，バブル期には市街地の地価は世界最高水準にまで高騰した．現在日本で一番高いビルである高さ296 mのランドマークタワーが横浜に建設されるに至り，地価高騰を背景にして超々高層建築物を建設しようという動きが強まった．ゼネコン各社や建設企業関連団体からは高さが1,000 mから4,000 mにまで及ぶさまざまな超々高層ビルが続々と提案された[8]．この時期に建設省主導で始まった「ハイパービルディング構想プロジェクト」が検討を始めた超々高層ビルの高さは1,000 mで，また，ほぼ同時期に日本建築学会のなかに設置された超々高層特別研究委員会が学術的検討の対象として取り上げた超々高層ビルの高さも同じ1,000 mであった．耐震や防震・制震技術の著しい進展によって日本ではこのような超々高層建築物の建設が現実に検討される段階に入ったのである．

日本建築学会では超々高層特別研究委員会を設置して1994年から1997年の3年間にわたって超々高層建築物の実現について学術的な視点による調査研究を実施し，これらの活動成果は「特別研究15. 超々高層のフィージビリティ」（1997年10月 （社）日本建築学会）としてすでに報告されている．この委員会では超々高層建築物の理念，材料，構造，防災・保全，施工法，居住環境，その他予想される諸分野の問題を取り上げて計13のワーキンググループに別れて多岐にわたる検討が行われたが，ここでは特に超々高層の居住環境とそこに居住する人との関係を取り上げて検討した居住環境ワーキングのまとめ概要について紹介したい．このワーキンググループでは新国民生活指標（PL1）に基づき居住環境を 1.健康，2.環境・安全，3.家庭生活・住宅，4.勤労生活，5.学校生活，6.地域社会，7.余暇 の計7項目に分けて超々高層居住のデメリット・メリットを一覧表として作成している．全体は18頁にわたる大きな表でありすべてを紹介できないのでここでは，1.健康についてまとめられた結果を表38.1として掲げる．

この表をみてすぐ気づくことであるが，超々高層の居住環境としては現状ではデメリットの方が非常に多く，その傾向は他の各項目に関するデメリット・メリット一覧表においても同様である．一覧表の詳細については今後さらに詳細な検討が必要な項目も多く，エネルギーや地球環境などの総合的な視点が重要であること，単なる技術的な面からのみの建設可能性を論ずることへの危惧，高層居住・超々高層居住はまだ実験段階であることなどがまとめにおいて指摘されていることは重要である．

1995（平成7）年には震度7の阪神・淡路大震災が起こり，阪神地区に建設されていた超高層ビルは地震にもよく耐えて日本における超高層建築耐震技術の優秀さが再認識されることになった．その後のバブル経済崩壊と長引く不況によって超々高層建築物を建設しようという動きも大きく低迷することになったが，今後の日本経済の状況いかんによっては超々高層建築物が将来建設される可能性は十分にあると思われる．

38.3 高層建築空間の環境と生理的影響

前節で述べた超々高層建築物検討の目標となっている1,000 mという高さは，山国である日本においては登山により誰もが比較的容易に経験できる高さ

表 38.1　超高層居住における健康に関するメリット・デメリット一覧表

健康（デメリット）

分類軸	項目	内容・具体的項目	対象者・状況	原因・条件	対策	評価指標
生理的問題	呼吸器免疫疾患	呼吸困難 各種アレルギー	アレルギー体質者 呼吸器疾患者	窓閉鎖に伴う空気質の悪化(黴・ダニ) 低圧・低酸素に起因する呼吸障害は高度1,000m程度では一般に生じないと考えられる	換気の工夫 定期的清掃 発塵の防止	浮遊粉塵同定 浮遊粉塵濃度 換気回数 アレルギー発症率
	循環器系	高血圧症 心臓病の悪化 急性心不全 突然死	高血圧 在宅酸素療法患者 睡眠時無呼吸症患者	低圧・低酸素に起因する循環器系の生理的負担増大	酸素富加 高層階加圧 該当者の低層階居住促進	血中酸素飽和度(SaO₂) 気中酸素濃度 循環器疾患死亡率 睡眠の質
		睡眠不足	睡眠時無呼吸症患者 虚血性心疾患患者			心電図異常 気中酸素濃度
	中枢神経系	覚醒・意識水準低下	一般	低酸素に起因する中枢神経系の活動レベル低下 高度1,000m程度では余り考えられない		意識・覚醒水準
		不眠症	一般	ビルの風切り音	外壁の謝恩性向上 ビル外形の設計工夫	室内騒音レベル 騒音周波数特性 睡眠の質
			神経過敏者	風によるビルの長周期振動	防振設計 防振装置導入 制振装置導入	振動レベル 加速度 振動周波数特性 睡眠の質
	妊娠・出産	異常分娩・流産の増加 出生経過年数の増大 出生数の減少	妊婦	低酸素 外出しづらいことによる運動不足		異常出生率 出生率
	感覚器官	皮膚炎・皮膚癌・白内障	皮膚過敏者 一般	高層階における照射紫外線量増大	紫外線遮光ガラスの採用	紫外線照射率 皮膚癌発生率
		めまい・悪心	半規官過敏者 前庭神経過敏者	風による長周期振動 エレベータ昇降の加速度減速運転	減速運転 最大加速度低減	加速度 気圧変化率
		気圧性中耳炎 鼓膜穿孔 耳鳴・耳詰まり・めまい	聴器障害者 耳管閉塞者 一般人	エレベータ昇降による急激な気圧変化	減速運転 低速EV乗換選択肢用意	気圧変化率 最大気圧変化量
	体力低下	運動不足 外遊びの減少 運動・呼吸機能低下 死亡率の上昇	子供、一般、高齢者	オープンスペースの不足 外出しづらい 転居による体力低下	高層階プレイロットの設置 転居前と類似環境設定	外出頻度 高齢者死亡率
心理的問題	疲労の増大 環境ストレス	リフレッシュ・気分転換の困難性	一般	自然環境からの疎外	擬似自然の導入	自覚疲労度 CFSI蓄積性疲労度 ストレス度
		高所平気症	子供	高層		
	自閉症的症状	友人の減少 家への閉じこもり	子供、一般、高齢者	外部環境との対応欠如 高所		
		自立疎開	子供、高齢者、身障者	オートロックシステム エレベータ	エレベータ操作パネル 高さの工夫	
	不安・恐怖	圧迫感、閉所感、高所の恐怖感	一般	積層化 高所		顕在性不安度
		災害時非難の不安	一般	高所		
	神経症的症状	喫煙・飲酒頻度の増加 頭痛、肩こり耳鳴り増加	母親、高齢者、女性			

健康（メリット）

分類軸	項目	内容・具体的項目	対象者・状況	原因・条件	対策	評価指標
生理的利点	生理的爽快感		一般	低圧力に起因する志望組織からの脱窒素		
	機能促進	心肺機能増強	一般	低圧低酸素		
心理的利点	気分転換	リフレッシュ	一般	眺望の良さ		
	満足感	リラックス	一般	地上の特定騒音が届かない		

で，ことさら驚くほどの高さではないように思われるかもしれない．ところが，このような高さの建築物が市街地に出現することになるとすればどうであろうか．

登山する場合にはゆっくり時間をかけて歩いて登るため，ヒトの体はその過程でゆっくりと高所の環境に順応していくことができるためにこの程度の高さではさしたる問題を生じない．しかし，市街地にある超々高層建築物の場合には，高速のエレベータを使って一気に昇降することになるため，もはやこのような生理的な環境順応を期待することはできない．また，そのような高度空間をずっと住み続ける居住空間として想定した検討が今までどれほどなされただろうか．このような超々高層空間の環境は地上生活においてわれわれが慣れ親しんできたものとはまったく異なるものになることは間違いないであろう．

ここではそのような高度環境が人々に与えるさまざまな影響をより具体的な形で概観するために，ハイパービルプロジェクトや日本建築学会が検討の対象としている高さ1,000 mという高度環境を中心として取り上げ，生理人類学的な視点から主な環境要素が人に与える影響について述べる．

a. 気圧低下

ヒトの体には空洞を有する臓器がいくつか存在している．その空洞内の気圧が外界の大気圧と平衡を保つために人体には絶妙なメカニズムが働いている．聴覚器官である耳の中耳腔は典型的な空洞臓器の一つで，外界の微妙な気圧変化を検知することのできる人体における最も鋭敏な感覚器である（図38.1）．

ヒトは，超々高層空間へ移動する場合には当然高速エレベータを使用せざるをえないが，地上から高くなるに従って大気圧は低下するために，高速エレベータによって一気に昇降すると，外界の気圧は急激に変化する．このとき，中耳腔内の気圧は移動前の気圧にそのまま保たれるため，鼓膜を介した外界との間に生ずる急激な大きな気圧差によって鼓膜が偏移して耳閉感（耳詰まり）やめまいなどの不快感を引き起こす．このような不快感は欠伸や嚥下を随意に行うことによって中耳腔と咽頭をつないでいる耳管という細い管を一時的に開大させて差圧調整することにより解消される．

多くの人が，このような耳詰まりの不快感を既往の超高層ビルのエレベータにおける昇降や，旅客機の離着陸時に行う機内与圧調整時などに幾度も経験されていると思う．現存する超高層ビル程度の高さのエレベータ昇降においてすら，このような中耳の不具合を経験するのだから，その幾倍も高い超々高層建築物ということになれば，その不具合はさらに大きな問題として利用者が直面することになるであろうと考えるのは自然の理であろう．

筆者らは以前に，超々高層建築物の居住環境の問題を検討するプロジェクトに参加したことがある．そのとき，実験用高速エレベータを用いて，気圧変化が中耳に与える影響を実験的に検討した．このとき用いたのは昇降高程106mの実験用高速エレベータであり，実験被験者が昇降したときに，中耳腔と外界の間の気圧差によって生ずる鼓膜偏位の度合いを，耳管通気機能が異なる計15名の実験被験者について計測した．取り上げた実験要因は昇降高度（90 m/min, 150 m/min, 420 m/min），昇降方向（上昇，下降），被験者の耳管通気性能（通気良好型，通気不良型，通気不可型）であり，昇降速度，昇降加速度，被験者の耳閉感申告時刻と嚥下申告時刻，および，鼓膜コンプライアンス（ml）として測定した鼓膜偏位の強度をそれぞれ計測した．なお，ここで鼓膜コンプライアンスとは，実験被験者の外耳道側から微小スピーカーより発生させた220Hz雑

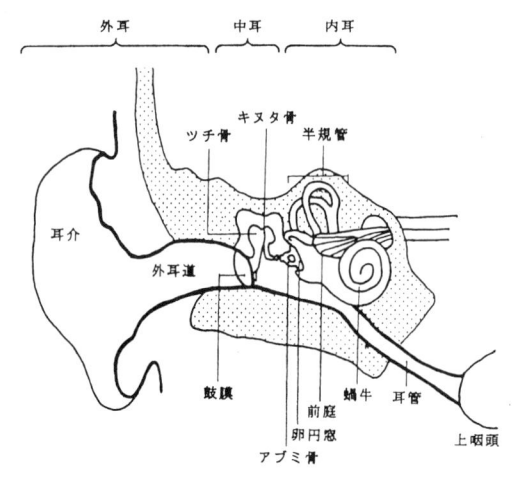

図38.1 耳の構造概略図

音が偏位により硬化した鼓膜で反射されたときの音圧レベルを同側の外耳道側に置いた微小マイクロフォンにより計測して音響等価容積値（ml）に換算した値である．

図 38.2 は，耳管の通気良好型の実験被験者がエレベータで上昇したときの記録結果例である．上昇に伴って鼓膜偏位はしだいに大きくなり鼓膜コンプライアンスが減少するが，嚥下による耳管通気によって中耳腔内気圧が外界と平衡して再び鼓膜コンプライアンスが急増するのが観察される（ここで，図中の鼓膜コンプライアンス値は負方向を大としている）．一方，耳管通気不良型の実験被験者における

エレベータで上昇したときの，同様の記録例が図 38.3 である．日常的な耳管閉塞によって鼓膜が病的に陥凹している実験被験者では，上昇に伴って鼓膜コンプライアンスは逆にしだいに増大して鼓膜偏位が一見修正されるような挙動を示している．しかし，嚥下の有無にかかわらず耳管通気は行われないために中耳腔内気圧はまったく外界気圧に調整されない．急激な気圧変化によるこのような鼓膜偏位は被験者に大きなの耳閉感を与え，耳管通気不良・不可型の被験者は有意（$p < 0.01$）に強い耳閉感を感じた．また，耳管通気機能が正常な人を対象に昇降速度，昇降方向を可変因子として，同一強度の耳閉

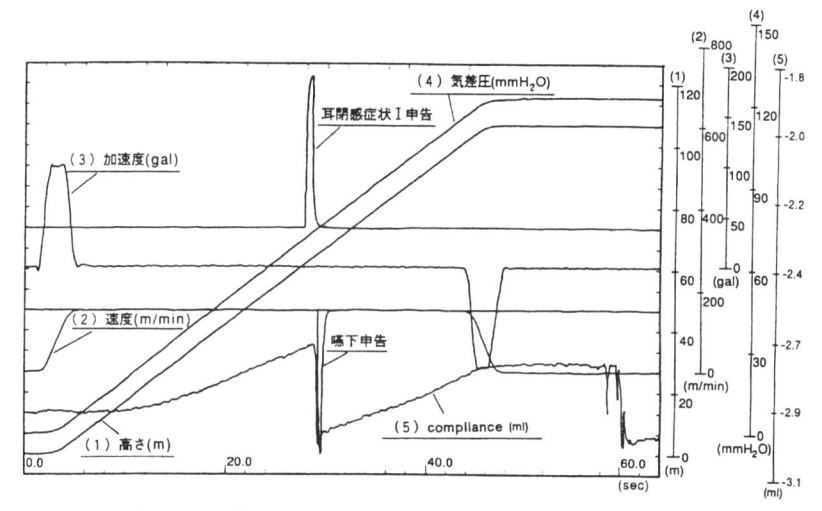

図 38.2　耳管通気良好型被験者の上昇時の記録結果例（150 m/分）

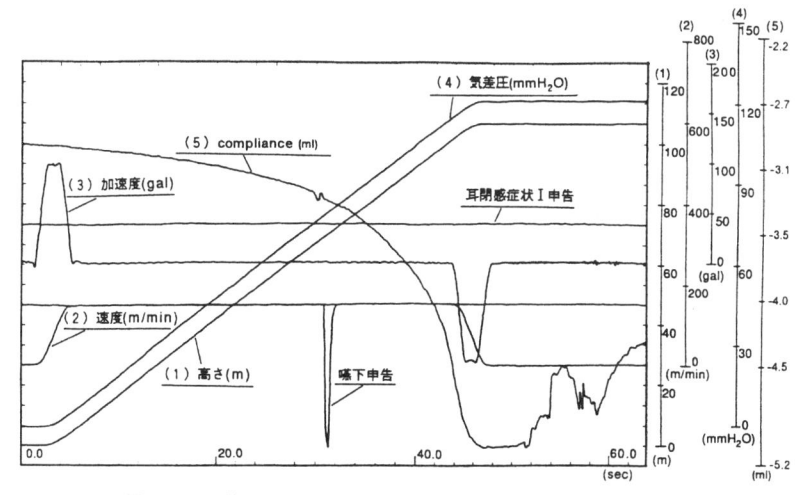

図 38.3　耳管通気不良型被験者の上昇時の記録結果例（150 m/分）

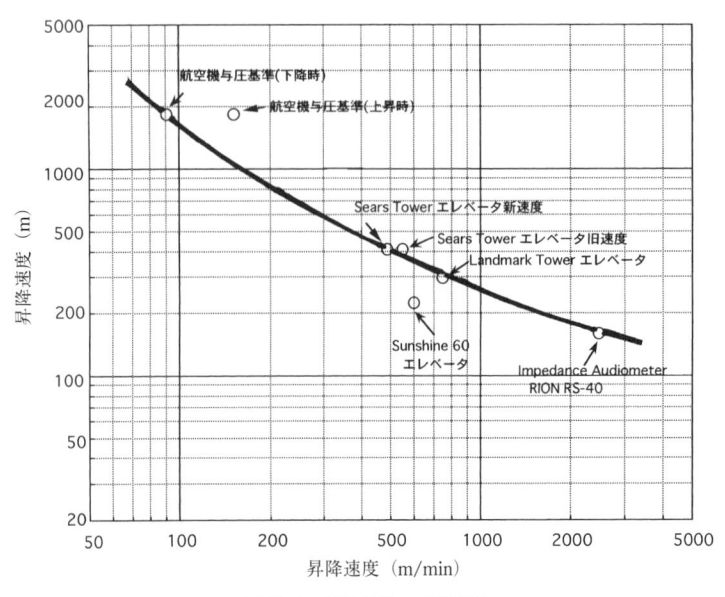

図 38.4 昇降高度と昇降速度

管を感じたときの鼓膜コンプライアンス変化率を特性値とする分散分析を行った．その結果，昇降速度，昇降方向のいずれも有意（$p < 0.01$）となり，昇降速度が速いほど，また，下降方向において，小さな鼓膜コンプライアンス変化でも耳閉感を強く感ずることが判明した．また，計30回にわたる連続昇降実験を行った結果では，耳管通気不良・不可型の被験者は繰り返し昇降によって悪心やめまいの蓄積と継続を申告した．

耳管通気機能が正常な人では前述したように気圧変化が生ずるときに耳管通気により中耳の気圧調整を図ることができるが，耳管通気ができない耳管閉塞者では中耳の気圧調整ができないため，急激に生ずる気圧変化の影響をすべて鼓膜が受けることとなる．したがって受ける気圧変化の絶対量が大きくなる場合には鼓膜が重大な気圧障害を受ける可能性が高くなることが用意に推定できる．しかも，鼓膜の強度には大きな個人差があり，中耳炎などの疾患経験者などでは鼓膜が脆弱である場合も多いことが知られている．そこで，このような中耳の気圧障害が起こる可能性の高い人々がどの程度存在するかを153名について調査した．調査項目としては総合的な中耳検査としての気導聴力試験，耳管通気性能を調べる耳管機能検査，および，鼓膜の異常を調べるコンプライアンス・ピーク圧検査である．その結果，気圧変化により中耳障害を最も生じやすいと考えられる鼓膜が脆弱であり耳管通気できない可能性のある人が 2.0 % 程度は存在することが判明した．

以上のような実験結果から，超々高層ビルの高速エレベータにおける急激な気圧変化によって，中耳障害が起こる可能性のあることが示唆されたが，どの程度の昇降速度と昇降高度までならば社会的に許容されるかということが当然問題となる．そこで，われわれの身のまわりにあって急激な気圧変化をするが，社会的に許容されているものの例として，旅客航空機の客室与圧基準，アメリカの超々高層ビルの高速エレベータ，日本のランドマークタワーとサンシャイン60の高速エレベータ，および，耳鼻科医が，鼓膜検査に使用するインピーダンスオージオメーターなどを取り上げ，縦軸に高度に換算した気圧変化量（m），横軸に昇降速度に換算した気圧変化速度（m/min）をとってプロットしたものが図38.4 である．図中においてプロット点を結んだ曲線より下側の部分が現在社会的に許容されている範囲であり超々高層ビルエレベータ運行における運行範囲の目安と考えてよいと思われる．

b. 酸素分圧の低下

高度が高くなるほど気圧が低下することはよく知られている．図38.5は，その関係をグラフとして示したものである．低圧では気圧低下に比例して吸気中の酸素分圧も低下することになるため，酸素不足に起因した呼吸・循環器系，血液・内分泌系，中枢神経系などに対するさまざまな生理的影響のあることが知られている．その典型的な症例が急性高山病である．このような生理的影響は曝露時間によっても大きく異なることが知られている．

急性高山病は高度約2,400 m をこえるあたりから発症することが報告されており，高度1,000 m 程度の空間では普通は起こらないとされている．しかし，筆者らが行った文献調査の結果を一覧表として整理した表38.2にあるように[10]，急性高山病を発症しないと考えられる高度1,000 m 以下においても血中酸素濃度の低下やいくつかの生理心理的な影響が報告されている．日本には種々の理由から呼吸器機能が衰えて酸素を体内へ十分に取り込むことができないために在宅酸素療法を行っている人が約2万人存在すると推定されている．そのような人々にとってはこの酸素分圧の低下は厳しい環境となるものと想像される．

c. 気温低下

一般に大気の温度は100 m 上昇するごとに約0.65℃ずつ低下することが知られている．この割合でいくと，高さ1,000 m の高層空間の気温は地上より6.5℃も低下することになる．この6.5℃の低下は，年間平均気温でいうならばおよそ東京が札幌になるようなものである[11]．夏季は涼しいけれども冬季の寒さは厳しく，暖房装置が不可欠になるであろう．また，開放型で燃焼するタイプの暖房器具は防災の観点から使用することができないために閉鎖循環型の暖房機器が必要になる．また，室内空気の温度上昇に伴う湿度低下を防ぐために加湿設備も必要になるものと思われる．

d. 風速の増大

風速は地表面との摩擦の影響が小さい高層部ほど増加し，鉛直方向における風速分布にとしては経験的に指数法則がおおむね成立することが知られている[12]．

$$U(z)/U(h) = (z/h)^\alpha \qquad (38.1)$$

ここで，$U(z), U(h)$：高さ z, h の場所における平均風速（m/s）
h：基準点の高さ（m）
α：地表面粗度に関係した係数

いま地表面の粗度に関係した α 値として東京管区気象台のデータから $h = 10$ m における α として1/4を入れるとすると，高度1,000 m の空間における風速は地上10 m 付近における風速のおよそ3倍以上になる．（財）エンジニアリング振興協会でまとめられた「超高層年空間システムの開発に関する調査研究」のデータによれば，つくば市気象研究所

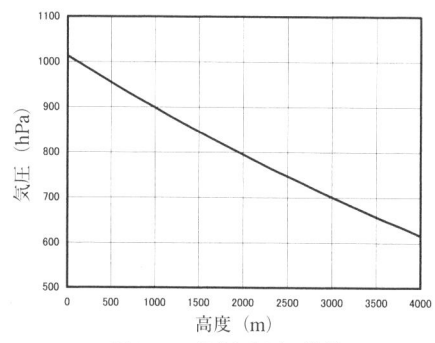

図38.5 高度と気圧の関係

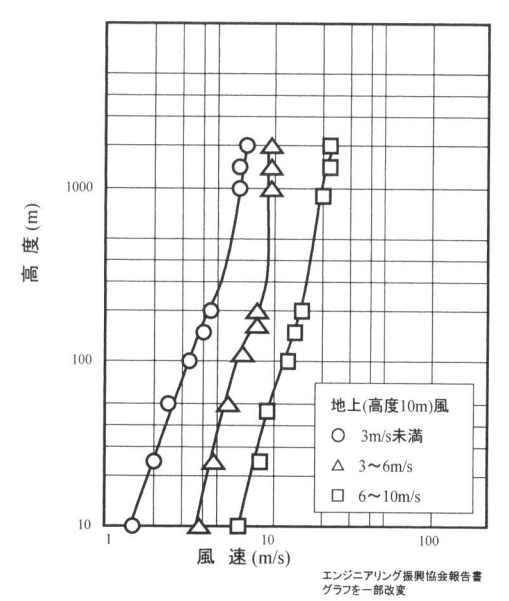

図38.6 地上風速強度別風速平均値の鉛直分布

表 38.2 低圧低酸素環境が人に及ぼす生理・心理的影響

高度 (m)	気圧 (mmHg)	呼吸・循環器系	血液・内分泌系	中枢神経系	視覚系	身体自覚症状	睡眠・生体リズム	精神作業	身体作業	その他
7000	308	・間欠性の呼吸 ・拡張期血圧の著しい低下 ・冠循環の不全 ・高度順応性の低い被験者に急激な心拍数低下 ・潜在中にS_{aO_2}が低下 ・高度順応性の低い被験者に急激な心拍数低下	・脳波α波出現頻度が減少し、低周波が増える							
6000	354		・ヘマトクリット値上昇	・CNV振幅, VEP振幅の低下		・手足のむくみ ・吐き気がする ・気分がイライラする		・記憶テストの成績低下 ・知能テストの成績(空間因子, 数因子)低下	・最大心拍数が平地の値より毎分28拍低下	・重心動揺が著しく増加し、前後方向の速度分布が多くなる
5000	405	・心拍数増加 ・不整脈の出現	・副腎皮質系ホルモン分泌量増加	・α波の振幅低下 ・θ波の出現	・眼底血管が拡張 ・暗順応時の光覚閾値上昇	・不安の増加 ・集中力低下, 動悸がする, 聴覚器	・睡眠時の呼吸数, 心拍数の増加, 起床時体温上昇 ・深い睡眠の減少 ・睡眠後期のREM睡眠消失	・知能検査成績(言語因子)低下 ・決断が粗雑になる		
4000	462		・副腎皮質系ホルモンの分泌量増加 ・ヘモグロビンと酸素の親和性が低下 ・ノルアドレナリン分泌の減少(長期曝露) ・ヘマトクリット値上昇(長期曝露)	・α波の振幅低下 ・反応時間の延長	・緑光に対する感度の低下 ・ERG, VEPの振幅低下 ・圧力変動時に眼球運動が不安定になる ・網膜静止電位, CFFが低下	・頭が重い ・全身がだるい ・眠い				・下半身と上半身の温度差が大きい
3000	526	・潜在中にS_{aO_2}が低下		・α波帯域のパワー密度低下			・不眠を伴う間欠性呼吸と低換気		・酸素脈, 酸素摂取率, 酸素摂取量の低下	・急性高山病発症(5か月)により自覚症状が改善し、ヘモグロビン濃度上昇
2000	596	・高所未経験者で心拍出量の減少					・入眠潜時の延長			・航空機にて65歳被験者のS_{aO_2}が90%を下回る
1000	674							・複雑な作業習熟速度の低下	・1000m上昇ごとに10%の最大酸素摂取量の低下	・深部温感と皮膚温感が異なる
0	760									

S_{aO_2}：動脈血中酸素飽和濃度, VEP：動脈血中酸素飽和濃度,
ヘマトクリット値：血液中に占める血球の容積, CFF 値：動脈血中酸素飽和濃度,
CNV：動脈血中酸素飽和濃度, ERP：動脈血中酸素飽和濃度.

の200 mタワーおよび高層気象台による高層観測データをもとにプロットした高度と風速の関係は図38.6のようなものであり，ほぼ指数法則が成立している[13]．『理科年表』によれば1975年から1990年までの東京における日最大風速の階級別日数は10 m/s以上の日数は平均31日もあるが[14]，もし，上記のような関係でゆくならば地表面でそのような風がある日には高度1,000 mの空間ではおよそ風速20～30 m/sとなり，洗濯物を干すことはおろか窓を開けることもまず不可能になると思われる．窓が開けられない室内空間における自然換気や空調外気取り入れの方法については工夫を要するところである．また，既往の超高層ビルでは強風の際には建築全体が風圧によって揺れて長周期大振幅の水平振動をすることが知られている．さらに高いビルでは風による振動によって居住者が船酔い様の症状を起こさないようにするための防振・制振対策や生理心理学的研究に基づいた居住空間としての振動許容基準を確立する必要がある．

また，既往の超高層ビルでは強風の際には建築全体が風圧によって揺れて長周期大振幅の水平振動をすることが知られている．さらに高いビルでは，風による振動によって居住者が船酔い様の症状を起こさないようにするための防振・制振対策や生理心理学的研究に基づいた居住空間としての振動許容基準を確立する必要がある．

e. 紫外線

太陽光には人体に有害な紫外線が含まれている．とりわけ短波長帯域のUVB（280～320 nm）がヒトの皮膚細胞に大きな損傷を与えて皮膚の老化を促進し，皮膚癌発症の確率を高めることが知られている．紫外線は地表へ到達する前に大気層を透過するときに減衰することから，高度が高くなるほど透過する大気層の厚さが薄くなり紫外線強度は大きくなる．日焼け効果は300 m高くなるごとに約4％ずつ上昇することが報告されている．この割合でいくと，高度1,000 mでは平地の1割以上も大きくなる[15]．

f. 音環境の一変

われわれの周囲に存在する騒音はいつも有害，無用なものであるとは限らない．普段われわれはあまり気にとめないが，ときには外界の情報を伝えるという有用な役割があると思われる．われわれは雨音や梢の葉のざわめき，電線のうなり音などによって天気を知り，虫の音により季節を感じ，サイレンや放送によって事故・事件・災害などを知る．しかし，このような雑音は高度1000 mの空間ではもはやほとんど聴こえない．また，従来はほとんど聴こえなかった遠方の暗騒音や強い風に起因するビルの風切り音が聴こえるようになるであろう．高度1,000 mでは今まで地上で慣れ親しんできた音環境とはまったく異なったものになると思われる．

ヒトは進化の過程の圧倒的な時間を自然の音環境のなかで生きてきたといえる．自然はたえず変化する暗騒音の環境であり，そのような暗騒音の特性は人間の聴覚を刺激してさまざまな影響を人間に与えてきたと考えられる．

筆者らは以前に環境騒音の変化特性がヒトの覚醒注意水準に与える影響を取り上げて，日本とアメリカにおいて実験的に検討したことがある[15]．実験には意味音の影響を排除するために白色，ピンク，およびボーカル（白色の高低両部をカット）の各雑音から変調して振幅ゆらぎ勾配が図38.7に示すように，それぞれほぼ$1/f^0$, $1/f^1$, $1/f^2$の特性をもつ雑音を合成して，短時間の単調なCRT作業を行う実験被験者をそれらの環境下に曝露したときの生理心理的影響や作業性能について調べた．

図38.8は作業下の被験者の手掌から導出した皮膚電位水準（SPL）の相対値をゆらぎ勾配に対してプロットしたものである．ゆらぎ勾配が大きくなるほど相対SPL値は大きく，覚醒水準は高くなっている．一方，CRT監視作業において被験者が異常を検出したときにリセットするまでの反応時間につ

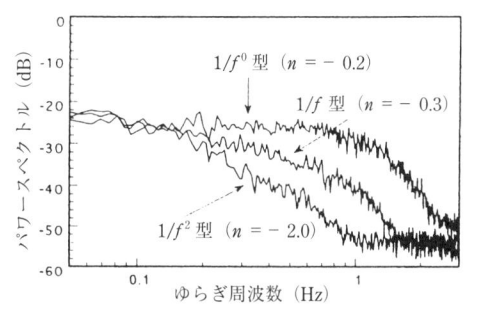

図38.7　実験に用いた雑音の各ゆらぎ特性

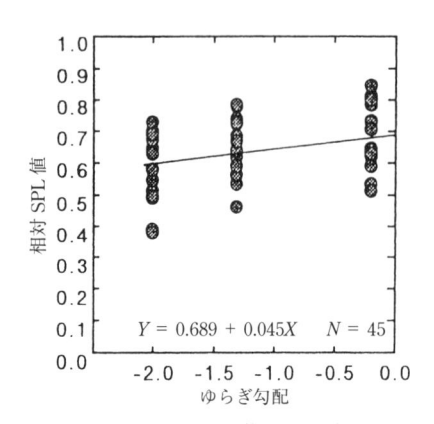

図 38.8 相対 SPL 値とゆらぎ勾配

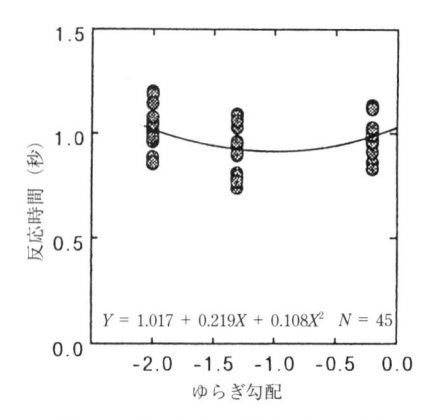

図 38.9 監視課題の反応時間とゆらぎ勾配

いてもゆらぎ勾配に対して同様にプロットしたものが図 38.9 であり，ゆらぎ勾配が $1/f^1$ のときに反応時間は最も短く，また注意水準も高いという結果が得られている．アメリカ人被験者による一昼夜の睡眠剥奪状況下における長時間 CRT 監視作業下における実験においても，同様に $1/f$ の振幅ゆらぎ勾配を有する暗騒音のときに被験者の注意水準が最も高く維持されるという結果が得られている．自然界の暗騒音のなかでは $1/f$ の振幅ゆらぎ勾配の特性を有するものが人間には心地良いという報告は多いが，適度の覚醒水準と最も高い注意水準にあったという実験結果は大変興味深い．高度 1,000 m という高度環境における暗騒音は果たしてどのようなゆらぎ特性を示すであろうか．

g. 視環境の一変

ランドマークタワーからの眺望は大変すばらしいが，その 3 倍以上の高度 1,000 m からの眺望はむしろ飛行機からのそれに似たものになるのではないかと思われる．天候の悪い日にはビルの途中までが雨雲におおわれ，ビル内部からの眺めは視界がまったくきかない雲霧のなかの様相を呈することになるであろう．先の音環境と同様，今まで慣れ親しんできた地上の風景とは一変したまったく異質のものになると思われる．長く居住すべき高度空間におけるこのような景観に人間はどの程度慣れることができるであろうか．あるいは，最近高層住宅の子供に関して指摘されているように，高さに対する恐怖感をまったくもたない高度平気症とよばれる子供が育つのであろうか．

38.4 高度空間への長期居住の問題

ヒトの祖先は今から約 500 万年前にアフリカに生まれ，熱帯サバンナに進出して長く生活してきたためにその平地の気圧環境に適応していると考えられる．しかし，われわれの祖先のなかにはアフリカから居住地域を世界各地へ拡大していくなかで山岳地域に居住するものも現れた．その結果，今日では約 1,000 万人が 3,600 m 以上の高地に生活しているといわれている．このような高度空間に長期居住しようとする場合には寒冷であることも問題であるが，これは暖のとり方を工夫することにより対応可能である．対応することがむずかしい最大の問題は，やはり気圧低下に伴う低酸素濃度の環境に生体がどれほど順応・適応できるかということであろう．

低酸素環境下における生理的影響はその環境に曝露される時間によって大きく影響されることを先に述べた．図 38.10 は，曝露時間と生理的影響の関係を模式的に示したものである[17]．ヒトが低酸素環境に曝露されるとその直後から酸素不足を補うためにまず心拍数が増大して心拍出量が増大するとともに，肺の換気亢進が起こる．これらの反応はいずれも初めは急激に，そしてしだいに長い時間をかけて弱まっていく一過性のものである．また，換気亢進により動脈血の炭酸ガス分圧がしだいに低下するために血液がアルカリ性に傾くことを防ぐために重炭酸塩を体外へ排出しようとする炭酸呼吸反射が起こり，かなりの長期間持続する．さらに，長期的には動脈血中の赤血球数や毛細血管の密度が増加するなどの生理的変化が生ずる．しかし，何十年，何世代

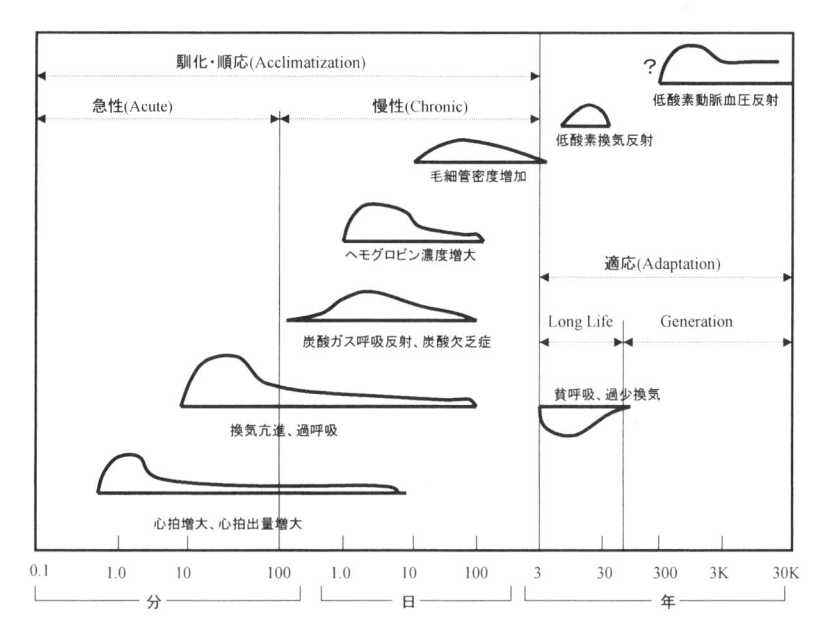

図 38.10 低酸素環境の生理的影響と適応過程[15]

という長期にわたる居住によって高所への環境適応が生ずるか否かについてはまだよくわかっていないことが多い．

酸素不足を補うための上記のような生理的変化は血液の酸素摂取・運搬効率を高めるために生体に生ずる馴化・順応のために必要なものではあるが，これらは必ずプラスに作用するとは限らない．高地居住民の肺動脈圧は平地居住民のそれに比して著しく高いことが知られているが，これは肺の毛細血管抵抗が増大するためである．赤血球数が増加することによって血液粘度が大きくなることがその原因であると考えられており，そのために高地に特有なモンヘ病なども知られていることから，筆者には真の意味で人類は高地という苛酷な環境に対する適応をまだ獲得していないのではないかと思われる．

過去に超々高層ビルとして提案された高さ 1,000～3,000 m という高度空間への長期居住のためにはまさにこのような問題を明らかにすることが必要であり，ヒトの進化と環境適応という長い目でみればまだ解明すべきことが大変多く残されている．

38.5 高層建築物の今後

前節までは主要な環境要素を取り上げて人間に与える生理心理的影響の一端について述べてきたが，影響はもちろんこれらにとどまらない．1つの超々高層ビルには数万から数十万人を収容することが想定されている．これは1つの小都市に匹敵する規模であり，それだけで単一用途の建物になることはまず考えられない．集合住宅，オフィス，行政機関，学校，病院，銀行，商店などが複合して存在することによって大規模な地域コミュニティを形成することになるであろう．垂直方向の1つの小都市における近隣人間関係，社会的制度，周辺インフラへの影響，メンテナンス，省エネルギー性など，建物運用ソフトにかかわる項目についてはまだ検討すべきことが数多く残されている．

日本建築学会の超々高層建築特別研究委員会が作成した「超々高層建築のヒュージビリティ」に，現在までの検討活動の到達点と今後の課題が簡潔にまとめられている．これによれば，高層建築物の環境が人間に与える影響についてはまだほとんどわかっていないというのが現状であり，今後検討すべきことが大変多い．そもそも超々高層建築物を建設することの当初の目的は狭小で高地価の市街地を有効に活用することによってその周辺に豊かな自然環境を確保・保全し，市街地に居住する人々の生活の質を向上させるということであったはずである．今後検討されなければならないことは，そのような目的が

超々高層建築物の建設によって果たして実現されるのか否かということであり，建設することが目的であってはならない．そのためには幅広い視点からの厳しい事前評価が行われ，また，それらの検討結果がいつかは高度空間に居住することになるかもしれない市民へありのまま情報公開されることが本当の始まりとなるべきであろう． ［橋本修左］

文　献

1) 日本建築学会超々高層特別研究委員会（1995）超々高層建築へどう取り組むか，日本建築学会大会超々高層特別研究委員会パネルディスカッション資料，pp.1-6.
2) 山本学治（1968）現代建築論，pp.170-185，井上書院.
3) 相田武文・土屋和男（1996）都市デザインの系譜，pp.110-129，SD選書228，鹿島出版会.
4) P.パヌレ（佐藤方俊訳）（1993）住環境の都市形態，pp.150-160，SD選書220，鹿島出版会.
5) ル・コルビジェ（佐藤方俊訳）（1968）輝く都市，SD選書33，鹿島出版会.
6) 東　孝光（1981）日本人の建築空間，pp.12-17，彰国社.
7) 初田　亨（1995）モダン都市の空間博物学，pp.42-44，彰国社.
8) （財）エンジニアリング振興協会（1991，1992）超高層都市空間の開発に関する調査研究報告書.
9) 橋本修左・中嶋一志・菊地孝眞・鈴木良延（1996，1997）超高層エレベーター移動における生理心理的問題の検討　その1～6，日本建築学会大会学術講演便概集.
10) 大塚俊裕・橋本修左・鈴木良延（1996）低圧低酸素環境が意識水準に及ぼす影響，日本建築学会関東支部研究報告集，pp.5-8.
11) 国立天文台（2001）理科年表，pp.389，丸善.
12) 関根　毅（1975）建築基本計画のための環境問題，講習会テキスト，pp.23-45，日本建築学会近畿支部.
13) （財）エンジニアリング振興協会（1992）超高層都市空間システムの開発に関する調査研究.
14) 国立天文台（2001）理科年表，p.247，丸善.
15) 山本学治（須貝哲郎訳）（1992）皮膚と紫外線，pp.20-22，フレグランスジャーナル社.
16) 橋本修左・中嶋一志・田原靖彦（1995）ゆらぎ音環境の生理心理的影響の検討　その1～2，pp.773-776，日本建築学会大会学術講演便概集.
17) Ward, M. P., Milledge, J. S. and West, J. B.（1989）High Altitude Medicine and physiology, p. 68, University of Pennsylvania Press.

高度環境と日本人

39
登山と日本人

39.1 歴史的背景

　日本は山国といわれている．これは，国土面積 37 万 7,800 km² の約 62％が山地，また丘陵地も約 12％あり，低地と台地の面積がわずか約 4 分の 1 しかないためである．日本列島は約 2 億年ほど前に起こった地殻変動により海中から姿を現し，その後，今から約 1 万年前頃に現在の骨組みができ，日本最高峰である富士山もこの頃にその美しい姿ができ上がったとされる．

　日本には 200 有余の火山と約 50 個の活火山がある．世界の活火山の総数が約 450 個前後であることから，いかに日本は活火山が多いかがわかる．有史以来，これら活火山が日本列島のあちらこちらですさまじい爆発・噴火を繰り返していたと考えられる．日本の火山に関する最初の正確な記録は，隋 (581〜618 年) の歴史書『随書倭国伝』に記されている阿蘇山噴火であるとされる．また，富士山の噴火に関する最初の記録は，『続日本記』に天応元年 (781) の 7 月 6 日の条に記述されている．

　このような噴火やそれに伴う地震などの大自然の現象が，人々に大自然に対する畏敬の念を必然的に抱かせることになったことであろう．また，同時に人々は山々に対して神秘的なものを感じ，神聖な場所として考えるようになったことであろう．また，山々に対する崇敬の念から崇拝心が起こるようになり，これが原始宗教としての山岳信仰の始まりと考えられている．さらに，それら山々に籠り厳しい修行を行う者が現れ，彼らは修験者として，各地の聖山・霊山において修行を重ねるようになっていった．このように 7 世紀の奈良時代に始まった山岳宗教は，平安時代になるとさらに盛んになり，最澄が比叡山に延暦寺を，空海が高野山に金剛峰寺を建立し，それぞれ天台宗，真言宗を開いた．その後も各地の霊山において多くの修験者たちが修行を行う修験道の発達に伴う参詣登山が広がった．

　戦国時代になると戦略上の観点から山岳の要路が重要性を帯びるようになり，武士たちは軍事上の行動に伴い登山を強いられることが多くなっていった．江戸時代になると諸藩に対して徳川幕府により領地が与えられ，それらの領地は幕府の領地 (天領) と諸藩の領地 (私領) に分けられた．各藩は山林の管理・保護に力を注ぎ，造林，材木の切り出しや山絵図作成などのための山林巡視を重視した．これら徳川時代における山林巡視は，その目的からいって純粋に山登りを目的としたものではなかったが，200 年以上も前の時代に各地の山々が踏破されていた事実は驚嘆に値するものであろう．

　室町時代以降，各地の神社・仏閣に参詣する団体が組織されるようになった．これは講社とよばれ，伊勢神宮参拝を目的とする伊勢講や金比羅講などとともに江戸時代以降，富士山登頂を目的とする富士講やその他，御岳講などの登山講社がますます発達した．この講社などは一般庶民が山へ登るという日本における登山の原点というべきものであろう．

　江戸時代における修験登山の極みは，播隆上人の槍ヶ岳 (3180 m) 登頂 (1828 年) で，開山の事実である．当時において，いかに信仰上の発露とはいえ幾多の艱難辛苦を乗り越え，槍ヶ岳登頂の偉業を成し遂げた播隆上人は，偉大なる初期アルピニストとして賞賛されるべき人物であろう．事実，JR 松本駅前には上人の偉業を讃えたブロンズ像があり，そこには「近代アルピニズムの黎明を開く不滅の功績を残した」旨の説明文が添えられている．

　さらに，1858 (安政 5) 年に鎖国政策が解かれ開国が行われると，多くの諸外国の外交官，学者や技

術者たちが相次いで来日した．それまでの日本人が宗教的信仰心から山登りを行うのが一般的であったのに対して，西洋人は山登り自体を楽しみや冒険などの趣味の対象として登山を行うという，日本における近代登山の黎明期ともいえるべき時代に入った．1860（万延元年）年には，初代英国公使ラザフォード・オールコック（Rutherford Alcook）が外国人としては初めて富士山に登頂するという画期的な事件が起きた．その後も外国人たちによる富士山登山が相次ぐようになり，富士山を含む日本各地の山々がお雇い外国人たちによって調査・紹介されるようになった．これ以降，それまで富士山登山が中心であった山への関心事が次第に日本アルプスに移っていくようになった．

この日本アルプス（the Japanese Alps）という名はウィリアム・ガウランド（William Gowland）の命名とされる．ガウランドは播隆上人の槍ヶ岳登頂50年後にあたる1878（明治11）年前後に槍ヶ岳に登頂した最初の外国人である．また，この日本アルプスとともに上高地などの日本の山々の美しさを世界に知らしめた人物としてウォルター・ウェストン（Walter Weston）の名を忘れることはできない．ウェストンは1887（明治20）年に来日して以来，1895（明治28）年に帰国するまでの8年間に多くの登山を行い，イギリスに戻ってからそれまでの登山紀行をまとめて，1896年に『Mountaineering and Exploration in the Japanese Alps』という本を出版している．

また，同時代における特筆されるべき事柄は，1895（明治28）年の厳冬期（2月16日）に富士山初登頂を果たすとともに同年10月1日より12月22日までの82日間山頂滞在を果たした野中 到・千代子夫妻の快挙である．さらに，1900（明治33）年には，登山家ではない河口慧海が日本人として初めてヒマラヤ高原をこえてチベット高原に入るという壮挙を達成している．1905（明治38）年になると，東洋における最初の山岳団体として山岳会（現在の日本山岳会の前身）が誕生し，日本におけるアルピニズムが正式に幕を開けた．その後，相次いで大学や旧制高等学校において山岳団体が設立されていき，近代登山の勃興期へと入っていった．これら山岳会は日本アルプスの高峰へ競って進出を図り，山々の征服を行った．

日本人によるヨーロッパ・アルプスへの登山も大正中期から活発化していった．ヨーロッパ・アルプス最高峰であるモンブラン（4,870 m）への日本人の初登頂は，1921（大正10）年の日高信六郎である．これは，バルマ（Jachques Balmat）とパッカール（Michel G. Paccard）のモンブラン初登頂（1786年）から遅れること135年後のことであった．モンブラン征服では大きな後れをとった日本人であったが，同年には，慶應義塾大学山岳会（のちの体育会山岳部）創立者の一人である槇 有恒がヨーロッパ人でさえも約半世紀の間達成できず未登であったアイガー東山稜登攀に成功するという快挙を成し遂げた．これは日本人登山家に対する大いなる評価を得るとともに，日本登山界にとっても大きな意味をもつ登攀となった．さらに，1925（大正14）年には，日本最初の海外遠征隊が日本山岳会登山隊の名でカナダ・アルバータ峰（3,619 m）へ送られ，登頂に成功している．

大正末期から昭和初期における日本登山界の国内動向は，日本アルプスにおける厳冬期登頂や積雪期登頂が大きな目標となっていた．1924（大正13）年1月には早大隊が槍ヶ岳登頂に成功し，また，慶大隊は1926（大正15）年1月に剱岳登頂に成功している．1928（昭和3）年には，同様に慶大隊が厳冬期の前穂高登頂に成功した．また，これ以降も各地の山々において厳冬期・積雪期の登山が行われ，遭難や墜落死といった不幸な事故を礎にしながら日本の山岳会は前進を続けていった．

日本最初のヒマラヤ遠征は，1936（昭和11）年の立教大学ヒマラヤ踏査隊である．ナンダゴート山（6,867 m）登頂に成功し，ヒマラヤ登山の先駆者となった．この他，外国遠征としては植民地であった台湾や北朝鮮などで行われたが，しだいに戦火が激しくなり大きな登山界の発展は望めなくなり始めた．

1945（昭和20）年，第二次世界大戦が終了し，各国のヒマラヤへの挑戦が再び始まった．1950（昭和25）年にはフランス隊がアンナプルナ1峰（809 m）登頂に，さらに1953年（昭和28）にはイギリス隊がエベレスト（8,848 m）の初登頂にそれぞれ成功した．それに引き続き，日本山岳会による第3

次に及ぶ執念のマナスル登山隊が1956（昭和31）年にマナスル（8,163 m）への初登頂に成功し，日本登山史上画期的な快挙を成し遂げた．この快挙は，1948（昭和23）年の古橋広之進による400 m自由形世界新記録樹立や1949（昭和24）年の湯川秀樹博士のノーベル物理学賞受賞とともに敗戦国日本に明るさをもたらすこととなった．これ以降，ヒマラヤ山域へ多くの日本人登山隊が向かうこととなり，日本登山界は大衆化と高度化という時代を迎えることとなった．

日本山岳会は1970（昭和45）年にエベレスト登山隊を送り登頂に成功した．これは史上6番目の快挙であった．これ以降のおもな日本隊の快挙は，1971年都岳連隊のマナスル北西稜初登攀，1973年京都大学学士山岳会隊のヤルン・カン（8,505 m）初登頂，同年，第2次RCC隊のポストモンスーンのエベレスト初登頂，1975年女子登攀クラブ隊が世界初の女性エベレスト登山成功，1980年山岳同志会がカンチェンジュンガ北壁の無酸素登攀成功，1983年山岳同志会とイエティ同人隊が無酸素でエベレスト登頂を果たすという日本人登山者のめざましい活躍が続いている．これらのなかでも，世界初のアルプス三大北壁冬季単独登攀者となった長谷川恒夫や世界初の5大陸最高峰登頂者となった植村直己の2人は不世出のクライマーといえるであろう．そして，現代登山は，アルパインスタイル，無酸素，そして厳冬期登山という，より過酷な条件下での登山を目指しながら前進を続けていくことであろう．

ところで，戦後，日本初のヒマラヤ遠征隊がマナスルの偵察に向かった1952年以降，1999年までに6,000 m以上のヒマラヤ地域の高峰を目指した日本人登山家は1万1,221人に達している．しかし，1961年に発生した大阪市立大学登山隊の事故以来，254人もの登山者たちが死亡遭難事故に遭遇している．これを死亡率に換算すると，2.3％もの高率で尊い命が失われているという厳しい現実がある．それらの死亡原因中，雪崩による死者が254人中125人と最も多く，このほかに落石・氷，風，雷による死者9人を加えた134人がいわゆる「気象要因」による死者で，全体の約53％を占めている．しかし，高所の低圧低酸素環境が生体に直接的・間接的に悪影響を及ぼした結果と考えられる転・滑落や疲労凍死などの，いわゆる「高所要因」による死者も106人に達しており，全体の約42％を占めている（図39.1）ことが報告されている．その対策は急務であると指摘されている．

これらの結果は，高所医学のさらなる発展や日本人登山家の高所医学に関する知識の必要性を示しているといえよう．

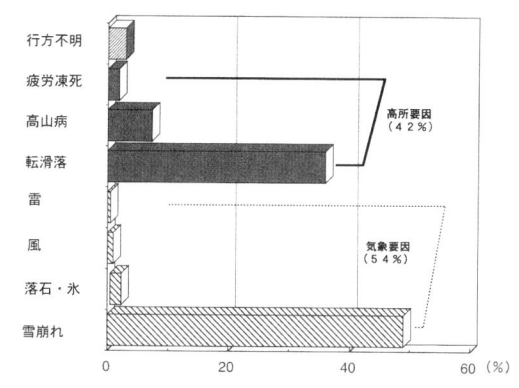

図39.1 日本人ヒマラヤ登山隊員の原因別死亡率（山村資料より筆者作成）

39.2 わが国の高所医学研究

前節で述べたように，日本人による高所への挑戦は欧米に比べ100年以上の遅れをとりながらも，着実に成果を上げてきた．特に，第二次世界大戦後における日本人の高所登山における輝かしい活躍の陰には，日本人による高所医学研究における成果も大きく関係していよう．

日本における高所医学研究は，① 京都大学学士山岳会員の中の医学部出身者グループ，② 名古屋大学環境医学研究所を中心としたグループ，③ 信州大学医学部環境生理学および第一内科グループ，④ 航空医学実験隊グループ，および⑤ 筑波大学体育科学系運動生理研究室グループなどの研究グループに大別できよう．

わが国における高所医学研究は，酸素の重要性を指摘した辰沼らによるマナスルにおける研究から始まったといえる．その後も現地における多くの高所医学研究がなされ，それらの成果が高所登山の成功をもたらす結果となった．それらを概略，年代別にまとめたのを表39.1に示す．

表 39.1　日本人による高所医学研究

年	山名，代表的な研究内容	代表研究者
1953〜56	マナスル（酸素の重要性）	辰沼
1958	チョゴリザ	中島
1962	サルトロカンリ（高所 ECG の初記録）	斎藤
1966	アコンカグア	高木
1970	エベレスト（212 例の ECG 記録）	中島
1970	マカルー	原
1973	レアル	川久保
1973	ヤルンカン（151 例の ECG 記録）	斎藤
1974	マナスル	石原
1974	ジャヌー	小原
1974	ガンガプルナ	住吉
1976	コンミュニズム峰	原
1977	タールコット	原
1979	ワスカラン	原
1980	ガネシュヒマールV	長尾
1980	ケダルナート	堀井
1980	ロシュピーク	原
1980	チョモランマ（195 例の ECG 記録）	斎藤
1981	ポゴタ	能勢
1981	アコンカグア	島岡
1982	カンペンチン	松林
1982	シシャパンマ	原
1983	ローツェ・エベレスト（ECG 記録）	浅地
1984	ジチェダケ峰（指先脈派）	橋本
1985	ナムナニ峰（高所肺水腫）	斎藤
	ナムナニ峰（肺機能）	中島
	ナムナニ峰（血小板凝縮能）	松林
1985	ブータン・ヒマラヤ（副交感神経機能）	松林
1985	ヒマラヤ（Holter 心電図）	堀井
1986	太白山・富士山・バルトロ（ECG 記録）	広田
1988	ニェンチンタングラ峰（医学的調査）	片山
1988	エベレスト街道（Holter）	菅沼
1988	富士山（運動時生理的応答）	浅野
1988	崑崙山脈（換気応答）	Masuyama
1989	チョモランマ・サガルマタ	斎藤
1990	京大シシャパンマ峰医学学術登山隊	中島
1991	信州大中国青蔵高原医科学学術調査	酒井
1991	学習院大学西蔵登山隊医学研究（Coenzyme Q10）	土井
1992	実年チョオユー登山隊	堀
1994	西蔵高原（ガモフバッグ）	塩澤
1995	バギラティ峰（息堪え）	中島
1996	ヒマラヤ（息堪え）	小林
1996	チョオユー（運動生理）	山本

39.3　高所登山家に必要な身体資質

a. 歴史的背景

高所においては大気圧の低下に伴う酸素分圧の低下により，吸気酸素分圧，肺胞内酸素分圧も低下する．肺胞内酸素分圧の低下は肺胞毛細血管内におけるヘモグロビンと酸素の結合が低下し，動脈血酸化ヘモグロビン量の低下を招き，酸素飽和度が低下す

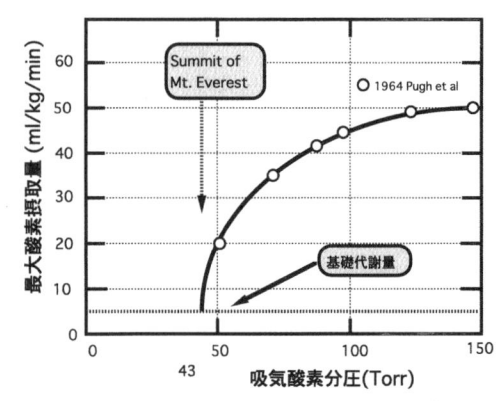

図 39.2　高度の上昇に伴う最大酸素摂取量の低下
Pugh らは，エベレスト山頂では最大酸素摂取量は基礎代謝量に近づいてしまうと推定した．

る．この酸素飽和度の低下により低酸素血症を招き，高所においては種々の高所障害（高山病）が現れるとともに，身体作業能力の低下をもたらす．

1953 年に，ヒラリー（Hillary）とテンジン（Tensing）は世界最高峰であるエベレスト峰（8,848 m）に酸素吸入による登攀により登頂し，人類初の快挙となった．このとき，ヒラリーはエベレストの頂上で約 10 分間ほど酸素マスクを外した．酸素吸入なしにエベレスト頂上でも生存できたという報告は，酸素なしでは意識が喪失すると考えていた当時の生理学者にとっては大変な驚きの事実として迎えられた．

1960 年から 61 年にかけて，Pugh（1984）[9]を隊長とするヒマラヤ科学登山実験隊が組織され，5,800 m 地点に「銀の小屋」とよばれた実験室をつくり，精力的な実験を行った．この実験隊は，翌春にマカルー・コル（7,440 m）地点に自転車エルゴメーターをセットし最大酸素摂取量の測定を行った．この実験隊の一連の各種高度における最大酸素摂取量の測定結果から，その後のエベレスト登山に重要な影響を与えた報告がなされた．すなわち，エベレスト頂上における最大酸素摂取量は基礎代謝量に限りなく近くなることから，頂上には酸素吸入なしでは登頂不可能であるという仮説が出されたのである（図 39.2）．

ところが，1978 年にメスナー（Messner）とハーベラー（Harbeler）が酸素供給なしでのエベレスト初登頂に成功した．この事実は，エベレスト峰頂上の酸素分圧はヒトが酸素補給なしに頂上到達が可

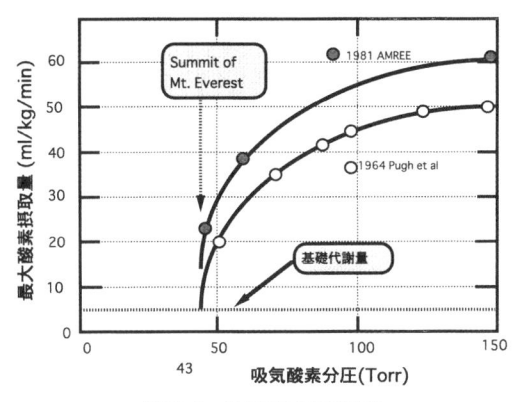

図 39.3 AMREE の実験結果
エベレスト山頂の最大酸素摂取量はわずかに基礎代謝量を上回ることが確認された.

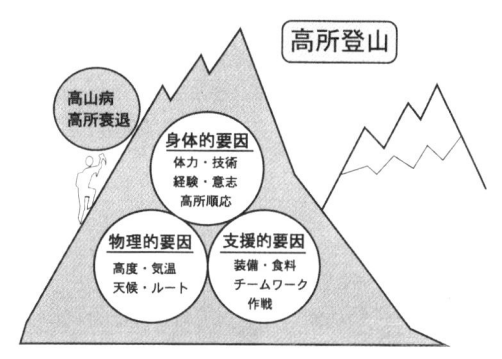

図 39.4 高所登山成否の要因

能かどうか，という長年の論争に終止符を打つこととなった．しかし，この快挙はヒトがエベレストの頂上に無酸素で到達したという事実にはなったものの，その生理学的解明は未解決のままであった．

1981年に，アメリカ・エベレスト医学研究実験隊（AMREE：American Medical Research Expedition to Mt. Everest）が組織された．この隊のおもな目的は，8,000 m 以上での初めての生理学的測定を行うというものであった．8人の生理学者がキャンプⅡ（6,300 m）とベースキャンプ（5,400 m）地点の2か所の実験室で最大酸素摂取量の測定や高所順応した被験者にエベレスト峰頂上と同等の低酸素を吸入させ，最大酸素摂取量の測定を行った．

Pugh らは，エベレストの頂上では最大酸素摂取量が基礎代謝量と同等まで低下すると予測し，エベレスト登頂には酸素吸入が必要であると推測していた．しかし，この実験結果から，最大酸素摂取量の低下は Pugh らが予測したよりも少なく，また，エベレスト峰頂上における最大酸素摂取量は毎分 1 l 程度であり，絶対量としては多くはないが酸素吸入なしで頂上に到達可能であることが示された（図 39.3）．この結果が示されたことにより，メスナーとハーベラーにより達成されたエベレスト無酸素登頂という快挙が生理学的に初めて解明されることとなった．

上述の一連の研究結果から，ヒトはエベレスト峰の頂上に無酸素で到達可能であることが生理学的に証明された．しかし，現実的には，エベレスト登頂を夢見る登山家の全員がエベレストに登頂できるわけではなく，事実，無酸素登頂を試みた登山家や無酸素登頂に成功したのち，帰路途中で事故死や遭難死する多くの犠牲者がおり，無酸素登頂の過酷さを象徴している．

では，どのような資質を備えた登山家がエベレスト峰の頂上に無酸素で到達できるのであろうか．高所登山成功の鍵には，身体的要因，物理的要因および支援的要因の3要因が密接に関連するといわれている（図 39.4）．この身体的要因は体力，技術，経験，意思および高所順応などの諸因子から構成されている．さらに，身体的要因に直接的・間接的にネガティブな影響を及ぼす因子として高山病と高所衰退があげられる．高山病は高所肺水腫や高所脳浮腫などの生命の危険性にも直接的に関与する重篤な疾病であり，この障害の予防・軽減も高所登山成功の大きな要因となっている．

そこで以下ではこれらのなかでも高所環境における身体作業能力に深く関与する最大酸素摂取量，低酸素換気応答テストおよび動脈血酸素飽和度について日本人のデータを交えながら論じることとする．

b. 高所環境における身体作業能力に及ぼす因子

1) 最大酸素摂取量（$V_{O_2 max}$：maximal oxygen intake）

Oelz ら[8]は，世界最高峰の4座のうちの少なくとも1峰を無酸素で登頂した一流登山家6人（前述のメスナーを含む）について，最大酸素摂取量や筋バイオプシーなどの測定を行った．つい最近までは，超高所の極端な低酸素環境下において身体活動を行う登山家にとって，最大酸素摂取量が大であること

が有利に働くものと推察されていたが，この6人の高所登山家の最大酸素摂取量の平均値は59.5 ml/kg/分で，同年齢群の一般人よりは高い値を示したが，一流マラソンランナーと比較すると有意に低く，また，アマチュアマラソンランナーよりは若干高値であることが示された．

特に，前述のメスナーの値は48.8 ml/kg/分で，この6人の被験者のなかでも最低値であったことは興味深い．また浅野（図39.5）[1]，島岡（表39.2）[11]や菊地らもエベレスト登頂者を含む日本人一流登山家の最大酸素摂取量の値を報告しているが，Oelzらの報告と同様に，彼らの最大酸素摂取量は一流持久的競技者と比較して，明らかに低値（55～57 ml/kg/分）を示していた．さらに，最大酸素摂取量が日本人の一般成人男子平均値よりも低値を示した者がエベレスト登頂（酸素使用）を果たしている事実（図39.6）もあることから，超高所を目指す登山家にとって高い最大酸素摂取量を有することは，必要十分条件ではないことを示唆しているものと考えられる．

2）低酸素換気応答（HVR：hypoxic ventilatory response）

HVRとは，末梢の化学受容器（総頸動脈部の頸動脈体）が動脈血中の酸素分圧低下に反応し，延髄の呼吸中枢を刺激して呼吸を増やす反応を指す．高

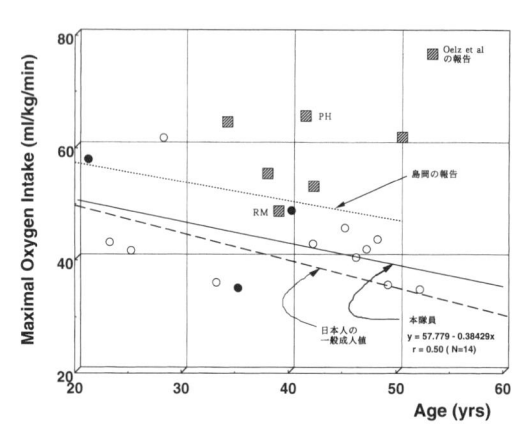

図39.6 年代別の最大酸素摂取量
PHはピーター・ハーベーラーをRMはラインホルト・メスナーを示す（両者はエベレスト無酸素初登頂者）．白丸および黒丸（エベレスト登頂者）は，福岡チョモランマ峰登山隊隊員の値．

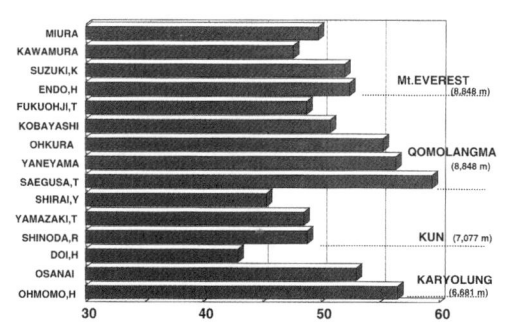

図39.5 高度別登頂隊員の個人別最大酸素摂取量（浅野[1] 原図，筆者改変）

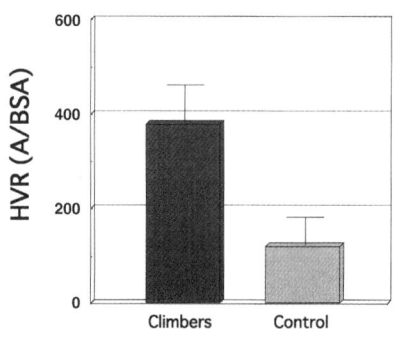

図39.7 一流高所登山家（Climbers）と対照群（Control）の低酸素換気応答の比較

表39.2 登山隊別の身体的特徴（島岡[11] 原図より筆者改変）

登山隊	年	被験者	年齢（歳）	身長（cm）	体重（kg）	V_{O_2}max/st (ml/kg/min)
エベレスト登山隊（エベレスト 8848 m）	1986	3	37.3 ± 9.6	169.5 ± 1.9	62.7 ± 0.8	52.9 ± 9.7
チョモランマ登山隊（チョモランマ 8848 m）	1985	6	30.0 ± 4.2	167.3 ± 5.0	65.2 ± 8.3	51.4 ± 6.1
ナンガパルバット登山隊（ナンガパルバット 8125 m）	1985	4	30.8 ± 3.0	166.5 ± 4.4	66.0 ± 6.8	52.9 ± 4.9
シシャパンマ登山隊（シシャパンマ 8017 m）	1982	6	31.7 ± 8.3	170.8 ± 4.9	68.1 ± 5.8	51.0 ± 7.9
クーラカンリ登山隊（クーラカンリ 7554 m）	1986	13	30.9 ± 7.2	170.6 ± 6.0	63.9 ± 8.2	57.5 ± 6.6
パミール登山隊（コミュニズム 7495 m）	1985	3	38.7 ± 8.6	167.3 ± 4.0	68.6 ± 6.6	47.7 ± 3.7
パミール登山隊（コミュニズム 7495 m）	1982	8	25.2 ± 3.4	172.7 ± 3.5	63.9 ± 4.7	54.7 ± 5.1
カラコルム登山隊（K7 6934 m）	1984	6	23.5 ± 1.3	173.7 ± 5.3	64.3 ± 4.8	55.9 ± 4.6
ペルーアンデス登山隊（ワスカラン 6768 m）	1979	18	27.8 ± 6.0	169.6 ± 4.5	63.3 ± 8.2	56.7 ± 5.5
ネパール登山隊（ロシュピーク 5760 m）	1980	15	30.4 ± 6.3	167.9 ± 4.8	63.6 ± 6.1	54.4 ± 3.9

所登山家には，大変強い HVR を有する者が有利であるとされている．これは，超高所の低酸素環境下においても，換気を十分に強くできる者が肺胞気酸素分圧を十分な値に保持できるからである．事実，Masuyama[6]，菊地[4]らも指摘しているように（図39.7），日本人一流高所登山家の HVR は一般人と比較して有意に高いことを報告している．

また，AMREE の実験結果では，HVR の高い者ほど 6,300 m における安静時から最大運動時までの酸素飽和度の低下が少なく，また，より高い高度まで到達できたことが報告されている．さらに，高い HVR を有する者は高山病症状がより少ないことも報告されている．

これらのことより，高所を目指す一流登山家の資質として高い HVR を有することが重要であろう．

3) 動脈血酸素飽和度（S_{aO_2}：arterial oxygen saturation）

低圧シミュレーターを用いて低圧低酸素環境下に急性曝露（減圧速度 100 m/min）させたときの安静時 S_{aO_2} は，4,000 m 相当高度（462 mmHg）で平均約 82 %，5,000 m 相当高度（405 mmHg）では約70 %，6,000 m 相当高度（354 mmHg）では約61 % まで低下し，さらに，6,500 m 相当高度（330 mmHg）では約 58 % にまで低下する．この条件下で，各高度とも心拍数 120 拍/分程度の運動を行うと S_{aO_2} は，さらに 2〜5 % ほど低下する（図 39.8）．エベレスト登頂を果たした登山家の急性低圧低酸素環境下の運動時 S_{aO_2} は，ほかの者より明らかに高値（39.9）を示す．実際の高所における S_{aO_2} も高

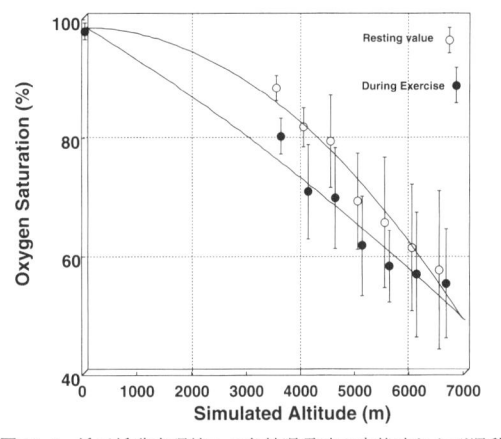

図 39.8 低圧低酸素環境への急性曝露時の安静時および運動時動脈血酸素飽和度の高度別変化

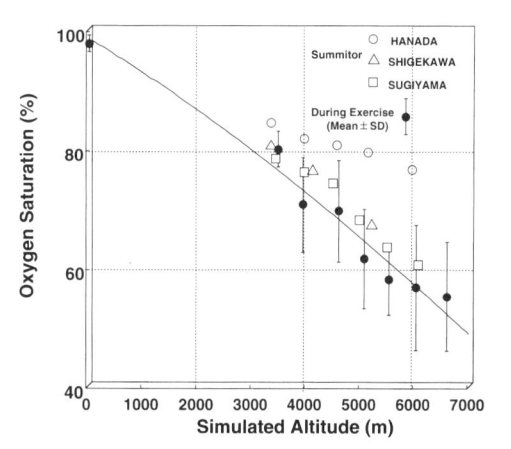

図 39.9 急性低圧低酸素環境下の運動時動脈血酸素飽和度のエベレスト登頂者（○，△，□印）と他隊員との比較

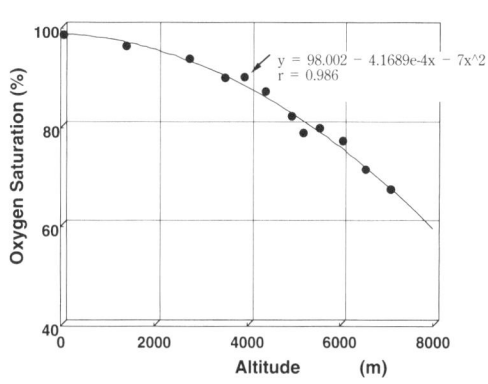

図 39.10 実際の高所における平均動脈血酸素飽和度の高度別変化（福岡チョモランマ隊の例）

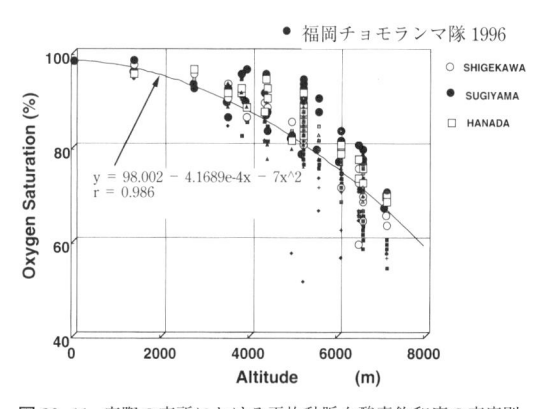

図 39.11 実際の高所における平均動脈血酸素飽和度の高度別変化と個人差の変化（福岡チョモランマ隊の例）
エベレスト登頂者（○，●，□印）の動脈血酸素飽和度が平均値よりも全般的に高値を示していることが認められる．

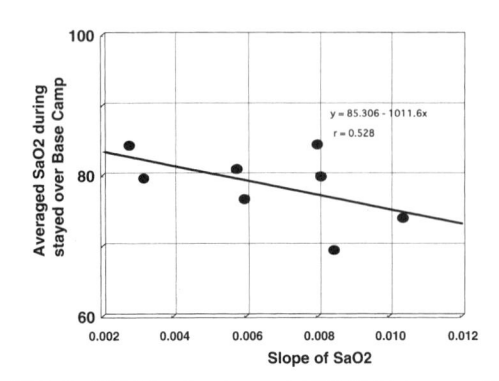

図 39.12 低圧シミュレーター内での高所順応トレーニング時の動脈血酸素飽和度の低下度と実際の高所における平均動脈血酸素飽和度との関係

低圧シミュレーター内での高所順応トレーニング時の動脈血酸素飽和度の低下度が大である者ほど,実際の高所における平均動脈血酸素飽和度が低いことが認められる.

度の上昇に伴い低下するが,高所順応を行いながら徐々に高度を上げていくことから,急性低圧低酸素環境下の安静時 S_{aO_2} と比較して約10％ほど高値を示すことが認められている（図39.10）.

エベレスト登頂者の急性低圧低酸素環境下の運動時 S_{aO_2} が高く,また,実際の高所においてもエベレスト登頂者の S_{aO_2} が高いことが観察された（図39.11）.事実,低圧室を用いた高所順応トレーニング時の S_{aO_2} 動態と実際の高所における S_{aO_2} 変化との関連性を検討したところ,両者間には有意ではないものの負の相関関係（図39.12）が認められた.すなわち,低圧室内での高所順応トレーニング時の1,000 m 当たりの S_{aO_2} の低下の割合が大である者ほど,ベースキャンプ以上での滞在中の平均 S_{aO_2} 値が低い傾向にあることが観察された.

このことは,高度の上昇に伴う運動時動脈血酸素飽和度の低下度が大である者ほど実際の高所における身体パフォーマンスが低下する傾向が大であることを示していよう.さらに,低圧室内における高所順応トレーニング時の運動時 S_{aO_2} 動態から実際の高所における身体パフォーマンスが予測しうる可能性のあることを示唆している.　　　　［菊地和夫］

文　献

1) 浅野勝己（1991）一流登山家の体力特性. *Japanese Journal of Sports Sciences*, **0**（2）, 101-110.
2) 菊地和夫・浅野勝己・佐藤方彦・高橋裕美・水野　康・熊崎泰仁・正岡俊文（1989）低圧低酸素環境への急性暴露による高所適性予測の試み. 体力研究, **72**, 53-69.
3) 菊地和夫（1996）福岡チョモランマ峰登山隊員1996登山隊員に対する高所順応トレーニングについて, 福岡チョモランマ峰登山隊報告書, pp. 119-134, 福岡市山岳協会.
4) 菊地和夫（1999）高峰登山者への低圧シミュレーターによる高所トレーニング. 臨床スポーツ医学, **16**（5）, 555-564.
5) 木村　毅（1978）日本スポーツ文化史, pp. 176-196, ベースボール・マガジン社.
6) Masuyama, S., Kimura, H., Sugita, T., Kuriyama, T., Tatsumi, K., Kunitomo, F., Okita, S., Tojima, H., Yuguchi, Y., Watanabe, S. and Honda, Y.（1986）Control of ventilation in extreme-altitude climbers. *Appl. Physiol.*, **61**（2）, 500-506.
7) 布川欣一（1991）山道具が語る日本登山史, 山と渓谷社.
8) Oelz, O., Howald, H., DiPrampero, P., Hoppeler, H., Claassen, H., Jenni, R., Buhlmann, A., Ferretti, G., Bruckner, J., Veicsteinas, A., Gussoni, M. and Cerretelli, P.（1986）Physiological profile of world-class high-altitude climbers. *J. Apply. Physiol.*, **60**（5）, 1734-1742.
9) Pugh, L. G. C. E.（1964）Muscular exercise at great altitude. *J. Apply. Physiol.*, **19**（3）, 431-440.
10) Schoene, R. B., Lahiri, S., Hackett, P. H., Peter, Jr. R. M., Milledge, J. S., Pizzo, C. J., Sarnquit, F. H., Boyer, S. J., Graber, D. J., Maret, K. H. and West, J. B.（1984）Relationship of hypoxic ventilatory response to exercise performance on Mount Everest. *J. Apply. Physiol.*, **56**（6）, 1478-1484.
11) 島岡　清・桜井伸二・山本正嘉（1986）エアロビックパワーから見た登山家の体力. 登山医学, **6**（1）, 4-9.
12) West, J. B., Boyer, S. J., Graber, D. J., Hackett, P. H., Maret, K. H., Milledge, J. S., Peters, R. M., Pizzo, C. J., Samaja, M., Sarnquist, F. H., Schoene, R. B. and Winslow, R. M.（1983）Maximal exercise at extreme altitude on Mount Everest. *J. Appl. Physiol. Respirat. Environ. Exercise Phyiol.*, **55**, 688-702.
13) 山崎安治（1986）新稿日本登山史, 白水社.
14) 山森欣一（2000）ヒマラヤ登山　遭難の記録｛1952年-1999年=58年間｝, 日本登山医学研究会幹事会配布資料.

海洋環境と日本人

40
海洋レジャーと日本人

　日本は，南北に約4,000 km，東西に約3,000 kmにわたって広がり，周囲を海と島に囲まれた島国である．このなかに，なんと4万5,000もの島々がある．島々を囲む海岸線を合計すると3万4,265 kmになり，ほぼ地球を1周する長さになる．日本人1人当たりいくらの長さの海岸線を保有できるか計算してみると，1人当たり約30 cmになる．わが国の国土は37万 km^2 であるが，200カイリの経済水域ができたおかげで488万 km^2 となり，私たちが活動できる場所は，昔と比べたらなんと12倍にも領海が広がった．南方では，暖流の黒潮，北方では寒流の親潮の二大海流がある．そのため，北部と南部では海洋の気象条件が大きく異なる．わが国は，このように地球上でも珍しい，変化に富む地理的条件を備えた国である．ここでは特に海を利用したレジャーについて考察し，現代の日本人のレジャーの本質を浮き彫りにした．

40.1　海の環境

　昔から海洋国日本といわれながらも海とかかわりあいをもつ人は少ししかいなかった．たとえば，漁業で生計を立てている人は，現在では全人口の0.3％（45万人）である．海といえば，まず海難事故の悲劇を連想させる．このように日本人にとって海は，近寄りがたく遠い存在である．また，反面海という自然の城壁が存在したため，わが国は長い間外敵の侵略から守られてきた．

　欧米に遅れること数百年，最近になってようやく私たちも海を食を得る場所や悲劇の起こる場所としてではなく，海をレジャーの場所として利用するようになりつつある．海のレジャーのなかに，マリンスポーツがある．マリンスポーツは明治以降徐々に欧米から輸入された．マリンスポーツには，ヨット，モーターボート，水上スキー，サーフィン，ウインドサーフィン，ダイビング，釣り，遠泳，トライアスロンなどがある．わが国の1人当たりの国民所得が1984年に1万USドルをこえて以来，マリンレジャーを楽しむ人口も増え，その数はすでに300万人以上，釣り人口は1,800万人に達するといわれている．

　海を利用して生計を立てている人よりも多い数の日本人がマリンレジャーを楽しむ時代になった．マリンレジャーを楽しむ人口は，生活水準の向上とともに増えている．大都市の近くの海では，漁業で生計を立てていた人たちがマリンレジャーの指導や支援で生計を立てるように替わりつつある．最近の日本人は，マリンレジャーを楽しむために週末は海に出ていくようになった．このような時代に生まれ，生活しているのがわれわれ日本人の姿である．筆者自身が体験し，感じたマリンレジャーについて以下に述べる．

40.2　自由時間と拘束時間

　現在の日本は生活志向から人生志向に替わり，人生80年の時代となった．教育期間として21歳までを除くと，残りの人生は合計52万時間ある．このなかから労働と睡眠によって人生を拘束されている時間を差し引くと合計26万時間になる．このなかには，通勤時間や家庭での雑用時間も含まれているので，この時間を差し引くと22万時間が残る．この22万時間（1日を16時間使用するとして計算すると約37年間になる）が現在の私たちに与えられた自由時間である．

　2000年現在の世界人口は60億人に達している．世界のなかで約12億人の人々が，この自由時間を享受することができる．私たちの両親らが戦後営々

と築きあげてきたのが，この自由時間の増大だったのである．自由時間の増大は，モノの豊かな生活を享受しつつ，その上に心の豊かな生活が出現した．拘束された時間から解放され，人間が人間らしく感じられるのはこの自由時間のなかにある．この自由時間が人生にとって最も実りの多い時間となり，その国の新しい文化をつくり上げていく原動力になる．この自由時間を積極的に消費していく一つの姿がレジャーである．

40.3　レジャーの定義

レジャーの語源をたどっていくと「自由で余裕のある状態」という意味にたどりつく．フランスの経済企画庁は，統計処理をするためにレジャーを4つに区分して使用している．

(1) レクリエーションとよばれる1日の終わりに体験する疲労や緊張から回復のための「自由時間」．
(2) ウィークエンドとよばれる週末の「自由時間」．
(3) バカンスとよばれる年度末の「自由時間」．
(4) ロートレットとよばれる定年や退職後の「自由時間」．

レジャーの先進国として知られるフランスには，日本語でいうところの余暇の言葉のなかにバカンス（vacances．英語ではvacation）がある．バカンスとは，仕事，勉強，療養以外の目的で自分の住居以外に4日間以上4か月以内滞在することと定義されている．また，ウィークエンドは，週末のような3日以内の短期間の自由時間をもつことを意味する．バカンスを積極的余暇や長期間の余暇，ウィークエンドを消極的余暇や短期間の余暇といい直すこともできる．わが国には，ウィークエンドのための施設，営業マニュアルそして従業員などは存在するが，いまだバカンスのためのハードとソフトは未開発といわれている．その大きな理由は，日本人には連続して4日間以上のバカンスをとることは現状として不可能な社会状況だからである．欧米の先進国では，今から20～50年前に法律（フランスは1936年，ドイツは1964年）によって社会権や基本的人権に基づきバカンスが余暇権として国民に義務づけられた．わが国の現状は，バカンスのように長期間の休み（通常年休とよばれる年間21日間以上の有給休暇）を堂々ととることが可能なのは盆と正月を除いて，生涯で新婚旅行と両親の葬儀だけである．それ以外では，現状では不可能なのが日本の現状である．そのためか，バカンスに対する社会的ニーズも少なく，またバカンスを過ごすことのできる施設は皆無に等しい．筆者自身，フランスで約7年間もの留学生活を送った経験があるが，学生という身分のためかバカンスをとった経験はなかった．

40.4　バカンスの環境

バカンスを体験したのは，1980年代の終わりの11月16日から30日までインド洋に浮かぶモルジブ共和国にあるバカンス村（地中海クラブ）で約2週間過ごしたのが生まれて初めての体験であった．成田からシンガポール経由でモルジブ国際空港に到着したのは深夜の午前1時であった．飛行場から船で30分の距離，歩いて15分もあれば1周できる小さな島にバカンス村があった．島に近づくと島全体が炎で燃えていた．それは，深夜にもかかわらずGO（接客スタッフ，インストラクター）全員が松明をもち私たちを迎えてくれていたのであった．港では強烈なサンバのリズムとトロピカルフルーツのカクテルによって全GOから熱烈な歓迎を受けたのち各人の部屋に案内され眠りについたのである．

翌朝7時に起床し，この小さな島を散歩した．熱帯特有の強烈な陽射しと海以外になにもない殺風景な孤島であった．この島でその後2週間も過ごすことは自分にはできないというのが第一印象であった．そして，とんでもないところに来てしまったと後悔の念で一杯であった．しかし，この思いは，時間が経てば経つほど間違っていたことに気がついた．このバカンス村は，訪問客に対して徹底した「自由」と「平等」が存在する環境を導入し，しかも人と人との「コミュニケーション」が積極的に図れるように運営されていた．このことが，バカンスの本質であることに気づくことになった．そのため，朝・昼・夜の食事は必ず食堂に行かなければとれないようになっていた．朝食と昼食は，食堂に世界の料理が並べられどれでも好きなだけ食べられるようビュフェスタイルで食事をとることになっていた．食堂では，8人掛けのテーブルに最低2か国語以上話すGOに案内されて指定の席につく．まわりはすべて

見知らぬ外国人ばかり．GOがお客の通訳や話題を提供し楽しい食事になるよう誘導していくのである．そして，朝と昼の食後は，準備されている数十のバカンスプログラムのなかから自分の好みにあったプログラムを選んで楽しむか，または1日を自由に過ごすかを自分自身によって選ぶことになる．それは，自分の意思で自由に1日を過ごすことができるのである．夕食はフルコースのフランス料理で，ゆっくりと約1時間半かけてとることになる．その後，GOによるナイトショーが演じられる．

このような日々が毎日続くのである．最初の3日間はこの環境に適応できなく，日本での仕事が気になり毎日のように国際電話をかけていた．しかし，4日目からまったく新しい日々が始まった．その大きな理由は，バカンスという快適環境に適応できたことである．今まで毎日のように飛び込んできた新しい情報，机の上に山積みされた仕事，日々の人間関係などから完全に解放され，自分自身の考えと行動によって獲得した新しい自由と平等と見知らぬ人と人とのコミュニケーションの世界が出現したのである．そして，あっという間に2週間が過ぎてしまったのが実感であった．

このことは，実際にバカンスを体験すること以外には理解することは不可能であることが初めて理解できた．このバカンス村に滞在するたくさんの訪問客のなかで4か月以上も滞在したフランス人がいた．筆者は，ここで初めて，ウィークエンドとバカンスにおける自由時間の違いについて体で理解することができた．バカンスは，体験する以外に理解はできないものだということもわかった．ウィークエンドとバカンスは，まったく本質的に異なることも体験することによって理解できた．ウィークエンドの施設ではバカンスのような快適環境を演出できないこと，ウィークエンド施設の従業員とバカンス村で働く従業員の作業内容は水と油ほどの違いがあること，ウィークエンドはマニュアル化できるがバカンスではできないことなどを理解した．

40.5 快適環境

バカンスは，人間をまったく新しい異次元の世界に送り込み，しかも人生観もガラリと変えてしまう強い力をもっている．バカンスという快適環境は，人間社会が地球上に誕生して以来最も偉大な発明といっても過言ではない．バカンスはフランス人によって発明された．バカンスを発明したフランス人は，大臣から乞食までバカンスをとる国民として知られているが，筆者自身も人生半ばにしてようやく実感としてバカンスとは何かを理解することがでた．

これから筆者もフランスの乞食並みのライフスタイルの人生がようやく始まりそうである．この経験以後，バカンスを1年に1回とることを心がけている．わが国の多くの人々も，バカンスという快適環境が毎年フランス人のように体験できる社会環境を積極的につくりだし，社会に定着する日が1日も早く訪れることを祈ってやまない．

40.6 現代の日本人の海を利用した健康法

衣食住の内容が豊かになれば，人生観も変化してくる．自分がもつ自由時間を健康保持に費やす時間が必然的に多くなる．

日本のGNPは530兆円をこえている．世界のGNPは2,500兆円であるから，20％を占めている．毎日，世界中の海で資源を運んでいる船の4隻に1隻は，日本に向かっていることになる．世界の総資産は7,000兆円といわれている．そのなかで日本は2,000兆円を保有している．これ以上GNPを増大させる経済活動を行うと，世界中の富や資源が日本に集中することになる．もし5年以内に日本のGNPが1,000兆円になると，世界の資源の50％を1億人が消費し，残りの50％を59億人の人が消費することになる．このようなことを世界の59億人の人々は許すはずはありえない．

そのため，日本人は「怠ける権利」を実践していることを世界に向けてただちに宣言していかなければならない理由がここにある．「怠ける権利」をもつことは，現世で天国の生活を手に入れることになる．フランス労働党創立者ポール・ラファルグ（Paul Lafargue, 1842-1911）はカール・マルクス（Karl Marx）の女婿でマルクス主義者であったが，マルクスを批判している．マルクスは，社会に対して労働者が働く権利を要求した．ラファルグはこれは間違いであるという．労働者が社会に要求する権利は怠ける権利であるといった．人間は怠けるために働くのであるとラファルグは主張したのである．

フランス労働党の規約に「怠ける権利」を記載し100年かけて実現した．人間は働くことについてどのように考え方を変えてきたのか，歴史をひもとくと以下のようなパラダイムの変化が起こったことがわかる．

a. 労働する権利

人間の過去500万年間は飢餓との戦いであった．人間は，貧しいから働かなければならない．そのため「働かざるもの食うべからず」という言葉を誕生させた．生きるために働いたのである．二宮尊徳の生き方はGNPが1,000USドル/人以下の生活で成立する思想である．

b. 怠ける権利

生きることができるようになると従来の思想では働かなくなり，新しいコンセプトが必要になる．そのために考え出されたのが，贅沢をするために働くというものである．そして，車，TV，クーラー，住宅などを所有した．フランスでは1936年バカンス法という法律を制定し，年度末休暇を法律で定めている．また生涯の休暇というロートレット法で，退職前の給料の100％の年金を支給することも制定している．GNPが1万USドル/人をこえると実現する．

c. 欲望を満たす権利

贅沢が日常化すると次の思想や価値観を考えなければならなくなり，欲望を満たす権利をつくり上げた．欲望を膨らませるためにさらに働くことに変わった．ここに至っては，もはや，労働の喜びは消失してしまう．欲望は無限大になる．これは麻薬中毒のようにワーカホリック（働き中毒）になる．これでは，人間とよべなくなる．汗水たらして働いている人間の姿は，仏教的にいえば畜生の姿である．地獄絵に登場する世界の様相を示し，飢餓の姿である．フランスの国民は，国民に現世で天国の生活をさせる政治家を選んでいる．フランスは，国民に畜生や地獄の顔の生活をさせない法律を制定している．日本の国民のほとんどが選択の自由を放棄している結果，現世で地獄の生活をさせる社会構造を政治家や官僚につくらせてしまった．

d. 現世で天国の生活

労働から離れてのんびりとしている姿こそ本来の人間の真の姿である．この世界は，天界，天国，極楽ともよばれ，ここを描いた絵は人間が望む最高の理想とする世界でもある．フランスのように経営者も労働者もこのような世界があることに気づくべきである．

このような天国の世界を，死後の世界（ほとんどの宗教は，現世で信心すれば死後の世界で天国に行けることを説いている．禅僧鈴木正三以降）ではなく，現世で天国を体験できる時代が日本にも誕生したのである．事実，東京都の都心の繁華街を歩いている人たち，デパートで買い物をしている人たち，大学生などはすでに天国のような生活をしている人たちといっても過言ではないと思う．贅沢できる生活水準になってくると，あとは怠ける権利を入手し現世で天国の生活をすることが人間の幸福に通じることになる．

日本の6,600万人のサラリーマン（社畜）は毎日自分の顔を見て，地獄の顔から天国の顔に変えるよう早速行動を開始すべきである．また，日本にある福徳の神と知られる七福神（恵比寿，大黒天，毘沙門天，弁財天，布袋，福禄寿，寿老人）のような顔付きの日々を過ごすことのできる日本人にすでになっていることに気づくべきである．明治，大正，昭和の時代とは違うことを認識すべきである．ちなみに1946年の日本のGNPは80USドル/人であった．

ストレスのない天国の生活をしている顔は，副交感神経（食欲，睡眠，排泄，性欲など制御）のなかの顔面神経が発達して，恵比寿さまのように頬が大きく笑いや福を導く顔になる．

e. 健康とは

WHOの定義によれば，「単に疾病，病気でないということだけでなく，肉体的，精神的，社会的にみても完璧に健全な状態にあること」と定められている．人間が最も望むものは健康であり，人間の幸福の十中八，九までは健康によってもたらされる．健康であってこそ生きる喜びを感じ，すこやかに老いることができる．生物のなかで人間ほど病気になりやすく，精神的に不安定で変動しやすい動物はい

ない．一時的な健康とは，毎年行う定期健康診断の内容がこれ以上実施できないような詳細な検査条件をクリアして健康と判定されても，生涯においてはほんの瞬間の健康でしかありえない．現代人にとって一時的な医学上の健康記録ではなく，継続した健康をつくりだし保持していかなければならない．

また，健康は他人から与えられるものではない．自分自身でつくり，自分自身で守るべきものである．医療，保険，検査制度がいかに完備されようが，健康に対して無責任な態度や無関心を決め込むならば健康状態を保持することはできない．継続的健康を保持したいと思う人は，今日から自分の健康を増進するという前向きな心構えをもち，積極的に行動し，日常生活の一部として実行に移すことによって初めて可能になる．そうすることによってほとんどの人々が継続的健康を身につけることができる．

現代人にとって継続的な健康維持とは，具体的にいうと次のようになる．生きている限り毎日経験する食欲，排泄欲，睡眠欲，性欲の有無によって継続的健康であるかないかの判断をすることができる．そのなかでも特に重要なのは，毎日摂取しなければならない必須栄養素である．食欲は日々のエネルギー源のもとであり，生体の恒常性を保つために必要不可欠な行動である．特に，炭水化物 100 g，必須脂肪酸 2 種類，蛋白質中の 8 種類のアミノ酸，27 種類のビタミン，23 種類のミネラルは，毎日摂取しなければならない．この必須栄養素が不足すると免疫機能や排泄や睡眠や性欲を阻害し，いろいろな疾病を引き起こすことが知られている．

フランスの経済学者ミシェル・アルベール (Michel Albert) は，「資本主義が発達した国では，肥満は貧者にしか発現しない．肥満は，発達した資本主義の病の一つの指標である．人間は，おいしい飲食物をたくさん摂取するという強い本能をもつ動物である．おいしい飲食物をつくるために，膨大な経済的エネルギーを費やす．人間は，おいしい飲食物をたくさん摂取すると必然的に肥満となる．肥満を解消するためには，さらに莫大な経済的エネルギーを消費しなければならない」といっている．飽食の時代に生きる現代日本人は，日々のおいしい高カロリーの飲食物を多量に摂取している．反面，必須栄養素の不足を招いている．そのため，慢性的な必須栄養素不足でいろいろな障害（癌，糖尿病，痛風，アトピー，花粉症など）を引き起こしている．次に，タラソテラピーによって継続的健康を維持することとは何か，最近筆者の研究室で行ったタラソテラピーの研究と最新の知見を述べる．

f. タラソテラピーとは

ギリシャ語の thalassa（海）とフランス語の thérapie（治療）を合わせた造語である．タラソテラピーは，日本語で「海洋療法」と訳される．簡単にいえば，海辺に滞在して，その景観を楽しみながら，海洋気候のもとで海水，海藻，海泥を用いたさまざまな治療を行うという自然療法である．1867 年，フランス・アルカションの医師であったボナルディエール (Dr. de la Bonnardière) によって確立された．

フランスでは「予防は治療に勝る」というコンセプトにより，早くから予防医学の研究が行われてきた．タラソテラピーはそんな予防医学の一環でもあり，もともとは，病人の治療，リハビリテーション，予防医学（肥満解消やストレス解消やリラクゼーション）の 3 つの目的に使われてきた．日本ではまだまだ目新しい療法であるが，タラソテラピーは入浴が重要な療法であるため，日本の伝統的な温泉療法と通じる面が多々あり，海に囲まれた島国というわが国の立地条件もあって注目を浴びている．

g. タラソテラピーの種類

タラソテラピーの種類はさまざまなものがある．実際に海洋療法センターではどのような治療方法を行っているのか．それぞれの海洋療法センターによって治療方法は若干異なるが，以下のような治療法がある．

(1) 海水温浴療法
(2) 海水ジェットシャワー療法
(3) 海水水シャワー療法
(4) 海水ジェットバス療法
(5) 海水気泡バス療法
(6) 海水マッサージ療法
(7) 海藻療法
(8) 海藻手・足浴療法
(9) 海藻パック療法

（10）海藻温浴療法
（11）海泥療法
（12）ジェット海水マッサージ療法
（13）海洋性気候浴療法
（14）リラクゼーション療法
（15）海水イオン吸入療法

h. タラソテラピーによるスリミング効果

筆者は，1992年6月10日より3か月間，スリミング（減量）効果の実験を(株)神奈中クリエイトの協力によりタラソテラピーによるスリミング療法を開始した．スリミング開始前に測定したときの体重は，79.5 kg，血圧128/89 mmHg，心拍数は83回/分であった．スリミングの処方内容は，毎週2回タラソテラピーを実施し，毎月約5 kgの割合で体重を減らしていき，目標とする65 kgまでを3か月間で達成することにした．

週の前半はタラソテラピーの一つである人工海水を溶解させた流水浴槽での処方，週の後半は海藻療法（アルゴテラピー）を処方した．同時に，食事内容についてのカウンセリングを受け，スリミング中は極力炭水化物の摂取を抑えることにした．その結果，1日に必ず摂取しなければならない必須栄養素として脂質のなかのリノール酸，α-リノレン酸の2種類，アミノ酸のなかのイソロイシン，ロイシン，リジン，メチオニン，フェニールアラニン，スレオニン，トリプトファン，バリンの8種類，炭水化物100 g/日，ビタミン類，ミネラル類をバランス良く補給する健康食品を毎回の食前に摂取した．

毎日，自宅の風呂で朝夕39℃の温水250 l に60 gの凍結乾燥海水入浴剤を溶解させて長座位姿勢で20分間入浴した．出浴後は，バスロブを着衣し二次発汗とリラクゼーションを行った．凍結乾燥海水入浴剤は，海水に含まれている塩分を減塩処理したミネラル類，海のプランクトンなどの有機物を濃縮したものである．凍結乾燥海水入浴剤を溶解させた風呂に入浴するだけで身体に不可欠なミネラル類の有効成分を皮膚の角質層を介して吸収することができ，さらに体内の老廃物を排泄することができ全身の細胞のミネラル類のバランスを整えることができるといわれている．

3か月間わたる筆者のタラソテラピー体験の痩身

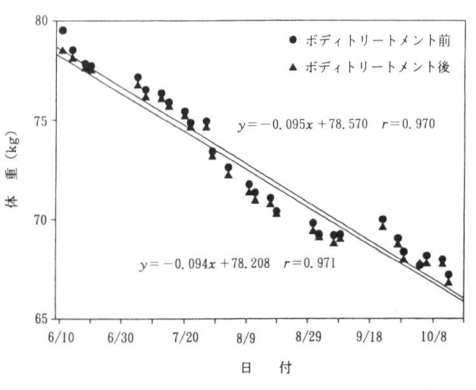

図40.1 タラソテラピーによる痩身効果（1992年）

の効果は，14 kgの減量の成功だった．タラソテラピーでスリミングになった体重を維持するのに，特別な空腹感や飢餓感に耐えることなく，飲料水や毎回の通常の食事をしてもそのまま減量した体重を保持できた．これが，サウナや運動などによるスリミング法と違い，タラソテラピーによるスリミング法の大きな特徴だった．このタラソテラピーを実行したことにより，全身の皺，しみ，白髪などが減少したり，日常の行動や活動領域や気力が向上するという相乗効果もみられた．筆者のタラソテラピーによる痩身結果を図40.1に示す．

i. 水の違いによるスリミングの実験

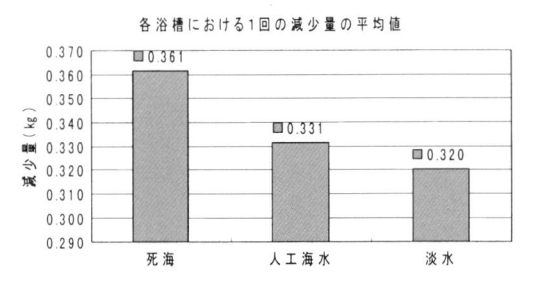

タラソテラピーの代表的なトリートメントである温浴療法で使用する死海の水，人工海水，水道水の違いによってスリミングはどのような変化を示すか検討した．被験者は，健康な成人女性7～9名を対象とし，1997年1月13日から1997年12月19日まで12か月間にわたって被験者A（62歳）と被験者B（42歳）2名のみを死海の水，1997年6月30

図40.2 各浴槽における体重減少の平均値の比較

表 40.1 実験前後の体重，体脂肪率，BMI 値の平均

	死海	増減	人工海水	増減	淡水	増減
体重変化（kg）	63.64 → 62.98	0.67	62.56 → 61.66	0.90	60.87 → 60.02	0.84
体脂肪率の変化（％）	35.22 → 34.88	3.33	34.43 → 32.43	2.00	36.56 → 35.89	0.67
BMI 値の変化	27.04 → 26.69	0.35	26.02 → 25.56	0.46	26.15 → 25.75	0.40

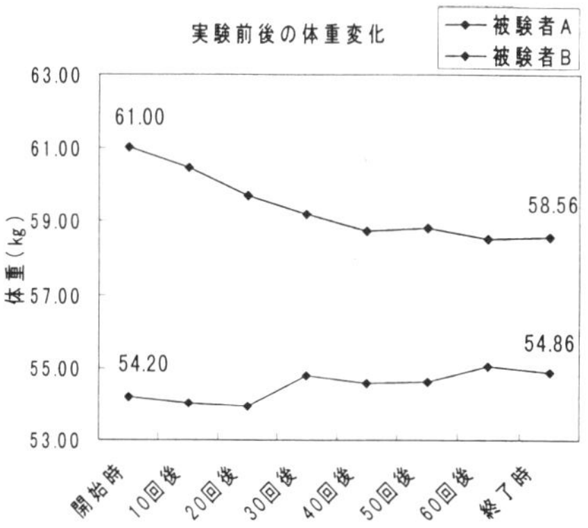

図 40.3 実験前後の体重変化

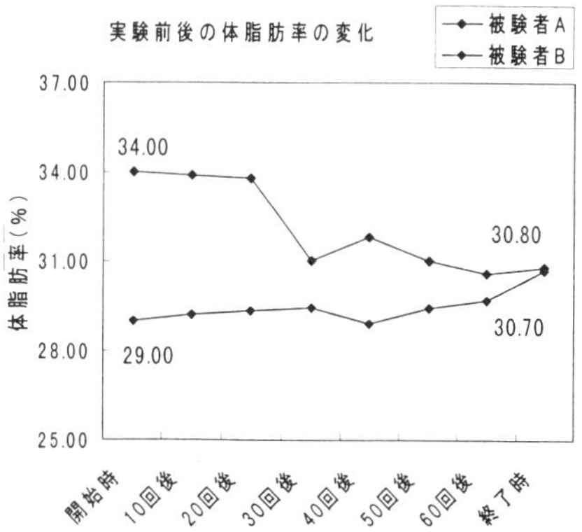

図 40.4 実験前後の体脂肪率の変化

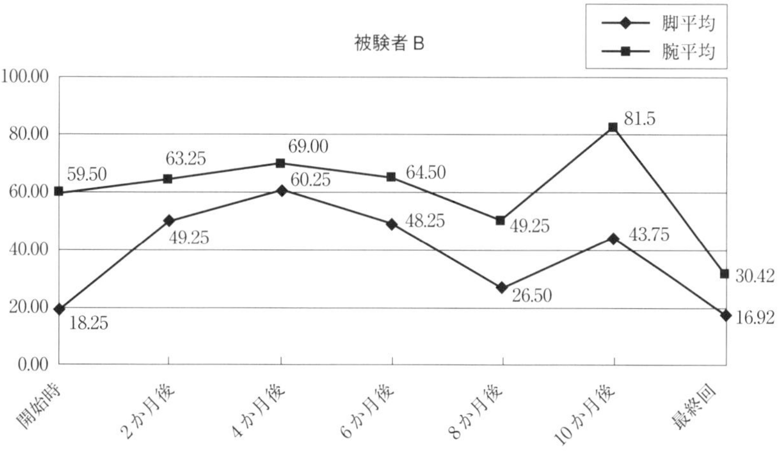

図 40.5 被験者 B の保湿量の変化

から 9 月 30 日にわたって死海の水，人工海水の水，水道水による温浴療法を実施した．

人工海水と水道水を用いた温浴療法は，被験者の各家庭の浴槽で実施した．死海の水の温浴療法は，積水化学工業内に設置した浴槽に毎週 2 回被験者に来訪してもらい実施した．毎回，同一時間に所定の身体計測を行った．人工海水の温浴療法は 39 ℃の温水 200 l に人工海水の素を 100 g 溶解させた浴槽に 20 分間入浴させた．水道水は，そのまま用いて 39 ℃の浴槽に 20 分間入浴させた．死海の水も 39 ℃の浴槽に 20 分間入浴させた．

いずれの入浴後も，リラクゼーションと二次発汗を起こすために 20 分間，12 ミクロンのポリエステルフィルム，タオルの順に身体を包埋し，仰臥位をとらせた．実験開始前と実験終了後に身長，体重，体脂肪率，心拍数，血圧，全身 10 か所（足根囲，下腿最大囲，大腿最小囲，大腿最大囲，臀囲，腹囲，上部胸囲，下部胸囲，肩囲，頸部）の計測，また毎

表 40.2 保湿量の平均値の変化

		初回	1か月後	2か月後	最終回	有意水準
脚	死海	30.31	45.94	44.83	55.81	$P > 0.05$
	人工海水	48.61	53.89	31.57	34.57	$P > 0.05$
	淡水	48.78	40.72	41.44	34.03	$P > 0.05$
腕	死海	46.31	38.47	58.00	53.83	$P > 0.05$
	人工海水	59.79	46.21	49.96	43.64	$P > 0.05$
	淡水	54.29	41.94	42.19	40.97	$P > 0.05$

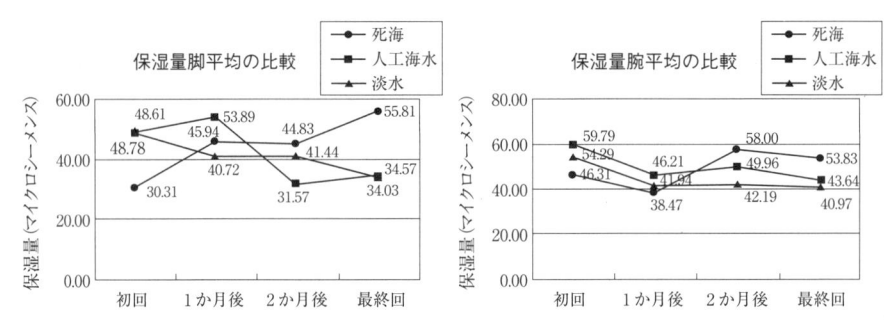

図 40.6 保湿量平均の比較

月1回骨年齢,皮膚の保湿計測,皮膚拡大写真の撮影などを測定した.

本実験では,成人女性を死海の水,人工海水の水,水道水の3種類の温水に入浴させ,3か月間と12か月間にわたり入浴水の違いによる反復温浴曝露を実施し,生体の生理的変化について以下のような知見を得た.

3か月間にわたる死海の水,人工海水および水道水での反復温浴では次のような結論を得た.

(1) 体重と各周径が最も有意に減少したのは死海の水で,最も減少が少なかったのは水道水であった.

(2) 入浴による皮膚の保湿効果は,死海の水に顕著な保湿効果が認められたが,人工海水および水道水では保湿効果はみられなかった.

(3) 骨年齢から判断すると,閉経前の被験者群では死海の水の入浴において顕著な若返りがみられた.一方,人工海水と淡水では骨年齢の変化は認められなかった.閉経後の被験者群では,最も骨年齢が進行したのは淡水であったが,死海の水と人工海水では変化はなかった.

(4) 表皮の変化を拡大鏡による写真撮影の画像処理で前後比較すると,最大45%の皮膚の改善がみられた.

12か月間にわたる死海の水による反復温浴では次のような結論を得た.

(5) 1年間の体重変化は,被験者A(62歳)では2.44 kg 減少し,被験者B(42歳)では 0.66 kg 増大した.

(6) 被験者Aに2〜3倍の保湿効果が認められたが,被験者Bでは変化が認められなかった.

(7) 被験者Aの骨年齢には変化なく,被験者Bでは骨年齢が2年間若返るという結果を得た.

現在世界中で活躍している人類に対する生理学的研究は「拘束された時間」における精神的,肉体的負荷によるいろいろな反応の機序や機能や現象などの解明が主流であった.約500万年前に人類が誕生して以来,ようやく現在に至って自由時間を手に入れることができるようになった.「自由時間」の領域における生理学的研究はほとんど未開拓である.現在はほとんど手がつけられていない.自由時間は,わが国のように経済や社会の発展が見られる国おいて今後ますます増大してくる.この未開拓の分野を研究する手段として,生理人類学は強い武器の一つになると思われる.すでに多くの研究成果を上げている生理人類学は,自由時間の増大という現代社会

表40.3 骨年齢の変化

死海	グループ	骨年齢の変化（歳）	人工海水	グループ	骨年齢の変化（歳）	淡水	グループ	骨年齢の変化（歳）
被験者1	2	54 → 56	被験者10	2	57 → 57	被験者10	1	32 → 31
被験者2	2	62 → 61	被験者11	2	56 → 58	被験者18	1	45 → 45
被験者3	2	50 → 50	被験者12	2	50 → 49	被験者19	2	57 → 55
被験者4	1	44 → 43	被験者13	1	38 → 36	被験者20	2	51 → 51
被験者5	1	39 → 32	被験者14	1	31 → 29	被験者21	2	63 → 73
被験者6	2	50 → 52	被験者15	2	55 → 56	被験者22	2	56 → 55
被験者7	2	46 → 46	被験者16	1	39 → 41	被験者23	1	40 → 38
被験者8	1	18 → 18				被験者24	1	53 → 53
被験者9	1	36 → 35				被験者25	1	48 → 51

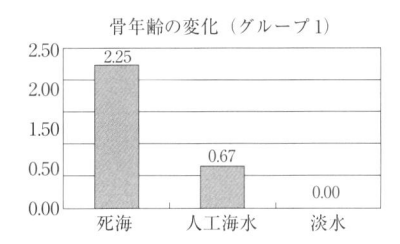

図40.7 グループ1, グループ2の骨年齢の比較

の発展のなかで，このニーズに応える学問として大きな役割を演じることになると思われる．

［関　邦博］

文　献

1) Beyer, M. (1982) Le tourism, éd du seuil.
2) Dumazedier, J. (1974) Sociologie empirique du loisir, éd. Seuil.
3) Dumazedier, J. and Samuel, N. (1976) Le loisir et la vill, éd. Seuil.
4) Faucher, J. and Lorenzi, L. (1982) Vacance pour un autre tempts, éd. Sociales notre temps/societe.
5) Franco, V. (1970) La grande aventure du club Mediterranée, éd. Robert Laffont.
6) Roussel, P. (1961) Histoire des vacances, éd. Berger-Levrault.
7) Raynouard, Y. (1986) Le tourisme social, éd. Syros
8) Sue, R. (1983) Le loisir, éd. PUF. que sais-je No. 1871.
9) Sue, R. (1985) Vivre en l'an 2000, éd. Albin Michel.
10) 関　邦博 (1988) 生理人類学的発想における新海洋開発の提唱. *Ann. Physiol. Anthrop.*, **7** (4), 235-239.
11) 関　邦博ほか (1987) マリンスポーツのはなし, I & II 巻, 技報堂出版.
12) 関　邦博 (1992) 海中世界に挑む, 丸善ライブラリー, 丸善
13) Shani, J., Barak, S., Levi, D., Ram, M., Schachner, ER., Schlesinger, T., Robberecht, H., Van Grieken, R. and AvRach, WW. (1986) Skin penetration of minerals in psoriatics and guinea pigs bathing in hypertonic salt solutions. *Pharmacol. Res. Commun.*, **17** (6), 501-512.
14) Seki, K., Toyoshima, M. and Yamasaki, M. (1998) Effect of the balneotherapy of thalassothreapy on cellulite in women. *Applied Human Science*, **17** (2), 83.
15) Seki, K., Yamasaki, M. and Ishimoto, A. (1998) Physiological responses of the balneotherapy using dead sea water, artificial sea water and fresh water in women. *Applied Human Science*, **17** (5), 227.
16) Shani, J., Sharon, R., Koren, R. and Even Paz, Z. (1987) Effect of dead sea brine and its main salts on cell growth in culture. *Parmacology*, **35** (6), 339-347.
17) Duvic, M. (1986) Possible mechanisms of effectiveness of Dead Sea balneotherapy. *J. Am. Acid. Dermatol.*, **15** (6), 1298-1301.
18) Shani. J., Barak, S., Ram Levi, D., Pfeifeer, Y., Schlesinger, T., AvRach, WW., Robberecht, H. and Van Grieken, R. (1982) Serum bromine levels in psoriasis. *Pharmacology*, **25** (6), 297-307.
19) Nizard, J-C. (1994) La cellulite tous les traitements efficaces, pp. 1-142, ed. Albin Michel.
20) Vrignaud, Cl., Blanquet, P. and Dubarry, J. J. (1966) Recherche à l'aide des radioéléments sur la resorption des électrolytes en solution par la peau du jeune rat. *Bull. Soc. Pharm. Bordeaux*, **105**, 200-218.
21) Dubarry, J. J., Blanquet, P. and Tamarelle, C. (1970) Press Therm. *Climatique*, **108**, 1-7.
22) Dubarry, J. J., Tamarelle, C. (1972) Pénétration percutanée

en balnéothérapie thermale. *Press Therm. Climatique.*, **109**, 196-200.
23) Tregear, T. R. (1966) The permeability of mammalian skin to ions. *J. Invest. Derm.*, **46** (1), 16-23.
24) Blank, H. I. and Scheuplin, R. J. (1969) Transport into and within the skin. *Br. J. Derm.*, **81**, Supp. **4**, 4-10.
25) Haumont, C. (1989) Tout savoir sur l'eau, éd. Favre.
26) 野村　正（1996）タラソテラピーその現状と将来．*Creabeaux.*, **6**, 2-5.
27) 安部　孝・福永哲夫（1995）日本人の体脂肪と筋肉分布，pp. 85-86, 杏林書院．
28) 阿岸祐幸（1983）水中運動の生体内変化，水泳療法の理論と実際（宮下充正・武藤芳照編），pp. 11-28, 金原出版．
29) 阿久津邦男（1982）サウナ，人間と歴史社．
30) アラン・G・デレディク著，海洋療法研究会監修（1991）タラソテラピー，海洋療法研究会．
31) 石橋康正ほか監修（1994）皮膚の健康科学，南山堂．
32) 香川靖雄編（1990）エネルギーの生産と運動，岩波書店．
33) 小宮秀一・佐藤方彦・安河内　朗（1988）体組成の科学，朝倉書店．
34) 中尾　真編（1986）バイオエナジェティクス，学会出版センター．
35) 野村武男（1987）アクア・フィットネス，善本社．
36) 野村武男・関　邦博・鈴木英之・上田越江（1993）動水浴と各種温度における生理的反応．日本温泉気候物理医学会雑誌，**57** (1), 83.
37) オダン（佐藤由美子・中川吉晴訳）（1995）水とセクシャリティ，青土社．
38) 小川徳雄（1994）新汗のはなし，アドア出版．
39) 大道　等・大城戸道生・岩崎輝雄（1984）入浴時の生理的反応．体育の科学，**34**, 502-509.
40) Obel, P. (1990) La thalassothérapie, pp. 1-125, M. A. Edtion.
41) 関　邦博（1993）21世紀の痩身健康法・アクア・シェイプアップ，棋苑図書．
42) 関　邦博（1996）タラソテラピーによる痩身効果，水中活動研究所．
43) 関　邦博・継田冨美子（1995）タラソテラピー入門，水中活動研究所．
44) 関　邦博・山崎昌広（1996）タラソテラピーによるスリミング効果．*Fragrance Journal*, **24** (8), 29-36.
45) 関　邦博・山崎昌広（1999）死海の水のタラソテラピー効果．*Fragrance Journal*, **27** (4), 42-51.
46) 鈴木英之・上田越江・関　邦博・野村武男（1993）継時的な動水浴が身体形態に及ぼす影響．日本温泉気候物理医学会雑誌，**57** (1), 81-82.
47) 鈴木英之・近藤勝英・関　邦博・野村武男（1994）体温にみる動水浴の効果．日本温泉気候物理医学会雑誌，**58** (1), 58-59.
48) 田中伸行（1990）循環器疾患の温泉療法，温泉医学（日本温泉気候物理医学会編），pp. 177-183, 日本温泉気候物理医学会．
49) 上田越江・関　邦博・野村武男・鈴木英之（1993）動水浴と静水浴における生理的反応の変化．日本温泉気候物理医学会雑誌，**57** (1), 82-83.
50) 植田理彦（1991）温泉はなぜ体によいか，講談社．
51) 白倉卓夫・菅井芳郎（1994）入浴健康法，同文書院．

海洋環境と日本人

41
大気圧潜水と日本人

　ヒトの潜水活動は次のように二分できる．一つはヒトが直接水中に出て深度に比例した環境水圧を受ける環境圧潜水で，もう一つはヒトは耐圧殻に守られ潜水深度と無関係に1気圧（大気圧）空気環境下にいる大気圧潜水である．環境圧潜水による最大活動深度は 500〜600 m であり，また環境圧潜水には長期の減圧を必要とすることも多い．そのため，前記の限界以上ではもちろん，限界以内であっても深度が数十 m をこえ，非常短期の潜水には，大気圧潜水が用いられている．

41.1　大気圧潜水の分類

　大気圧潜水を技術開発の歴史的経過より分類すると，球状や円筒状の耐圧殻で水圧から身を守る潜水球，冒険のためや研究調査用の小型潜水艇，兵器としての潜水艦，さらに最小の大気圧潜水として大気圧潜水服となる．
　現在の日本における大気圧潜水従事者は千数百人程度で，その生理人類学的特徴や環境変化への対応などはほとんど研究されていない．さらに，少ない研究例においては外国との比較は困難なため，ここではその特殊な活動環境を主として記すことにする．

　ただし筆者の感じる"大気圧潜水における日本人の特徴"としては，従来は比較的小柄な民族として，活動空間が限定された潜水艦や潜水艇では非常に有利であった一方，体型が活動レベルに直接影響を及ぼす大気圧潜水服では，欧米製を使用せざるをえなかったこともあり，体型の違いに苦慮してきた．しかし，近年における体格の欧米化により，大気圧潜水服の使用では有利になってきたが，潜水艇等ではその利を失ってきている．

41.2　潜水球と潜水艇

　20世紀または第二次世界大戦後の日本における，大気圧潜水活動のおもなものを先の分類順に記す．まず数名の乗員の数時間の水中活動を可能とした潜水球と小型潜水艇は，1951年に進水し深度 200 m まで2名を運んだ潜水球の「くろしおⅠ号」，1960年に進水し海上からの有線で電力供給を受け深度 200 m において自走可能な乗員4名の「くろしおⅡ号」，1964年の独立自走型の「よみうり号」（4名，300 m），1969年の「しんかい」（4名，600 m），1971年の「はくよう」（3名，300 m）などがあっ

表 41.1　日本における近年のおもな潜水球と潜水調査船

名　前	建造年(年)	潜航深度(m)	耐圧殻の大きさ		空中重量(t)	乗員数(人)	潜航時間(時)
			内径(m)	長さ(m)			
くろしおⅠ号(潜水球)	1951	200	1.45	1.5	5	2	5
くろしおⅡ号	1960	200	1.5	5.5	12.5	4	24
よみうり号	1964	300	2.0	10.0	36.3	3 + 3	4
しんかい	1969	600	4.0	2球	90	4	5
はくよう	1971	300	1.4	3.6	6.6	3	5
しんかい 2000	1981	2000	2.2		24	3	8
しんかい 6500	1989	6500	2.0		26	3	9

た．またこの間には深海潜水として，フランスのバチスカーフによる1958年の日本海溝3,200 m，さらに1962年の千島・カムチャッカ海溝9,500 mまで潜水した佐々木氏の例もある．その後は，本格的な深海の調査研究用として1981年に進水した「しんかい2000」（3名，2,000 m），さらに現役では世界最大潜航深度をもつ1989年進水の「しんかい6500」（3名，6,500 m）がある（表41.1）．

これらの潜水球と潜水艇の乗員の環境に関する問題は，乗員の代謝による環境ガス中の酸素の減少と二酸化炭素の増加がおもなものである．初期のものでは環境ガス浄化装置の性能上の問題で，酸素濃度の下限を18〜19％，二酸化炭素濃度の上限を2〜3％とし，「しんかい」においてはその大きな内部容積を考慮し，積極的な環境ガス浄化を行わず，浄化装置は緊急用と考えられていた．

a. 潜水調査船「しんかい2000」と「しんかい6500」の搭乗条件

「しんかい2000」と「しんかい6500」が所属している海洋科学技術センターに登録されているパイロット数はそれぞれ6名と8名で，年間の潜航回数は70回と65回程度である．また，潜航にはパイロットとサブパイロットの2名と研究観察者1名の計3名が乗り込むため，各パイロットの搭乗回数は年間15〜25回となる．1回の潜航時間はそれぞれ約8時間と9時間で，母船上の搭乗から潜降開始まで約30分，それぞれ最大深度への潜水調査では潜降に2〜3時間と浮上に2〜3時間，さらに海面から母船上への揚収，乗員下船まで30分と，海底調査がない単なる海底までの往復だけの場合でも最低5〜7時間となる．母船から海面への吊り降ろし，また潜航後の海面から母船への揚収を日中に行うため，北半球における潜航調査は，日中の時間が長く天候が安定した夏季に集中し，搭乗員は昼食持参の潜航となる．さらに搭乗員の体調は自己管理とされ，潜航中の排泄などを考慮し潜航前夜から余分な水分の摂取を控え，潜航中の排泄は宇宙服着用時と同様に，水分は固めて処理する．

b.「しんかい2000」と「しんかい6500」の船内居住環境

「しんかい6500」の居住空間は艇前部の内径2 mの球形で，その上部に出入り用空間はあるものの諸機器で埋められ，3名の乗員は直径1.3 m足らずのマット床に座る．一方，「しんかい2000」の内径は2.2 mで，さらに潜降・浮上の操縦用として耐圧殻上部にその操縦席があり，1名のパイロットがパイ

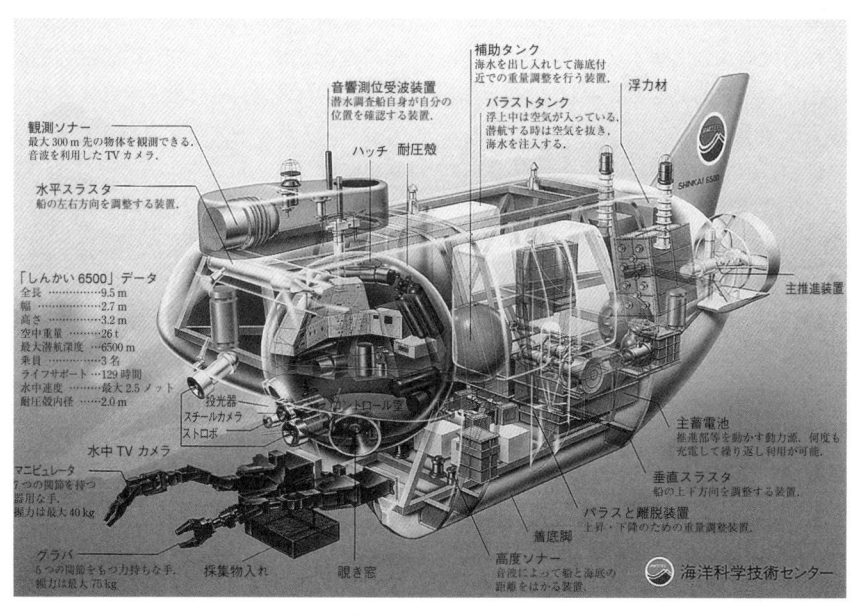

図41.1「しんかい6500」の構造概図

プ1本の椅子で床から40〜50 cm浮かんでおり，ほかの2名の乗員にとっては貴重な空間をマット上に供給している．この点については操縦機能を集約し，坐って全操縦操作が可能なため3名がマット上に坐る「しんかい6500」との居住性に差が生じていることはおもしろい．さらに乗員にとって，同乗者の体格が内部環境の大きな要因となり，いきおい体格の比較的小さな日本人や女性の研究調査者の同乗が好まれることになる（図41.1）．

c. 船内ガス環境

「しんかい2000」と「しんかい6500」における船内環境ガスの基準は，酸素濃度を24〜18％とし，二酸化炭素濃度は1％で警告ブザーが鳴り吸収筒の交換が指示され，さらに2％以上では応急マスクを使用し，二酸化炭素の吸収と酸素ボンベからの直接添加を行うことになっている．さらに緊急事態に備え，「しんかい2000」では3日分，「しんかい6500」では5日分の酸素と二酸化炭素吸収剤を装備している．

d. 船内の温度環境

潜水深度が200〜300 m以上で問題になるのは，低温海水による冷却である．浅海域では季節差はあるものの，日本近海では水温が10℃以下になること

は少ないが，深度1,000 m以上からは水温が数℃となり，金属製の耐圧殻を急速に冷却する．潜降時はその0.3〜1.0 m/sの潜降速度のため，さらに強く冷却されることになる．特に温度制御装置は大電力を必要とするため，内部環境温を制御できる深海潜水調査船はない．

また，意外に思われることとして，「しんかい2000」の低温環境の問題は「しんかい6500」より深刻である．それは「しんかい2000」の低速潜降を考慮しても，その耐圧殻が厚さ30 mmの鋼製である一方，「しんかい6500」の耐圧殻は厚さ73.5 mmの熱伝導度が鋼の約1/7であるチタンアルミ合金製で，その断熱性が「しんかい2000」の15〜20倍になるためである．潜降開始数十分後には深度約1,000 mをこえ，まわりの水温は1〜3℃と非常に低くなるが，内部ガス温が20℃以下になることは少ない．しかし，内部壁温は5℃以下となり，乗員は普段の生活では経験のない放射による強い冷却を受ける．そのため乗員は狭い空間にもかかわらず，寝袋状の防寒着を着用する（図41.2）．

深海潜水艇の温度に関する問題は低温だけではない．夏季やマリアナ海溝などの熱帯での潜航では，母船上の待機中は母船からの冷気をダクトにより船内へ導き冷房が可能であるが，母船上でのハッチ閉鎖から数百mまで潜降する間はかなりの高温多湿

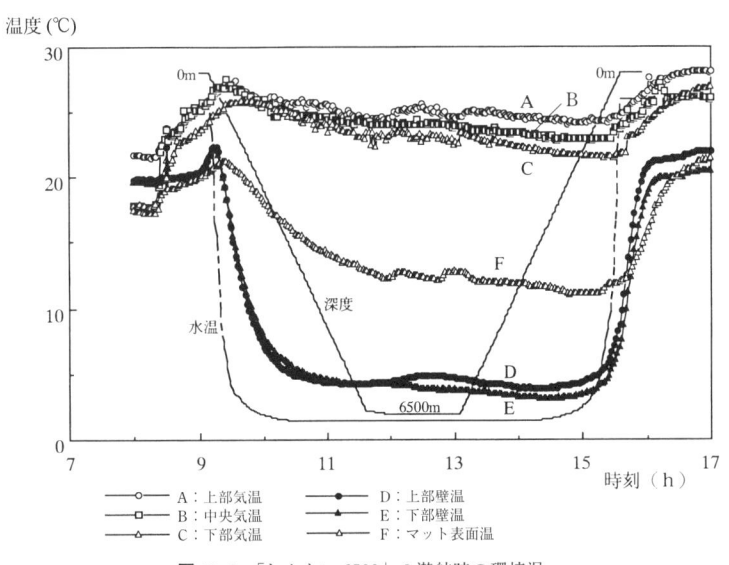

図41.2 「しんかい6500」の潜航時の環境温

A：上部気温　D：上部壁温
B：中央気温　E：下部壁温
C：下部気温　F：マット表面温

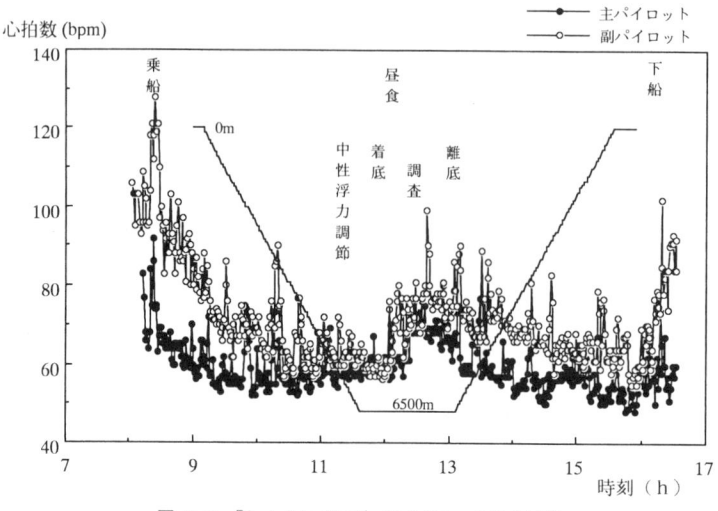

図 41.3 「しんかい 6500」のパイロットの心拍数

環境となり，深度 1,000 m をこえたあたりで汗で濡れた下着を交換するという．

e.「しんかい 6500」パイロットの心拍数からみた生体負担

「しんかい 6500」における，水深 6,500 m へのテスト潜航時のパイロットの心拍数の変化を図 41.3 に示す．心拍数の変化からみたパイロットの負担は，乗下船時には狭いハッチからの出入りのため瞬時的に高心拍を示すが，そのほかの状況では比較的負担が少ないと思われる．ただし，着底後の昼食とそれに続く海底調査時に高心拍数を示しており，これが昼食によるものか操縦操作によるものか不明である．しかし，ほかの潜航における昼食前の海底調査用の操縦時にも同様の高心拍数が認められており，図中の高心拍数も船の操縦やマニピュレーター操作による精神集中と，覗き窓に対するやや無理な伏臥姿勢などが原因と思われる．

41.3 潜水艦

潜水艦による潜水者は，大気圧潜水従事者の大半を占める．潜水艦が初めて日本に導入されたのは 1905（明治 38）年にアメリカより購入し，横須賀工廠で組み立てられた 5 隻のホランド型（排水量約 110 t，潜航深度 46 m，乗員 16 名）であった．その後，第二次世界大戦末までに約 220 隻の潜水艦が就航し，潜水艦の稼働率などが不明のため，艦数と乗員数を乗した数字は約 13,000 にも達する．戦後はアメリカより譲り受けた初代の「くろしお」（排水量 1,500 t，乗員数 80 名）以来，1995 年までに 35

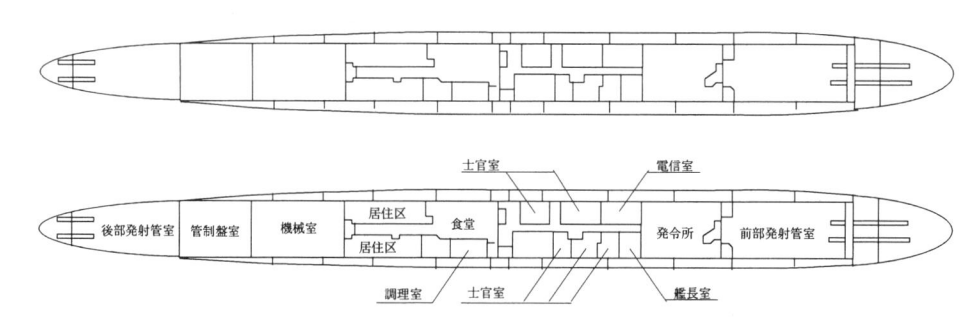

図 41.4 潜水艦乗員の健康維持および環境適応に関する研究が行われた「あさしお」型潜水艦（1983 年除籍）の内部概略図
基準排水量 1650 t，全長 88.0 m，最大幅 8.2 m，深さ 4.9 m，水中速力 18 ノット，乗員 80 名

隻の潜水艦が就航しており，同様に艦数と乗員数を乗した数字は 2,500 に達し，十数隻の現役艦の総乗員数は千数百名になると思われる．

a. 潜水艦の勤務条件

潜水艦乗員の乗船期間は数日から数週間で，場合によっては 1 か月間になることもある．1 艦に対し乗員 1 チームで，その構成員の年齢制限はなく 20～50 歳，近年では眼鏡の使用やコンタクトレンズの使用も許可されている．外国の原子力潜水艦（アメリカの攻撃型原子力潜水艦ロスアンゼルス級 6,927 t，乗員 133 名）の場合は，1 航海が数か月にも及ぶため，1 艦に 2 乗員チームがあり，原則として 2 チームが交互に乗船する．日本の潜水艦の排水量は，この 15 年ほどの間に約 2,000 t から約 3,000 t へ増大している一方，その乗員数は約 80 名から 70 名へと減少している．しかし，これは乗員当たりの空間が増えたのではなく，装備の大型化と自動化によるものである．

一般乗員の勤務は，6 時間の当直と 12 時間の睡眠を含む自由時間の 18 時間を 1 周期とした 3 直制である．また生活のリズムを左右する食事は，原則として 6 時，11 時，16 時，20 時の 4 食のうち，睡眠中の 1 食を外した 3 食である．食事の内容は，運動量が少ないにもかかわらず，数少ない気分転換の意味を含め陸上勤務時よりやや豪華で，カロリーもやや高い．しかし，狭い艦内でのバイキングスタイル，全員がそろってゆったりとした食事はできず，席待ちの乗員のため手早く済ませなければならない．またその食堂は，食事以外の時間には乗員の娯楽室となるが，乗船時の重量制限のため副食品は少なく，飲酒も不許可である．入浴は週に 1 回程度だが，短期の航海では入浴なしの場合もある．

b. 潜水艦の艦内ガス環境

潜水艦はいったん港を出ると，位置の察知を避けるためただちに潜航する．日本の潜水艦はディーゼルエンジン搭載型で，推進力と潜航時の推進用蓄電池を充電するため，深度十数 m から給排気用シュノーケルを海面に出し，数時間単位のディーゼル発電を行うとともに，艦内環境ガスを強制的に入れ替える．この艦内環境ガスの入れ替えは，まず艦内圧力を 0.85 気圧程度に減圧した後，一気（数分内）に外気を導入する．これは「シュノーケリング」とよばれており，このシュノーケリングを数回繰り返し，艦内環境ガスはかなり良好に保たれるが，急激な環境圧の変化による軽い難聴の問題がある．

第二次世界大戦前や戦後初期の潜水艦では，エンジンや諸機器の発熱と空調機器の性能などの問題により艦内はかなり暑い部署もあり，特にエンジン関係では高温と騒音などの問題があった．しかし近年の新型艦では，環境温はほぼ 25 ℃，湿度は 60 ％に保たれているが，この良好な湿度環境は乗員のためより，電子機器の保護のためともいわれている．また，自動化や機械化が進んだといえども，機関室では 35～40 ℃にもなるエンジンの近くで 1 名が空調機の吹き出し付近で監視している．

艦内の二酸化炭素濃度の許容限界は 2 ％とされているが，緊急時を除き 1.0～1.5 ％をこえることは稀である．また，一酸化炭素に関しては測定されておらず，喫煙は所定の場所では自由に行われており，乗員の半数近くが喫煙者といわれている．通常の艦内環境ガス浄化はシュノーケリングにより行われるが，緊急時は艦内に二酸化炭素吸収剤を撒き，二酸化炭素を許容範囲にする．また，外国の原子力潜水艦ではシュノーケリングを行わないため，潜水艦内の環境ガス制御は非常に重要な要素である．

日本の潜水艦乗員の医学・生理学的諸問題について約 15 年前に行われた調査では，現在はほぼ解消された高温多湿環境の問題，現在も考慮すべき 18 時間周期の 3 直制による生活リズムへの適応，シュノーケリングによる環境圧の急激な変化に伴う難聴，閉鎖狭隘環境における対人関係を含めた精神的問題などが指摘されている．

41.4　大気圧潜水服

金属製宇宙服状の大気圧潜水服の分類は one-Atmosphere (Armored) Diving System または Atmospheric Diving Suit：ADS とされている．その潜水深度は 600～700 m まで可能なものもあるが，通常のタイプでは 200～300 m である．これまで「JIM」や「SAM」とよばれる大気圧潜水服が外国で考案されてきたが，最大の問題は操作者（ダイバー自身）の力で動かす関節の問題である．大気圧潜

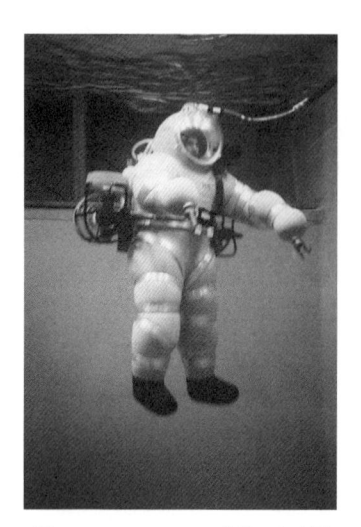

図 41.5 ニュースーツを用いた中層作業風景

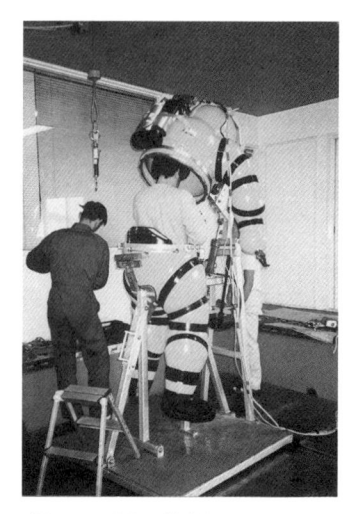

図 41.6 大気圧潜水服ニュースーツの脱着風景

水服は最近の20年間に約200機が生産されているが，まだ国産で実用化されたものはない．また最近では軽量化と関節機構の改良，さらにスラスターやTVカメラの装備により，超小型潜水艇に近くなったものもある．現在日本において潜水活動に用いられているのは，カナダのニュー・スーツ（Newt-Suit）社製の深度300m仕様のニュースーツ（Newt-Suit）が数機で，そのダイバーは十数名から数十名の範囲である．

a. ニュースーツ

ニュースーツ本体はアルミニウム合金製で，その重量は歩行型で285kg，スラスター型で350kgである．しかし，最大でも約100kgの部分に分解でき，最も簡単なシステムの総重量は昇降機を含めても1tに満たないため，車両やヘリコプターなどでの運搬が可能である．さらに潜水現場到着後2時間以内に深度300mでの作業が可能で，また潜水作業終了後は約1時間以内に完全な撤収が可能である．またこのシステムの運用人員数はダイバーを含めて5名程度と少数で，消耗品も原則としてダイバーが消費した酸素と二酸化炭素吸収剤のみである．しかし，大気圧潜水服は機動性や経済性を追求しすぎたためか，その操作者への負担はあまり研究されておらず，特殊環境下の装置の常として，ヒトを装置に合わせることにより潜水作業を遂行していると思われる（図41.5）．

ニュースーツの水中重量は錘により調節し，歩行型で13～17kg，スラスター型で2～3kgとする．ダイバーの体格差は，胴部と下腿部への各種スペーサーの挿入により調節できる．関節部は，四肢全体で20個のロータリージョイントより構成されており，ダイバーのニュースーツへの出入り（脱着）は，上下に切り離された胴部より行う（図41.6）．

歩行型は水面の支援船に対し完全独立となれるが，その歩行速度は関節のロータリージョイントの問題により毎秒0.2m程度で，その操作にはかなりの訓練を要し，その歩行だけでも中程度の筋作業に相当すると思われる．そして機動性を高めるため，スクリューによる毎秒約1mの移動が可能なスラスター型が考案された．しかし，スラスター用電力を水面から供給するため，その行動範囲は電源ケーブルの長さに依存し，さらに数百mのケーブルを引く場合の水の抵抗や海流などの問題もあり，水中の作業現場の近くまでニュースーツと動力ケーブルを送るランチャーが必要になる．スラスターの操縦は靴の中敷状のフットペダルにより行い，中性浮力状態を得るツリム機構をもっている．

作業用の2指と3指のマニュピレーターは，360度の回転が可能である．軸も手先端において40度の角度変更が可能で，また物をつかんだまま固定することも可能である．顔面前部の観察窓は，曲率

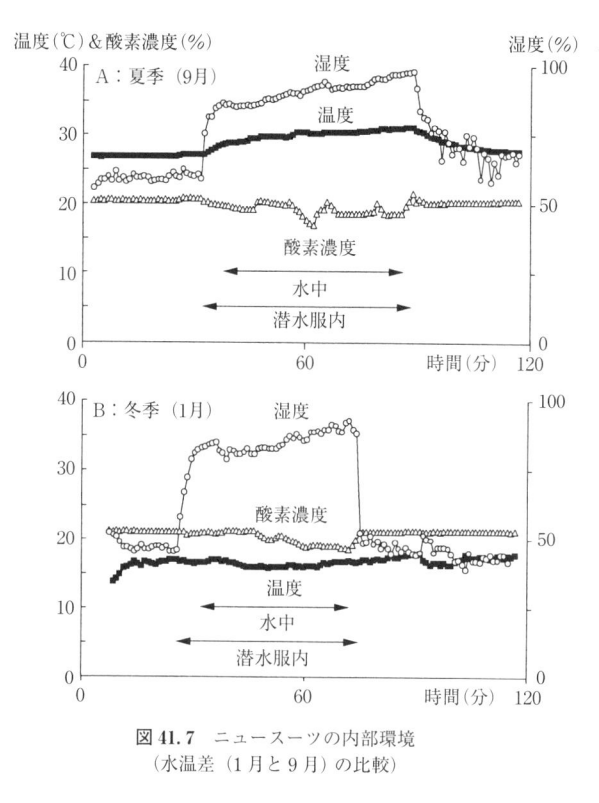

図 41.7 ニュースーツの内部環境
（水温差（1月と9月）の比較）

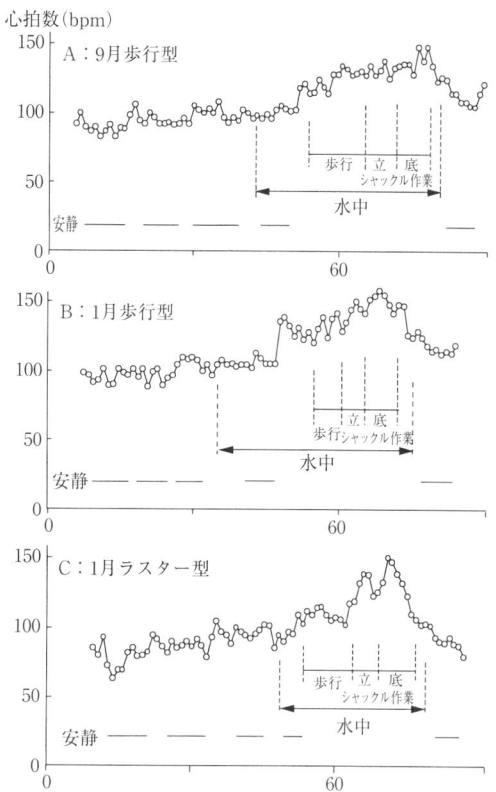

図 41.8 ニュースーツを用いた潜水作業時の心拍数
（歩行型とスラスター型の比較）

半径約 15 cm，厚さ 2 cm のアクリル製で，半球状の視野が確保されており，つま先を見ることもできるが，球面のため視界が多少歪む．ダイバーの服装は，潜水服内壁や関節端部に触れるため，ドライスーツの下着や上下つなぎ服や厚手の靴下と手袋を着用している．

b. ニュースーツ内部ガス環境

内部ガス環境制御は原則として，二酸化炭素を腰背部のスクラバーにより吸着除去し，減少した酸素をスーツ外の背部の酸素ボンベより補給する．酸素濃度計は装備されているが，二酸化炭素濃度計は装備されていないため，二酸化炭素量は酸素濃度と内部環境圧より推測することになっている．

携帯できる酸素の量は，大気圧換算で約 1,000 l で，安静状態では約 50 時間のダイバーの酸素消費を補充できる．酸素濃度の管理は，二酸化炭素吸収による内部環境圧の低下を検知して酸素をニュースーツ内の添加する自動系と，酸素濃度計を見てダイバーが酸素添加を行う手動の 2 系統がある．二酸化炭素の吸収能力は約 2,000 l で，スクラバー用換気ファンが作動しない場合に備え，スクラバー直結のマスクも装備されている．しかし，乾燥による二酸化炭素吸収剤の能力低下防止もあり，除湿装置は装備されていない．

ニュースーツ内部の酸素濃度の調節に関して，安静時の過剰酸素状態や作業時に低酸素状態と，酸素濃度変動が大きいが（図 41.7），これは潜水服内部のガスが関節部で隔てられ，呼吸できる頭部付近のガス量が小さいためと思われる．通常の使用条件において，ニュースーツの二酸化炭素吸収能力に問題はない設計であるが，潜水作業後に頭痛を訴える場合もある．その原因として二酸化炭素濃度の上昇も考えられ，二酸化炭素濃度計の装備が望まれる．

c. ニュースーツの内部温熱環境

夏季の室内プールの測定では，水温 28～29 ℃ の条件下において，ニュースーツの装着後数十分で内部環境温は 30～32 ℃，湿度は 95 % 以上と非常に

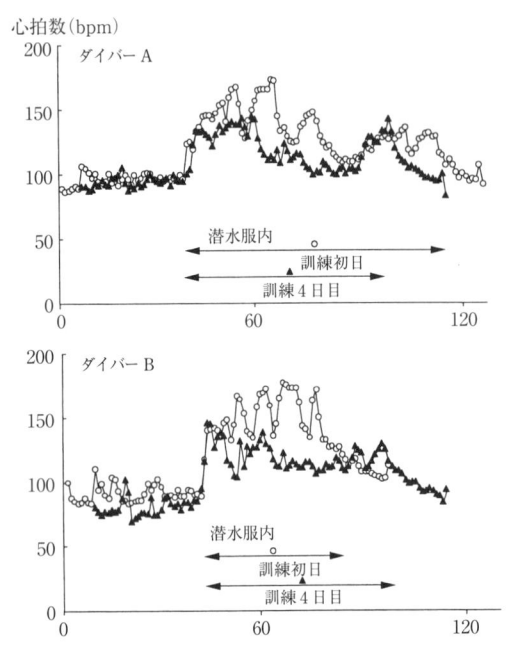

心拍数(bpm)
ダイバー A
(グラフ: 0～120の時間軸、心拍数の推移)
潜水服内
訓練初日
訓練4日目

ダイバー B
(グラフ: 0～120の時間軸、心拍数の推移)
潜水服内
訓練初日
訓練4日目

図 41.9　ニュースーツを用いた潜水作業時の心拍数
（潜水作業の訓練効果）

蒸し暑くなる．しかし，冬季は低水温（水温11～13℃）のため内部壁温が12～13℃，内部環境温は15～18℃，湿度は80～90％と，高湿ではあるが夏季に比べかなり快適であった（図41.8）．

夏季の測定における蒸し風呂のような内部環境は，ダイバー自身の代謝産熱を含めたスーツ内の総産熱量が安静時に約100 W，また作業時には400～600 Wにも達し，それに二酸化炭素吸収剤の発熱が加わり，さらにダイバーの厚い着衣が原因と思われる．一般的に裸体における体熱放出は，環境温が28℃以上では発汗蒸散により，温度33℃，湿度75以上では熱中症の発生することもあるとの指摘もあり，夏季や低緯度地域における浅海などの高水温海域での潜水では，高温多湿の潜水服内環境への対処が必要になる．

しかし，日本近海では水深数百mの水温は季節変動は小さく，冬季実験の水温とほぼ同じ10～15℃であるため高温の問題は少ないが，ニュース ーツが高熱伝導性のアルミニウム合金製であるため，氷海などでの潜水作業では，ダイバーが内壁へ直接接触しない場合でも輻射による体熱喪失は非常に重要な問題になると思われる．

d. ニュースーツを用いた潜水作業の生体負担

前項の測定において得られた作業時の心拍数の最大値は，ほとんどの作業条件で150 bpmであった（図41.9）．高い心拍数を示した作業項目は，歩行，シャックル作業，前傾姿勢作業，スラスターを用いた中層のシャックル作業であった．また，図に示したダイバーA，Bの心拍数は，訓練初日には最大値が約180 bpmと高い値を示したが，訓練4日目の同じ作業に対して実験初日ほどの心拍数の増加が認められず，訓練効果が顕著に認められた．

［楢木暢雄］

文　献

1) Houot, G. (1971) Vingt ans de bathyscaphe, p. 256, Arthaud.
2) 梶原昌弘(1973)潜水艇くろしお号（井上直一教授記念），p. 214, 北海道大学水産学部，北洋水産研究施設・海洋部門．
3) 加藤　洋(1974)潜水調査船「しんかい」操船の実際，p. 112, 日本水路協会．
4) Jane's Yearbooks-Jane's Ocean Technology 1974-1975 (1974) R. L. Trillo, ed., p. 344, Macdonal and Jane's.
5) 潜水艦乗員の健康維持及び環境適応に関する研究(1981) 海上自衛隊潜水医学実験隊実験研究報告第3号, pp. 1-102.
6) Curley, M. D. and Bachrach, A. J. (1982) Operator performance in the one-atmospheric diving system JIM in water at 20 ℃ and 30 ℃. *Undersea Bio. Med. Res.*, 9 (3), 203-202.
7) 閉鎖環境（潜水艦）における環境適応に関する研究(1982) 海上自衛隊潜水医学実験隊実験研究報告第4号, pp. 56-102.
8) Jane's Fighting Ships 1986-1987 (1986) Captain J. Moore RN, ed. Jane's Publishing Company Limited, p. 838.
9) 楢木暢雄・中川　宏・毛利元彦(1993)大気圧潜水服を用いた潜水作業時の生体負担．日本高気圧環境医学会誌, 28 (2), 115-123.
10) Jane's Fighting Ships 1995-1996 98ed. (1995) Captain R. Sharp RN, ed. Jane's Information Group Limited, p. 908.

海洋環境と日本人

42
環境圧潜水と日本人

　海水では，水深が10m増すごとに約1気圧ずつ圧力が増加する高圧環境であるが，この高圧環境にヒトが直接曝露される潜水を環境圧潜水あるいは環境圧曝露潜水とよぶ．これに対して，潜水艇などのように人間が耐圧殻内に入って水圧の影響を直接身体に受けずに潜水することを大気圧潜水とよぶ．環境圧潜水には，呼吸器具を使用せずに潜るいわゆる素潜り（息こらえ潜水）と呼吸器具を使用する器械潜水があるが，2000年以上に及ぶわが国における潜水の歴史のなかで，水中呼吸器具を用いた潜水はここ200年程度であり，江戸時代の終わり頃から始まった．器械潜水の導入により，水中での行動範囲が飛躍的に拡大し，器械潜水の用途が広まることとなった．

　呼吸器具を介して水中で呼吸するガスは，当然のことながら環境圧と均圧した高圧ガスとなるので，呼吸する高圧ガスは肺から血流に運ばれて身体組織に溶解していく．そのため，器械潜水では潜水中に身体組織に溶解したガスが気泡化しないように減圧をしないと潜水終了後に減圧症を発症する恐れがある．減圧症の克服によって器械潜水による潜水深度の増大と潜水時間の延長が可能となってきたわけであるが，その間，減圧症の犠牲者が絶えることはなく，潜水深度450mという環境圧潜水が可能となった現在でも減圧症の犠牲者を根絶することは不可能である．

　2000年以上に及ぶわが国における環境圧潜水の歴史の大部分は素潜りの歴史であったが，本章では，潜水深度と潜水時間の飛躍的な向上をもたらした器械潜水に重点を置いて述べる．

42.1　素潜り（息こらえ潜水）

　わが国における素潜り漁は少なくとも2000年以上前から行われており，紀元3世紀に書かれた日本古代史学上最古の資料である『魏志倭人伝』にも海に潜って魚介類や海草を採取した人々の記録がある．しかしながら，古代における素潜り漁は，多分に狩猟や農業とともに行われたものであり，古代の貝塚から動物の骨に混じってたくさんの貝殻が発見されることからもこのことが推測される．また，古代の素潜り漁は女性に特化されたものではなく，男女を問わず行われていたと思われる．なぜなら，当時の生活は誰であれ日々の食料を採取するのが仕事の大部分を占めていたと思われるからである．素潜り漁業人口の大部分を女性が占めるようになったのは，ずっとあとになってからのことである．一般に素潜り漁に従事する人々をアマ（海女，海士）とよぶが，わが国における彼らの起源は，南方からの移住民と思われる．古代においてアマが海から採取するものには，海草やアワビ，サザエなどの砂に埋没していない貝類であったが，その後，アワビやサザエは宗教的行事に使用される供物となった．また，貝殻は装飾品としても使用されるようになり，室町時代には，真珠やアワビ貝殻の装飾品が盛んにつくられるようになった．アマの素潜り技術がどのようにして発達してきたかは，記録がないので定かではないが，経験から学んだ技術やアワビおこしなどの道具が数世紀にわたって世代から世代へと継承されていったものと思われる．17,18世紀の浮世絵にも描かれているように昔はアマは裸で潜り，水中メガネも使用していなかった．水中メガネが使用されるようになったのは明治時代の初め頃からであり，初期の水中メガネは両眼タイプで枠は竹製であった．その後，水中メガネは水圧補正のためのゴム袋が装着されたものや両眼と鼻をおおうものへと発展してきた．また水中での保温のため昔は木綿の服を着用

することもあったが，フォームラバー製のウエットスーツが使用され始めたのは，昭和に入ってからである．

現代においても素潜り漁期間（おもに5～10月）の海水温度が20℃以上ある石川県，千葉県，三重県，長崎県，沖縄県などの日本各地において素潜り漁が続いているが，その人口は激減しており，沖縄県を除いて大部分が女性で，主要な採取対象もアワビやサザエである．

42.2 器械潜水のはじまり

わが国における器械潜水技術は元来輸入されたものである．1857（安政4）年，江戸幕府は長崎の飽ノ浦に造船所を設け，鋳鉄製の釣り鐘状の「泳気鐘」とよばれる潜水装置を使って潜水作業を行った．この泳気鐘は現在，長崎市出島町の公園に保存されている．この泳気鐘は1834（天保5）年頃に（一説によると寛政年間に）オランダから渡来したと伝えられており，浦賀造船所ドッグ建設工事に使用されたのち長崎に運ばれた．これがわが国における器械潜水の初めであると伝えられている．泳気鐘は器械潜水とはいっても，水中呼吸器ではなく，コップを逆さにして水中に沈めるとコップ内に空間ができるのと同じ原理で，その空間に水面から手押しポンプで圧縮した空気を送気してなかに入ったヒトの呼吸ガスを確保するというものであった．その後，泳気鐘が継続して使用されたという記録はない．

日本における圧縮空気を使用した他給気式のヘルメット式潜水器による潜水は，1866（慶応2）年に横浜港にて英国船の船底修理を行った増田萬吉によって始められたといわれているが，期を同じくして，熊本県出身の富川清一も沈没船引き揚げに同様の潜水具を使用したと記録にある．増田萬吉は1836（天保7）年，滋賀県高島郡に生まれ，横浜港開港と同時に横浜に移り（1859年），外人居留区の商館番頭となった．1874（明治7）年外人居留地消防組を組織し，居留地内の保健衛生清掃業，諸人夫請負業を創設したが，潜水業の必要性を痛感してオランダ人から潜水技術を習得し，沈没船引き揚げ潜水作業などで活躍した．その名声は海外まで喧伝されるが，1902（明治35）年，潜水病（減圧症）が原因で死亡する．

他給気式潜水とは，水面から水中のダイバーに対して呼吸ガス（空気）をホースを介して送気する方法で，水面から送気する空気はダイバーの潜水深度圧に応じた高圧空気でなければならない．コンプレッサー（圧縮機）が発明されるまでは，船上の手押しポンプで圧縮した高圧空気を水中のダイバーへと送気するのが唯一の高圧空気製造法であった．他給気式潜水に対して，ダイバーがシリンダー（ボンベ）に充てんした高圧ガス（空気）を携帯し，そのシリンダーから呼吸ガスを継続的に得る潜水法を自給気式潜水という．自給気式潜水法が考案されたのは，コンプレッサーによって高圧空気が製造できるようになってからのことである．

42.3 ヘルメット式潜水器

ヘルメット式潜水器とゴム製潜水服を組み合わせた潜水具の国産化は増田萬吉によって1872（明治5）年頃から行われ，潜水器具は大正，昭和と急速に発展してきた．1875（明治8）年に，神奈川県横須賀市浦賀においてヘルメット式潜水具を使用したアワビの採取が行われている．その後，ヘルメット式潜水具によるアワビの採集が千葉県房州・尾州地域に急速に広がり，全国へと普及していった．1890年代（明治20年前後）から国産ヘルメット式潜水具の韓国への輸出が開始され，アワビ採りに利用された．

港湾土木作業やサルベージ作業にヘルメット式潜水具が使用されたが，わが国における潜水具の発達は潜水漁業によるところが大きいといわれている．ヘルメット式潜水具によるアワビ採取がアワビの乱獲を招き，1882（明治15）年に農商務省省令により潜水具使用の制限が通達された．このような潜水具による漁業が規制されたにもかかわらず，潜水具による潜水漁業は全国的に盛んになる一方であった．

1886（明治19）年に，ゴム引き綿布の製造を簡単に行えるゴム加硫技術がわが国に初めて導入され，ゴム引き潜水服の国産化が開始された．当時，潜水服の材料となるゴム引き布は，生ゴムをハサミで細かく切り，揮発油に入れて撹拌してゴム糊をつくり，何度も綿布に竹へらで塗布してゴムの厚みを増す方法が採られていた．加硫釜によるゴム引き潜水服の製造は，増田萬吉のもとで潜水作業に携わり，潜水

具の修理を手伝った初代田中銀蔵が始めた.

1900（明治30）年代に，潜水学校がある岩手県種市で沈船引き揚げ作業に地元のダイバーが携わったが，この作業終了後，彼らは潜水漁業に転向し，ホタテ貝採取のために各地に出稼ぎに行くようになった．当時は，サルベージや港湾土木作業などの潜水仕事が少なかったため，潜水技術を習得したダイバーは潜水漁業に専念することになった．また海軍でも潜水技術が採用され，1906（明治39）年日露戦争に備えて旅順港で海軍による潜水作業が行われた．このとき二代目田中銀蔵が旅順港へ潜水器具整備点検に出向いている．

1883（明治16）年頃から，オーストラリア北岸のアラフラ海で白蝶貝採取に日本のダイバーが契約移民というかたちで和歌山県，島根県，鹿児島県，愛媛県，神奈川県などから出稼ぎに出向くようになり，木曜島やポートダーウインを基地として全盛期には数千人のダイバーがこの潜水漁業に従事していた．戦後の操業記録から，水深30mの海底に60分潜水作業したときの減圧時間は30分とされていたが，繰り返し潜水に必要な水面待機時間の知識がなかったため，1日に何回も潜水作業を行った結果，減圧症が頻発した．減圧症に罹患したら「ふかし」という方法で治療をするのが唯一の常套手段であった．アラフラ海での白蝶貝採取で死亡したダイバーのほとんどは減圧症が原因であったと推測される．

1931（昭和6）年，丹下福太郎が日本からアラフラ海まで40tの成長丸で出稼ぎに行き大成功を収めた．その後，彼の成功に追随する独航船が続行し，日本から百隻以上の船が集まることもあった．白蝶貝採取に従事したダイバーの大部分は大金を稼ぐことができたが，それと同時に重症の減圧症患者でもあった．アラフラ海の白蝶貝は真珠採取ではなく，ボタンの材料として採取された．アラフラ海は岩礁が少ない砂地の海底であったので，そこで使用された潜水具はヘンキー型ヘルメットと半ドレスとの組み合わせが多かった．

日本人ダイバーによるアラフラ海の白蝶貝採取は第二次世界大戦で一時中断されたが，1953（昭和28）年に再開された．しかしながら，オーストラリアの大陸棚領有宣言による白蝶貝採取の制限やプラスチックボタンの出現などにより，1961（昭和36）年が

アラフラ海遠征最後の年となった．

42.4　減圧症の民間治療法「ふかし」

わが国における器械潜水の歴史のなかで，減圧症に対する知識が一般のダイバーには欠けていたため，無数の減圧症犠牲者が続出することとなった．増田萬吉がオランダ人から潜水技術を学んだときに，器械潜水に伴う減圧症についても知識を得ていたと思われるが，利益追求を目的にあまりにも短期間のうちに器械潜水が全国的に広まったために，減圧症を科学的に理解せずに器械潜水に従事することとなった．そのため減圧症を海のたたりや天罰によるものと誤解し，その治療もまったく見当外れの迷信じみた方法によることが多かった．

減圧症の予防・治療法を考案して民間ダイバーに広めたのは，自分自身もダイバーであった丹所春太郎であるといわれている．丹所春太郎は1866（慶応2）年静岡県の生まれで，父の松蔵は雑貨商を営んでいた．アワビ漁に従事するために潜水技術を習得し，千葉県に出稼ぎに出た春太郎は優秀なダイバーであったが，自ら減圧症に罹患することもあった．春太郎は減圧症の予防と治療法に取り組み，1907（明治40）年頃，「螺旋式応用圧の復旧法」という方法を考案した．これは海底から浮上するときに，まっすぐに浮上するのではなく，螺旋階段を上がるように時間をかけてゆっくりと浮上する方法と思われる．これは減圧法の基本である浮上（減圧）速度を遅くすることによって，身体組織に溶解したガスをできるだけ気泡化させずに浮上するという考えに則った減圧症の予防法である．また，減圧症治療の基本は，減圧症にかかったダイバーに再度，圧をかけて（再圧して）減圧症の原因である気泡化したガスを身体組織に溶解させ，気泡化しないように時間をかけて大気圧まで減圧することである．丹所春太郎が考案した「ふかし」とは，減圧症患者を再び水中に戻し，再圧することであった．この「ふかし」という治療法によって救われたダイバーは数知れなかった．しかしながら，民間療法である「ふかし」によってすべての減圧症の治癒が可能であったわけではなく，まったく治らなかったり，かえって悪化した場合もあったことは否めない．

わが国の器械潜水において減圧症の科学的予防・

治療法が確立されなかった理由は，公的機関による減圧研究が行われる前に，経験による減圧法とふかし療法が民間ダイバーの間に広がったこともあるが，減圧法や減圧症の研究に携わる優れた研究者がいなかったこともあげられる．帝国海軍においても軍医が西洋で発達した減圧理論について勉強した気配はあるが，系統立てて研究を行った形跡は見当たらない．この傾向は，今日までも影響しており，わが国において民間ダイバーのために減圧の研究を行っている公的機関や施設は見当たらないのが現状である．

42.5 マスク式潜水器

潜水漁業では，アワビ，ナマコ，平貝，ミル貝，ホタテ貝，ホヤ貝，テングサ，昆布，ワカメ，モズク等あらゆる海産物が採取の対象となったが，これらの海産物採取のためにわが国独自の大串式（1914（大正3）年）や三浦式の自給気式のマスク式潜水器が考案された．前述したようにこれはコンプレッサーが発明され，一般でも高圧空気製造が可能になってからのことである．高圧空気をシリンダーに充てんして携帯し，これを呼吸ガスとして使用した．

大串式は自給気マスク式潜水器としては元祖ともいえるもので，咬歯式潜水マスクとよばれた．この潜水器では鼻孔を含む顔面を真鍮製枠のマスクがおおい，マスクと連結したマウスピースの噛む部分にレバーがあり，レバーを噛むと呼吸ガスが給気され，レバーを放すと給気が停止して，口から息を吐くという仕組みであった．

大串式のマスク式潜水器は1924（大正13）年，片岡弓八が地中海70mの海底に沈んだ八坂丸から金塊11万ポンドの引き揚げに成功した潜水作業に使用された．この自給気マスク式潜水器はしばらくの間，定置網の設置や調査などの使用されたが，潜水漁業界には普及することはなかった．少し遅れて山本式潜水器という自給気マスク式潜水器が考案されたが，実用潜水器として使用されることはなかった．この時期は，民間人による潜水器の研究が盛んに行われ潜水器に関する特許出願はゆうに100件をこえた．

また，一般に普及することがなかったマスク式潜水器として，「ポピュラー潜水器」がある．この潜水器は，青森県八戸市のセメント会社に技術士として勤務していた浅利熊記が1934（昭和9）年頃に考案したもので，一式が旅行用トランクに収納できるほどの小型のものであった．しかしながら，この潜水器で少々深く潜ると呼吸抵抗が増大して息苦しくなり，長時間の潜水には不向きであった．その後，他給気式のマスク式潜水器を考案して改良を加えた結果，3年後の1939（昭和14）年頃から水産庁の沿岸資源養殖事業用潜水具として推奨された．また当時の海軍からは人命救助・艦底障害応急処置用として各艦艇に装備されることとなった．これがアサリ式マスク潜水器とよばれるものである．このアサリ式マスク潜水器は，戦後は佐藤賢俊に引き継がれ，北洋漁業船団や巻き網船，イカつり漁船などの船底管理備品として，あるいは沿岸での魚介類の採取用として幅広く使用されようになったが，新しい自給気式潜水器，いわゆる「スクーバ」の導入とともに消え去る運命となった．

マスク式潜水器は他給気式のヘルメット式潜水器と比較して，軽便で水中での行動範囲が広いので急速に普及することとなり，女性ダイバーにも使用されるようになった．だが当時，女性は潜水士の国家資格が取得できなかったために，潜水器を使用した職業潜水に従事する女性ダイバーの潜水事故に対して労災保険が適用できなかった．長年にわたる潜水業界の陳情により，ようやく1977（昭和52）年4月1日から潜水士国家試験に女性も受験できるようになった．

42.6 棒機雷「伏龍」

横須賀海軍工廠機雷実験部が設計し，海軍工作学校が試作した長さ約5mの竹の先端に爆薬を仕掛けた棒機雷（「仮称五式撃雷」）は1945年5月兵器として承認され，「伏龍」と呼ばれた．この水中棒機雷は，自給気式潜水器を装備したダイバーがもって何時間も海底にひそみ，来襲する敵舟艇を待ち伏せて，海底から突き上げて舟艇を爆破するという原始的な兵器（水中竹槍部隊）であった．ダイバー要員として約千名の飛行予科練習生が集まり，1945年5月下旬，伏龍決死隊編成が下令された．横須賀久里浜の野比海岸で潜水訓練を重ねたが，伏龍は実戦に使用されるに至らず終戦を迎えた．

この伏龍で使用された潜水器は呼吸ガス閉鎖循環回路式（閉式）のもので，呼吸ガスとして純酸素を使用していた．この潜水器の開発に携わった元海軍大尉清水 登の手記によると，横須賀工作学校研究部員であった1945（昭和20）年1月，軽便潜水器の考案製作が下命された．当時，海軍工作学校は潜水に関する研究とともに潜水員教育も実施していた．この軽便潜水器開発の最初の目的は，敵飛行機から海中に投下された機雷の掃討であったが，この掃海潜水器が完成した5月に潜水器による決死隊編成が命令された．従来の鈍重な他給気式のヘルメット式潜水器では，伏龍で求められる潜水器の仕様を満たすことができなかったので，海底で自由に隠密に活動できる「軽便な独立潜水器」の開発が望まれたのである．水中で長時間呼吸ガスを供給する方法として，海軍航空技術廠から酸素呼吸が提案され，同技術廠の大島軍医少佐が協力指導に当たった．呼気中に含まれる炭酸ガスは，背中に背負った苛性ソーダ缶で化学反応により吸収され，呼吸回路を循環して再度吸気される仕組みであった．このとき使用された酸素ボンベは戦闘機用の充てん圧150気圧，容積2 l のもの2本であった．炭酸ガス吸収剤として使用する苛性ソーダは潜水艦用のものが流用された．

この潜水器の原型ともいえるものが，1934（昭和9）年にすでに完成していた．これは前述したアサリ式マスク潜水器で成功した佐藤賢俊が試作したものである．この全閉式潜水器は水面からの送気ホースがなかったので単独潜水器とよばれ，主要構成品は2 l 酸素ボンベ，炭酸ガス吸収缶，一段式減圧器（レギュレーター），マスク，空気袋であった．空気袋の酸素が肺と炭酸ガス吸収装置を循環し，吸気の陰圧によって調整器が作動して消費された酸素が呼吸回路内に供給されるという原理であった．佐藤賢俊はこの潜水器で六郷川の渡河歩行を試みたが，途中，10 kgの錘を付けた靴が川底にのめり込み身動きがとれなくなったが九死に一生を得た．数か月後，この潜水器は陸軍の知るところとなり隠密渡河作戦用として徴収され，行方知らずとなった．

佐藤賢俊本人も述懐しているように，当時は高酸素分圧呼吸によって起こる急性中枢系酸素中毒に関する知識が一般に知られていなかったため，全閉式酸素呼吸潜水器の使用深度制限になんら配慮されていなかったが，伏龍や佐藤賢俊が試作した潜水器が10 m以上の深度で使用されなかったのは幸いである．

42.7　スクーバ潜水

スクーバ（SCUBA）とは，Self-Contained Underwater Breathing Apparatusの略語で，直訳すると独立水中呼吸器であるが，これを「自給気潜水器」と命名したのは，潜水研究所の菅原久一であり，現在，潜水士テキストやその他で広範に使用されている．また，日本ではSCUBAをスキューバと呼称すること多いが，英語読みではスクーバが一般的で，どういう謂れでスキューバという呼称がわが国で一般的になったのか定かでない．また，「アクアラング（水中肺）」という呼称もあるが，これは元来商品名で現在は使用されない．スクーバは第二次世界大戦中の1943年，水中特攻兵器としてフランスの海軍大佐であったJ.Y.クストー（Jacques-Yres Cousteau）とガス会社の技師であったE.ガニヤン（Emile Gagnan）が共同で発明したものとして知られている．戦後は，誰でも使用できる潜水器として売り出された．スクーバと従来のヘルメット潜水器との違いは，まず，装備重量がスクーバのほうが格段に少ないことである．ヘルメット潜水器では総重量が60 kg以上にもなってかさばり遊泳もできないが，スクーバでは約20 kgである．そのためヘルメット潜水では水中で中性浮力を維持するのが困難である．また，ヘルメット潜水では，水上からホースを介して呼吸ガスが供給されるため，海底での行動範囲が限定される．さらに呼吸ガスの供給方式はヘルメット潜水器では一定の呼吸ガスをヘルメット内に常時流すフリーフロー方式で，呼吸ガスは水上から供給される限り継続されるのに対し，スクーバではダイバーが吸気するときに呼吸ガスが供給されるデマンド方式で，呼吸ガス量はダイバーが携行するシリンダーに限定される．この点は以前の大串式マスク潜水器や伏龍隊が使用したものと共通している．

スクーバ潜水がわが国に最初に輸入されたのは1947年とされているが，普及し始めたのは戦後のことで，1952（昭和27）年頃，米軍兵士が千葉県小湊の鯛ノ浦でスクーバ潜水を行い鯛の生息状態を写真撮影して新聞に大きく掲載されたとある．当時は

国産品はなくフランスやアメリカからの輸入品であった．

1954（昭和29）年9月，青函連絡船「洞爺丸」が遭難したとき，菅原久一が自家製の自給気潜水器を持参して海中救難活動を行ったが，これがスクーバの国産品としては最初のものであると思われる．その後，さまざまな会社がスクーバの製造にとりかかった．初期のスクーバは，高圧空気を充てんしたシリンダーに取り付けた減圧器に吸気管と排気管がついた複管式と呼ばれるもので，減圧器は一段しかなかった．吸気管と排気管は逆止弁がついたマウスピース部分を介して連結されていた．現在使用されているスクーバは単管式と呼ばれるもので，シリンダーの高圧空気はシリンダーに取り付けた1次減圧器で環境圧＋約1 Mpa（10 kg/cm^2）まで減圧され，中圧ホース（単管）を介してマウスピースがついたレギュレーター（2次減圧器）まで導かれる．呼気はレギュレーターから直接水中に排気される．そのためこの形式のスクーバを開放式スクーバ（あるいは開式スクーバ）と呼ぶ．

わが国でもスクーバの有用性が認められるにつれ，その発展を正しく促進しようという動きが始まった．千葉県小湊の水産試験場場長であった猪野峻は，スクーバ潜水を健全なスポーツとして育成し，また海洋産業の発展にも寄与させていこうという構想に基づき，1957（昭和32）年，「日本ダイビング協会」を発足させた．翌年には「日本潜水科学協会」と改名し，スクーバ潜水を科学的に研究する民間組織となった．さらに1966（昭和41）年，日本潜水科学協会は社団法人「海中開発技術協会」と名を改め現在に至っている．

1970年代になると，スクーバ潜水の教習を行い潜水免許を発行する民間団体が各所に設立された．この民間潜水団体が発行するライセンスは「Cカード」とよばれ，このカードを提示しないとダイビングショップでシリンダーに高圧空気の充てんができない取り決めとなっている．1980年代から通称「ダイビング」と呼ばれるスポーツとしてのスクーバ潜水に女性の進出が顕著になった．それまではスクーバ潜水人口のほとんどが男性であったが，水中での浮力調整を容易にする浮力調整器（buoyancy compensator）が考案されて普及するにつれ，女性ダイバーが急激に増加した．レジャーとしてだけではなく，職業潜水においてもスクーバ潜水の進出はめざましく，ヘルメット潜水は現在，九州のタイラギ漁や特定の港湾工事など限られた潜水作業にのみ使用されている．

諸外国では開放式スクーバ以外に，呼吸ガスを循環させて再利用する半閉鎖式スクーバや閉鎖式スクーバがある．わが国でも半閉鎖式スクーバについては市販が試みられたことがあるが，民間に普及するに至っていない．その理由は，この方式の潜水器では呼吸ガスとして空気ではなく酸素濃度が高い窒素酸素混合ガスや純酸素を使用するため，わが国の諸々の実状にそぐわないからである．半閉鎖式スクーバは現在，海上自衛隊が機雷処分用に使用している．

42.8　飽和潜水

わが国における飽和潜水の技術は例に漏れず，そのほとんどが外国から輸入されたものである．戦前までは世界の耳目を集めるほどの潜水技術がわが国にはあったが，その技術はヘルメット潜水器を用いた職人的なものであり，潜水深度・潜水時間も限られていた．

より深く，より長く，より安全な潜水が可能となる飽和潜水の理論は1957年頃から米海軍の研究所で実証実験が開始され，1970年代に実用潜水として確立された．

公式な日本への飽和潜水技術の導入は，科学技術庁の管轄である海洋科学技術センターが1972年から開始した「シートピア計画」の飽和潜水シミュレーションに始まる．海洋科学技術センターが導入した飽和潜水技術はアメリカ海軍のものであった．海洋科学技術センターではその後，深海潜水シミュレータと飽和潜水装置を搭載した双胴船「かいよう」を使用してより深い深度への飽和潜水実験を繰り返すこととなる．60 m飽和潜水から潜水深度を徐々に深め，1978年，「シードラゴン計画」で深度300 m相当の飽和潜水を行った．

日本におけるもう一つ公的な飽和潜水の実施機関として海上自衛隊がある．海上自衛隊における飽和潜水は，潜水医学実験隊において1978年から始まり，1985年に深度450 m相当の飽和潜水シミュレ

ーションが可能な深海訓練装置が完成した．同年，深度 300 m の飽和潜水が可能な深海潜水装置を搭載した潜水艦救難母艦「ちよだ」が就役した．1992 年 10 月には潜水医学実験隊において 440 m 飽和潜水シミュレーションを完了し，この深度が今のところ日本記録となっている．

海洋科学技術センターにおける大深度飽和潜水実験は，1991 年の 300 m 飽和潜水シミュレーションを最後に終了し，潜水技術部も解体された．その後は，浅海域での窒素酸素飽和潜水実験を繰り返している．一方，海上自衛隊では潜水艦救難を目的として飽和潜水を採用し，1986 年に飽和潜水教育課程を新設して以来，毎年，飽和潜水員を養成しており，現在 100 名以上の飽和潜水員が育っている．さらに，潜水医学に精通した医師を養成するため 1989 年から潜水医官課程が開始され，毎年 4，5 名の医官がこの課程に参加している．これらの課程教育はいずれも潜水医学実験隊で実施されている．海上自衛隊では今後も飽和潜水を実用潜水として継続する計画であり，2000 年には「ちよだ」の 2 番艦である「ちはや」が就役し，実海面での深度 450m 飽和潜水が可能となる．

今まで民間の潜水業界においては散発的に飽和潜水が実施されてきたが，常用潜水として行われてきたわけではない．その理由として，まず，厚生労働省労働基準局が施行する労働安全衛生規則がある．この規則には，原則として 1 日につき 8 時間以上，労働者を高圧環境に曝露してはならないとあるので，ダイバーが高圧環境に数日間，あるいは数週間にわたって拘束される飽和潜水は規則違反ということになる．そのため民間で飽和潜水を実施する場合は，前もって労働大臣に申請し許可が必要となる．次に，飽和潜水には装置やヘリウムガス代など多大な費用が必要で，また飽和潜水を要する潜水作業が常にあるわけではないので，民間で飽和潜水技術を維持するのは経済的にも無理がある．そのため飽和潜水技術は海洋科学技術センターや海上自衛隊などの公的機関で維持するのが順当であると思われる．

ここでは，わが国における環境圧潜水の変遷を，外国から器械潜水が導入された明治以降を中心にその概要を述べてきた．器械潜水導入初期は，外国製潜水具を模倣したヘルメット式潜水器が国産化されたが，それに改良を加えて世界に誇るヘルメット式潜水器が生産されるようになり，職人技としての潜水技術が確立された．その間，わが国独自の数々のマスク式潜水器も考案され，そのうちのいくつかは実用化されて広く使用されるようになった．第二次世界大戦末期には，伏龍隊という酸素呼吸潜水器を使用した水中特攻隊が編成されたが実戦に使用されることはなかった．戦後は，より簡便なスクーバ潜水の興隆により，ヘルメット式潜水器やマスク式潜水器は退廃の一途となった．

わが国では器械潜水のハード面では民間レベルでさまざまな工夫や努力がなされたが，潜水生理や潜水医学などのソフト面に関して公的機関が継続的に研究し，その成果を潜水業界に反映してきた形跡は残念ながら見当たらない．現在でも減圧症の対処法として「ふかし」という民間療法が広範に使用されており，ダイバーが減圧症に罹患した場合，どの医療施設で適切な再圧治療を受けられるのかわからないというのが実状である．

今後，わが国の環境圧潜水技術がどのように変遷していくのか明らかではないが，スクーバ潜水はスポーツとして発展していくのは間違いないと思われる．職業潜水の分野では，環境圧潜水にとって替わる潜水技術，たとえば水中ロボットや軽便な大気圧潜水服などが導入される可能性がある．

42.9　わが国における環境圧潜水略歴

紀元 3 世紀	『魏志倭人伝』に潜って魚介類や海草を採取した人々（アマ）の記録がある．
室町時代	真珠やアワビ貝殻の装飾品が盛んに行われる．
江戸時代	浮世絵に海女が描かれる．
1857 年	江戸幕府は長崎の飽ノ浦の造船所を設け，このとき鋳鉄製の釣り鐘状の「泳気鐘」で潜水作業を行う．
明治時代初期	素潜りで水中メガネの使用が始まる．
1859 年	ヘルメット潜水具一式が輸入される．
1867 年	増田萬吉が英国軍艦バロシア号か

	ら借りたヘルメット式潜水器により弾薬庫爆発で沈没しかけた弾薬船の船底修理作業を行う．	1957年	社団法人海中開発技術協会の前身である「日本ダイビング協会」が発足する．
1872年	海軍工作局でヘルメット式潜水器国産化が始まる．	1961年	労働省から「高気圧障害防止規則」が施行され，『潜水士必携』が発行される．
1873年	増田萬吉は専業として潜水業を始め，横浜外人居留地消防組頭を辞める．	1964年	深海潜水用半閉鎖循環式混合ガスヘルメット潜水器（OH）型が完成する．
1877年	増田萬吉は千葉県房州，その他の地域でアワビ潜水漁を教える．	1965年	科学技術庁による「潜水技術の開発についての総合研究」3か年計画が始まる．
1883年	アラフラ海へ日本人ダイバーが短期契約移民として出稼ぎに出る．	1966年	全日空機が松山沖で遭難し，救難のためダイバーが活躍する．
1886年	加硫技術によるゴム引き潜水服，送気ホース，圧縮ポンプの国産化が始まる．		「海中開発技術協会」が発足する．東京医科歯科大学で潜水槽と高圧タンクから構成される実験潜水設備が完成する．
1889年	増田萬吉は内外潜水請負会社を設立して築港工事に携わる．	1967年	海上自衛隊横須賀地区病院潜水医学実験部が発足する．
1893年	わが国で初めてサルベージ業（三菱造船海難救助部）が発足する．	1968年	東京医科歯科大学で深度25m相当圧の飽和潜水実験を実施する．
1906年	日露戦争に向けて旅順港で海軍の潜水作業が実施される．		海上自衛隊横須賀地区病院潜水医学実験部で再圧治療タンクが完成する．わが国で最初の潜水ベル「たいりくだな号」が完成する．
1913年	大串友治が自給気マスク式潜水器を発明する．	1969年	科学技術庁で「シートピア計画」基礎研究が開始され，東京医科歯科大学の高圧実験タンクで深度40m相当の飽和潜水シミュレーション実験（2日間）が行われる．
1914年	有明海にて朝鮮ダイバーによるタイラギ漁が開始される．		
1920年	海軍が英国海軍減圧表を採用する．		
1924年	永代橋橋脚工事で減圧症が続発し，再圧治療が実施される．	1970年	中村鉄工所工場内で深度100m相当の潜水シミュレーション実験が行われる．
1925年	片岡弓八が地中海で70mの海底に沈んだ八坂丸から金塊を引き揚げる．	1971年	科学技術庁所属の海洋科学技術センターが設立される．海上自衛隊水中処分員が使用する機雷処分用半閉鎖循環式自給気潜水器が完成する．
1933年	アサリ式マスク潜水器が開発される．		
1943年	海軍が伏龍を開発する．		
1947年	アクアラングが輸入される．		
1952年	晴海埠頭建設のため圧気潜函工事が行われる．	1972年	海洋科学技術センターの「シートピア計画」で深度30mの海底で
1954年	洞爺丸遭難で救助のため全国から約400名のダイバーが活躍した．海上自衛隊で水中処分隊が発足する．		

	4名のダイバーが3日間居住する．海上自衛隊第一術科学校（呉）に，潜水艦脱出訓練装置付きの水深10m水槽が完成する．
1973年	海洋科学技術センターに飽和潜水シミュレータが完成する．日本潜水協会が発足する．シートピア計画」で水深60mの海底で4人のダイバーが3日間居住する．
1974年	日本海洋産業が常磐沖で深度155mの潜水作業を行う．埼玉医科大学で減圧症治療用高圧タンクが設置される．海洋科学技術センターで混合ガス潜水研修が開始される．
1975年	アジア海洋作業会社が阿賀沖の水深81mでパイプライン敷設の潜水作業を行う．「シートピア計画」で水深100mの海底に9回のバウンス潜水を行い，「シートピア計画」が終了する．
1976年	海洋科学技術センターで「シードラゴン計画」が開始され，深度100m相当の飽和潜水シミュレーション実験が行われる．
1977年	日本海洋産業が274m深度圧相当のシミュレーション潜水実験を実施したのち，襟裳沖で204mの潜水作業を行う．海上自衛隊横須賀地区病院潜水医学実験部が潜水医学実験隊として新編される．
1978年	深田サルベージ会社が志布志湾の水深75mの海底で油ぬき潜水作業を行う．海洋科学技術センターで深度300m飽和潜水シミュレーション実験が実施され，「シードラゴン計画」が終了する．海上自衛隊潜水医学実験隊で深度60m飽和潜水シミュレーション実験を実施する．
1980年	釜石港の水深50mの港湾工事でヘリウム酸素潜水による水中作業が行われる．日本海洋開発が対馬沖水深97mの海底で「ナヒモフ」のサルベージ潜水作業を行う．住友海洋開発が宮古島沖水深290mで潜水作業を行う．
1981年	本四架橋工事でヘリウム酸素潜水による施行確認潜水作業（水深50m）が行われる．
1982年	住友海洋開発が鳥取沖水深296mで潜水作業を行う．海洋科学技術センターで「ニューシートピア計画」が開始される．
1985年	海上自衛隊で飽和潜水装置を搭載した潜水艦救難母艦「ちよだ」が就役する．海上自衛隊潜水医学実験隊で深海潜水シミュレータ（有人潜水450m，無人潜水700m）が完成する．
1986年	海上自衛隊潜水医学実験隊で飽和潜水課程教育が開始される．
1987年	海上自衛隊潜水艦救難母艦「ちよだ」が実海面深度300mの飽和潜水を実施する．
1988年	海洋科学技術センターで実海面深度300mの飽和潜水が実施される．
1989年	海上自衛隊潜水医学実験隊で潜水医官課程教育が開始される．
1990年	海洋科学技術センターで最後の実海面深度300mの飽和潜水が実施される．
1991年	海洋科学技術センターで深度300mの飽和潜水シミュレーション実験が行われ，「ニューシートピア計画」が終了し，組織改編により潜水技術部が解体される．
1992年	海上自衛隊潜水医学実験隊で日本記録となる深度440m飽和潜水シミュレーションが行われる．
1993年	海洋科学技術センターで窒素酸素飽和潜水（深度20m相当）シミュレーションが開始される．

1995年	海上自衛隊潜水艦救難母艦「ちよだ」が飽和潜水により周防灘で遭難した飛行艇（水深約120 m）の救難作業を行う．
1996年	第二次世界大戦直後，屈斜路湖の水深約40 mの湖底に遺棄された化学弾を海上自衛隊水中処分隊が汚水用潜水具（スコットランド製）を用いて回収する．
2000年	深度450 m飽和潜水が可能な海上自衛隊潜水艦救難母艦「ちはや」が就役する．海上自衛隊でヘルメット潜水器が使用停止となり，デマンド式潜水器に移行する．

[橋本昭夫]

この章は以下の文献を参照して執筆した．

文　献

1) Hodzumi, R. (1929) Descriptions of Some Life-Saving Devices for Crews of Submarine Boats in the Imperial Japanese Navy (Paper No. 769), W.E.C. NUMBER (造船協会雑纂), pp. 1-12.
2) 三浦定之助 (1933) 海底秘話　潜水生活二十年，改造社．
3) 三浦定之助 (1935) 潜水の友，日本潜水株式会社．
4) 三浦定之助 (1941) 潜水の科学，霞ヶ関書房．
5) 佐藤賢俊 (1959) 潜水器のいろいろ．どるふぃん（日本潜水科学協会），**2** (3), 27-30, April.
6) Nukada, Minoru (1965) Historical Development of the Ama's Diving Activities, In：Physiology of BREATH-HOLD DIVING and THE AMA OF JAPAN, National Academy of Sciences, National Research Council, Washington D.C., USA, pp. 25-40.
7) 堀　元美 (1971) 海に潜る，出光科学叢書4, 至誠堂．
8) 菊池敬一・磯崎武志（編集）(1974) 南部潜水夫の記録，種市潜水夫の記録を残す会．
9) 望月　昇 (1975) 海底の冒険野郎，マリン企画．
10) 菅原久一 (1977) 我国の機械潜水漁業の変遷．日本潜水学会会報，**8**, 1-5.
11) 大場俊雄 (1978) 潜水器漁業百年―その創業の頃―．楽水，楽水会（東京水産大学内），**704**, 1-6.
12) 大場俊雄 (1979) 潜水器漁業百年―ふかし療法の開発―，楽水，楽水会（東京水産大学内），**706**, 5-9.
13) 清水　登 (1979) 伏竜の誕生と秘話，海軍水雷史，pp. 1013-1019, 水交会（海軍水雷史刊行会）．
14) 平山茂男 (1979) 伏竜部隊の訓練と反省，pp. 1019-1022, 海軍水雷史，水交会（海軍水雷史刊行会）．
15) 大場俊雄 (1984) 潜水器漁業百年―千葉県布良村における潜水器採鮑業の創始と展開(2)―．楽水，楽水会（東京水産大学内），**725**, 別刷．
16) 佐藤賢俊 (1989) 日本潜水史の一齣（その1-4）．東京都教職員潜水同好会会誌「碧泡」，**16**, 20.
17) 横須賀海軍工廠外史，横須賀海軍工廠発行，1990.
18) 門奈鷹一郎 (1992) 海底の少年飛行兵　海軍最後の特攻・伏龍隊の記録，光人社．

43
色彩環境と日本人

　日本色彩協会は，1969年に色を次のように定義した．「目に入る放射の分光組成（spectral composition）の差によって性質の差が認められる視知覚の様相．または，視知覚を生じる放射の特性．または物体の特性」．本論の目的は，この定義を日本という地域に生活する，日本人という人種を中心に考察することにある．

　考察のアプローチとして種々の方法が存在する．環境工学，社会学，文化人類学，生理学的に，さらにはデザイン学の立場からの解説が試みられている．ここでは，各報告を参考に次のような考え方でまとめる．

　物体がその環境を満たしている光の一部を反射してヒトの眼に到達し，色を生じさせたとき，ヒトはその入力を，物体周囲からの反射との比較や，自分がもつ文化的価値などとの関係から評価（好き─嫌い）を行う．それゆえ，まず日本人の色彩に対する好き─嫌いの評価はどのようなものであるのかを過去の研究報告から考える．次に国際的比較や日本内の地域差，あるいは性別・年齢差について，環境条件やヒトの受光器などの面から考察を進める．なお考察において，宗教的な意味など文化的価値については，他の成書[1]に詳しくまとめられているので，ここでは環境条件からの影響を中心に述べる．

43.1　日本人の色彩嗜好

a. 国際比較

　色の嗜好に関する調査は古くから人々の興味をひくテーマであり，美を科学的に取り扱う実験美学において19世紀末より世界各国で実施されてきた．これらの調査においては，色彩がどのような美的効果を発揮するのかを明らかにすることがその目的であった．したがって，いずれの場合も対象物の形や質感，用途などの側面は排除され，純粋に色彩についての好き嫌いが調査対象であった．

　この分野における最初のまとまった報告は，1894年にコーン（Cohn, J.）によってなされた．この報告によれば，等飽和度をもつ色彩間においては，人々の色の好みはまったく個人的な嗜好であり，一般化できる傾向は存在しないと述べられている．その後数々の報告がなされたが，それらの結果は嗜好の一般的傾向の有無についてまったく異なった2つの意見に分かれるものであった．

1) アイゼンクの報告

　1941年イギリスの心理学者であるアイゼンク（Eysenck, H. J.）は，それまでの調査結果をまとめて分析した結果を発表[2]した．その分析は，青，赤，緑，紫，橙，黄色についての26の報告をまとめたもので，調査対象者総数は2万1,060人である．このうち約60％は白人で，残りの約40％は黒人，インド人，中国人，メキシコ人，さらには日本人のデータも含まれている．

　その結果を図43.1に示す．全体的に青色が最も好まれ，続いて赤，緑，紫，橙，黄色の順に嗜好傾向が認められる．また，その傾向に白人と有色人種との間に差異はなく，相関係数は0.96と報告されている．青，紫色は白人のほうが高く，橙色は有色人種のほうが評価値が高いという若干の人種間差もみられるが，統計的考察は行われていない．

　また，男女間の性別差についても考察が試みられている（図43.1下）．それによると，男女による色の嗜好評価には相関係数0.95という強い関係があり，性別間の差は認められないと報告されている．

2) 齋藤の報告

　齋藤は1979年から1980年にかけて，日本，アメリカ，デンマーク，オーストラリア，（西）ドイツ，

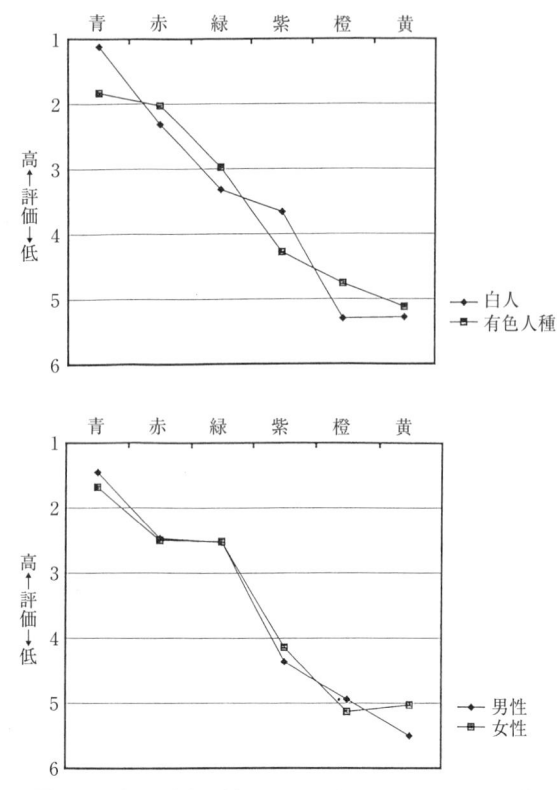

図 43.1 白人と有色人種，男女の色彩嗜好 (Eysenck, 1941)[2]

パプアニューギニア，南アフリカ，日系アメリカ人，在日外国人の合計400名を調査した結果を報告[3]している．それによると各国は特有の嗜好をもっており，特に日本はほかの国々とは明確に異なった嗜好傾向をもつと述べている．その特異傾向の第一は，白に対する高い嗜好である．この日本の顕著な白嗜好は，日本と地理的にも文化的にも近い韓国や台湾においても同様に認められるとの報告[4,5]がある．ほかの国々の最嗜好色は共通して vivid 青であった．日本においても青は嗜好の高い色ではあるが，薄い青やあさい青という light トーンが対象であった．

また，全刺激色を対象として各国の嗜好傾向を数量化Ⅲ類で検討した結果が示されている．それによると，大きく次の2つのグループに分類される．第1のグループは軽く淡い色を嗜好するグループで，日本を代表とし，オーストラリア，パプアニューギニアが属する．第2のグループは，比較的色の濃さ，重厚感を好むグループで，ヨーロッパの国々（デンマーク，ドイツ）が属している．

日本人，カリフォルニア在住日系アメリカ人，アメリカ人，東京在住アメリカ人の嗜好パターンを比較した興味ある結果も報告されている．日本人の白嗜好は前述したが，在日アメリカ人にも同様に好まれ，さらに中間のグレイ（medium gray）に対して両者とも嫌悪率が高い．これから居住地域が嗜好に影響している可能性が推測される．

また，アメリカ人と在日アメリカ人に共通して好まれる dark yellow brown の存在や，日本人と日系人には受け入れられる purplish pink が，ほかの人種には受け入れられないことから，人種間嗜好差もうかがえる．齋藤は分散分析にて，青紫系の嗜好には人種間に5％の有意差がみられたと述べている．

b. 日本の調査

日本においても古くから色彩の嗜好調査は実施されていた．千々岩は戦後の調査をまとめて，白と青系統の高い嗜好を報告[6]している．また，男女差がそれほど大きくないことや，色彩嗜好には時代的社会的要因が大きいことを述べている．以下にいくつかの調査をみながらこれらの点について検討する．

1) 読売新聞の調査

読売新聞が1979年5月に実施した全国世論調査は，実際に色票を見せるのではなく，赤，オレンジ，黄，緑，青，紫，白，黒のなかから最も好む色を1つ選択するという方法で実施され，総計2,266のデータが集められた．全体的傾向として，白，青，緑，黒，紫，オレンジ，黄，赤色の順であった．これは先のアイゼンクの報告と比べ，青，緑色の高嗜好，オレンジ，黄色の低嗜好傾向は同様であるが，赤色の嗜好に大きな差異がある．

またこの調査結果は，地域別（北海道〜九州），居住地別（大都市〜町村），男女別，年代別にもまとめられており，それらの統計的差異は考察されていないが，詳細にみるといくつかの興味ある点がみられる．これらをまとめて示すと図43.2のようになる．すなわち，北海道や東北地方では青の嗜好率が全国平均を上回り，逆に中国や四国・九州地方では低くなっている．また白の嗜好率は北海道・東北地方が低く，中国・四国地方が高くなっている．大都市の青嗜好や，男性の寒色系高嗜好・女性の暖色

表 43.1 (財) 日本色彩研究所調査における色彩嗜好の変化

年度	1位	2位	3位	備考
1979	Vivid Blue	White	Vivid Red	
1980	Vivid Blue	White	Light Blue	
1981	Vivid Blue	White	Vivid Red	
1982	Vivid Blue	Light Blue	White	
1983	Vivid Red	Light Green	White	Blue の下落
1984	White	Vivid Red	Light Green	White が 1 位に
1985	White	Vivid Blue	Vivid Red	
1986	White	Vivid Red	Black	Black の出現
1987	White	Vivid Red	Black	
1988	White	Black	Light Yellow	
1989	Black	Light Green	Vivid Red	
1991	White	Light Green	Vivid Red	Black の下落

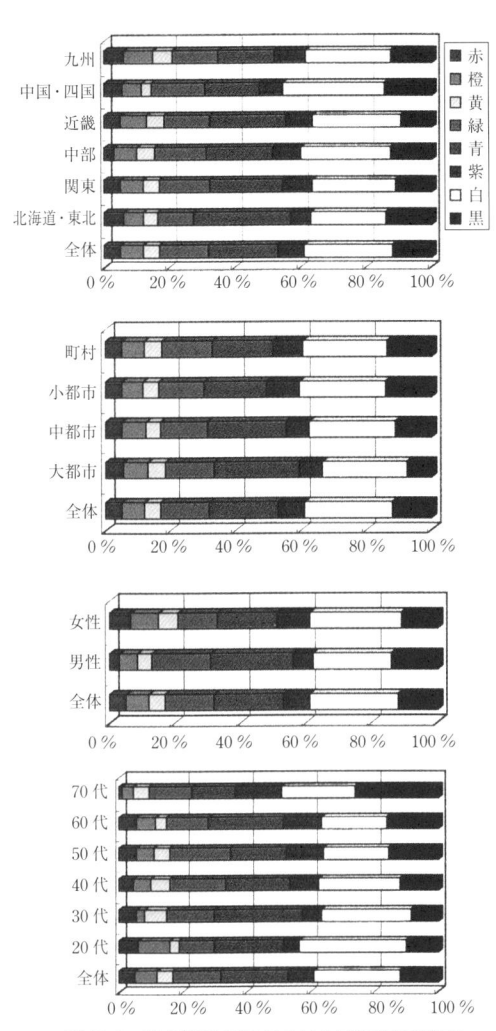

図 43.2 読売新聞 1979 年 5 月全国世論調査結果

系高嗜好，さらに 20 代の橙・白嗜好，高年代の紫・黒嗜好など，各属性の傾向もみられる．また，色の系統別でみると，暗濁色の嗜好が町村部で高く，大都市で低い．すなわち大都市の原色嗜好もうかがえる．

2) 日本色彩研究所の調査

(財) 日本色彩研究所では，1978 年より毎年，「消費者のための色彩嗜好調査」を実施している．毎回 1,000 名あまりの対象者に，有彩色 70 色，無彩色 5 色の合計 75 色が用いられる．内容は，特定の商品を限定しない，物体のイメージにとらわれない基本的な色彩に関する嗜好傾向を把握する「抽象的嗜好色」調査と，対象物を指定し，形態や機能などを加味させたうえでどのような色を嗜好するのかという「商品別嗜好色」調査に分かれる．1991 年までの抽象的嗜好色調査結果の概要[7,8]から，日本人の嗜好色順位の変化を表 43.1 に示す．その特徴として以下のことがまとめられる．

色相においては，

(1) 青の嗜好が高い．しかしその嗜好率には，低下傾向がみられる．

(2) 基本色相に対する嗜好が高い．すなわち，赤，緑，青の基本色相が，橙，黄緑などの中間色相に比べ嗜好率が高い．

(3) 白，黒に対する嗜好が高い．特に 1984 年以降の白に対する強い嗜好は，先でも述べたが日本人の特徴だけでなく，韓国や台湾における嗜好の特徴としても報告[4,5]されており，アジア地域における嗜好の特徴であるのかもしれない．また，1986 年に初めて上位 3 位に出現した黒は，その後徐々に嗜好率を高めていったが，6 年後の 1991 年には姿を消した．これは日本人固有の好みより，時代の変化における嗜好変化の現れと考えられる．

トーンにおいては，強い vivid トーンの嗜好がみられ，ついで light トーンの嗜好がみられる．

また色彩嗜好に対し，性別や年齢の影響は大きいが，地域差はこの 2 つに比べ非常に小さいと報告されている．

性差の特徴として，

(1) 女性は暖色系，男性は寒色系の嗜好が高い．

(2) 紫，赤紫は女性に，青は男性に好まれやすい．

(3) 女性の嗜好色は多様化しており，男性のそれ

は特定の色に集中しやすい．

また年齢差による特徴として，

(1) 白，vivid 赤，vivid 緑，deep 青などの色は，加齢とともに嗜好率が下がる．

(2) dark 青，黒，茶などの色は，加齢とともに嗜好率が上がる．

(3) deep 赤紫，dull 赤紫，vivid 赤紫には U 字型，すなわち若年齢層と高年齢層で好まれるが，中年齢層の好みは低いという点があげられている．

3) 齋藤らの調査

地域差に関しては，1989年に実施された齋藤らの調査[9]が詳しい．この調査は東京，大阪，福岡，富山の四都市から各 400 名，合計 1,600 名に対し，65 色（有彩色 62 色，無彩色 3 色）のカラーチャートを用いて嗜好を聞いたものである．

総合的嗜好順位は，白，黒，vivid 赤，vivid 緑，vivid 青で，先に述べた（財）日本色彩研究所の結果，そのほかの報告と基本的にほぼ同傾向である（表 43.2）．白は地域，年齢，性別を問わず嗜好率が高い．黒は総合的に嗜好率の高い色であるが，高年齢層の嗜好はやや低い．また，全体の嗜好順位において 3 位の vivid 赤もおおむね性別，地域差を問わず

表 43.2 齋藤らによる色彩嗜好調査 (1991)[9]

(a) 嗜好色

		1位	2位	3位	4位	5位
全体		白	黒	vivid 赤	vivid 緑	vivid 青
性別	男	白	黒	vivid 赤	vivid 緑	light 青緑
	女	白	pale ピンク	黒	vivid 赤	light 緑
年齢別	15～19	白	黒	vivid 赤	light 緑	pale ライラック
	20～24	白	黒	vivid 赤	light 緑	vivid 青
	25～29	白	黒	vivid 赤	pale ピンク	vivid 青
	30～34	白	pale ピンク	vivid 赤	light 黄	light 緑
	35～39	白	vivid 赤	黒	vivid 緑	light 青緑
	40～44	白	黒	vivid 赤	vivid 緑	vivid 青
	45～49	白	vivid 赤	黒	light 青緑	vivid 緑
	50～54	白	vivid 赤	黒	vivid 緑	vivid 青
	55～	白	黒	vivid 緑	light 青緑	deep 赤
地域別	東京	白	黒	vivid 青	vivid 赤	light 緑
	大阪	白	黒	vivid 赤	vivid 赤	pale ピンク
	福岡	白	黒	vivid 赤	pale ピンク	light 青緑
	富山	白	黒	vivid 赤	light 緑	pale ピンク

(b) 嫌悪色

		1位	2位	3位	4位	5位
全体		dark 紫	オリーブ	darak 黄茶	darak 赤	medium 灰
性別	男	dark 紫	オリーブ	darak 黄茶	darak 赤	オリーブ緑
	女	オリーブ	dark 紫	darak 黄茶	darak 赤	medium 灰
年齢別	15～19	オリーブ	dark 赤	darak 紫	オリーブ緑	dark 緑
	20～24	dark 紫	オリーブ	dark 黄茶	dark 赤	オリーブ緑
	25～29	dark 紫	オリーブ	dark 黄茶	オリーブ緑	dark 赤
	30～34	dark 紫	オリーブ	dark 黄茶	dark 赤	dark 青
	35～39	dark 紫	オリーブ	dark 赤	dark 黄茶	medium 灰
	40～44	dark 紫	オリーブ	medium 灰	dark 黄茶	dark 青
	45～49	dark 紫	オリーブ	vivid 紫	dark 青	黒
	50～54	オリーブ	dark 紫	vivid 赤紫	medium 灰	黒
	55～	dark 紫	オリーブ	medium 灰	黒	vivid 赤紫
地域別	東京	dark 紫	オリーブ	dark 赤	dark 黄茶	オリーブ緑
	大阪	dark 紫	オリーブ	dark 赤	medium 灰	dark 黄茶
	福岡	dark 紫	オリーブ	dark 黄茶	dark 赤	medium 灰
	富山	オリーブ	dark 紫	dark 黄茶	dark 赤	オリーブ緑

好まれる色であるが，年齢別において55歳以上の高年齢層には好まれない．全体的には，白と黒の嗜好と原色，高トーンの嗜好が高いとまとめられている．属性別特徴としては，paleピンクの嗜好があげられる．この色は女性では嗜好順位2位であるが，男性ではむしろ嫌悪色として位置づけられている．paleピンクは，東京以外の都市，年齢25～34歳，女性で好まれている．

この調査はさらに因子分析による嗜好分類を行い，地域別，年齢別，性別にその傾向を考察している．それによると，地域別傾向として，東京はライトグレイッシュトーン・紫系・青系嗜好，反対に福岡はライトグレイッシュトーン・紫系嫌い，無彩色嗜好が，富山は無彩色・青系嫌いが特徴としてあげられる．一方，大阪には特徴がみられない．ただし大阪の場合，どの色にも明確な好悪を示さず特徴が現れないのではなく，嗜好嫌悪の関係が拮抗しており，相殺されて見かけ上特徴がみられないのではとまとめられている．

年齢別には，高年齢層になるほどライトグレイッシュトーンやディープトーン・ダークトーンなどの重厚感のある色を好み，低年齢層は紫系・無彩色系を好む傾向がある．そしてこの傾向は30歳代が境のようである．

性別特徴としては，男性は青系，vividトーンを，女性はpaleトーン紫系，deepトーンとdarkトーン赤系を好む傾向にある．

このように因子分析による分析の結果，居住地域，年齢，性の各属性ごとにそれぞれ特徴ある傾向を示しており，これらの属性が色彩嗜好に影響を与えている可能性が述べられている．

以上みてきたように，諸外国に対する日本の色彩嗜好の特徴，日本国内においても地域，年齢，性別による嗜好の特徴が報告されているものが多い．この原因・理由として，目や皮膚の色との調和，気候・風土，風俗，習慣など種々の可能性が検討されている．しかし現在のところ統一され，確立されたものはなく，種々の要因が複雑に絡み合って生じていると考えられる．以下に原因と考えられる外界要因について考察を進める．

43.2 嗜好を生む要因

a. 比視感度

1924年に国際照明委員会（CIE：Commission Internationale De L'Eclairage）は，標準的な観測者の比視感度として標準比視感度関数$V(\lambda)$を定めた．これは欧米の50～100名の観測者の光の波長に対する視感度を示すものであるとともに，主として色に対する機能をもつ錐体の働きが寄与する明所視の値でもある．のちに，1951年ジャッド（Judd）はこのCIE $V(\lambda)$の短波長域の値を修正し，ジャッドの修正曲線（CIE $V(\lambda)$ Judd）を発表し，現在，先のCIE $V(\lambda)$とともに広く用いられてきている．

日本人の色彩嗜好を，人種，性別，年齢，地域などの属性から考察するとき，色の受容器としてのこの錐体の働きを示す比視感度についての考察も必要である．しかしこれらの属性により，比視感度が異なるのか否かについて系統立てて述べた報告は見当たらない．

1981年，香取ら[10]は日本人の比視感度を報告している．これによると日本人の基本的比視感度は先のCIE $V(\lambda)$ Juddとよく一致している．しかし，短波長域では観測者による差が認められ，その傾向には年齢による影響が大きいと述べている．すなわち，若い観測者ほど短波長域に対する視感度が高く，年齢とともにその視感度の低下が認められる．これが年齢別嗜好傾向となんらかの関係をもつか否かは不明である．

黒澤[11]は，過去に各国で行われた比視感度データをまとめて，日本人と欧米人，中国人との比較を示した（図43.3）．それによると，日本人，中国人，欧米人に大きな差異はみられず，CIE $V(\lambda)$ Juddともよく一致していた．このことは標準的光条件下，同一の観測条件下において比視感度を比較した場合，明るさおよび色感覚にかかわる錐体の機能に，人種間に有意な差異はなく，そしてまた居住環境によって生得的に錐体機能に差が生まれる可能性の小さいことを示している．

b. 太陽の光

自然界の光の大部分は太陽から得られる．そのエネルギーは大気外において$1.36\,\mathrm{kW/m^2}$とされ，太

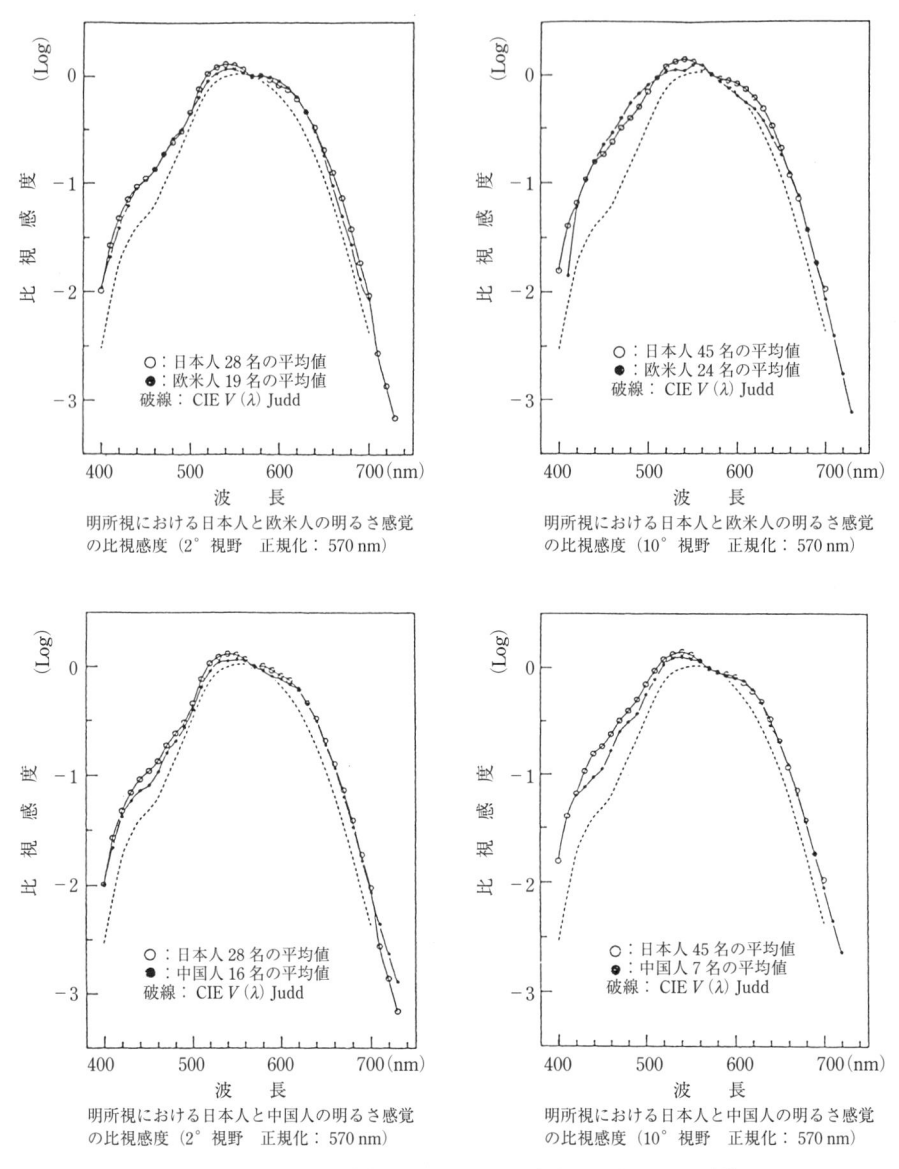

図 43.3 日本人と欧米人，中国人の比視感度比較（黒澤，1990）[11]

陽定数とよばれている．これが地上に達する過程に，大気状態による散乱と吸収の変化を受ける．これは大気中の水蒸気や塵埃の量，雲量などの大気状態，気象条件によるほか，時刻や地域にかかわる太陽高度によっても異なる．これらの要因によって変化した太陽光の量と質がその地域の物の色に影響し，その地域に生活する人々の色彩嗜好に影響することも考えられる．

太陽は 6,000 K の黒体に近似した分光分布をもつ放射体で，この分光分布はプランクの分光放射発散度の式により計算可能である．

$$\mathrm{Me}(\lambda, T) = (C_1 \times \lambda^{-5})[\exp(C_2/\lambda T) - 1] \quad (\mathrm{W \cdot m^{-3}})$$

ここで $\mathrm{Me}(\lambda, T)$ は絶対温度 T におけるプランクの放射体表面の単位面積当たりから放射され，単位波長幅に含まれる放射束（分光放射発散度），C_1 はプランクの第 1 定数 3.74150×10^{-6}（$\mathrm{W \cdot m^2}$），λ は波長（m），C_2 はプランクの第 2 定数 1.4388×10^{-2}（$\mathrm{m \cdot K}$），T はプランクの放射体の絶対温度（K）で

ある．

しかし，この放射も地球上に達するにあたり，平行光線として入射する直達太陽放射（直達日射）成分と，空や雲の反射を経て入射する散乱太陽放射（散乱日射，天空放射）成分に分けられる．なお，この両者の合計を全天日射または全太陽日射という．直達日射成分の強度および分光分布は，太陽高度と関係する大気層の厚さ（大気質量 m）によって変化する．m の影響が最も少ない太陽高度 90 度のとき，その光の色温度は 5,600 K 程度であるが，太陽高度の低下，すなわち m の増加に従い放射強度の低下とともに，短波長域の散乱，吸収が生じ，長波長域の相対的な増加，すなわち 4,000 K 程度までの低色温度光化が生じる．一方，散乱日射は，晴天日の天空では大気中の窒素，酸素などの分子散乱の影響を受け，紫外放射と青色光に富む 15,000～30,000 K という非常に高色温度光である．これも曇天状態でエアロゾル（煙霧），雲粒，塵埃が大気中に含まれてくると，m が増大したときと同様に，短波長域が減少し，曇天時で 6,500 K 程度まで色温度が低下する（表 43.3）．

ヒトに物の色を生じさせる環境の光は，これらの直達成分と散乱成分が合計された全天日射光であり，これは緯度と時刻にかかわる太陽高度と，天候によって決まる．

表 43.4 に示すように，全天日射は，太陽高度が約 15 度以上の場合には直達光と散乱光のエネルギー割合はほぼ一定であり，直達成分が 90％以上を占める．したがって，分光的には直達成分の色温度 5,000～5,500 K の光が支配的となる．しかし太陽高度が 15 度以下になると，直達光は大気質量が増加して吸収と散乱が多くなり，長波長域の赤色光と遠赤外光が相対的に多くなるが，エネルギー割合は低下する．その結果散乱光の高色温度光の占める割合が増加する．したがって全天日射としての光質は，概略として太陽高度の低い朝・夕は高色温度光，太陽高度の高い昼は低色温度光となる．また，年間を通じて太陽高度の低い高緯度地域は高色温度光，太陽高度の高い低緯度地域は低色温度光が支配的である．また，晴天が多い地域は高色温度光，曇天が多い地域は 6,500 K 程度の白色光となる．このように緯度，気象条件が影響して地域特有の環境の光をつくり，これがその地域に映える色彩を決定し，さらに人々の色彩の好みにまで影響している可能性が考えられる．

c. 環境の色彩

1) 植物の色

日本人の色彩嗜好は，日本の四季変化が育ててきたともいえる．環境の色彩には，遠景，中景として見た景観全体の色彩の印象である景観色と，景観を構成している土，樹木の幹，樹木の葉，草，落ち葉，岩肌などの色彩である景観構成要素の固有色がある．

松井[14]は，ダム建設予定地の環境色彩調査を，景観色調査と景観構成要素の固有色調査の 2 つの面から実施し，環境色彩計画への考え方としてまとめている．調査は，冬季，春季，夏季，秋季の四季と，冬季の降雪時の 5 回実施され，1 年間の自然環境色の変化が報告されている（図 43.4）．それによると，日本の自然の緑は，いわゆるグリーン（G）ではなく，イエローグリーン（GY）であること，そして自

表 43.3　自然光の質（Wyszecki ら，1982）[12]

光源				相関色温度(K)
太陽 （直射日射）	大気圏外			6200
	エアマス(m)	1　高度（度）	90	5600
		2	30	5100
		3	19.5	4700
		4	14.5	4400
		5	11.5	4100
空 （散乱日射）	晴天空			15000～30000
	半曇天			8000～10000
	曇天			6500

表 43.4　太陽高度と直達日射・散乱日射の割合（Gates, 1966）[13]

大気質量(m)	太陽高度（度）	水平面上の全天日射 エネルギー($W \cdot m^2$)	直達日射割合(％)	散乱日射割合(％)
1	90	898	93	7
2	30	322	94	6
4	14.3	130	68	32

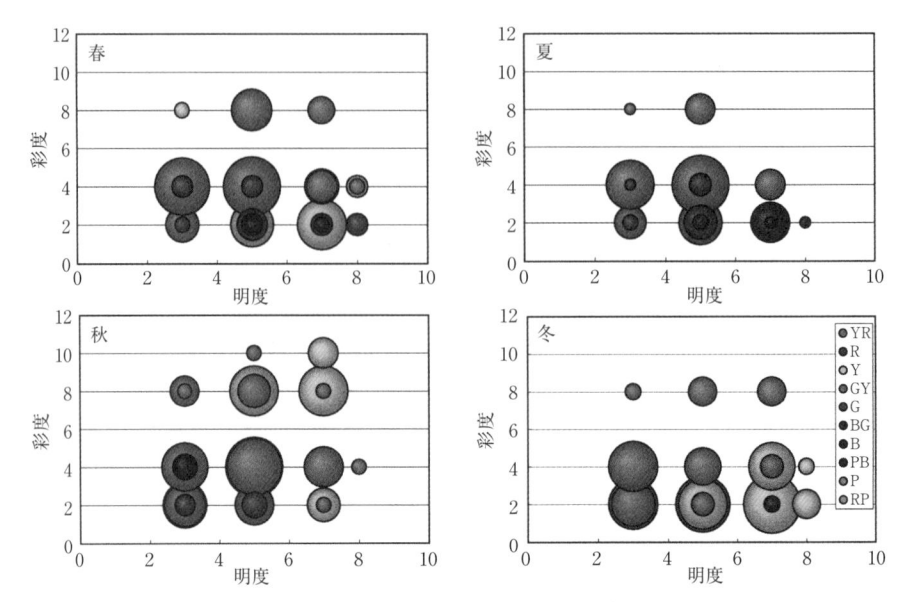

図 43.4 四季の景観色（松井，1995）[14]

然環境色の四季変化が大きいことが述べられている．春季の色は，低彩度域で比較的広い色相範囲に分布し，淡い色調が基調である．それが夏季には，彩度3～8のGY系の色相基調に変化する．秋季には，YR系からR系に至る色相の拡大とともに彩度が増す．この季節の特徴は，Y系，YR系とGY系の色相コントラストにある．一方，冬季はY系，YR系の明るく淡い色調の基調と，GY系のアクセントが特徴である．降雪期は，積雪によるホワイトを基調にY系，YR系，GY系のアクセントがより強調される．松井はこのような地域の環境色をもとにした環境色彩計画の重要性を述べ，画一的な景観ガイドラインへ警告している．

自然の色の代表である葉色の分光分布は，小松原[15]が日本において比較的容易に入手できる樹木，観葉植物および野菜の葉について測定するとともに，この値を海外での報告値[16]と比較している．これによるとそれらの色度分布に大きな差はなく，自然の色としての葉の分光反射率には国内外を問わず大差はないようである．

また，日本における植物の葉，花弁，花芯，果実色を，関東，南東北，信州および伊豆地方において1年間測定した三星の報告[17]がある．それによると，大半の色は白色点と主波長555 nmおよび480 nmとを結ぶ直線および純紫軌跡によって囲まれた領域に入る．480～555 nmの間に含まれる飽和度の高い色（おもに緑色）は見当たらない．一般的に緑色の代表と考えられている葉であっても，測色学的には平均主波長566 nmの黄緑色である．同様の他国の結果がGatesら[16]や三星[18]によって報告されており，一般的に植物の色においても地域の差は小さいようである．

2) その他の色

日本の土壌は大きく4つに分類される．灰褐色森林土壌は，北海道，東北，日本海沿岸に広く分布しており，灰色をおびた土色である．褐色森林土壌は，関東地方を中心とした地域で，土色のボリュームゾーンに近い土壌である．赤色森林土壌は，関西，中国，四国，九州など，西日本一帯に分布し，高温多湿な気候のもとで酸化し赤黄色化した土壌である．火山灰性土壌は全国に点在しており，九州南端などに広範囲に分布している．これらの土壌に映える色が，その地域の嗜好を決める一要因になっているのかもしれない．

また，日本の自然の植生分布は大きく3つに分けられる．針葉樹林帯には，本州中部の高山地帯や北海道の大部分が入る．落葉広葉樹林帯は，北海道の南端から東北地帯，本州中部，紀伊半島以西の一部がこれにあたる．また，常緑広葉樹林帯は，関東以南の平地や丘陵地，低山地である．現在ではその分

布に人の力が加わり，変容が著しい．しかし基本的地域嗜好特性にこの分布がかかわっている可能性も考えられる．

d. 人間の色

記憶色は，目にする色を判断する一つの基準となる．両者の間に食い違いがあまりなければ，目にするその色は良く見え，食い違いが大きければ悪く見える．

照明，カラー写真，印刷，カラーテレビなど色再現の分野において最も重要な色は肌色であるといわれている．たとえば，照明の演色性を評価する試験色の一つとして，CIEでは白人の肌色を，JISではこれに加え日本人女性の平均的な顔色を設定している．これは，実際の肌色と記憶色としての肌色，好ましいと思う肌色との間に生じる差が重要な点であることを示している．色彩嗜好においても，自分の肌色に合う（と思っている）色や映える（と思っている）色が判断の基準になっていることも考えられる．

実際の肌の色を示すものとしてBuckとFroelich[19]と，鈴木[20]のデータがある．これには，白人とアジア人，黒人，さらに日本人の肌の分光反射率が示されている．これによると，人種間で分光分布の形は類似しているが，反射率のレベルには差が認められる．日本人と白人の間では，その反射率においてもほとんど差がなく，両者間に実体としても差はないといってよい．しかし，両者の記憶色（自分の肌の色として記憶している色）には若干の差が報告されている．

鈴木[20]は，白人，日本人の肌の記憶色についての過去の報告を比較検討して，日本人，白人とも記憶色は実際の肌の色より明度が高いこと，そしてその傾向は白人のほうが強いことを報告している．また，色相において，白人の記憶色はやや黄みであることがその特徴として述べられている．すなわち，日本人，白人とも実際の肌の色はよく似ているにもかかわらず，自分の肌の色はより明るく，そして白人においてはより黄み方向であると記憶していることになる．この記憶色が，好ましいと思う肌色に影響していることが予想される．

さらに同調査[20]によると，白人の好ましい肌色は，日本人の好ましい肌色に比べやや黄みにあること，そしてこの好ましい肌色は，白人の記憶色の肌色と非常に近いことが示されている．一方，日本人の場合，好ましい肌色は記憶色とも異なっている．まとめると，日本人，白人において実際の肌色は日本人のほうがやや暗いという差はあるものの，比較的よく似ている．しかし，その記憶色，好ましい肌色には若干の違いが認められる．白人の場合，記憶色と好ましい肌色は一致し，実際の肌色に比べ黄みのある明るい色である．一方，日本人の場合，好ましい肌色は記憶色，実際の肌色とも異なっていた．

43.3 まとめ

色彩は古くから興味がもたれ，種々の成書をはじめデザイン関係の雑誌などに多くの解説がある．世界の，そして日本国内の色彩の地域的特徴を種々のアプローチで分析し，文化的な側面や生理的側面，環境工学的側面などから説明が試みられている．ここでは日本人の色彩嗜好を，主として環境条件から考察を進めてきた．そして，環境を満たす光の条件とその嗜好との関係について可能性を述べた．

われわれは，赤道圏での強烈な原色や高緯度地域の淡色・寒色をその地域の特色として受けとめている．また，その地方で見たさまざまな色をもつ物がほかの地方に移動させた途端，まったくその印象が異なり，落胆してしまうことも経験している．これらの説明として風土という考え方がある．風土とは，土地の状態や気候，地味など，その土地の状態，地質，気候などのことを意味する．すなわち，世界各地における風景，気候，民族性などによって表現される土地の特徴のこと[1]である．人間は育った，生活をおくった環境がもつ風光，すなわち自然光の特性に色順応することは考えうることである．人々の色彩嗜好は，この風光のなかで生じた色順応としてみることもできる．

一般に，刺激に対する感受性は必要に応じて変化する．ある条件下では感受性が鈍化し，またある条件下では感受性が鋭敏化することによって人々は環境に適応している．光に対する感受性の変化は順応といわれ，明暗順応と色順応に分けられる．同じ色を長く見ているとその色に対する感受性は低下して，彩度が落ちて見えたり，明るさも若干変化して

見えることがある．これが色順応（color adaptation）である．このように色順応は，光のある種の波長に対する感受性が鈍化または鋭敏化することによって起こる現象である．低色温度光を主とする地域の人々には低色温度光に対する感受性が低下する色順応が定着し，より純度の高い赤系の色相を好み，反対に高色温度光を主とする地域の人々には高色温度光に対する感受性が低下する色順応が定着し，より純度の高い青系の色相を好むと考えられる．

佐藤と平澤[21]は，日本国内とハワイにおける発色適正検査（カラーリフレクションテスト）の結果を示している．同じ標準色票を，日本国内（群馬県館林市）とハワイのワイキキ海岸で比較し，大きな演色変化差のあることを示した．ハワイの強烈な光は濁色の「濁りみ」を飛ばし，白っぽくなり，色相差が識別されにくくなっていること，これに対し日本の光は，濁色系の中間色に良好な適性を示し，特にグリーン，青緑，ブルーの3色相が強調されると述べている．しかしながら，この色順応からは先に述べた色彩嗜好の一部が理解できるにとどまり，より広い分野からのアプローチが望まれる．

［森田　健］

文　献

1) 城　一夫（1994）色彩博物館，明現社，など．
2) Eysenck, H. J. (1941) A Critical and Experimental Study of Colour Prefernces. *American Jounal of Psychology*, **54**, 385-394.
3) 齋藤美穂（1981）色彩嗜好における Cross-Cultural Research．早稲田大学文学研究科紀要，**27**，211-216．
4) 齋藤美穂（1992）アジアにおける色彩嗜好の国際比較研究（1）―日韓比較・白嗜好に着目して―．日本色彩学会誌，**16**(1)，1-10．
5) 齋藤美穂ほか（1992）アジアにおける色彩嗜好の国際比較研究（2）―日台比較・白嗜好に着目して―．日本色彩学会誌，**16**(2)，84-96．
6) 千々岩英彰（1983）色彩学，福村出版．
7) 柳瀬徹夫・椿　文夫・近江源太郎（1983）日本人の色彩嗜好（5）―1981年調査から．色彩研究，**30**(2)，2-16．
8) 赤木啓子・坂田勝亮・名取和幸（1991）日本人の色彩嗜好―過去5年間にみたブラックに対する嗜好の変遷―．色彩研究，**38**(2)，17-23．
9) 齋藤美穂・冨田正利・向後千春（1991）日本の四都市における色彩嗜好（1）―因子分析的研究―．日本色彩学会誌，**15**(1)，1-12．
10) 香取寛二・不破正広（1981）交照測光法と異色直接比較法による2°視野および10°視野の比視感度．電子技術総合研究所彙報，**45**(3, 4)．
11) 黒澤健一（1990）日本人の比視感度の調査・研究．航路標識技術要報，**29**，173-198．
12) Wyszecki, G. and Stiles, W. S. (1982) Color Science : Concepts and Methods, Quantative Data and Formulae, 2nd ed., John Wiley & Sons.
13) Gates, D. M. (1966) Spectral distribution of solar radiation at the earth's surface. *Science*, **151** (3710), 523-529.
14) 松井英明（1995）環境色彩計画における色彩評価基準（ガイドライン）に関する考察―自然環境色測色調査のケーススタディから―．色彩研究，**42**(2)，2-18．
15) 小松原　仁（1986）葉色の分光分布の合成．色彩研究，**33**(2)，2-8．
16) Gates, D. M. *et al.* (1965) Spectral properties of plants. *Applied Optics*, **4**, 11-20.
17) 三星宗雄（1993）自然の色彩に関する測色学的研究―植物の色―．神奈川大学心理・教育研究論集，**11**，38-82．
18) 三星宗雄（1994）アマゾンの色彩，その測色学的研究．神奈川大学心理・教育研究論集，**13**，76-96．
19) Buck, G. B. and Froelich, H. C. (1948) Color Characteristic of Human Complexions. *Illum. Eng.*, **43**, 27-49.
20) 鈴木恒男（1990）好ましい肌色再現に関する人種間の比較―白人の肌色に対する日本人と白人の好み―．日本色彩学会誌，**14**(3)，153-161．
21) 佐藤邦夫・平澤徹也（1994）地域差による色彩嗜好を読む．*NIKKEI DESIGN*, **10**, 50-56.

日本人と衣

44
日本人の衣と美

44.1 はじめに

衣服はライフスタイルの大きな要素である．誰にどこで何時に会うかによってわれわれは衣服を選ぶ．初対面での身だしなみは相手にさまざまな印象を与え，後々までその人のイメージに影響を与える．身だしなみは相手方にその人の性格，知性，品格のイメージを与えるわけである．また，着用者も服装によって気分が変わり相手に与える印象も変わる．衣服と感情は密接な関係にある．

今日までなぜヒトは衣服を着用するのか，という議論がなされている．たとえば，身体防護説や羞恥説，装飾説である[1]．どの説も正しいと思われる．地域によって，たとえば寒冷地方では身体防護がまず優先され，その次に装飾が施されたのであろう．現代高度技術社会で生活する日本人にとっては衣服による身体防護には関心が薄く，むしろ衣服の装飾的意義が強調されている．その装飾的意義とはおもに他人の注意を引く，美しく見せることにある．しかしながら生物としてのヒトにとって良い衣服とはどのようなものであるかに関する検討をおろそかにすべきではない．ヒトは哺乳類にも共通するきわめて生物学的特性を有するとともに，美に敏感な優秀な脳をもつ生物である．したがって，生物学的特性と美の追求という2つの視点で衣服に関する研究を行う必要がある．本稿では生物学的特性を考慮しつつ日本人の衣と美について述べることとする．

44.2 風土と地形

日本列島は北海道の宗谷岬の北緯45度31分から鹿児島県の与論島南端の27度まで緯度差18度31分に及ぶため，北の亜寒帯から南の亜熱帯の環境が存在する．さらに屋久島のように高い山地もあり，さまざまな気候が存在する．また日本列島にはその両側に日本海流と対馬海流があり，南方系文化の伝播が容易であった．当然，朝鮮半島を経由した大陸的文化も日本文化に影響を与えた．

日本の気温は年平均気温で4度から18度の範囲にあるが，夏は，35度をこえることは北海道でもめずらしくない．冬は，鹿児島でも最低気温が−4度，北海道では−30度と北の方で温度差が大きい．日本は雨が多いため，雨に関する単語が多い．なお，エスキモーでは雪に関する単語が多いそうである．東京の年間雨量は1,568 mmであるが，ロンドン611 mm，パリは828 mmである．そのため湿度が高い．東京の年平均湿度は71％であるが，ニューヨーク66％，ローマ65％，北京55％である．

日本人は四方を海に囲まれ，峻厳な山脈と無数の河川で囲まれた土地に生活し，台風や地震，豪雪など時には過酷な自然のなかで，明瞭な四季の区別はあるものの季節と季節の移り変わりが曖昧な生活環境で生活してきた．

風土は人間のものの考え方に大きな影響を及ぼす．和辻哲郎[2]は『風土』のなかで，「日本の人間の特殊な存在の仕方は，豊かに流露する感情が変化においてひそかに持久しつつその持久的変化の各瞬間に突発性を含むこと，およびこの活発なる感情が反抗においてあきらめに沈み，突発的な昂揚の裏に俄然たるあきらめの静かさを蔵すること，において規定される．それはしめやかな激情，戦闘的な恬淡である．これが日本の国民的性格である．」と述べている．日本人は自然を受容し，自然に忍従し，自然と共存することを学び，そのなかで独特の自然観や美意識を育てたのであろう．

44.3 日本人の衣の美意識

日本人の美意識を表す言葉として,もののあはれ,幽玄,わび,さび,いきなどがある.国語辞典[3]を基にすると,もののあはれとは,目に触れ耳に聞く物事,たとえば梅・鶯・春雨などを通して感じられる,しみじみとした情趣をいう.幽玄とは,言葉に表されない深い趣,たとえば水墨画にみられる余情で表される.わびとは質素で落ち着いた趣・静かに澄んで落ち着いた様子で千利休が茶道で特に求めた.さびとは古びたものに感じられる落ち着いた趣・枯れた渋みをいい,松尾芭蕉が俳句で求めた.わび・さびもある種の寂寥感(せきりょうかん)が根底にあり,幽玄と同様に簡略を良しとし,華美を嫌う.いずれも自然と一体となることを追求した美意識である.

外国からの文化や技術が急速に流入した明治期に日本人の国民性について,芳賀矢一が上代から明治に至るまでの国文学を例証し『国民性十論』[4]を著した.そのなかで,「日本は気候が温和で山川は秀麗,花紅葉四季折々の風景は誠に美しく,天地山川を愛し自然にあこがれるのは当然であり,日本人が花鳥風月に親しむことは吾人の生活いずれの方向に於いても見られる」,と述べている.また日本人の生活のなかで果たした植物の役割について強調し,到る処植物の繁茂した国土は国民に向かって衣食住の材料をすべてそれからとらしめたのであると述べている.つまり,日本の気候は温暖で四季の変化に富む植生豊かな土地を提供したわけである.

衣服についてみると,振袖や裾の模様,縮緬(ちりめん),友禅(ゆうぜん)から下駄の鼻緒まで菊や梅,牡丹など草木花模様で飾られている.色の名称も桜色,桃色,黄櫨(きはぜ),葡萄色(ぶどういろ),山吹色など植物からとったものが多い.平安時代は襲着(かさねぎ)をして,色の重ねに美を競ったが,その重ねにも桜重ね,梅重ね,山吹重ねなど四季折々の花に基づいていた.戦時の鎧甲冑(よろいかっちゅう)の装飾や家紋にも草花が用いられている.衣服に限らず,食住,美人の形容にも植物が関連して用いられている.

城戸幡太郎[5]は和田三造編『色名総鑑』を対象として色彩表現の種類を分析した.たとえば若草色であれば植物群に,鶯色であれば動物群に,鉄色であれば鉱物群に分けるわけである.その結果,日本の色名には植物に関するものが最も多く全体の35%を占め,動物が11%,天然が2%,これらを合計すると48%となり,日本人の思考がいかに花鳥風月に基礎を置いているかがわかる.そのなかでも花は特別のようである.花は樹木と同様に一種の神秘的な力をもつ自然物とみられていた.たとえば椿は呪力があるとされていた.平安時代以降は厄(やく)よけのために鎮花祭が行われていた.花は生命力を表すと思われていたらしい.日本人は服飾の上で外国のように花をデフォルメするよりは,自然のままの花で身を飾り,それを着た民族である[6].

このような自然観は日本人の心理的価値基準として,五感に関する感受性や気分とともに日本人の美に対する感性をつくり出す大きな要因となろう.衣服の機能は他人の注意を引くこと,美しく見せ,それにより自己が喜ぶことにあるとすれば,日本人の自然観に合う衣服を着装することが着装美につながるといえる.

44.4 日本人の衣服の歴史

最古の日本人がどのような衣服を着用していたかは,石器とは異なり衣服が獣皮や植物繊維など朽ちるものであったと想像されるため不明である.しかし縄文時代の土偶には縄状の布がみられることから,編み物あるいは織物が始まっていたと思われる.なお,弥生時代になると麻布が数箇所から出土している[7].

古墳時代には朝鮮を通して中国大陸の文明が伝えられた.『魏志倭人伝』によると初歩の織機を用いて麻を布に織ったり,養蚕して糸をとり絹織物をつくっていたらしい.これらの布で,他の民族にも共通の,衣服の二原型である貫頭衣と巻布衣の形で着用していたらしい.貫頭衣は古墳から出土する埴輪男女にみられ,一,二箇所を紐で結んでいた.また,埴輪のなかには北方アジア民族の衣服に共通するものもみられる.これは現在の洋服にも似ている.大きく異なる点は古墳時代の服は右前(右の前みごろが左の前みごろの下になること:たとえば現在の男性用洋服)と左前(右前の逆:たとえば現在の女性用スーツ)が混用されていた.なお,現在の洋服は男性用が右前,女性用が左前である.しかし和服は現在でも男女ともに右前である.

奈良時代になると中国文化の影響も受けて,719

年の詔勅により男女を問わず右前になった．この中国の慣習は彼らが野蛮とした北方民族のいわゆる胡服が左前であったことを嫌ったからとされる．右利きの人には使いやすい襟合わせである．

しかし平安時代では唐の衰退に伴って遣唐使が廃止され，大陸文化の模倣から日本の気候風土や生活文化に適したものへと変化していった．たとえば，男性的な唐絵が日本の景色や人物を美しい色彩で優美に描いた大和絵に変わった．中国から伝わった漢字を仮名文字やひら仮名に単純化した．貴族の住居は夏向きに建築されたので，冬ではかさねぎをした．その襲着も貴族社会では四季折々にみられる草花の色彩変化を襲の色目で表現した．なお同時代では貴族社会では絹が中心で，庶民は絹の使用を許されず麻を着用した．また平安時代の後期になると庶民では日本の風土に合わせ，ゆったりとした着方が表れだした．

鎌倉時代になると武士に権力が移ったことから質素で活動的な衣服が好まれた．女性でも衣袴や衣被姿，壺装束姿であった．

室町時代において現在の着物の基礎ができつつあった．一方，多くのオランダやポルトガル人が日本を訪れたことにより，更紗，ビロード，繻子などを着用するようになった．女性は小袖が表着となり，小袖袴や小袖湯巻を腰に巻いていた．男性は武士では直垂が礼服となり，家紋の習慣が生まれた．

そして安土桃山時代では外国との貿易が盛んになり，金箔を入れた金襴や緞子などの染色技術が発展した．代表的なものは辻が花染めである．これは，絞りが境界線の役目を果たして柄を描くため，染料の染み込みによって境界線の輪郭がぼやけ，優雅な線と陰影を付けることができた．なお，イエズス会の宣教師であるルイス・フロイス（Luis Frois）は日本人が年に3回衣替えすることを記述[8]している．

鎖国により外来文化の流入が減少した江戸時代では小袖がさまざまに発展した．もともと小袖は下着であったから大変動きやすい着物であった．さらに和服の材料として用いられるようになった木綿が柔らかい素材であったため体の曲線が表れやすくなった．着物の装飾は元禄時代に頂点に達し，その後は「いき」という美意識に基づく着物が流行した．

和服の歴史のなかで日本人の着装美として特徴的なことは平安時代の襲着による色彩美と室町時代以降の小袖の動き安さと曲線美，および江戸時代のいきであろう．

44.5 襲着

平安時代上流階級の人々は出衣や襲着の色目の色彩を楽しんでいた．出衣とは直衣の裾から下に重ねた衣をわざと少し覗かせる着方である．襲の色目とは女房装束の襟元や袖口，裾で衣の表と裏の配色，あるいは衣と衣の配色をいう．季節を限定するものもあり，たとえば春は青山吹があり，表が青，裏が黄の組み合わせである．これらの組み合わせのほとんどは自然の植物にかかわっており，季節を細やかに衣の色で表現していた．当時は何枚も重ね着していたので色の配色のセンスが趣味や教養を示すものであったそうである．色目は四季使う時期が限られたものが130種以上，四季通用のものでも60種を数えるという．これらは貴族の生活において，季節に合わせた色合いの衣裳を身につけることがいかに重要であったかを示す．襲着の枚数は五つ衣が一般的であったが，美しさを競うあまり10枚から25枚ほど重ねる場合もあったそうである．したがって衣服重量は20 kg以上になり，とても日常的な衣服とはいえないものであった．静の貴族から動の武士が勃興するころになると，色や文様は重い織りから軽やかな染めが重宝されるようになった．

44.6 着物の材料

近世に入ると小袖が一般化した．この小袖は襲着の下着であったものが上着として表面に出てきたものである．これまでの襲着が身体をおおい隠すものであったのに対して小袖は自然な身体の線がそのまま表に現れた．また襲着では襲ねの配色やその複雑な線が着装美であったが，小袖の場合は小袖自身に模様や彩りを配して身体の線を強調するようになった．和服はほとんどが直線裁ちで，大きさも個人のサイズに合わせて採寸するのではなく，仕立て上がったものを主として着る人が美しさを引き出すところに特徴がある．したがって着方によって模様や色に立体的変化が生まれると同時に身体の曲線美も変わることになる．抜き衣紋という着方がある．江戸時代にいわゆる日本髪のだぼが大きく突き出た形に

なり，それが襟に触れないように襟をうしろに引き下げた．その結果，襟首の肌が一段と見えるようになった．あるいは見せるようにした．

小袖が今の和服の原型になったわけであるが，小袖による着装美が発展するためには衣服材料の変化が大きく寄与したと考えられる．

衣服材料は，古くは藤，科（しな），麻などの植物繊維や鹿，猪，熊等の獣皮であった．麻は天然繊維のなかで熱伝導率が高く，通気性に優れるので最も涼しい繊維といわれ，温度や湿度の高い夏期に適した材料である．逆にいえば冬期には不都合な衣服素材となる．また麻は木綿よりも染色がむずかしかった．

木綿は799年に日本にもたらされたが定着しなかった．それから約800年後の戦国時代後期に布として織られるようになった．綿は五千年以上も前から利用されている植物繊維で，現在も日本での衣料用繊維の約40％を占めている．綿の特徴は繊維の先端が丸みを帯びており，柔らかく肌ざわりが良いことである．

木綿の繊維はなかが中空になっているため，水分をよく吸収する．さらに，これをすばやく放出する，すなわち肌から汗を吸収して，すばやくそれを外気へ放出するため，木綿は肌着に適する．なお水分は気化して外気へ放出されるため繊維から気化熱を奪う．そのため木綿は肌に涼しく感じられる．これは夏の衣服として適するといえる．一方，木綿の繊維は中空であるため，なかに含まれる空気が断熱作用をもつ．そのため保温性があり冬用の着衣材料としても適することになる．なお着物は袖や身幅が調節できる．これは体温調節の上で高温多湿で四季の変化に富む日本の気候に適している．着物にはその両脇や袖口に身八ッ口（みやつくち）と呼ばれる縫い残しの部分がある．この部分で風が通り夏の蒸し暑さを和らげる．寒い季節になれば重ね着をして寒さを防いだ．

このように木綿は日本の気候風土に適した衣服材料であるが，その上に衣服のもう一つの重要な役割である美しさの表現にも大きな影響を与えた．一つは麻よりも染織が大変しやすく，従来と比べて色彩表現が拡大したことである．たとえば鬱金（うこん）や桃色は木綿でなくては染められなかった．他の一つは木綿が従来の麻よりもしなやかで柔らかいため，絹物に近い人体の曲線美が強調されることになった．柳腰や撫で肩は木綿の着物で初めて表現される．しかし木綿が柔らかいため，歩行時にまとわりつき，内足などの歩容も表れた．

44.7 木綿の柔らかさと生理反応

民俗学者の柳田国男[9]は著書『明治大正史 世相編』で以下のように述べている．「シナというのは級の木の皮で織った布，通例は肌にも麻を着けたが，土地によっては湯具にまで級布を用いたのである．肌膚がこれによって丈夫になることも請合だが，その代わりには感覚は粗々しかったわけである．ところが木綿のふっくりした，少しは湿っぽい暖かみで，身を包むことが普通となった．これがわれわれの健康なりまた気持ちなりに，何の影響をも与えないで居られた道理はないのである．日本の若い男女が物事に感じ易く，そうしてまた一様に敏活であるのも，あるいは近世になって体験した木綿の感化ではないかと，私たちは考えて居るのである．」

木綿は麻よりずいぶん柔らかい．衣服の柔らかさは生理機能に少なからず影響を与えることがわかってきた．

皮膚への触刺激は柔らかさ，硬さ，粗さ，暖かさ，冷たさなどの感覚を生じさせるが，それ以外にも射乳反射に示されるように内分泌機能や自律機能に影響を与える．たとえばScottら[10]はウールで包まれた新生児の体重の増加が，綿で包まれた新生児よりも大きいことを示した．子ラットを用いた実験では，Paukら[11]が触刺激を与えた群では成長ホルモンやODC活性が有意に増加することを示した．また，触刺激はストレス反応を抑制する可能性があることも示唆されている．

皮膚への触刺激は特殊系と非特殊系という2つの感覚上行路により新皮質に入力され，知覚される[12]．両方の経路からバランス良く入力されることが中枢神経系の発達を促進する上で重要であると推察されている．

特殊系（識別系）は刺激強度や位置を判別する系であるのに対し，非特殊系（原始系）は漠然と刺激が加わったことを感じる系である．後者は脳幹網様体を通して視床下部，大脳辺縁系と連絡する．脳幹網様体は脳の覚醒水準をコントロールし，視床下部は食欲，性欲および自律機能（体温調節等）を調節

44.7 木綿の柔らかさと生理反応

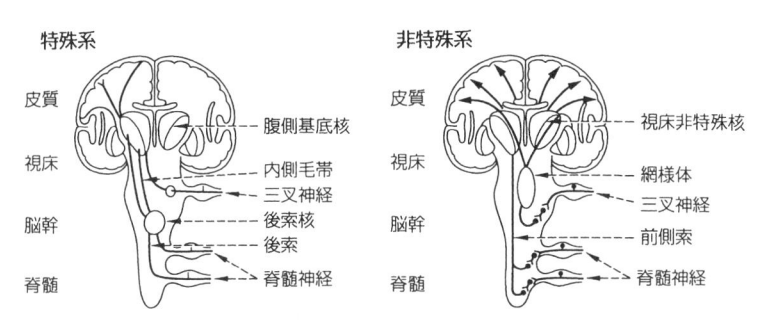

図44.1 体性感覚系の情報処理過程に関する2種の様式

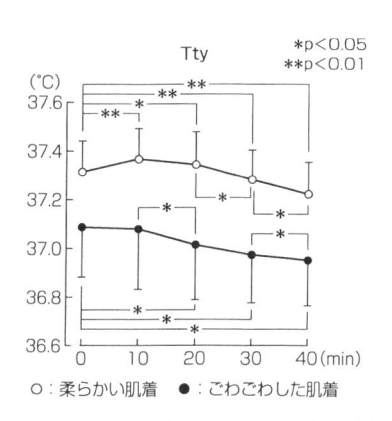

図44.2 柔らかい肌着とごわごわした肌着を着用したときの鼓膜温の変化

し，大脳辺縁系は情動（喜怒哀楽）に深く関与することが知られている．触覚は両者からの信号が脳で統合されて生じる．この統合はうまくいかないと触覚防衛等の障害が生じるといわれている．これらの経路を考えると触刺激の種類によっては脳の覚醒水準，体温，感性等の変化に影響を与えることが考えられる．

この仮定を検証するために，まず女子大学生を被験者として硬さの異なる肌着を着用したときの生理機能を測定してみた．柔らかい肌着とごわごわした肌着を着用したときの自律神経と中枢神経系の変化を検討した[12]．自律神経系は心拍変動性および皮膚温と鼓膜温を指標として評価した．中枢神経系は脳波の一つである随伴陰性変動（CNV）から評価した．CNVの前期成分は脳の覚醒水準を示す指標とされる．なお，実験は人工気候室内で行った．環境条件は気温29℃，相対湿度60％の条件で60分過ごしたのち，気温を20℃まで急速に下げることにより自律神経の反応の違いを検討した．実際にごわごわした肌着を着用してみると，着用直後は何か違和感があるが，しばらくすると心理的不快感はなくなる．しかし生理的には柔らかい肌着を着たときと異なった身体の状態をつくり出すようである．

ごわごわした肌着を着用すると柔らかい肌着よりも副交感神経指標は減少し，交感神経の指標も減少した．

さらに，平均皮膚温が高く，鼓膜温は低かった．図44.2は鼓膜温の変化を示す．鼓膜温は深部体温の一つで脳温をある程度反映するといわれている．この図は人工気候室の気温を29℃から20℃まで急速に温度を下げたときの変化を示したものである．一般に，身体内での代謝によって生じた熱は血流を介して皮膚表面に運ばれ，外気との温度勾配に依存して放熱される．人体が急に低温環境にさらされると皮膚表面からの放熱を抑制するために皮膚表面の血管が収縮する．そのため，今まで放熱されていた熱量が身体内に貯まるため深部温が一過性に上昇する．図の○印で表す柔らかい肌着を着用したときの鼓膜温の変化はまさにその過程を示す．しかしながら，ごわごわした肌着の場合（●印）では一過性の上昇がない．つまりごわごわした肌着を着用した場合は放熱を抑制するほどの血管収縮が生じなかったわけである．これは皮膚血管を収縮させる交感神経の活動がごわごわした触刺激によって抑制されたと考えられる．

またCNVもごわごわした肌着を着用したときに減少した．これは脳の覚醒が低下したことを示唆する．したがって，ごわごわした肌着を着用すると自律神経系および中枢神経系の活動が減弱するものと思われる．被験者に着用感を聞いたところ，ごわごわした肌着は着用直後に違和感があるが，10分も

するとそれはなくなるとのことであった．物いわぬ生理的不快状態は継続するが，言葉としての不快感はすぐに消失するわけである．主観評価に頼るむずかしさを示唆する．

前述のように体性感覚には2つの伝導路がある．この両者の働きによって感覚は知覚することができる．ごわごわした触刺激は伝導路の非特殊系に強く影響を与えるようである．触覚系は前庭系と同様に早期に発達する感覚系であり，中枢神経系の統合作用に大きな影響力をもつと考えられている．乳幼児の肌着の柔らかさには特に注意が必要である．

ところで，生体の恒常性維持（ホメオスタシス）は，中枢神経系と自律神経系，内分泌系および免疫系の協調的連関によって維持される．肌着による触刺激によって中枢神経系と自律神経系の活動が変化するならば，内分泌系や免疫系も何らかの変化を起こす可能性がある．

幼稚園児に，市販されている肌着とそれより柔らかい肌着を2日間着用させ，そのときの内分泌系と免疫系の変化を調べた．朝の尿から成長ホルモン，朝10時30分頃の尿からカテコールアミン，コルチゾールを分析した．さらに同時刻頃に採取した唾液から免疫グロブリンA（s-IgA）を分析した．

その結果（図44.3），市販されている肌着を着用したときはより柔らかい肌着を着用したときよりも，コルチゾールが有意（$p < .05$）に大きく，s-IgAが有意に小さかった．なお，カテコールアミンには有意差はなかった．

柔らかさが劣る肌着を着用したときの上記の結果は，生体がストレス状態にあることを示す．すなわち，コルチゾールはCRH，ACTHの増加に基づくストレスホルモンの最終産物であり，ストレス時に高くなることは多くの報告に共通する．一方，コルチゾールは免疫系の活動を抑制する場合がある．な

お，これらの結果は成人女性を用いた実験においても確認した．また，コルチゾール分泌に伴うβ-エンドルフィンの増加は蛋白質を合成するときに必要なODC活性を弱めるため，成長を抑制する可能性がある．

以上のように衣服の柔らかい触刺激とごわごわした触刺激とでは生理反応が異なるわけである．木綿を手に入れた日本人は，冬の寒さから解放されたばかりでなく，麻というごわごわした触刺激からも解放され，感覚機能も含む種々の生理機能を活性化させることができたのではないだろうか．

44.8　着物の美の特徴

小袖は文字どおり袖の小さな実用的な着物である．この小袖は江戸時代に経済力のある町民に享受され，さらに芝居や出版を通して慶長小袖，寛文小袖，元禄小袖と発展した．いわば流行があったわけである．江戸初期の慶長年間に流行った慶長小袖は円形・方形・三角形・菱形で大きく区切り，絞り染めで紅・白・黒・藍に染め，そのなかに刺繍で草花・鳥・器物などの文様を細密に配置し，さらに金箔や銀箔を用い摺箔などを加え，重い色調のなかで動的模様を配した複雑な意匠構成であった．また慶長小袖の生地は紗綾や綸子が多くなった．これらはもともと中国から輸入された絹織物であったが，日本でも織り始められたのである．いずれも木綿より柔らかな風合いで身体に馴染む素材であるため，木綿よりも身体の線や動きが表れやすくそれを強調したデザインが生みだされた．寛文小袖は桃山時代の左右対称を基本とした様式から左右非対称に変わり，背面と右肩の意匠にポイントが置かれ，かつ余白を活かした美しさが流行った．江戸中期の元禄時代は近松門左衛門，尾形光琳，菱川師宣，松尾芭蕉などに代表される人形浄瑠璃や歌舞伎，工芸，絵画，染織，文学など町人文化の爛熟期であった．この時期には友禅染が宮崎友禅斎により始められた．友禅染は細い糸目糊と多彩な色挿しによって自由な図様を手書きで絵を描くように表すことができる染色技法である．この友禅染によって小袖は花鳥風月や吉祥，詩歌，物語を示す題材を用いてさらに華やかとなった．

「誰が袖屏風」というものがある．「誰が袖」とは

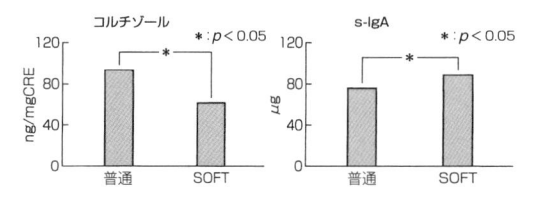

図44.3　普通の肌着と柔らかい肌着を着用したときのコルチゾールとs-IgA

44.8 着物の美の特徴

桃山時代の末から江戸時代初期にかけて流行した画題の一つで，衣桁(いこう)に掛けられ衣装を描いたものである．つまり衣裳が広げられた状態で絵になるわけである．事程左様(ことほどさよう)に着物が美しかったわけである．衣服自体が絵の題材になるのはきわめてまれであろう．ちなみに江戸時代の花見では桜の木の下に張った幕に小袖や羽織を掛けて桜の花に溶け込んだ着物美を楽しんだそうである．このように自然の美と調和する，自然を受容する，自然の美に溶け込むものが美しい着物ではないだろうか．着物は日本人の自然観に由来する美の感性によってもたらされたのである．

一方，江戸時代の後期になると過度な絢爛豪華(けんらんごうか)に対する批判や反省があり，「いき」という美意識が生まれた．こののち，美人の条件は豊かな丸顔から細面へ，厚化粧から薄化粧，冬でも裸足で歩き，着物の柄も大胆な絵模様から縞柄のような簡素な幾何学模様になった．着物の文様も縞絣，更紗などが「いき」とされた．なお，これらはもともとインドや東南アジアから伝播したものである．

日本文化の特色は，「単純性」，「流動性」，「優美性」にあり，美意識として，「もののあはれ」，「幽玄」，「わび」，「さび」，「いき」がある．この美意識を表す言葉のなかで，「いき」は他の言葉と違いがあるようである．

九鬼周造は『いきの構造』[14)]のなかで，「民族の生きた存在が意味および言語を創造する」と述べ，「いき」という日本語もこの種の民族的色彩の著しい語の一つであり，「いき」とは日本民族独特な意識現象であり，民族的存在の解釈学としてのみ成立しうるものであり，かつてわれわれ日本人の精神がみたもの，と述べている．「いき」という言葉の意味に日本人独特の精神文化が示されているという．

「いき」の第一の徴表は異性に対する「媚態(びたい)」であると述べている．媚態とは異性の征服を仮想的目的とし，目的の実現とともに消滅する．九鬼は『いきの構造』のなかでさまざまな「いき」の実際を述べている．そのなかで衣服における「いき」について以下のように述べるとともに，西洋の洋服に対して批評している．

「いき」の表現として，「うすものを身に纏(まと)う」ことをまずあげている．うすものの透かしによる異性への通路開放と，うすもののおおいによる通路封鎖という．西洋流の裸像は裸体に加えた両手の位置によって特に媚態を言表しているが露骨である．前述の抜き衣紋についても「襟足を見せるところに媚態がある」と述べ，「衣紋(えもん)の平衡を軽く崩し，異性に対して肌への通路をほのかに暗示する点に存している．西洋のデコルテのように，肩から胸部と背部との一帯を露出するのは野暮である．」左褄をとるのもいきの表現である．裾さばきのもつ媚態「褄をとって白き足を見せ」ている．西洋近来の流行が，裾を短くしてほとんど膝(ひざ)まで出し野暮(やぼ)である．なお，九鬼が例としてあげたものは広範にわたるが，視覚や味覚など五感にかかわるものをあげたことは興味深い．

九鬼が野暮という西洋の衣服には，着物が日本人の美意識に基づくように西洋の美意識が反映される．西洋の美は黄金分割とシンメトリーに基礎を置く．黄金分割は造形上の視覚的バランス効果を最大に発揮する分割方法で，ピタゴラス（Pythagoras）やソクラテス（Sōkratēs）もこの黄金分割を造形活動の原点とした．黄金分割の起源はエジプトの古王国時代までさかのぼることができ，ピラミッド，パルテノン神殿，ノートルダム寺院から，人間の理想的な美しさを表すといわれるミロのヴィーナスまで黄金分割比が駆使されている．プロタゴラス（Prōtagoras）がいうように人間を万物の尺度と考え，人間の裸を美しいとする考え方は，古代ギリシャからおこり西洋文化に根づいた．人間の裸はほぼ左右対称である．黄金分割とシンメトリーはたとえば絵画では安定し，均斉のとれた構図となる．洋服においても左右対称が基本であり，さまざまな長さの比率が黄金分割に近づくようウエストを締めたり，スカートを広げたりした．黄金分割もシンメトリーも数値で表すことができる．

これに対して，いきな着物は前述の寛文小袖のように左右非対称とし，柄も右肩に描きかつ余白をつくり，流動性や躍動感を表した．上述の九鬼の「いき」に関する着物の記述にも「衣紋の平衡を軽く崩し，あるいは左褄を取り」，とあるようにシンメトリーをわざと外している．また，着物は身体のラインに添うため，曲線をつくり出す．そのため，黄金

分割も表しにくい．左右非対称や余白，流動性などの日本文化の特徴は建築，庭園，浮世絵にも表れている．自然界や人工物にもシンメトリーを保つものは数多いがすべてがシンメトリーではなく，非安定，すなわち流動性，崩れたものがある．たとえば，カエデの種子は厚み分布をもつ1枚の羽がついていて全体として非対称である．しかし，この種子が落下するときは羽がプロペラのように回転し，落下速度が低下するとともに，風があれば着地点が遠くなり，繁殖の上で有利と考えられている．回転中の高い動的対称性は形状の非対称性から生まれる[15]．日本人は自然の姿から安定ばかりでなく非安定，非定形も学び，美意識として受容したのであろう．

黄金分割とシンメトリーに規制された西洋の美意識は，日本人の自然観に基づく非定形も良しとする美意識に19世紀に触れることになる．いわゆるジャポニズムである．ジャポニズムは，西洋での洋服の流行にも大きな影響を与えた[16]．パリ万国博覧会で紹介された着物はジャポニズムの一つとしてパリモード界に影響を与えた．当時の西洋の女性たちはコルセットで締め付けられていたため，ゆとりと柔軟性をもつ着物が大変目を引いた．着物はまず室内着としてとり入れられた．折しも日本を題材としたオペラ，たとえばプッチーニ（Puccini）のマダム・バタフライが上演され，着物はいっそう広く知られるようになった．さらに川上音二郎一座の川上貞奴が着物の美しさを示し，着物ブームが興った．このブームは当時のトップデザイナーであるポール・ポアレ（Paul Poiret）をしてコートやドレスに着物が応用されるばかりでなく，彼によってコルセットが取り去られた．着物がコルセットを排除させたのかもしれない．このように着物のもつシンプルな形とゆとり，非定形・非安定の視点がとり入れられ，パリのモードは大きく変わった．つまり，それまでの洋服には，特に女性用の衣服において，コルセットなどを用いて人為的にシンメトリーと黄金分割に添う美が求められていたが，着物のコンセプトを導入することにより，それらとは異なる美の表現にデザイナーたちは気づいた．

44.9 洋　　　服

現代の日本の服飾はほぼ洋装である．この洋装は本来の日本の歴史や伝統のなかから生まれ育ったものではないが，今では現代日本人の生活とは切り離せないものである．

着物は身体の大きさが異なっても袖や身幅，裾丈を調節しながら着用するため，あらゆる体型の人に適用できる．和服は洋服に対して柔軟性に富むわけである．しかしながら，明治以降に外来文化として流入した洋装は服のシルエットを強調し，身体をある理想像に近づけることが着装美であった．そのためバスト，ウエスト，ヒップなどの人体寸法とそれを包む衣服の寸法との関係が複雑になった．つまり洋装は服を着たうえでの各個人の人体寸法を西洋の美意識に合致するように服を制作するため，着物の柔軟性はみられない．

シルエットを強調するということは西洋の美意識に添った美しいとされるボディラインをつくることである．そこで下着にもその役割が与えられ，ブラジャーやガードル，ボディスーツ，サポートストッキングなどの体を締め付け，身体のラインを黄金分割やシンメトリーに近づくように変えることが試みられた．

ブラジャーは欧米で1910年代に胸と腹部を強く締め付けるコルセットの代わりとして登場した．日本においては昭和初期に着用され始めた．しかしながら，その目的は母乳滲出防止と胸を小さく見せるためであったらしい．しかし第二次世界大戦敗戦後のアメリカの徹底的な合理主義的考え方や文化が導入されるとプロポーションの美しさがいっそう強調されるようになり，体型に関心が向けられた．黄金分割に基づいて八頭身という言葉が流行し，1967年に168 cm，41 kgのモデル，ツィギー（Tuiggy）が来日すると，プロポーションの美しさはグラマーからスリムへと移った．その後ミニスカートやジーンズを通してスリムでキュートな身体が似合う服が流行し，80年代ではのフィットネスブームが興りボディコンがはやり，90年代の長身のスーパーモデルが登場し，細身が美しいという意識が雑誌や広告で強化された．身体は細身であるがバストは大きく，かつウエストが細く，ヒップは小さく上方へというのが近頃の流行であるらしい．そのためダイエットが当たり前となり，締め付けの強いブラジャーやガードル，ボディスーツ，ウエストニッパーなど

が販売されている．

しかしながら世界的視野に立てば，1970年代以降は日本のデザイナーたちによって着物，あるいは日本人の自然観が洋服のなかにとり入れられ，世界で高い評価を受けている．日本を代表するデザイナーである森 英恵，コシノジュンコ，三宅一生，高田賢三，山本耀司らは着物の構成，柄や色を意識して服をつくっている．ジャポニズムから100年経った今，再度日本の着物が注目されているわけである．これは，19世紀のジャポニズムがオリエント的な趣味性を帯びていたのに対し，本質的な美として認識されるようになったことを示すのかもしれない．日本人の美意識と感性，それらを導く自然観は現代日本人の大きな財産である．

44.10　圧刺激の生理的影響

着物も帯や帯紐で身体を圧迫する．しかし，その目的は着物を身体に固定するものであって，ボディラインを無理につくるためではない．帯の締め付けの程度は着用者自身が帯を着ける場合は，適度に締めるため苦痛は伴わないという．昨今は着付けを頼む場合が多い．この場合は他人が締め付けるため過度の締め付けが生じる場合がある．身体を衣服で締め付けると種々の生理的変化が生じる．たとえば，今日の美意識に身体のラインを合わせるために女性はストッキングやガードルで下半身を締め付ける．ヒトの特徴である直立二足歩行は足に溜まる静脈血を重力に抗して心臓まで引き上げる特別な機構によって可能となった．下肢から心臓へ戻る静脈環流量は心拍出量を測定することでわかる．この心拍出量を指標としてストッキングやガードルを設計することができる．

血液は動脈から組織へ，組織から静脈へと移動する．動脈から組織へと移動するときに動脈内の酸素や栄養分を組織へ与え，組織から静脈へ移動する時に組織内の老廃物や二酸化炭素は静脈血へとり込まれる．この一連の動きは動脈，組織，静脈の順に圧が低下することに基づく．

しかし，静脈内に血液が滞ると，静脈圧が高まり，組織圧より高くなってしまう場合がある．この場合には静脈血管から組織へ血液内の血漿が漏出してしまう．この血漿の漏出がむくみの原因である．これを解消するためには，皮膚の外側から適度に圧迫して，静脈内に血液を溜めないようにする．そこで，締め付けのきついパンストは有効である．しかし，どの程度の圧力をどの部位にかければ"適度"であるのかがわかっていなかった．そのためにメーカーは闇雲に圧迫力の強いパンストを制作した．

数年前，筆者ら[17]は心拍出量を指標とし，血圧計の圧迫布を下肢全体に巻くようなモデル服を作製し，どの程度の圧力で圧迫したら静脈血貯溜が生じないかを調べた．その結果，下腿部では17 mmHg，大腿部では15 mmHgが適度な圧力であることがわかった．生理データを用いて衣服を設計することは，衣服が直接身体に触れることを考えると，きわめて当たり前のことである．着やすい快適な衣服と名乗るためには，生理値が設計のどこかに反映されていなければならない．

適度な圧力で静脈環流を促進するパンストを着用しても，ガードルを着用すると，場合によっては（大腿部の付け根を局所的に大きな圧で圧迫したら）台無しとなる．そこで，ガードルを着用することによって心拍出量が減るのかをみたところ，サイズが適正とされるガードルでも心拍出量は減少した．そこで着やすいガードルの開発を目途して実験を開始した[18]．まず，ガードルを着用したときの衣服圧を測定した．その結果足の付け根部分に大きな圧がかかっていることがわかった．そこでこの部分に空気圧で膨らむ圧迫布を巻き付け局所的に圧迫したときの心拍出量を求めた．その結果，15 mmHg以上で圧迫すると静脈還流が減少した．そこで，足の付け根部分に加わる衣服圧ができるだけ小さくなるようにその部分の形態と材料をデザインし，試行錯誤の結果，足から心臓に戻る静脈を阻害しないガードルが開発された．

このガードルは圧迫感や痛み，動きやすさなどの着用感を著しく改善した．しかし締め付けが強ければ体形補正がより良いと考える女性達には不満であった．身体にとってマイナスの効果を与える衣文化は本当の文化ではない．そのような文化は本来の文化に戻すべきである．

圧刺激も上述の触刺激と同様に前述の上行路を通って脳に達する．したがって圧刺激によっては脳の覚醒水準をコントロールする脳幹網様体や，食欲，

性欲，自律機能（体温調節等）を調節する視床下部や，情動（喜怒哀楽）に深く関与する大脳辺縁系の活動を変調させる可能性がある．

　一般に圧迫の悪影響といえば血流障害を連想するが，筆者らの研究によると自律神経系の活動を抑制し，たとえば体温調節機能等が低下する．さらに脳活動も低下するようである．安静閉眼時の背景脳波を非圧迫時と比較してみると圧迫によって脳波はa1領域やθ波領域が増し，徐波化することが示された．これは脳の覚醒水準が低下したことを示唆する．

　ブラジャーも昨今の寄せて上げるために締め付けのきついものを着用するとさまざまな生理的変化が生じる[19]．たとえば，女性の生理周期の黄体期は体温が高く維持されるが，そのためには血管運動交感神経の活動を高める必要がある．しかし締め付けが強いとこの交感神経の活動が低下する．また月経期は経血を伴うため免疫活動を高める必要があるが，締め付けが強いとこの免疫活動が抑制される．寄せて上げすぎるとバストのトップの位置は高くなるが，それだけたとえば股下との距離が長くなり胴長に見える．

　ガードルを着用してお尻を上げても，ブラジャーで乳房を寄せて上げて大きく見せても，脳の覚醒が低下して表情は乏しくなり，自律神経活動も低下しての瞳の輝きに乏しい女性ができあがるかもしれない．圧迫の強い衣服は避けるべきであろう．

44.11　おわりに

　ヒトには2つの大きな特性がある．一つは哺乳類にも共通するきわめて生物学的特性を有することである．他の一つは快に敏感な優秀な脳をもつことである．快に敏感であることは美に敏感でもあるわけである．美に対しても2つの視点からみることができるかもしれない．つまり生物学的美と精神的美である．生物学的美とは生殖を有利にする美であろう．優秀な子孫を残すために繁殖に適した健康さや目立ちやすさを有するものが美しく見えるように設定されている．ヒトにおいてもウエストとヒップの比率がある数値をこえると妊娠する率が高まるらしい．今日，少子化が促進し，避妊や人工授精が一般的になり，生物学的美はその範囲を変えようとしている．

　一方，現代日本人はほとんどの時間を人工環境のなかで生活している．諸感覚の感受性は昔と変わっていないだろうか．感情を左右する気分も種々のストレスで偏向していないだろうか．自然や伝統的な日本文化に触れる時間が減っているのではないか．現代日本人の美に対する感性は変容したものと変容しないものとがあるのであろうか．たとえば，現代日本人はどのような色，形，あるいは色と形の組み合わせを心地よいと感じるのであろうか．それは古来からの自然観と添うものであろうか．他の民族との共通性あるいは日本人に特徴的なものがあるのであろうか．さまざまな生理人類学的手法を駆使して科学していく必要がある．

［綿貫茂喜］

文　　献

1) 姫野　翠（1980）衣服起源論の系譜．服装文化，p.167.
2) 和辻哲郎（1991）風土，岩波文庫，岩波書店．
3) 金田一京助ほか編（1983）新明解国語辞典（第三版），三省堂．
4) 芳賀矢一（1941）国民性十論，富山房百科文庫，富山房．
5) 城戸幡太郎・大島建彦ほか編（1992）日本を知る事典より引用，社会思想社．
6) 別枝篤彦（1983）服飾地理学の諸問題．服装文化，p.178.
7) 江坂　輝（1976）弥生人の服装と装身具．服装文化，p.151.
8) ルイス・フロイス（1991）ヨーロッパ文化と日本文化（岡田章雄訳注），岩波書店．
9) 柳田国男（1974）日本の名著50，明治大正　世相編，中央公論社．
10) Scott, S., Lucus, P., Cole, T. and Richards, M. (1983) Weight gain and movement patterns of very low birth weight babies nursed on lambswool. The Lancet, 29, 1014-1016.
11) Pauk, J., Kuhn, C. M., Field, T. M. and Schanberg, S. M. (1986) Positive effects of tactile versus kinesthetic or vestibular stimulation on neuroendocrine and odc activity in maternally-deprived rat pups. Life Sci., 39, 2081-2087.
12) 土田玲子（1985）小児の運動発達5　運動行為の発達と感覚統合．理学療法と作業療法，19, 767-775.
13) Watanuki, S. and Mitarai, S. (1999) Effects of Tactile Stimulation of Underwear on the Autonomic Nervous Activity. In： Sato, M. (ed.) Recent Advances in Physiological Anthropology, pp.97-101, Kyushu Univ. Press.
14) 九鬼周造（1979）いきの構造，岩波書店．
15) 高木隆司・山中公仁（1993）カエデの種子と非対称性の効用．形の科学会報，8 (3), 51-52.
16) 深井晃子（1994）ジャポニズムインファッション，平凡社．
17) Watanuki, S. and Murata, H. (1994) Effects of wearing the compression stockings on cardiovascular responses. Ann. Physiol. Anthrop., 13 (3), 121-127.
18) Watanuki, S. (1994) Improvements on a design of girdle

by using cardiac output and pressure sensation, *Ann. Physiol. Anthrop.*, **13**（4），157-165.
19) 綿貫茂喜ほか（2000）女性の性周期に従う自律神経系と免疫系の変化に衣服圧が与える影響．日本生理人類学会誌，**5**（1），46-47.

日本人と衣

45
日本人と着心地

45.1 はじめに

日本はアジアモンスーン地帯に属し，その明瞭な四季の変化，夏の高温多湿などは，日本の気候を特徴づけるものである．また，日本は周囲を海に囲まれた島国で，周辺諸国からの影響を受けつつも，きわめて特異的な固有の文化を形成してきた．

このような歴史的気候風土のなかで，日本人の衣に対する感覚，その着心地観はどのように育まれてきたのだろうか．着心地とは「その衣服を着たときの具合・気分」と定義される[1]．そこには，動きやすさ・肌触りの良さなどの身体的・生理的な心地良さと，似合う・立派に見えるなどの社会的・文化的な側面からの心地良さが含まれる．ここでは主として生理的心地良さを中心とした日本人の着心地観について考えてみたい．

生理的着心地とは何か．原田[2]は，衣服の快適性（着心地）に関する一連の研究のなかで，一つの仮説を提案し，その仮説に基づく着用テストによって着心地の構成要素を抽出した．仮説とは「着心地を感受する温覚・冷覚・圧覚・痛覚などの神経終末受容器は皮膚にある．したがって，皮膚の表面に形成される衣服内の微小空間が着心地の刺激媒体として重要な意味をもち，着心地の内容は，3つの質的に異なる要素に分けられる」というものである．3つの要素のうち，温冷感・湿潤感など暑さ寒さに関する着心地は，衣服を通しての熱・水分移動性が，結果として衣服気候（衣服と皮膚の間につくられる微気候）を生じ，これが皮膚の温冷覚受容器に作用して知覚される．衣服による圧迫感・拘束感，動きやすさなどの着心地は，衣服の重量や動きに伴う衣服の変形応力が衣服圧を生じ，これが皮膚の圧覚受容器を刺激して知覚される．また，肌触りの良否によ

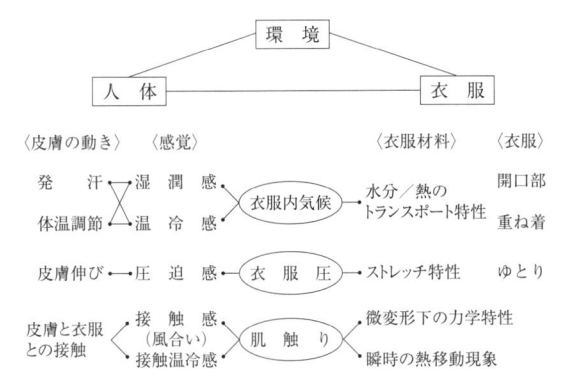

図 45.1 快適性の要因（原田，1983）[2]
特定の用途には耐熱性，抗菌性などが加わる．

る着心地は，衣服表面の繊維の微小変形を触覚受容器が，また接触時の皮膚から繊維への瞬間的熱移動を温冷覚受容器がとらえることによって知覚される（図 45.1）．

このうち，肌触りの良否は熱的特性と力学的特性の複合であるから，これをさらに大きく温冷感にかかわる着心地と触圧感にかかわる着心地に分けることもできる．

ここでは，日本人が用いてきた衣服形態と素材を歴史的に概観しながら，日本人の着心地をこの2側面から考える．

45.2 日本人の衣服の祖型

日本人の衣服の祖型[3]といえば『魏志倭人伝』がしばしば引用される．3世紀初めにわが国に来朝した魏の使節の報告によれば，当時女性は1枚の布の中央に穴をあけここから首を通したいわゆる貫頭衣を着ており，男性は横に広い布を縫い合わせることなく，ただ肩で結び合わせて身体をおおう袈裟衣を

図 45.2 衣服の祖型と主な衣服型（小川，1991）[4]

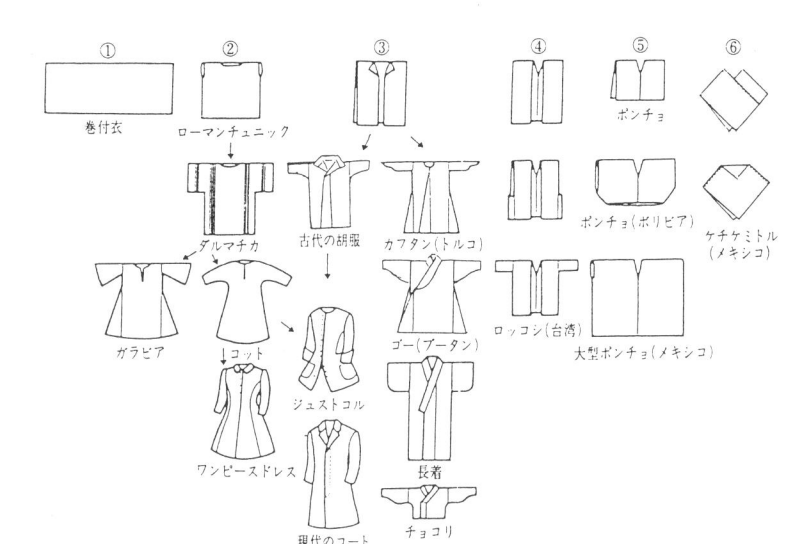

図 45.3 みずらを結った男性埴輪（東京国立博物館）

着ていたという．

貫頭衣，袈裟衣ともに原始の衣服の形態として世界各地にみられ，日本固有の形態ではない．世界の衣服祖型（図45.2）は，腰布型・掛布型（袈裟衣），貫頭型，前開型，体形型に分類される．小川[4]は現在の衣服の主流となっている体形型は被覆部が多く密閉型で，主として寒帯系の毛皮文化から出発しているのに対し，腰巻，袈裟，貫頭の三型は裸出部が多く開放型で熱帯系に由来する被服形式であるとし，日本人の衣服の祖型は熱帯系と位置づけている．

このことはまた，衣服材料についても指摘される．当時の材料は主としていらくさ科の多年草，苧麻である．これを蒸し，皮をはぎ，水に浸した後，なかの繊維を取り出し，この繊維を織機によって織ったものが材料として用いられた．麻は吸湿・吸水性に富み，剛く，肌離れが良く，通気性の良い布地である．もう一つ倭人伝中には「木綿（ゆう）をもって頭に掛け」とあるが，当時いわゆるもめんはまだ日本で栽培されていない．この木綿はカジノキやコウゾの表皮下にある繊維をそのまま叩いて伸ばした，麻以上に剛く荒い素材であったと考えられている[5]．養蚕・製糸技術もこの頃すでに行われ，さまざまな染織の絹布や絹衣がつくられていた．しかしこれはきわめて高価貴重なもので，もっぱら魏の王への貢物などとして使われていたことが記されている．こうしてみると日本人の原始衣服は，材料・形態ともに熱帯系であり，体を緩やかに包む暑熱適応型の衣服であったことがうかがえる．

45.3 古代外来文化の受入れ

4世紀，日本と大陸との交流が盛んになると，大陸の先進国，唐から輸入された服装形式が大和朝廷さらには飛鳥・奈良時代に支配的となる．8世紀以降は律令によって衣服の色彩まで身分によって規定され，衣服は支配階級の存在を目に見える形で民衆に伝える手段となった．

この時代の衣服を埴輪にみると（図45.3），女性は衣裳，男性は衣褌形式，両者とも上衣は円領で，首をひもでとめた筒袖の短衣に腰帯をつけている．下衣は，男性は太いズボンの膝下を「足結」というひもで括り，これに足袋をはき，革または植物繊維の履をはいている．女性の唯一の下衣は，スカート状の裳である．これら衣褌，衣裳形式は，先の熱帯型衣服形式とは異なって，祖型としては体形型に属する．大陸北方の騎馬民族の胡服に由来するためである[6]．

緩やかな開放系の衣服になじんだものにとって閉塞型の胡服はやや窮屈な着心地であったと考えられるが，隋・唐などの先進外来文化を崇拝し，これを積極的に受け入れた支配者の姿勢がうかがわれる．ただし，衣服材料としては貴族でも植物繊維の麻が

中心として用いられており，庶民の粗服では藤・楮(たえ)などの繊維も用いられている．形状の閉塞性を素材で補うことによって，相変わらず高温多湿気候適応型の衣服にモディファイされている．

45.4 和風の成立にみる日本人の着心地観

平安時代に入ると遣唐使が廃止され，あらゆる面での日本化が進む．この時代の衣服には日本人本来の着心地観をみることができる．すなわち寝殿造りのなかで儀礼様式が立礼から座礼へ変化すると服装は寛やかに大きくなる．束帯，十二単の形式の成立である．外来の唐様式が支配的だった時代の衣服に比較して，袖口が広く，衣服全体にゆとりが大きく，垂れ領で布袴の裾も広口開放型となる．

この時代，これらの衣服は人体を緩やかに包み，人体の形状はすっぽりと衣服におおわれていることも特徴である．兼好法師は『徒然草』のなかで「すまいやうは夏をむねとすべし」と述べているが，衣服も基本的には夏をむねとすべく，緩やかに体を包むワンピース形式，垂れ領の前開き衣を帯一本で体にとめつけ，衿元は開閉調節がしやすく，袖口裾口もゆったりした衣服形式が歓迎されたものと考えられる．同時に前合わせのこの形式の衣服は，重ね着による寒暖調節もしやすく，温度変化の激しい四季への適応が容易である．

この時代になると形状のみならず素材も多様化し，上流階級の人々は麻中心から主として染色の美しい絹織物を用いるようになる．その絹織物も羅，紗など通気性の良いはりのある夏向素材と，綾織，平絹など暖かい冬向き素材が開発されている．多様な衣服素材と開放系のゆったりした衣服形態，重ね着による気候適応が日本人の着心地の基本として定着したとみることができる．

45.5 和服の基本形—小袖の成立

現在の和服の基本形である小袖は，平安時代の上流社会の女性が袿の下に用いた小袖，さらに下着として用いられていたものが一つの源流と考えられている．これに平安時代の庶民の女性が，下衣の裳（のちに袴）とともに着用していた筒袖の垂領の上衣，その丈がしだいに伸びて一枚着または表着となったものが，合わせて小袖の源流を形成したと考え

図45.4 兵庫髷の小袖姿の女性
（彦根屛風，部分）

られている．

武家の時代に入ると，衣服に活動性・機能性が重んじられるようになり，鎌倉・室町・桃山へと，しだいに服装全体の簡素化が進む．一方，明との貿易によって向上した庶民階級の文化，衣服型や染色などの技術が武家社会にも受け入れられ，垂れ領，前合せ，ゆったりした袖口，裾口の小袖がそれ以降の和服の基本型となる（図45.4）．桃山から江戸に入ると，男性は小袖に袖なしの上着と袴を組み合わせた裃が，女性は帷子に小袖を打掛腰巻きとして用いた衣服形式が盛装となる．小袖には摺箔・縫箔・辻が花などの染色技法が施され，絢爛とした美を示すようになる．服飾文化成熟のこの時代，衣類は消費財というよりむしろ貴重な財産でもあった．泥棒が盗んだ品物のリストはほとんどが衣類であったことが記されている[7]．

45.6 和服（きもの）本来の着心地

このように原始日本人の衣の形成から和服の基本型としての小袖の成立過程までをたどってみると，和服の特徴は垂領，ゆったりとした袖口，広い身幅，前開き，帯一本で身体にとめつける着方など，身体を融通無碍に包む形式にあることがわかる．高温多湿の夏には，麻を中心とする植物繊維素材や絹のからみ織（絽や紗）などの素材，吸水・吸湿性に富み肌につかずしかも通気性が高い素材を用い，素材を通して，また襟や裾，袖口などの広い開口部を通し

図 45.5 庶民の服装（扇面古写経模本原品四天王寺）（東京国立博物館）

図 45.6 労働と着装
① 小刀, ② 袖襷(そでだすき), ③ 小袖(扇模様), ④ 四幅袴(扇模様), ⑤ 両肌ぬぎ(もろはだぬぎ), ⑥ 腰刀, ⑦ 小袖(白地)(こそで), ⑧ 小袖(こそで), ⑨ 四幅袴(格子, 草花模様)(よのはかま), ⑩ 草鞋(わらじ), ⑪ 脚絆(きゃはん), ⑫ 斧, ⑬ 片肌ぬぎ, ⑭ 萎烏帽子(なええぼし), ⑮ 鎌, ⑯ 袖細, ⑰ 綾蘭笠(あやいがさ), ⑱ 四幅袴(葉模様).

(a) 小刀を持つ人　(b) 木を伐る人　(c) 斧をもつ人　(d) 草を刈る人

月	男		女
4	袷＋縮緬単羽織		4/1 袷＋腰巻
5	単＋絽単羽織	5/5 無地・藍・茶などの単袴 （仙台平・川越平など）	5/4 5/5
6	帷子＋(麻)		
7	紗・縮などの単羽織		単帷子＋腰巻(麻)
8		8/晦日	8/晦日
9	9/9	9/1	袷＋腰巻 9/1 9/8 9/9
10			
11	黒縮緬の袷羽織	唐桟＋海気絹などの袷袴	染小袖（絹・綿入）＋打掛
12			
1			（木綿の綿入は布子）
2			
3	3/晦日	5/4	3/晦日

図 45.7 衣替えの例（江戸時代）[8]

て衣服のなかに風を入れる．これが日本人の服装の基本であったと推測される．庶民の間ではさらに袖なしが用いられ（図 45.5），また片肌，両肌さらには上半身裸になることもしばしばみられた．また労働時には，たすき，はしょりなどで余分なゆとりを身体にとめつけることで運動機能性を出し，さらに激しい労働時には裸体に近い姿も稀ではなかった（図 45.6）．

一方，季節変化の明瞭な日本の冬は一段と寒い．このような気候に対して和服は綿入れなどで素材の保温性を増し，またゆったりした前開きのため，同形の衣服を重ね着することも容易な条件をもってい

る．基本的な形状は変えず，主として素材と重ね枚数を変化させた衣替えを行い，四季に応じた着心地を楽しんでいたことがうかがわれる（図 45.7）．日本人の着心地観はまさに気候や季節変化に敏感に適応するのみならず，きものを変化させ，その着心地を楽しむことによって季節とかかわり合う，高度な着心地の文化を形成していたともいえる．

わが国における綿の普及は江戸時代以降である．庶民は衣替えを楽しむどころか，地方によっては明治時代まで綿は貴重品であり，冬でも麻しか着ることができなかった．東北地方の刺し子は麻布を2枚重ねてさしたもので，冬の寒さから身を守るための生活の知恵であった．

45.7 現代和服の着心地

私たちが「きもの」というと思い浮かべるのは，美しいが高価，窮屈で動きにくく，着付けが困難，冬は寒く，夏は暑いなどの特徴である．これは私たちが，きものが本来もっていた多様性，季節に応じ

た衣替えの習慣などを失い，形骸化した晴着としてのきものしかみていないことから生じた誤解ではないかと考えられる．

きものの窮屈さの元凶は帯と考えられるが，室町時代の帯幅は 2.6 cm 程度であったという．それがしだいに幅と装飾性を増し，寛政時代には 9.5 cm，享保時代には 30～34 cm に変化するとともに，結び方もしだいに大仰になり[9]，素材も高価で豪華な錦などが用いられるようになった．その牽引力となったのは遊郭と大奥の御殿女中であったといわれる．いずれの場合も，封建社会・男社会のなかで拘束され商品化された女性にとって，帯がファッションの見せ所であり，これが市民にも浸透し花嫁衣裳をはじめとする女性の正装としてのきものの原型を構成し，民族服として定着したという．すなわち現在われわれがイメージする和装は，日本人が日常着としてその着心地を楽しんできたきものではなく，女性の商品化過程で生まれた晴着としてのきものである．その着心地は，必ずしも日本人が良しとする着心地観を反映していないと考えられる．

一方，同じきものでもゆかたは現代でもよく用いられる．これは，鎌倉時代，入浴時に着用された白麻の小袖湯帷子が外衣化したものである．特に室町時代，日本でも栽培され生産されるようになった木綿[10]が一般に普及すると，湯上がりのくつろぎ衣として用いられるようになった．江戸時代，絹の使用を制限された町人の表現意欲がゆかたに向かい，大胆な図柄となって粋なゆかたの流れをつくったといわれる．こうして晴着とはまったく別の用途のなかで形成されたゆかたは，吸水・吸湿性に富んだ綿にぱりっとのりをきかせて肌離れを良くし，素肌に着られる．帯も簡略なもので，その着心地は現代の生活のなかでも生き続けている．

45.8 再び外来文化の受入れ—和服から洋服へ

江戸から明治への変換は，200 年の鎖国から開国への転換であった．このとき西欧のさまざまな文明が一気に日本に流入したが，古代大和朝廷が先進の大陸文化を受け入れ，その服装を公式服として採用，律令制における身分の表示に用いたのと同様に，明治維新の政府も，先進国西欧の服装（洋服）をまず政府高官，軍服など公式の場に採用した．和服から洋服への変化は，ハイカラ，新しいこと，モダンなどのイメージで受け止められた．1919 年の文部省生活改善展が示すように，衣服を含む生活の洋風化が官側から始まり，しだいに一般人の服装も公式の場では洋風化した．ただし，私的な場では和服も根強く支持され，すべてが崩壊する第二次世界大戦前までは，衣住生活において公式の場は洋風，私的な場では和風という和洋二重の生活様式が続いていた[12]．その当時，新しい衣服形態である洋服の着心地はどのように受け止められていたのだろうか．

まず靴については[13]，ペリー提督の来日以降，幕府講武所では洋式軍事訓練を行うにあたり制服に靴を採用，早速フランスから靴が輸入されたが，1 人として足に合うものがなくすべての靴が廃棄処分されたという．また日露戦争では兵士に靴を採用したが，耐え切れず，途中から草履に替えたとのエピソードもある．その後，1870（明治 3）年には築地に伊勢勝製靴工場が設立され，日本人の足型に合わせた靴が生産され始める．しかし，足がぴっちり包まれ外気と遮断されるので夏などは蒸れて，水虫に悩まされる，また靴が足になじまずまめができたりして下駄や草履より疲れやすいというのが靴をはいた人の大方の見方であった．明治・大正を通じて庶民は靴を窮屈袋とよんでいたという．

また体型衣としての上着やズボンも，これまた当時の人々にとっては窮屈に感じられたと推察される．その着用が公式の場に限られたのは，住様式も公共の場では椅子座位であったこととも関係するかもしれない．ズボンはたたみ座位様式には適せず，家庭では和服が着用され続けたこともうなずける．しかし，当時椅子座位の公衆の面前にあっても，長旅の車内では上着を脱ぎ，さらには靴やズボンまでも脱ぎ，ステテコ姿で車中を過ごす光景も多くみられた[14]．洋服や靴の窮屈さに対する回避行為である．また，庶民の間にもしだいに洋服が浸透するが，その際輸入されたハイカラのワイシャツにネクタイ，ぴったりと身を包むズボンにジャケットスタイルは，開襟シャツやダボシャツ，ステテコやアッパッパースタイルなど，日本の気候風土に適応し，日本人の着心地観に根強くある体を締めつけず体のなかに風を通しやすいスタイルにモデルチェンジされた．

45.9　戦後の衣生活と着心地観の変化

　日本人の衣生活は第二次世界大戦後一変する．戦争という非常事態のなかでは，衣服は何よりも動きやすく機能的であることが要求される．戦争を機に，兵隊服，国民標準服，もんぺ服などを通してなじんだ洋服の機能性は，戦後の生活でも引き続き日本人の洋装化への動きを加速させた．さらに，戦後の階層社会の崩壊とアメリカ民主主義の導入，豊かなアメリカ文化を中心とする西欧崇拝思想，戦後の復興をかけての経済効率優先社会の到来，これらすべての社会変化が駆動力となって洋装化が進み，日本人の衣服が再び和服に回帰することはなかった．このような衣生活の変化を加速させた背景としては，空調の発達，日本人のボディ感の変化，合成繊維の開発などがあげられる．それは一つには夏の耐えがたい蒸し暑さも冬の厳寒気候をも快適にコントロールする冷暖房設備の発達・普及であり，もう一つは強くてしなやか，軽くて伸縮性のある夢の繊維，ナイロンをはじめとするさまざまな合成繊維の開発であった．

　前述のとおり，気候適応という観点からみると，日本人の衣服祖型は暑熱適応型であった．それが，文明の進化とともに，季節に合わせた多様な衣服素材を育み，重ね着による気候調節手段は，耐えがたい高温高湿気候をも厳冬の寒さをも楽しむ着心地の文化，衣替えを生み出した．また，度重なる外来文化の導入に対しても日本人は独特のアレンジによる風通しの良い衣服形式をつくりだし，特異なアジアモンスーン気候への適応を行ってきた．

　しかし，戦後の機械文明の進化，特にオフィス，住宅，乗り物などあらゆる場での暖冷房の発達は（図45.8），衣服による気候適応を不要なものとし，衣生活のなかから季節感を失わせた．現代サラリーマン社会のユニホームともいえる襟のつまったワイシャツにネクタイに背広という組み合わせ服は空調なしには実現しなかっただろうし，OLのスカートにストッキング，ハイヒール姿も空調があればこそ実現したと考えられる．

　戦前戦後のもう一つの変化は，日本人のボディ観の変化である．日本人の衣服の祖型は貫頭衣であり，懸衣であった．その後の歴史においても，日本人は

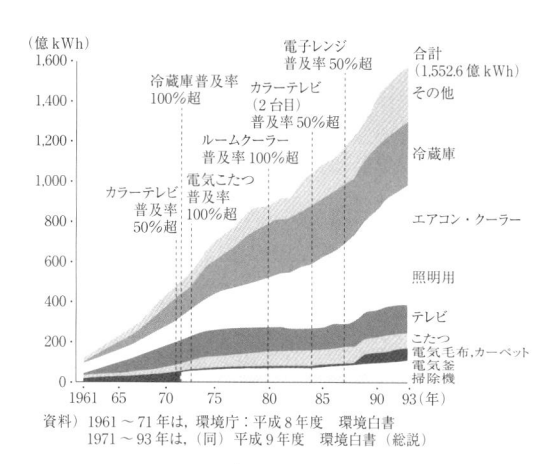

図45.8　家庭用電力消費の伸び

一貫して緩やかで身体を締めつけない衣服，身体を包み込み身体形状を外に表さないシルエットの衣服を心地良しとしてきた．日本人に人間の肉体そのものを美しいとみる観念はなく，日本人の美の対象は一貫して着物の表面染織の美しさ，顔・髪・うなじ・手・足など衣服から外に出ている部分の美しさ，そしてしぐさ美などに向けられた．西欧では肉体そのものが美しさの対象と考えられ，女性がパッドやウエストニッパーで身体を締めつけ，ボディを演出するための努力を惜しまなかったのに対し，日本では，垂直な線を強調したきものと帯で体の線を消し去り表面を装飾した．

　日本人は日常生活のなかで，入浴時など人前で裸になったり暑いときに片肌，両肌脱ぎになったり，裾を腰まで端折ったりすることを恥とはしないし，特に男は，かごかき人足，相撲などのように褌のみつけたほとんど裸を人目にさらしても平気であるのに対し，裸そのものの美については無関心で，絵や彫刻など鑑賞の対象としての裸体は登場しない．そこが西欧の肉体観とはまったく違っていた[15]．

　ところが戦後，日本人も洋服を着るようになると美の基準も西欧化する．現代社会では女性の興味は顔やしぐさより，ボディそのもの，あるいはボディの外観性に向けられるようになり「寄せて上げて」のブラジャーのコマーシャルにみられるように，女性は豊かなバスト，細いウエスト，形の良いヒップ，長い脚，細身のシルエットなどに限りなくあこがれる[16]．近年は，女性のみならず男性も自らの身体の外観性を理想に近づけるための努力を惜しまなくな

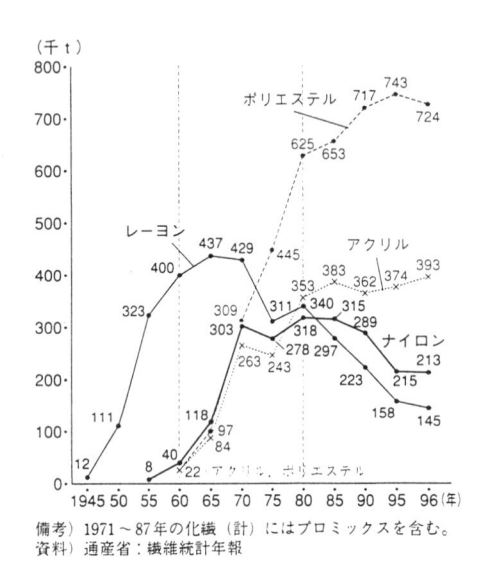

図45.9 日本の化学繊維の生産状況
レーヨン・ナイロン・ポリエステル・アクリル

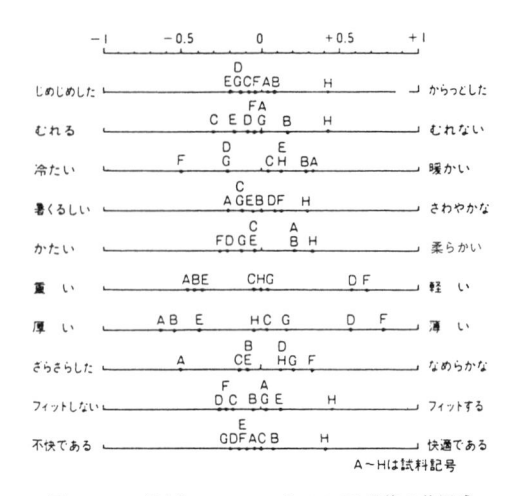

備考) 1971～87年の化繊（計）にはプロミックスを含む.
資料) 通産省：繊維統計年報

図45.10 ビジネスマンソックスの60分後の着用感
（内山ら，1982）[17]

っている．着心地の良さのなかにボディ表現の満足感が占める比率が高くなっている．

ここに登場するのが，かつて人類が手にしたことのない繊維，石油からつくられ軽くて強く，皺になりにくく手入れの簡素な合成繊維の出現である（図45.9）．なかでもゴムより高い伸縮性を示す新しい合成繊維ポリウレタンの開発は女性用のファンデーションのみならず，ストッキング，靴下，水着各種スポーツウェアでサポート性の高いフィット性衣服を可能にした．しかし，合成繊維は全般に天然繊維に比べて吸湿性に乏しく，ポリエステルのワイシャツや，ナイロンのストッキングは蒸れ，水虫の罹患率の増大などの問題を新たに出現させることとなる．

こうして人工環境のなかで人造繊維を着る日本人の戦後50年は，戦前とはまったく質の異なる着心地への要求を出現させた．1960年代以降の高度経済成長とともに日本人は質的にも量的にも世界で最も豊かな衣生活水準に達し，折りしも世界のトップレベルの技術をもつようになった繊維企業各社は「着心地」を開発のキーワードとして新機能合成繊維の開発競争を開始する．世界の繊維産業をして，日本人が世界で最も着心地にうるさいあるいは感度が高い消費者であるといわせることになる．

内山ら[17]は，ビジネスマンソックスの着心地を調査し（図45.10），ここから，靴下に要求される着心地条件，からっとした，さわやかな，柔らかいを抽出，心地良い靴下素材の開発を提案した．また原田ら[18]，土田ら[19]は，パジャマ，キャミソール，ガードルの着心地を調査した結果，着心地良いパジャマの条件は，柔らかい，なめらかな，サラッとした，であると報告した．このように合成繊維の出現は消費者に商品ごとのまた着用目的ごとに異なるより高度な着心地の追求を喚起した（表45.1）．

特にポリウレタン繊維の出現は生活のなかにスト

表45.1 衣服に要求される着心地（石田ら，1982[18]；土田ら，1985[19]）

ソックス	①からっとした（じめじめした） ②さわやかな（暑苦しい） ③柔らかな（かたい）
パジャマ	①柔らかい（かたい） ②なめらかな（ざらざらした） ③サラッとした（暑苦しい）
キャミソール	①サラッとした（しっとりした） ②なめらかな（ざらざらした） ③動きやすい
ガードル	①整容効果ヒップ ②むれない
パンスト	①フィット性 ②肌触りが良い ③透明感 ④あたたかい ⑤柔らかい ⑥むれない ⑦スナッグ，ランの発生しにくい

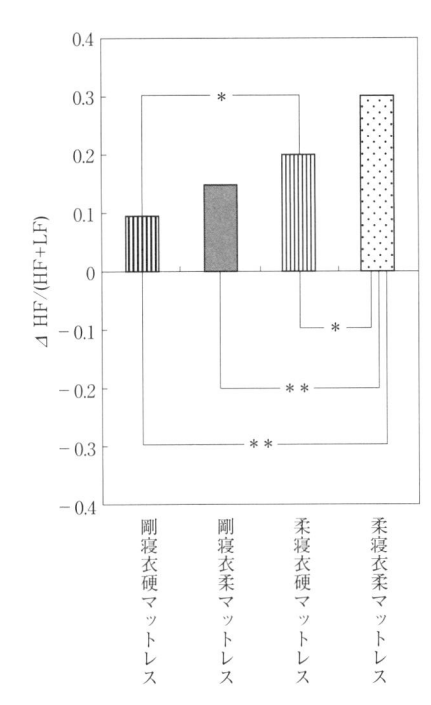

図45.11 寝衣とマットレスの柔らかさが心拍変動に及ぼす影響（田村，2000）[20]
(ΔHF/(HF+LF)：副交感神経活動レベルの指標)

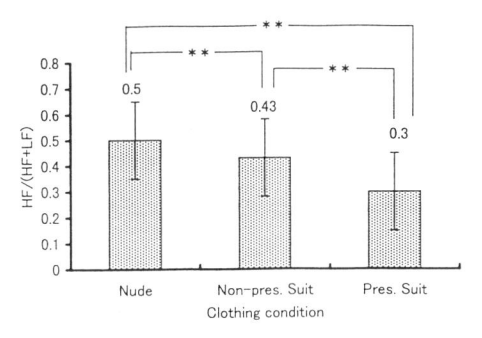

図45.12 スポーツウェアの衣服圧が心拍変動に及ぼす影響（田村，2000）[20]

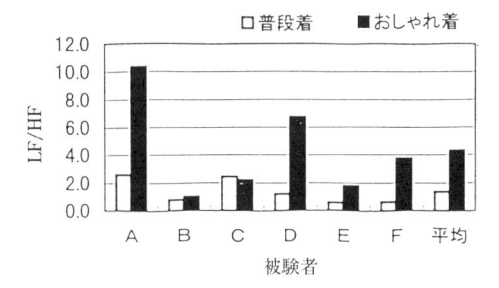

図45.13 普段着とおしゃれ着が心拍変動に及ぼす影響（田村，2000）[20]
(LF/HF：交感神経活動レベルの指標)

レッチ性衣服を導入し，下着，ストッキング，靴下からスポーツウェア，日常服に至るまで，フィット性の高い衣服を増大させた．フィット性衣服では衣服と皮膚の接触面積が増加するため，繊維や布地の肌触り，柔らかさ・なめらかさなどが以前にもまして重要視され，また，皮膚上を空気が流動しないことによる蒸れ感からの回避が着心地として重要視されているのは当然ともいえる．衣服のなかに風を通していた過去の衣服とはまったく異なった着心地が追求される由縁である．

また，フィット性衣服は，程度の差はあるにしても，人体表面にまんべんなく衣服圧をかける．近年の研究では，これが着用者の心理のみならず自律神経の活動にも影響し，本人が自覚するしないにかかわらず，衣服の素材や形状が日常の生活に影響し，脳や自律神経の活動にも影響を及ぼすことが指摘されている．図45.11，45.12，45.13に研究事例[20]を示す．これらは，かつてなかった着心地問題である．

このほかにも，着心地競争のために添加される加工剤などが化学刺激となって，ある閾値をこえると人体を逆襲することが危惧されている．日本人の飽くなき着心地追求が，あるいは資源の無駄遣いに，環境の汚染につながっているかもしれない．人工環境のなかで，人工材料を使って限りなく着心地を追求し続ける，その先に何があるのか，地球上のエネルギー資源の枯渇が，CO_2による温暖化が，化学物質による大気や大地の汚染が深刻となっている現在，あらためて，空調・合成繊維の出現によって変化してきた日本人の衣生活の方向性が問われる．自然と共存し，楽しむことを文化としてきた日本人の祖先の衣生活，そこにはアジアモンスーン気候帯に適した着心地をつくりだすための方策が埋もれており，今日ここから再び学ぶべきことがありそうな気がする．

［田村照子］

文 献

1) 金田一春彦・池田弥三郎編（1987）学研国語大辞典，学習研究社．
2) 原田隆司（1983）繊維製品消費科学会誌，**36**，212．
3) 柳澤澄子・近藤四郎編（1996）着装の科学，光生館．
4) 小川安朗（1991）世界民族服飾集成，p.22，文化出版局．
5) 松井秀二編（1993）繊維の文化誌，p.3，高分子刊行会．

6) 加藤秀俊（1981）衣の社会学，p. 134，文藝春秋．
7) 松井秀二編（1993）繊維の文化誌，p. 7，高分子刊行会．
8) 日野西資孝編（1968）日本の美術26　服飾，p. 80，至文堂．
9) 日野西資孝編（1968）日本の美術6　服飾，p. 88，至文堂．
10) 柳田國男（1979）木綿以前の事，柳田國男集，岩波文庫，岩波書店．
11) 瀬川清子（1976）日本の民俗2　日本人の衣食住，p. 128，河出書房新社．
12) 柏木　博（1998）公私と和洋を棲み分けた日本人―日本の衣服の近代化（洋装化）をめぐって―，Front ⑦，p. 18，（財）リバーフロント整備センター．
13) 加藤秀俊（1981）衣の社会学，p. 122，文藝春秋．
14) 神崎宣武（1998）湿気からみた日本服装史，Front ⑦，p. 13，（財）リバーフロント整備センター．
15) B. ルドフスキー（加藤秀俊・多田道太郎訳）（1979）みっともない人体，ワコール．
16) 布施谷節子ほか（1998）女子大生のからだつきに対する意識とそれを形成する要因．家政誌，49 (9)，1034-1044.
17) 内山　生ほか（1982）衣服材料の水分と熱の移動特性（第2報）．繊維機械学会誌，35 (5)，210-218.
18) 石田隆司ほか（1982）衣服材料の水分と熱の移動特性（第2報）．繊維機械学会誌，35 (6)，210-218.
19) 土田和義ほか（1985）婦人肌着（キャミソール）の着用感．繊消誌，26 (4)，170-175
20) 田村照子（2000）衣服圧の功罪．日本家政学会誌，51，1089.

日本人と衣

46
日本人と寝具

46.1 はじめに

動物の睡眠は多様である．もしも人類の1日の眠りがウマのごとく2時間で済むなら，ナマケモノのごとく20時間も必要とするなら，イルカのごとく左右大脳半球が交互に眠り常に意識が保持されるなら，寝具は現状とは大いに異なったであろう．ちなみに総務庁[17]によると，日本人の全年齢層の平均睡眠時間は男性では7時間55分，女性では7時間40分である．

寝具は夜具とも称しベッド，蒲団，枕，寝巻，蚊帳，アンカなど睡眠時に用いる道具類を指す．これらは寝室，住宅，空調設備，季節，気候，風土などの影響下にある．

「寝る」「臥す」「眠る」にはニュアンスの違いがある．「寝る」および「go to bed」は性交の婉曲的表現でもある．

古代においては乏しい灯火ゆえ人々はひときわ暗くて長い夜を過ごす他なく，そうしたなかでみる夢は日々の暮らしにおいて大きな比重を占めたことであろう．やがて経済機構が進展すると富や身分に偏りが生じ，ひいては寝具にも格差をもたらす．かくして寝具は各国各民族の歴史と文化に密接にかかわっている．

よい眠りを得ることを誰もが願う．日本人は四季の変化に合わせて寝具を組み替えることにより，快適な睡眠を求めてきた．そこでまずは寝具の歴史を眺め，次に今日の寝具研究の動向について述べる．

46.2 寝具の原型

山極[20]によれば，類人猿のベッドには種ごとに特徴がある（表46.1）．約500万年前に人類はこれら類人猿の祖先と分かれ，二足歩行を開始し，熱帯林からサバンナへと出た．

十数万年前にアフリカに誕生したとされる新人類は，ほどなく世界各地に放散するのであるが，本来の適応力に気候や栄養条件などの違いが加わり，睡眠および寝具の様式はさまざまである．

人類学者や民族学者が報告する未開民族の暮らしぶりは石器時代の睡眠様式を今に伝える．人体と地面との位置関係については，地下型，浅く穴を掘る型，単に地面に接する型，ベッド使用型（含ハンモック），樹上型など多様である．

石毛[5]はアフリカの8部族を紹介している．ハッファピ族の乾期の住居は，周囲に枝を積み重ね，風が来る側に草をからませて風よけとしただけのものである．屋根はない．寝るときは敷皮あるいは草の上に横たわる．その他は部族によってさまざまである

表46.1 類人猿のベッドの比較（山極，2001）[20]

	オランウータン	ゴリラ	チンパンジー	ボノボ
植生	低地熱帯雨林	低地―高地熱帯雨林	熱帯雨林―サバンナ	低地熱帯雨林
捕食者	トラ，ヒト	ヒョウ，ヒト	ヒョウ，ライオン，ヒト	ヒョウ，ヒト
ベッドの高さ	20～50 m	0～20 m	10～40 m	10～40 m
場所の選択性	高い	低い	高い	中程度
材料の選択性	高い	低い	高い	高い
重複利用	頻繁	なし	稀	稀
予想される機能	安全で快適な睡眠	安全で快適な睡眠	安全な睡眠および食物の確保	安全な睡眠および情報センター

表 46.2 ベッドに関するおもな用語

①天蓋（てんがい）：ベッド上部をおおうもの．ベッドに取り付けたり天井から吊したりする．
キャノピー：天蓋全般もしくは特に丸みを帯びた天蓋を指す．
テスター：天蓋の意．あるいは特に平らな構造のもの．フルテスターとハーフテスターがある．前者はポストで支える．後者は高くしたヘッドボードで支えることが多い．

②カバーもしくは保温・衛生のための布類
コンフォーター：コンフォーターカセットともいう．ベッド用の掛蒲団．羊毛，綿，羽毛などを中袋に詰めてキルティング加工したもの．
シーツ：アッパーシーツとアンダーシーツがある．後者にはクイックシーツとフラットシーツとがある．クイックシーツは四隅にゴム紐がついておりセットが容易である．ホテルでは通常，フラットシーツを用いる．
スプレッド：ベッドカバー，ベッドスプレッドともいう．ベッドに掛ける．
ブランケット（毛布）
ベッドパット：単にパッドともよぶ．マットレスの上に敷く．全体にキルティングが施してあり洗濯が可能．

③身体を支える軟構造体
マットレス：多くの種類がある．通常マットレスとよぶ場合はスプリングマットレスを指す．
・コットンマットレス：綿を詰めたマットレス．日本の敷布団がこれにあたる．
・ストローマットレス：正確にはライスストローマットレスという．稲藁を詰めた古典的なマットレス．
・スプリングマットレス：内部にバネ構造をもつマットレス．オープンコイル・スプリングマットレスは，鼓状のコイルスプリングを螺旋状のヘリカルコイル・スプリングで連結した構造を有する．ポケットコイル・スプリングマットレスは，小さい樽型コイルスプリングを一個ごと袋（ポケット）に入れて並べてある．通常の3倍ほどのコイルを使用してある．おのおのが独立して動くので振動が伝わりにくい．
・パームマットレス：ヤシの実の繊維を詰めたもの．病院用に多い．
・ヘアマットレス：動物の毛を詰めたマットレス．馬の尻尾の毛を詰めたホースマットレスは高級品である．
ファンデーション：マットレスを支持する構造体の意．通常，ボックススプリングを指す．
ボックススプリング：マットレスの受け台．コイルスプリングを並べて薄いパッドを当て布でおおったもの．第二次世界大戦の起こる少し前に発達した．
シングルクッション：プラットフォーム・ベッドのような固いボトムの上に，直接スプリングマットレスを載せた構造．
ダブルクッション：スプリングマットレスとボックススプリングを組み合わせたもの．

④ベッドの構造体
ハーバードフレーム：キャスターの付いた脚のある金属製のベッドフレーム．
フットポスト：ベッドの支柱で足側に位置するもの．
フットボード：足部側の板．
ベッドステッド：マットレスや布類と区別するための用語．ベッドの硬い枠の部分．
ベッドスラット：ベッドレールにさし渡すスノコ状の板．この上にマットレスなどを置くが，ボックススプリングのあるベッドではこれは不要．
ベッドフレーム：ベッドステッドと同義．
ヘッドボード：頭部側の板．枕の落下を防止する．あるいは背もたれになる．
ベッドポスト：単にポストともよぶ．ベッドの支柱のこと．
ベッドボルト：ベッドポストとベッドレールを固定する大型のボルト．
ベッドレール：ベッドの側面を平行に走る2本のレール（日本では横板，幕板，サイドレール，サイドフレームなどとよぶ）．
ボトム：マットレスを置く平面の部分を指す．

⑤おもなベッド
ウォーターベッド：マットレス部分に液体を使用するもの．1970年代初期に発明された．
エアーベッド：マットレス部分に空気を使用するもの．
エンゼルベッド（リ・ダンジュ）：キャノピーを有し，フットポストのない型のベッド．
ギャッチベッド：看護用であり，クランクを回せば背中の部分がせり上がる構造のもの．
クリブ：幼児用の2番目のベッド．
クレードル：幼児用の最初のベッド．揺りかごのように用いる．
コット：金属製または木製のフレームに強靱な布地（普通はカンバス地）を組み合わせた，幅の狭い折りたたみ式のベッド．
ジャックベッド：18世紀，開拓者たちの小屋のなかにつくられた粗末なベッド．
ソファーベッド：原則としてソファーとして使用される．スプリングマットを折り畳む機構を有する．カウチベッド，コンバーチブルソファー，あるいは単にコンバーチブルともよぶ．
ダイバン：ヘッドボードとフットボードのないベッド．
ハリウッドベッド：ハーバードフレームにボックススプリングとマットレスを組み合わせ，ヘッドボードが付いたもの．アメリカで多用されている．
フォーポスターベッド：4本の高いポストが付いたベッド．通常，天蓋が付属する．
ブラスベッド：真鍮でつくられたベッド．1830年代にイギリスで最初に製造された．
プラットフォーム・ベッド：ボックススプリングとフットボードのない型式のベッド．
プレスベッド：折り畳んでケースのなかに入る型のもの．マーフィーベッド（1905年に特許）の前身にあたる．
ボックスベッド：寒さ対策として壁のなかに閉じこめた構造のもの．12世紀初頭に北欧に出現した．なお，使用しないときに壁側に折りたたむ型のベッドを指すこともある．なおカナダではカバンヌという．

Dittrick（1989）[2] に準拠し作成．

表 46.3 西洋におけるベッドを中心とする寝具の歴史

古代エジプト：4本の動物脚でフレームを支持する形式のベッドがみられる．ヘッドボードがなくフットボードが付く．亜麻糸でフレームを編みその上にマットが載る．これに枕の一種である固いヘッドレストが付属する．なおエジプト周辺におけるベッドにはヘッドボードが付属する．
古代ギリシャ：初期には木製の寝台の枠に布または皮の紐を張り，その上に毛皮の蒲団を敷いた．末期に現れた「クリネ」とは4本の角型の脚でフレームを支持し，頭部に隆起した頭架を備えた形式をいう．
ローマ時代：ベッドの素材として青銅や大理石が現れ，装飾も一段と豪華になった．富裕階級は羽根蒲団を何枚も重ねて用いた．そのためベッドに入るにはポータブルの踏台を必要とした．
古代ドイツなどの北国：草を敷いた寝台に毛皮を敷くか，浅い箱に草や藁を詰めたベッドを使用した．
11世紀：轆轤（ろくろ）加工技術の発達でベッドが装飾的になった．十字軍の遠征の結果，カーテンが西洋に伝わった．
12世紀：ベッドがカーテンによって囲まれるようになった．ベッドには象嵌（ぞうがん）や彫刻や彩色が加えられた．ベッドのフレームの多くは轆轤で加工された部材で組み立てられ，全体の形態は単純であった．
13世紀：折りたたみ式のベッドができた．昼間は絹で包んだ皮のクッションを載せて寝椅子として使い，夜はリンネルのシーツを敷いて枕を置き，絹で包んだ皮の掛蒲団を用いた．
14世紀：上流階級のベッドに天蓋が付くようになった．豪華な上掛けでおおったため，ベッド自体の装飾は重要ではなくなった．この頃より毛布が普及し始める．
15世紀：ルネサンスによりベッドの装飾が発展し，サイズも大きくなった．天蓋が一般に普及し，その形式も多様化した．イタリアにはプラットフォーム型のベッドの3面に踏台の役目を果たすカッソーネ（櫃）を備えたベッドがみられる．
16世紀：装飾性が加わり，天蓋を支える2本の柱や板張りのヘッドボードに彫刻装飾が施された．また天蓋には高級織物のカーテンが掛けられた．イギリスではエリザベス1世の時代に大型の天蓋付ベッドが流行した．ルイ14世のベルサイユ宮殿では，議会や謁見においてベッドが権威の象徴となった．
17世紀：中頃からベッドの天蓋やカーテンに豪華なタピストリーが採用され，ベッドの美の重点は木製部材から織物へ移った．バロック形式のベッドが現れた．後期にはアルコーブとよばれる婦人の私室にベッドが設置され，ベッドのフレームやカーテンの装飾が華麗になった．
18世紀：ロココ形式が流行して曲線を多様した軽いタッチとなり，多様なベッドが現れた．ドイツでは羽毛を詰めた掛蒲団が流行した．イギリスでは柱で支える天蓋と四面にカーテンをつるす四柱寝台が普及し，この流行は19世紀中頃まで続いた．後半にはネオ・クラシカル形式のベッドが現れた．
19世紀：鉄や真鍮製のベッドが出現した．部屋の壁に折りたたむ形式や衣装戸棚に組み込む形式も流行した．半ば以降には特許制度が発展し，多くの新案によるベッドが出現した．後期にはアール・ヌーボー形式が流行し，しなやかな曲線がデザインに取り入れられた．
20世紀：伝統的な大型のダブルベッドに対し，小型のシングルベッドが好まれるようになった．1920年にはインナースプリング・マットレスが発明された．ソファーベッドが発達した．電気毛布が発明され普及を始めた．1970年頃からウォーターベッドの人気が高まった．

Dittrick (1989)[2]，Dibie (1990)[1]，世界大百科事典 (1998)[16] に準拠し作成．

が土間にゴザ，樹皮のマット，牛皮などを敷いたり，あるいは木の枝で地上数十cm高に棚をつくり牛皮を敷いてベッドとする．

中央オーストラリアに暮らすカーペンタリア人種は，明け方には零度近くまで気温が下がるなか，裸同然で大地に眠る[14]．高緯度地方では昼夜の長さに季節差があり，そこでモンゴル遊牧民の睡眠時間は夏季は約5時間，冬季は約10時間となる[7]．

46.3 西洋の寝具

日本の寝具と対比させるために，西洋の寝具について眺めておくことにする．

西洋では寝具であれ寝室であれ睡眠にかかわる言い回しであれ「bed」が中心である．表46.2にベッドに関する用語をまとめた．表46.3に西洋におけるベッドを中心とする寝具の歴史を示す．ベッドは眠るためばかりではなく，読書や食事，死者の安置，また近世の絶対王政時代では君主の謁見用などにも使用されてきた．

46.4 日本の寝具

図46.1は，わが国の寝具の変遷についてまとめたものである．表46.4は寝具材料について，また表46.5は寝具の種類について，一部歴史を交えてまとめてある．

寝具研究ではしばしば古典が繙かれる．『万葉集』は759年までの約350年間における歌四千五百余首を全20巻に収録してある．「寝具」に関する歌は計373首あって全体の約8.3％に相当し，このうちの最大は「枕」であり計111首を占めるという[12]．

当時は貴族でも衣類と寝具は未分化のままであった．ましてや庶民は現代に暮らすわれわれからみれ

表 46.4 日本における敷具および掛具のおもな材料

藺（い），藺草（いぐさ）：イグサ科の多年草．茎が畳表（たたみおもて）や花筵（はなむしろ）となる．
蒲（がま，かま）：ガマ科の多年草．葉を編めばムシロとなる．穂は蒲団の芯となる．
茅，萱（かや）：草本の総称．チガヤ，スゲ，ススキなど．屋根を葺く材料にもなる．
菅（すげ）：カヤツリグサ科の草本．古代ではタタミの素材となる．
浜菅（はますげ）：カヤツリグサ科の草本．別名を莎草（さそう）という．
真薦，真菰（まこも）：イネ科の多年草．「かつみ」「かつみぐさ」ともいう．葉がムシロになる．
藁（わら）：稲藁および麦藁は建築材料や寝具として古くから利用されてきた．日本では米，麦ともに縄文時代晩期頃から栽培が開始された．

麻（あさ）：狭義には大麻と同じ．イラクサ科の一年生草本．紀元前20世紀に中東地域で栽培されていた．日本では弥生時代には大麻および苧麻が栽培されていたという．茎の卑皮部から採る卑皮繊維（タイマ，アマ，チョマなど）は柔らかく衣料用となる．葉の維管束繊維は組織繊維または葉脈繊維と称する．これはマニラアサ，サイザルアサなど硬い繊維であり，ロープなどに使用．
・亜麻（あま）：アマ科の一年草．絹に似た外観をもつ．西アジアが原産．日本では江戸時代中期に最初の試作が行われた．明治時代には北海道で栽培されたが絶えた．
・蕁麻，刺麻（いらくさ，いらぐさ，いたいぐさ）：イラクサ科の多年草．茎の繊維が糸の原料となる．
・洋麻（ようま）：ケナフともいう．アオイ科の一年草．インドが原産．ジュートに似る．
・黄麻（こうま，おうま）：シナノキ科の多年草．栽培では一年草．インドが原産．繊維をジュートと称す．装飾布，袋，ラグカーペット，カーペット基布などに用いられる．綱麻（つなそ）と同義．
・苧麻（ちょま）：イラクサ科の多年草．苧（からむし），麻苧（真麻，まお）と同義．ラミーともいう．江戸時代では美しい光沢のある繊維が珍重された．
・茼麻（ぼうま）：アオイ科の一年草．品質は麻や苧麻に劣る．イチビ．

木綿（ゆふ）：コウゾあるいはカジノキの樹皮から得た繊維（コウゾとカジノキ：ともにクワ科のコウゾ属の樹木．両者は区別されぬまま用いられた．楮（こうぞ）の古名を栲（たく）という．この他，構，栲，梶，穀，柠，栲などの字をあてる．和名では加知，加字曽，加知乃岐などの文字をあてる．
葛（くず）：衣服の繊維として利用された．マメ科の大型蔓性の多年草．
藤（ふじ）：同上．マメ科フジ属の蔓性落葉木本．布地は粗く上等と見なされなかった．
科木（しなのき）：シナノキ科の落葉高木．皮が布の素材となる．箆の木（へらのき）と同義．

絹（きぬ）：中国で創始，新石器時代には生産されていたらしい．日本では弥生時代前期（紀元前100年頃）の甕棺（かめかん）から絹布が出土している．『魏志倭人伝』には3世紀頃，養蚕が行われていたことが記されている．蚕（むし）は絹を表すこともある．
木綿（もめん）：綿（わた）ともいう．古くはもんめんと呼んだ．木質化するアオイ科ワタ属の多年草．栽培上は一年草として扱われる．インドでは古くから栽培され，紀元前2500～前1500年の綿布が発見された．日本で初めて栽培されたのは799（延暦18）年であるという．戦国時代に全国に広まり，これの普及は安土桃山時代以降の寝具に大いに影響した．
獣毛：羊毛（ウール）が多くを占める．ヒツジは有史以前から中央アジア地方で飼育されていた．紀元前3000年にはバビロニア人がヒツジを飼い毛織物を着ていた．その他おもな獣毛には次のものがある．カシミア（インドに生息するカシミアヤギの剛毛の間に密生する軟毛），モヘア（おもにトルコや南アフリカ共和国にいるアンゴラヤギの毛），アンゴラウサギ（フランスが主産地であるアンゴラウサギの毛），ラクダ（中央アジアや中国に生息するアジア系フタコブラクダから柔毛のみを分離したもの），アルパカ（アンデス山脈に生息するアルパカヤギの毛）．

綾（あや）：絹織物．緯糸（よこいと）を斜めにかけて模様を織り込んである．
裂（きれ）：織物の切れ端，あるいは広く織物地を意味する．
毛皮：虎，豹，熊，鹿などの皮が用いられた．
倭文（しづ）：靱皮繊維の糸を赤や青に染めたものをよこ糸として斑模様に織ったもの．しずり，しずはた，しずおりなどの名称がある．
上布（じょうふ）：苧麻（ちょま）を織った夏の和服地．越後上布，薩摩上布などがある．
栲，拷，妙（たへ）：木綿（ゆふ）を織ったもの．清楚であるとしてよく神事に用いられる．また衾（ふすま）にも利用された．「たへ」は布の総称として用いられることもある．
錦（にしき）：色糸で文様を表した絹織物．最高級の用途に使用された．
帛（はく）：絹織物の総称．
リネン（リンネル）：亜麻による薄地の織物．なお，「リネン」はシーツや枕カバーの総称でもある．

羽毛：水鳥（鴨，鷲鳥など）と陸鳥（鶏，七面鳥など）からとる．前者が高級とされる．フェザー（正羽，本羽）とダウン（綿羽）に大別される．フェザーは中心に羽軸がありその左右に羽枝，さらにその左右に小羽枝がつく．ダウンは小さな羽軸の中心核から放射状に羽枝が出て，その左右に小羽枝がつく．ダウンは保温性，通気性，軽さ，弾力性に優れ，エスキモーは古くから衣服や寝具として利用した．羽毛は北欧では13世紀頃から用いられた．日本へは明治初期に羽毛布団が輸入された．1973年頃より輸入が盛んとなり，80年代には一般家庭に浸透した．
苧滓（おぐそ）：大麻の表皮．ワタの代用品として貧民が用いた．
絹綿（きぬわた）：屑繭からつくる．白く光沢がある．防寒用．木綿より湿気を吸わない点で愛用される．
木棉，木綿（きわた）：「まわた」に対する用語としてパンヤと同義に使用．あるいは木綿（もめん）ワタの意となる．

パンヤ綿：パンヤ科に属するカポック（パンヤノキ）の種子からとれる．カポックをマライ語で「パニア」「パニアラ」といい，ポルトガル語では「パンハpanha」となり，江戸中期に日本に入って「パンヤ」となった．「大和本草」では「斑枝花」をあてる．
蒲団綿（ふとんわた）：江戸中期以降，木綿（もめん）が普及し，綿といえば木綿綿を指すようになった．戦後は化学繊維の綿が普及したため，「木綿綿（もめんわた）」と特記される．
真綿（まわた）：絹綿と同義．
フォームラバー：敷蒲団の素材．ゴム液に発泡剤を添加し加工したもの．ブリヂストンタイヤ㈱が第二次世界大戦後に「エバーソフト」として発売を開始した．1962（昭和37）年をピークに以後生産が衰退した．
ウレタンフォーム：敷蒲団の素材．石油を主原料とする．国内では東洋ゴム工業㈱が1960（昭和35）年に生産開始．

岡崎（1981）[13]，矢野（1985）[23]，宮崎（1985）[8]，小川（1984, 1990）[10,11]，小川（1986）[12]，山村民俗の会（1990）[15]，伊藤（1992）[4]，羽毛文化史研究会（1993）[19]，世界大百科事典（1998）[16]，福井（2000）[3]に準拠し作成．

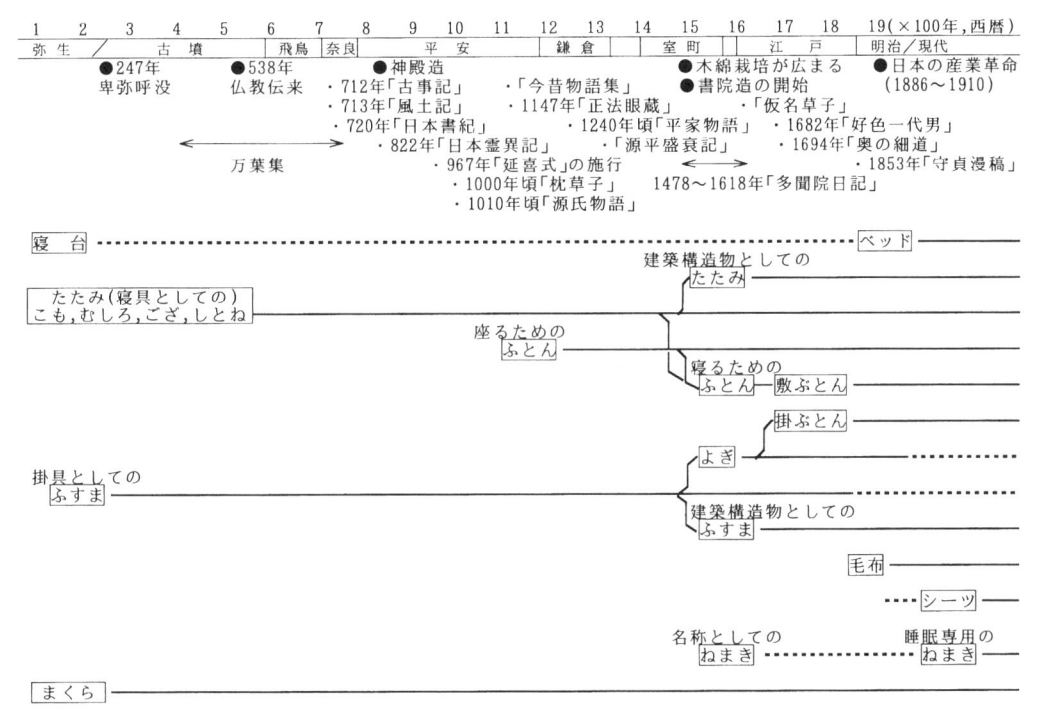

図46.1 日本における寝具の変遷とおもな文化的事象

ばひどく劣悪な環境に寝ていた模様であり，今日の寝具様式に近づくのははるか後年の江戸時代に入ってからである．

「床（とこ）に就く」「枕を並べる」などというように「床」および「枕」の意味は古代から変わっていない．一方，用法が大きく変遷した語句もある．

最初，「畳」は非常に贅沢な寝具であった．貴族だけがこれを所有し，屋敷の一部に敷いてそこを寝所とした．そして「衾」を掛けて寝た．やがて書院造りにおいて「総畳」として屋敷全体に敷かれるようになると建築構造の一部となり，寝具としての意味をなさなくなった．

もともと「蒲団」は蒲の穂を芯とする，禅僧が用いる座具であった．今日と同様の寝具を表す用語となったのは江戸時代初期の頃である．なお「布団」は当て字とされるが今日では広く用いられている．

蒲団は本来は敷具であり，掛具としての夜着と対をなすものであった．なお古くから掛具は衾であったが，書院造りにおいて「襖」が用いられたことから，夜着が用いられるようになったという．形状は三河以西では長四角型，三河以東では袖の付いた掻巻であった．

表 46.5 日本における寝具類の区分と名称

床（とこ）：「とこ」は一段と高くなった場所を意味する．正字は「牀」であり木製の座臥の具を意味した．やがて「寝床」「床を敷く」「床に就く」「床をあげる」というように寝る場所を意味するようになった．

寝台
- 竪穴式住居の土壇式寝台：掘り下げる過程で一部を残せば寝台となる．
- 竪穴式住居跡の木製の寝台：大阪府高槻市の古墳（4世紀）から寝台用の木枠跡が発見された．
- 家型ハニワにみられる寝台：美園遺跡（大阪府八尾市，4世紀末～5世紀始め頃）から出土．寝台が家の内部に作りつけになっている．
- 聖武天皇（756年没）の木製寝台：正倉院に現存．御床（おんとこ）と呼ぶ．1台のサイズは長 238 ×幅 119 ×高 39 cm．2台を組とする．伊勢神宮にある御床の1台のサイズは長 268 ×幅 142 ×高 33 cm でありこれも2台を並べる．
- 豊臣秀吉の寝台：十八畳の寝室に設置．長さ七尺程×幅四尺程×高さ一尺四，五寸程．
- 浜床（はまゆか）：御帳台を構成する木製の台．高さ約 40cm．
- 御帳台（みちょうだい）：浜床つきの寝台．きわめて上層部の貴族が使用した．帳台（ちょうだい），御帳（みちょう）ともいう．御帳台は神の寝台として伊勢神宮，上賀茂神社，住吉大社などの本殿にも置かれている．広さは2畳．

敷草（しきぐさ）：座臥のために下に敷く草．
こも，むしろ：前者には薦，菰の文字を，後者には筵，蓆，席，莚の文字をあてる．敷物の総称．古墳時代初期のムシロが志紀遺跡（大阪府八尾市）から出土したが，そのサイズは長 150 ×幅 92 cm であった．材料によって菅薦（すがごも），藁薦（わらごも）などの名称がある．
- 刈薦（かりこも）：薦を刈り取ってつくったコモ．
- 藺筵（いむしろ）：藺草（いぐさ）でつくったムシロ．この名称は後述のゴザと混用された．
- 上筵，表筵（うわむしろ）：裏打ちして四方に縁をつけた高級な敷具．真綿（まわた）を中に詰めることもあった．
- 茅筵，萱筵（かやむしろ）：茅（かや）の茎で編んだムシロ．
- 差筵，指筵（さむしろ）：祭礼に用いる．
- 狭筵（さむしろ）：小筵（こむしろ）ともいう．こぶりのムシロ．
- 長筵（ながむしろ）：貴族の邸宅での祭礼のとき，廂（ひさし）や前庭に敷いた．
- 寝筵（ねむしろ）：寝具としての敷具の意．のちになると夏季に蒲団の上に敷くゴザの意ともなる．
- 藁筵（わらむしろ）：藁製のムシロ．叺（かます）はムシロを二つ折にして一部を綴じ，袋状にしたものである．
- 琉球筵（りゅうきゅうむしろ）：莎草（さそう）の繊維を編んだもの．琉球地方に多く産した．

茣蓙，蓙（ござ）：イグサを編んだ敷物．薄畳の一種．古くは「御座」であり高貴な人の席に敷いた．
- 寝ござ：暖地で用いる．板間に直接敷き，あるいは蒲団の上に敷いて寝る．
- 花茣蓙，彩席（はなござ）：染めた藺で山水や草花の模様を織り出したもの．花筵（はなむしろ），絵筵（えむしろ），竜鬢筵（りゅうびんむしろ）なども同類．

つかなみ：藁の束（つか）を並べ編んだ敷具．近世ではネゴダともよぶ．

たたみ：初期は一重であり，これを巻いて携帯した．やがて数枚を重ねて綴じたものを指すようになった．奈良・平安時代は薦 4, 5 枚を重ねた上に蓆をかぶせ縁をつけた．聖武天皇の御床の畳が，現存する最古のものである．これは真菰の筵6枚を重ね，ところどころ麻糸で綴じ，表には藺筵，裏には麻布を取り付け，花紋錦の縁を取ってある．タタミは本来寝具であり，古くは「置き畳」と称して板の間の一部にのみ敷いた．やがて「総畳」と称して座敷内に敷き詰められ，そこでタタミは建築構造の一部となった．
- 上畳（あげだたみ）：貴人の寝所において，タタミの上にさらに重ねる厚いタタミ．
- 薄畳（うすだたみ）：夏季に用いる薄いタタミ．ゴザもその一種．薄縁（うすべり）と同義．
- 皮畳（かわたたみ）：獣類の皮の敷物．
- 絁畳（きぬたたみ）：絁とは太く荒い糸で織った古代の紬（つむぎ）を意味する．
- 菅畳（すがたたみ）：菅（すげ）で編んだ畳．
- 化学畳：1965（昭和 40）年頃から出回る．藁床の代わりに合成繊維板と発泡樹脂を使用してあって軽い．

しとね：茵，褥，之止禰の文字をあてる．畳の上に敷いて寝るもの．絹織物または藺蓆を表に，真綿や菅を芯にして周囲に縁をつけてある．材料や製法により畳茵，錦茵など多様．座蒲団の意として茵が用いられることがある．うわむしろを茵と同義とする説と，異なるとする説がある．

ふすま：掛蒲団に相当するもの．伏（ふ）す裳（も）すなわち「寝るときの衣」に由来するとされる．衾，被，裯の字をあてるが，これらは順に大型，普通サイズ，一重のフスマを意味する．材料には古くは薦や蓆が使われた．
- 麻衾（あさぶすま）：麻によるふすま．庶民用とされる．
- 紙衾（かみぶすま）：紙製の衾．保温性に富む．松尾芭蕉が旅で愛用したとされる．
- 敷衾（しきぶすま）：敷いたり掛けたりするなどして多目的に用いたらしい．
- 楮衾（たくぶすま）：楮（たく，こうぞ）を素材とする．色が白い．
- 宿直衾（とのいぶすま）：垂直衾と同義．宿直物（とのいもの）とよぶこともある．
- 垂直衾（ひたたれぶすま）：袖や襟がついた掻巻（かいまき）の類．略して単に「ひたたれ」とよぶこともある．
- 斑衾（まだらぶすま）：まだらに色の濃淡が入っている．真綿を入れた高級品とされる．
- 真床追衾（まどこおうふすま）：神に供える尊いフスマの類．
- むしぶすま：諸説がある．小川（1990）[11] は苧麻（からむし）のフスマすなわち「苧衾」が妥当であると論じている．他に

蚕（むし）すなわち絹製のフスマという説，あるいは「蒸衾」すなわち暖かい夜具という説がある．
・夜衾（よぶすま）：夜具で掛けるものの意．
・掻巻（かいまき）：襟と袖がついた着物の形をした寝具．中に綿が入る．
・小御衣（こおぞ）：小袖をゆったりと仕立てた，のちの掛蒲団にあたるもの．室町時代に出現．
・天徳寺（てんとくじ）：紙製のフスマ．江戸時代に貧民が用いた．

夜着（よぎ）：「ふすま」は長らく掛具の意で用いられたが，神殿造りから書院造りへ移行する過程で「襖」すなわち建具としての意味をもつようになった．そこで寝具としての意味を表すものとして，「夜着」が使用されるようになった．なお，地方によっては掻巻と同義．
・片袖夜着（かたそでよぎ）：夜着と蒲団を半分ずつ繋いだ形状の戦時用の寝具．袖側を上とし，残りを身体に巻き付け下側に敷く．

ふとん：「蒲団」は室町時代までは禅僧が用いる座具を意味した．江戸時代初期頃より今日の蒲団の意味としての使用例が多くなり，やがて当て字として「布団」が用いられるようになった．
・掛蒲団（かけぶとん）：近世に現れた蒲団は「夜着・蒲団」として対をなし，おのおの，掛具と敷具を意味した．やがて元禄（1688～1704）の頃，京都・大阪において「かけぶとん」が現れ始めた．この地には元文（1736～1740）の頃までは「夜着」を用いる習慣が残っていたが，以後は「掛蒲団」になったという．
・大蒲団（おおふとん）：掛蒲団の意．敷蒲団と区別するための名称である．
・象潟蒲団（きさがたふとん）：海藻を乾燥させてワタの代わりとしたもの．
・三つ蒲団（みつぶとん）：三つ重ねの敷き蒲団．江戸時代の遊郭において最高級の遊女（太夫）が用いる．
・二つ蒲団（ふたつぶとん）：二つ重ねの敷き蒲団．太夫より格下の遊女が用いる．
・洋蒲団：1960年頃以降から用いられるようになった造語．化学繊維の中綿，それを固定するキルティング，さらには新しいデザインを取り入れた蒲団．洋掛け蒲団，洋掛けともいう．これに対し，伝統的な生地やデザインによるものを和掛け蒲団，和掛けとよぶ．
・肌蒲団：夏用の軽い掛け蒲団．肌かけともいう．

毛布，ブランケット（blanket）：14世紀のイギリス人，トマス・ブランケットに由来するという説，およびフランス語のブランジェ（blanchet，白い毛織物の意）がイギリスに渡り加工技術をもって毛布になったという説がある．日本には幕末に入り，1868（明治元）年には政府から兵士に支給された．防寒具のマントとして民間にも広まり，フランケンあるいはケットと呼ばれた．
・赤ゲット：赤い色調のブランケットを略したもの．地方から都会見物に来る者の多くが外套として使用したことから「田舎者」の意となる．
・牛毛布：1882（明治15）年に大阪にて始まる．臭気があり肌触りが悪く，人力車の膝掛けや乗馬用の鞍下毛布として利用された．
・綿毛布：明治30年頃から製造が開始された．起毛技術により毛布らしくした．
・人絹毛布：大正末期に始まる．1935（昭和10）年より生産が本格的になる．
・スフ毛布：1937（昭和12）年より本格的生産が開始される．スフはステープル・ファイバーの略．
・タオルケット：おもに夏に用いるタオル地の掛け具．タオルとブランケットを組み合わせた和製語．

敷布，シーツ：小川平助は1890（明治23）年に敷布の工場を創設した．泉大津では1897（明治30）年頃，地方警察令により旅館の寝具に敷布を使用するよう指令が出された．前山新之介は1902（明治35）年に敷布製造業を開始した．日本の一般家庭にシーツが普及するのは昭和に入ってからのことである．

ねまき：寝間着，寝巻などの文字をあてる．寝るときに用いる寝衣．東洋西洋ともに近世に至るまで，寝るための特別の衣服というものはなく，貴族も昼間に着た小袖を寝衣として用いた．16世紀に「ねまき」という言葉が現れる．江戸時代には襦袢（じゅばん），長襦袢（ながじゅばん），浴衣（ゆかた）などが寝衣として使用された．一般家庭では昭和に入り専用の寝衣が用いられるようになった．
・パジャマ：上衣と下衣からなるゆったりとした寝衣．インドの男性が用いる，ゆったりしたズボンのピジャマ pyjama が19世紀後半にイギリスに渡り pajama となった．当初は男性用であったが，20世紀始め頃から女性も着るようになった．
・ネグリジェ：ワンピース型のゆったりした女性用の部屋着または寝衣．フランス語の neglige より．西洋では18世紀より男女が用いた．

周辺の道具類
・行火（あんか）：置き炬燵の一種．炭火により寝床内や足部を温める道具．木や土でつくられる．
・押入（おしいれ）：寝具を収容する戸棚．江戸時代の中頃に蒲団が普及し，これに伴い押入がつくられるようになった．作り付けにせず，蒲団箪笥（ふとんだんす）を部屋の隅に置くこともある．
・蚊屋（かや），蚊帳（かや，かちょう）：蚊よけのネット状の覆い．江戸時代に普及した．枕蚊帳は子供の昼寝用．
・櫛笥，梳箱（くしげ）：櫛などを入れる箱．寝所に置く．
・炬燵（こたつ）：火燵，火闥，火榻とも書く．掘り炬燵と置き炬燵がある．冬期にはこれに寄せて蒲団を敷いた．
・竹婦人（ちくふじん）：竹製の抱き枕の一種．涼をとる．
・天蓋（てんがい）：寝所をおおうもの．他，仏像の装飾品の一部あるいは虚無僧の深編笠の意もある．
・枕（まくら）：表46.6を参照．
・湯湯婆（ゆたんぽ）：中に湯を入れて用いる．寝床内を温める道具．金属製，陶器製，樹脂製がある．

とばり，かたびら：前者には帷，帳，帷帳などの文字をあてる．帷帳は「いちょう」とも読む．後者には帷，帷子の文字をあてる．いわゆるカーテンであり，垂らして室内を仕切る．たれぎぬ，たれぬのともいう．なおカタビラには「裏を付けない衣服」の意もある．御帳（みちょう）は尊敬語．なお，帳（ちょう）あるいは御帳は寝所を指すこともある．帳内（ちょうない，ちょうだい）とはトバリの内側の意．
- 壁代（かべしろ）：寝殿造で母屋と廂（ひさし）の間を仕切る帷帳．野筋（のすじ）は壁代を巻き上げ縛るための飾り紐であり，帷の幅ごとに垂れ下がる．
- 几帳，木丁（きちょう）：壁代が衝立（ついたて）になったもの．横木に帷を垂らす．屛風の一種．
- 障子帳（しょうじちょう）：帷のかわりに障子で囲んだもの．平安後期に使われ始める．
- 簾（す，すだれ）：視覚的に遮るもの．垂簾（たれす），小簾（おす）ともいう．玉で飾ったものを玉簾（たますだれ），あるいは玉垂（たまだれ）という．御簾，御覽（みす）は簾の尊敬語．
- 軟障（ぜじょう，ぜぞう）：簾などに添えて垂らす間仕切り用の幕．幔幕（まんまく）も同類．
- 床の隔（とこのへだし）：仕切りのこと．
- 立薦，防薦（たつごも）：筵をつないで帷（とばり）としたもの．野宿に用いた．
- 斗帳，戸帳（とちょう）：壁代の類で，帳台の上にかけるトバリ．あるいは帳台（貴人の寝所）を意味する．
- 幌（とばり）：戸口にかける暖簾（のれん）．
- 引帷，曳物，引物（ひきもの）：帷，壁代と同類．空間を隔てるための布．
- 屛風（びょうぶ）：風よけ，仕切り，装飾用の室内具．
- 帽額（もこう）：御帳の上方で横方向に幕のように張る布．額隠（ひたいかくし）と同義．

寝室：上述のとおり御帳台（みちょうだい），帳台（ちょうだい）については上層部の貴族が用いる寝台として示したが，寝所，寝室としての意味もある．一般の貴族は浜床のない帳（ちょう）に寝た．
- 帳代（ちょうだい）：帳台は上層部用であったから，一般の貴族はこれに代わるものとして「帳代」を用いた．やがて階級的格差を強く意識しない時代に入って「帳台」と書くようになり，書院造りにおける「帳台構え」ができた[11]．
- 塗籠（ぬりごめ）：平安時代に寝殿造りの母屋の一部を仕切り厚い壁に塗り込めた部屋がつくられた．納戸（なんど）あるいは武者隠し（むしゃかくし）ともよばれる．戦乱の世では安全のため，寝室としての使用例が増えた．
- 一間（ひとま）どころ：ムシロやタタミ2枚を敷き詰めた広さが一間（ひとま）四方ある．室町時代に入り，農家や町家の寝室の規格として普及したことから，寝室のことをこのようによんだ．
- 閨（ねや）：寝るための部屋．寝間（ねま），臥所（ふしど），閨房（けいぼう）なども同義．なお閨房は婦人の居室を意味することがある．
- 寝屋（ねや），臥屋（ふせや）：ともに寝るための建物を意味するが，前者には「男女が会合する場」の意味がある．
- 妻屋，嬬屋（つまや）：妻問い婚の男が通う女の部屋．閨房あるいは夫婦の寝室の意ともなる．

岡崎（1981）[13]，小川（1984, 1990）[10,11]，世界大百科事典（1998）[16]，小泉（1999）[6]に準拠し作成．

すなわち関西地方では掛具，敷具ともに長四角型である．そこで両者を区別するために「掛蒲団」「敷蒲団」とよび，今日に至っている．

46.5 枕

「マクラ」の語源については「魂の倉」すなわちタマクラに由来するという解釈が妥当とされる．よって枕にまつわる俗信や風習は多い．万葉仮名では万久良，麻久良，摩倶羅などが用いられる．

表46.6は日本の枕について分類したものである．枕の名称は素材，形状，詰め物，装飾，用途などの違いにより多様である．

手枕，肘枕，膝枕というように身体の一部は枕となる．漢字の「枕」をみれば，古代中国では材料の代表格が木であったことになる．古代エジプトの遺跡にみられる枕は木，象牙，ガラスなどに彫刻を施してある．

46.6 寝具のサイズと規格

「延喜式」は平安時代の禁中における制度などを定めたものであり964年に施行となった．これに基づき岡崎[13]は表46.7および表46.8を示している．

表46.9に畳の規格について示す．室町時代には畳や筵の長さを六尺三寸～五寸，幅をその半分とすることが固定しつつあった．そこで畳や筵を2帖敷いた部屋が，庶民における寝室の大きさの標準となった．

表46.10はアメリカにおけるベッドの規格である．表46.11に都内の大規模家具店にて筆者が調査した結果を示す．市販のベッドのサイズはきわめて多様である．表46.12に国内の寝具系企業8社により設定された，寝具のカバー類の規格を示す．

表46.13は歴史的な枕のサイズについてまとめたものである．枕高は使用状況の影響を受ける．枕を敷具の外に置く形式では，敷具の上に置く形式に比

表 46.6　日本の枕の種類

草類を材料とする枕：材料として葦（あし），藺（い），稲（いね），蒲（がま），茅（かや），薦・菰（こも），篠・笹（ささの類），菅（すげ），蔓（つる）などを用いた．形式は①単に束ねたマクラ，②編んだものを丸めたマクラに大別される．なお「草枕」は野宿あるいは旅先で寝ることを意味する．

括（くく）り枕：織布を袋状とし中に詰めものをした枕．中味は綿，絹布，ソバガラ，キビガラ，籾ガラ，茶ガラ，稗（ひえ），小豆，パンヤ，羽毛，砂，干した菊の花びらなど．現代で広く使用されている枕も，括り枕の部類に入る．なお，材料に化学繊維や合成樹脂が加わり多様である．

張り枕：括り枕のひとつ．両端に方形の木片を置き中央を棒で連結してH状とし，これを芯とした．

坊主枕：括り枕のひとつ．江戸時代，髷のない僧や儒者などが使用．髷のある者や女子は箱枕を用いた．明治に入り断髪令が出され，また髪型の変化に伴い，多くが坊主枕へ移行した．

坂枕（さかまくら）：神道における大礼にて使用．神に供するマクラである．頭を載せる部分が首側に傾斜している．薦を用い，絹の縁を付けてある．

石枕：古墳時代の遺跡から発掘されている．なお自然石をそのまま利用するものは「枕石」として区別する．和歌における「石枕」あるいは「磯枕（いそまくら）」は，海辺や川辺に宿って寝ることをいう．

埴（はに）枕：粘土を焼いてつくったマクラ．土器枕および粘土枕も同類．

木（こ）枕：材料には桐（きり），楠（くす），桑（くわ），欅（けやき），沈（じん），杉（すぎ），栴檀（せんだん），黄楊（つげ），南天（なんてん），白檀（びゃくだん），朴（ほお）などがある．平安貴族は，芯材を錦織の絹布でおおった．形状による分類では，①丸太引切枕・丸木引切枕（まるたひきぎりまくら，まるきひきぎりまくら：これは文字どおり丸太を短く切ったもの），②角枕（角材を切断し，角を少し落としたもの），③長木枕（角枕の一種で長く，これを数名で使用する．一端を叩けばその衝撃により一斉に起こすことができる）などがある．

藤枕：今日ではすべて籐製である．室町時代は薄い板の上に藤蔓を編んで巻き，枕の両側には板を取り付けた．

竹枕：夏用．竹をスノコ状にしたり，藤枕のように竹を編んだりする．

陶枕（とうちん）：中国から伝来した陶磁器製の枕．夏季の昼寝用．近世では国産品を「茶碗の枕」とよんだ．

箱枕：江戸時代から．土台を箱型の木枕とし，小枕（括り枕の小型）を載せたもの．

・入子（いれ）枕：夢想枕ともいう．大小の5～7個ほどの箱型の枕が入れ子になっている．好みの高さの枕を使用する．

・香枕：栴檀（せんだん）などの香りのよい木を用いてつくった．

・船底枕：底面が船底型であるため，寝返りが打ちやすく髪型が崩れにくい．

・飛脚枕：信書や金銭を中に収め，鍵を掛けることができる．

・物入れ箱枕：貴重品や小物類が格納できる．旅行での携帯枕ともなる．

水枕：氷枕ともいう．明治時代に市販され始めた．厚いゴム製であり，水や氷を入れて口金で止めた．

空気枕：ゴムあるいはビニール製であり，旅行用として今日でもよく利用される．

矢野（1985, 1996）[23,24]，清水（1991）[18] に準拠し作成．

表 46.7　薦（こも）および席（むしろ）のサイズ

区分	幅	長さ	区分	幅	長さ
葉薦	四尺	二丈	短席	三尺六寸	一丈
韓薦	四尺	四丈	西海道諸国	四尺	一丈
折薦	三尺六寸	二丈	長席	三尺六寸	二丈
菅薦	四尺	一丈二尺	四丁狭席	三尺六寸	一丈
御座薦	四尺一寸五分	一丈	三丁広席	四尺	一丈
筵道薦	四尺	一丈	二丁黒山席	四尺	一丈二尺

岡崎（1981）[13] に準拠（「延喜式」による）．

表 46.8　平安時代の身分による畳のサイズ区分

身分	幅	長さ
一位	四尺	六尺
二位	四尺	五尺
三位	四尺	四尺六寸
五位，六位	三尺六寸	四尺

岡崎（1981）[13] に準拠（「延喜式」による）．

表 46.9　古代および現代の畳の規格

区分	幅	長さ	
京畳	3.15	6.30	
備前畳	3.10	6.20	
安芸畳	3.05	6.10	
中京畳	3.00	6.00	
田舎間畳	2.90	5.80	単位：尺
メートル間	96	192	
京間	95.5	191	
江戸間（中間）	91	182	
中京間（田舎間）	88	176	
団地サイズ	80	160	単位：cm

古代については岡崎（1981）[13] に準拠．

表46.10 アメリカにおけるベッドの規格（単位：cm）

区 分	幅	長さ
小児用コットベッド	76	191
ダイバン	84	191
ツインサイズ	99	191〜193
ツインサイズ，ロング型	99	203
フル（ダブル）サイズ	137	191〜193
フルサイズ，ロング型	137	203
クイーンサイズ	152	203
キングサイズ	193	198〜203
カリフォルニアキング	193〜198	213

Dittrick（1989）[2] に準拠し作成．

表46.11 日本の家具店にみられるベッドのサイズ（単位：cm）

区 分	幅	長さ
シングルベッド	97〜110	200〜219
セミダブルベッド	125〜134	200〜219
ダブルベッド	141〜152	200〜219
ワイドダブルサイズ	156〜158	203〜219

表46.12 標準化された寝具のカバー類のサイズ（幅×長さ，単位：cm）

名称および記号		掛	敷	適合身長
肌掛サイズ	HS（肌掛サイズ・スモール）	135×185	−	
	H（肌掛サイズ）	140×190	−	
標準	S（シングル）	150×200	105×200	
	SD（セミダブル）	175×200	125×200	150〜175
	D（ダブル）	190×200	140×200	
ロング	SL（シングル・ロング）	150×210	105×210	
	SDL（セミダブル・ロング）	175×210	125×210	175〜185
	DL（ダブル・ロング）	190×210	140×210	

三輪（1991）[9] に準拠し作成．

表46.13 歴史上の枕のサイズと素材（単位：cm）

石枕：縦24.6×横27×高11.8，二子塚古墳（千葉県市原市）から出土．滑石製．
石枕：縦31×横30.3×高13.6，奈良県天理師市から出土．蛇紋岩製．
石枕：長31.4×幅28.9×高8.5，燈籠塚古墳（奈良県天理市）から出土．埴製．
石枕：長18.2×幅9.6×高4.5，御坊山三号墳（奈良県生駒郡）から出土．琥珀製．
木枕：長約50×幅30，権現山五十一号墳（兵庫県揖保郡）から出土．日本最古とされる．
陶枕：長12.2×横10×高6.7，城山遺跡（静岡県浜名郡）から出土．上面がわずかに凹む．箱型，唐三彩の高級枕．8世紀初頭に遣唐使が持ち帰ったものと推察される．
ツタンカーメン王（BC1352年没）の枕：高20，象牙製．
藤原鎌足（669年没）の枕：サイズの詳細は不明．「尺余の筒状」．玉枕と称す．大小四百個以上の玻璃（はり）玉を針金で連ね，表面を平織りの薄い絹布で覆う．
聖武天皇（756年没）の枕：縦67.7×幅33×高28.5，白練綾大枕（しろねりあやのおおまくら）と称する．正倉院に現存す．肘掛けとして使用したものと推測される．
藤原清衡（1128年没）の遺体の枕：長47×幅19，中尊寺金色堂に安置．紫染めの平絹で包む．芯は絹綿．
藤原基衡（1157年没）の遺体の枕：長34.5×幅13.6，同上．白平絹括り枕．中は稗．
藤原秀衡（1187年没）の遺体の枕：幅24.4×高13.6（ただし枕の芯木のみ）同上．張り枕．
北政所（豊臣秀吉の正室，1624年没）の枕：長33.3×幅12.4×高10.6
千代姫の枕（徳川家光の長女，1639年の嫁入り道具）：縦10×横20×高14.8
錦御枕（伊勢神宮の式年遷宮での儀式で使用）：長16.7×横11.5×高7.3，檜を芯として，模様の施された錦布を張る．

矢野（1996）[24] に準拠し作成（縦/横，長/幅の表記については原文に従う）．

表 46.14 寝具類の品目別売上高の比較

品 目	1988年 金額（億円）	比率（％）	1999年 金額（億円）	比率（％）
ふとん類	4968	32.0	2659	22.5
ナイトウエア類	2816	18.1	2149	18.2
カバー類	2210	14.2	2131	18.1
ベッド類	1319	8.5	1442	12.2
枕類	427	2.7	856	7.3
シーツ類	1394	9.0	847	7.2
毛布類	1233	7.9	798	6.8
ベッド関連用品・その他	678	4.4	733	6.2
マットレス	158	1.0	91	0.8
タオルケット	335	2.2	90	0.8
合 計	15538	100.0	11796	100.0

矢野経済研究所（1990, 2001）[21,22]に準拠し作成（原典は日本寝装新聞社 NSS-TDS）．

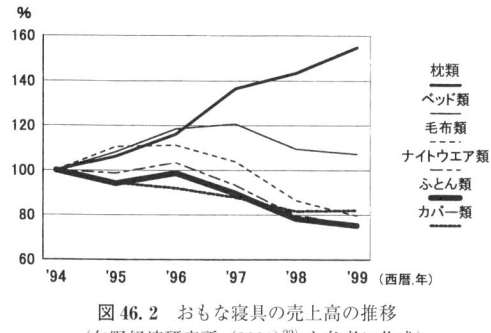

図 46.2 おもな寝具の売上高の推移
（矢野経済研究所（2001）[22]を参考に作成）
（原典：日本寝装新聞社 NSS-TDS）

べて高くする必要がある．

46.7 寝具の売上高

表 46.14 に 1988 年および 1999 年の日本における寝具類の品目別売上高について示す．1999 年での総売上高は 1 兆 1,796 億円であり，1 世帯当たり 1 万 3,261 円の支出であった[22]．

売上総額が減少するなか，枕類だけが伸びを示し，ベッド類は水準を維持している（図 46.2）．枕類が伸びていることの背景については，昨今の健康ブームあるいは癒しブームのなかにあって大型の寝具よりも購入が容易であること，香りなどの付加価値をもたせた新製品の投入，あるいは売場において身体形状を測定するようなオーダーメイドの販売方法の工夫といった企業側の努力があげられる．

46.8 寝具の研究と開発

表 46.15 に動向について示す．寝具は普遍的かつ身近な研究テーマであり，企業をはじめ家政学・生活科学，人間工学，医学，看護学，生理人類学など，多くの領域の研究者が参画している．

報告例が多いのは褥瘡・体圧，およびダニ・細菌に関する研究である．従来より寝具研究は家政学・生活科学および生理学系において盛んであるが，上記領域については医学，看護学，衛生学などの分野において多く注目されているためといえよう．

不眠を嘆く多くの者は，その原因について環境条件，生活習慣，体質，精神的ストレスなどをあげることであろう．また，何らかの健康を害している本人が，その原因の一つが寝具の不具合であることに気づかないケースは多くあるものと予想する．今日，寝具は日常生活において恒常的に使用するものであるため，たとえ不具合があってもそれに気づきにくいのである．

寝具の歴史を眺めると，畳やふとんを所有できることのありがたさをおもう．しかしそれと同時に，いま使用中のものが最適であるかどうか疑ってみるのもよい．

［山崎和彦・永井由美子］

表 46.15　日本における寝具研究の動向

①総論，実態調査，寝具の色彩など（計26篇）
・前川泰次郎（繊維製品消費科学，1984）：ふとんわた，ふとん地，カバー，シーツに要求される性能について論述.
・南本珠己（繊維学会誌，1987）：首都圏53家庭の寝室環境と寝具の実態調査の報告.
・久慈るみ子（尚絅女学院短大報告，1990）：宮城県を中心に1800名対象の冬季就寝時の保温方法について調査.
・岡本一枝（実践女子大紀要，1993）：65歳以上の150名について向寒期における睡眠環境調査を行い若年群と比較.
・山崎昌久（日本色彩学会誌，1994）：日韓の寝具の色彩について比較.
・町田玲子（繊消科学，1996）：庶民の寝具の歴史について解説.
・七田恵子（老年精神医学雑誌，1998）：高齢者の睡眠の特徴について述べ，管理，生活　指導について概説.

②寝床内気候（計24篇）
・宮沢モリエ（人間-熱シンポ，1984）：気温27℃にて寝床面温度を変化させて比較．23℃と26℃を良しと報告.
・梁瀬度子（Ann.Physiol.Anthrop.，1985）：四季を通じ寝床内気候を測定．季節差では温度は小，湿度は大と報告.
・土田和義（人間-熱シンポ，1985）：発汗マネキンによる寝床内気候の評価法について論述.
・平松園江（日本家政学会誌，1988）：寝具内で紙おむつを着用した場合の透湿性について研究した.
・多田千代（日本海域研究所報告，1989）：筏構造の敷き具の温湿度について報告.
・竹内正顕（伝熱研究，1988）：物理実験と着用実験の比較．サーマルマネキンについて解説.
・三宅晋司（人間工学，1996）：室温の1/fゆらぎ条件と28℃一定条件について脳波により比較.
・山崎和彦（日本生理人類学会誌，1998）：暑熱下における竹婦人の効果について報告.

③新繊維，新素材（計30篇）
・南　宣行（基礎と臨床，1983）：男女100名に磁気肌ふとんを使用させ，肩こりの改善傾向について報告.
・寺崎秀夫（繊消科学，1986）：防炎製品の動向，消防法による規制，試験法などを紹介.
・阿住一雄（Fragr.J.，1986）：芳香性寝具により深睡眠およびレム睡眠が増加と報告.
・末松俊彦（新薬と臨床，1987）：消臭繊維の布団使用により口臭，糞尿臭，病室の悪臭が軽減することを確認.
・竹内正俊（福岡県工技センター報告，1992）：形状記憶合金を用いた機能性繊維素材を開発.
・ダイワボウ（加工技術，1997）：マイナスイオンを発生する癒し素材を開発.
・石倉信作（繊維学会関西繊維セミナー要旨集，1997）：マイナスイオン効果を否定.
・小川昭二郎（ポリマー材料フォーラム講演要旨集，1997）：アメニティー繊維の計測法について論述.

④ベッド（計25篇）
・宮崎慎一（人間工学，1993）：ギャッチベッド姿勢の呼吸器系への影響を測定した.
・嶋津秀昭（長寿科学総合研究，1994）：移動を容易とする自走式ベッドを提案.
・大久保祐子（人間工学，1997）：ベッド-車椅子間の移動・移乗動作などの負担度についてアンケート調査を実施.
・東屋希代子（金沢大医学部紀要，1997）：高齢者対象の体位変換におけるベッドのローリング効果について実験.
・石崎庄治（バイオメカニズム学術講演予稿集，1998）：異なるベッド高と看護者の腰部負担の関係について調査.
・長岡敏之（静岡県工技センター報告，2000）：ふとんから起きあがるための補助具を提案.

⑤マットレス（計36篇）
・安藤信義（人間工学，1984）：各種マットを脳波測定により比較.
・松山拓郎（福岡県大川工業試験場報告，1987）：桐材を使用したマットは綿ふとんより優れると報告.
・高村　潤（繊消科学，1990）：1/fゆらぎ振動を与えれば入眠が早く深い睡眠が得られると報告.
・松浦　力（広島県立東部工技センター報告，1994）：圧力変動型エアマットを開発.
・山崎信寿（人間工学，1995）：多様な好みに対応可能な身体要因別の高適合ウレタンベッドを開発.
・石倉信作（繊維学会関西繊維セミナー要旨集，1997）：堅綿タイプと体圧分散型を比較.
・中山竹美（日本家政学会誌，1997）：エア噴出型マットは寝床内気候の面から優れると報告.
・Okamoto, K.（Appl.Hum.Sci.，1997）：空気マットの効果について報告.
・水谷恵介（人間工学，1998）：可変ばね式クッションでの調査により身体に適合するベッドクッションを提案.
・小稲哲朗（福井県工技センター報告，1999）：クリーン素材を使用した減圧マットを試作.
・池田真吾（東海大紀要，2000）：軟性マットに姿勢保持層を加えたものを試作.
・今村律子（和歌山大教育紀要，2000）：床ずれ防止用エアマット，木綿中綿敷布団，ポリエステル中綿敷布団を比較.
・大井隆志（繊維機械学会誌，2001）：全重量51kgの褥瘡予防用ウォーターマットレスを開発.

⑥褥瘡，寝姿勢，体動，体圧（計50篇）
・田村俊世（東京医科歯科大医用器材研究所報告，1986）：ベッドに温度検出素子を付けて体動や睡眠の深さを測定.
・三好淳美（日本看護研究学会誌，1988）：体格と寝具条件を組み合わせた場合での体圧について測定.
・Tamura, T.（日本家政学会誌，1989）：臥床時の背面形状について三次元分析を行った.
・楠　幹江（日本家政学会誌，1990）：ねたきり老人の体動について調査した.
・金森克彦（バイオメカニズム学術講演会予稿集，1994）：体圧分布測定装置，背面形状測定装置などについて解説.
・Ohnaka, T.（Appl.Hum.Sci.，1995）：夏季における自宅睡眠での体動について，高齢者と若齢者を比較した.
・竹中京子（大阪府立看護大紀要，1996）：寝心地と体圧の関係について研究した.
・宮本　晃（リハビリテーション工学研究，1997）：ベッドのギャッチアップに伴う体圧分布について測定した.
・加藤勝也（人間工学，1997）：枕により寝姿が類推できると報告.
・河合君子（繊消科学，1998）：寝姿勢の測定方法について解説.
・西田佳史（日本ロボット学会誌，1998）：多数の圧力センサにより，体位や呼吸が測定可能なベッドを開発.
・亀山理加（日本手術医学会誌，1998）：手術中において効果的に除圧する方法について検討した.
・井上　浩（電気学会論文誌，1999）：圧電フィルムによる体動検出法について報告.

- 杉原克枝（香川労災病院雑誌，1999）：褥瘡予防のために敷物別に体圧測定を実施．
- 宮林幸江（人間工学，2000）：仰臥位の耐久時間から体位変換時期を予測．
- 嶋根歌子（和洋女子大紀要，2000）：ビデオ記録からゴザと布団について体動回数を比較．
- 青木正幸（人間工学，1999, 2000）：MRIにより寝姿勢を測定した．

⑦ SIDS（乳幼児急死症候群，計5篇）
- Funayama, M.（Tohoku J. Exp.Med., 1998）：気道内炭酸ガス濃度から，固いベビーふとんはソフト型より良いと報告．
- 仁志田博司（厚生科学研究報告，1999）：リスクのなかでうつぶせ寝が最も重要であると報告．

⑧ ふとん，寝袋，毛布（計23篇）
- 川島美勝（人間-熱シンポ，1985）：保温性，弾力性等を評価．
- 稲垣和子（神戸大教育学部紀要，1985）：サーマルマネキンにより寝袋の温度特性を測定した．
- 大平通泰（人間-熱シンポ，1986）：円筒形試験機により，ふとんの保温性を測定．
- 弓削 治（繊維学会誌，1988）：純毛毛布を使用することにより深い眠りが得られると報告．
- 山田寿子（金城学院大論集，1992）：長期にわたる綿100％とポリエステル混の敷布団の比較のための実用試験．
- 国民生活センター（1992）：各種の羽毛ふとんの性能評価を実施した．
- 川端厚子（繊消科学，1995）：寝袋の上下の保温性に偏りをもたせて評価．
- 清田美鈴（松山東雲短大研究論集，1997）：愛媛県のかいまきの形態について調査した．

⑨ ねまき，パジャマ（計23篇）
- 清田美鈴（日本衣服学会誌，1985）：女物ねまきを繰り返し洗濯した場合の変化について報告．
- 辻 啓子（繊消科学，1992）：高齢男性はパジャマとねまきが半々，同女性はねまきが半数以上，パジャマは30％台．
- 渡辺玉見（文化女子大紀要，1992, 1993）：高齢者用の寝衣の留意やデザインに関する調査研究．
- 我妻美奈子（日本衣服学会誌，1996）：介護者を対象．ねまきの色柄の選択動機を調査，色彩への意識は低いと報告．
- 佐藤麻紀（日本生理人類学会誌，1999）：パジャマ素材の違いと体温調節との関係について検討した．
- 松平光男（金沢大教育学部紀要，2001）：パジャマの快適性について脳波により検討した．

⑩ シーツ（計13篇）
- 稲垣美智子（金沢大学医療技術短大紀要，1995）：綿シーツはバスタオルより，シワの皮膚血流量への効果が大．
- 香川県工業技術センター（香川県工技センター報告，1996）：シーツのしみなどを光学的に判定する装置を開発．
- 池内 健（日本機械学会通常総会講演論文集，1996）：寝たきり患者における体位変換不要のシーツ交換方法を提案．
- Okamoto, K.（日本家政学会誌，1997）：脱脂綿をガーゼで包んだ3層構造の特殊シーツについて評価．
- 村上晴子（OPE Nursing, 1999）：全身麻酔患者に遠赤外線シーツを適用し，保温効果があることを報告．
- 迫 秀樹（倉敷市立短大紀要，2000）：心拍変動測定によりタオルシーツが良いと報告．
- 佐藤希代子（倉敷市立短大紀要，2000）：高温多湿下で織りの異なるシーツを比較．ワッフルが好ましいと報告．

⑪ 枕（計12篇）
- Kawabata, A.（Apple.Hum.Sci., 1996）：夜間睡眠中の温度調節反応について，2種類の枕を比較した．
- 長 澄人（Ther.Res., 1997）：枕高と気管呼吸音との関係について検討．
- Okano, Y.（東京医科歯科大医用器材研究所報告，1998）：硬さの異なる2種枕を脳波と温度変化から比較．
- 山本静香（日本手術医学会誌，1998）：側臥位手術用の枕について検討した．
- 棚橋ひとみ（繊消科学，1999；日本生理人類学会誌，1999）：枕高，圧分布，呼吸機能の面から心地よい枕を追究．
- 荒井倫世，阿部信子（名古屋市立大学病院看護研究，2000）：患者の体位に配慮した枕の改良および試作．

⑫ ダニ，細菌，皮膚炎（計47篇）
- 高橋嘉寛（九州薬学会会報，1986）：寝具への紫外線照射は殺菌に有効と報告．
- 林 道明（静岡県衛生環境センター報告，1988）：静岡県内宿泊施設の寝具類のダニ調査，ふとんに多いことを報告．
- 山崎義一（繊消科学，1988）：古い敷ふとんを集め，汚染度，菌，カビ，ダニなどを調査，古ふとんは劣ることを報告．
- 安枝 浩（アレルギーの臨床，1996）：3種の防ダニ生地のアレルゲン阻止能について比較．
- 矢野久子（Clin.Eng., 1997）：感染症患者使用のマットレスが処理不良なら感染症をもたらす恐れがあると報告．
- アパレル製品等品質性能対策協議会（加工技術，1998）：防ダニ加工製品の試験方法について解説．
- 小西亨子（感染防止，1998），五十嵐あや子（感染防止，1999），湯沢由美子（感染防止，1999）：疥癬対策について報告．

⑬ 品質の評価，規格（計6篇）
- 日本消費者協会（1986）：羊毛敷ふとんの試験を行った．
- 坪井英文（ボーケンReport, 1988）：羽毛の品質評価の動向について論じた．
- 全日本寝具寝装品協会（繊維科学，1989）：ふとんの品質表示規定について解説．

⑭ クリーニング，管理，収納（計9篇）
- 川口美智子（繊消科学，1986）：羽毛布団の洗浄では弱アルカリ性洗剤より中性洗剤が良いと報告．
- 西出伸子（繊消科学，1992, 1993, 1994）：布団の洗浄性，水溶性汚れ除去の様相，繰り返し圧縮特性などについて報告．
- 大砂博之（アレルギーの臨床，1997）：洗濯可能な布団の真菌分布を観察．洗濯の有効性を認める．

⑮ リサイクル，環境保全（計6篇）
- 樋口明久（東京都立繊維工業試験場報告，1997）：リサイクル繊維から枕用充填材を開発した．
- 遠藤一之（防炎ニュース，1998）：繊維系廃棄物の状況について解説．リサイクル率は9％と報告．
- 玉田真紀（尚絅女学院短大報告，1998, 2000）：リサイクルの実態調査の結果について報告．

注）文献検索では家政学会，JOISなどのシステムを利用した．期間は1981年以降とした．論文は①～⑮のいずれかに分類したので重複はない．本表では主要論文における筆頭者氏名，雑誌名（適宜省略形を使用），発表年および概要について示した．

文　献

1) Dibie, Pascal（1990）寝室の文化史（松浪未知世訳），青土社．
2) Dittrick, Mark（1989）ベッドの本（黒木昂志訳），海鳥社．
3) 福井貞子（2000）木綿口伝，法政大学出版局．
4) 伊藤智夫（1992）絹I，法政大学出版局．
5) 石毛直道（1971）住居空間の人類学，鹿島出版会．
6) 小泉和子（1999）道具と暮らしの江戸時代，吉川弘文館．
7) 小長谷有紀（2001）眠りの文化論（吉田集而編），pp89-95，平凡社．
8) 宮崎　清（1985）藁（わら）II，法政大学出版局．
9) 三輪恵美子（1991）ふとんと眠りの本，p.66，三水社．
10) 小川安朗（1984）寝所と寝具の文化史，雄山閣出版．
11) 小川安朗（1990）昔からあった日本のベッド，Edition Wacoal．
12) 小川安朗（1986）万葉集の服飾文化（上・下），六興出版．
13) 岡崎喜熊（1981）敷物の文化史，學生社．
14) 佐藤方彦（1987）人間と気候，pp.136-138，中央公論社．
15) 山村民俗の会（1990）住む・着る，エンタプライズ㈱．
16) 世界大百科事典（1998）日立デジタル平凡社．
17) 総務庁統計局（1997）平成8年社会生活基本調査報告第1巻，pp.29-37．
18) 清水靖彦（1991）日本枕考，勁草書房．
19) 羽毛文化史研究会（1993）羽毛と寝具のはなし，日本経済評論社．
20) 山極寿一（2001）眠りの文化論（吉田集而編），pp.43-65，平凡社．
21) 矢野経済研究所（1990）経済白書1990年．
22) 矢野経済研究所（2001）経済白書2001年．
23) 矢野憲一（1985）枕の文化史，講談社．
24) 矢野憲一（1996）枕，法政大学出版局．

47
日本人と食

47.1 はじめに

「日本人と食」について生理人類学の立場から書く，という筆者に課せられた題目のなかの「食」という言葉は広く「ヒトはいつ，どこで，どのように，何を食べているか」を意味するものだと解釈される．この「食」という言葉を生理人類学の分野で使うとき，テレビや雑誌でおなじみの「この食べものは健康に良い」，「これを食べると高血圧に効く」とか「この食べかたは栄養学上好ましい」といった，いわゆる栄養学の価値基準をもとに食べ物や食べ方を考えるのではなく，栄養学の価値基準そのこと自体を「どのようにしてヒトは食べる食品を選ぶか」のなかに入れて「ヒト全体の生理にとって好ましいのはなにか」としてこの考え方も考察の対象にしてしまう立場をとることとなる．つまり，栄養学の理論はヒトが食べるものを選ぶ一つの動機と考え，その対極には「おいしい物を食べられれば栄養学の説教は関係ない」という考えも等しく考察の対象にする見方をもって「食」を考えるのが生理人類学の立場となる．このような見方からすると，「食」を考えることは「栄養学」に対して「食事学」の名を与えるのがふさわしいと文化人類学者の梅棹忠夫は書いている[1]．梅棹はさらにそのなかで，「食事学」を考える視点について，たとえば食事時間はそれ自体独立して決まるものではなく，仕事とか，休息とか，そのほかの生活の要素と関連し合ったリズムのなかで決まるものだから「生活学」がそれであろうともいっている．生活のリズム，概日リズム（circadian rhythm）の研究は生理人類学の大きなテーマの一つでもある．ここでは生理人類学を基にした学際領域としての生活学の視点から「現代日本人の食」を示す資料をあげ，日本人の食を考える．

さて，「現代の日本人は，いつ，どのように，何を食べているか」を考える基礎的な資料は現代の食事の実証的調査研究ということになる．この種の調査でよく日本人の栄養摂取に関して引用されるのは，厚生労働省が毎年実施している国民栄養調査成績の報告で，『国民栄養の現状』として出版されている[2]．この資料に示された栄養摂取に関する数字は国レベルでの栄養政策の助けとなるものであり，約5,000世帯（約1万5,000人）の平均的な姿を表すものである．

栄養摂取に関する調査の困難さは，実際この仕事に携わったことのある人ならわかると思うが，ヒトは自分の食事をありのままにみせたがらないものであり，また食事はあまりに日常的でなかなか正確に覚えているものではないということである．このことは「食べ物」と「健康」の関係を考察する，いわゆる栄養疫学の分野で大きな問題となり，食事調査の結果の再現性や限界，適用の仕方など議論の多いところで，Walterら[3]は，習慣としての食生活をとらえるためには食物摂取頻度調査法を採用すべきであると書いている．厚生労働省の国民栄養調査もこの点を考慮したのか，最近では従来から行われてきた栄養摂取状況調査のほか，毎年，質問事項を変えて食生活状況のアンケート調査が行われるようになってきた．このことは正に食事を栄養素の観点からだけでなく，生活のなかで考えることの重要性が認識されてきたことの証であろうと思われる．

では「現代の日本人はいつ，どのように，何を食べているか」を考える実証的調査のデータはどこにあるかというと，こういった研究例は非常に少ない．この原因は現代日本人の食事が，量的にも質的にも非常にバラエティに富み，食事内容が日本食から中華，洋食，最近ではエスニックということで東南ア

ジアの食も取り入れ，また食事の形も家庭での食事から料亭，レストランでの外食まであるように，「雑然たる豊富さ」[1]が日本人の食の特徴であるということである．ここでは料亭や高級レストランの食については言及せず，日本人の一般的な生活のなかでの食事に関するデータや実際筆者が記録した食事の調査資料に基づいて「現代日本人はいつ（47.2節），どのように（47.3節），何を（47.4節）食べているか」を示したい．

47.2 日本人はいつ食べるか

前節で述べたように，ヒトの食事回数や食事時間はヒトの生理的な必然性からではなく，生活の仕方によって決まるもので，その人の職業，住む地方，社会階層によって異なってくる．食事回数についていえば，現在のような1日3食という食生活は日本では室町時代以降定着したといわれ，それ以前は朝晩の1日2食が一般的であった．また食事時間については，たとえば現代日本のサラリーマンであれば，通勤にかかる時間を考えて，会社の始業時間に間に合うよう朝食をとり，会社の昼休みに昼食，終業後何もなければ家に帰り夕食をとるであろうし，スペインのように長い昼休みがあり，午睡のために家に帰るという習慣をもつ地方では普通夕食は午後10時頃に始まるという．

しかし，産業革命以降現れた役所や会社の就業時間体制，義務教育の学校制度など，人々の否応ない生活時間の規格化とともに，ヒトの食事回数，時間も均一化してきたと思われる[4]．現代社会における職業のなかでも，最も社会的時間拘束から自由な人々は農業や漁業のように自然に働きかける仕事に従事している人と考えられる．しかし，農作業の機械化や生産作業の流通機構への組み込みにより，農，漁作業全体が時間で区切られるようになり，さらに農業や漁業に携わる人口の減少とともに，日本人の生活全体が均一化してきている．いい換えれば，日本人全体が決められた時刻に仕事を始め，決められた時刻に休息し，決められた時刻に仕事が終わり，その間決まった時間に食事をとるようになってきた．この食事時間の規格化は，果たして現代日本人のリズムに適しているのか，また日本人の長い歴史のなかで初めてと思われる「好きなときに，好きなだけ食べられる」といった今日の状況が日本人の生理に適したものか，また現代人はそういった状況に適応してきたのか，今後の生理人類学のテーマになりうるものと思われる．

a. いつ食べるか

さて，このような生活の規格化は，当然，日本人は「いつ食べるか」に影響する．NHKでは「放送」に接することがほかのいろいろな生活行動のなかでどのような位置にあるのかを知る目的で国民生活時間調査を行っている．そのなかには当然「食事」にかかわる時間の資料があり，それをもとに「日本人はいつ食べるか」をみていきたい．図47.1に示すグラフは，食事に関しての30分ごとの時刻別平均行為者，つまり30分ごとにみた食事をしている人の率である．平日の昼食では正午からの30分間に，全国で45％もの人が一斉に食事をとっており，都市のビジネス街にある食堂がこの時間帯に行列ができるのはやむをえないことを示している．また，日本人の生活時間が学校教育，会社の就業時間など社会的要因によりいかに均一に拘束されているかがうかがわれる．この図で興味深いのは，昼食に関しては，朝食，夕食に比べ，土曜日，日曜日でも同じような山の形を示すことで，12時に昼食をとるということが日本人の国民的習慣となっていることを示している．また，朝食に関していえば，この図からわかるように，平日の朝食のピーク時（7時～7時30分）に食べている人の割合は22％で，昼食のそれの約半分であることから，昼食ほど食べる時間は

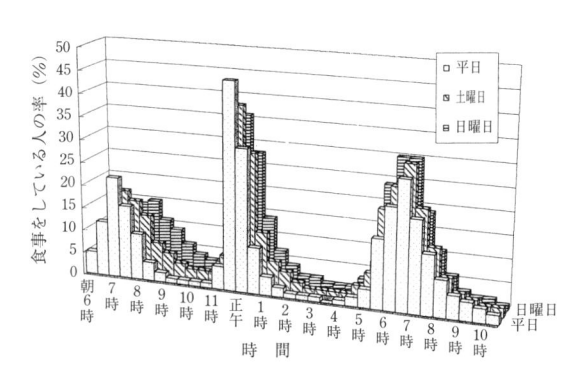

図47.1 30分ごとにみた食事をしている人の率
（日本人の生活時間・1995―NHK国民生活時間調査―NHK放送文化研究所編より改変）

拘束されておらず，それぞれの生活時間（たとえば学校，職場が家から近い人は遅く食べ，遠くの人は早めに食べる）に合わせて食べていることがわかる．また，土曜日，日曜日では山の形がなだらかになり，時間の遅いほうに移動することから，土，日曜日には午前中ゆっくり睡眠をとり，起きたときにそれぞれ朝食をとるという日常がうかがわれる．夕食に関する曲線をみると，だいたいの人は，6時から8時の間に夕食をとっており，そのかたちづくる山は後ろになだらかで，それぞれの帰宅に合わせて食べているのであろう．それに対し，土，日曜日は6時，7時にピークがきて，早めに，ゆっくり夕食をとるのがわかる．

b. 食事時間は何時間か

次に，同じくNHKの生活時間調査から食事にかける時間についてみていこう．ここでの食事にかける時間はあとで述べる「摂取所要時間」とは異なり，食卓についてから離れるまでと考えられる．図47.2は1週間の男女年齢層別・全員平均食事時間を示している．図の国民全体のバーが示すように，3食を合わせた平均食事時間は1時間33分で，食事別の平均時間は朝食25分，昼食31分，夕食37分である．これを男女年齢層別にみると，16歳から19歳の年齢層を最短として，年齢が上がるに従って時間が長くなっていることがわかる．男女別では40代を別にして女性が男性より食事に時間をかけていることがわかる．また，1日の食事時間を曜日別にみると，平日1時間31分，土曜1時間36分，日曜1時間38分で，これらの結果から，NHKの生活時間調査の著者らは，日本人は時間に余裕があれば食事もゆっくりとる傾向があり，また，生活時間の余裕に伴い，年をとるにつれて食事時間が長くなるとしている．また男性は早食いで女性は上品に食事をするという性差がみられると結論している[5]．女性が男性に比べゆっくり食べることが女性の長寿の一因であるとも考えられることは，この章のあとで述べる「早食い」の人の生理反応に対する影響でも推測される．

c. 食べ物を食べる速さ

ここまで論じた食事時間は先に述べたように，食卓についてから食卓を離れるまでの時間と考えられる．では，ヒトが食べものに箸をつけてから食べ終わり箸をおくまでの時間（摂取所要時間）についてはどうであろう．筆者は飲食行為を生理人類学的立場から研究する一環として，食べる速さが食後の心拍数，心拍変動，血圧，脳波の変化に及ぼす影響について研究を行った[6]．この結果の詳細については47.3節に述べるが，その際，日本人が平均どのくらいの時間をかけて食物を食べるのかを示すデータを手に入れることができなかったので，同じファーストフード店で，1996年3月から1998年6月までの月曜日，11時50分〜12時10分の間，丼または丼と副食品（漬物，味噌汁）の摂取所要時間を観察・記録した．時間のほか，推定年齢と，味噌汁，漬物などの副食品の種類についても記録した．その結果，男性122人（推定年齢10代6人，20代21人，30代25人，40代28人，50代25人，60代17人）の米飯約330g，肉と野菜約90gの丼を副食品も含めて，ほとんど会話をせず1人で食べる速さについてのデータを得た．残念ながらこのファーストフード店はその立地条件から女性客が少なく，性差についてのデータは得られなかった．

では，先のNHKの生活時間調査とから予想される，年齢による摂取所要時間に違いがあるのだろうか．図47.3はその結果で，平均摂取所要時間を推定年齢別に棒グラフで示したものである．その平均所要時間は10代，20代で約6分，30代で4分30秒，40代で5分30秒，50代，60代はそれぞれ約6

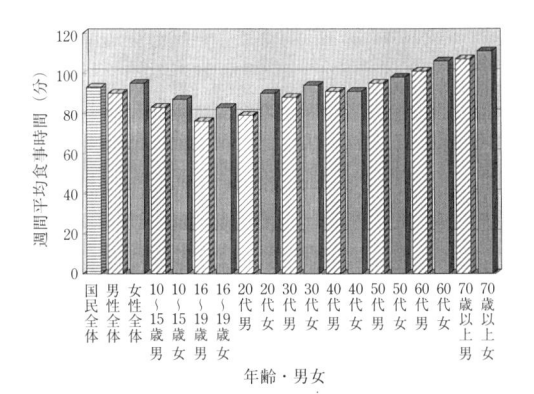

図47.2 平均食事時間
（日本人の生活時間・1995―NHK国民生活時間調査―NHK放送文化研究所編より改変）

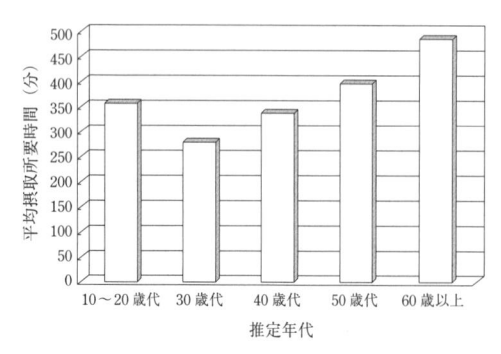

図 47.3 年代別摂取所要時間

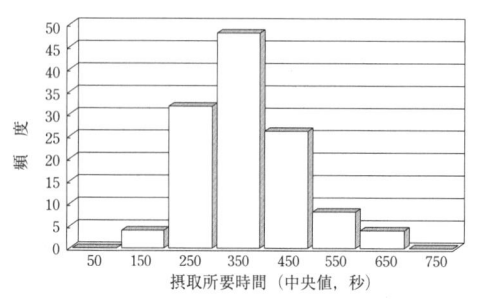

図 47.4 摂取所要時間のヒストグラム

47.3 日本人はどのように食べるか

前節の終わりに食べ物を摂取する所要時間について年齢による違いなどを述べたが，ここでは，それと関連して，食物摂取時間とヒトの生理的働きへの影響について，さらに食事摂取スタイルについて述べ，「日本人はどのように食べるか」を考えてみたい．

a. 食べる速さのヒトへの影響

まず，われわれの「食事に対するヒトの生理応答」の研究の結果から，どのように食べるかがいかにヒトの生理反応に影響するかの一例を述べる．

前節で述べたように，ヒトの食事にかける時間は生活時間に余裕があれば長くなり，逆に食物摂取時間に示されるように，昼食の摂取時間は30代，40代が最も短いということは，サラリーマンは仕事の関係から速く食べなくてはいけない「早食い」の状況下に置かれていることを示している．斎藤[7]は現代の「早食い」行動についてこう書いている．「現代の'はやぐい'行動は，時間的緊迫感とスピード化された環境がもたらした，行動の性急さを示す象徴的な行動といわれるが，食べ物の軟化，易咀嚼化，易嚥下化を促進し，さらには栄養の代謝吸収や循環系へ影響をもたらし，既に注目されている肥満要因の他にも健康破綻の原因となる危険性がある．」

筆者らは食べる速さが食後の心拍数，心拍変動，血圧，脳波の変化に対する影響を調べた[6]．被験者は平均年齢21歳の女学生7名で，同じ量の食べ物を5分と10分で食べてもらい，食べる前と後の心拍数などの生理指標の変化について調べた．表47.1はその結果をまとめたものである．表からわかるように，「早食い」の生理応答に及ぼす影響は大きい．通常食後では副交感神経が活発となり，細い動脈や皮膚の毛細血管は拡張し，血圧は穏やかに低下する．10分で食べた場合の血圧変化はこの通常の変化を示しているが，5分で食べた場合，心拍数の上昇，心臓の交感神経活動を示す心拍変動から交感神経活動の亢進が示唆され，その結果が血圧変化にも影響していると考えられる．また5分後の脈圧変化は不快な音楽を聞いたときの変化と類似し，この緊張感は脳波の分析結果にも表れており，β波帯域率の増加に精神的緊張がうかがわれる．このような

分30秒，8分で，やはり仕事の忙しい30代，40代の人の昼食は食べ物をかけ込むようにして食べている様子がうかがわれる．また，昼休みの時間に余裕がある50代，定年後の60代では，30代より2分～3分30秒長くなり，NHKの生活時間調査の結果とよく一致することがわかる．

それでは全体として食べる所要時間はどのくらいなのだろう．図47.4は調査対象の男性122人の食べる所要時間のヒストグラムである．中央値350秒を中心にほぼ正規曲線と一致して，日本人男性はこの丼を平均約6分で食べることがわかる．

この摂取所要時間について，47.4節の日本人の食べ方で紹介する斎藤のデータ[7]では，総重量580 gの既製の幕の内弁当を食べた18歳から59歳の男性の平均摂取量は559 g（±32.2 g）でその平均摂取所要時間は7.3（±2.5）分とある．単純に丼と幕の内弁当の重量比から推測される所用時間（6分×560÷420＝8分）で食べている間の休息時間を考慮すれば，実際の摂取所要時間はほぼ同じと考えられる．つまり，日本人男性の平均の食物摂取速度は420 gの食物を6分で摂取するといえるのではないか．

表47.1 食べ物を速く食べたときと遅く食べたときの生理指標変化の比較（曽根ら，1996）[6]

生理指標	速く食べたとき（5分）	遅く食べたとき（10分）
心拍数	上昇	変化なし
心臓の交感神経活動の指標	増加	変化なし
収縮期血圧	変化なし	初め低下，20分後もとに戻る
拡張期血圧	直後若干上昇し後低下	低下
脈圧	22分後有意に上昇	変化なし
脳波	直後α波の減少，β波の増加	変化なし

表47.2 観察項目の平均値（斎藤，1995）[7]

食事摂取スタイル	mean ± SD
被験者（名）	166
総摂取量（g）	559.0 ± 32.2
摂取所要時間（分）	7.3 ± 2.5
運び回数（回）	28.2 ± 7.9
咀嚼回数（回）	382.5 ± 68.3
休止時間（分）	0.6 ± 0.6

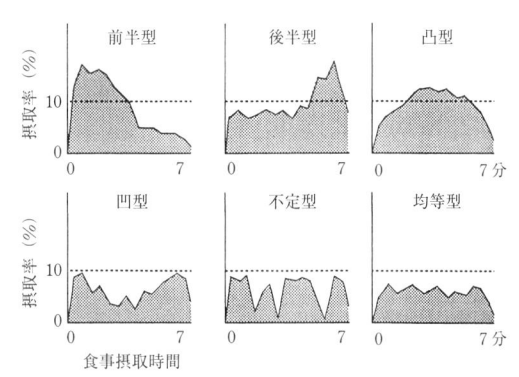

図47.5 食事摂取率の推移と食事摂取スタイル分類（斎藤，1995）[7]

生理応答は先の斎藤が述べているように，栄養の代謝吸収や循環系へ影響をもたらすことは明らかであり，30代，40代男性の「早食い」傾向については，高齢化社会における健康管理の問題として社会生活全体の見直しが必要であると思われる．

b. 日本人の食べ方

さて，食事をどのようにとるかを考えることは看護の現場で食餌療法，栄養管理の計画立案や改善にとって重要なことである．斎藤は日常的な食行動の特徴を摂取時間，総摂取量のほかに，運び回数，咀嚼回数，休止時間，摂取量の推移を含めて食事摂取スタイルを分類して，非常に興味ある結果を発表している[7]．以下，斎藤の研究内容を紹介して日本人の食べ方を考える．

斎藤は18～59歳の成人男性ボランティア166名（42.7±9.3歳）について職員食堂内での被験者らの食事摂取状況をビデオで記録したのち食べ方のスタイルを分析した．その結果，観察項目の平均値は表47.2のようになった．被験者らは平均約560gの昼食を平均28回口に運び，380回咀嚼し，その間1分休息しながら，7.3分で食べることがわかった．さらに興味深いのは，被験者各自の摂取量の推移を食事開始から終了まで30秒ごとにプロットして，最大摂取率，摂取ピーク時期（前半，中盤，後半），ピークの数から分析すると図47.5のようになり，食べ方として6つの異なった特徴をもつ食事摂取スタイルがあることがわかった．つまり被験者は，7分の間平均して食べる人（均等型），前半に摂取率の高い人（前半型），食事時間の終わりのほうにばたばたと食べる人（後半型），初めゆっくりで途中に食べるピークがあり後半またゆっくりになる人（凸型），凸型の反対で途中ゆっくりになる人（凹型），不定型の人がいることがわかった．さらに，3回の観察結果からこの食事摂取スタイルの再現性は，前半型98％，後半型88％，凸型89.4％，不定型100％であった（つまり，ほぼ同じスタイルで食べる）．一方，凹型と均等型はそれぞれ67％，69％と低率で，ともに凸型へ変化する傾向が認められた．表47.3はそれらをまとめたものである．被験者の食事摂取スタイルは凸型がいちばん多く（39.8％），次に前半型（25.9％），後半型（15.1％），均等型（9.6％），凹型（9.0％），不定型（0.6％）である．

若くて空腹感が強ければ前半がつがつ食べる前半型になるのではないかと想像されるが，それぞれのスタイルに分類された被験者の平均年齢，食前の空腹・口渇感，自覚症状，睡眠時間，嗜好，日常の食事量に差がないことから，人はそれぞれの食事摂取

表47.3 食事摂取スタイル別の再現性 ($n=166$)（斎藤, 1995）[7]

食事摂取スタイル	1回目の分類	2回目の再現率	3回目の再現率
前半型	43名	43名 (100%)	42名 (97.7%)
後半型	25名	23名 (92.0%)	22名 (88.0%)
凸型	66名	60名 (90.9%)	59名 (89.4%)
凹型	15名	13名 (86.7%)	10名 (66.7%)
不定型	1名	1名 (100%)	1名 (100%)
均等型	16名	15名 (93.8%)	11名 (68.8%)

スタイルをもつこと，そのなかで初めゆっくり，なか速く，あとゆっくりの凸型スタイルが10人のうち4人と多いことが示された．つまり，日本人は凸型で食べる傾向があることとなる．この食べ方のうち，「早食い」は前半型となり，その特徴は1回に多くの食物を口に運び，運び回数が少ないこと，かつ咀嚼回数が多いことで，現代の「早食い」行動の特徴と一致している．

この食事摂取スタイルと健康との関係は，先の生理反応の例で述べたように，「早食い」には多くの問題があり，また，後半型は過食のスタイルに類似しているといわれ，この2つのスタイルで被験者の約40％を占めることは，日本人の将来の健康管理に不安を投げかけている．このことは食事指導を行う理論的柱の現代栄養学が栄養素研究に偏重し，食事の栄養バランスのみを教えてよしとし，食事のスタイルを含めて総合的に学問することを怠ってきた弊害ではなかろうか．今後の研究の発展を望みたい．

47.4 日本人は何を食べているか

「日本人は何を食べているか」という問題への回答は非常にむずかしい．なぜなら初めにも述べたが，調査によりヒトが実際何を食べているかを知ることはむずかしいからである．たとえば，筆者らは平成7年より3年間，タイ国北部のチェンマイ市近郊にある農村の食事調査を行ったが，その調査では被験者が食べた食事と同じものを集めて分析する，いわゆる陰膳式で食事サンプルを集めた．その後，ホームステイをしながら実際の調理作業をみて調味料の使用量，油脂の使用量などを調べた．さらに，年間を通じての食材調査を行うため，3か月に1回調査フィールドに1人だけ出かけ，ほかの調査をしつつ，食事調査については被験者に意識させず毎日の食事を観察したところ，食事の時間，食事の内容など，

陰膳調査，ホームステイ調査のときとは違い，明らかにより簡素なものであった．この調査目的はある疾病の罹患率の異なる2つの地域の食事の特徴の比較がおもな目的で，ほかにも調査票による検討も行っていたので食事調査の目的は達したが，この陰膳式の結果だけで「北部タイ地方の人々はこれを食べている」とはいえないことは明らかであろう．同様に，日本の国民栄養調査の結果も先に述べた被調査者の回答への傾向を考慮しなくてはならない．

さてここでは現代の日本人が何を食べているかを「栄養素」からでなく，あくまで「生活のなかで何を」食べているかを示す資料をあげたい．そこで以下食事をつくる人が献立の参考にするであろう資料と実際の献立の資料を示す．

a. 食卓の一品から

食事の献立を考えるのはよほど料理の好きな人以外大変なことである．最近では働く女性が増えて，夕食のおかずを買うため，デパートの惣菜売り場はいつもにぎわっている．そこで多くの料理本が書店にあふれている．料理本にその日の献立を求めることは昭和の初め頃の都会生活者も同様だったと思われる．昭和6年に雑誌『婦女界』の新年号付録「家庭惣菜料理十二ヶ月」の内容は現在でも通用するもので，昭和初期の都市庶民の食生活をうかがうよい資料である[8]．この本では初めに日本料理の基礎知識として台所用具や食器類の知識から，西洋料理と中華料理の基礎知識を紹介して，以下，1月の料理から12月の料理までその季節季節の料理が紹介されている．

そこで，現代日本人が何を食べているかを推測する一つの資料として，筆者は日常的な食事の献立を考える際，調理する人が手軽に参考にすることが多い新聞に毎日掲載されているおかずのつくり方（毎

日新聞「食卓の一品」）300例につきランダムに選び，それらの料理法や食材についてどんなものを利用しているのか調べ，日本人が調理している食べ物の傾向を推測した．

図47.6はその「食卓の一品」の料理方法についてまとめたものである．煮物が23.0％で第1位，次に炒めもの（13.7％），焼き物（12％），揚げ物（10.3％）の順でほぼ60％を占めた．食感がさっぱりとし，健康的と思われる蒸し物の例が13例（4.3％）で少なかった．電子レンジを加熱の道具とした例が5例あり，最近の調理法として認知されつつあることがうかがわれる．300例のうち，魚料理は46例の15％，獣鳥肉を利用した料理は150例で50％であった．日本人はよく魚を食べるといわれるが，その料理法は簡単な「焼き魚」であり，魚を「料理」するのは少ないことが15％という数字になるのであろうか．それとも近年の日本人の「魚離れ」を示すのだろうか．一方，肉料理のうち鶏肉の使用例が55，豚肉41，牛肉21，その他加工肉が33例であった．図47.7に示すとおり，肉類では鶏もも肉，鶏ささみ，鶏むね肉，鶏ミンチの利用例が上位10位に入り，鶏肉を使った料理の紹介が多い．これは動物性脂肪をとりすぎないようにという栄養学の指摘を反映しているのだろうか．これらの魚，肉類の使用頻度，その種類の違いがヒトの集団により特徴があるのであろう．タイの北部の調査では，魚のほとんどは川の魚で，使用する肉のほとんどは豚肉であった．

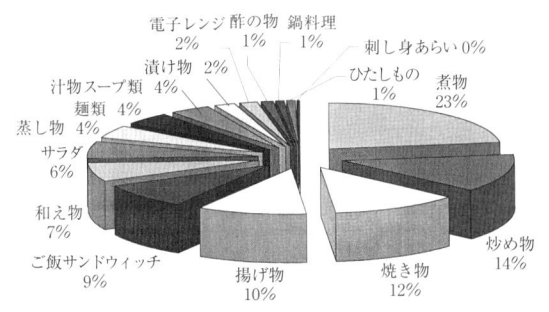

次に食材につき，食品成分表の食品群別に従ってみてみよう．まず，穀類については，表47.4のようにかたくり粉の使用が多く，以下小麦粉，米，パン粉となり，揚げ物に使用されるものが大部分である．表に示されるように，イモおよびでんぷん類では使用例の約50％をジャガイモが占め，そのあとコンニャク，ヤマイモと続き，サツマイモの使用例はわずか1例である．やはり現代的な料理にはジャガイモが使いやすいということであろうか．

表47.5の油脂ではいわゆるサラダ油の使用例が60％近くになるが，ゴマ油，オリーブ油の使用も多い．種実類の使用例でもゴマは75％で非常によく利用され，ゴマ味は料理家に愛用されていることがわかる．

表47.6の豆類では大豆関連食材が60％以上を占める．表47.7の魚類では，特に多く使用例のある

図47.6 料理法（円グラフ）
- 煮物 23%
- 炒め物 14%
- 焼き物 12%
- 揚げ物 10%
- ご飯サンドウィッチ 9%
- 和え物 7%
- サラダ 6%
- 蒸し物 4%
- 麺類 4%
- 汁物スープ類 4%
- 漬け物 2%
- 電子レンジ 2%
- 酢の物 1%
- 鍋料理 1%
- ひたしもの 1%
- 刺し身あらい 0%

図47.7 獣鳥肉使用頻度（円グラフ）
- 鳥肉 36%
- 豚肉 27%
- その他加工品 23%
- 牛肉 14%

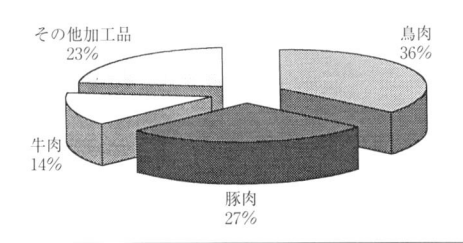

鶏肉	使用例数	豚肉	使用例数	牛肉	使用例数	加工品	使用例数
鶏もも肉	21	豚ひき肉	17	牛バラ肉	5	ベーコン	18
鶏ささみ	10	豚ロース	9	牛赤身	5	ハム	14
鶏むね肉	8	豚肉	5	牛ロース	2	牛豚あい	4
鶏ミンチ	7	豚赤身肉	4	牛ひき肉	2	コンビーフ	2
鶏レバー	4	豚もも肉	2	スペアリ	1		
鶏手羽先	3	焼き豚	1	牛ステー	1		
鶏玉ひも	2	豚スペア	1	牛モモ肉	1		
砂肝	1			牛レバー	1		

表47.4 穀類，イモおよびでんぷん類の使用頻度

		例数	％
穀類	かたくり粉	68	44
	小麦粉	32	21
	米	16	10
	パン粉	14	9
	スパゲティ	5	3
	コーン	4	3
	パン	4	3
	ギョウザ・春巻き	3	2
	そうめん	3	2
	うどん	2	1
	中華麺	2	1
	ベーキングパウダ	1	1
	モチ米	1	1
	茶そば	1	1
イモおよび でんぷん類	ジャガイモ	20	47
	コンニャク	7	16
	ヤマイモ	6	14
	ハルサメ	4	9
	サトイモ	3	7
	大和イモ	2	5
	サツマイモ	1	2

表47.5 油脂類と種実類の使用頻度

		例数	%
油脂類	サラダ油	95	62
	ゴマ油	27	18
	オリーブ油	26	17
	ラー油	3	2
	カキ油	1	1
	キャノラー油	1	1
種実類	ゴマ	30	75
	ギンナン	2	5
	クルミ	2	5
	松の実	2	5
	クミン	1	3
	サンショウの実	1	3
	ピーナッツ	1	3
	アーモンド	1	3

表47.6 豆類の使用頻度

豆類	例数	%
あげ	20	22
豆腐	19	21
みそ	10	11
大豆	9	10
エンドウ豆	6	7
サヤインゲン	6	7
納豆	4	4
インゲン豆	3	3
エダ豆	3	3
ユバ	3	3
ソラ豆	2	2
グリーンピース	2	2
キドニービーンズ	2	2
おから	1	1
がんもどき	1	1
小豆	1	1

表47.7 魚介類の使用頻度

		例数	%
魚類	マグロ	8	17
	イワシ	7	15
	タラ	6	13
	アジ	4	9
	サケ	4	9
	サバ	4	9
	サワラ	3	6
	カツオ	2	4
	ブリ	2	4
	イサキ	1	2
	タラコ	1	2
	サンマ	1	2
	タイ	1	2
	アナゴ	1	2
	タチウオ	1	2
	明太子	1	2
貝類	カキ	9	47
	アサリ	5	26
	ホタテ貝柱	5	26
イカ・エビ類	エビ	21	50
	イカ	8	19
	カニ	5	12
	タコ	5	12
	ブラックタイガー	3	7

表47.8 乳類, きのこ類の使用頻度

		例数	%
乳類	バター	19	43
	チーズ	11	25
	牛乳	7	16
	生クリーム	4	9
	ヨーグルト	2	5
	スキムミルク	1	2
きのこ類	シイタケ	41	57
	シメジ	15	21
	エノキダケ	6	8
	マッシュルーム	4	6
	エリンギ	2	3
	キクラゲ	2	3
	マイタケ	2	3

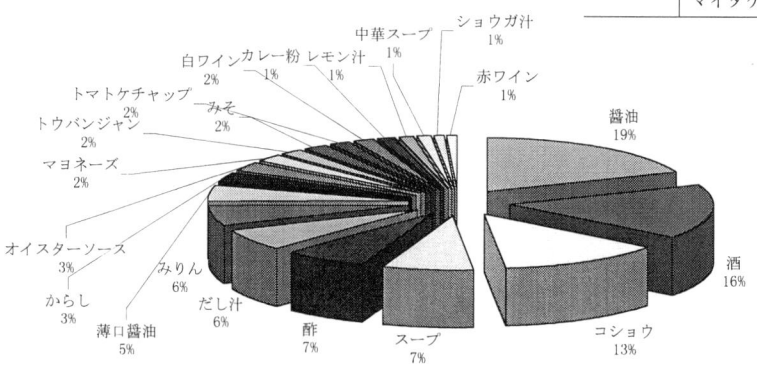

図47.8 塩を除いた調味料および香辛料使用例上位20

- 醤油 19%
- 酒 16%
- コショウ 13%
- スープ 7%
- 酢 7%
- だし汁 6%
- みりん 6%
- 薄口醤油 5%
- からし 3%
- オイスターソース 3%
- マヨネーズ 2%
- トウバンジャン 2%
- トマトケチャップ 2%
- みそ 2%
- 白ワイン 2%
- カレー粉 1%
- レモン汁 1%
- 中華スープ 1%
- ショウガ汁 1%
- 赤ワイン 1%

47.4 日本人は何を食べているか

ものはない．表47.8のきのこ類ではシイタケ，シメジで80％を占める．

図47.8に示す調味料および香辛料の使用例に「日本人は何を食べているか」の特徴が現れている．この表から塩を除いたあとの調味料，香辛料の使用例では醤油，酒，酢，だし，みりんなどの和風の調味料が60％以上を占めている．

表47.9，図47.9には野菜の使用例をあげた．ショウガ，ネギ，ニンジン，タマネギ，ニンニク，トマト，ダイコン，キュウリがよく利用されている．

ここにあげた，新聞に毎日掲載された一品料理の素材から日本人の食べ物の特徴として以下の傾向があることが推測される．

(1) 味付けは醤油・酒・みりん・酢・だしの和風味が多い．
(2) 獣肉の利用傾向は鶏肉，豚肉，牛肉の順である．
(3) 豆類は大豆を好む．
(4) イモはジャガイモ．
(5) 野菜はショウガ，ネギ，ニンニク，タマネギ，トマト，ダイコン，キュウリをよく使う．
(6) ゴマをよく利用する．
(7) 煮物が多い．

b. 食事の記録

では，実際の食事の献立はどうであろう．筆者は大学での食物学の講義の際，5月の連休時1週間，学生の生活時間調査と合わせて食事の献立を記録させる．その後の授業で，それらの分析を通じて，自分たちの生活スタイル，食事スタイルについて考える機会としている．

ここでは，その講義に寄せられた19人の学生のうち1週間の食事のうち2日間を記載して，1996年と1997年の20歳の学生が何を食べていたかの記録資料としたい（表47.10～47.18，図47.10～47.14）．ここで，昼食のお弁当以外は家族も同じ物を食べていたことになる．これらの食事の例をみてい

表47.9　野菜類の使用例

野菜類	例数	野菜類	例数
ショウガ	78	モヤシ	5
ネギ	68	チンゲン菜	5
ニンジン	63	サラダ菜	5
タマネギ	59	ミョウガ	4
ニンニク	56	フキ	3
トマト	35	シシトウガラシ	3
ダイコン	25	カリフラワー	3
キュウリ	21	シシトウ	2
ピーマン	17	ザーサイ	2
セロリ	16	コマツナ	2
レタス	14	オオバ	2
ミツバ	14	アロエ	2
キャベツ	14	ワケギ	1
ナス	12	レタス	1
タケノコ	11	ユリネ	1
ホウレンソウ	10	ミブ菜	1
ブロッコリー	10	ハジカミショウガ	1
パセリ	9	トウガン	1
カボチャ	9	タア菜	1
貝割れ菜	9	シロナ	1
オクラ	9	シュンギク	1
シソ	8	クワイ	1
ゴボウ	8	キヌサヤ	1
アスパラガス	8	カンピョウ	1
レンコン	6	カブ	1
ハクサイ	6	おいしい菜	1
ニラ	6	ウド	1

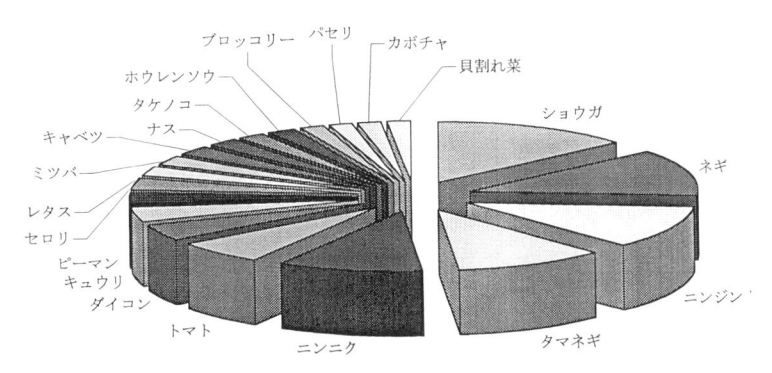

図47.9　野菜使用例上位20

表 47.10 A子さんの食事

	料理名	食品名	量（大体）		料理名	食品名	量（大体）
朝食	トースト	食パン	6枚切り1枚	朝食	ご飯	白米	茶碗1杯
	キャベツ炒め	キャベツ			中華スープ	トリ肉	
	目玉焼き	卵	1個			卵	1/2個
	トマト	トマト	中1個		卵焼き	卵	1/2個
	牛乳	牛乳	200 m*l*		ピーマンの炒め物	ピーマン	1/2個
	ヨーグルト	ヨーグルト	1個		長イモの酢の物	長イモ	
昼食	ご飯	飯	茶碗1杯		インゲンのごまあえ	インゲン豆	
	みそ汁	モヤシ				ゴマ	
		ネギ			ノリ	味付けノリ	1袋（5枚）
		みそ			牛乳	牛乳	コップ1杯
	カボチャの煮物	カボチャ			リンゴ	リンゴ	1/4個
	おから	おから		昼食	トリ南蛮弁当	飯	
		ニンジン				トリ肉（むね）	
		ネギ				レタス	2枚
夕食	カツオのたたき	カツオ	5切れ			紅ショウガ	
		タマネギ			茶（鳳凰）	ウーロン茶	350 m*l*
	イワシの天ぷら	イワシ	2匹	夕食	寄せ鍋	ハクサイ	10枚
	ブリの煮物	ブリ	1切れ			サケ	2切れ
	からあげ	トリ肉	1切れ			白身魚	2切れ
	イカの天ぷら	ゲソ	3本			ブタ肉	1枚
	煮物	タコ				トリ肉	3切れ
		タケノコ				カニスティック	2本
	だし巻き	卵	1/4個			油揚げ	1個
	ごまめ		10匹			ちくわ	3個
	ビール		コップ6杯			ワカメ	
						エノキダケ	
					ビール		コップ10杯
					イチゴパフェ	イチゴ	
						アイスクリーム	
						生クリーム	

図 47.10 A子さんの朝食2例

表 47.11 B子さんの食事

	料理名	食品名	量（大体）		料理名	食品名	量（大体）
朝食	トースト	食パン	5枚切り1枚	朝食	パン	ゴマ入りフランスパン	1切れ
		マーガリン	少々			チーズ入りフランスパン	1切れ
	野菜サラダ	レタス	2枚		サラダ	ダイコン	1 cm 輪切り
		トマト	1/2個			トマト	1/2個
		キウイ	1/2個			ノリ	少々
		ノンオイルドレッシング	大さじ1			梅肉ドレッシング	大さじ1
	卵焼き	卵	1個		みそ汁	信州味噌	
	牛乳	牛乳	200 ml			フ	2個
	ヨーグルト	ヨーグルト	80 g			豆腐	1/8丁
		キウイジャム	小さじ1		ヨーグルト	ヨーグルト	80 g
昼食	ご飯	飯	80 g			キウイソース	少々
	ミニグラタン	小エビ	2匹		牛乳	低脂肪牛乳	250 ml
		チーズ	少々	昼食	おにぎり	飯	160 g
	卵焼き	卵	1/2個			ゴマ	少々
	鶏つくね	鶏ミンチ	少々			ふりかけ	少々
	レタス	レタス	1枚			かつおぶし	少々
	サクランボシロップつけ	サクランボ	1個		ハンバーグチーズのせ	牛肉ミンチ	少々
	梅干し	梅	小1個			タマネギ	少々
	つけもの	ピーマン	少々			ピーマン	少々
	あべかわもち	もち	1個			チーズ	1/3切れ
		きな粉	少々		しょうゆ炒め	シシトウ	
夕食	ご飯	飯	80 g			シメジ	
	ギョウザ	ギョウザの皮	4枚		トマト	トマト	1/6個
		豚肉のミンチ	少々		卵焼き	卵	1/2個
		ハクサイ	少々	夕食	ご飯	飯	80 g
	サラダ	レタス	3枚		煮物	サトイモ	7個
		トマト	1/2個		揚げ物	豚肉	5切れ
		ピーマン	少々			チーズ	少々
		白アスパラガス	1本			ベーコン	3枚
		ドレッシング	大さじ1			ニンジン	少々
	さしみ	マグロ	3切れ			アスパラガス	2本
	グレープフルーツゼリー	グレープフルーツ	1/2個		つけあわせ	キャベツ	少々
					マグロのやまかけ	マグロ	少々
						ヤマイモ	少々
					そうざい	おから	少々

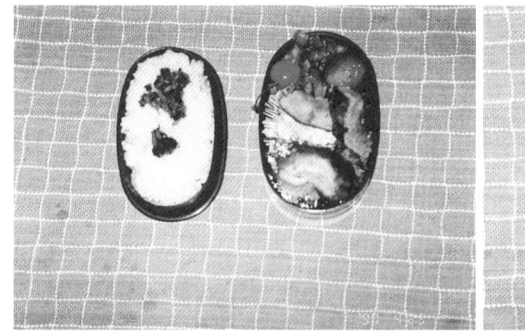

図 47.11 B子さんの昼食2例

表 47.12　C子さんの食事

	料理名	食品名	量（大体）		料理名	食品名	量（大体）
朝食	パン	バターロール	2個（60 g）	朝食	ご飯	飯	80 g
	牛乳	ホット牛乳	140 g		ホウレンソウのおひたし	ホウレンソウ	1束
	バナナ	バナナ	1/2本		ベーコンエッグ	卵	1個
	ヨーグルト	ヨーグルト	135 g			ベーコン	1枚
昼食	チャーハン	飯	120 g		昆布のつくだに	昆布	10 g
		ベーコン	1枚		みそ汁	みそ	
		卵	1個			豆腐	
		タマネギ	1/4個			ワカメ	
		キャベツ	小1/4個	昼食	ご飯	飯	80 g
	果物	オレンジ	1/2個		サバの南蛮焼き	サバ	2切れ
夕食	すき焼き	牛肉				タマネギ	
		豆腐				ネギ	
		ハクサイ				貝割れダイコン	
		シイタケ			ホウレンソウと温泉卵	ホウレンソウ	
		エノキダケ				卵	1個
		うどん		夕食	ご飯	飯	80 g
		マロニー			ハンバーグ	あいびきミンチ	60 g
		卵	1個			タマネギ	
						卵	
					煮物	イモ	
						ニンジン	
						レンコン	
						サヤエンドウ	
						鶏肉	

表 47.13　D子さんの食事

	料理名	食品名	量（大体）		料理名	食品名	量（大体）
朝食	トースト	食パン	60 g	朝食	ご飯	飯	80 g
		バター	10 g		みそ汁	みそ	15 g
	牛乳	牛乳	180 ml			ジャガイモ	50 g
昼食	焼きそば	中華そば	150 g			豆腐	140 g
		キャベツ	170 g		ハムエッグ	ハム	10 g
		ピーマン	24 g			卵	50 g
		豚肉	75 g		ミニトマト	ミニトマト	30 g
		モヤシ	50 g	昼食	ラーメン	中華めん	77 g
		卵	50 g			卵	50 g
		ちくわ	65 g			豚肉	8 g
		タマネギ	60 g	夕食	ご飯	飯	70 g
	コーンスープ	スープ	150 g		みそ汁	みそ	15 g
夕食	ご飯	飯	70 g			豆腐	140 g
	みそ汁	みそ	15 g		ささみのいそべ揚げ	鶏ささみ	80 g
		豆腐	140 g			卵	12 g
	アジの塩焼き	アジ	60 g		ポテトサラダ	ジャガイモ	100 g
	ニラの卵とじ	ニラ	90 g			ニンジン	13 g
		卵	50 g			ハム	30 g
	トマト	トマト	40 g			キュウリ	25 g
	ウインナーソーセージ	ウインナーソーセージ	10 g		ミニトマト	ミニトマト	35 g

47.4 日本人は何を食べているか

表 47.14 E子さんの食事

	料理名	食品名	量（大体）		料理名	食品名	量（大体）
朝食	パン	食パン	1枚（70g）	朝食	ヨーグルト	ヨーグルト	100g
	紅茶	ティーパック	1枚		夏みかん		1/4個
		レモン汁	3ml		ケーキ		1/8個
昼食	たらこスパゲティ	スパゲティ	100g	昼食	山菜ご飯	飯	80g
		タラコ	20g			タケノコ	10g
		レタス	2枚			ワラビ	10g
	焼き魚	サケ	1/2匹			油揚げ	1g
夕食	はるさめサラダ	はるさめ	20g		みそ汁	キャベツ	40g
		キュウリ	5g			ニンジン	15g
		ニンジン	5g			みそ	大さじ1
		酢	大さじ3		キャベツの炒め物	キャベツ	80g
		砂糖	小さじ1/4			大豆	20g
		みりん	小さじ1/4			豚肉	20g
	こうや豆腐	こうや豆腐	8g			ニンジン	15g
		ミックスベジタブル			ワラビの酢のもの	ワラビ	40g
		卵	1/3個			酢	大さじ1
	煮物	ジャガイモ	100g			砂糖	小さじ1/4
		ニンジン	50g	夕食	冷やしそうめん	そうめん	1束
		タマネギ	30g		冷やっこ	豆腐	1/4丁
		コンニャク	100g			しょうゆ	
		しょうゆ	大さじ2		コンニャクとタラコの炒め物	糸コンニャク	30g
		砂糖	小さじ1/4			タラコ	1/2個
		みりん	小さじ1/2			しょうゆ	15g
		だし				砂糖	
	くだもの	ミカン	30g			みりん	
		イチゴ	5個		卵焼き	卵	1個
		パイナップル	30g			しょうゆ	
					キュウリ	キュウリ	1/4本

表 47.15 F子さんの食事

	料理名	食品名	量（大体）		料理名	食品名	量（大体）
朝食	茶粥	精白米	24g	朝食	ヨモギ団子		3個
		茶	450g		あん入りヨモギ団子		1個
	卵焼き	卵	3個		菓子	ビスケット	8枚
	かまぼこ	かまぼこ	30g			カレーせんべい	4枚
	カボチャの煮物	カボチャ	1/2個			クラッカー	4枚
	菓子	マドレーヌ	1個	昼食	ハンバーグ	レトルトハンバーグ	1個
		チョコチップクッキー	4枚		スパゲティ	スパゲティ	30g
昼食	牛肉とタマネギ炒め	牛肉	60g		目玉焼き	卵	1個
		タマネギ	115g		チシャ	チシャ	1枚
	菓子	ビスケット	8枚		ご飯	飯	30g
		カレーせんべい	8枚		ジャコ	ジャコ	25g
		イチゴ	1パック		芭蕉菜木の実あえ	芭蕉菜	170g
		オレンジ	1個			山椒	少々
	ジュース	すりおろしリンゴ	1缶			みそ	少々
夕食	ご飯	飯	60g	夕食	天ぷらうどん	冷凍うどん	160g
	ジャコ	ジャコ	25g			サツマイモの天ぷら	1個
	カボチャの煮物	カボチャ	1/4個			とろろこんぶ	少々
	ポテトサラダ	ジャガイモ	80g		白身魚のフライ	（市販の）フライ	1個
		ハム	30g		マグロの刺し身		30g
		キュウリ	50g				
		卵	1/2個				
		缶づめミカン	30ふさ				
	タケノコ煮物	タケノコ	250g				
		ワカメ					
	菓子	ワラビもち	1パック				

表 47.16　G子さんの食事

	料理名	食品名	量（大体）		料理名	食品名	量（大体）
朝食	トースト	食パン	1枚（5枚きり）	朝食	トースト	チーズ	20 g
		バター	大さじ1/2			食パン	1枚
	牛乳		120 g		牛乳		120 g
昼食	ご飯	飯	80 g	昼食	ご飯	飯	
	卵焼き	卵	1個		ゆでたエビ		
	まめ				卵焼き	卵	1個
	ちくわ				ハッサク		1個
	焼き魚	サワラ	1切れ		コロッケ		1個
	レタス		1枚	夕食	手巻き寿司	飯	160 g
	夏ミカン		1/4個			酢	
	紅茶		250 g			卵焼き	
夕食	クリームシチュー	ニンジン	30 g			シーチキン・タマネギ	大さじ2
		ジャガイモ	25 g			オオバ	10枚
		タマネギ	40 g			マグロ	3切れ
		豚肉	25 g			サーモン	2切れ
		鶏肉	25 g			ホタテ	3個
		ナス	10 g			甘エビ	4匹
	ポテトサラダ	ジャガイモ	1/2個			とろ	
		マヨネーズ	大さじ1/2				
		カニかまぼこ	1本				
	スライスチーズ		1枚				

表 47.17　H子さんの食事

	料理名	食品名	量（大体）		料理名	食品名	量（大体）
朝食	サンドイッチ	食パン	2枚	朝食	トースト	パン	1枚
		ハム	1枚半			バター	少々
		トマト	小半分			砂糖	少々
		レタス	2枚		パップキンスープ		1杯
		マヨネーズ	少々	昼食	菓子パン		1個
	レモンティー	紅茶			ハッサク		1個
		レモン			おにぎり		1個
		砂糖	小さじ1	夕食	フライ	イカ	3切れ
昼食	ケチャップライス	飯	80 g			鶏肉	1切れ
		ベーコン	1枚			パン粉	少々
		ケチャップ	大さじ2			卵	少々
		タマネギ	1/4個			小麦粉	少々
		サラダオイル	少々		シイタケの天ぷら	シイタケ	2個
		塩	少々			卵	少々
		コショウ	少々			小麦粉	少々
	ピーマンのきんぴら	ピーマン	1個		スパゲティサラダ	スパゲティ	
		しょうゆ	小さじ1			ハム	
		みりん	大さじ2			キュウリ	
	タケノコの煮物	だしの素				マヨネーズ	
		砂糖			トマト		1/4個
		しょうゆ			レタス		
		タケノコ			ご飯	飯	80 g
	ウインナー	ウインナー	2個		卵の澄まし汁	だしの素	1/4袋
		サラダオイル	少々			しょうゆ	大さじ1
	ゆで卵	卵	1/2個			卵	1個
夕食	タケノコご飯	飯				ネギ	少々
		タケノコ	1月6日				
		だしの素	1/6袋				
		しょうゆ	少々				
	サンマ	サンマ	1尾				
	ダイコンおろし		大さじ1				
	みそ汁	エノキ	1/4束				
		ワカメ					
		みそ	大さじ1				
		だしの素	1/4袋				
	サラダ	レタス	1枚				
		ダイコン	少々				
		キュウリ	少々				
		カニかまぼこ	少々				
	ギョーザ		6個				

表 47.18　A君の食事

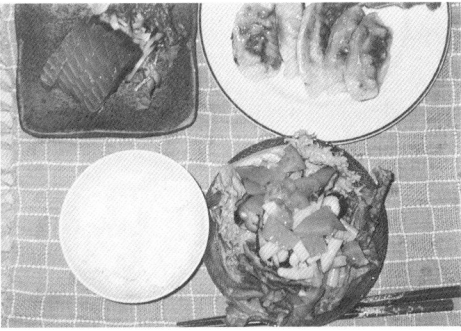

	料理名	食品名	量（大体）		料理名	食品名	量（大体）
朝食	ご飯	飯	100 g	朝食	ご飯	飯	80 g
	みそ汁	みそ			赤だし	みそ	
		ネギ				ネギ	
		ワカメ				フ	
		ふ			おかず	目玉焼き	卵1個
	鳥から揚げ	鶏肉				ウインナー	1.5個
	ささかまぼこ					ウズラ豆	10個
	生野菜	トマト	100 g			キウイ	3/4個
		キウイ	150 g			イチゴ	4個
		パセリ				パセリ	少々
						ノリ	3枚
					牛乳	牛乳	180 ml
昼食	おにぎり	飯	2個	昼食	なし		
		シャケ	少々	夕食	ご飯	飯	150 g
		梅干し	1/2個		炒めもの	牛肉	400 g
夕食	ご飯	飯	80 g			タマネギ	1個
	焼肉	牛肉	200 g			レタス	3枚
		ナス	1個		刺し身	マグロ	250 g
		ピーマン	2個			タコ	足4本
		シイタケ	6個			ホタルイカ	11匹
		シシトウ	5個			パセリ	少々
	デザート	イチゴ	6個			木の芽	サンショウ少々
		ケーキ	1個		ウナギの肝	ウナギの肝	150 g
		シュークリーム	1個		枝豆	枝豆	400 g

図 47.12　I子さんの夕食2例

図 47.13　J子さんの夕食2例

図47.14 K子さんの朝食2例

ると，豪華さはないが堅実でしっかりした平成庶民の普段の食事をみるようでほっとする．初めに述べたように，これらの献立が栄養学上どうこうということはここでは議論しない．ただ47.4.a.項にまとめた，日本人の食べているものの傾向はこれらの食事例に現れているのではないかと思われる．

[曽根良昭]

文　献

1) 梅棹忠夫（1989）情報の家政学，ドメス出版．
2) 厚生省保険医療局健康増進栄養課監修（1996）平成8年版 国民栄養の現状，平成6年国民栄養調査成績，第一出版．
3) Willett, W.（田中平三監訳）（1996）食事調査のすべて―栄養疫学―，第一出版．
4) 石毛直道（1991）食事の文明論，中公新書，中央公論社．
5) NHK放送文化研究所編（1996）日本人の生活時間 1995 ― NHK国民生活時間調査―，日本放送出版協会．
6) 曽根良昭・井上知子・山口美奈・山下久仁子・綿貫茂喜（1996）食事に対する人の生理応答について―食べる速さは食後の心拍数，心拍変数，血圧，脳波の変化に影響するか？ 日本生理人類学会誌，**1**, 199-206.
7) 斎藤やよい（1995）ビデオ観察法による食行動に関する研究―観察方法と食事摂取スタイル―．民族衛生，**61**(5), 276-284.
8) 村上昭子（1995）大正・昭和初期の家庭料理の本，砂書房．

48 日本人と住居

48.1 住居の成立と変容

a. 住居の決定要因

人々の住居の形と型は風土，特に自然環境に規定されることは自明のことと思われてきた（ここで形とは見えがかりの形姿，型は部屋の配列形式，住まい方とその規範のことをいう）．酷寒の地の住居は熱帯のそれをもって代替不可能である．植物学の世界で成立してきた「自然決定論」，つまりある地域の植生分布が，自然環境によって因果的に決定されるという考え方が建築，住居にも適用しうるというものである．

しかし，自然決定論だけでは，住居形態の多種多様なあり方を説明しきれないと主張したのは，Rapoport[1] であった．その主張は「人々がさまざまな自然環境に対して非常に異なる態度と理想（像）をもって反応する」というものである．自然以外の社会，文化，儀礼，経済などの広く社会文化的要因の相互・複合的作用が住居形態に反映するという．

たとえば，気候条件がほとんど同じである沖縄と台湾あるいは東北北部と北海道南部の住居の形や構成をみればそのことがわかるであろう．そうはいっても，気候は住居の形・型を決定する重要な要因であることは否定できるものでなく，Rapoport も社会文化的要因に対する「修正要因としての気候」という1章を設け，自然決定論の意義を認めている．

b. 住居の変容

どのような要因が関与するにせよ，住居の形・型は永遠不変ではなく，時間をかけて変容・持続するのを常とする．それを生起させる主要な動因は，生産技術や設計技術の進展であるのだが，それに加えて社会文化的要因が作用することを忘れてはなるまい．その一つは地域や民族をこえての人々の移動あるいは移住による異種の住居の形・型の移入と融合である．住居への影響は他の建築タイプに比較してそれほど大きいとはいえないが，宗教の拡張，感化に付随して起こる建築様式の侵入も大きな要因となる．

さらに，荒療治としては武力征服による建築様式の転移が歴史上多く発生した．ヨーロッパ人の新大陸征服やアジアの植民地における事例にみられる．韓国においても第二次世界大戦前に日式住宅とよばれる畳敷の座敷のある住まいがつくられた．しかし，床の間，畳，真壁などは定着するはずもなく，現存している住居でも，天井，壁は紙で貼りめぐらされ，畳はオンドル床に変えられていることが多い．

伝統的な社会文化的背景になじまない形・型は異文化のなかで定着しえないのは当然であろう．島国である日本は大陸から仏教建築様式を移入したが，住居に関しては他文化の影響を受けることが比較的少なく，固有の形式を持続させてきた．とはいえ南北に細長い国土のゆえ，地域によって多様な形・型の変種があるのも当然のことであろう．しかし，広くいきわたってきた畳と正坐の住まいは日本固有のものである．かつて入澤達吉[2]はこの正坐という坐法を「普通一般のことであって，何等不思議もないことでありますけれども，初めて見た外国人などは，頗る之を奇異に感ずるのであって，世界の珍風俗の一に算へられる位であります」と書いている．

c. 住居の固有性の認知

住居はあまりにも身近な存在であるため，距離をおいてみることがむずかしかった．その点，日本に海外から訪れた人々は素直に日本人の住居の固有性について語ることができた．「日本人と住居」とい

う言葉からただちに思い浮かべる書物は，『日本人の住まい（上）・（下）』と『日本の家屋と生活』である．前者はアメリカの人類学者 Morse[3] によって 1885（明治 18）年に，後者はドイツの建築家 Taut[4] によって 1936（昭和 11）年に出版された．

日本人と住居については，建築の専門家をはじめとして数限りなく書かれているにもかかわらず，外国人の筆になる論評がなぜ新鮮に感ずるのであろうか．

一般に自分たちの住居をみる視点は，同じ文化圏の特定種と亜種を識別すること，あるいは身近な近景としてとらえることになりがちである．異文化体験にあっては，対象の意味を解釈する前に，自文化との知覚的・行動的な差異点に敏感となり，さらには対象を近・中・遠の各景から観察することが可能となる．ごく当たり前の住居について，当事者にとって記録，記述する意味はほとんどないであろう．近代になって登場した（住宅）建築家たちは，伝統の単なる継承を嫌い，いかにして変種を出現させるかに腐心してきたのである．

d．日本住宅の歴史と記録

Rapoport の前掲書は「建築学の理論と歴史は，伝統的にモニュメント（記念建造物）の研究に関心を寄せてきた」という書き出しで始まっている．わが国においても事情は同じである．建築学の歴史には住宅史の分野があり，『日本住宅の歴史』[5] など優れた著作がある．そこで庶民住宅が考察の対象となっているのは古代と江戸末期以降であり，おもに公家や武家の住宅の歴史が扱われている．

その終章に「民家の発展は極めておそく，例えば農家では近世の初め頃まで，先史時代の平地住居・床付の形からぬけ出ていなかった」とある．しかし，「建築環境は風土（あるいは民俗，庶民）建築がつくりだしたものであり，建築学の理論と歴史ではまったく無視されてきた」[3] のが実情であろう．その理由には，先述のとおりあまりに身近な現象としての住居や住まい方を記録しようとする動機が生じなかったこと，記念碑的建築のように初期の形を保存する必然性もなく，建物の質も長期の保存に耐えられるものでなかったからである．

写真がなかった時代には，住まいや住まい方の記録は，文章あるいは言い伝え，絵あるいは図面に頼ることになるのだが，それらがともに完備していることは皆無に等しい．このこともあって，庶民住宅，風土的住宅の歴史的研究が進展しなかったのであろう．映像による記録技術の発達した現在，ものや器としての住居や家具などのしつらいの有様は忠実に記録保存されていくことになろう．しかし，そのなかで繰り広げられている生活の様子を文章やそのほかの方法で，住み手自身が記録し後世に残していく必要がある．

記録は不完全であったとしても，日本人の住居は各人の精神のなかに刷り込まれているに違いない（と信じたい）．一建築研究者で，しかも日本のある個所にしか住んだ経験のない筆者が日本の全地域，現在に至る歴史を通覧することは不可能である．これまで研究テーマとしてきた環境行動研究（種々の環境—社会文化的環境まで含んだ環境—と行動との相互作用を考察すること）の立場から日本人の住居の特性を概観しよう．

48.2 容器の形成

a．洞窟と殻

地球上の住居は，自然環境や社会的環境から，個人や血縁集団の生活を守るための容器として人類の進化とともに発展してきた．容器の材料，形態などは，それが置かれる気候風土や建築技術に規定されることはすでに述べた．それらは多様ではあるものの，ごく少数の原型にさかのぼることができる[6]．樹上生活から地上に降り立った人類はまず自然のなかの洞窟を住居として利用したのである．

しかし，洞窟が見つからない土地もあり，それ自体は堅固で安全ではあるものの，温湿度や空気の状態が生活に不適切であることも多い．そこで第 2 の原型としての殻（シェル）が出現してくる．これは種々の材料によって地上に容器を出現させたものである．お椀や貝殻を伏せた形を思い浮かべるとよい．

この原型の出現によって，地中に隠れていた住居の空間が，地上に目に見える自立した形態をもって立ち現れたのである．この殻形式の特性は，その土地の気候条件や入手可能な材料との組合せで内部の気候環境の調整ができるという利点をもつ．

石を積み上げたもの，細い枝を円周に沿って地中に埋めて頂部を結び，その上に草を被せるもの，枝を骨として土で塗り固めたものなど多種多様な形をとる．

世界の殻による住居の形式は組積，一体，被膜の各構法に分類できるという説もある[7]．モンゴルの包（ゲル）とよばれる組立移動式住居もこの種に分類される．

リクワート（Rykwert）によれば，原始の小屋（住居）は「洞窟と，テントあるいは非常に切り詰められた庵」の2つであるという．後者はここでいう殻形式であり，人間が自らつくりだした空間で，前者の人間が自然のなかに発見した空間であるという特性をもつ．

b. 枠あるいは櫓

高温・多湿の地域で社会情勢も静穏な地域には第3の原型が存在する．1本の樹木の木陰は最も開放的，一時的な住居を形成する．これではあまりにも容器性を欠くので，正方形の頂点に4本の樹木を植え，あるいは自生したそのような4本の樹木を探し出し，その頂部に簡単な屋根を載せるものである．Laugier[8]が提示した「原始の小屋」にみられるように西洋にもこの考え方があったのである．この形は，直線の木材が手に入る地域に多くみられ，木造軸組構法とよばれる形式の原型と見なすことができる．筆者はこの原型を「枠」と命名したことがある．容器形態の特長として，直方体の各辺に直線部材の「枠」があるところからである．わが国では，櫓構造にその典型をみる．

c. 日本住居の曙──竪穴住居

遺跡として残っている日本の住居は縄文時代（新石器時代）の竪穴住居である．復元された住居の外観は，先に示した3つの原型の「殻」であり，草や葉でおおわれた円錐形の屋根が地面にまで降りてきている．ところが内部に入ると竪穴式独自の構法があることに気づく．ほぼ正方形の頂点に4本の柱が地中から立ち上り，頂部を井桁の丸太で水平に結んだ「櫓」がつくられている．水平材には垂木を放射状に立てかけ，屋根を葺く下地となる．専門的には寄棟造りとよばれる構法で，屋根（小屋）裏の空間を利用した住まいといってよいであろう．

したがって，竪穴住居は「殻」の内部に櫓として「枠」があるという2種類の原型の複合したわが国特有の形式であるといえよう．当然，窓はないためきわめて閉鎖的であった．土間には炉があり，炊事や暖房という目的以外に，室内の照明でもあった．さらには煙で小屋裏を燻すことで，部材を緊結した縄を炭化させ強度を上げたり，草や葉の防虫にも役立っていたと思われる．

竪穴住居は地面から数十cmほど掘り下げて土間床がある．ここに草などを敷いて生活していた．したがって竪穴式では掘り下げられた土の垂直面だけが「壁」あるいは「腰壁」であり，容器は主に「屋根」によってでき上がっていたといってよい．また場所によっては，床を掘らない平地型の住居も存在していたと思われる．

d. 高床住居の出現

こうした竪穴，平地住居に対して弥生時代から高床住居が出現してくる．竪穴形式は後世，発掘によって住居の平面形式を推定する手掛かりを得られるが，高床住宅は柱穴しか残らないので，全体の形態は銅鐸などに描かれた図に頼ることになる．竪穴と同様に柱は地面に埋め込まれているが，平面は前者が円あるいは角が丸い長方形であったのに対し，完全な長方形となり，柱の本数も増え完全な櫓形から変形してくる．

さらには，屋根が地面から離れる結果として軒先と床（高床）の間に垂直の「面」が発生する．この「面」は神殿や倉では木造の壁で囲まれることが多い．のちにこの「面」が室内の環境を整えたり，視線を通すための開口として利用されるようになる．

竪穴あるいは平地住居が北方系であるのに対し，高床式は南方系であり，洪水の多い土地で必要な形式であった．しかし，竪穴と比べて柱の曲げモーメントで外力に耐える必要があり，台風に抵抗する構造とするためには高度の技術を必要とした．

こうした理由から高床式は，神殿，貴族住宅や貴重な品を保存する倉などに限って使われていた．しかし，庶民住宅，農村住宅では高床への移行には長い時間を必要とし，床があってもごく低く，土間に草や板を敷いた程度であったであろう．のちに床が

徐々に高くなり，一つ屋根の下に土間と高床部分とが共存する型へと移行していったのである．

しかし，竪穴，平地，高床のいずれの形式にあっても，容器としての室は一部屋であり，室内が用途別に区画されるには時を必要とする．

e. 座敷の完成

日本の木造住居の畳敷きの部屋，特に客間などを座敷という．しかし，初期の高床住居，その後の平安時代の寝殿造りでは畳は床全体に敷き詰められてはいなかった．板敷き床の上に，現在の座布団のように1人分の莚などを置き，その上に坐っていたのである．

畳が床全体に敷き詰められるようになったのは，貴族住居にあっては平安末期から鎌倉・室町時代にかけてであったといわれている．その一方で，一室であった高床の空間が用途に応じて区分されるようになった．それ以前は，たとえば厨房はそれ自体独立した一棟として主屋とは離れて建てられていた．空間の区分が可能になった技術的背景に忘れてはならない構法上の革新があったのである．

それは水平天井の発生である．寝殿造りまでは，原始的な竪穴住居と同じく室はむき出しの屋根（の裏面）でおおわれていた（屋根の小屋根は寝殿造りではより洗練されてきたのはいうまでもない）．天井が出現したことを示す遺構はないが，絵図によって知ることができる．そこから，中世になって棹縁天井の存在が明らかとなった．

水平天井の出現によって，住居内部の間仕切が容易になった．外部には遺戸，室どうしは衾あるいは紙障子（今日でも私たちが目にする）によって区画された．古代より櫓構造はその稜線によって空間を弱く区画していたが，その稜線の間の8面が床・引戸・天井によって塞がれ，ここにわが国における完全直方体としての室容器が成立したといってよい（中世以前では仏像や僧侶の座の頂点に下げる天蓋が擬似天井の走りとみることができる）．

この形式は屋根（殻）を支えている骨組（枠）がもう一つの構成材（畳・引戸・天井など），すなわち，きわめて薄い殻によって閉鎖されたとみることが可能である．この殻と枠の入れ子の複合体は世界の住居のなかでも日本固有の原型であるといってよい．

直方体として室が閉鎖できるようになった背景には，設備の変革を必要とした．調理，暖房，照明の三役を兼ねていた土間の「かまど」の機能分化が進んでいった．部屋の床を切ってつくられた炊事，採暖の囲炉裏，火鉢や松の根，油脂，蝋燭などの照明具の出現によって各部屋が独立できるようになったのである．

48.3 場所（領域）の形成

a. 生活行為の場所

前節で述べたとおり，原始的住居は仕切りのない一室空間であった．その空間内部はどの場所も均質ではなく，入口やかまどなど固定する必要のある要素の配置によって各場所に異なった意味や使い方が発生することになる．その結果，室内は食べる，寝る，調理する，物を置くなどの各用途，機能に割り振られた場所に区分けされることになる．

つまり，生活に必要なものと行為とが組になって，あるいは独立して領域が決定されるのである．一室住居における必要最少限の行為と物は，炊事（火，かまど），食事（卓，土間床），睡眠・休息（寝台，布団），洗面・整容（桶，器）の4つである．一般にどんな原始的住居でもこの4つの場所には定位置がある．これ以外にも，家財道具，食料品，衣類などの置き場所が必要である．

竪穴住居では，4本の独立柱で囲まれた内部とその周囲という緩やかな空間分節（領域形成）に対応して各場所が割り当てられていた．前者は食事，団欒，作業の場に，後者はかまど，寝床，ものの置場などに使われたであろう．

便所や湯殿が住居の内につくられるようになるには長い年月を要した．その前に一つの屋根の下で生活行為に対応した部屋の分割，あるいは独立できる室群による平面構成が出現したのは前述（48.2. e.項）したとおりである．

b. 空間内の領域形成

一室住居内部における領域区分，独立した部屋としての専有領域，棟としての単独領域など種々の領域形成は生活の要求から自然発生あるいは意識的な計画行為の結果生まれてきた．こうした領域の要因

は何であろうか．一般的に3つの要因，第1は生活行為を円滑に行うため，第2は社会文化的慣習の保持のため，第3は生活行為に必要な室内気候（室内環境）の確保のため，などがあげられている．

1) 生活行為と領域

睡眠は生命維持に欠くことができず，まったくの無防備の状況であるため，寝室は安全な領域として確保しなければならない．寝殿造りにおける塗籠や庶民住居の寝間はもっぱら睡眠，休息の用途のための独立した部屋として出現した．

貴族の高床住居では，調理のための空間が別棟に設けられていた．家財管理のための物品の収納場所として押入れが出現したのがいつ頃であったかは不明であるが，中世以降の武士の住居で生まれたようだ．

石毛[4]によれば動物の住居で行われる行為は，睡眠，休息，育児・教育，食事であり，人間の住居にしかない行為は炊事（調理），家財管理，接客，隔離であると述べている．接客，隔離については後述するが，このような行為のための諸領域が分化，統合し現在に至っている．

2) 社会文化的慣習と領域

社会制度や文化的慣習によっても領域は発生する．男女，家族，地域社会からの訪問者に対して占有あるいは立ち入ることのできない領域を限定（隔離）する慣習が存在する．成人した男女が別々の棟に居住したり，兄弟と姉妹とが別の領域をつくったり，訪問者の種類によって住居での入室できる範囲が異なっていたりなど，その地域の文化的慣習にのっとった生活が展開する．

日本では両親と成長した子供とが別室に就寝する，あるいは年老いた両親が若夫婦に寝間を譲り，自分たちは隠居部屋へ引き籠るなどの領域区分がある．また客間（座敷）内で床の間を中心とした上座・下座の見えない坐の序列という領域区分が存在する．住居内には格式という身分制度による事細かな序列が支配していた．富豪の家では，主家の入口が5つもあったという[9]．玄関，中玄関，大戸口，裏口，脇戸口などで，利用する人の身分によって出入りする入口が決められていた．また座敷にも上座敷，中座敷，下座敷の区別を設け客の身分によって使い分けていた．

3) 室内気候と領域

寝殿造りにおける壁で囲われた塗籠あるいは御帳台，農家の土間に寝具用として使っていた寝箱（箱の床に藁を厚く敷きその上に寝た），北風を防ぐために厚い土壁で寝間を囲うことにみられるように，生活行為上必要な領域と防寒・防風への備えが物理的にも強固な領域をつくりあげたといえる．

農村で両親が畑仕事をしている間，嬰児を入れておく藁の籠（飯詰）は，防寒用の家具であり，おしめ（便所付き）の最少限領域をもつ部屋かつ衣服であったと解釈できよう．現在でも使われている掘炬燵も採暖を目的とした団欒，集いの領域形成なのである．

c. 領域形成の方法

1) 床・壁（建具）・天井，見えない境界

床の段差，仕上材料の変化，敷居などの建築を構成する部分の見えがかりによって物理的境界が形成される．仏教用語である結界もそうした境界の一つである．「地域を定め，外道・悪魔を防いで，その中に入れさせないこと」（『広辞林』）という意味があり，高野山に女子の登山を禁じたことなどが有名である．そうした境界によって，行為，格式などによる領域の存在と意味が表現される．

同様なことは天井の高さや装飾の違いによっても明示される．さらには壁あるいは建具によって3次元空間が他の部分から隠蔽されることによって，領域は明確に知覚され，安定的に守られる．

一方，見えない領域，境界も存在する．座敷における上座，下座の例はすでに述べた（床の間によって間接的に規定されてはいる）．一部屋の半分ずつを男と女のパートに分けているメガルハ族の住居では，女のパートの延長領域に他処者の男は入ってはいけないという暗黙のルールがある（見えない領域の一例）[9]．

2) 室・部屋，間取り

漢和辞典の解字によれば，「室」は「宀（うかんむり）」と「至（いきづまり）」の会意兼形声文字である．つまり「やね」の下の「いきづまり」の所を意味する．区画された領域の空間のことといってもよい．また「部屋」は「屋」—屋根でおおった家を「部」—分けること，「家のなかをいくつかに仕切っ

てできた各部分」のことを意味する．

室・部屋の解字は，日本の住居空間の物理的構成を的確に表している．1つの屋根（殻）におおわれた1つの空間（屋）が分割されていった過程が示されているからである．さらには，障子や襖などの物理的に軽く，弱い材料で区画されていたために，領域として独立性の高い空間がいちばん奥（いきづまり）にあり，それが「室」とよばれたことがわかる．そうした屋の分割の状態を間取りとよぶ．現在では平面計画（平面型）あるいは空間の配列ということが多い．

その分割の過程を簡単に追ってみよう．この流れは2つの方式に分類できる．一つは竪穴のような土間住居である．「屋（殻）」が大きくなり，室内の余裕が出てくると，土間と高床の部分とに分離する．高床といっても，初めは土座（土間に籾殻を敷き，その上に筵を置いたもの）あるいは転ばし根太の上に板を敷いた低い床で土間と領域を区分した．これによって，作業と寝食などの行為が，それぞれの領域で行うことが可能となった．次に高床部分の分割が進むが，その過程は次に述べるものと重なる．

二つ目は，高床住居における空間分節の方式である．大嘗宮正殿にみられるように，四方を囲われた「室」の正面に「堂」とよばれる三方が開かれた半戸外空間がつくられた．堂はしだいに室の他の面に拡張し平安時代の寝殿造りでは堂（母屋）の4周を取り囲み，「庇」とよばれた．この時代になると固定式の壁ではなく可動式の建具がとりつけられる．しかし，「庇」で行われる生活を「母屋」と連続して行うために，建具は庇の外側に移行し，その外側に吹放しの「孫庇」が付加された．

母屋の内部はどうであったか．板敷きの床の上に必要な家具調度品を置いて使っていた．寝床も「帳台」という大きな家具であった．このように調度を備えることを「舗設（しつらい）」といった．部屋の用途を時々に応じて変えることのできる日本家屋の特性は，この時代に始まった．

内部の部屋の分割あるいは独立は「塗籠」とよばれる寝室の成立にその起源をみる．安全な睡眠のために頑丈につくられた閉鎖空間であった．また大切な家財道具や品物を入れておくこともあったところから「納戸」ともよんだ．寝室が塗籠から出ていったあとも，収納空間として存続していった．

その後，睡眠，集い，食事，整容，収納，応接のための場所が間仕切られ，空間の配列—間取りが進行していった．日本の住居の部屋配列の特徴は，柱と建具の境界線をもった正方形，長方形の平面によって「屋」全体が隙間なく分割されているところである．現在の建築にみられる廊下あるいはホールはなかった．したがって他の部屋へ行くには隣り合っている部屋を通る必要が出てくる．通り抜けに使われる落着きのない部屋とそうでない部屋との落差が生じる．

このことは日本の住居では，物理的な領域の固さではなく間取りによってプライバシーを必要としたり，格式の高い部屋をつくりだしたことを示している．

3) 縁，廊下，通り庭

寝殿造りの庇の空間あるいは孫庇の下の縁は一続きの「通路」として使うことができる．つまり，母屋のなかを通り抜けないで外側から母屋の必要な場所へ入ることを可能とする．この空間は「廊下」という名前はいまだつけられていなかったが，その機能を担っていたといえる．中庭からそれを囲んでいる各部屋へアプローチする西洋の間取りの典型を逆転させた配列である点，興味深い．

建物内部に廊下が出現したのはいつ頃であったのであろうか．江戸時代の大規模な武家住宅には内部廊下が設けられている．しかし，本格的に廊下とよべる空間が現れたのは大正から昭和にかけて一般化した中廊下型住宅であると思われる．

縁，廊下など人が通ることをおもな機能としている空間の変形として，日本の住居に固有の通り庭がある．別の見方からは，民家における土間形式の一種である．表口から裏口へ「通り抜け」られるような土間をもった町屋の形式である．この通り庭に面した高床の居室あるいは店が並んでいる．通り庭は炊事や物の置き場としても使われる幅の広い「廊下」といってよい．

現代の学校建築にある片廊下の一つといってもよい．しかし，一般の片廊下の外気に面している側には窓（通風，採光のための）があることが多い．通り庭では全面壁であり，この壁を有効に利用できる点が特徴的である．この1枚の壁を隔てて隣家に接

しており，わが国固有の都市型連続住宅が形成された．通り庭は室内環境の調整装置でもある．頂部には煙出しや明かり取りなどがあり，夏には風の通り道にもなる．

世界各地には生活の知恵から生み出され，時間をかけて洗練させていった伝統的住居があるが，通り庭型町家はそうして住居の原型としてきわめて価値の高いものであるといえよう．

48.4 生活作法の形成

a. 坐法

現代住居では，床に坐る姿勢，椅子に腰掛ける姿勢とが混在している．今日ではまったく畳のない住居もつくられているが，いまだ少数派であろう．2つの坐法を部屋によって，あるいは行為の状況によって使い分けている．わが国の坐法は床の上に直に坐る「ユカ坐」であった．

人類学者 Hewes[10] は世界の諸民族の生活の姿勢を分類整理した．その結果，① 一本足，② 椅子に坐る，③ うずくまる，④ 脚をまっすぐに伸ばして坐る，⑤ 脚を交叉あるいはあぐらをかいて坐る，⑥ ひざを折って（正坐など）坐る，⑦ 両脚を脇へ折り重ねて坐る，⑧ 片脚を立て，他方を横にして坐る，などの8つの姿勢を見い出した．山折[11] は⑤の坐法がインド，東南アジア，インドネシアなどでは宗教的な意味をもち，特にヒンドゥー教や仏教では結跏趺坐（けっかふざ．足を反対側の太ももの上にのせる坐法），半跏趺坐（はんかふざ．片方の足だけを反対側の太ももの上に載せ，他方は床に横たえる坐法）がとられるとしている．いまでも仏像の姿勢からその坐法を知ることができる．

こうした宗教的な坐法は，意識的，規範的な型をもつことが多い．一方，庶民の日常的な坐法はより楽に，自由にくつろぐことのできる姿勢をとろうとする．その結果⑦や⑧あるいは両ひざを立てるなどの姿勢が多くなる．「世界の珍風俗の一に算へられる位であります」[12] といわれたこともある「正坐」はわが国固有の坐法である．もっとも，イスラムやユーラシア大陸での宗教的礼拝にも正坐がとられることはある．

1) 正 坐

時間をかけて成立した生活習慣の成立時期を特定するのは困難である．前掲書[11] は，正坐の源流を禅宗寺院の成立とそこでの喫茶の定着にあるとみている．結跏趺坐という「独坐における神秘的モノローグではなく」，喫茶などの「対坐におけるダイアローグの姿勢」として正坐を位置づけている．

「結跏する人間は，身心の全体が垂直に安定している．（中略）それにたいして正坐する人間は，いつでも上体をおこして水平に移動できる即応性の中で安定している」と両者の姿勢の相違が指摘されている．正坐は喫茶など茶道との関係から成立したことは，一般の人々の坐法とは一線を画した晴れの姿勢であったといえよう．

坐法の一規範としての「正坐」が一般に普及したのはいつ頃であったのか．前掲書[12] によれば，日本流の正坐をするようになったのは「元禄・享保ごろからではないかと思ひます」という．これが正しいとすれば，正坐が普及してから二百数十年の歴史しかないことになる．

2) ユカ坐，イス坐

入澤は前掲書の結論として，「兎に角坐り方には，家屋の建築とか，被服の變化とかが，大いに關係しますから，今より将来のことを豫測することは出来ないのでありますけれども，恐らくは今日の坐り方は廢って，一部の人は椅子にかけ，他の部分の人は「アグラ」をかくことになるだらうと思はれます」と結んでいる．この書が刊行されてから80年弱を経た今日の姿をいい当てているといえよう．椅子派とアグラ派に二分されるというよりは，同一人でも時と場合によって両方を使い分けているのだ．

イス坐が広く浸透した一方で，ユカ坐の変種が根強く生き残っている．たとえば町中での若者たちの「しゃがみ」姿勢であったり，「投げ足」姿勢が目立つ．大学の教室内でも椅子が満席のときなど，何の抵抗もなく両ひざを立てて床に坐る学生を見掛ける．道端や建物の床へ唾を吐くことが減って床面が清潔になってきたこと，汚れが気にならない衣服の素材やデザインが好まれるようになったことなどが背景にあろう．改った時，場所での正坐を除いて，その他の坐法がその場の礼儀に適うかどうかという尺度が崩れ，日常生活上はユカ坐についてどんな姿勢でも許容されるようになったとも考えられる．

イス坐についてはどうであろうか．古墳文化時代

の人物埴輪には椅子に腰を掛けた姿勢がみられる．現代では西洋式の腰掛け用家具を「椅子」と書くが，かつては「倚」の文字が使われており，「倚坐」とよんでいた．しかし，倚坐が生活の坐法として定着することはなかった．

明治以降の文化開化による公共建築あるいは上級階級の住居にイス坐が本格的に導入され始めた．しかし，椅子式生活の浸透には紆余曲折があった．現在，イス坐がきわめて広範囲に普及しているのは事実であるが，公共の場所でのイス坐の姿勢の乱れ方をみる限り，わが国ではいまだイス坐移行の途上にあると思われる．

椅子は北方遊牧民の影響が中国に浸透し，その行きつく先が日本であったと想像される．中国の家具の歴史によると，東漢朝の末期（紀元200年頃）から椅子に坐る習慣が徐々に進行し，隋，唐，五代まではユカ坐とイス坐とが併用されていた．しかし，両宋朝時代（960～1279年）に至って，1000年もの年月を費やしてきたイス坐への移行が達成されたと記されている．

この事実から推し量ると，わが国では今後，数百年間はイス坐，ユカ坐の併用の生活が続くこともありうるであろう．

3) イス坐と建築人間工学

物（家具等）と人間の身体動作特性の間の適正な関係を考える研究分野として，人間工学が第二次世界大戦後に現れた．特に建築との関連で建築人間工学とよばれることがある．人体寸法や動作にふさわしい物品や建築構成材の寸法，形態などを研究する分野である．その成果の一つは，現代日本人の身体に適した家具寸法の標準値を実験的に求めたことである．その結果をもとに，事務用，学校用，家庭用の家具や器の寸法，性能が日本工業規格（JIS）に定められた．

この結果，それまで海外のものを参考に経験を頼りに設計，生産されていた家具の性能が保証され，使用者が家具に合わせて無理な姿勢を強いられることが改善され，特にイス坐の普及に貢献した．

b. イス坐移行への転換点

これまでたびたび述べたように，生活習慣や住居形式は時間経過のなかで徐々に移行するものであり，突然変異するものではない．しかしその変化の要因になる前兆あるいは出来事が存在するのも一方の事実である．そうした転換点をいくつか紹介する．

1) 作業姿勢の変化

明治の文明開化以前では，ユカ坐が住居の生活だけでなくより広く行き渡っていた．大工，鍛冶，畳などの職人の作業姿勢もユカ坐であった．住居内では炊事作業が注目される．床上での流し回りの作業は「しゃがみ姿勢」で行われていた．立って作業する「立ち流し」が一般の住居に普及したのは江戸時代後期以降とされている[13]．囲炉裏回りでの調理も当然，ユカ坐姿勢で行われていた．調理や洗いものをしゃがみ姿勢で行うのはいかにも無理な姿勢であるとみるのが普通である．

かつては，このように一見不合理と思われる生活様式が自然に行われていたことが多い．これは「作業」がそれだけで孤立してなされるのではなく，他の家族とその行為との関係で行われていたことを意味する．作業しながら他の家族と同じ目線で話をすることなどである．このように，ある姿勢は人体の生理的あるいは人間工学的な条件から一義的に規定されるのではなく，社会文化的な条件の影響下にもあり，時代とともに緩やかに変化していくことを留意する必要がある．

2) イス坐，ユカ坐の共存

藤井は自宅の実験住宅において，一室のなかで，家族が各自の好みでイス坐，ユカ坐のいずれをも選択できるような設いを提案した[14]．居間の一隅に畳敷の部分をつくり，その床面を他の板張りの床面よりも30～36cm程度高くしたのである．こうすることによって椅子に腰かけた人と畳に坐った人との眼の高さを同じにして，相互の威圧感や不快感をなくすように配慮したのである．流しのしゃがみ姿勢の例とも共通する考え方であろう．

さらに，段差の境界部分に食卓を置くことによって，板の間側からは椅子に腰かけ，畳側からは坐ったり，段差を椅子代わりに使うなど多様な姿勢が可能になるよう意図したのである．

3) ダイニングキッチンと洋風便器の導入

イス坐，ユカ坐の併用は現在でも継続している．しかし，都市住宅ではイス坐への移行が顕著である．

それを決定づけたのが第二次世界大戦後に建設された公営の集合住宅の標準設計による住居供給であった．

1951（昭和26）年に「51C型」とよばれる公営の鉄筋コンクリートアパートの計画が提案された．これが後々の集合住宅の型を方向づけることになった．住居の平面の特徴は板張り，イス坐の食事室と台所とを一室にしたダイニングキッチン（DK）とユカ坐の寝室用の和室二室を南北に配した点である．食事におけるユカ坐の卓袱台からの決別の表明でもあった．

この住居平面は，2DKと略称されのちに nLDK（n個の個室，リビング，ダイニング，キッチンをもった住居）として，現代の核家族のための住居の標準型として大量に建設されることになった記念すべき原型である．その後，便器に洋風便器が使用されるようになった．排泄における腰掛け姿勢もイス坐の普及を後押ししたに違いない．

洋式便器の導入以来40年を数える今日，先述したように若者の間で「しゃがみ」姿勢が復活してきたのはどう解釈されるのだろうか．各民族の記憶が刷り込まれた生活習慣が息永く保存されているのかもしれない．

c. 坐法と作法

どのような坐り方をするにせよ，ある文化にはその坐法（生活様式）や建築様式（住居様式）に固有の作法（あるいは礼法）をつくり上げてきた．人間が社会生活を営むうえでの約束あるいは規範が礼法である．別の言葉でいえば，個人と社会との調整装置の機能をもつ．個人が自己の本能，情感のままに振る舞えば，他人を傷つけ，不快感を与え，社会の成立基盤が安定的に存在しえなくなる．したがって，個人の本能抑止，情感抑制が社会的な規範として認知されたものが，礼節，礼儀，文明化とよばれるものであるという．

このような社会的規範は，文化，時代によって種々に変容する．日本においても，異文化の影響を受けつつ，独自の礼法を形成し，それを洗練し，今日まで継承してきた．他人に美しく見せたい，気に入られたいという自己主張ではなく，相互の人格を認め合う，相互に思いやる，などの社会的表明が礼法，作法なのである．

1) 畳と履替（はきかえ）

礼法，作法の成立には，人々の社会的関係，個人の生理・心理的欲求が基本的な規定要因として関与するのだが，住居における作法，起居振舞においては住居の物理的環境も大きな要因である．

書院造りで完成した高床住居の室構成，畳敷，襖・障子・欄間，水平天井によって区画された直方体容器としての「和室」における諸作法が形成されていった．ここでは床の畳敷が作法の成立に最も大きな役割を担う．入口で履き替えてあるいは足を拭って室内に上がり，建具を開けて室内に入り，所定の位置に坐るという和室特有の行動を基本に作法がつくられてきた．

西洋のイス式住居では，ヒトの行動を支える「面」が3つに明確に区分されている．すなわち，「床面」，「座面（椅子）」，「机面」である．ところが和室の場合には「畳表面」がこの3つの面を兼ねているのが特徴である（卓袱台や箱膳などの机面も使われる）．この畳面の存在によって，壁の少ない開放的な日本の木造戸建住居に，人々の振舞上の「うち」と「そと」との明確な区別が出現する．

さらには畳面にいわば「ケ」の床面，「ハレ」の机面とが同居しているわけで，足の裏で踏むという不潔をどう解消するかも作法成立の背景に潜んでいると思われる．拡大解釈すれば畳表は建築材料であるものの，人間が直接触れる「水平の衣服」でもある．この衣服は個人専用の品ではなく，家族あるいは来客がともに「着る」，「共用の衣服」であることを忘れてはなるまい．自分が「着る」際に他人が「着た」という不快感のないように，細心の注意を払って「着」なければならない．

寄席の舞台で座布団に正坐して語り終わった次に出てくる漫才師の足元が気になってしまう．当然のことながら立っての演技であり，ズボンの下から靴下に包まれた足が覗いている．正坐の畳床，靴履の床という暗黙の規範が崩れることへの違和感なのであろう．

2) 衣替と建具替

畳は「水平の衣服」であるといったが，ほかにも日本建築，特に住居と衣服との類似点が指摘できる．第1の点は衣服の季節による衣替である．日本では夏と冬との気候条件が大きく変化する．それに合わ

せて衣服を変える「衣替」の習慣が成立した．衣替と同様，建具を夏向きに入れ替えたり，簾を吊るしたりなど住居の内と外の境界面に手を加える習慣（建具替）ができあがった．

衣替えではないが，衣服を洗濯したり，ふとんの布を変えるように，障子紙を貼り替えたり，畳表を裏返して使うなど住居の内装の更新にも工夫があった．最近では温暖化のゆえか，以前のように衣替の習慣は（着物を含めて）少なくなってきた．建具や建築内装についても季節による住み手自身による模様替えも減ってきている．

近年のエネルギー消費量を減少させようという地球環境問題の切迫した状態にあっては，現代住居においても季節ごとの最適な内外の境界の工夫がほしいと思われる．

3) 作法の変容

対面する2人が室内で話し合う場面を考えてみよう．室の規模や形，家具などの制約が少ない場合，2人は話がしやすい位置に坐をとるであろう．人間は本性的に自己のまわりに生理心理的自我領域をもち，そのなかへの相手の侵入を拒み，自己の領域を保持しようとする傾向がある．2人が対面したときにも，無意識のうちに相手の領域を感じとり，近すぎもせず，遠すぎもしない頃合いの距離をとる．このような距離や領域をそれぞれ個体距離（personal distance），個体空間（personal space）という．

この概念は動物生態学から出てきたもので，動物相互が近すぎると相手に攻撃を仕掛ける本能をもっており，お互いが無駄な殺し合いをしないように相手との距離をおいて行動する（非接触性動物の場合）という知見から導き出された．このような生理・心理的な特性が日常の起居振舞やその作法を成立させる隠れた要因になっている．

対面といっても，2人姿勢が立位，椅子座位，正坐の場合では個体距離が異なってくる．2人がどのような関係（初対面であるか，目上・目下か，旧知の仲かなど）あるいはその状況（挨拶か，井戸端話か，団欒か，あるいは稽古であるかなど）によってとられる位置は変わるであろう．しかし居間のなかでの普段の会話の距離は，椅子に腰掛けている場合よりも，正坐のときのほうが近い距離で対面するといえる（このことは実験によって検証されている）[16]．

イス坐では対人距離といっても，いちばん近い距離は足先どうしの間隔であるのに対し，正坐では膝どうしであることや，体の動きは正坐のときは椅子に比較して拘束され，動きが少なくなるので，近づいても相手のいることが気にならない．

車座（円環）の集まりで全体の会話が成立する寸法（円の直径）として，欧米で3 m，和室では2.4 mが一つの目安として示されている．当然のことだが，異なった姿勢の組合せでは相互の距離のとり方が変わってくる．

わが国の住居でのユカ坐，イス坐が混在している状況では，その作法もそれぞれの伝統に根ざしたものと，両者の融合したものとが使い分けられることになる．たとえば，玄関で靴を脱ぎ，スリッパに履き替えて板敷の廊下を通り，和室（畳部屋）に入るときはスリッパを脱ぐことは当然であるが，洋室に入って部屋中央にじゅうたんが敷いてあると，その手前でスリッパを脱ぐ人がいる．「畳」と「じゅうたん」が，身体接触の「衣」であるという日本人の床の感覚のなせるわざなのであろうか．

今後，一層加速するであろう異文化交流のなかで，学ぶべき点は素直に取り入れ，ユカ坐，イス坐併用の住居にふさわしい作法をつくり上げていくことが求められる．

d. 住居の近代化

明治以降の外国人建築家の来日，あるいは日本に新しい職能として誕生した建築家とその海外への渡航によって，西欧建築の導入が急速に進んだ．ほかの建築種別と比較して，住居への外国技術の浸透はそれほど早くはなかったが，学校や官庁で進んだイス坐の進行が住まい方にも及んできた．

鉄筋コンクリートによる集合住宅はイギリス人グラバー（Glover）によって長崎の三井炭鉱のあった通称軍艦島に1916年に建設された[17]．しかしそれが一般に普及するのは大正に入ってからであった．

江戸時代には，これまで述べてきた住まい方は共通していたが，規模や平面形式の異なる武士住居，町家，長屋，農家が当時の身分制度を背景として存続していた．明治に入って身分制度の崩壊によってその4つの型は徐々に変容していった．

こうした住居の変容を生起させる要因をまとめる

と次のようになろう．一つには社会・技術・文化の変化の影響である．すでに述べたが身分制度の崩壊，都市化，建築技術の進歩，生活装備の近代化，外来文化・技術の流入などが住居の形式を変化させていく．もう一方では，居住者の側の家族・生活様式の変化がある．核家族化，家長制度の弱体化，欧風の生活意識・スタイルの流入などがあげられる．

近年では住居に対する関心が社会全体に浸透し，住居の啓蒙書や専門書が大量に出版されている．したがって，ここでは明治以降の住居の変容過程のなかで特にわが国固有の現象を指摘することにする．それは大きく次の3つにまとめられる．中廊下住居の出現，核家族のための住居，集合住宅の出現である．

1) 中廊下住宅の出現

江戸時代まで存続していた農村住居，町家には廊下はなかった．中廊下の出現には種々の理由，背景があろう．最も大きな要因として，都市の庶民住居に作業空間としての土間や通り庭がなくなり，玄関のたたき以外はすべて高床の生活空間になったことである．調理設備の改良によって土間を必要としなくなったからである．

そのために作業空間を含んだ高床の住居空間を分節する必要が生じた．結果として中廊下をはさんだ表と裏，南と北，居室と家事・設備室とが分離した．同時に部屋の通り抜けなしに各室に入ることができるようになり，室の機能が独立できるようになった．しかし，プライバシー確保はいまだ不十分であった．室の機能分化が進み，接客のための応接間，床の間のついた座敷の2部屋が玄関脇に近いところに設けられた．前者はイス坐の洋間であることが多かった．

その奥には「茶の間」が設けられ，卓袱台を囲んでの食事，団欒の場となった．茶の間の隣りにはもう一つの畳敷きの和室があり，寝室に使われた．玄関，廊下，台所，便所，洗面・脱衣室，それと応接間が板張りの床でそれ以外は畳床という2つの仕上げの異なる領域ができ上がったのである．そして板床の部分はスリッパを履き，室に入るときそれを脱ぐという習慣ができていった．さらには便所に入るときに別のスリッパ（草履）に替えることも多い．かつては便所の扉に鍵のないこともあったので，便所の入口前にスリッパが脱いであれば，使用中のサインともなった．

その後，畳の部屋のいくつかが板敷に変えられ，徐々に畳の部屋の数が減少していくという経過をたどる．

2) 続き間型住居の存続

中廊下住宅まで継承されてきたわが国の畳部屋の並列的な配置形式はその後も根強く生き残る．特に大都市郊外や地方都市に建設される庭付き一戸建住宅においては今日まで上記の部屋配列を残しており，住居形式の息の長さを思い知らされる．

住居の大部分（食事室，居間，寝室，台所，便所，洗面所など）がイス坐の畳以外の床仕上材料の部屋に置き換わったあとも，2～4室ほどの並列された畳敷きの部屋（続き間）を設けている住宅が日本各地に存在し，いまだに建設され続けているのは驚くべきことである．

大都市では年中行事や祝事，仏事などの集まりは公共的，商業的施設などで行われるようになった．しかし，いまだそうした集いや普段の接客の機能を住居に求める要求は根強い．そうした場合，襖を開け放てば一室で使うことのできる並列した和室は便利であり，日常生活の場とは異なった，改まった場所の演出が可能となる．

一般にこのように洋式化された住居に並列した和室があるものを「続き間型住宅」と総称している．これを日本の住居の逆行現象とみるか否かは議論のあるところであろう．しかし，ユカ坐の習慣と同様に住居の形式・型も歴史的に定着してきたもので，耐性の強い文化的様式である．一夜にして消滅することはありえまい．

近年では，鉄筋コンクリート造りの集合住宅，特に小規模の一室住居（通称ワンルーム・マンションという）では，和室のない（畳のない）ユニットもでてきた．しかし，独立住居も含めて現在つくられている住宅には最低一室は和室があるのが普通であろう．仮に床全部が畳以外の材料で仕上げられていたとしても，卓袱台・ホットカーペットや置き炬燵を使ったユカ坐の生活が若い人たちの間でもみられる[18]．したがって日本の住宅では「和洋混交」の進行にのった「和とも洋ともつかない日本製の室内が一般化」[18]しているのが現状である．

小学校などでも最近は，椅子の正しい坐り方を教えているところもあるようだが，われわれはいまだ作法としての「椅子の坐り方や扱い方」を教えられることは少なく，椅子を介した作法が規範として成立するには至っていない．公共の場所での起居振舞の無秩序な様が問題視されている今日，和洋の融合した新しい作法や生活規範の形成に向けての努力が必要である．

3) 住居の封建性と nLDK型住居の誕生

武家住宅はむろん農家や都市の中廊下型住居の室配列とその機能的分化とは別の要因を指摘する向きがあった．日本の住居における封建性の問題である．玄関，座敷，床の間などに表現された格式的，装飾的要素を，家父長制的な封建社会の生活の反映としたのである．「このような住宅を運営して，「家」の格式を保ち家長たる夫の體面を維持しつゝ，家事や育児に努めなければならぬ妻には，特に過重な負擔がかけられていた．（中略）女性と子供の犠牲において，辛うじて維持されてきたもの——これが日本のこれまでの住宅であった」[19]．この主張が「床の間追放論」，「玄関という名前をやめよう」などという個別的な発言を通して，中廊下型住居にみられる封建的な領域形成を批判したのである．

第二次世界大戦後の社会の民主化への流れのなかから生まれた言説であった．次に述べるように戦後の小住宅では，経済的に厳しい条件のもとで，応接間や客間を独立に設けることがむずかしく，家族の集いの場である「居間」を確保することも容易ではなかった．都市の庶民住宅から客を招くための空間は消滅していったのである．

のちに封建制と特定の部屋との存在を直接の因果関係で結ぶことの行き過ぎに警告が発せられるようになった．たとえば，動物の住居との比較から，「客を家のなかに招き入れることが，人間の住居と動物のそれとを区別する」[9]などの指摘が建築以外の専門家から出されたこともあった．客を招くこと，より一般的にいえば社会に対して家を開くことの必要性が再認識されるようになった．

戦前の庶民住宅の典型の一つが中廊下型住居であったのに対して，第二次世界大戦後どのような変化が生じたのであろうか．一言でいえば nLDK型住居の出現である．これは住宅の供給の方式やその形式を問わず現れてきた住居の型である．家族制度が変わり，核家族のための住居として生まれた平面構成（間取りあるいは室配列）を表す記号である．

以前，農家であれ町家であれ，一つの屋根の下には直系の血縁以外のいろいろな他人が一緒に住んでいた．遠い親戚，使用人，養子などである．「他人行儀」とはもともと他人とともに無駄な軋轢なく生活するための，あるいはそのための自己抑制に関する規範であった．核家族の住居では「他人行儀」は不要のものとなり，イス坐を含んだ生活に便利な合理的な平面計画を最低限の広さのなかでつくりだすことに努力が集中された．

戸建住宅か集合住宅かによって多少の差はあるものの，部屋の構成はおおむね次のようなものであった（現在でもそういう住宅は残ってはいる）．nは居室（寝室，個室）の数を表し，Lはリビング，Dはダイニング，Kはキッチンを意味した．最小限住居では2つの和室の居室，リビングルームは省略され，ダイニングとキッチンとが一部屋になったイス式のダイニングキッチン（DK）から構成されていた．

平面構成は2つの原理にのっとっていた．一つは食寝分離で，食べる空間と寝る空間とを分けること，もう一つは就寝分離で，両親と子供が別室に就寝することを原則としたものである．イス坐（食事）とユカ坐（就寝）との共存が温存されたのである．しかし，実際に住み始めると必ずしも計画者の意図どおりには使われず，ユカ坐（カーペットに炬燵）の食事と団欒の場を設けたり，逆にDKに続いた部屋にじゅうたんを敷き，全体を洋式（テーブルとベッド）に設える場合も見うけられた．

一方，戸建住宅で同様の平面構成がみられたが，2階建ての場合には1階にDKと和室，2階に居室（寝室，個室）がとられることが多かった．前述したとおり2階の居室は徐々にイス式に設えられていったが，1階には畳敷の部屋が少なくとも1室，あるいは続き間和室がつくられた．

この空間構成はのちに，子供たちが親と顔を合わせることなく2階の個室に入れるところから，親子間の交流を損なうという点から批判されたのである．しかしnLDK型住居は必要最少限の生活機能を充足させるものとして，現在でも都市に限らず，

農村の住宅にも浸透するようになったのである．

住居の規模水準が上がってくると，全体構成は不変で各室の広さが拡大したり，L（リビングルーム）が増えたり，K（キッチン）が独立したりと若干の自由度が生まれてくる．しかし，主人が働きに出かける核家族のための住居であり，そのような住み手の条件が変化すると多様な生活に適合するのが困難になる．

4）集合住宅の誕生と発展

i）初期の集合住宅—アパート　日本の都市住居には長屋や通り庭住戸（町屋）のように戸建ではなく，何軒かが壁を共有してつながった，いわゆる連続住宅がつくられてきた．これらは伝統的戸建住宅と同じく木造であったために，1, 2階建の建築であった．

低層の長屋では居住密度を高くできないので，人口の集中した都市では2階建以上の集合住宅の形式が必要とされる．石造建築を主とする西洋では古くから集合住宅が建設されてきたが，わが国では明治後期以降に外国からの影響のもとに，計画・建設が始まった．鉄筋コンクリート6階建ての三井同族アパートが建てられたのは1910（明治43）年で，先に述べた長崎，軍艦島の炭鉱住宅として鉄筋コンクリートアパートがイギリス人グラバーの設計で建てられた．

初期の集合住宅はカタカナで「アパートメント・ハウス」とよばれていた．武田五一は明治の終わりにハチの巣に似ているところから，「蜂窩住宅」と命名した．都市内に本格的なアパートメント・ハウスができたのは，アメリカ人建築家宣教師ヴォリーズ（Vories）の設計によって1925（大正14）年東京神田御茶の水に完成した．地下1階，地上4階で，地下には自動車車庫，各階エレベータで結ばれたアメリカ風の集合住宅であった．

これまでの長屋，町屋と異なる点は，1階（グランドフロア）に，店舗・食堂・宴会場・カフェなど共用施設が設けられたことである．住民たちが皆で使う共用施設をもつことは，コミュニティの形成にとって大切な物理的環境で，のちの計画に影響を与えた．しかし，このアパートメント・ハウスは家事を担うメイドが常住していて，集合住宅というよりもホテルに近い性格のものであった．「文化」が流行した大正時代の「文化アパート」として象徴的役割を担ったのである．

ii）同潤会のアパートメント・ハウス　1923（大正12）年の関東大震災後の住宅復興のために財団法人同潤会が設立され，わが国初めての本格的な不燃集合住宅の建設が行われた．1923〜32年の10年ほどに東京，横浜に15か所，2,492戸の鉄筋コンクリートの集合住宅を建設した．その計画指針は，① 耐震・耐火構造とすること，② 各戸の防犯性を高めること，③ 設備（水道，電気，ガス栓，水洗便所）を装備すること，④ 屋上に共同の洗濯，物干の場を設けること，⑤ 台所や洗面所，玄関に必要な家具，設備を付設すること，などである．第二次世界大戦後の公共集合住宅計画の先駆けとなるものであった．

平面計画と生活様式に対する提案にあたっては「鉄筋コンクリート構造と日本人の在来のタタミ・ユカザの起居様式とをどう組み合せるかに苦心が払われた」[20]．前出の御茶の水アパートでの純西洋式導入とは異なった解を求めたのである．具体的にはコルク床の上に畳表を敷き詰めて，和洋の生活を自由に選択できるよう配慮したのである．さらに間取りについては続き間型あるいは変形田の字型の襖を開ければ室どうしが一続きになる伝統的方式をとっている．

同潤会最後のものとなった江戸川アパートでは完全な中庭をもった配置計画が特徴である．これはわが国にそれまでなかった街の環境であり，西洋の配置方式に強く影響を受けた結果の産物であろう．さらには1階に食堂，共同浴場，理髪室，社交室，店舗などが付設されており，近代的集合住宅のお手本が完成したといってよい．

さらに5, 6階には和室や洋室の単身者向けの個室もつくられていた．これはのちにお年寄りの部屋，書斎あるいは予備室などに他の階の人々が借りて使うなど，種々の住み方に対応できる部屋として有効に利用されてきた．江戸川アパートを含めて，今日に至るまでの使いこなしの過程がいろいろな研究者の調査でまとめられている[21]．

戦後の多くの公共集合住宅がもっている表情（たとえば単調なバルコニーの繰り返し）とは異なった（なぜか同潤会アパートにはバルコニーがついてい

ない），端正なデザインに当時の建築家たちの熱意が感じられる．しかし60余年を経過し，多くのものが建て替えられてしまったことは残念でならない．

iii）公共集合住宅の計画と役割　第二次世界大戦後，関東大震災と同様，全国の都市での住宅復興にあたって，災害に強い鉄筋コンクリート集合住宅の必要性が多くの人々に認識され，国や自治体はその具体化に着手したのである．建築学者の研究成果を結集して，1951年にわが国初の公営集合住宅の標準設計がまとめられた．特に1951年度につくられた公営住宅標準設計の「51C型」が核家族の合理的な生活を誘導する型としてその後の公共住宅の計画に大きな影響を与えた．2つの独立した和室とダイニングキッチンによる起居様式と室の使い方を規定したものとして，住居をはじめその他の建築型を計画する方法に先鞭をつけたものとして意義をもつ[22]．この考え方は住居（あるいはその他の建築）の間取り（平面構成）が行動を規定するという建築（環境）決定論にのっとったものである．

実際に建設された51C型あるいはその後の標準設計は，実際の使われ方について追跡調査が行われた．その結果によって設計の手直しもあったが基本的枠組みは後々の集合住宅の基準として継承された．

その後1955（昭和30）年に日本住宅公団が設立され，年間2万戸以上の鉄筋コンクリートアパートを全国に建設し，戦後の集合住宅建設に大きな貢献を果たした．間取りだけでなく各住戸に設置されたステンレス製の流し台や腰掛式便器は新しい生活のシンボルになり，一般の住居のなかに普及していくことになる．

公団住宅は大都市の郊外に大規模な土地を取得し1,000戸以上の住戸の住棟が並んだ面的開発が進んだ．そのため日常生活に必要な教育，購買，医療，その他の公共施設も複合的に設置された．入居者は都心に通勤する中間層，ホワイトカラーで占められ，「団地族」と呼ばれるようになった．

住宅公団設立後40年以上経った現在，当時建設費を切り詰めて建設された建築の老朽化が目立ち，建替え問題に直面している．さらには住民の高齢化によって，エレベータのない4，5階の住棟の不便さが問題となり，バリアフリー化への対策が急務となっている．

阪神・淡路大震災では在来木造構法と商品化住宅構法との違いが露呈した．商品化住宅とは住宅産業が自動車や家電製品と同様に商品として販売する住宅の総称である．住宅の工業化の点から今後も商品化住宅の全住宅供給のなかで占める位置は大きくなっていくことと思われる．各メーカーは消費者の要求に細かく対応していくために，注文住宅と変わりがないような設計のバリエーションを可能とする構法を採用するあまり，逆に没個性の画一的な住宅を供給するという状況があるようにみえる．ここでも人々の生活の質を高めるという意味での住居の提案が望まれるところである．

最後に建築家による一品生産品としての住居に触れることにしよう．住宅作家という呼び名があるように，戦後は著名な建築家たちの手になる住居が数多く設計され，住居の形や生活の方向に先導的な役割を果たしてきた．この分野では，建築家と施主とが合意すればどのような新奇な形態をもった，あるいは生活の提案であっても実現可能である．つまり伝統的なしこりや新しい生活様式との狭間で妥協する必要もなくなる．戦後は立体最小限とよばれた，玄関や畳がなくオープンキッチンのある個性的な住宅が現れた（たとえば池田　陽，増沢　洵などによる住宅）．これらは新しい生活提案をもった住居として「モダンリビング」とよばれたこともあった．

こうした作家による住居は，一般庶民の関心をひくまでに至らず，専門家内部での評価に甘んじるという時代が長く続いてきた．しかし，衣食住のなかで衣食が充足される豊かな生活が可能となると一般の関心は住に向いてくる．近年，住居の設え方や選び方，著名人の住居の紹介，国内外の個性的な住まいや住まい方に関する情報が一般の雑誌や単行本として多くの人々の目に触れるようになってきた．一方で海外旅行の増加によって異文化の住居に関する知識を豊富にもちうるような時代を迎えている．

わが国の社会文化風土に根ざした，かつ個性的，一般性をも備えた住居が誕生する素地がつくられているといってよいであろう．

iv）その他の住居の諸相　公共集合住宅以外に，各種の住宅が存在している．都市以外の農村，漁村の住居がある．これらの住居は地域的な文脈の

なかで定型を成立させてきたが，社会構造の変化と歩調を合せるかのように全国的に画一化の傾向が顕著になってきた．富裕層は俗にいう「入母屋御殿」のような派手な住居をつくることもあるが，例外的存在である．

都市のなかでは各都市の伝統的な町の構成がいまだ継承されているところが残っている．各都市の町家あるいは東京でいえば下町の住居がその例である．ここにも変化の波が押し寄せてきている．町家についてはその生活を支えてきた家庭内小規模な工業や商売が廃れ，住居から出ていくこと，自動車の侵入，統一された街並の崩壊などの問題に直面している．地域を支えてきた生活や文化に対する共通の規範の崩壊をどう再構築していくかが課題である．

東京の下町ではどうであろうか．建築的な面では一戸建てと共同住宅の無秩序な混在（これは下町に限ったことではなく，都心でも高層建築の陰にぽつんと残った一軒家を見かけることが多い）による相互の干渉が目立つ．また，路地に対して開いていた住居のつくり方が継承されなくなった（特にアパート）ことが，街並の乱れだけでなくコミュニティ維持に対しても影響を及ぼしている．

居住者についても，その地域に長く住んでいる定住層と短期的住居者との混住が顕著であり，町内会の成立が危ぶまれるケースも出始めている．このように住宅地の表層や形態といった物理的環境，向こう三軒両隣などの対人的環境さらには地域社会における町内会や生活の仕来りなどの社会文化的環境の3つの局面における変化にどう対処し，新しい仕組をどのように形成していくかという課題を抱えたまま21世紀を迎えたといってよい．

48.5　日本の住居の明日

21世紀を迎えて，日本の住居が当面している解決すべき課題を指摘してまとめとしよう．

a. ヒト（個人・家族・社会）の変化

高齢化，少子化，単身世代の増加，共働き家庭の増加，社会的弱者の社会進出，職場の変化などが今日のヒトが直面し，かつ住居のあり方に大きな影響をもつ諸要因である．すでに繰り返し述べてきた，日本の住居の典型であるnLDK型住宅では，高齢者の介護に不便で，少人数の家族では室をもて余す，仕事場としての配慮不足，社会的接触（接客，パーティーなど）の場としての配慮不足など生活の質を確保する上での欠陥を抱えている．

こうしたヒトの変化に柔軟に対応しうる「適応型住居」とでもよぶべき型の出現が求められている．居住者が短期で入れ替わる賃貸住宅の増加もその必要性がさらに増す．

b. バリアフリー，ユニバーサルデザインの実現

社会的弱者（高齢者，障害者など）が自立し，自力で，自己決定によって行動できる環境を目標として，住居や都市を再生していこうとする社会的合意が形成されつつある．バリアフリーは建築・都市，自然のなかを自由に移動できる環境をつくるのを目的としていた．近年になってからは，バリアフリーを単なる物理的障害を除去する以上のことを意味するようになった．相人的なあるいは精神的な面にまでバリアフリーの考え方を拡張すべきであるという主張がでてきた．

他方，忘れてならないことは，ある目的のためにつくられたバリアフリーデザインが，別の人にとってはバリアになることもありうるということである．点字ブロックにつまずいて怪我をするといったような例である．可能な限り多様な面からバリアフリーデザインの評価，実現を図るべきである．

障害をもった人だけでなく，あらゆるヒト（人間）にとって安全で使いやすく，かつ美しいデザインにすべきだという考え方がユニバーサルデザインである．自らが障害をもっていたアメリカの建築家メース（Mace）によって1970年代に提唱された概念である．その運動の成果が建築や都市を設計する際の最低基準の判定につながり，わが国でも自治体の街づくり協定や建築基準として整備されつつある．

c. 環境持続型住居の模索

地球規模で起こっている環境破壊のことに端を発した環境を持続させる方途が生活のあらゆる面にわたって求められている．住居においてもエネルギー消費を削減する，省エネルギー構法を考案する，リサイクル住宅，百年住宅，エコ住宅など種々のキャッチフレーズをもった施策や建設が実施され始めて

いる．

ここでも，バリアフリーでみてきたような広い視野での評価が必要である．冷暖房費の少ない住居でも，その物的環境をつくる際に排出される CO_2 ガス量が大量に出たのでは困る．その住居の寿命など時間的要素，あるいは再利用の可能性なども考慮した，環境負荷低減の程度を算出することが大切である．

d. 計画への参加，新しい住集団の形成

入居する人々を決定してから，その人たちが参画して専門家との協同のうえで，計画・設計を進めるのがコーポラティブ方式である．共に集まり，共同で相互に生活支援をしていこうとする老人住居の一形式で，北欧などで実現されているコレクティブハウジングも新しい，在来の血縁家族を主体とした集合住宅とは異なった型の住居である．

計画過程への住居者の参加，血縁家族ではない種々の関係から成立する集団のための住居など，徐々に先行事例が実践され始めている．

特に高齢者のために設置されてきた老人福祉施設（特別養護老人ホームなど）を住居に転換する動きが，世界各国で始まっている．すべての老人施設を廃止して，「住居」で必要な支援を受けて生活を続けるという政策への変化である．わが国でも介護保険の導入によってその方向への流れが加速するであろう．

e. 住環境学習の実践

伝統的，風土的住居では居住者自らがその計画，建設，維持を行ってきた．近代になって与えられた器に住むことが一般化し，住居に手を加えることは居住者の手を離れ，住居の器との関係は，機器の操作だけに陥るという状況も現れ始めている．器そのものへの関心，知識をすべての人がもつ必要がある．

また従来，大家族の内で担ってきた生活上のさまざまな支援（育児，介護など）は少人数の家族では支えきれず，社会化せざるをえなくなる．そういう状況は逆に誰もが支援者の立場になること，実行することを求められ，その術を知り，身につける必要が出てくるだろう．

個人的な作法や社会的な起居振舞，対人的接触，社会文化的規範の学習や実践などは各家庭あるいは地域社会で担われてきた．それが現代では，各種サービスとして提供され，家族や地域社会から離脱してしまった．そうした学びの機会をなんらかの方法で回復しなければならない．

学校教育でも家庭科の一部に「住居」の単元があるが，現状では上記の役割を担う点では不十分である．より広く，「住環境学習」という場をなんらかの方法で確立すべきである．学校教育でいえば，幼保教育，義務教育，高等教育のすべての段階に「住環境学習」があるべきだというのが筆者の意見である．住居の構想，構築，維持，再生を専門家に全面依存すべきではない．そのプロセスに参加し，実践するための意欲・知識・哲学・術を皆がもたなければならない．

今後，国際化によって住居の形式，生活，規範の融合の流れが進行するであろう．しかし，そういう状況だからこそ日本の住居を介して継承されてきた住まい，振舞いの型，形，則を再発見する必要に迫られている．文化は簡単に脱ぎすてできるものではないのだから．

［高橋鷹志・高橋公子］

文　献

1) A. ラポポート（山本正三他訳）(1987) 住まいと文化，p. 222, 大明堂．
2) 入澤達吉（1921）日本人の坐り方に就て，p. 48, 克誠堂書店．
3) E. S. モース（斎藤正一ほか訳）(1979) 日本人の住まい・上，下，p. 198, 203, 八坂書房．
4) B. タウト（篠田英雄訳）(1966) 日本の家屋と生活，p. 279, 岩波書店．
5) 平井 聖（1974）日本住宅の歴史，p. 222, 日本放送出版協会．
6) 日本インテリア学会東海支部編（1994）インテリア学講話，p. 224, 日本インテリア学会東海支部．
7) 若山 滋（1983）風土に生きる建築，p. 202, 鹿島出版会．
8) M. A. ロージェ（三宅理一訳）(1986) 建築試論，中央公論美術出版．
9) 石毛直道（1971）住居空間の人類学，p. 284, 鹿島出版会．
10) Hewes, G. W. (1955) World Distribution of Certain Postural Habits, p. 235, American Anthropologist, 57.
11) 山折哲雄（1981）「坐」の文化論，p. 248, 佼成出版社．
12) 前掲書2)

13) 大島建彦ほか（1979）日本を知る小事典，p. 435，現代教養文庫，社会思想社．
14) 藤井厚二（1932）日本の住宅，岩波書店．
15) N. エリアス（波田節夫ほか訳）（1977）文明化の過程（上），p. 420，法政大学出版局．
16) 岡田光正ほか（1988）建築規模論―新建築学大系 13，p. 179，彰国社．
17) 西山夘三（1980）日本のすまい（Ⅲ），p. 476，勁草書房．
18) 沢田知子（1995）ユカ坐・イス坐，p. 250，住まいの図書館出版局．
19) 浜口ミホ（1950）日本住宅の封建性，p. 170，相模書房．
20) 西山夘三（1975）日本のすまい（Ⅰ），p. 324，勁草書房．
21) 同潤会江戸川アパートメント研究会編（1998）同潤会アパート生活史，p. 253，住まいの図書館出版局．
22) 鈴木成文（1994）現代日本住居論，p. 145，放送大学教育振興会．

日本人と住

49
日本人とオフィス

49.1 日本人のオフィスは生活の場

もはや日本では就業人口の過半がオフィスワーカーで占められるようになっている．オフィスは日本人にとって主要な働きの場となったわけだが，同時に日本人にとっては，オフィスが生活の場としてより強く意識されるようにもなってきている．

もともと農耕民族であった日本人は，働くことと暮らすことの間に厳密な区分がなかったから，オフィスワークにもその習慣がもち込まれた．朝，オフィスに到着するとまず，机を並べる者どうしはお茶を飲む．お茶は職場の支給材であるが，湯呑みは各個人の持物で，清水風やら伊万里風やら各個人の趣味性が表出されるのが，日本人の職場の習慣であった．今でもこの習慣が残されている職場は少なくない．

お茶を飲みながら雑談を交わす．最近の事件のその後のうわさ，昨日の野球・サッカーの勝敗などが，ひとしきり話題となる．お茶によるウォーミングアップが終わるまで，短い日で10分，長い日は30分程度だろうか．

ウォーミングアップの必要は通勤時間とも関係がある．大都会では長距離通勤が常態化していて，1時間で職場に着ければ上等のほうである．朝食をしっかりとらなければ健康に良くないことはわかっているが，なにぶん時間が足りないし，晩の帰宅はしばしば12時を回る有り様なので，まだアルコールが残っていて胃の調子が良くない．朝食の代わりに駅の売店で牛乳とドーナッツを流しこむ．そのようにして慌ただしく到着したオフィスであれば，ほっと一息つかなければ仕事に掛かれないのである．日本人のオフィスワークのスロースタートの原因には社会的要因が含まれている．

長時間勤務も日本人のオフィスワークの特徴である．朝の始業9時は，アメリカの標準8時半に比べて少しも早いわけではないが，終業は遅い．規則のうえでは拘束時間は5時前後までだが，定刻に帰る者は稀で，大抵の者は8時9時まで残業をする．そのうえ連れ立って赤暖簾を潜り情報交換に精を出す．したがって自宅にいる時間は夜食，風呂，6時間を切る睡眠の間だけである．これに比べて，オフィスおよび準オフィスで過ごす時間は10時間をこえる．オフィスは，そこで過ごす時間の長さにおいて，まず生活の場なのである．

オフィスには暖冷房の設備がある．暖房は明治の初めから，冷房は1960年代に入ってからのことではあるが，いずれも住宅よりはるかに早くから設備されている．暖冷房の質も，ルームクーラーでやっと冷やしているわが家よりオフィスの設備ははるかにレベルが高い．夏の蒸し暑い夜など，家に帰るより残業しているほうが気持ちが良いのだ．日本の社会は，生活より産業を優先する政策で久しく主導され続けてきた結果，住まいよりは職場で暮らしたくなるような環境差が固定された．

長時間勤務の理由はほかにもある．職場への帰属意識である．帰属意識はもともと藩制に始まるともいえようが，第二次世界大戦以来，職場での給食や日用品の配給などを通して，職場は現実に生活の基本的な構造の一部を構成してきた．職場への帰属意識の程度如何が，非常時はもちろん，家族を含めた日常生活に大きな影響を及ぼしたから，職場への全面的な依存と献身とが当然になってしまった．阪神・淡路の大震災では，再び三たび職場への帰属の程度が確かめられた．仮にこの意識が将来消え去るとしても，そのためには相当の時間が必要とされるであろう．

日本のオフィスワークは生産性が低いとの批判が外国から寄せられる．人間が業務の集中に耐えられる時間は，50分程度とも，1時間半ともいわれるが，集中密度を下げたとしても，持続時間はせいぜい2～3時間であろう．その間だけみっちり働いて休憩をとり，さらに次の集中にかかることが望ましいとされ，9時から12時，1時から3時，3時過ぎから5時と，3単位の労働慣行が紙の上では一般に定着している．しかし，実態となると話は別である．

49.2　日本人のオフィスの私性

オフィスには個人の私性をもち込むことははばかられるのが当然だが，遠慮なくもち込むのが日本の一般的なオフィスライフの一面である．机の引出しのなかにもロッカーにも医薬品やらゴルフバッグやらの私的なものがあふれ，ときには事情あって家庭には置けない種類のものが潜んでいたりもする．

身のまわりの品が，オフィスの支給であるか，個人の負担であるかは，業務内容と習慣によるところが大きい．一般には机・椅子・ロッカーの類の装備品はオフィスに属し，制服以外の服装品と椅子の上に置くクッションの類は私物とされる．クッションが私物であるのは，それが必ずしも必要のないものであることと，身体に密着したものとして，湯呑みに近い地位に見なされているためである．椅子は，身体性から考えればクッションの延長だが，オフィスにとって必需品であるため，オフィスに属している．もっとも，近頃は健康上の理由や個人の好みを容れて，もち込みを認める職場もあるようだ．

今や混乱の最中にあるのはパソコンなどの電子機器の類である．オフィスコンピュータといわれる巨大装置はもちろん，デスクトップコンピュータまでは，間違いなくオフィスの備品である．しかし，ラップトップの次にはブック型といわれる携帯自由なコンピュータが開発され，私的な用途で使われるようになると，それが職場までもち込まれてくる．ケイタイと俗称される移動体電話も同様である．小型文具の類では，万年筆は私的所有で，ボールペンはオフィスの備品とされている．オフィスの装備品と個人のもち分との境界は微妙に重なり合い，時代とともに移動していく．

物的な面ばかりではない．時間的にも私的要素がもち込まれる．食事については昼休みというものが労働時間の枠外に置かれる習慣が確立しているが，夕食が残業時間に含まれるかどうかは一般論として定かでない．お茶の時間についても，イギリス圏のような社会的習慣が確立しているわけではないから曖昧である．勤務時間内に医者や床屋にいくのが許されるかどうかは，職場の性格によって異なるらしい．医療は健康保持のために欠かせない行為だし，健康保険は職場と個人の両者が負担しているのだし，診療時間は勤務時間と重なるからやむをえないと考えるのが一般的な慣習だが，頭髪は勤務中に伸びるのだから切るのも勤務中が当然だという理由を聞かされると不思議な気持ちになる．拘束時間と勤務時間の定めは，もともと生産現場に拘束される第2次産業や，一定時間内は建物からの外出を禁じた金融機関などの規制に発したものであるから，デスクワークにはそぐわないところがある．

49.3　日本人のオフィスのプライバシー

オフィスは元来事務処理の場であったが，ノレッジワークのなかにも，機械的な処理から創造に至るまで各種の段階が含まれるようになり，近年は創造的要素が増す傾向にある．各種の段階に従ってワーカーに必要なプライバシーには差があるわけだが，一般論として，日本人のオフィスは欧米先進国はもちろん，アジアの新興国に比べても，プライバシーの度合いが低いのが特徴である．

なぜプライバシーが低いのか．まず日本の伝統的な住居建築の構造の影響が考えられる．ヨーロッパの建築は元来間仕切りが構造体を兼ねているため煉瓦造りや石造りで，基本的に音響的隔離性が高い．オフィスもその習慣から，プライバシーの高い空間で，静かに個人単位で仕事をするのがふつうとされる．ところが日本の伝統的建築では外壁さえ薄い土と板でつくられているだけで，音響的遮断性が低い．間仕切りに至っては紙製の襖か障子で，わずかに視覚を遮るだけである．音響的なプライバシーは，聞けども聞こえずという躾(しつけ)の問題に転嫁されてきた．オフィスにおいても，聞きたいことだけ聞きとればよい，余計なことは聞かなかったことにるるという躾に頼ってきた節がある．

大部屋で机を並べ，遠慮ない話し声がわいわいと

響いて，そのうえ電話のベルまで鳴るという日本のオフィスの雰囲気は，ヨーロッパの職場では想像外の喧騒である．どうしてそんな雰囲気のなかで創造的な仕事ができるのかと不思議がられる．一つには，街の騒音をはじめ日本人の生活環境が騒音に無神経になっていることがあげられる．2人の話し声は，2人以外に聞こえない程度の声量で交わすように躾けられている欧米の社会とは違って，日本ではホテルといわずレストランといわず，やたらに大声で話す人が多い．もう一つの理由は，日本のオフィスワークは定型的な事務処理が主体となっていて，創造的な要素が少なかったためであろう．外来の文物を採り入れ，集団で消化することを続けてきた日本では，創造を要求されることが少なかったし，創造を軽視してもきた．国際競争の社会のなかで，もうそれではすまされないはずであるが．

49.4 日本人のオフィス空間

日本人は大部屋を好むとされてきた．とにかく空間を仕切らないで，見渡す限り机を並べて仕事をする風景は，外国では滅多にみられない．その理由として，伝統的な家屋の構造や躾をあげてきたが，組織のなかにも日本独特の特徴を指摘することができる．日本の組織は官庁といわず企業といわず，大部屋に向くようにつくられてきたのである．

大部屋に向くような組織とは何か．それは情報の共有であり，また以心伝心の意思の伝達である．その背景には，組織への強い帰属意識と相互信頼，その裏付けとしての生涯にわたる雇用の保証とがある．こうした人間関係は家族的で和気あいあいといえば聞こえがよいが，裏側からみれば態のよい相互監視制度でもある．その証拠には，新人の採用にあたっては当人の能力ばかりでなく学歴や家族関係が問われるのが常識とされてきた．組織が神経を尖らすはずの情報のセキュリティについても，システムを完備させて対応するのでなく，個人の人格に頼るという方向をとる．昇進の判断が能力・業績と並んで，あるいはより強く人格の評価に置かれてきたのも理由のないことではない．国際的な観点からみると，個人・家族の情報の強要は，官公庁や企業がその通常の目的を達成するための必要をこえたものであって，この点からみれば，日本の組織はマフィアに近いものにみえるかもしれない．日本はこうした組織を藩制から明治にかけて，官庁とファミリー企業に共通して構築してきたのであった．それが今日まで続いてきた．日本の官公庁と企業は，旧時代の遺産を精一杯利用してきたことになる．

オフィス一般は大部屋でよいとして，やはり個室もないわけではない．なぜなら階級差の少ない日本の社会にも，組織内の階層というものは存在するからで，社長・支配人をはじめ相当の役職者には，役職の権威のためにも個室が必要だと考えられている．仮に権威はなくても，高度のプライバシーを必要とする業務というものも存在する．秘密を要する

図49.1 ポーラ五反田ビル（1971）
中に柱のない「帯」型のオフィススペース

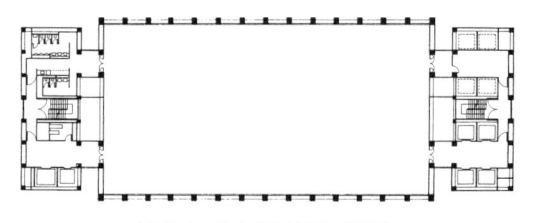

図49.2 日本IBMビル（1971）
幅の広い「帯」．170P1室で1000 m^2 に及ぶ

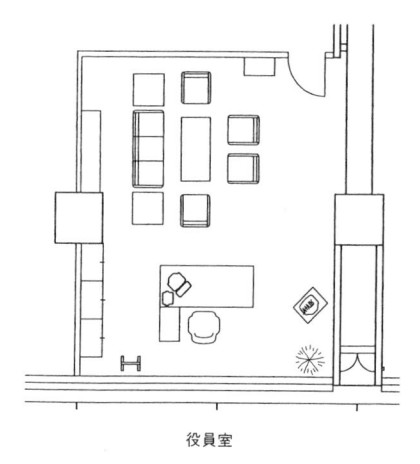

役員室

図49.3 役員室

文書を閲覧する，個人的な事情を聴取する，叱責するなどのために，個室が用意される．個室は，外来者との接触にあたっては，外来者どうしのプライバシー確保のためにも必要とされるから，役職者の個室は応接室を兼ねてつくられる場合が多い．

大部屋オフィスと個室の割合は，その社会と組織の性格によって異なる．地域別では，ヨーロッパでは個室がより多く要求される傾向にある．これは，組積造りという建築物の伝統的構造から小部屋に親しんできた歴史的背景と，階級差が存在する社会での権威意識の名残りによるのであろう．ヨーロッパに比べると，階級意識の薄いアメリカではそれほど個室の要求は明確でない．しかし反面，労働流動性が激しい社会だから，縦割りの組織構造に従って，本人に必要な情報だけを伝え，それが他者に洩れないようにして情報管理を図ることが重要になる．従業員としては個々人の役割が明確にされていて，上司との連絡さえ保てれば横のコミュニケーションは有害無益とされる関係にある．そういう組織では大部屋を好む理由はないわけである．結果としてアメリカでは，個室でもなく大部屋でもない，目の高さに近い程度のローパーティションによって，1人1人，または2～4人程度を囲う型式が発達することになった．

49.5　日本人のオフィスレイアウト

オフィスといえばどこでもデスクは個人単位と決まっている．たいていの装備が共用であることを考えれば，大きなデスクを何人かで共用してもおかしくない気がする．改めて考えてみれば不思議なことである．これは明治時代の小学校が，机は個人単位で発足したことと関係があるかもしれないし，食事の膳が個人単位であった歴史と関係しているのかもしれない．さらにさかのぼれば，平城京の朝堂院のオフィスでも，個人単位の机がその想像図のなかに描かれていたことが思い出される．近年になって，大型の連続デスクや，ノンアドレス方式が出現して，個人単位のデスクの意味が改めて問い直される時代に入った．

デスクが個人単位といっても，パラパラと間隔を置いて配置される例は稀である．世界共通の現象として，これまでオフィスのデスクは数人単位でグループ化されて配置されてきた．その理由はさまざまに説明することができる．軍隊の最小単位が世界共通で7～8人とされるのは，一瞬に同志の行動を把握できるからであろう．ビジネスの世界でも，互いの状況を手間を掛けずに常に把握できる人数をひとかたまりにしようとすると，7～8人になりそうである．

別の見方もある．それは，空間の大きさとの関係である．一体，まっ昼間から電灯を点けて仕事をするようになったのは近年のことにすぎない．天井高を大きくとり，高い窓から昼光を入れるよう工夫することによって電灯なしで執務する状況を考えると，窓から5～6mまでが奥行の限界となる．木造の建築では，構造技術上の梁間の限界がその程度の寸法に一致するという側面もある．5～6mのスパンに横並びにくっつけて配置できるデスクの数は4～5台程度となろうか．それを向い合わせに並べ，窓際にボスの机を置くとすると，ちょうど分隊の人数に見合った7～8人が好都合にみえる．

ただしこのデスク配置は，いわゆる正規職員に限られる話である．ひと昔前まで，オフィスにはオフィスボーイといわれる下働きの少年と，雑役をこなす婦人たちがいた．オフィスボーイは書類の運搬が主な仕事だったはずなのだが，慣れてくると職場の人間関係の表裏に通じて，新入の職員などはボーイに教えを乞わないと仕事にならない逆転現象が起きた．雑役の婦人の役割は身辺の掃除と湯茶の供給であった．彼ら彼女らには正規の職員並みのデスクが与えられることはなく，オフィスの一角に控えて正規職員からの指示を待っていたのである．現在のオフィスにも，同じような職場環境で定員外のパートさんたちが働いている風景が散見される．コンピュータの操作を引き受けるパートさんに，情報管理の喉元を握られている職場も少なくないようだ．

a. 初期のオフィスビルは棟割り長屋

オフィスレイアウトは，オフィスビルの構造と切り離して考えることはできない．近代日本のオフィスの出発点は，明治中期（19世紀末）に誕生した丸の内の「一丁ロンドン」とされている．そこに出現したオフィスビルは，3階建ての棟割り長屋方式，現代の社会に類型を探せば，ニコイチ（2戸で1つ

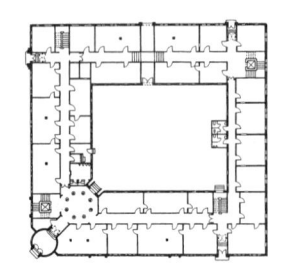

図 49.4 三菱 21 号館（1914）
天空光に頼るため中庭をもつ口の字型の平面

の階段を共有する形式）アパート型式のものであった．エレベータがないのはもちろん，なにしろインフラが貧弱で上水道がやっとという状態だったから，下水道はなく，1階につくられた汲み取り式の便所まで，所用のたびに降りて行ったというのだから，棟割り長屋は是非もない．規模も住宅なみの寸法が煉瓦壁で仕切られていた程度だから，1単位のオフィススペースには，2～3台のデスクと応接セット程度のものしか置けなかったはずである．1単位で足りない場合には，横にではなく縦に，つまり1・2階を通して使うという具合であったらしい．当時のビジネス環境は，その程度の規模で間に合う程度だったのである．

b．オフィスは「帯」である

しかし，そうした丸の内のオフィス環境も，大正時代（1910年代）に入ると様相が一変する．階数はまだ4階程度だが，ビルに共通の玄関，共通の廊下，共通の階段が生まれ，まがりなりにエレベータが導入され，建物の真ん中に中庭を置いて，その周囲にオフィススペースをぐるりと回した，アメリカ式貸事務所の平面型が登場するのである．三菱21号館（1914（大正3）年竣工），三井第2号館（1912（大正元）年）の登場はその劇的ともいえる変化の象徴であった．やがて31mの高さ制限一杯に大型の貸ビルが続々建設される時代が訪れる．大規模な企業が育ち，分隊の単位を無数に束ねる現代のオフィスが発生したわけである．

互いに向い合わせ，島型に並べられるデスクの数が組織の最小単位人数に見合っているとすると，組織の規模は島の数に置換される．空間の問題としていい直せば，オフィスとは，向かい合ってデスクを並べた1つの島の長さを短辺とし，その寸法を窓から廊下までの幅に置き換えた「帯」状の空間だということである．

オフィスビルの形態は敷地の形状に従わざるをえない．そこで帯はオフィスビルの形態に従って折られ，曲げられ，重ねられる運命となるが，帯である以上，なるべく畳まずに長く延べるほうが良いわけだから，柱や壁，階段，エレベータ，便所など，必要やむをえずオフィスに付随する部分をどこまで節減できるか，どこに配置するかが，オフィスビルの計画にとっては重要なテーマとなる．建築の専門家は，これら付随する部分をまとめて「コア」と称し，その配置方式の是非によってオフィスビルの形態を分類している．

センターコアといわれる型式は，窓（外壁）に沿う位置にワークスペースをとり，建物の中央部に「コア」を配した型式で，20世紀後半のオフィスビルの支配的な型式であった．この型式はまずアメリカで発達した．アメリカの企業では，役職者のために多数の小部屋を用意するのがふつうであり，そのためには，高層化させることによって1階あたりの面積を小さくし，窓に面する部屋数を増やすことが好まれた．そのためにはセンターコアがふさわしい形式だったわけである．センターコア形式では，階段，便所などの部分は人工照明，人工換気に依存せざるをえないから，そうした機械的設備への絶対的な信頼が確立された20世紀に初めて可能になった型式でもあった．

センターコア型式にも，大きく分けて2つの種類がある．

一つは矩形の平面の中央部にコアを配し，その周囲にぐるっとワークスペースを配置するものである．この形式では，帯は曲げられた角のところで帯ならぬ異常な形となって，例外的レイアウトを強いられる欠点があるが，その代わり1階あたりの全床面積に対するオフィス面積の比率（これをユーザブル・レシオまたはレンタブル・レシオという）が高い利点がある．この形式のビルの例をあげれば，初期の例として香川県庁舎（1958年，設計：丹下健三），大規模な例として三井霞ケ関ビル（1968年，設計：山下事務所ほか）などがある．

もう一つは，2本の帯の真ん中にリニヤなコアを

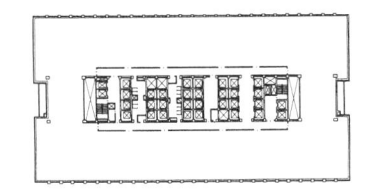

図 49.5 三井霞ケ関ビル（1968）
センターコアをもつ高層ビルの代表

配するものである．ワークスペース全体がまっすぐな帯になるため，レイアウトが容易で，配置換えにも対応しやすく，フレキシビリティにも優れている．また，コア自体も平面形の短辺に首を出すから，そこに階段や便所を配置することによって，多少とも自然の通風・採光が得られて，高い快適性と安全性をもつことができる．この例として三井物産本社ビル（1976 年，設計：日建設計）があげられる．

以上二者の中間的なセンターコアの型式も，もちろんある．小規模のビルで，コアの片側だけにしかオフィススペースのないもの，敷地の形状からオフィススペースが L 型になったものなどである．さらにはセンターコア形式とは反対に，整形のオフィススペースを中央にどっかりとり，「コア」をその周囲にはみ出させる形式も生まれた．パレスサイドビル（1966 年，設計：日建設計）は，その代表的な例である．また，近年は中央にアトリウムと称される屋根つきの中庭を配置する形式も試みられている．新宿 NS ビル（1982 年，設計：日建設計）などがその例である．

c. 面状レイアウトの試み

ワークスペースが「帯」になる理由として，組織の側からは，最小単位の組織の寸法が幅となり，組織規模の大きさが長さになるという理由をあげたが，建物の側からは，窓からの自然光の実用上の到達距離が数 m にとどまるという事情があった．しかし，この事情は人工照明の普及によって解消してしまった．建物側からはもう一つ，柱どうしの間隔（スパン）という寸法的制約から「帯」の幅が決まるという理由があったのだが，鉄筋コンクリート構造が，高層化に伴ってしだいに鉄骨構造にとって代わられるようになると，スパンの制約は緩くなり，1970 年代以後，20 m 近いスパンのオフィスビルも出現してくる．

そうなると，オフィスが帯である理由は組織の側にしかなくなるが，そこに変化が訪れてくる．組織があらかじめ固定的に編成されていて，業務がそこ

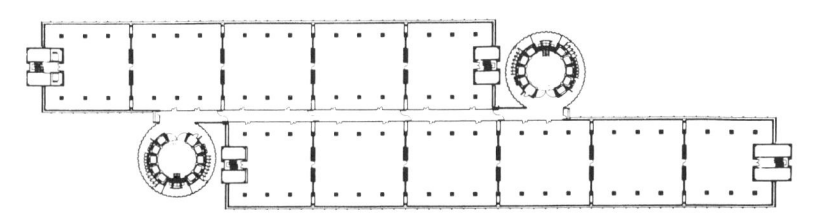

図 49.6 パレスサイドビル（1966）
大部屋の典型例，事務室の奥行は 23 m をこえる

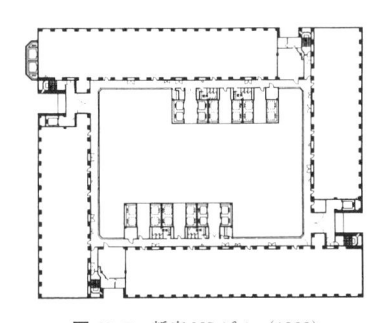

図 49.7 新宿 NS ビル（1982）
「帯」が環状に集合した平面．図 49.4 の 70 年後の姿か．

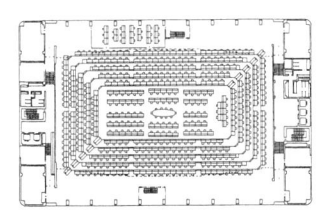

図 49.8 証券会社のディーリングルーム
体育館のような巨大空間にすりばち型の床．全員が市場の変化に即刻対応できるよう考えられた特異なオフィス．

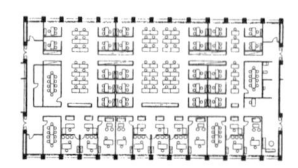

図 49.9 米国企業
スクール型配置とローパーティションによる日本の伝統的なレイアウト

図 49.10 巨大総合商社
窓際に課長，一般は向かい合うという日本の伝統的なレイアウト

に流れ込んでくるという従来型の業務形態では対応できない現実が起きたからである．特定の業務を行うために，組織の内外から適任者を選抜して必要な期間だけ業務に従事するという，アドホックチームとかプロジェクトチームといわれる形態がそれである．そうした融通無碍の組織に対応するために，オフィススペースもまた融通無碍である必要が起こる．

建築技術上の進歩とオフィスワークの変化とによって新たに生まれたのが，オフィスランドスケープまたはビューロラントシャフトといわれるオフィスレイアウトである．ワークスペースは帯状から面状のものに変わっていく．そうなると，オフィスビルには，ただただ広い柱のない空間が要求されることになってくる．

オフィスランドスケープは時代の要求に応える形態として歓迎したいところだが，そう簡単に賛成するわけにもいかない．というのは，プロジェクトチームはそれぞれ適当な期間で解散する性質のものだが，全チームが一斉に解散するわけではないし，そうでなくても引越しのためには，何かと余分のスペースが必要なものである．したがって，面積に相当な余裕がないとこれを実行することはむずかしい．極端にいえば戸籍に相当する原席と，プロジェクトチームに加わって仕事をする席との，だぶった面積が必要ということになる．日本のように地価が高く，家賃も高く，面積あたりの生産性が問われる社会環境では，オフィスランドスケープはなかなか育ちにくい．

d. 向かい合いか，スクール方式か

オフィススペースは「帯」だといったが，帯の繊維・模様のつくり方にもいくつかの種類がある．その違いは一組織単位のデスクの並べ方による．

7～8人が向かい合いに並ぶ島型が基本であることは，今後も当分変わらないとして，他の並べ方もある．

スクール方式といわれる型式は，学校の教室のように，全員が同じ方向に向かってデスクを並べるものをいう．学校と違うのは先生の代わりを役職者が勤めることで，役職者が全員と同じ向きを向いてうしろに位置する型式と，先生のように対面して前に位置する方式とがある．

個人単位の仕事内容が明快に分離されている組織であれば，スクール方式は他人に煩わされない良さがあって生産性が上がるとされ，欧米系の企業で好まれている．しかし，日本では少々事情が異なっていて，実施例はきわめて少ない．その理由は，日本の多くの企業では，組織自体が暗黙のチームワークを期待して成り立っているためで，聞くともなしに隣りの電話のやりとりを知っておく必要があり，隣りの電話が鳴ったら代わって取るよう訓練されてもきた．ところがスクール方式ではそれができない．そのうえ，役職者が対面して掛けているのは互いに気詰まりだし，といって後ろに陣取られては監視されているようで落ちつかない．スクール方式は，どうも日本の職場の人間関係と合わないのである．仲間どうしが向かい合い，役職者はみんなと直角の方向を向いて掛けるという従来型の型式は，結局なかなか変わりにくいのである．

しかし近年は，OA化の進展というやむをえない事情が加わってきた．OA機器への対応は個人単位であるから，隣近所の話を聞くともなしに聞くというわけにはいかない．伝言もコンピュータ上でのメールで応答するようになると，仕事が個人単位に分割されざるをえなくなる．OA化はまた，対面配置

の相手に機器の見苦しい裏側をみせるという環境変化をつくりだした．そこで，机を接して対面するという基本形は踏襲しつつも，個々のデスクの周囲にローパーティションをめぐらすという様式が取り入れられることになった．従来もデスクの向こう端に書類を積み上げて直接の視線を避ける工夫は任意に行われてきたのだが，パーティションが書類にとって代わると，書類の隙間から向こうをうかがうことは不可能になる．ローパーティションをめぐらすことになれば，デスクを対面配置するか，スクール方式にするかも，本質的な違いではなくなってくる．

どうやらオフィスでのデスクの配置方式についての議論は，1960年代に住宅でのキッチンの型式をめぐって起きた議論に似ている．それは流し・レンジ・調理台の配置はⅠ型とU型とL型のどれが望ましいかという，一見真剣な議論であった．だが，タイプの優劣はその住宅の広さ，好みの料理の種類などによることであったから，型式だけを取り出しての議論には意味はなかったわけである．オフィスのデスク配置も，業態や許容される空間の広さによることであり，型式だけを取り出しての比較優劣論は，意味がないということに落ちつきそうである．

49.6 日本人のオフィスの装備

現代のオフィス空間は，空調を完備し，照明は700～800 lx程度の環境が常識とされている．また，OA機器の普及にしたがって，床下の配線の増設・交換を容易にするレイズドフロア，またの名をフリーアクセスが装備されるようにもなっている．最近の方向として，空調については，温度の制御だけでなく輻射熱への配慮や，個人別の要求への対応が図られる方向にあり，照明については，環境照明と個別の必要に応じた照明の2段構えの装備が試みられつつある．また，セキュリティについては，ベトナム戦争のための技術開発の成果という因縁はあるにしても，センシング技術の急速な発達によって，オフィスの内外にさまざまな装備が行われるようになった．

ところで，日本ではこれまで，オフィスの環境は常に住宅より高いグレードに保たれてきた．第二次世界大戦後の貧しい住宅事情を引きずって，うさぎ小屋などという形容詞を奉られてきた状態では，オフィスのほうが高いグレードにあるのも当然のようであるが，これは，生活より産業が優先されてきた日本社会の特徴をよく表している．日本のオフィスワーカーの長時間勤務は世界的に有名であるが，その理由の一つは，オフィスと住宅の環境の程度差にあったといえよう．狭い住宅のなかは奥さんと子供に占領されてしまい，ご主人は身の置きどころがなく，暖冷房も満足にないので，夜も休日もオフィスで過ごすほうが楽なのである．狭さで有名だった住宅の水準も年とともにしだいに上がってきたが，オフィスの環境も負けずに改良され続け，オフィスは常に住宅に優る生活の場であり続けてきた．

今後についてはどうか．ここは住居の将来について論じる場ではないが，狭小な住居環境も遅まきながら改善されてきている．生活の場としてのオフィスの環境の快適化は，それに追い打ちをかけられてますます進むであろう．ただし，これまでのような資源・エネルギー浪費型のオフィス環境の開発には限界がありそうである．

OA機器の電力消費は，開発の初期にはきわめて高いのがふつうであるが，改良されるに従って対性

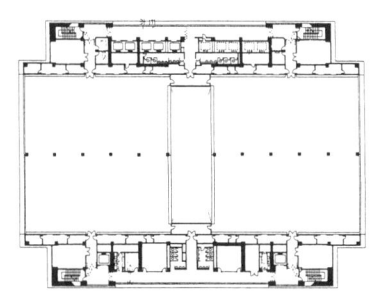

図49.11 特許庁庁舎（1989年）
コンピュータ化時代のオフィスの典型

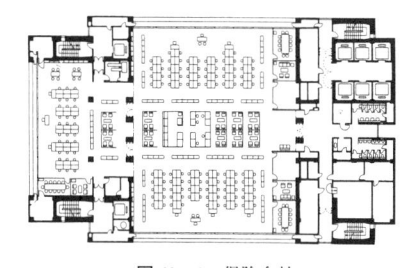

図49.12 保険会社
オフィスの中央部に事務機器のヘビーデューティーゾーンが設けられた1980年代の例

能比の電力消費量は減っていく．にもかかわらず，全体としては，消費電力は増加する結果となるのは，機器の普及による台数の増加が，改良による節減をはるかに上回るからである．しかも，オフィス環境の観点からみると，OA機器の消費電力の増加は，直接の増加量だけの問題ではない．機器からの発熱を吸収してなお同等の室内温度を維持するために，相当量の新たな冷房負荷が発生する．1970～80年代は，そうした変化の最もあわただしい時代であった．どこでもオフィスビルの冷房設備は既存のものでは足りなくなり，設備の増設に追われ続けた．

しかし1990年代に入ると，オフィスの装備には変化の徴候が現れる．OA機器の1人当たり装備率は増えるのだが，機器の革命的な改良によって消費電力が頭を打ち始めたからである．機器の急激な小型化と，ブラウン管から液晶へのディスプレイ装置の変革がそれである．機器の廃熱を利用して冷暖房に役立てるという1980年代の最新システムを誇ったビルで，機器の廃熱が減少し始めたため冷暖房の熱源が不足するという逆転現象が，いま耳新しい．

冷暖房の普及で人工気候化を進めてきたこれまでのエネルギー大量消費型の技術も，今後は見直されることになるであろう．これまでの人工気候は，嵌め殺し窓によって外界との関係を完全に断つことによってしか成り立たなかった．せめて春・秋の爽やかな日には窓を開けて外の空気を採り入れたいと願う自然の願望に応えるためには，風雨を予知して窓の開口の程度を自動制御でき，また人工気候をエリアごとに微妙に制御できる技術が必要である．いずれそれらは実現する日がくるに違いない．その技術が日本から生まれることを期待したいと思う．

49.7　日本人の役員室

日本の大企業には，製鉄業やホテル業のように当初官営として発足し，その後民営に移管されたものもあるが，民間の事業家の創始にかかる個性豊かな企業も少なくなかった．しかし第二次世界大戦前後から，国家による統制，戦犯追放があり，戦後は創業者ファミリーの支配力が薄れ，いわゆるサラリーマン重役が大勢を占めるようになると，企業内も官僚的あるいは多数決的雰囲気が強まって，役員の個性ははっきりしなくなる．といって役員室がなくなるわけではない．むしろ，役員室はサラリーマンの栄達の象徴として残り続けるばかりか，地位を表す手段として必要とされるようになる．個室と秘書と専用車とは，息を切らせて働き続けるサラリーマンの鼻先にぶら下がったニンジンであり，天下りの役人を迎えるための必要条件ともされる．

その結果，日本にはどんな役員室が生まれるか．企業規模と役員の地位とにふさわしい役員室のあり方を，同業他者との比較によって決め，役員が入れ替わっても大規模な模様変えをしないですむような，没個性の役員室がつくられる．内装はもちろん，生け花から壁にかかる絵画に至るまで，総務課・秘書課の選定により調達されるという風景は日本独自のものである．

とはいえ，役員室の設えはその企業で役員が果たす役割によって微妙に異なる．トップダウンの企業は日本では少ないから，これまで役員室は，半生をかけてやっと到達した安穏な地位を貪るための場であることも少なくなかったが，さすがに今日の競争社会で企業が生き残るためには，役員なりの働きが求められる．その働き方が部屋の設えに表現される．

役員室には，まず役員のデスクがある．その向こう側あるいは脇の位置に訪問者のための椅子が1脚置かれ，部屋の隅にスペアの椅子2～3脚が用意される．別にティーテーブルを囲んでソファ1，安楽椅子4～5脚からなる応接セットが置かれる．役員室に応接セットを置くのは，通される来客への丁重な接遇のためでもあるが，来客に対して自分の地位を示すためのものでもあるから，応接セットの首座を部屋の主人が占めるように配置される場合も少なくない．さらに丁重な接遇を要する来客のためには独立の応接室が別に用意される．

役員席の近傍には秘書席が配置される．秘書の位置は秘書の役割によって異なる．日本の在来型の女性秘書は来客の案内とお茶のサービス程度が主任務だから，ベルが鳴ったときに来てくれさえすれば，何人かの共同秘書でも，少々遠くに位置していても構わなかった．こうした秘書の使い方は，役員の接待やゴルフなどの行動全般を秘書に把握させることを嫌う習慣と表裏の関係にあり，公私の区別の曖昧な企業風土を示している．しかし外資系企業のよう

に，秘書が私的な行動を含む役員の全行動を把握し，電話の対応をこなし，口述筆記でレターを作成するとなると，役員と秘書とは1対1の関係で，身近にいなければ務まらない．役員個室のドアの前にデスクとOA機器を並べて秘書が陣取る配置はその典型的な例である．もっとも近年は，OA機器の発達によって，役員自身が自ら機器を操作する企業も増えてきた．

役員室に付属する施設として，シャワールームがある．役員は祝儀・不祝儀を駆け足で回らなくてはならないから，1日のうちに汗を流し，シャツを着替えるなどの必要が起こるためである．そのため，シャワールームを清掃し，タオルを準備するなど，ハウスメーキング的な業務が発生する．

49.8 日本人の応接空間

オフィスというところで，ヒトは何をしているのか？ オフィスワークの内容は，わかっているようで，わからない部分が多い．目に見える行動に分解してみると，どうなるだろうか．

書類を作成する．目を通す．承認のはんこを押す．電話を掛ける．メモをとる．書類を運ぶ．書類を整理・分類する．検索する．棄てる．近頃では書類の一部が，紙からブラウン管・液晶に移りつつあって，画面を眺めキーボードを叩いている風景も増えてきたが，ともあれオフィスワークなるものは，これら一連の作業の連鎖からなっている．しかし，それらの消費時間の実質についてみると，何時間にも及ぶものは少ない．たとえば食事に1〜2時間かかるといっても，食物を口に運び，咀嚼する時間だけをとってみればせいぜい10〜20分にすぎない．つまり実働時間よりも，それを取り巻く周辺の時間が長い．では周辺の時間に人は何をしているのか．「考えている」わけである．いい換えれば，必要な情報を取り入れたのち，結論が出るまで頭脳という演算装置を回しているのである．それは何十回にも及ぶシミュレーションを繰り返して，望ましい結論が出るまでの演算過程である．しかし，さまざまな蓄積情報を取り出しているうち，いつの間にか別の情報，すなわち昨日のゴルフの結果が引き出されていることもありうるし，インターネットがいつの間にかゲームに代わっていても，他人にはわからない．どんな種類の演算を行っているのかは所詮他人にはうかがい知れないのであって，他人にとってうかがい知れない時間がオフィスワークの主要な時間を占めるのだから，知的作業とは奇妙なものである．

オフィスワークの主な要素の一つに，人に会う，人を訪ねるということがある．その周辺に人を待っている時間がある．そのためにオフィスには必ず会議・応接のための空間が用意される．

応接「空間」とよんだ理由は，役員室のなかに用意された応接セット以外に，クローズされた応接「室」と，応接のためのオープンスペースとして，ロビーとかラウンジとよばれる空間とがあるからである．応接空間の役割は，懇談・陳情・抗議などもありうるが，どこでも挨拶という行為が大きな要素を占める．挨拶は伝達，依頼，お礼などからなり，いずれも討議を必要としない面会である．したがって所要時間は会議ほど長くない代わりに，いささか儀式めいた雰囲気と，儀式の前後に必要とされるくつろいだ雰囲気とが求められる．くつろいだ会話から予定外の重要な情報が得られることも多く，挨拶にはそれへの期待も含まれている．

挨拶は原則として書類を参照する必要がないので，テーブルの高さは低く，椅子は安楽椅子のような座の低い，肘つきの，楽な気分のものが適している．そのため多くの場合ソファが用意される．

応接室の席配置には，地域・組織の習慣が反映される．権威的な組織では空間の正面に主座を置く．主座は椅子の座も背も他の椅子よりひとまわり大きい．いわば謁見の型式である．謁見の雰囲気はさすがに日本では稀になったが，役所には残っている．今日では一般に正面の主座は省かれ，テーブルの両側に椅子が置かれる．多くは入口から入って右側にソファを置き，その奥まった位置を正客の座とすることが多い．迎える側の代表者の座はそれに正対す

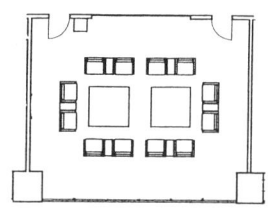

図 49.13 応接室

る位置をとる．接客側の座の，来客から見えにくい位置には秘書をよぶボタンが設備されている．室内には随行者のために，いくつかの肘なしの椅子が準備され，必要に応じて適当な位置に配置される．

応接ロビーでは，複数の面会が動じ同時そこでむずかしいのは，互いに顔を合わせてはまずい相手の扱いである．ある種のホテルのように，わざわざロビー内に柱かそれに代わる視線を妨げるものを配置して，相手の視線を避けられるよう配慮する場合もあるが，受付からの視線が遮られても困る．競争相手どうしが同時に訪れたとき，どちらを優先するか，会話の内容が他者に洩れないか，そうした配慮は受付の役割なので，客扱いを重視する機関ではロビーの受付には経験豊富な係員を配置して，せいぜい微妙な調整を心掛けようとする．

応接空間には，社会に対する企業や役所，いい換えれば機関の姿勢が映し出される．機関にとって大切なお客様である場合は，粗末に扱われるはずはないのだが，それでも遠路を訪れた客人にとっては，椅子の固さやお茶のぬるさ，連絡電話の借りにくさは気になるものである．役所を訪れると，役所による違いの大きさに驚かされる．企業も同様で，来客の大部分が下請け会社であったりする性質の企業では，受付嬢の応対一つさえ尊大な気分を醸し出す．今日の社会で，上下の意識を感じさせるような機関は落第であろう．

49.9　日本人の会議室

オフィスワークの相当部分は会議に費やされる．一体，会議は何のために開かれるか．組織が整然と組み立てられていて，各役職の権限が明確であれば，業務は各人の判断で処理されていけばよく，会議を開く必要は，合議を必要とする予想外の事態の発生以外にないはずである．しかし，あらゆる機関は常に次の時代に備えて組織・権限の改変をしていかなければならないし，予想外の事態も意外に発生し，そのためには協議する機会が必要になる．しかし，会議はそのような目的をもたなくても頻繁に開かれている．会議の重要な意味は，実は人間の本能としての集団への帰属意識を直接に満たす手段として存在するらしい．互いに顔を合わせて仲間どうしの一体感を確かめ合うだけでも，十分に意味があるようなのである．

会議は2つの種類からなる．一つは，議題をめぐって意見を出し合い，納得のいく結論を得るための会議，もう一つは，権限のある上席者が関係者を集めて命令・指示を徹底するための集会である．後者は本来会議ではなくブリーフィングとよぶべきであろうが，日本語には適当な言葉がない．現実には，命令・指示の伝達確認を会議という形に仮想させることも多い．

役員室内にブリーフィングの場所がつくられる場合もある．この場合は役員のデスクの向こう側に，デスクにつなげてテーブルが配置され，テーブルの周囲にコの字型に椅子5脚程度が置かれる．主座はもちろんデスクの向こうに掛ける役員である．こうした配置では，役員はブリーフィングの間にも他の業務の電話を受けたり，秘書の差し出す緊急の稟議書にはんこをついたりすることができるから，多忙な企業に喜ばれる設えである．

会議室での会議は，人数によって性格が決まる．7～8人までの会議では，1～2時間に限られた時間内にも，出席者は平等な発言の機会を得ることができるし，発言の内容とともに発言者の体調や機嫌を知ることができるし，賛成・反対の度合いもその表情から読むことができる．けれども利点でもあり

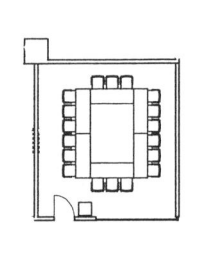

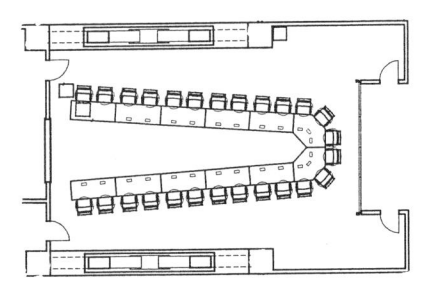

図49.14　会議室

欠点でもあるのは，この人数の会議は雑談会に発展する可能性があることである．

十数人から20人程度の会議は，どんな機関でも最も頻度の高い会議である．なぜなら互いに表情を確かめ合える限度内であり，随時発言を求めることができ，しかも会議の尊厳を維持できる程度の疎外感を保つこともできる規模だからである．この規模の会議のテーブルは長方形，長円，または楕円である．正方形や円形ではテーブルの真ん中に手が届かない部分ができて空虚になってしまう．議長ないし進行役は通常テーブルの長手の中央に掛ける．全員に目が届く位置だからである．書記はその傍らまたは別に用意された机を使う．メインテーブルの端部に掛けた者は，自動的にオブザーバーに近い立場に置かれる．

二十数人をこえる規模の会議となると，一つのテーブルを囲んでは掛けられない．掛けられたとしても互いの距離が遠くなりすぎて，一つのテーブルを囲む意味が薄れてしまうから，議長の反対側の長辺のうしろにもう一列の席をつくるなどすることになる．さらに人数が多くなれば会議室は劇場のスタイルに近づいていき，出席者は前列の発言者と後列のオブザーバーとに分離されてしまう．

この規模での会議を効果的に進めるためには，AV装置による援助が必要である．まず，音声の拡張・制御装置が必要になる．マイクロホンは目立たないように各席の前の机に埋め込まれ，発言は均等な音量に自動調整されて，天井に埋め込まれた多数のスピーカーから送り出される．小さい声の発言者の意見も明瞭に聞き取ることができ，大声で他人の発言を制することができない仕組みである．説明資料はスクリーン上に表示される．そのためには映像投射装置，コントロール卓が適当な位置に配置されなければならないし，データをあらかじめスライドやコンピュータ上に用意しておく準備もいる．こうした装置の利用は専門の要員を必要とし，要員を手足のように使える立場の者だけに迫力あるプレゼンテーションの機会が与えられて，会議の結果が歪められる欠点も指摘されるが，一方ではパソコンの普及によって，誰でも容易に美しい映像を制作できるようにもなってきた．会議の結論がプレゼンテーションの腕に左右されるのは，会議というものに密着した属性の一つなのであろう．

会議室の環境はどうあることが望まれるか．

ヒトが緊張を持続できる時間の限度については，緊張の性質にもよるが，一般の会議では1時間半程度ではないか．大学の授業の1単位はどこでもその程度になっている．しかし，世間には数時間にも及ぶ長い会議も多い．議題ごとに切って考えればそんなに長くない場合もあるが，結論を得ようとして論議が尽きず，やむをえず長時間に及ぶものもある．そんなとき，出席者はどうしているのか．ごく一部の発言者は過度の緊張に疲れて明快を欠く発言を続けているが，他の，発言に関心のない，あるいは緊張を持続できなくなった出席者はどうか．自分にとっては議題よりもさらに重要な，頭にこびりついて離れない難問題について考えている者がいる．昨日のゴルフの敗因を思い浮かべ，明日の出張先での飲み会を想像し，来週のデートの行き先を考えている者もいる．他のことを考えていたとしても外からみて区別がつくわけではないが，それでも会議は会議であり，重要な時間が会議室で費やされているとすると，会議室の環境はないがしろにできない．とかく会議室は窓際にとられたオフィススペースの残りの廊下側，窓のない部屋であったりしがちであるが，むしろ窓の外には緑豊かな環境が展開するような環境をつくるよう心掛け，そのうえお茶やコーヒーの味がよければ，会議の質も上がろうというものである．

49.10　日本人のオフィスアメニティ

a. 社員食堂

オフィスワークには食事がつきまとう．オフィスワークは朝8時半または9時から始まって夕方の5時前後までワーカーを拘束するから，この間に昼食をとる必要が起こるためである．ひと昔前，亜熱帯の植民地では，オフィスワークは朝8時頃始まって午後2時頃には終わっていたから食事の心配はいらなかったが，一般にはオフィスワークと食事は切り離せない関係にある．

といって，ただちに職場には食堂を設ける必要が起こるわけではない．アメリカの都市郊外に突然独立の本社ビルをつくるなどという場合は別であるが，一般には多数のワーカーが職場に集まるという

ことは，その近傍になんらかの食事の施設があることが想像される．昼の休憩時間も定められているのだから，外出して食事をとればよく，食事まで拘束されることはないと考える者も多い．したがってオフィスビル内に食堂を設けるのは特別の理由による．日本の税法ではこれまで一定限度までの食費について損金扱いが認められているので，ワーカーの福祉のために廉価な食事を企業が給することが多い．外で食事をとる機会に，会話のなかから秘密が洩れることを恐れる企業も存在する．ひと昔前までは，金融機関では拘束時間内には外出が許されない例もあった．そういう場合には必然的にオフィスに食堂が併設されることになるのであった．

しかし，今日オフィス内に食堂が設けられるのは，ワーカーへのサービスである．身分が明らかだから，企業が発行するカードで食費は給料から天引され，現金に接しない便利さがある．また，外部より廉価で，衛生的で質の高い食事ということもあるが，何よりの利点は気持ちの良い環境の食堂を提供できるということであろう．したがって食堂の位置としては高層ビルの最上階が選ばれることが多い．企業によっては，複数の種類の食堂を設けるものもある．一般向けにはカフェテリアを用意し，別にカフェテリアよりはやや高級なサービスつきの食堂をつくるのがそれである．サービスつきの食堂は来客との会食にも使うことができるし，たまには気分を変えたいというときにも利用することができる．

オフィスの昼食時間は限られているから，2交替，3交替を心掛けたとしても企業内食堂は利用効率がひどく悪い．そこで会議室として利用したり，アフターファイブにはバーを開設したりする試みが行われている．会社のなかで仲間や上役と飲んでも面白くないと考える向きもあるが，雰囲気がよく酒価が安ければ結構という意見も強いのである．また，企業には人事異動がつきものだから，送別会，歓送会の会場としての需要も結構あるわけだ．

食堂の近くには喫茶室を設けることも多い．喫茶室は来客のためのラウンジにも利用できるし，ここから応接室へコーヒーの出前を行うこともできるから，企業にとっても好都合といえよう．

b. 来賓食堂

来賓用の本格的な食堂を設ける例もある．外国では親密な来客を役員が自宅に招待することが行われるが，日本の場合，住宅・通勤事情からいってそれは不可能に近い．勢い料亭やホテルのレストランに招待することになるのだが，同業他者が招待したのと同じホテルだったりしては恰好がつかない．そこで企業は迎賓館をつくったり，社屋内の最もふさわしい場所に来賓専用のダイニングルームを設けるわけである．

ダイニングルームは精一杯立派につくられるから，設備に関しては外国の社長邸などに比べて遜色はない．しかし，招かれた側にとっては天地ほども雰囲気が違う．なぜか．それは，外国の場合，メニューは特別の用紙に印刷され，料理は社主お抱えの料理人が腕を振るい，サービスはこれも長年仕えた執事が執り行い，テーブルウエアにはそれらしい紋章が彫り込まれているといった具合であるのに比べて，当方は運営を外部に委託しているため，出てくる料理はホテルと違わず，テーブルウエアにはホテルのマークが入っていたりするからである．日本の企業はオーナー色が薄く，民主的に運営されているといえば聞こえがよいが，人格が役職の陰に隠れてしまう官僚的な側面がはしなくも露出されるとみることもできる．

c. トイレ・喫煙など

日本人は小便の頻度が高いのか．アメリカの大都会のオフィスでは，トイレに鍵がかかっていて，鍵を借りなければトイレを使用できないから，日本人は頻繁に鍵を借りにいくことになって恥ずかしい思いをする．日本のオフィスビルの小便器数は，外国に比べて確かに多いようである．一方，大便器の数も日本は多いのだが，このほうは生理的な理由と並んで社会的な理由も存在する．通勤時間が長い日本では，用便を職場にもち込む者が多いからである．これまで，オフィスの便器の数が多すぎるという話は聞いたことがない．多ければ，それだけ利用者が自宅から移ってくるためである．

トイレは食堂以上の基本的生理空間だから，これを「アメニティ」のなかに含めるのはいささか躊躇されるが，1970年代以後，生理空間であればこそ

快適につくろうという雰囲気が生まれ，無臭で低騒音の温水洗浄便器や非接触型手洗いの開発が進み，トイレの環境は大幅に改善された．カンフォートゾーンなどという呼称さえ生まれるほどである．

洗面所は，従来はトイレに付属した手洗い程度にしか考えられなかったが，食後の歯磨きの習慣の普及に伴って，トイレから独立した空間になり，コンタクトレンズや歯ブラシなどの属人的小物の置き場が用意される方向に向かっている．

一方，嫌煙権の主張が強まった近年は，喫煙の習慣は急速に排斥されつつある．そのため，一般のワークスペースでは灰皿が片づけられ，喫煙は特定の場所だけで許される職場も少なくない．しかし，喫煙は身近な場所でなければ意味がないようであるから，職場の一角を喫煙コーナーにあてることもあり，喫煙と喫茶を組み合わせて外壁に面する場所をリフレッシュコーナーとする例もある．

アメニティ施設として理髪室が設けられることもある．プライベートの時間ですませたらよさそうに思うが，多くの官公庁では売店の隣りのあたりに理髪施設が設けられていて，勤務時間内の散髪が許されている．理由は，髪が伸びるのは勤務時間内だから，刈るのも時間内でよいのだという．この調子では，いずれ女性の美容室も設けられる時代がくるのかもしれない．

図 49.15 日本人の空間感覚
伝統的に横に広がっていく．窓が横長になるのが日本のオフィスビルの特徴（三井海上保険本社ビル．設計/日建設計）．

健康管理施設を社屋内に設ける例も少なくない．ビルの外周に沿ってジョギングコースを設けた例もある．アメリカにはオフィスビル内に室内プールを設置したものがあって，業務成績の優秀な者には褒賞として利用権が与えられるという．

49.11　日本人のオフィスの未来

これまでの日本のオフィス環境は，面積について考えると，とにかく狭かった．1人当たり面積は，明治時代から今日までほとんど変わっていないようなのである．もっともこの事実は，明治時代の統計に現れるオフィスが官公庁や一流企業を対象としたため，1人当たり面積算出の分母となる人数が正規職員だけで，現実には正規の職員以外に，雇員とかボーイとかの呼称でよばれる定員外のワーカーが相当な人数に達していたことを併せなければならない．実質は数字より相当に狭かったとも考えられ，そのように考えれば多少の改善はあったことになるのかもしれない．

欧米先進国のオフィスは悠々としている．アジアの途上国のオフィスもそれに似ている．日本だけが狭いのである．これまで狭さが大きな問題にならなかったのは，外国人のワーカーがいなかったため，また外国で働く機会が少なく，オフィス環境の格差が意識に登らなかったためであろう．また一方では，無意識のうちに住居水準との比較でオフィス環境を考えていた理由もありそうである．世界に冠たる狭い住居で暮らしていれば，オフィスの狭さが特に意識されることはないわけだ．

OA（オフィスオートメーション）化の進展とともにオフィスはますます狭くなり，OA機器の発生する騒音と廃熱の問題も加わって，1980年代に入ると，オフィス環境の劣化が意識されるようになる．国際化の進展とともに，外国からは日本のオフィスの劣悪な環境は不当なダンピングとする非難さえ耳にするに至って，オフィス環境の改善は，景気振興という目的も兼ね，官庁主導で推進された．

1980年代半ばからバブル景気といわれる景気の過熱状態に入ると，企業は将来への設備投資の対象として，また求人のための必要から，オフィス環境の改善に本腰を入れはじめる．なかでもソフトハウスといわれるコンピュータのソフトウェアの開発を

専門に扱う新興の企業は，オフィス環境こそ良質の人材確保の手段として，思い切った高品質のオフィスを求めた．次の段階ではそれが牽引車となって，一般企業のオフィス環境の改善に波及していく．第二次世界大戦後オフィスの定番とされてきた米軍規格の青灰色スチールデスク・回転椅子は一挙に追放される時期が訪れた．メーカーは木目のデスクトップにローパーティションを組み合わせたワークステーションを開発・宣伝し，たちまち普及していく．建築もこれに呼応して，OA機器の配線のため，レイズドフロア（フリーアクセス）とよばれる揚げ床が常識になったのは，オフィスの歴史始まって以来の大変化であった．

オフィスの未来はOA機器の行く末と関連がある．ひと昔前，コンピュータはガラスの壁で囲われ，入る者に脱靴を命じる恭しい空間に鎮座していた．1970年代からはコンピュータの小型化が顕著になり，日常の文房具としてデスクの上に移行してきたが，開発途上の未熟なOA端末とその周辺機器は，かさばり，多量の電力を消費し，廃熱と騒音を出し，しかもうしろ姿は醜く目障りであった．ブラウン管から液晶へ，デスクトップ型からノート型へと移行するにしたがって，しだいにオフィスは事務工場の雰囲気から脱出する気配がみえてきたのは結構な変化であった．オフィスからうしろ姿の醜いCRT群が姿を消す日も近いであろう．

顧みれば，オフィスのオフィスたる最初の身分証明は電話であった．電話のあるところがオフィスだった時代は長い．数人に1台だった電話が，しだいに各自の机に配置されるようになってから半世紀が経過し，1990年代に入るとにわかに携帯電話の時代が到来する．電話が場所に属する道具から，ヒトに属する道具に変わる．そうなると，ヒトが電話のある場所であるオフィスに出掛ける理由が薄くなる．オフィスがヒトに付属して移動するようになる．

変化する社会環境のなかで，オフィスビルの将来はどうなるのか．

在宅勤務やサテライトオフィスが話題となって，もう久しい．ネットワーク化された情報にアクセスする場所は，オフィスビルに限らなくなっている．しかし，人と人とが接触する場所として，オフィスビルは自宅やホテルよりよほど洗練されていて，魅力的だということがある．

また，私たちは，事件が起こるたびごとにその機関が入居しているオフィスビルの姿がテレビに映し出されるのを見ている．事件の性質と建物の表情との間に直接の関連があるとは思えないが，機関にも自然人のように顔というものが必要であるものらしい．

オフィスビルは，まだまだ必要とされ続ける（'97年6月記）． ［林　昌二］

50
日本人と生活時間

50.1 日本人の生活時間構造

 時代とともに人々の生活のリズムは変化する．近代以前の日本人の生活リズムを推測する科学的データは乏しいが，たとえば江戸時代の日本人の生活は現代人に比べてより自然のリズムに左右されていただろうことは推測できる．行灯の光というのは現代人の置かれている光環境に比べてはるかに照度が小さいため，夜間での活動は現代ほど活発ではなかったと思われる．その結果として当時の人々の就寝・起床時刻は現代人と比べて早かったであろう．時間を正確に知るということが近代以前には現代ほど容易なことではなかったために，人々の時間に対する意識というものも現代人とは異なっていたはずである．現代人のように分刻みの予定に縛られることはなく，自然環境のサイクルに依存する形で時を知り行動を起こしていたと思われる．

 現代日本人の生活時間構造は都市化の進展や人々の生活リズムの夜型傾向に合わせて夜型化していることが指摘されている[1]．生活時間の夜型化には照明技術の進歩，テレビなどの科学技術の日常生活への浸透，人々の価値観の変化，夜型化に対応した社会基盤の変化などが関係しているものと思われる．このように，日本人の生活時間構造を理解するには，生活リズムに変化を及ぼすさまざまな要因についての考察を行う必要がある．生活時間構造の変化は人々の生活様式，考え方，健康などのさまざまな面で影響を及ぼしていると考えられる．本章ではまず，日本人の睡眠覚醒サイクルにかかわる生活時間を検討し，現代日本人の生活時間構造の基本的枠組みについて検討する．

 日本人の生活時間構造を調べる国の基礎資料として総務庁の「社会生活基本調査報告」がある．ここでは，1960年から5年おきに行われているNHKの国民生活時間調査を用いて日本人の生活時間構造を把握することにする[2,3]．1995年に行われた国民生活時間調査によれば，日本人の平均的な睡眠習慣は次のようである．10歳以上の日本国民の1日1人当たりの睡眠時間（1週間平均）は7時間36分である．就寝時刻については，標準就寝時刻（50％以上の人が寝ている時刻）は平日23時，土曜23時30分，日曜23時であった．一方，標準起床時刻は平日6時30分，土曜6時45分，日曜7時であった．

 1980年から5年ごとの睡眠時間の変化を時系列で比較すると，平日，土曜，日曜のいずれも減少傾向を示している．平日の睡眠時間については，80年，85年，90年，95年で7時間52分，7時間43分，7時間39分，7時間32分と減少してきている．この睡眠時間の減少は就寝時刻が遅くなることと関連しており，起床時刻には大きな変化が認められないことが特徴である．すなわち，夜更かしをする人が多くなったために，睡眠時間が減少してきていると考えられる．

 食事時刻のリズムについては，朝7時，正午，19時というのが最も多くの人が食事をとる時刻である．20歳代の若者では朝食を欠食する人が多い．平日の生活時間では有職者や学生では仕事と学業（拘束時間）が大きな比重を占める．拘束時間は時系列的にみると年々減少傾向にある．これはオイルショックやバブル崩壊といった経済動向と週休2日制の普及による休日制度の変化が大きく寄与しているものと考えられる．

 これと反比例して，自由時間が年々増加傾向を示している．たとえば，1970年には土曜の自由時間は4時間8分であったのに対して，1995年では土

曜の自由時間は5時間57分となっている．男性有職者について，増えた自由時間をどう使っているかを調べてみると，土曜・日曜ではテレビ視聴やレジャー活動に使っていることがわかる．一方，家庭婦人は平日では有職者に比べて自由時間が長いが，土曜・日曜でも自由時間量があまり変わらず，1週間の生活にメリハリがないといった特徴が現れている．

1日の生活時間構造は年齢，性，職業の有無，結婚の有無などの多くの要因に左右され，一律に論じることはむずかしい．しかし，全体的なこととして指摘できるのは，生活時間構造が社会経済的条件の変化に敏感に反応して変化することである．好不況の波，労働時間制度の変化，女性の社会進出，都市化の進展，教育制度の変化，情報化社会の進展などの大きな社会経済的要因が深くかかわっていることは疑いないことである．

50.2　日本における生活時間構造の地域較差

筆者らの最近の研究をもとに，日本における生活時間構造，特に睡眠習慣の地域格差に及ぼす社会経済的要因について考察する[4]．

1990年のNHKの国民生活時間調査[2]に基づいて日本人の生活時間構造をより具体的にみてみると，大都市圏とそれ以外の地域で睡眠習慣には地域較差が存在することがわかる．東京圏および大阪圏の平日の睡眠時間は，それぞれ7時間26分，7時間35分である．これらの値は全国平均の7時間39分と比べて短いことがわかる．全国平均との差が小さいようにみえるが，秋田県および高知県がともに8時間0分であるのをみるとわかるように，東北地方や四国などと比較するとその差は明らかである．

図50.1に，NHK世論調査部編「国民生活時間調査」（1990年）をもとに筆者が作成した平日の就寝時刻の都道府県別マップを示す．平日の就寝時刻は東日本では早く，西日本では遅い傾向を示した．東京都，大阪府の就寝時刻は他の道府県と比べて就寝時刻が遅かった．平日の起床時刻についても同様の傾向が認められた．

このような就寝時刻の地域較差に関連する要因を明らかにするために，都道府県別の他の社会経済的

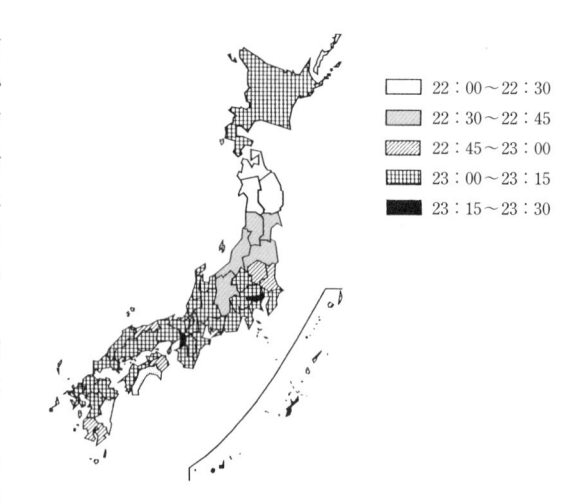

図50.1　平日の就寝時刻の都道府県別マップ
（NHK世論調査部編「国民生活時間調査」，1990）

要因との相関を調べた．就寝時刻と有意に関連する社会経済的指標として，第三次産業就業人口比率，県民分配所得，ウイスキー・ブランデー消費量，自殺死亡率が認められ，就寝時刻の遅延は都市化を反映しているものと考えられた．また，平日の就寝時刻・起床時刻・睡眠時間のうち，就寝時刻の遅延が都市化の進行を最も鋭敏に反映していることが明らかとなった．このように，大都市圏に居住する日本人の生活リズムはそれ以外の地域に居住する人と比較して，生活時間構造が夜型化していることがわかる．すなわち，24時間都市化現象に伴い，都市生活者のライフスタイルが変化していることがわかる．

次に，大都市に勤務する勤労者の睡眠習慣と心身症状について調べたわれわれの研究を紹介する[5]．対象者は某都市銀行の東京都内の支店に勤務する東京圏在住の148名（男性104名，女性44名，平均年齢32.0歳）の銀行員である．就寝時刻は起床時刻より変動が大きく，就寝時刻・起床時刻とも年齢が高くなるにつれて早くなった．ちなみに，20歳代男性の平均就寝時刻が0時18分，平均起床時刻が6時23分であったのに対して，50歳代男性の平均就寝時刻は23時43分，平均起床時刻は5時52分であった．NHKの調査による東京圏の生活者の就寝時刻は20〜70歳では23時15分から22時30分の間にあり，対象となった銀行員の就寝時刻はこれと比較して遅延傾向にあることがわかる．

次に銀行員の自覚的な心身症状と関連する要因を調べた．自覚的疲労感が強いことと有意に関連する要因は，精神的ストレスがあること，起床時の気分が悪いこと，睡眠の充足感がないことであった．憂うつ感が強いことと有意に関連する要因は，睡眠時間が短いこと，起床時の気分が悪いこと，不眠の既往歴があることであった．以上の結果より，大都市圏に居住する勤労者の自覚的な心身症状の発現には，睡眠関連要因や精神的ストレス要因が関与していることがわかった．

50.3 日本人の生体リズムと生活リズム

1日の生活時間構造が乱されると健康面でさまざまな影響が認められるようになる[6]．生活時間構造が乱される原因として，睡眠習慣の不規則な生活が考えられる．朝起きて夜眠るという通常の生活を送っている人でも，睡眠習慣が不規則になり身体の不調を訴えることもあるが，職業上の要請から不規則な生活を余儀なくされる人々も多く存在する．交代制勤務者とよばれる人たちがそれである．

交代制勤務は24時間社会化が進展した現代社会ではますますその必要性が高まっている．従来より，鉄道や病院といった公的サービスに従事する職種の人や連続操業が前提となる製造業の勤労者などでは交代制勤務が当然のこととして受け入れられてきた．最近では24時間営業のコンビニエンスストアに代表されるサービス業においても，交代制勤務が広がってきた．世の中が便利になるということは，誰かが継続的にサービスを提供することにより成り立つのだという当たり前のことを忘れてはならない．

不規則な交代制勤務に従事する勤労者で，不眠や疲労や胃腸障害といった健康障害の発生頻度が高まることはすでに多くの研究者の報告するところである．このような健康障害の原因は医学的にはサーカディアンリズムとよばれる身体のさまざまな生理機能の日周性変動が大きく乱されることによって生じる．われわれの身体のなかにあるさまざまなサーカディアンリズム変動は外部環境のリズムの少々の変動には十分に対応できるが，外部環境のリズムの変動と身体のなかの生体リズム変動のずれがあまりに大きくなると，うまく適応できなくなる．

交代制勤務でいえば，睡眠時間の開始時刻が通常の睡眠リズムの開始から5時間ずれると，体温に代表される身体の生理機能のサーカディアンリズム変動は大きく乱されるようになることが知られている[7]．サーカディアンリズムの内的脱同調とよばれる現象は最も劇的な変化で，通常の生体リズムの1日の周期である24時間と異なる周期でサーカディアンリズムが変動するようになる[8]．このようなサーカディアンリズムの内的脱同調は3交代制に従事する交代制勤務者では約3割に認められることが知られており[9]，健康管理上きわめて重要である．

サーカディアンリズムの内的脱同調が起きやすい人では不眠・持続性疲労・消化性潰瘍に代表される交代制勤務への不適応症状を発現する頻度が高くなることが報告されている[10]．したがって，交代制勤務者でさまざまな不適応症状を訴える人がいた場合には，産業医や労務担当者は慎重にその訴えを分析し，サーカディアンリズムの内的脱同調と不適応症状が継続するのであれば，交代制勤務から日勤への配置転換などの措置を考慮する必要がある．

さて，ここで実際の交代制勤務者の生活のリズムと生体リズムの変化を具体例をあげて検討してみることにする．図50.2は24時間連続勤務（全日制交代勤務）に従事する交代制勤務者の体温，左右握力，心拍数，眠気度，疲労度，注意力のサーカディアンリズムピーク時刻（頂点位相）の変化とスペクトル分析結果の一例である[11]．横軸には時刻，縦軸には経過日数が示してある．たとえば，体温のサーカディアンリズムの周期はスペクトル分析によれば27.4時間で，24時とは異なっている．すなわち体温のサーカディアンリズムには内的脱同調が認められる．左右握力のサーカディアンリズム周期は24時間であるが，心拍数，眠気度，疲労度，注意力のサーカディアンリズムの優位な周期は体温と同様に27.4時間で，内的脱同調が認められる．このように，交代制勤務に従事することによる睡眠覚醒リズムの変化が体温をはじめとする多くのサーカディアンリズムの内的脱同調を引き起こしていることがわかる．

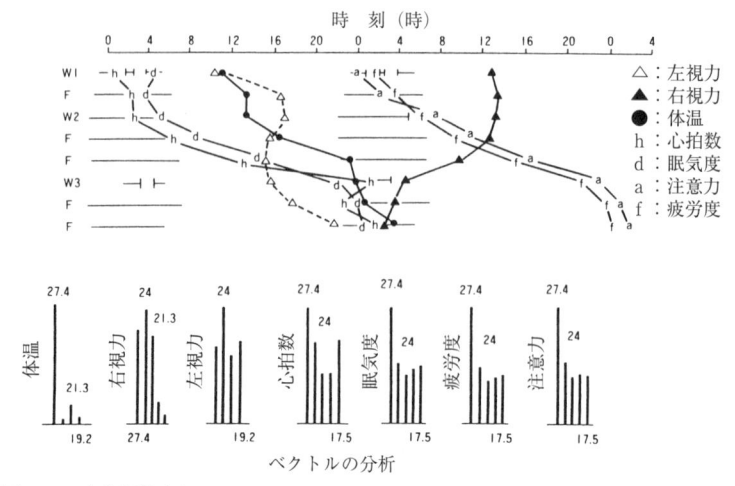

図 50.2 交代制勤務者にみられるサーカディアンリズムの変化例（Motohashi ら，1993）[11]

50.4 集団遺伝学の観点からみた日本人の生体リズムの特徴

体温などの生理機能のサーカディアンリズム特性（振幅，頂点位相，リズム平均）には個人差が認められる[12]．すなわち，体温リズムの振幅の大きい人もいれば，小さい人もいる．体温が1日のなかでピークになる時刻も個人ごとのデータをみていくとばらつきが認められる．さらに交代制勤務時に認められるサーカディアンリズムの内的脱同調の出現についても個人差が認められる．サーカディアンリズム特性の個人差を規定している因子として遺伝的因子が考えられる[13]．

われわれは，国際共同研究にて，サーカディアンリズム特性の遺伝的背景に関する比較研究を集団遺伝学的観点から行った[14]．日本人（モンゴロイド）とフランス人（コーカシアン）の交代制勤務者の体温，握力のサーカディアンリズム特性，特にリズムの周期を，同じ研究手法（自己リズム測定法による縦断的長期測定法）により調べた．その結果，体温のサーカディアンリズムの内的脱同調の出現頻度は両集団において，有意な差は認められず，サーカディアンリズムの周期の分布は24時間を中心に両集団とも類似した三峰性分布を示し，両群で有意な差を認めなかった．

以上の結果から，日本人とフランス人の両集団において，体温のサーカディアンリズムの特性については集団遺伝学的な差は認められないと結論した．サーカディアンリズムの存在は生命維持に本質的な生理機能であるため，進化の早い段階でその特性が獲得されたものと考えるのが妥当のように思われる．

50.5 日本人の子供の生活時間

大人の社会の夜型化は現代社会に生活する子供にも影響を及ぼしている．冒頭でも引用したNHK国民生活時間調査[2,3]によると，小学生では就寝時刻が徐々に遅くなり，睡眠時間も短くなりつつある．また，中学生では特に土曜・日曜の就寝時刻が遅くなっており，高校生になると午前2時まで起きている者が1割もいるというような夜更かし型が増えている．このような現象は東京のような大都会では一般的であると思われるが，都市化のさほど進んでいない地方都市ではどうなのかは興味あるところである．ここでは秋田県の子供の生活時間のデータをもとに，地方の子供たちの生活時間について考察してみる．

図50.3は平成9年度と10年度に実施した調査[15]に基づく秋田県の児童生徒（小中学生）の就寝時刻と起床時刻を示している．就寝時刻は学年が上がるにつれて遅くなるのに対して，起床時刻は小学4年生から中学3年生までほとんど変わらない．また，男女差はほとんどみられない．全国調査（日本学校保健会：児童生徒の健康状態サーベイランス事業報

		H10 秋田県		H9 秋田県		全国	
学年		男子	女子	男子	女子	男子	女子
小学校	4年生	21:16	21:17	21:16	21:32	21:42	21:44
	5年生	21:17	21:17	21:16	21:47	21:58	22:10
	6年生	21:16	21:16	21:53	22:05		
中学校	1年生	22:16	22:17	22:29	22:49	23:19	23:38
	2年生	22:17	22:19	22:36	23:05		
	3年生	23:15	23:18	22:49	23:24		

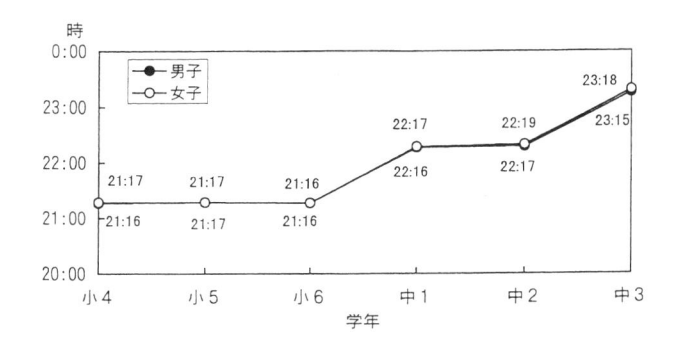

		H10 秋田県		H9 秋田県		全国	
学年		男子	女子	男子	女子	男子	女子
小学校	4年生	6:23	6:24	6:23	6:24	6:46	6:45
	5年生	6:23	6:24	6:23	6:22	6:54	6:55
	6年生	6:24	6:24	6:21	6:31		
中学校	1年生	6:23	6:24	6:31	6:30	6:53	6:48
	2年生	6:22	6:25	6:37	6:34		
	3年生	6:22	6:22	6:43	6:39		

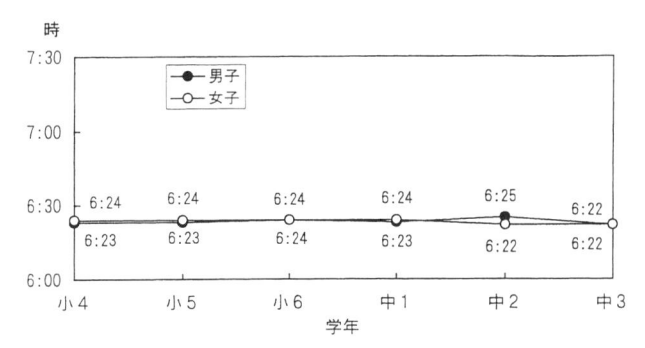

図 50.3　秋田県の児童生徒の就寝時刻（上段）と起床時刻（下段）．全国調査との比較（秋田県教育委員会，1999）[15]

告書）と比較すると，秋田県の児童生徒の就寝時刻は男子で約40分，女子で約50分早い．一方，起床時刻については秋田県の児童生徒は全国調査より早いことがわかる．その結果，就寝時刻と起床時刻から計算した睡眠時間については，全国調査と比較して，秋田県の児童生徒では長い傾向がある．このように，秋田県の児童生徒の生活時間については，全国調査と比較して，早寝・早起きの傾向があることが明らかになった．秋田県は東京などと比べれば緑の多い自然環境に恵まれた地域であり，都市化の影響は大都会ほど顕著ではない．それゆえに，調査結果からも明らかなように，児童生徒の睡眠習慣は相対的には夜型化が進んでいないといえるだろう．

最近になって話題になった問題として，小学生などの体温低下の問題がある．朝食を摂取しないことや夜更かしが原因で自律神経系機能の調節が乱されているのではないかと推測されている．生体リズム学の立場からいえば，子供の生活時間が夜更かし型

に移行していくと，体温のサーカディアンリズムの位相にずれが生じて，起床後の体温上昇が不十分になるために体温低下として観察される可能性がある[16]．このような体温低下症に対しては，生活時間の調整による生体リズムの同調強化が治療的意義を有しているであろう．

子供の生活時間は大人の生活時間を反映しているとともに，社会の複雑化もこれを左右しているものと思われる．現代の子供は低学年からの塾通いや戸外での遊び時間の減少などで，睡眠不足や運動不足に陥りやすく，その結果として生活時間の不規則化が加速されている．今後は子供を取り巻く複雑な教育環境のなかでいかに子供の精神的ゆとりを確保していくかが課題であろう．

50.6 日本人の勤労者の生活時間——特に過労死と過労自殺について

勤労生活は人生のなかで最も多くを占める時間である．学校生活を終えて勤労生活に入る青年期から仕事から退く高齢期に至るまでの間，ヒトは生産活動に従事し，家庭をつくり，人生で最も充実した時期を過ごすことになる．現代の勤労者は労働基準法という法的保護のもとに，過重な労働や不当な労働条件で働くことはないようになっている．生活時間との関連でいえば，勤務時間の問題が重要である．法定労働時間は現在では1日8時間，週40時間と決められている．勤労者は不規則勤務に従事する交代制勤務者などを除けば，朝8時過ぎ頃に出勤し，夕方5時頃に退勤するという勤務体制に従事している人が多いだろう．ただし最近では，フレックスタイム制という変則的勤務も普及してきているので，勤務時間については柔軟化している．勤労者の生活時間は勤務時間に影響されるが，残業や出張などの場合には生活時間が乱されることになる．しかし，交代制勤務などに従事していない限りは生活時間の乱れは一過性のものであるはずであり，健康上の大きな問題になることはないように思われる．

ここでは，特殊ではあるが重要な問題として，長時間残業が勤労者の健康にどのような影響を及ぼしているかについて考えてみたい．過労死とは臨床医学的な疾患概念ではなく，社会医学的な概念である[17]．働きすぎから心臓病や脳卒中などが誘発され死に至るという経過を経た場合に，過労死ではないかと疑われるのである．労働基準法では，労働者が業務上負傷し，または疾病にかかった場合などには事業主の補償責任を認めており，業務上疾病とよばれている．たとえば，鉛曝露を受けた労働者が鉛中毒になった場合などは，業務上疾病の認定は容易である．しかし，長時間残業が誘因となって発症した脳卒中の場合などには，業務上の原因と結果としての疾病の発症の関係は必ずしも明瞭でないことが多い．それゆえに，いわゆる過労死を業務上疾病と認定する際にはさまざまな問題が論じられ，労災保険の認定が裁判で争われることになったりする．

長時間残業が続くことで，身体にはどのような変化が起きるのであろうか．これに対する回答はすでに交代制勤務者にみられるサーカディアンリズムの内的脱同調の箇所（50.3節）で示している．すなわち，長時間残業が続くと，実質的には睡眠時間が削られることになり，交代制勤務者が曝されるストレスと同じような生体リズムの変化が現れると考えられるのである．高血圧などの基礎疾患がある場合に，生体リズムが乱される結果，血圧のサーカディアンリズムが乱され，常時血圧が高い状態が続く可能性がある．その結果として，脳の脆弱化した血管が破綻し，脳出血や脳梗塞を起こしたりする危険性が高まるのである．もちろんこのような生体リズムの乱れ以外に，長時間残業そのものが心身にストレス状態を引き起こし，病気を誘発するということも考えられている．

脳血管疾患および虚血性心疾患などで業務上疾病と認定された事例として，「4日連続の24時間就労に近い勤務を行って脳出血を発症した警備員」や「連日の深夜に及ぶ設計図作成業務に従事したあとに心筋梗塞を発症した設計課長」などがあげられる[17]．前者は59歳男性で，もともと高血圧症の治療を受けていた警備員である．体調不良にもかかわらず交代要員がいないため予定外で4日間連続の24時間勤務に従事していて高血圧性脳出血を発症した事例である．後者は48歳男性で一級建築士の資格を有して設計監理業務に従事していた．発症前1週間は設計図面の変更のために連日夜11時頃まで残業が続いており，結果として過労のために心筋梗塞を発症し死亡した事例である．

上述した例は典型的な発症例であるが，どちらの事例でも過労死に至る前には過密な勤務条件が続いており，心身の疲労を休める余裕がなく，重大な脳・心臓系疾病の発症を誘発させたものである．法定労働時間が定められていても，現実の職場においてはさまざまな条件が重なり，長時間残業をせざるをえない状況が起こりうる．長時間残業は勤労者の生活時間を乱すことになり，特に心身の休息に必要な睡眠時間の確保が困難になり，重大な健康上の問題を引き起こすことになるのである．

過労自殺についても最近は問題となっている[18]．過労により心身が疲れ切って自殺をするという事例は，この問題が話題になる以前は自殺した本人の個人的事情のためと片づけられていた．過労死の存在が社会的に認知され，過労と身体的疾患の関係が明らかにされてきたことにより，過労と精神的ストレスについても過労死と同様に因果関係を認めることができるのではないかと注目され始めたのである．過労自殺は長時間残業などの過労により，うつ病が誘発され，その悪化により自殺が引き起こされるものと考えられている．うつ病はストレスの多い現代社会では「心の風邪」ともいわれるようになっており，中高年の勤労者には特にリスクが高まる病気である．うつ病のリスク要因として長時間残業だけでなく，異動，転勤，昇進，人間関係などの職場のさまざまな要因が関係しうる．うつ病は早期発見と適切な医療により治療可能な疾患である．しかし，現実には職場でのうつ病の早期発見がなされず，周囲の無理解などもあって，自殺に至る例があとを絶たない．

平成12年3月に最高裁で判決が出た過労自殺の事例は，過労自殺の背景要因を探るうえで注視するに値する[19]．この事例は「長時間にわたる残業を恒常的に伴う業務に従事していた労働者がうつ病に罹患し自殺した」というものである．過労自殺と認定されたのは24歳の男性で，有名広告代理店に勤務する社員であった．死亡に至るまでの半年以上にわたり，平均月当たりの残業時間が所定労働時間と同一の147時間にまで達しており，常軌を逸した長時間残業が常態化していた．その結果，自殺の1か月前には心身ともに疲労困憊しそれが誘因となってうつ病に罹患していたものと推測される（裁判所の認定）．この裁判事例では会社側に非を認め，多額の賠償金の支払いが命じられた．

過労死，過労自殺のいずれの場合も，長時間残業が勤労者の生活時間の規則性を脅かし，ヒトの生存と健康の保持増進に最も大切な要因である睡眠時間を削り，死という重大な結果をもたらすという構図が認められる．これらは極端な事例のように思われるかもしれないが，現代日本の中で現実に起きている事柄であり，早急な改善が望まれる．

50.7 高度情報化社会，高齢化社会に対応した生活時間のあり方

社会の変化とともに生活時間が変化するということはすでに述べた．日本社会が今後どのようになっていくかを予測し，近未来社会に適応した日本人の生活時間を論じることは意味あることである．

近未来の社会がどのようなものになるかについてはいくつかのキーワードがある．少子高齢化社会，24時間社会，都市化社会，高度情報社会などがあげられる．わかりやすくいえば，高齢者が多く，都市化が進み，昼夜の区別が不明瞭な，コンピュータ化の進んだ社会である．東京や大阪といった大都市圏の生活スタイルがさらに進んだ社会をイメージすればよいだろう．一方，その裏返しとしての地方における過疎の進展という問題も考えられるが，ここではその問題には触れない．

近未来社会にヒトは適応できるであろうかという質問に対しては，個人のライフスタイルの面からの適応ということからいえばイエスであろう．生活リズムに関しては，近未来の日本人が現代日本人と比べて劇的な変化があるとは予想しにくい．経済の低成長化で労働時間のこれ以上の短縮は望みにくいが，ゆとりある生活を求める国民の要望は消えないであろう．余暇時間を画一的に過ごすのではなく，個性ある余暇時間の過ごし方を追求する人々が増えるであろう．

生活時間のあり方についていえば，都市化の進行につれて生活リズムの夜型化が進むであろうことはこれまでの研究から予測される．生活時間の夜型化はそれ自体が悪いとすることはできない．もちろん，生活リズムが不規則になり，生体リズムの内的脱同調が起きるような場合には健康上の問題が起きてく

る可能性はある．しかし，一方で自らのライフスタイルとして，都市型の夜型生活を楽しむことができる人，あるいは夜型生活が苦にならない人にとっては，生活リズムの夜型化はなんら悪いことではない．

これまでの医学や健康づくりのアドバイスはある研究成果を個人差の存在を無視したような形で行われてくることが多かった．感染症が中心だった時代の医学は禁止の指導（これこれをしてはいけない）や一律の指導（たとえば，手をきれいに洗いなさい）が有効な手段であった．しかし，現代を含めてこれからの時代は，個人差を考慮した健康指導，健康法が重視される時代である．ある人にとって良いことがある人にとっては悪いということがありうるのである．生活リズムのあり方についてはまさにこのようなことがあてはまる．近未来における生活リズムの夜型化は生活リズムの多様化といい換えてもよい．夜型の生活リズムを選択する人も朝型の生活リズムを選択する人がいてもなんら差し支えないのである．問題はそのような選択を可能にし，そのような多様化を許容できる社会をつくることができるかということである．

高齢化社会における日本人の生活リズムということについては，高齢者の生活リズムのあり方がこれからますます重視されるようになるであろうと考えられる．現在，高齢者の健康とは日常生活面での自立ととらえられるようになっている．年をとってもなるべく人の助けを借りず自立した生活が営めるようにするためには，さまざまな要因が関係してくるが，生活リズムという観点からは，高齢者が加齢により変化する生活リズムに自ら適応し，調整することができるようにすることが大切である．高齢者では睡眠習慣が変化することが知られている[20]．夜間の睡眠時間に中途覚醒が多くなり，昼眠をとるようになることが多くなり，多相性の睡眠になってくる．起床時刻は若い人と比べて早くなるが，これは睡眠覚醒リズムの位相が前進するためである．このような生体リズムの変化に伴う睡眠覚醒リズムの変化は，結果として高齢者の生活リズムを変化させることになる．

高齢者は若年者と比べて病気になりやすく，身体の機能も低下することが多い．痴呆のように知的機能が低下する場合には，生体リズム機能が障害されることで，生活リズムに乱れが生じることがある．極端な場合には夜間徘徊や昼夜逆転の行動異常などがみられるようになる．また，身体機能や精神機能の低下がわずかな場合でも，社会的接触が減少すると，生活リズムが乱れるようになる．このように，高齢者では生活リズムの乱れは健康面に悪影響を及ぼすことが多く，生活面での自立において生活リズム同調の果たす役割は大きいと考えられる．

図50.4に行動量測定により夜間徘徊を認めた高齢者の行動リズムパターンを示す[21]．このケースは老人保健施設に入所している脳血管性痴呆を有する84歳の男性である．本来ならば夜間には行動量が減少するはずであるが，このケースでは夜間においても行動量が減少せず，夜間徘徊している様子が観察できる．痴呆高齢者では高い頻度で外部同調因子に対する反応現弱が起きているものと考えられ，その結果としてこのケースにみられるように行動量リズムの内的脱同調が引き起こされ，夜間徘徊が生じるものと考えられる．われわれの研究室では，行動量を客観的に測定する装置を使って高齢者の生活リズムを評価するとともに，高齢者の生活リズム同調を簡単に評価できる質問紙調査法（簡易生活リズム質問票）を開発中である．われわれは将来この質問紙を用いて高齢者の生活リズム同調を客観的に評価

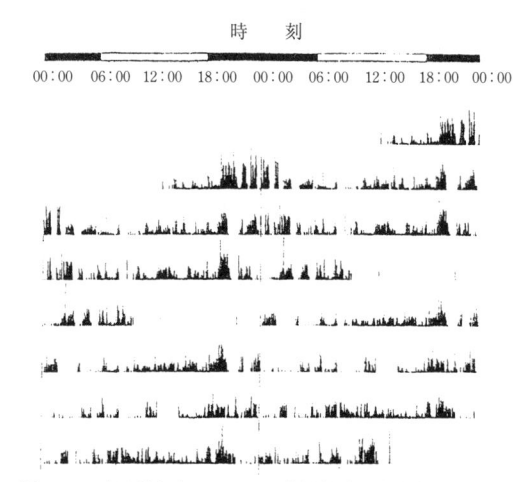

図50.4 夜間徘徊を認める脳血管性痴呆高齢者の行動量リズムの測定例（本橋ら, 1998）[21]

84歳の男性で老人保健施設に入所している．要介護認定では中等度の介護を必要とすると判定された．高齢化社会とともに，本症例のような生活行動リズムに異常を有する高齢者の生活上の支援の必要性が高まってきている．

することができるように研究を進めている[22]．

ここで，日本で時折むしかえされる夏時間の採用の是非についても触れておこう．夏時間とはエネルギーの節約という大義名分のもとに春から夏にかけて時計の時刻を早めようというものである．通常は1時間の時計の針を進めるという形で行われる．1年に2度，時計の針を合わせ直さなければならないという煩わしさでこれを嫌う人が多い．また，日本ではヨーロッパなどと比べて緯度が低いので，日照時間の変動が大きくないことからあまりメリットはないという意見もある．いずれももっともな意見である．

一方，医学的な見地から，身体の不調が起きるためやめるべきであるという意見が必ず出される．これについてはいささか疑義がある．結論からいうと，医学的にはほとんど問題がないというのが現在の見解である．夏時間への（からの）変更時には1時間のずれが生じるので，身体のリズムはこのずれに対応しなければならない．しかし，身体のリズムと外界のリズムとの1時間程度のずれは身体のリズムの乱れを引き起こすだけのストレスとはならない．

通常の生活を送っているヒトの体温のサーカディアンリズム変動をみると，規則的な生活リズムを保っていてもリズムのピークの時刻（頂点位相）は1時間程度の幅をもって毎日変動していることがわかっている．このような生体リズムの生理的なゆらぎがあるために1時間程度の同調のずれは医学的問題を起こすことなく吸収される．1時間ほどの時間のずれは，高齢者や健康上の弱者への配慮を考慮しても，生体リズムの乱れを恒常的に引き起こすことは考えられないのである．

近未来におけるヒトの睡眠のあり方については興味深い考え方がある．井上[23]によれば，睡眠というのは心身をいやすための高次の能動的な適応行動であり，柔軟性をもつものであるという．1日8時間眠らなければならないというのは一種の幻想であり，個性的な眠りを追求するのが現代人あるいは近未来人には望ましいと提言している．ひとりひとりのライフスタイルに応じた「快眠術」を探すことが可能であり，それはたとえば，余暇時間のたっぷりある人は長眠型の眠り，時間を有効に使いたい人であれば短眠型の眠り，昼寝を有効に使いたい人であれば，定期的に昼寝をとる昼寝型であるという．また，マイクロスリープ（微少睡眠）といって任意の短時間の睡眠を小刻みにとることも一法であるという．すなわち，近未来のヒトの睡眠はさらに進化し，生理的に可能な範囲で自ら睡眠行動を適応させていくことができるという．

ただし，いくつかの注意すべき点がある．それはなるべく規則的な睡眠習慣を守ること，すなわち毎晩ほぼ同じ時刻に眠り，毎朝決まった時刻に起きるということである．これは体内時計の同調をなるべく乱さないようにしたほうが健康に悪影響を与えないということである．もちろん，規則正しい生活ということを強迫的に守らなければならないというわけではない．なぜなら，少しくらいの寝不足はすぐに帳消しにできる，量を質でカバーするという高度の技術が睡眠には備わっているからである．

ここでは，日本人の生活リズムの現状と近未来の見通しについて述べた．人類の長い歴史のなかで，近代照明の導入や都市化の進展といった近代産業化社会の出現は，人々の生活リズムを大きく変えてきた．少子高齢化の進む高度情報社会である近未来において，日本人の生活リズムは変わりうる可能性がある．生理的機能の適応という観点からは予想される変化に柔軟に適応できるであろうと考えられる．しかし，従来無視されがちであった適応の個人差の問題を十分に研究したうえで，この問題に対応していくことが重要であろうと考える．　　［本橋　豊］

文　献

1) 本橋　豊・高野健人（1992）生活環境と生体リズム―都市化の健康影響―．日本生気象学雑誌，**29**，71-76.
2) NHK世論調査部編（1992）日本人の生活時間・1990, p.373, 日本放送出版協会.
3) NHK放送文化研究所編（1996）日本人の生活時間・1995, p.258, 日本放送出版協会.
4) 本橋　豊・本橋和代・田中正敏（1995）睡眠習慣の地域較差と都市化の関連について．日本生気象学雑誌，**32**，S69.
5) Motohashi, Y. and Takano, T. (1995) Sleep habits and psychosomatic health complaints of bank workers in a megacity in Japan. *Journal of Biosocial Science*, **27**, 467-472.
6) 本橋　豊（1996）生活リズムと疲労．疲労と休養の科学，**11**，11-16.
7) Reinberg, A. (1997) Les Rythmes biologiques, p.127, Presse Universitaires de France.

8) Reinberg, A., Andlauer, P., De Prins, J., Malbecq, W., Vieux, N. and Bourdeleau, P. (1984) Desynchronization of the oral temperature circadian rhythm and intolerance to shift work. *Nature*, **308**, 272-274.
9) 本橋 豊 (1994) シフトワークとサーカディアンリズム. 治療学, **28**, 543-546.
10) Novak, R. D. and Smolensky, M. H. (1995) Biological rhythms, shift work, and occupational health, In：Cralley, L. J. and Cralley, L. V. (eds.), Patty's Industrial Hygiene and Toxicology, pp.319-438, Wiley Interscience.
11) Motohashi, Y. and Takano, T. (1993) Effects of 24-hour shift work with night time napping on circadian rhythm characteristics in ambulance personnel. *Chronobiology International*, **10**, 461-470.
12) Ashkenazi, I. E., Reinberg, A. and Motohashi, Y. (1997) Interindividual differences in flexibility of human temporal organization：pertinence to jet lag and shiftwork. *Chronobiology International*, **14**, 99-113.
13) Ashkenazi, I. E., Reinberg, A., Bicaakova-Rocher, A. and Ticher, A. (1993) The genetic background of individual variations of circadian-rhythm periods in healthy human adults. *American Journal of Human Genetics*, **52**, 1950-1959.
14) Motohashi, Y., Reinberg, A., Ashkenazi, I. E. and Bicaakova-Rocher, A. (1995) Genetic aspects of circadian desynchronism：comparison between Asiatic-Japanese and Caucasian-French populations. *Chronobiology International*, **12**, 324-332.
15) 秋田県教育委員会 (1999) 平成10年度児童生徒のライフスタイル調査結果, 調査研究委員会報告書「望ましい生活習慣づくり」.
16) 本橋 豊 (1992) 子供の生体リズムと生活, (特集) 教育はリズムだ. 児童心理, **46** (12), 46-51.
17) 労働省労働基準局補償課編 (1994) 労災保険 脳・心臓疾患の認定と事例, 労働基準調査会.
18) 川人 博 (1998) 過労自殺, 岩波新書, 岩波書店.
19) http://courtdomino2.courts.go.jp/ (2001) 最近の最高裁判決, 最高裁判所ホームページ.
20) 大友英一 (1991) 老年者の不眠, シュプリンガー・フェアラーク東京.
21) 本橋 豊・前田 明・若松秀樹・佐々木佳緒里・樋口重和・劉 揚・湯浅孝男 (1998) 夜間覚醒を伴う痴呆高齢者の医学的評価に関する研究. 東北公衆衛生学雑誌, **47**, 16.
22) 前田 明・湯浅孝男・劉 揚・樋口重和・本橋 豊 (1997) 質問紙法による高齢者の生活リズム同調評価. 日本公衆衛生雑誌, **44** (10), 1063.
23) 井上昌次郎 (1988) 睡眠の不思議, 講談社新書, p.216, 講談社.

51
日本人の人口

51.1 日本人口の特徴

1995年国勢調査によると，同年10月1日の日本の総人口は125,570,246で，世界人口（56.9億）の約2.2%，先進国人口（11.7億）の約10.7%を占め，その規模は世界で8番目，先進国中ではアメリカ，ロシアについで3番目となっている．その後の人口動態を差し引きした最新の人口推計による1998年のわが国の総人口は126,486千人（総務庁）で，このうち日本国籍を有する日本人人口は125,252千人（99.0%）である．1997年10月1日から翌1998年同日までの人口増加率は0.25%で，依然人口は増加を続けており，2000年10月1日には126,892千人前後（厚生省）になると見込まれる．しかし，近年出生数の減少傾向は著しく，人口増加率は急速に低下しており，2007年10月1日以降はマイナス成長となり，日本の人口は恒常的な減少に転ずるとみられている．なお国連（1998年推計）によれば1995～2000年間の世界人口の年平均人口増加率は1.34%，先進地域では0.28%で，先進諸国全体の人口は2020年頃をピークに減少に転ずると見込まれている．

日本で人口に関する近代統計が得られるのは，1872（明治5）年1月の全国戸籍調査以降である．そのときの人口は34,806千人（旧内閣統計局の推計）とされるから，120年あまりの間に3.6倍ほどに増加したことになる．この間の年平均増加率を求めれば1.04%となる．

日本は人口密度が高いことが特徴の一つである．1995年現在337人/km^{2}で，世界平均42人/km^2，先進国平均22人/km^{2}に比べ格段に高い．世界の人口1000万以上の国のなかでは，バングラデシュ（836人/km^2），韓国（453人/km^2），オランダ（380人/km^2）に次いで4番目の高さとなる．しかも，領内は山地が多いため居住可能地の人口密度，あるいは耕地当たりの人口密度は飛び抜けている．

人口の男女別構成についてみると，1995年において男性49.04%（1998年推計48.95%），女性50.96%（51.05%）で，性比は女性100につき男性96.22（95.90）である．出生時には男性が多いにもかかわらず総人口で女性が多いのは，死亡率の性差によるもので，49(51)歳以下ではすべての年齢で男性が多く，50(52)歳以上ではすべての年齢で女性が多い．ただし世界人口，とりわけ途上国人口では，妊産婦死亡の高さなどから死亡率の性差は小さく，総人口として男性のほうが多い（性比：世界101.47，先進地域94.61，発展途上地域103.34）．

日本人口の年齢3区別構成は，年少人口（0～14歳）15.94%（15.07%），生産年齢人口（15～64歳）69.42%（68.72%），老年人口（65歳以上）14.54%（16.21%）で，世界人口の老年人口割合6.55%と比べると日本はこの割合が高いが，先進地域のなかでは平均13.59%よりわずかに人口高齢化が進んでいる．ただし，2005～2010年頃までにはすべての先進国を抜いて，老年人口割合において世界一となる見込みである．生産年齢人口を分母とした従属人口指数は，年少人口が23.0%（21.9%），老年人口が20.9%（23.6%）で，合わせて43.9%（45.5%）となっており，これは世界人口における60.7%と比較しても，また先進地域平均49.6%と比較しても低く，国民経済のうえで負担が少ない有利な年齢構成となっている．総人口の平均年齢は39.6歳（40.3歳），総人口を2分する年齢となる中位数年齢は39.7歳（40.3歳）である．

現在，生存水準は世界で最も高く，平均寿命（出生時平均余命）は男性76.38（77.16）年，女性

82.85（84.01）年で，世界：男性63.25年，女性67.6年，先進地域：男性71.14年，女性78.6年より格段に高い．また，出生力の指標である合計特殊出生率は1.42（1.38）で，世界2.71より格段に低く，先進地域1.57のなかでも低いほうである．これは世代間で人口規模を維持するのに必要な人口置き換え水準2.07（2.08）の69（67）％しか達成されておらず，この水準が続くと，一世代（約30年）ごとに人口は69（67）％に縮小していく．

以上に日本人口のプロフィールを示した．以下ではその歴史的形成過程を跡づけて，さらに将来の見通しをも含めて鳥瞰することによって，現在の日本人口の特質と課題に迫ってみよう．

51.2　近世までの日本人口

a. 旧石器時代から縄文時代の人口

旧石器時代にたびたび訪れた氷期には，日本列島は大陸と陸橋によって結ばれて，大陸から移動した大型獣を追って人類（原人，旧人）も波状的に日本列島にやってきたとみられる．それは数万前から50万年前にさかのぼる遺跡，遺物がかなりの数発見されていることで確認できる．ただ各時代にどれだけの人口があったかを推定できるような手がかりは見つかっていない．旧石器時代の末，気候の温暖化による氷河の後退とともに日本列島は大陸と切り離されたとみられるが，その頃の人口は，小山修三によればナイフ型石器文化時代（約2万5000年前頃）で3,000人程度であったという．

これに続く縄文時代の人口については，山内清男は，九州から畿内にかけての西日本が3万～5万，中部，関東，東北，北海道がそれぞれ3万～5万と見積もった．したがって全国人口は15万～25万とした[1]．その根拠は必ずしも明らかではないが，山内はまた白人入植当初のカリフォルニアのインディアン人口との比較から，縄文時代の人口をおよそ30万ともしており，これらの知見からの総合的判断であったようだ．また，芹沢長介は採集狩猟民の人口密度，とりわけ北海道におけるアイヌの人口密度を参考にして，縄文時代の人口を12万と推定している[2]．これらはいずれも縄文時代を通しての人口の概観を示したものである．

これに対して，小山修三は縄文時代各時期の地域別の人口を統計的方法で推計することを試みた[3]．それは，縄文早期から後期に至る5期および弥生時代について，北海道を除く9地域ごとに遺跡数の分布を調べ，これに別に求めておいた1遺跡当たりに対応する人口比を乗ずるというものである．基準となる人口比は，後に紹介する沢田吾一が推計した奈良時代の人口と，これに対応する土師器遺跡数から求め，これに縄文，弥生各時期の集落規模，遺跡の発見率を考慮した相対比率（土師器1，縄文早期1/20，前期～後期1/7，弥生1/3）を乗じて各時期の遺跡当たりの人口比とした．その推計結果によれば（表51.1），縄文時代の人口は時期，地域により著しく異なっていた．すなわち，早期（8000年前）のおよそ2万から前期（6000年前）の11万へと比較的穏やかに増加したが，その後さらに増加率を上げて中期（4300年前）には26万に至った．その後人口は急激な減少に転じ，後期（3300年前）には16万，晩期（2900年前）には8万にまで落ち込んだ．

この人口推移を地域別にみると，おおむね3つのグループに分けられる．すなわち，前半において最も急激な人口増加を示し，後半では大きな人口減少のパターンを示す関東，中部，東海のグループ，これと似たパターンを示すものの，後期以降の人口減少が比較的穏やかだった東北，北陸のグループ，そして前半における増加は穏やか，ないし横ばいだったものの，後半に人口減少を示さず，むしろ増加を示した近畿，中国，四国，九州の西日本グループである．また，それらの地域グループは人口規模からも大きく異なっている．たとえば縄文中期では第1のグループの占める割合は69％，第2グループが27％，第3グループでは4％となっており，東日本が圧倒的多数を占めていた．

なぜこのような偏在が生じたかについて，東日本では河川を遡上してくる豊富なサケ，マスが食糧資源として利用できたとする山内清男のサケ・マス論が有名である．加えて縄文時代を通してより基礎的な栄養源であった堅果類が，東日本で発達していた落葉広葉樹林で豊富に採集できたことも重要な要因であったとされる．西日本はより生産性の低い照葉樹林におおわれていた．縄文時代後半の関東，中部を中心とした大幅な人口減少については，気候の変化に伴う植生の変化が第一の要因であったろう．す

表 51.1　縄文〜弥生時代の地域別日本人口（Koyama, 1978[3]；小林, 1967[4]）

(a) 地域別人口　　　（人）

時代区分	年代	総人口	東北	関東	北陸	中部	東海	近畿	中国	四国	九州
縄文早期	約8000年前	20100	2000	9700	400	3000	2200	300	400	200	1900
縄文前期	約6000年前	105500	19200	42800	4200	25300	5000	1700	1300	400	5600
縄文中期	約4300年前	261300	46700	95400	24600	71900	13200	2800	1200	200	5300
縄文後期	約3300年前	160300	43800	51600	15700	22000	7600	4400	2400	2700	10100
縄文晩期	約2900年前	75800	39500	7700	5100	6000	6600	2100	2000	500	6300
弥生	西暦100年頃	594900	33400	99000	20700	84200	55300	108300	58800	30100	105100

(b) 地域別人口密度　　　　　　　　　　　　　　　　　　　　　　　　　　　　　　　　　　　　　　　（人/km²）

時代区分	年代	総人口	東北	関東	北陸	中部	東海	近畿	中国	四国	九州
縄文早期	約8000年前	0.07	0.03	0.30	0.02	0.10	0.16	0.01	0.01	0.01	0.05
縄文前期	約6000年前	0.36	0.29	1.34	0.17	0.84	0.36	0.05	0.04	0.02	0.13
縄文中期	約4300年前	0.89	0.70	2.98	0.98	2.40	0.94	0.09	0.04	0.01	0.13
縄文後期	約3300年前	0.55	0.65	1.61	0.63	0.73	0.54	0.14	0.07	0.14	0.24
縄文晩期	約2900年前	0.26	0.59	0.24	0.20	0.20	0.47	0.07	0.06	0.03	0.15
弥生	西暦100年頃	2.03	0.50	3.09	0.83	2.81	3.95	3.38	1.84	1.58	2.50

なわち，気候は最終氷期が終わった1万5000年前頃から温暖化しつつあり，縄文時代前半を通して気温は上昇したとみられ，この時期の順調な人口増加は，温暖化に伴う針葉樹林から落葉広葉樹林への植生の交代や海岸線の進行による豊富な入江の成立などが背景にあったと考えられる．ところが縄文中期，5000年前頃より気候は再び寒冷化を始め，落葉樹林における生産性の低下と海退により，環境の人口収容力が急速に低下したとみられる．

人口がピークを迎えた縄文中期の関東，中部の人口密度は採集狩猟社会としては著しく高いものであり，当時の生産技術のもとでは飽和状態に近い水準であったと考えられるから，この気候変動は自然生態に100％依存する生活形態をもっていた社会に人口崩壊をもたらしたものとみられる．この人口減少は，同時期の遺跡から発掘された人骨の体格から推定される栄養事情の悪さとも符合する．小山は，関東，中部，東海グループに生じた人口圧はいったん東北など周辺地域に向けての人口移動を引き起こし，これら地域での人口増加による環境収容力の飽和と，その後の人口減少を招いたとする．

また，小山は縄文後期に大陸から新しい文化とともにやってきた人々が，同時に新たな感染症をもたらした可能性を指摘している．この点について鈴木隆雄は，縄文時代の人骨に結核の跡が存在しないこ とから，結核は弥生時代から古墳時代にかけて渡来した人々により日本列島にもち込まれたのち，免疫性のない縄文人に大量死をもたらした可能性を指摘している．ここでは縄文社会の人口密度の高さが，むしろ感染症の伝播を促進したことになる．

東日本における人口が激減した中期から後期にかけて，西日本ではむしろ人口増加がみられたが，人口規模，人口密度は相変わらず低く，また晩期にかけては人口減少が生じている．このように縄文時代の後半には，地域によって時期や規模は異なるものの，全国で人口の崩壊が生じた．

小林和正は，縄文前期〜晩期の貝塚から出土した15歳以上の人骨235体の性と死亡年齢を推定し，この結果から縄文時代人の生命表を作成した（表51.2）[4]．これによれば15歳時平均余命は男性16.1年，女性16.3年，15歳に達した個体の平均死亡年齢はそれぞれ31.1歳，31.3歳であった．時代ごとの平均死亡年齢は，前期30歳（女性30歳），中期32歳（32歳），後期33歳（32歳），晩後期29歳（32歳），晩期30歳（31歳）と報告され，小林は時代による統計的有意差はないとしているが，人口減少期にあたる後〜晩期にかけてやや死亡年齢が若くなっていることが観察される．全体として男性では30〜34歳の死亡が最多であるのに対し，女性では20〜24歳が最多となっており，出産に伴う死亡が多か

表 51.2 縄文時代（前期～晩期）人骨による生命表
(小林, 1967)[4]

	年齢階級 $x \sim x+4$	生存数 l_x	死亡数 $_nd_x$	死亡確率 $_nq_x$	平均余命 $\overset{\circ}{e}_x$
男	15～19	1000	97	0.097	16.1
	20～24	903	174	0.193	12.6
	25～29	729	217	0.298	9.9
	30～34	512	226	0.441	8.1
	35～39	286	106	0.371	7.6
	40～44	180	105	0.583	5.7
	45～49	75	45	0.600	5.3
	50～54	30	18	0.600	5.1
	55～59	12	8	0.667	4.8
	60+	4	4	1.000	4.2
女	15～19	1000	117	0.117	16.3
	20～24	883	198	0.224	13.1
	25～29	685	220	0.320	11.1
	30～34	465	182	0.391	10.1
	35～39	283	87	0.308	10.1
	40～44	196	59	0.301	8.7
	45～49	137	69	0.500	6.5
	50～54	68	39	0.577	5.3
	55～59	29	19	0.662	4.3
	60+	10	10	1.000	3.6

ったことを物語る．ただし，40歳代後半以降は女性のほうが長生きであった．

菱沼從尹はこの生命表をもとに15歳未満の平均余命を推定している．男性では出生時14.6年，5歳時21.9年，10歳時20.5年，女性ではそれぞれ14.6年，22.0年，20.7年としている[5]．したがって，縄文時代人の平均寿命はおよそ15年ということになる．

縄文時代の人口が静止人口に近かったとすると，この生命表の生存数は実際の人口の年齢構成に近いものと見なせる．20歳代の人口に比べ，30歳代は男性で43％（女性44％）に縮小し，40歳代ではさらに12％（20％）に，50歳代では2％（5％）となっている．60歳をこえる個体はきわめて稀であった．コール（Coale, A. J.）の経験的モデルによる試算によれば，平均寿命15年の場合には平均出産年齢まで生残する女性の割合は23.9％である．したがってこの人口を維持するためには，出生性比を105とすると女性は再生産期間中に平均8.58人のペースで子供を産まなくてはならない（合計特殊出生率＝8.58）．これは，自然状態のヒト集団としては，これまでに記録された最も高いレベルに相当する出生率であり，縄文人はヒトとしてほぼ生物学的に最大の出生力水準を維持していたことになる．

b. 弥生時代から古代の人口

縄文晩期から弥生時代にかけてそれまでにない規模の人口増加があった．小山の推計によれば，弥生時代の人口は晩期に比べ約8倍となっており，年平均増加率にして0.21％という採集狩猟～初期農耕社会としては異例な速度での増加があったことになる．この人口増加は，それまで人口密度の低かった西日本で顕著で，そこでは縄文晩期に比べ約28倍の規模に達している（年平均増加率にして0.33％）．縄文時代の後半を通して人口減の著しかった関東，中部，東海でもこの時期になると著しい人口増加に転じており（年平均増加率0.25％），一気に人口を回復している．これに対して東北ではこの時期には人口増加はみられず（年平均増加率0.02％），増加率が明瞭にプラスに転ずるのは弥生以降である．このような地域による人口増加率の違いにより，縄文時代に著しく東日本に偏っていた人口分布は，弥生時代中期以降逆転し，西日本の人口が東日本を上回るようになる．

人口密度についてみても，弥生時代は縄文時代に比べて全国平均で約8倍になっており，とりわけ人口増加の顕著だった近畿では50倍近くまで上昇している．また，個々の集落の人口規模もかなり大きくなり，弥生中～後期になると吉野ヶ里遺跡にみられるような大規模な環濠集落も多くみられるようになる．この西日本を中心とした急速な人口増加は，この時期に大陸から伝わった水稲耕作，金属器使用を特徴とする新しい生産技術・文化の受容による生産力の飛躍的な増大を物語っているが，渡来人およびそれに由来する人口自体もかなりの規模に達していた可能性がある．大陸からの移住は縄文後期～晩期からすでに始まっていたとみられるが，弥生時代の始まり（B.C. 300年頃）以降に急速に増加した．

埴原和郎は，弥生時代から古墳時代を通しての人口増に対して，世界各地にみられる初期農耕民の平均的自然増加率を適用した場合，約1000年間に150万程度の渡来人口がなければならないことをシミュレーションによって示している[6]．この場合，古墳時代末の日本人口は縄文系の子孫10％に対して，渡来人とその子孫が90％を占めていたことになる．初期の縄文人口を大きく見積もった場合でも，渡来系人口は40～78％となる．これらの数値は自

然増加率の仮定に強く依存しており反論も存在するが，のちに述べるこの時代の死亡率の高さとすでに最大限に維持されていた出生力とを考慮すると，在来人口の自然増加率がこれほどの長期にわたって高い水準を維持したとは考えにくく，少なくとも在来の縄文人口に匹敵する程度の渡来人口があったと考えるべきと思われる（農耕生活に伴う授乳期間の短縮によって，出生率がわずかながら上昇した可能性はある）．埴原はさらに頭骨にみられる地域差を，渡来人との混血による変異と，小進化による変化に分離する試みから，中国地方の古墳人集団では渡来人との混血率8割，近畿地方では9割，さらに関東では7割という，ほぼ人口シミュレーションと同様の結果を得ている．

このほか渡来人口の規模に関する手がかりとしては，『日本書紀』に「秦，漢からの帰化人」（朝鮮半島からの渡来人）の戸籍編纂に関する記述があり，欽明天皇元年（532年）に渡来人の戸口は7,053戸とされているのがみえる．仮にこれに従えば，この時期だけで少なくとも数万の渡来人がいたことになるが，真偽のほどはわからない．いずれにしろ，大陸からの渡来人による直接の人口増と，この人々がもたらした技術・文化による生産力増大によって引き起こされた自然増によって，弥生時代以降，歴史時代までに各地で人口は飛躍的に増え，これが現在の日本人口の基礎となったことは確かである．

弥生時代の生存状況については，小林が15歳以上の出土人骨11体について平均死亡年齢を推定している（男性30.0歳，女性29.2歳）．標本数が少なく確かなことはいえないが，縄文前期〜晩期の男性31.1歳，女性31.3歳と比較してむしろ生存状況が悪く，必ずしも弥生時代になって死亡率が改善されたとはいえないことを示している．

3世紀に至ると，『魏志「倭人伝」』に邪馬台国を含む8国の戸数として，15万余戸が記されている．鬼頭 宏は3〜5世紀の住居跡から推定される世帯規模を参考に，これら8国の人口を159万，周辺21か国を含めて西日本の人口を180万とした[7]．さらに，これに対する東日本人口を弥生時代，奈良時代の人口比から推定して加え，当時の日本人口を300万内外と見積もっている．このころの生存状況についても，小林が15歳以上の人骨26体から平均死亡年齢を推定している．それらは男性30.6歳，女性34.5歳となっている．したがってこの時代に至っても，縄文，弥生時代以来の生存状況はそれほど改善されていなかったようである．

6世紀以降になると，国家の形成とこれに伴う徴税，徴兵の必要性から，たびたび戸口調査が行われたようで，史書に人口の記載が多くみられるようになる（表51.3）．これらのなかには，前後の時代の比較的信頼できる推定値からみて妥当と考えられるような数値もみられるが，算定の根拠がまったくわからないものがほとんどで，信頼を置くわけにはいかない．

大化改新以後，班田収授制，租庸調の基礎とするために初めて全国的な戸籍制度（庚午年籍）が設けられた（690年）．これは年齢，性別，身分から，廃疾（律令制に規定された身体障害）の有無，容貌の特徴に至るきわめて詳細な記録で，歴史上画期的なものであった．以降6年ごとに造籍が行われ，824年まで続いたとされるが，それらの記録は現存しない．その後も一部の地域で続いていたが，班田収授制の廃絶（902年）とともに廃れたようである．また内容も後期になると劣化し，税を逃れるために性，年齢を偽ったようで，地方に残る資料では女性の割合が著しく増えているのが観察される．

8世紀，奈良時代の人口については沢田吾一による推計がある[8]．これは，農民に対する稲の貸し付け制度（奈良時代以降は租税化）であった出挙の主税帳に記載された出挙稲数に基づいて，陸奥国815（弘仁6）年の「弘仁主税式」の出挙稲数と課丁数の比を全国一律とし，「延喜主税式」も援用して，国別課丁数さらに人口を求めたものである．この結果，当時の良民人口は540万と推計された．沢田は，さらにいくつかの史書から郷当たりの平均人口を求め（1,399人），『和名抄』に記載されている郷数4,041に乗じて560万という推定値も得ている．これらはいずれも良民人口で，これに出挙稲数や郷当たり人口に反映されていない浮浪民，奴婢などを加えて，当時の総人口を約600万〜700万としている．

沢田推計は，先の小山による縄文〜弥生時代の人口推計の基準人口として使われるなど，比較的評価の高いものであるが，やや過大であるとの評価も出ている．鎌田は発掘された資料に記載されていた平

表 51.3 古代から中世の人口資料（本庄，1931[23]；高橋，1971[24]）

年　代	西　暦	人　口	出　典
崇峻天皇2年	589	3931151	『聖徳太子伝記』
		4031050	『太子伝抄』
		4988842	『太子伝』（松井羅洲随筆『它山石』より）
推古天皇18年	610	4990000	『十玄遺稿』（『它山石』より），西川求林斎『日本水土考』
		4969899	鈴木重嶺『皇風大意』
推古天皇元〜30年	593〜622	4969000	『十玄遺稿』，前掲
		4969890	新井白石『折たく柴の記』巻下
養老5年	721	4584893	『行基菩薩行状記』
神亀元年〜天平20年	724〜748	2000000	行基菩薩式目（「博物雑誌」より）
		4508551	行基菩薩の計数（『類聚名物考』より）
		4899620	行基式目
		8000000	『十玄遺稿』（『日本水土考』より）
		8631074	『折焚柴の記』，行基菩薩の計数
		4508950	行基菩薩の計数（山岡浚明『類聚名物考』より）
		4588842	『南贍部州大日本国正統図』運歩色葉集2
		5000000	『行基式目』（清水濱臣『遊京漫録』巻2より）
		600万〜700万	沢田吾一『奈良朝時代民政経済の数的研究』良民人口540万（別に560万との推計あり）
		8631000	西川求林斎『町人襄底払』巻下
		8631770	『皇風大意』
		11119648	『南贍部州大日本国正統図』
弘仁14年	823	3694331	横山由清『日本田制史』
貞観〜延喜	859〜922	3672000	横山由清『日本田制史』
延喜年間	901〜922	20000000	伊能頴則『古今戸口考』
延長元年	923	1128167	地理局雑誌「大日本田積口数増加求積比較表」
一條天皇御宇	986〜1010	22083325	伊能頴則『古今戸口考』
天暦〜承暦	990〜1080	4416650	横山由清『日本田制史』
天暦〜長保	947〜1003	4276800	横山由清『食貨志略』，『本朝古来戸口考』
		4899620	横山由清『食貨志略』，『本朝古来戸口考』
保元平治の乱前	1155頃	2400万〜2500万	伊能頴則『古今戸口考』
文治〜元弘	1185〜1333	9750000	横山由清『日本田制史』
弘安年間	1278〜1287	4984828	崑玉撮要集『類聚名物考』
大永8年	1528	4918652	権少僧都俊貞『雑記集』
天文22年	1553	2330996	地理局雑誌「大日本田積口数増加求積比較表」
永禄5年	1562	4994808	「香取文書」
天正年間		18000000	吉田東伍
元中9〜天正元年	1392〜1573	4861659	『日本略記』
天文22年	1553	1330996	栗田寛『栗田先生雑著』
天正〜慶長	1573〜1614	18000000	高橋梵仙推計

安時代常陸国の人口から判断して，沢田推計は奈良時代よりむしろ平安時代に適用すべきとし，8世紀前半の人口は500万程度であるとしている[9]．このほか同時代の推計として，社会工学研究所（社工研）が『倭名類聚抄』に記載された国ごとの郷数に対し，当時の1郷当たりの平均人口の推定値1,250人を乗じて人口を求め，全国の良民人口を523万とし，総人口を550万〜580万人と推計している[10]．

10世紀頃平安朝の人口について，須田昭義は「延喜主税式」の出挙稲数を用いて沢田と同様の方法で推計を試みている．これによれば900年前後で約550万としている[11]．また，同じ頃について社工研も推計を行っている．これは『倭名類聚抄』に記載された全国の田積（水田面積）86万町歩に対して，班田収授，1人当たり班給面積の平均1.6反で除して得た人口に，5歳以下人口を16％，平安京の人口20万として加えたもので，900年頃の総人口は644万と推計された．

平安朝末，12世紀前半の人口については，鬼頭により，やはり田積（『拾芥抄』による）を用いて699万と推計されている．これらの推計に従えば，弥生〜奈良時代にかけて急速に増加した人口は，8世紀以降やや停滞を示している．この原因について鬼頭は，当時の技術体系下ではもはや耕地拡大と土地生産性の上昇が望めなくなったこと，荘園制のもとで所与の技術体系を適用できるような政治・経済力が失われたこと，さらに気候の乾燥化に伴う旱害の影響などをあげている．

c. 中世から安土桃山時代の人口

11世紀以後，15世紀までを通して，全国的な人口調査はまったく知られておらず，この間は人口情報の空白時代といわざるをえない．もともと人口調査は多額の費用と書記能力を備えた多くの官吏の存在を前提とすることから，中央集権的体制と深く結びついた行為であり，律令制が崩壊し荘園制が成立していくなかで，しだいに行われなくなっていったようである．鎌倉時代に田積調査が行われているが（「諸国大田文」），その結果は一部の国について知られるのみで，またこの時代の田積と人口との対応がわかる資料も知られていない．

土地，および人口に関する調査が再び行われるようになるのは，16世紀戦国大名たちによってである．今川氏，北条氏，武田氏などは農兵動員，棟別銭徴収などの目的で，その領地の検地，および戸口調査を行ったことが知られている．これは土地を実測し，収穫高（品等区分による石盛），貢租高，耕作人などを決定するための調査である．豊臣秀吉は統一政権確立のための方策の一つとしてこの土地調査を重視し，全国的に徹底した検知を行った（太閤検地）．これは，中世の農奴的小作民を直接耕作者として自立させ，荘園制下の中間搾取を廃する目的であり，集権的封建制確立のための重要な方策であった．秀吉はまた，農民の逃散による土地の荒廃を防ぐ目的から「人払」という戸口調査も企て（1591（天正19）年），村ごとに戸数，性別・老幼別人口などを提出させた．この調査は完了されなかったが，その後各地の大名領に受け継がれ，各地で同様の調査が行われるようになる．

近世初頭（織豊時代の終わり）の全国人口については，上述の「人払」などが行われたにもかかわらず直接的な資料はなく，間接的な手がかりから推計するしかない．明治の歴史地理学者吉田東伍は，米収量（石高）と人口との関係について，双方を知りうる江戸時代天保年間および明治期（明治43年前後）の資料から，1石当たりおよそ1人が相当するとして太閤検地による天正年間（1573〜91年代）の全国総石高1,800万石から当時の人口をおよそ1,800万と推定した[12]．

これに対し社工研（速水 融）は，1750年の人口と信濃国諏訪郡の宗門改帳の分析から導かれた人口増加パターン（ロジスティック曲線）から1600年の全国人口を1,227万と推定している．石高・人口比については，双方の推計を支持する研究があり，どちらが実数に近いかはわからないが，いずれにしろ古代末の人口からみれば2倍以上に増大していることになる．中世前半，人口は停滞的であったとみられるが，14, 5世紀頃から増加に転じたようである．

d. 江戸時代前半の人口

江戸時代に入ると人口増加はより顕著となった．江戸時代はその前半と後半で，まったく異なる人口増加傾向を示し，その境となる享保年間までの期間はそれまでにはみられない規模の人口増加が生じた．1600〜1732年間の年平均人口増加率は，期首人口として速水推計を用いると0.73％，吉田推計を用いても0.44％という高い値となる．これは後に示す徳川時代後半から明治初頭（1732〜1872年）の平均増加率0.05％と対照的である．地域的にみると，西日本に比べて東日本の人口増加が著しかった．

この人口増加の背景として，まず戦国時代から続く新田開墾による耕地拡大があげられる．実際，戦国期から徳川期前半を通しての時期は，歴史上それまでにない大開墾時代であったといわれている．速水の推計によると，田積は太閤検地の行われた 1598（慶長 3）年の 206 万 4,657 町から，享保〜延享年間（1730 年前半）の 297 万 1,000 町にまで，130 年ほどの間に 44％の増加を示している．この耕地拡大は，戦国期から高度化した集約的農業技術の全国的普及と相まって，この時期の農業生産高を飛躍的に伸ばした．全国の石高は 1598（慶長 3）年の 1,851 万石から，1697（元禄 10）年には 2,580 万石に達している．また，速水の推計でも，近世初期から 1720（享保 5）年までに，米の実収石高は 1.6 倍に増加している．こうした生産性向上の背景には，鎖国下における幕藩的経済体制の整備に伴って，戦国期から発達をみせていた貨幣経済が一層進んだことがあげられる．すなわち，一般農民が市場経済に組み入れられることで開墾や集約的農耕に努めるようになり，また治水，灌漑，土木などを含む農業技術の進歩も促された．

小農自立の流れは，また農村の世帯規模・構成に影響を与えることによって，人口増加に働いた可能性がある．江戸時代前半の人口増加に対する世帯規模の縮小，世帯構成の変化と，これによって出生率の上昇が起きたことが指摘されている[13]．変化が定量的にとらえられた諏訪地方の例でみれば，17 世紀後半 7.04 人だった平均世帯規模は，18 世紀前半には 6.34 人に縮小している．この変化は徳川時代を通して続き，18 世紀後半 4.90 人，19 世紀前半 4.40 人，幕末（1851〜70 年）には 4.25 人となっている．世帯規模の縮小は，世帯内の隷属農民と傍系親族が独立する形で生じており，これに伴って婚姻率，および有配偶率の上昇，ひいては出生率の上昇へとつながったと考えられる．

生産力の増大によって人口増加が生ずるとき，それはまず生活水準の向上に伴う死亡率の低下によってもたらされることが普通である．小林は江戸時代中期に東京深川で埋葬された出土人骨を調べ，15 歳以上と推定される 108 体の平均死亡年齢を男性 45.5 歳，女性 40.6 歳と推定した（この集団の生命表を表 51.4 に示す）．また，都内各所より出土した

表 51.4 深川出土人骨による江戸時代生命表

年齢階級 $x - x+4$	生存数 l_x	死亡数 $_nd_x$	死亡確率 $_nq_x$	平均余命 $\overset{\circ}{e}_x$
15〜19	1000	25	0.025	30.3
20〜24	975	64	0.065	26.0
25〜29	911	152	0.167	22.7
30〜34	759	101	0.133	21.7
35〜39	658	114	0.173	19.7
40〜44	544	63	0.116	18.3
45〜49	481	76	0.158	15.3
50〜54	405	80	0.198	12.7
55〜59	325	72	0.221	10.3
60〜64	253	98	0.388	7.5
65〜69	155	79	0.510	5.6
70〜74	76	56	0.737	3.8
75+	20	20	1.000	2.5

小林和正作成，菱沼（1978）[5] より

同時期の 58 体については 15 歳以上の平均死亡年齢を男性 39.9 歳，女性 40.4 歳としている．この生存状況から推定される平均寿命（出生時平均余命）は 25〜30 年程度に達するとみられる（菱沼は 20.3 年と推定しているが 15 歳以上の生存状況に対するモデル生命表のあてはめ結果からみてあまりに過小と思われる）．

このほかに多くの研究によって江戸時代中期以降の平均寿命が推定されている（表 51.5）．これらの推定のもととなる過去帳や宗門改帳では，乳幼児の欠落が多く，地域間，時代間の正確な比較はむずかしい．しかし，古代における生存状況と比較すると，格段の改善がみられることは確かである．仮に平均寿命 20 年の生存水準で人口を維持していた集団があった場合，平均寿命が 25 年に上昇すると，その人口は出生超過のため 1 世代後には約 24％増加すると推算される．これは年平均増加率にすると，0.8％前後とかなりの高率である．また，平均寿命が 30 年になった場合には増加率は，1.4％に達する．このことは上にみた江戸時代の生存状況の改善が，江戸時代前半の人口増加に大いに寄与した可能性を示唆している．

ところで，徳川時代は前工業化時代の社会としては，世界的にも稀なほど人口についての豊富な資料を残している．地域レベルでは「人畜改」，「棟付改（むねつけあらため）」，「人別改帳」，あるいは「宗門改帳」，これらが重合した「宗門人別改帳」などの戸口調査が早い時期から行われていた．島原の乱（1637〜38 年）

51.2 近世までの日本人口

表 51.5 江戸時代，農村における平均寿命（斎藤，1992）[25]

村落	期間	平均寿命（年） 男性	平均寿命（年） 女性	資料
(1) 筑前　仙福寺村落	1700〜1824	44.7	43.3	過去帳
(2) 岩代　下守屋村	1716〜1872	37.8	38.6	宗門改帳
(3) 美濃　ナカハラ村	1717〜1830	43.2		宗門改帳（乳児死亡率男性 165‰，女性 125‰）
(4) 岩代　仁井田村	1720〜1870	37.7	36.4	宗門改帳
(5) 美濃　西条村	1773〜1830	38.6	39.1	宗門改帳
(6) 飛騨　往還寺村落	1776〜1875	32.3	32.0	過去帳（乳児死亡率男性 288‰，女性 265‰）
(7) 三河　西方村	1782〜1796	34.9	55.0	宗門改帳
(8) 備前　藤戸村	1800〜1835	41.1	44.9	宗門改帳
(9) 信濃　虎岩村	1812〜1815	36.8	36.5	宗門改帳（乳児死亡率男性 229‰，女性 189‰）
(10) 越前　田嶋村	1819〜1854	26.3	24.1	宗門改帳

ののち，キリシタン禁圧強化のため 1640 年に幕府直轄領において宗門改帳が作成され，個人ごとに所属宗旨を調べて記録した．この宗門人別改制度は，1664（寛文 4）年からは諸藩にも毎年実施させ，1671（寛文 11）年には全国的制度として確立した．その後，しだいに宗門改めとしての役割は薄れ，戸籍制度としての機能をもつに至った．調査は原則として毎年行われ，明治政府の壬申戸籍成立（1872 年）の前年まで続く．ただし，その結果が長期にわたって残っているのは一部の藩にすぎない．これらの資料は，当時の地域レベルの人口動態を明らかにし，人々のライフヒストリーに関する情報をもたらすため，現在各地に残されたこれら宗門改帳，人別改帳などによる歴史人口学研究が盛んに行われている．

また，徳川時代の後半の人口は，幕府によって定期的に行われた全国人口調査によって把握することができる．すなわち，8 代将軍徳川吉宗は元禄期以降窮乏した幕府財政の建て直し（享保の改革）の一環として各種経済調査を行った．人口については 1721（享保 6）年に全国領主に対して所領内人口の報告を命じた．また，5 年後の 1726（享保 11）年には再び調査が実施され，それ以後 6 年ごと子年と午年に「子午改」と称して調査を行うことが制度化された．この全国的人口調査は幕末まで続き，最後の該当年である 1864（元治元）年まですべて実施されたとすれば 25 回となるはずであるが，集計が知られているのは 1721（享保 6）年から 1846（弘化 3）年までの 22 回である．そのうち全国人口がわかるのは 18 回，さらに国別に人口がわかるのは 11 回である（表 51.6）．

表 51.6 江戸時代の日本人口：幕府の人口調査（子午改）

年代	徳川幕府—子午改 総数	男性	女性	推計人口
1600（慶長 5）				12273000
1650（慶安 3）				17498000
1721（享保 6）	26065425	—	—	31277900
1726（享保 11）	26548998	—	—	31858800
1732（享保 17）	26921816	14407107	12514709	32306200
1738（元文 3）				—
1744（延享元）	26153450			31384200
1750（寛延 3）	25917830	13818654	12099176	31005900
1756（宝暦 6）	26070712	13833311	12228919	31283200
1762（宝暦 12）	25921458	13785400	12136058	31105800
1768（明和 5）	26252057			31502500
1774（安永 3）	25990451			31188600
1780（安永 9）	26010600			31212700
1786（天明 6）	25086466	13230656	11855810	30104000
1792（寛政 4）	24891441			29869700
1798（寛政 10）	25471033	13360520	12110513	30118900
1804（文化元）	25621957	13427149	12194708	30746600
1810（文化 7）				
1816（文化 13）				
1822（文政 5）	26602110	13894436	12707674	31913300
1828（文政 11）	27201400	14160736	13040064	32625900
1834（天保 5）	27063907	14053455	13010452	32476400
1846（弘化 3）	26907625	13854043	13053582	32423800

社会工学研究所（1974）[10] より

1721 年の第 1 回調査は，各藩にすでにある人別簿の人数を集計報告させた簡易調査にすぎないので，実際に戸口調査を行った第 2 回調査 1726（享保 11）年をわが国の全国人口調査の始まりとする見方

もある．当時の人口調査は，当該年の適当な時期に宗門人別改帳に基づき各戸を巡回して帳簿を更新し，これを村ごと男女別に集計し，さらに郡ごと国ごとに集計した．武士とその従者，公家ならびに被差別民は除外され，また数え15歳以下の扱いは各藩に任された．除外された人口について関山は，幕末と明治初年の全国人口との比較によって各回調査とも450万～500万と推測している[14]．このほか幕府は，1734（享保19）年に10万石以上の大名で80年来所替えのなかった10家に対して，既存の人口調査の結果を提出するように命じており，9藩の結果が知られている．

e. 江戸時代後半の人口

享保年間になると，それまで1世紀以上にわたって順調に増加してきた人口は1732（享保17）年3,231万人に達したのち，突然停滞を始める．それ以降江戸時代後半を通して130年あまりの停滞が続く．この間最も少ないのは1792（寛政4）年の2,987万人，最も多いのは1828（文政11）年3,263万人，全国人口が推定できる最後の調査時が1846（弘化3）年3,242万人で，人口は文字どおりの停滞を示している．しかし，地域によって人口の増減は異なり，関東から東北においては人口減少の傾向がみられ，北陸と中国，四国，九州方面では増加傾向を示し，その他ではおおむね停滞を示している．

人口が増加から一転して停滞となった原因としては，まず気候の悪化による生産力の低下，とりわけ飢饉や疫病など災害の増加による影響があげられる．18世紀中頃から19世紀にかけては世界的に寒冷化したことが知られているが，同時期に日本でも寒冷化が進行し冷害が多発したようである．江戸時代の三大飢饉はいずれもこの時期以降に起きており，そのうち天明の飢饉（1782～87年），天保の飢饉（1833～37年）は冷害による凶作をきっかけとして生じている．とりわけ東北地方は当時においては稲作の限界耕作地と考えられ，寒冷化の影響を直接被ったとみられる．新田開発なども遅れ，石高の伸びも少なくなっている．こうした気候不順による大小の凶作は，飢饉以外の年においても栄養不良などによりさまざまな疾病を蔓延させ，またたびたび発生した打ち壊しに象徴される社会不安は生産活動に大きな影響を及ぼしたと考えられる．

以上のように気候不順は飢饉などを発生させ多くの命を奪ったが，それだけではこの時期の長期にわたる人口停滞を説明できない．最も多くの命を奪ったとされる天明期の飢饉でもそれは90万あまりにすぎず，江戸時代前半に人口がみせた増加率をもってすれば数年のうちに回復することができる．人口を停滞させたのは，そのような破局的な人口減少よりは，むしろ「予防的」な人口制限による部分が大きかった．すなわち，この時期の気候変動による引き続く不作によって農村が窮乏した結果，彼らはまず結婚を減らしてその出生力を抑え，またより直接的な手段として堕胎や間引によって意図的な人口制限を行ったのである．

速水は信州諏訪郡農村の2世紀以上にわたる既婚女性の合計出生率を報告しているが，それによれば17世紀では6.93だったものが，18世紀前半には4.64，後半に至ると3.92へと減少し，19世紀になって再び4.60へ回復している．これは18世紀に間引などにより人口抑制が行われた結果であると考えられる．また，出生児の性比によって間引の検証を行ったスミス（Smith, T. C.）は，間引が農作物の豊凶にかかわらず，個々の農家の経営規模に合わせて計画的に行われていたと結論している[15]．すなわち，間引は非常手段としてではなく，一定の生活水準を維持することを目的として行われていた可能性が高い．

間引は農民の間では早い時期から行われており，江戸時代後半に至っては半ば公然と行われるようになったことが，多くの歴史資料によって示されている．ヨーロッパの前近代においては，晩婚と生涯独身によって人口圧の緩和が行われていたが，日本においてはそれが結婚内における子供数の制限によって行われていたことは対照的である．結局，堕胎，間引は，土地緊縛制によって自作耕地に生存資源を限定された農民の，有限性に対処するための経済合理的「出生抑制」行動であったとみることができる．この間引の慣習は明治維新以後も根強く残り，明治政府は明治元年12月に堕胎間引禁令を布告したが，明治中頃までは続いたといわれる．

以上のように江戸時代後半の日本人口は停滞によって特徴づけられるが，19世紀に入ると天保期を

51.3 近代以降の日本人口

a. 明治期～第二次世界大戦時期の人口

19世紀後半，明治維新後の日本は発展の遅れた人口密度の高い国として出発した．先進列強に対抗するため，政府の強力な指導のもとで国家体制の整備が急がれた．明治政府は1872（明治5）年1月末日をもって全国で戸籍作成のための調査を実施した．これは各戸ごとに実地調査を行うものであった．その後も6年ごとに実施されるはずであったが，翌年に中止の布告がなされ，これ以降第1回国勢調査まで，この種の人口調査は行われなかった．しかし，戸籍は出生，死亡，婚姻，離婚の届け出によって常時更新されたので，毎年の本籍人口と人口動態が記録されるようになった．ただし，本籍人口は国勢調査による現在人口（戦後は常住人口）と異なるため，後に内閣統計局によって国勢調査人口に接続する人口が明治5年にさかのぼって推計されている（『明治五年以降我が国の人口』，表51.7）．

これによると1872（明治5）年の日本人口は3,481万，また1912（明治45）年には5,058万で，明治期を通して約1,580万人増加した．この間の年平均人口増加率は0.9％で，前半（1872～92年）は穏やかに（増加率0.8％），後半（1892～1912年）はやや加速して（1.1％）成長した．すなわち，江戸時代後半を通して停滞を続けた日本人口は，明治維新を境にして再び順調な増加を開始したのである．

内閣統計局は人口動態についても推計を公表しているが（『人口動態ニ関スル統計材料』），これは出生率，死亡率の推移からして信頼性に疑問があるため，専門家による人口動態率の再推計がたびたび行われている．このうち岡崎陽一の推計によると（表51.8）[16]，出生率は明治大正期を通してほぼ横ばい

表51.7 明治大正期の日本人口，人口増加率および人口密度

年　　次	人口（1000人）			人口増加率（％）	人口密度（1km²につき）
	総数	男性	女性		
1872（明治 5）	34806	17666	17140		91.2
1873（　　 6）	34985	17755	17230	0.51	91.6
1874（　　 7）	35154	17835	17319	0.48	92.1
1875（　　 8）	35316	17913	17403	0.46	92.5
1876（　　 9）	35555	18030	17525	0.68	93.1
1877（　　10）	35870	18187	17683	0.89	93.9
1878（　　11）	36166	18327	17839	0.83	94.7
1879（　　12）	36464	18472	17992	0.82	95.5
1880（　　13）	36649	18559	18090	0.51	96.0
1881（　　14）	36965	18712	18253	0.86	96.8
1882（　　15）	37259	18854	18405	0.80	97.6
1883（　　16）	37569	19006	18563	0.83	98.4
1884（　　17）	37962	19199	18763	1.05	99.4
1885（　　18）	38313	19368	18945	0.92	100.3
1886（　　19）	38541	19480	19061	0.60	100.9
1887（　　20）	38703	19554	19149	0.42	101.4
1888（　　21）	39029	19716	19313	0.84	102.2
1889（　　22）	39473	19940	19533	1.14	103.4
1890（　　23）	39902	20153	19749	1.09	104.5
1891（　　24）	40251	20322	19929	0.87	105.4
1892（　　25）	40508	20443	20065	0.64	106.1
1893（　　26）	40860	20616	20244	0.87	107.0
1894（　　27）	41142	20755	20387	0.69	107.8
1895（　　28）	41557	20960	20597	1.01	108.8
1896（　　29）	41992	21164	20828	1.05	110.0
1897（　　30）	42400	21356	21044	0.97	111.1
1898（　　31）	42886	21590	21296	1.15	112.3
1899（　　32）	43404	21836	21568	1.21	113.7
1900（　　33）	43847	22051	21796	1.02	114.8
1901（　　34）	44359	22298	22061	1.17	116.2
1902（　　35）	44964	22606	22358	1.36	117.8
1903（　　36）	45546	22901	22645	1.29	119.3
1904（　　37）	46135	23195	22940	1.29	120.8
1905（　　38）	46620	23421	23199	1.05	122.1
1906（　　39）	47038	23599	23439	0.90	123.2
1907（　　40）	47416	23786	23630	0.80	124.2
1908（　　41）	47965	24041	23924	1.16	125.6
1909（　　42）	48554	24326	24228	1.23	127.2
1910（　　43）	49184	24650	24534	1.30	128.8
1911（　　44）	49852	24993	24859	1.36	130.6
1912（　　45）	50577	25365	25212	1.45	132.5
1913（大正 2）	51305	25737	25568	1.44	134.4
1914（　　 3）	52039	26105	25934	1.43	136.3
1915（　　 4）	52752	26465	26287	1.37	138.2
1916（　　 5）	53496	26841	26655	1.41	140.1
1917（　　 6）	54134	27158	26976	1.19	141.8
1918（　　 7）	54739	27453	27286	1.12	143.4
1919（　　 8）	55033	27602	27431	0.54	144.1
1920（　　 9）	55473	27812	27661	0.80	145.3

内閣統計局『明治5年以降我国の人口』（調査資料第三集，1930年）による各年1月1日現在（明治5年は太陰暦1月末日）の推計人口．
国立社会保障・人口問題研究所（1999）より．

から，後半に上昇気味で，死亡率はおおむね低下傾向にあったことがわかる．このため，両率の差にあたる自然増加率は上昇傾向を示し，加速的な人口増加が生じていたことを裏づけている．

この人口増加は，明治政府が「富国強兵」，「殖産興業」の標語のもとに行った産業の育成，先進諸国からの生産技術移転，軍備の増強などに基づく生産力の増大と歩調をともにして生じたものである．とりわけ，政府によって強力に推進された工業化政策は，当初繊維工業，食品工業など軽工業の成長を，そして日清・日露戦争を経る頃には鉄鋼，機械工業などを中心とした重化学工業の成長を促した．しかしながら，この過程を通して農林部門就業者の実数はほとんど変わらず（1872年1,553万人，1914年1,559万人），人口の増加した部分だけが工業部門に吸収された形となっていた．この農林部門による安定した一次産物の供給とそれによる非農林部門の賃金の安定によって初期の工業化が支えられたことは重要である[17]．

日清戦争（1894～95年）では戦病死傷者は1万7,000と人口への影響は比較的小さくすみ，中国からの多額の賠償金や領地の獲得による経済へのプラス効果が大きかった．これに対し日露戦争（1904～05年）では戦病死傷者は10万あまりにのぼり，また莫大な戦費を費やしたため財政難と経済不況をもたらした．しかし，その後は第一次世界大戦の勃発による軍需景気によって経済は再び好況へと揺れた．相次いで戦争を経験するなかで産業の重心が急速に重工業へと移ったため，しわ寄せを受けた軽工業，農林業部門の従事者の間では生活の逼迫がみられるようになり，物価高騰なども重なって労働争議，小作争議がたびたび生ずるようになった．明治から大正にかけての年間は人口増加率が1.4%前後と高率だったこともあり，上記のような社会問題の背景として人口問題が取りざたされるようになった．

一方で，工業化に伴う人口都市化の進展は農業労働者を減少させており，主食たる米の需給関係に急な変化をもたらした．そんななかで米への投機の加熱をきっかけとして米価の急騰が起こり，1918（大正7）年には大規模な米騒動に発展した．このときも食糧との不均衡の問題として人口問題が盛んに論議された．その後も戦後不況と世界恐慌によって大量の失業が発生する事態が生じ，さらには国外における排日移民の動きが強まるにつれて，国内に広がった過剰人口意識による閉塞感は日本をしだいに軍事的な海外進出へと向かわせることになる．そうした流れのなかで日本は1931（昭和6）年満州事変，

表51.8 明治大正期の人口動態率（岡崎，1989）[16]

年次	出生率	死亡率	自然増加率
1873（明治6）	33.58	28.57	5.01
1874（　7）	34.65	29.88	4.76
1875（　8）	35.40	28.44	6.95
1876（　9）	36.06	26.95	9.11
1877（　10）	35.43	26.94	8.50
1878（　11）	34.31	25.80	8.51
1879（　12）	35.10	29.72	5.39
1880（　13）	34.49	25.57	8.92
1881（　14）	36.71	28.47	8.24
1882（　15）	36.29	27.68	8.61
1883（　16）	33.16	22.25	10.91
1884（　17）	32.34	22.86	9.48
1885（　18）	34.71	28.41	6.30
1886（　19）	34.07	29.52	4.55
1887（　20）	32.58	23.80	8.78
1888（　21）	34.00	22.26	11.74
1889（　22）	34.78	23.61	11.17
1890（　23）	32.83	23.76	9.07
1891（　24）	31.12	24.33	6.80
1892（　25）	34.34	25.23	9.10
1893（　26）	32.55	25.38	7.16
1894（　27）	33.05	22.70	10.35
1895（　28）	33.69	22.91	10.78
1896（　29）	34.39	24.20	10.19
1897（　30）	35.28	23.11	12.17
1898（　31）	36.36	23.51	12.85
1899（　32）	35.18	23.94	11.24
1900（　33）	35.85	23.19	12.66
1901（　34）	37.47	23.33	14.14
1902（　35）	37.32	23.84	13.48
1903（　36）	35.75	22.20	13.55
1904（　37）	34.20	23.45	10.75
1905（　38）	34.25	24.15	10.10
1906（　39）	32.65	22.02	10.63
1907（　40）	37.29	23.35	13.94
1908（　41）	37.11	22.56	14.56
1909（　42）	37.36	23.58	13.78
1910（　43）	37.19	22.71	14.48
1911（　44）	37.47	21.98	15.49
1912（　45）	36.86	21.55	15.31
1913（大正2）	35.75	20.13	15.62
1914（　3）	36.17	21.27	14.90
1915（　4）	35.47	20.83	14.64
1916（　5）	34.99	22.32	12.67
1917（　6）	34.76	22.28	12.49
1918（　7）	33.87	27.41	6.46

1937（昭和12）年日中戦争，1941（昭和16）年には太平洋戦争へと進んでいった．

当時トンプソン（Thompson, Warren S.）は，『Danger Spots in the World（世界の危険地帯）』（1929年）のなかで，人口と資源の不均衡が戦争誘発の最大の危険因子であること，日本周辺がそうした世界の危険地域のなかの一つであることを指摘し，この予見はそのまま現実のものとなった．強まる閉塞感に対して，国内では社会主義者を中心として産児制限の推進が提唱されたが，海外進出を目指す政府の人口増強政策の高まりのなかで，力を失っていった．

移民は過剰人口問題の解決策として，また海外における商権拡大の方途として早くから推進されてきたが，日本の膨張主義に反発する形で1901年オーストラリア，1907年カナダ，1924年アメリカと相次いで日本からの移民が禁止された．以降は南米に移民の中心が移ったが，結局こちらでも同様の移民制限（1934年ブラジルなど）が始まるに及んで海外移民の道は閉ざされた．もっとも日本の場合，海外移民は過剰人口の緩和としてはさほど有効ではなく，たとえば1899（明治32）年から1935（昭和10）年までの36年間にブラジルへの移民総数は54万人であったが，これはこの間の人口増加のおよそ2％にすぎない．結局，日本は「過剰人口」と経済不況の打開を目的に満州進出を目指すこととなり，1929～37年の8年間に在満邦人は81万4,000人から179万6,000人へと膨張した．

ところで，1920（大正9）年以降の日本人口は国勢調査によって把握される．戦時中の昭和20年を除き5年ごとに実施され，1995（平成7）年国勢調査は第16回目にあたる．これ以外に全国人口を調査したものとしては，昭和19, 20, 21年には資源調査法に基づく人口調査が，また昭和22年には敗戦で実施が見送られた昭和20年の国勢調査に代えて臨時国勢調査が実施されている．国勢調査では，対象の把握地域は戦前は現在地，戦後では常住地となっている．各回による日本の総人口，日本人人口を表51.9に示す．第1回国勢調査による総人口は約5,963万（10月1日現在）で，明治初期からの50年余りで約2,000万（60％）の増加があったことになる．また，このときから太平洋戦争開戦前の1940（昭和15）年第5回国勢調査までにさらに約1,600万増加した．大正から昭和初期にかけての人

表51.9　1920年（大正9）以降の日本の総人口，人口増加率，性比および人口密度

年　次	人　口（1000人）			年平均人口増加率（％）	性比（女100につき男）	人口密度（1 km²につき）
	総　数	男性	女性			
1920（大正 9）	55963	28044	27919		100.4	146.6
1925（　　14）	59737	30013	29724	1.31	101.0	156.5
1930（昭和 5）	64450	32390	32060	1.52	101.0	168.6
1935（　　10）	69254	34734	34520	1.44	100.6	181.0
1940（　　15）[*1]	71933	35387	36546	0.76	96.8	188.0
1945（　　20）[*2]	72147	…	…	0.06	…	195.8
1947（　　22）[*3]	78101	38129	39972	3.96	95.4	212.0
1950（　　25）	83200	40812	42388	2.11	96.3	225.9
1955（　　30）	89276	43861	45415	1.41	96.6	241.5
1960（　　35）	93419	45878	47541	0.91	96.5	252.7
1965（　　40）	98275	48244	50031	1.01	96.4	265.8
1970（　　45）	103720	50918	52802	1.08	96.4	280.3
1975（　　50）	111940	55091	56849	1.53	96.9	300.5
1980（　　55）	117060	57594	59467	0.89	96.9	314.1
1985（　　60）	121049	59497	61552	0.67	96.7	324.7
1990（平成 2）	123611	60697	62914	0.42	96.5	331.6
1995（　　 7）	125570	61574	63996	0.31	96.2	336.8

[*1] 国勢調査による人口73114308から外地の軍人，軍属などの推計数1181000を差し引いた人口．
[*2] 11月1日現在の人口調査による人口71998104に軍人および外国人の推計人口149000を加えた人口．
[*3] 臨時国勢調査による人口78098000に水害地の調査もれ推計数3000を加えた人口．
国立社会保障・人口問題研究所（1999）より．

口増加率は1.5％前後に達している．

　日本政府は人口過剰を問題視しながらも，戦争遂行のための人的資源確保のために人口増加政策の側に立ち，出産制限運動に対しては抑圧の姿勢をとっていた．しかしながら，出生率は1920（大正9）年以降低下をたどっていく．特に1939（昭和14）年にはその前々年に勃発した日中戦争への動員の影響で出生率の急低下が生じた．政府は1941（昭和16）年1月22日『人口政策確立要項』を閣議決定し，本格的な人口増加政策に乗り出した．それは「東亜における指導力を確保」するため，内地総人口の目標を1960（昭和35）年1億人に定め，これを実現するための方策として結婚の促進，夫婦の子供数増加，産児制限禁止などの出生促進策を打ち出した．いわゆる「産めよ殖やせよ」を基調とする人口政策の始まりである．その結果，1941～44年は出生率がやや回復したが，1945～46年終戦前後には再び急落する．この終戦前後は死亡率が一時的に高率となった結果，自然増加，社会増加ともに明治以来初めてのマイナスを示すことになった．

b. 戦後から高度経済成長期の人口

　1945（昭和20）年から1950（昭和25）年のわずか5年間に日本人口は約1,100万の増加をみた．原因は，軍人・軍属などの外地から引き揚げによる社会増と，「ベビーブーム」の発生，さらに死亡率の低下である．この期間の海外からの引揚者は復員軍人を含めて約625万で，流出入の純増は約500万と見積もられる．また，1947～49（昭和22～24）年ベビーブームの出生率は一時的に33～34‰まで上昇し，このわずか3年間で806万の出生があった．死亡率は，戦前からの低下傾向にいち早く復帰し，それを上回る勢いで低下を始めた．これらにより人口増加率はこの時期に史上初めての2％を大きく上回る水準に達した．こうした急激な人口増や経済の破綻によって，食糧，物資は不足し，国民生活は著しく窮乏した．しかし，それら人口増や産業の壊滅によって行き場を失った労働層は，かなりの部分が農村に吸収され，失業問題，食糧問題はある程度緩和された．

　ベビーブーム以降は，出生率は急低下を始めた（表51.10）．出生率はピークの1947（昭和22）年34.3‰から1957（昭和32）年17.2‰へ，わずか10年間で半減した．合計特殊出生率ではこの間4.54から2.04へ低下しており，このときすでに人口置き換え水準（1957年2.22）を下回るレベルへと低下したことになる．このベビーブームによる「団塊の世代」と，その後の急激な出生低下による縮小世代とのギャップが，その後の日本の人口動態と社会経済にさまざまな形で影響を及ぼすことになる．

　この出生低下の原因は，近接的には1948（昭

表51.10 戦後の人口動態率と合計特殊出生率

年　　次	普通率（‰）			合計特殊出生率
	出　生	死　亡	自然増加	
1947（昭和22）	34.3	14.6	19.7	4.54
1950（　25）	28.1	10.9	17.2	3.65
1955（　30）	19.4	7.8	11.6	2.37
1960（　35）	17.2	7.6	9.6	2.00
1965（　40）	18.6	7.1	11.5	2.14
1966（　41）	13.7	6.8	6.9	1.58
1967（　42）	19.4	6.8	12.6	2.23
1968（　43）	18.6	6.8	11.8	2.13
1969（　44）	18.5	6.8	11.7	2.13
1970（　45）	18.8	6.9	11.9	2.13
1971（　46）	19.2	6.6	12.6	2.16
1972（　47）	19.3	6.5	12.8	2.14
1973（　48）	19.4	6.6	12.8	2.14
1974（　49）	18.6	6.5	12.1	2.05
1975（　50）	17.1	6.3	10.8	1.91
1976（　51）	16.3	6.3	10.0	1.85
1977（　52）	15.5	6.1	9.4	1.80
1978（　53）	14.9	6.1	8.8	1.79
1979（　54）	14.2	6.0	8.2	1.77
1980（　55）	13.6	6.2	7.4	1.75
1981（　56）	13.0	6.1	6.9	1.74
1982（　57）	12.8	6.0	6.8	1.77
1983（　58）	12.7	6.2	6.5	1.80
1984（　59）	12.5	6.2	6.3	1.81
1985（　60）	11.9	6.3	5.6	1.76
1986（　61）	11.4	6.2	5.2	1.72
1987（　62）	11.1	6.2	4.9	1.69
1988（　63）	10.8	6.5	4.3	1.66
1989（　64）	10.2	6.4	3.7	1.57
1990（平成2）	10.0	6.7	3.3	1.54
1991（　3）	9.9	6.7	3.2	1.53
1992（　4）	9.8	6.9	2.9	1.50
1993（　5）	9.6	7.1	2.5	1.46
1994（　6）	10.0	7.1	2.9	1.50
1995（　7）	9.6	7.4	2.1	1.42
1996（　8）	9.7	7.2	2.5	1.43
1997（　9）	9.5	7.3	2.2	1.39
1998（　10）	9.6	7.5	2.1	1.38

厚生省統計情報部『人口動態統計』．
国立社会保障・人口問題研究所（1999）より．

23) 年に制定された優生保護法による人工妊娠中絶および優生手術の認可と，その後に行われた改正による適用範囲の拡大による効果が大きい．1949 (昭和 24) 年に届け出られた人工妊娠中絶は 24 万 6,000 件であったが，1955 (昭和 30) 年には 117 万件に上り，実に出生数の 68 % に達した．戦後の混乱による生活の困窮から脱出するべく，子供の数を最小限に制限するために最初に用いられた手段は人工妊娠中絶であった．このあたりの事情は，江戸時代後半堕胎・間引によって子供数を制限して困難な時期を乗り切ろうとした農民たちの姿と相似する．

同時に，こうした事態を憂慮した民間団体などによって盛んに避妊普及運動が行われ，政府も明示的には人口政策を行うことはなかったものの，公衆衛生プログラムとして家族計画事業の支援に回った．その結果避妊は急速に普及し，出生抑制手段として人工妊娠中絶と完全に交代した．いずれにしろ，この時期の出生率低下は，一般の夫婦がその生活水準から自ら判断して，望まない高順位の出生数を減らしたことが特徴である．

ただし，長期的にみるとこの出生低下はすでに戦前にみられた低下傾向から，戦争による攪乱をはさんで，連続して生じたものとする見方が妥当である (図 51.1)．すなわち，戦後の出生低下は，明治期以来の近代化に伴う人口転換の最終局面としてみる必要がある．人口転換とは，社会の近代化に伴って人口の自然動態が，多産多死の状態から少産少死の状態へと大きく転換することで，西欧社会では 18 世紀から 20 世紀前半に普遍的にみられた現象である．

日本の出生率はすでにみたように大正の末から低下を始め，戦争の攪乱をはさんで，戦後稀にみる急速な低下へとつながり，1950 年代後半までには人口置き換え水準にまで低下した．死亡率はすでに明治期当初より細かな変動を含みながらも長期的には低下傾向を続けてきており，とりわけ大正末より低下のペースを速め，大戦をはさんで戦後再び急速な低下をみせている．こちらは医療技術の進歩に伴う感染症死亡の激減という死因構造の転換 (疫学転換) によって生じた結果である．結局わが国の人口動態は戦争の時期を除けば典型的な西欧型の人口転換を経験し，1950 年代後半にはその過程を終えていたことになる．しかもそれは西欧文化圏以外で経験された最初の人口転換であった．ただし西欧での人口転換は数十年から 100 年以上に及ぶ長期の過程であったが，日本の人口転換はその主要な部分を戦後の 10 年ほどの間に凝縮し，きわめて短い期間に達成された点で特殊である．

また人口転換ではほとんど常に死亡率の低下が出生率低下に先行することから，その過程で多産少死の局面を経ることになるが，この時期には出生率と死亡率の差が大きく開き，人口は急増する．したがって，この時期は経済成長と人口のバランスが崩れる危険な局面である．戦後多くの途上国がこの罠に陥った結果，各地で「人口爆発」が生じた．日本できわめて速やかな経済的離陸が果たせたのは，人口転換をきわめて短期間に達成したことが重要な要因となっている．

以上のように日本の人口動態はいち早く人口置換水準へと到達したが，その後の高度経済成長期においても日本人口は増加率 1 % 内外で成長傾向を維持した．人口動態が置き換え水準にありながら，人口成長が続いていることは一見矛盾しているように思えるが，再生産年齢層 (出産年齢層) が人口のなかで相対的に大きな割合を占めている場合には，その親世代に見合う大きな子供世代が生まれてくることになり，人口は増加を続ける．これは人口のモーメンタムとよばれる性質である．この頃の日本人口は，「生み盛り」の年齢層を多く擁した「若い」年齢構造をもっていた．これにより 1967 (昭和 42) 年には日本人口は 1 億人を突破した．

さらにこの時期の人口の特徴として，従属人口負担の少ない，きわめて経済活動に有利な年齢構成に

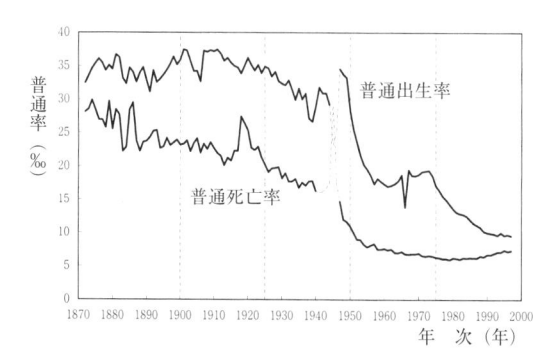

図 51.1 日本人口の普通出生率，普通死亡率の長期変動 (岡崎，1989[16]；国立社会保障・人口問題研究所，1997[20])

なっていたことがあげられる．すなわち従属人口指数（年少人口と老年人口の和の生産年齢人口に対する比）は，戦前70％をこえていたが，それは1960（昭和35）年に55.7％，1970（昭和45）年には44.9％という低さとなり，いわゆる働き盛りの世代が小さな扶養負担とともに生産活動に邁進し，その貯蓄をはじめとする資産形成が産業の資本形成に寄与する構造となっていた．これは通常人口転換前にみられる小さな老年人口と転換後にみられる少ない年少人口とが，わが国の急速な人口転換の結果，同時代に重なったことによる恩恵であった．

　国民経済の発展と生活水準の向上に伴って，戦後あれほど懸念された過剰人口問題はしだいに遠のき，むしろ若年労働力の不足や，人口都市化，あるいは過疎過密問題などに関心は移っていった．戦後いったん農村に吸収された労働力，あるいはベビーブームや死亡率の低下によって新たに生じた余剰労働力は，このときまでには都市における工業部門にすっかり吸収されていた．しかしそれでも，労働力は不足していたから，第一次産業からの移転が必要となった．第一次産業人口は1955（昭和30）年に就業総数の41.1％を占めていたが，1975（昭和50）年には13.8％にまで減少した．これに対し第二次，三次産業人口は同じ時期にそれぞれ，23.4→34.1％，35.5→51.8％とシェアを増大させ，産業構造は一変した．

　同時に雇用者の割合は1955年の45.7％から，1975年の69.1％へと上昇した．一方で，農漁村では労働力不足，後継者難，人口の高齢化，女性化が進み，その都市とのアンバランスが過疎・過密問題として社会問題化した．そのほか，世帯では核家族化，単独世帯の増加により平均世帯規模の縮小と世帯数の増大が進んだ．また，子供数が減り，親が少数の子供に教育投資を集中することにより，若年世代での高学歴化が進み，受験戦争，学歴社会が本格化した．一方で，生産を優先とした企業の姿勢から公害問題が発生し，ローマクラブ『成長の限界』に象徴されるように，地球規模の環境問題，人口問題への関心が高まった．

　出生率は1950（昭和25）年代半ば以降，1966（昭和41）年「ひのえうま」の一時的攪乱を除けば，ほぼ置き換え水準に安定していた．「ひのえうま」とは，この年生まれの女子は将来災いをもたらすとの迷信から出生が控えられた結果，例年の1/4にあたる出生減が記録された現象である．ただし，この年失われた出生は周辺の年次に振り分けられたとみられ，当時出生最盛期を迎えていたどの世代にも最終的な出生子供数に減少はみられなかった．1960年代末から1970年代前半にかけては，戦後ベビーブーム世代の結婚出産時期にあたり，いわゆる出生のエコー効果により出生数は高騰した．1971〜74年は，1952年以来初めて200万超の出生を記録し，第二次ベビーブームとよばれた．

c. 1970年代半ばから現在までの人口

　この頃から日本経済は新たな局面を迎える．1971（昭和46）年円為替相場変動制への移行と，1973（昭和48）年秋OPECの原油価格引き上げ（オイルショック）は，一時的にはインフレと物価高騰をもたらし，長期的には経済が高度成長から低成長へと切り替わるきっかけを与えた．あたかもこの経済動向と並行するかのように日本の出生率は低下を始める．これはやがて日本人口にも新たな局面をもたらすものであった．すでに人口置換水準前後にあった出生率がさらに低下することは，いずれ人口のモーメンタムを使い果たした時点から人口は減少を始めることを意味する．この出生率の低下は，戦後ベビーブーム世代の出生が一段落し，出生の主役がその後の小さな世代に引き継がれたことと相まって，出生をみるみる減少させていった．1975（昭和50）年の約190万人から，1985（昭和60）年には143万人に，さらに1990（平成2）年に入ると120万人前後にまで減少している．いわゆる少子化問題の始まりである．この間日本経済は1970年代後半から80年代前半の安定成長，80年代後半から90年代初めのいわゆるバブル経済，さらにその後の不況へと大きな変動を経験したが，少子化の傾向は70年代半ばのスタートから現在まで一貫して続いている．

　少子化の原因は，直接的には結婚の変化，すなわち晩婚化とこれに伴う出生最盛期年齢層における未婚化の進展である．女性の平均初婚年齢は1972（昭和47）年24.2歳だったものが，1980（昭和55）年までに1歳上昇し，1994（平成6）年までにさらに1歳進んだ．そして1998（平成10）年ではさらに0.5

歳進んで26.7歳に至っている．これに伴う20歳代後半の女子未婚率の上昇は顕著で，1975（昭和50）年20.9％，1985（昭和60）年30.5％，1995（平成7）年48.0％となっている．従来の出産最盛期における未婚率の上昇は，婚外子（非嫡出子）が全出生の1％内外にすぎないわが国では直接出生減につながることになる．未婚化の傾向は男性でも同様で，30歳代前半の未婚率でみると1975年14.3％，1985年28.1％，1995年37.3％となっている．

こうした青年層におけるいわゆる結婚離れの要因として，女性では経済力の向上などにより結婚の実利的効用が減った反面，根強く残る男女の伝統的役割分業意識により，結婚した場合の家事育児の負担観が強く意識されるようになったことが指摘されている[18]．すなわち，1970年代以降のサービス化，ソフト化，情報化へと向かう産業構造の転換に伴って女性の社会参加が進展し，男女が意識のうえでも経済活動の面でも対等化しているにもかかわらず，社会は依然として高度経済成長期以来の男性・仕事中心の雇用慣行，企業風土（終身雇用，年功序列，長時間労働など）を維持していることなどが指摘されている．また，女性の賃金上昇は家事育児の機会費用（時間の経済的価値）を上昇させ，また男性賃金との差の縮小により男女役割分業の経済的メリットを低下させることで結婚の効用を下げる，といったミクロ経済的メカニズム，あるいは社会全体の個人主義化に伴って家族機能が大きく変容しているとする社会学的メカニズムなど，多くの要因が複合して少子化，未婚化に働いていることが指摘されている．

ただし，大きく変化した結婚の状況と対照的に，結婚後の夫婦の出生行動は少なくとも1990年代前半まではほとんど変化がなかった．1972年頃に子供を産み終えた夫婦（結婚持続期間15～19年の夫婦）の平均子供数（完結出生児数）は，すでに2.20人と低く，その後1997年の時点でも2.21人とまったく変わっていない．ただ90年代に入ってからは，結婚して間もない若い夫婦の出生ペースが落ちてきていることが観察されている．

置き換えレベルからの出生率低下は，西欧先進諸国でも共通に経験されている現象で，「第2の人口転換」[19]とよんで近代化以降の社会発展における普遍的過程とする見方が広まっている．少子化はやがて人口減少をもたらすうえ，人口高齢化をも促進することで将来の社会経済に大きな影響を与える．日本の戦後を通しての経済発展に有利な条件を提供してきた豊富な生産年齢（15～64歳）人口は1995（平成7）年8,716万人をピークにすでに減少を始めており（図51.2），少子化傾向に歯止めがかからない限りこの減少は恒常的に続くことになる．また老年（65歳以上）人口割合は戦前から1960年代までは5％前後で推移してきたが，その後徐々に高まり，1970（昭和45）年に7％をこえ，1980（昭和55）年9.1％，1990（平成2）年12.0％，1998（平成10）年16.2％と加速的に増加を続けている．1997（平成9）年には歴史上初めて年少（15歳未満）人口割合を上回り，老年人口と年少人口の関係は逆転した．この老年人口割合の増加ペースは欧米と比べてきわめて速いのが日本の特徴で，たとえば7％から14％に達するのにフランスでは115年，イギリス47年，ドイツ40年かかったが，日本では1970～94年のわずか24年にすぎない．これは先に述べた日本における急速な人口転換によって運命づけられたものである．

ここで死亡率の状況についても少し触れると，普通死亡率は戦後急速に低下し1980年代半ばに底を打った後反騰し，1988（昭和63）年以降は現在まで一貫して上昇してきている．それは人口高齢化の進展により，高齢層が人口中で増えているためである．人口構造による影響を排除して，生存状況の推移を観察するために平均寿命を指標にとると（表51.11），戦前には男女とも50年をこえなかったが，

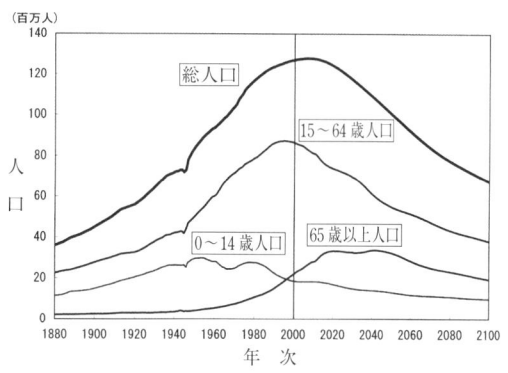

図51.2 年齢3区分別人口：1884～2100年[20,21]

表 51.11 日本人口の平均寿命：1921〜2050 年
(年)

年　次	平均寿命		
	男性	女性	男女差
1921〜25（大正 10〜14）	42.06	43.20	1.14
1926〜30（大正 14〜昭和 5）	44.82	46.54	1.72
1935〜36（昭和 10〜11）	46.92	49.63	2.71
1947（　　22）	50.06	53.96	3.90
1950〜52（　25〜27）	59.57	62.97	3.40
1955（　　30）	63.60	67.75	4.15
1960（　　35）	65.32	70.19	4.87
1965（　　40）	67.74	72.92	5.18
1970（　　45）	69.31	74.66	5.35
1975（　　50）	71.73	76.89	5.16
1980（　　55）	73.35	78.76	5.41
1985（　　60）	74.78	80.48	5.70
1990（平成 2）[*1]	75.92	81.90	5.98
1995（　　 7）[*1]	76.38	82.85	6.47
1996（　　 8）[*1]	77.01	83.59	6.58
1997（　　 9）[*1]	77.19	83.82	6.63
1998（　　10）	77.16	84.01	6.85
2000[*2]	77.40	84.12	6.71
2025[*2]	78.80	85.83	7.03
2050[*2]	79.43	86.47	7.04

内閣統計局および厚生省統計情報部『完全生命表』．
[*1] 厚生省統計情報部『簡易生命表』．
[*2] 国立社会保障・人口問題研究所『日本の将来推計人口』（平成 9 年 1 月推計）．
国立社会保障・人口問題研究所（1999）より．

1950〜52 年男性 59.57 年，女性 62.97 年から，1998（平成 10）年男性 77.16 年，女性 84.01 年まで，ほぼ一貫して上昇してきており，生存状況は戦後たゆまず改善されてきていることがわかる．平均寿命の伸長は，一般に考えられるほど人口高齢化に対する寄与は大きくない．むしろ，人口高齢化の主因は少子化，すなわち出生率の低下であるといえる．ただし，平均寿命の伸長は後期高齢（75 歳以上）人口のような高い年齢層の実数を大きく増やす性質があり，やはり人口に対する影響は無視しえない．

51.4　日本人口の将来

将来の日本人口については，国立社会保障・人口問題研究所が 5 年ごとに推計を行っており，唯一の公的推計として政府諸施策の立案資料として用いられている[20]（表 51.12）．将来の人口は今後の出生動向いかんで大きく変わるため，比較的蓋然性の高い出生率推移を見込んだ中位推計のほかに，高位推計（高めの出生率推移），低位推計（低めの推移）の 3 本の推計が公表されている．これらによって，過去から将来にわたる長期的視点から現在の日本人口をみると（図 51.2），それは現在大きな歴史的転換期

表 51.12　将来日本の年齢別人口，割合，従属人口指数：1995〜2050 年

年次	人　口（1000 人）				人口割合（％）			従属人口指数（％）		
	総数	0〜14 歳	15〜64 歳	65 歳以上	0〜14 歳	15〜64 歳	65 歳以上	総　数	年少人口	老年人口
1995	125570	20033	87260	18277	15.95	69.49	14.56	43.9	23.0	20.9
1996	125869	19707	87158	19004	15.66	69.25	15.10	44.4	22.6	21.8
1997	126156	19400	87014	19743	15.38	68.97	15.65	45.0	22.3	22.7
1998	126420	19099	86848	20473	15.11	68.70	16.19	45.6	22.0	23.6
1999	126665	18821	86688	21156	14.86	68.44	16.70	46.1	21.7	24.4
2000	126892	18602	86419	21870	14.66	68.10	17.24	46.8	21.5	25.3
2001	127100	18452	86039	22609	14.52	67.69	17.79	47.7	21.4	26.3
2001	127286	18335	85652	23299	14.40	67.29	18.30	48.6	21.4	27.2
2003	127447	18262	85281	23905	14.33	66.91	18.76	49.4	21.4	28.0
2004	127581	18230	84977	24373	14.29	66.61	19.10	50.1	21.4	28.7
2005	127684	18235	84443	25006	14.28	66.13	19.58	51.2	21.6	29.6
2010	127623	18310	81187	28126	14.35	63.61	22.04	57.2	22.6	34.6
2015	126444	17939	76622	31883	14.19	60.60	25.22	65.0	23.4	41.6
2020	124133	16993	73805	33335	13.69	59.46	26.85	68.2	23.0	45.2
2025	120913	15821	71976	33116	13.08	59.53	27.39	68.0	22.0	46.0
2030	117149	14882	69500	32768	12.70	59.33	27.97	68.6	21.4	47.1
2035	113114	14347	65981	32787	12.68	58.33	28.99	71.4	21.7	49.7
2040	108964	14062	61176	33726	12.91	56.14	30.95	78.1	23.0	55.1
2045	104758	13712	57549	33497	13.09	54.93	31.98	82.0	23.8	58.2
2050	100496	13139	54904	32454	13.07	54.63	32.29	83.0	23.9	59.1

国立社会保障・人口問題研究所『日本の将来推計人口』（平成 9 年 1 月推計）による各年 10 月 1 日現在の推計人口（中位推計値）
国立社会保障・人口問題研究所（1999）より．

を経験しつつあることがわかる．

すでに述べたように生産年齢人口は1995年をピークに減少を始めているが，21世紀に入るとまもなく総人口が減少を始め，日本は本格的な人口減少社会へと入っていく．すなわち，総人口は1995（平成7）年国勢調査時の1億2,557万から2007年1億2,778万（中位推計）まで年齢構造に内在するモーメンタムによって増加するものの，その後は減少に転じ，2025年に1億2,091万を経て，2050年には1億49万へと減少する見込みである．より厳しい少子化を見込んだ低位推計では，早くも2005年から人口減少が始まることになる．まず，こうした人口減少の社会への影響を考えてみよう．

日本人口の恒常的減少は，そのまま労働力人口の恒常的減少を意味する．労働省の推計（平成9年6月）によれば，現在6,700万の労働力人口は2025年には6,300万に減少することが見込まれる．また，労働力人口は規模が縮小するだけでなく，その人口構成の高齢化も同時に進行し，就業人口に占める60歳以上の労働者割合は現状の13％から2025年に21％に達するとされる．こうした労働供給に対する制約は，投資の抑制などによる生産性の停滞により経済成長に悪影響を及ぼすことが強く懸念される．また，高齢化社会を支えるサービス部門の大幅な労働力不足が懸念される．

また，人口減少によって国内消費市場規模は縮小に向かうため，やはり経済成長にマイナスの影響を及ぼすことが懸念される．すでに子供向け産業や教育産業では競争が激化しているが，今後は消費の主役である生産年齢人口の市場も縮小することになる．社会面においては，家族規模が減少，あるいは家族を形成しない単身世帯が増加することから，これまで年少者，高齢者などの扶養を受けもってきた家族というものの概念そのものが変化していくことが予想される．さらに子供数が減少し互いの交流が薄くなったり，あるいは過保護化することによって，子供の社会性の発達が阻害されかねないことが指摘されている．

人口減少と並行して日本人口は著しい高齢化を経験する（図51.3）．人口高齢化に関しては，西欧諸

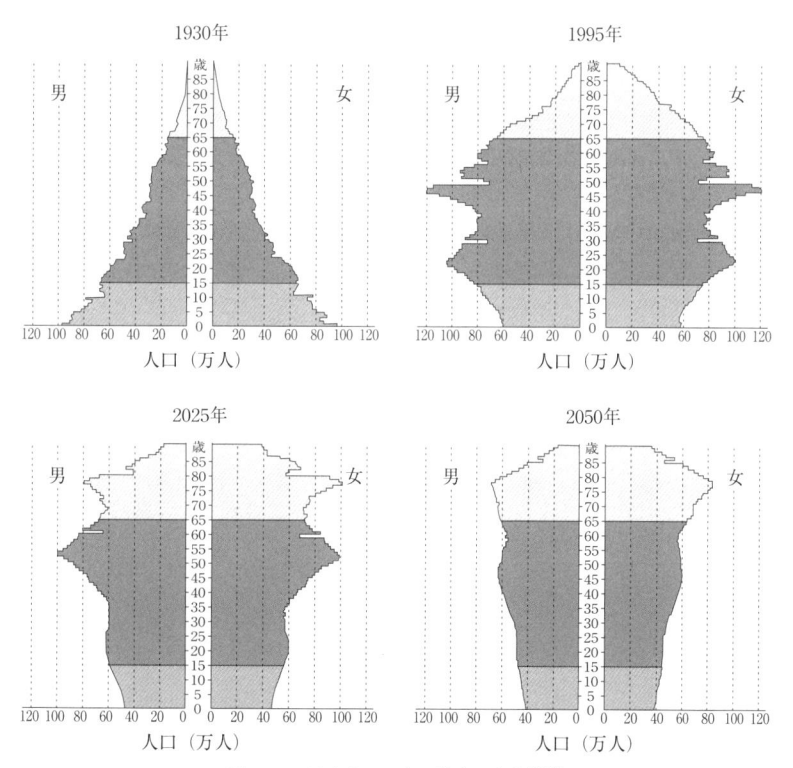

図51.3 日本人口の人口構造の変化[20, 21]

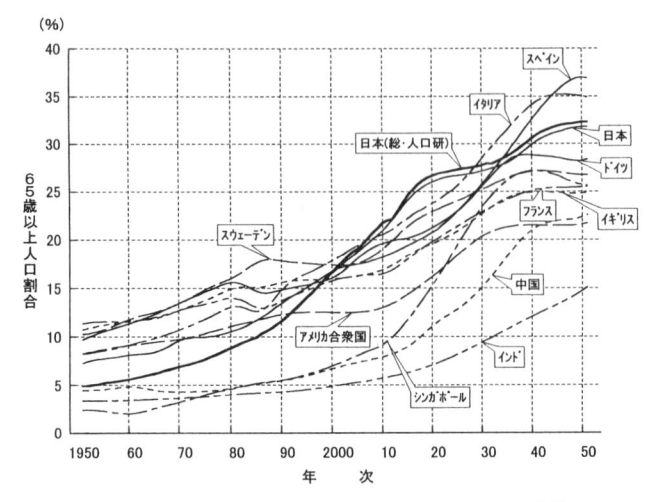

図 51.4 主要国の 65 歳以上人口割合：1950〜2050 年[20,21]

国のほうが日本よりはるかに長い経験を有しており，日本は 1990（平成 2）年頃まで先進諸国のなかでは最も低い高齢化率（65 歳以上人口割合）を示すグループに属していた．しかしながら今後の見通しによれば，日本は 21 世紀に入るとまもなく世界一の高齢国となる（図 51.4）．すなわち，1995（平成 7）年 14.6 ％から，2005 年には 19.6 ％でほぼ世界のトップとなり，その後は 2025 年に 27.4 ％を経て，2050 年には 32.3 ％と国民のほぼ 3 人に 1 人が 65 歳以上となる．また，従属人口指数は，1995 年 43.9 ％から 2025 年に 68.0 ％，2050 年には 83.0 ％へと上昇する．

こうした人口高齢化に伴って，年金，医療，福祉などの社会保障分野において生産年齢世代の負担が増大する．厚生省の推計（平成 9 年 9 月）によれば，2025 年度の国民所得に占める公的負担（租税および社会保障負担）の割合（国民負担率）は，現行制度を前提とすると 50〜56 ％に達するとしている（財政赤字分は除外）．したがって，生産年齢世代の手取り所得は減少することが予想され，生活水準の向上が期待できない社会となる虞れがある．

また，人口高齢化は単に 65 歳以上の人口割合が増えるというだけではなく，より高齢な層ほど増加が急であることにも留意が必要である．たとえば，65 歳以上に占める 75 歳以上人口の割合は 1995 年には 39.3 ％であるが，2025 年 57.0 ％と半数をこえている．この後期高齢人口の増大は，要介護人口の増大，とりわけ社会的コストの高い「寝たきり」や痴呆などの人口と連動している点で注意が必要である．

以上は，現在の社会経済の傾向や現行制度が今後も続くとしたときの人口―経済社会の見通しであり，個々の数値は変わりうるものである．人口の減少，少子化，人口高齢化，ならびにそれらの影響は相互に絡み合い，日本の社会やわれわれの生活に複合的に作用すると考えられるから，もとより詳細な予測は困難である．しかしながら人口の大きな趨勢には変わりようがなく，大勢は戦後の人口転換や近年の少子化など現在までに経験した人口動向によって，運命づけられているものである．したがって，いたずらにそのマイナス面ばかりを畏れて個々の回避策に奔るよりは，むしろ変化を積極的に引き受けてこれに適応した新たな社会経済システムを構築する覚悟が必要であろう．

これについて厚生労働省の人口問題審議会では，たとえば労働需要の問題に関しては就労意欲のある者が年齢，性別などの制約なく就労できる雇用環境を創出することとし，消費市場の問題に関しては技術革新，人材育成に基づく高付加価値型新規産業分野の創出によって対応するとしている．また国民負担の増大については，公平かつ安定的な社会保障制度の確立，財政収支の健全化をもって望むとする．さらに，少子化に向けての対応策としては，結婚，出産などに関する個人の自己決定権の尊重を大原則

としながら，固定的な男女役割分業や仕事優先の雇用慣行の是正と男女共同参画社会の実現，また育児と就業の両立支援を柱とした行政による子育て支援策の推進などをあげている．いずれも現段階においては抽象的な指針には違いないが，まずわれわれが向かうべき社会のこうした理念的基盤について国民各層で論議し，コンセンサスを形成していくことがシステムづくりの第一歩であると考えられる．

以上，先史時代から21世紀にわたる日本人口の歴史と見通しを述べた．そこには日本列島が与えた時々の自然環境に適応して増殖を図ってきた生物集団としての日本人口，あるいは生産技術を洗練し，社会制度を整えて日本社会を形成してきた文化の担い手としての日本人口の重層した姿をみることができる．現在の1億2,700万の日本人口は紛れもなくこれらすべての人口と連続しているが，共通の生物学的特性をもちながら，その生存と再生産の特徴を通してみたライフヒストリーの大きな差に，また生産技術の段階による人口収容力の差に驚かされる．そのような人類の文明化のほぼ全体像が，日本列島という閉じた空間内で展開されてきたのであるから，おそらくそこには文明化過程についてわれわれが希求するほとんどの知見が潜在するに違いない．その意味で，日本人口は人類学上稀有の題材であるといえるだろう．

一方で日本人口はそのような特異な伝統を携えて21世紀に向かおうとしているが，そこではこれまでの長い歴史のなかで環境の制約に沿って翻弄されてきた姿とは違って，自らの生存と再生産をコントロールし，合理性によって選択した生き方の結果として，人口減少社会，少子高齢社会を迎えようとしている．それは自分も子供も健康で長生きをし，同時に豊かな生活を享受するという，誰もが追い求めてきたものに付随する帰結であるから，これまでのような外から降りかかった災難としてではなく，人類の進むべき道の一つの段階であるという認識をもって歩んでいく必要があるように思われる．

[金子隆一]

文　献

1) 山内清男（1964）日本の先史時代概説・縄文式文化，日本原始美術1 縄文式土器，講談社．
2) 芹沢長介（1968）石器時代の日本，築地書館．
3) Koyama, S. (1978) Jomon Subsistance and Population. *Senri Ethnological Studies*, 2.
　小山修三（1996）縄文学への道，NHKブックス，日本放送出版協会．
4) 小林和正（1967）出土人骨による日本縄文時代の寿命の推定．人口問題研究，**102**，1-10．
5) 菱沼従尹（1978）寿命の限界をさぐる，東洋経済新報社．
6) Hanihara, K. (1987) *Jinruigaku Zasshi*, **95** (3).
7) 鬼頭　宏（1983）日本二千年の人口史，PHP研究所．
8) 沢田吾一（1927）奈良朝時代民政経済の数的研究，冨山房．
9) 鎌田元一（1984）日本古代の人口について．木簡研究，7号．
10) 社会工学研究所（1974）日本列島における人口分布の長期時系列分析，社会工学研究所．
11) 須田昭義（1952）我国人口密度の変遷と文化中心地帯の移動，日本民族（日本人類学会編），岩波書店．
12) 吉田東伍（1910）維新史八講と徳川政考，冨山房．
13) 速水　融（1973）近世農村の歴史人口学的研究―信州諏訪地方の宗門改帳分析，東洋経済新報社．
14) 関山直太郎（1948）近世日本人口の研究，龍吟社．
15) Smith, T. C. (1977) Nakahara : Family Farming and Population in a Japanese Village, 1717-1830, Stanford University Press.
16) 岡崎陽一（1989）明治時代の日本人口の推移，日本大学法学部創立百周年記念論文集，第2巻．
17) 岡崎陽一（1999）日本人口論，古今書院．
18) 人口問題審議会（1997）少子化に関する基本的考え方について―人口減少社会，未来への責任と選択―，厚生省人口問題審議会（『人口減少社会，未来への責任と選択』，ぎょうせい1998）．
19) van de Kaa, Dirt J. (1987) Europe's second demographic transition. *Population Bulletin*, **42** (1), Population Reference Bureau.
20) 国立社会保障・人口問題研究所（1997）日本の将来推計人口―平成9年1月推計―，厚生統計協会．
21) 総務庁統計局：国勢調査．
22) UN (1998) World Population Prospects.
23) 本庄栄治郎（1931）日本人口史，日本評論社．
24) 高橋梵仙（1971）日本人口史之研究 第1巻，日本学術振興会．
25) 斉藤　修（1992）人口転換以前の日本におけるmortality―パターンと変化―．経済研究（一橋大学経済研究所），**43** (3)．

52
日本人の文化

52.1 日本の生活文化と伝統

a. 稲作文化：日本の風土と生活文化

　東アジアの大陸東端に位置する弧状列島である日本列島は，その大部分が温暖な暖帯に属し，一部南東の亜熱帯，北部の亜寒帯を含む風土で，海岸線が長く，脊梁山地から急流となる多くの河川をかかえている．平野部は少なく，たくさんの盆地を擁する山間地が多い．そしてその多くは照葉樹林帯，落葉広葉樹林帯の植物におおわれている．緑が多く7割までが森林である．そのなかで，弥生時代から稲作が伝播して水田が発達した．

　日本は稲作文化の国であるという見方がある．しかし稲作の東北・北海道への普及は近世・明治以降のことであり，青森市内の三内丸山遺跡のように，各地で大規模な縄文遺跡から4000年前の生活文化が解明されつつあるから，稲作文化だけをその特徴とすることは正確ではない．先土器時代を含めて，狩猟採集，あるいは漁撈の長い伝統も無視できない．

　とはいえ，現在は確かにその大部分の地域で稲が栽培されているし，稲作農業は弥生文化とともに日本に渡来したとされ，ほとんど日本の歴史時代は稲作文化とともにあったから，日本の基層文化の古い伝統として，稲作文化があったことは否定できないだろう．

　水田を代表とする日本の農村風景は，その生活文化の基調となり，故郷イメージの基本となってきた．稲作の仕事は同時に儀礼を伴って生活のリズムをつくっていた．すなわち，春の苗代の種まきの前に営まれ，その年の稲の生育の無事を祈る祈年祭という予祝儀礼に始まり，田植えが終わっての農休日，台風がこないようにと祈願するお籠り儀礼，稲刈りなど一連の収穫労働のあとに迎える収穫祭の秋祭りまで，稲作の農事暦と並行して年中行事の大半がつくられていた．

b. 米本位制の経済

　2000年に近い稲作の歴史に加えて，日本が明治維新まで米本位制の経済体制であったことも重要である．年貢が米によって納められる慣習は，農地改革までの地主小作関係においてもなお存続していた．大名の格づけも石高何万石ということで決められ，それに応じた面積の領地が与えられた．この石高制は，農村の各戸の貧富の差までを克明に記録した五人組帳，吉利支丹宗門改帳などにまで及ぶ徹底したものであった．

　ただし，米本位制の建前にもかかわらず，畿内などの農村では商業的農業が早くから発達し，江戸中期には現金勘定による木綿作や菜種作が広く展開して，いわゆる商業的農業が発達していたことも事実である．しかし重要なことは，米中心の経済体制が，明治の直前まで支配者によって維持されてきたということだろう．稲作文化が，先行する縄文文化—狩猟採集漁労文化と並ぶ，日本文化の主要なルーツであることは確かである．

c. 都市文化の伝統：京大坂と江戸

　しかし，もう一つの伝統も無視できない．それは都市文化の伝統である．

　日本における都市的生活の伝統は，農業社会の豊かさのなかから出現してくる．それには弥生文化のさまざまな文化要素とともに，大陸から伝播した都市的文化要素が最初からかかわっているとみてよい．稲作と対応する年中行事や春秋の祭礼とは別に，祇園祭や天神祭などの夏祭りが全国各地で営まれる．この夏祭りは本来都市から発生した祭礼で，農

事暦とは一致していない．したがって米を中心にした日本文化というとらえ方は一つの見方であるが，日本にももう一つの伝統として，「都ぶり」とよばれた都市の伝統があることも重視する必要がある．

d． 古代の都市

藤原京（694年），平城京（710年），難波京（744年）といった古代の都城は唐の長安がその都市設計の模範であったとされる．それが長岡京（784年）を経て平安京（794年）で都は固定する．中世の平安京になるとそこに蓄積された都市文化が優雅に展開して，「みやび」の世界を出現させていた．度重なる戦乱による破壊もあったとはいえ，そこで独自の日本文化が育てられた．女房文学，紫式部の源氏物語，清少納言の枕草子に代表されるような優雅な世界が，日本文化を育てたのだといえる．それは，政治の実権が都から鎌倉幕府（1192年），北条政権へ移っても引き継がれ，さらに都に政権の場を移した足利政権（1338年）から，戦国の動乱，そして織豊時代（1573～1600年）を経て，江戸の徳川幕府（1603年）に至るまで，一貫して「都ぶり」の京都は日本文化の発信源であったといえよう．鄙の田園文化に対する都の都市文化が早くから存在していたことに注目しておきたい．

この都市文化の伝統は，江戸時代に入って，江戸そのものがもう一つの文化の拠点となり，京大坂に対抗するような力になってきた結果，日本文化には2つの中心が生まれることになった．すなわち江戸と上方である．それが江戸時代250年の間に，洗練・爛熟を伴った江戸文化を生み出し，上方と対抗できるだけの力を備えるようになった．こうして日本の都市文化は，一面で宮廷文化を継承し，他方では江戸吉原に代表されるような庶民の文化を育んできた．また全国各地で港町などが発達し，平城とその城下町が藩幕体制のもとで発達して，地方の中心の役割を担ってきた．

e． 近代以降の都市の発達

明治維新（1868年）後，江戸文化はいったん否定されるが，東京と名称が変わって，新政府の所在地，天皇の居住する地となる．それ以後，新しい舶来の風物も含めて，近代国家日本の首都―帝都としての発展を遂げた．関東大震災（1923年）の大破壊も経験したが，その結果として近代都市としての発展をみた．第二次世界大戦によって大きい破壊をこうむったが戦後復興し，さらに高度経済成長を経験するなかで，一極集中を促すことになって今日の東京になっている．それに比べると上方では，大坂が「天下の台所」とよばれた流通機能を失い，また，京都が政治の中心としての首都機能を失ってしまったが，その後産業振興などで巻き返し，新興の港湾都市神戸も含めて，上方の都市的環境は東京奠都のショックから立ち直ることができた．東京一極集中の余波を受けて，関西の地盤沈下が問題になったが，長い文化の蓄積もあって，2度にわたる万国博覧会や関西空港の開港など，上方は日本のもう一つの焦点になっている．

このように，水田稲作を中心とした農村の伝統と，京大坂，さらに江戸を軸とした都市の伝統が，日本の風土と生活文化の基盤になっているといえよう．

f． 「日本文化」という国民文化の形成

しかし，この農村と都市の文化伝統は，明治維新以降，西洋の文物の大量の流入と，それに応じた国家制度の近代化の過程のなかで，大きく改変を促された．近代化とは，いわゆる国民形成（nation building）であり，人々を一つの国家の国民としての自覚を促し，愛国心を養い，国家のために犠牲になることを拒まない人間にすることにほかならない．そのためには，共通の文化―国民文化（national culture）をつくりださなければならなかった．すなわち，国民形成のために国民文化形成が要請され，国民文化としての日本文化をつくることが必要であった．

g． 制度的整備

首都を東京に移したのち，明治政府は富国強兵，殖産振興を謳い，版籍奉還，廃藩置県，地租改正などとともに，学校令（1886年）で学制を発布し，また徴兵令（1873年）によって徴兵制度を確立する．自由民権運動を経験した後，大日本帝国憲法を発布（1889年）し同時に市町村制も整備する．

三権分立の原則によって，帝国議会，大審院以下の裁判制度，そして内閣制度以下の行政機関も整備

される．また日本銀行による通貨制度，金融制度，郵便制度などが整い，交通通信手段もしだいに発達する．学校制度も軍隊制度と並んで整備を進めた．こうして近代国家としての日本は急速にその制度的な整備を進めた．地方制度とともに，各地の殖産振興が図られ，国民文化としての日本文化が全国に浸透していく．

h. 国語の制定

日本では多くの方言が話されていたが，日本の国民文化としての国語の制定がまず重要と見なされ，地方の方言ではなく，統一的な国語を構想しようとしたふしがある．実際は容易ではなく，東北地方の小学校などでは標準語教育を強化したために，雄弁な方言を話す人々に，上京して話す言葉に劣等感を植えつけ，「物言わぬ農民」という形容を生んだのも事実である．ただ幸いなことに関西地方など，標準語に対して平気で方言を話す人口が存在していたので，日本語の話し言葉は伝統が残されてきたといえる．もっともマスコミの発達によって，日本語全体が標準語に偏ってきていること，つまり平均化が進んでいることも事実である．

i. 軍隊経験

国語（共通語）を必要とする理由の一つは，軍隊で兵士が方言では意思疎通が困難であるということにあった．軍隊は，軍隊用語を共通に教え，また軍服や軍靴，あるいはその食事などによって，共通の国民文化形成を助ける役割を果たした．帝国憲法，民法の制定や地方制度の整備とともに，教育勅語（1890年）を教育の指針とし，また軍隊組織の整備と並行して，軍人勅諭（1882年）をその行動の指針とするなど，一連の施策によって，国民文化としての「日本文化」が創出された．この動向は，18〜19世紀のヨーロッパにおける国民国家の形成に追随するものであったが，同じような現象は，第二次世界大戦後に誕生したアジア，アフリカの諸国でもみられた．

幸いなことに日本では方言の多様性はありながら一つの言語であり，民族的にもアイヌ，琉球などの文化伝統はあったとはいえ，共通の日本人という枠をもち続け，さらに古代以来の日本文化の伝統が前提になったので，国民文化の形成は比較的容易に行われたといってよい．そして，幕末以来の外圧に対する人々の意識が日本人というまとまりを強め，日清戦争，日露戦争の勝利が日本人の愛国心を高めて，日本文化の形成を容易にした．

さらに，国民文化形成には，岡倉天心の『茶の本』，新渡戸稲造の『武士道』など，日本文化を海外でも説明し，その特徴を訴える人々がいたことも忘れてはならない．

j. 現在の生活文化─都市現象の一般化

しかしこの近代化の路線は，しだいに近隣諸国への進出，侵略，さらには支配へと帝国主義の道をたどり，泥沼の日中戦争から太平洋戦争に進み，ついには全土に爆撃を受けたうえに広島・長崎への原子爆弾の投下を経験して，敗戦（1945年）に至った．焦土と化した国土に，海外からの引揚げ者，復員軍人をかかえて，深刻な食糧危機を経たのち，しだいに復興を始める．占領下で日本国憲法（1946年）が制定公布され，戦争放棄，主権在民，基本的人権が謳われ，労働基準法（1945年），教育基本法（1947年）などの新しい文化の枠組みができ上がった．そしてサンフランシスコ平和条約（1951年）によって，主権国家としての独立が認められることになった．朝鮮戦争（1950〜53年）の基地としての役割やその特需などが幸いして，復興にはずみがつき，さらに1960年代には重化学工業などの技術革新の結果，高度経済成長が進み，国民総生産が米ソに次ぐ世界第3位にまで達した．これは家庭用電気機器や自動車の普及などによる消費生活の水準が向上して，農業も機械化し，生活文化は大きく変貌した．ひと口にいって，それは都市的生活様式の全国への普及ということになるだろう．この高度経済成長は，一方で公害問題を引き起こし，それは今日の地球環境問題にもつながるのであるが，生活様式の変化はきわめて大きく，人々の価値観の多様化，行動様式の多様化を全国的に広めている．

k. 日本文化のこれから

日本文化も，かつての農村伝統，都市の伝統，あるいは明治以来創出されてきた近代日本の国民文化を継承しながらも，それをはるかにこえた，まった

く新しい性格をもつようになったといっても過言ではないだろう．したがって日本文化とひと口にいっても，その内容は非常に変化しているし，これからも変化を続けると考えておくことが大切である．ことに，今日のコミュニケーション革命ともいえるような携帯電話やインターネットの普及は，計り知れない未来を予感させる．

とはいえ，それでは過去の日本文化の伝統がまったく失われてしまうかどうかは，まだわからない．これまでの日本の文化遺産をどのように継承して，地球時代のなかで日本人の文化として伝えていくか，それが今日のわれわれに課せられた課題である．

以下，日本人の文化の代表的な側面について，個別に紹介していくことにする．ただし衣食住などについては別に項目があるので重複を避け，もっぱら精神文化とその成果としての遺産について記述していくことにする．

52.2 宗教と精神生活

a．神道

日本文化の特徴として注目してよいのは，神道の存在である．これは基本的には，山川草木すべてに精霊—カミが宿っているという，精霊信仰（animism）と，祖先の霊を祀る祖先祭祀（ancestor worship）を2本の柱とする信仰である．それはアフリカやオセアニアなどの諸地域にも古くから伝統的信仰として存在してきたものと共通の性質を具えている．

しかし，その宗教としての成立は798（延暦17）年から800（延暦19）年頃と高取正男は主張する（『神道の成立』）．それまでの伝来の神祇信仰が宮司という祭祀組織の職の出現によって，女性司祭の伝統を後退させたこと，最澄，空海による日本的仏教成立の時期と重なり，また山岳仏教が確立して女人禁制を始めた時期とも重なるという．

高取が伝来の神祇信仰とよぶものは，仏教の渡来以前から日本人の「心意現象」（柳田國男）として存在し，記紀神話として現在にも伝えられている伝承の母体となり，また近代には国家神道として天皇制を支え，そして今日も鎮守の森やその社として全国にみることのできる神社のルーツになってきたものを指している．それが仏教や道教あるいは儒教の伝来という大陸からの文明のインパクトを受けて，それら外来の信仰との緊張関係のなかで宗教としての形を延喜式神名帳（905～927年）にみられるようにとり始めた．

b．神道の神々

その神々には，ワタツミノカミやオオクニヌシノミコトなどの国津神と，高天原のイザナギ，イザナミをはじめアマテラスオオミカミなどの天津神に分かれ，総称して天神地祇とよばれている．神道の神には，そのほかに渡来神，エビスなどの漂着神，その展開である七福神などの福神，さらに菅原道真に代表される御霊神，山神，水神，イナリ神，ダイコクテンなどがあるが，仏教，道教などと関連している．

神道は仏教と共存する形で続いてきたが，明治になって仏教に代わる位置を占める国教的地位を得るようになり，第二次世界大戦の終結を迎えて，その特権的地位を失った．しかしその信仰は今も残り，新年の初詣の慣習などが続いている．

c．神道系の新興宗教

幕末期には，山崎闇斎が垂加神道を唱え，吉川惟足，平田篤胤，渡会延佳らが出た．また伊勢参りが「おかげまいり」として大流行した．岡山の黒住宗忠が黒住教，大和の中山みきが天理教，丹波の出口なお（おおもと）が大本教，川手文治郎が金光（こんこう）教を開き，民衆に現世利益を説いた．弾圧を経験しながら，それぞれ教派神道として公認され今日では大教団組織になってそれぞれ活動を続けている．

第二次世界大戦後も，いくつかの新宗教が誕生して，そのなかには神道系の教団もあるが，仏教系のそれに比して大組織にはなっていない．

d．仏教の伝来と伝播・革新

仏教の伝来は欽明天皇の時代（538年または552年）に百済の聖明王が経巻と仏教をもたらしたとされ，蘇我氏が崇仏，物部氏が排仏であったという．聖徳太子が仏教立国を目標として国家体制を整え，「和を以て貴しとなす」に始まる「十七条の憲法」や遣隋使を派遣した．飛鳥文化は仏教の興隆の詔によって仏教立国を宣したもので，事実，飛鳥寺，四

天王寺，法隆寺が建立されている．律令体制が確立した後，平城京に遷都，そして「三宝の奴」と自称した聖武天皇が，総国分寺としての東大寺建立と国内各地の国分寺，国分尼寺の設置を計画して，仏教立国が本格化し鎮護国家の立場が確立．その後も一貫してその施策がとられてきたといえる．

南都六宗とよばれる奈良仏教は，桓武天皇の平安遷都（794年），醍醐天皇の延喜・天暦の治を経て，摂関体制による藤原北家の支配権確立．やがて荘園が成立して武家政治の萌芽をつくる．最澄と空海の天台宗（805年），真言宗（806年）の開基から，10世紀になって天台宗の円仁がもち帰り空也，源信が広めた浄土系の念仏が広がり，11世紀には阿弥陀信仰が盛んになり，それは12世紀後半以降，法然の浄土宗（1179年），親鸞の浄土真宗（1224年）として日本独自の鎌倉仏教となっていく．鎌倉仏教はこのほかに栄西の臨済宗（1191年），道元の曹洞宗（1227年），日蓮の法華宗（1253年），一遍の時宗（1276年）などがあり，華厳宗の明恵(みょうえ)，律宗の俊芿(しゅんじょう)など旧仏教にも革新者が生まれた．

一時期，信長が切支丹の布教を許すという政策をとったが，家康によって再び仏教が宗門改のように制度化され，明治維新で神道が国教的な扱いを受けるまで継続した．

仏教は13世紀の鎌倉仏教の興隆によって日本的なものとなるが，イスラムのように人間行動全部を規律づけるような力は信長の比叡山焼き討ち（1571年）頃までで終わり，それ以後はいわば対症療法的に安産の仏様，利殖の神様というような実用的な神仏か，宗門を明示する戸籍役場的な寺院，あるいは墓守としての死後の祖霊の管理機能になってしまった．むしろ日本人には，ほとんど無神論に近いような超自然的な現象あるいは神秘主義に対する不信感がある．この合理性も，あるいは信長の比叡山焼き討ちと関係があるのではないか．信長が「玉石ともに砕く」として完全な破壊を命じた精神の強靱さは無神論者のようである．

e. 仏教の諸宗派

現在の時点でみるならば，南都六宗（三論，成実，法相，倶舎，華厳，律）も，平安時代の天台宗，真言宗，浄土信仰も，あるいは，鎌倉時代の浄土宗，浄土真宗，時宗，臨済宗，曹洞宗，法華宗（日蓮宗）もそれぞれの古刹を擁し，教団組織をもち，伝統を維持している．信長に抵抗した旧宗教の比叡山や，新宗教の一向宗の石山本願寺などは制圧されたが，その伝統は本願寺系教団として存続し，江戸幕府の諸宗諸本山法度によって寺院の本末関係を秩序づけ，宗門改め，寺請制度による伝統の固定化が進み，明治に継承されている．明治初年に一時期神道の国教化で混乱したが，伝統の力で存続し民衆の支持を得てきた．今日でも，たとえば蓮如上人五百年大遠忌の行事が1998年に東西本願寺において営まれているように，組織的な教団活動は，各地の大小の寺院の年中行事，幼稚園から大学までの教育機関，そして立正佼正会や創価学会などの新組織によって活発に活動しているといえる．

f. 道教・その漠然とした伝播

仏教や儒教はその渡来の時期などもかなり公認されているが，道教については，いわゆる道観（道教寺院）も道士も確認されていなかった．黒板勝美が1923年に「我が上代に於ける道家思想及び道教について」という論文で，斉明天皇が「観」を建てて，両槻宮(ふたつきのみや)とよんだという日本書紀の記事から道教の影響を指摘したのが最初で，今日では福永光司の『道教と日本文化』をはじめ，高橋 徹・千田 稔の研究，あるいは上田正昭の研究などがある．斉明天皇の両槻宮（656年）の所在地は多武峯かその近くの冬野ではないかというが，定説にはなっていない．

また，京都洛北の赤山禅院(せきざんぜんいん)とよばれる神社の形態の寺院は比叡山延暦寺の末寺であるが，これは円仁が信仰し，赤山明神として祀ることを遺言して亡くなった．赤山明神は道教の神「泰山府君(たいざんふくん)」であるといわれる．この地は平安京の東北の表鬼門にあたり，小野妹子の一族のゆかりの地である．この赤山明神は，円仁が立ち寄った山東半島の先端部の土地神であり赤山法花院に祀られていたらしいことが高橋・千田の調査でかなり明らかになっている．平安京の建設には，陰陽師が「四神相応の地」として新都の地を選定したこともわかっており，今も残る大将軍八神社も道教の神，また神泉苑という広大な庭園の名の由来も，比叡山を四明岳とよぶことも，道教の

影響下にあるとみる．

実は空海が24歳で書いたという『三教指帰(さんごうしいき)』は，李孔釈つまり老子の道教を代表する虚亡隠士，孔子つまり儒教を代表する亀毛先生，そして釈迦つまり仏教を代表する仮名乞児の3人の対話劇であり，彼が儒教を捨てて仏教に進む宣言であったが，そこに道教を登場させていることに注意してよいだろう．空海の時代には道教的な雰囲気が日本文化のなかに存在していた証拠ではないかと思われる．

g. 民間伝承のなかの道教的な事物

われわれはかえって民間伝承のなかに豊かな道教的事物をもっている．陰陽道，加持祈祷，天皇の正月の儀礼である四方拝，現世利益を願いさまざまな護符，呪符を求めること，などなどにそれは見出される．高橋・千田の指摘から，いくつかの例を引用する．

「絵馬」はいけにえの代用品．ヒョウタンは神仙世界を表す．鏡信仰は道教起源．鎌足らしい阿武山古墳の被葬者の毛髪からヒ素を検出，仙薬を飲んでいたかもしれない．古墳に認められる北斗信仰，最近内部が検証された黒塚古墳にも認められた．孫の手，てるてる坊主，お守り，山開き，書道，還暦祝いの赤い着物，刺身とキクの花，五色（青・赤・黄・白・黒），カッパ，一日一善，金粉入りの酒，「ツルは千年，カメは万年」などの事物．

年中行事にもその残存がある．天神さんの「なで牛」は迎春土牛（春牛），正月の屠蘇や七草かゆは仙薬のなごり．羽根つきで敗者に墨を塗ること，小豆かゆ，左義長，禊，端午の節句と鍾馗さんとチマキ，七夕は西王母信仰，中元，虫送り，オケラ参り．

庚申信仰，荒神さんは竈の神，茅の輪くぐり，修験道は日本版の道教，役行者は神仙．厠の神と七夜の祝い，舟霊さまは媽祖（航海の神），鬼門信仰は日本で発達した道教思想である，丙午は歪曲された道教，福徳さんは江南の福徳正神．

さらに八幡神は道教の最高神玉皇大帝，鎮宅霊符神（ミナミの恵比寿，ヒガシの大黒）は北斗信仰に由来，赤山神は泰山府君，牛頭天王は天刑星（木星）の使者，などなど．

またさらに，桃太郎，浦島，かぐや姫などのお伽話のルーツも道教的なものという．

呪術的な言葉，雷にあうと桑原桑原(くわばらくわばら)ということ，呪文の「急々如律令(きゅうきゅうにょりつりょう)」なども，道教の流れをひくものといわれる．このように，日常のなかに道教的な要素が多く潜んでいることは，日本文化のルーツを考えるときに重要であろう．

h. シャーマニズム

シャーマンは宗教専門家として特殊な技能を備えた人で，その原形はシベリアに見出されるとされていて，北方シャーマニズムとよばれている．シャーマンは「神がかり」ないし憑霊(ひょうれい)とよばれる状態になり，超自然的霊の呼びかけに応じて，その魂が身体を離れ，天上あるいは地下の霊界におもむいて，不思議な体験をする．その体験ののち，この人は病気を癒したり，予言をしたり，悪魔よけの祈祷師の能力を備えた呪医，神託の告げ手，あるいは死後の世界の案内者の役割を果たす存在である．日本文化のなかでは，シャーマンは北方の影響と南方の影響の双方が認められている．6,7世紀の大和朝廷では，シャーマンの活躍が記録されている．邪馬台国の卑弥呼がシャーマン的存在であったことはよく知られている．神話的存在である神功皇后や倭姫命もその系譜にある．時代は下るが，琉球王国の聞得大君もシャーマンである．日本のシャーマニズム研究には，堀 一郎，桜井徳太郎，佐々木宏幹らの業績，カーメン・ブラッカー（Carmen Blacker）『あずさ弓』も重要である．

7世紀中葉の中国風の文化の影響下で，権力はこの習俗を放棄し，民間の風習におとしめられた．現在のシャーマンは2つの型に大別される．一つは巫女，あるいは審神者（さにわ）でふつう女性であり，神がかり状態（トランス）で神がその口を使ってさまざまなことを伝えるという型である．もう一つは，修験道の山伏行者で，病気治癒，悪霊除け，遊魂，神の依り代(しろ)としてその身体を使うなどのことを行う型である．巫女や行者はむらの祭礼に連携して招かれ，むらの未来についての託宣を行う．この慣習はほとんど消滅したが，行者の治癒と託宣の需要は今も広く存在している．山伏の行には，断食，寒中の禊，読経，山中の修業が含まれる．

東北地方のイタコは現存する巫女で，霊界から死

者の霊を呼び出して，生者と対話をさせる．生来の全盲の女性で，先輩のイタコに弟子入りして，長い修業によってカミヅケシキを経て，霊魂の代弁者になる．

天理教の中山みき，大本教の出口なお，あるいは第二次世界大戦後の天照皇太神宮教の開祖北村サヨは，この巫女的シャーマンの代表例であるとされている．

i. アニミズムの活性化としてのシャーマン

佐々木宏幹は，「アニミズム（精霊信仰）は霊的な諸存在への信仰である」という E. B. タイラー（Tylor）の定義を肯定して，霊的存在に，神霊，精霊，死霊，祖霊をはじめ，人間から，動植物，天体，自然現象にアニマ（呼吸，生命，霊魂）を認めることだとする．そして，神に憑かれて自分が神の子，あるいは神自身として宗教教団を設立している教祖が多く，それが皆女性であることを指摘している．大本教，天理教，霊友会，立正佼成会などがすべて女性の教祖であることは事実である．シャーマニズムは先にあげたシベリアのツングース（エヴェンキ）族をはじめ，世界各地に認められている．フィリピンではカトリックから異教，迷信とされながら，マリアが憑いたとか，キリストの化身といわれる巷（ちまた）の聖者たちが，病気治しや予言，託宣を行っているという．そして佐々木は，シャーマンの性格的特徴として次の3点をあげている．① 霊的存在との直接交流によって力能を得る．② 霊的存在との直接交流において予言，託宣，卜占，治病，祭儀などの役割を果たす．③ 役割を果たしている間，変性意識（トランス）に陥っていることが多い．そして，アニミズムを活性化する存在としてシャーマンを規定している．

日本文化のなかで，この古いシャーマニズムが，道教的要素をもつ陰陽道，修験道などとかかわり，さらには空海の招来した密教的要素ともかかわりながら，民間信仰から伊勢神宮の祭祀にまで複雑に関係してきたといえるだろう．それは大本教，天理教，天照皇太神宮教の教祖のように，変動の時代の日本に間欠的に大シャーマンとして出現する．

このシャーマニズムの伝統も，日本文化の理解には無視できないものである．

j. キリシタンの影響

日本文化のなかで西洋のキリスト教も16世紀以来影響を与えてきた．古代長安を訪れた日本人が，そこでネストリウス派のキリスト教（景教）に接触しなかったとはいえないが，その影響はわからない．しかし16世紀の宗教改革を経験したヨーロッパが，スペイン・ポルトガルの航海者たちによるアフリカ，アジアへの進出，そして新大陸発見（1492年）と，いわゆる大航海時代に至り，オランダ，イギリスなどもそれに続いた．ロシアも16世紀末にはシベリアへ進出した．

日本との接触は，1543年，対明貿易のポルトガル船が種子島に漂着して，鉄砲を伝えたことに始まる．ポルトガル人が九州との通商を始め，スペイン人がそれに続き，彼らは南蛮人とよばれた．1549年イエズス会の宣教師フランシスコ・ザビエルが来日，鹿児島，山口，京都，豊後府内（大分市）などで布教して2年後に去った．その後もルイス・フロイス（Luis Frois），ガスパル＝ビレラ（Gaspar Vilela），オルガンチーノ（Organtino）など，宣教師が相次いで来日して布教し，キリシタン大名もできた．1582年，伊東マンショら4人の少年がローマ法王のもとへ使節として派遣されるまでになった．信長はキリシタンを保護し，京都に南蛮寺の建立を許した．南蛮の事物，天文学，医学，航海術，印刷術などがキリシタンとともに日本文化に取り入れられた．今日の日用語にポルトガル語に由来するものが少なくないのは，その影響の大きさを物語る．しかし秀吉以来キリシタンは禁圧される政策がとられ，1590年，天正少年使節が帰国したときにはすでに禁教令（1587年）が出ていた．

徳川幕府になると，家康は伝道禁止，信者の改宗，宣教師の追放，キリシタン大名の国外追放などを実施（1612年）した．1639年にはポルトガル船の来航を禁止し，オランダ人と中国・朝鮮の商船の長崎での通商を許すだけになった．これは1637年の島原の乱が，有馬・小西の両キリシタン大名の領民の抵抗によって起きたことの結果でもあった．こうして鎖国は完成したとされる．しかし，島原などには地下に潜伏した信者が「かくれキリシタン」としてその信仰を伝え，明治になって再確認された．その影響が小さくなかったことを物語るといえよう．

k. 明治維新後のキリスト教の影響

1873年，明治政府はキリスト教禁止を撤回した．その結果，カトリック，プロテスタント両派の宣教師が相次いで来日，信者もしだいに増加した．密航渡米して，アマースト大学に学び，帰国して同志社を創立した新島襄（1843〜90），幕府のイギリス留学生として渡英，ミル（John Stuart Mill）『自由之理』，スマイルス（Samuel Smiles）『西国立志編』などを訳し，のちに東京帝大教授，東京女高師校長になった中村正直（1832〜91）らは，留学中に洗礼を受けてキリスト教徒になり，日本の思想界に大きい影響を与えた．また北海道農学校教頭のウィリアム・S・クラーク（W. S. Clark；1826〜86）は，佐藤昌介，内村鑑三，新渡戸稲造，宮部金吾らにキリスト教的感化を与えた．内村鑑三（1861〜1930）は，のちに『余は如何にして基督信徒となりし乎』などの著作，足尾銅山鉱毒事件の批判攻撃や日露戦争当時の非戦論により，またその無教会主義の伝道によって思想界に大きい影響を与えた．イエズス会などのカトリックは上智大，南山大，聖心女子大など，また英国聖公会は立教大などの教育機関を設立して，新島の同志社大や関西学院大，あるいは東京女子大などとともに教育界に大きい影響を与えた．

キリスト教は聖書や賛美歌を用いて布教したが，聖書の文章は近代の日本語にも影響を与え，また賛美歌の歌詞やメロディは明治時代の小学唱歌をはじめとして，近代の日本人の音楽に強く影響している．また文学では有島武郎が一時入信していたし，白樺派の人々にも影響が強く，戦後には遠藤周作，加賀乙彦，曾野綾子などカトリックの作家もいる．

また，キリスト教信者の説くキリスト教的人道主義，あるいは社会改良主義は，マルクス主義思想と並んで日本の社会運動の推進者の役割を果たした．大正デモクラシーの一つの源流はここにあるといってよい．

l. 唯物論と科学思想

信長の比叡山焼打ち（1571年）の頃から，日本人は現世中心に傾き，宗教的大権威を信じなくなった．信仰も現世利益を求め，商売繁盛，家内安全を祈願し，病気平癒なども対症療法的に目の病には目の神様，耳の病気には耳の神様，というように祈願するようになった．しかし，このような信条は，はるか以前からの日本人の無常観の流れ（『平家物語』や『太平記』などの軍記もの，あるいは『方丈記』のような末世の世相の描写）を受けたもので，それが戦国時代の動乱によって増幅されたものであるといえるかもしれない．いわば「神も仏もない」という無神論的，唯物論的な感覚が根強く続いているとみられる．それだけに，事物を客観的にとらえ，相対的にみるという，いわば合理的・科学的精神が，容易に受け入れられる素地があったとみられるかもしれない．それが明治以降の急速な西欧の科学思想の吸収，科学的知識とそれを応用した技術の採用を可能にしたのではないか．

伊東俊太郎は日本人の「気」の概念が古くからの文化伝統にあることを指摘した．中国では気はまず陰陽の二気に分けられ，次いで木火土金水の五行説と結びついて前3世紀に陰陽五行説となり，「淮南子」の展開から宋学において「易教」解釈の重要な概念になった．日本の科学思想のなかで「自然学」としてそれがどう展開したかを，17〜18世紀について伊東は検討している．その流れを二分して，哲学史には山鹿素行（1622〜85），伊藤仁斎（1627〜1705），貝原益軒（1630〜1714）を経て安藤昌益（1703〜62），三浦梅園（1723〜89），そして脇蘭室（1764〜1814）から帆足万里（1778〜1852）への系譜，科学史では澤野忠庵（ポルトガル人クリストヴァン・フェレイラ Christovão Ferreira，1580〜1652）から，林吉左衛門（〜1646），小林謙貞（1603〜83），本木良永（1735〜94），志筑忠雄（1760〜1806），馬場佐十郎（1787〜1822），青地林宗（1755〜1833）への系譜．そしてその中間に三浦梅園と本木良永をつなぐ麻田剛立（1734〜99）がいる，としている．

この系譜には登場しないが，大坂の私塾懐徳堂に学んだ富永仲基（1715〜46）や山片蟠桃（1748〜1821）などの合理主義的傾向も無視できないし，また石門心学を生んだ石田梅岩（1685〜1744）の活動もこの流れにあるといえよう．

m. 近代の科学の展開

維新前後から，欧米の先進の思想や科学が洪水のように流入して，文明開化の時期を迎えるが，その受容が容易であったのは先述のように日本人に無神

論的・科学的認識を許容する素地ができていたからである．海外の知識の吸収にとどまらず，自然科学の分野でもたとえば北里柴三郎（1852～1931）のペスト菌発見，志賀潔（1871～1957）の赤痢菌発見，高峰譲吉（1854～1922）のジアスターゼ発見，鈴木梅太郎（1874～1943）のオリザニン（ビタミンB）発見など，世界的な研究成果が生まれている．そのことは戦後のノーベル賞（物理学，化学）の受賞者湯川秀樹，朝永振一郎，江崎玲於奈，利根川進，福井謙一の業績にもつながるものといえよう．たとえば湯川博士が荘子の愛読者であることなどは，その消息を物語るものである．人文・社会科学の面では，もっぱら欧米の学問の輸入に終始しているかにみえるけれども，そのなかで西田幾多郎の哲学は独創的な思想とされている．西田哲学は禅の思想の影響が強く，禅もまた一種の無神論的性格を帯びていることからも，この系譜に属しているといえるだろう．上山春平は日本の独創的思想家として今西錦司をあげる．今西の『生物の世界』は西田哲学の影響が強い．

このように科学の分野においても，そこに独特の文化的特徴が存在する．

52.3 日本人のものの見方・考え方

a. 日本文化の重層性とその芸術への反映

これまでみてきたように，日本文化はその重層性が特徴の一つである．すなわち，日本文化には，神道として結晶するアニミズム，シャーマニズム，祖先崇拝を基礎にして，飛鳥，白鳳，天平以来の仏教と，平安期の天台宗，真言宗，そして浄土信仰，鎌倉時代の浄土宗，浄土真宗，禅宗（臨済宗，曹洞宗），日蓮宗，時宗などの日本的仏教．また平安時代の王朝文学の系譜，安土桃山時代の南蛮文化の影響を受けた系譜，江戸時代の朱子学，陽明学，そして国学の発達．元禄期の上方文化，文化文政期の江戸文化の開花．ペルリ（Perry）の黒船来航から開国，明治維新を経て，文明開化の事物の流入．大正デモクラシーののち，軍国主義の時代．そして敗戦の経験から，復興，高度経済成長を経過して，言論・表現の自由が保証され，戦後の平和主義，民主主義体制も半世紀を経て定着．今では無党派層の出現などの新局面を迎えている．こうした長い文化の累積をもって，独自の生活文化を築きあげてきた．

宗教や思想に対する日本人の態度は，またその芸術にも大きい反映を示す．日本の美の伝統は，大規模なものは寺社の建築などにおもに伝えられていて，それに匹敵するものはわずかに城郭建築などにみられるだけである．しかし，庭園や室内装飾など，デザインないし意匠は繊細な造形が多く，絵画，彫刻（おもに仏像）などに優れたものが遺されている．諸外国のように石造建築ではないために，台風，洪水，地震などの天災によって破壊されることが多く，それがもののあわれ，人生のはかなさ，無常観をつくり，文章や和歌俳諧にそれが表現されている．これは日本人の自然観と深くかかわっているといえる．

b. 日本人の自然観・死生観—日本人論

日本人独自の世界観は，たとえば芭蕉や良寛に代表されているような，自然のなかで悠々と生き，死生を超越したところがあった．日本人はことに繊細に自然の推移を楽しみ，それに対応した年中行事と，誕生から死に至る通過儀礼を経験しながら人生を送るという生活文化のなかで生きてきたのである．

志賀重昂（1863～1927）の『日本風景論』（1894年）は，日本の風景の特色を，瀟洒（しょうしゃ：さっぱりと清らか，あっさりと上品），美，跌宕（てつとう：ほしいまま）をあげて，さまざまな実例を示している．この風景の特色が気候・海流が多様であること，水蒸気が多量であること，火山岩が多いこと，流水の侵蝕が激しいこと，によるとしている．

また芳賀矢一（1867～1927）の『国民性十講』（1907年）は日本人論の先駆的業績であるが，そこには，① 忠君愛国，② 祖先を崇び名家を重んず，③ 現世の実際的，④ 草木を愛し自然を喜ぶ，⑤ 楽天洒落，⑥ 淡白瀟洒，⑦ 繊麗繊巧，⑧ 清浄潔白，⑨ 礼節作法，⑩ 温和寛如をあげて，日清戦争，日露戦争に勝ってナショナリズムの盛んな明治時代の時代意識をよく示している．

c. 外国人の日本観察記録

この志賀や芳賀の主張のように，日本人ないし日本文化についての議論が広く内外で行われてきた．

外国人の日本についての批評としては，たとえば，古くはフランシスコ・ザビエル（Francisco Xavier, 1506～52）が「この国の人は礼節を重んじ，一般に善良にして悪心を懐かず，何よりも名誉を大切とするは驚くべきことなり」とし，知識欲が旺盛，道理にはよく従うなど，好意的な感想を本国に書き送っている．またその後来日したルイス・フロイス（1532～97）は，来日20年後に『日本史』を編纂しているが，その『日欧文化比較』は，日本と欧州の慣習の対照的な事実をあげて詳しく記述している．たとえばヨーロッパでは未婚の女性は純潔・貞操を重んじているが，日本人にはその観念がないと指摘している．また「ヨーロッパの女性は文字を書かないが，日本の「高貴の女性」は文字を知らなければ価値が下がると考えている」ともいう．人々のしぐさや躾などにも，行き届いた観察をしている．ほかにもアビラ・ヒロン（Avila Giron）『日本王国記』（1615？年），ウイリアム・アダムス（William Adams，三浦按針，1564～1620）などがそれぞれ記録を残している．

鎖国の間にも長崎の商館に滞在した人々の記録がある．エンゲルベルト・ケンペル（Engelbert Kämpfer, 1651～1716）はドイツ人で長崎出島のオランダ商館に滞在し，『日本史』を書いた．日本人は勤勉，礼儀正しく，衣服・住居は清潔であると述べている．やはり出島に滞在したスウェーデン人カール・ピーター・ツンベルグ（Carl Peter Thunberg, 1743～1828）も学者であったが，その旅行記のなかの日本の記事には，日本人を勤勉，好奇心旺盛，従順，活動的，賢明，迷信的で自負心強いなどの批評がある．ドイツ人フィリップ・フランツ・シーボルト（Philipp Franz Siebold, 1796～1866）はよく知られているが，詳しい日本についての自然誌的情報の収集のなかで，日本人の礼儀正しさ，仏教に比して神道の評価の高さ，自然を好むことなどを記述している．

明治時代の例として，お雇い外国人として夏目漱石の先任の東京帝大英文学教授であったバジル・ホール・チェンバレン（Basil Hall Chamberlain, 1850～1935）の『日本事物誌』（1890年）をあげておこう．短い序文に続いて，アルファベット順にAbacus（算盤）からZoology（動物学）まで201項目にわたり，事典風に記述されている．きわめて実証的に，ユーモアをもった記述は今日も説得性があり，明治時代の日本文化の記録としても重要な文献である．その「日本人の特質」（Japanese People, Characteristics of the）は，肉体的特質と精神的特質に区分した詳細な記述であり，後者にはザビエル，アダムス，ケンペルなどの先人の知見や，その他大勢の観察者の記述が引用され，そのあと中国人と比較し，「要約すれば，日本人の間でしばらく住んだ人々の判断を平均すると，貸し方の側［長所］は，3つの主要な項目に分析することができるように思われる—すなわち，清潔さ，親切さ，洗練された芸術的趣味，である．借り方［短所］も，3つの項目に分布される．すなわち，国家的虚栄心，非能率的習性，抽象概念を理解する能力の欠如，である」（高梨健吉訳）と述べている．

さらに語をついで，日本人の模倣性については，長所か短所か迷う，たいていは短所（日本人の知的劣性の症状，独創性の欠如）として非難しているが，これは実際的知恵の証拠であるともいえるとする．また，特質とされるものが不安な過渡期の特徴であることもあるとする．たとえば，当時の日本人の忠誠心（愛国心）は，「まったく新しいもので，その良い例である．ヨーロッパが封建体制から脱け出したときにも，まったく同じ徴候を示したものであった」という．日本人に比べて西洋人は汚い，怠け者，迷信的だと，訪欧した日本人は指摘する．汚い点や怠け者という指摘をチェンバレンは素直に認めているが，迷信的という点は保留している．私たちは，こうした優れた観察者が存在していることに，もっと注意してよいだろう．

もう一人，重要な観察者として，小泉八雲，すなわち，ギリシャ生まれのラフカディオ・ハーン（Lafcadio Hearn, 1850～1904）をあげておこう．『怪談』（1904年）で物語作家として知られているが，日本人の神道的祖先崇拝と仏教的宿命観に興味をもち，終生それを追求した人であった．日本人の生活には，家庭，地域，親族のさまざまな掟がなお生きていて，それが強制している面が強い．その生活には，① 上からの権威による，② 横からの地域による，③ 下からの感情による，3種の強制が働いているというのである．あたりさわりのない，控え

目の，婉曲な発言法が，日本人の会話の特色であるという指摘は鋭い．

d. ルース・ベネディクトの『菊と刀』

ルース・ベネディクト（Ruth Fulton Benedict, 1887～1948）は，『菊と刀』（1946年）によって，日本を紹介した文化人類学者として知られている．この研究は第二次世界大戦中に敵性国研究の一環としてなされ，戦後いち早く出版された．フィールドワークをせずに行ったこの日本研究は，日本でも話題になり，まず鶴見和子が批判的に紹介，「民族学研究」誌上で和辻哲郎，柳田國男，南 博が批判的，川島武宜，有賀喜左衛門が肯定的に批評した．彼女はすでに，『文化の型』（1934年）で方法を確立しており，この書は「日本文化の型」という副題をもつ．

『菊と刀』は，日米の文化を型として比較する．日本は「恥の文化」をもち，欧米の「罪の文化」とは異なる性格を備えている．相対主義者である著者は，その独特の価値をそれなりに評価した．鶴見和子はこの書物が日本は基本的に封建的位階制度によって成り立ち，それは子供の躾方(しつけかた)で決められるとしているが，その制度がいかに崩壊しあるいは温存されたかの説明がない，といい，恣意的に著者の図式に当てはまる例証を選び，当てはまらないと，無視しているとする．そして支配階級のイデオロギーの分析に終始していて，「歴史を考慮に入れない文化類型学の方法をもってしては，科学性を標榜しながら，かえって形而上学的な解釈に了ってしまう」と批判する．しかし川島武宜はこの書の分析の一つ「恩と義理」，「恩返し」，「汚名をすすぐ」などの分析を肯定的に評価する．

『菊と刀』には，「人情の世界」，「義理にまさる忠」などの紹介もある．また日本人は幼児期と老年期には自由があるが，青年期は厳しくしつけられる．これは西欧の教育とは対照的であるという指摘もある．いずれにせよ，ベネディクトのこの書は，その後半世紀にわたる「日本人論」，「日本文化論」のパイオニアの役割を果たしたといえる．

e. ベネディクト批判

その後，日本人あるいは日本文化についての研究，評論，エッセイが，日本においては非常に盛んになる．一つには敗戦後，大きい価値観の変化をうながされた日本人が，そのアイデンティティの危機を感じて，自分とは何かを集団として反省したこととかかわりあっていると思われる．ベネディクト『菊と刀』については，さきに紹介した鶴見和子の日米対比の図式に対する批判，その歴史観の抽象性の批判に始まり，津田左右吉の歴史認識―時代の変化の無視―に対する批判，和辻哲郎，柳田國男の批判などがあった．その多くは，日本文化が武士文化で代表されることについて，あるいは文化類型学的な相対主義に対する批判などであった．ダグラス・ラミス（C. Douglas Lummis）『内なる外国―「菊と刀」再考』は外国人のベネディクト批判で，結局彼女は日本文化の墓碑銘を書いたのだ，とする．そのラミスを批判して，西 義之『新「菊と刀」の読み方』において，『菊と刀』を再評価し，ラミスはベトナム敗戦後の挫折を経験したアメリカ人の意見であるとする．ラミスは再論して，ベネディクトのリベラリズムの限界を知りたいという．この種の議論は今もまだ続いているといえよう．

f. 日本人論の系譜

戦後の日本人論，日本文化論に先立って，それまでも日本人自身による著述があったことについても概観しておく必要があるだろう．南 博『日本人論の系譜』は，まず先駆者として新井白石，司馬江漢，渡辺崋山，高野長英，本居宣長，山片蟠桃(やまがたばんとう)，箕作院甫(みつくりげんぽ)，佐久間象山をあげたのち，福沢諭吉の日本人不変説を紹介する．西周の日本人変化説と対照して述べている．西洋崇拝の横行するなかで生まれた日本人劣等説に対して，福沢は西洋風に人間交際（人間関係）を良くし，大衆討議によって衆知をあつめることを説いた．彼は，「内を重んじ，外を見ない」，「公共精神の欠如」などを日本人について批評している．

その後，風土と日本人，美と日本人，日本人の国民性，日本人の恥意識の各章で戦前戦後の日本人論を概説している．

第二次世界大戦前の日本人論として，たとえば三枝博音『日本人の思想文化』（1942年），長谷川如是閑『日本的性格』（1940年）などを見落とすこと

はできないだろう．

g.『タテ社会の人間関係』

戦後の日本文化論のなかで，日本社会を的確に説明した書物として，中根千枝『タテ社会の人間関係』(1967年) がある．著者はその続編として『適応の条件』(1972年)，『タテ社会の力学』(1978年) を著している．この書物で中根は個人対個人，個人対集団，集団対集団の関係のなかで不変の部分を抽出してそれを「社会構造」とよび，日本社会の特殊性を上下の人間関係を軸とした「資格」つまり役割と所属集団つまり「場」をとらえる．日本人の場合重要なのは「場」すなわち「所属集団」である．それが重視され，資格（技術的能力）は二次的になる．運転手とか旋盤工というような「資格」よりも，ナニナニ会社の社員が優先される．その基礎単位は職場の小集団であり，その連鎖，ネットワークが日本社会を構成しているというのである．そこにウチ／ソト，仲間／他人の別ができる．その点で欧米のヨコ社会と異なると主張する．しかし南博は欧米にも学閥など，タテ社会があると批判している．米山俊直は『日本人の仲間意識』(1976年) で「タテ社会再考」として，中根のいうタテ社会は，大企業，中央官庁，講座制の残る大学などのエリート社会のもので，庶民はそうではないとし，また権力の中心である東京と関西ではむしろヨコ的な編成である株仲間，講組織などがある，と批判した．

h.『「甘え」の構造』

精神医学者土居健郎の『「甘え」の構造』(1971年) は，日本人の心性と人間関係の基本に「甘え」があり，受身の愛情希求であるが，「幼児的」である．しかしそれが「母子関係」における子供の母親依存に始まるが，義理も人情も甘えに深く根ざしている．非論理的で閉鎖的だが，無差別平等で，きわめて寛容であるとする．後で紹介する青木 保はこれを，日本人の「近代的自我」の欠如を主張する坂口安吾，きだみのる，桑原武夫らの説に対立する，「「甘え」による「他人依存」的「自分」の積極的擁護である」とする．青木はまた，同じ精神医学者の木村 敏の『人と人との間』(1972年) が西洋人のデカルト的自我の表象である「自己」と，それとは異なる「自分」すなわち他人との間の分け前，という日本人の自己認識としてとらえた．これは後の濱口恵俊の間人主義の主張につながるものであった．濱口は『「日本らしさ」の再発見』(1977年) 以後，精力的にその論を進めている．

i.『風土』

南 博が先に紹介した『日本人論の系譜』で「風土と日本人」の章で，志賀の『日本風景論』と並んで和辻哲郎『風土』(1935年) について詳しく紹介し，そのモンスーン型，砂漠型，牧場型の3類型で日本がモンスーン型に属し，日本人の「受容的，忍従的」性格がこの風土性に由来するとした．男女の間柄は「激情を内に蔵したしめやかな情愛，戦闘的であるとともに恬淡なあきらめをもつ恋愛」となり，家族の間も同じ，それは利己心を犠牲にし，また仇討ちの思想ともなる，という．この「しめやかな激情，戦闘的な恬淡」が，性的結合，家族的結合，皇室を宗教とする家族国家の特性であり，そこでは「人倫的な愛の合一の実現」が，国民の特性によって可能になるとされる．南はしかし，この人間学的風土論が，人間的風土と自然的風土の混用からなる不統一で，不徹底なものになったと批判している．

j.『文明の生態史観』と『文明の海洋史観』

梅棹忠夫の『文明の生態史観』(1967年) は，ユーラシア大陸を2つの地域に分け，日本と西ヨーロッパを第1地域，中国，東南アジア，インド，ロシア，イスラム諸国，東欧などを第2地域とよび，その生態学的対比を行った．ユーラシアを東北から西南に横断する乾燥地域の破壊力をもつ集団が第2地域をたえず脅かし，その文明を断続的なものにしているのに対して，その破壊を免れた第1地域は累積的な発展が可能になり，そこに近代文明を生んだとみる．この学説は，敗戦によるアイデンティティクライシスをもっていた日本人を勇気づけ，大きい反響を生んだ．

この発想の学問的裏づけは，上山春平，中尾佐助，吉良龍夫，佐々木高明らの『照葉樹林文化』(1969年) によってなされた．この根栽農耕文化の温帯適応型である東アジアの照葉樹林帯に広がる文化が，日本文化の基盤になっているが，それが日本列島で

第2地域として独自の,(西欧と平行現象を示すような)文化をつくりだしたとする.この認識は,西欧と日本を同じ側に含めたことによって,日本人のプライドを満足させたこともあった.最近になって川勝平太が『文明の海洋史観』(1997年)で,この梅棹生態史観を批判的に継承して,新しい枠組みを構想した.川勝は梅棹史観が陸地史観であるとして,それに海洋をつけ加えて修正し,海洋史観と名づけた.その詳細はここで触れることができないが,川勝の構想は地球規模で雄大である.そのなかで川勝は日本を西太平洋の豊饒の半月弧(ユーラシア大陸西アジアの肥沃な半月弧,あるいは東亜半月弧に対応する)の要として「庭園の島」を構想している.

k. 『イデオロギーとしての日本文化論』

日系米人2世であるハルミ・ベフ(Befu Harumi, 別府春海)の『イデオロギーとしての日本文化論』は,スタンフォード大学教授としてアメリカの学界で活躍するベフの視点から,日本文化論ないし日本人論はイデオロギーであり,大衆消費財であるという.それは学術誌に公表されるような論文ではない.まず学説史的な積み重ねがないし,過去の貢献を基礎にして構築することはない.エッセイとしては面白くても,議論の論理性が問われることがない.真理が先行することがない.また学者相互間の討論もない.部数が多く売れればいい,評判になればいい,大衆に迎合する,その意味で学術書ではない.要するに日本文化論はイデオロギーであり,権力に利用されるか,それに抵抗するか,いずれにしても歴史手的社会的に党派性をもった主張なのである,という.

この本には,日本人は集団主義かどうかについて,エスニシティ論について,日本文化論と日本文明論の関係などの論文が収められている.日本列島≡日本人≡日本文化≡日本語という図式が日本人論の前提にある.日本的特質は,欧米の個人主義に対して集団主義,「話し優先(ヴァーバリズム)」に対して「以心伝心」ないし「ハラ芸」,欧米企業の専門主義(プロフェッショナリズム)に対して日本企業の一般主義(ゼネラリズム)である.「日本文化論は世界的民族階層構造のなかで欧米の劣位にある日本を自己相対化し,帰属集団である欧米との比較によって日本の立場を日本民族に説明する手段だ,ともいえよう.ここで日本文化論が,日本民族自身の自己同一性(アイデンティティ)を成立させるためにある,ということが重要である」という指摘など,傾聴すべき点が少なくない.

l. 『「日本文化論」の変容』

青木 保は『「日本文化論」の変容』(1990年)で,戦後の日本文化論を次の4期にわけて整理考察している.

(1) 否定的特殊性の認識(1945~54年):敗戦のショックもあり,日本人・日本文化は特殊なもので,それは良くないものである,という否定的論調が強かった時期.例:坂口安吾『堕落論』(1964年),きだみのる『気違い部落周遊紀行』(1946年),桑原武夫『現代日本文化の反省』(1947年),川島武宜『日本社会の家族的構成』(1948年).

(2) 歴史的相対性の認識(1955~63年):経済も復興を始め,日本を客観的にとらえ直そうという論調がいくつか登場した時期.例:加藤周一『日本文化の雑種性』(1955年),梅棹忠夫『文明の生態史観序説』(1957年),ロバート・ベラー(Robert N. Bellah)『日本近代化と宗教倫理』(1956年).

(3) 肯定的特殊性の認識(前期1964~76年):日本の特殊性が肯定的にとらえられた時期.集団主義,年功序列,終身雇用などの価値が否定から肯定に移行した.例:中根千枝『日本的社会構造の発見』(1964年),同『タテ社会の人間関係』(1967年),作田啓一『恥の文化再考』(1964年),同『恥の文化再考』(1968年),尾高邦雄『日本の経営』(1965年),土居健郎『「甘え」の構造』(1971年),木村敏『人と人の間』(1971年),三島由紀夫『文化防衛論』(1968年),濱口惠俊『「日本人らしさ」の再発見』(1977年).

(4) 肯定的特殊性の認識(後期1978~83年):高度経済成長が達成され,日本人が自信を取り戻した時期.例:村上泰亮・公文俊平・佐藤誠三郎『文明としてのイエ社会』(1979年),エズラ・ヴォーゲル(Ezra F. Vogel)『ジャパン・アズ・ナンバーワン』(1979年).

(5) 特殊性から普遍性へ(1985~):それまでの認識に再評価が加わり,また海外からの厳しい日本

批判も登場してきた時期．例：尾高邦雄『日本的経営―その神話と現実』(1984年)，小沢雅子『新・階層消費の時代』(1985年)，チャルマーズ・ジョンソン（Chalmers Johnson）『通産省と日本の奇跡』(1982年)，ピーター・デール（Peter Dale）『日本的独自性の神話』(1986年)，ハルミ・ベフ『イデオロギーとしての日本文化論』(1984年)，対日貿易戦略基礎理論編集委員会編『公式日本人論』(1987年)，山崎正和『文化開国への挑戦』(1986年)，カレル・G・フォン・ウォルフレン（Karel G. Van Wolfern）『日本問題』(1986年)，同『日本権力構造の謎』(1990年)．

青木はこの日本文化論ないし日本人論の系譜のレヴューを総括して，日本文化論の側もその批判の側も，一方的な攻撃ないし批判に終始していては，建設的な議論にならないこと，その点で，いくつもの保留点はあっても，『菊と刀』の文化相対主義的視点，複眼的視点の重要性を再評価している．1980年代から，欧米に反文化相対主義の動きがみられ，西欧中心の普遍主義の復活の傾向がある．普遍性と個別性のバランスが大切だと主張するのである．

m. 自らを写す鏡として

ここまであまり私見を述べてこなかったが，ここで筆者の個人的コメントをつけ加えておこう．21世紀に向かう，現代の地球の大勢は，地球全体の課題を解決するための普遍主義が重要になるが，同時に個別を殺す普遍主義は成功しないと予想される．国民国家のそれぞれの社会の多文化主義，多言語主義，多民族主義の傾向は，ますます避けられない趨勢である．しかし他方，それは同時に，コンピュータ英語のような普遍主義を進行させていて，インターネット網が世界をおおっている．反文化相対主義の動きは，この天下の趨勢に対する保守的権力の抵抗であり，そのはかないあがきではないかと考えられる．

ベフのいうように，日本文化論，日本人論は大衆消費財かもしれないが，それはまた日本や日本文化を写す鏡であるには違いない．その流れを追うことによって，私たちは自分自身の置かれている立場，位置，座標を再認識することができるのだといえよう．リースマン（Reisman）のいう他者志向の強い日本人は，人の噂や評判をたえず気にしていて，そ

れを指針として行動を選択している．それは現代の都市的大衆社会の一つの表現でもある．

さまざまな立場から主張される日本文化，日本人の性格づけに耳を傾け，それらを鵜呑みにせず，批判的に読むことによって，日本の生活文化の伝統を，よりよく理解することができ，自分の行動を選択できるのではないかと思う．

52.4　遊び・祭り・芸能

a. 遊びと日本人

ヨハン・ホイジンガ（Johan Huizinga，1872～1945）の『ホモ・ルーデンス』(1938年)は人間の本性としてその行動に「遊び」の要素を指摘し，戦争にも宣戦布告や戦場での名乗り合いなどの儀礼的側面があると述べた．またロジェ・カイヨワ（Roger Caillois，1913～78）はその理論を精緻化して『遊びと人間』(Victor W. Turner，1958年)で，「競争」，「偶然」，「模擬」，「めまい」の4類型を示した．ヴィクター・ターナー（1920～83）は独自の象徴人類学『儀礼の過程』(1969年)で儀礼の本質に過渡的な境界状況（liminality）とその社会過程の共有感覚（communitas）を説いた．このように人間には遊びの要素を本来具えていて，それが空腹や渇き，疲労や眠気のような基本的欲求に対して文化的な対応をしているなかに，組み込まれているといえる．衣食住は単に必要を充足するだけではなく，食は調理法，味つけ，食器，盛りつけなどを洗練させ，また食事の作法を生み出してきた．雨露をしのぐための住まい，体を保護する衣類も，それぞれたくさんの文化的付属物をつけ加えて建築や衣裳として発達してきた．日本人についてもそれはあてはまり，日本文化独特の衣食住にかかわる文化的洗練が伝統として生まれている．しかし，衣食住については別に項目があるのでそれに譲り，以下ではもっぱらより純粋に「遊び」的な文化の側面についてみていくことにする．

b. 祝祭と日本人

ハレの日とよばれる祝日は，現在では一連の「国民の祝日」として定着しているが，そのほかにも，各地の年中行事としてさまざまな祭礼行事があり，それぞれ盛んに営まれている．全国の年中行事を羅

列すれば，神道の神社の行事，仏教の寺院の行事，そして修験道やキリスト教の行事などが，ほとんど毎日のように予定されていることがわかる．現在ではその地元の関係者が参加するだけではなく，遠方からの見物人が集まってくることが多い．祭礼の主催者のほうも，地域の活性化を理由にして，その集客に配慮しているし，他方週休制が普及したために，祭礼の中心的な担い手たちも休日のほうが参加しやすいという事情もあって，日曜日に祭日を変更している場合も少なくない．

　生活にリズムをつけ，はずみを与える意味で，ハレの日の存在は重要であることはあらためていうまでもない．人間はそれぞれ個人のバイオリズムをもっているといわれるが，それに加えて，1日24時間のリズム，1週間のリズム，1月のリズム，そして春夏秋冬の季節の変化を伴う1年のリズムがあり，その繰り返しのなかで，個々の人間は誕生から死までのライフサイクルに従った通過儀礼を伴って生きているのである．祝祭はそのリズムを刻む節目として，生活に織り込まれている．日本人はその長い伝統的因縁・歴史的経緯をもった，多くの祝祭とつきあって人生を送る．

c. 予祝祭（祈念祭）と収穫祭—春秋の祭り

　伝統的な祭礼行事は，最初に述べたように稲作文化に深くかかわっている．春，水田を鋤き起こし，まぐわによって平坦に均して，そこに苗代で育てた苗を植える．この一連の春の水田の農作業に先立って，この年に台風や病虫害が避けられ，豊作になるように祈る祭りが営まれる．あらかじめ祝う予祝儀礼とか，豊饒を期待して，神に特別の神饌を供えたり，独特の踊りなどを行うような豊饒儀礼などがある．一例をあげると，飛鳥坐神社（奈良県明日香村）では，2月第1日曜日に御田祭(おんだまつり)が催されるが，まず神社の拝殿で田植えの所作が行われ，そのあと天狗とお多福が現れて，滑稽に性交の所作を表現する．生殖の所作が豊饒の期待を象徴しているとされる．予祝祭あるいはその年を祈る祈念祭とよばれている，春の祭りである．さまざまな春祭りがあるが，それはこの祈念祭の多様化したものといってよい．古くは，山の神が春には下りてきて，田の神になるともいわれていて，その歓迎の意味をもつともされ

る．

　また秋の収穫が終わると，収穫感謝祭がある．古くから宮廷行事にも新嘗祭，神嘗祭という儀礼があり，天皇の即位儀礼のなかにも大嘗祭が含まれるが，これは秋の収穫を喜び神と共に新穀を食べる意味があった．各地の秋祭りは，その年の収穫を喜ぶ行事である．また，田の神が山の神に帰る儀礼という見方もある．神輿をはじめ，さまざまな風流の出し物が登場して，にぎやかに氏子地域を練り歩くなどの催事が組み込まれているのが普通である．

d. 都市起源の夏祭り

　日本の祭礼の大部分は，このように農耕生活と連動した儀礼がもとになっているが，それとは別に夏に営まれる祭礼がある．京都の八坂神社の祇園祭，大阪天満宮の天神祭は，いずれも大都市で連綿と続いてきた大規模な祭礼であるが，その起源は都市の疫病退散や落雷，洪水などの災難除けを願う人々の願いによって生まれたものと考えられている．すなわち，いずれもが都市に集住した人々の手によって，災難の起きやすい夏に営まれるのである．平安時代の頃から，御霊信仰とよばれる，怨念を抱いて亡くなった人の霊がたたるという信仰があり，その鎮魂のためにその霊を祀ったのが始めであるとされている．菅原道真—天神様はその典型であるが，京都には上下2つの御霊神社があり，平安初期の政争で亡くなった人を中心にして祀ってある．祇園祭のほうは，御霊といっても疫病神そのものよりも，それに勝つ力をもつ牛頭天王，あるいは素戔嗚命(すさのおのみこと)を祀っているのだという．博多の祇園山笠をはじめ，全国の祇園祭，あるいは全国の天神祭はこの夏祭りの伝統を継承しているのである．

e. 世俗的な祭り

　伝統的な宗教行事としての春秋の祭り，夏の祭りがあるが，そうした神事とかかわりのない大規模なまつりもある．たとえば，徳島の阿波踊は，8月12〜15日に徳島市で開催され，さらに小松島市，鳴門市，阿南市など県内各地でそれぞれ大会が開かれる．今ではそれが，1956年以来東京の高円寺に移植されて，8月26〜28日には4,000人の踊り手が600の連を組織しており，見物人は延べ100万人に

達するといわれ，しかも関東各地に同様の阿波踊大会が開催されているともいう．もともと，阿波の殿様蜂須賀様が，徳島城落成を祝って領民が場内に踊り込んだのが始めとされ，むしろ世俗的な起源であるといってよいだろう．同様の踊りは，たとえば福知山おどり（8月17日）が明智光秀の善政をしのぶ民謡福知山音頭で踊るという．

　第二次世界大戦後，行政主導で始められ，すでに28年目を迎える神戸まつりは，この種の地方自治体が中心になって，無宗教を標榜して組織し成功した例の最初といえるだろう．阪神・淡路大震災によって第25回は中止になったが，その後第26回以降継続している．1933年からの「みなとの祭」と1967年以来の「神戸カーニバル」を発展解消した「神戸まつり」は，5月第3日曜をメインに行事を行ってきたが，震災後7月17〜21日に開催期間を変更した．京都祇園祭（7月17日が中心）大阪天神祭（25日中心）の中間に参入して，関西の三都夏祭りとして観光集客をねらっている．観光産業の重視の表れで，従来の市民参加主体のイベントに，見物向けのアトラクションを追加し，昼のパレード中心から夜のイベントにシフトする試みである．全市9区を巻き込み，前夜祭，区民祭，そして市内中心部を広くパレードするなど，参加団体の数も多い．市民祭協会が主催者であるが，実質的には神戸市が予算を組み，実行にあたっている．神戸市はポートピア81という埋立造成地をPRする地方博に成功を収め，その結果全国の地方博の先駆者となった．この種の地方イベントは結果として成功例，失敗例さまざまであるが，電通・博報堂などの広告代理店がかかわっており，通産省などを中心にした国民祭が各県を順に回る計画も進められていて，行政中心の祝祭的催事は盛んになっている．地域商店街やデパート，新聞社などの企画するイベント，たとえば春と夏の高校野球大会なども，同じような世俗化した祝祭である．1964年の東京オリンピック，札幌，長野の冬季オリンピック，あるいは1970年と1990年の千里と大阪市内の万国博，現在予定中の愛知県の万国博なども，この範疇に入る．

f．芸術・芸能と遊戯．家元について

　芸術には，絵画彫刻造形などの美術，声楽器楽なِどの和洋の音楽，演劇舞踊などの舞台芸術，さらに小説，戯曲，詩歌，随筆など文学が含まれ，高度に様式化された伝統芸術から，広く大衆を対象とした娯楽性の強い大衆芸術まで幅広く含まれている．また映画のように，さまざまな要素を総合して，そのうえに撮影，編集といった技術的要素を含めた総合的な芸術もある．画家，演奏者，役者などが純粋にそのパフォーマンスを楽しむものと，それを商品化して儲けをねらう商業芸術に分かれ，前者は芸の道として家元のような党派性をもち，伝統を重視する組織をつくるし，後者はジャーナリズムに便乗して商業主義に徹して，高度の芸術作品から広く大衆の娯楽となる芸能を含むさまざまなジャンルを生み出している．ここで芸能とよぶのは，広い意味のパフォーマンスを総称している．いずれにせよ，それは人間の文化的行為の表象であることには変わりがない．ことに日本では，それが個人の教養として，道を求める様式になった．

　そこでまず，日本文化のなかで「芸の道」として伝統を継承している伝統的な「芸事」を概観する．それはつまるところ，行為者（performer）の遊戯であるといってよいだろう．しかし芸事を通して，人間関係が結ばれている側面も見逃せない．それは多くの場合，家元あるいはその免許を得た門弟について習得することが必要であり，家元は多くの場合世襲化している．また，免許は金銭で売買されるから，近代的契約社会でも通用する組織として家元制度ができている．

g．茶　道

　喫茶の習慣は日常的なものだが，茶の湯はその対極に位置する．限られた空間で，厳密な作法に従って行われる儀礼的な性格の強いものである．点前とよばれる作法は，茶室という限られた空間で，亭主が茶を立て，それを供し，客（複数でもよい）がそれを喫する儀式の中心であり，そのための装置としての茶室，その床の間と掛軸，床柱と花入れと花，炉あるいは風炉と釜，香合，灰器，そして点前の道具として棚，水指，茶碗，茶入れ（棗），茶杓，蓋置など．さらに水屋の銅鑼，水壺，茶巾，茶筅，柄杓などの用具が準備されている．また，濃茶に先立って出される軽食が懐石で質素な一汁三菜に箸洗

い，八寸からなるのが基本形とされていて，日本料理の一つの源流になった．

家元には，千利休の流れを引く表千家，千宗旦の流れを引く裏千家，武者小路千家のほか，利休とともに武野紹鷗に学んだという藪内剣仲を流祖とする藪内流などがある．

h. 香道

天平時代の到来物といわれる正倉院の蘭奢待という香が有名で，権力者がそれを削り取ったという伝説がある．香を聞く道すなわち香を焚いて楽しむ芸道は，室町時代に婆娑羅大名佐々木道誉（1296～1373）あたりに始まり，三条西実隆（1455～1537）を祖とする三条西流，志野宗信を祖とする志野流などに別れて江戸時代に継承された．実隆は名香66種を集めていたという．茶室に沈香，伽羅などの名称をもつ香を焚きしめることが接客の例となった．その名をあてる競香という遊びもできた．香道にも多くの伝書によるしきたりや作法があり，道具もさまざまある．しかし現在では限られた伝承となっている．

i. 華道

茶道は比較的流派が少ないが，創造性の豊かな芸事である華道には，多くの流派が分裂して，それぞれの家元の地位も相対的に低くなっている．もとは奈良県の大神神社の鎮花祭や，京都の今宮神社のやすらい祭りのような桜の花の鎮魂を祈る行事があり，また仏事においても，もとは寺院の内部のものであった供花の風習も，浄土系信仰とともに一般に広がったとされている．過去（結実），現在（開花），未来（蕾）を同時に表す蓮華が供花の第一とされた．室町―戦国時代には立花（たてばな）が始まり，床，書院，違棚の飾りになった．神仏の依代を中心に，陰陽や季節感が重視される配置であった．池坊が15世紀に立花の名手とされた専慶に始まる最古の流派である．

室町時代の掛け花や釣花瓶から時代が下ると，元禄時代には抛入花が普及する．さらに生花が多くの流派をつくり，それぞれが天地人，体用留，真副体などの三才の調和が強調するようになる．花伝書には『仙伝抄』（1470年）が最古とされるが，伝書の抜粋で，池坊専応の口伝書『池坊専応口伝』（1542年）が独自の理論をもつ花伝書の始めとされる．この書の書かれた天文年間には多くの花伝書が続々と書かれているという．寛永20（1643年）年には，『仙伝抄』などの立花の伝書が書かれるが，その後類型化が進んだ．花器，剣山などの花留め具をはじめ，花道具などもしだいに洗練される．

家元には，池之坊のほか，未生斎一甫（1761～1824）の未生流，小原雲心（1861～1916）の小原流，勅使河原蒼風（1900～1979）が創立した前衛いけばなの草月流などがある．

さらに今日では，華道とは別の欧米の影響下にあるフラワー・アレンジメントの専門家も出現して，さまざまな場面で活躍していることも付記しておこう．

j. 書道

漢字・仮名文字を素材とする毛筆による造形芸術．中国，朝鮮半島，日本などで発達した．正倉院には王羲之の『楽毅論』を臨書した光明皇后の書が残っている．聖武天皇が王羲之の「書法」を結納にしたといわれ，書は嫁入り道具の一つであった．平安時代に，書道史上重要な三筆とよばれる，空海，嵯峨天皇，橘逸勢の3人が出て，なかでも空海はわが国の書道の開祖とされ，『風信帖』『灌頂記』などの書を残した．また仮名文字が完成され，かな書道が伝統になり，子女教育の不可欠の条件になり，鎌倉・室町時代を経てしだいに芸事の一つとして発達した．藤原行成を祖とする世尊寺流が権威を確立，その流れをくむ尊円の青蓮院流（お家流）が主流を占めた．その後庶民にも習字が広がったが，口伝をもとにした教養としての書道にとどまった．各時代に三筆が能書家にあげられた．また小野道風，藤原佐理，藤原行成は三蹟とよばれている．明治初期に楊守敬が六朝風を伝えて，書道界に新風が吹き込まれた．江戸時代の寺子屋，明治以後の小学校でも書道は独特の必修科目であった．美術でも独自の分野として発達している．手本としての法帖には，中国の碑林から得た拓本の王羲之，王献之，欧陽詢などの書が用いられている．筆，墨，硯そして紙なども，書道の発達につれて独自の洗練を遂げてきた．海外でもイスラム圏の書家など，カリグラフィはそれぞれの文化に認められているが，日本の書道は独自の

k. 歌道

　歌も平安貴族の女性の重要な教養として発達した．書，楽（楽器の演奏）そして古今集20巻を暗記することが求められたといわれる．最古の古典である万葉集の4,536首には長歌，短歌，旋頭歌を含むが，奈良時代末から平安初期に編纂・改訂され，編纂には大伴家持（718〜785）がかかわったようだ．舒明天皇時代から天平宝字3（759年）年までの歌を収め，記紀の時代と重なり，天皇，貴族の歌のほか，農民や防人の歌，地方の歌もある．

　天皇や上皇の命によって編纂された勅選和歌集の最初は，醍醐天皇の勅命で紀貫之らが編んだ『古今集』（905年）で，1,100余首を収め，四季の歌と恋の歌が多い．その後，二十一代集とよばれる勅選集が『古今集』から『新続古今集』（1439年）まで，平安，鎌倉，南北朝，室町の各時代に渡っている．他方，漢詩を編集した『和漢朗詠集』（1010年）や，平安時代後期に後白河法皇が編纂した流行歌今様を中心に集めた『梁塵秘抄』（1170年）などもあって，日本文化のなかで詩歌ことに歌は重要な文学であった．平安時代中期以後，歌人の遊戯として連歌が始まり，『菟玖波集』（1356年）が二条良基（1327〜88）によって編まれ，やがて俳諧連歌になり，そのなかから狂歌も生まれ，さらに松尾芭蕉（1644〜94）の登場によって俳諧―俳句が完成する．重要なことは，この作歌の伝統が古くからただ支配層の教養ではなく，全国各地の男女の知的遊戯として普及し，歌によって恋などの気持ちを伝える手段になってきたという事実である．藤原俊成（1114〜1204），子の定家（1162〜1241）に始まり，その子為家の嫡子為氏が二条家，次男の為教が京極家，三男の為相が冷泉家を立てて，和歌師範は3家に分かれた．現代に受け継がれている歌道が確立した．

　明治時代近世以来の詠題主義が宮中歌所などで伝統が続いていたが，落合直文（1861〜1903），与謝野鉄幹（1873〜1935）・晶子（1878〜1941）夫妻などが短歌の革新をすすめ，佐佐木信綱（1872〜1963）の竹柏会，正岡子規（1867〜1902）の根岸短歌会などが続く．子規は古今集を範とする旧派を攻撃して写生を説き，アララギ派の伊藤左千夫（1864〜1913），斎藤茂吉（1882〜1953），島木赤彦（1876〜1926），土屋文明（1890〜1990）などの歌人を生んだ．

　子規は俳句も革新し，ホトトギスに拠って高浜虚子（1874〜1959）らの俳人を育てた．短歌や俳句は，専門家である歌人，俳人に限らず，日本人だれでも作れる短詩形の言語芸術であるから，その愛好者も非常に多く，大衆一般に受け入れられている．芸道としての流派は多様化しているが，文化伝統として軽視できないものである．

l. 舞台芸術

　舞台芸術の歴史も古い．神話にも天の岩戸の前でアメノウズメが踊り，神々囃したという話が伝えられている．まず雅楽から，舞台で大太鼓，竜笛，笙，ひちりき，太鼓，などの雅楽独特の管弦楽を演奏し，一人舞から二人，四人，六人舞まで，舞楽を舞う．現在では，宮内庁の雅楽部や四天王寺の雅楽などがあり，その伝統を伝えている．近代音楽の作曲家などが，それを活かした作曲を試みている．

m. 能楽

　平安・鎌倉時代には，民衆芸能として延年舞があり，寺院の法会の後の遊宴歌舞，田植えのときの田楽，奈良時代に唐から入った散楽を起源とする猿楽などがあり，そのなかから能，猿楽能，猿楽などとよばれる芸能集団が生まれていた．この伝統は，明治になって能楽社が設立されて以来，能楽とよばれるようになった．観世，宝生，金春，金剛，喜多の5流派がいまもその伝統を伝えている．狂言は大蔵，和泉の2流がある（そのほかに鷺流があった）．能はもと滑稽な物真似を主としていたが，世阿弥（1364〜1443）らが上品で深みのある演劇に完成した．世阿弥は『花伝書』，『申楽談儀』などを著してその芸術理論を構築した．武家の教養にもなり，足利将軍に抱えられるなど，その芸道は広く受容され，その結果各地に能舞台がつくられたが，一般には，謡曲としてその謡を練習することが，庶民にも教養として広がり，舞（仕舞）を習い，舞台に立つことを望む人々も現れる．

　商家や農家にもそれは伝播していった．江戸時代には伝統が固定的になり，演能時間も長くなってい

る．動乱のなかで静寂を求める気持ちが中世にこのような芸能を生んだのであろう．現代の喧騒のなかで能楽が人々に支えられているのは，この中世の人々と同じような心理があるのかもしれない．

n. 文楽と歌舞伎

国立文楽劇場も誕生して，この伝統の人形劇も安定した地位を得たかにみえるが，かつての浄瑠璃全盛の頃とは違って，能楽とともに伝統芸能の一つになってしまった．江戸初期から近松門左衛門（1652～1724）と竹本義太夫（1651～1714）によって義太夫節が確立するまでの時期を古浄瑠璃の時代とよぶ．室町時代中期に，扇拍子で語られた「十二段草子」の主人公で義経の相手である浄瑠璃姫の名から，浄瑠璃という名称が語り物を指して使われたが，江戸時代に入って，琉球から渡来した三味線を伴奏楽器とし，操り人形劇と結びついて，人形芝居の語り物を浄瑠璃とよぶようになった．仏教の説話を語る説教浄瑠璃，江戸の金平浄瑠璃などがあったが，元禄3（1703）年，近松と義太夫のコンビによる「曽根崎心中」が大当たりし，のち義太夫節という名がつけられた．竹田出雲，近松半二らも制作したが，やがて歌舞伎にその人気を奪われていく．歌舞伎は，慶長年間，出雲の阿国がかぶき踊りを興業，成功を収め，やがて女歌舞伎，若衆歌舞伎に発展するが，お上の制限を受け，野郎歌舞伎になって芸術性を高める．坂田藤十郎（1645～1719）が近松の「傾城仏の原」を当たり芸として和事を得意とした．しかし上方は藤十郎の死後しばらく沈滞，代わって江戸で初代市川団十郎（1660～1704）が「鳴神」など荒事の芸風で人気を集めた．7代目団十郎が歌舞伎十八番に「鳴神」ほか「暫」，「助六」，「勧進帳」などをまとめた．近松の「国性爺合戦」，「出世景清」などは人形浄瑠璃から歌舞伎でも演じられる．人形浄瑠璃の3大傑作とされる「菅原伝授手習鑑」，「義経千本桜」，「仮名手本忠臣蔵」は出雲，松洛，千柳という3作者の合作であるが，人形の初演後ただちに歌舞伎として上演された．

文楽すなわち人形浄瑠璃と歌舞伎は，もともと興行として作者，役者，舞台を支える多くの裏方，それに音曲担当の三味線方や節回しする大夫などがいる．

舞台装置も，約15間の幅で，左手に花道，その途中にすっぽんという地下（奈落）から登場できる仕掛け，定式幕は黒・柿・緑の3色に決まっている．廻り舞台に「せり」などの大道具がある．舞台芸術の完成を示す歌舞伎は，日本文化の一つの達成である．

o. 邦楽と日舞：浄瑠璃，清元，長唄，小唄，端唄，その他

邦楽として一括される日本の音楽は，浄瑠璃系の義太夫，常磐津，清元，冨本，一中節，河東節，宮園節，新内節などと，唄もの系の長唄，端唄，うた沢，小唄，荻江節などに分けられる．その伴奏楽器は三味線である．邦楽には，ほかに尺八，琴，琵琶も含める．伴奏には，囃子方（笛，小鼓，大鼓，太鼓）が加わる．

それに舞踊をつけ加えたものが日本舞踊である．出雲の阿国に始まるとされる歌舞伎（傾きを語源とする）は，所作といわれる舞踊が含まれ，浄瑠璃所作事とよばれた．長唄の発達につれて，長い振袖などの着物による様式美が追求された．「京鹿子娘道成寺」が初代瀬川菊之丞と初代中村富十郎によって完成された．江戸文化の爛熟のなかから日本舞踊は今日の姿の原形を生み出している．

p. 寄席演芸—落語その他

庶民の芸能は江戸時代になって落語，漫才，講談，浪曲，漫談など，いわゆる寄席の芸能として発達したが，その中心は語り物である．滑稽な話題で人を楽しませる話芸が，室町末期の戦国時代に武将のお伽衆として誕生，元和，寛永時代に「きのふはけふの物語」，「醒睡笑」にその様子を伝えている．寄席は江戸と上方の盛り場から始まり，全国に伝播したといえるが，そのなかでも落語が話芸の中心であった．演者は囃家とよばれ，落語という言葉が定着したのは明治以降といわれる．江戸の囃家を継承した「古典落語」，上方のそれを「上方落語」とよび，新しい話題を取り上げたものは「新作落語」である．1925年にラジオ放送が開始されて，落語は寄席に加えて新しいマスメディアを獲得した．その芸の継承は弟子入りして徒弟奉公し，伝統のある師匠に名をつけてもらい，また名題や屋号を継ぐ形で行われ

漫才は1933年頃から使われだした言葉で，それまでは万歳という字があてられていた．舞台芸としての万歳が確立されるのは，日露戦争後の1903年から大正にかけて発達．その元祖は，東大阪の玉子屋円辰が河内音頭や江州音頭を得意としていたが，名古屋で尾張万歳を学んできてその万歳の形を借りて音頭を歌ったのが始まりという．大阪には「俄」という滑稽囃の伝統があり，それが寄席に進出して，1897年頃全盛であったが，1904年曽我廼家劇が登場して急激に衰え，俄師が万歳に転向した．1930年横山エンタツ・花麦アチャコのしゃべくり万歳，34年に秋田 実が吉本興業文芸部に入社して台本を書き，のち49年ラジオが「上方演芸会」を開始，寄席演芸がマスメディアによってさらに普及した．

講談は江戸時代に「太平記読み」として発展，明治時代になって寄席芸能になった．伯圓の「鼠小僧」，「天保六花撰」，伯山の「次郎長伝」，円朝の「怪談牡丹灯籠」などが評判になった．伝統のある「軍談」や赤穂義士などの「仇討ち物」などが中心で，東京は神田山陽，大阪は旭堂南陵などを中心に，細々ながら伝統が継承されている．

浪曲は，近世の説教，祭文，阿呆陀羅経などの系譜を引く寄席芸で，多くの浪花節語りは前身が祭文語りであった．浪花節という名称は大阪でなく東京で，明治4（1871）年，寄席の鑑札を得るために組合が必要になり，浪花節駒吉という芸人の名をとって「浪花節」という芸能の名称ができたという．最初15人で始めたこの芸能は，1905年には演者が400人に達し，1943年には東京で1,000人，全国で3,000人の浪曲師がいた．① 1905〜16年は雲右衛門，奈良丸，小円時代，② 1921〜35年は虎丸，雲月時代，③ 1937〜50年は米若，虎造，勝太郎，梅鶯時代，④ 1951〜60年は三門，若衛，浦太郎，国十郎時代とされるが，その後は急速に凋落してしまった．東京に最盛期は50軒もあった定席寄席が，浅草木馬亭1軒になってしまった．

漫談も演芸の一種として徳川夢声，大辻司郎などが活躍した．現在も楽器などをもって世相，人情，流行などをしゃべくる芸が寄席などでみられる．ラジオからテレビ時代に入って，この種のタレントには人気が出て，漫才師や漫談師から政治家も登場してきている．

q. 民族芸能について

民族芸能は郷土芸能ともよばれ，地方民間に神事，仏事として伝承されている．その内容には，古典芸能となっている雅楽，能楽，人形浄瑠璃などの系統が地方で祭礼行事として伝承されている例も少なくない．民俗学では，その系統を神楽系統，田楽系統，風流系統，祝福芸系統，外来系統に分けている．

神楽系統には，よく知られているものに石見神楽，備中神楽，高千穂神楽，早池峰神楽など，各地にみられる．湯立の神楽が東北や中部地方に分布して，霜月神楽，冬祭，遠山祭，花祭などとよばれている．獅子舞を伴う山伏神楽，伊勢大神楽などがある．岩戸神楽は，天乃岩戸開きの神話を組み込んだ神楽で，石見神楽，備中神楽など広く分布していて，当屋で終夜何番も踊り，見物人を巧妙に笑わせる．巫女神楽は，神前に巫女が舞うもので，鎮魂祭に演じられる．田楽系統には御田，御田植，田植祭，田楽などとよばれ，風流化した田植踊，えんぶりなどもある．風流系統としては出羽の黒川能など各地に猿楽能が残存している．また鹿踊，雨乞踊，太鼓踊，羯鼓踊，はね踊，盆踊などがある．津和野の鷺舞もこの系統である．また祝福芸系統には，千秋万歳という三河万歳，知多万歳，秋田万歳，伊予万歳など，家々を門づけして祝いを述べて歩く．福岡県瀬高町大江には戦国武将に愛好された幸若舞が残り，また奈良県都祁村吐山には，やはり幸若舞の3曲を伝えている．外来伝統の芸能としては，大阪四天王寺に雅楽が残り，それが山形県寒河江市慈恩寺に伝えられて雅楽が舞われる．また富山，新潟など各地に稚児雅楽が残されている．練供養とよばれる二十五菩薩来迎会が奈良県当麻寺にあり，東京世田谷区奥沢の浄真寺にも菩薩面を被る来迎会がある．延年舞は岩手県平泉の毛越寺などに伝えられている．能は山形県の黒川能が有名だが，各地に同様な伝承がある．歌舞伎を伝承したものでは滋賀県長浜市の八幡宮の曳山祭がよく知られている．人形芝居もからくり人形を山車に搭載したものも少なくないし，淡路や阿波には人形芝居そのものが伝承されている．

r. 競技と日本人—腕相撲から曲芸まで

　毎年開催されてきた全国体育大会，いわゆる国体をはじめ，プロ・アマのスポーツは，今日では日本文化にとってきわめて重要であり，日本人の生活に深くかかわってきた．マスコミが全国大会を主催する春，夏の高校野球，都市対抗野球，あるいは各地の大学野球などもその例である．今日では，サッカーがJリーグで人気を集め，また年に6回の場所をもつ相撲もある．オリンピックも1964年の東京大会以来，札幌，長野の冬の大会などで，身近なものになった．競馬，剣道，柔道，空手道，拳法，弓道，長刀道，など，日本に古くからの伝統をもち，それが近代スポーツとして再編成され，あるいは商業化されているものといえよう．個々の伝統を詳述する余裕がないが，日本文化のなかのそれぞれの位置を認識しておくことが必要であろう．また格闘技としての角力や綱引きなども民間のゲームであった．

　野球やテニス，スキー，サッカー，ラグビー，バレー，バスケット，ゴルフ，ボーリングなど，明治以後に日本に伝播したスポーツが，いまでは日本人の行動に深く浸透している．修験道などの伝統とは別に，近代アルピニズムが導入され，ヨットやボートの競技も同様に明治以降，ことに第二次大戦後の半世紀に日本人のものになった．舟遊びや，川下り，魚釣りなども，古来の伝統であるが，独特の発達をみせた．ピクニック，散歩，ジョギングなども，生活の一部になっている．

s. ゲーム類：貝合わせからタマゴッチまで

　室内の遊びには，まず，いろはかるた，百人一首，トランプなどがある．カルタの語源はポルトガル語である．昔は貝合わせというゲームがあり，公家や武家の子女に伝承されていた．囲碁，将棋，チェス，オセロなど，それぞれの歴史がある．囲碁，将棋，双六は盤戯として中国から8世紀には伝来していたという．いろはかるたには，江戸と京の2種類がよく知られているが，花かるたとよばれる花札は，南蛮渡来の天正かるたと同時代に生まれたようだ．

　ジャンケン，拳，オハジキ，ビー玉，独楽，メンコなど，子供の遊びは意外によく伝承されてきたのではないかと思われる．しかし，現在ではタマゴッチに至る電子ゲーム類が出現して，テレビゲームに夢中な子供たちが増えてしまった．子供の遊具であったコリントゲームから進化して，露天商の遊具だったパチンコが，大衆的娯楽として盛んになり，第二次世界大戦後は風俗営業の一つとして街角を占拠している．

t. 言葉遊び：万葉集からだじゃれまで

　しりとり，なぞなぞ，しゃれ，地口，語呂あわせ，早口言葉など．また回文や和歌の掛け言葉まで，言葉遊びには豊かな日本語の伝統がある．和歌・短歌・狂歌，そして連歌・俳諧・俳句・川柳，あるいは旋頭歌，長歌，平家語り，近代詩，そして物語，草子，紀行，日記，随筆，漢文学，国文学，近代小説までを含めて，言語芸術と柳田國男がよんだすべてのジャンルに，日本文化が凝縮しており，日本人の心性を表している．立ち入って検討する余裕はないが，あらためてその重要性を指摘しておきたい．

u. 物見遊山の伝統

　人間は移動することによって歴史をつくってきた．そして遊びのなかでも移動が重要な役割を果たしてきた．宗教的な巡礼が，修業の一環として発達し，古くは白河上皇の「蟻の熊野詣で」などが盛んであったが，江戸時代には西国三十三ケ所とか四国八十八ケ所といった巡礼のコースが確定した．また，幕末には伊勢参宮が盛んになり，一時は「おかげまいり」が大流行して，「ええじゃないか」という大衆の運動にまで発展した．それとは別に京大坂の人々が物見遊山と称して嵐山や箕面に花や月や雪を賞でて見物にいく慣習が生まれたし，江戸でも上野，飛鳥山の花見，大山詣，成田詣などの物見遊山が発達した．街道の整備につれて，「東海道五十三次」のような紀行文が話題となり，見物の旅が始まるようになる．伊勢参りも，帰途京大坂を見物して帰るようになり，見物を受け入れる旅宿も整備されるようになってきた．その先駆的な記録は，芭蕉の「奥の細道」である．こうした物見遊山の伝統が，本格化するのは江戸時代といえるだろう．

　しかし明治までは人々の行動は制限されていたので，自由な旅はできなかった．明治時代から，若者の旅も自由になり遊覧旅行が始まった．修学旅行が団体旅行の先駆になり，日本の私鉄はほとんどが巡

礼のコースをなぞっていた．それが観光旅行と名を変えたのは第二次世界大戦後のことであるが，いまでは海外旅行にゴールデンウィークを使う人々も増えている．日本文化，日本人の文化は，これからの情報化，国際化のなかで大きく変化していくに違いない．そのなかで観光文化の重要性も再確認しておく必要がある． ［米山俊直］

文　献

1) 大島建彦・大森志郎・後藤　淑編（1971）日本を知る事典，社会思想社．

余　　録

　本書は日本人について今日知られている特性を解説したものである．本書のすべての項目は各執筆者の真摯な努力によって纏（まと）められている．本書の対象となるほとんどの特性の国際比較は進んでいない．国内外の研究結果を広く検討し，日本人の特性を明らかにすることは決して容易ではなかろう．本書に纏められた日本人の特性はこのような困難のもとに記されたものである．編集の終らんとする今，本書を通読すると，1章より52章まで，すべての章は的確にして要を尽くす記述がなされているように思われる．編集にあたった者として執筆された方々に謝意を捧げるしだいである．一方，日本人の特性を網羅することはもともと不可能にも思われる．特に，正確と厳密とを求めれば求めるほど，記述しうる内容も言及しうる範囲も自ずと狭小になってしまう．執筆者諸氏が最も苦心なされたところであろう．ここに，些（いささ）かの附言を読み物風に加えて余録とし，編集後記に代えることとしたい．

　本書でいう「日本人」とは，法律上の日本国籍をもつ意味での日本人ではなく，身体形質を基準にした日本人である．もともと，日本人の研究はこの「日本人」の成立をめぐる問題から始められた経緯がある．たとえば，江戸末期から明治初期にかけて来日し，揺籃期の研究をリードした，シーボルト（Siebold, Philipp Franz）[1]，モース（Morse, E. S）[2]，ベルツ（Baelz, E. von）[3] らは，先史時代人の特性を推定し日本人成立の経過を論究した．それに続く坪井正五郎[4]や小金井良精[5]ら日本人自身による日本人の研究も日本人の出自を巡る問題から始められた．研究はしだいに進展し，今日まで，鳥居龍蔵，長谷部言人，清野謙次，鈴木　尚，金関丈夫，池田次郎らが，それぞれの時代の代表的な論説を提唱してきた[6]．

　日本人の身体形質の特性は日本の風土[7]とともに日本人の成立過程に深く影響されている．1章に詳述された初期モンゴロイドと特殊化モンゴロイドからの日本人の成立プロセスとそれを反映する形質の地理的勾配と関連して，日本人にみられるHBs抗原やATLリンパ腫瘍の分布状況が注目されている．腫瘍ウイルスの一種である直径約40 nmの小型のヘパドナウイルスには，人間に肝炎を起こすHBウイルスが存在する．アフラトキシンとの組み合わせにより肝癌を発症させる疑いの濃厚な有害なウイルスである．お産の際に，産道に排出されるHBウイルスが新生児に感染することにより，母から子へと伝達されるのが最も大きい感染経路である．新生児は免疫機構が未発達のためにHBウイルスがそのまま体内に留まり，子はHBウイルスのキャリアになる．肝炎を発症したりして，死亡することもあるが，ほとんどが無症状のまま一生を過ごし，その間にウイルスを次代に伝達する．HBウイルスはHBs抗原を含む被膜に包まれている．HBs抗原には，adr, adw, ayr, aywの4つの異なる型がある．すべてに共通しているのがaで，yとdは対立抗原基であるが，発見した科学者が所属しているエール（Yale）大学の頭文字yと発見当日の対校フットボールの相手校ダートマス（Dartmouth）大学の頭文字dに由来する．もう一組の対立抗原基のwとrは発見者の所属するウォルター・リード（Walter Reed）研究所の名称に由来するということである．この4型の出現頻度に世界的な地域差のあることが注目されている．蒙古，ロシア，新彊，イラン，北部インド，中近東，地中海沿岸，中部および西部アフリカにはaywが多く，スカンジナビアをはじめ西ヨーロッパ，南北アメリカ大陸，アフリカ，中東，インド南部，インドネシア，フィリピン，中国南部，台湾，沖縄，

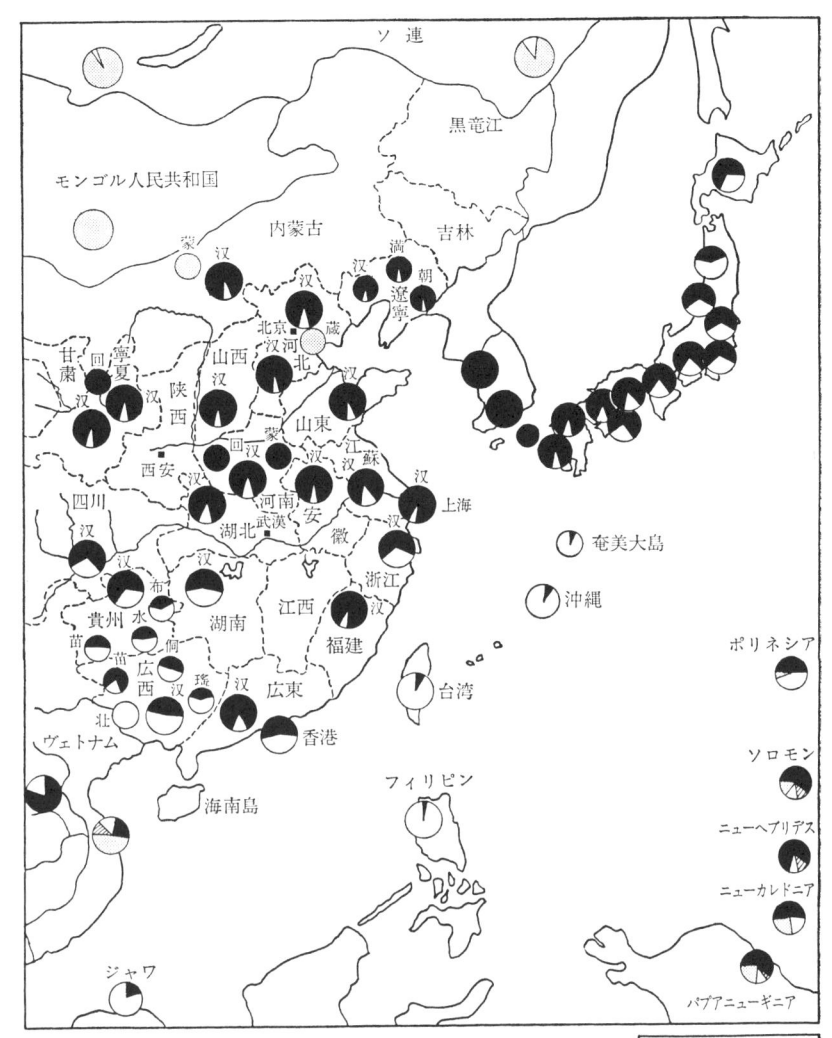

図余 1 日本と周辺諸国の HB ウイルスの分布（西岡，1982）[8]
B 型肝炎ウイルスは，adr, adw, ayr, ayw の 4 型を有する HBs 抗原被膜に包まれている．日本では，adr は九州に多く北に向かって少なくなり，adw は沖縄，奄美，東北，北海道などに多い．日本の周辺では，朝鮮半島から中国北部に adr が多く，中国南部に adw が多い．

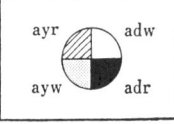

奄美などには adw，そして，九州や本州，朝鮮半島，中国北部，マレーシア，タイ，ラオス，ネパール，ビルマ，タミールなどには adr が多い．ayr の分布地は少なく，わずかにソロモン群島，ニューヘブリデス諸島，日本，ベトナムなどにみられるだけである．日本国内の分布についても明瞭な地方差が認められている．日本人の HB ウイルスのほぼ 75％ が adr 型で，残りのほとんどが adw 型である．そして，adr 型は九州に著しく，北に行くに従って少なくなる．一方，adw 型は東北・北海道から関東そして沖縄に多い[8]（図余 1[6]）．

ATL (adult T-cell leukemia) とよばれるリンパ腫瘍がある．1977 年に日本で初めて発見された日本人に特有といえる病気である．病人はほとんどが 40 歳以上の成人で，発病後 2 年以内に死亡するのが普通である．この白血病は C 型レトロウイルス HTLV-1 が関与することが明らかにされている．ATL ウイルスに感染しても必ずしも発症しない．ATL ウイルスのキャリアではあるが，キャリアではない人々と同じ生活を送っていると考えられてい

る．そして，このATLキャリアに家系的な傾向が強いことが確かめられ，ATLウイルスが，母から子，夫から妻へと，家族内伝播すると考えられている．母子感染の形式はATLウイルスキャリアの母親からの母乳感染が証明されている．このウイルスのキャリアの分布には特殊な地域性があり，抗体陽性者は九州で8.0％，四国と中国地方は0.5％，近畿地方は1.2％，中部地方は0.3％，関東地方は0.7％，東北地方は1.0％，北海道は1.2％と報じられた．高率の九州の中でも，鹿児島県，沖縄県，長崎県，宮崎県の南部九州と，熊本県，佐賀県，大分県，福岡県の北部九州とは対称的で，沖縄と九州南部が高率であるのに対し北部九州の陽性率は低い．さらに，四国の南部と紀伊半島の一部，あるいは，北海道や東北にも高い陽性率を示す地域が存在し（アイヌは45.2％），その多くは，都会地ではなく，僻地，それも海岸地帯である[9]．このように，HbウイルスのタイプやATLウイルスのキャリアは1章に詳述された初期モンゴロイドと特殊化モンゴロイドによる日本人の形成プロセスが生んだ地理的勾配に関連した分布様式を示している．

日本人の体格・体型・体組成については26章と27章に，計測・測定に基づく解析とともに観察による分析も解説されている．地域や国によって人々の体つきが異なることについては古くから観察記述されている．余録として日本人の体つきについて外国人が抱いた印象にも注目することとする．古墳時代の日本人は比較的大きかったことは26章に解説されている．この時代には日本人の遺伝子プールがほぼ確定し，その後は日本人の遺伝子型に影響を及ぼすほど大量に人口が流入したことはない．しかし，日本人の身長は変わり続けたのである．16世紀後半の日本に30年間を暮らしたポルトガル人宣教師ルイス・フロイス（Luis Frois）は「ヨーロッパ人はほとんどみな，背が高く体格もよい．日本人はたいてい，体格と身長とがわれらより劣っている．」と記している[10]．フロイスは九州だけではなく，信長に面会するなど近畿地方も旅している．どこを訪れても日本人は小さいという印象をもったようである．日本人の身長の減少傾向は室町以後も続き，江戸末期は日本人が一番小さかった時代である．江戸の終わりから明治の初めにかけて来日した外国人たちは日本人がひどく小柄で貧相でさえあると感じたらしい．「日本人は，西洋の服装をすると，とても小さく見える．どの服も合わない．日本人のみじめな体格，がにまた足という国民的欠陥を一層ひどくさせるだけである」．明治初期の日本を約3ヵ月間旅行したイギリス人イザベラ・バード（Isabella L. Bird）の感想である[11]．ベルツ（Baelz, E. von）[3]も日本人の体つきの特徴は脚が短く蟹股であると指摘した．畳の上に正坐する日本人独特の坐り方が脚の血管を圧迫して血液循環を妨げるためと解説まで加えている．今日，その根拠とされた資料は知られていないが，明治の日本人にはO脚が多かったという観察である．

明治から大正そして昭和へと日本人は確実に大きくなった．しかし，昭和になっても，胴長短足のプロポーションには目だった変化は生じなかった．日本人の体つきは自分たちとは違うと欧米人は書き続けたのである．「日本人は…腕をおろした場合に手先がヨーロッパ人ほど膝に近づかない．…脚も身長に比してかなり短く，従って上半身が長く見える．…頭部は概してヨーロッパ人と等しいようであるが，体格が小さいから割合に大きく見えるのである」[12] 1933年に来日したブルーノ・タウト（Burno Taut）はこう記している．住居とした日本民家で，鴨居に頭を打ちつけたり，寝具の短さに悩まされたり，足を抱えて浴槽に入ったブルーノ・タウトは，万物の尺度である人間の大きさ自体が，日本では，小さいことに納得するのである．ブルーノ・タウトは日本人の手が短いことを強調した．当時の日本人は身長よりも指極が小さい体型であった．胴が長く手が短いので，腕を下ろしたときに手の先が膝に遠く届かなかった．その後，しだいに，日本人は手足が長くなり，指極が身長よりも大きくなってきた．指極の精細な資料は少ないが，たとえば，1980年の資料で，指極が身長よりも，男性で0.5 cm，女性で0.6 cm長くなっている．現在の日本人は，ブルーノ・タウトが見た日本人とは，かなり違ったプロポーションを示している．

日本人は胴長短足であることが強調されるが，これはコーカソイド，特に，北方人種や東方人種などの長身の白人グループとの比較から生まれたものであろう．今日の日本人は，平均的には，東南アジア

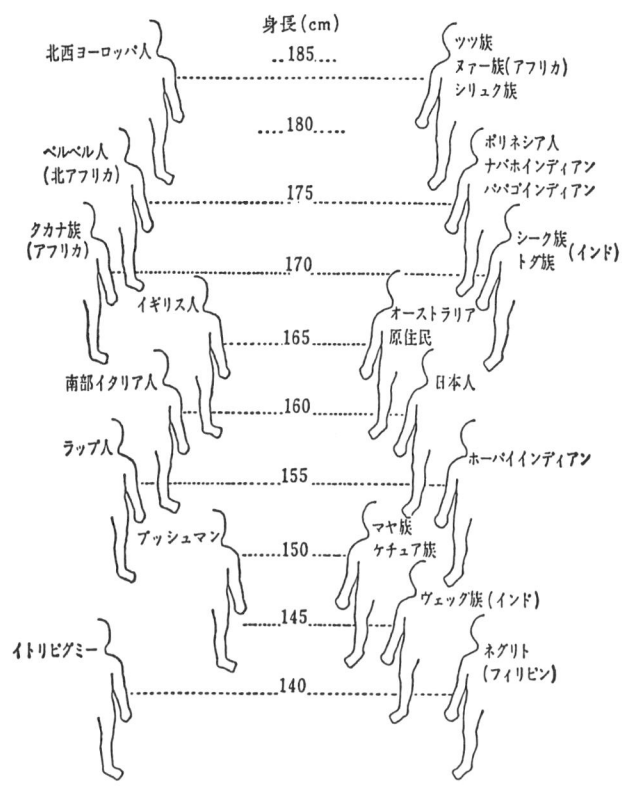

図余 2 身長の国際比較（Molnar, 1975）[13]
人類の体格は，気候や食料などの生活条件をはじめ，さまざまな要因によって影響される．その結果，それぞれの環境に適応した体型が各人種ごとに認められるようになる．身長についても，アフリカや北ヨーロッパにみられる高身長の人々から，ピグミーやネグリトと呼ばれる低身長の人々まで，平均身長の差は 50 cm にも及ぶ．

系の人々よりも大きく，黄色人種のなかではやや背の高い方に属する[13]（図余2[6]）．思春期以前の身長は，北方人種や東方人種と比較しても，それほど劣らない．しかし，成長速度は男性では 14 歳，女性では 12 歳を過ぎる頃から白人群よりも明瞭に遅くなる．日本人と白人との混血児はその中間的な傾向をもつ[14]．明治時代からしだいに大きくなってきた日本人は，体重も身長と似たような状況にある．子どもの頃は白人や黒人とほぼ同じ体重を示すが，15 歳を過ぎる頃からは白人群よりも小さくなる．成人の比較でも，東南アジア系の人々よりも重く，黄色人種のなかでは大きい方に属する[6]．

日本人が大きくなったのは生活条件の影響が大きい．特に，身長の著しい増加には，経済発展による栄養向上の貢献がすこぶる大きい．これは決して珍しいことではない．世界にはそのような例が少なくない[15]．日本人の身長増加が最も急な年齢が，90 年ほどの間に，10 年についてほぼ 0.2 歳の割合で若くなっている．この現象にも栄養条件の向上の影響が大きい．日本人の食事には蛋白質や脂肪が増え炭水化物が減少し，この 1 世紀の間にその比率はほぼ 80％から 40％へと半減している．そして，身長の最大発育年齢の低下が炭水化物食の比率低下とよく一致するのである[15]．経済的な発展も影響し，日本人の行動範囲は時代とともに拡大している．これが配偶者の選択範囲の広がりにつながったために，遺伝子の組合せに影響し，両親がもっていた異なる優勢遺伝子が子供に受け継がれたり，両親からの異なる遺伝子の相互作用が働いたことであろう．日本人の体つきの変化には heterosis のメカニズムが作用した可能性が高い．

「日本人にまちがいない．遠くから後ろ姿を見た

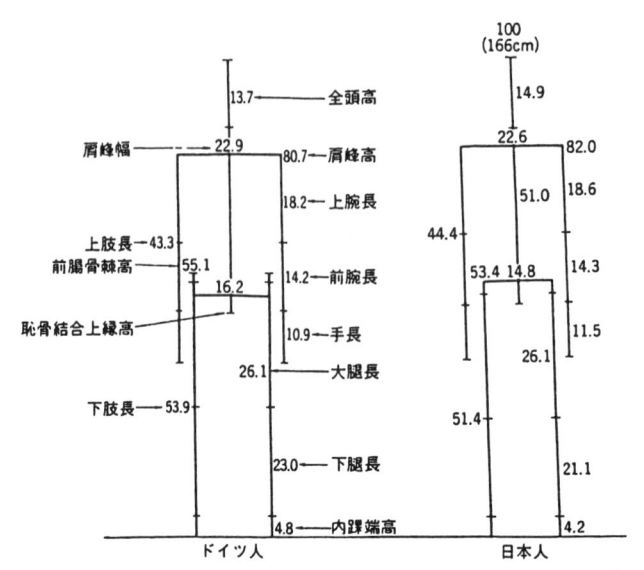

図余3 日本人のプロポーション―ドイツ人と比較して（近藤，1961）[17]

だけでどうしてわかったのかというと，かれの後頭部はもやがかったようにぼやけているのである．後頭部ばかりか全体の輪郭がボケているのだ．それにいちばんよくわかるのは，なんといってもお尻だ．ブヨーンとアメリカ人のようにお尻が膨張して見える東洋人がいたらまちがいなく日本人だ．」韓国の街角での観察である[16]．日本人の肥満傾向は広く知られている．ソマトタイプについては26章に詳述されている．女性では皮下脂肪を基準とした分類法がある．東欧の人類学者 B. Skalju の提案になるもので，皮下脂肪の分布状態によって，通常型，上半身型，下半身型，軀幹型，四肢型，胸部型，大腿部型，ルーベンス型に分けるものである．ルーベンス型の名称の由来はオランダの画家ルーベンス（Rubens, Peter Paul）の描く，全身的に万遍なく皮下脂肪の厚い肥満タイプの，女性にある．この分類に沿って，18歳から67歳までの女性について検討した結果がヨーロッパで発表された．若い女性には通常型が多いが，歳をとるにつれてその比率が減り，代わってルーベンス型が増え，中年以降の女性では皮下脂肪が上肢や下肢から身体の中心部へと移動して，軀幹型，大腿部型，胸部型が増える．高齢者では大腿部型と胸部型が特に目立つという．日本人女性は，シンガポール，スーダン，ポーランド，イギリス，ドイツ，インド，あるいは，スイスの人々に比べて，皮下脂肪が厚い．特に最近は，全身的に万遍なく皮下脂肪の厚いルーベンス型が増えているらしい[15]．

日本人は身体の割に頭や顔が大きいという研究がある[17〜19]（図余3[17]）．大人の脳の平均重量は男性が約1,400 g，女性が1,250 g，ほぼ世界的な平均に近い．その容れ物の頭蓋骨も平均的ということになろう．「日本人は背は低いが頭の大きさは普通」[12]というブルーノ・タウトの観察は当を得ているというべきであろう．ブルーノ・タウトは頭の形には言及していない．頭の型が人類学の重要なテーマになったのは，19世紀中葉にスウェーデンのレツィウス（Retzius, Anders A.）が cephalic index を提唱して以来のことであった．中世の日本人は同時代のヨーロッパ人よりずっと長い頭をしていた．中世の日本人の頭指数は，関東地方で発掘された人骨資料により，74と発表されている．著しい長頭であったが，続く江戸時代の人骨は77となりわずかに中頭の領域に入る．さらに，明治以後は78あるいは84さらに85と中頭から短頭へと，日本人の頭はしだいに丸くなってきた[20]．

頭がしだいに丸くなる brachicephalization の現象は日本人に限らず，白人を含め多くの人種で観察されている．人間は頭が丸くなる生き物といえるほどである．たとえば，Australopithecus の頭蓋は長頭

のものが断然多い．*Homo erectus pekinensis* (*Sinanthropus pekinensis*) の平均指数は 72.2，*Homo sapiens neanderthalensis* の平均指数は 73.3 である．*Home sapiens sapiens* になっても，ドイツ南部からスイスに住むアルプス人種の頭指数は，新石器時代の 76.1，ローマ時代の 82.7，中世の 83.7，近世の 85.0 と時代が進むにつれて，明らかに短頭化している．短頭化を示す頭指数の同様な変化が北欧人種を含めてヨーロッパの人に広く認められている[21]．立体は立方体や球に近づくほど体積が大きくなることとの連想で，短頭化現象は脳の大型化と結びつくかのような印象を生むが，それは事実ではない．長頭から短頭へと頭蓋の形は変化したが，それに伴う脳の大きさの変化はまったくないのである．さらに，短頭化には例外も少なくない．時代が進むほど頭が長くなることもあり，逆短頭化現象とよばれている．実際に，中世からさかのぼると，日本人の頭指数は古墳時代 77，縄文時代には 79 と推定されている．中世の 74 が最も小さい[20]．古墳以後の日本人は遺伝子プールが安定したことを考えると，同一人種で明瞭に逆短頭化現象が認められることになる．逆短頭化の例外もあるが，短頭化現象は世界の人々に広く認められる．ただし，原因は明確でない．この現象の解明に主導的な役割を演じたのはドイツの 2 人の人類学者であった．頭型は人種固有のものではなく文化の発達によって変わる，とオイゲン・フィッシャー（Eugen Fischer）は考えた[22]．また，フランツ・ワイデンライヒ（Frantz Weidenreich）は長い頭から丸い頭への変化は進化の過程で生じる人類共通の現象であることを指摘した．それとともに，頭指数を構成する頭の長さと幅のそれぞれを変える要因を検討して，頭指数は人種分類の基準にはならないことを明らかにした[23]．

「ヨーロッパ人は，大きい眼を美しいとみなす．日本人はそれをぞっとするようなものとみなし，涙の出る部分が閉ざされているのを美しいとする．…われらにおいては，たとえ白い眼であってもおかしくは思われないが，日本人は，それを奇怪とみなし，彼らにおいては稀なことである」[10]ルイス・フロイスの指摘のように，ヨーロッパの人々に比べると日本人の目は小さく見える．ところで，目と眼とは違う．目という漢字は，古く甲骨文字に始

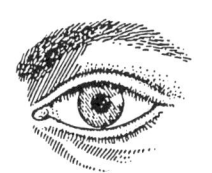

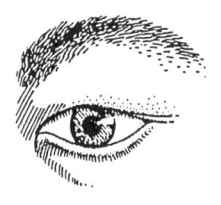

図余 4　モウコひだ（山口，1986）[24]
右：モンゴロイド，左：コーカソイド

まり，金石文字や秦の篆文（てんぶん）を経て，漢代末期に隷書（れいしょ）から転じて唐の時代に今日の字が完成したという．つまり，上瞼と下瞼のなかから眼球が覗いて見える状況の象形文字から由来したものである．眼は，頭骨の眼窩に注目した会意文字で，穴にはまっている眼球を指す．したがって，細いとか小さいのは目であり，黒いのは眼ということになる．目の大きさの印象に直接関係するのは瞼を上下に開く大きさである．上げ下げされる瞼，特に，上げられる上瞼の性状が日本人と白人とで違うので，フロイスが指摘したような，大きな目と小さな目ができる．瞼の外側は薄い皮膚（表皮組織）でおおわれていて皮下組織には脂肪が含まれている．瞼の中層には眼輪筋の一部にあたる横紋筋があり，目を閉じるときに働く．さらに，内面は眼瞼結膜とよばれる粘膜組織となっている．

日本人の瞼は大量の脂肪が全体に広く分布する．そのために，瞼は厚ぼったく，目は細く平板に見える．少ない脂肪が瞼の上部にだけ分布する白人は，脂肪の切れるところで，表面に溝ができる．上眼瞼溝とよばれる溝で，深いために，目を開いても二重瞼になる．日本人のなかにも二重の目がみられるが，その場合も脂肪層が上瞼のかなり下まで伸びているので，溝の位置は下になり，被蓋ひだとよばれる状態になる．静かに目を閉じると被蓋ひだのうしろから瞼の端が降りて，二重瞼のように見えるが，目を開くと一重になる．日本人に一番多い上瞼の溝は，瞼の縁と平行ではなくて，鼻側で瞼の縁に近づいて消えている状態のもので，モウコひだ(Mongolenfalte, Mongolian fold) とよばれる（図余 4[24]）．外観上は一重瞼である．白人では 3％ほどしかないが，日本人や中国人では 70％以上に達する．

「涙の出る部分が閉ざされている目」[10]というフロイスの描写は曖昧（あいまい）である．もちろん涙は涙腺から

出る．上瞼と下瞼の交わるところは外側のものを外眼角，鼻側を内眼角とよぶが，鋭く尖って見える外眼角の近くに涙腺が開いている．涙腺から出た涙は内眼角の方向に流れる．内眼角は涙湖という優雅な名前でよばれる丸みを帯びた窪みをつくっている．涙湖の中には涙丘という赤みを帯びた小さな高まりがある．その近くに針の先ほどの孔がある．これが涙点で涙の出口である．ここから，涙小管・涙囊・鼻涙管を通って下鼻道へと流れ落ちる．涙は微量ではあるがいつも出ている．10 μm ほどの薄い層となって結膜と角膜の上皮をおおっている．結膜と角膜の生理環境を整えたり抗菌作用で微生物の繁殖を抑えたりするほかに，角膜上皮表面の微細な凹凸を光学的に調整する機能を営んでいる．フロイスのいう涙の出る部分とは目に涙液を分泌する涙腺ではなくて，涙が溜まりやがてこぼれ出る涙湖のことであろう．確かに，モウコひだがあると涙湖はおおわれてしまう．

日本人の目の特徴としてモウコひだに初めて注目したのは先にあげたベルツであった．「Mongolenfalte は内眼角の涙湖をおおうために，内眼角部が鋭く尖った外観を呈する．さらに，そのために上眼瞼溝が外側から内側へ向かって傾斜して見える．これらが蒙古人種の特徴である」と記している．蒙古人種も白色人種も目の構造には変わりがない．瞼に保護され眼窩に収まっている眼球は直径ほぼ 24 mm，前面の一部を除いて鞏膜という白い強靭な膜に包まれている．鞏膜はブドウ膜とよばれる黒い色素をもった膜で裏張りされていて完全に不透明である．前面には直径約 11 mm，曲率半径約 8 mm のわずかに突出部があり，鞏膜ではなく角膜におおわれ透明な窓となっている．角膜の下のブドウ膜にあたる構造は虹彩である．円盤状の薄い膜で，中央の抜けた部分が瞳孔になる．虹彩の色素には人種差が大きい．

日本人の虹彩にはメラニン色素が多い．そのために暗褐色を呈する．これが暗い瞳孔とあわせて黒眼がちな日本人の目をつくっている．白人の虹彩はメラニン色素が少ないので淡い色になるが，ティンダル現象で，青い目になる．暗い瞳孔が明るい虹彩のなかにあるので，目は大きくても眼は小さく，黒眼の大きい日本人よりも鋭い目になりがちである．瞳孔は光の強さで大きくなったり小さくなったりする．光が弱いと交感神経が作用して瞳孔散大筋が収縮し，光が強いと副交感神経支配の瞳孔括約筋が収縮する．この瞳孔反射による変化の範囲は普通でも直径 2〜7 mm に達するが，薬を使うと 1〜9 mm とさらに大きく変わる．光の強さが変わらなくても，自律神経の支配を反映して，情緒や感情の変化でも変わる．瞳孔は虹彩中央部の穴なので暗く黒く見える．瞳孔を覗くと，覗いている自分が映るので，小さな人が見える．瞳孔のことをひとみ（人見）というのはこれに由来する．ヨーロッパでも同様で，たとえば，英語の pupil の語源はラテン語の pūpilla （人形）で，英語に取り入れられた 16 世紀には，瞳孔とともに，他人の眼に映る自分の姿の意味にも使われたようである．ドイツ語の Pupille も，フランス語の pupillire もラテン語がもとである．漢字の瞳は目偏に童で，眼にわらべが映ったと解釈したいが，実際は，童は穴を通すことを指し，眼球をつき抜ける穴という会意文字で，生理人類学的な洞察力に富む見識に基づくものである．

日本人には稀であるとフロイスが指摘した白い目であるが，通常，白目（しろめ）といわれるのは鞏膜の部分である．虹彩まで黒眼に入り，目の小さい日本人は白目が少ないとフロイスは描写したのであろう．白目が多いと目が鋭くなる．白眼視とは冷淡とか憎悪の眼差しということになっている．小さな瞳孔と大きな白目のフロイスの目はつぶらな瞳の安土桃山時代の人々に随分ときつく険しく映ったことであろう．黒い眼は砂漠の強い日射しや氷雪の反射などの，異常な明るさの光から網膜を保護するとされている[25]．メラニン色素をもたない色素欠乏症（白子）の人が強い光線に眩しさや痛みを感じ，時には，重い障害を生じることと対称的である．青い眼は　眼底の色は，メラニン色素濃度に応じて，明るいオレンジ色から濃い褐色まで，いろいろである．眼底の色が薄いほど長波長の光，特に，600 mμ 以上の光に，感度がよいという観測結果もある[26]．これらに関連して，青い眼は遠くのものをより明確に見分けるので洪積世に西ヨーロッパに進出した人類が狩猟民族であったとか，北欧の先史時代に洞窟で焚いていた篝火の赤い光に馴染んだことが北欧の人々が長波長の光に感度が高い原因という説もある[26]．しかし，虹彩や眼底の色素濃度の違いが生じ

る視力差はきわめて僅少なものである[27]．

　日本人自身はどんな目を好むのであろうか．「明眸皓歯（めいぼうこうし）」という言葉がある．眸は見開いた目であるが，昔の日本人にそれが少なかったことはフロイスが描写している．今日でも欧米での日本人の印象はつり上がった小さな目とされ，漫画や戯画のなかでも日本人はつり上がった細い目で描かれることが少なくない．このつり上がった小さな目は東洋人のイメージで，中国人もしばしばこの顔で登場しているようである．純粋に日本人に多用される顔つきは眼鏡の人物であろうか．眼鏡は中国では13世紀の初めにすでに存在したとされるが，日本に紹介されたのは16世紀のなかば頃，ちょうどフロイスの頃である．それも中国経由ではなく南蛮の貴重品として渡来したようである．フランシスコ・ザビエル（Francisco de Xa'vier）が大内義隆に献上したのが始まりという説もある．ともかく，室町時代に移入された眼鏡は江戸時代にはかなり使われるようになった．そして明治になると一挙に広がり出した．日本人に近眼が急に増えたわけではなく，モダンに憧れる当時の若ものたちにファッションとして流行するようになったのである．江戸末期に新聞の特派員として来日したイギリス人画家チャールズ・ワーグマン（Charles Wirgman）の諷刺漫画には眼鏡が多い[28]．眼鏡で気取った和服姿の若ものたちを描いて「ドイツ人には見えないよ」とからかったり，馬を引く馬丁にも引かれる馬にも眼鏡を描いて，「毎日見る眼鏡をつけた馬と馬丁たち」とキャプションをつけている．

　ワーグマンの本国イギリスにも bright eyes and pearly teeth という言葉がある．明眸皓歯の皓は「白く輝く」という意味で，太陽が出て空が明るく白くなることから生まれたという．白く輝く歯は明るく澄んだ瞳とともに人気が高い．欧米でも昔から真珠のような歯 pearly teeth を憧れるようである．フロイスは「ヨーロッパの女性は，技巧と調合物とで歯を白くするように努める．日本の女性は，鉄と酢とで口と歯を｛*｝のように黒くするように努める（*の部分は原文が欠如しているという）」[10]と記している．歯を黒く染める風習は日本には相当古くからあったらしい．『魏志倭人伝』にも卑弥呼の国の近くに黒歯国があると記されている．聖徳太子も染めていたといわれ，鐵漿（かね）あるいはお歯黒とよばれるこの風習は男女を問わず行われていた．フロイスは女性の歯として記しているが，室町時代は武士にも広く流行していたのである．江戸時代には主として既婚婦人が行うようになった．「日本をはじめて見てみると，日本人の容姿・人相・服装が一種独特のものであることに気づく．…われわれの概念をまったく混乱させたものは，女である．女は幼時から，成人したならば大きな口いっぱいに黒い歯を見せ，くちびるには赤レンガ色の口紅を濃く塗りたくり…歯に黒いニスのようなものを塗りなおして眉毛をすっかりむしりとってしまったときには，日本の婦人はたしかにあらゆる女性のうちで，人工的なみにくさの点で比類ないほどぬきん出ている…このようにみにくくされた彼女たちの口は，まるで口を開けた墓穴のようだ」[29] 幕末期の駐日イギリス公使ラザフォード・オールコック（Rutherford Alcock）はこのように記している．

　お歯黒の風習が始められた理由は明らかでない．フロイスが記したように，酢や茶を含んだ水に鉄屑を入れて鉄錆をつくり，それに五倍子粉（ふし粉，主成分はタンニン酸）を混ぜて真っ黒な鐵漿をつくり，それを歯に重ね塗りするのである．ヨーロッパやアメリカにはない風習だが，アジアやインドあるいはロシアなどに広く行われていた形跡が知られている．黒く染められた歯は，一般に，涅歯（でっし）とよばれる．涅の文字は，水と土をこねる（日はこねるの音）ということで，泥とか黒い粘土を指し，黒く染めるという意味に転じたものである．涅歯の問題は明治の末から昭和初期の人類学にしばしば登場している．「歯を黒く染めるのはロシアから南米まで広くみられたタブーの表明だという．キリスト教では蛇で誘惑者を表し，あるいは，仏教では女性の煩悩を毒蛇にたとえるように，多くの宗教で蛇や毒蛇を悪の象徴として扱う．そして，蛇は鉄を恐れるとされている．日本でも，蛇に襲われそうになった女性が，たまたま，襟元に針が付いていたので，蛇がそれを畏れて難を免れたり（『古今著聞集』），夫を襲った蛇を真っ黒に鐵漿をつけた歯でくわえて殺した（『斐太後風土記』）など，蛇が鉄を忌む物語が広く伝えられている．そのようなことから，妻と思い定めた女性に他人を遠ざける意味がお歯黒の第一の原因と

考えられる．また，男性の間にも涅歯の風が行われたのは，このタブーが二君にまみえずという忠誠の証の意にも用いられたからである．ただし，たとえば，東南アジアの涅歯がびんろうを嚙むことによるなどをはじめ，この風習については数々の誤解がある．」[30] 南方熊楠も積極的に参加して，議論はなかなか盛り上がっていた．

涅歯の風習は別にしても，日本人の歯にはいくつかの特徴がある．まず長さが短い．ただし，幅はほぼ同じで，厚みはむしろ大きい．切歯・犬歯・小臼歯・大臼歯のすべてにわたってみられる現象であるが，大臼歯で最も顕著である．つまり，ヨーロッパの白人に比べると，ずんぐりと分厚い歯ということになる．また，日本人の切歯にはシャベル型が多い．切歯の内側の中央部が凹んだ形でちょうどシャベルに似ているので，シャベル型切歯とよばれている．日本人のほぼ95％の人がこの形状の切歯であるが，日本人に限らず黄色人種一般にみられる切歯の特徴で，縁が高まっている分だけ厚くなる傾向にある．

人間は，上下左右それぞれ8個ずつ，合計32個の歯をもつ．それが並んで歯列を形成している．人間の歯列の形は放物線状でゴリラやチンパンジーのU字型とは大きく異なる．この放物線状の歯列の形状が日本人では白人よりも広く幅が広く，長さ（奥行き）が短い．左右に広がった短い歯列弓となっている．永久歯は32個あるが，これが全部揃っている人は少ない．親知らずあるいは智歯ともよばれる第三大臼歯がないのが普通で，ついで，上の側切歯，さらに，第二小臼歯を欠く人も少なくない．柔らかい食物を摂るようになったために人類に生じた変化と考えられている．日本人も1個以上の第三大臼歯を欠く比率が縄文時代人で20％，古墳時代人で40％，現代人で70％という資料がある．イタリアでは第三大臼歯が上下左右揃っている人，さらに，歯並びの悪い人や出っ歯には犯罪者が多いと発表されたこともある．

人間は他の動物にはまったくない特殊な嚙み合わせ（咬合）をする．上顎の歯列に対して下顎の歯列が最も安定する咬合を中心咬合というが，これが他の霊長類や哺乳類では上下の歯の歯冠が重なり合う状態でなされる．ちょうど毛抜きの先のように切歯の歯冠が重なり合うので毛抜き咬合とか，あるいは，手術器具の鉗子にちなんで鉗子状咬合とよばれる．他方，人間の中心咬合では，上顎の切歯が下顎の切歯はぶつかり合わず，上の切歯が下の切歯の前になって嚙み合う．ちょうど鋏のようなので，鋏状咬合とよばれる．哺乳類や霊長類の咬合はもともと鉗子状であったのが，人間は食物が柔らかいために，咀嚼器官がしだいに退縮する傾向にある．下顎にはそれが現れているが，発達した脳を容れる頭蓋骨と続いている上顎には退縮傾向が現れない．そのために，下顎の歯列弓が上顎の歯列弓よりもやや小さくなり，人間特有の鋏状咬合が出現したものと考えられている[13]．

日本人も縄文時代の人々には1章に解説されているように鋏状咬合が少なく鉗子状咬合が圧倒的に多かった．食物の変化の影響が下顎の退縮にまで及ばなかったのである．また，現代でも鉗子状咬合の発生率に人種差がみられる．鋏状咬合の上下の関係が逆になり，下の切歯の方が前になることがある．受け口とよばれている状態で，反対咬合と名づけられている．また，鋏状咬合が極端になり，上の切歯が前に傾いて下の切歯の上にかぶさる場合は屋根咬合とよばれる．屋根咬合は出っ歯（反っ歯）をもたらす．日本人は屋根咬合が多い（表余1[31]）．フロイスは触れていないが，室町時代の日本人には今より

表余1　日本人の各種咬合の比率（藤田，1965）[31]

民　族（被検人員）		報告者	鉗子咬合	鋏咬合	屋根咬合	その他
ド　イ　ツ　人	(402)	WELCKER	17％	79％	2％	2％
日　本　人	(177)	小金井	3	87	6	4
	(103)	山田	5	70	13	12
	(795)	馬	9	67	11	13
ア　イ　ヌ	(340)	伊東・中村	41	59	—	1
日本石器時代人	(31)	小金井	77	20	—	3
黒　　人	(64)	WELCKER	53	41	3	3
オーストラリア原住民	(18)	WELCKER	100	—	—	—

も出っ歯の人が多かったらしい．屋根咬合になるのは歯槽の前方傾斜が大きいからであるが，この傾きが室町時代の人々は今の私たちよりもずっと大きかったのである．歯槽の傾斜は歯槽側面角で測られるが，これが80度に満たないものを突顎，85度をこえるものを正顎，その中間を中顎という．室町時代の人とされる頭骨で計測された歯槽側面角は平均62.6度で著しい突顎である．

　日本人の歯槽側面角は縄文時代からすでに突顎で，その傾向は古墳時代にさらに強まり，鎌倉時代で最も著しくなる．その後，室町時代・江戸時代・明治時代と，時代とともに歯槽側面角は大きくなり，昭和20年代に測定された日本人頭骨では76.4度と縄文時代人よりも大きな数値を示すが，これも突顎に属する．しだいに弱まりつつも出っ歯は日本人の顔の特徴をなしているのである．この特徴をワーグマンは見逃さなかった．先に触れた「ドイツ人には見えないよ」の眼鏡で気取った若ものたちも，「毎日見る眼鏡をつけた馬と馬丁たち」の馬丁も，また馬までもが，みんな克明に出っ歯に描かれている[28]．欧米の漫画の世界で「眼鏡と出っ歯」の日本人のイメージが定着するにはワーグマンの貢献が大きい．

　「われらの鼻は高く，あるものは鷲鼻である．彼らのは低く，鼻孔は小さい…われらは，親指または人さし指で鼻孔をきれいにする．彼らは鼻孔が小さいので，小指でそれをおこなう」[10] フロイスの描写である．日本人の鼻はたしかに低い．しかも，顔の印象は鼻で大きく変わる．フロイスが注目したのは当然のことであろう．一方，日本人からみると彼らの鼻は高く大きい．初めて見た日本人には天狗の鼻のように感じられたと解説されている．ただし，日本古来の伝承に現れた天狗は童子姿で天童や金剛童子とよばれていた．今日知られるイメージはかなり新しく生まれたものである．フロイスの文中にある鷲鼻は大きく長い鼻である．眼のあたりで凹み，そして，鷲の嘴のように鼻先が垂れている．ユダヤ鼻という別名もある．シェークスピア（Shakespeare）の『ベニスの商人』に登場するシャイロックの鼻はこのタイプに描かれる．

　美術の世界や芸容解剖学で最も均整のとれた鼻はギリシャ鼻とされている[32]．額から鼻先まで直線的につながり，途中の凹みの少ない鼻である．典型はミロのヴィーナス．横から眺めるとよくわかるが，額からほぼ一直線につながっていて，途中の凹凸がない．ギリシャ鼻の理想形である．ヴィーナスの気品もこの端麗な鼻から生まれる．ヨーロッパの人々のなかでもギリシャ鼻はそう多くはない．フロイスが紹介したように鷲鼻も結構多い．日本人の鼻と同じく垂れ下がってはいるが，小粒な私たちの鼻とはおもむきを異にする．ヨーロッパ系で一番多いのはローマ鼻である．眼のあたりの凹みが大きいことがギリシャ鼻との相違点．しかし，長くて高い鼻である．日本人の鼻はギリシャ鼻やローマ鼻に比べるとかなり低い．しかし，鼻根部から鼻先に向けての上昇角度にはそれほど大きな違いがない．高さがこれほどまでに違うのは鼻の長さの相違が決定的な要因をなしている．ギリシャ鼻はおでこから出てしだいに高くなるが，日本鼻はそれよりずっと下の，両眼を結ぶ線，あるいは，その線よりもさらに下から出る．そして，ギリシャ鼻と同じような勾配で高くなるのであるが，すぐに行き止まりになってしまう．短いのである．

　短い鼻でも高いことは可能である．典型は先ほどの天狗の鼻．先だけが長く延びた鼻は，日本人の鼻先にソーセージでも付け足したような形である．「長さは五六寸あって上唇の上から顎の下まで下がっている．形は元も先も同じように太い．いわば細長い腸詰めのような物が，ぶらりと顔のまん中からぶら下がっているのである．」芥川竜之介による描写である[33]．この腸詰鼻は実在する．ボルネオのマングローブの森に棲むテングザルはオナガザルの一種で尾も長いが鼻の長いことが特徴である．オスは13 cmにも達する鼻が口の上に垂れ下がる．鼻の形について日本人の関心は高さに集中している感がある．「もしも，クレオパトラの鼻が低かったなら，世界の歴史は…」などと表現されたりする．パスカル（Pascal, Blaise）は，「短かったら」と記したのである[34]．鼻は長く細いことをもって佳しとする感覚は日本的ではない．

　短い鼻の日本人も太いことについては気配りをしてきたようである．『源氏物語絵巻』にみる平安時代の宮人たちの顔は引目鉤鼻とよばれる手法で描かれている．横に線を引いただけの目とL字の線だけの鼻である．小鼻（鼻翼）は決して描かれていな

い．小鼻を描くと鼻がどぎつくなり，優雅であるべき殿上人にはそぐわしくないと考えられたらしい．日本画の鼻，特に，日本の美人画の鼻がいつもこのように小さかったわけではない．たとえば，喜多川歌麿の代表作と目される『寛政三美人』の鼻にはヴィーナスの雰囲気が漂う．寛政年間に江戸の花と唱われた富本豊雛・難波屋おきた・高島おひさの三人の鼻は著しく長く描かれている．鼻根部は両眼の目尻を結んだ線よりもずっと上にある．鼻が長いために鼻先の高さは当然高くなる．つまり細長くて高い鼻である．これなら，パスカルの審美眼にもぴったりであろう．日本人の鼻の形は絵の上でかなり変遷したようである．絵だけではない．日本人の鼻の形は時代とともに変化したのである．縄文時代人の鼻は，鼻根部の隆起の程度からみて，結構高かったと推定されている．それが，弥生時代を経て，古墳時代人では急激に低くなり，さらに，古代，中世，近世と時代を下るにつれて低くなっている[20]．寛政三美人は日本人の鼻が最も低かった頃の女性なのである．歌麿の驚嘆の美意識というべきであろうか．江戸末期から日本人の鼻はまた高くなり，明治以後は急速に鼻根が隆起してきた．今の若者は歴史上最も鼻の高い日本人である．鼻指数が 70.0～84.9 の鼻を中鼻型といい，人間としてほぼ中間ぐらいの鼻ということになる．69.9 以下 55.0 までを狭鼻型，54.9 以下を過狭鼻型という．平均値が過狭鼻型というほど鼻の細長い人種の存在は知られていない．85.0～99.9 までは広鼻型，100 以上は過広鼻型に分類される．日本人の鼻指数は 78.0 と発表されたこともある．実際は個人差が大きく，男女にわたって 70 から 90 程度で，中鼻型から広鼻型といわれる範囲にある．今の若者の鼻も，やはり，低くて短い日本人の鼻である．白人は長く細い狭鼻型で，約 66 という鼻指数が報じられている．コイサン人では 100.39 や 100.38 などと 100 をこえる鼻指数が発表されている．日本人をはるかに凌ぐ鼻の短さで，長さよりも幅の方が長い過広鼻型の鼻である．細長い鼻ほど吸気は鼻腔で熱と水分を与えられることになる．砂漠の乾燥気候に生活するイランの人々の鼻指数の平均値は 63.7 と報じられている．最も細長い鼻をもつグループであろう．また，寒く湿度の低い北極圏に住むエスキモーの鼻指数は，他のインディアンよりも著しく小さく，68.5 を示している．

日本人は寒冷な風土に適応したモンゴロイドに属する．寒冷にさらされると，鼻高が大きくても小さくても，鼻深の大きい突き出た鼻は凍傷にかかりやすいので，寒さに適応した人種の鼻は低いのだと説明されている．しかし，凍死してしまったような極端な例を除外すると，凍傷のほとんどは手と足に限局して生じている．過去の膨大な記録でも，手足以外の凍傷は 1～4％ を占めるにすぎない[35]．足や手が重度の凍傷にかかった場合でも，鼻は軽度の凍傷ですんでいるのである．せいぜい組織液が溜まる水泡性凍傷といわれる程度のものまでで，真皮や皮下組織，あるいは，筋や骨までに達する壊死性凍傷の記録はほとんどない．低い鼻の日系人と高い鼻のヨーロッパ系の人々を同じ厳しさの寒気にさらして鼻の温度を測定する研究がホノルルで行われたことがある[36]．被験者はすべてハワイ生まれのハワイ育ち．日常経験している気温条件には違いがないはずという前提である．両グループを摂氏零度の部屋に 70 分間入れて測定した鼻の皮膚温は，日系人で 5.8 ℃，ヨーロッパ系で 6.6 ℃ と発表された．日系人の低い鼻の方が皮膚温も低いという意外な結果であった．寒さのなかでも，面積が小さく温度の低い部位からは，失われる熱量が少ない．日本人の鼻は寒冷にさらされると白人の鼻よりも低い皮膚温を示す．日本人は凍傷にかからず放熱量の少ない扁平な鼻をもっている[35]．

「われらにおいては，そばかすの男女が大勢いる．日本人は色が白いにもかかわらず，そういう人はごくわずかしかいない」[10]，フロイスは日本人の色が白いこととそばかすの少ないことを記している．そばかすはメラニンの少ない人にできやすい．したがって，日本人よりも白人，それも，赤毛の人とか金髪に多い．粟粒のように小さいものから小豆ほどのまでが顔や手に散在する．英語では freckle というが，この単語はメラニンの少ない北欧スカンジナビアに由来する．薄い褐色のものが日光に当たり続けるとしだいに濃くなる．顔のなかでも両頬の中央部から鼻柱に多いのはそのためである．夏に目立つために，夏日斑ともよばれる．ドイツ語では Sommersprosse と，ズバリの表現である．皮膚の反射率が高いほど皮膚の色は明るくなり，吸収率が

高いほど暗くなる．光の反射率を左右するのは皮膚に含まれる色素である．なかでもメラニン色素が決定的な役割を演じている．吸収スペクトル帯を比べると，酸化ヘモグロビンが542 nmと526 nm，還元ヘモグロビンが556 nm，カロチンが482 nmと限局した範囲にすぎないのに対して，メラニンは赤外線から紫外線までの広範囲の帯域にわたる．皮膚色の問題はメラニンが中心ということになる．メラニンはアミノ酸のチロシンがドーパ（ジヒドロキシフェニルアラニン）へ酸化合成され，それが重合してつくられる．チロシンの酸化は酵素チロシナーゼで触媒されるが，このチロシナーゼはメラニン形成細胞でつくられ，そのなかの細胞器官メラノゾームで触媒作用が行われる．メラノゾームは動物の種類によって，大きさ，形，内部構造が異なるが，人間のものは卵形で，直径は0.2～0.5 nmである．長軸には人種差があるらしく[7]，黒人は0.8～1.0 nmと長く，黄色人種は0.5 nmと短い．白人についてははっきりとした数値が知られていない．メラニン形成細胞の数には人種差がほとんどない．大きさは黒人のものが最大で，樹状突起も長くかつ多い．黄色人種がそれに続く．白人のメラニン形成細胞は小さく，樹状突起の発達も悪く，短いものが二つ三つ数えられる程度である[7]．

日本人の姿勢については25章に記されている．入沢達吉は1919年10月30日に『日本人の坐り方に就て』という学術講演を行った[37]．正坐は礼儀正しい坐り方であり，眞坐ともいわれる．普及したのは比較的新しい．胡坐は椅子を用いない民族の間には古くから広く分布した坐り方で，日本でも昔はほとんどこれであった．元来あぐらとは天子の坐る台の名で，阿久良，阿娯羅，胡坐，呉床などの字が当てられたこともあり，のちに意味が転じて下腿を交叉して坐ることをいうようになった．楽な姿勢であり，集会や対話の際には立場が上の人々の坐り方である．入沢は，さらに，畏まる姿勢の跪坐，茶人の姿勢が転じた亀居，楽器の演奏に始まる楽坐，作業姿勢に始まる箕踞，あるいは，座禅の結跏趺坐と半跏趺坐などにも言及した．立て膝の分布が世界的であることを紹介したうえで，片方の膝だけを立てて他方の膝は胡坐のようにして坐る姿勢は，柿本人麻呂がこの姿で歌を詠んだことから歌膝と呼ばれると解説した．韓国に片立て膝が多いので，人麻呂渡来人説の想像をかきたてられる歌膝であるが，これは女性の坐り方であった．今日の韓国でも，男性が片立て膝で坐ることは普通にはない．

「日本人は日常家庭に居る時には，膝を曲げて，畳の上に正しく坐って居る．是は，吾々五千万の同胞に取っては，普通一般のことであって，何等不思議もないことでありますけれども，初めて見た外国人などは，頗る，之を奇異に感ずるのであって，世界の珍風俗の一に算へられる位であります．」[37] 当時の中国人女性が足を小さくするためにする纒足や，インド人が鼻にダイヤモンドなどの宝石をはめる鼻飾り，あるいは，南洋の人々が耳たぶに太い棒を通して耳飾りとする風習などと同様に，正坐は日本人独特の，世にも珍しい姿だというのである．

正坐は基本的な生活姿勢であった．両足の膝を深く曲げて，腿と脛を重ね，足の甲が脛とほぼ一直線になるように足首を伸ばして畳みに着ける．足の裏と踵でお尻を支え，体の重心がそこに落ちる坐り方が正式とされる．脚が痺れて慣れない人が長時間続けるのはむずかしい．ブルーノ・タウトもそれを経験している[12]．「日本の人達はまず膝を折りそれからなんの苦もなく実に立派な姿勢で坐った．私は礼儀上おなじことをしなければならないと思ったが，すぐに膝が痛くなってしまった．その様子を見兼ねた人達は，どうぞお楽にといってくれたので，私は両脚をひろげ脛をかさねて身体をできるだけ前かがみにして坐ってみた」．ただし，正坐に似た坐り方が古代エジプト，ギリシャ，中央アジア，中国，あるいは，オーストラリア原住民にあるという．特に，多様な坐り方を発達させたアラブ文化圏で行われるジャサーとよばれる坐り方は，正坐に最も似ているという．くつろいで坐るイスタカッラ，あぐらをかくタラッパアなどの日常姿勢とは異なり，礼拝後や説教に聴き入るときにとられる畏まった姿勢だという[38]．入沢はジャサーについても言及し，日本の正坐に似ているけれども，体重がおもに右脚の上に載っている点がやや違うと指摘している．左の脚には体重がかからず，あしが爪立ち，したがってこの姿勢をうしろから覗くと左足の裏が見えるというのである．いずれにしても，外国の正坐に似た姿勢は，特殊な状態で行われるもので，朝から晩までとられ

る坐り方ではない．数十年前までの日本人のように正坐し続けた民族はほかに見あたらない．

　日本の古い彫刻や絵画には正坐する人物像は少ない．絵画や彫刻が仏教の影響下に始められたので，立位や臥位の姿勢以外は，結跏趺坐や半跏趺坐の仏像が多い．ただ，少数ではあるが，仏像にもいろいろあり，法隆寺の五重の塔や京都の三千院の塑像群には正坐らしい像もある．わが国には習俗の複雑微妙な変遷がみられる．建築様式にしても，寝殿造りから武家造り，そして，書院造りへと変化した．日本人の生活姿勢には家屋構造の影響が明らかに認められる．書院造りの茶室での作法は正坐の普及の始まりに大きく関与したとされている．入沢は藤原時代，鎌倉時代，室町時代，江戸時代と，次々に，資料をあげて，室町の頃までは，召使の女性が長上に対するときには正坐するのが普通であり，貴婦人も礼儀を正すときには正坐し，僧侶や俗人も男女ともに礼拝するときには正坐をしたと説明している．江戸時代には正坐をした人物像が特に多くなることを，浮世絵などを例証しながら，「徳川氏の初期に於ては，未だ今日の如く一般に平常家に居る時に坐ることはやらなかったやうに思われます．…日本人が今日の如く家居平常，日本流の座り方をするやうになったのは，元禄享保頃からではないかと思います」と述べている[37]．日本人独特の正坐という坐り方は，日本古来のものというより，江戸の中頃に普及したと考えられる．そして，生活様式の変遷で，今日その姿を消しつつある．民俗学の柳田国男は，初め公家屋敷に発達した座敷が一般に普及するにつれ，日本人の行儀作法，殊に座礼の法則が根こそぎ改まって，結局，日本人は正坐をするようになったと説いている[39]．

　日本人の坐り方のひとつに蹲踞（そんきょ）があげられる[37]．足の裏だけで体を支えるという意味からは座位ではなく立位に分類される姿勢であるが，股関節や膝関節を大きく屈曲して，頭の位置が座位のように低くなることを重視したのであろう．蹲は足をひと所に引き締めて立つことを意味し，踞は膝を立てて尻を踵の上に載せることを意味する．しゃがんだり，あるいは，うずくまったりするのも，この姿勢に属する．日本ばかりではなく世界中でみられる．モース（Mauss, M.）は「幼児がしゃがむのは普通である．

ところが，われわれはいまとなっては，しゃがむことができない．…わたしは戦線でオーストラリア兵（白人）と一緒に生活した．彼らには，わたくしよりもかなり優越したところが一つあった．われわれが泥土または水溜りで休止する場合に，彼らは踵の上にしゃがみ込み，休息することができた．だから，いわゆる《水》（flotte）は彼らの踵の下にあることになったのである．わたしの方は，足をすっかり水に濡らし，長靴をはいて立ち続けなければならなかった．」と記している[40]．蹲踞は足関節や膝関節の屈曲度の大きい姿勢である．大腿部前面の筋が引き延ばされ下腿部前面の筋もかなり収縮するので，どうしてもやや窮屈な感じになる．確かに，欧米の人々は蹲踞が下手なのである．しかも，その傾向はますます著しくなっている．「しゃがむ姿勢はヨーロッパ人にこそきついが，日本人には何のことはない休息の姿勢なのである．洋服を着た人達が，道傍にしゃがんでバスを待っている様子は，実に風変りな光景だ．この人たちにとっては，しゃがんでいることはわれわれが椅子に腰かけているのといっこう変わりがないらしい」．タウトの感想である[12]．

　正坐が普及する以前に，日本人の最も普通の坐り方は胡坐と蹲踞であったと考えられている．特に，蹲踞は，それこそ一日中この姿勢をとり続けていたのではというほど，竪穴住居に暮らした先史時代の日本人の生活姿勢であったと想像されている[20]．モースの描写によると，オーストラリア兵は踵を上げて蹲踞をしている．実は，このように爪先だけでする蹲踞はそれほどむずかしくはない．日本人なら普通にできるはずである．ただ長く蹲踞し続けるには踵を落ろさなければならない．先史時代の日本人は，踵を地面につけて，足の裏全体で楽々と蹲踞を続けたのである．現在でも，日本人の約半数はこの姿勢が可能である．ただ，しだいに踵をつけられる人の割合が減少しつつあると推定されている．

　先史時代の日本人の蹲踞は足首の関節を大きく曲げたために，踵が地面につき，足の裏全体で体重を支えることができたのである．足首の関節は下腿の脛骨と足根骨の上部に位置する距骨との間にあり距腿関節といわれる．屈曲を増すと，ついには，脛骨の下端前縁と距骨の上面とが接して，つかえてしまい，もうそれ以上は曲げられなくなる．今日の日本

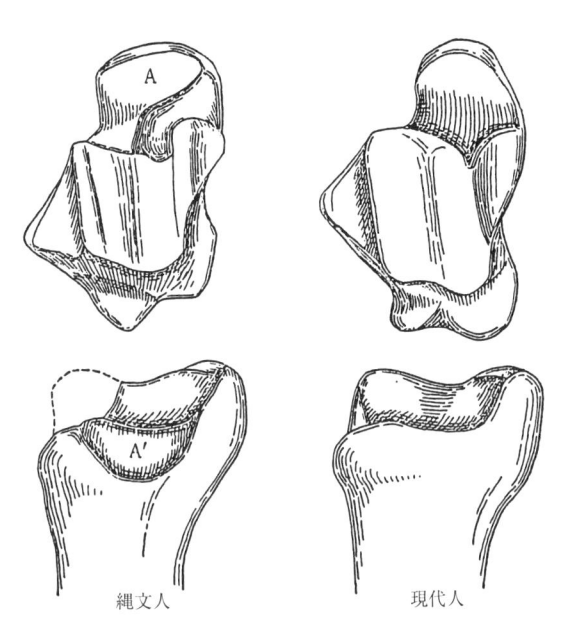

図余 5 蹲踞小面（鈴木, 1963）[20]
上は距骨，下は脛骨下端．縄文人ではAとA'が対応して，足関節を大きく曲げる（背屈する）ことが容易であった．

人の多くが踵をつけた蹲踞をできなくなったのはこのためである．しかし，昔の日本人，特に，縄文時代人では，脛骨と距骨の接触部に蹲踞小面という関節のようなくぼみが発達していた[41]．半関節といわれる構造である．そのために，距踵関節は現代日本人よりもはるかに大きく曲がり，踵をつけた蹲踞が簡単にできたのである．日本人の座姿勢は大きく変化した．蹲踞小面は蹲踞の生活とともに日本人から消え去ったのである（図余5[20]）．

日本人がいつから椅子に坐り始めたかは定かでない．また，世界的にみても，椅子がいつ頃から使われ出したのかも明らかではない．記録の上で古いのはエジプト古王朝時代の椅子である．それがギリシャ時代にも受け継がれ，以来ヨーロッパではすたれることなく続いてきた．日本でも椅子に坐った埴輪（はにわ）が出土している．古墳時代には上流社会に椅坐の生活が広く行われていたと考えられている．しかし，一般の民衆への普及は奈良時代になっても進まず，藤原時代にはまったくみられなくなった．明治の文明開化で改めて日本人に紹介されることになったのである[42]．

古墳・奈良時代の椅子もエジプト古王朝の椅子も，地位や権威の表現にあり，快適とか坐りやすさの観点が重要視され始めたのは19世紀の半ばに達してからのことであった．スイスとドイツの研究者が相次いで，背もたれの形状が腰痛の原因であると指摘した．本格的な研究が始まったのはさらにその100年ものちのことである．1948年，スウェーデンのアカーブロム（Akerblom, Bengt）は，背もたれの傾斜角度を背なか腰の二段に分けることを提案した[43]．前かがみで机に向かうときは腰の部分を下の傾斜で支え，休息などでは105度の傾斜の上段背もたれで支えるのである．また，キーガン（Keegan, J. J.）は脊柱をレントゲンで横から撮影して脊椎骨と椎間板の形状を検討した[44]．脊柱は，通常，頸椎が前に胸椎がうしろに腰仙部が前に膨らんで縦長のS字上のカーブを描く．腰が痛くなる椅子では腰仙部のカーブが消えてしまう．そのため椎骨の連結部の隙間は腹側が狭くなり，椎間板は背側へと押され，脊柱後部の後縦靭帯や結合組織を圧迫してしまう．キーガンは腰仙部のカーブを保ちうる椅子を提案した．日本でも楽な椅子を目指してさまざまな試みがなされた．北海道の降り積もった雪のなかで楽な椅坐姿勢をとり，その跡を鋳型として椅子をデザインすることも試みられた[45]．悪い椅子でのダメージは年齢や性によって違う．歳をとると椎間板や靭帯などが老化して弾性が低下し[46]，苦痛や障害は大きくなる．女性に比べて男性は筋肉が太い．脚を動かすと骨盤を強く引っ張ってしまう．さらに，分娩に備える必要がないので，骨盤の骨は縫合が固く遊びがない．膝を伸ばすと骨盤を通じて腰仙部のカーブを簡単に消してしまう．膝腱筋群を伸ばしてクラッチやペダルを操作する運転姿勢はその一例である．日本の中年男性に増加している腰痛愁訴にはこのような背景がある[47]．

人間の最も特徴的な姿勢とされるのは直立姿勢である．2つの足で立って歩く．この特徴への踵の貢献は大きい．類人猿では下腿三頭筋腱が足首の上から始まり足の後部を通って中足骨につながっているのに，人間は踵で一度中断されて，踵骨に終わるアキレス腱と踵骨から始まる足底腱膜とに分かれる．踵と足指の間で足はアーチ型をつくっている．このアーチは足底の神経や血管を体重による圧迫から守り，踵から爪先への重心の移動に効果的でスムーズな歩行を可能にする[45]．アーチは足の骨の形

と靱帯でつくられている．足の内部にある固有筋群も関与するが，足底筋膜が効果的に作用し，扁平足以外では筋群が働くことは少ない[45]．日本人は扁平足が少ないという研究結果が発表されている[48]．しかし，足底腱膜や足の骨の形状に，日本人が特にアーチの維持に優れていることを示す特徴は発見されていない．日本人の直立能力には個人差が大きい．一般に，運動経験者の直立姿勢は筋群の働きが比較的少ない傾向にある．特に，バレリーナは抗重力筋の働きの少ない直立が可能であることが知られている[49]．

ヨーロッパでは立ち続けることによる障害が古くから注目されている．大工，鍛冶屋，彫刻師など，職業上立ち続ける人々には特有な病気がみられると，17世紀末にラマツチニ（Bernardino Ramazzini）も記している．腎炎や血尿が頻発する[50]というのだから相当なものらしい．いずれにしても，直立姿勢を長時間続けると，どんな人種でも，循環系の負担が大きくなる．日本人の心臓は出生時に20g程度であるが，成長とともに発育し，成人になったあとも重量を増す（図余6[51]）．日本人の心臓のポンプ能力はノルウェー人やオランダ人などの北ヨーロッパ人種などの大柄な人種よりも小さく，ピグミーやネグリトなどの小さな人種よりも大きい．1回拍出量や心拍出量は身体の大きさによって違う．日本人の安静時心係数は，中年層でわずかに高い傾向にあるが，全般を通じて，白人や黒人の成績とほぼ同じである（表余2[51]）．

心拍出量は身体の動きが活発なほど大きくなる．活動の程度は酸素の摂取量で表現されることが多いが，酸素摂取量が1分間に1,000 ml増加するごと

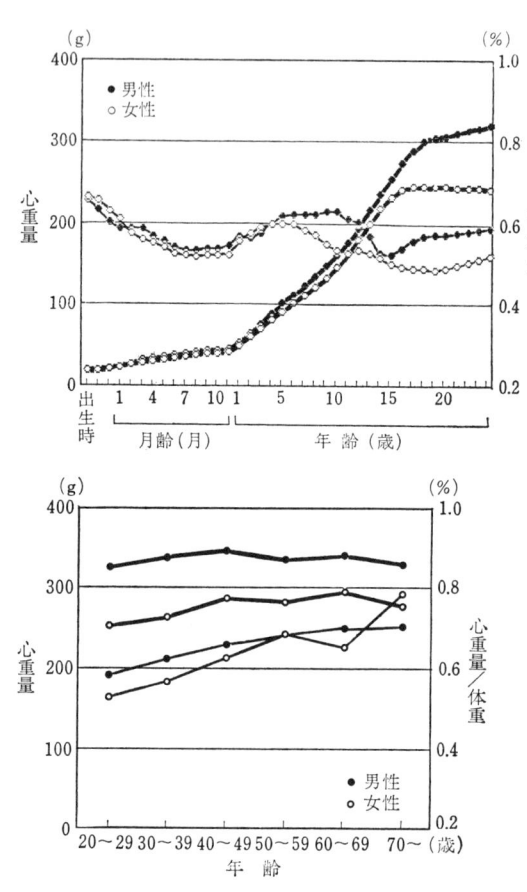

図余6 日本人の心臓の重量および心臓重量/体重比の経年変化（勝浦，1988）[51]

表余2 安静時心係数の国際比較（勝浦，1988）[51]

	年齢（歳）	n	心係数(l/分/m^2)	測定方法	研究者
日本人	44.4 ± 11.4	17	3.62 ± 0.89	フィック法，指示薬希釈法	半田ら（1979）
日本人	30 ± 6 (24〜45)	12 (♂)	3.50 ± 0.61	C_2H_2部分的反復呼吸法	西田（1974）
日本人	(10〜49)	12 (♂), 5 (♀)	3.88 ± 0.78	フィック法	椎木ら（1978）
日本人	(27〜51)	17 (♂), 4 (♀)	3.47 ± 0.58	フィック法	斉藤ら（1966）
カナディアンエスキモー	(20〜29)	30 (♂)	2.68	CO_2再呼吸法	RodeとShephard（1973）
カナディアンエスキモー	(20〜29)	20 (♀)	2.53	CO_2再呼吸法	RodeとShephard（1973）
ペルー人（平地居住者）	21.1 (19〜26)	7 (♂)	3.50 ± 0.34	フィック法	Rottaら（1956）
ペルー人（高地居住者）	24.5 (20〜34)	4 (♂)	3.33 ± 0.48	フィック法	Rottaら（1956）
スウェーデン人	24.8 (21〜30)	12 (♂)	2.64 ± 0.30	色素希釈法	Åstrandら（1964）
アメリカ人	(5〜45)	50	3.63 ± 0.73	フィック法	Reevesら（1961）

平均値±標準偏差，または（範囲）

表余3 最大心拍出量の国際比較（勝浦，1988）[51]

	n	年齢（歳）	最大心拍出量 (l/分)	最大心拍出量/ 体重（ml/分/kg）		測定方法
〔男性〕						
1) 日本人	47	(21〜25)	22.1 ± 2.7	361 ± 43		CO_2再呼吸法
2) 日本人	20	(18〜22)	27.0 ± 2.6	385 ± 36	運動選手	CO_2再呼吸法
3) 日本人	19	(23〜24)	22.5 ± 2.7	347 ± 35		CO_2再呼吸法
4) 日本人	19	21.6 ± 1.8	18.65 ± 2.87			CO_2再呼吸法
5) 日本人	5	17.6 ± 1.2	23.4 ± 5.0			CO_2再呼吸法
6) 日本人	5	20.1 ± 0.3	23.9 ± 2.1		運動選手	CO_2再呼吸法
7) カナディアンエスキモー	30	(20〜29)	24.6			CO_2再呼吸法
8) スウェーデン人	12	(21〜30)	23.8 ± 3.7	321 ± 28	鍛錬者	色素希釈法
9) スウェーデン人	4	(23〜26)	28.1 ± 4.6	361 ± 49	鍛錬者	色素希釈法
10) スウェーデン人	9	(45〜55)	26.8 ± 2.8	386 ± 37	鍛錬者・運動選手	色素希釈法
11) スウェーデン人	8	(19〜27)	22.4 ± 2.3	327 ± 31		色素希釈法
12) スウェーデン人	8	(22〜34)	36.0 ± 4.7	476 ± 36	一流運動選手	色素希釈法
13) スウェーデン人	5	(24〜25)	28.4 ± 1.1	399 ± 13	運動選手	色素希釈法
14) スウェーデン人	9	(24〜34)	29.3 ± 3.3	411 ± 36	鍛錬者	色素希釈法
15) カナダ人	4	(17〜21)	20.2 ± 1.5	250 ± 48		N_2O法
16) アメリカ人	4	(19〜21)	23.3 ± 4.2	308 ± 59		色素希釈法
17) アメリカ人	6	19.2 ± 1.2	30.6 ± 1.3		一流運動選手	CO_2再呼吸法
18) アメリカ人	6	25.8 ± 3.9	22.6 ± 5.4			CO_2再呼吸法
19) アメリカ人	8	(21〜44)	26.2 ± 2.6			CO_2再呼吸法
20) アメリカ人	4	(25〜31)	26.8 ± 0.7			N_2O法
21) アメリカ人	12	20.2 ± 1.1	27.7 ± 2.7		運動選手	CO_2再呼吸法
22) アメリカ人	14	35.2 ± 6.2	16.2 ± 3.1			CO_2再呼吸法
23) ソ連人	37		33.41 ± 0.52		運動選手	CO_2再呼吸法
〔女性〕						
24) 日本人	24	(19〜23)	15.9 ± 14.5	308 ± 5		CO_2再呼吸法
25) 日本人	2	(18〜19)	20.3 ± 5.0	350 ± 34	運動選手	CO_2再呼吸法
26) 日本人	9	(19〜20)	15.5 ± 2.6	308 ± 52		CO_2再呼吸法
27) カナディアンエスキモー	20	(20〜29)	15.2			CO_2再呼吸法
28) スウェーデン人	11	(19〜23)	18.5 ± 1.5	296 ± 3	鍛錬者	色素希釈法
29) アメリカ人	11	(28〜61)	12.09 ± 1.27	195 ± 29		フィック法

平均値 ± 標準偏差，または（範囲）

に，心拍出量は毎分6,000〜7,000 mlの増加を示す．この数値にも日本人と欧米人との間で変わりがない．活動が最大になると心拍出量も最大となる．最大心拍出量は心臓の大きさにほぼ比例して増加する．日本人で求められた最大心拍出量は，男女ともに，成長によりしだいに増加し，10歳程度で10,000 mlほど，成人では，男性で18,000〜22,000 ml，女性で16,000 ml程度である．その後は加齢減少がみられ，60歳ほどの高齢者では最高心拍数が低下し，心筋の収縮力の低下とともに抹消血管抵抗の増加や血液量の減少が影響して，1回拍出量も減少し，最大心拍出量は30％以上もの低下を示すようになる．運動競技選手の最大心拍出量が，男女，それぞれ，27,000 mlあるいは20,000 mlほどにも達するように，個人差もあるが，日本人の最大心拍出量は欧米人よりわずかに低い傾向にある．しかし，これを体重当たりに換算すると，男性では欧米人と変わりがなく，女性では日本人の方がむしろやや大きい値になる（表余3[51]）．

勝浦哲夫は酸素摂取量が1分当たり1,000 mlの活動強度のときの心拍出量 $\dot{Q}_{1.0}$ に着目し，青年男性，中年男性，青年女性，少年，少女について平均値を発表している（表余4[51]）．これらの数値そのもの

表余4 日本人の $\dot{Q}_{1.0}$（勝浦，1988）[51]

群	n	$\dot{Q}_{1.0}$
青年男性	45	10.0 ± 1.30
中年男性	7	9.2 ± 0.32
青年女性	13	9.7 ± 0.77
少年	10	9.1 ± 0.72
少女	9	8.7 ± 0.57

平均値 ± 標準偏差

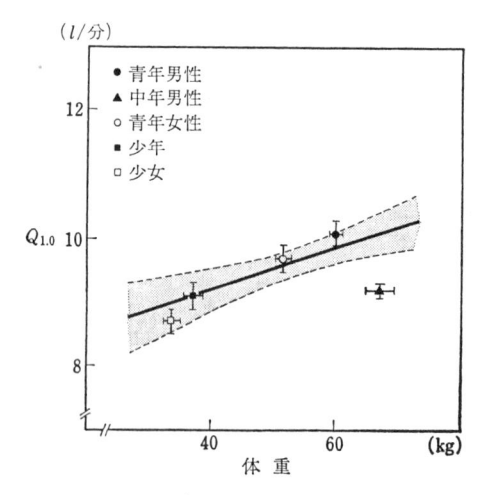

図余7 日本人の $\dot{Q}_{1.0}$ と体重の関係（勝浦，1988）[51]
回帰直線と95％信頼域を示している．記号は各被験者群の平均値と標準誤差を示している．酸素摂取量が1 l/分のときの心拍出量（$\dot{Q}_{1.0}$）は，体重が重いほど高い値を示す傾向が認められる．

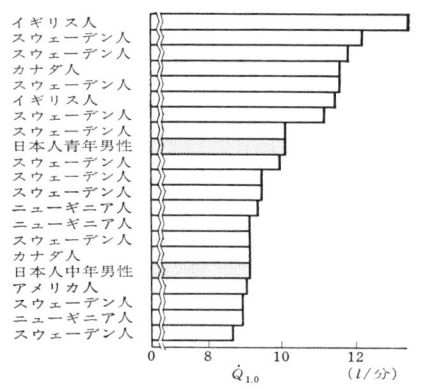

図余8 成人男性 $\dot{Q}_{1.0}$ の国際比較（勝浦，1988）[51]

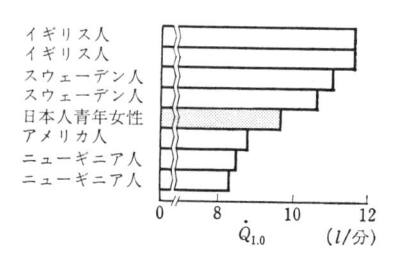

図余9 成人女性 $\dot{Q}_{1.0}$ の国際比較（勝浦，1988）[51]

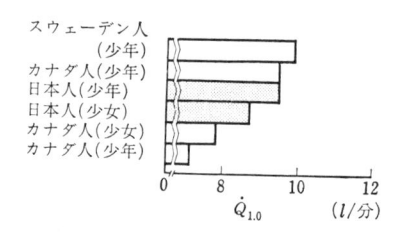

図余10 少年少女の $\dot{Q}_{1.0}$ の国際比較（勝浦，1988）[51]

表余5 ヘモグロビン濃度の国際比較（勝浦，1988）[51]

	n	Hb 濃度（g/dl）
〔男　性〕		
日本人	100	15.4 ± 1.1
カナディアンエスキモー	28	16.0 ± 0.9
ペルー人（高地居住者）	46	20.2 ± 2.3
ニューギニア人（平地居住者）	34	10.9 ± 0.25
ニューギニア人（2,000 m 居住者）	30	14.5 ± 0.19
スウェーデン人	12	14.3 ± 0.54
スウェーデン人	8	13.9 ± 0.51
アメリカ人	23	15.2 ± 1.2
アメリカ人	6	15.1 ± 0.8
アメリカ人	6	14.7 ± 0.24
アメリカ人	18	15.3 ± 0.9
〔女　性〕		
日本人	100	13.1 ± 0.9
カナディアンエスキモー	21	14.2 ± 0.8
ニューギニア人（平地居住者）	32	9.9 ± 0.18
ニューギニア人（2,000 m 居住者）	31	13.2 ± 0.16
スウェーデン人	11	12.2 ± 0.73
カナダ人	17	13.7 ± 0.27
アメリカ人	15	13.7 ± 0.8
アメリカ人	18	13.2 ± 0.9

平均値±標準偏差

は欧米人のものとほぼ等しい．興味深いことに，代謝量が同じ水準であるのに，$\dot{Q}_{1.0}$ は体重が重いほど大きくなる（図余7[51]）．身体が大きいほど筋も大きくなり，同一代謝の際に，単位体重当たりの発熱量は小さく，代謝産物の濃度は低くなる．赤血球と酸素の結合は温度や炭酸ガス濃度の低いほど強いので，筋量の多い人ほど血液から酸素が解離する量が少なくなり，動脈と静脈の酸素濃度の差が小さくなる．そのために心拍出量が大きくなるのである．勝浦は，$\dot{Q}_{1.0}$ について，成人男性（図余8），成人女性（図余9），少年少女（図余10）の国際比較を発表している[51]．女性はヘモグロビン濃度が低く（表余5[51]）筋量の比率が小さいために，同じ強さの活動で体重の違いを補正した拍出量が高くなることを示した[51]．

日本人の肺活量は白人よりも小さいが，白人との身長の違いを補正すると，男女とも若い成人から老齢者に至るまで，白人とほぼ同じ値になる．肺活量，努力性肺活量，1秒量，1秒率，ティフノー

(Tiffeneau)の1秒率などの肺気量は，身長の違いを補正すると，日本人は白人とほとんど変わりのないことが知られている[52]．日本人の全肺容量については，成人男性で5,000 ml近く，成人女性で3,500 ml近い平均値が発表されている．この容量にも身体の大きさが影響して，日本人は欧米人よりも小さいのであるが，欧米人との身長の違いを補正して比べても，なお日本人の全肺容量は小さい．このおもな原因は，肺の空気を最大限に呼出をしても肺のなかに残る残気量が日本人では男女とも全肺容量の27％程度と，欧米人に比べて小さいためである[52]．全肺容量，肺活量，1秒量，1秒率などの肺気量の諸測定値を，身長の違いを補正して比較すると，日本人の値は黄色人種のなかではかなり大きい部類に属する[52]．白人との比較においても，身長当たりの全肺容量は日本人の方が明らかに小さいが，身長差を補正した肺活量，1秒量，1秒率などには違いがほとんどない．日本人の肺気量は，全肺容量とともに残気量の小さいことが，このような結果を示す原因である．

肺気量が呼吸機能に占める意味は決して小さくはないが，それ以外の要素，特に，肺胞気と肺毛細管血液との間のガス交換の効率を示す肺拡散能についての人種差が注目されている．10章に解説されているが，さらに，安河内 朗[52]によると，日本人の肺拡散能は白人に比べて小さく（図余11），年齢16歳から35歳の比較的若い成人群の身長当たりの肺拡散能は男性で白人の約85％，女性で約79％にすぎないという．肺拡散能は全肺容量と相関が高い．全肺容量当たりの肺拡散能を白人と比較すると，身長に対する全肺容量の比率の違いを反映して，日本人と白人との間に違いはほとんどみられなくなる．日本人の小さな肺拡散能は全肺容量の小さいことに関連した現象ということになる．

日本人の身長当たりの肺拡散能は子供から成人への成長過程で，男女ともに，明瞭な増加を示す．しかし，成人から老人への加齢変化は男性のみに減少傾向を顕著であるという．したがって，身長当たりの肺拡散能の性差は小児期から成人期までには明瞭に存在して，男性がより大きいが，45歳以上の高齢者では性差が認められなくなる．日本人の全肺容量は，子供から若い成人，さらに高齢者に至るまで，常に男性が女性よりも大きな値を保つ．この容量には成人からの加齢変化が男性にも認められない．全肺容量当たりの肺拡散能は身長当たりの肺拡散能でみられた性差が認められない．肺拡散能の性差は全肺容量の性差に起因することが示唆されるのである．事実，全肺容量当たりの肺拡散能は，中高年層では，逆に女性の方が大きくなる．安河内は，加齢とともに，特に男性に，機能的構造的変化が生ずることを意味するものと説明している[52]．肺拡散能は，肺毛細管を流れる血液量と膜そのものの拡散能の，2構成要素に分解できる．そして加齢とともに，肺毛細管血液量と膜拡散能の両者ともが減少あるいは低下の傾向を示す．しかし，日本人の肺毛細管血液量はその加齢変化に性差がなく，膜拡散能は男性のみが加齢とともに明瞭に低下するという[52]．男性では，なんらかの構造的な老化が進行し，膜の透過性が減少することが示唆される．このようなメカニズムが働いて，日本人と白人との身長当たりの肺拡散能の違いは，男女とも加齢とともに，しだいに減少することになる．また，若い頃ほぼ同じであった全

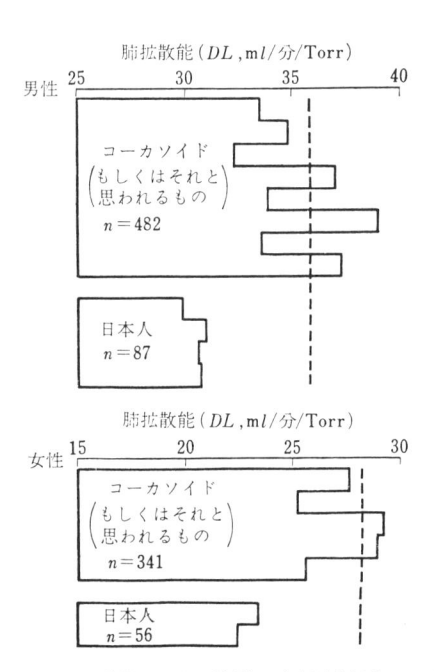

図余11 肺拡散能の国際比較（若い成人）（安河内，1988）[52]
日本人資料は実測値の平均，コーカソイド資料は年齢，身長を日本人と同じくしたときの推定値の平均．
人種間で身長の差を考慮した肺拡散能の平均値は，コーカソイドに対して日本人男性は85％，日本人女性は79％と低い値を示した．

肺容量当たりの肺拡散能は加齢とともに日本人の方が白人よりも大きくなる．肺胞膜の透過性を規定する構造的な加齢変化が日本人でより少ないことを示す結果である．安河内は，肺がより小さい人種には加齢に伴う機能低下がより少なくなるような合理的な機序が存在すると推定している．欧米人よりも身長の小さい日本人は肺も小さいが，高齢になっても機能を低下させないメカニズムが働いているというのである[52]．

「東京のような大きな都会に…群衆が往来の真中を歩いているのは不思議に思われる．人力車が出来てから間がないので，年とった人々はそれを避けねばならぬことを，容易に了解しない．車夫は全速力で走って来て，間一髪で通行人を轢き倒しそうになるが，通行人はそれをよけることの必要を，知らぬらしく思われる．乗合馬車も出来たばかりである．…馬丁がしょっ中先方を走っては人々にそれが来たことを知らせる．反射運動というものはみられず，我々が即座に飛びのくような場合にも，彼等はぼんやりした形でのろのろと横に寄る．日本人はこんなことにかけては誠に遅く，我々の素速い動作に吃驚する．」モース（Morse, E. S.）[53]の描写である．今日ではこのような日本人は珍しい．歩き方は身長によって多少違う．背の高い人は歩幅が広い．歩行速度が大きくなるほどその傾向は著しくなる．実際に，身長の違いを補正してみると歩幅の違いがなくなるので，身長が歩幅を決めていることが知られている．ところがこれは日本人同士での話しで，日本人の資料を白人の資料と比較して，身長の違いを補正しても歩幅には違いが残り，日本人が歩幅が短く歩数が多い歩き方をしていることが報じられている．身長の割に脚が短いことも関係するが，腸骨大腿靱帯の長さが短いために股関節の可動範囲が小さいことも影響していると想像されている[54]．日本人は同じ距離を歩くのにせかせかと短い歩幅で歩くことになる．縮み志向[55]が歩行にも当てはまると主張する人もいる．しかし，お隣の韓国人はさらに早足のようである．「ソウルには哲学者が多いねといった西洋人がいたそうだ．なるほど，ひとびとはむっつりした顔で歩きながら何か思索にふけっているみたいにみえる．しかし，これはかなりせわしない思索だ．日本人の歩き方がせっかちだといってい

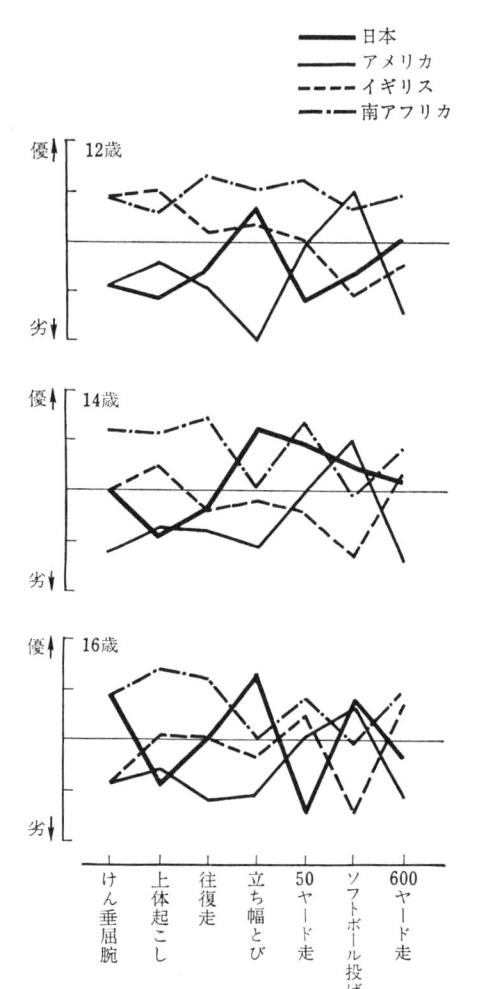

図余12 体力テストの国際比較（1）（福場，1988）[56]

たかれらが，街頭では実に焦り焦りとして見えた．そのせいか，ソルコリを探索しながら，私はほんとにたくさんの人にぶつかった．文字通りぶつかったのであって…前からくる人は避けようとしてもぶつかってくるのだ．東京の街のように地面が見えないくらい人が群れているのだったら，さもあらんと思うけれども，よけようとすればよける余地があるにもかかわらず，前からくる人はぶつかってくるし，後ろからくる人は私の肩を押しのけていく．[16]」韓国の方々は，日本人よりも，さらに，縮み志向のようである．

日本人青少年の体力テストの成績はアメリカやメキシコの成績よりもやや優れ，西ドイツや南アフリカのよりもやや劣る傾向が窺われる（図余12，余

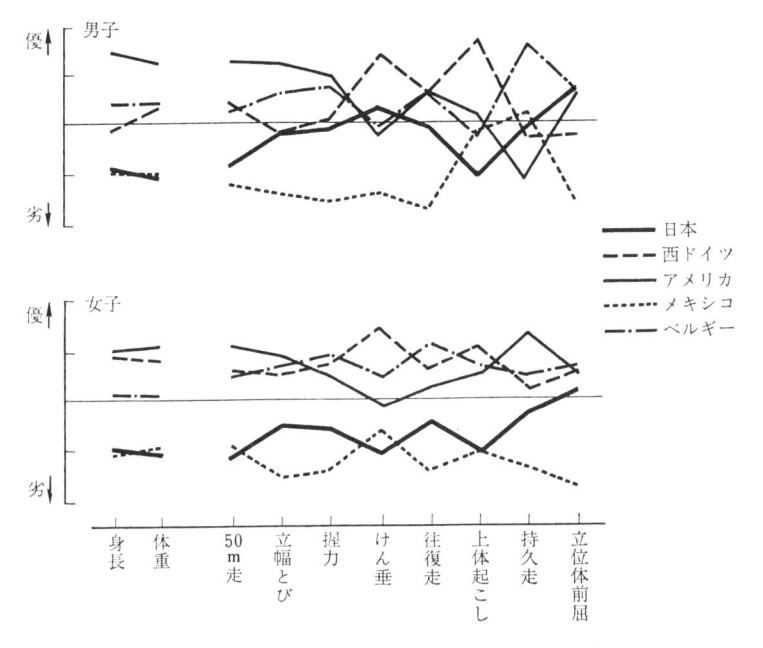

図余13 体力テストの国際比較（2）（福場，1988）[56]

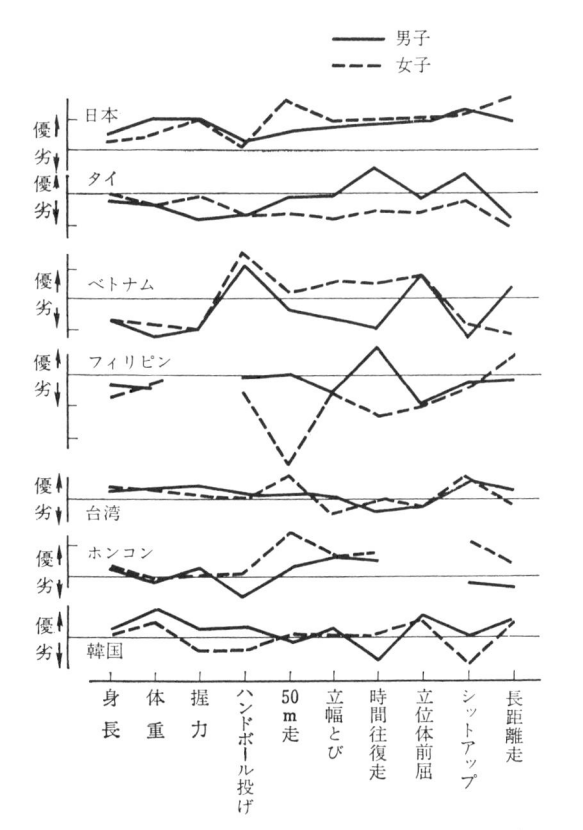

図余14 体力テストのアジア7か国比較（福場，1988）[56]

13)[56]．アジア諸国については，7歳から18歳の男女が比較され，日本人男女は，握力，50 m走，立ち幅跳び，立位体前屈，長距離走，等々のほとんどの比較種目で上位の成績を示している（図余14）．日本人はアジアの諸人種のなかでは体格も大きい方なので，体力テストの成績が上位なのは当然であるという意見もあるが，体格とテストの成績には一般に関連性が薄く，平均身長や平均体重が大きい人種や民族ほど体力テストの成績が高いということでは必ずしもない[15]．体力テストの種目には筋力に密接に関連しているものがかなり多い．一般に，筋力は筋肉の量が多いほど大きくなる．日本人では，性，年齢，あるいは，日常の身体活動の程度にはかかわりなく，上腕二頭筋で，筋の断面積1 cm^{2}当たり6〜7 kgの筋力を発揮しうるという研究結果が知られている．

日本人の最大酸素摂取量は，20歳前から20歳代の後半へかけて最も大きな値を示し，それ以後は加齢とともに減少する．女性は男性よりも低い水準で同じ傾向をたどる．女性は体重が小さいので，最大酸素摂取量を体重当たりに換算すると，性差はやや小さくなるが，依然としてなくならない．身体の筋肉量の違いで補正しても，わずかではあるが，性差

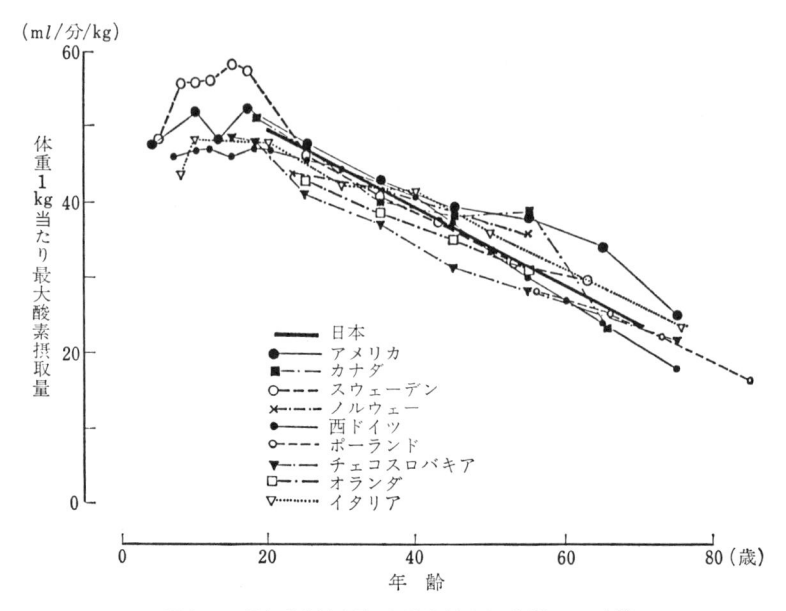

図余 15 最大酸素摂取量の国際比較 (1) (福場, 1988)[56]

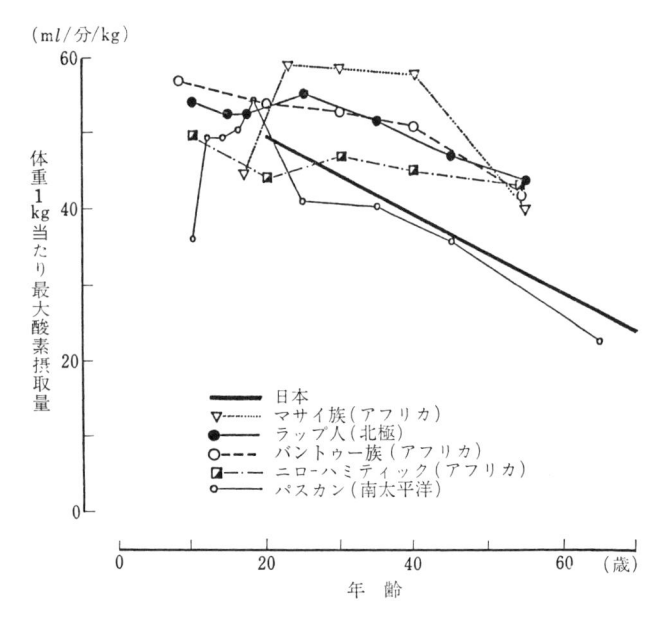

図余 16 最大酸素摂取量の国際比較 (2) (福場, 1988)[56]

は残る．持久力の性差には血液のヘモグロビン濃度なども影響する．日本人の最大酸素摂取量が示すこのような年齢変化や性差は欧米諸国でも観察されている．最大酸素摂取量の水準も日本人は欧米諸国人とほぼ同じである（図余 15)[56]．最大酸素摂取量の人種差で注目される点は，アフリカのマサイ人やバントゥー人，あるいは，スカンジナビア半島北端に住むラップ人など，今日の技術文明と異なる生活様式を示す人々では，日本人や欧米人にみられた成人後の加齢低下が著しく少ないことである（図余 16)[56]．さらに，日本人の無酸素性閾値は，体重当たりの酸素摂取量が 10 ～ 30 ml の間，すなわち，最大酸素

坐りがちな人(18〜30歳)

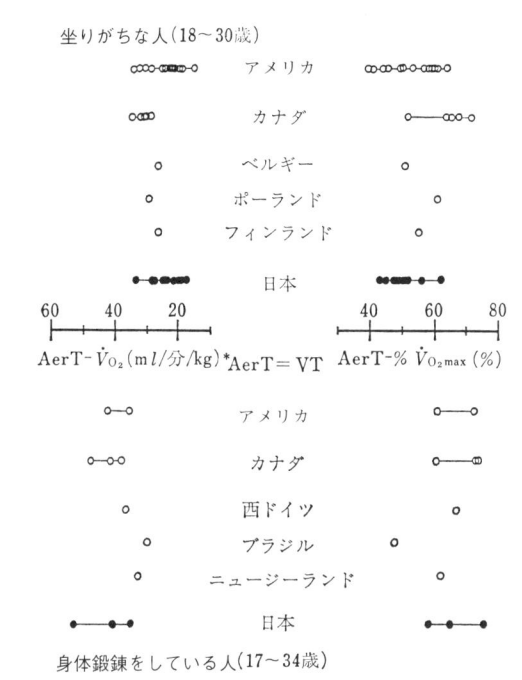

アメリカ
カナダ
ベルギー
ポーランド
フィンランド
日本

AerT-$\dot{V}_{O_2}$(ml/分/kg)*AerT=VT   AerT-%$\dot{V}_{O_2max}$(%)

アメリカ
カナダ
西ドイツ
ブラジル
ニュージーランド
日本

身体鍛錬をしている人(17〜34歳)

図余 17 無酸素性作業閾値の国際比較（福場，1988）[56]

摂取量の 40％強から 60％強の間にある．このレベルは他の人種と変わりがない（図余 17）[56]．なお，日頃の身体活動が盛んな人はそれよりも高い値を示すことも，また，その程度も，諸外国の成績と特に変わるところはない．

日本人の感覚については 2 章より 9 章までに解説されている．感覚のメカニズムも基本的な生理機能なので，その人種的・民族的特性を抽出することは本来的にきわめてむずかしい．感覚を生起するメカニズムのみならず感覚的な好みに日本人の特徴を求めることさえ容易ではない．この領域では，厳密性を欠くが，日本人的特徴が描写された例は散見される．日本人は視覚的に，縞，それも縦縞に魅せられるという[57]．その根拠は視覚的な好みというよりも，日本人の美意識を論拠とする見解というべきであろう．しかし，モンドリアン（Mondrian, Piet）の新造形主義をはじめ，縞模様への視覚的な好みを欧米人にも広くみられるようである[35]．カナダ東部に住む Cree Indian は最近まで，夏は meechwop とよばれる円錐型のテントで，冬は matoocan というロッジで暮らしていた．このテントとロッジは，内部も外部も，視覚的にはいろいろな曲率や傾きの輪郭で構成され，窓や柱などの水平や垂直の線が特に強調されることのない家屋である．Cree Indian の視覚解像度は，特別な方向や傾きによる違い（anisotorophy，有方性）はなく，水平や垂直の線に特に鋭敏ではないことが明らかにされた[58]．他方，一般的な環境に住む人々の視覚解像度は垂直や水平な線で上昇する．長方形の受容野をもつ第一次視覚野は垂直と水平の傾きを検出する細胞の発達が良いとされるデータは大工の家に育った人にのみ当てはまる[35]．日本人の縞模様への嗜好性もこの例に漏れない．

日本人は視覚的な嗜好を欧米の人々と古くから共有してきたといえようが，音についてはどうであろうか．「大きな宿屋でその晩を泊ることにした．…どの部屋も満員であった．…片方ではかん高い音調で仏の祈りを唱える男があり，他方ではサミセン《一種のギター》を奏でる少女がいた．家中がおしゃべりの音，ばちゃばちゃという水の音で，外ではドンドンと太鼓の音がしていた．街頭からは，無数の叫び声が聞こえ，盲目の按摩の笛を吹く音，日本の夜の町を必ず巡回している夜番の，よく響きわたる拍子木の音がした．これは警戒のしるしとして二枚の拍子木を叩くもので，聞くにたえないものだった．…世がふけるにつれて，家中のうるさい音がはげしくなり真に悪魔的となって，一時過ぎまで止まなかった．太鼓や鼓やシンバル（鐃）が打たれた．琴や三味線がキーキーと音をかき鳴らした．芸者たちは，歌に合せて踊った．歌声の耳ざわりな不協和音は実に滑稽であった．話家は高い声で物語をうなり，私の部屋のすぐ傍らで走りまわったり水を飛ばす音がいつまでもなくならなかった．…日本の町や村では晩になると毎日のように，男の人が歩きながら特殊な笛を低く吹く音を聞く．大きな町では，この音がまったくうるさいほどである」．バード（Bird, I.）[11] は旅行中に遭遇した日本人の音を繰り返し批判している．日本人の住むところには必ず騒音があると嘆いている．日本人の歌声の不協和音が滑稽だとも記しているが，彼女に限らず，西洋人には当時の日本人の歌は異様に聞こえたものらしい．「外国人の立場からいうと，この国民は所謂「音楽に対する耳」をもっていないらしい．彼等の音楽は最も粗雑なもののように思われる．和声の無いことは確かである．彼等はすべて同音で歌う．彼等は音

楽上の音声をもっていず，我国のバンジョーやギターアにわずかに似た所のあるサミセンや，ビワにあわせて歌う時，奇怪きわまる軋り声や，うなり声を立てる．」[53] E. S. モースもこんな一節を残している．

しかし，日本人が音に鈍感なのかというと，そうではない．I. バードや E. S. モースを悩ました明治初期の人々のデータはないが，今日の資料では，最小可聴閾は欧米人と特に変わらない．日本人は欧米人よりも加齢に伴う聴力損失がわずかに大きいが[59]，その差はきわめて小さい．聴力の加齢による低下は，老化の影響とともに日常経験する生活騒音が大きく作用している．たとえば，スーダンに住むババーン人は，加齢による聴力欠損はきわめて少ない．日本人と欧米人の聴力損失の違いは，ババーン人との違いに比べるとまったく小さい[60]．ただし，聴力や生活騒音を国際的に比較した資料は少ない．アジアについては特にそうである．「日本人と朝鮮人が二人肩を並べて，大声張り上げ競争をやったとしよう．…朝鮮人は…日本人がぶったおれそうになった限界をはるかにこえた大声を出してみせるにちがいない．」[16] 日本人が韓国の人々よりも高い音圧レベルで暮らしているということはなさそうである．

日本，西ドイツ，イギリスの生活騒音が比較されたことがある[61]．日本人はドイツ人に比べて，いろいろな音をうるさく感じる度合が少なく，騒音に慣れやすいと結論された．日本人は音の大きさそれ自体については，特に良いことでも悪いことでもないと考える傾向があり，ドイツ人やイギリス人が好ましいことではないと考えるのとは，明瞭な違いがみられるという．このような結果は，あるいは，I. バードが記した日本の騒音と関連するのかもしれない．しかし，この調査結果は，ドイツ人やイギリス人よりも，近所に迷惑をかけないようにできるだけ騒音を立てないとか，近所から苦情が出たらすぐに音を立てるのを止めるというように，自分の出す騒音には日本人はより厳しい態度をとることも示している．また，近所で騒音を立てている場合の対応の仕方としては，我慢すると答えた人は，日本人では70％近くに達し，ドイツ人の約30％よりもはるかに高率であり，一方，近所に直接苦情を申し込むという答えは，日本人では約30％で，ドイツ人の90％近い高率とはきわだった対称を示している．近所の騒音に苦情をいわずに我慢する日本人の態度は騒音問題の発生を見かけの上では抑えてはいるが，騒音源に対してやや屈折した反応を生ずる原因になってしまう．欧米の人々のように，騒音のレベルにあたかも比例するかのような，ストレートな反応ではなく，日本人の場合には不満が鬱積する傾向が強い．

嗅覚の人種差に関する研究はきわめて少ないが，日本人の嗅覚はむしろアメリカの人々よりも劣るという結果がある[62]．6章に解説されているように，検査に使われた臭いのなかに日本のなかではあまり経験しないものがあるために，日本人の成績が悪くなった可能性もある．他方，日本人の基本臭には醋臭と腥臭とが加わるとした研究もある[63]．

日本人の好ましい香りは青い海辺に漂う磯の香り，欧米人のそれは花の都パリのマロニエの甘い香りということであった．においの好みは気候風土の違いや生活習慣に影響される．湿度の低いヨーロッパの夏の気候が，花の蜜を濃縮させて強い香りを発するために欧米人はそのようなにおいが好きになったという説明もなされる．他方，日本に古くからある花や果物は，菊，桜，梅，柿などのようににおいの薄いものが多い．さらに，高温多湿の日本の夏はカビの文化を生み，日本人は醤油，納豆，味噌などのにおいを好むようになった．ところが，最近，日本人のにおいの好みが変わってきたらしい．ご飯やスキヤキなどのように低温で料理されるにおいの薄い食べ物から，パンやビフテキなどのような高温で焼かれて芳香にあふれるものへと，食が変化したからである．

PTC（フェニルチオカルバミド）味盲については7章に説明されている．その出現率は表7.2の他に表余6も発表されている[6]．日本人にも地域的な違いがあり，北海道や東北の人に少なく，宮崎や高知では高率でみられる．PTC 味盲は遺伝するが，PTC などごくわずかの化合物の味覚が鈍いにすぎない．他の味は正常なのである．ドイツのある味効きの名人が味盲であったことも知られている．

日本人の文化の特性は，52章に解説されているように，さまざまな事象から検討されてきた．しかし，日本文化論のなかには厳しい批判にさらされて

表余6 PTC味盲の比較資料――日本人にも地域的な違いがあり，北海道や東北の人に少なく，宮崎や高知では高率でみられる（佐藤，1988）[6]

人種・民族など	被験者数(人)	味盲者百分率	人種・民族など	被験者数(人)	味盲者百分率
南米インディオ(ブラジル)	163	0.2	スペイン人	306	24.8
ナバホインディアン	269	1.8	バスク人	98	25.5
アフリカ黒人(在ロンドン)	74	2.7	イギリス人	629	26.3
アメリカインディアン(カナダ)	559	3.1	ベルギー人	572	27.3
バントゥー族(ケニア)	208	3.8	ミクロネシア人	54	28.0
ネグリト	50	4.0	アイルランド人	398	28.2
アフリカ黒人(スーダン)	805	4.2	スコットランド人	60	28.3
中国人(台湾)	1,756	5.2	フィンランド人	202	29.2
アイヌ	175	5.2	スイス人	544	29.6
タイ人	56	5.4	白人(アメリカ，オハイオ)	3,643	29.8
中国人(在ニューヨーク)	167	6.0	インド人(西ベンガル)	845	30.0
アメリカインディアン(カンサス)	183	6.1	ノルウェー人	266	30.4
アイヌ	328	6.4	エスキモー	49	30.6
ラップ人(ノルウェー)	78	6.8	マレー人(シンガポール)	50	34.0
ラップ人(スウェーデン)	62	7.0	ロシア人	161	35.4
中国人(台湾)	5,933	7.1	アラブ人(シリア内陸部)	400	36.5
日本人(在ブラジル)	295	7.1	デンマーク人	596	37.2
日本人	8,824	7.1	エスキモー	130	40.8
ポリネシア人(イースター島)	116	7.9	ウェールズ人	237	41.3
マオリ族(ニュージーランド)	157	8.3	インド人	200	42.5
ニューヘブリデス諸島人	196	9.2	ニューギニア人	330	45.8
白人(在ブラジル)	332	18.1	オーストラリア原住民(南オーストラリア)	152	49.3
トラック諸島人	126	18.3	オーストラリア原住民(中央オーストラリア)	74	50.0
ユダヤ人(在ブラジル)	102	20.4	オーストラリア原住民(南オーストラリア)	85	73.0
エジプト人	208	24.1			

いるものもある．オックスフォード大学で日本人論を講じたピーター・デール（Peter Dale）は厖大な量にのぼる日本文化論は，学問の一分野をなしているものとはいえないと批判している[64]．「日本民族主義の知的分野における伝統を凝縮したもので，まさに，意識的にナショナリスティックであろうとし，日本人はユニークだとする信仰を確認しようとしているに過ぎない」というのである．日系アメリカ人の文化学者ハルミ・ベフ（Harumi Befu，別府春海）も「日本文化論は，学問とはいいがたく，イデオロギーというべきであろう．イデオロギーであるからには，大衆に受け入れられる論理を展開しなければならない．日本人に受け入れられようとして，日本文化はユニークである，日本人ほど立派な国民はいないんだと，日本人を煽て上げることになる．これは学問のメソドロジーとはまったく違う」と批判している[65]．確かに，これらの批判に具体的に指摘されているように，主観的な解釈論から構築された日本文化論が氾濫している感がある[66]．

日本文化論と日本人の心あるいは性格との関係が注目されている．人間の左右の大脳半球は，一般に，機能的に分化し，言語機能や分析的・論理的機能は左半球で営まれ，音楽や物の形の認識機能あるいは直感的・想像的機能は右半球に分化している．音の認識の左右差については，子音は左脳で認知されるが，母音は左右の分化があまりはっきりせず，機械音や虫の音の認知は右脳で営まれることが明らかにされている[67〜70]．ところが，虫の音や楽器の音，あるいは，母音などの認知についての左右の大脳半球の分化様式が，日本人は外国人とは違うということが発表された[71]．日本人は，子音や母音の音声をはじめ，感情的な声，動物の鳴き声や虫の音，三味線，尺八，琵琶などの邦楽器の音を，左の言語脳で認知しているという．左の言語脳は子音を含む音節単位の音の認知に限られているという定説とは非常に大きな違いである．日本人は，欧米人，中国人，韓国人などとは，まったく違うという．外国人の右脳は，持続母音をはじめ，楽器音，動物の鳴き声や虫の音などと，子音を含む音節以外のすべての音を認知しているが，日本人の右脳は西洋楽器の音や機械音などの無機的な音のみを認知しているというのである．そして，このような音の認識に関する日本

人の特殊性が日本人の精神構造にまで影響を及ぼしていると論じられた．欧米人の左脳と右脳の機能分化は，西洋哲学で認識過程をロゴスとパトスに分けることと合致している．しかし，日本人の場合にはロゴスとともにパトス的な認識機能までもが左の言語脳に偏在している．そのために，感性的な音が無意識のうちに，論理的・知的な言語中枢に取り込まれてしまうので，感性的な音が無意識のうちに論理的・知的な言語中枢から締め出されて音認識が行われる欧米人とはまったく異なっているというのである．これを基に，日本文化や日本人にみられる論理の曖昧さ，情緒性，自然性，あるいは，人間関係における義理人情の過大視は，日本人の言語中枢のこの特殊性に大いに関連があると解説されている．さらに，日本人の脳のみが示すこのような現象は日本人の人種的特性が原因ではなく，生後10年ほどまでの言語生活が日本語型の脳をつくるということである[71]．

日本人の左右の脳の間のきわめて特殊な機能分化が発見された方法は著しく特殊なものであった．被験者は利き手の指先で一定のパターンでキーを叩く．たとえば，3-3（・・・ ・・・ ・・・），4-4（・・・・ ・・・・ ・・・・），4-2（・・・・ ・・ ・・・・ ・・）などであるが，被験者はあらかじめ練習して，無意識にこのパターンができる状態になっておく．そして，被験者の1回ずつのキー叩きに応じて左右の耳に音刺激が加えられるようにする．一方の耳はキー叩きに同調した音で，他方はわずかに遅れた音で刺激される．同調音を一定の大きさに保ち遅延音を大きくしていくと，しだいにキー叩きがむずかしくなってくる．そしてキー叩きリズムのパターンが崩れたときの遅延音の大きさを測定する．左右の耳への刺激を逆にして同じことを行い，遅延音の大きさを測定する．このようにして正常なキー叩きができなくなった時点の左右の耳へ与えられた遅延音の大きさの差で，左右の耳の優位を判定するのである．右耳が50dBで左耳が70dBであったなら，左脳が20dBの差で優位と判定するのである[72]．

パデュ大学のクーパー（Cooper, W. A.）らは，この方法を用いて，日本人の脳の特殊性を繰り返し追試した．そしてきわめて否定的な結果を発表している．遅延音が大きくなるほどキー叩きはむずかしくなり動作が混乱することは確かだという．日本語グループと英語グループのなかで，①母音が右耳優位，純音が左耳優位，②母音が左耳優位，純音が右耳優位，③両方の刺激とも右耳優位，④両方とも左耳優位，のそれぞれの結果を示した被験者の人数の比率を求め，英語グループの被験者の40％強と日本語グループの被験者のほぼ20％が，どの刺激に対しても半球優位性を示さなかったことが記されている．クーパーらは，特に，全被験者のわずか15.5％が，音に対して右耳が優位傾向を示すにすぎなかったことをあげて，キー叩き動作に遅延音を加えるテスト方法では半球優位の判定ができないと結論している．遅延音がしだいに大きくなるとキー叩きのリズムがずれるようになるが，その「ずれ」の判定に問題があるというのである．そして，日本人研究者の論文に「ずれ」についての基準が示されていないことを批判している．リズムのパターンの「ずれ」には，たとえば，動作の停止，遅れ，延長，などのさまざまな要素が存在するが，それらは突如として質的に変化するものではない．停止や遅れなどの時間の長さなどの量が連続的に変化して生ずる性質のものである．その連続的な変化のなかに，このようになったら「ずれ」であると判定する基準が明確ではないというのである．どのように「ずれ」を規定するかによって実験結果が異なる可能性もあるし，何よりも，一定の判定が困難なものであれば，実験の信頼性は大きく損なわれてしまうというのである[73〜75]．

52章に紹介されている『甘えの構造』では，人間関係にたえず甘えの介在することが日本人の心理の特異性をなしていると指摘されている．日本語の「甘える」に相当する言葉は，欧米語にも中国語にも，存在しないという．それに比べて日本語は，日本人の甘える精神構造を反映して，依存願望の語彙の多いことが特徴の一つをなしている．この甘えの心理は情緒的に自他一致の状態をかもしだそうというもので，西洋的思惟に比べると非論理的直観的である日本人の思惟の特徴もここに源を発すると主張された[76]．同じように日本人の自我の欠如を指摘し，日本人論に影響したものに『母性社会日本の病理』がある．人間の心には多くの対立する原理が働くが，父性と母性の対立は特に重要であるということであ

る．母性の原理はすべての子が絶対的な平等性をもち，「わが子はすべてよい子」とするのに対して，父性原理は子供をその能力や個性に応じて類別し，「よい子だけがわが子」とする．父性が個の倫理ならば，母性は場の倫理ということになるということである．日本人は父性原理に基づく自我を確立できない傾向にあり，したがって，西洋人からみると自我が存在するのか疑わしい状態だというのである[77]．

日本人の精神構造には自我が欠如しているとする論旨は欧米人学者の間にもみられる．特に，明治初期の欧米人の著作にはこれに言及したものが少なくない．たとえば，1883年に来日したローウェル (Lowell, Percival)[78] は『極東の魂』と題する日本文化論を著し，極東の日本人の精神構造は著しく異様であると主張した．日本文化は発達半ばで成長を停止しているという．欧米人は自我が心の本質を形づくる魂であるが，日本人の魂は没個性なのだというのである．日本人の自己意識は単純で優しい状態に止まっていて，決して成長し尽くすことはないであろうと断じている．『極東の魂』は，個性がなく，自我もなく，停滞性の極とさえみえる日本人の性格は，家族に関する日本人の独特の思想とそれに付随する慣習によって生じていると論じた．日本人のかつての家族観念が独特なものであったことは日本人自身も認めていた．たとえば，52章で紹介されている『風土—人間的考察』も，日本人が独特な家族中心的思想を発達させたこと，および，心の中心に「内と外」の概念を抱くようになったこととの間には，強い関連があると論じている．日本の気候・風土に生理的に適応することは，同時に，「しめやかな激情・戦闘的な恬淡」な性格と，甘えに結ばれて隔てのない「うち」に代表される「場の倫理」の文化を生み出すことに通じるというのである[79]．

日本人の性格を「発達を停止した文明の中に生きるどうしようもなく没個性的」なものと描いた『極東の魂』は明治の初期に発表された．日本の気候・風土に培われた「しめやかな激情・戦闘的な恬淡」な日本人の性格が強調された『風土—人間的考察』は昭和の初めに書かれたものであった．また，日本人の精神構造の特質を「情緒的に自他一致の状態をかもしだそうとする依存願望」としてとらえた『「甘え」の構造』と「個性や能力とは関係のない母性原理」によって支配される日本人の性格が強調された『母性社会日本の病理』は1970年代に相次いで発表されたものであった．発表年次が古いほど，日本人の性格がますます没個性的に描き出されていることが注目される[66]．日本人の自我意識は大きく変わってきたのである．戦後の日本人の意識変化は科学的に調査され，変わりやすいところと変わりにくいところのあることが発表されている．たとえば，1953年以来5年おきに1978年まで行われた調査で，合理性をやや欠いても人情的なタイプの課長の方が，逆のタイプの課長よりも，常に80％以上の人が好ましいとしているということである．この傾向はこれからもしばらくは続くであろうと推定された．同じように，現実的で，フレキシブルで，勉強好きな体質も，日本人の中心的な特性として受け継がれていくだろうということであった．一方，変わりやすい因子は少なくない．そのなかでも，日本人の「伝統」と「近代」という物差し，何が伝統的で，何が近代なのか，という基準が1975年頃から変わってきたことが，特に注目されている．結局，日本人は総合的には15年ごとに明らかな変化を示していると分析された．他のすべての民族と同様に，日本人も大きな可変性を秘めている[15]．

日本人の高地馴化や低酸素耐性については37章から39章にわたって詳述されている．日本の山岳地帯にも多くの人々が生活しているが，これらの人々は高地人のカテゴリーに入るとは考えられていない．実際，日本では，高度の高さが生理機能や行動に影響が明確に及ぶほどの地域に永住している人々は知られていない．これに対して，エチオピアは国土のほぼ25％が1,800mの高地で居住圏は3,800mにも及ぶ．またアメリカ・コロラド州では3,100mの高原が永住地となっている．世界にはさらに3,600m以上の高度に住む人々もいる．3,600m以上の高地人口は約1,000万，そのほぼ80％が南米のアンデス高地に，残りはヒマラヤ周辺地域に生活している．

アンデス高地に幾世代も生活してきたケチュアやアイマラとよばれる人々は，南太平洋インディアンのグループのプエブロアンデス人種に属する．身長は低く，頭髪は直毛，顔は小さくて躯幹が大きい．

四肢は細くて短く，皮膚の色は濃い．日本人と同じくモウコひだをもっている人も多い．さらに，赤血球の多いことを反映して，粘膜，口唇，耳たぶが赤い．体型で最大の特徴は胸が特に大きく，樽のようなかたちに見えることである．子供のときから大きく，成人するとますます目立ち，細い四肢と比べて身体のほとんどが胸のような印象だと記した研究者もいる．この barrel-shaped chest（樽状胸郭）は機能的残気量の増大を伴うことが明らかにされている．実際のガス交換に役立たない dead space（死腔）が増えるので，生理的には有利な効果はないと指摘されている[80]．さらに，むしろ呼吸に要する仕事が大きくなることからマイナスの影響さえ強調されている[81]．37章では，さらに，低酸素への長期間曝露が肺気腫様変化を生じた可能性が解説されている．

体内の酸素輸送メカニズムの総合的な指標でもある最大酸素摂取量は高地で減少する．日本人の測定結果では，1,500 m 程度までは明らかな減少はみられないが，それ以上の高度では 1,000 m ごとに 10％程度の減少が認められる[82]．アメリカのコロラド州の 3,100 m の高地に生まれ育った人々を平地に運んで最大酸素摂取量を求めると，故郷での測定よりも大きな数値を示したという[83]．3,100 m では日本人よりも大きな減少を示す資料である（図余18[82]）．平地に生活するケチュアの人々を 4,300 m の高地に運んで平地の最大酸素摂取量と比較して得られた結果をみると，ちょうど日本人のものと同じ減少率であった．4,300 m の高地に永住するケチュアの人々を海岸近くに運んで比較すると，4,300 m での最大酸素摂取量の減少率は非常にわずかであった．37章で述べられているアンデス高地人の優れた高地耐性がここにもみられよう．高地ボリビアの移住者と永住者についての近年の一連の研究により，除脂肪量当たりの最大酸素消費量の変異の 20～30％が遺伝的相違に関連すると結論されている[84]．

アンデス高原に人類の足跡が記され出したのはほぼ2万年前のこととされている．ヒマラヤ周辺部については，シワリク山系には約50万年前のミンデル氷河期の，さらに，ソアン山岳には約40万年前のミンデル・リス間の遺跡が残されている．アンデスに比べてはるかに長い高地居住の歴史がある．シェルパ（sherpa）のポーターは低酸素に非常に強く，

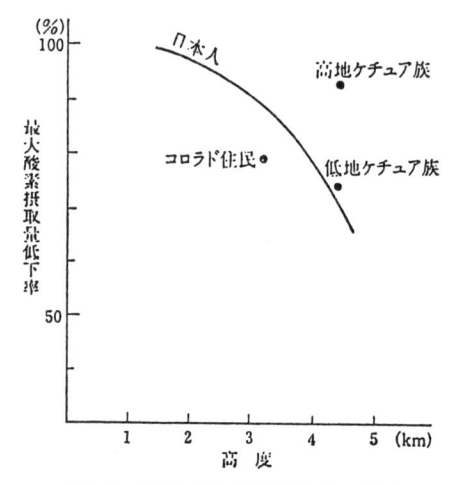

図余18 高地における酸素摂取量の低下
（佐藤，1987）[7]

39章に説明されているように，その最大酸素摂取量が多くの登山家よりも優れていることが知られている[85]．4,000 m ほどの高地に住むシェルパの 4,000 m で測定された最大酸素摂取量は低地に住むシェルパの低地で測られた最大酸素摂取量と匹敵している[86]．アンデス高地人の比ではないシェルパの長い歴史をもつ高地居住がもたらした高地適応を示すものであろう．このヒマラヤの人々にはアンデスの人々のような樽状胸郭が見出されていない．アンデス高地人の大きな胸ははなはだ遺伝的で，残気量を含む全肺容量がアイマラ系の程度に相関することが明らかにされている[87]．

幾世代にもわたってアンデスに生活するアイマラやケチュアの人々に慢性高山病が多い[88～90]．慢性高山病は酸素飽和度の低い多量の血液，しかも赤血球が多く粘性の高い血液が，主として肺循環に大きな負担を生ずることによって起こるものである．多血球血症と低酸素血症と，さらに，右心室優位の合併症ともいえるものである．そこには高地への馴化が進み，さらに，一部の適応反応の過剰を生じて，適応不全へと移行してしまう現象がみられる．

高地人の慢性高山病患者と，健康な高地人，平地に生まれ育ったのちに高地に移住して1年ほどを経過したヒト，平地に生まれ平地に住んでいるヒト，この4種類の人々について肺循環を中心に呼吸循環系の機能水準を比較してみると，肺換気量は平地に住むヒトが最小である．平地から移住したヒトが最

大，健康な高地人がそれに続き，高山病患者は平地に住むヒトとほとんど変わらない．肺胞炭酸ガス分圧はそれを反映して，平地に住むヒトが最高，ついで高山病のヒト，健康な高地人となり，平地からの移住者が最低となる．動脈血の酸素飽和度は，平地のヒトは正常値で98％，高地では低酸素のために酸素飽和度は低下するが，換気量の大小が反映して，平地からの移住者，健康な高地人，高山病患者の順に低酸素血の度合が強まっている．高地に住む人々は体重に比べて血液量が多い．高山病患者では体重1 kg 当たり 140 ml にも達することもある．ついで，健康な高地人，高地に移住したヒトの順に少なくなり，平地に住むヒトは正常値の体重1 kg 当たり 85 ml 程度と最小になる．高地では一般に血漿量の減少する傾向があるので，この血液量の増加は細胞量の増加が主因で，ヘモグロビン濃度の高い多血球症の傾向が明瞭である．高地のヒトは心拍数が低い傾向があるが，それにもかかわらず血液量の増加が反映して心拍出量が大きくなることがある．特に，高山病患者では心拍出量は正常人の2倍にも達することがある．肺動脈圧の上昇は血液量の増加と血管抵抗の増加が主因で生ずる．平地からの移住者と健康な高地人は心拍出量が平地のヒトよりもむしろ少なく，肺循環血液量は大きいとはいえない．しかし，高山病患者ではすでにこの血流量が大きい．肺循環の血管抵抗は平地のヒトが低く，高地の人々はそのほぼ2倍程度である．したがって，平地のヒトでは平均して水銀柱 12 mm ほどの肺動脈圧が，高地の人々では高く，平地からの移住者，健康な高地人としだいに上昇し，高山病患者では 35 mm にも達する．したがって，平地のヒトでは1分間に 9J 程度である右心室の仕事も，高地移住者，健康な高地人と増大し，高山病患者では 40J にも達する．高山病患者の右心室の負担は著しく大きくなり，そのことは心電図の記録にも鮮明に現れている．

肺動脈圧が上昇し，それに伴う負担の増大により右心室が肥大するという慢性高山病にみられる肺循環の様相は，薄い空気への一過性の対応である換気昂進が，低酸素環境への適応の進展とともに，呼吸中枢の感受性の低下と血液性状の変化を伴って，正常化された次の段階にみられるものなのである．高地気候への個体適応の限界を示すものというべきであろう．37章に解説されている日本人と高地永住者の相違の背景でもある．

宇宙線の強い高地では突然変異の生ずる可能性は当然高くなる．しかし，高地人の遺伝子型の分布の調査結果によると，その周囲の平地に住んでいるヒトと遺伝子型にはほとんど差がない．唯一の例外は，今日まで，高地人には，鎌状赤血球ヘモグロビン症，サラセミア（地中海貧血），ブドウ糖-6-リン酸脱水素酵素欠損症などの貧血性の劣性因子の存在が知られていないことである[91]．高地での酸素輸送の重要さはそのような貧血性体質の存在を許すはずがなく，自然淘汰の結果生じた現象と考えられている．高地の高い死亡率は自然淘汰の機会を増すことになろう．しかし，高地人に特別な遺伝的適応があるとは考えられない．なぜならば，高地適応の根本として酸素輸送効率の向上が最も重要であるが，その効率の向上を特別に可能にするようなヘモグロビンの変種は一つも見い出されていないからである．

International Biological Program 以来，アンデスやヒマラヤの人々の高い work capacity をもたらす最大の要因として，成長期に発達する馴化反応が強調されている．特に，3,500～4,500 m の高度での成長は高地 population に限らず低地 population までも，成人の performance を改善すると結論されている[92]．高地人の適応は，高地に身体を馴れさせ，高地に望ましい機能を発達させたことにより獲得されたものなのである[91]．

日本人は 3,000 m の高度では最大酸素摂取量が平均的に 15％の減少を示す[93]．平地居住者についての従来の測定結果は5％減少から 25％減少の間の大きい個人差を示している[83]．このことは酸素輸送機能に対する低酸素環境の影響に個人差の存在することを示すものである．酸素摂取量を V_{O_2}，動脈および混合静脈の酸素濃度をそれぞれ C_{aO_2} および C_{vO_2}，心拍出量と1回拍出量を HR と SV とすると，$V_{O_2} = Q\cdot(C_{aO_2} - C_{vO_2}) = HR\cdot SV\cdot(C_{aO_2} - C_{vO_2})$ の関係にある．動脈血の酸素濃度はヘモグロビン濃度によって定められる血液の酸素抱合能とヘモグロビンの酸素飽和度によって決まる．したがって肺換気量の影響が大きい．酸素輸送機能に対する低酸素の影響に個人差が存在することは，低酸素が肺換気量，血液の酸素濃度，および心拍出量に及ぼす影響のい

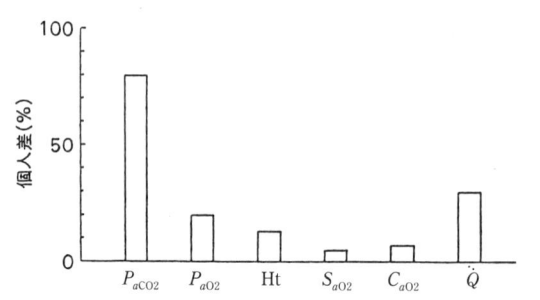

図余 19 高地滞在中に酸素輸送能諸要素に生じる個人差の程度（佐藤，1981）[91]
P_{aCO_2}：動脈血炭酸ガス分圧，P_{aO_2}：動脈血酸素分圧，Ht：ヘマトクリット値，S_{aO_2}：動脈酸素飽和度，C_{aO_2}：動脈血酸素濃度，$\dot{Q}$：心拍出量．

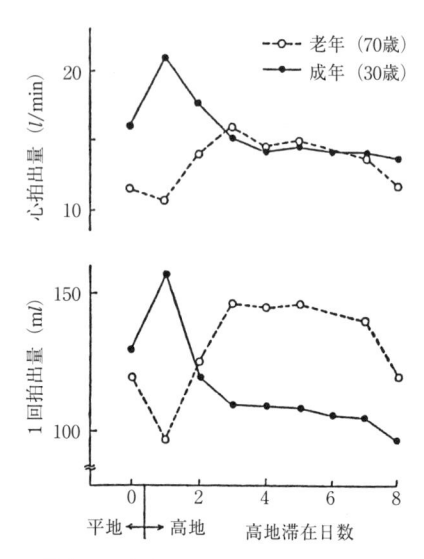

図余 20 高地到達後の循環血液量の年齢差（佐藤，1981）[91]

ずれかに個人差のあることを示す．低酸素環境下の換気亢進の程度には前記のごとく個人差がある．過剰換気のヒトほど肺胞気の炭酸ガス分圧は低くなる．0 m から 3,100 m に登ると気圧は 760 mmHg から 530 mmHg になり，吸気の酸素分圧は約 50 mmHg の低下になり，もしも肺胞気量が 0 m と同じなら動脈血の酸素分圧にも 50 mmHg の低下を生じることになる．しかし，実際には呼吸亢進が生じ，動脈血の炭酸ガス分圧は，大きく影響される人で 14 mmHg，影響の小さい人では 3 mmHg の低下に，またそれに対応して酸素分圧の低下も 39〜48 mmHg にとどまる．動脈血の酸素分圧の低下度とその個人差は大きいが，ヘモグロビンの酸素解離曲線がこのあたりの酸素分圧の範囲では平坦であるために，酸素飽和度への影響は，その程度も，また個人差もともに小さく，6〜9％の低下にすぎない．したがって，3,100 m の高地での肺換気量の個人差は大きいが，それが酸素飽和度に及ぼす個人差は小さい．高地に滞在を続けるとヘマトクリット値は男女にかかわりなく上昇する．血漿量の減少とともに，血球の増加があり，ヘマトクリット値の増加には個人差がみられ，特に高年者ではその開始が遅れる．しかし，ヘモグロビン濃度の増加は動脈血の酸素飽和度の低下で相殺されて，動脈血の酸素濃度は特に明瞭な変化を示さない．このような事実から酸素輸送系の二大因子の一つである動脈血の酸素濃度に及ぼす低圧の影響には個人差はほとんどなく，心拍出量の影響の個人差が酸素輸送系への影響の個人差の主因と考えられる（図余 19）．

最大下作業中の心拍出量と心拍数は平地よりも高地に到着したときの方が高い．しかし，数日間の滞在で 1 回拍出量は減少し始め，心拍数もまた低下する．10 日間ほど，3,100 m に滞在すると，心拍数は平地とほぼ同じ水準に回復する．1 回拍出量は平地よりも減少するので心拍出量は結局減少することになる．最大作業では高地到着時でさえ心拍数の水準の上昇（最高心拍数の増加）が明らかではない．最大心拍出量は減少する．高地での最大酸素摂取量の減少はこの最大心拍出量の減少が主因である．そして，1 回拍出量の個人差が最大酸素摂取量減少の個人差の中心をなすと考えられている．

心拍出量に対する低圧の影響に年齢差が大きいことが注目されている．図余 20 は 3,800 m の高地での約 1 週間の滞在における心拍出量と 1 回拍出量の変化を 30 歳と 70 歳の男子で比較したものである．30 歳の男性では高地到着第 1 日目に最大に達し，その後は平地よりもわずかに低い値を示したが，老人では高地到着第 1 日には変化がなく，その後に増加してその水準を保ち続けている．

低酸素環境あるいは高地に対する馴化が個人によって異なる原因として，心拍出量に対する低酸素の影響に個人差が生じやすいことが注目されている．心拍出量に個人差が大きい原因として上記のような背景が知られているが，その精細な機序もしだいに

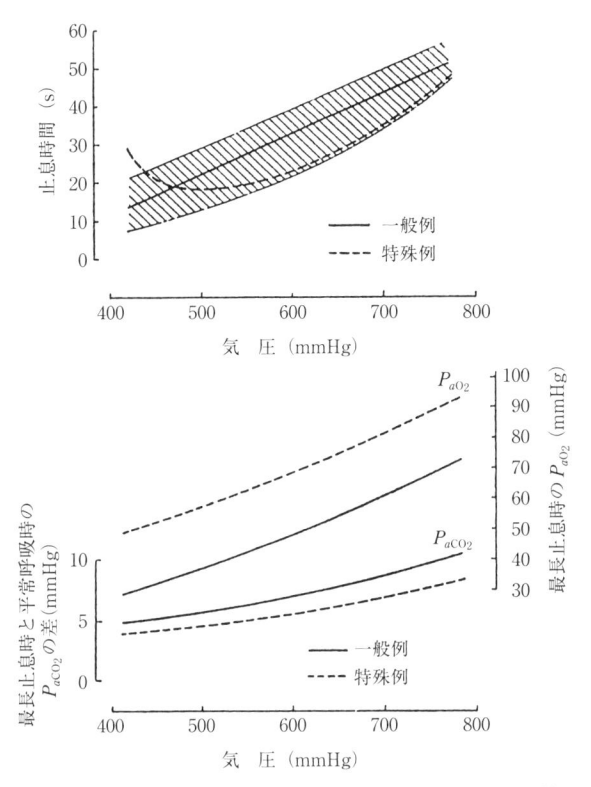

図余 21 低酸素環境における呼吸衝動の個人差（佐藤, 1981）[91]
（上）低気圧で息こらえが延長に転ずる例がある．
（下）特殊例では最長止息時の酸素分圧が高い

明らかにされつつある．

　高地では換気が亢進する．肺胞から取り込んだ血液中の酸素が体内で消費され炭酸ガスが増加してくる状況を頸動脈球・大動脈球あるいは脳脊髄液にかかわる受容器が検出して呼吸中枢が賦活されて呼吸運動が起こるのであるが，その様相に2つの異なるタイプのあることが知られている．換気亢進とともに，息こらえの時間も短くなるが，その短縮の様子に2つのパターンが存在するのである（図余21）．高度が上昇するにつれて息こらえの時間は短縮するのが通常のパターンである．これに対して気圧低下に伴いある段階でそれまで短縮していた息こらえの時間が逆に延長の傾向を示すグループがある．このパターンを示すグループは息こらえの時間が短く肺胞気の炭酸ガス分圧は低く，酸素分圧は高い傾向を示す．呼吸中枢のCO_2への感受性がより強いグループである．高地馴化とともに生じる呼吸中枢のCO_2感受性の変化に多型が存在する例証の一つである[91]．

　炭酸ガス分圧の高いエアーを呼吸すると，換気量が増加するが，増加の著しいグループと，増加が比較的少ないグループが存在する（図余22）．CO_2への反応の強いグループは呼吸数が増加する．反応の弱いグループは1回換気量が大きくなるが，呼吸数の増加は比較的わずかである（図余23）．この多型のメカニズムは呼吸中枢の感受性の相違ではなく，CO_2に対する緩衝作用によるとされている．反応が弱いグループは肺胞死腔が大きく，そのために，高濃度のCO_2を含む吸気でも，肺胞死腔による緩衝効果を生じる．さらに，血液の重炭酸塩による化学的な緩衝効果も加わり，血中炭酸ガスの上昇が抑制され，CO_2に対する呼吸反応を弱める効果が生まれると考えられている[91]．CO_2への反応の弱いヒトの比率は高いヒトよりもはるかに少ないと想像されているが，この特性には家系的な傾向の存在することが注目され，phenotype のこの多型は genotype に関連していることが示唆されている．

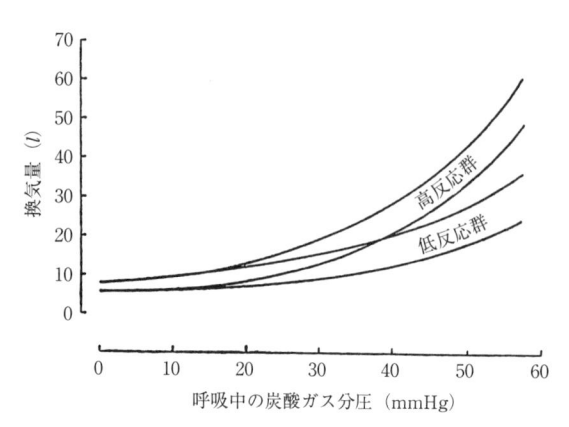

図余22 吸気炭酸ガス分圧への呼吸反応の2タイプ（佐藤，1981）[91]

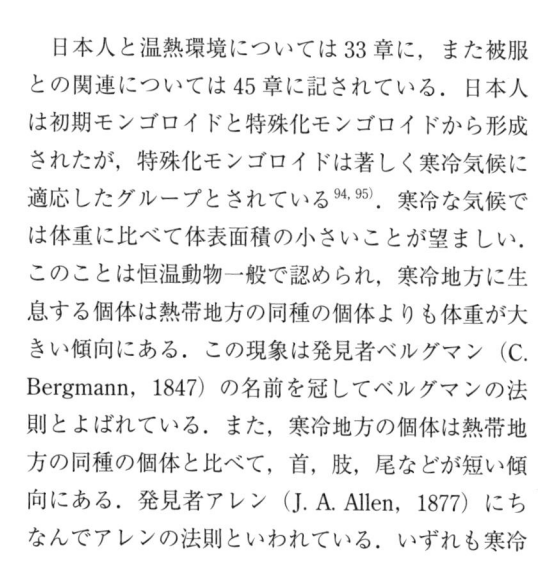

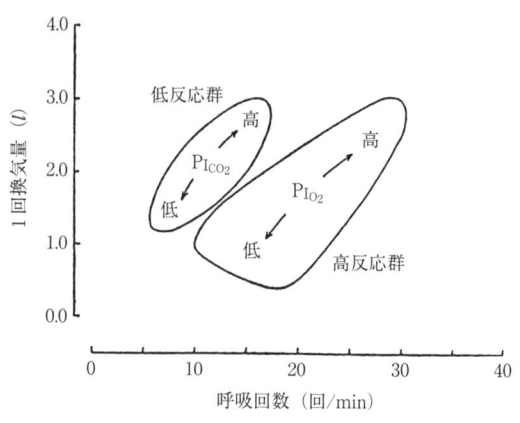

図余23 吸気炭酸ガス分圧への2タイプの呼吸傾向（佐藤，1981）[91]

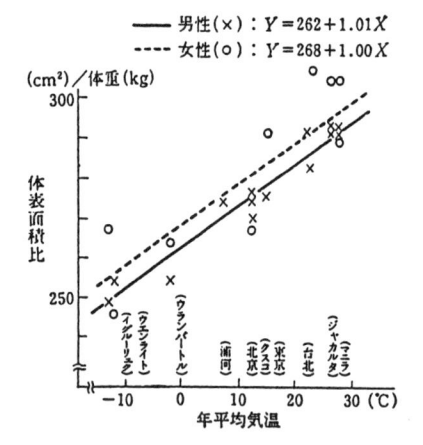

図余24 モンゴロイドにみられるベルグマンの法則（佐藤，1987）[7]

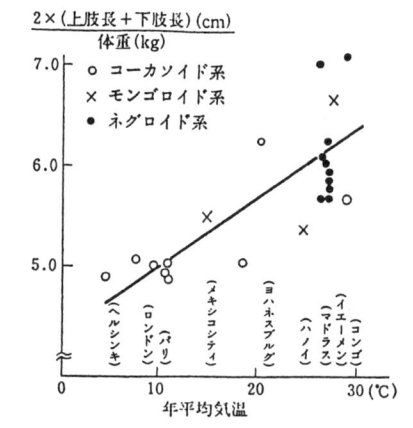

図余25 黒人・白人・黄色人種にみられるアレンの法則（佐藤，1987）[7]

　日本人と温熱環境については33章に，また被服との関連については45章に記されている．日本人は初期モンゴロイドと特殊化モンゴロイドから形成されたが，特殊化モンゴロイドは著しく寒冷気候に適応したグループとされている[94,95]．寒冷な気候では体重に比べて体表面積の小さいことが望ましい．このことは恒温動物一般で認められ，寒冷地方に生息する個体は熱帯地方の同種の個体よりも体重が大きい傾向にある．この現象は発見者ベルグマン（C. Bergmann, 1847）の名前を冠してベルグマンの法則とよばれている．また，寒冷地方の個体は熱帯地方の同種の個体と比べて，首，肢，尾などが短い傾向にある．発見者アレン（J. A. Allen, 1877）にちなんでアレンの法則といわれている．いずれも寒冷での体温維持に有効な放熱面積の比率の小さな体型をつくるために生じた現象と考えられている．一般に寒冷気候への適応形質と考えられているモンゴロイド系の人々についても，体重に対する体表面積の比率と居住地の年平均気温の関係はベルグマンの法則に沿った傾向を示す（図余24）[7,82]．同様に年平均気温と四肢長-体重比を種々の民族について比較すると，アレンの法則に従った傾向が認められる（図余25）[7,82]．頭の形態についても同じようなことがみられる．世界的にみると，高温地域の人々の頭指数は平均して77.3，低温地域の人々の平均は81.6になると報じられている．これをさらに，気温の順に高温低湿，高温多湿，低温多湿，および，低温低湿に分けると，その順番に頭指数が並ぶ（図余

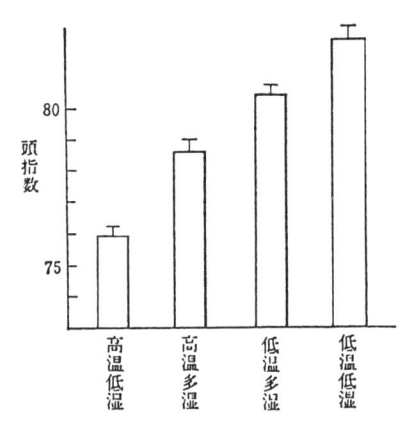

図余 26 頭型にみられるベルグマンの法則
（佐藤，1987）[7]

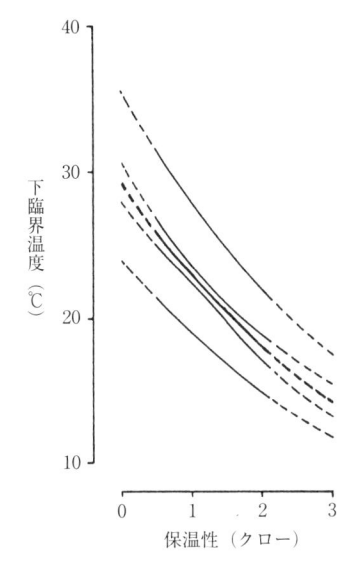

図余 27 衣服の保温性と下臨界温度
clo 値に対する下臨界温度の回帰直線と，その平均値および個人値の 95％信頼区間の上下限を示す．
（Sato ら，1985）[110]

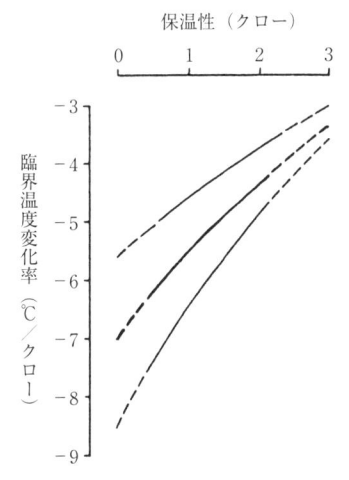

図余 28 下臨界温度変化率（Sato ら，1985）[110]

26[7])[96]．ただし，先に触れたように，頭型は必ずしも気温の要因だけで決まるのではなく，栄養状態や文化的，あるいは，社会的な影響もあると，古くから[97,98]考えられている．

衣服の温熱特性とともに肌触りや着心地については 45 章に記されている．日本人も他の民族と同様に良い肌触りや温熱的快適感を求め続けてきた．明治の初めに来日した欧米人にとって当時の日本人の服装はきわめて興味深いものだったようである．E. S. モースは到着直後の横浜港で，早速，日本人の着衣に目をとめている[53]．1885（明治 18）年に来日したフランスのピエール・ロティ（Pierre Roti）も，「ズボンもはかず，シャツも着ていない．きわめて特殊な方法で結ばれた狭い布帯が，彼らに対して，われわれの国におけるブドウの葉や，イチジクの葉に託されていた役割を果たしている．」と記している[99]．もともと，和服は夏の蒸し暑さに対応して発達したとされている．腋の下に風が通るように大きく袖を開けた着物を，前を軽く合わせ帯を締めて着るのは，体熱の放散に有利である．寒くなれば重ね着をすればよい．

日本人は，E. S. モースや P. ロティが記したように，半裸に近い姿で日常を過ごしたようである．衣服を纏うことはあまり好まなかったらしい．この大好きな半裸が，文明開化で禁止されることになってしまった．しかし，急に厳禁とおふれが出ても，半裸でいることが正常なのであるから，即座に止めるというわけにはいかない．おふれを守らない人々が大勢いた．そのため，巡邏が家のなかに踏み込んで裸の人々を引き立てたという記録が残っている[100]．

厚い衣服を着たり重ね着をすると保温性が上昇する．1clo の上昇はほぼ 5℃ の気温低下に耐えられると概算されている．また，昔の中国のある地方では，衣服の「かさね」という言葉が気温を表現して，温暖な気候を 1 かさね，最も厳しい寒さを 12 かさねという．平安時代に始まった日本の「十二単衣」はここに起源があるともいわれている．気温が低くなると低体温を防ぐために産熱量が増えることにな

る．寒冷地に住む動物の下臨界温度は低く，熱帯に住む動物の下臨界温度は高い．ナマケモノの下臨界温度は約 30 ℃，今日までに観察された最も高い記録である[101,102]．人間の下臨界温度は，米国白人で 25.2 ℃[103]，ノルウェー人で 26.0 ℃[104]，ラップ人で 27.0 ℃[105] と発表されている．日本人の下臨界温度については研究者による違いが大きく，24.0 ℃[106]，21.7 ℃[107]，26.2 ℃[108] であった．人種間の違いよりも日本人間の違いの方が大きい[109]．これらの測定結果は，後記のように，耐寒性の多型を示唆している．

日本人女性で，衣服の保温効果は，下臨界温度の対数が衣服の clo 値にほぼ反比例する関係として析出されている（図余27）．clo 値が増加するにつれて下臨界温度は低下するが，その程度は clo 値が大きくなるほど小さくなり，一枚一枚の衣服の保温効果は厚着になるほど小さくなる（図余28）．日本人の女性で，真裸の状態の下臨界温度を推計してみると，28.9 ℃となった[110]．ナマケモノにつぐ高い記録である．なお，28.9 ℃は平均値である．図余27にみられるように個人差は 24 ℃から 36 ℃の広範囲にわたると推計される．さらに，推計平均値すらその 95 ％信頼上限は 30.2 ℃，下限は 27.8 ℃となる．多型性の視点からの検討は今後の問題である．

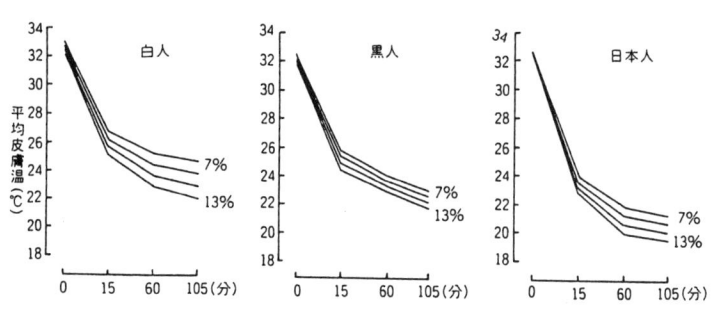

図余 29 低温下における平均皮膚温低下に及ぼす体脂肪率の影響
—— 体脂肪比率 7, 9, 11, 13 ％の比較（佐藤，1993）[82]

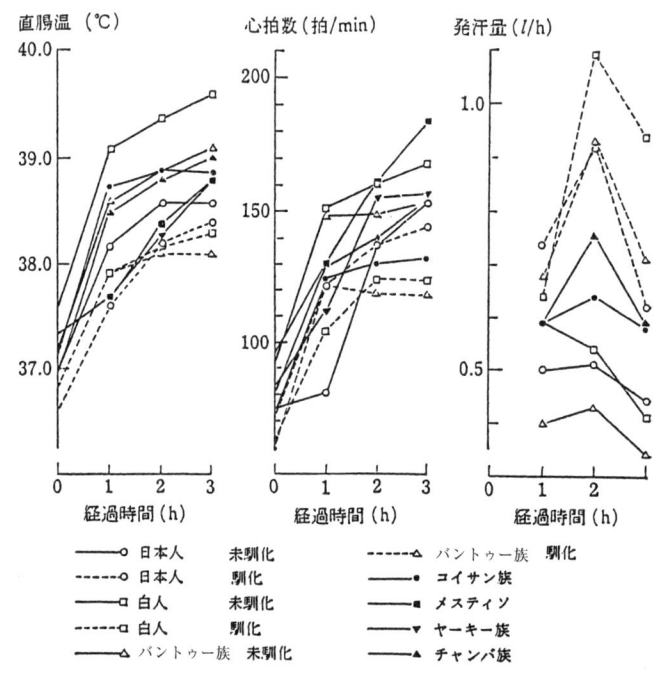

図余 30 耐暑性の人種比較（Sato ら，1989）[107]

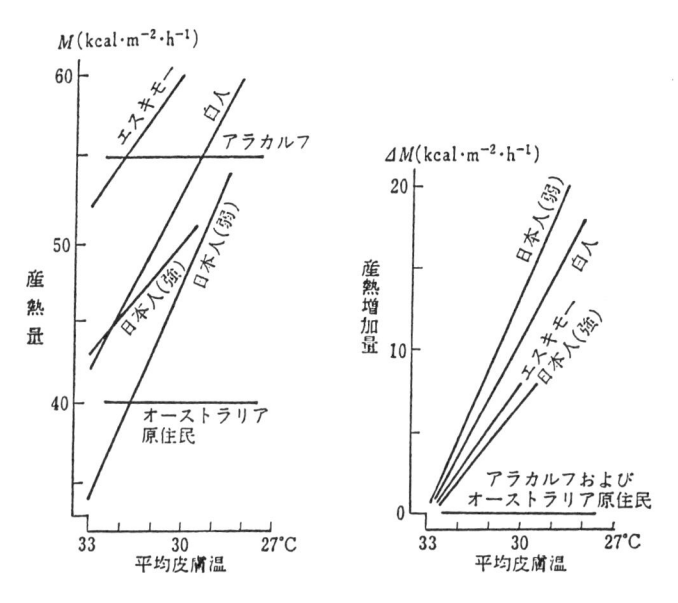

図余 31 耐寒性の比較――強い日本人グループと弱い日本人グループ
(佐々木, 1982)[108]

　日本人は現代文明に生きる人類の一般的傾向を示して，寒さに弱い．それでも，皮下脂肪が厚い人は寒さに対して幾分かは強い傾向にある．同じ皮下脂肪でも断熱性に人種差がある．日本人は，同じ脂肪条件では，皮膚温は白人よりもさらに低く（図余29），直腸温は白人よりもさらに高くなる．日本人の皮膚血管収縮能力は黒人はもとより白人よりも高く，皮下脂肪の断熱性が優れていることを示唆するものであろう[82]．

　33章に詳説されているように，耐暑性の比較はさまざまな方法でなされている．国際比較も行われている．気温35℃，湿度95％の高温環境で，300 kcal/時の基準作業を4時間続けて，体温，発汗量，心拍数を測定する方法は国際比較資料の多いものの一つである（図余30）．2時間経過時点で日本人の成績は，心拍数が86％，直腸温は1.5℃の上昇を示した．発汗量は0.5 l 程度である．白人よりも耐暑性が優れていることを示す成績である．カラハリ砂漠のコイサン人は，心拍数の増加が少なく，日本人よりも優れた耐暑性を示す．南アフリカ連邦のバントゥー人は，日本人よりも劣り白人に近い成績を示している．アラビアに住むチャンバ人は高い発汗機能を示すものの直腸温と心拍数の上昇は小さくはなく，日本人よりは耐暑性に劣る成績である．メキシコ北西部に広がるソノラ砂漠に生活するヤーキ人（アメリカインディアン）は，その近隣に居住するメスティソとよばれる白人との混血群とほぼ同じ体温上昇を生じているが，心拍数の上昇はより少ない．ヤーキ人の方がメスティソ・グループよりも耐暑性がわずかに優ることを示すものであるが，両群とも日本人の成績よりは劣っている．ここに比較された人々が生活する環境条件と文化的伝統，さらに，それぞれの遺伝的資質がこのような成績となって現れたものである．ところが，日本人，白人，バントゥー人を，気温36℃，湿度89％の高温高湿条件で，同じ基準作業を2週間行わせることによって高温ストレスに馴化したあとに，再び同じテストを実施すると，馴化前とは比較にならぬ優れた耐暑性を示すようになる．日本人を含めて人間の耐暑性の潜在性はどの人種もほぼ一様に高い水準にあるのである[111]．

　生理的多型は遺伝形質と環境効果によって生じる．日本人には初期モンゴロイドと特殊化モンゴロイドに起因する要素をはじめとする遺伝型多型が存在する．日本の風土の自然条件と文化の背景は時空間的に多様である．容易に見出される潜在性は日本人の耐暑機能の多型性を示すものと考えられる．

　耐寒能に生理的多型が認められることはすでに明らかである．前記のように，耐寒性の指標とされる

下臨界温度について従来発表されている日本人の推定値にはかなり大きな違いがみられる．24.0℃と21.7℃は点推定によって求められたものである[106,107]．26.2℃は区間推定でなされその95％信頼区間の上下限は，それぞれ，28.9℃および23.5℃と推定された[108]．日本人の下臨界温度には大きな個人差が存在する．また，33章に詳説されているように，耐寒性は図33.44で比較されることが多い．この比較において日本人については寒さに強いグループと寒さに弱いグループに分けられた資料[112]も発表されている（図余31）．先に記した日本人男性の下臨界温度の区間推定の上限値28.9℃と下限値23.5℃は polynomial equation method[108]で求めれたものである．この方法による区間推定は相関曲線の平均についての信頼区間の上限と下限から求められたもので，平均値と標準偏差から求められる個人値の区間推定ではない．平均値が23.5℃から28.9℃の推定区間を示すのである．日本人の耐寒性はいくつかの系統に分かれると考えるべきであろう．

日本人の生理的多型性を示す現象は他にもある．「英国留学中に，漱石はいちどもニオイのことに触れていない．どこの都市に行っても，それぞれの匂いが体臭のようにあるものだが，漱石の住んだロンドンの街は，ワキガの匂いが今でも基調になっている．…英国人の風呂に入る回数は今でも日本よりずっと少ないし，風呂に入っても烏の行水のようにパッと出てしまう人が大部分である．暖房のきいた教室などで一時間も教えると，頭が痛くなるほど臭気がたちこめる…ついでながら，古いホテルではベッドの下に，小さい洗面器のようなものが置いてあって，夜間はそれに用を足すことになっていた．…つまり漱石のいた頃は，ロンドンのニオイは相当なものだったことは確かである．…ところが，日記やら書簡などを読んでも，漱石はニオイのことは，まったく無関心だったらしく，何も書いていない．おなじころドイツに留学した日本人学者は，ワキガの研究を発表して有名になった人もあるのに比べるのは極端すぎるにしても，少しくらいは書いてもよさそうなのに，という思いがする．」[113] イギリス人は体臭が強く，そのうえ，入浴回数が少ないというが，欧米人には日本人がよほどの風呂好きに映るらしい．「日本人の最も好むささやかな肉体的快楽の一つは温浴である．…毎日夕方に，非常に熱く沸かした湯につかることを日課の一つにしている．…人びとは湯ぶねにはいる前に身体中をすっかり洗い清める．それから湯につかって温かさとくつろぎの楽しみに身をゆだねる．…世界の他の国ぐにの入浴の習慣には類例を見い出すことの困難な，一種の受動的な耽溺の芸術としての価値を置いている．」と，ルース・ベネディクト（Ruth Benedict）は日本人の入浴は芸術的と評価している[114]．日本の高温多湿の夏と冬の寒冷な気候が日本人を風呂好きにしたということも影響し，それがにおいにも及んでいようが，日本人はもともと体臭の薄い体質である．

日本人でも身体の表面から何かしらのにおいが発散している．その主要なものは汗のにおいである．人間の汗腺には，体表の大部分にあって塩分が薄く水分に富む汗を分泌するエクリン腺と，腋の下と下腹部や陰部などの毛根に開口するアポクリン腺がある．アポクリン腺は薄い液体とともに汗腺内部にくびれ出た細胞も汗に含む．この蛋白質や脂肪に富んだ汗が皮膚表面の細菌によって分解されて低級脂肪酸になり，臭気を発することになる．したがって，アポクリン腺の活動の高い人ほど体臭が強い傾向を示す[115]．最も活動的なアポクリン腺は腋の下に多いので，そのにおいがワキガの語源である．

アポクリン腺は思春期の頃より活性が高くなり，中年を過ぎると低くなる．そのために体臭も若い頃に強い．黄色人種は黒人や白人よりも腋の下のアポクリン腺の分布密度が低い[115,116]．また，腋の下のアポクリン腺には，分泌能力の低い小型のものと，大型で分泌能力の高いものの2種類があり，小型のアポクリン腺の分泌物には格別のにおいがないが，大型のアポクリン腺の分泌物は乳状または黄色を帯びて，蛍光性があり，臭いが強い．黒人や白人はほとんどが大型のアポクリン腺なので，多少ともワキガでない人はいないが，日本人のアポクリン腺は小型が圧倒的に多い[116]．

先に漱石と比較された腋臭の研究者とは足立文太郎[117]である．腋臭と耳垢の関係から日本人の体質の系統に迫った足立の研究[115]は『汗腺の人種的研究ならびに人種特徴としての腋臭と耵聹』として日本語に記されている[117]．18章に解説されているよ

表余7　腋臭と粘着性耳垢の人種比較（足立，1973）[117]

人　種	腋　臭	粘着性耳垢
ネグロ	例外なく認められる．多くは非常に強度	柔軟かつ粘土状
アイヌ	純血種のアイヌには例外なく認められる	
	和人と混血が軽度の者は83％まで	
	和人との混血が著しい者は50％まで	87％
ヨーロッパ人	通常は認められる（70％以上）	通常は認められる．粘液状，半液状
ミクロネシア人	53％（島々により32～80％）	60％
中国人（台湾人）	50％（42～65％）	70％（40～75％）
琉球人	30％	40％
日本人（アイヌ及び琉球人を除く）	10％（地方により4～24％）	17％（11～25％）
朝鮮半島人	6％	8％
中国本土人	3％	4％
ツングースおよびカルミュック	0％	稀

表余8　日本人にみられた腋臭と関係（足立，1973）[117]

	腋臭あり	腋臭なし	計
粘着性耳垢保有者	1640	1252	2892
乾燥性耳垢保有者	381	7758	8139
計	2021	9010	11031

表余9　腋臭と粘着性耳垢は男性よりも女性に多く認められるが，差は小さい（足立，1973）[117]

	腋臭		粘着性耳垢	
	男性	女性	男性	女性
朝鮮半島人	5.7％	5.9％	7.0％	8.5％
日本人（琉球を除く）	10.4％	10.9％	15.5％	17.7％
琉球地方人	27.1％	30.4％	37.4％	44.1％
中国人（台湾）	48.3％	49.3％	72.8％	70.1％
ミクロネシア人	53.5％	52.5％	60.9％	65.8％

うに，耳垢はアポクリン汗と皮脂との混合物で，粘りけのない乾燥性耳垢（コナミミ）とねばねばした粘着性耳垢（アメミミ）の2種類がある．耵聹（ていねい）という語は狭義には後者を指すが，広く耳垢の意に用いることもある．外耳道のアポクリン腺活性が高いほど粘り気が強くなる．腋臭はアポクリン腺の腺細胞に由来する脂質成分が皮膚面の雑菌で分解されて生じるものであるが，日本人を含む黄色人種の腋窩発汗量は一般に少ないが個人差が多い傾向にある．足立[115, 117]は表余7をあげて，腋臭と粘着性耳垢の出現率に民族差（この研究が独文で発表された1937年頃はアイヌは日本人と異なると考えられる傾向にあった）が大きいことを指摘した．表にみられるように，腋臭が純粋のアイヌには例外なく認められ，和人とあまり混血していないアイヌの方が強く混血した者よりも腋臭が多いことを指摘した．さらに，ツングースとカルミュック・中国人（大陸居住の

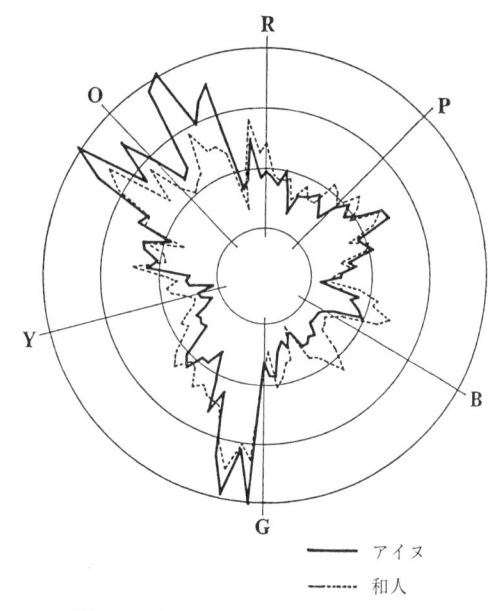

図余32　北海道日高地方の学童の色相識別能力（Sato, 1975）[121]

者）・朝鮮半島人は日本人や台湾居住の中国人に比べて，腋臭の者が明らかに少ないことに注目した．初期モンゴロイド系に比べて特殊化モンゴロイド系は腋臭が少ないことが示されている．粘着性耳垢は腋臭の出現頻度が高く，腋臭の強度と耳垢の粘着度は関連している（表余8）．ほとんどの民族で，腋臭と粘着性耳垢は男性よりも女性に多く認められるが，その性差は非常に小さい（表余9）ことを示した．

アポクリン腺が特に発達している脇窩は人間の皮膚表面で一番バクテリアが高密度で発見される部分の一つである．しかもこのバクテリア植物相の組成

は人によって著しく違う[118]．足立は腋臭の強さのみに着目したが，バクテリア植物相の違いは体臭の違いをつくり出す要素の一つとなっている．さらに，バクテリア植物相の違いをつくるのはその人の体質，特に，主要組織適合抗原系を支配する遺伝子群を含む染色体領域 major histocompatibility complex（MHC，主要組織適合性抗原複合体）のタイプによるとされている[119]．ある種の MHC 対立遺伝子結合（通常は異型接合）が病原体の淘汰圧下で優れているために，MHC が非常に多型になったと考えられている[120～122]．それを反映して，MHC ヘテロ接合の子孫を生じるような配偶者選択が行われていると結論されている[123]．体臭の好みの 20％強が MHC で説明可能であるという[124]．

　足立の研究は日本人の腋臭のなかに耳垢と関連する初期モンゴロイド・タイプと特殊化モンゴロイド・タイプを見い出すものであった．そこには，さらに，MHC に由来する多型が存在することであろう．

　初期モンゴロイド・タイプと特殊化モンゴロイド・タイプの存在は色相の識別能にも認められる．北海道の日高地方に生活する学童の色相識別能力を詳細に検討すると初期モンゴロイドとつながるアイヌ・グループは橙色系色相識別偏差点がより大きい（図余32）[125]．生理的多型の発現には自然環境や文化的背景が影響する．日高の学童の両グループは，同一の自然環境のもとに，数代にわたって文化的伝統を共有しており，遺伝要因の影響が特に大きいと想像される．下臨界温度の推定結果や図余31は日本人の耐寒能力に多型性が存在することを示唆している．自然環境・文化・遺伝の3要因が作用して，日本人のなかに耐寒能力の異なるタイプをつくりだしていることは容易に理解できよう．同様に図余21，図余22および図余23は日本人のなかに呼吸衝動や低圧気呼吸関連するメカニズムに多型性が存在することを示している．16章に解説されているように，HLA をはじめ日本人は複雑な遺伝型多型を示す．PTC 味盲には大きな地域差が認められている．自然環境は変化に富み，文化は時代的・地域的特性をもつ．遺伝・自然環境・文化の3要因が作用して，日本人の特性に広く生理的多型性が存在することは想像にかたくない．今日，日本人の特性の解明は日本人の生理的多型性の解明へと進みつつある．

［佐藤方彦］

文　献

1) Siebold, von P. F. (1832) Nippon. Archiv zur Beschreibung von Japan und dessen Neben und Schutzlaendern．（池田次郎・大野　晋編（1973）論集日本文化の起源5，平凡社）
2) Morse, E. S. (1879) Trace of an early race in Japan. The Popular Science Monthly, 14, January．（池田次郎・大野　晋編（1973）論集日本文化の起源5，平凡社）
3) Bealz, von Erwin (1885) Abstammung des japanischen Volkes und seine ethnographischen Elemente, Die Köerperlichen Eigenschaften der Japaner. Yokohama．（池田次郎・大野　晋編（1973）論集日本文化の起源5，平凡社）
4) 坪井正五郎（1897）石器時代総論要領，日本石器時代遺物発見地名表（田中正太郎・林若吉編），2, pp. 11-26.
5) 小金井良精（1904）日本石器時代の住民．東洋学芸雑誌，**259**，260号．（池田次郎・大野　晋編（1973）論集日本文化の起源5，平凡社）
6) 佐藤方彦（1988）人種としての日本人，日本人の生理（佐藤方彦編），朝倉書店．
7) 佐藤方彦（1987）人間と気候，中央公論社．
8) 西岡久寿弥（1982）B 型肝炎ウイルスと人類の自然史—特にその地理的病理学的特性について．日本学士院紀要，**38**, 1-19.
9) 日沼頼夫（1986）新ウイルス物語—日本人の起源を探る，中央公論社．
10) 松田毅一・Engelbert Jorissen（1983）フロイスの日本覚書，中央公論社．
11) Bird, I. L.（高梨健吉訳）(1963) 日本奥地旅行，東洋文庫．
12) Taut, B.（篠田英雄訳）(1950) 日本の家屋と生活，春秋社．
13) Molnar, S. (1983) Human variation : races, types, and ethnic groups, Prentice-Hall.
14) Suda, A., Hoshi, H., Sato, M., Eto, M. and Ashizawa, K. (1968) Longitudinal observation on the chest circumference and sitting height of Japanese-American hybrids from 6 to 15 years of age. *J. Anthropol. Soc. Nippon*, **76**, 95-104.
15) 佐藤方彦（1989）日本人の体質・外国人の体質，講談社．
16) 長　璋吉（1975）私の朝鮮語小辞典，北洋社．
17) 近藤四郎（1961）人のからだ，みすず書房．
18) 佐藤方彦（1986）巨人の顔，人間のはなし（佐藤方彦編），技報堂出版．
19) 佐藤方彦（1990）人をはかる，日本規格協会．
20) 鈴木　尚（1963）日本人の骨，岩波書店．
21) Weidenreich, F. (1947) The trend of human evolution. *Evolution*, **1**, 221-236.
22) Fischer, E. (1956) Anthropologie. Die Wissenschaft vom Menschen, in Gestalter unserer Zeit, 4.
23) Weidenreich, F. (1946) Apes, Giants and Man, Chicago University Press.
24) 山口　敏（1986）日本人の顔と身体，PHP 研究所．
25) 石原　忍（1942）日本人の眼，畝傍書房．

26) Short, G. B. (1975) Iris pigmentation and photopic visual acuity : a preliminary study. *Amer. J. Phys. Anthropol.*, **43**, 425-434.
27) Hoffman, J. M. (1975) Retinal pigmentation, visual acuity and brightness levels. *Amer. J. Phys. Anthropol.*, **43**, 417-424.
28) 清水　勲 (1987) ワーグマン日本素描集, 岩波書店.
29) Alcock, R. (山口光朔訳) (1962) 大君の都, 岩波書店.
30) 渋沢敬三編 (1952) 南方熊楠全集, 乾元社.
31) 藤田恒太朗 (1965) 生体観察, 南山堂.
32) 西田正秋 (1954) 新女性美, 東洋経済新報社.
33) 芥川竜之介 (1995) 鼻, 芥川龍之介全集　第1巻　羅生門・鼻, 岩波書店.
34) Pascal, B. (由木　康訳) (1990) パンセ, 白水社.
35) 佐藤方彦 (1990) 日本人の鼻はなぜ低い？　日本経済新聞社.
36) Shapiro, H. L. and Hulse, F. (1940) Migration and Environment, Oxford Univ. Press.
37) 入沢達吉 (1920) 日本人の坐り方に就て. 史学雑誌, **31**, 589-617.
38) 堀内　勝 (1979) 砂漠の文化, 教育社.
39) 柳田國男 (1969) 民間些事, 柳田國男集 14, 筑摩書房.
40) Mauss, M. (有地　亨・山口俊夫訳) (1976) 身体技法, 社会学と人類学 2, 弘文堂.
41) Morimoto, I. (1960) The influence of squatting posture of the calcaneus in the Japanese. - Formation of the forward extension complex of the posterior talar articular surface. *J. Anthropol. Soc. Nippon*, **68**, 16-22.
42) 佐藤方彦 (1985) 人はなぜヒトか—生理人類学からの発想, 講談社.
43) Akerblom, B. (1948) Chairs and sitting, Human Factors in Equipment Design, Lewis.
44) Keegan, J. J. (1953) Alteration of lumbar curve related to posture and sitting. *J. Bone and Joint Surg.*, **35A**, 583-603.
45) 佐藤方彦 (1972) 人間工学概論, 光生館.
46) Kraemer, J., Kolditz, D. and Gowin, R. (1985) Water and electrolyte content of human intervertebral discs under variable load. *Spine*, **10**, 69-71.
47) 佐藤方彦 (1991) 人間工学とデザイン. 機械の研究, **43**, 1007-1013.
48) 平沢弥一郎 (1988) 日本人の立ち構え, 日本人の生理 (佐藤方彦編), 朝倉書店.
49) 佐藤方彦 (1986) プロメテの火, 人間のはなし (佐藤方彦編), 技報堂出版.
50) Ramazzini, B. (松藤　元訳) (1980) 働く人々の病気, 北海道大学出版会.
51) 勝浦哲夫 (1988) 日本人の循環機能, 日本人の生理 (佐藤方彦編), 朝倉書店.
52) 安河内朗 (1988) 日本人の呼吸機能, 日本人の生理 (佐藤方彦編), 朝倉書店.
53) Morse, E. S. (石川欣一訳) (1970) 日本その日その日, 東洋文庫.
54) 山崎昌広 (1988) 日本人の歩行, 日本人の生理 (佐藤方彦編), 朝倉書店.
55) 李御寧 (1984) 縮み志向の日本人, 講談社.
56) 福場良之 (1988) 日本人の体力, 日本人の生理 (佐藤方彦編), 朝倉書店.
57) 九鬼周造 (1984) 「いき」の構造, 岩波書店.
58) Annis, R.C. and Frost, B. (1973) Human Visual Ecology and Orientation Anisotropies in Acuity. *Science*, **182**, 729-731.
59) 佐々木実 (1988) 日本の老人の聴力, 日本人のはなし (佐藤方彦編), 技報堂出版.
60) 坂本　弘 (1981) 音と振動, 生理人類学入門 (菊池安行・坂本　弘・佐藤方彦・田中正敏・吉田敬一共著), 南江堂.
61) Namba, S., Kuwano, S. and Schick, A. (1986) A cross-cultural study on noise problems. *J. acoust. Soc. Jpn.*, (E) **7**, 5, 279-289.
62) Doty, R.L., Applebaum, S., Zusho, H. and Settle, R.G. (1985) Sex differences in odor identification ability : a cross-cultural analysis. *Neuropsychologia*, **23**, 667-672.
63) 加福欣三 (1942) にほひ, 河出書房.
64) Dale, P. (中村京子訳) (1978) 日本的独自性の神話. 中央公論, 11月号.
65) 別府春海 (1978) イデオロギーとしての日本文化論, 思想の科学.
66) 佐藤方彦 (1998) 日本人と生活文化, 生活文化論 (佐藤方彦編), 井上書院.
67) Kimura, D. (1961) Cerebral dominance and the perception of verbal stimuli. *Canad. J. Psychol.*, **15**, 166-177.
68) Kimura, D. (1963) Note on cerebral dominance in hearing. *Acta Otolaryngologica*, **56**, 617-618.
69) Kimura, D. (1964) Left-right differences in the perception of melodies. *Quart. J. Exper. Psychol.*, **16**, 355-358.
70) Broadbent, D. and Gregory, M. (1964) Accuracy of recognition of speech presented to right and left ears. *Quart. J. Exper. Psychol.*, **16**, 359-360.
71) 角田忠信 (1978) 日本人の脳, 大修館.
72) Tsunoda, T. (1966) Tsunoda's method : A new objective testing method available for the orientation of the dominant cerebral hemisphere towards various sounds and its clinical use. *Indian J. of Otolaryngology*, **18**, 78-88.
73) Cooper, W. A. Jr. and O'Malley, H. (1975) Effects of dichotically presented simultaneous synchronous and delayed auditory feedback on key tapping performance. *Cortex*, **11**, 1206-1216.
74) O'Malley, H. (1978) Assumptions underlying the delayed auditory feedback task in the study of ear advantage. *Brain and Language*, **5**, 127-135.
75) Uemura, J.M. and Cooper, W.A. Jr. (1980) Hemispheric differences for verbal and nonverbal stimuli in Japanese- and English- speaking subjects assess by Tsunoda's method. *Brain and Language*, **10**, 405-417.
76) 土居健郎 (1971) 甘えの構造, 弘文堂.
77) 河合隼雄 (1976) 母性社会日本の病理, 中央公論社.
78) Percival Lowell (川西瑛子訳) (1977) 極東の魂, 公論社.
79) 和辻哲郎 (1935) 風土―人間的考察, 岩波書店.
80) Hurtado, A. (Dill, D.B., Adolph, E.F. and Wilber, C.G. eds.) (1964) Animals at high altitude : Resident man, Handbook of Physiology, IV. Adaptation to the Environment, American Physiological Society, Washington, D.C.
81) Mazes, R. B. (1968) The oxygen cost of breathing in man : Effects of altitude, training and race. *Amer. J. phys. Anthropol.*, **29**, 365-376.
82) 佐藤方彦 (1993) 日本人の生理人類学的特徴について. 日本体質学雑誌, **56**, 1-5.
83) Buskirk, E.R., Kollias, J., Picon-Reategui, E., Akers, R., Prokop, E. and Baker, P. (1967) Physiology and perfor-

mance of track athletes at various altitudes in the United of States and Peru, The effect of altitude on physical performance (Goddard, R.F. ed.), The Athletic Institute, Chicago.
84) Frisancho, A.R., Frisancho, H.G., Milotich, M., Brutsaert, T., Albalak, R., Spielvogel, H., Villena, M., Vargas, E. and Soria, R. (1995) Developmental, genetic and environmental components of aerobic capacity at high altitude. *Amer. J. Phys. Anthropol.*, **96**, 431-443.
85) Pugh, L. G. C. E. (1964) Animals in high altitudes : man above 5000 meters-mountain exploration, Handbook of Physiology (Dill, D.B., Adolph, E.F. and Wilber, C.G. eds.), Sec 4 : Adaptation to the Environment. Washington, DC : American Physiological Society, pp. 861-868.
86) Weitz, C. A. (1973) The effects of aging and habitual activity pattern on exercise performance among a high altitude Nepalese population. Doctoral dissertation, University Park, PA : The Pennsylvania State University.
87) Jafary, M.H., Khawar, N., Ilyas, M. and Saeed, N. (1986) Chest measurements and spirometry in highlanders in Misgar, Man, Mountain and Medicine, Peshwar, Pakistan : Pakistan Heart Foundation (Ilyas, M. and Khan, F.A. eds.), pp. 155-168.
88) Monge, M.C. (1943) Chronic moutain sickness. *Physiol. rev.*, **23**, 166-184.
89) Monge, M.C., Lozano, R. and Whitembury, J. (1965) Effect of blood-letting on chronic mountain sickness. *Nature*, **207**, 770.
90) Monge, M. C. and Monge, C.C. (1966) High Altitude Diseases, Charles and Thomas, Springfield, Ill.
91) 佐藤方彦 (1981) 気圧環境, 生理人類学入門 (菊池安行・坂本 弘・佐藤方彦・田中正敏・吉田敬一共著), 南江堂.
92) Baker, P.T. (1997) The Raymond Pearl Memorial Lecture, 1996 : The eternal triangle — genes, phenotype and environment. *Am. J. Human Biol.*, **9**, 93-101.
93) Sato, M. and Sakate, T. (1974) Combined influences on cardiopulmonary functions of simulated high altitude and graded work loads. *J. Human Ergol.*, **3**, 55-66.
94) Montague, M. F. A. (1960) Introduction to Physical Anthropology, Charles C Thomas, Springfield, Illinois.
95) Coon, C. S. (1965) The living races of man, Knopf. New York.
96) Beals, K. L. (1972) Head form and climatic stress. *Amer. J. Phys. Anthropol.*, **37**, 85-92.
97) Weidenreich, F. (1945) The brachycephalization of recent mankind. *Southwestern J. Anthropol.*, **1**, 1-54.
98) Newman, M. T. (1955) The application of ecological rules to the racial anthropology of the aboriginal new world. *Amer. Anthropol.*, **55**, 309-327.
99) Roti, P. (村上菊一郎・吉永 清訳) (1961) 秋の日本, 平凡社.
100) 佐藤方彦 (1995) おはなし生活科学, 日本規格協会.
101) Scholander, P.F., Hock, R., Walters, V. and Irving, L. (1950) Adaptation to body temperature, insulation, and basal metabolic rate. *Biol. Bull.*, **99**, 237-258.
102) Scholander, P.F., Hock, R., Walters, V., Johnson, F. and Irving, L. (1950) Heat regulation in some arctic and tropic mammals and birds. *Biol. Bull.*, **99**, 259-271.
103) Wilkerson, J.E., Raven, P.B., and Horvath, S.M. (1972) Critical temperature of unacclimatized male Caucasian. *J. Apple. Physiol.*, **33**, 451-455
104) Erikson, H., Krog, J., Andersen, K.L. and Scholander, P.F. (1956) The critical temperature in naked man. *Acta Physiol. Scand.*, **37**, 35-39.
105) Scholander, P.F., Andersen, K.L., Krog, J., Lorentzen, F.V., and Steen, J. (1957) Critical temperature in Lapps. *J. Apple. Physiol.*, **10**, 231-234.
106) Yoshimura, M. and Yoshimura, H. (1969) Cold tolerance and critical temperatures of the Japanese. *Int. J. Biometerol.*, **13**, 163-172.
107) Ishii, M. (1976) Cold tolerance of Japanese assessed by the lower critical temperature, and so on. *J. Anthrop. Soc. Nippon*, **84**, 93-104
108) Sato, M., Katsuura, T. and Yasukouchi, A. (1979) The lower and upper critical temperatures in male Japanese. *J. Human Ergology*, **8**, 145-153.
109) 佐藤方彦 (1984) 環境適応, 人類学―その多様な発展 (日本人類学会編), 日本経済新聞社.
110) Sato, M., Watanuki, S., Iwanaga, K. and Shinozaki, F. (1985) The influence of clothing ensembles on the lower critical temperature. *Europ. J. Appl. Physiol*, **54**, 7-11.
111) Sato, M., Matsuda, K. and Koujima, T. (1989) The adaptability to heat of young adult Japanese. *Ann. Physiol. Anthropol.*, **81**, 25-27.
112) 佐々木隆 (1982) 健康と気象, 朝倉書店.
113) 板坂 元 (1978) 日本語横丁, 講談社.
114) Bendict, R. (長谷川松治訳) (1967) 菊と刀, 社会思想社.
115) Adachi, B. (1937) Das Ohrenschmalz als Rassenmerkmal und der Rassengeruch ("Achselgeruch") nebst dem Rassenunterschied der Schweissdrüesen. *Zeitschrift füer Rassenkunde*, **Bd. 6**, S. 273-307.
116) Kuno, Y. (1956) Human Perspiration, Charles C. Thomas.
117) 足立文太郎 (池田次郎訳) (1973) 汗腺の人種的研究ならびに人種特徴としての腋臭と耵聹. 論集日本文化の起源 5 (池田次郎・大野 晋編), 平凡社.
118) Jackman, P.J.H. (1982) Body odor — the role of skin bacteria. *Sem. Dermatol.*, **1**, 143-148.
119) Howard, J.C. (1977) H-2 and mating preferences. *Nature*, **266**, 406-408.
120) Doherty, P.C. and Zinkernagel, R.M. (1975) Enhanced immunological surveillance in mice heterozygous at the H-2 gene complex. *Nature*, **256**, 50-52.
121) Hughes, A.L. and Nei, M. (1988) Pattern of nucleotide substitution at major histcompatibility complex class I loci reveals overdominant selection. *Nature*, **335**, 167-170.
122) Brown, J.L. (1997) A theory of mate choice based on heterozygosity. *Behav. Ecol.*, **8**, 60-65.
123) Wedekind, C., Seebeck, T., Bettens, F. and Paepke, A.J. (1995) MHC-dependent mate preferences in human. *Proc. Roy. Soc. Lond.*, B, **260**, 245-249.
124) Wedekind, C. and Fueri, S. (1997) Body odor preferences in men and women : do they aim for specific MHC combinations or simply heterozygosity ? *Proc. Roy. Soc. Lond.*, **B**, **264**, 1471-1479.
125) Sato, M. (1975) Hue discrimination ability of Ainu children. *Japanese IBP Synthesis*, **2**, 324-333.

索　引

ア

R-R間隔　107
R-R間隔変動係数　108
IAS →インスリン自己免疫症候群
IgE抗体　146
アイヌ文化　14
IBP　204
明かり　443
明るさ　443
　──の単位　446
握　力　196
アシュネル眼球圧迫試験　107
飛鳥時代　412
アセチル化反応　360
汗の塩分濃度　163, 165
遊　び　663
圧刺激　545
安土・桃山時代　418, 635
アトロピン　111
アニミズム　656, 658
アノマロスコープ　28
アフラトキシン　672
アポクリン汗腺　154, 169, 707
甘　え　661, 696
アミノ酸　305
アメリカ環境保護庁　431
アルコール代謝　363
アルゴテラピー→海藻療法
アルドステロン　165
α受容体　107
アレルギー　144
アレルギー体質　146
アレンの法則　702
アロ抗原型　142
阿波踊　664
暗順応曲線　24
暗所視　24
暗騒音　487
アンデス高地　471

イ

家　元　665
胃　癌　118, 120
閾　値　49

異常冷感　64
移植医療　144
イス坐　262, 593
異　族　14
1秒量　76
遺伝形質　705
遺伝子再構成　139
遺伝子プール　674
遺伝多型　360
移動運動　207
稲作の道　10
稲作文化　650
衣　服　403, 537
衣服気候　548
衣服材料　540
色合い　455
色温度　455
　──と温冷感　465
色識別　460
色順応　535, 536
色対比　25
色の恒常性　25
色　目　539
飲　酒　97
インスリン自己免疫症候群　144
インターネット　653

ウ

ウィークエンド　500
ウェーバーの法則　58
ウォーキング　228
ウォーキングエクササイズ　248
Walraven-Bouman色覚モデル　25
右室肥大　475
うま味　55
海の環境　499
うるささ　438
運動強度　82
運動時間　173
運動選手　80

エ

HLA →ヒト白血球抗原
HRV →R-R間隔変動係数
栄　養　304

栄養所要量　309
栄養摂取量　309
栄養素　304
泳　力　218
ATL　673
疫学転換　643
腋臭（わきが）　169, 706
液性免疫　139
エクリン汗腺　153, 161
SD　68
江戸時代　419, 635
江戸文化　651
MHC →主要組織適合遺伝子複合体
エネルギー消費　309
エネルギー摂取量　308
遠　泳　220
演色性　458
演色評価数　458
塩　味　55

オ

黄金分割　543
応接空間　613
応答時間　173
大本教　656
オキシトシン　321, 322
音　36, 694
　──と言語　36
　──の認識　36
音環境　431, 487
オフィス　604
オフィスアメニティ　615
オフィス空間　606
オフィスの装備　611
オフィスのプライバシー　605
オフィスレイアウト　607
オルドビス紀　398
温　度　395
温度感覚　40
温熱環境　395, 515, 702
温熱的快適感　40
音　波　34
温白色　458
陰陽道　655, 656

カ

会議室　614
海水浴　220
海藻療法（アルゴテラピー）　504
快適環境　501
外皮（皮膚）　147
外皮系　147
海洋レジャー　499
街路照明　450
化学調節系　78
加加速度　70
過狭鼻型　682
拡散　80
角層水分量　157
神楽系　669
ガス環境　515
ガス交換-血液ガス系　78
風による振動　487
家族計画　643
歌道　667
華道　666
過敏性体質　356
歌舞伎　668
鎌倉時代　415
甕棺墓の被葬者群　10
過労死　624
過労自殺　624
簡易生命表　376
感覚　59, 349, 693
　——の質　58
　——の種類　58
感覚閾値　349
感覚器　59
感覚上行路　540
感覚単位　59
肝癌　120, 121
換気　75
換気/血流比　82
換気・拡散能　75
換気性閾値　186
眼球　18
　——の運動　20
環境圧潜水　517
環境因子　365
環境効果　705
環境持続型住居　601
環境順応　482
完結出生児数　645
眼瞼　19
感作　63
鉗子状咬合　7
完新世　401
汗腺　161
完全生命表　376

汗腺密度　163, 162
乾燥性耳垢　707
杆体1色覚　26
杆体細胞　23
艦内ガス環境　513
カンブリア紀　397
甘味　55
寒冷乾燥気候　470
寒冷血管反応　426
寒冷適応形質　2
関連痛　64

キ

気　657
気圧障害　484
気圧低下　482
記憶色　535
気温低下　485
祇園祭　664
器械潜水　518
幾何学的相似モデル　211
菊と刀　660
気候変動　420
着心地　548
気質　358
喫煙　96
喫煙コーナー　617
畿内古墳人　13
祈念祭　664
機能的残気量　472
基本味　55
基本色相　529
着物の材料　539
逆短頭化現象　677
嗅覚　47, 352, 694
急性高山病　485
旧石器時代　630
旧石器時代人　404
競泳　224
胸郭排出指数　474
競技　670
鋏状咬合　680
暁新世　401
狭鼻型　682
競歩　228
恐竜　399
虚血性心疾患　99
虚血性心疾患者　193
清元　668
距離走　208
キラーT細胞　141
キリシタン　656
筋　342
禁教令　656
筋交感神経　114

近世琉球人の誕生　15
筋電図　173
筋力　196

ク

空洞臓器　482
クサビ形細石刃核石器群　5
駆歩　208
クラスⅠ分子　140
クラスⅡ分子　140
グリコーゲン　305
グレア　447
クレッチマー　205, 357
クロマニョン人　406
軍隊組織の整備　652

ケ

毛　151
景観　488
景観色　533
蛍光灯　458
脛骨　199
経済速度　230
形質の階級差と都鄙差　16
ゲーム　670
血圧　474
血液ガス-換気系　78
結核　631
減圧症→潜水病
顕花植物　400
言語　326
幻肢痛　64
現代栄養学　576
建築人間工学　594

コ

交感神経　105
交感神経活動　574
交感神経皮膚反応　114
後期旧石器時代人　3
合計出生率　638
合計特殊出生率　632, 642
高血圧　96
高血圧者　192
光合成生物　396
庚午年籍　633
虹彩　19
高山病　494
高脂血症　95
高所医学研究　493
恒常性（ホメオスタシス）　106, 542
高所登山家　494
庚申信仰　655
更新世　401
高身長化　285

索引　713

高層　479
高層建築物　478
拘束時間　499
小唄　668
抗体　138
講談　669
高地環境　470
高地馴化　697
高地の妊娠　476
香道　666
抗凍傷指数　113, 428
高度経済成長　642, 652
高度情報化社会　625
広鼻型　682
神戸まつり　665
硬毛　151
高齢化　644
高齢化社会　625
コーポラティブ方式　602
呼吸機能　75
呼吸性不整脈　109
国語の制定　652
国際標準規格　67
国勢調査　639
国分尼寺　654
国分寺　654
国民栄養調査　571
国民生活時間調査　572
国民負担率　648
国民文化の形成　651
戸口調査　633
個人方程式　174
古生代　397
古代　632
個体空間　596
骨髄移植　143
骨粗鬆症　312, 335
言葉遊び　670
古墳時代　411
古墳人の特徴　13
米騒動　640
米本位制　650
固有色　533
コルチゾール　467, 542
コレクティブハウジング　602
衣替　595

サ

坐　591
サーカディアンリズム　621
採集狩猟社会　631
最小可聴値（最小可聴域）　34
最大酸素摂取量　84, 185, 213, 495, 691, 699
最大随意筋力　196

細胞性免疫　139
在来系古墳人　13
座敷　590
左室電位　366
茶道　665
作法　595
坐法　258, 593, 595
サマータイム　445
さわがしさ　438
残気量　77
三畳紀　399
3大飢饉　638
酸素運搬系　84
酸素摂取能力　84
酸素摂取の制限因子　88
酸素摂取の定常状態　87
酸素瀑布　470
酸素分圧　485
酸素利用系　84
三内丸山遺跡　650
散歩　228
酸味　55
散乱日射　533
3ルート渡来説　5

シ

CIE →国際照明委員会
C型肝炎ウイルス　121
CD8陽性T細胞　141
死因　383
死因別死亡率　377
シェルドン　205
塩味　55
紫外線　487
視覚　18, 351
視覚系　23
視覚生理学　22
視環境　488
視感度　25
耳管閉塞者　484
色覚　23
色覚異常　26
色覚理論　25
色汗症　169
色彩環境　527
色彩嗜好　527
色相弁別能　32
色度座標　455
色度分布　534
識別閾　58
識別能力　47
持久性運動能力　85
軸索反射　64
刺激　59
刺激閾　58

次元解析　205
次元論　211
子午改　637
嗜好色　528
嗜好性　51
嗜好品　120
自己免疫病　141
視細胞　23
時宗　654
思春期　329
視床下部　540
事象関連電位　466
視神経経路　20
地震災害と照明　452
始新世　401
姿勢　252, 343
死生観　658
姿勢反射　229
脂腺　154, 170
自然観　537, 658
自然決定論　587
自然光　457
自然歩容　230
持続性支配　105
視知覚　527
市町村制　651
耳道腺（耳垢腺）　169
耳閉感　483
脂肪　305
死亡率　377, 639
指紋　156
シャーマニズム　655, 658
社員食堂　615
ジャポニズム　544
収穫祭　664
住環境学習　602
住居　587
集合住宅　599
周産期死亡　376
周産期死亡率　377
自由時間　499
自由神経終末　63
従属人口指数　341, 629, 644, 648
集団遺伝学の研究　4
宗門人別改帳　636
主気管支　75
祝祭　663
修験道　656
出生率　639
受動触　60
シュノーケリング　513
寿命　376
受容器　59
主要組織適合遺伝子複合体（MHC）　139

ジュラ紀　399
循環気質　358
循環器疾患　99
循環系　92
順応　60
瞬目　19
瞬目率　19
消化器癌　117
消化器系　117
少子化　644
浄土宗　654
浄土真宗　654
少年期　329
商品化住宅　600
静脈環流量　545
掌紋　156
縄文・アイヌ集団　7
縄文時代　630
縄文時代人　6, 407
縄文文化圏　8
照葉樹林文化　661
浄瑠璃　668
初期モンゴロイド　3, 708
ジョギング　208
食　571
食事回数　572
食事学　571
食事時間　572
食事摂取スタイル　574, 576
食卓の一品　576
除脂肪量　296
除脂肪量/体脂肪量比　297
女性生殖器系　129
触覚　60
触感　62
燭光　446
書道　666
暑熱適応能　166
徐波化　546
自律神経　105
自律性体温調節機構　404
シルル紀　398
皺やしみ　343
心意現象　653
しんかい6500　510
心筋症　100
寝具　557, 564
神経　342
人口　629
　——のモーメンタム　643
人口置き換え水準　642
人口減少　647
人工光源　457
人口高齢化　645, 647, 648
新興宗教　653

人口政策確立要項　642
人口増加率　629, 635
人口調査　637
人口転換　643
人口動態率　642
人工妊娠中絶　643
人口爆発　643
人口密度　629
人口問題　640
真言宗　654
人種差　52, 54
人種と外皮　147
新生児　322
新生代　401
腎臓　123
心臓交感神経　107
心臓副交感神経　107
身体活動水準　85
身体機能　341
身体作業能力　84
身長　290
　——の国際比較　675
伸張性（離心性）収縮　196
心電図　475
神道　653
振動　65
　——の許容限界値　70
振動加速度　68
振動感覚　67
振動数の弁別　68
振動曝露時間　69
心拍出量　545, 700
心拍数　700
心拍変動　467
心拍変動性　107, 541
真皮結合組織　155
心不全　101
シンメトリー　543
心理学的評価　72
心理の不応期　176
人類　402

ス

水温　511
水晶体　18
錐体細胞　23
随伴陰性変動　466, 541
睡眠　557
スクーバ潜水　521
ストライド　228
スプリント走　208
素潜り　517
スリミング（減量）効果　504

セ

生活環境　333
生活時間　619
生活習慣病（成人病）　93
生活リズム　513, 621
正坐　258, 587, 593, 683
性差の人種差　167
性周期　79
正常3色覚　26
成人　330
精神的構え　177
精神的緊張　574
精神的美　546
精神物理学　22
性腺刺激ホルモン　330
生体負担　512, 516
生体リズム　621
成長　316, 318
成長曲線　316
静の温度感覚　41
青銅器の道　11
青年期　330
性比　641
生物学的美　546
西北九州の海岸部や離島の弥生人　12
性ホルモン　330
生命時間　318
生命表　376, 631, 636
生理学的評価　72
生理の多型　705
赤山禅院　654
赤緑ハイブリッド遺伝子　29
赤筋線維　208
摂氏温度　396
摂取所要時間　573
絶対温度　396, 455
先カンブリア時代　396
先行間隔　173
戦国時代　418
全身持久性体力　185
全身振動　68
鮮新世　401
漸新世　401
全身反応時間　181
潜水艦　512
潜水球　509
潜水調査船　510
潜水艇　509
潜水病（減圧症）　518
センターコア　608
選択反応時間　174, 180
先天性心疾患　101
全天日射（全太陽日射）　533

船内温度環境　511
船内ガス　511
船内の居住環境　510
全肺気量　77
全肺胞表面積　75

ソ

騒音　438
騒音環境　438
騒音性難聴　439
相関色温度　456
臓器移植　143
走行　207
喪失歯数　343
早熟化　285
早前期人骨　8
曹洞宗　654
走力　207
速筋線維　198
足趾紋　156
速順応型　60
速度曲線　316
速歩　208
足紋　156
祖先崇拝　658
ソマトタイプ　275, 676
ソロ人　404
蹲踞　684

タ

耐圧殻　509
体温調節　92, 112
体温調節行動　41
体格　271, 290, 344
体格示数　274
大気圧潜水　509
大気圧潜水服　513
大気質量　533
体型　271, 357
太閤検地　635
対光反応　115
第三紀　401
胎児　320
体質　355
体脂肪分布　294
体脂肪量　293
代謝異常　300
体重　290
大正　640
対称歩調　208
耐暑性　705
大豆関連食材　577
胎生　401
体性感覚野　65
体組成　290

大腸癌　120
体内深部脂肪重量　295
大脳辺縁系　541
胎盤　402
体表面積　57
太陽定数　531
第四紀　401
対立遺伝子　140
体力運動能力　214
体力診断テスト　197
体力テスト　690
第二の画期の渡来人　11
唾液分泌量　72
高安病　146
高床住居　589
多型性（個体差）　140
他者志向　663
畳　561
畳敷き　590
竪穴住居　589
タテ社会　661
他人行儀　598
種子島弥生人　14
WHR　296
多文化主義　663
タラソテラピー　503
たる状胸郭　472
炭酸ガス-換気量応答曲線　78
炭酸ガス感受性　78
短縮型赤遺伝子　32
単純（簡単）反応時間　174
単純反応時間　179
弾性エネルギー　209
男性生殖器系　125
弾性相似モデル　211
男性ホルモン　171
短頭化現象　677
蛋白質　305
暖房デグリデー　423

チ

知覚　18
知覚過敏　63
遅筋線維　198
地形　537
遅順応型　60
チトクローム P450　362
中期以降の人骨　8
昼光環境　444
昼光色　458
柱状大腿骨　7
中新世　401
中世　635
中生代　399
中世渡来説　15

昼白色　458
中鼻型　682
聴覚　34, 352
長期居住　489
超高所登山家　80
超高層　479
超々高層建築物　479
跳躍反応時間　174
聴力　34
鳥類　399
直達日射　533
地理的勾配　2

ツ

痛覚　63
痛覚過敏　63
続き間型住居　597

テ

低圧低酸素状態　470
DNA タイピング　142
T 細胞エピトープ　139
T 細胞抗原レセプター　138
TTS　36
T リンパ球　138
低温海水　511
帝国憲法　651
低酸素換気応答　496
低酸素環境　488, 495
低酸素血症　494
低酸素耐性　697
低振動曝露　72
低反応性体質　357
適合性　177
テストステロン　171, 197, 320
涅歯　679
デヒドロエピアンドロステロン　171
デブリソキン型酸化　361
デボン紀　398
寺請制度　654
田楽系　669
電気軸の右方移動　475
電球色　458
天空放射　533
天神祭　664
天台宗　654
デンバー式発達スクリーニング
　　テスト　324
天理教　656

ト

土井ヶ浜遺跡　9
トイレ　616
同化効果　25
等価騒音レベル　38

道教　654
洞窟と殻　588
瞳孔　19, 115
東西の縄文人　8
動作時間　173
闘士型　358
糖質　304
投射の法則　59
同潤会のアパートメント・ハウス　599
凍傷　682
等色温度線　456
疼痛　64
動的温度感覚　42
道東アイヌ　14, 14
糖尿病　95
糖尿病患者　193
東方人種　674
動脈血酸素飽和度　497
動脈硬化性疾患　101
等ラウドネス曲線　34
道路照明　448
特殊化モンゴロイド　3, 708
床　561
登山　491
都市文化　650
渡来系古墳人　13
渡来系弥生人　10
　──の拡散　12
　──の成立過程　10
渡来人のたどった道　11
努力性肺活量　76
トレーニング　79

ナ

内温性動物　400
長唄　668
中廊下住宅　597
ナックルウォーキング　227
奈良時代　412
南西諸島人・アイヌ同系説　1
南都六宗　654
南方起源説　4
南方モンゴロイド　2
南方要素　16
南北朝時代　416
軟毛　151

ニ

苦味　55
ニコチン代謝　362
2色覚　26
日本列島人の地域性　1
二点弁別閾　61
日本アルプス　492

日本泳法　219
日本国憲法　652
日本住宅公団　600
日本人　1
　──の源流　3
　──の成立期　16
日本文化論　695
乳酸性閾値　187
乳児　322
ニュースーツ　514
乳腺　154
尿　124
尿管　123
尿道　124
俄　669
認知能力　328
人別改帳　636

ネ

ネアンデルタール人　404
熱帯森林　402
熱帯草原　402
粘着性気質　358
粘着性耳垢　707
年中行事　655
年齢階級別死亡率　377
年齢調整死亡率　377

ノ

能楽　667
脳幹網様体　540
能動汗腺　161, 162
能動触　60
嚢胞性線維症　168
ノーベル賞　658
乗り心地　70
乗り心地指数　70
乗り物酔い　71

ハ

％Fat　293
肺拡散能　80, 689
肺活量　76, 688
肺換気量　78
肺気量　75
背筋力　197
肺重量　75
肺動脈圧の上昇　475
肺胞換気量　78
パイロット　510
端唄　668
バカンス　500
　──の環境　500
履替　595
白亜紀　399

白色　458
白熱電球　458
薄明視　24
曝露音量　431
働き中毒→ワーカホリック
パチニ小体　60
爬虫類　398
波長弁別能　27
発汗異常　168
発汗蒸発促進説　403
発汗能力　403
発汗の動的特性　168
発汗量　163, 164, 167
白筋線維　208
抜歯の様式　10
発色適正検査　536
発生　320
発達　316, 319
バビンスキー反射　240
早食い　574
パラシュート反射　241
原田病　146
バリアフリー　601
半円錐形細石刃核石器群　5
晩婚化　644
半水生生活（アクア）説　403
反応時間　173

ヒ

BMI　291, 308, 473
B型肝炎ウイルス　121
B細胞エピトープ　139
B細胞抗原レセプター　138
美意識　537
PWCテスト　189
PTS　36, 54
PTC味盲　54
PTC味盲　694
Bリンパ球　138
比叡山焼打ち　657
皮下脂肪厚　295, 346
皮下脂肪重量　295
皮下組織　57
光・色覚閾差　24
皮脂　170
比視感度　531
比視感度曲線　25
微小神経電図法→マイクロニューログラフィ
比色均等能　30
皮脂量　157
非対称歩調　208
ヒト白血球抗原（HLA）　139, 140
人払　635
泌尿器系　123

索　引

泌尿生殖器系　123
ひのえうま　383, 644
皮膚色　147
皮膚温　112, 157
皮膚温度感覚　43
皮膚温度受容器　44
皮膚温変動反応　112
皮膚感覚　57, 353
皮膚感覚特性　60
皮膚血流量　113
皮膚交感神経　113
皮膚腺　152
肥満　299
肥満型　358
肥満者　192, 299
肥満症　94
　──の診断基準　302
氷河期　396, 403
標準化死亡比　377
標準比視感度関数　531
表皮（角層）　155
表皮分泌　161

フ

ファーレンハイト　395
Farnworth-Munsell 100 hue test　30
フィンスイミング　223
風合い　62
風速の増大　485
風土　535, 537, 661, 697
Vogt－小柳原田氏病→原田病
不快感　71
不快グレア　461
複合感覚　67
副交感神経　105
福祉機器　338
富士山　492
襖　561
不整脈　100
舞台芸術　667
仏教の伝来　653
蒲団　561
ブラキエーション　227
振り子車両　71
フレックスタイム制　624
プロゲステロン　321
プロポーション　287
分光分布　455, 532
文楽　668
分裂気質　358

ヘ

平安時代　413
平均演色評価数　459
平均寿命　377, 629, 632, 636

平均世帯規模　636
平均余命　383, 377
平衡感覚　67
平衡能　349
閉鎖狭隘環境　513
β受容体　107
ベーチェット病　146
北京原人　404
ベッド　559
ヘパドナウイルス　672
ベビーブーム　642
ヘマトクリット値　473
ヘモグロビン濃度　473
ベルグマンの法則　702
ヘルパーT細胞　142
ペルム紀（二畳紀）　398
ヘルメット式潜水器　518
扁平な脛骨　7
弁別反応時間　174
弁膜症　100

ホ

膀胱　124
防災照明　451
豊饒儀礼　664
飽和潜水　522
飽和度識別能　30
歩行　207, 227, 327
歩行指数　228
歩行周期　228
歩行速度　228
母指内転筋　196
細長（無力）型　357
歩調　228
法華宗　654
北方起源説　4
北方人種　674
北方モンゴロイド　2
哺乳類　400
骨　341
歩幅　228
ポピュラー潜水器　520
ホメオスタシス（恒常性）　542
ホモ・サピエンス・サピエンス　406
歩容　227
本州西半の弥生人　12
本土の地方差　1

マ

マイクロニューログラフィ（微小神
　　経電図法）　114
マイスナー小体　60
枕　564
マスク式潜水器　520
間取り　591

マパ人　404
まばたき　19
間引　638
まぶしさ　460
まぶた　19
マリンレジャー　499
漫才　669
慢性関節リウマチ　142
慢性高山病　474
漫談　669

ミ

味覚　53, 352
未婚化　644
未熟児　321
御霊信仰　664
港川人　4
港川人絶滅説　15
南九州山間部の古墳人　13
耳垢（みみあか）　169, 170, 706
脈なし病→高安病
民族芸能　669

ム

無酸素閾値　213
無酸素性エネルギー　212
無酸素性作業閾値　86
矛盾冷覚　41
棟割り長屋　607
室町時代　416

メ

明暗順応　24
明治　639
明所視　24
迷走神経　107, 108
Mayer-Wave 関連成分　109
metabolic hyperbola　78
メフェニトイン型酸化　362
メラトニン　467
メラニン色素　147
メラノサイト　148
メラノサイト分布　148
メルケル触覚細胞　60
免疫学　138
免疫寛容　142
免疫グロブリンA　542
免疫系　138

モ

モウコひだ　678
毛周期　152
毛包受容器　60
網膜　20, 23
モダンリビング　600

モチーフ 144
物見遊山 670
木綿 539

ヤ

やかましさ 438
役員室 612
薬物アレルギー 359
薬物代謝 360
櫓 589
やせ 299
弥生時代 632
弥生時代人 9, 409

ユ

有酸素性エネルギー 212
有酸素性作業能力 85
優生保護法 643
有袋類 402
UPSIT 47
ユカ坐 262,
ユニバーサルデザイン 601

ヨ

幼児 324
洋装 544
夜着 561
予告信号 173

ラ

来賓食堂 616
ライフスタイル 620
落語 668
裸子植物 400
乱調反応 112

リ

リポフスチン 170
琉球人 14
両生類 398
臨済宗 654

ル

類人猿 402, 557
るい痩者 299
ルーベンス型 676

ルフィニ終末 60

レ

冷房デグリデー 423
レイリー均等 28
歴史人口学 637
レクリエーション 500
レジャーの定義 500

ロ

廊下 592
老化 333
浪曲 669
労働力人口 647
老年人口割合 629
ロータリージョイント 514
ロートレット 500
ローパーティション 611
ロコモーション 228

ワ

ワーカホリック（働き中毒） 502
わきが（腋臭） 169, 706
和服 550

編者略歴
佐藤方彦
（さとう まさひこ）

1932年　北海道に生まれる
1959年　東京大学大学院博士課程修了
現　在　九州芸術工科大学名誉教授
　　　　理学博士
主要著書　環境人間工学（朝倉書店）
　　　　　体組成の科学（朝倉書店）
　　　　　日本人の生理（朝倉書店）
　　　　　人間の生物学（朝倉書店）
　　　　　　　　　　　他多数

日本人の事典

定価は外函に表示

2003年6月30日　初版第1刷
2004年7月10日　　　第3刷

編　者　佐　藤　方　彦
発行者　朝　倉　邦　造
発行所　株式会社　朝　倉　書　店

東京都新宿区新小川町6-29
郵便番号　162-8707
電話　03（3260）0141
FAX　03（3260）0180
http://www.asakura.co.jp

〈検印省略〉

Ⓒ 2003〈無断複写・転載を禁ず〉　　教文堂・渡辺製本

ISBN 4-254-10176-7　C 3540　　Printed in Japan

D.M.コンシディーヌ編　江戸川大 太田次郎他監訳

科学・技術大百科事典

〔上巻〕10164-3 C3540　A4判 1084頁 本体95000円
〔中巻〕10165-1 C3540　A4判 1112頁 本体95000円
〔下巻〕10166-X C3540　A4判 1008頁 本体95000円
〔全3巻〕　　　　A4判 3204頁 本体285000円

植物学，動物学，生物学，化学，地球科学，物理学，数学，情報科学，医学・生理学，宇宙科学，材料工学，電気工学，電子工学，エネルギー工学など，科学および技術の各分野を網羅し，数多くの写真・図表を収録してわかりやすく解説。索引も，目的の情報にすぐ到達できるように工夫。自然科学に興味・関心をもつ中・高生から大学生・専門の研究者までに役立つ必備の事典。
『Van Nostrand's Scientific Encyclopedia, 8/e』の翻訳

関　邦博・坂本和義・山崎昌廣編

人間の許容限界ハンドブック

10086-8 C3040　　A5判 552頁 本体24000円

人間の科学に携わる人に必携のデータブック。〔内容〕心拍数／呼吸数／覚醒／睡眠／血圧／発汗／リズム／過食と飢餓／体重／身長／性／視覚／聴覚／触覚／痛覚／嗅覚／味覚／平衡感覚／時間知覚／ストレス／無感覚／寿命／サバイバル／健康／トレーニング／リハビリ／疲労／作業能力／姿勢／居住スペース／エネルギー／パワー／スピード／酸素／炭酸ガス／低温／高温／湿度／低圧／高圧／無重量／振動／加速度／風／水／雪／可視光線／赤外線／紫外線／放射線／電場・磁場

佐藤愛子・利島　保・大石　正・井深信男編

光と人間の生活ハンドブック

10135-X C3040　　A5判 388頁 本体16000円

快適光環境づくりのための基礎データと知見を，実際に役に立つ形でものづくりにかかわる人に提供。〔内容〕光は生活とどのようなかかわりをもつか（光と眼，光と皮膚，光と性・成長・発達）／光と行動について意外に知られていないことは―人間の光行動学的基礎データ（光の測定，視覚機能の適応範囲，光環境の下での視覚生活とその変容，視覚機能の個人差）／人間の日常生活にとっての快適光環境とは（野生生活と光，動物の光刺激選択と学習，快適環境とは）／他

老人研 鈴木隆雄著

日本人のからだ
―健康・身体データ集―

10138-4 C3040　　B5判 356頁 本体14000円

身体にかかわる研究，ものづくりに携わるすべての人に必携のデータブック。総論では，日本人の身体についての時代差・地方差，成長と発達，老化，人口・栄養・代謝，運動能力，健康・病気・死因を，各論ではすべての器官のデータを収録。日本人の身体・身性に関する総合データブック。〔内容〕日本人の身体についての時代差・地方差／日本人の成長と発達／老化／人口・栄養・代謝／運動能力／健康・病気・死因／各論（すべての器官）／付：主な臨床検査にもとづく正常値／他

杉崎紀子著

身体のからくり事典

64029-3 C3577　　A5判 372頁 本体6000円

人間のからだの仕組みは複雑でありながらみごとに統御され"からくり"に支配されてヒトは生きている。その複雑で巧妙なメカニズムを，一つの目でとらえ，著者自身の作成したオリジナルの総合図をもとにスプレッド方式（見開き2ページを片面図，片面本文解説）で173項目を明快に解説。医学・医療関係者，健康・運動科学等ヒトの身体を学ぶ方々に必携の書。〔内容〕身体機能の知識（58項目）／病気の基礎知識（66項目）／健康生活の基礎知識（32項目）／健康政策の基礎知識（17項目）

慶大 山崎信寿編

足　の　事　典

20096-X C3050　　B5判 216頁 本体9500円

数百万年前に二足歩行により手を解放してきた足を改めて見直し，健康や物作りの基礎となる様々なデータを収載。〔内容〕解剖（体表，骨格，筋・血管・神経，時代的変化，足の異常等）／形態（測り方，計測データ，形態特徴，体表面積等）／生理（皮膚感覚，発汗と不感蒸泄，むくみ，利き足，足刺激の効用等）／歩行（足趾の動き，アーチ・寸法の変化，足底圧変化，着力点軌跡，床反力等）／動態（足表面・足首の柔軟性，関節の靱帯物性，モデル解析，足指の力，ハイヒール歩行等）

日本ビタミン学会編

ビタミンの事典

10142-2　C3540　　A5判　544頁　本体22000円

ビタミンは長い研究の歴史をもっているが，近年の健康志向とあいまって，新しい視点から注目されるようになり，一種のブームともなっている。こうした現状を踏まえ，最新の知見を取り入れ，ビタミンのすべてを網羅した総合事典。〔内容〕ビタミンA／カロテノイド／ビタミンD／ビタミンE, K, B$_1$, B$_2$, B$_6$／ナイアシン／パントテン酸／葉酸／ビオチン／ビタミンB$_{12}$／関連化合物（ユビキノン，ビオプテリン，イノシトール，コリン，ピロロキノリンキノン）

前東薬大 宮崎利夫・前北里大 朝長文彌編

薬　の　事　典

10178-3　C3540　　A5判　804頁　本体20000円

近年，効果的な新薬が次々に開発され，薬物の治療への貢献は多大なものがある。反面，適正使用を欠いた結果として薬害を引き起こし，社会問題ともなっている。本書は，総論で"薬"の歴史から区分，働き，安全性など，各論で各疾患別の治療薬を解説し，薬学・医療関係者だけでなく，広く一般の人々にも理解できる"薬"の総合事典である。〔内容〕薬の成立ち／区分／認可・規制・流通／働きと副作用／安全性と薬害／心臓と血管に働く薬，抗癌剤など各疾患別治療薬

日本視覚学会編

視覚情報処理ハンドブック
〔CD-ROM付〕

10157-0　C3040　　B5判　676頁　本体28000円

視覚の分野にかかわる幅広い領域にわたり，信頼できる基礎的・標準的データに基づいて解説。専門領域以外の学生・研究者にも読めるように，わかりやすい構成で記述。〔内容〕結像機能と瞳孔・調節／視覚生理の基礎／光覚・色覚／測光システム／表色システム／視覚の時空間特性／形の知覚／立体（奥行き）視／運動の知覚／眼球運動／視空間座標の構成／視覚的注意／視覚と他感覚との統合／発達・加齢・障害／視覚機能測定法／視覚機能のモデリング／視覚機能と数理理論

奈良女大 大石　正編

光　と　人　間

10161-9　C3040　　A5判　196頁　本体3800円

人間の生活に欠かすことのできない光を，生理学を中心に，民俗・都市計画をも含め幅広く解説。〔内容〕視覚的動物ヒトへの進化／光と民俗誌／光環境と眼／紫外線・色彩・照明と人間の生活／エクステリア・都市計画と光／他

前お茶の水大 富田　守・大妻女大 真家和生・杏林大 平井直樹著

生　理　人　類　学（第2版）
―自然史からみたヒトの身体のはたらき―

10159-7　C3040　　A5判　216頁　本体3500円

生物としてのヒトの特性を，自然史の側面から詳述した生理人類学の教科書。〔内容〕生理人類学を考える／自然人類学におけるヒトを見る3つの視点／生理機能の基礎事項／生体変化による適応／行動による適応／近未来環境における人類

前九州芸工大 佐藤方彦編

最　新　生　理　人　類　学

10148-1　C3040　　A5判　168頁　本体3200円

人の視点から人と環境の関係を解明。〔内容〕人間研究と生理人類学／ヒトの感覚特性／ヒトの自律神経機能／ヒトの内分泌系／ヒトの精神機能／ヒトの運動能力／ヒトの発育／ヒトの老化／自然環境とヒト／人工環境とヒト／ヒトの遺伝／他

前東大 埴原和郎編

日本人と日本文化の形成

10122-8　C3040　　A5判　468頁　本体7600円

人間・文化・自然の相互関係を意識し，その観点から日本文化の基本構造と形成過程を解明する。〔内容〕古代の日本と渡来の文化／日本文化における南北構造／気候変動と民族移動／日本人集団の形成／遺伝子からみた日本人の起源／他

前東邦大 鳥居鎮夫編

睡　眠　環　境　学

10158-9　C3040　　B5判　232頁　本体8500円

「良い眠りをどのように作り出すか」をテーマとして，睡眠をとりまく環境と諸問題を解説。〔内容〕睡眠の生理心理／リズム／眠りの質を高める／生活リズム／ストレス／高齢者の眠り／幼児の眠り／寝室／寝具／音楽／アルコール／入浴／香り

前東邦大 鳥居鎮夫編

アロマテラピーの科学

30066-2　C3047　　A5判　248頁　本体4800円

近年注目を集めているアロマテラピーを，科学的に解説。代替・相補医療としてのアロマテラピーの実際や展望も詳述したテキスト。〔内容〕精油の化学／精油の薬理学／嗅覚の生理学／嗅覚の心理学／身体疾患／皮膚科疾患／精神疾患

前九大 中尾弘之・九大 田代信維編	本書は，不快とともに人の行動を二分し，又不安や怒りとともに人を動かす情動でもある，「快」が関わる問題を脳，心，社会，哲学から論じた。〔内容〕意義／快の生物学的基礎／精神療法からみた快／社会にみる快／思想にみる快
快 の 行 動 科 学	
10155-4 C3040　　A 5 判 296頁 本体5200円	

元ブレインサイエンス振興財団 佐藤昌康・熊本大 小川 尚編	飛躍的に進展した味覚研究の最先端の成果を気鋭の研究者27名により紹介。〔内容〕味覚とそれを変化させる物質／味覚の変化と生体要因／味覚受容器と味刺激の受容／味神経情報とその伝達／ヒトの大脳皮質味覚野／食物嗜好と行動／味覚障害
最 新 味 覚 の 科 学	
10139-2 C3040　　A 5 判 264頁 本体6800円	

前群馬大 高木貞敬・嗅覚味覚研 渋谷達明編	匂いのしくみを医学・生物学・化学・心理学から解明。〔内容〕匂いの感覚とは／匂い物質／嗅覚器官の形態／匂いの受容メカニズム（末梢レベル）／脳における匂い情報処理のメカニズム（中枢レベル）／匂いの心理学／匂いと行動／ヒトと嗅覚
匂 い の 科 学	
10079-5 C3040　　A 5 判 292頁 本体6200円	

おいしさの科学研 山野善正・東京農大 山口静子編	食の問題に取組む研究者・技術者にとっておいしさ〉の問題は究極の課題である。おいしさの基礎から最先端部分までを学際的なアプローチにより総合的に捉えたわが国初の成書。〔内容〕おいしさの知覚／味／におい・香り／テクスチャー／色
お い し さ の 科 学	
10124-4 C3040　　A 5 判 280頁 本体6300円	

日大 齋藤 洋監修	滋養強壮で知られているニンニクは，近年，老化防止，がんの予防等，その効果が注目されている。本書はニンニクをあらゆる面から解説したもの。〔内容〕歴史／分類／栽培／化学／成分分析／吸収・排泄／治療と薬理／安全性／医薬品／食品
ニ ン ニ ク の 科 学	
10174-0 C3040　　B 5 判 280頁 本体12000円	

前阪大 難波精一郎編	音の科学の現在を図表を駆使して平易に解説。〔内容〕聴覚と錯覚／音場の再生／音と健康／人間と音声／動物のボーカル・コミュニケーション／コンピュータと音声／音楽の記録／文化と騒音／放送における音／超音波の世界
音 の 科 学	
10072-8 C3040　　A 5 判 208頁 本体3900円	

核融合科学研 廣岡慶彦著	著者の体験に基づく豊富な実例を用いてプレゼン英語を初歩から解説する入門編。学会・会議に不可欠なコミュニケーションのコツも伝授。〔内容〕予備知識／準備と実践／質疑応答／国際会議出席に関連した英語／付録（予備練習／重要表現他）
理科系のための **入門英語プレゼンテーション**	
10184-8 C3040　　A 5 判 136頁 本体2500円	

核融合科学研 廣岡慶彦著	豊富な実例を駆使してプレゼン英語の実際を解説。質問に答えられないときの切り抜け方など，とっておきのコツも伝授する。〔内容〕心構え／発表のアウトライン／研究背景・動機の説明／研究方法の説明／結果と考察／質疑応答／重要表現
理科系のための **実戦英語プレゼンテーション**	
10182-1 C3040　　A 5 判 144頁 本体2700円	

鹿児島大 中山 茂著	慣用的な表現法や語句，質疑応答も含めた実践的な要領やテクニック，英語でのメモのとり方，発表器材の活用法，原稿作成法など，例題により実践力を強化する。〔内容〕機能英語による口頭発表／機能英語による質疑応答／効果的な口頭発表
科学者のための **英語口頭発表のしかた**	
10082-5 C3040　　A 5 判 208頁 本体2900円	

黒木登志夫／F.H.フジタ著	科学者が日常出会うあらゆる場面を想定し，多くの文例を示しながら正しい英文手紙の書き方を解説。必要な文例は索引で検索。〔内容〕論文の投稿・引用／本の注文／学会出席／留学／訪問と招待／奨学金申請／挨拶状／証明書／お詫び／他
科学者のための **英文手紙の書き方**	
10038-8 C3040　　A 5 判 212頁 本体2900円	

黒屋政彦・冨田軍二編著	世界各国の代表的な学術雑誌の英語科学論文に多く用いられる英単語約2000語を掲げ，その活用法や熟語，もっとも模範的な文例，関連用法などをくわしく解説した実用辞典。付録の略語一覧には，略語の他とくに誤りやすい語尾変化をもつ語彙やスペリングに注意を要する語も含め，約2800語を掲げ読者の便をはかった。英語科学論文の作成手引書として研究者や学生の座右の辞典
英 語 科 学 論 文 用 語 辞 典	
10009-4 C3540　　A 5 判 328頁 本体5700円	

上記価格（税別）は 2004 年 6 月現在